DIE GRUNDLEHREN DER

MATHEMATISCHEN WISSENSCHAFTEN

IN EINZELDARSTELLUNGEN MIT BESONDERER BERÜCKSICHTIGUNG DER ANWENDUNGSGEBIETE

BAND LXVIII

REELLE FUNKTIONEN

VON

GEORG AUMANN

BERLIN · GÖTTINGEN · HEIDELBERG

SPRINGER-VERLAG

1954

REELLE FUNKTIONEN

VON

GEORG AUMANN

O. PROFESSOR AN DER UNIVERSITÄT MÜNCHEN

MIT 22 TEXTABBILDUNGEN

BERLIN · GÖTTINGEN · HEIDELBERG

SPRINGER-VERLAG

1954

ISBN 978-3-642-88066-7 ISBN 978-3-642-88065-0 (eBook)
DOI 10.1007/978-3-642-88065-0

SOFTCOVER REPRINT OF THE HARDCOVER 2ND EDITION 1954

Vorwort.

Die Entwicklung, in welcher sich die Theorie der reellen Funktionen seit einiger Zeit befindet, betrifft vor allem die allgemeinen Begriffe. Besonders die Idee der Ordnung mit allen ihren Spielarten, wie sie etwa in den Strukturen des Filters, des Verbandes, des Somenringes und der Ortsfunktionen geprägt worden ist, führte in steigendem Maße zu einer Umgestaltung aller Teile der Theorie. Diese Entwicklung kann noch nicht als abgeschlossen angesehen werden; trotzdem wurde versucht, sie in diesem Buch zu berücksichtigen, zu dem Ausmaß allerdings, wie es mir ursprünglich vorschwebte, ist es nicht gekommen. Verspätet erst wurde mir die einschlägige Literatur zugänglich, und außerdem ergab es sich, daß der klassische Tatsachenbestand, der trotz aller neuen Begriffsbildungen immer noch den eigentlichen Schatz der Theorie ausmacht, letzthin nicht vernachlässigt werden durfte. Daß auf den folgenden 400 Seiten keine erschöpfende Behandlung des Gesamtgebietes möglich war, ist bei der Weite desselben nicht verwunderlich. So fehlt insbesondere eine eingehende Behandlung der Theorien der Differentiation der additiven Mengenfunktionen, der Oberflächenintegrale, des DENJOYschen Integrals, der CARATHÉODORYschen Ortsfunktionen und der SCHWARTZschen Distributionen; das Literaturverzeichnis am Ende des Buches mag ein kleiner Lückenbüßer dafür sein. Wegen der hier behandelten Gegenstände selbst aber verweise ich auf den nachfolgenden „Überblick". — Wer schon einmal über Mengenlehre oder reelle Funktionen Vorlesungen gehalten hat, weiß, welche großen Erleichterungen dem Dozenten und dem Hörer die Verwendung von logistischen Zeichen bedeutet; ich konnte daher der Versuchung nicht ganz widerstehen, mich solcher Zeichen zu bedienen, allerdings nur im Sinne einer Kurzschrift und unsystematisch. Darüber werden die orthodoxen Freunde der Logistik kaum begeistert sein; ich glaube aber doch, ihrer Sache, deren Herrschaft mir in nicht allzu ferner Zukunft ebenso sicher scheint wie ehedem der Sieg des Buchstabenrechnens, damit einen ersten Dienst zu tun. An rein formalen Kenntnissen setzt das Buch vom Leser nur einen geringen Teil dessen voraus, was ein erstes Studium der Infinitesimalrechnung vermittelt, darüber hinaus aber auch eine gewisse Bereitschaft zur Abstraktion; damit ist schon gesagt, daß das Buch sich vor allem an jene Studierenden richtet, welche nach einer ersten Bekanntschaft mit der reellen Analysis den Wunsch haben, diese Disziplin von einem allgemeineren Standpunkt aus kennenzulernen.

An der Schwelle, wo mit der Erstarrung zur letzten Form das Buch dem Verfasser entgleitet, ist wohl ein Rückblick auf die Zeit des Werdens angebracht. „Keines Mediceers Güte lächelte", als das Buch in den turbulenten Jahren nach dem zweiten Weltkrieg zu entstehen begann. Wanderschaft und die Unsicherheit des Lebensunterhaltes bedingten mancherlei und oft recht lange Unterbrechungen der Arbeit. Und doch kann der Neid auf jene glücklicheren Autoren nicht groß werden, welchen eine Behörde Urlaub und Gönner Unterstützung gewähren. Die Standhaftigkeit und Unermüdlichkeit meiner Frau, die Hilfsbereitschaft meiner alten Eltern und das Wohlwollen treuer Freunde in Deutschland und USA. habe ich gerade in jener Zeit achten gelernt; ich sehe sie an mancher Stelle zwischen den Zeilen des Buches. Ihnen allen gilt hier mein herzlicher Dank.

In meinen Dank einschließen darf ich Herrn Prof. Dr. F. K. Schmidt als Herausgeber dieser Sammlung für sein stetes Interesse und seine Förderung am Fortgang der Arbeit, ferner die Herren Dr. H. Röhrl, H. Sonner, Dr. N. Stuloff, Dr. E. Thoma und Prof. Dr. W. Weber, welche mir mit der Durchsicht von Teilen des Manuskripts oder dem Mitlesen der Korrekturen aktive Hilfe geleistet haben, schließlich aber auch den Verlag für das Entgegenkommen und die außerordentlich präzise Arbeit bei der Herstellung des Buches.

München, im März 1954. G. Aumann.

Inhaltsverzeichnis.

Seite

6. Funktionen in Produkträumen.

7. Reelle Funktionen einer reellen Variablen.

8. Maßtheorie.

9. Positive lineare Funktionale.

Berichtigungen.

S. 39 Zeile 12 von unten: Statt „*gleichsinnig monotone*" setze „*ähnliche*".

S. 69 Zeile 2 von unten: Nach „$A^{(1)}$" füge ein: „($= E - A$, wo E das größte Soma in $\mathfrak{A}$ bezeichnet)".

S. 77 Zeile 7 von unten: Nach „*umgekehrt*" füge ein: „*ist* $\mathfrak{A}$ *einem σ-Mengenkörper isomorph, wenn der gemäß* **3.5.7.** *zu* $\mathfrak{A}$ *gehörige Primidealmengenkörper* $\mathfrak{a}$ *lauter* $\aleph_0$*-vollständige Primideale* $\mathfrak{P}$ *hat.*"

S. 78 **3.6.2.**: Statt des kursiv gedruckten Satzes ist zu setzen: „*Zu jedem Somenring* $\mathfrak{A}$ *gibt es einen* $\mathfrak{A}$ *umfassenden σ-Somenring* $\mathfrak{A}^b$". *Beweis*teil 3. ist zu streichen.

S. 80 Zeile 8 von unten: Statt „$\sup_n X_n$" setze „$A \cdot \sup_n X_n$".

S. 208 **6.3.2.**: Der *Zusatz* ist zu streichen.

Vorbemerkung.

Das Fundament der Theorie der reellen Funktionen sind die reellen Zahlen. Wir verzichten in diesem Buche die Eigenschaften der reellen Zahlen aus den Grundlagen, etwa den Eigenschaften der natürlichen Zahlen, zu entwickeln. Dieser Verzicht wird zum Teil ausgeglichen durch den Umstand, daß wir bei der Beschäftigung mit allgemeinen mathematischen Strukturen, welche aus den reellen Zahlen durch Abstraktion gewonnen werden, auch Methoden zu behandeln haben, welche ursprünglich für den Aufbau der reellen Zahlen ersonnen worden sind. Vom Leser setzen wir voraus, daß er bereits mit den reellen Zahlen vertraut ist, womit gemeint ist, daß er das System der reellen Zahlen kennt *erstens* als einen *Körper* im Sinne der Algebra, d. h. als ein System von Dingen $\alpha, \beta, \gamma, \ldots$, in welchem die vier Grundrechnungsarten uneingeschränkt (mit Ausnahme der Division durch Null) ausführbar sind, wobei die üblichen Rechengesetze gelten; *zweitens* als *linear geordnet*, d. h. als ein System, zwischen dessen Elementen eine Relation $<$ („kleiner als") erklärt ist, für welche gilt:

a) $<$ ist transitiv; b) $\alpha<\alpha$ gilt für kein Element α;
c) aus $\alpha \neq \beta$ folgt $\alpha<\beta$ oder $\beta<\alpha$; d) $0<1$;

ferner in Verbindung mit den Körperverknüpfungen:

e) Aus $\alpha<\beta$ folgt $\alpha+\gamma<\beta+\gamma$;
f) aus $0<\alpha$ und $0<\beta$ folgt $0<\alpha\beta$;

drittens als *in bezug auf* $<$ *beschränkt vollständig*, d. h. von der Art, daß zu jeder nach oben beschränkten Menge von Zahlen eine kleinste obere Schranke existiert.

Zusammenfassend können wir sagen:

Die reellen Zahlen bilden einen beschränkt vollständig, linear geordneten algebraischen Körper.

Diese Charakterisierung legt, wie wir später beweisen werden, das System der reellen Zahlen in seiner Struktur eindeutig fest. Man kann daher das System der reellen Zahlen als beschränkt-vollständig linear geordneten Körper E^1 *definieren*, wobei man zweckmäßig die Elemente des in E^1 enthaltenen, mit dem System der rationalen Zahlen hinsichtlich der algebraischen und Ordnungsrelationen isomorphen Teilsystems in der für die rationalen Zahlen üblichen Weise bezeichnet. Gewöhnlich lernt man die reellen Zahlen kennen als das Ergebnis einer vollständigen

Erweiterung des Systems der rationalen Zahlen, sei es nach der Methode der DEDEKIND*schen Schnitte*, oder der CANTOR*schen Fundamentalfolgen*, oder nach der Methode der *Intervallschachtelungen*. Wir werden uns jedoch erlauben, auch ehe diese Methoden allgemein entwickelt sind, in Beispielen auf die reellen Zahlen Bezug zu nehmen.

Überblick.

Die ersten vier vorbereitenden Abschnitte entwickeln die mathematischen Strukturen, welche neben dem Begriff der reellen Zahl die Theorie der reellen Funktionen beherrschen. Nachdem in **1.** die *abstrakten Mengen*, ihre Handhabung und Abbildung und der sie klassifizierende Begriff der *Mächtigkeit* erläutert sind, wird in **2.** der für die Analysis fundamentale Begriff der *Ordnung* in seinen verschiedenen Formen als eines teilweise, oder linear, oder wohlgeordneten oder eines gerasterten oder gerichteten Systems behandelt; sich daran knüpfende Grenzprozesse (Supremum, Infimum, Limes) werden im Rahmen einer *allgemeinen Konvergenztheorie* studiert. In die mehr algebraische Seite der Ordnungstheorie, die *Verbandstheorie*, führt **3.** ein, wobei die *Somenringe*, als Verallgemeinerung der Mengenkörper, im Vordergrund stehen. Schließlich beschäftigt sich **4.** mit dem *Raumbegriff* über die ganze Skala seiner Verwandlungen, von der Zahlgeraden über den *metrischen* Raum bis zum *topologischen Raum*, und mit den aus der Raumstruktur ableitbaren Beziehungen zwischen Punkten und Teilmengen.

Mit **5.** treten wir in den eigentlichen Gegenstand ein. Es ist der Begriff der *Stetigkeit*, der den Untersuchungen an *Punktfunktionen* (reellen Funktionen in Räumen) Richtung und Ziel gibt. Die Frage nach topologischen Räumen, in welchen das *System der nichtkonstanten stetigen Funktionen* einen berechtigten Bedürfnissen entsprechend großen Umfang besitzt, führt zu einer gewissen Auswahl topologischer Räume und zum *Metrisationsproblem* (**5.3.**). Die *halbstetigen Funktionen* (**5.4.**), obwohl mit gewissen Unstetigkeiten belastet, teilen noch viele wertvolle Eigenschaften mit den stetigen Funktionen. Gegenstand von **5.5.** und **5.6.** sind die Verteilung der Unstetigkeitsstellen reeller Funktionen und der Aufbau von Systemen analytisch definierbarer, d.h. als (iterierte) Limiten konvergenter Funktionenfolgen darstellbarer Funktionen (BAIRE*scher Funktionensysteme*). **5.7.** bringt die STONE*sche Verallgemeinerung des* WEIERSTRASS*schen Approximationssatzes*, d.h. untersucht Teilsysteme von stetigen Funktionen (in einem bestimmten Raum) mit der Eigenschaft, daß jede stetige Funktion des Raumes als gleichmäßiger Limes von Funktionen des Teilsystems darstellbar ist. **5.8.** behandelt *Iterationsprozesse*, wie sie für die *Auflösung von Gleichungen* von Bedeutung sind, und anschließend die Differentiation in metrisch linearen

Räumen. **5.9.** beweist das n-dimensionale Analogon des klassischen Zwischenwertsatzes, wonach eine, in einem Zahlintervall erklärte stetige reelle Funktion (einer reellen Veränderlichen) jeden Wert zwischen zwei Funktionswerten annimmt.

Bei den *Funktionen in Produkträumen* (Funktionen mehrerer Variablen) (**6.**) gehört *der faktoriellen Stetigkeit* (Stetigkeit in einer einzelnen Variablen bei Festhaltung der übrigen) und *den faktoriellen Grenzprozessen* (Limesbildung an einer einzelnen Variablen bei Festhaltung der übrigen) das Hauptinteresse; dies wird in **6.2.** und **6.3.** behandelt.

7. ist dem Zentrum der Theorie, den *reellen Funktionen einer reellen Variablen,* gewidmet und baut mit sparsamen Strichen das Gerüst einer Differential- und Integralrechnung einer reellen Variablen auf. **7.2.** bringt die weitesten bisher bekannten Resultate an *Kriterien für die Monotonie einer Funktion* auf Grund des Verhaltens ihrer Derivierten. In **7.3.** wird die Umkehrung der Differentiation erklärt mittels eines über die klassische Definition hinausgehenden Begriffs einer *Stammfunktion,* was in den Bereich der (BOURBAKIschen) *Regelfunktionen* führt, in einen Funktionenbereich, der für viele Anwendungen der Mathematik hinreichend umfassend ist. Weitere Verallgemeinerung führt zur *Stammfunktion im* PERRON*schen Sinne* und zum PERRON-Integral. **7.4.** behandelt das Umkehrproblem der Differentialrechnung von einer anderen Seite her, als ein Problem der *Erweiterung des Integralbegriffs.* Hierfür wird eine allgemeine Theorie entwickelt, welche, kurz und andeutungsweise ausgedrückt, darin besteht, daß man 1. das System aller Funktionen des betrachteten Raumes mittels einer Metrik in einen metrischen Raum A verwandelt, 2. daß man das zu erweiternde Integral (das Ausgangsintegral) auffaßt als eine stetige Funktion $f|T$ auf einer Teilmenge T von A und von dieser Funktion im Sinne der Entwicklungen von **5.** die maximal stetige Erweiterung $\bar{f}|\bar{T}$ in A konstruiert. Nimmt man als Ausgangsintegral das elementare Integral der Intervalltreppenfunktionen, so liefert passende Wahl der genannten Metrik von A als Erweiterungsintegral das *Integral der Regelfunktionen* (vgl. **7.3.** oben), das RIEMANN*sche Integral* und *das* LEBESGUE*sche Integral.* **7.5.** stellt den *Zusammenhang* her *zwischen Differentiation und Integration,* wie er sich in der LEBESGUEschen Theorie darbietet. Abschließend folgt in **7.6.** ein Überblick und eine *gegenseitige Abgrenzung der* durch die verschiedenen Integrationsprozesse bedingten *Funktionenbereiche.*

Die *Maßtheorie* (Theorie der reellen Mengenfunktionen) ist in **8.** „somatisch“ aufgebaut, d.h. man betrachtet Funktionen, welche jedem Soma eines Somenringes eine reelle Zahl zuordnen. Wenn dieser Standpunkt wegen des Satzes von der Isomorphie der Somenringe und der Mengenkörper auch keine durchgreifende Verallgemeinerung bedeutet, so wird mit seiner Einnahme gleich zu Beginn die Stellung bezogen, welche der *Reduktionsprozeß* (Übergang zu Restklassen) von **8.9.** verlangt, weil er zwangsweise zur somatischen Auffassung führt. In **8.0.** wird auf eine prinzipielle Schwierigkeit beim „*Inhaltsproblem*" hingewiesen, d.h. beim Problem etwa, jeder Teilmenge des dreidimensionalen Raumes einen „Inhalt", eine nichtnegative Zahl zuzuordnen, welche für elementargeometrisch kongruente Mengen gleich, für einen Würfel der Kantenlänge 1 gleich 1, und im übrigen totaladditiv ist, d.h. der Vereinigung einer Folge von paarweise fremden Mengen den Wert der zugehörigen Reihe der Inhalte der einzelnen Mengen als Inhalt zuweist. Es folgt in **8.1.** und **8.2.** die Untersuchung der *additiven Somenfunktionen* und speziell der *Intervallfunktionen im n-dimensionalen Zahlenraum*. **8.3.** bis **8.6.** beschäftigen sich mit den verschiedenen Möglichkeiten, zu einer gegebenen Somenfunktion verwandte *Somenfunktionen mit Additivitätseigenschaften zu konstruieren*; insbesondere beschreibt die „*Totalisation*" von **8.5.** (eine *verallgemeinerte* BURKILL-*Integration*) einen allgemeinen Integrationsprozeß, der zahlreiche wichtige Integrationsprozesse (inneren und äußeren Inhalt, oberes und unteres zu einem Inhalt gehöriges Integral, uneigentliches Integral, Totalvariation, Bogenlänge, STIELTJES-Integral) als Spezialfälle enthält. **8.7.**, **8.8.** und **8.10.** behandeln die Vervollständigung eines Inhalts bzw. eines Maßes und den Übergang von einem (additiven) Inhalt zu einem (totaladditiven) Maß. **8.11.** entwickelt als Anwendung des Vorausgehenden das LEBESGUEsche Maß im E^n und schließt mit dem Satz von der Isomorphie aller separablen, reduzierten, normierten und nichtatomaren Maße mit dem reduzierten LEBESGUEschen Maß auf dem Intervall $\{0 \leqq \hat{x} \leqq 1\}$.

In **9.** wird nach einem Vorgang von M. H. STONE eine allgemeine Integrationstheorie entwickelt; unter Wiederaufnahme der Gedankengänge von **7.4.** wird unter allgemeineren Bedingungen ein „*Elementarintegral*" (ein positives lineares Funktional auf einem geordneten linearen Raum von Funktionen) zu einem (im Sinne der LEBESGUEschen Theorie) „vollständigen" Integral (*Normintegral*) stetig erweitert. Der Vorzug dieses Verfahrens liegt darin, daß man *ohne Maßtheorie* auf schnellstem Wege zu den zentralen Theoremen „von der Integration bei integralbeschränkter monotoner Konvergenz" und „von der Integration bei majorisierter Konvergenz" gelangt, von wo aus sich dann der weitere Ausbau der Theorie, insbesondere der zugehörigen Maßtheorie (**9.3.** und **9.4.**) bequem vollzieht. **9.5.** und **9.6.** behandeln die zu einem Normintegral gehörigen Funktionenräume $\mathfrak{F}^p$ und $\mathfrak{L}^p$, und den Raum $\mathfrak{L}^2$ der „quadratisch N-integrierbaren" Funktionen. **9.7.** beschäftigt sich mit den Beziehungen verschiedener auf dem gleichen Funktionenbereich erklärten Elementarintegrale und ihrer zugehörigen Normintegrale untereinander; hierher gehören die klassischen Sätze von RADON-

NIKODYM über die Integraldarstellung einer nullmengentreuen totaladditiven Mengenfunktion und von LEBESGUE über die Zerlegung einer totaladditiven Mengenfunktion in einen nullmengentreuen und einen singulären Teil. Schließlich wird in **9.8.** die Integration von Funktionen von zwei Variablen im Sinne der STONEschen Theorie behandelt und der FUBINIsche Satz im neuen Gewande geboten.

Erklärung der allgemeinen Zeichen.

1. *Logistische Zeichen* (A, B, ... stehen für Aussagen):

a) Das *Folgezeichen* $\triangleright$. „$A \triangleright B$" liest sich: „A hat zur Folge B" oder „Aus A folgt B" oder „wenn A, dann B" oder „A nur dann, wenn B", oder „A impliziert B".

b) Das *Äquivalenzzeichen* $\bowtie$. „$A \bowtie B$" ist zu lesen: „A ist gleichbedeutend mit B", oder „Aus A folgt B, und umgekehrt", oder „A dann und nur dann, wenn B".

c) Das *Existenzzeichen* $\exists$. „$A \exists x : B$" liest sich: „Zu A gibt es ein x, für welches B" oder „Wenn A, so existiert ein x von der Art, daß B".

d) Der *definierende Doppelpunkt* „:" steht vor dem Äquivalenz- und Gleichheitszeichen. „$A : \bowtie B$" ist zu lesen: „A definitionsgemäß dann und nur dann, wenn B"; „$\alpha : = \beta$" liest sich: „α ist definitionsgemäß gleich β", und dient gewöhnlich dazu, für einen längeren Ausdruck β das Zeichen α einzuführen. Wir schreiben gelegentlich auch $\beta = : \alpha$, was zu verstehen ist „β, wofür wir (zur Abkürzung) α setzen".

e) Von der Verwendung eines Allezeichens sehen wir ab; sie erübrigt sich, wenn wir die Aussagen in a) bzw. c) und entsprechend dann auch b) in einem strengen Sinne verwenden: $A \triangleright B$ im Sinne von „immer wenn A, dann B", und $A \exists x : B$ im Sinne von „Immer wenn A gilt, so gibt es ein x derart, daß B gilt". Beispielsweise läßt sich bei dieser Vereinbarung die klassische Schlußweise der Analysis auf die kurze Formel bringen:

$$(\varepsilon > 0 \triangleright \alpha < \varepsilon) \triangleright \alpha \leq 0 .$$

f) Negation eines Relationszeichens R bezeichnen wir mit einem senkrechten Strich durch das Zeichen: $\not\mathrm{R}$.

g) Für die logische *Konjunktion* „und" verwenden wir gelegentlich das Zeichen &, für die *Disjunktion* „oder" kein besonderes Zeichen. Die übliche Abkürzung „$\alpha < \beta \neq \gamma$" für „$\alpha < \beta$ und $\beta \neq \gamma$" verwenden wir in analoger Weise für beliebige zweistellige Relationen. Statt „$\alpha < \beta$ und $\gamma < \beta$" schreiben wir auch „(α und γ) $< \beta$", innerhalb eines Satzes statt „α mit $\alpha < \beta$ und $\alpha \neq \gamma$" kürzer „α, $< \beta$ und $\neq \gamma$" (man beachte die Kommasetzung), und entsprechend bei anderen Relationen.

Bemerkung. Die der deutschen Grammatik nicht ganz gerechte aber eingebürgerte Abkürzung „ein $\xi \neq \alpha$“ für „ein ξ, das $\neq \alpha$ ist“, müßte besser „ein ξ, $\neq \alpha$,“ geschrieben werden; wir werden aber in diesem und ähnlichen Fällen bei dem nun einmal vorhandenen Brauch bleiben, und von einer solchen Kommasetzung absehen.

2. *Mathematische Zeichen* (im Text erklärt):

Zeichen	Leseart	
$\in$, $\ni$,	Element von,	enthält
$\subset$, $\supset$	Teilmenge von,	umfaßt
$\prec$, $\succ$	vor, unter,	nach, über
$\dotplus$, $\underset{\cdot}{+}$	koplus,	kontraplus
$\sum^{\cdot}$, $\prod^{\cdot}$	Vereinigung von,	Durchschnitt von
$\{x:\ldots\}$	Menge aller x mit …	
Z	Menge der natürlichen Zahlen $\{1, 2, \ldots\}$.	

3. Vereinbarung über die *Bindekraft der Zeichen*, nach fallender Bindekraft geordnet:

1. „mal“
2. $+$, $-$, $\dotplus$, $\underset{\cdot}{+}$, …
3. $=$, $<$, $\prec$, $\in$, $\subset$, …
4. „und“, „oder“, &
5. $\exists x$:
6. $\rhd$
7. $\rhd\!\lhd$.

In Zweifelsfällen oder zur Deutlichkeit werden Klammern gesetzt.

(Für spezielle Symbole sehe man das mit Seitenangabe versehene Zeichenverzeichnis am Ende des Buches nach.)

1. Mengen.

1.1. Mengen und Teilmengen.

1.1.1. Wir nehmen es als Erfahrungstatsache hin, daß es Denkbeziehungen gibt, durch welche ein Ding M in charakteristischer Weise gewisse andere Dinge $a, b, c, \ldots,$ und diese wiederum jenes bestimmen, was wir mit den Worten ausdrücken: Die *Menge* M besteht aus den Dingen $a, b, c, \ldots$. Die Dinge $a, b, c, \ldots,$ welche die Menge M bestimmen, heißen die Elemente der Menge M. Zwischen den Dingen von M sind Gleichheitsbeziehungen erklärt, d.h. es steht eindeutig fest, ob zwei Dinge x, y von M gleich sind $(x = y)$, oder ungleich $(x \neq y)$. Dabei sollen die *Postulate der Gleichheit* (Postulate der Äquivalenz) gelten:

$$(1_A) \qquad x = x;$$

$$(2_A) \qquad x = y \rhd y = x;$$

$$(3_A) \qquad (x = y \text{ und } y = z) \rhd x = z.$$

Für die Aussage, daß das Ding a Element der Menge M sei, oder wie wir auch sagen, der Menge M angehöre, schreiben wir: $a \in M$ (im Bedarfsfalle $M \ni a$), und lesen: „a Element von M“ (bzw. „M enthält a“). Auch die kurze Redeweise „*a aus M*“ für „$a \in M$“ werden wir häufig benutzen.

1.1.2. In den einfachsten Fällen ist eine Menge M dadurch definiert, daß man alle zu M gehörigen Elemente einzeln angibt; wir fassen dann diese Elemente in einer geschweiften Klammer zusammen. Zum Beispiel bezeichnet $\{0, 1, 2\}$ die aus den drei Elementen $0, 1, 2$ bestehende Menge, $\{a\}$ die nur aus dem einzigen Ding a bestehende Menge. Ferner soll $M = \{a, b, c, \ldots\}$ besagen, daß A aus den Elementen a, b, c und noch weiteren Elementen besteht, die man der Kürze halber nicht angibt. Natürlich muß, soferne es darauf ankommt, Klarheit über diese weiteren Elemente bestehen. Der logische Zusammenhang des Mengenbegriffes, insbesondere des Aussagezeichens $\in$ mit dem Gleichheitsbegriff zeigt die folgende Beziehung:

$$x \in \{a, b, c\} \rhd\lhd (x = a \text{ oder } x = b \text{ oder } x = c),$$

als deren Verallgemeinerung man den Mengenbegriff ansehen kann.

1.1.3. Gleichheit zweier Mengen.

$$A = B :\bowtie (x \in A \bowtie x \in B).$$

Zwei Mengen sind gleich, wenn jedes Element der einen auch Element der anderen ist. Hiernach ist eine Menge durch ihre Elemente eindeutig bestimmt. Dieser Gleichheitsbegriff genügt, wie man leicht bestätigt, den Postulaten der Äquivalenz.

1.1.4. Besteht zwischen zwei Mengen A und B die Relation

$$x \in A \rhd x \in B,$$

so nennen wir A eine *Teilmenge* von B, in Zeichen: $A \subset B$ (sprich „A Teil von B"), oder (bei gleicher Bedeutung) B eine *Obermenge* von A, geschrieben $B \supset A$ („B umfaßt A"); in Zeichen

$$A \subset B :\bowtie (x \in A \rhd x \in B).$$

$A \subset B$ schließt also die Möglichkeit $A = B$ ein; wir nennen, wenn eine Unterscheidung notwendig ist, im Falle $A \subset B$ mit $A \neq B$ die Menge A eine *echte* Teilmenge von B.

Aus obiger Definition folgt unmittelbar:

(1_0) $\qquad A \subset A;$

(2_0) $\qquad (A \subset B \text{ und } B \subset C) \rhd A \subset C;$

(3_0) $\qquad (A \subset B \text{ und } B \subset A) \rhd A = B.$

Die Gleichheit von Mengen wird allemal durch Bezugnahme auf (3_0) oder **1.1.3.** bewiesen.

1.1.5. Aus formalen Gründen führen wir noch die *leere Menge* 0 ein. $A = 0$ besagt dabei, daß es kein Ding x gibt, so daß $x \in A$ richtig ist. Es soll $0 \subset A$ gelten für jede Menge A. 0 und A nennen wir *unechte* Teilmengen von A.

Die Zweckmäßigkeit dieser Vereinbarung zeigt sich z.B. bei der Abzählung der möglichen Teilmengen der Menge $\{1, 2, \ldots, n\}$. Für $0 \leq m \leq n$ hat man $\binom{n}{m}$ verschiedene Teilmengen von je m Elementen, so daß es insgesamt $\binom{n}{0} + \binom{n}{1} + \cdots + \binom{n}{n} = 2^n$ verschiedene Teilmengen einer aus n verschiedenen Elementen bestehenden Menge gibt.

1.1.6. Auf die logischen Schwierigkeiten, die mit dem Mengenbegriff verbunden sind, gehen wir hier nicht ein. Wir bemerken dazu nur, daß sich die Mengen, mit denen wir es hier zu tun haben, zumeist aus der Menge $\mathbf{Z}$ der natürlichen Zahlen ableiten lassen. Diese Menge ist durch die PEANOschen Axiome definiert, die im folgenden angeführt seien, ohne daß wir jedoch beabsichtigen, von ihnen aus einen Aufbau vorzunehmen:

Die natürlichen Zahlen bilden eine Menge $\mathsf{Z} = \{|, ||, \ldots\}$ von Strichsymbolen mit folgenden Eigenschaften:

(1) $| \in \mathsf{Z}$;

(2) $a \in \mathsf{Z} \rhd a| \in \mathsf{Z}$;

(3) $a = b \rhd\!\lhd\; a| = b|$;

(4) $a \in \mathsf{Z} \rhd a| \neq |$;

(5) Aus $| \in \mathsf{Y} \subset \mathsf{Z}$ und $(a \in \mathsf{Y} \rhd a| \in \mathsf{Y})$ folgt $\mathsf{Y} = \mathsf{Z}$.

Aus diesen Axiomen leitet man die üblichen Gesetze der *Addition, Multiplikation* und der *Anordnung* der natürlichen Zahlen ab. Wir zählen nur die letzten auf: Sind $a, b, \ldots$ natürliche Zahlen, so gilt: $a \leqq a$; $(a \leqq b$ und $b \leqq c) \rhd a \leqq c$; $(a \leqq b$ und $b \leqq a) \rhd a = b$; von den drei Relationen $a = b$, $a < b$, $b < a$ gilt genau eine; $a < a + b$; $a < b \rhd a + c < b + c$; $a < b \rhd a\,c < b\,c$.

1.1.6.1. Das letzte der PEANOschen Axiome enthält das *Prinzip der vollständigen Induktion*:

Ist eine Aussage A_n, in welcher eine natürliche Zahl n vorkommt, richtig für $n = 1$, ist ferner mit A_n immer auch A_{n+1} richtig, so ist A_n für alle natürlichen Zahlen n richtig.

Dieses Axiom legt also den Gebrauch des Wortes „alle" im Bereich der natürlichen Zahlen fest.

1.1.6.2. Als Anwendung von **1.1.6.1.** beweisen wir den Satz:

Jede nicht leere Menge M von natürlichen Zahlen enthält eine kleinste Zahl.

Beweis. 1. Es sei $1 \in M$; dann ist der Satz richtig, weil 1 überhaupt die kleinste natürliche Zahl ist. — 2. Es sei $1 \notin M$, aber $m_0 \in M$. Dann verfahren wir so: Wir bilden für $n \in Z$ die Aussage $\mathfrak{A}_n := (n < m$ für jedes m aus $M)$. Offenbar ist $\mathfrak{A}_1$ richtig und $\mathfrak{A}_{m_0+1}$ falsch. Nach dem Satz von der vollständigen Induktion kann somit $\mathfrak{A}_n \rhd \mathfrak{A}_{n+1}$ nicht für alle n aus Z richtig sein; es muß also ein n_0 aus Z geben, wofür $\mathfrak{A}_{n_0} \rhd \mathfrak{A}_{n_0+1}$ falsch ist. Das Letzte kann nur in der Weise stattfinden, daß $\mathfrak{A}_{n_0}$ richtig und $\mathfrak{A}_{n_0+1}$ falsch ist, d.h. es gilt: $n_0 < m$ für alle m aus M, aber es gibt ein m' aus M mit $n_0 + 1 \geqq m'$. Da zugleich $m' > n_0$, so bleibt nur $m' = n_0 + 1$, so daß $m' \leqq m$ für alle m aus M. m' ist die kleinste Zahl von M.

1.1.7. Mengen werden häufig durch Eigenschaften ihrer Elemente definiert; man sammelt „alle" Dinge mit einer bestimmten Eigenschaft. Schreiben wir kurz $a\,P$, um auszudrücken, daß das Ding a die Eigenschaft P hat, so bezeichnen wir die Menge aller Dinge x, für welche $x\,P$ gilt, in Anpassung an die Bezeichnung in **1.1.2.** mit

$$\{x : x\,P\}$$

(zu lesen: *Menge aller x, für welche xP gilt*). Gelegentlich bedienen wir uns der etwas kürzeren Bezeichnung $\{\hat{x} P\}$, worin der Haken, der an das „Alle"-Zeichen der Logistik erinnern mag, auf jenes Zeichen gesetzt ist, welches für die zu sammelnden Dinge steht.

Bei aller Einfachheit dieser eben eingeführten Definition darf man ihre Gefährlichkeit nicht vergessen. Wenn P einen zu wenig bestimmten Charakter hat, führt sie zu Widersprüchen.

Dies möge am klassischen Beispiel von Russell gezeigt werden. Wir definieren:

$$xP : \rhd\lhd\; x \notin x \quad \text{und} \quad R := \{x : xP\}.$$

Dann gilt $yP \rhd\lhd\; y \in R$. Aber R ist ein widerspruchsvolles Ding. Denn man hat $R \notin R \rhd\lhd\; RP \rhd\lhd\; R \in R$.

Wenn aber die Eigenschaft P selbst auf Mengen zurückgreift, z.B. wenn es sich um die Definition einer Teilmenge einer Menge M handelt, dürften solche logischen Schwierigkeiten nicht zu erwarten sein.

1.2. Verknüpfungen von Mengen.

1.2.1. Sind A und B Mengen, so definieren wir (s. Fig. 1):

(1) $A \dot{+} B := \{x : x \in A \text{ oder } x \in B\}$,

(2) $A \underset{\cdot}{+} B := \{x : (x \in A \text{ und } \notin B) \text{ oder } (x \in B \text{ und } \notin A)\}$,

(3) $AB := \{x : x \in A \text{ und } \in B\}$.

(1) heißt die *Vereinigung* ($\dot{+}$ „koplus" gelesen), (2) der *Unterschied* ($\underset{\cdot}{+}$ „kontraplus" gelesen) und (3) der *Durchschnitt* der Mengen A und B.

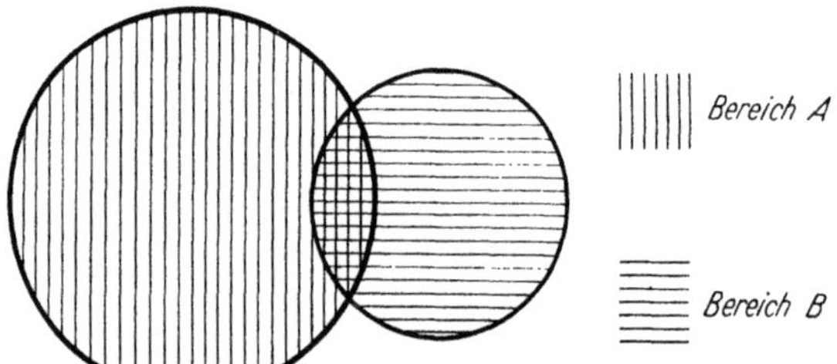

Abb. 1. Veranschaulichung der Mengenverknüpfungen mittels ebener Bereiche: $A \underset{\cdot}{+} B$ einfach, AB zweifach, $A \dot{+} B$ ein- oder zweifach gestrichelt.

Die drei Verknüpfungen sind kommutativ und assoziativ. Beispielsweise gilt $A \underset{\cdot}{+} (B \underset{\cdot}{+} C) = (A \underset{\cdot}{+} B) \underset{\cdot}{+} C$, was man dadurch beweist, daß man die acht Fälle, die hinsichtlich des Angehörens eines Elementes x zu den drei Mengen möglich sind, einzeln durchgeht. Wir werden aber für den Nachweis solcher und ähnlicher Mengengleichungen noch eine andere Methode kennenlernen (**1.4.5.**).

Ist insbesondere $A \subset B$, so heißt $A \underset{\cdot}{+} B$ das *Komplement von A in B*, und wird auch mit $B - A$ bezeichnet.

Wenn $AB = 0$, so heißen A und B (zueinander) *fremd* (oder *disjunkt*). Im Falle fremder Mengen A und B ist $A \dotplus B = A \underset{\cdot}{+} B$, welche Menge wir dann auch als *Summe* $A + B$ bezeichnen.

Es gelten eine Reihe von wichtigen Zusammenhängen:

$$A \dotplus B = AB + (A \underset{\cdot}{+} B), \tag{4}$$

$$A \underset{\cdot}{+} B = \big((A \dotplus B) - A\big) + \big((A \dotplus B) - B\big), \tag{5}$$

$$AB = A - \big((A \dotplus B) - B\big), \tag{6}$$

welche sich etwa durch Unterscheidung der Fälle (I) $x \in A$, $x \in B$, (II) $x \in A$, $x \notin B$ und (III) $x \notin A$, $x \in B$ beweisen lassen. Im Falle (5) z.B. zeigt man, daß bei (I) x weder rechts noch links, bei (II) und auch bei (III) x sowohl rechts als auch links vorkommt. Analog für die übrigen Gleichungen.

Es gelten die beiden Distributivgesetze

$$(A \dotplus B)\,C = AC \dotplus BC, \tag{7}$$

$$(A \underset{\cdot}{+} B)\,C = AC \underset{\cdot}{+} BC, \tag{8}$$

was leicht bewiesen werden kann (vgl. **1.4.5.**). Zur Übung beweise man:

$$A - AB \subset AC \dotplus \big(A - (C \dotplus B)\,A\big) \tag{$*$}$$

für beliebige Mengen A, B, C.

Bemerkung. Neuerdings verwendet man für Vereinigung und Durchschnitt auch die Zeichen $\cup$ und $\cap$: $A \cup B = A \dotplus B$ und $A \cap B = AB$.

1.2.2. Assoziativität und Kommutativität der Operationen (1), (2) und (3) erlauben, diese auf eine beliebige endliche Anzahl von Gliedern auszudehnen: Sind $A_1, A_2, \ldots, A_n$ Mengen, so setzen wir[1]

$$A_1 \dotplus \cdots \dotplus A_{n-1} \dotplus A_n = (A_1 \dotplus \cdots \dotplus A_{n-1}) \dotplus A_n = V, \quad \text{analog}$$
$$A_1 \underset{\cdot}{+} \cdots \underset{\cdot}{+} A_n = U, \quad A_1 \ldots A_n = D, \text{ und es gilt:}$$

$$x \in V \bowtie (x \in A_1 \text{ oder auch } x \in A_2 \ldots \text{oder auch } x \in A_n), \tag{9}$$

$$x \in U \bowtie (x \in A_i \text{ für eine ungerade Anzahl von } i\text{-Werten}), \tag{10}$$

$$x \in D \bowtie (x \in A_1 \text{ und } x \in A_2 \ldots \text{ und } x \in A_n). \tag{11}$$

(Wegen eines Beweises vgl. **1.4.5.**)

Die Distributivgesetze von oben lassen sich in üblicher Weise auf eine beliebige endliche Anzahl von „Faktoren" und von „Summanden" in den „Faktoren" ausdehnen. Zum Beispiel

$$(A_1 \dotplus \cdots \dotplus A_n)(B_1 \dotplus \cdots \dotplus B_m) = A_1 B_1 \dotplus \cdots \dotplus A_1 B_m \dotplus \cdots \dotplus A_n B_1 \dotplus \cdots \dotplus A_n B_m.$$

---

[1] Sind die Summanden paarweise fremd, so lassen wir die Punkte bei den Pluszeichen weg.

1.2.3. Betrachtet man die in **1.2.1.** eingeführten Operationen ausgeführt an den Teilmengen einer festen Menge M ($A, B, \ldots \subset M$), so liefert die Zuordnung $A \to A' := M - A$, von A zum Komplement von A in M, eine involutorische Beziehung mit $(A')' = A$ [was aus $M - (M - A) = M \underset{\cdot}{+} (M \underset{\cdot}{+} A) = (M \underset{\cdot}{+} M) \underset{\cdot}{+} A = 0 \underset{\cdot}{+} A = A$ folgt]. Es gelten dabei die Beziehungen:

$$0' = M, \quad M' = 0, \quad A + A' = M, \quad A\,A' = 0;$$
$$A' \dotplus B' = (A\,B)', \quad A'\,B' = (A \dotplus B)';$$
$$A' \underset{\cdot}{+} B' = A \underset{\cdot}{+} B;$$
$$A \subset B \triangleright B' \subset A'.$$

Sie sind der Inhalt des *Dualitätsprinzips* der Mengenalgebra:

Die Teilmengen A einer festen Menge M werden durch die Komplementbildung an M involutorisch aufeinander bezogen, wobei 0 *und M einander entsprechende Elemente sind. Beim Übergang zu den Komplementen tauschen Vereinigung und Durchschnittsbildung ihre Rollen, während der Unterschied derselbe bleibt. (Die Vereinigung der Komplemente ist gleich dem Komplement des Durchschnitts; der Unterschied der Komplemente ist gleich dem Unterschied.) Aus einer Teilmenge wird eine Obermenge.*

Dies liefert ein zweites Distributivgesetz für Durchschnitt und Vereinigung: $A\,B \dotplus C = (A \dotplus C)\,(B \dotplus C)$, was aus **1.2.1.** (7) durch Vertauschung von Vereinigung und Durchschnitt hervorgeht; zu **1.2.1.** (8) dagegen gehört keine duale Formel, da das Komplement des Unterschieds nicht gleich dem Unterschied der Komplemente ist, sondern gilt: $(A \underset{\cdot}{+} B)' = A' \underset{\cdot}{+} B = A \underset{\cdot}{+} B'$.

1.3. Mengensysteme.

1.3.1. Mengen von Mengen nennen wir zur besseren Unterscheidung *Systeme* von Mengen. Ein Mengensystem $\mathfrak{A}$ heißt *geschlossen bei einer paarigen Mengenverknüpfung* $A\,\varphi\,B$, wenn aus $A \in \mathfrak{A}$ und $B \in \mathfrak{A}$ folgt $(A\,\varphi\,B) \in \mathfrak{A}$. Ein nicht leeres Mengensystem $\mathfrak{A}$ heißt ein *Modul*, wenn es bei Unterschiedsbildung geschlossen; ein *Ring*, wenn es bei Vereinigung und Durchschnitt geschlossen; ein *Körper*, wenn es bei Unterschieds- und Durchschnittsbildung geschlossen ist.

Offenbar ist jeder Körper ein Modul, aber auch ein Ring wegen **1.2.1.** (4).

Ein Mengensystem ist dann und nur dann ein Körper, wenn es geschlossen ist bei Bildung von Vereinigung und Komplement.

Beweis. 1. Ist $\mathfrak{A}$ ein Körper, so ist $\mathfrak{A}$ wegen **1.2.1.** (4) bei Vereinigung, und, da für $A \subset B$ ja $B - A = B \underset{\cdot}{+} A$, auch bei Komplementbildung geschlossen. — 2. Ist umgekehrt $\mathfrak{A}$ geschlossen bei Bildung von Vereinigung und Komplement, so folgt aus **1.2.1.** (5) und (6) die Geschlossenheit bei Durchschnitts- und Unterschiedsbildung.

Ein Körper ist demnach geschlossen bei allen vier Verknüpfungen (Unterschied, Durchschnitt, Vereinigung und Komplement). Das System aller Teilmengen einer festen Menge ist offenbar ein Körper.

1.3.2. *Erweiterung* eines Mengensystems zu einem Modul, Ring oder Körper ist stets möglich:

Über jedem Mengensystem $\mathfrak{A}$ gibt es einen kleinsten Modul $\mathfrak{A}^m$, einen kleinsten Ring $\mathfrak{A}^r$, einen kleinsten Körper $\mathfrak{A}^k$ [so daß jeder Modul (Ring, Körper), der $\mathfrak{A}$ umfaßt, auch $\mathfrak{A}^m$ ($\mathfrak{A}^r$, $\mathfrak{A}^k$) umfaßt].

Beweis. 1. Wenn $\mathfrak{M}$ ein $\mathfrak{A}$ umfassender Modul ist, so muß mit $A_i \in \mathfrak{A}$, $i = 1, 2, \ldots, n$, auch $A_1 \underset{\cdot}{+} A_2 \underset{\cdot}{+} \cdots \underset{\cdot}{+} A_n =: S \in \mathfrak{M}$ gelten. Das System aller solchen S ist aber bereits ein Modul, und muß daher mit $\mathfrak{A}^m$ identisch sein.

2. Wir bilden das System $\mathfrak{D}$ der Mengen $D := A_1 A_2 \ldots A_n$, d.h. der Durchschnitte von je endlich vielen Mengen $A_i \in \mathfrak{A}$. Weiter bilden wir das System $\mathfrak{V}$ der Vereinigungen von je endlich vielen Mengen $D_j \in \mathfrak{D}$:

$$V := D_1 \dotplus D_2 \dotplus \cdots \dotplus D_k.$$

Offenbar müssen die V jedem Ring über $\mathfrak{A}$ angehören; sie bilden aber selbst schon einen solchen. Denn

$$(D_1 \dotplus \cdots \dotplus D_k) \dotplus (D_1' \dotplus \cdots \dotplus D_k') \qquad \text{und}$$

$$(D_1 \dotplus \cdots \dotplus D_k)\,(D_1' \dotplus \cdots \dotplus D_m') = D_1 D_1' \dotplus D_1 D_2' \dotplus \cdots \dotplus D_k D_m'$$

sind wieder Mengen von der Art V. Daher ist $\mathfrak{V} = \mathfrak{A}^r$.

3. Die Konstruktion von $\mathfrak{A}^k$ geht genau so wie die von $\mathfrak{A}^r$, nur mit $\underset{\cdot}{+}$ an Stelle von $\dotplus$.

Beispiel. Es bezeichne J eine einpunktige Menge oder ein offenes Intervall $\{\xi : \alpha < \xi < \beta\}$ der (endlichen) Zahlgeraden. Das System $\mathfrak{K}$ der Vereinigungsmengen von je endlich vielen Mengen J ist ein Mengenkörper; denn je zwei solche Vereinigungsmengen lassen sich gleichzeitig darstellen mittels gleicher oder fremder J.

1.4. Produktmenge, Abbildung.

1.4.1. Unter dem (*kartesischen*) *Produkt* $((A, B)) =: P$ zweier Mengen A und B versteht man die Menge aller geordneten Paare (a, b) mit $a \in A$, $b \in B$:

$$(a, b) \in P : \bowtie \; a \in A \quad \text{und} \quad b \in B.$$

A und B heißen die Faktoren von P. Gleichheit in P ist definiert durch

$$(a_1, b_1) = (a_2, b_2) : \bowtie \; a_1 = a_2 \quad \text{und} \quad b_1 = b_2.$$

Nur wenn beide Faktoren $\neq 0$ sind, betrachten wir P als nicht leer.

Beispiel. Die euklidische Ebene E^2, repräsentiert durch die Paare (x, y) reeller Zahlen x und y.

1.4.2. Ist Q eine Teilmenge von P, so lassen sich die folgenden Mengen bilden:

$$F(a) := \{b : b \in B \quad \text{und} \quad (a, b) \in Q\},$$
$$G(b) := \{a : a \in A \quad \text{und} \quad (a, b) \in Q\};$$

die Mengen $((\{a\}, F(a)))$, $a \in A$, und $((G(b), \{b\}))$, $b \in B$, heißen die *Schichten* von Q in P; sie können teilweise auch leer sein. (Vgl. Fig. 2, worin eine anschauliche Darstellung im E^2 gegeben wird.)

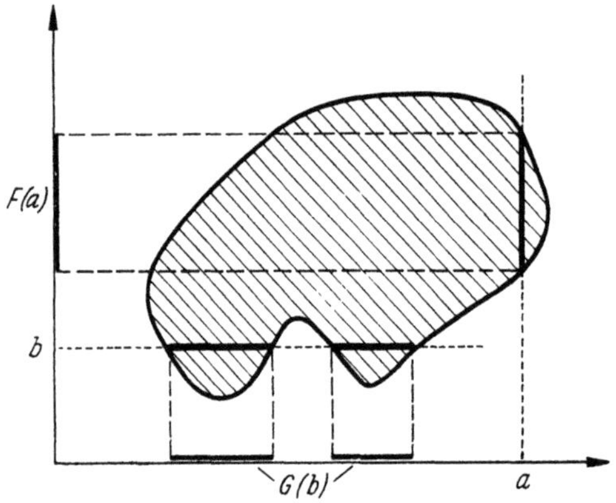

Abb. 2. Es gelten die leicht beweisbaren Beziehungen:

$F(a) = \{b : b \in B$ und $a \in G(b)\}$ für $a \in A$,
$G(b) = \{a : a \in A$ und $b \in F(a)\}$ für $b \in B$.

1.4.3.1. Jede Teilmenge Q von P definiert eine *Relation* $S(Q) =: R$ *zwischen den Elementen von A und B* (aRb, „a in Relation R zu b"):

$$aRb : \bowtie (a, b) \in Q.$$

Umgekehrt definiert jede Relation R zwischen Elementen von A und B eine Teilmenge $T(R)$ in P, so daß $T(S(Q)) = Q$ und $S(T(R)) = R$, nämlich $T(R) := \{p : p = (a, b)$ und $aRb\}$.

1.4.3.2. Eine *eindeutige, elementweise Abbildung f von A nach* oder *in* B liegt vor, wenn $F(a)$ (von **1.4.2.**) für jedes a aus A aus genau einem Element $f(a)$ aus B besteht: $A \ni a \to f(a) \in B$, jedem a aus A ist eindeutig ein b aus B, $b = f(a)$, zugeordnet. $f(a)$ heißt das *Bild* von a, a ein *Urbild* von $b = f(a)$, $G(b) = \{a : f(a) = b\}$ die *Urbildermenge* von b, A der *Definitionsbereich* der Abbildung; um ihn hervorzuheben, schreibt man $f|A$. Gleichheit ist definiert durch:

$$f_1|A = f_2|A : \bowtie f_1(x) = f_2(x) \text{ für alle } x \in A.$$

1.4.3.3. Wichtige Beispiele eindeutiger Abbildungen liefern die Verknüpfungsoperationen. In einer Menge M ist eine (paarige) *Verknüpfung* $x \varphi y$ definiert, heißt nichts anderes, als daß eine eindeutige Abbildung der Produktmenge $((M, M))$ nach M definiert ist:

$$(x, y) \to z = x \varphi y = f(x, y).$$

Ist B eine Menge von reellen Zahlen, so heißt eine (eindeutige) Abbildung f von A in B eine *reelle Funktion auf A*; sind die Elemente von A Punkte bzw. Mengen, so spricht man, wenn man deutlicher sein will, von einer *Punkt-* bzw. *Mengenfunktion.* Sind die Elemente von A Funktionen, oder analoge Gebilde, so pflegt man von einem *Funktional* zu sprechen.

Es sei hier ausdrücklich darauf hingewiesen, daß wir die Abbildung als Ganzes mit f, genauer mit $f|A$, bezeichnen, mit $f(a)$ aber das Bild des Elementes a vermöge f.

1.4.3.4. Der *Graph Q einer Abbildung $f|A$* in eine Menge B ist definiert als die Menge

$$Q := \{q : q = (x, f(x)) \quad \text{und} \quad x \in A\}$$

im Produkt $((A, B))$; klassisches Beispiel hierfür ist die Darstellung einer reellen Funktion $y = f(x)$ einer reellen Veränderlichen x als Kurve in einem kartesischen $(x\ y)$-Koordinatensystem.

1.4.4.1. Unter der *Bildmenge* einer Teilmenge A_1 von A vermöge der Abbildung $f|A$ verstehen wir die Menge

(1) $$\{y : y = f(a) \quad \text{und} \quad a \in A_1\},$$

welche wir kurz mit $f(A_1)$ bezeichnen [es liegt also eine Sinnerweiterung des Zeichens $f(X)$ vor, welche aber zu keinen Verwechslungen führt]. Bei einer Abbildung $f|A$ in B ist $f(A) \subset B$; ist dabei speziell $f(A) = B$, so sagen wir, es liege eine *Abbildung von A auf B* vor. Statt der Bezeichnung (1) verwenden wir auch die kürzere

(1′) $$\{f(\hat{a}) : \hat{a} \in A_1\}$$

[zu lesen: „Menge aller $f(a)$, für welche a Element von A_1 ist“, oder „Menge aller $f(a)$ mit a aus A_1“]. Ist A_1 selbst in der Form $A_1 = \{\hat{a} P\}$ dargestellt, so schreiben wir statt $\{y : y = f(a) \text{ und } a P\}$ kürzer

(1″) $$\{f(\hat{a}) : \hat{a} P\}.$$

Statt (1″) erlauben wir uns eine weitere Vereinfachung in der Bezeichnung; wir schreiben statt (1″)

(1‴) $$\{f(a) : a P\},$$

soferne neben dem Zeichen a links und rechts vom Doppelpunkt keine weiteren gleichlautenden Zeichen auftreten. Treten zu beiden Seiten vom Doppelpunkt mehrere gleichlautende Zeichen auf, so ist über alle jene, welche bei der Bildung der Menge konkurrieren, das Allezeichen $\wedge$ zu setzen; wenn aber alle gleichlautenden Zeichen links und rechts vom Doppelpunkt konkurrieren, so lassen wir in Übereinstimmung mit der Vereinbarung (1‴) die Allezeichen weg. Dies möge noch an Beispielen bei Mengen von reellen Zahlen erläutert werden:

$$\{\hat{x} + \hat{y} : |\hat{x} - \hat{y}| < 1\} = \{x + y : |x - y| < 1\} = \{x + y : x \in \{|\hat{t} - y| < 1\}\};$$
$$\{\hat{x} + y : |\hat{x} - y| < 1\} = \{|\hat{z} - 2y| < 1\}, \text{ usw.}$$

1.4.4.2. Wenn speziell alle Urbildermengen höchstens einelementig sind, liegt der Fall der sog. *Eineindeutigkeit* vor: Auf der Bildmenge $f(A) = B_1$ liefert dann $G(b)$, $b \in B_1$, eine eindeutige Abbildung auf A, $a = g(b)$ mit $\{g(b)\} = G(b)$, die *Umkehrung* oder *Rückabbildung* von f. Dabei gilt

$$a = g(f(a)) \text{ für } a \in A, \qquad b = f(g(b)) \text{ für } b \in B_1;$$

die Elemente von A und B_1 werden umkehrbar eindeutig (eineindeutig) aufeinander bezogen:

$$a \to f(a) = b \to g(b) = a.$$

Man schreibt häufig $g = f^{-1}$ und $f = g^{-1}$.

1.4.4.3. *Zu keiner nichtleeren Menge M gibt es eine eineindeutige Abbildung von M auf das System $\mathfrak{M}$ aller Teilmengen von M.*

Beweis. Es sei $F \mid M$ irgendeine eindeutige Abbildung von M in $\mathfrak{M}$. Dann setzen wir $N := \{x : x \in M - F(x)\}$. Es gibt kein $x \in M$ mit $F(x) = N$. Angenommen (!), für $y \in M$ ist $F(y) = N$, so folgt $y \in F(y) \bowtie y \in N \bowtie y \notin F(y)$, also in allen Fällen $(y \in$ und $\notin F(y))$ ein Widerspruch (!). Jede eindeutige Abbildung von M in $\mathfrak{M}$ läßt also Elemente von $\mathfrak{M}$ als Bildelemente aus, w. z. b. w.

1.4.5. Es bezeichne $c \mid M$ eine eindeutige Abbildung der Menge M in die zweielementige Menge $\{0, 1\}$. Dies definiert die Teilmenge

$$C := \{x : x \in M \quad \text{und} \quad c(x) = 1\}.$$

Die Abbildung $c \mid M \to C$ ist umkehrbar eindeutig; denn die Abbildung $d \mid M$, mit $d(x) = 0$ bzw. 1 je nachdem $x \notin$ bzw. $\in C$, ist offenbar mit $c \mid M$ identisch. Man nennt die Abbildungen $c \mid M$ die *charakteristischen Funktionen* auf M; sie stehen in umkehrbar eindeutiger Beziehung zu den Teilmengen von M. Den Mengenverknüpfungen im System der Teilmengen entsprechen arithmetische Operationen mit den entsprechenden charakteristischen Funktionen:

$$\begin{aligned} C &= A \dot{+} B \quad \text{entspricht} \quad c(x) \equiv a(x) + b(x) \text{ modulo } 2, \\ C &= A\,B \quad \text{entspricht} \quad c(x) = a(x)\,b(x) = \min\{a(x), b(x)\}, \\ C &= A \dotplus B \quad \text{entspricht} \quad c(x) = \max\{a(x), b(x)\}; \end{aligned}$$

hiermit lassen sich die in **1.2.1.** und **1.2.2.** angegebenen Mengengleichungen leicht beweisen.

1.4.6. Ist in einer Menge A ein Äquivalenzbegriff zwischen ihren Elementen definiert (d. h. eine Relation zwischen ihren Elementen, $x \equiv y$, welche den Axiomen von **1.1.1.** genügt), so läßt sich jedem a aus A eindeutig eine Teilmenge $[a] := \{x : x \in A$ und $x \equiv a\}$, die zu a gehörige *Äquivalenzklasse*, zuordnen. a heißt ein *Repräsentant* der Äquivalenzklasse; $x \in [a] \bowtie [x] = [a]$. A ist zerlegt in die paarweise fremden

Äquivalenzklassen. A wird durch $a \to [a]$ eindeutig auf die Menge der Äquivalenzklassen abgebildet.

Umgekehrt liefert jede eindeutige Abbildung $f|A$ einer Menge A auf die Menge $B\,(=f(A))$ in A einen Äquivalenzbegriff:

$$a \equiv a' : \bowtie f(a) = f(a');$$

Äquivalenzklassen sind hier die Urbildermengen, und die Abbildung $[a] \to f(a)$ ist eine eineindeutige Abbildung des Systems der Äquivalenzklassen auf die Menge B.

1.4.7. Die häufig benutzte Indexschreibweise zur Unterscheidung von gleichartigen Dingen ist eine Anwendung des Begriffes der eindeutigen Abbildung. Ist M irgendeine Menge (Indexmenge), $M = \{m, n, \ldots\}$, A eine zweite Menge, und $a = f(m)$, $m \in M$, eine eindeutige Abbildung von M in A mit der Bildmenge $B := \{f(m) : m \in M\} \subset A$, so nennt man die Schreibweise $a_m := f(m)$ eine *Indexschreibweise* oder *Indizierung der Teilmenge B von A* und B heißt *indiziert*: $B = \{a_x : x \in M\}$. Wir verwenden in diesem Zusammenhang ebenfalls die Schreibweise (1″) von **1.4.4.1.**

Von der indizierten Menge B unterscheiden wir die *Belegung*

$$(a_m, a_n, \ldots) = (a_x : x \in M)$$

von M mit Elementen aus A. Wohl bestimmt die Belegung (Abbildung) eindeutig die Menge B (Bildmenge), aber keineswegs umgekehrt.

Von besonderer Wichtigkeit ist der Fall, daß M die Menge $\mathbf{Z} = \{1, 2, \ldots\}$ der natürlichen Zahlen ist. $(a_1, a_2, \ldots) = (a_n : n \in \mathbf{Z})$ heißt dann eine (unendliche) *Folge*, häufig kurz $((a_n))$ geschrieben.

Unter einer *Teilfolge* der Folge der natürlichen Zahlen verstehen wir eine aufsteigende Folge $(n_1, n_2, n_3, \ldots)$ von natürlichen Zahlen, d. h. mit $n_1 < n_2 < n_3 < \cdots$. Analog versteht man unter einer *Teilfolge der Folge* $((a_n))$ die Folge $(a_{n_k} : k \in \mathbf{Z})$, wo $(n_k : k \in \mathbf{Z})$ eine Teilfolge der Folge der natürlichen Zahlen ist.

1.4.8. Sei wieder $M = \{m, n, \ldots\}$. Ordnen wir jetzt jedem x aus M eindeutig eine nicht leere Menge A_x zu, so lassen sich Elementbelegungen $(a_m, a_n, \ldots) =: p$ der Menge M betrachten mit der Eigenschaft, daß $a_x \in A_x$ für $x \in M$. Ist $(b_m, b_n, \ldots) =: q$ eine zweite solche Belegung, so heiße $p = q$ dann und nur dann, wenn $a_x = b_x$ für alle $x \in M$. Mit dieser Gleichheitsdefinition heißt die Menge P aller dieser Elementbelegungen die *Produktmenge* der Mengen A_x, $x \in M$; wir schreiben dafür kurz $P = ((A_m, A_n, \ldots)) = ((A_x : x \in M))$. Das einzelne Element von P bezeichnen wir dagegen mit $p = (a_x : x \in M)$.

Bemerkung. Die hier als selbstverständlich genommene Möglichkeit, zu beliebigen Mengen M und nicht leeren A_x, $x \in M$, Belegungen

$(a_m, a_n, \ldots)$ der Menge M mit obiger Eigenschaft zu bilden, ist eine zur Begründung vieler Sätze der Mengenlehre unentbehrliche Annahme; sie wird als *Auswahlaxiom* bezeichnet.

Sind in $P=((A_x : x \in M))$ alle Mengen A_x einander gleich, $=A$, so schreiben wir für P einfach A^M und sprechen von einer *Potenzmenge*. Beispielsweise ist die Potenzmenge $\{0, 1\}^M$ im wesentlichen dasselbe wie das System der charakteristischen Funktionen über M (**1.4.5.**).

1.4.9. Vereinigung und Durchschnitt übertragen wir folgendermaßen auf beliebige Mengensysteme: Ist $\mathfrak{S} := \{A_j : j \in J\}$ ein System (Menge) von Mengen A_j, so sei die *Vereinigung* von $\mathfrak{S}$ erklärt durch[1]

$$\sum\nolimits^{\cdot} \mathfrak{S} = \sum\nolimits^{\cdot} \{A_j : j \in J\} := \{x : x \,\exists\, j : j \in J \quad \text{und} \quad x \in A_j\},$$

der *Durchschnitt* von $\mathfrak{S}$ erklärt durch

$$\prod\nolimits^{\cdot} \mathfrak{S} = \prod\nolimits^{\cdot} \{A_j : j \in J\} := \{x : j \in J \rhd x \in A_j\}.$$

Unterschiedsbildung ist nicht für beliebige Systeme von Mengen definierbar (vgl. arithmetische Definition in **1.4.5.**). Im Falle von Mengenfolgen schreiben wir statt $\sum^{\cdot} \{A_n : n \in \mathbf{Z}\}$ bzw. $\prod^{\cdot} \{A_n : n \in \mathbf{Z}\}$ zur Bequemlichkeit kürzer $\sum^{\cdot}_n A_n$ bzw. $\prod^{\cdot}_n A_n$, oder gar nur $\sum^{\cdot} A_n$ bzw. $\prod^{\cdot} A_n$, oder auch $A_1 \dotplus A_2 \dotplus \cdots$ bzw. $A_1 A_2 \ldots$. Es gilt das allgemeine *Distributivgesetz*:

Ist jedem t aus T eine Menge S_t, jedem t aus T und jedem s aus S_t eine Menge $M_{t,s}$ eindeutig zugeordnet, und bezeichnet $\sigma := (\sigma_t : t \in T)$ das allgemeine Element der Produktmenge $P := ((S_t : t \in T))$, so gilt:

$$\prod\nolimits^{\cdot} \{\sum\nolimits^{\cdot} \{M_{t,s} : s \in S_t\} : t \in T\} = \sum\nolimits^{\cdot} \{\prod\nolimits^{\cdot} \{M_{t,\sigma_t} : t \in T\} : \sigma \in P\}.$$

Beweis. $x \in$ links $\rhd x \in \sum^{\cdot} \{M_{t,s} : s \in S_t\}$ für $t \in T \rhd t \in T \,\exists\, \sigma_t : \sigma_t \in S_t$ und $x \in M_{t,\sigma_t} \rhd \exists\, \sigma : \sigma \in P$ und $x \in \prod^{\cdot} \{M_{t,\sigma_t} : t \in T\} \rhd x \in$ rechts; die Schlußkette ist auch rückwärts durchlaufbar.

1.5. Abzählbare Mengen.

1.5.1. Eine Menge A heißt *endlich*, wenn sie für eine geeignete natürliche Zahl n in eineindeutiger Weise auf die Menge $\{1, 2, \ldots, n\}$ der ersten n natürlichen Zahlen abbildbar ist. Wir können dann die Elemente von A so bezeichnen, daß $A = \{a_1, a_2, \ldots, a_n\}$ wird mit $a_k \neq a_h$ für $k \neq h$; n heißt die *Anzahl* oder *Mächtigkeit* der Menge A.

1.5.2. Wir nennen zwei Mengen A und B *gleichmächtig*, in Zeichen: $A \doteq B$, wenn es eine eineindeutige Abbildung von A auf B gilt. Es gelten die Äquivalenzaxiome, (3_A) insbesondere deshalb, weil die Zusammensetzung von eineindeutigen Abbildungen wieder eine solche

---

[1] Der Punkt an $\sum$ und $\prod$ möge andeuten, daß es sich um eine *Mengen*operation und nicht um eine *Zahlen*operation handelt.

ergibt: Ist $b = f(a)$ eine eineindeutige Abbildung von A auf B, $c = g(b)$ eine solche von B auf C, so ist $c = g(f(a))$ eine von A auf C mit der Umkehrung $a = f^{-1}(g^{-1}(c))$.

1.5.3. Eine Menge A heißt *abzählbar*, wenn sie mit der Menge $\mathsf{Z} = \{1, 2, \ldots\}$ aller natürlichen Zahlen gleichmächtig ist. Sie kann dann in der Form $A = \{a_1, a_2, a_3, \ldots\}$ einer Folge geschrieben werden, wobei $a_i \neq a_k$ für $i \neq k$.

Die endlichen und die abzählbaren Mengen heißen *höchstens abzählbar*. Wir sagen, eine abzählbare Menge habe *abzählbar viele* Elemente.

1.5.4. *Jede unendliche Menge M enthält eine abzählbare Teilmenge A.*

Beweis. Konstruktion von $A = \{a_1, a_2, \ldots, a_n, \ldots\}$ durch vollständige Induktion. Wir nehmen ein $a_1 \in M$ und setzen $A_1 = \{a_1\}$. Sei bereits die Teilmenge $A_n = \{a_1, a_2, \ldots, a_n\}$ mit paarweise verschiedenen a_i konstruiert. Da M nicht endlich ist, so gibt es ein $a_{n+1} \in M - A_n$ und wir können setzen $A_{n+1} = \{a_1, a_2, \ldots, a_n, a_{n+1}\}$. Auf diese Weise ergibt sich eine unendliche Folge $a_1, a_2, \ldots, a_n, \ldots$ paarweise verschiedener Elemente von M.

1.5.5. *Jede Teilmenge B einer abzählbaren Menge A ist höchstens abzählbar.*

Beweis. Aus $A = \{a_1, a_2, \ldots, a_n, \ldots\}$ ergibt sich B durch Streichung gewisser Elemente. Bleiben nur endlich viele Elemente übrig, so ist B endlich, im anderen Falle stellen die Indizes der restlichen Elemente eine Teilfolge der Folge der natürlichen Zahlen dar, welche man neu durchnumerieren kann.

1.5.6. *Die Vereinigung von abzählbar vielen abzählbaren Mengen ist abzählbar.*

Beweis. Es sei $A_n = \{a_{n1}, a_{n2}, \ldots\}$ für $n = 1, 2, \ldots$. Wir ordnen die Elemente dieser Mengen gemäß dem Schema von Abb. 3, welches nach rechts und nach unten unbeschränkt ist.

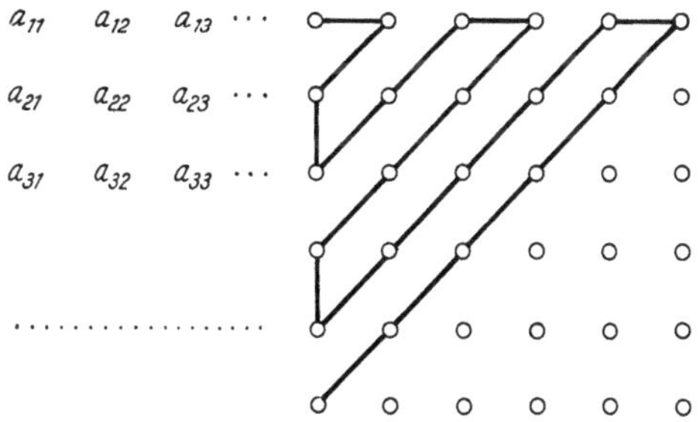

Abb. 3.

Mäanderartiges Durchlaufen des Schemas, wie es z.B. in Abb. 3, rechts, angegeben ist, liefert die Folge $a_{11}, a_{12}, a_{21}, \ldots$, in der jedes a_{ik} genau einmal vorkommt (ein anderes Durchlaufungsschema ist in **1.5.11.** und **2.9.5.** angegeben); Streichung von eventuell mehrfach vorkommenden Elementen ändert nichts an der Abzählbarkeit.

1.5.7. *Das Produkt P von endlich vielen abzählbaren Mengen ist abzählbar.*

Beweis. 1. (Für zwei Faktoren.) $A := \{a_1, \ldots, a_n, \ldots\}$ und $B := \{b_1, \ldots, b_m, \ldots\}$ seien die beiden Faktoren. $((A, B))$ besteht aus den Elementen (a_n, b_m), deren es nach **1.5.6.** abzählbar viele gibt. — 2. Für endlich viele Faktoren führe man vollständige Induktion durch. Dabei ist zu benutzen, daß die Produktmengen $((((A_1, \ldots, A_n)), A_{n+1}))$ und $((A_1, \ldots, A_n, A_{n+1}))$ offenbar gleichmächtig sind.

Dagegen gilt

1.5.8. *Das Produkt von abzählbar vielen mindestens zweielementigen Mengen ist unabzählbar, d.h. weder endlich noch abzählbar.*

Beweis (CANTORsches Diagonalverfahren). Seien A_n, $n = 1, 2, 3, \ldots$ Mengen mit mindestens zwei Elementen. Ferner seien $(a_{m1}, a_{m2}, a_{m3}, \ldots) =: p_m$, $m = 1, 2, 3, \ldots$ eine Folge von Elementen des Produktes $((A_1, A_2, A_3, \ldots)) =: P$. Nun bildet man das Element $(b_1, b_2, b_3, \ldots) =: p$ mit $a_{mm} \neq b_m \in A_m$ für $m = 1, 2, 3, \ldots$. Dann ist $p \neq p_m$ für $m = 1, 2, 3, \ldots$. Ergebnis: Welche Folge von Elementen aus P man auch immer bilden möge, stets gibt es Elemente von P, die nicht in der Folge enthalten sind. P ist nicht abzählbar.

1.5.9. *Beispiele von abzählbaren Mengen sind:*

(1) Die Menge der ganzen Zahlen (nach **1.5.6.**);

(2) die Menge der rationalen Zahlen (nach **1.5.7.**);

(3) die Menge aller endlichen Dezimalbrüche [nach (2) und **1.5.5.**];

(4) die Menge aller algebraischen Zahlen, d.h. reellen oder komplexen Zahlen, welche einer algebraischen Gleichung

$$x^n + r_1 x^{n-1} + \cdots + r_{n-1} x + r_n = 0$$

mit rationalen Koeffizienten r_ν genügen (nach **1.5.7.** und **1.5.8.**);

(5) jedes System von paarweise fremden offenen Intervallen $\{a < \hat{x} < b\}$ der Zahlgeraden ist abzählbar. (Zum Beweis ordne man jedem Intervall eine darin gelegene rationale Zahl zu, wodurch eine eineindeutige Abbildung des Systems auf eine Teilmenge der rationalen Zahlen zustande kommt; daraus folgt dann die Abzählbarkeit.)

1.5.10. *Aus einer unabzählbaren Menge Y positiver reeller Zahlen y lassen sich bei vorgegebener positiver Zahl p stets endlich viele herausgreifen, deren Summe p übertrifft.*

Beweis. Wir betrachten die Intervalle $\{1 < \hat{x}\}$ und $\left\{\frac{1}{n+1} < \hat{x} \leq \frac{1}{n}\right\}$, $n = 1, 2, \ldots$. Eines dieser Intervalle muß unendlich viele y enthalten; sonst wäre Y höchstens abzählbar. Es gibt also ein natürliches m, so daß unendlich viele y größer als $1/m$ sind; nimmt man von diesen y mehr als pm, so ist das Verlangte erreicht.

1.5.11. *Ist M eine nicht leere Menge, Z die Menge der natürlichen Zahlen, dann sind die Potenzmengen M^{Z} und $(M^{\mathsf{Z}})^{\mathsf{Z}}$ gleichmächtig.*

Beweis. Ein Element von $(M^{\mathsf{Z}})^{\mathsf{Z}}$ hat die Gestalt $p = (q_1, q_2, \ldots)$ mit $q_n \in M^{\mathsf{Z}}$ für $n \in \mathsf{Z}$, also etwa $q_n = (m_{n1}, m_{n2}, \ldots)$ mit $m_{nk} \in M$, $k \in \mathsf{Z}$. Indem wir die Zahlenpaare (n, k) in irgendeiner bestimmten Weise (**1.5.6.**) in eine Folge bringen, z. B. durch die Zuordnung

$$(n, k) \to n + (n + k - 2) + (n + k - 3) + \cdots + 1 =: s,$$

die umkehrbar eindeutig ist: $n = n_s$, $k = k_s$, $s = 1, 2, \ldots$, so liefert $p \to (m_{n_1 k_1}, m_{n_2 k_2}, \ldots) \in M^{\mathsf{Z}}$ eine eineindeutige Abbildung von $(M^{\mathsf{Z}})^{\mathsf{Z}}$ auf M^{Z}.

1.5.12. *Es sei A eine abzählbare Menge. Sind M und $M \dotplus A$ beide unendlich, so sind sie auch gleichmächtig.*

Beweis. Man hat $M \dotplus A = (M - MA) + (A - MA)$. Wenn nun $M - MA$ unendlich ist, so kann man nach **1.5.4.** setzen $M - MA = A_1 + B$ mit abzählbarem A_1 und $A_1 B = 0$. Nach **1.5.5.** und **1.5.6.** ist $A_1 + MA \doteq A_1 + (A - MA)$, nämlich abzählbar, so daß durch Addition von $B \doteq B$ die Behauptung folgt. Wenn dagegen $M - MA$ endlich ist, so sind offenbar MA und $A - MA$ abzählbar, also auch die Mengen, welche sich daraus durch Hinzufügen der endlichen Menge $M - MA$ ergeben.

Obiger Satz kennzeichnet die Mächtigkeit der abzählbaren Mengen als die „kleinste" unendliche Mächtigkeit.

1.6. Die Mächtigkeit des Kontinuums.

1.6.1. Nach **1.5.8.** ist die Menge $K := \mathsf{Z}^{\mathsf{Z}}$, die Menge aller Folgen $((n_k))$ natürlicher Zahlen, unabzählbar. Von jeder Menge, die zu K gleichmächtig ist, sagen wir, sie habe die *Mächtigkeit des Kontinuums.*

Die Menge der reellen Zahlen des Intervalls $\{0 < \hat{x} \leq 1\}$ hat die Mächtigkeit des Kontinuums.

Beweis. Wir erhalten eine eineindeutige Abbildung $((n_k)) \to x$ von K auf $\{0 < \hat{x} \leq 1\}$ durch $x = 2^{-n_1} + 2^{-(n_1+n_2)} + 2^{-(n_1+n_2+n_3)} + \cdots$. In der Tat, wegen $n_k \geq 1$ ist $0 < 2^{-n_1} < x \leq 2^{-1} + 2^{-2} + 2^{-3} + \cdots = 1$. Andererseits ist jedes x mit $0 < x \leq 1$ eindeutig darstellbar als unendlicher Dualbruch $x = 2^{-m_1} + 2^{-m_2} + 2^{-m_3} + \cdots$ mit $1 \leq m_1 < m_2 < m_3 < \cdots$, so daß mit $n_k = m_k - m_{k-1}$, $k \in \mathsf{Z}$, $m_0 = 0$, x die obenstehende Form annimmt.

1.6.2. *Auch $\{0 < \hat{x} < 1\}$ hat die Mächtigkeit des Kontinuums.*

Eine eineindeutige Abbildung von $\{0 < \hat{x} < 1\}$ auf $\{0 < \hat{x} \leq 1\}$ erhält man durch folgende Zerlegung der beiden Intervalle in paarweise kongruente Teilintervalle:

$$0 < x \leq 1 - \frac{1}{2} \quad \leftrightarrow \quad \frac{1}{2} < y \leq 1$$

$$1 - \frac{1}{2} < x \leq 1 - \frac{1}{3} \quad \leftrightarrow \quad \frac{1}{3} < y \leq \frac{1}{2}$$

$$\cdots\cdots\cdots\cdots\cdots\cdots\cdots\cdots$$

$$1 - \frac{1}{n} < x \leq 1 - \frac{1}{n+1} \quad \leftrightarrow \quad \frac{1}{n+1} < y \leq \frac{1}{n}.$$

$$\cdots\cdots\cdots\cdots\cdots\cdots\cdots\cdots$$

1.6.3. Der Konstruktion in **1.6.2.** liegt ein allgemeiner Satz zugrunde (*Gleichmächtigkeitssatz von* BERNSTEIN):

Zwei Mengen, deren jede mit einer Teilmenge der anderen gleichmächtig ist, sind selbst gleichmächtig.

Beweis. Es sei $f|A$ eine eineindeutige Abbildung von A in B und $g|B$ eine solche von B in A. Wir konstruieren zwei Mengen $C \subset A$ und $D \subset B$ derart, daß $f(C) = B - D$ und $g(D) = A - C$, auf folgende Weise: Wir setzen $A^* = A - g(B)$, $A_1 = g\,f(A^*)$, und allgemein $A_{n+1} = g\,f(A_n)$, $n \in \mathbf{Z}$. Dann leisten $C := A^* \dot{+} A_1 \dot{+} A_2 \dot{+} \cdots$ und $D := B - f(C)$ das Gewünschte. In der Tat, $C \subset A$, $D \subset B$ und $f(C) = B - D$ sind offensichtlich erfüllt. Ferner ist $g\,f(C) = g\,f(A^*) \dot{+} g\,f(A_1) \dot{+} \cdots = A_1 \dot{+} A_2 \dot{+} \cdots = g(B)C$, weil ja $A_i \subset g(B)$, $i = 1, 2, \ldots$ und $A^* g(B) = 0$. Schließlich ist $g(D) = g(B - f(C)) = g(B) - g\,f(C) = g(B)\,(A - C) = A - C$, da $C = (A - g(B)) \dot{+} g(B)C$, also $A - C \subset g(B)$.

Setzen wir nun $\varphi = f$ für $x \in C$ und $\varphi = g^{-1}$ für $x \in A - C$, so vermittelt φ die behauptete eineindeutige Abbildung von A auf B.

1.6.4. *Jede Teilmenge M der Menge E^1 der reellen Zahlen, welche ein offenes Intervall enthält, hat die Mächtigkeit des Kontinuums.*

Beweis. Sei $\{a < \hat{x} < b\} \subset M$. Durch $x = a + y(b - a)$ wird $\{0 < \hat{y} < 1\}$ auf $\{a < \hat{x} < b\}$ eineindeutig abgebildet. Andererseits wird E^1 und damit auch M durch $y = \frac{1}{2}\,(1 + x/(1 + |x|))$ nach $\{0 < \hat{y} < 1\}$ eineindeutig abgebildet. Mit **1.6.3.** folgt daraus die Behauptung.

1.6.5. *Die Menge aller Punkte (x, y) der Ebene E^2 hat die Mächtigkeit des Kontinuums.*

Beweis. 1. Wir zeigen, daß das Quadrat $\{(x, y): 0 < x \leq 1 \text{ und } 0 < y \leq 1\}$ mit der Strecke $\{0 < \hat{z} \leq 1\}$ gleichmächtig ist. Mit der Darstellung

$$z = 2^{-z_1} + 2^{-(z_1+z_2)} + 2^{-(z_1+z_2+z_3)} + 2^{-(z_1+z_2+z_3+z_4)} + \cdots$$

$= [z_1, z_2, z_3, z_4, \ldots]$ und entsprechend $x = [x_1, x_2, \ldots]$ und $y = [y_1, y_2, \ldots]$ erhält man die eineindeutigen Zuordnungen

$$z \begin{array}{l} \nearrow x = [z_1, z_3, \ldots] \\ \searrow y = [z_2, z_4, \ldots] \end{array}, \qquad (x, y) \to z = [x_1, y_1, x_2, y_2, \ldots].$$

2. Nach 1. hat das Quadrat die Mächtigkeit des Kontinuums. Mittels **1.6.3.** ergibt sich dann die Behauptung des Satzes nach Art des Beweises von **1.6.4.**

Bemerkungen. 1. Das Verfahren von 1. liefert in naheliegender Verallgemeinerung auch den Beweis dafür, daß der n-dimensionale Raum E^n der Punkte $(x_1, x_2, \ldots, x_n)$, x_i reell, die Mächtigkeit des Kontinuums besitzt. — 2. Verwendung eines Mäanders zur Überstreichung des nach rechts und unten unbegrenzten Schemas

$$\begin{array}{l} a_1, a_2, a_3, \ldots \\ b_1, b_2, b_3, \ldots \\ c_1, c_2, c_3, \ldots \\ \cdot\ \cdot\ \cdot\ \cdot\ \cdot\ \cdot\ \cdot, \end{array}$$

wobei $a = [a_1, a_2, \ldots], \ldots$, ergibt analog die Gleichmächtigkeit der Menge aller Folgen $(a, b, c, \ldots)$ von reellen Zahlen mit dem Kontinuum.

2. Ordnungen.

2.1. Teilweise geordnete Mengen.

2.1.1. Wir verallgemeinern die Teilmengenrelation $\subset$, indem wir die Eigenschaften (1_0), (2_0), (3_0) von **1.1.4.** abstrakt auffassen, und demnach definieren:

Eine Menge R von Elementen $r, s, t, \ldots$ heißt *teilweise geordnet*, kurz *t-geordnet*, wenn für gewisse Paare r, s von Elementen von R die Relation $r < s$, zu lesen: *r unter s*†, besteht und die folgenden Regeln gelten:

(1_0) $\quad r \in R \triangleright r < r$ (Reflexivität);

(2_0) $\quad (r < s \text{ und } s < t) \triangleright r < t$ (Transivität);

(3_0) $\quad (r < s \text{ und } s < r) \triangleright r = s$.

Die Schreibweise $r > s$ („*r über s*") verwenden wir gleichbedeutend mit $s < r$.

2.1.2. *Beispiele* von t-geordneten Mengen sind:

1. Jedes Mengensystem, indem man $<$ als „Teilmenge von" deutet;

2. jede Menge von reellen Zahlen, indem man $<$ als $\leq$ deutet;

3. jede Menge von natürlichen Zahlen, wenn man $>$ als „ohne Rest teilbar durch" deutet;

4. die Punkte (x, y) einer Ebene, wenn man definiert $(x, y) < (x', y')$: $\bowtie (x \leq x' \text{ und } y \leq y')$; dieses Beispiel eignet sich oft zu heuristischen Betrachtungen; ferner:

---

† Unter Umständen genauer: $r \underset{R}{<} s$ („*r in R unter s*").

5. es sei A eine Menge, und es bezeichne t eine Zerlegung von A in fremde nichtleere Teilmengen T_j, $j \in J$, $A = \sum^{\cdot} \{T_j : j \in J\}$, $T_j T_{j'} = 0$ für $j \neq j'$. Das System aller solchen Zerlegungen ist t-geordnet vermöge der Erklärung: Bezeichnet s eine zweite Zerlegung von A in die Teilmengen S_k, $k \in K$, so werde $t < s$ gesetzt, wenn und nur wenn es zu jedem $j \in J$ ein $k = k(j) \in K$ gibt mit $T_j \subset S_{k(j)}$. Daß (1_0) und (2_0) gelten ist unmittelbar einzusehen. Zum Beweis von (3_0) sei $t < s$ und $s < t$. Dann ist $T_{j_1} \subset S_{k(j_1)} \subset T_{j(k(j_1))}$; dies ist wegen der Eigenschaften der T_j nur mit dem Gleichheitszeichen möglich, woraus $t = s$ folgt.

6. Jede Teilmenge T einer t-geordneten Menge R ist t-geordnet durch

$$r \underset{T}{<} s : \bowtie r \underset{R}{<} s \text{ für } (r \text{ und } s) \in T$$

(in T *induzierte* Ordnung).

2.1.3. Die t-Ordnung einer endlichen Menge kann man veranschaulichen durch ein Einbahnstraßennetz, dessen Kreuzungen den Elementen der t-geordneten Menge, und dessen Straßen den nichttrivialen Ordnungsrelationen entsprechen. Ist $s < t$, und liegt „zwischen" s und t kein weiteres Element, d.h. gibt es kein u mit $s < u < t$, so legt man eine Verbindungslinie von t nach s mit einem Richtungspfeil von t nach s. Vermöge des transitiven Gesetzes (2_0) sind damit auch die nicht unmittelbaren Ordnungsrelationen gegeben.

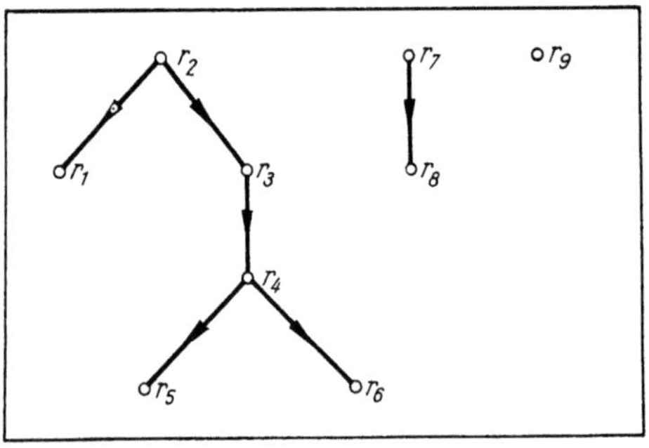

Abb. 4.

Beispiel (Abb. 4):

Die unmittelbaren Relationen sind

$$r_1 < r_2, \quad r_3 < r_2, \quad r_4 < r_3,$$
$$r_5 < r_4, \quad r_6 < r_4, \quad r_8 < r_7.$$

2.1.4. Fordert man von einer Ordnungsrelation in einer Menge M nur die Eigenschaften (1_0) und (2_0), so sagen wir, es liege eine *s-Ordnung* (schwache t-Ordnung) in M vor.

Beispiele. 1. Es sei R eine t-geordnete Menge. In dem System aller Teilmengen $A, B, \ldots$ von R wird eine s-Ordnung definiert durch:

$$A < B : \bowtie b \in B \, \exists \, a : a \in A \;\&\; a < b.$$

2. Ist $b = f(a)$ eine eindeutige Abbildung der Menge A in die s-geordnete Menge B, so wird durch $a_1 > a_2 : \bowtie f(a_1) > f(a_2)$ auch A s-geordnet (Beweis!).

Aus jeder s-Ordnung gewinnt man durch Äquivalenzklassenbildung ein t-geordnetes System:

$$s \equiv t : \bowtie (s < t \text{ und } t < s), \qquad [s] := \{t : t \equiv s\}.$$

Durch $[s] < [t] : \rhd\lhd\ s < t$ wird im System der Äquivalenzklassen eine t-Ordnung in eindeutiger Weise erklärt. Die Eindeutigkeit folgt aus $(s' \in [s]$ und $t' \in [t]) \rhd ([s] < [t] \rhd\lhd\ s' < t')$. Denn nach Voraussetzung gilt $s' < s, s < s', t' < t, t < t'$, so daß wegen (2_0) $[s] < [t] \rhd\lhd\ s < t \rhd\lhd\ s' < t'$.

2.1.5. Die Wichtigkeit der s-Ordnung als reflexive und transitive Relation ergibt sich noch aus folgenden Umständen:

a) *Jede beliebige paarige Relation bestimmt in eindeutiger Weise eine s-Ordnung.* Ist nämlich in der Menge A der Elemente $a, b, \ldots, x, \ldots$ für gewisse Paare a, b die Relation $a \mathrm{R} b$ definiert, so ergibt sich dazu die s-Ordnung $a < b : \rhd\lhd\ ((x \mathrm{R} a) \rhd (x \mathrm{R} b))$. Die formale Ähnlichkeit dieser Definition mit der der Teilmengenrelation (**1.1.4.**) ist offenbar. Die Axiome (1_0), (2_0) sind erfüllt (Beweis!).

b) *Genügt eine paarige Relation* R *zwischen den Elementen $a, b, \ldots, x, \ldots$ einer Menge A der „logistischen Funktionalgleichung“*

$$[(x \mathrm{R} a) \rhd (x \mathrm{R} b)] \rhd\lhd\ (a \mathrm{R} b),$$

so ist sie transitiv und reflexiv (d.h. eine s-Ordnung), *und umgekehrt.* (Beweis als Aufgabe!)

Bemerkung. Jede assoziative Verknüpfung $a * b$ in einer beliebigen Menge A erzeugt eine transitive Ordnungsstruktur in A; für $a, b \in A$ definiere man

$$a < b : \rhd\lhd\ a,\ b\ \exists\ q : q \in A \quad \text{und} \quad a * q = b.$$

Man beweise, daß (2_0) erfüllt ist.

Da z.B. im System der natürlichen Zahlen sowohl die Addition als auch die Multiplikation eine assoziative Verknüpfung darstellen, so ist obige Definition anwendbar: Mit der Addition als Verknüpfung erhält man die gewöhnliche *Größenordnung* der natürlichen Zahlen, mit der Multiplikation als Verknüpfung ergibt sich der Begriff der *Teilbarkeit.*

2.1.6. Ist in R eine t-Ordnung definiert, so sind die folgenden Abbildungen von R in die Menge der Teilmengen von R erklärt:

$$S_*(r) := \{t : t < r\} = \{\hat{t} < r\} \quad \text{und} \quad S^*(r) := \{\hat{t} > r\}, \quad r \in R.$$

Sie genügen beide den folgenden Bedingungen:

(1_s) $\qquad r \in R \rhd r \in S(r),$

(2_s) $\qquad (s \in S(r)$ und $t \in S(s)) \rhd t \in S(r),$

(3_s) $\qquad (s \in S(r)$ und $r \in S(s)) \rhd r = s,$

die den Eigenschaften (1_0), (2_0), (3_0) völlig entsprechen. Umgekehrt definiert eine Abbildung $S(x)$ von R in das System der Teilmengen von R mit den Eigenschaften (1_s), (2_s), (3_s) eine t-Ordnung z. B. vermöge $r < s : \rhd\lhd\ r \in S(s)$; S ist dann die Abbildung $S_*(r)$ dieser Ordnung.

2.1.7. Sind R_1 und R_2 zwei t-geordnete Mengen und ist $r_2 = f(r_1)$ eine eindeutige Abbildung von R_1 auf R_2 mit der Eigenschaft, daß $(r_1 < r_1') \rhd (f(r_1) < f(r_1'))$, so heißt diese Abbildung *gleichsinnig monoton.*

Ist überdies $f(x)$ eineindeutig und ist auch $f^{-1}(y)$ gleichsinnig monoton, dann sprechen wir von einer *ähnlichen Abbildung* von R_1 auf R_2, in Zeichen: $R_1 \sim R_2$ („R_1 ähnlich R_2“).

Daß für die Ähnlichkeit die Eineindeutigkeit und die Monotonie in einer Richtung nicht genügt, zeigt ein einfaches Beispiel: $R_1 = \{a_1, a_2\}$ mit $a_i < a_i$, $i = 1, 2$, als einzige Ordnungsrelationen, dagegen $R_2 = \{b_1, b_2\}$ mit $b_i < b_i$, $b_1 < b_2$. Die Abbildung $b_i = f(a_i)$, $i = 1, 2$, ist eineindeutig und monoton, nicht aber ihre Umkehrung. Die Ähnlichkeit erfüllt die Axiome der Äquivalenz (**1.1.1.**).

Jede eindeutige Abbildung mit monotoner Umkehrung ist eineindeutig.

Beweis. Sei f eindeutig mit monotoner Umkehrung, und $f(a_1) = b_1 = f(a_2)$. Wegen $f(a_1) < f(a_2)$ folgt $a_1 < a_2$; genau so aber auch $a_1 > a_2$, also $a_1 = a_2$.

2.1.8. *Jede t-geordnete Menge ist ähnlich einem vermöge der Teilmengenrelation t-geordneten Mengensystem.*

Beweis. Sei R t-geordnet. Wir betrachten das System $\mathfrak{S}$ der Mengen $S_*(r)$, $r \in R$. Die Abbildung $r \to S_*(r)$ von R auf $\mathfrak{S}$ ist eineindeutig. Denn ist $S_*(r_1) = S_*(r_2)$, so gilt $r_1 \in S_*(r_2)$ und $r_2 \in S_*(r_1)$, also nach **2.1.6.** $r_1 = r_2$. Außerdem gilt $r_1 < r_2 \bowtie S_*(r_1) \subset S_*(r_2)$, wie leicht zu bestätigen ist.

Obwohl mit diesem Satz die völlige Gleichartigkeit der beiden Zeichen $\subset$ und $<$ zum Ausdruck kommt, ist es zweckmäßig, sie nebeneinander zu benutzen.

2.2. Vollständigkeit t-geordneter Mengen.

2.2.1. Aus der Theorie der reellen Zahlen übernehmen wir die Begriffe der unteren und oberen Schranke: Das Element u der t-geordneten Menge R heißt eine *untere Schranke* der Teilmenge A von R *in* R, wenn $u < a$ für $a \in A$; v in R ist eine *obere Schranke* von A *in* R, wenn $a < v$ für $a \in A$. Existiert zu A eine untere bzw. obere Schranke in R, so heißt A *nach unten* bzw. *nach oben beschränkt in* R.

Hier erhebt sich sogleich die wichtige Frage nach der Existenz einer „obersten unteren" bzw. „untersten oberen" Schranke einer Teilmenge A. Wir definieren:

u_0 heißt *Infimum* (oder *oberste untere Schranke*) *von* A *in* R, in Zeichen $u_0 = \inf A$, genauer $u_0 = R\text{-}\inf A$, wenn 1. u_0 untere Schranke von A in R ist, und 2. für jede untere Schranke u von A in R gilt $u < u_0$. Ganz analog definieren wir v_0 als *Supremum* (*unterste obere Schranke*) *von* A *in* R, in Zeichen $v_0 = \sup A$ (deutlicher $v_0 = R\text{-}\sup A$). Ist A eine indizierte Menge $\{a_i : i \in J\}$, so schreiben wir statt $\inf A$ auch $\inf \{a_i : i \in J\}$, gelegentlich kürzer $\inf a_i$, wenn klar ist, welche Indexmenge i durchläuft.

Wegen (3_0) kann es höchstens ein R-sup und R-inf zu einer Teilmenge von A in R geben. Hinsichtlich der Existenz definieren wir:

Eine t-geordnete Menge R heißt *nach oben* (bzw. *nach unten*) *beschränkt-vollständig*, wenn für jede nach oben (bzw. nach unten) beschränkte Teilmenge A von R das R-sup A (bzw. R-inf A) existiert, *beschränkt-vollständig*, wenn sie beides ist.

Der Zusatz „beschränkt" fällt weg, wenn die fragliche Existenz von sup bzw. inf auch ohne vorausgesetzte Beschränktheit von A gesichert ist. Ist also R *vollständig* schlechthin, so existieren R-inf $R = u^*$, das *unterste Element* von R, und R-sup $R = v^*$, das *oberste Element* von R: $u^* < x < v^*$ für $x \in R$. Dann ist jede Teilmenge von R in R beschränkt.

Beispiele. 1. Das System der rationalen Zahlen ist nicht beschränkt-vollständig; 2. das System E^1 der (eigentlichen) reellen Zahlen ist beschränkt-vollständig; 3. das System der (eigentlichen und uneigentlichen) reellen Zahlen $\tilde{E}^1$, d.h. die aus E^1 durch Hinzunahme der uneigentlichen reellen Zahlen $+\infty$ und $-\infty$ entstehende t-geordnete Menge mit den zusätzlichen Ordnungsrelationen $-\infty < x < +\infty$ für $x \in E^1$, ist vollständig (schlechthin).

2.2.2. Sind A und B Teilmengen der t-geordneten Menge C, so sagen wir „*A reicht über* (bzw. *unter*) B", wenn es zu jedem $b \in B$ ein $a \in A$ gibt mit $a > b$ (bzw. $a < b$). Wenn $B \subset A$, so reicht A über und unter B. Für sup und inf, soferne sie vorhanden sind, gelten die folgenden Regeln:

(1) *Reicht A über B, dann ist $\sup B < \sup A$.*

(2) $\sup\{a_{ik} : i \in J \text{ und } k \in K\} = \sup\{\sup\{a_{ik} : i \in J\} : k \in K\}$. Analoge Aussagen gelten für inf.

(3) $\sup\{\inf\{a_{ik} : i \in J\} : k \in K\} < \inf\{\sup\{a_{ik} : k \in K\} : i \in J\}$.

Beweis. Zu (1). Zu jedem $b \in B$ gibt es ein a' aus A mit $b < a'$, also ist $b < \sup A$ für $b \in B$; daraus folgt $\sup B < \sup A$. — *Zu* (2). L bezeichne die linke, R die rechte Seite von (2). Aus $a_{ik} < L$ für alle i und k folgt $\sup\{a_{ik} : i \in J\} < L$ für alle k, also $R < L$. Andererseits ist $a_{ik} < \sup\{a_{i'k} : i' \in J\}$ für alle i und k, also $a_{ik} < R$ für alle i und k, somit $L < R$, zusammen also $L = R$. — *Zu* (3). Aus $a_{ik} < \sup\{a_{ik'} : k' \in K\} =: s_i$ für alle i und k folgt nach (1) $t_k := \inf\{a_{ik} : i \in J\} < \inf\{s_i : i \in J\} =: u$ für alle k, somit $\sup\{t_k : k \in K\} < u$, w. z. z. w.

2.2.3. Wie man die rationalen Zahlen durch Schnittbildung zum beschränkt-vollständigen System der reellen Zahlen erweitern kann (Dedekind), so läßt sich auch jede t-geordnete Menge durch Schnittbildung vervollständigen.

Satz von der kleinsten beschränkt-vollständigen Erweiterung einer t-geordneten Menge:

Zu jeder t-geordneten Menge R gibt es eine beschränkt-vollständig t-geordnete Menge R^s, welche 1. *eine zu R ähnliche Teilmenge enthält,* 2. *die Kleinsteigenschaft hat, daß jede beschränkt-vollständige t-geordnete*

Menge R', welche eine zu R ähnliche Teilmenge enthält, auch eine zu R^s ähnliche Teilmenge enthält.

Beweis. 1. Zu $a \in R$ bilden wir das Mengenpaar $\underline{a} := \{\hat{x} < a\}$ und $\bar{a} := \{\hat{x} > a\}$. Schreiben wir $(\underline{a}, \bar{a}) = (A_1, A_2)$, so können wir leicht die folgenden Eigenschaften bestätigen:

(1_σ) $A_1 \neq 0, \quad A_2 \neq 0;$

(2_σ) Aus $x \in A_1$ und $y \in A_2$ folgt $x < y$;

(3_σ) Gilt $x < z$ für alle z aus A_2, so ist $x \in A_1$;

(4_σ) Gilt $x > z$ für alle z aus A_1, so ist $x \in A_2$.

Allgemein nennt man (nach MacNeille) ein geordnetes Paar (A_1, A_2) von Teilmengen von R mit den obigen vier Eigenschaften einen *Schnitt in R*. Wir werden nun zeigen, *daß das System R^s aller Schnitte in R gerade die behaupteten Eigenschaften hat.*

2. *Für jeden Schnitt (A_1, A_2) gilt $A_1 = \prod^{\cdot} \{\underline{x} : x \in A_2\}$ und $A_2 = \prod^{\cdot} \{\bar{x} : x \in A_1\}$.*

In der Tat, setzt man $A' := \prod^{\cdot} \{\underline{x} : x \in A_2\}$, so ergibt sich mit Benutzung der Schnitteigenschaften: $y \in A' \triangleright y \in \underline{x}$ für alle x aus $A_2 \triangleright y < x$ für alle x aus $A_2 \triangleright y \in A_1$, also $A' \subset A_1$. Ferner $z \in A_1 \triangleright z \in \underline{x}$ für alle x aus $A_2 \triangleright z \in A'$, also auch $A_1 \subset A'$, und somit $A' = A_1$. Analog beweist man die zweite Gleichung.

3. *Für einen Schnitt (A_1, A_2) ist entweder $A_1 A_2 = 0$, oder es gibt ein a aus R mit $A_1 A_2 = \{a\}$, $A_1 = \underline{a}$ und $A_2 = \bar{a}$.* In der Tat: (x und y) $\in A_1 A_2 \triangleright (x < y$ und $y < x) \triangleright x = y$, also besteht $A_1 A_2$ höchstens aus einem Element. Sei $A_1 A_2 = \{a\}$. Dann schließt man weiter: $x \in A_2 \triangleright a < x \triangleright x \in \bar{a}$, also $A_2 \subset \bar{a}$; umgekehrt folgt aus $a < x$, wegen $y < a$ für jedes y aus A_1, $y < x$ für jedes y aus A_1, also $x \in A_2$, somit $\bar{a} \subset A_2$, also $\bar{a} = A_2$. Analog beweist man die andere Gleichung.

Die Schnitte $(\underline{a}, \bar{a})$ von R nennt man die *rationalen Schnitte in R.*

4. *R^s ist t-geordnet vermöge*

$$(A_1, A_2) < (B_1, B_2) : \bowtie A_2 \supset B_2.$$

Da aus $A_2 = B_2$ auch $A_1 = B_1$ folgt (wegen 1.), so liegt in der Tat eine teilweise Ordnung vor; mit $A_2 \supset B_2$ ist übrigens $A_1 \subset B_1$ gleichwertig (Aufgabe!).

5. *Das System der rationalen Schnitte $(\underline{a}, \bar{a})$ ist ähnlich zu R*; denn die Zuordnung $a \to (\underline{a}, \bar{a})$ ist eineindeutig und $a < b \bowtie \bar{b} \subset \bar{a} \bowtie (\underline{a}, \bar{a}) < (\underline{b}, \bar{b})$.

6. *R^s ist beschränkt-vollständig.*

In der Tat sei $(A_{j1}, A_{j2}) < (B_1, B_2)$ für $j \in J$. Wir bilden dazu $S_2 := \prod^{\cdot} \{A_{j2} : j \in J\}$ und $S_1 := \prod^{\cdot} \{\underline{x} : x \in S_2\}$ und behaupten:

a) (S_1, S_2) ist ein Schnitt;

b) $(S_1, S_2) = R^s\text{-}\sup \{(A_{j1}, A_{j2}) : j \in J\}$.

Beweis. Zu (a). Wegen $B_2 \subset A_{j2}$ ist $0 \neq B_2 \subset S_2$. Ferner ($x \in A_{j1}$ für ein bestimmtes j aus J) $\rhd x \in \prod^{\cdot} \{\underline{y} : y \in A_{j2}\} \subset \prod^{\cdot} \{\underline{y} : y \in S_2\} = S_1$, also ist $0 \neq \sum^{\cdot} \{A_{j1} : j \in J\} \subset S_1$, also ist (1_σ) erfüllt. Weiter: $x \in S_1 \rhd x \in \underline{y}$ für alle $y \in S_2 \rhd x < y$ für alle $y \in S_2$, also gilt (2_σ). Die übrigen beiden Schnitteigenschaften folgen so: ($a < x$ für alle $x \in S_2$) $\rhd$ ($a \in \underline{x}$ für alle $x \in S_2$) $\rhd a \in S_1$; ($z < a$ für alle $z \in S_1$) $\rhd$ ($z < a$ für jedes $z \in \sum^{\cdot} \{A_{j1} : j \in J\}$) $\rhd$ ($a \in A_{j2}$ für $j \in J$) $\rhd a \in S_2$.

Zu (b). Erstens ist $S_2 \subset A_{j2}$ für alle j, d.h. $(S_1, S_2) > (A_{j1}, A_{j2})$ für alle j; zweitens: Ist $(A_{j1}, A_{j2}) < (C_1, C_2)$ für alle j, so folgt $C_2 \subset A_{j2}$ für alle j, also $C_2 \subset S_2$, also $(C_1, C_2) > (S_1, S_2)$, womit für (S_1, S_2) beide Supremumseigenschaften nachgewiesen sind.

In analoger Weise kann man die Existenz des Infimums eines nach unten beschränkten Schnittsystems nachweisen.

7. Nun noch den Nachweis der Kleinsteigenschaft! Die beschränkt-vollständige t-geordnete Menge R' umfasse eine zu R ähnliche Menge R_1; zur Vereinfachung identifizieren wir R_1 mit R, denken uns also R in R' eingebettet. Dem Schnitt $\mathfrak{a} = (A_1, A_2)$ in R ordnen wir zu das Element $s_\mathfrak{a} := R'\text{-}\sup A_1$ in R'. Diese Zuordnung ist eineindeutig; denn wir können ihre Umkehrung angeben, nämlich $A_1 = \{R \ni \hat{x} < s_\mathfrak{a}\}$ (und $A_2 = \{R \ni \hat{x} > s_\mathfrak{a}\}$). In der Tat, einerseits hat $x \in A_1$ zur Folge $x < s_\mathfrak{a}$; andererseits haben wir $z < y$ für $z \in A_1$ und $y \in A_2$, also $s_\mathfrak{a} < y$ für alle y aus A_2; aus $R \ni x < s_\mathfrak{a}$ folgt somit $x < y$ für alle y aus A_2, also $x \in A_1$. Die Zuordnung $\mathfrak{a} \leftrightarrow s_\mathfrak{a}$ ist monoton in beiden Richtungen, wie unmittelbar zu erkennen ist, so daß das System R^s der Schnitte in R ähnlich ist dem Teilsystem $\{s_\mathfrak{a} : \mathfrak{a} \in R^s\}$ in R', w. z. z. w.

2.2.4. *Beispiele.* 1. Ist R die der Größe nach geordnete Menge der rationalen Zahlen, so liefert R^s die der Größe nach geordnete *Menge der reellen Zahlen* (DEDEKIND).

2. Sei R das System der Paare (x, y) reeller Zahlen x, y mit der t-Ordnung: $(x, y) < (x', y') \rhd\lhd (x \leqq x'$ und $y \leqq y')$. Wir betrachten davon die Teilmenge $Q = \{(x, y) : |x + y| > q\}$ mit $q > 0$. Q^s ist zu R ähnlich; durch den Schnitterweiterungsprozeß wird also der in Q fehlende Streifen mit $|x + y| \leqq q$ wieder ausgefüllt.

2.2.5. Eine Teilmenge R_1 der t-geordneten Menge R heißt *dicht in* R, wenn es 1. zu je zwei verschiedenen Elementen a und b von R mit $a < b$ ein von a und b verschiedenes c aus R_1 gibt mit $a < c < b$; 2. zu jedem a aus R Elemente c_1, c_2 aus R_1 gibt mit $c_1 < a < c_2$.

Ist R beschränkt-vollständig und R_1 eine in R dichte Teilmenge, so ist das Schnittsystem R_1^s von R_1 zu R ähnlich.

Beweis. Sei $(C_1, C_2) \in R_1^s$. Dann existieren $r_1 = R\text{-}\sup C_1$ und $r_2 = R\text{-}\inf C_2$ mit $r_1 < r_2$. Wäre dabei $r_1 \neq r_2$, so gäbe es wegen der

Dichtheit von R_1 ein c aus R_1, verschieden von r_1 und r_2 mit $r_1 < c < r_2$. Aber z.B. $r_1 < c$ verlangt, daß $c \in C_2$, also $c > r_2$, so daß doch $c = r_2$ wäre. Daher ist $r_1 = r_2 = r$ und wir haben eine eindeutige Abbildung $(C_1, C_2) \to r$ von R_1^s in R. Ihre Umkehrung lautet: $C_1 = S_*(r) R_1$, $C_2 = S^*(r) R_1$, $r \in R$, wie sich unmittelbar aus der zweiten Dichtheitseigenschaft, den Schnitteigenschaften und der Definition von sup und inf erschließen läßt. Die Monotonie in beiden Richtungen folgt nun sofort.

2.3. Komposition t-geordneter Mengen.

2.3.1. Es sei R eine t-geordnete Menge, und jedem r aus R sei eindeutig eine t-geordnete Menge A_r zugeordnet, wobei je zwei Mengen A_r, A_s mit $r \neq s$ fremd sind. Unter der *Komposition* $((A_r))_R$ *des Systems* $\{A_r : r \in R\}$ *gemäß* R verstehen wir eine t-geordnete Menge: Ihre Elementegesamtheit ist die Vereinigung aller A_r; für zwei Elemente $a_r \in A_r$, $a_s \in A_s$ gilt $a_r < a_s$ dann und nur dann, wenn entweder bei $r = s$ in A_r die Relation $a_r < a_s$ gilt, oder bei $r \neq s$ die Relation $r < s$ besteht.

2.3.2. Beispiele. Es bezeichne (n) die t-geordnete Menge der Elemente $1, 2, \ldots, n$ lediglich mit den trivialen Relationen $i < i$; dagegen $[n]$ dieselbe Menge aber mit den Relationen $i < j$ für $i \leq j$. Dann gelten die Ähnlichkeitsbeziehungen:

$$R = (2), \quad A_1 \simeq (n), \quad A_2 \simeq (m) : ((A_r))_R \simeq (n+m);$$
$$R = [2], \quad A_1 \simeq [n], \quad A_2 \simeq [m] : ((A_r))_R \simeq [n+m];$$
$$R = (n), \quad A_i \simeq (m), \quad i = 1, \ldots, n : ((A_r))_R \simeq (n\,m);$$
$$R = [n], \quad A_i \simeq [m], \quad i = 1, \ldots, n : ((A_r))_R \simeq [n\,m].$$

Folgende Spezialfälle verdienen eine besondere Bezeichnung:

$R = [2]$, A_1, A_2 beliebig: $((A_i))_R =: A_1 \oplus A_2$ (*t-geordnete Addition*);

R beliebig, $A_r \simeq A$ für r aus R: $((A_r))_R =: A \otimes R$ (*t-geordnete Multiplikation*).

Beide Verknüpfungen sind assoziativ:

$$A_1 \oplus (A_2 \oplus A_3) \simeq (A_1 \oplus A_2) \oplus A_3;$$
$$A_1 \otimes (A_2 \otimes A_3) \simeq (A_1 \otimes A_2) \otimes A_3.$$

Jedoch gelten im allgemeinen *keine Kommutativgesetze*. Schließlich gilt noch das Distributivgesetz (bezüglich des zweiten Faktors):

$$A \otimes (R_1 \oplus R_2) \simeq (A \otimes R_1) \oplus (A \otimes R_2),$$

aber im allgemeinen keines bezüglich des ersten Faktors. Auf nähere Ausführungen verzichten wir hier.

2.3.3. Der Komposition steht gegenüber die *Dekomposition* einer t-geordneten Menge M. So heißt eine Zerlegung von M in paarweise fremde Teile A_i, $i \in J$; $A = \sum^{\cdot} \{A_j : j \in J\}$, wobei die folgende *Verträglichkeitsbedingung* erfüllt sein muß:

Aus $x < y$, $x \in A_i$, $y \in A_j$, $i \neq j$ folgt $x' < y'$ für jedes x aus A_i und jedes y aus A_j.

J selbst wird t-geordnet durch die Festsetzung

$$i < j : \rhd\lhd\ a_i < a_j \text{ für ein } a_i \text{ aus } A_i \text{ und ein } a_j \text{ aus } A_j.$$

Wegen der Verträglichkeitsbedingung ist diese Definition eindeutig.

Die Komposition $((A_i))_J$ ist ähnlich zu M; Dekomposition und Komposition sind von einer Ähnlichkeit abgesehen zueinander invers. Man beweist leicht:

(1) $\quad (R \sim R'$ und $A_r \simeq A'_{r'}$ für $R \ni r \leftrightarrow r' \in R') \rhd ((A_r))_R \simeq ((A'_{r'}))_{R'}$.

2.4. k-geordnete Mengen.

2.4.1. Eine Menge L heißt *k-geordnet* (kettenmäßig geordnet auch „linear" geordnet), wenn sie t-geordnet ist und darüber hinaus noch die folgende Eigenschaft hat:

(k) Für jedes Paar x, y von Elementen von L besteht wenigstens eine der beiden Relationen $x \prec y$, $y \prec x$.

Wegen (3_0) besagt (k), daß für $x \neq y$ entweder $x \prec y$ oder $y \prec x$ gilt. Das wichtigste Beispiel k-geordneter Mengen liefern die der Größe nach geordneten reellen Zahlen. Davon übernehmen wir auch die Bezeichnung: Bei k-geordneten Mengen verwenden wir an Stelle von $\prec$ das Zeichen $\leqq$ (was wir wie üblich als „kleiner als oder gleich" lesen), demgemäß auch die Zeichen $<$, $\geqq$, $>$ im analogen Sinne.

Jede Teilmenge einer k-geordneten Menge ist k-geordnet.

2.4.2. *Jede endliche k-geordnete Menge A von n Elementen ist ähnlich der der Größe nach geordneten Menge* $\{1, 2, \ldots, n\}$.

Beweis. 1. Für $n = 1$ ist der Satz trivial. — 2. Er sei für $n = m - 1$ schon bewiesen. Ist A eine Menge von m Elementen und a' ein Element von A, so ist $A - \{a'\}$, weil aus $m - 1$ Elementen bestehend, darstellbar in der Form $\{a_1, a_2, \ldots, a_{m-1}\}$ mit $a_i < a_k$ für $i < k$. Für a' gibt es nun drei Möglichkeiten: 1. $a' < a_1$; 2. $a' > a_{m-1}$; 3. $a_1 < a' < a_{m-1}$. Im dritten Falle gibt es einen ersten Index k, so daß $a' < a_k$, und dann außerdem $a_{k-1} < a'$. Nun läßt sich in allen drei Fällen für A die gewünschte Darstellung $\{a'_1, a'_2, \ldots, a'_m\}$ mit $a'_i < a'_k$ für $i < k$ leicht angeben.

Bei jeder endlichen k-geordneten Menge A existieren das sup und inf für jede Teilmenge B von A mit der Besonderheit, daß $\sup B \in B$ und $\inf B \in B$ gilt. Man nennt in einem solchen Falle $\sup B$ das *Maximum von B* ($\max B$), $\inf B$ das *Minimum von B* ($\min B$).

2.4.3. Existiert in einer k-geordneten Menge A das $\inf A$, so wird es das *erste Element* von A genannt; eine Menge ohne erstes Element heißt *nach unten unbegrenzt*. Existiert $\sup A$, so heißt es das *letzte Element*, und eine Menge ohne letztes Element heißt *nach oben unbegrenzt*. Gibt es zwischen je zwei verschiedenen Elementen a und b einer k-geordneten Menge ein drittes c, d.h. mit $a < c < b$ (sofern $a < b$), so heißt die Menge *dicht* („dicht in sich" im Sinne von **2.2.5.**).

Beispiel. Das System der rationalen Zahlen ist nach unten und nach oben unbegrenzt und dicht.

Jede abzählbare k-geordnete Menge ist einer Teilmenge der rationalen Zahlen ähnlich.

Beweis. Die rationalen Zahlen seien auf irgendeine Weise als Folge $(r_1, r_2, \ldots, r_n, \ldots)$ geschrieben; dasselbe sei mit der gegebenen abzählbaren, k-geordneten Menge A gemacht: $a_1, a_2, \ldots, a_n, \ldots$. Wir stellen durch vollständige Induktion folgende Abbildung her:

1. $a_1 \to r_1 =: r^1$; — 2. a_2 wird zugeordnet das erste von r^1 verschiedene Element aus der Folge $((r_i))$, welches zu r^1 in derselben Ordnungsbeziehung steht wie a_2 zu a_1; es werde mit r^2 bezeichnet; — 3. sind allgemein schon $r^1, r^2, \ldots, r^n$ bestimmt, so werde a_{n+1} das erste von $r^1, \ldots, r^n$ verschiedene Element aus $((r_i))$ zugewiesen, welches zu $r^1, \ldots, r^n$ in denselben Ordnungsbeziehungen steht wie a_{n+1} zu $a_1, \ldots, a_n$; dieses Element heiße dann r^{n+1}. Diese Konstruktion ist durchführbar, weil die Menge der rationalen Zahlen unbegrenzt und dicht ist. In $a_n \leftrightarrow r^n$, $n \in \mathbf{Z}$, hat man dann die gewünschte ähnliche Abbildung von A in die Menge der rationalen Zahlen.

2.4.4. Mittels einer ähnlichen Konstruktion beweist man den Satz: *Jede abzählbare, dichte und unbegrenzte k-geordnete Menge A ist dem der Größe nach geordneten System der rationalen Zahlen ähnlich.*

Beweis. Wie in **2.4.3.** seien die rationalen Zahlen und A als Folgen geschrieben. Die Konstruktion der Abbildung geht jetzt so vor sich:

1. Wir setzen $r_1 =: r^1$ und bilden r^1 auf $a_1 =: a^1$ ab;

2. wir setzen $a_2 =: a^2$ und bilden a^2 auf das erste Element unter den von r^1 verschiedenen Elementen von $((r_i))$ ab; dieses heiße r^2;

3. allgemein seien bereits die Zuordnungen $a^1 \leftrightarrow r^1, \ldots, a^{2n-1} \leftrightarrow r^{2n-1}$, $a^{2n} \leftrightarrow r^{2n}$ mit Erhaltung der Ordnung bewerkstelligt; r^{2n+1} sei das erste von $r^1, \ldots, r^{2n}$ verschiedene Element in $((r_i))$; wir ordnen ihm das erste von $a^1, \ldots, a^{2n}$ verschiedene Element in $((a_i))$ zu, welches zu $a^1, \ldots, a^{2n}$ in denselben Ordnungsbeziehungen steht, wie r^{2n+1} zu $r^1, \ldots, r^{2n}$; dieses Element heiße a^{2n+1}. Jetzt bestimmen wir in $((a_i))$ das erste von $a^1, \ldots, a^{2n+1}$ verschiedene Element — es sei mit a^{2n+2} bezeichnet — und suchen dazu das erste von $r^1, \ldots, r^{2n+1}$ verschiedene Element in $((r_i))$ mit den gleichen Ordnungsrelationen zu $r^1, \ldots, r^{2n+1}$ wie a^{2n+2} zu $a^1, \ldots, a^{2n+1}$. Dieses Wechselverfahren ist möglich, weil beide Mengen dicht und unbegrenzt sind.

4. Die Zuordnung $a^k \leftrightarrow r^k$, $k \in \mathbf{Z}$, liefert eine eineindeutige in beiden Richtungen monotone Abbildung von A auf die rationalen Zahlen; denn infolge des alternierenden Verfahrens werden bei der vorausgehenden Konstruktion beide Mengen erschöpft.

2.4.5. Die t-geordnete Menge heißt *stetig*, wenn sie dicht in sich (**2.2.5.**) und beschränkt-vollständig ist.

Beispiel. Das System der reellen Zahlen ist stetig.

Jede unbegrenzte, stetige, k-geordnete Menge A, in der eine abzählbare Menge B dicht ist, ist dem System der reellen Zahlen ähnlich.

Beweis. Nach Voraussetzung ist B dicht in sich und unbegrenzt, nach **2.4.4.** also dem System der rationalen Zahlen ähnlich. Daher ist das Schnittsystem B^s ähnlich dem Schnittsystem der rationalen Zahlen,

d. h. dem System der reellen Zahlen. Nach **2.2.5.** aber ist B^s der Menge A selbst ähnlich.

2.4.5.1. Durch folgenden Satz wird das System der reellen Zahlen eindeutig gekennzeichnet:

Das System der reellen Zahlen ist ein beschränkt-vollständiger k-geordneter algebraischer Körper; je zwei beschränkt-vollständige k-geordnete algebraische Körper sind isomorph hinsichtlich der algebraischen und der Ordnungsrelationen.

Beweis. 1. Erweitert man das System R der rationalen Zahlen durch Schnittbildung zum beschränkt-vollständigen System R^s der reellen Zahlen, so ergibt sich zugleich eine Erweiterung der algebraischen Operationen, wenn man in R^s definiert (vgl. **2.2.3.**):

$$(A_1, A_2) + (B_1, B_2) := (S_1, S_2)$$

mit $S_1 := \prod^{\cdot}\{\underline{a_2 + b_2} : a_2 \in A_2, b_2 \in B_2\}, \quad S_2 := \prod^{\cdot}\{\bar{x} : x \in S_1\}$,

und falls $A_2 \dotplus B_2 \subset \{x : 0 \leq x \in R\}$

$$(A_1, A_2) \cdot (B_1, B_2) := (P_1, P_2)$$

mit $P_1 := \prod^{\cdot}\{\underline{a_2 b_2} : a_2 \in A_2,\ b_2 \in B_2\}, \quad P_2 := \prod^{\cdot}\{\bar{x} : x \in P_1\}$,

während man die übrigen Fälle der Multiplikation eventuell durch Übergang von (A_1, A_2) zum negativen Schnitt (A_2^-, A_1^-) mit $X^- := \{-x : x \in X\}$ auf den obigen Fall zurückführt. Es läßt sich nun zeigen — was hier nicht weiter ausgeführt wird —, daß damit R^s ein beschränkt-vollständiger k-geordneter algebraischer Körper im Sinne der Vorbemerkung (S. 1) wird.

2. a) Es sei jetzt umgekehrt K ein solcher Körper; e sei das Eins- und o das Nullelement. Aus $o < e$ folgt durch Induktion $o < e + \cdots + e = n \times e$ für $n \in \mathbf{Z}$, also $n \times e \neq o$, d.h. *K hat die Charakteristik* 0, enthält somit einen dem Körper der rationalen Zahlen isomorphen Teilkörper K_0. Indem wir 0 statt o und 1 statt e schreiben, identifizieren wir K_0 mit dem Körper R der rationalen Zahlen, womit K als ein Oberkörper von R erscheint. — b) *K ist archimedisch,* d.h. zu $0 < a \in K$ gibt es eine natürliche Zahl $n > a$. In der Tat: Angenommen, $n \leq a$ für $n \in \mathbf{Z}$. Dann existiert wegen der Vollständigkeit $u := \sup\{1, 2, \ldots\}$, wobei offensichtlich $2n \leq u$, also $n \leq u/2$ für $n \in \mathbf{Z}$ gilt. Daraus folgt aber $u \leq u/2$, also $u \leq 0$, was zu $1 \leq u$ in Widerspruch steht. — c) Nun folgt leicht, daß *R dicht in K* ist. Denn sind $a, b \in K$ mit $a < b$, dann gibt es eine natürliche Zahl $n > \frac{1}{b-a}$, ferner eine ganze Zahl m, so daß $m - 1 < m \leq n\,a < m + 1$, also $\frac{m-1}{n} < a < \frac{m+1}{n}$, womit die erste Eigenschaft der Dichtigkeit von R gezeigt; da aber zugleich $\frac{m+1}{n} < b$, so ist auch die zweite erfüllt. Nun liefert der Satz **2.2.5.** die Isomorphie von

K und R^s hinsichtlich der Ordnung; diese bewirkt dann aus Stetigkeitsgründen, daß die bereits vorhandene algebraische Isomorphie von K_0 und R sich überträgt auf eine solche von K und R^s. Von einer Darlegung dieser Behauptung im einzelnen sehen wir ab.

2.4.5.2. Im System E^1 der reellen Zahlen gilt das *Intervallschachtelungsprinzip*:

Jede absteigende Folge von abgeschlossenen Intervallen $I_n := \{x : a_n \leq x \leq b_n\}$ *mit* $a_n < b_n$, $n \in \mathbf{Z}$, *hat einen nicht leeren Durchschnitt.*

In der Tat, wegen $a_1 \leq a_2 \leq \cdots \leq a_n \leq \cdots \leq b_n \leq \cdots \leq b_2 \leq b_1$ existieren $\alpha := \sup a_n$ und $\beta := \inf b_n$ mit $\alpha \leq \beta$. Jede Zahl x mit $\alpha \leq x \leq \beta$ gehört allen Intervallen I_n an.

2.4.6. Erweiterung monotoner Abbildungen.

Es seien R und T t-geordnete Mengen und R^s und T^s als ihre Schnittsysteme auch ihre kleinsten beschränkt-vollständigen Erweiterungen. Ist $f|R$ eine eindeutige monotone Abbildung von R auf T, so gibt es zwei in gleicher Weise monotone Abbildungen $\mathfrak{f}_i|R^s$, $i = 1, 2$, von R^s in T^s, welche 1. in R mit f übereinstimmen und 2. die Eigenschaft haben, daß für jede dritte solche Abbildung $\mathfrak{f}|R^s$ gilt $\mathfrak{f}_1(\mathfrak{r}) < \mathfrak{f}(\mathfrak{r}) < \mathfrak{f}_2(\mathfrak{r})$ für jedes $\mathfrak{r}$ aus R^s. Wenn $f|R$ umkehrbar monoton ist, gibt es nur eine einzige Erweiterung $\mathfrak{f}|R^s$.

Beweis. 1. Ohne Beschränkung der Allgemeinheit können wir $f|R$ als gleichsinnig monoton annehmen. — Sei $\mathfrak{r} = (A_1, A_2)$ ein Schnitt von R. Wenn es überhaupt eine Erweiterung von f der verlangten Art gibt, so muß wegen $a_1 < \mathfrak{r} < a_2$ $(a_i \in A_i,\ i = 1, 2)$ gelten:

$$f(a_1) = \mathfrak{f}(a_1) < \mathfrak{f}(\mathfrak{r}) < \mathfrak{f}(a_2) = f(a_2).$$

Daraus folgt

$$\mathfrak{f}_1(\mathfrak{r}) := \sup\{f(a_1) : a_1 \in A_1\} < \mathfrak{f}(\mathfrak{r}) < \inf\{f(a_2) : a_2 \in A_2\} =: \mathfrak{f}_2(\mathfrak{r}).$$

Man sieht sofort, daß $\mathfrak{f}_1$ und $\mathfrak{f}_2$ zwei auf R^s definierte gleichsinnig monotone Abbildungen in T^s sind, die auf R mit f übereinstimmen.

2. Ist f auch in umgekehrter Richtung monoton, so ist es eineindeutig (**2.1.7.**), also eine ähnliche Abbildung von R auf T. In diesem Falle ist $\mathfrak{f}_1(\mathfrak{r}) = \mathfrak{f}_2(\mathfrak{r})$, weil mit (A_1, A_2) als Schnitt in R auch

$$\mathfrak{t} = (B_1, B_2) := (\{f(a_1) : a_1 \in A_1\},\ \{f(a_2) : a_2 \in A_2\})$$

ein Schnitt in T ist, wobei

$$\mathfrak{t} = \sup B_1 = \inf B_2.$$

3. Die Wahl von $\mathfrak{f}(\mathfrak{r})$ im Rahmen $\mathfrak{f}_1(\mathfrak{r}) < \mathfrak{f}(\mathfrak{r}) < \mathfrak{f}_2(\mathfrak{r})$ ist im allgemeinen, d.h. wenn R nicht gerade k-geordnet ist, nicht willkürlich. Wenn R nämlich k-geordnet ist, dann ist es auch R^s, und aus $\mathfrak{r}_1 < \mathfrak{r}_2$

folgt dann sogar $\mathfrak{f}_2(\mathfrak{r}_1) < \mathfrak{f}_1(\mathfrak{r}_2)$, so daß wirklich bei jeder Wahl von $\mathfrak{f}(\mathfrak{r})$ im obigen Rahmen eine gleichsinnig monotone Funktion zustande kommt. Wenn dagegen R nur t-geordnet ist, so braucht dies nicht mehr der Fall zu sein, wie das folgende Beispiel zeigt.

Beispiel. Es sei P die Menge aller Paare reeller Zahlen (x_1, x_2) mit der Ordnung $(x_1, x_2) < (y_1, y_2)$, wenn $x_1 \leqq y_1$ und $x_2 \leqq y_2$. Wir deuten die Elemente von P als Punkte einer Ebene (s. Abb. 5).

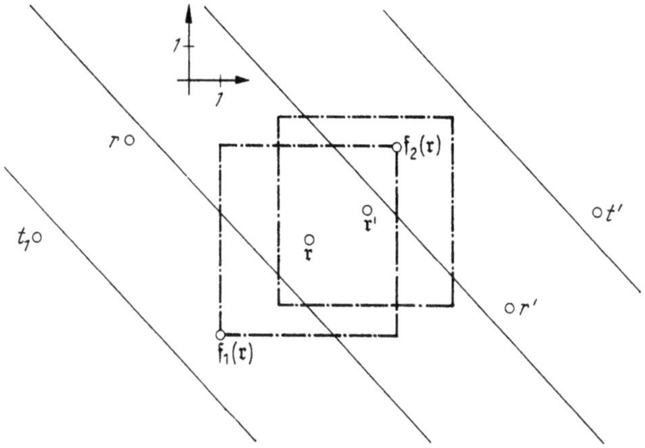

Abb. 5.

R sei die t-geordnete Teilmenge aller $r = (r_1, r_2)$ mit $|r_1 + r_2| > 3$,
T sei die t-geordnete Teilmenge aller $t = (t_1, t_2)$ mit $|t_1 + t_2| > 9$.
f sei die Abbildung

$$t_1 = r_1 + 3, \quad t_2 = r_2 + 3 \quad \text{für} \quad r_1 + r_2 > 3\,.$$
$$t_1 = r_1 - 3, \quad t_2 = r_2 - 3 \quad \text{für} \quad r_1 + r_2 < -3\,.$$

Die Abbildung ist sogar umkehrbar eindeutig, aber nur in Richtung von R nach T gleichsinnig monoton. Zum Beispiel haben $t = (-5, -5)$ und $t' = (14, -4)$ mit $t < t'$ die Urbilder $r = (-2, -2)$ und $r' = (11, -7)$, ohne daß $r < r'$ wäre. Ferner ist $R^s \simeq T^s \simeq P$; zur Vereinfachung nehmen wir diese Ähnlichkeiten als Gleichheiten. Wie man sich leicht überzeugt, gehören zu $\mathfrak{r} = (q_1, q_2)$ mit $|q_1 + q_2| < 3$ in R^s die $\mathfrak{f}_1(\mathfrak{r}) = (q_1 - 3, q_2 - 3)$ und $\mathfrak{f}_2(\mathfrak{r}) = (q_1 + 3, q_2 + 3)$ aus T^s, so daß $\mathfrak{f}(\mathfrak{r})$ aus dem durch $q_1 - 3 \leqq x_1 \leqq q_1 + 3$, $q_2 - 3 \leqq x_2 \leqq q_2 + 3$ bezeichneten Quadrat zu wählen wäre. Für verschiedene $\mathfrak{r}$ sind aber diese Quadrate nicht notwendig fremd. Beispielsweise ist für $\mathfrak{r} = (4, -5)$ und $\mathfrak{r}' = (6, -4)$ jeweils der eine Punkt in dem zum anderen Punkt gehörigen Quadrat, so daß die Wahl $\mathfrak{f}(\mathfrak{r}) = \mathfrak{r}'$ und $\mathfrak{f}(\mathfrak{r}') = \mathfrak{r}$ wohl die Rahmenbedingung, nicht aber die Monotonieforderung erfüllt.

2.5. *w*-geordnete Mengen.

2.5.1. Eine t-geordnete Menge W heißt *w-geordnet* (*wohlgeordnet*), wenn jede nicht leere Teilmenge von W ein unterstes Element enthält: Für $0 \neq A \subset W$ existiert W-inf A und ist in A selbst enthalten. Offenbar ist jede Teilmenge einer w-geordneten Menge wieder w-geordnet. *Jede w-geordnete Menge ist k-geordnet.* Denn sind a, b zwei verschiedene

Elemente von W, so muß für die Teilmenge $\{a, b\}$ von W entweder $a < b$ oder $b < a$ gelten. Jede nicht leere w-geordnete Menge W besitzt ein erstes Element, nämlich $\inf W$, und zu jedem Element a aus W gibt es, falls nicht gerade a letztes Element von W ist, ein unmittelbar nächst oberes, den *Nachfolger* a^+ von a, nämlich $\inf\{w : w > a\}$.

Bemerkung. Verlangt man von einer t-geordneten Menge, daß jede nicht leere Teilmenge ein unterstes *und* ein oberstes Element enthält, so ist die Menge endlich und k-geordnet; sie darf nämlich dann weder eine aufsteigende Folge $a_1 < a_2 < a_3 < \cdots$, noch eine absteigende Folge $b_1 > b_2 > b_3 > \cdots$ enthalten.

Beispiele von wohlgeordneten Mengen:

1. Die der Größe nach geordnete Menge der ersten n natürlichen Zahlen $[n]$; jeder zu ihr ähnlichen Menge ordnen wir den *Typ* n, die *Ordinalzahl* n zu.

2. Die der Größe nach geordnete Menge Z aller natürlichen Zahlen (vgl. **1.1.6.2.**); jeder zu ihr ähnlichen Menge ordnen wir den *Typ* ω, die *Ordinalzahl* ω zu.

3. Ist W wohlgeordnet, und ist jedem w aus W eine wohlgeordnete Menge A_w zugeordnet, so ist auch die Komposition $((A_w))_W =: K$ wohlgeordnet.

Beweis. Ist $0 \neq Y \subset K$, so sei $w_0 := \inf\{w : w \in W$ und $A_w Y \neq 0\}$. Dann ist das erste Element von $A_{w_0} Y$ auch das erste Element von Y.

2.5.2. Im Anschluß an die Beispiele in **2.5.1.** übertragen wir zur Gewinnung neuer Ordinalzahlen die Addition und Multiplikation formal auf die Ordinalzahlen selber. Gehören zu den w-geordneten Mengen A und B die Ordinalzahlen α und β, so ordnen wir den Mengen $A \oplus B$ und $A \otimes B$ die formalen Ordinalzahlen $\alpha + \beta$ und $\alpha \cdot \beta$ zu.

Beispiele.

$1, 3, 5, \ldots, 2, 4, 6, \ldots \to \omega + \omega = \omega \cdot 2 \; (\neq 2 \cdot \omega)$;

$-1, -2, \ldots, -(n-1), -n, 1, 2, 3, \ldots \to n + \omega = \omega$;

Gleichungen zwischen Ordinalzahlen drücken dabei eine Ähnlichkeitsbeziehung aus.

$1, 2, 3, \ldots, -1, -2, \ldots, -(n-1), -n \to \omega + n \; (\neq n + \omega)$;

$1, 3, 5, 7, \ldots, 2, 6, 10, 14, \ldots, 4, 12, 20, 28, \ldots, 8, 24, 40, 56, \ldots, \ldots \to \omega \cdot \omega$,

usw.

Diese Zuordnungen sind eindeutig.

2.5.2.1. Mit Hilfe der Ordinalzahlen läßt sich eine wohlgeordnete Menge folgendermaßen indizieren: Sei A eine unendliche w-geordnete Menge. Sie hat ein erstes Element; es sei mit a_0 bezeichnet, dann ein zweites a_1, dann ein drittes $a_2, \ldots$. Wenn sie außer der Folge a_0, a_1,

$a_2, \ldots$ noch weitere Elemente hat, so ist unter diesen wieder ein erstes; dies werde mit a_ω bezeichnet, das nächste, falls vorhanden, mit $a_{\omega+1}$, dann $a_{\omega+2}$, usw. Sind über die Komposition der zwei Folgen $a_0, a_1, a_2, \ldots, a_\omega, a_{\omega+1}, a_{\omega+2}, \ldots$ hinaus noch Elemente vorhanden, so ist darunter wieder ein erstes, das mit $a_{\omega\cdot 2}$, ein zweites, das mit $a_{\omega\cdot 2+1}$ bezeichnet wird, usw. Wir erhalten die Schreibung:

$$A = \{a_0, a_1, a_2, \ldots, a_\omega, a_{\omega+1}, a_{\omega+2}, \ldots, a_{\omega 2}, a_{\omega 2+1}, a_{\omega 2+2}, \ldots\}.$$

Bei dieser Bezeichnungsweise wird jedem Element als Index die Ordnungszahl der Menge der vorausgehenden Elemente zugeordnet; dies trifft auch für a_0 zu, wenn wir der leeren Menge die Ordinalzahl 0 zuordnen.

2.5.3. Eine Teilmenge V einer k-geordneten Menge heißt ein *Abschnitt,* wenn

$$(x \in V \text{ und } y < x) \rhd y \in V.$$

Wir nennen demnach auch die leere Menge einen Abschnitt.

Jedem von W verschiedenen Abschnitt V der w-geordneten Menge W ist eineindeutig ein v aus W zugeordnet, so daß $V = \{\hat{x} < v\}$. Die Zuordnung $v \leftrightarrow V$ ist eine Ähnlichkeit, wenn man das System der V durch die Teilmengenrelation geordnet betrachtet.

Beweis. Die Abbildung $v \to V := \{\hat{x} < v\}$ ist offenbar eindeutig. Ihre Umkehrung ist $V \to v = \inf(W - V)$, was aus der leicht zu beweisenden Formel $v = \inf(W - \{\hat{x} < v\})$ hervorgeht. Die Monotonie in beiden Richtungen ist augenscheinlich.

2.5.4. Wir nennen ein System $\mathfrak{w}$ von wohlgeordneten Mengen *übereinstimmend geordnet,* wenn es vermöge der Teilmengenrelation k-geordnet ist und dabei folgende Eigenschaft hat: Ist $W_j \in \mathfrak{w}$ und $W_1 \subset W_2$, so stimmt die Ordnung von W_1 überein mit der von W_2 auf W_1 induzierten Ordnung (**2.1.2.**, 6.) und W_1 ist dabei Abschnitt von W_2.

Ist $\mathfrak{w}$ ein übereinstimmend geordnetes System von w-geordneten Mengen, so ist die Vereinigung V dieser Mengen in eindeutiger Weise so w-ordenbar, daß V mit $\mathfrak{w}$ zusammen ein übereinstimmend geordnetes System bildet.

Beweis. In $V = \sum^{\cdot}\{W : W \in \mathfrak{w}\}$ müssen wir, um übereinstimmende Ordnung zu erzielen, definieren: Sind $x, y \in V$ und verschieden, so gibt es $W_1 \in \mathfrak{w}$ mit $x, y \in W_1$; ist dabei $x < y$ in W_1, so auch $x < y$ in V. Diese Definition ist eindeutig, d.h. unabhängig von der Wahl von W_1. Ist $0 \neq V' \subset V$, so gibt es ein $W' \in \mathfrak{w}$ mit $V'W' \neq 0$, und V-$\inf V' = W'$-$\inf V'W'$, was die Wohlordnung von V ergibt.

2.5.5.1. Eine Menge E heißt *i-geordnet* (induktiv geordnet), wenn sie t-geordnet ist und wenn E-$\sup V$ für jede k-geordnete Teilmenge V von E existiert. Es gilt:

Ist E nicht leer und i-geordnet, ferner $x \to x'$ eine eindeutige Abbildung von E in sich mit $x' > x$ für $x \in E$, dann gibt es in jeder Teilmenge $\{\hat{x} > x_0\}$ ein Element x_* mit $x'_* = x_*$, $x_0 \in E$.

Beweis. 1. Wir setzen $E_0 = \{\hat{x} > x_0\}$ und nennen eine Teilmenge K von E_0 eine *Kette* (in bezug auf die gegebene Abbildung $x \to x'$), wenn (0) $x_0 \in K$; (1) $x \in K \triangleright x' \in K$; (2) Aus $M \subset K$ und $s = E\text{-sup}\,M$ folgt $s \in K$. Offenbar ist E_0 eine Kette, ferner auch der Durchschnitt von beliebig vielen Ketten. Den Durchschnitt aller Ketten bezeichnen wir mit K_0. Wir werden zeigen, daß K_0 k-geordnet, bei i-geordnetem E ist dann $x_* = E\text{-sup}\,K_0$ vorhanden und wegen (2) Element von K_0, so daß nach (1) $x'_* = x_*$ bestehen muß.

2. Im folgenden bezeichnen kleine Buchstaben stets Elemente aus K_0. n heißt *normal*, wenn[1] $x \lneqq n \triangleright x' < n$. Ist n normal, so setzen wir $B_n = \{b : b < n \text{ oder } b > n'\}$. Dann ist B_n eine Kette. In der Tat: (0) Offenbar ist $x_0 \in B_n$. (1) Aus $b \in B_n$ folgt entweder $b \lneqq n$, also $b' < n$, oder $b = n$, also $b' = n'$, oder $b > n'$, also $b' > b > n'$, in allen Fällen also $b' \in B_n$. (2) Sei $M \subset B_n$ und $i := E\text{-sup}\,M$ vorhanden. Dann gibt es zwei Möglichkeiten: 1. $m < n$ für alle m aus M, also $i < n$, oder für ein gewisses m_1 aus M ist $m_1 > n'$, also $i > m_1 > n'$, und damit stets $i \in B_n$. B_n ist also eine Kette, woraus $B_n = K_0$ folgt. Zugleich ist damit gezeigt, daß ein normales Element mit allen Elementen von K_0 vergleichbar ist.

3. Die Menge N der normalen Elemente (von K_0) ist eine Kette. In der Tat: (0) x_0 ist normal, also $x_0 \in N$. (1) Sei n normal und $x \lneqq n'$. Wegen $x \in K_0 = B_n$ ist dann sogar $x < n$. Ist dabei $x \lneqq n$, so folgt $x' < n < n'$, wenn aber $x = n$, so haben wir $x' = n'$. Also ist auch n' normal. (2) Sei $M \subset N$ und $s := E\text{-sup}\,M$ und $x \lneqq s$. $x > n' > n$ für alle n aus M führt auf den Widerspruch $x > s$. Wegen $x \in B_n = K_0$ gibt es daher ein $m_1 \in M$ mit $x < m_1$. Ist dabei $x \neq m_1$, so folgt $x' < m_1 < s$ wegen $m_1 \in N$. Wenn aber $x = m_1$, so ist $x \in N$, also $m < x$ für alle m aus M (was den Widerspruch $s < x$ ergibt), oder $m_2 > x'$ für ein $m_2 \in M$, was wieder $x' < s$, also $s \in N$ liefert. Damit ist N als Kette nachgewiesen, und wieder ist $N = K_0$. Nach dem Schlußsatz von 2. bewirkt dies, daß die Elemente von K_0 ausnahmslos miteinander vergleichbar sind, d.h. K_0 k-geordnet ist. Damit ist der obige Satz bewiesen.

2.5.5.2. Ein Element einer t-geordneten Menge E heißt *maximal*, wenn $\{x : E \ni x > m\} = \{m\}$. Es gilt:

Jede i-geordnete Menge E besitzt (in jeder Teilmenge $E_0 := \{x : x_0 < x \in E\}$ mit $x_0 \in E$) maximale Elemente (Zornsches *Lemma*).

In der Tat, angenommen, kein Element von E_0 wäre maximales Element von E, so wären die Mengen $\{y : E_0 \ni y \gneqq x\}$ für $x \in E_0$ nicht

[1] $\lneqq$ heißt „unter *und* ungleich".

leer, so daß nach dem Auswahlaxiom (**1.4.8.**) eine Abbildung $x' = f(x)$, $x \in E_0$, existiert mit $x' \gneqq x$. Anwendung von **2.5.5.1.** mit dem ebenfalls i-geordneten $E_0 = E$ liefert ein $x_* \in E_0$ mit $x'_* = x_*$, was der Konstruktion widerspricht. Die Annahme ist also falsch und damit der Satz bewiesen.

2.5.5.3. *Jede Menge kann wohlgeordnet werden* (ZERMELO 1904).

Beweis. Sei M eine beliebige Menge. (T) bezeichne eine wohlgeordnete Teilmenge T von M einschließlich ihrer Ordnungsstruktur. Im System $\mathfrak{t}$ aller (T) führen wir folgende Ordnung ein: $(T_1) < (T_2)$. dann und nur dann, wenn (1) $T_1 \subset T_2$, (2) (T_1) übereinstimmt mit der von (T_2) auf T_1 erzeugten Ordnung und (3) diese Ordnung die Menge T_1 als Abschnitt von T_2 kennzeichnet. Es ist damit eine i-Ordnung in $\mathfrak{t}$ definiert. In der Tat, ist $\{(T_j) : j \in J\}$ ein k-geordnetes Teilsystem von $\mathfrak{t}$, so ist $\mathfrak{t}$-$\sup\{(T_j) : j \in J\}$ mit der „geordneten" Vereinigung (T^*) aller (T_j) im Sinne von **2.5.4.** identisch. Nach dem ZORNschen Lemma gibt es in $\mathfrak{t}$ ein maximales Element (T_0). Es bleibt nur noch zu zeigen, daß $T_0 = M$ ist. Wäre dies aber nicht der Fall, so gäbe es ein $x_0 \in M - T_0$; und $T_{00} = T_0 + \{x_0\}$ könnte offenbar wohlgeordnet werden mit $(T_0) < (T_{00})$, entgegen der Maximalität von (T_0).

2.5.6. Die enge Beziehung des ZORNschen Lemmas zur Wohlordnungstheorie kommt in folgender Variante zum Ausdruck. Eine Menge heiße *tw-geordnet* (teilweise wohlgeordnet), wenn sie t-geordnet ist und wenn jede ihrer k-geordneten Teilmengen w-geordnet ist. Definiert man noch „minimale" Elemente in analoger Weise wie maximale, so folgt aus dem ZORNschen Lemma folgender, an die Definition der Wohlordnung erinnernde Satz:

In jeder nicht leeren tw-geordneten Menge gibt es minimale Elemente. (Beweis als Aufgabe.)

2.6. Mengenvergleichung.

2.6.1. *Ist $b = f(a)$ eine gleichsinnig monotone Abbildung der w-geordneten Menge A in eine Teilmenge B von A, so gilt stets $f(a) \geqq a$.*

Beweis. $A_0 := \{a : a \in A$ und $f(a) < a\}$, und es werde $A_0 \neq 0$ angenommen. A_0 hat ein erstes Element a_0, so daß also $f(a_0) < a_0$. Wegen der vorausgesetzten Monotonie folgt daraus $f(f(a_0)) < f(a_0)$, also auch $f(a_0) \in A_0$, im Widerspruch damit, daß a_0 bereits das erste Element von A_0 ist.

2.6.2. *Eine wohlgeordnete Menge A ist keinem ihrer echten Abschnitte ähnlich; keine zwei verschiedenen Abschnitte einer wohlgeordneten Menge sind einander ähnlich.*

Denn bei einer ähnlichen Abbildung von A auf $\{x < a\}$ wäre $f(a) < a$. Die zweite Behauptung folgt daraus, daß von zwei verschiedenen

Abschnitten einer w-geordneten Menge der eine ein echter Abschnitt des anderen ist.

2.6.3. *Sind A und B w-geordnete Mengen und gibt es zu jedem echten Abschnitt von A einen dazu ähnlichen echten Abschnitt von B und umgekehrt, so sind A und B selbst ähnlich.*

Beweis. Nach **2.6.2.** gibt es zu einem Abschnitt von A höchstens einen dazu ähnlichen von B, und umgekehrt. Die in der Voraussetzung des Satzes genannte Zuordnung der Abschnitte ist daher eineindeutig. Dasselbe gilt für die Zuordnung $a \leftrightarrow b$ vermöge $\{\hat{x} < a\} \simeq \{\hat{y} < b\}$ mit $a \in A$ und $b \in B$. Wäre diese Zuordnung nicht monoton, so ließe sich sofort ein Widerspruch zu Satz **2.6.2.** herstellen.

2.6.4. *Sind A und B wohlgeordnete Mengen, so trifft eine und nur eine der drei Möglichkeiten zu: 1. A ist ähnlich zu B; 2. A ist einem echten Abschnitt von B ähnlich; 3. B ist einem echten Abschnitt von A ähnlich.*

Beweis. Es bezeichne A_0 die Menge aller a aus A, für die $\{\hat{x} < a\}$ auf einen Abschnitt von B, B_0 die Menge aller b aus B, für welche $\{\hat{y} < b\}$ auf einen Abschnitt von A ähnlich abbildbar ist. A_0 bzw. B_0 sind echte oder unechte Abschnitte von A bzw. B, also w-geordnet; ferner ist jeder echte Abschnitt von A_0 einem solchen von B_0 ähnlich, und umgekehrt, so daß nach **2.6.3.** $A_0 \simeq B_0$. Wäre $A_0 \neq A$ zugleich mit $B_0 \neq B$, also $A_0 = \{\hat{x} < a_0\}$ und $B_0 = \{\hat{y} < b_0\}$, so könnte man die Ähnlichkeit $A_0 \simeq B_0$ erweitern durch Hinzunahme von a_0 bzw. b_0 zu A_0 bzw. B_0, was ein Widerspruch zur Definition von A_0 und B_0 wäre. Es bleiben somit nur die drei im Satz genannten Fälle.

2.6.5. *Sind A und B irgendwelche Mengen, so ist stets eine von ihnen auf eine Teilmenge der anderen eineindeutig abbildbar. Zwei Mengen sind stets ihrer Mächtigkeit nach vergleichbar.*

Beweis. Man betrachte A und B als wohlgeordnet (Satz **2.5.5.3.**); dann liefert **2.6.4.** die gewünschte eineindeutige Abbildung.

2.6.6. Jeder Menge M ordnen wir das Symbol $\aleph(M)$ („Alef" M), die Mächtigkeit von M, oder die *Kardinalzahl von M* zu, mit der Gleichheitsdefinition $\aleph(M) = \aleph(M_1)$: $\bowtie$ $M \doteq M_1$ (vgl. **1.5.2.**). Insbesondere setzen wir $\aleph(M)$ gleich der Anzahl der Elemente bei endlichem M, gleich $\aleph_0$ für abzählbares M, und gleich $\aleph$ für Mengen der Mächtigkeit des Kontinuums.

Jeder wohlgeordneten Menge M werde das Symbol $\Omega(M)$, der Ordnungstypus von M, oder die *Ordinalzahl von M* zugeordnet, mit der Gleichheitsdefinition $\Omega(M) = \Omega(M_1)$: $\bowtie$ $M \simeq M_1$ (vgl. **2.1.7.**). Dabei sollen für die in **2.5.1.** und **2.5.2.** betrachteten speziellen Mengen die dort eingeführten Bezeichnungen gelten.

Die Ordnungsrelationen

$\aleph(M) \leq \aleph(M_1)$: $\bowtie$ M gleichmächtig einer Teilmenge von M_1,

$\Omega(M) \leq \Omega(M_1)$: $\bowtie$ M ähnlich einem Abschnitt von M_1,

vertragen sich wegen **1.6.3.** bzw. **2.6.3.** mit obigen Gleichheitsdefinitionen, und definieren wegen **2.6.4.** und **2.6.5.** eine k-Ordnung. Wir sprechen daher von einer „Größenordnung“ der Kardinal- und Ordinalzahlen. Es gilt:

$$\aleph(M) < \aleph(M_1) \triangleright \Omega(M) < \Omega(M_1),$$

wie auch M und M_1 wohlgeordnet werden mögen. Denn man erkennt unmittelbar, daß für wohlgeordnete Mengen M und M_1 aus $\Omega(M) \geq \Omega(M_1)$ ohne weiteres $\aleph(M) \geq \aleph(M_1)$ folgt.

Zu jeder Ordinalzahl α gehört eine ganz bestimmte Kardinalzahl $\aleph(\alpha)$, nämlich $\aleph(M)$ für $\alpha = \Omega(M)$, wo M w-geordnet ist. Umgekehrt gehört zu jeder Kardinalzahl $\aleph(M) =: \aleph'$ eine ganz bestimmte Menge von Ordinalzahlen, nämlich alle jene, die sich bei den verschiedenen möglichen Wohlordnungen von M ergeben; diese Menge heißt die zu $\aleph'$ gehörige *Zahlklasse* $Z(\aleph')$.

2.6.7. Eine direkte Folge des Satzes in **1.4.4.3.** ist die Ungleichung $\aleph(M) < \aleph(\{1, 2\}^M)$, d.h. die Mächtigkeit der Menge aller Teilmengen einer Menge M ist größer als die der Menge M selbst. Hieraus ergibt sich der folgende Satz:

Zu jeder Menge $\{\aleph_j : j \in J\}$ von Kardinalzahlen gibt es eine größere Kardinalzahl.

Beweis. Sei $\aleph_j = \aleph(A_j)$ mit paarweise fremden Mengen A_j. Wir bilden die Summe $\sum^{\cdot}\{\{1, 2\}^{A_j} : j \in J\}$. Diese Menge hat als Obermenge von $\{1, 2\}^{A_j}$ offenbar eine Mächtigkeit größer als die der Menge A_j für jedes j aus J, wie verlangt.

Bemerkung. Die „Menge aller Kardinalzahlen“ ist demnach ein widerspruchsvoller Begriff; dies hängt mit dem nur symbolischen Charakter der allgemeinen Kardinalzahlen zusammen (**2.6.6.**).

2.7. Ordinalzahlen.

2.7.1. 0 ist die kleinste Ordinalzahl; dann kommt 1, 2, ...; ω ist die kleinste unendliche (oder wie man auch sagt *transfinite*) Ordinalzahl. Ist α irgendeine Ordinalzahl $(= \Omega(M)$, M w-geordnet$)$, so bilden die Ordinalzahlen ξ, welche $< \alpha$ sind, eine bestimmte Menge, welche mit $W(\alpha)$ bezeichnet wird. $W(\alpha)$ heißt ein *Zahlenabschnitt* und besteht offenbar aus den Ordinalzahlen $\Omega(M')$, wo M' irgendein echter Abschnitt von M ist.

Ist α eine Ordinalzahl, so ist die der Größe nach geordnete Menge $W(\alpha)$ aller Ordinalzahlen $< \alpha$ wohlgeordnet und vom Typ α.

In der Tat, ist $\alpha = \Omega(M)$, M w-geordnet, so entspricht jedem ξ aus $W(\alpha)$ ein m aus M mit $\xi = \Omega(\{\hat{x} < m\})$; diese Zuordnung ist wegen **2.6.2.** eineindeutig und überträgt die Wohlordnung von M auf $W(\alpha)$, w. z. z. w.

Jede wohlgeordnete Menge A vom Typus α kann in der Form geschrieben werden:

$$A = \{a_0, a_1, \ldots, a_\xi, \ldots\} \quad \text{mit} \quad \xi < \alpha.$$

2.7.2. *In jeder nicht leeren Menge von Ordinalzahlen gibt es eine kleinste; jede Menge von Ordinalzahlen ist der Größe nach wohlgeordnet.*

Beweis. Ist M eine solche Menge, $\alpha \in M$ und α noch nicht die kleinste Zahl, so ist $M W(\alpha)$ als Teilmenge von $W(\alpha)$ w-geordnet und seine kleinste Zahl auch die von M. Der zweite Teil des Satzes ist eine unmittelbare Folge des ersten.

2.7.3. *Zu jeder Menge von Ordinalzahlen gibt es eine größere, insbesondere eine nächst größere Ordinalzahl.*

Beweis. Es sei $\{\alpha_j : j \in J\}$ eine Menge von Ordinalzahlen. Wir nehmen eine Kardinalzahl $\aleph'$, die größer ist als alle $\aleph(\alpha_j)$ (**2.6.6.**). Mit α' aus $Z(\aleph')$ ist dann $\alpha_j < \alpha'$ für alle j aus J. Die zu allen α_j nächst größere Ordinalzahl ergibt sich als die kleinste unter den Zahlen von $W(\alpha')$, die größer sind als alle α_j.

Bemerkung. Die Menge aller Ordinalzahlen ist ein widerspruchsvoller Begriff (Antinomie von Burali-Forti).

2.7.4. Zahlen der Zahlklasse $Z(\aleph_0)$. Die transfiniten Ordnungszahlen sind die Fortsetzung der natürlichen Zahlenreihe über das Endliche hinaus. Sie sind eine der kühnsten Schöpfungen des menschlichen Geistes (G. Cantor, 1845—1918). Nach der Reihe der endlichen Ordinalzahlen

$$0, 1, 2, \ldots, n, \ldots$$

setzen ein die transfiniten Ordinalzahlen mit

$$\omega, \omega + 1, \ \omega + 2, \ldots, \omega + n, \ldots,$$

$$\omega + \omega = \omega \cdot 2, \ \omega \cdot 2 + 1, \ \omega \cdot 2 + 2, \ldots, \ \omega \cdot 2 + n, \ldots;$$

$$\vdots$$

$$\omega \cdot m, \ \omega \cdot m + 1, \ \omega \cdot m + 2, \ldots, \ \omega \cdot m + n, \ldots;$$

$$\vdots$$

$$\omega \cdot \omega = \omega^2, \ \omega^2 + 1, \ \omega^2 + 2, \ldots, \omega^2 + n, \ldots;$$

$$\omega^2 + \omega, \ \omega^2 + \omega + 1, \ \omega^2 + \omega + 2, \ldots;$$

... allgemein ein „Polynom" in ω,

$$\omega^n m_n + \omega^{n-1} m_{m-1} + \cdots + \omega m_1 + m_0, \ldots,$$

worin die m_ν endliche Ordinalzahlen bezeichnen;

der Menge aller dieser Ordinalzahlen gibt man den Typ $\omega^{\omega^{\omega}}$. Die Fortsetzung lautet also:

$\omega^{\omega^{\omega}}, \omega^{\omega^{\omega}} + 1, \ldots$ (nach $\omega^{\omega^{\omega}}$ stehen nun der Reihe nach alle vorausgehenden Ordinalzahlen); dann kommt $\omega^{\omega^{\omega}} \cdot 2$, $\omega^{\omega^{\omega}} \cdot 2 + 1, \ldots$ dann einmal

$$\omega^{\omega^{\omega}} \omega = \omega^{\omega^{\omega}+1}, \ldots; \omega^{\omega^{\omega n}}, \ldots; \omega^{\omega^{\omega^2}}, \ldots; \omega^{\omega^{\omega^n}}, \ldots; \omega^{\omega^{\omega^{\omega}}}, \ldots; \omega^{\omega^{\omega^{\cdot^{\cdot^{\cdot}}}}} =: \varepsilon.$$

Die Zahl ε ist die kleinste Ordinalzahl, welche sich nicht mittels der endlichen Ordinalzahlen und ω durch endlich viele Additionen, Multiplikationen und Potenzierungen schreiben läßt. Hier beginnt nun das Spiel von neuem mit $\varepsilon + 1$, $\varepsilon + 2, \ldots$, usw. Aber auch diese Zahlen gehören alle noch der Klasse $Z(\aleph_0)$ an, wie wir gleich zeigen werden.

2.7.5. Eine Ordinalzahl heißt *isoliert*, wenn sie einen unmittelbaren Vorgänger hat; sie hat also die Gestalt $\alpha + 1$; hat eine Ordinalzahl keinen unmittelbaren Vorgänger, so heißt sie eine Limes- oder *Grenzzahl*. Jede unendliche Ordinalzahl α ist eindeutig darstellbar in der Form $\alpha = \lambda + n$, wo λ eine Grenzzahl und n eine endliche Ordinalzahl (≥ 0) bezeichnet. Je nachdem n gerade oder ungerade ist, heißt auch α *gerade* oder *ungerade*.

Enthält eine Menge A von Ordinalzahlen keine größte, so heißt die nächst größere Ordinalzahl β, welche dann offenbar eine Grenzzahl ist, der *Limes* von A, in Zeichen: $\beta = \lim A$. Es ist $W(\beta) = \sum^{\cdot} \{W(\alpha) : \alpha \in A\}$.

Beispiel. $\lim \{1, 2, \ldots\} = \omega$.

2.7.6. *Der Limes jeder aufsteigenden Folge von Zahlen aus $Z(\aleph_0)$ gehört wieder zu $Z(\aleph_0)$; umgekehrt ist jede Grenzzahl aus $Z(\aleph_0)$ darstellbar als Limes einer Folge von aufsteigenden Zahlen aus $Z(\aleph_0)$.*

Beweis. 1. Sei $\zeta_1 < \zeta_2 < \zeta_3 < \cdots$ eine aufsteigende Folge von Zahlen aus $Z(\aleph_0)$. Für ihren Limes λ gilt $W(\lambda) = \sum^{\cdot} \{W(\zeta_n) : n \in Z\}$. Wegen $\zeta_n \in Z(\aleph_0)$ ist $W(\zeta_n)$ abzählbar, also nach **1.5.6.** auch $W(\lambda)$. Daher ist $\lambda \in Z(\aleph_0)$. — 2. Sei β eine Grenzzahl aus $Z(\aleph_0)$. Dann ist $W(\beta)$ ohne letztes Element und abzählbar. $\{\xi_1, \xi_2, \xi_3, \ldots\}$ sei irgendeine Darstellung von $W(\beta)$ in Form einer Folge (im allgemeinen nicht der Größe nach). Wir konstruieren eine aufsteigende Teilfolge $\xi_{n_1}, \xi_{n_2}, \xi_{n_3}, \ldots$ nach folgender Regel: 1. $n_1 := 1$. 2. Seien bereits zu $n_1 < n_2 < \cdots < n_k$ die $\xi_{n_1} < \xi_{n_2} < \cdots < \xi_{n_k}$ konstruiert. Wir betrachten dann die Reihe $\xi_{n_k} + 1$, $\xi_{n_k} + 2, \ldots, \xi_{n_k} + n_k + 1$. Unter diesen $n_k + 1$ Zahlen, die ja zu $W(\beta)$ gehören, muß notwendig ein ξ_n mit $n > n_k$ und natürlich auch $\xi_n > \xi_{n_k}$ sein. Wir setzen dann $n_{k+1} := \inf \{n : n > n_k \text{ und } \xi_n > \xi_{n_k}\}$. Offenbar ist dann $\lim_k \xi_{n_k} \leq \beta$. Sei andererseits $\gamma < \beta$, also $\gamma = \xi_m$. Dann sind zwei Fälle möglich: 1. $m = n_{k_0}$;

dann ist $\gamma=\xi_{n_{k_0}}<\xi_{n_{k_0+1}}$. — 2. $n_{k_0}<m<n_{k_0+1}$; dann ist aber $\xi_{n_{k_0}}<\gamma=\xi_m$ ausgeschlossen wegen der Kleinsteigenschaft von $\xi_{n_{k_0+1}}$, so daß also $\gamma\leq\xi_{n_{k_0}}<\xi_{n_{k_0+1}}$. Daraus folgt $\lim_k \xi_{n_k}\geq\gamma$, somit schließlich [da $W(\beta)$ ohne letztes Element ist] $\lim_k \xi_{n_k}=\beta$, w. z. z. w.

Die nächst größere Ordinalzahl nach der Zahlklasse $Z(\aleph_0)$ wird mit ω_1 bezeichnet, so daß die Menge $\{\hat{\xi}<\omega_1\}$ gerade aus den endlichen und den zu $Z(\aleph_0)$ gehörigen Ordinalzahlen besteht.

2.7.7. An Stelle des Schlusses von n auf $n+1$ im Bereich der natürlichen Zahlen tritt in der allgemeinen Mengenlehre das wichtige Beweismittel der *transfiniten Induktion*:

Eine Aussage $A(\xi)$, wo ξ eine Ordinalzahl bezeichnet, ist richtig für jede vorgegebene Ordinalzahl ξ, wenn

1. $A(0)$ richtig;
2. $(\eta>0$ und $(A(\xi)$ richtig für alle $\xi<\eta)) \rhd A(\eta)$ richtig.

Die zweite Bedingung zerfällt praktisch in zwei verschiedenartige Fälle: a) $A(\xi)$ richtig $\rhd A(\xi+1)$ richtig; b) $A(\xi)$ richtig für alle Zahlen einer Menge M von Ordinalzahlen ohne größtes Element) $\rhd A(\lim M)$ richtig.

Beweis. Gäbe es eine Ordinalzahl γ, für die $A(\gamma)$ falsch ist, so gibt es auch eine kleinste solche Ordinalzahl γ_0. Dann ist $\gamma_0\neq 0$, und aus der Richtigkeit von $A(\xi)$ für alle $\xi<\gamma_0$ folgte die von $A(\gamma_0)$, was ein Widerspruch ist.

2.8. Kardinalzahlen.

2.8.1. *Jede Menge von Kardinalzahlen ist der Größe nach wohlgeordnet.*

Beweis. Sei $\{\aleph_j : j\in J\}$ die gegebene Menge von (lauter verschiedenen) Kardinalzahlen. Die Zuordnung $\aleph_j\to \operatorname{nf} Z(\aleph_j)$, $j\in J$, ist eineindeutig; denn $\aleph(\inf Z(\aleph'))=\aleph'$ gilt für jede Kardinalzahl $\aleph'$. Diese Zuordnung ist außerdem in beiden Richtungen gleichsinnig monoton, also eine Ähnlichkeit. Damit überträgt sich die Wohlordnung der Ordinalzahlenmenge $\{\inf Z(\aleph_j) : j\in J\}$ (**2.7.2.**) auf die gegebene Kardinalzahlenmenge.

2.8.2. *Zu jeder Menge von Kardinalzahlen gibt es eine nächst größere.*

Beweis. Aus **2.6.7.** und **2.8.1.**

Die nächst größere Kardinalzahl nach $\aleph_0$, der Mächtigkeit der abzählbaren Mengen, wird mit $\aleph_1$ bezeichnet. Dann kommt $\aleph_2$, usw. Zu jeder Ordinalzahl α gehört eine ganz bestimmte Kardinalzahl $\aleph_\alpha$, wobei $\aleph_\alpha$ als die nächst größere Kardinalzahl nach der Menge $\{\aleph_\xi : \xi<\alpha\}$ durch transfinite Induktion definiert ist.

Für die Mächtigkeit $\aleph$ des Kontinuums gilt $\aleph \geq \aleph_1$; die Gültigkeit des Gleichheitszeichens ist die sog. *Kontinuumshypothese*, die bis heute nicht geklärt ist. Der neueste Standpunkt zu diesem Problem ist der, daß es überhaupt nicht entscheidbar sei, vielmehr den Charakter eines Axioms habe, das, im Sinne des Größer- oder des Gleichheitszeichens einmal postuliert, zu keinen logischen Widersprüchen führt (vorausgesetzt, daß die PEANOschen Axiome selbst widerspruchsfrei sind).

2.9. BORELsche und SUSLINsche Mengensysteme.

2.9.1. In der Analysis verdienen besonders jene Mengen ein Interesse, welche in gewisser, als konstruktiv zu bezeichnender Weise definiert werden können. Als solche Konstruktionsmittel kommen vor allem die abzählbaren Prozesse in Frage.

Ein Mengensystem $\mathfrak{M}$ heißt ein *σ-System*, wenn mit jeder Folge $A_1, A_2, \ldots$ von Mengen aus $\mathfrak{M}$ auch ihre Vereinigung $\sum^{\cdot} A_n$ zu $\mathfrak{M}$ gehört („M ist geschlossen gegenüber abzählbarer Vereinigung"). Entsprechend heißt $\mathfrak{M}$ ein *δ-System*, wenn es gegenüber abzählbarer Durchschnittsbildung geschlossen ist. Analog wie in **1.3.2.** ergibt sich mittels **1.5.6.**:

Ist $\mathfrak{M}$ ein Mengensystem, so ist das System aller abzählbaren Vereinigungen $\sum^{\cdot} A_n$ mit $A_n \in \mathfrak{M}$, $n \in \mathsf{Z}$, das kleinste σ-System $\mathfrak{M}^\sigma$ über $\mathfrak{M}$, das System aller Durchschnitte $\prod^{\cdot} A_n$ von je abzählbar vielen Mengen aus $\mathfrak{M}$ das kleinste δ-System $\mathfrak{M}^\delta$ über $\mathfrak{M}$. (Beweis als Aufgabe!)

2.9.2. Ein Mengensystem, welches gleichzeitig ein σ- und ein δ-System ist, heißt *borelsch.* Auch hier gibt es zu einem Mengensystem $\mathfrak{M}$ ein kleinstes borelsches System $\mathfrak{M}^B$ über $\mathfrak{M}$. Man erhält es als Durchschnitt aller borelschen Systeme $\mathfrak{B}$ über $\mathfrak{M}$ mit Mengen aus dem System $\mathfrak{M}^*$ aller Teilmengen von $\sum^{\cdot}\{A : A \in \mathfrak{M}\}$:

$$\mathfrak{M}^B = \prod^{\cdot}\{\mathfrak{B} : \mathfrak{M} \subset \mathfrak{B} \subset \mathfrak{M}^* \quad \text{und} \quad \mathfrak{B} \text{ borelsch}\}.$$

Es ist $(\mathfrak{M}^B)^B = \mathfrak{M}^B$. (Beweise als Aufgabe!)

Die konstruktive Gewinnung von $\mathfrak{M}^B$ beansprucht die Ordinalzahlen. Da die fraglichen Entwicklungen allgemeinerer Natur sind, so wollen wir sie gleich entsprechend allgemein durchführen.

2.9.2.1. Wir setzen voraus, daß R eine *beschränkt σ-vollständige t*-geordnete Menge ist, d. h. zu jeder nach oben (nach unten) beschränkten Folge $r_1, r_2, \ldots$ von Elementen aus R, das R-sup r_n (R-inf r_n) existiert. Wir nennen eine Teilmenge A von R ein *σ-System*, wenn für jede in R nach oben beschränkte Folge $a_1, a_2, \ldots$ von Elementen aus A R-sup $a_n \in A$, ferner ein *δ-System*, wenn für jede in R nach unten beschränkte Folge $a_1, a_2, \ldots$ aus A R-inf $a_n \in A$; eine Teilmenge A von R, welche zugleich ein σ- und ein δ-System ist heiße ein *borelsches System.* Da R selbst borelsch ist, so existiert das kleinste borelsche System A^B über A als Durchschnitt aller borelschen Systeme über A.

2.9.2.2. Zunächst stellen wir fest:

Ist $A \subset R$, so ist das kleinste σ-System A^σ (δ-System A^δ) über A identisch mit der Menge aller R-$\sup a_n$ (R-$\inf a_n$), wo $((a_n))$ eine nach oben (unten) beschränkte Folge von Elementen aus A bezeichnet.

In der Tat, offenbar muß die genannte Menge in dem betreffenden System enthalten sein. Andererseits ist die im Satz bezeichnete Menge selbst schon ein σ-System (δ-System). Ist nämlich z.B. $\big((R\text{-}\sup_m a_{nm})\big)$ eine nach oben beschränkte Folge mit $a_{nm} \in A$, so gilt $a_{nm} < b$ für ein b aus R und alle n, m, so daß bei Anordnung der $a_{n,m}$ als Folge $\big((a_{(n,m)})\big)$ $R\text{-}\sup_n (R\text{-}\sup_m a_{nm}) = R\text{-}\sup_{(n,m)} a_{(n,m)}$ gilt, w. z. z. w.

Aus der Definition von A^σ und A^δ folgt:

$$A^{\varrho\varrho} = (A^\varrho)^\varrho = A^\varrho \supset A \quad \text{für} \quad \varrho = \sigma, \delta.$$

2.9.2.3. A^B konstruieren wir nun folgendermaßen:

Wir setzen $A^0 := A$; allgemein, wenn schon A^ξ für $\xi < \eta$ definiert ist, werde für gerades η (oder eine Grenzzahl) gesetzt $A^\eta := \big(\sum^{\cdot}\{A^\xi : \xi < \eta\}\big)^\sigma$, für ungerades η aber $A^\eta := \big(\sum^{\cdot}\{A^\xi : \xi < \eta\}\big)^\delta$. Dann gilt:

$$A^B = \sum\nolimits^{\cdot} \{A^\xi : \xi < \omega_1\}.$$

Denn diese Vereinigungsmenge ist offenbar in A^B enthalten; sie ist aber bereits borelsch. Denn ist $a_1, a_2, \ldots$ eine Elementfolge aus dieser Vereinigungsmenge, etwa mit $a_n \in A^{\xi_n}$, $n \in \mathsf{Z}$, so gibt es nach **2.7.6.** ein $\xi^* < \omega_1$ mit $\xi_n < \xi^*$ für $n \in \mathsf{Z}$. Da allgemein $A^\xi \subset A^\eta$ für $\xi < \eta$ (Beweis durch transfinite Induktion!), so gilt $a_n \in A^{\xi^*}$ für alle n. Ist $((a_n))$ nach oben (unten) beschränkt, so ist R-$\sup a_n$ (bzw. R-$\inf a_n$) wenn nicht schon in A^{ξ^*} selbst, sodann in A^{ξ^*+1} enthalten, womit wegen $\xi^* + 1 < \omega_1$ alles bewiesen ist.

2.9.2.4. Die vorausgehende Konstruktion liefert ausgehend von A die aufsteigende Folge $A^0 = A \subset A^1 = A^\delta \subset A^2 = A^{\delta\sigma} \subset A^3 = A^{\delta\sigma\delta} \subset \cdots A \subset^\xi \subset \cdots$, $\xi < \omega_1$; sie ist nur unwesentlich verschieden von der Folge $A^{(0)} = A \subset A^{(1)} = A^\sigma \subset A^{(2)} = A^{\sigma\delta} \subset A^{(3)} = A^{\sigma\delta\sigma} \subset \cdots \subset A^{(\xi)} \subset \cdots$, $\xi < \omega_1$, die man aus obiger Konstruktionsvorschrift erhält, wenn man σ mit δ vertauscht. Es gilt nämlich $A^\xi \subset A^{(\xi+1)}$ und $A^{(\xi)} \subset A^{\xi+1}$ für alle $\xi < \omega_1$ (Beweis!). Dies hat weiter zur Folge, daß

$$A^B = \sum\nolimits^{\cdot} \{A^\xi : \xi < \omega_1\} = \sum\nolimits^{\cdot} \{A^{(\xi)} : \xi < \omega_1\}.$$

2.9.3. Betrachtet man nun ein Mengensystem $\mathfrak{M}$ als (vermöge der Teilmengenrelation) t-geordnet, so liefert die Konstruktion von **2.9.2.3.** oder **2.9.2.4.** in

$$\mathfrak{M}^B = \mathfrak{M} \dotplus \mathfrak{M}^\delta \dotplus \mathfrak{M}^{\delta\sigma} \dotplus \cdots = \sum{}^{\cdot} \{\mathfrak{M}^\xi : \xi < \omega_1\}$$

das kleinste borelsche System über $\mathfrak{M}$; die Mengen dieses Systems heißen die *borelschen Mengen über* $\mathfrak{M}$.

2.9.4. Ein Mengensystem heißt *komplementär*, wenn es in ihm eine größte Menge E gibt (d.h. $A \in \mathfrak{M} \rhd A \subset E$) und außerdem mit jedem A auch $E - A$ zu $\mathfrak{M}$ gehört.

Zum Beispiel ist jeder Mengenkörper, der eine größte Menge E enthält, ein sog. geschlossener Mengenkörper, komplementär. Bezeichnen wir einen Mengenkörper, der zugleich σ-System ist, als einen *σ-Mengenkörper*, so gilt:

Ist $\mathfrak{M}$ komplementär (mit der größten Menge E), so ist $\mathfrak{M}^B$ ein σ-Mengenkörper (mit der größten Menge E).

Beweis. Es sei $\mathfrak{M}$ komplementär mit der größten Menge E. Dann ist es auch $\mathfrak{M}^{(1)}$. Denn E ist offenbar größte Menge in jedem $\mathfrak{M}^\xi$, bzw. $\mathfrak{M}^{(\xi)}$, $\xi < \omega_1$. Wir zeigen, daß $X \in \mathfrak{M}^\xi \bowtie E - X \in \mathfrak{M}^{(\xi)}$. Für $\xi = 0$ ist das gerade die Voraussetzung. Wir nehmen an, es sei für $\xi < \eta$ schon bewiesen. Ist dann etwa $X \in \mathfrak{M}^\eta$, für η gerade (oder Grenzzahl), $X = \sum{}^{\cdot} X_v$ mit $X_v \in \mathfrak{M}^{\xi_v}, \xi_v < \eta$, dann gilt $E - X_v \in \mathfrak{M}^{(\xi_v)}$, also $E - X = \prod{}^{\cdot} (E - X_v) \in \mathfrak{M}^{(\eta)}$. (Analog für ungerades η.) Das Übrige ergibt sich aus **2.9.2.4.**

2.9.5. Man kann nun jeder borelschen Klasse $\mathfrak{M}^\xi$ eine Zuordnungsvorschrift $\Phi_\xi(A_1, A_2, \ldots, A_n, \ldots)$ beiordnen, welche jeder Folge $((A_n))$ von Mengen aus $\mathfrak{M}$ in eindeutiger Weise eine Menge zuordnet von der Art, daß $\Phi_\xi(A_1, A_2, \ldots)$ gerade alle Elemente von $\mathfrak{M}^\xi$ darstellt, wenn $((A_n))$ alle Folgen von Elementen aus $\mathfrak{M}$ durchläuft. In der Tat: Wir setzen $\Phi_0(A_1, A_2, \ldots) = A_1$, $\Phi_1(A_1, A_2, \ldots) = A_1 A_2 \ldots$. Um allgemein $\Phi_{\eta'}$ zu definieren, wenn bereits Φ_ξ für $\xi < \eta'$ erklärt ist, betrachten wir etwa die Spaltung der natürlichen Zahlen n vermöge der Zerlegung $n = 2^{p-1}(2q-1) = N(p, q)$ in eine Doppelfolge $N(p, q)$ mit $p \in \mathbf{Z}$, $q \in \mathbf{Z}$. Dann wird gesetzt: Wenn η' eine ungerade Ordinalzahl [Fall a)], $\eta' = \eta + 1$,

$$\Phi_{\eta'}(A_1, A_2, A_3, \ldots) = \prod{}^{\cdot} \{\Phi_\eta(A_{N(p,1)}, A_{N(p,2)}, A_{N(p,3)}, \ldots) : p \in \mathbf{Z}\};$$

wenn η' gerade und isoliert [Fall b)], $\eta' = \eta + 1$,

$$\Phi_{\eta'}(A_1, A_2, A_3, \ldots) = \sum{}^{\cdot} \{\Phi_\eta(A_{N(p,1)}, A_{N(p,2)}, A_{N(p,3)}, \ldots) : p \in \mathbf{Z}\};$$

und wenn η' eine Limeszahl [Fall c)], wegen **2.7.6.** dann Limes einer Folge, etwa $\eta' = \lim \eta_p$ $(p = 1, 2, \ldots)$,

$$\Phi_{\eta'}(A_1, A_2, A_3, \ldots) = \sum{}^{\cdot} \{\Phi_{\eta_p}(A_{N(p,1)}, A_{N(p,2)}, A_{N(p,3)}, \ldots) : p \in \mathbf{Z}\}.$$

Hiermit ist Φ_ξ durch transfinite Induktion allgemein für $\xi < \omega_1$ definiert, und man erkennt durch vollständige Induktion unschwer, daß Φ_ξ nur Mengen aus $\mathfrak{M}^\xi$, aber auch alle solchen Mengen darstellt.

2.9.6. Die eben definierten Funktionen $\Phi_\xi(A_1, A_2, \ldots)$ haben eine einfache Bauart, die man ihnen nicht unmittelbar ansieht. Es bezeichne f eine Folge wachsender natürlicher Zahlen $\{n_1, n_2, \ldots\}$. Jeder solchen Folge ordnen wir zu den Durchschnitt $A_{(f)} = A_{n_1} A_{n_2} \ldots$. Für eine passend gewählte Menge F_ξ von Folgen f gilt dann $(0 < \xi < \omega_1)$:

$$\Phi_\xi(A_1, A_2, \ldots) = \sum{}^{\cdot} \{A_{(f)} : f \in F_\xi\},$$

d.h. Φ_ξ ist *Vereinigung von (im allgemeinen nicht abzählbar vielen) Durchschnitten von Teilfolgen der Folge* $A_1, A_2, \ldots$.

Beweis. 1. Für Φ_1 ist dies offenbar der Fall, wobei F_1 aus der einen Folge $f = \{1, 2, 3, \ldots\}$ besteht. F_2 ist die Folge der Folgen $\{1, 3, 5, \ldots\}$, $\{2, 6, 10, \ldots\}$, $\{4, 12, 20, \ldots\}$, ... — 2. Sei allgemein die oben behauptete Darstellbarkeit von Φ_ξ für $\xi < \eta'$ schon erkannt. Dann ist

$$\Phi_\xi(A_{N(p,1)}, A_{N(p,2)}, \ldots) = \sum{}^{\cdot} \{A_{(f)} : f \in F_{\xi,p}\}$$

mit

$$F_{\xi,p} := \{\{N(p, n_1), N(p, n_2), \ldots\} : \{n_1, n_2, \ldots\} \in F_\xi\}.$$

3. In den Fällen b) und c) von **2.9.5.** ergibt sich nun sofort, daß

$$F_{\eta'} = F_{\eta,1} + F_{\eta,2} + \cdots$$

das Gewünschte leistet. Im Falle a) erhält man zunächst nach dem Distributivgesetz

$$\Phi_{\eta'}(A_1, A_2, \ldots) = \sum{}^{\cdot} \{A_{(f_1)} A_{(f_2)} \ldots : f_1 \in F_{\eta,1}, f_2 \in F_{\eta,2}, \ldots\};$$

die zueinander fremden Folgen $f_1, f_2, \ldots$ kann man zu einer einzigen Teilfolge f der Folge der natürlichen Zahlen zusammenschieben, kurz durch $f = (f_1 + f_2 + \cdots)$ bezeichnet, so daß im Falle a)

$$F_{\eta'} = \{(f_1 + f_2 + \cdots) : f_1 \in F_{\eta,1}, f_2 \in F_{\eta,2}, \ldots\}$$

gesetzt werden kann, womit alles bewiesen ist.

2.9.7. Der in **2.9.6.** behandelten Erzeugung der Borelschen Mengen der Klasse $\mathfrak{M}^\xi$ verwandt ist die Erzeugung der sog. Suslinschen Mengen über einem gegebenen Mengensystem $\mathfrak{M}$. Eine solche Menge erhält man folgendermaßen: Jedem endlichen Komplex $(n_1, n_2, \ldots, n_k)$ von natürlichen Zahlen wird zugeordnet eine Menge $A_{n_1 n_2 \ldots n_k}$ aus $\mathfrak{M}$. Diese Zuordnung stellt ein Suslin*sches Schema* $((A_{n_1 n_2 \ldots n_k}))$ dar. Zu einer beliebigen Folge $\nu = (n_1, n_2, n_3, \ldots)$ von natürlichen Zahlen bildet man den (abzählbaren) Durchschnitt

$$A(\nu) := A_{n_1} A_{n_1 n_2} A_{n_1 n_2 n_3} \ldots.$$

Bezeichnet N das System aller Folgen ν, so ist

$$S := \sum{}^{\boldsymbol{\cdot}} \{A(\nu) : \nu \in \mathsf{N}\}$$

der zum Schema $((A_{n_1 n_2 \dots n_k}))$ gehörige SUSLIN*sche Kern* und wird eine SUSLIN*sche Menge über* $\mathfrak{M}$ genannt. Die Gesamtheit aller SUSLINschen Mengen über $\mathfrak{M}$ bezeichnen wir mit $\mathfrak{M}^S$.

Es ist $\mathfrak{M} \subset \mathfrak{M}^S$; zum Beweis nehme man alle $A_{n_1 n_2 \dots n_k}$ gleich einem und demselben Element von $\mathfrak{M}$.

2.9.8. *Es gilt:* $(\mathfrak{M}^S)^S = \mathfrak{M}^S$.

Beweis. 1. Es sei

$$P := \sum{}^{\boldsymbol{\cdot}} \{Q(\nu) : \nu \in \mathsf{N}\} \quad \text{mit} \quad \nu = (n_1, n_2, n_3, \dots)$$

und $$Q(\nu) := Q_{n_1} Q_{n_1 n_2} Q_{n_1 n_2 n_3} \dots, \quad \text{wobei} \quad Q_{n_1 \dots n_k} \in \mathfrak{M}^S, \text{ d.h.}$$

$$Q_{n_1 \dots n_k} = \sum{}^{\boldsymbol{\cdot}} \{A^{n_1 \dots n_k}(\lambda) : \lambda \in \mathsf{N}\} \quad \text{mit} \quad \lambda = (l_1, l_2, \dots),$$

$$A^{n_1 \dots n_k}(\lambda) := A^{n_1 \dots n_k}_{l_1} A^{n_1 \dots n_k}_{l_1 l_2} A^{n_1 \dots n_k}_{l_1 l_2 l_3} \dots \quad \text{mit} \quad A^{n_1 \dots n_k}_{l_1 \dots l_p} \in \mathfrak{M}.$$

Nach dem Distributivgesetz erhalten wir

$$Q(\nu) = \sum{}^{\boldsymbol{\cdot}} \{A^{n_1}(\nu_1) A^{n_1 n_2}(\nu_2) A^{n_1 n_2 n_3}(\nu_3) \dots : \nu_1 \in \mathsf{N}, \ \nu_2 \in \mathsf{N}, \ \nu_3 \in \mathsf{N}, \dots\}$$

mit $\nu_k = (n_{k1}, n_{k2}, n_{k3}, \dots)$, und somit

$$P = \sum{}^{\boldsymbol{\cdot}} \{A^{n_1}(\nu_1) A^{n_1 n_2}(\nu_2) A^{n_1 n_2 n_3}(\nu_3) \dots : \nu \in \mathsf{N}, \ \nu_1 \in \mathsf{N}, \ \nu_2 \in \mathsf{N}, \dots\}.$$

Der allgemeine Summand in dieser Vereinigungsmenge ist abzählbarer Durchschnitt von abzählbaren Durchschnitten, kann also als Durchschnitt einer Folge geschrieben werden. Wir nehmen, um dies sichtbar zu machen, eine Umordnung der Faktoren vor, und zwar soll das Glied $A^{n_1 \dots n_k}_{n_{k1} \dots n_{kp}}$ die Platznummer $s = 2^{k-1}(2p - 1)$ erhalten. Außerdem führen wir eine Umbezeichnung der Zahlen n_k und n_{kp} durch:

$$n_k =: m_{2k-1}, \quad n_{kp} =: m_{2^k(2p-1)}.$$

Die Zahlen der Folgen $\nu, \nu_1, \nu_2, \dots$ werden damit zu einer einzigen Folge $\{m_1, m_2, \dots\}$ zusammengefaßt. Nach der Umordnung und Umbezeichnung hat der s-te Faktor des erwähnten Durchschnitts die Form $A^{m_1 \dots m_{2k-1}}_{m_{2^k} \dots m_{2^k(2p-1)}}$, hängt also nur von den Werten $m_1, m_2, \dots, m_{2s-1}, m_{2s}$ ab. Indem wir jetzt m_1 und m_2 zusammenfassen zu $p_1 = N(m_1, m_2) = 2^{m_1 - 1}(2m_2 - 1)$, allgemein m_{2t-1} und m_{2t} zu $p_t = N(m_{2t-1}, m_{2t})$, wodurch die Folgen $m_1, m_2, \dots$ und $p_1, p_2, \dots$ eineindeutig aufeinander bezogen werden, erscheint der s-te Faktor abhängig von $p_1, p_2, \dots, p_s$ und kann daher in der Form $A_{p_1 \dots p_s}$ geschrieben werden. Damit wird

$$P = \sum{}^{\boldsymbol{\cdot}} \{A_{p_1} A_{p_1 p_2} A_{p_1 p_2 p_3} \dots : (p_1, p_2, p_3, \dots) \in \mathsf{N}\} \in \mathfrak{M}^S,$$

w. z. z. w.

2.9.9. $\mathfrak{M}^B \subset \mathfrak{M}^S$, $(\mathfrak{M}^B)^S = \mathfrak{M}^S$.

Beweis. 1. Wir zeigen, daß $\mathfrak{M}^S$ *ein* BOREL*sches System* ist, woraus dann wegen $\mathfrak{M} \subset \mathfrak{M}^S$ die erste Behauptung folgt. — 2. Sei $M_{(n)} \in \mathfrak{M}^S$, $n = 1, 2, \ldots$. Setzt man $M_{n_1 \ldots n_k} = M_{(n_1)}$, so wird $\sum^{\cdot} M_{(n)} = S \in \mathfrak{M}^S$; setzt man aber $M_{n_1 \ldots n_k} = M_{(k)}$, so erhält man $\Pi^{\cdot} M_{(n)} = S \in \mathfrak{M}^S$. — 3. Das Übrige folgt aus **2.9.8.**

Jede BORELsche Menge ist also auch eine SUSLINsche Menge über $\mathfrak{M}$; daß das Umgekehrte nicht zu gelten braucht, werden wir später (**4.10.2.**) erfahren.

2.9.10. Auch für die SUSLINschen Mengen über $\mathfrak{M}$ gibt es eine Darstellung mittels einer Funktion $\Phi(A_1, A_2, \ldots)$ im Sinne von **2.9.6.** als Vereinigung von Durchschnitten von Teilfolgen einer Mengenfolge. Zu diesem Zweck stellen wir eine eineindeutige Zuordnung zwischen den natürlichen Zahlen p und den endlichen Komplexen $(n_1, n_2, \ldots, n_k)$ solcher Zahlen her. Diese ergibt sich aus der dyadischen Darstellung

$$p = 2^{n_1-1} + 2^{n_1+n_2-1} + \cdots + 2^{n_1+\cdots+n_k-1}.$$

Sodann setzen wir $A_{n_1 \ldots n_k} =: B_p$. Damit entspricht auch jeder Folge $\nu = (n_1, n_2, n_3, \ldots)$ beliebiger natürlicher Zahlen in eineindeutiger Weise eine Folge $\pi = (p_1, p_2, p_3, \ldots)$ wachsender natürlicher Zahlen, nämlich $p_1 = 2^{n_1-1}$, $p_2 = 2^{n_1-1} + 2^{n_1+n_2-1}$, ..., wobei die Zahlen p_1, $p_2 - p_1$, $p_3 - p_2, \ldots$ eine Teilfolge von $2^0, 2^1, \ldots, 2^q, \ldots$ bilden. Bezeichnet Π die Menge aller solchen Folgen π, so erhält man für den Kern S des Schemas $((A_{n_1 \ldots n_k}))$ die Darstellung

$$S = \sum^{\cdot} \{B_{p_1} B_{p_2} B_{p_3} \ldots : \pi \in \Pi\} = \Phi(B_1, B_2, B_3, \ldots).$$

Läßt man $(B_1, B_2, \ldots)$ alle Folgen von Mengen aus $\mathfrak{M}$ durchlaufen, so stellt $\Phi(B_1, B_2, \ldots)$ alle SUSLINschen Mengen über $\mathfrak{M}$ dar.

2.10. Allgemeine Konvergenztheorie.

2.10.1. Die Analyse des klassischen Limesbegriffes an einer Folge von reellen Zahlen lehrt, daß zu dessen Definition nur wenige Eigenschaften der natürlichen bzw. der reellen Zahlen erforderlich sind. Um uns dies klarzumachen, erinnern wir an die Begriffe des unteren und oberen Limes einer Zahlenfolge $a_1, a_2, a_3, \ldots$, wenn sie mittels Infimum und Supremum erklärt werden:

$$a_* = \varliminf_{n \to \infty} a_n := \sup\{\inf\{a_\nu : \nu \geq n\} : n \in \mathbf{Z}\},$$
$$a^* = \varlimsup_{n \to \infty} a_n := \inf\{\sup\{a_\nu : \nu \geq n\} : n \in \mathbf{Z}\};$$

dabei ist $a_* \leq a^*$.

Wir verallgemeinern diesen Sachverhalt dahin, daß wir an Stelle der Menge der natürlichen Zahlen $\mathbf{Z}$ eine beliebige Menge M, an Stelle der Folge $a_1, a_2, \ldots$ eine Abbildung f von M in eine vollständig t-geordnete Menge F und schließlich an Stelle der oben auftretenden Mengen $\{\nu \geqq n\}$ ein System $\mathfrak{R}$ von nicht leeren Teilmengen U von M setzen.

Wir können dann analog bilden

$$(1) \qquad f_* := \sup\{\inf f(U) : U \in \mathfrak{R}\},$$

$$(2) \qquad f^* := \inf\{\sup f(U) : U \in \mathfrak{R}\}.$$

Wohl ist auch hier $\inf f(U) < \sup f(U)$; jedoch läßt sich daraus ohne zusätzliche Eigenschaften von $\mathfrak{R}$ nicht auf $f_* < f^*$ schließen. Dies zeigt das aller einfachste Beispiel:

M bestehe aus zwei verschiedenen Elementen a, b, und $\mathfrak{R}$ aus den zwei Mengen $\{a\}, \{b\}$. Mit $f(a) = 0$ und $f(b) = 1$ haben wir eine Abbildung von M in die vollständig t-geordnete Menge $\{0, 1\}$ mit $0 < 1$. Dabei ist $\inf f(U) = \sup f(U)$ für alle $U \in \mathfrak{R}$, so daß $f_* = 1$ und $f^* = 0$.

Dieser Mißstand wird vermieden, wenn man von $\mathfrak{R}$ verlangt:

(R) Zu je zwei U_1, U_2 aus $\mathfrak{R}$ gibt es ein U_3 aus $\mathfrak{R}$ mit $U_3 \subset U_1 U_2$.

Ein nicht leeres System $\mathfrak{R}$ von nicht leeren Mengen U (einer Grundmenge M) nennen wir einen *Raster* in M, wenn die Eigenschaft (R) erfüllt ist; M heißt (durch $\mathfrak{R}$) *gerastert*: $(M, \mathfrak{R})$. Jede eindeutige Abbildung $f(x)$, $x \in M$, von M in F heißt, wenn in M ein Raster $\mathfrak{R}$ erklärt ist, ein *gerastertes System in F*, wofür wir kurz $\{f(x) : x \to \mathfrak{R}\}$ schreiben [zu lesen: „$f(x)$ mit x in Richtung $\mathfrak{R}$"]; dabei durchläuft x die Rastermengen und diese selbst den Raster. Ist F vollständig t-geordnet, so nennen wir (1) den *unteren* $\mathfrak{R}$*-Limes* und (2) den *oberen* $\mathfrak{R}$*-Limes*, in Zeichen $\underline{\lim}\,\{f(x) : x \to \mathfrak{R}\}$ (kürzer $\mathfrak{R}$-$\underline{\lim}\, f$) bzw. $\overline{\lim}\,\{f(x) : x \to \mathfrak{R}\}$ ($\mathfrak{R}$-$\overline{\lim}\, f$).

Für jedes gerasterte System $\{f(x) : x \to \mathfrak{R}\}$ *in einer vollständig t-geordneten Menge F gilt* R-$\underline{\lim}\, f < \mathfrak{R}$-$\overline{\lim}\, f$.

In der Tat, wegen $U_3 \subset U_1$ und $U_3 \subset U_2$ haben wir

$$\inf f(U_1) < \inf f(U_3) < \sup f(U_3) < \sup f(U_2),$$

woraus bei festem U_2 und beliebigem U_1 folgt $f_* < \sup f(U_2)$, und hieraus bei beliebigem U_2 alsdann $f_* < f^*$.

f heißt $\mathfrak{R}$*-konvergent*, wenn $f_* = f^*$, und dieser gemeinsame Wert heißt der $\mathfrak{R}$*-Limes von f*, in Zeichen

$$\lim\{f(x) : x \to \mathfrak{R}\} \quad (\mathfrak{R}\text{-}\lim f).$$

2.10.1.1. Für die Konvergenztheorie ist folgender Begriff von Bedeutung: Von zwei Rastern $\mathfrak{R}$ und $\mathfrak{R}'$ auf derselben Grundmenge M nennen wir $\mathfrak{R}$ *feiner als* $\mathfrak{R}'$, in Zeichen $\mathfrak{R} < \mathfrak{R}'$, wenn es zu jedem U' aus $\mathfrak{R}'$ ein U aus $\mathfrak{R}$ gibt mit $U \subset U'$; im System aller Raster über M wird damit eines $\cdot$Ordnung definiert. Ferner nennen wir $\mathfrak{R}$ *äquivalent* $\mathfrak{R}'$ oder $\mathfrak{R}$ *gleichfein* $\mathfrak{R}'$, wenn $\mathfrak{R} < \mathfrak{R}'$ und $\mathfrak{R}' < \mathfrak{R}$ gelten.

Ist $\mathfrak{R} < \mathfrak{R}'$, *so gilt für jede Abbildung* $f|M$ *in eine vollständige t-geordnete Menge* F

$$\mathfrak{R}'\text{-}\underline{\lim}\, f < \mathfrak{R}\text{-}\underline{\lim}\, f < \mathfrak{R}\text{-}\overline{\lim}\, f < \mathfrak{R}'\text{-}\overline{\lim}\, f;$$

sind insbesondere $\mathfrak{R}$ *und* $\mathfrak{R}'$ *äquivalent, so steht in den beiden äußeren Relationen das Gleichheitszeichen.*

Beweis. Zu jedem $U' \in \mathfrak{R}'$ gibt es ein $U \in \mathfrak{R}$ mit $U \subset U'$, also mit $\inf f(U) > \inf f(U')$. Daraus folgt

$$\sup \{\inf f(U) : U \in \mathfrak{R}\} > \sup \{\inf f(U') : U' \in \mathfrak{R}'\},$$

was die erste zu beweisende Relation ist; analog folgt die zweite. Vertauschung von $\mathfrak{R}$ und $\mathfrak{R}'$ im Falle der Äquivalenz von $\mathfrak{R}$ und $\mathfrak{R}'$ führt auf die behaupteten Gleichungen.

2.10.1.2. *Ist die Grundmenge* M *eines Rasters* $\mathfrak{R}$ *Vereinigung der zwei Mengen* M_1 *und* M_2, *so ist von den Systemen* $\mathfrak{R}_i := \{M_i U : U \in \mathfrak{R}\}$, $i = 1, 2$, *wenigstens eines ein Raster* (*und zwar feiner als* $\mathfrak{R}$).

Beweis. Wenigstens für ein i sind alle Mengen $M_i U \neq 0$, $U \in \mathfrak{R}$. Denn aus $M_1 U_1 = 0 = M_2 U_2$ folgte sonst mit $U_3 \subset U_1 U_2$ sowohl $M_1 U_3 = 0$ als auch $M_2 U_3 = 0$, während $M_1 U_3 \dotplus M_2 U_3 = U_3 \neq 0$. Wenn daher etwa $M_1 U \neq 0$ für alle U aus $\mathfrak{R}$, so ist ersichtlich $\mathfrak{R}_1$ ein Raster feiner als $\mathfrak{R}$.

2.10.2. *Allgemeiner Konvergenzbegriff.* Den Begriff des „feiner als" können wir auch auf gerasterte Systeme in beliebigen Mengen ausdehnen, und erhalten damit einen Konvergenzbegriff, der wohl allen Bedürfnissen der Analysis gerecht wird.

Von zwei gerasterten Systemen $\mathfrak{f} := \{f(x) : x \to \mathfrak{X}\}$ und $\mathfrak{g} := \{g(y) : y \to \mathfrak{Y}\}$ in derselben Menge E heißt $\mathfrak{f}$ *feiner als* $\mathfrak{g}$, wenn es zu jedem $Y \in \mathfrak{Y}$ ein $X \in \mathfrak{X}$ gibt mit $f(X) \subset g(Y)$ (d.h. $\{f(x) : x \in X\} \subset \{g(y) : y \in Y\}$). Wir werden statt „$\mathfrak{f}$ ist feiner als $\mathfrak{g}$" auch sagen „$\mathfrak{f}$ *ist* $\mathfrak{g}$-*konvergent*".

Zur Rechtfertigung der eben eingeführten Sprechweise zeigen wir, daß jede im klassischen Sinne eigentlich oder uneigentlich konvergente Zahlenfolge $\mathfrak{f}$ im obigen Sinne $\mathfrak{g}$-konvergent ist, wenn man nur $\mathfrak{g}$ in angemessener Weise erklärt. In der Tat:

Statt $(a_n : n \in \mathbf{Z})$ schreiben wir

$$\mathfrak{f} = \{a_n : n \to \mathfrak{Z}\} \text{ mit } \mathfrak{Z} := \{\{\hat{n} \geq m\} : m = 1, 2, \ldots\}.$$

Ist a eine reelle Zahl, so setzen wir $\mathfrak{Y} := \{\{a - \varepsilon < \hat{x} < a + \varepsilon\} : \varepsilon > 0\}$, falls a eigentlich, $\mathfrak{Y} := \{\{\hat{x} > \tau\} : \tau > 0\}$, falls $a = +\infty$, und $\mathfrak{Y} := \{\{\hat{x} < \tau\} : \tau < 0\}$, falls $a = -\infty$, ferner setzen wir $g(y) := y$ und $\mathfrak{g} := \{g(y) : y \to \mathfrak{Y}\}$.

Mit diesen Bezeichnungen gilt:

$\lim\limits_n a_n = a$ *dann und nur dann, wenn* $\mathfrak{f}$ $\mathfrak{g}$-*konvergent.*

Beweis. Für eigentliches a. Die Bedingung

$$\varepsilon > 0 \, \exists \, n_\varepsilon : n_\varepsilon \in \mathsf{Z} \quad \text{und} \quad (n \geqq n_\varepsilon \rhd |a_n - a| < \varepsilon)$$

für $\lim a_n = a$ übersetzt sich in die Rastersprache als

$$Y = \{a - \varepsilon < \hat{x} < a + \varepsilon\} \in \mathfrak{Y} \, \exists \, X : X = \{\hat{n} \geqq n_\varepsilon\} \in \mathfrak{Z} \quad \text{und} \quad f(X) \subset g(Y),$$

und umgekehrt diese in jene.

Analog im Falle uneigentlicher Konvergenz (Aufgabe!).

2.10.2.1. Auf eine leichte Verallgemeinerung des Konvergenzbegriffes sei noch hingewiesen, weil gelegentlich davon Gebrauch gemacht wird. Man betrachte ein gerastertes System $\mathfrak{f} := \{F(x) : x \to \mathfrak{X}\}$ von nicht leeren Teilmengen $F(x)$ einer Menge E, und daneben ein zweites solches System $\mathfrak{g} := \{G(y) : y \to \mathfrak{Y}\}$; $\mathfrak{f}$ heißt $\mathfrak{g}$-*konvergent*, wenn es zu jedem Y aus $\mathfrak{Y}$ ein X aus $\mathfrak{X}$ gibt mit $F(X) \subset G(Y)$, d.h. $\sum^{\cdot}\{F(x) : x \in X\} \subset \sum^{\cdot}\{G(y) : y \in Y\}$.

Der Fall, daß $F(x)$ und $G(y)$ einelementige Mengen sind, führt auf **2.10.2.** zurück.

2.10.3. Wichtige Beispiele für Raster liefern die *gerichteten Mengen* (*g-Mengen*). So nennen wir eine *nicht leere* Menge J, wenn sie schwach geordnet ist, d.h. die Ordnungsaxiome (1_0) und (2_0) erfüllt, und außerdem der folgenden Forderung genügt:

(g) Zu je zwei Elementen j_1, j_2 aus J gibt es ein drittes j_3 mit $j_3 \succ j_1$ und $j_3 \succ j_2$.

Bei gerichteten Mengen schreiben wir an Stelle von $\succ$ das g-Ordnungszeichen $\gg$, welches wir diesmal „nach" lesen.

Die Mengen $\{J \ni \hat{h} \gg j\}$, $i \in J$, *die sog. „Enden" in* J, *bilden einen Raster* $\mathfrak{R}_J$ (Beweis!). Statt $\{j : j \to \mathfrak{R}_J\}$ im Sinne von **2.10.1.** schreiben wir kürzer $\{j : j \to J\}$, worin wir den Pfeil ebenfalls als *„in Richtung von"* lesen.

Jede eindeutige Abbildung $f|J$ einer gerichteten Menge J in eine Menge F definiert ein *gerichtetes System in* F; wir bezeichnen es mit $\{f(j) : j \to J\}$. Die $\mathfrak{R}_J$-Limiten nennen wir einfach die J-Limiten und schreiben dafür $\underline{\lim}\, \{f(j) : j \to J\}$, kürzer J-$\underline{\lim}\, f$, usw.

Offenbar bilden die Mengen U eines Rasters $\mathfrak{R}$ eine gerichtete Menge mit $\subset$ für $\gg$.

2.10.3.1. *Beispiele von gerichteten Mengen.*

1. Die natürlichen Zahlen bilden eine g-Menge mit $\geqq$ für $\gg$.

2. Jede eindeutige Abbildung $f|A$ von A *auf* die gerichtete Menge B erzeugt rückwirkend eine g-Ordnung in A. Für $a_1, a_2 \in A$ erklärt man:

$$a_1 \gg a_2 : \bowtie f(a_1) \gg f(a_2).$$

(g) ist erfüllt, weil es zu jedem b aus B mindestens ein Urbild in A gibt.

3. Mit derselben Definition wie in 2. erhalten wir die Variante: Jede eindeutige Abbildung $f|A$ von A *in* eine linear geordnete Menge B erzeugt eine g-Ordnung in A.

4. Einen wichtigen Spezialfall von 3. liefern die Abbildungen durch reelle Funktionen, insbesondere durch *Normen*, d.h. nicht negative reelle Funktionen $N|A$ mit $\inf N(A) = 0$. Bei Normen definiert man gewöhnlich die g-Ordnung durch

$$a_1 \gg a_2 : \bowtie N(a_1) \leqq N(a_2).$$

Übrigens liefern hier die Mengen $\{N(\hat{a}) \leqq \varepsilon\}$, $\varepsilon > 0$, einen Raster.

5. Im System aller Überdeckungen $u := \{B_\sigma : \sigma \in \mathfrak{f}\}$ ($\mathfrak{f}$ möge etwa abzählbar sein) einer festen Menge M mit Mengen B_σ aus einem gegenüber Durchschnittsbildung geschlossenen Mengensystem, so daß also $M \subset \sum^{\cdot} \{B_\sigma : \sigma \in \mathfrak{f}\}$, wird eine g-Ordnung definiert durch: $u \gg v := \{C_\tau : \tau \in \mathfrak{t}\}$ (was wir hier auch lesen können „u mindestens ebenso fein wie v"), wenn und nur wenn jedes B_σ Teilmenge eines passenden C_τ ist. Denn für zwei beliebige Überdeckungen u und v ist $w := \{B_\sigma C_\tau : \sigma \in \mathfrak{f}, \tau \in \mathfrak{t}\}$ eine Überdeckung mit $w \gg u$ und auch $w \gg v$. (Diese g-Ordnung ist im allgemeinen keine t-Ordnung, wohl aber eine s-Ordnung.)

6. Dieselbe Ordnungsdefinition macht auch das System der Zerlegungen $\mathfrak{z} := \{A_\sigma : \sigma \in \mathfrak{f}\}$ einer festen Menge M in Mengen A_σ aus einem gegenüber Durchschnittsbildung geschlossenen Teilmengensystem von M, (so daß also $\sum^{\cdot} \{A_\sigma : \sigma \in \mathfrak{f}\} = M$ und $A_{\sigma_1} A_{\sigma_2} = 0$ für $\sigma_1 \neq \sigma_2$), zu einem gerichteten. Hier liegt sogar eine t-Ordnung vor (Beweis!).

7. Ist jede der Mengen J_s, $s \in S$, gerichtet, so auch die Produktmenge $((J_s : s \in S))$ durch die Festsetzung:

$$(j_s : s \in S) \gg (j_s' : s \in S) : \bowtie j_s \gg j_s' \quad \text{für} \quad s \in S.$$

(Beweis, daß g-Ordnung vorliegt als Aufgabe.)

2.10.4. Die vorausgehenden Betrachtungen zeigen, daß zwischen den gerasterten und den gerichteten Mengen eine engere Verwandtschaft besteht; diese soll nun näher geklärt werden. Während die Enden einer gerichteten Menge, welche selbst wieder die g-Ordnung der Menge bestimmen, einen Raster bilden, gibt es andererseits gerasterte Mengen, welche sich in keiner Weise so g-ordnen lassen, daß die Enden dieser g-Ordnung einen zum betreffenden Raster äquivalenten Raster bilden.

Beispiel. M sei unabzählbar, $\mathfrak{R} := \{K : M - K \text{ endlich}\}$ ist ein Raster. Angenommen, es gäbe eine g-Ordnung $\gg$ in M, so daß der Raster $\{U_x : x \in M\}$ der Enden $U_x := \{M \ni \hat{y} \gg x\}$ zu $\mathfrak{R}$ gleichfein wäre. Zu jedem U_x gibt es dann ein K mit $U_x \supset K$. Damit ist U_x selbst ein K, also $U_x = M - E_x$, wo E_x eine x eindeutig zugeordnete endliche Teilmenge von M bezeichnet. Offenbar ist $y \gg x$ gleichbedeutend mit

$y \notin E_x$. Aus der Transivität von $\gg$ folgt nun $(y \notin E_x$ und $z \notin E_y) \triangleright z \notin E_x$, oder $y \notin E_x \triangleright (z \notin E_y \triangleright z \notin E_x) \triangleright E_y > E_x$. Andererseits gibt es zu jedem K ein x mit $U_x = M - E_x < K$, d.h. zu jedem endlichen $E < M$ ein x mit $E_x > E$.

Mit irgend einem $x_0 \in M$ beginnend, konstruieren wir nun in folgender Weise eine Folge $x_0, x_1, \ldots$: Sind $x_0, \ldots, x_n$ bestimmt, so wählen wir zur endlichen Menge $E = E_{x_0} \dotplus \cdots \dotplus E_{x_n} \dotplus \{x_n\}$ ein x_{n+1} mit $E_{x_{n+1}} > E$, also auch $x_{n+1} \notin E$. Dann ist $A := E_{x_0} \dotplus E_{x_1} \dotplus \cdots$ abzählbar unendlich, so daß es immer noch ein $y \notin A$ gibt. Für ein solches y ist dann $E_y > E_{x_n}$, also $E_y > A$, was hinsichtlich der Mächtigkeiten einen Widerspruch bedeutet.

2.10.4.1. In besonderen Fällen jedoch sind Gerastertsein und Gerichtetsein gleichwertige Eigenschaften. Hierzu die folgenden Begriffe:

Ein Raster heißt *monoton*, wenn es dazu einen gleichfeinen gibt, dessen Mengen bezüglich der Teilmengenrelation vergleichbar sind; er heißt *reduziert*, wenn alle seine Mengen einen leeren Durchschnitt haben.

Ist $\mathfrak{R}$ in M monoton und reduziert, so kann M in der Weise gerichtet werden, daß die Enden $\{\hat{y} \gg x\}$, $x \in M$, einen zu $\mathfrak{R}$ gleichfeinen Raster bilden.

Beweis. Sei $\mathfrak{R}'$ gleichfein zu $\mathfrak{R}$ und bezüglich der Teilmengenrelation in seinen Mengen vergleichbar. $\mathfrak{R}'$ ist ebenfalls reduziert. Wir setzen $y \gg x$ dann und nur dann, wenn $x \in U \in \mathfrak{R}' \triangleright y \in U$. Dies ist die gewünschte g-Ordnung. In der Tat, $\gg$ vermittelt eine s-Ordnung und erfüllt das Axiom (g) von **2.10.3.**; denn, um zu $x, y \in M$ ein $z \in M$ mit $z \gg x$, $z \gg y$ zu finden, sind die Fälle zu unterscheiden: 1. $x \in U \triangleright y \in U$, so daß also $y \gg x$; 2. es gibt ein U_0 mit $x \in U_0$ und $y \notin U_0$; dann ist aber $x \gg y$, weil nämlich aus $y \in U$ folgt $x \in U_0 < U$. Wir können also im ersten Falle $z = y$, im zweiten $z = x$ setzen. Nun zeigen wir noch, daß die Mengen $\{\hat{y} \gg x\}$, $x \in M$, einen zu $\mathfrak{R}'$ gleichfeinen Raster bilden. In der Tat, zu $U \in \mathfrak{R}'$ wählen wir ein $x \in U$, dann ist $\{\hat{y} \gg x\} < U$. Andererseits gibt es wegen der Reduziertheit von $\mathfrak{R}'$ zu $x \in M$ ein $U \not\ni x$, und dann ist $U < \{\hat{y} \gg x\}$.

2.10.4.2. Wenn man Äquivalenz in einem weiteren Sinne versteht, so läßt sich auch umgekehrt jedem Raster ein gleichwertiges gerichtetes System gegenüberstellen; wir nennen die Grundmenge M durch den Raster $\mathfrak{R}$ *vollgerastert*, wenn $\mathfrak{R}$ alle Elemente von M erfaßt: $M = \sum^{\cdot} \mathfrak{R}$. Nun gilt der Äquivalenzsatz:

Jede vollgerasterte Menge $(M; \mathfrak{R})$ ist darstellbar als gerichtetes System $\{x_j : j \to J\}$ in dem Sinne, daß

$$M = \{x_j : j \in J\} \quad \textit{und} \quad \mathfrak{R} = \{\{x_i : J \ni i \gg j\} : j \in J\}.$$

Beweis. Wir betrachten eine Wohlordnung $\leqq$ in M und bilden die Menge J aller Elemente $j := (U, n, x)$, wo $U \in \mathfrak{R}$, n eine natürliche Zahl und $x \in U$. Es gelte, wenn $j' = (U', n', x')$ ein weiteres Element von J bezeichnet, definitionsgemäß $j \gg j'$ dann und nur dann, wenn *entweder* U echter Teil von U', *oder* $U = U'$ und $n > n'$, *oder* $U = U'$, $n = n'$ und $x \geqq x'$. Damit ist in J eine g-Ordnung erklärt; denn bei gegebenen j und j' ist $j'' \gg (j \text{ und } j')$, wenn man setzt $j'' = (U'', n'', x'')$ mit $U'' \subset U\,U'$, $n'' = \max\{n, n'\}$ und $x'' = \max\{x, x'\}$. (J ist übrigens sogar t-geordnet.) Nun betrachten wir die Abbildung $j \to x_j := x$, wenn $j = (U, n, x)$. Das g-System $\{x_j : j \to J\}$ hat die angegebenen Eigenschaften. Denn zu jedem $x \in M$ gibt es wegen der Vollrasterung ein U, $\ni x$ und $\in \mathfrak{R}$, woraus $M = \{x_j : j \in J\}$ folgt. Ferner ist $V_{j'} := \{x_j : J \ni j \gg j'\} = U'$; denn $V_{j'} \subset U'$ ist evident; andererseits ist $(U', n'+1, x) \gg j'$ für jedes $x \in U'$, also auch $U' \subset V_{j'}$. Daraus folgt, daß die „Enden" V_j, $j \in J$, des gerichteten Systems $\{x_j : j \to J\}$ mit den Rastermengen von $\mathfrak{R}$ übereinstimmen.

2.10.5. *Beispiele zur Konvergenztheorie.* Enthält die gerichtete Menge J ein „letztes" Element e, d.h. eines mit $e \in J$ und $e \gg j$ für alle j aus J (was z.B. der Fall ist, wenn J endlich ist), dann ist die ganze Konvergenztheorie trivial. Wenn dagegen J kein letztes Element besitzt (und dann auch unendlich ist), so hat die Konvergenztheorie *„infinitären" Charakter,* indem oberer und unterer J-Limes ungeändert bleiben bei Abänderung der „Werte" x_j für *endlich* viele Indizes j.

2.10.5.1. J sei das System $\mathbf{Z}$ der natürlichen Zahlen (mit $\leqq$ statt $\ll$) und F das durch Hinzunahme der uneigentlichen Zahlen $+\infty$ und $-\infty$ erweiterte vollständige k-geordnete System $\tilde{E}^1$ der reellen Zahlen. Es handelt sich dann um die Konvergenz von Folgen reeller Zahlen im eigentlichen oder uneigentlichen Sinne der klassischen Analysis.

Bemerkung. Der üblichen Bezeichnung $\lim\limits_{n \to +\infty} a_n$ steht hier die unsere gegenüber: $\lim\{a_n : n \to \mathfrak{Z}\}$, wo $\mathfrak{Z}$ der Raster $\{\{\hat{m} \geqq n\} : n \in \mathbf{Z}\}$. Wir können eine Angleichung vornehmen, wenn wir schreiben $\lim\{a_n : n \to +\infty\}$, wobei hier das Zeichen $+\infty$ als eine andere Bezeichnung für den genannten Raster $\mathfrak{Z}$ angesehen werden kann. Die letzte Bezeichnungsweise für einen Limes kommt der Sache näher als die übliche; denn beim Limesbegriff handelt es sich wirklich um eine Operation, die an einer (im allgemeinen unendlichen) Menge mit Ordnungsstruktur auszuführen ist.

2.10.5.1.1. Ist allgemeiner $\{x_j : j \to J\}$ irgend ein gerichtetes System von Zahlen aus E^1, so ist für die Existenz des J-Limes notwendig und hinreichend (Cauchy*sches Kriterium*):

$$\varepsilon > 0 \; \exists\, j_\varepsilon : j_\varepsilon \in J \quad \textit{und} \quad |x_{j_1} - x_{j_2}| < \varepsilon \quad \textit{für} \quad (j_1 \;\textit{und}\; j_2) \gg j_\varepsilon .$$

Beweis. a) Es sei J-lim $x_j = \xi$ (endlich). Zu $\varepsilon > 0$ gibt es j' und j'', so daß $\inf\{x_j : j \gg j_1\} > \xi - \varepsilon/2$ für $j_1 \gg j'$ und $\sup\{x_j : j \gg j_2\} < \xi + \varepsilon/2$ für $j_2 \gg j''$. Wählt man $j_\varepsilon \gg (j'$ und $j'')$, so hat man $\xi - \varepsilon/2 < x_j < \xi + \varepsilon/2$ für $j \gg j_\varepsilon$, woraus die Aussage des Kriteriums folgt. — b) Ist umgekehrt die Aussage des Kriteriums erfüllt, also $|x_{j_1} - x_{j_2}| < \varepsilon$ für $(j_1$ und $j_2) \gg j_\varepsilon$, so schließt man daraus auf

$$|\inf\{x_j : j \gg j'\} - \sup\{x_j : j \gg j''\}| < 2\varepsilon$$

für $(j'$ und $j'') \gg j_\varepsilon$, woraus die Existenz von J-lim x_j folgt.

Bemerkung. Das Kriterium gilt auch im $\widetilde{E}^1$, wobei an Stelle von $|x - y|$ der Abstand $\boldsymbol{\sigma}(x, y)$ zu treten hat (vgl. **4.1.2.2.**).

2.10.5.2. J ist das System der natürlichen Zahlen Z (s. oben), F ist das System aller Teilmengen A einer festen Menge M (mit $\supset$ für $>$). Man erhält den sog. *unteren* und *oberen algebraischen Mengenlimes* A_* und A^* einer Mengenfolge $((A_n))$. Dabei ergibt sich folgendes:

$$A'_n = \Pi^{\cdot}\{A_m : m \geqq n\}, \qquad A''_n = \textstyle\sum^{\cdot}\{A_m : m \geqq n\},$$
$$A_* = \textstyle\sum^{\cdot}\{A'_n : n \in \mathsf{Z}\}, \qquad A^* = \Pi^{\cdot}\{A''_n : n \in \mathsf{Z}\}.$$

A_* ist die Menge aller Elemente, welche, mit Ausnahme von endlich vielen, allen A_n, A^* die Menge aller Elemente, welche unendlich vielen A_n angehören (Beweis!).

2.10.5.3. Die *Konvergenz* einer reellen Funktion $f|X$ *nach einer Norm* d.h. nicht negativen reellen Funktion $N(x)$: Es bedeutet z.B.

$$\overline{\lim}\{f(x) : N(x) \to 0\} = \inf\{\sup\{f(x) : N(x) \leqq r\} : r > 0\}, \quad \text{usw.}$$

2.10.5.4. Ein typischer Fall der gerichteten Konvergenz liegt in der Integrationstheorie vor, wo es sich um reelle Funktionen von Überdeckungen $\mathfrak{u}$ oder Zerlegungen $\mathfrak{z}$ handelt (vgl. Beispiele 5. und 6. von **2.10.3.1.**).

2.10.6. Ein g-System $\{x_j : j \to J\}$ in einer t-geordneten Menge heißt *gleichsinnig monoton im weiteren Sinne*, wenn zu jedem j aus J ein $j_1 = j_1(j)$ existiert, so daß $x_{j'} > x_j$ für $j' \gg j_1$. Man darf dabei, weil J gerichtet, ohne Einschränkung $j_1(j) \gg j$ annehmen. Falls man $j_1(j) = j$ setzen kann, liegt uneingeschränkte Monotonie vor, die wir zur Unterscheidung jetzt durch den Zusatz „im engeren Sinne" bezeichnen. Es gilt der Satz („*Monotonieprinzip*"):

Ist $\{x_j : j \to J\}$ ein im weiteren Sinne gleichsinnig monotones g-System in der vollständigen t-geordneten Menge X, so existiert der J-Limes und ist gleich $\sup\{x_j : j \in J\}$.

Beweis. Da allgemein $x_j < \sup\{x_j : j \in J\} =: y$, so ist mit der Bezeichnung von **2.10.1.** $x_* = \sup\{x'_i : i \in J\} < x^* < y$. Auf Grund der vorausgesetzten Monotonie im weiteren Sinne gilt $x'_{j_1(j)} > x_j$, woraus

$x_* > \sup\{x'_{j_1(j)} : j \in J\} > y$ folgt, was mit obigem die Behauptung $x_* = x^* = y$ liefert.

Entsprechendes gilt für die entsprechend zu erklärende gegensinnige Monotonie. Auch für den Fall, daß die fraglichen Monotonieeigenschaften erst von einem gewissen Index an, d.h. für $j \gg j_0$ gelten, ergibt sich ein analoger Satz.

2.10.7. Es sei P durch $\gg_1$ und $\gg_2$ auf zweierlei Weisen gerichtet, wobei gelte $(x, y, z \in P)$:

(1–2) $$x \,\exists\, y : z \gg_1 y \rhd z \gg_2 x.$$

Diese Bedingung ist besonders dann erfüllt, wenn allgemein

(*) $$x \gg_1 y \rhd x \gg_2 y,$$

in welchem Falle wir sagen, daß $\gg_1$ *schwächer ordne als* $\gg_2$; denn wenn (*) gilt, so gilt auch (1–2) mit $y = x$.

Ist $f \mid P$ eine Abbildung von P in eine vollständig t-geordnete Menge T, so kann man bilden
$$F_j(x) = \{f(y) : y \gg_j x\},$$
weiter
$$u_j(x) = T\text{-}\inf F_j(x), \quad v_j(x) = T\text{-}\sup F_j(x),$$
und die Limiten
$$f_j = T\text{-}\sup\{u_j(x) : x \in P\}, \qquad f^j = T\text{-}\inf\{v_j(x) : x \in P\}, \qquad j = 1, 2.$$
Wir haben:
$$f_2 < f_1 < f^1 < f^2, \quad \textit{wenn } (1\text{–}2) \textit{ gilt.}$$

Beweis. Wegen (1–2) gibt es zu jedem x ein y, so daß
$$\{\hat{z} \gg_1 y\} \subset \{\hat{z} \gg_2 x\}, \quad \text{also} \quad F_1(y) \subset F_2(x),$$
und damit
$$u_2(x) < u_1(y) < f_1 < f^1 < v_1(y) < v_2(x),$$
woraus die Behauptung folgt.

Wenn (1–2) und bei vertauschten Rollen auch (2–1) gilt, erhält man
$$f_2 = f_1 \quad \text{und} \quad f^2 = f^1.$$

Beispiel. P bestehe aus den Punkten (x, y) einer Ebene mit den p-Ordnungen
$$(x, y) \gg_1 (x', y') : \bowtie (x \geq x' \text{ und } y \geq y'),$$
$$(x, y) \gg_2 (x', y') : \bowtie x + y \geq x' + y';$$

$f(x, y)$ sei eine reelle Funktion, und zwar $=1$ für $y=0$, $x>0$ und $=-1$ für $x=0$, $y>0$, und sonst $=0$. Hier ist $\gg_1$ schwächer als $\gg_2$. Demgemäß ist in Übereinstimmung mit dem vorausgehenden Resultat

$$-1=f_2<f_1=0=f^1<f^2=1.$$

Aufgabe. Man stelle den Zusammenhang mit **2.10.1.1.** her.

2.10.8. Bei den g-Systemen als Verallgemeinerungen der Folgen tritt an Stelle des Begriffes der Teilfolge der Begriff des konfinalen Teilsystems. Die Teilmenge J_1 der gerichteten Menge J heißt *konfinal* zu J, wenn es zu jedem j aus J ein j_1 aus J_1 gibt mit $j_1 \gg j$. Offenbar ist jede konfinale Teilmenge von J wieder gerichtet, braucht aber keineswegs zu J ähnlich zu sein, wie dies speziell bei Folgen der Fall ist. J_1 heißt *stark konfinal* zu J, wenn in J_1 ein Ende $\{\hat{j} \gg j_1\}$ enthalten ist. Jedes Ende $\{\hat{j} \gg j_1\}$ ist insbesondere stark konfinal. Den Aussagen über Folgen von der Form „*für unendlich viele n*“ bzw. „*für schließlich alle n* (d.h. für alle n mit endlich vielen Ausnahmen)“ entsprechen hier Aussagen der Form „für ein konfinales Teilsystem“ bzw. „für ein stark konfinales Teilsystem“.

J ist zu sich selbst konfinal und stark konfinal, und jedes konfinale (bzw. stark konfinale) Teilsystem J_2 eines konfinalen (bzw. stark konfinalen) Teilsystems J_1 von J ist selbst ein konfinales (bzw. stark konfinales) Teilsystem von J.

Es ist eine Besonderheit, wenn ein gerichtetes System konfinale Teilsysteme enthält, welche im Sinne der g-Ordnung w-geordnet sind. Gegenbeispiel: Sei M unabzählbar; das System $\mathfrak{R}$ der Mengen $P:=M-E$, wo E alle endlichen Teilmengen von M durchläuft, ist vermöge der Teilmengenrelation gerichtet. Angenommen, es gäbe in $\mathfrak{R}$ ein (bezüglich der Teilmengenrelation absteigendes) w-geordnetes konfinales Teilsystem $\mathfrak{T}=\{P_0, P_1, \ldots, P_\mu, \ldots\}$, $\mu<\alpha$, mit $P_\nu \subsetneqq P_\mu$ für $\nu>\mu$. Nach Bauart der P kann nur $\alpha \leqq \omega$ sein. Da es nach Voraussetzung zu je abzählbar vielen E allemal ein E' gibt, welches zu allen diesen E fremd ist, so wäre wegen der Konfinalität $\alpha>\omega$ (Widerspruch!). Also gibt es kein solches Teilsystem.

Der Begriff der Konfinalität überträgt sich vom gerichteten Indizessystem J auf die indizierte Menge $\{x_j : j \in J\}=:X$; ist J_1 konfinal zu J, so heißt auch $X_1:=\{x_j : j \in J_1\}$ konfinal zu X.

2.10.9. 1. *Sind J_1 und J_2 stark konfinale Teilmengen von J, so auch ihr Durchschnitt $J_1 J_2$.*

2. *Ist J_1 konfinal, J_2 stark konfinal zu J, so ist $J_1 J_2$ stark konfinal zu J_1.*

3. *Eine Teilmenge J' von J ist dann und nur dann stark konfinal, wenn das Komplement $J-J'$ nicht konfinal ist.*

Beweis. Zu 1. Es gibt i_λ mit $\{J \ni \hat{j} \gg i_\lambda\} \subset J_\lambda$, $\lambda = 1, 2$. Mit einem $i_3 \gg (i_1$ und $i_2)$ ist $\{J \ni \hat{j} \gg i_3\} \subset J_\lambda$, $\lambda = 1, 2$, also $\{J \ni \hat{j} \gg i_3\} \subset J_1 J_2$, w. z. z. w. *Zu* 2. und 3. als Aufgabe.

2.10.10. *Ist* $\{x_{j_1} : j_1 \to J_1\}$ *ein konfinales Teilsystem von* $\{x_j : j \to J\}$, *wobei die Elemente* x_j *der vollständig t-geordneten Menge X angehören, so gelten die Beziehungen:*

$$J_1\text{-}\overline{\lim}\, x_{j_1} < J\text{-}\overline{\lim}\, x_j, \tag{1}$$

$$J_1\text{-}\underline{\lim}\, x_{j_1} > J\text{-}\underline{\lim}\, x_j. \tag{2}$$

Im Falle der J-Konvergenz gilt auch J_1-Konvergenz und beide Limiten sind gleich.

Beweis. 1. Wir zeigen zunächst, daß für jedes gleichsinnig monotone (bzw. gegensinnig monotone) g-System $\{y_j : j \to J\}$ und für ein konfinales Teilsystem (mit J_1) davon gilt:

$$\sup\{y_j : j \in J\} = \sup\{y_{j_1} : j_1 \in J_1\} \tag{3}$$

(bzw. die Gleichheit entsprechender inf). In der Tat, zu jedem y_j gibt es ein $y_{j_1'}$ mit $j_1' \gg j$, also $y_{j_1'} > y_j$. Daher liegt die rechte Seite von (3) nicht unter der linken. Das Umgekehrte gilt aber auch wegen $J_1 \subset J$. — 2. Nun ergibt sich z. B. (2) mit $j \in J$ aus

$$y_j := \inf\{x_i : J \ni i \gg j\} < \inf\{x_i : J_1 \ni i \gg j\} =: z_j.$$

y_j ist in j gleichsinnig monoton, so daß nach 1.

$$\sup\{z_{j_1} : j_1 \in J_1\} > \sup\{y_{j_1} : j_1 \in J_1\} = \sup\{y_j : j \in J\},$$

w. z. z. w. Analog folgt (1).

3. Verbände.

3.1. Der Verband.

3.1.1. Während in der Ordnungstheorie die Teilmengenrelation zum Ausgangspunkt einer Verallgemeinerung dient, sind es in der Verbandstheorie die Verknüpfungseigenschaften der Mengen. Wir definieren: Eine Menge $\mathfrak{A}$ von Elementen $A, B, C, \ldots$ heißt ein *Verband*, wenn in $\mathfrak{A}$ zwei Verknüpfungen erklärt sind:

(1_v) Jedem Paar A, B von Elementen von $\mathfrak{A}$ ist eindeutig zugeordnet ein Element C von $\mathfrak{A}$, $C = A \cup B$ (zu lesen „A Bund B"), das *Verbindungselement* von A und B, ferner ein Element D von A, $D = A \cap B$ (zu lesen „A Schnitt B"), das *Schnittelement* von A und B. Dabei sollen die Gesetze gelten:

$$(2_v) \quad A \cup B = B \cup A, \qquad A \cap B = B \cap A;$$

$$(3_v) \quad (A \cup B) \cup C = A \cup (B \cup C), \qquad (A \cap B) \cap C = A \cap (B \cap C);$$

$$(4_v) \quad A \cap (A \cup B) = A, \qquad A \cup (A \cap B) = A.$$

Die Formeln rechts erhält man aus den Formeln links durch Vertauschung von $\cup$ und $\cap$; demnach ergibt Vertauschung der beiden Verknüpfungen in einem Verband $\mathfrak{A}$ wieder einen Verband $\mathfrak{A}^*$, der der zu $\mathfrak{A}$ *duale Verband* genannt wird.

Beispiele. 1. Jeder Mengenring (**1.3.1.**) ist ein Verband, wenn $\cup$ die Vereinigung, und $\cap$ den Durchschnitt zweier Mengen bedeutet. — 2. Jede k-geordnete Menge ist ein Verband, wenn man $x \cup y = \max\{x, y\}$ und $x \cap y = \min\{x, y\}$ setzt.

3.1.2. Wir ziehen einige Folgerungen aus den Axiomen (1_v) bis (4_v).

(1) $$A \cup A = A \cap A = A;$$

(2) $$A \cup B = B \bowtie A \cap B = A.$$

Beweis. 1. Setzt man in (4_v) links $A \cap B$ für B ein, so folgt mit Rücksicht von (4_v) rechts $A \cap A = A$. Analog folgt die andere Behauptung von (1). — 2. Aus $A \cup B = B$ folgt nach (4_v) links $A \cap B = A$. Umgekehrt folgt aus $A \cap B = A$, wenn wir gemäß (2_v) die rechte Hälfte von (4_v) in $(A \cap B) \cup B = B$ umschreiben, sofort $A \cup B = B$.

(3) *Jeder Verband ist t-geordnet vermöge der Definition:*

$$A < B : \bowtie A \cup B = B \ (\bowtie A \cap B = A).$$

Beweis. 1. $A \cup A = A \triangleright A < A$. — 2. $(A < B$ und $B < C) \triangleright (A \cup B = B$ und $B \cup C = C) \triangleright C = (A \cup B) \cup C = A \cup (B \cup C) = A \cup C \triangleright A < C$. — 3. $(A < B$ und $B < A) \triangleright (A \cup B = B$ und $B \cap A = B) \triangleright A = A \cap (A \cup B) = A \cap B = B$. Damit sind die drei Ordnungsaxiome nachgewiesen.

(4) a1. $A < A \cup B$ und $B < A \cup B$;

a2. $(A < C$ und $B < C) \triangleright A \cup B < C$;

b1. $A \cap B < A$ und $A \cap B < B$;

b2. $(D < A$ und $D < B) \triangleright D < A \cap B$.

Also ist $A \cup B = \sup\{A, B\}$ und $A \cap B = \inf\{A, B\}$.

Beweis. a1. und b1. folgen unmittelbar aus (4_v). *Zu* a2.: $(A < C$ und $B < C) \triangleright (A \cup C = C$ und $B \cup C = C) \triangleright C = B \cup (A \cup C) = (B \cup A) \cup C = (A \cup B) \cup C \triangleright A \cup B < C$. Analog zu b2.

(5) Wegen der Assoziativität von $\cup$ und $\cap$ setzen wir für

$$A_1 \cup (A_2 (\ldots \cup A_n)) \quad \text{einfach} \quad \cup \{A_i : i = 1, \ldots, n\},$$

oder kurz $\bigcup_i A_i$; entsprechend für $\cap$.

3.1.3. *Gibt es in einer t-geordneten Menge $\mathfrak{A}$ zu jedem Elementepaar A, B das $\mathfrak{A}$-$\sup\{A, B\}$ und das $\mathfrak{A}$-$\inf\{A, B\}$, dann ist $\mathfrak{A}$ ein Verband mit $A \cup B = \mathfrak{A}$-$\sup\{A, B\}$ und $A \cap B = \mathfrak{A}$-$\inf\{A, B\}$.*

Beweis. Wir setzen $A \cup B := \mathfrak{A}\text{-}\sup\{A, B\}$ und $A \cap B := \mathfrak{A}\text{-}\inf\{A, B\}$. Dann sind ($1_v$) und ($2_v$) klar. Wir zeigen zunächst, daß die beiden definierten Verknüpfungen monoton sind: *Aus* $A < A'$ *und* $B < B'$ *folgt* $A \cup B < A' \cup B'$ *und* $A \cap B < A' \cap B'$. Ist nämlich $A' \cup B' = C$, so gilt $A < A' < C$ und $B < B' < C$, also $A \cup B < C$. Analog ergibt sich die zweite Behauptung. — Nun zum Beweis von (3_v) links. Es sei $A \cup B =: F$, $F \cup C =: G$. Dann ist $A < F$, $B < F$, $F < G$ und $C < G$. Daraus folgt $A < G$ und $B < G$, also $B \cup C < G \cup G = G$ und $H := A \cup (B \cup C) < G \cup G = G$. Nach der gleichen Methode beweist man auch $H > G$, so daß schließlich $G = H$. — Beweis von (4_v) links. Aus $A < A \cup B$ und $A < A$ folgt $A = A \cap A < A \cap (A \cup B)$. Andererseits ist aber $A \cap (A \cup B) < A$, was zusammen die Behauptung ergibt. Entsprechend werden (3_v) und (4_v) rechts bewiesen.

3.1.3.1. Wir zeigen noch:

$$(A \cup B) \cap (B \cup C) \cap (C \cup A) > (A \cap B) \cup (B \cap C) \cup (C \cap A)$$

für beliebige A, B, C.

In der Tat, bezeichnet L bzw. R die linke bzw. rechte Seite obiger Ungleichung, so ist

$$A \cup B > A, B \cup C > C, \quad \text{also} \quad L > (A \cap C) \cap (C \cup A) = A \cap C.$$

Genau so findet man $L > A \cap B$ und $L > B \cap C$, so daß $L > R$.

Bemerkung. Ist $A < C$, so reduziert sich obige Ungleichung auf

$$(A \cup B) \cap C > A \cup (B \cap C).$$

3.1.4. Zwei Verbände $\mathfrak{A}$ und $\mathfrak{A}'$ heißen *isomorph*, wenn es eine eineindeutige Abbildung von $\mathfrak{A}$ auf $\mathfrak{A}'$ gibt, welche operationstreu ist:

$$f(A \cap B) = f(A) \cap f(B), \quad f(A \cup B) = f(A) \cup f(B) \quad \text{für} \quad A, B \in \mathfrak{A}.$$

Für die Umkehrung f^{-1} gelten alsdann analoge Gleichungen, so daß Isomorphie eine Äquivalenz ist (Beweis!).

3.1.4.1. Ein Mengensystem kann vermöge seiner t-Ordnung durch die Teilmengenrelation ein Verband sein (vgl. **3.1.3.**), ohne daß $\cup$ die Mengenvereinigung, und $\cap$ den Mengendurchschnitt bedeuten; wir sprechen dann von einem *Mengenverband.*

Beispiel. Das System der Mengen 0, $\{1\}$, $\{2\}$, $\{1, 2, 3\}$ ist ein Mengenverband; beispielsweise ist $\{1\} \cup \{2\} = \{1, 2, 3\}$. — Es gilt aber stets $A \dotplus B \subset A \cup B$ und $A B \supset A \cap B$, und wenn $A \dotplus B$ bzw. $A B$ zum Mengenverband gehören, dann steht in den letzten Inklusionen bzw. das Gleichheitszeichen. (Beweis als Aufgabe.)

Jeder Verband ist einem Mengenverband isomorph.

Beweis. Nach **2.1.8.**

3.2. Distributive und komplementäre Verbände.

3.2.1. Aus den Verbandsaxiomen (1_v) bis (4_v) ergibt sich, wie leicht zu zeigen ist, das Folgende: Wenn $A \cap B_1 > C$ und $A \cap B_2 > C$, so ist auch $A \cap (B_1 \cap B_2) > C$ und $A \cap (B_1 \cup B_2) > C$. Dagegen kann man aus $A \cap B_1 < C$ und $A \cap B_2 < C$ wohl auf $A \cap (B_1 \cap B_2) < C$, aber nicht mehr auf $A \cap (B_1 \cup B_2) < C$ allgemein schließen. Dies zeigt das folgende Beispiel (s. Abb. 6, in der die Pfeile als Anordnungsbeziehungen [$C < A$ usw.] zu lesen sind).

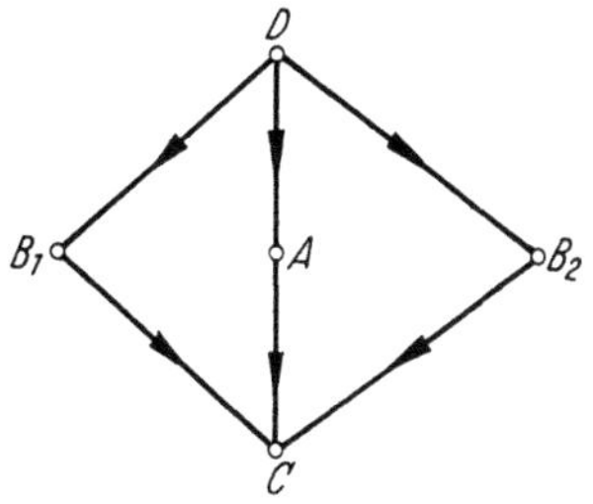

Abb. 6.

Dies veranlaßt uns, die folgende neue Verbandseigenschaft zu betrachten:

(D) Aus $A \cap B_1 < C$ und $A \cap B_2 < C$ folgt $A \cap (B_1 \cup B_2) < C$.

Erfüllt ein Verband $\mathfrak{A}$ *die Eigenschaft* (D), *so gelten allgemein für drei beliebige Elemente* A, B_1, B_2 *von* $\mathfrak{A}$ *die Gleichungen:*

(D′) $$A \cap (B_1 \cup B_2) = (A \cap B_1) \cup (A \cap B_2),$$

(D″) $$A \cup (B_1 \cap B_2) = (A \cup B_1) \cap (A \cup B_2).$$

Umgekehrt folgt aus (D′) *oder* (D″) *auch* (D).

Beweis. 1. Es gelte (D). Wir bezeichnen die linke Seite von (D′) mit L, die rechte mit R. Wegen $A \cap B_1 < R$ und $A \cap B_2 < R$ folgt nach (D) $L < R$. Andererseits folgt aus $B_1 \cup B_2 > B_i$, $i = 1, 2$, wegen der Monotonie der $\cap$-Operation, $L > A \cap B_i$, $i = 1, 2$, also $L > R$. Damit ist (D) $\triangleright$ (D′) bewiesen. — 2. Aus (D′) und den Verbandsaxiomen folgt (D″). Zum Beweis setzen wir $A \cup B_1 =: C$. Dann erhalten wir $C \cap A = A$, $C \cap (A \cup B_2) = (C \cap A) \cup (C \cap B_2) = A \cup (C \cap B_2) = A \cup (B_2 \cap C)$. Ferner $B_2 \cap C = B_2 \cap (A \cup B_1) = (B_2 \cap A) \cup (B_2 \cap B_1)$; somit rechte Seite von (D″) $= A \cup ((B_2 \cap A) \cup (B_2 \cap B_1)) = (A \cup (B_2 \cap A)) \cup (B_2 \cap B_1) =$ linker Seite von (D″). — 3. Genau so beweist man (D″) $\triangleright$ (D′). — 4. Daß (D′) $\triangleright$ (D), ergibt sich aus der Monotonieeigenschaft der $\cup$-Bildung.

Ein Verband $\mathfrak{A}$ heißt *distributiv*, wenn (D′) und damit auch (D″) allgemein gelten. Durch vollständige Induktion gelangt man zu den folgenden Formeln, die für *endliche* Indexmengen J, K_j, $j \in J$, in jedem distributiven Verband gelten:

(D^0) $$A \cap (\cup\{B_j : j \in J\}) = \cup\{A \cap B_j : j \in J\},$$

und dazu das durch Vertauschung von $\cap$ und $\cup$ entstehende duale (D^{00}); ferner

(D^*) $$\cap\{\cup\{B_{jk} : k \in K_j\} : j \in J\} = \cup\{\cap\{B_{j,k(j)} : j \in J\} : k \in ((K_j))\},$$

wobei $((K_i))$ das System aller Belegungen von J mit Elementen aus den betreffenden K_i bezeichnet (vgl. **1.4.7.**), und dazu das duale (D^{**}).

(D^0) oder (D^*) brauchen in distributiven Verbänden für unendliche Indexmengen nicht mehr zu gelten, auch wenn $\mathfrak{A}$ vollständig ist; dies zeigen einfache Beispiele.

3.2.2. Liegt ein distributiver Verband vor, so steht in der Ungleichung von **3.1.3.1.** das Gleichheitszeichen, und man nennt den gemeinsamen Wert der beiden Seiten das *Medium von A, B, C*:

$$\text{med}\{A,B,C\} := (A \cup B) \cap (B \cup C) \cap (C \cup A) = (A \cap B) \cup (B \cap C) \cup (C \cap A).$$

Ist insbesondere $A < C$, so gilt

$$\text{med}\{A, B, C\} = A \cup (B \cap C) = (A \cup B) \cap C.$$

3.2.3. *Ist $\mathfrak{A}$ ein distributiver Verband, so gilt:*

Aus $(A_1$ und $A_2) < B_1 \cup \cdots \cup B_n$, $B_i \cap A_1 = B_i \cap A_2$ für $i = 1, \ldots, n$, folgt $A_1 = A_2$.

Beweis. Es ist $(B_1 \cap A_j) \cup \cdots \cup (B_n \cap A_j) = A_j$ für $j = 1, 2$.

3.2.4. Wir betrachten einen Verband $\mathfrak{A}$ mit einem *untersten Element* 0 (*Nullelement*): $A \in \mathfrak{A} \triangleright A \cap 0 = 0$. 0 ist einzig in $\mathfrak{A}$; denn für ein zweites Nullelement $0'$ ist $0 = 0' \cap 0 = 0 \cap 0' = 0'$. Es gilt: $A \in \mathfrak{A} \triangleright A \cup 0 = A$.

Zwei Elemente A und B heißen *fremd*, wenn $A \cap B = 0$. Zwei Elemente A und B heißen *komplementär in C*, wenn

$$A \cap B = 0 \text{ und } A \cup B = C; \tag{1}$$

A heißt *Komplement von B in C* (und umgekehrt).

In einem distributiven Verband ist bei $A < C$ das Komplement von A in C eindeutig bestimmt.

In der Tat, gilt neben (1) noch $A \cap B' = 0$ und $A \cup B' = C$, so folgt $B' = B' \cup 0 = B' \cup (A \cap B) = (B' \cup A) \cap (B' \cup B) = C \cap (B' \cup B) = B' \cup B$, also $B < B'$. Genau so ergibt sich das Umgekehrte, so daß $B' = B$. Gibt es zu $A < C$ stets ein Komplement B von A in C, so heißt $\mathfrak{A}$ *relativ komplementär*.

3.2.5. Ein distributiver und relativ komplementärer Verband $\mathfrak{B}$ heißt ein Booleescher *Verband*; die Elemente eines Booleeschen Verbands bezeichnen wir auch als *Somen* und den Booleeschen Verband selbst auch als *Somenring*. In einem Somenring schreiben wir $A \dotplus B$ statt $A \cup B$, AB statt $A \cap B$ und $C - A$ für das eindeutig bestimmte Komplement von A in C (bei $A < C$). Diese formale Angleichung an die Bezeichnung der Mengenverknüpfungen findet im Isomorphiesatz (**3.5.1.**) seine Begründung; eine Verwechslung ist nicht möglich, da aus dem Text stets hervorgeht, ob es sich um eine Somen- oder Mengenverknüpfung handelt.

3.2.6. *In einem Somenring* $\mathfrak{A}$ *gilt:*

(a) $(A-B)C = AC - BC$ *für* $B < A$;

(b) $A \neq B \rhd A - AB \neq 0$ *oder* $B - AB \neq 0$;

(c) *Existiert für* $\mathfrak{A} \ni A_i < B$ *das* $\mathfrak{A}$*-sup* $\{A_i : i \in I\} = : S$, *so auch* $\mathfrak{A}$*-inf* $\{B - A_i : i \in I\}$ *und ist gleich* $B - S$;

(d) *Existiert* $\mathfrak{A}$*-sup* $\{A_i : i \in I\} = : S$, *so für jedes* B *aus* $\mathfrak{A}$ *auch* $\mathfrak{A}$*-sup* $\{A_i B : i \in I\}$ *und ist gleich* SB.

Beweis. Zu (a). Nach Definition von $A - B$ ist $(A-B)C(BC) = 0$, ferner ist $(A-B)C \dot{+} BC = AC$, wie Anwendung von **3.2.3.** bei Multiplikation mit $A - B$ bzw. B lehrt. *Zu* (b). Aus $A - AB = 0$ und $B - AB = 0$ folgt $A = AB = B$. *Zu* (c). Aus $A_i < S$ folgt $B - A_i > B - S$; ist andererseits $B - A_i > T$ für alle i, so auch $A_i < B - T$, also $S < B - T$, oder $T < B - S$. Damit sind die Inf-Eigenschaften von $B - S$ nachgewiesen. *Zu* (d). Der Beweis beruht auf folgendem *Hilfssatz*: *Ist* $A < S$, *so ist* $AB < T$ *äquivalent mit* $A < T \dot{+} (S - BS)$. In der Tat, $ABT = AB$ ist gleichwertig mit $A = AT \dot{+} (AS - ABS)$; denn aus der letzten Gleichung folgt durch Multiplikation mit B die erste, andererseits gilt die letzte Gleichung, weil (Anwendung von **3.2.3.**) sie bei Multiplikation mit BS bzw. $S - BS$ in eine richtige übergeht, soferne die erste gilt. Nun ergibt sich (d) wie folgt: Aus $A_i < S$ folgt $A_i B < SB$ für alle i; ferner ergibt sich aus $A_i B < T$ für alle i durch einmalige Anwendung des Hilfssatzes $A_i < T \dot{+} (S - SB)$, also $S < T \dot{+} (S - SB)$, und somit $SB < T$, womit die Sup-Eigenschaften von SB nachgewiesen sind.

Bemerkung. Zu (c) und (d) gibt es auch duale Aussagen.

3.2.7. In einem Somenring definieren wir:

$$A \underset{\cdot}{+} B := (A \dot{+} B) - AB.$$

Es gilt:

1. $A \underset{\cdot}{+} B < A \dot{+} B$;
2. $A \underset{\cdot}{+} B = (A - AB) \dot{+} (B - AB)$;
3. $A \underset{\cdot}{+} A = 0, \quad A \underset{\cdot}{+} 0 = A$;
4. $(A \underset{\cdot}{+} B)C = AC \underset{\cdot}{+} BC$;
5. *Multiplikation und* $\underset{\cdot}{+}$*-Addition sind kommutativ und assoziativ.*

Beweis. Zu 1. Direkte Rechnung ergibt $(A \underset{\cdot}{+} B)(A \dot{+} B) = A \underset{\cdot}{+} B$. *Zu* 2., 3. *und* 4. Man wende **3.2.3.** (Multiplikation mit A bzw. B) an. *Zu* 5. Für die Multiplikation folgen die Behauptungen direkt aus den Verbandseigenschaften; die Kommutativität von $\underset{\cdot}{+}$ ist evident. Die Formel $(A \underset{\cdot}{+} B) \underset{\cdot}{+} C = A \underset{\cdot}{+} (B \underset{\cdot}{+} C)$ folgt wieder durch Anwendung von **3.2.3.** Multipliziert man mit A, so erhält man $(A \underset{\cdot}{+} AB) \underset{\cdot}{+} AC = A \underset{\cdot}{+} (AB \underset{\cdot}{+} AC)$, eine Gleichung, welche bei Multiplikation mit AC bzw. $A - AC$ in eine richtige übergeht. Analog verhält es sich bei der

Multiplikation mit C. Multiplikation mit B ergibt $(B - AB) \dotplus BC = BA \dotplus (B - BC)$, was bei Multiplikation mit AB bzw. $B - AB$ auf die richtigen Gleichungen $ABC = AB - (AB - ABC)$ bzw. $(B - AB)\,B \dotplus (B - AB)\,BC = (B - AB)\,(B - BC)$ führt.

3.3. Somenringe.

3.3.1. Die Ergebnisse von **3.2.** lehren, daß in einem Somenring $\mathfrak{B}$ $\dotplus$-Addition und Multiplikation folgende Eigenschaften haben:

(a) Die $\dotplus$-Addition macht $\mathfrak{B}$ zu einer abelschen Gruppe mit dem Nullsoma 0 als „Gruppeneins";

(b) die Multiplikation ist assoziativ und erfüllt die zwei Distributivgesetze: $(A \dotplus B)C = AC \dotplus BC$, $C(A \dotplus B) = CA \dotplus CB$, und die Regel $AA = A$.

Wir zeigen: *Die Eigenschaften* (a) *und* (b) *definieren allein schon* $\mathfrak{B}$ *als einen Somenring.*

Zum Nachweis dieser Behauptung ist zu beweisen:

S_1. *Die Multiplikation ist kommutativ* und $A \dotplus A = 0$.

S_2. $A < B$: $\rhd\lhd$ $AB = A$ *liefert in* $\mathfrak{B}$ *eine t-Ordnung mit* $0 < A$ für alle $A \in \mathfrak{B}$.

S_3. $A \cap B := \mathfrak{B}\text{-inf}\{A, B\} = AB$, $A \cup B := \mathfrak{B}\text{-sup}\{A, B\} = A \dotplus B \dotplus AB$.

S_4. *Falls* $A < B$, *so gilt für* $C := A \dotplus B$: $A \cup C = B$, $A \cap C = 0$.

S_5. $A \cup B$ *und* $A \cap B$ *haben die Verbandseigenschaften.*

Beweis. Zu S_1. Es ist

$$A \dotplus B = (A \dotplus B)\,(A \dotplus B) = AA \dotplus BA \dotplus AB \dotplus BB = (A \dotplus B) \dotplus (BA \dotplus AB),$$

woraus $BA \dotplus AB = 0$ folgt. Letzte Gleichung liefert mit $A = B$ allgemein $A \dotplus A = 0$, und damit weiter $(BA \dotplus AB) \dotplus AB = AB$, oder $BA \dotplus (AB \dotplus AB) = AB$, also $BA = AB$. — Die übrigen Behauptungen ergeben sich durch Ausrechnen.

Damit ist gezeigt, daß ein System mit den Eigenschaften (a) und (b) ein distributiver und relativ komplementärer Verband ist.

3.3.2. Enthält ein Somenring ein *„größtes"* Soma E (*Einssoma*), so heißt er *geschlossen.* Jeder distributive und komplementäre Verband ist ein geschlossener Somenring, und umgekehrt. Es besteht folgende Erweiterungsmöglichkeit:

Jeder Somenring $\mathfrak{B}$ *läßt sich durch Hinzunahme neuer Elemente* A', *indem man jedem* A *aus* $\mathfrak{B}$ *einen Doppelgänger* A' *zuordnet, zu einem* geschlossenen Somenring $\mathfrak{B}^* := \mathfrak{B} + \{A' : A \in \mathfrak{B}\}$ erweitern; dabei ist $0'$ das Einssoma in $\mathfrak{B}^*$.

Beweis. Wir bilden das System $\mathfrak{B}^*$ aller Komplexe $C := (A, s)$ mit $A \in \mathfrak{B}$ und $s \in \{0, 1\}$ (**1.4.1.**) und definieren die Operation

$$(A, s) \dotplus (B, t) := (A \dotplus B, s + t),$$

$s + t$ modulo 2 verstanden. Dies liefert eine abelsche Gruppe mit $C \dotplus C = 0^* := (0, 0)$ und $C \dotplus 0^* = C$.

Es gilt damit die Darstellung $(A, s) = (A, 0) \dotplus (0, s)$. Die Multiplikation in $\mathfrak{B}^*$ definieren wir mittels dieser Gleichung und des distributiven Gesetzes:

$$(A, s)(B, t) = (A, 0)(B, 0) \dotplus (A, 0)(0, t) \dotplus (0, s)(B, 0) \dotplus (0, s)(0, t)$$

mit den Festsetzungen

(1) $\qquad (A, 0)(B, 0) = (AB, 0), \quad (0, s)(0, t) = (0, st),$

(2) $\qquad (A, 0)(0, t) = (0, t)(A, 0) = (K, 0)$

mit $K = 0$ für $t = 0$, $K = A$ für $t = 1$.

Die Multiplikation ist damit kommutativ und assoziativ. Daß sie auch distributiv ist bezüglich der „Addition" $\dotplus$, lehren die Spezialfälle:

$$[(A_1, 0) \dotplus (A_2, 0)](B, 0), \quad [(A_1, 0) \dotplus (A_2, 0)](0, t),$$
$$[(0, t_1) \dotplus (0, t_2)](A, 0), \quad [(0, t_1) \dotplus (0, t_2)](0, s).$$

$(0, 1)$ ist das Einssoma in $\mathfrak{B}^*$. Denn

$$(A, s)(0, 1) = (A, 0)(0, 1) \dotplus (0, s)(0, 1) = (A, 0) \dotplus (0, s) = (A, s).$$

Schließlich ist

$$(A, s)(A, s) = (AA, 0) \dotplus (0, s^2) = (A, s).$$

Damit ist gezeigt, daß $\mathfrak{B}^*$ ein geschlossener Somenring ist.

Die Teilmenge aller Somen $(A, 0)$ bildet einen zu $\mathfrak{B}$ isomorphen Somenring:

$$(A, 0) \dotplus (B, 0) = (A \dotplus B, 0) \quad \text{und} \quad (A, 0)(B, 0) = (AB, 0).$$

Wir können daher die Somen $(A, 0)$ mit den Somen A identifizieren, wodurch wir $\mathfrak{B} \subset \mathfrak{B}^*$ erhalten. Indem wir noch A' statt $(A, 1)$ schreiben, erhalten wir die Komplementbildung in $\mathfrak{B}^*$:

$$A \dotplus A' = 0', \quad AA' = 0.$$

Bemerkungen. 1. Das Verfahren ist auch anwendbar, wenn $\mathfrak{B}$ selbst schon geschlossen ist; $\mathfrak{B}^*$ ist dann jedoch eine Art Verdoppelung von $\mathfrak{B}$. Dies möge das folgende einfache Beispiel illustrieren (Abb. 7):

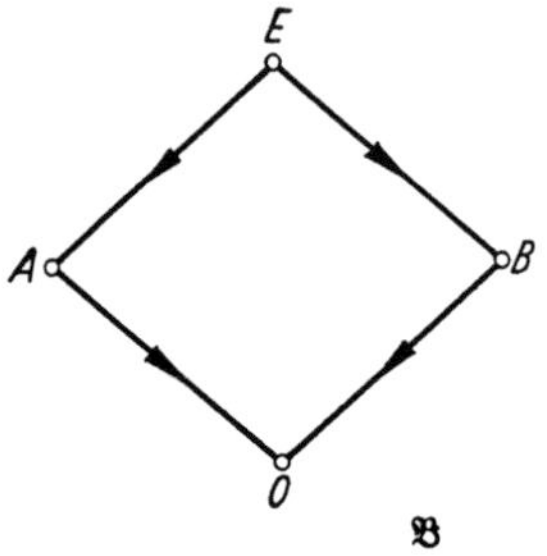

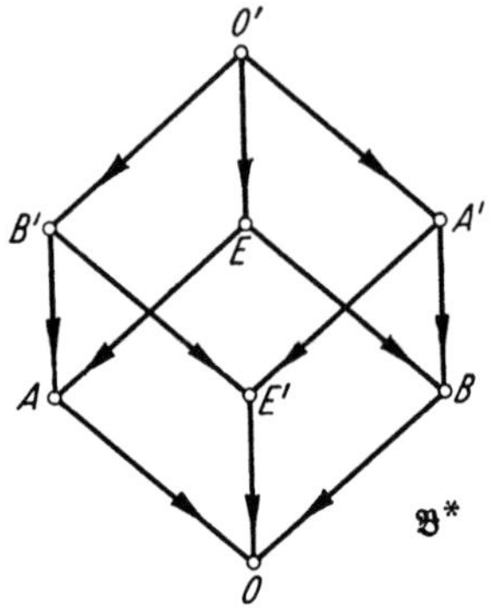

Abb. 7.

2. Man hätte bei der Definition von $\mathfrak{B}^*$ auch von den Ordnungsrelationen ausgehen können, wie folgt:

$$A < B \text{ ergibt } (A, 0) < (B, 0) \text{ und } (B, 1) < (A, 1),$$
$$AB = 0 \text{ ergibt } (A, 0) < (B, 1) \text{ und } (B, 0) < (A, 1),$$

womit alle Ordnungsbeziehungen in $\mathfrak{B}^*$ erfaßt sind.

3. *Ein Beispiel.* Es sei $\mathfrak{B}$ der Mengenkörper der abzählbaren Teilmengen des Zahlenintervalls $I = [0 \leq \xi \leq 1]$; er ist nicht geschlossen. Der oben betrachtete Schließungsprozeß führt auf den Mengenkörper $\mathfrak{B}^*$, der einerseits besteht aus den Mengen A von $\mathfrak{B}$ [die Elemente $(A, 0)$], andererseits aus den Komplementen der Mengen A in I [die Elemente $(A, 1)$]; die Mengen der letzten Art bilden für sich ein gegen Vereinigung und Durchschnitt geschlossenes System.

3.3.3. *Ist $\{\mathfrak{A}_i : i \in I\}$ ein System von Teilsomenringen eines Somenringes $\mathfrak{A}$, so ist auch der Durchschnitt $\prod^{\cdot} \{\mathfrak{A}_\iota : i \in I\}$ ein Somenring.*

Beweis. Die Behauptung ergibt sich aus dem leicht zu beweisenden allgemeinen *Hilfssatz*:

Damit die nicht leere Teilmenge $\mathfrak{C}$ des Somenringes $\mathfrak{B}$ ein Teilsomenring ist, ist jede der beiden folgenden Bedingungen notwendig und hinreichend:

1. $(C_1 \text{ und } C_2) \in \mathfrak{C} \triangleright (C_1 \dotplus C_2 \text{ und } C_1 C_2) \in \mathfrak{C}$;
2. $(C_1 \text{ und } C_2) \in \mathfrak{C} \triangleright (C_1 \dotplus C_2 \text{ und } C_1 \dotplus C_1 C_2) \in \mathfrak{C}$.

(Aufgabe.)

3.4. Unteilbare Elemente.

3.4.1. Die Verwandtschaft der Somenringe mit den Mengenkörpern tritt besonders hervor, wenn sich die Somen aus „unteilbaren" Somen aufbauen lassen. Ein Element P eines Verbandes $\mathfrak{A}$ heißt *unteilbar in* $\mathfrak{A}$, wenn $P \neq 0$ und ferner $A \cap P = 0$ oder $= P$ für alle $A \in \mathfrak{A}$. Abkürzung: u. E. = unteilbares Element.

Gilt für jedes von 0 *verschiedene Element* B *des vollständigen distributiven und komplementären Verbandes* $\mathfrak{A}$ *die Darstellung* $B = \mathfrak{A}\text{-sup}\,\{P : P$ u.E. und $< B\}$, *so ist* $\mathfrak{A}$ *isomorph dem System aller Teilmengen der Menge aller u.E. von* $\mathfrak{A}$.

Beweis. 1. Es bezeichne $\mathfrak{P}$ das System aller u. E. P von $\mathfrak{A}$. Auf Grund der vorausgesetzten Darstellbarkeit ist eine eineindeutige Abbildung $B \leftrightarrow \mathfrak{B}$ der von 0 verschiedenen Elemente B von $\mathfrak{A}$ auf die nicht leeren Teilmengen $\mathfrak{B}$ von $\mathfrak{P}$ gegeben durch:

$$B \to \mathfrak{F}(B) := \{P : P \text{ u.E. und } < B\} \subset \mathfrak{P} \text{ mit der Umkehrung}$$

$$\mathfrak{B} \to F(\mathfrak{B}) := \mathfrak{A}\text{-sup}\,\{P : P \in \mathfrak{B}\} \in \mathfrak{A}.$$

In der Tat: (1). Ist für $0 \neq B \in \mathfrak{A}$, $\mathfrak{B} = \mathfrak{F}(B)$, so ist $F(\mathfrak{B}) = \mathfrak{A}\text{-sup}\,\{P : P$ u.E. und $< B\} = B$ gemäß der vorausgesetzten Darstellbarkeit. — (2). Ist andererseits für $0 \neq \mathfrak{B} \subset \mathfrak{P}$, $B = F(\mathfrak{B})$, so folgt $P \in \mathfrak{B} \rhd (P$ u.E. und $< B)$, also $\mathfrak{B} \subset \mathfrak{F}(B)$; ferner hat man $P_1 \in \mathfrak{F}(B) \rhd P_1 = P_1 \cap \mathfrak{A}\text{-sup}\,\{P : P \in \mathfrak{B}\} = \mathfrak{A}\text{-sup}\,\{(P_1 \cap P) : P \in \mathfrak{B}\} \rhd P_1 \in \mathfrak{B}$, weil P_1 u.E.; also ist auch $\mathfrak{F}(B) \subset \mathfrak{B}$, so daß mit obigem zusammen $\mathfrak{B} = \mathfrak{F}(B)$.

2. Nun zeigt man leicht, daß allgemein

$$(B_1 \to \mathfrak{B}_1 \text{ und } B_2 \to \mathfrak{B}_2) \rhd (B_1 \cup B_2 \to \mathfrak{B}_1 \dotplus \mathfrak{B}_2 \text{ und } B_1 \cap B_2 \to \mathfrak{B}_1 \mathfrak{B}_2),$$

wobei die Zuordnung in 1. noch durch $0 \to 0$ ergänzt sei. In der Tat, um etwa $B_1 \cup B_2 \to \mathfrak{B}_1 \dotplus \mathfrak{B}_2$ zu zeigen, beachte man, daß $\mathfrak{B}_i = \{P : P$ u.E. und $< B_i\}$, $i = 1, 2$; dann ergibt sich

$$\mathfrak{B}_1 \dotplus \mathfrak{B}_2 \subset \{P : P \text{ u.E. und } < B_1 \cup B_2\} \subset \mathfrak{B}_1 \dotplus \mathfrak{B}_2,$$

wovon die erste Ungleichung augenscheinlich ist, die zweite aus $(P$ u. E. und $< B_1 \cup B_2) \rhd P = P \cap (B_1 \cup B_2) = (P \cap B_1) \cup (P \cap B_2) \rhd (P < B_1$ oder auch $P < B_2)$ zu erschließen ist.

3. Aus 2. folgt die Ähnlichkeit von $\mathfrak{A}$ und $\mathfrak{P}$, so daß sich die Isomorphie auch auf Sup- und Inf-Bildungen erstreckt.

3.4.2. *Jeder endliche distributive und komplementäre Verband* $\mathfrak{A}$ *enthält u.E. und ist isomorph dem System aller Teilmengen der Menge aller u.E. von* $\mathfrak{A}$.

Beweis. Wir setzen aus formalen Gründen für irgendein A aus $\mathfrak{A}$ in dieser Nummer $A =: A^{(0)}$, $A' =: A^{(1)}$. Dann ist nach (D*)

$$E = \bigcap \{(A^{(0)} \cup A^{(1)}) : A \in \mathfrak{A}\} = \bigcup \{\bigcap \{A^{(j(A))} : A \in \mathfrak{A}\} : j \in \mathfrak{C}\},$$

wo $\mathfrak{C} = \{0, 1\}^{\mathfrak{A}}$ das System der charakteristischen Funktionen auf $\mathfrak{A}$ bezeichnet. Die Elemente $P = \bigcap\{A^{(j(A))}: A \in \mathfrak{A}\}$ sind aber entweder $= 0$, oder unteilbar; denn für ein von 0 verschiedenes P und irgendein B aus $\mathfrak{A}$ ist $B \cap P = (B \cap B^{(j(B))}) \cap (\bigcap \{A^{(j(A))}: A \in \mathfrak{A}$ und $\neq B\}) = 0$ oder P, je nachdem $j(B) = 1$ oder 0. Schließlich ist für ein B aus $\mathfrak{A}$:

$$B = B \cap E = \bigcup\{B \cup \{A^{(j(A))}: A \in \mathfrak{A}\} : j \in \mathfrak{C}\} = \mathfrak{A}\text{-sup}\{P: P \text{ u. E. und } < B\}.$$

Den Rest liefert nun Satz **3.4.1.**

3.4.3. Nennt man einen Verband *total-distributiv*, wenn (D*) für beliebige Indexmengen J, K_j gilt, so erhalten wir:

Jeder vollständige total-distributive und komplementäre Verband $\mathfrak{A}$ enthält u.E. und ist mit dem System aller Teilmengen der Menge aller seiner u.E. isomorph.

Beweis genau wie in **3.4.2.**

Als Beispiel eines vollständigen, (nur) distributiven und komplementären Verbandes, in welchem es keine u.E. gibt, nennen wir das System der minimal begrenzten offenen Mengen der Zahlgeraden, d.h. jener Teilmengen der Zahlgeraden, welche mit dem offenen Kern ihrer abgeschlossenen Hülle identisch sind (s. **4.4.4.**).

3.5. Der Isomorphiesatz für Somenringe.

3.5.1. *Jeder Somenring ist isomorph mit einem Mengenkörper* (Stone 1936). Dies soll heißen: Zu jedem Somenring $\mathfrak{B}$ gibt es einen Mengenkörper $\mathfrak{K}$, so daß zwischen $\mathfrak{B}$ und $\mathfrak{K}$ eine eineindeutige Abbildung

$$\mathfrak{B} \ni A \leftrightarrow \mathfrak{a} \in \mathfrak{K}$$

besteht mit den Eigenschaften:

$$A \dotplus B \leftrightarrow \mathfrak{a} \dotplus \mathfrak{b},$$
$$A B \leftrightarrow \mathfrak{a}\mathfrak{b},$$

wobei die Verknüpfungen rechts die üblichen Mengenverknüpfungen bezeichnen (**1.2.1.**). Der Beweis verlangt einige Vorbetrachtungen.

3.5.2. Die Mengen $\mathfrak{a}, \mathfrak{b}, \ldots$, deren Existenz in **3.5.1.** behauptet wird, sind gewisse Mengen von Teilmengen des Somenringes $\mathfrak{B}$, Mengen sog. *Primideale*. Wir definieren:

$\mathfrak{J}$ heißt ein *Ideal in* $\mathfrak{B}$, wenn

(1ᵢ) $0 \neq \mathfrak{J} < \mathfrak{B}$;

(2ᵢ) $(A \in \mathfrak{J}$ und $B \in \mathfrak{J}) \rhd A \dotplus B \in \mathfrak{J}$;

(3ᵢ) $(A \in \mathfrak{J}$ und $X \in \mathfrak{B}) \rhd A X \in \mathfrak{J}$.

Beispiele. $\{0\}$ ist ein Ideal. Für jedes A ist $\{\hat{X} < A\}$ ein Ideal. Jedes Ideal in einem Somenring ist ein (Teil)-Somenring.

Ein Ideal $\mathfrak{J}$ in $\mathfrak{B}$ heißt ein *Primideal in* $\mathfrak{B}$, wenn

$$(4_{\mathrm{i}}) \qquad (A \in \mathfrak{B} \text{ und } B \in \mathfrak{B} \text{ und } AB \in \mathfrak{J}) \rhd (A \in \mathfrak{J} \text{ oder } B \in \mathfrak{J}).$$

Diese Forderung ist ersichtlich eine Art von Umkehrung von (3_{i}); $\mathfrak{B}$ ist z.B. ein Primideal.

Zur Veranschaulichung dieser neuartigen Begriffe das Musterbeispiel eines Somenringes: das System aller Teilmengen einer festen Menge M mit dem üblichen $A \dotplus B$ und AB. Ist $m \in M$, so bildet das System aller Teilmengen der Menge $M - \{m\}$ ein Primideal; denn aus $AB \subset M - \{m\}$ folgt, daß wenigstens eine der beiden Mengen A und B das Element m nicht enthält, also Teilmenge von $M - \{m\}$ ist.

3.5.3. *Sind* $\mathfrak{J}_1$ *und* $\mathfrak{J}_2$ *Ideale in* $\mathfrak{B}$, *dann ist es auch*

$$\mathfrak{J}_3 := [\mathfrak{J}_1, \mathfrak{J}_2] := \{(A_1 \dotplus A_2) : A_1 \in \mathfrak{J}_1 \text{ und } A_2 \in \mathfrak{J}_2\}.$$

Beweis. (1_{i}) ist klar. *Zu* (2_{i}). Aus $A_1 \dotplus A_2 \in \mathfrak{J}_3$ und $B_1 \dotplus B_2 \in \mathfrak{J}_3$ folgt $(A_1 \dotplus A_2) \dotplus (B_1 \dotplus B_2) = (A_1 \dotplus B_1) \dotplus (A_2 \dotplus B_2) = C_1 \dotplus C_2 \in \mathfrak{J}_3$ wegen $C_k := A_k \dotplus B_k \in \mathfrak{J}_k$. *Zu* (3_{i}). Aus $A_1 \dotplus A_2 \in \mathfrak{J}_3$ und $B \in \mathfrak{B}$ folgt $B(A_1 \dotplus A_2) = BA_1 \dotplus BA_2 = D_1 \dotplus D_2 \in \mathfrak{J}_3$, weil $D_k := BA_k \in \mathfrak{J}_k$.

$\{\hat{X} < A\}$ ist ein Ideal; statt $[\mathfrak{J}_1, \{\hat{X} < A\}]$ schreiben wir kurz $[\mathfrak{J}_1; A]$; es ist dies „das durch Hinzunahme von A erweiterte Ideal $\mathfrak{J}_1$".

3.5.3.1. *Ein von* $\mathfrak{B}$ *verschiedenes Ideal* $\mathfrak{J}$ *in* $\mathfrak{B}$ *ist dann und nur dann Primideal, wenn jede echte Erweiterung von* $\mathfrak{J}$ *mit* $\mathfrak{B}$ *identisch ist.*

Beweis. 1. Es sei $\mathfrak{P}$ ein von $\mathfrak{B}$ verschiedenes Primideal in $\mathfrak{B}$. Ist $B_i \in \mathfrak{B} - \mathfrak{P}$, $i = 1, 2$, so ist auch $B_1 B_2 \in \mathfrak{B} - \mathfrak{P}$ (anderenfalls hätte man einen Widerspruch zu (4_{i})). Alsdann ist aber $B_1 \dotplus B_2 \in \mathfrak{P}$. Wäre nämlich auch $B_1 \dotplus B_2 \in \mathfrak{B} - \mathfrak{P}$, so hätte man $0 = B_1 B_2 (B_1 \dotplus B_2) \in \mathfrak{B} - \mathfrak{P}$, was falsch ist. Ergebnis: $B_1 = B_2 \dotplus P$ mit $P \in \mathfrak{P}$, womit schon $[\mathfrak{P}; B_2] = \mathfrak{B}$ bewiesen ist. — 2. $\mathfrak{J}$ habe die im Satz genannte Erweiterungseigenschaft, sei aber kein Primideal. Dann gibt es zwei Somen A und B, $\notin \mathfrak{J}$, aber mit $AB \in \mathfrak{J}$. Wegen $\mathfrak{B} = [\mathfrak{J}; B]$ gilt die Darstellung $A - AB = BC \dotplus J$ mit $C \in \mathfrak{B}$ und $J \in \mathfrak{J}$, woraus durch Multiplikation mit B folgt $0 = BC \dotplus JB$, woraus sich weiter $BC = 0$ und $A \in \mathfrak{J}$, ein Widerspruch, ergibt.

3.5.4. *Ist* μ *eine Ordinalzahl und gilt* $\mathfrak{J}_0 \subset \mathfrak{J}_1 \subset \cdots \subset \mathfrak{J}_\xi \subset \cdots$, $\xi < \mu$, *so ist mit den* $\mathfrak{J}_\xi$ *auch* $\sum^{\cdot}\{\mathfrak{J}_\xi : \xi < \mu\} =: \mathfrak{J}$ *ein Ideal.*

Beweis. Wegen des Aufsteigens der wohlgeordneten $\mathfrak{J}_\xi$ kann man zwei Elemente aus ihrer Vereinigungsmenge stets ansehen als Elemente desselben $\mathfrak{J}_\xi$, so daß die Bedingungen (1_{i}) bis (3_{i}) unmittelbar einzusehen sind.

3.5.5. *Ist $\mathfrak{J}_0$ Ideal in $\mathfrak{V}$ und $A \notin \mathfrak{J}_0$, so existiert ein Primideal $\mathfrak{P}$ in $\mathfrak{V}$ mit $A \notin \mathfrak{P} > \mathfrak{J}_0$.*

Beweis. Es bieten sich zwei Fälle dar: Fall I: $A \in [\mathfrak{J}_0; Z]$ für jedes Z aus $\mathfrak{V} - \mathfrak{J}_0$; Fall II: Es gibt ein Z_0 aus $\mathfrak{V} - \mathfrak{J}_0$, so daß $A \notin [\mathfrak{J}_0; Z_0]$.

1. *Im Falle I* ist $\mathfrak{J}_0$ bereits ein Primideal. Wäre nämlich $\mathfrak{J}_0$ kein solches, so gäbe es zwei Elemente X, Y aus $\mathfrak{V} - \mathfrak{J}_0$ mit $XY \in \mathfrak{J}_0$. Da nach Voraussetzung A in $[\mathfrak{J}_0; X]$ und in $[\mathfrak{J}_0; Y]$ enthalten ist, so gelten die Darstellungen $A = B_1 \dot{+} X_1$ und $A = B_2 \dot{+} X_2$ mit $B_i \in \mathfrak{J}_0$, $i = 1, 2$, und $X_1 < X$, $X_2 < Y$, so daß

$$A = (B_1 \dot{+} X_1)(B_2 \dot{+} X_2) = B_1 B_2 \dot{+} X_1 B_2 \dot{+} B_1 X_2 \dot{+} X_1 X_2.$$

Jeder dieser Summanden ist in $\mathfrak{J}_0$ enthalten [insbesondere der letzte wegen $X_1 X_2 = (X_1 X_2)(XY)$], also auch A selbst (Widerspruch!). Tritt also der Fall I ein, so ist der Satz bewiesen.

2. *Im Falle II* setzen wir $[\mathfrak{J}_0; Z_0] =: \mathfrak{J}_1$; dann liegen wieder die Voraussetzungen wie zu Beginn vor:

$$\mathfrak{J}_0 \subsetneqq \mathfrak{J}_1, \quad \mathfrak{J}_1 \text{ ist Ideal in } \mathfrak{V} \text{ mit } A \notin \mathfrak{J}_1.$$

Auf $\mathfrak{J}_1$ können wir erneut die Fallunterscheidung anwenden, usw. Die transfinite Induktion vollzieht sich nun folgendermaßen: Man sei bereits bei einer wohlgeordneten Folge von Idealen in $\mathfrak{V}$

(1) $$\mathfrak{J}_0 \subsetneqq \mathfrak{J}_1 \subsetneqq \cdots \subsetneqq \mathfrak{J}_\xi \subsetneqq \cdots, \quad \xi < \nu;$$

angelangt, wobei $A \notin \mathfrak{J}_\xi$, $\xi < \nu$. Ist ν eine isolierte Zahl, so ist $\mathfrak{J}_{\nu-1}$ das letzte Element in der obigen Folge, auf das wir die Fallunterscheidung anwenden können; wenn aber ν eine Grenzzahl ist, so ist nach **3.5.4.** auch $\sum^{\cdot} \{\mathfrak{J}_\xi : \xi < \nu\} =: \mathfrak{J}_\nu$ ein Ideal mit $A \notin \mathfrak{J}_\nu$, welches wir als letztes Glied der obigen Folge anfügen können und worauf dann die Fallunterscheidung anzuwenden ist.

3. In (1) kann offensichtlich die Mächtigkeit von $\{1, 2, \ldots, \xi, \ldots\}$, $\xi \underset{(=)}{<} \nu$, nicht größer sein als die von $\mathfrak{V} - \mathfrak{J}_0$. Das in 2. beschriebene Verfahren muß daher durch Eintreten des Falles I zu einem Ende kommen, sonst würde es über die durch die Mächtigkeit von $\mathfrak{V} - \mathfrak{J}_0$ gesetzte Schranke hinausführen.

3.5.6. Es bezeichne $\mathfrak{J}$ ein Ideal, $\mathfrak{P}$ ein Primideal in $\mathfrak{V}$; dann gilt:

(a) $(A \notin \mathfrak{P}$ *und* $B \notin \mathfrak{P}) \triangleright A \dot{+} B \in \mathfrak{P}$.

(b) $(A \in \mathfrak{J}$ *und* $B \in \mathfrak{J}) \triangleright A \dot{+} B \in \mathfrak{J}$.

(c) *Aus $A \dot{+} B \notin \mathfrak{P}$ folgt, daß entweder ($A \notin \mathfrak{P}$ und $B \in \mathfrak{P}$) oder ($A \in \mathfrak{P}$ und $B \notin \mathfrak{P}$), und umgekehrt.*

(d) *Zwischen $\mathfrak{V}$ und einem Primideal $\mathfrak{P} \neq \mathfrak{V}$ liegt kein weiteres von $\mathfrak{P}$ und $\mathfrak{V}$ verschiedenes Ideal.*

Beweis. Zu (a). Aus den Voraussetzungen folgt offenbar $AB \notin \mathfrak{P}$. Wegen $(A \underset{\cdot}{+} B)(AB) = 0 \in \mathfrak{P}$ muß der erste Faktor $A \underset{\cdot}{+} B$ zu $\mathfrak{P}$ gehören. *Zu* (b). Behauptung folgt aus $(A+B)(A \dotplus B) = A \underset{\cdot}{+} B$ und $A \dotplus B \in \mathfrak{J}$. *Zu* (c). Der erste Teil der Behauptung ist eine direkte Folge von (a) und (b). Um die Umkehrung zu beweisen, sei etwa $A \notin \mathfrak{P}$, $B \in \mathfrak{P}$ und in Annahme des Gegenteils der Behauptung $A + B \in \mathfrak{P}$. Dann folgt $AB \in \mathfrak{P}$, also $A \dotplus B = (A \underset{\cdot}{+} B) \dotplus AB \in \mathfrak{P}$, somit $A = A(A \dotplus B) \in \mathfrak{P}$ (Widerspruch!). *Zu* (d) s. **3.5.3.1.**

3.5.7. Mit diesen Vorbereitungen kommen wir nun zum *Beweis von* **3.5.1.** Wir betrachten die Menge aller nichttrivialen Primideale $\mathfrak{P}\,(\neq \mathfrak{B})$ und ordnen jedem $A \in \mathfrak{B}$ zu die Menge $\mathfrak{p}_A := \{\mathfrak{P} : A \notin \mathfrak{P}\}$, so daß also $\mathfrak{P} \in \mathfrak{p}_A \rhd\!\lhd A \notin \mathfrak{P}$. Es gilt $\mathfrak{p}_A = \mathfrak{p}_B \rhd\!\lhd A = B$, d.h. die Zuordnung ist *eineindeutig*.

Beweis. Es sei $A \neq B$, also etwa $A \underset{\cdot}{+} AB =: A_1 \neq 0$ (**3.2.6.** (b)), also $A_1 < A$, aber nicht $A_1 < B$. Somit ist $A_1 \notin \{\hat{X} < B\}$, so daß nach **3.5.5.** ein Primideal $\mathfrak{P}$ existiert mit $A_1 \notin \mathfrak{P} > \{\hat{X} < B\}$. Dabei ist auch $A \notin \mathfrak{P}$ (anderenfalls hätte man $A_1 A \in \mathfrak{P}$, was wegen $A_1 A = A_1$ ein Widerspruch wäre), während $B \in \mathfrak{P}$. Somit ist $\mathfrak{P} \in \mathfrak{p}_A$, aber $\mathfrak{P} \notin \mathfrak{p}_B$, d.h. $\mathfrak{p}_A \neq \mathfrak{p}_B$.

3.5.7.1. Die umkehrbar eindeutige Beziehung $A \leftrightarrow \mathfrak{p}_A$ ist ein Isomorphismus:

$$\text{I.}\quad \mathfrak{p}_{AB} = \mathfrak{p}_A \mathfrak{p}_B; \qquad\qquad \text{II.}\quad \mathfrak{p}_{A \underset{\cdot}{+} B} = \mathfrak{p}_A \underset{\cdot}{+} \mathfrak{p}_B,$$

die Operationen rechts mengenalgebraisch verstanden.

Beweis. Zu I. $\mathfrak{P} \in$ links $\rhd\!\lhd AB \notin \mathfrak{P} \rhd\!\lhd (A \notin \mathfrak{P}$ und $B \notin \mathfrak{P}) \rhd\!\lhd$ $(\mathfrak{P} \in \mathfrak{p}_A$ und $\mathfrak{P} \in \mathfrak{p}_B) \rhd\!\lhd \mathfrak{P} \in$ rechts, wobei beim zweiten $\rhd\!\lhd$ das $\rhd$ gilt weil $\mathfrak{P}$ Ideal, das $\lhd$ gilt weil $\mathfrak{P}$ Primideal [vgl. Beweis von **3.5.6.** (a)]. *Zu* II. $\mathfrak{P} \in$ links $\rhd\!\lhd A \underset{\cdot}{+} B \notin \mathfrak{P} \rhd\!\lhd ((A \notin \mathfrak{P}$ und $B \in \mathfrak{P})$ oder $(A \in \mathfrak{P}$ und $B \notin \mathfrak{P})) \rhd\!\lhd ((\mathfrak{P} \in \mathfrak{p}_A$ und $\mathfrak{P} \notin \mathfrak{p}_B)$ oder $(\mathfrak{P} \notin \mathfrak{p}_A$ und $\mathfrak{P} \in \mathfrak{p}_B)) \rhd\!\lhd$ $\mathfrak{P} \in$ rechts. Damit ist der Beweis des Isomorphiesatzes beendet.

3.5.8. Ein interessantes und wichtiges Beispiel zum Isomorphiesatz liefert das *System $\mathfrak{F}$ der Elementarfiguren in der Ebene. Elementarfigur* soll heißen jede Dreiecksfläche (d.h. Inneres und Rand eines nicht ausgearteten ebenen Dreiecks), ferner jede Vereinigung von je endlich vielen Dreiecksflächen. Eine Punktmenge F in der Ebene ist dann und nur dann eine Elementarfigur, wenn sie beschränkt ist (d.h. in einem Dreieck Platz hat) und noch folgende Eigenschaft hat: Zu jedem Punkt x der Ebene kann man eine Kreisscheibe K mit dem Mittelpunkt x und mit positivem Radius angeben, so daß der Durchschnitt von K mit F entweder leer, oder ein Sektor, oder Vereinigung von endlich vielen solchen Sektoren, oder die volle Scheibe K ist (Beweis!). Nimmt man noch die leere Figur 0 hinzu, so bilden die Elementarfiguren einen

Somenring $\mathfrak{F}$, wenn man festsetzt, daß die Somenordnung mit der gewöhnlichen Teilmengenrelation übereinstimmt. Eine gleiche Übereinstimmung besteht aber bemerkenswerter Weise nicht zwischen den Ringoperationen und den entsprechenden Mengenoperationen: Zwar ist die Ringvereinigung $F_1 \dot{+} F_2$ identisch mit der mengenmäßigen Vereinigung von F_1 und F_2; wenn aber z. B. F_1 und F_2 zwei rechtwinklige Dreiecke sind, welche sich zu einem Rechteck R ergänzen, so ist der Ringdurchschnitt $F_1 F_2 = 0$, obwohl der mengenmäßige Durchschnitt eine Rechtecksdiagonale (keine Elementarfigur!) ist, und andererseits der Somenunterschied $F_1 \underset{\cdot}{+} F_2$ gleich R, also verschieden vom mengenmäßigen Unterschied.

Die Primideale des Somenringes $\mathfrak{F}$ lassen sich ohne Zuhilfenahme der Wohlordnungstheorie angeben.

Unter einer *Harpune*[1] versteht man ein geometrisches Gebilde, welches besteht aus einem Punkt x (Spitze), einem von x ausgehenden Halbstrahl h (Schaft) und einem Ufer des Halbstrahls (einseitiger Widerhaken). Wir sagen nun, die Harpune $\mathfrak{h}$ gehöre zur Elementarfigur F, wenn die Spitze Punkt von F, ferner ein Anfangsstück des Schaftes und

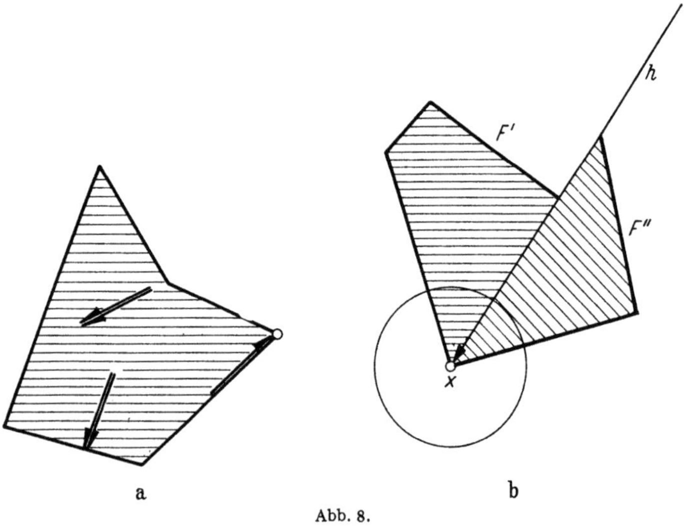

a b

Abb. 8.

der Widerhaken in F enthalten sind (s. Abb. 8a). Ich behaupte nun, daß jedem nichttrivialen Primideal $\mathfrak{p}$ von $\mathfrak{F}$ in eineindeutiger Weise eine Harpune $\mathfrak{h}$ zugeordnet ist, und zwar ist $\mathfrak{p}$ identisch mit der Menge $\mathfrak{P}_{\mathfrak{h}}$ aller derjenigen Elementarfiguren, zu welchen $\mathfrak{h}$ nicht gehört. In der Tat, $\mathfrak{P}_{\mathfrak{h}}$ ist ein Primideal; man bestätigt leicht die Eigenschaften (1_i), (2_i) und (3_i), aber auch (4_i) (denn gehört $\mathfrak{h}$ zu F_1 und F_2, dann auch zu

[1] Diese Bezeichnung verdanke ich Herrn F. Löbell.

$F_1 F_2$). Betrachten wir andererseits irgendein von $\mathfrak{F}$ verschiedenes Primideal $\mathfrak{p}$, so muß es Harpunen geben, die zu keinem F aus $\mathfrak{p}$ gehören. Angenommen (!), jedes $\mathfrak{h}$ würde zu einem F aus $\mathfrak{p}$ gehören. Zum Punkt x als Spitze und einem davon ausgehenden Halbstrahl h als Schaft gehören zwei Harpunen $\mathfrak{h}'$ und $\mathfrak{h}''$. Nach Annahme gibt es dazu F' und F'' aus $\mathfrak{p}$, zu welchen $\mathfrak{h}'$ bzw. $\mathfrak{h}''$ gehört. In der ebenfalls in $\mathfrak{p}$ enthaltenen Figur $F_h := F' \dot{+} F''$ verlaufen dann innerhalb einer festen positiven Entfernung alle von x ausgehenden Halbstrahlen, welche mit h einen Winkel $< \varepsilon$ einschließen, $\varepsilon > 0$ (s. Abb. 8b). Nach dem BORELschen Überdeckungssatz (**4.7.4.2.**) kann man nun endlich viele von x ausgehende Halbstrahlen $h_1, \ldots, h_n$ und dazu Figuren $F_{h_1}, \ldots, F_{h_n}$ angeben, so daß die $\mathfrak{p}$ angehörige Figur $F_x := F_{h_1} \dot{+} \cdots \dot{+} F_{h_n}$ eine Kreisscheibe K_x mit dem Mittelpunkt x und positivem Radius überdeckt. Ist nun weiter F irgendeine Figur aus $\mathfrak{F}$, so können wir wieder nach dem BOREL-schen Überdeckungssatz F überdecken mit endlich vielen der K_x, also mit endlich vielen F_x; da die Vereinigung dieser endlich vielen F_x selbst eine Figur aus $\mathfrak{p}$ ist, so ist damit F durch eine Figur aus $\mathfrak{p}$ überdeckt, also F selbst in $\mathfrak{p}$ enthalten. Damit haben wir den gewünschten Widerspruch $\mathfrak{p} = \mathfrak{F}$. Nun lehrt **3.5.6.** (d), daß mit den $\mathfrak{P}_{\mathfrak{h}}$ bereits alle nichttrivialen Primideale von $\mathfrak{F}$ erfaßt sind.

Indem man direkt jeder Elementarfigur F die Menge H_F aller jener Harpunen zuordnet, welche zu F gehören, erweist sich der Körper der Mengen $H_F, F \in \mathfrak{F}$, als isomorph dem Somenring $\mathfrak{F}$ der Elementarfiguren. Dies läßt sich auch anschaulich sehr leicht verfolgen.

3.5.9. Noch ein anderes bedeutsames Beispiel verdient der Erwähnung. Es bezeichne Z die Menge der natürlichen Zahlen, $\mathfrak{T}$ das System aller Teilmengen T von Z, $\mathfrak{N}$ das System aller *endlichen* Teilmengen N von Z. Wir richten unser Augenmerk auf das infinitäre Verhalten von T, und betrachten zu diesem Zwecke T_1 und T_2 als *äquivalent*, wenn sie sich nur in einer endlichen Menge unterscheiden:

(1) $$T_1 \equiv T_2 : \rhd\!\lhd\; T_1 \dot{+} T_2 \in \mathfrak{N}.$$

Wir erhalten damit Äquivalenzklassen $\mathfrak{t} = [T]$ (auch *Restklassen modulo* $\mathfrak{N}$ genannt). Durch die Definitionen

(2) $$[T_1] \dot{+} [T_2] := [T_1 \dot{+} T_2],$$

(3) $$[T_1]\,[T_2] := [T_1 T_2],$$

welche eindeutige Verknüpfungen der Restklassen darstellen, wird das System der Restklassen zu einem geschlossenen Somenring $\mathfrak{R}$ mit $[0] = \mathfrak{N}$ als leerem, $[\mathsf{Z}] = \mathfrak{e}$ als Einssoma. Diese Konstruktion ist ganz allgemeiner Natur:

Hat man einen Somenring $\mathfrak{A}$ von Somen $A, \ldots$ und ist $\mathfrak{J}$ ein Ideal in $\mathfrak{A}$, so liefern (1), (2) und (3) (mit A an Stelle von T, $\mathfrak{J}$ an Stelle von $\mathfrak{N}$) immer einen Somenring, den man mit $\mathfrak{A}/\mathfrak{J}$ bezeichnet und den *Restklassen*somenring des Somenrings $\mathfrak{A}$ nach dem Ideal $\mathfrak{J}$ in $\mathfrak{A}$ (oder modulo $\mathfrak{J}$) nennt[1]. In der Tat sind, wie man leicht nachprüft, die Äquivalenzpostulate erfüllt, weil $\mathfrak{J}$ ein Modul ist [d.h. mit J_1 und J_2 auch $J_1 \dotplus J_2$ enthält, **3.5.6.** (b)]; ferner sind die Verknüpfungen eindeutig definiert, da

$$(A \equiv A_1 \text{ und } B \equiv B_1) \rhd (A \dotplus B \equiv A_1 \dotplus B_1 \text{ und } AB \equiv A_1 B_1).$$

In der Tat: $(A \equiv A_1$ und $B \equiv B_1) \rhd (A \dotplus A_1 \in \mathfrak{J}$ und $B \dotplus B_1 \in \mathfrak{J})$ $\rhd (A \dotplus A_1 \dotplus B \dotplus B_1 \in \mathfrak{J}$ und $AB \dotplus A_1 B_1 = (A \dotplus A_1) B \dotplus A_1 (B \dotplus B_1) \in \mathfrak{J})$ $\rhd (A \dotplus A_1 \equiv B \dotplus B_1$ und $AB \equiv A_1 B_1)$, weil $\mathfrak{J}$ ein Ideal ist.

Die übrigen Somenringeigenschaften folgen alsdann unmittelbar. Das leere Soma ist $\mathfrak{J}$. Wir bemerken:

$$[A] < [B] \rhd\lhd [A][B] = [A] \rhd\lhd A \dotplus AB \in \mathfrak{J}.$$

Im vorausgehenden Beispiel ist $\mathfrak{N}$ tatsächlich ein Ideal in $\mathfrak{T}$, so daß der dort definierte Somenring $\mathfrak{R}$ gleich $\mathfrak{T}/\mathfrak{N}$ ist. $\mathfrak{R}$ besitzt offenbar keine unteilbaren Somen, da man jede unendliche Folge z.B. in zwei fremde unendliche Folgen zerspalten kann.

Es scheint nicht möglich zu sein, in diesem sehr einfachen Beispiel eines Somenringes ohne unteilbare Elemente ohne Wohlordnungstheorie zu einer Mengendarstellung zu gelangen.

3.5.10. Der Primidealtheorie in Somenringen steht dual gegenüber die Theorie der Ultrafilter. Ist $\mathfrak{J}$ ein von $\mathfrak{B}$ verschiedenes Primideal im Somenring $\mathfrak{B}$, so heißt die Restmenge $\mathfrak{F} = \mathfrak{B} - \mathfrak{J}$ eine *Ultrafilter in* $\mathfrak{B}$.

Ein Ultrafilter $\mathfrak{F}$ *in* $\mathfrak{B}$ *ist durch die folgenden Eigenschaften gekennzeichnet*:

$$(1_f) \qquad 0 \neq \mathfrak{F} < \mathfrak{B};$$

$$(2_f) \qquad (A \in \mathfrak{F} \text{ und } B \in \mathfrak{F}) \rhd AB \in \mathfrak{F};$$

$$(3_f) \qquad (A \in \mathfrak{F} \text{ und } X \in \mathfrak{B}) \rhd A \dotplus X \in \mathfrak{F};$$

$$(4_f) \qquad (A \in \mathfrak{B},\ B \in \mathfrak{B} \text{ und } A \dotplus B \in \mathfrak{F}) \rhd (A \in \mathfrak{F} \text{ oder } B \in \mathfrak{F}).$$

Bemerkung. Die ersten drei dieser Eigenschaften definieren $\mathfrak{F}$ als *Filter in* $\mathfrak{B}$, die zusätzliche vierte Eigenschaft macht $\mathfrak{F}$ zu einem Ultrafilter.

---

[1] Man nennt zwei Somen A und A' mit $A \dotplus A' \in \mathfrak{J}$ kurz $\mathfrak{J}$-*fast gleich*; der Restklassensomenring $\mathfrak{A}/\mathfrak{J}$ kommt also dadurch zustande, daß man an Stelle der Identität die $\mathfrak{J}$-fast-Gleichheit setzt, d.h. $\mathfrak{J}$-fast gleiche Somen identifiziert.

Wie man sich leicht überzeugt, sind nämlich für jede Zerlegung des Somenringes $\mathfrak{B}$ in zwei fremde, nicht leere echte Teile $\mathfrak{J}$ und $\mathfrak{F}$, $\mathfrak{B}=\mathfrak{J}\dotplus\mathfrak{F}$, ($1_i$) mit ($1_f$), ($3_i$) mit ($3_f$), ($2_i$) mit ($4_f$) und ($4_i$) mit ($2_f$) äquivalent.

3.6. σ-Somenringe.

3.6.0. Es sei $\mathfrak{m}$ eine gewisse Mächtigkeit. Wir nennen eine t-geordnete Menge $\mathfrak{B}=\{A, B, \ldots\}$ $\mathfrak{m}$-*vollständig nach oben* (bzw. *nach unten*), wenn für jede Teilmenge $\mathfrak{T}$ von $\mathfrak{B}$ mit einer Mächtigkeit $\leqq \mathfrak{m}$ das $\mathfrak{B}$-sup $\mathfrak{T}$ (bzw. das $\mathfrak{B}$-inf $\mathfrak{T}$) existiert. $\mathfrak{m}$-*Vollständigkeit* (schlechthin) ist $\mathfrak{m}$-Vollständigkeit nach oben und nach unten.

Auf Grund von **3.2.6.** (c) und dortiger Bemerkung haben wir:

Ein nach oben $\mathfrak{m}$-*vollständiger Somenring ist auch nach unten* $\mathfrak{m}$-*vollständig; für einen geschlossenen Somenring gilt auch das Umgekehrte. In einem* $\mathfrak{m}$-*vollständigen Somenring gelten die Distributivgesetze* (D^0) *und* (D^{00}) (**3.2.2**) *für beliebige Systeme J mit einer Mächtigkeit* $\leqq \mathfrak{m}$.

Einen $\aleph_0$-vollständigen Somenring nennen wir einen σ-*Somenring*, einen $\aleph_0$-vollständigen Mengenkörper, wobei das Supremum jeder Mengenfolge mit der Vereinigungsmenge dieser Folge übereinstimmt, einen σ-*Mengenkörper*.

Wir verwenden in einem σ-Somenring $\mathfrak{A}$ wieder die Bezeichnungen:

$$\mathfrak{A}\text{-sup}\{A_n : n\in \mathsf{Z}\} = \textstyle\sum^{\cdot} A_n,$$
$$\mathfrak{A}\text{-inf}\{A_n : n\in \mathsf{Z}\} = \textstyle\prod^{\cdot} A_n,$$

wenn Mißverständnisse ausgeschlossen sind.

3.6.0.1. *In einem σ-Somenring gilt*

$$\textstyle\sum^{\cdot} A_n = \sum^{\cdot} B_n$$

mit (paarweise fremden)

$$B_1 := A_1,\quad B_2 := A_2 - A_1 A_2, \ldots,\quad B_n := A_n - (A_1 \dotplus \cdots \dotplus A_{n-1})\, A_n, \ldots.$$

Beweis. Es sei $L := \sum^{\cdot} A_n$, $R := \sum^{\cdot} B_n$. Wegen $B_i < R$ folgt dann $A_n < A_1 \dotplus \cdots \dotplus A_n = B_1 \dotplus \cdots \dotplus B_n < R$, also $L < R$.
Genau so schließt man auf $R < L$.

3.6.1. *Sind alle Primideale in einem σ-Somenring $\mathfrak{A}$ $\aleph_0$-vollständig, so ist $\mathfrak{A}$ einem σ-Mengenkörper isomorph, und umgekehrt.*

Beweis. Da der Begriff des Primideals gegenüber Isomorphismen offenbar invariant ist, so führen wir die Untersuchung in dem zu $\mathfrak{A}$ isomorphen Mengenkörper $\boldsymbol{\alpha}$ der Primidealmengen $\mathfrak{p}_A$, $A\in\mathfrak{A}$, von **3.5.7.** und **3.5.8.** Bei dem Isomorphismus $A\to\mathfrak{p}_A$, $A\in\mathfrak{A}$ und $\mathfrak{p}_A\in\boldsymbol{\alpha}$, entspricht dem Primideal $\mathfrak{P}$ in $\mathfrak{A}$ das Primideal

$$\pi := \{\mathfrak{P}\notin\hat{\mathfrak{p}}\in\boldsymbol{\alpha}\};$$

denn $\mathfrak{p}_A \in \pi$ ist äquivalent mit $\mathfrak{P} \notin \mathfrak{p}_A$, oder wegen $\mathfrak{P} \in \mathfrak{p}_A \rhd\!\lhd A \notin \mathfrak{P}$, mit $A \in \mathfrak{P}$. Ist dabei $\mathfrak{A}$ ein σ-Somenring, so auch $\boldsymbol{\alpha}$, d.h. es existiert für jede Folge $\mathfrak{p}_1, \mathfrak{p}_2, \ldots$ von Mengen aus $\boldsymbol{\alpha}$ das $\boldsymbol{\alpha}$-sup $\mathfrak{p}_i$, welches offenbar eine unechte bzw. echte Obermenge der Vereinigungsmenge $\sum^{\cdot} \mathfrak{p}_i$ ist, je nachdem diese letzte Menge zu $\boldsymbol{\alpha}$ gehört oder nicht.

1. Es sei jedes System $\pi := \{\mathfrak{P} \notin \hat{\mathfrak{p}} \in \boldsymbol{\alpha}\}$ $\aleph_0$-vollständig. Wir machen die (auf einen Widerspruch zu führende) Annahme, daß $\boldsymbol{\alpha}$ kein σ-Mengenkörper ist. Dann gibt es eine Folge $((\mathfrak{p}_n))$ und ein Primideal $\mathfrak{P}$ mit $\mathfrak{P} \in \boldsymbol{\alpha}$-sup $\mathfrak{p}_n =: \mathfrak{p}'$, aber $\mathfrak{P}$ nicht Element der Vereinigungsmenge $\sum^{\cdot} \mathfrak{p}_n$. Daraus folgt $\mathfrak{P} \notin \mathfrak{p}_n$ für alle n und $\mathfrak{p}'' := \pi$-sup $\mathfrak{p}_n \not\ni \mathfrak{P}$. Dies steht aber mit $\mathfrak{p}' \subset \mathfrak{p}''$ in Widerspruch.

2. Ist umgekehrt $\boldsymbol{\alpha}$ ein σ-Mengenkörper, so ist jedes Mengensystem $\pi := \{\mathfrak{P} \notin \hat{\mathfrak{p}} \in \boldsymbol{\alpha}\}$, d.h. jedes Primideal $\aleph_0$-vollständig; denn mit $\mathfrak{p}_n \in \pi$ für $n \in \mathsf{Z}$ ist die Vereinigungsmenge $\sum^{\cdot} \mathfrak{p}_n \in \boldsymbol{\alpha}$ und $\not\ni \mathfrak{P}$, also $\in \pi$, und damit gleich π-sup $\mathfrak{p}_n$.

3.6.2. *Zu jedem Somenring $\mathfrak{A}$ gibt es einen kleinsten $\mathfrak{A}$ umfassenden σ-Somenring $\mathfrak{A}^b$, d.h. einen solchen, daß jeder $\mathfrak{A}$ umfassende σ-Somenring einen zu $\mathfrak{A}^b$ isomorphen Teil-σ-Somenring enthält.*

Beweis. 1. Wir können $\mathfrak{A}$ als Mengenkörper annehmen. Wäre $\mathfrak{A}$ nicht Mengenkörper, so betrachten wir anstatt $\mathfrak{A}$ einen zu $\mathfrak{A}$ isomorphen Mengenkörper (**3.5.1.**). — 2. Sei also $\mathfrak{A}$ ein Mengenkörper. Das System $\mathfrak{S}$ aller Teilmengen der Menge $V = \sum^{\cdot}\{A : A \in \mathfrak{A}\}$ ist ein σ-Körper über $\mathfrak{A}$ (d.h. der $\mathfrak{A}$ umfaßt). Der Durchschnitt $\mathfrak{D}$ aller Teil-σ-Körper $\mathfrak{T}$ von $\mathfrak{S}$ über $\mathfrak{A}$ ist selbst ein σ-Körper über $\mathfrak{A}$ (s. **3.3.3.** Beweis der $\aleph_0$-Vollständigkeit als Aufgabe). — 3. Ist nun $\mathfrak{A} \subset \mathfrak{S}'$, wo $\mathfrak{S}'$ irgendeinen σ-Körper über $\mathfrak{A}$ bezeichnet, so bilden wir $V' = \sum^{\cdot}\{S : S \in \mathfrak{S}'\}$ und dazu den kleinsten σ-Körper $\mathfrak{D}'$, der $\mathfrak{A}$ umfaßt und im σ-Körper aller Teilmengen von V' enthalten ist. Offenbar ist dann $\mathfrak{D}' \subset \mathfrak{S}'$, und $\mathfrak{D}\mathfrak{D}'$ ein σ-Körper über $\mathfrak{A}$, der mit $\mathfrak{D}$ und $\mathfrak{D}'$ identisch sein muß, so daß wir $\mathfrak{D} = \mathfrak{A}^b$ setzen dürfen.

3.6.3. Eine mehr konstruktive, allerdings auf transfiniter Induktion beruhende Bestimmung von $\mathfrak{A}^b$ ist die folgende:

Wir konstruieren ausgehend vom Mengenkörper $\mathfrak{A}$ ($\mathfrak{A}$ darf aber auch irgendein Mengensystem sein) eine transfinite Folge von Mengenkörpern $\mathfrak{A}_0 \subset \mathfrak{A}_1 \subset \cdots \subset \mathfrak{A}_\xi \subset \cdots \subset \mathfrak{A}^b$, $\xi < \omega_1$ (vgl. **2.7.5.**), nach folgender Regel:

1. $\mathfrak{A}_0 := \mathfrak{A}^k \subset \mathfrak{A}^b$ ($\mathfrak{A}^k$ = kleinster Mengenkörper über $\mathfrak{A}$, vgl. **1.3.2.**). — 2. Seien bereits $\mathfrak{A}_0 \subset \cdots \subset \mathfrak{A}_\xi \subset \cdots \subset \mathfrak{A}^b$ für $\xi < \eta$ definiert. Dann bilden wir das System $\mathfrak{S}$ aller Mengen, welche sich als Vereinigung von abzählbar vielen Mengen aus $\sum^{\cdot}\{\mathfrak{A}_\xi : \xi < \eta\}$ darstellen lassen. Offenbar ist $\mathfrak{A}_\xi \subset \mathfrak{S} \subset \mathfrak{A}^b$ für $\xi < \eta$. Jetzt bilden wir den kleinsten $\mathfrak{S}$ umfassenden Körper $\mathfrak{A}_\eta := \mathfrak{S}^k$ (**1.3.2.**); es ist $\mathfrak{S} \subset \mathfrak{A}_\eta \subset \mathfrak{A}^b$. Damit sind alle $\mathfrak{A}_\xi$, $\xi < \omega_1$, definiert.

Offenbar ist $\mathfrak{A} \subset \sum^{\cdot} \{\mathfrak{A}_\xi : \xi < \omega_1\} =: \mathfrak{B} \subset \mathfrak{A}^b$. Indem wir noch zeigen, daß $\mathfrak{B}$ ein σ-Körper ist, erhalten wir $\mathfrak{B} = \mathfrak{A}^b$. Die Körpereigenschaft von $\mathfrak{B}$ folgt unmittelbar aus der der $\mathfrak{A}_\xi$ und ihrer Vergleichbarkeit, die $\aleph_0$-Vollständigkeit nach oben (was wegen **3.6.0.** genügen wird) so: Ist $\xi_1, \xi_2, \xi_3, \ldots$ eine Folge von Zahlen $< \omega_1$, so setze man $\zeta_1 = \xi_1$, $\zeta_2 = \max\{\xi_1, \xi_2\} + 1$, $\zeta_3 = \max\{\xi_1, \xi_2, \xi_3\} + 2, \ldots$, dann ist $\zeta_1 < \zeta_2 < \zeta_3 < \cdots < \omega_1$, und gemäß **2.7.6.** $\lim_n \zeta_n =: \eta < \omega_1$ mit $\zeta_n < \eta$ für alle n, also auch $\xi_n < \eta$ für alle natürlichen n. Wenn nun $A_n \in \mathfrak{A}_{\xi_n}$, so folgt $A_n \in \mathfrak{A}_\eta$, also $\sum^{\cdot}_n A_n \in \mathfrak{A}_{\eta+1} \subset \mathfrak{B}$.

3.6.4. Wichtige Beispiele von σ-Somenringen ergeben sich in Form von Restklassenringen in einem σ-Somenring bezüglich eines σ-Ideals. Dabei bedeutet ein *σ-Ideal* $\mathfrak{J}$ ein $\aleph_0$-vollständiges Ideal.

Ist $\mathfrak{A}$ ein σ-Somenring, und $\mathfrak{J}$ ein σ-Ideal in $\mathfrak{A}$, so ist der Restklassensomenring $\mathfrak{A}/\mathfrak{J}$ ein σ-Somenring.

In der Tat, $\mathfrak{A}/\mathfrak{J}$ ist ein Somenring (**3.5.9.**). Sind die Restklassen $[A_1], [A_2], \ldots$ mit $A_n \in \mathfrak{A}$ gegeben, so ist $S := \sum^{\cdot}_n A_n \in \mathfrak{A}$ und $[S] = \sup_n [A_n]$. Denn $(A_n \dot{+} A_n S = 0 \in \mathfrak{J}$ für alle $n) \rhd ([A_n] < [S]$ für alle $n)$. Andererseits $([A_n] < [T]$ für alle $n) \rhd (A_n \dot{+} A_n T =: J_n \in \mathfrak{J}$ mit $T J_n = 0$ für alle $n) \rhd$ $(A_n = J_n + A_n T) \rhd (S = \sum^{\cdot}_n J_n \dot{+} S T) \rhd (S \dot{+} S T = \sum^{\cdot}_n J_n \in \mathfrak{J}) \rhd [S] < [T]$.

3.6.4.1. Dagegen ist der Somenring $\mathfrak{T}/\mathfrak{N}$ von **3.5.9.** kein σ-Somenring. Um dies an einem konkreten Beispiel zu zeigen, sei etwa $\mathsf{Z} = \{1, 2, 3, \ldots\}$ in die abzählbar vielen fremden Teilmengen $T_m := \{1 \cdot 2^m, 3 \cdot 2^m, \ldots, (2n+1)\, 2^m, \ldots\}$, $m = 0, 1, 2, \ldots$, zerlegt. Es existiert kein $(\mathfrak{T}/\mathfrak{N})$-$\operatorname{Sup}_m [T_m]$. Denn ist $[T_m] < [U]$ für alle m, so bedeutet dies die Existenz von Zahlen n_m, so daß $(2n+1)\, 2^m$ für alle $n \geqq n_m$ und $m = 0, 1, 2, \ldots$, in U enthalten ist. Mit $V := \{2n_0 + 1, (2n_1 + 1)\, 2, \ldots, (2n_m + 1)\, 2^m, \ldots\}$ ist dann auch $[T_m] < [U - V]$ für alle m, und $[U - V] <$ und $\neq [U]$, so daß $[U]$ gewiß nicht die kleinste obere Schranke ist.

3.6.5. *Über jeder Teilmenge $\mathfrak{D}$ eines σ-Somenringes $\mathfrak{A}$ gibt es ein kleinstes σ-Ideal $\mathfrak{J}_\sigma(\mathfrak{D})$ in $\mathfrak{A}$; es besteht aus den Somen $J := A_1 D_1 \dot{+} A_2 D_2 \dot{+} \cdots$ mit $A_n \in \mathfrak{A}$ und $D_n \in \mathfrak{D}$, $n \in \mathsf{Z}$.*

Beweis. 1. $\mathfrak{A}$ ist ein σ-Ideal über $\mathfrak{D}$ in $\mathfrak{A}$; der Durchschnitt $\mathfrak{J}_\sigma(\mathfrak{D})$ von allen solchen σ-Idealen ist wieder ein solches, und offenbar das kleinste. $\mathfrak{J}_\sigma(\mathfrak{D})$ enthält AD mit $A \in \mathfrak{A}$ und $D \in \mathfrak{D}$, ferner die Somen $J = A_1 D_1 \dot{+} A_2 D_2 \dot{+} \cdots$ für jede Folge $((A_n))$ von Somen aus $\mathfrak{A}$ und jede Folge $((D_n))$ von Somen aus $\mathfrak{D}$. Die Gesamtheit $\mathfrak{J}$ aller dieser J ist aber schon ein σ-Ideal über $\mathfrak{D}$ in $\mathfrak{A}$. Denn jedes D ist ein J, die Vereinigung von abzählbar vielen J ist wieder ein J, und nach dem Distributivgesetz ist das Produkt eines J und eines $A \in \mathfrak{A}$ wieder ein J. Wegen $\mathfrak{J} \subset \mathfrak{J}_\sigma(\mathfrak{D})$ ist dann $\mathfrak{J} = \mathfrak{J}_\sigma(\mathfrak{D})$.

3.6.6. Ein Somenring $\mathfrak{A}$ werde durch eine Abbildung $Y = F(X)$, $X \in \mathfrak{A}$, eindeutig auf eine Menge $\mathfrak{B}$ von Somen Y desselben oder eines anderen Somenringes abgebildet. Diese Abbildung heißt eine *Homomorphie*, wenn die Gleichungen

$$F(X_1 \dotplus X_2) = F(X_1) \dotplus F(X_2), \qquad F(X_1 X_2) = F(X_1)\, F(X_2)$$

für alle X_1, X_2 aus $\mathfrak{A}$ gelten.

Das homomorphe Bild $\mathfrak{B}$ eines Somenringes $\mathfrak{A}$ ist wieder ein Somenring; dagegen braucht das homomorphe Bild eines σ-Somenringes kein σ-Somenring zu sein. Dies zeigt die Abbildung $T \to [T]$ von $\mathfrak{T}$ auf $\mathfrak{T}/\mathfrak{N}$ von **3.5.9.**

3.6.6.1. *Ist $F|\mathfrak{A}$ eine homomorphe Abbildung des Somenringes $\mathfrak{A}$ auf den Somenring $\mathfrak{B}$, so ist die Menge $\mathfrak{J} = \{F(\hat{X}) = 0\}$ ein Ideal in $\mathfrak{A}$, und der Restklassenring $\mathfrak{A}/\mathfrak{J}$ ist isomorph mit $\mathfrak{B}$.*

Beweis. 1. Aus $F(X_1) = 0$ folgt $F(X X_1) = F(X) F(X_1) = 0$, und $F(X_1 \dotplus X_2) = F(X_1) \dotplus F(X_2) = 0$, soferne auch noch $F(X_2) = 0$, außerdem ist $F(0) = F(X \dotplus X) = F(X) \dotplus F(X) = 0$; $\mathfrak{J}$ ist also ein Ideal. — 2. Aus $F(X) = F(X_1)$ folgt leicht $X \dotplus X_1 \in \mathfrak{J}$ und umgekehrt, so daß die Urbildermengen $\{F(\hat{X}) = Y\}$ mit den Restklassen modulo $\mathfrak{J}$ übereinstimmen; die Abbildung $F(X) \to [X]$ ist eineindeutig, und sie ist offenbar homomorph.

3.6.7. Eine homomorphe bzw. isomorphe Abbildung eines σ-Somenringes auf einen σ-Somenring heißt eine *σ-Homomorphie* bzw. *σ-Isomorphie*, wenn das Bild des Supremums einer abzählbaren Folge von Somen gleich ist dem Supremum der Folge der Somenbilder.

Eine isomorphe Abbildung $F|\mathfrak{A}$ eines σ-Somenringes $\mathfrak{A}$ auf einen σ-Somenring $\mathfrak{B}$ ist immer auch eine σ-Isomorphie.

In der Tat, da F eine Ähnlichkeit ist, so ist $F(X_j) < F(\sup_n X_n) =: T$ für jedes j, also $S := \sup_n F(X_n) < T$. Da bei einer Isomorphie nur das leere Soma Urbild des leeren Somas ist, so ergibt sich, wenn wir $T - S = F(A)$ setzen, $0 = F(A)\, F(X_n) = F(A\, X_n)$, also $A\, X_n = 0$ für alle n, somit $\sup_n X_n = 0$, daher $F(A)\, T = 0$, was nur mit $A = 0$ d.h. mit $S = T$ keinen Widerspruch liefert.

3.6.7.1. Zu **3.6.6.1.** gibt es einen analogen Satz für σ-Homomorphien:

Ist $F|\mathfrak{A}$ eine σ-homomorphe Abbildung des σ-Somenringes $\mathfrak{A}$ auf den σ-Somenring $\mathfrak{B}$, so ist $\{F(\hat{X}) = 0\} =: \mathfrak{J}$ ein σ-Ideal in $\mathfrak{A}$, und der Restklassenring $\mathfrak{A}/\mathfrak{J}$ ist isomorph mit $\mathfrak{B}$.

Beweis als Aufgabe.

Als Umkehrung von **3.6.6.1.** und **3.6.7.1.** haben wir:

Ist $\mathfrak{J}$ ein (σ-)Ideal im (σ-)Somenring $\mathfrak{A}$, so ist die Abbildung $A \to [A]$ von $\mathfrak{A}$ auf den Restklassenring $\mathfrak{A}/\mathfrak{J}$ eine (σ-)Homomorphie.

Beweis als Aufgabe.

3.6.8. *Jeder σ-Somenring $\mathfrak{A}$ ist isomorph dem Restklassenring $\mathfrak{R}/\mathfrak{J}$ eines σ-Mengenkörpers nach einem σ-Ideal $\mathfrak{J}$ in $\mathfrak{R}$* (LOOMIS 1947).

Beweis. 1. Wir können voraussetzen, daß $\mathfrak{A}$ ein Mengenkörper ist; sonst würden wir auf Grund des Isomorphiesatzes **3.5.1.** $\mathfrak{A}$ durch einen dazu isomorphen Mengenkörper ersetzen. Die Elemente von $\mathfrak{A}$ sind also Mengen, so daß wir bei unendlichen Prozessen zwischen Mengenoperation und Somenoperation unterscheiden müssen; es bedeute daher im folgenden $\sum^{\cdot} A_n$ die gewöhnliche Mengenvereinigung, dagegen $\mathfrak{A}$-sup A_n die entsprechende somatische Operation für eine Folge $((A_n))$. ($A \dot{+} B$ ist der gewöhnliche Mengenunterschied und AB der gewöhnliche Mengendurchschnitt.) Da $\mathfrak{A}$ σ-Somenring ist, so existiert $\mathfrak{A}$-sup $((A_n))$ für jede Folge $((A_n))$ von Mengen aus $\mathfrak{A}$; dabei ist offenbar $\mathfrak{A}\text{-}\sup\limits_n A_n > \sum\limits_n^{\cdot} A_n$. Die Mengendifferenzen $\mathfrak{A}\text{-}\sup\limits_n A_n - \sum\limits_n^{\cdot} A_n$ bezeichnen wir mit D und ihre Gesamtheit mit $\mathfrak{D}$. — 2. Zum Mengensystem $\mathfrak{A}$ bilden wir den kleinsten σ-Mengenkörper $\mathfrak{A}^b$ über $\mathfrak{A}$ gemäß **3.6.3.**, zu $\mathfrak{D}$ das kleinste σ-Ideal $\mathfrak{J}_\sigma(\mathfrak{D})$ in $\mathfrak{A}^b$ über $\mathfrak{D}$. Wir behaupten nun, daß der *Restklassenring $\mathfrak{A}^b/\mathfrak{J}_\sigma(\mathfrak{D})$ zu $\mathfrak{A}$ isomorph* ist. — 3. Die Elemente von $\mathfrak{J}_\sigma(\mathfrak{D})$ sind die Mengen der Form $J := B_1 D_1 \dot{+} B_2 D_2 \dot{+} \cdots$ mit $B_n \in \mathfrak{A}^b$, $D_n \in \mathfrak{D}$, für $n \in \mathsf{Z}$ (**3.6.5.**). Zu jedem A aus $\mathfrak{A}$ gehört die Restklasse $[A]$ mit den Mengen

$$(1) \qquad A \dot{+} J \quad \text{mit} \quad J \in \mathfrak{J}_\sigma(\mathfrak{D}).$$

Umgekehrt läßt sich jede Menge B aus $\mathfrak{A}^b$ in der Form (1) (mit $A \in \mathfrak{A}$) darstellen. Dies beweisen wir durch transfinite Induktion. $\mathfrak{A}^b$ entsteht aus $\mathfrak{A}$ durch Bildung der transfiniten Folge von Mengenkörpern $\mathfrak{A}_0 \subset \mathfrak{A}_1 \subset \cdots \subset \mathfrak{A}_\xi \subset \cdots$, $\xi < \omega_1$ mit $\mathfrak{A}_0 = \mathfrak{A}^k = \mathfrak{A}$ (vgl. **3.6.3.**). Da $\mathfrak{A}^b$ die Vereinigung aller $\mathfrak{A}_\xi$ ist, so genügt es, die Behauptung für jedes B aus $\mathfrak{A}_\xi$ zu beweisen: (a) Jedes B aus $\mathfrak{A}_0$ hat die Form (1); das ist trivial. — (b) Wir setzen jetzt voraus, daß jedes B aus $\mathfrak{B}_\eta := \sum^{\cdot}\{\mathfrak{A}_\xi : \xi < \eta\}$ die Gestalt (1) hat, und zeigen, daß dies auch für jedes B aus $\mathfrak{A}_\eta$ gilt. Es bezeichne, wie in **3.6.3.**, $\mathfrak{S}$ das System aller Mengen, die sich als Vereinigung einer Folge von Mengen aus $\mathfrak{B}_\eta$ darstellen lassen. Sei eine solche Folge etwa $B_1 = A_1 \dot{+} J_1, \ldots, B_n = A_n \dot{+} J_n, \ldots$, also allgemein

$$B_n \dot{+} A_n J_n = A_n \dot{+} J_n, \quad \text{also} \quad \sum^{\cdot} B_n \dot{+} \sum^{\cdot} A_n J_n = \sum^{\cdot} A_n \dot{+} \sum^{\cdot} J_n.$$

Die zweiten Summanden auf jeder Seite der letzten Gleichung sind Elemente aus $\mathfrak{J}_\sigma(\mathfrak{D})$. Da ferner $\sum^{\cdot} A_n = A \dot{+} D$ (mit $A = \mathfrak{A}\text{-}\sup A_n \in \mathfrak{A}$), so erhalten wir

$$(2) \qquad \sum^{\cdot} B_n = A \dot{+} J \quad \text{mit} \quad J \in \mathfrak{J}_\sigma(\mathfrak{D}),$$

so daß jede Menge aus $\mathfrak{S}$ von der Form (1) ist. Schließlich haben wir in $\mathfrak{A}_\eta = \mathfrak{S}^k$ wieder ein System von Mengen der Form (1), weil die endlich oftmalige Anwendung von Unterschieds- und Durchschnittsbildung von der Form $A \dotplus J$ nicht wegführt. — 4. *Es haben* $\mathfrak{A}$ *und* $\mathfrak{J}_\sigma(\mathfrak{D})$ *nur die leere Menge gemein.* (a) Keine nicht leere Teilmenge von einem D kann in $\mathfrak{A}$ enthalten sein [sonst hätte man sofort einen Widerspruch mit der Kleinsteigenschaft von $\mathfrak{A}$-sup $((A_n))$]. — (b) Ist $J = B_1 D_1 \dotplus B_2 D_2 \dotplus \cdots$ aus $\mathfrak{J}_\sigma(\mathfrak{D})$, so dürfen wir voraussetzen, daß die Summanden paarweise fremd sind: wir haben nämlich $J = B_1 D_1 + (B_2 - B_2 B_1 D_1) D_2 + \cdots$ (gemäß **3.6.0.1.**), was wieder die J-Form hat. Ist nun $J = B_1 D_1 + B_2 D_2 + \cdots$ mit fremden Summanden in $\mathfrak{A}$ enthalten, und dabei $D_1 = S_1 - \sum_n^{\cdot} A_{1n}$ mit $S_1 = \mathfrak{A}\text{-}\sup_n A_{1n}$, so ist $J S_1 \in \mathfrak{A}$ und $J A_{1n} \in \mathfrak{A}$ für $n = 1, 2, \ldots$. Wegen $D_1 A_{1n} = 0$ ergibt dies $(B_2 D_2 + \cdots) A_{1n} \in \mathfrak{A}$, also auch $\mathfrak{A}\text{-}\sup_n [(B_2 D_2 + \cdots) A_{1n}] \in \mathfrak{A}$, d.h. $(B_2 D_2 + \cdots) S_1 \in \mathfrak{A}$, daher wegen $J S_1 = B_1 D_1 + (B_2 D_2 + \cdots) S_1$ schließlich $B_1 D_1 \in \mathfrak{A}$, was wegen (a) nur mit $B_1 D_1 = 0$ möglich ist. Genau so beweist man allgemein $B_n D_n = 0$. Damit ist die Eineindeutigkeit der Abbildung der Restklassen von $\mathfrak{A}^b/\mathfrak{J}_\sigma(\mathfrak{D})$ auf $\mathfrak{A}$, nämlich $[A] \to A$, bewiesen. — 5. Dieser eineindeutigen Abbildung entspricht die Abbildung von $\mathfrak{A}^b$ auf $\mathfrak{A}$: $B = A \dotplus (B_1 D_1 \dotplus B_2 D_2 \dotplus \cdots) \to A$, welche eine σ-Homomorphie darstellt. Nach **2.7.6.** sind nämlich die Elemente einer Folge von Elementen aus $\mathfrak{A}^b$ alle in einem $\mathfrak{A}_\eta$ enthalten, so daß die Formel (2) für beliebige Folgen $((B_n))$ von Mengen aus $\mathfrak{A}^b$ gilt; sie bedeutet, daß $\sum_n^{\cdot} B_n$ auf $\mathfrak{A}\text{-}\sup_n A_n$ abgebildet wird bei $B_n \to A_n$. Die Formeln $B_1 \dotplus B_2 \to A_1 \dotplus A_2$ und $B_1 B_2 \to A_1 A_2$ sind aber wegen der Form (1) der B und der Idealeigenschaften von $\mathfrak{J}_\sigma(\mathfrak{D})$ evident. Nach dem Isomorphiesatz **3.5.1.** folgt schließlich, daß $\mathfrak{A}^b/\mathfrak{J}_\sigma(\mathfrak{D})$ zu $\mathfrak{A}$ isomorph ist.

In der Maßtheorie werden wir ein Beispiel eines σ-Somenringes kennenlernen, der mit keinem σ-Mengenkörper isomorph ist. Es ist der Restklassenring im σ-Mengenkörper der im LEBESGUEschen Sinne meßbaren Teilmengen des Zahlenintervalls $\{0 \leq \hat{x} \leq 1\}$ nach dem σ-Ideal des LEBESGUEschen Nullmengen (**8.9.5.** und **8.11.10.2.**).

3.6.9. Einen nicht geschlossenen σ-Somenring $\mathfrak{B}$ kann man nach der Methode von **3.3.2.** zu einem geschlossenen σ-Somenring erweitern.

Die Erweiterung $\mathfrak{B}^*$ *eines σ-Somenringes* $\mathfrak{B}$ *gemäß* **3.3.2.** *ist ein geschlossener σ-Somenring.*

Beweis. Für eine Folge von Somen (A_ν, s_ν) aus $\mathfrak{B}^*$ ist jedenfalls $\mathfrak{B}^*\text{-sup}\,\{(A_\nu, s_\nu) : s_\nu = 0\} = (S_0, 0)$ mit $S_0 := \sum^{\cdot} \{A_\nu : s_\nu = 0\}$ und $\mathfrak{B}^*\text{-sup}\,\{(A_\nu, s_\nu) : s_\nu = 1\} = (S_1, 1)$ mit $S_1 := \prod^{\cdot} \{A_\nu : s_\nu = 1\}$ und daher $\mathfrak{B}^*\text{-sup}\,\{A_\nu : \nu \in \mathsf{Z}\} = (S_0, 0) \cup (S_1, 1) = (S_1 - S_0 S_1, 1)$. Analoges gilt für $\mathfrak{B}^*$-inf. Das Übrige folgt aus **3.2.6.**

4. Räume.

4.1. Der metrische Raum.

4.1.1. Bezeichnet man den absoluten Betrag der Differenz zweier reeller Zahlen x, y mit $r(x, y) := |x - y|$, so hat diese Abbildung der Paare (x, y) in die Menge der (eigentlichen) reellen Zahlen bekanntlich die folgenden Eigenschaften:

$$(1_m) \qquad r(x, y) = 0 \rhd\!\lhd x = y;$$

$$(2_m) \qquad r(x, y) + r(z, y) \geqq r(x, z).$$

Wir definieren allgemein: Eine Menge E heißt ein *metrischer Raum* — ihre Elemente x nennt man dann gewöhnlich *Punkte*, ihre Teilmengen die *Punktmengen* dieses Raumes —, wenn jedem Paar x, y von Punkten von E eindeutig eine endliche reelle Zahl $r(x, y)$, die *Entfernung* oder der *Abstand* der beiden Punkte x, y *in* E zugeordnet ist, so daß die Eigenschaften (1_m), (2_m) — die Axiome des metrischen Raumes — erfüllt sind.

Statt $r(x, y)$ schreiben wir häufig kürzer $|x, y|$. Aus den beiden Axiomen des metrischen Raumes leitet man unmittelbar ab:

$$(3) \qquad |x, y| = |y, x|;$$

$$(4) \qquad |x, y| \geqq 0;$$

$$(5) \qquad |x, z| - |y, z| \leqq |x, y| \leqq |x, z| + |y, z|.$$

[Man setze zum Nachweis von (3) in (2_m) $x = y$, zu dem von (4) $x = z$.]

Ist E ein metrischer Raum, so wird ein beliebiger Teil A von E zu einem metrischen Raum, indem man als Entfernung zweier Punkte in A ihre Entfernung in E definiert; in diesem Sinne heißt A ein (metrischer) *Teilraum* von E.

4.1.1.1. Die Menge E heißt ein *quasimetrischer Raum* mit dem *Quasi-Abstand* $|x, y|$, wenn eine Funktion $|x, y|$, $x \in E$ und $y \in E$, erklärt ist mit folgenden Eigenschaften:

(1_{qm}) $\quad |x, x| = 0;$ $\qquad (2_{qm})$ $\quad$ wie (2_m).

Hieraus folgen wie oben die Eigenschaften (3) und (4).

Identifiziert man die Punkte von E gemäß

$$x \simeq y : \rhd\!\lhd |x, y| = 0,$$

so bilden die Klassen „gleicher" Punkte $\breve{x} := \{y : y \simeq x\}$ *mit* $\breve{r}(\breve{x}, \breve{y}) := |x, y|$ *als Abstand einen metrischen Raum* $\breve{E}$.

Diese Konstruktion findet zahlreiche und wichtige Anwendungen.

4.1.2. *Beispiele.* 1. Neben der Zahlgeraden E^1, aus deren Eigenschaften wir eben die Axiome des metrischen Raumes abstrahiert haben, ist das nächstliegende Beispiel die euklidische Ebene E^2 der Punkte P mit den reellen kartesischen Koordinaten (x_1, x_2) und der Entfernungsdefinition $r(P, P') := ((x_1 - x_1')^2 + (x_2 - x_2')^2)^{\frac{1}{2}}$, der sog. *zweidimensionale euklidische Zahlenraum* E^2.

Wegen der Invarianz dieses Ausdrucks gegenüber Parallelverschiebungen, $y_1 = x_1 - a_1$, $y_2 = x_2 - a_2$, genügt es (2_m) für den E^2 $((1_m)$ ist evident$)$, d.h.

$$(2') \qquad r(P, P') \leqq r(P, P'') + r(P', P'')$$

für den Spezialfall $P'' = (0, 0)$ zu beweisen. Sie lautet dann:

$$((x_1 - x_1')^2 + (x_2 - x_2')^2)^{\frac{1}{2}} \leqq (x_1^2 + x_2^2)^{\frac{1}{2}} + (x_1'^2 + x_2'^2)^{\frac{1}{2}},$$

was sich leicht auf

$$(x_1^2 + x_2^2)(x_1'^2 + x_2'^2) - (x_1 x_1' + x_2 x_2')^2 = (x_1 x_2' - x_2 x_1')^2 \geqq 0$$

zurückführen läßt. $(2')$ ist die bekannte Ungleichung, welche zwischen den Seiten eines Dreiecks besteht (Euklid, Lib. I, prop. XX). Man nennt daher allgemein (2_m) die „*Dreiecksungleichung*“.

2. Die Menge $\widetilde{E}^1$, bestehend aus allen eigentlichen reellen Zahlen und aus den beiden uneigentlichen reellen Zahlen $-\infty$ und $+\infty$, wird mittels der „*Schränkungstransformation*“ $y = \mathbf{S}(x) := x(1 + x^2)^{-\frac{1}{2}}$ für eigentliche x, $\mathbf{S}(-\infty) := -1$, $\mathbf{S}(+\infty) := +1$, in eineindeutiger Weise auf die Punkte des Intervalls $\{-1 \leqq \hat{y} \leqq 1\}$ bezogen. Definiert man als Abstand in $\widetilde{E}^1$ von x und x'

$$\boldsymbol{\sigma}(x, x') := |\mathbf{S}(x) - \mathbf{S}(x')|,$$

so wird die Menge $\widetilde{E}^1$ zu einem metrischen Raum, weil ja das obige y-Intervall als Teilraum des E^1 ein solcher Raum ist. Es gelten die folgenden Beziehungen für endliche x und x':

1. $\boldsymbol{\sigma}(x, x') \leqq |x - x'|$;
2. $|x - x'| \leqq \boldsymbol{\sigma}(x, x') \cdot (1 + t^2)^{\frac{3}{2}}$ für $|x| \leqq t$ und $|x'| \leqq t$.

Sie ergeben sich bei Anwendung des Mittelwertsatzes der Differentialrechnung auf die Schränkungstransformation.

3. Verallgemeinerungen des vorletzten Beispiels führt zum *q-dimensionalen euklidischen Zahlenraum* E^q, q eine natürliche Zahl. Seine Punkte sind die Komplexe $x = (x_1, \ldots, x_q)$ reeller Zahlen $x_1, \ldots, x_q$. Gleichheit $x = y$ wird durch $x_k = y_k$, $k = 1, \ldots, q$, die Entfernung von x und y durch den nicht negativen Wert von $((x_1 - y_1)^2 + \cdots + (x_q - y_q)^2)^{\frac{1}{2}}$

definiert. (1_m) ist offenbar erfüllt; (2_m) ergibt sich, analog wie im Falle der Ebene, mit Hilfe der LAGRANGEschen Identität

$$\Big(\sum_\nu x_\nu^2\Big)\cdot\Big(\sum_\nu y_\nu^2\Big)-\Big(\sum_\nu x_\nu y_\nu\Big)^2=\sum_{\nu<\mu}(x_\nu y_\mu - x_\mu y_\nu)^2.$$

Aus ihr folgt nämlich

$$\sum x_\nu^2\cdot\sum y_\nu^2\geq\Big(\sum x_\nu y_\nu\Big)^2,\quad \text{also}\quad 2\sum x_\nu y_\nu\leq 2\Big(\sum x_\nu^2\Big)^{\frac12}\Big(\sum y_\nu^2\Big)^{\frac12},$$

durch beidseitiges Hinzufügen von $\sum x_\nu^2+\sum y_\nu^2$ weiter

$$\sum(x_\nu+y_\nu)^2\leq\Big[\Big(\sum x_\nu^2\Big)^{\frac12}+\Big(\sum y_\nu^2\Big)^{\frac12}\Big]^2,$$

und hieraus schließlich

$$[(x_1+y_1)^2+\cdots+(x_q+y_q)^2]^{\frac12}\leq(x_1^2+\cdots+x_q^2)^{\frac12}+(y_1^2+\cdots+y_q^2)^{\frac12},$$

was im wesentlichen schon die Dreiecksungleichung ist.

4.1.3. Die Euklidischen Räume sind Spezialfälle der sog. linearen metrischen Räume.

Eine Menge L von Punkten heißt ein *(reeller) linearer Raum*, wenn in ihm zwei Verknüpfungen, die Summe x_1+x_2 von zwei Punkten x_1, x_2 aus L und das Produkt αx einer (endlichen) reellen Zahl α und eines Punktes x aus L als Punkte in L eindeutig definiert sind und dazu ein „Nullpunkt" 0 in L erklärt ist, so daß für beliebige x, y, z aus L und beliebige endliche reelle Zahlen α, β die folgenden Regeln gelten:

$$x+y=y+x,\quad (x+y)+z=x+(y+z),\quad \alpha(\beta x)=(\alpha\beta)x,$$
$$\alpha(x+y)=\alpha x+\alpha y,\quad (\alpha+\beta)x=\alpha x+\beta x,$$
$$x+((-1)x)=0,\quad \alpha 0=0,\quad 1x=x.$$

Hieraus folgt $0x=0$ und $x+0=x$ (Beweis!).

Statt $x+(-1)y$ schreibt man kurz $x-y$.

Beispiele. 1. Das System $S_1(M)=E^M$ aller reellen endlichwertigen Funktionen $f|M$ auf einer festen Menge M ist ein linearer Raum; ist speziell $M=\{1, 2, \ldots, n\}$, so hat man den n-dimensionalen Zahlenraum.

2. Das System $S_2(M)$ aller endlichwertigen reellen Funktionen $g|M$, welche je nur in endlich vielen Stellen von Null verschiedene Werte annehmen.

In beiden Fällen definiert man $(f_1+f_2)(x):=f_1(x)+f_2(x)$ und $(\alpha f)(x):=\alpha f(x)$ für $x\in M$.

Bemerkung. Jeder lineare Raum L ist darstellbar als ein System $S_2(M)$, wobei für M eine „Basis" von L zu wählen ist, d.h. eine Teilmenge von L von der Art, daß sich jeder Punkt x von L auf genau eine Weise als endliche Linearkombination $\alpha_1 x_1+\cdots+\alpha_n x_n$ von Punkten

$x_1, \ldots, x_n$ aus M darstellen läßt. Man gewinnt eine solche Basis durch transfinite Induktion (Aufgabe!). Ordnet man jedem $x \in L$ zu die Funktion $f_x | M$, erklärt für $x = \alpha_1 x_1 + \cdots + \alpha_n x_n$ durch $f_x(x_i) = \alpha_i$, $i = 1, \ldots, n$, und $f_x(y) = 0$ für $y \in M - \{x_1, \ldots, x_n\}$, so liefert die Abbildung $x \to f_x$ einen Isomorphismus zwischen L und dem System $S_2(M)$, d.h. eine eineindeutige Abbildung von L auf $S_2(M)$, wobei $f_{x+y} = f_x + f_y$ und $f_{ax} = a f_x$ (Beweis!).

4.1.3.1. $x' = x + a$, $x \in L$, wo a ein fester Punkt von L, stellt eine eineindeutige Abbildung von L auf sich dar mit der Umkehrung $x = x' - a$; man nennt sie eine *Translation in* L.

Eine Abbildung $x' = l(x)$ eines linearen Raumes X in einen linearen Raum X' heißt *linear*, wenn für beliebige x_1, x_2 aus X und beliebige endliche reelle Zahlen α_1, α_2 gilt $l(\alpha_1 x_1 + \alpha_2 x_2) = \alpha_1 l(x_1) + \alpha_2 l(x_2)$.

Beispiel. In der vorausgehenden Bemerkung von **4.1.3.** ist $x \to f_x$ eine lineare Abbildung.

4.1.3.2. In Analogie zu den Verhältnissen in der analytischen Geometrie nennt man auch in einem allgemeinen linearen Raum L die Gesamtheit der Punkte $a + \tau b$, wo a und b $(\neq 0)$ feste Punkte von L sind und τ alle reellen Zahlen durchläuft eine „*Gerade*" in L, die Menge aller Punkte $\tau a + (1 - \tau) b$, wo τ das Intervall $\{0 \leq \hat{\tau} \leq 1\}$ durchläuft, die „*Verbindungsstrecke*" von a und b $(a \neq b)$, und insbesondere $\frac{1}{2}(a + b)$ den „*Mittelpunkt*" dieser Strecke, usw. Eine Teilmenge C von L heißt *konvex*, wenn mit je zwei Punkten von C auch die ganze Verbindungsstrecke dieser Punkte zu C gehört.

4.1.4. Macht man einen linearen Raum L zusätzlich zu einem metrischen, durch Einführung einer Entfernung, so wird man es zweckmäßig so einrichten, daß, wie im E^n, die Entfernung bei Translationen ungeändert bleibt, d.h. daß die Punkte x, y dieselbe Entfernung haben, wie die Punkte $x + a$, $y + a$, insbesondere wie $x - y$, 0, oder 0, $y - x$. In diesem Falle werden alle Entfernungen zurückgeführt auf solche vom Nullpunkt 0.

Die Entfernung des Punktes x vom Nullpunkt 0 bezeichnen wir mit $\|x\|$, und nennen sie den *Betrag* von x, und setzen sodann $r(x, y) = \|x - y\|$. Damit diese Definition den Axiomen des metrischen Raumes genügt, muß für den Betrag $\|x\|$ gelten:

$$(1_b) \qquad \|x\| = 0 \rhd\!\lhd x = 0;$$

$$(2_b) \qquad \|x\| + \|z\| \geq \|x - z\| \quad \text{für alle } x \text{ und } z \text{ aus } L.$$

Aus (2_b) mit $x = 0$ folgt wegen (1_b) $\|-z\| \leq \|z\|$, und hieraus ($-z$ für z gesetzt) auch die umgekehrte Ungleichung, so daß allgemein $\|-z\| = \|z\|$ ist. Ferner gilt: $\|x + z\| \leq \|x\| + \|z\|$ und $\|x - z\| \geq \big|\|x\| - \|z\|\big|$ (Beweis!).

Im E^n der Punkte $x=(x_1, x_2, \ldots, x_n)$ ist der Betrag durch $\|x\| = (x_1^2+\cdots+x_n^2)^{\frac{1}{2}}$ gegeben; er genügt der weiteren Bedingung

$$(3_b) \qquad \|a\,x\| = |a|\cdot\|x\| \quad \text{für alle } x \text{ aus } L \text{ und } a \text{ aus } E^1.$$

Ein linearer Raum mit einer den Forderungen (1_b), (2_b) und (3_b) genügenden Betragsdefinition heißt ein *linear-metrischer Raum.*

4.1.4.1. Aus (2_b) und (3_b) folgt mit $0\leqq\tau\leqq 1$ sofort

$$\|\tau\,x + (1-\tau)\,y\| \leqq \tau\|x\| + (1-\tau)\,\|y\|,$$

woraus hervorgeht, daß die Punktmenge $\{\|\hat{x}\|\leqq\varrho\}$, $\varrho>0$, konvex ist. [Wenn nämlich $\|x\|\leqq\varrho$ und $\|y\|\leqq\varrho$, dann ist $\|\tau\,x+(1-\tau)\,y\|\leqq \tau\,\varrho+(1-\tau)\,\varrho=\varrho$.]

Betrachtet man die Funktion $\|x\|$ längs einer Geraden, also bei festen x und $y\neq 0$ für beliebige reelle Werte von τ die Funktion $\varphi(\tau) = \|x+\tau\,y\|$, so findet man, daß $\varphi(\tau)$ als Funktion von τ stetig ist [es gilt $|\varphi(\tau_1)-\varphi(\tau_2)|\leqq|\tau_1-\tau_2|\cdot\|y\|$] und nach unten konvex [weil $\varphi(\sigma\,\tau_1+(1-\sigma)\,\tau_2)\leqq\sigma\,\varphi(\tau_1)+(1-\sigma)\,\varphi(\tau_2)$ für $0\leqq\sigma\leqq 1$]. Umgekehrt ist, wie man auch leicht beweisen kann, das Bestehen der beiden genannten Eigenschaften von φ bei beliebigen x und y zusammen mit (3_b) hinreichend für die Gültigkeit von (2_b); dies kann man zum Beweise der Ungleichung (2_b) benutzen[1].

Als Aufgabe beweise man, daß $\|x\|=(|x_1|^p+\cdots+|x_n|^p)^{\frac{1}{p}}$ für $p\geqq 1$ die Betragsaxiome erfüllt.

4.1.5.1. Besondere Bedeutung hat der Raum E^M (**4.1.3.**, Beispiel 1), wenn M gleich ist der Menge Z der natürlichen Zahlen. Die Punkte von E^{Z} sind dann die Folgen $x:=(x_1, x_2, \ldots, x_n, \ldots)$ reeller Zahlen. Wollen wir E^{Z} mit

$$\|x\| := (x_1^2 + x_2^2 + \cdots + x_n^2 + \cdots)^{\frac{1}{2}}$$

metrisieren (in Analogie zum E^n), so müssen wir uns auf solche x beschränken, für welche die unendliche Reihe $x_1^2+x_2^2+\cdots$ konvergiert. Die Teilmenge H dieser x ist ein linear-metrischer Raum. Denn ist $x\in H$, $y\in H$, d.h. $\sum x_n^2$ und $\sum y_n^2$ konvergent, so auch $\sum(x_n+y_n)^2$. Aus

$$\begin{aligned}((x_1+y_1)^2+\cdots+(x_n+y_n)^2)^{\frac{1}{2}} &\leqq (x_1^2+\cdots+x_n^2)^{\frac{1}{2}}+(y_1^2+\cdots+y_n^2)^{\frac{1}{2}}\\ &\leqq (\textstyle\sum x_\nu^2)^{\frac{1}{2}}+(\sum y_\nu^2)^{\frac{1}{2}}\end{aligned}$$

folgt nämlich sofort die Konvergenz von $\sum(x_\nu+y_\nu)^2$, so daß auch $x+y\in H$, und zugleich ergibt sich $\|x+y\|\leqq\|x\|+\|y\|$. Ebenso ist

[1] Man stützt sich auf den Satz der Differentialrechnung, wonach z.B. die Funktion $\Phi(t)$ nach unten konvex ist, wenn 1. die Ableitung $\Phi'(t)$ vorhanden und stetig, 2., von endlich vielen Stellen eventuell abgesehen, $\Phi''(t)$ vorhanden und $\geqq 0$ ist.

mit x auch ax in H enthalten. Der linear-metrische Raum H, d.h. der Raum der Folgen reeller Zahlen mit endlicher Quadratsumme heißt der (reelle) HILBERT*sche Raum*; er enthält die euklidischen Räume endlicher Dimensionen als Teilräume.

4.1.5.2. Eine andere wichtige Metrisierung der Zahlenfolgen

$$x := (x_1, x_2, \ldots, x_n, \ldots) \quad \text{liefert} \quad \|x\| := \sup\{|x_n| : n \in \mathbf{Z}\};$$

sie ergibt in den x mit endlichem $\|x\|$ den *Raum der beschränkten reellen Zahlenfolgen.*

Dies läßt sich ohne weiteres auf den E^M mit beliebigem M übertragen:

$$\|x\| := \sup\{|x_m| : m \in M\}.$$

Das System der x mit endlichem $\|x\|$ bildet den *Raum der beschränkten reellen Funktionen* auf der Menge M. Das Betragsaxiom ergibt sich dabei so:

Aus $\sigma := \sup|x_m|$ und $\tau := \sup|y_m|$ folgt $|x_m| \leqq \sigma$ und $|y_m| \leqq \tau$, also $|x_m + y_m| \leqq \sigma + \tau$ für alle m aus M, somit $\sup|x_m + y_m| \leqq \sigma + \tau$.

4.1.5.3. In analoger Weise zeigt man, daß die Definition

$$r(x, y) := \sup\{\boldsymbol{\sigma}(x_m, y_m) : m \in M\}$$

das System aller auf der Menge M definierten *reellen (auch nicht endlichen) Funktionen* $\{x_m : m \in M\}$, $x_m \in \tilde{E}^1$, zu einem metrischen Raum macht.

4.1.5.4. Eine wesentlich andere Metrisierung des Systems aller Folgen $x = (x_1, x_2, \ldots)$ einer beliebigen Menge M (als z.B. in **4.1.5.1.** und **4.1.5.2.**) liefert

$$r(x, y) := (\inf\{n : n \in \mathbf{Z} \text{ und } x_n \neq y_n\})^{-1},$$

wo $x = (x_1, x_2, \ldots)$, $y = (y_1, y_2, \ldots)$ zwei verschiedene Folgen von Elementen aus M bezeichnen. Hier gilt die Dreiecksungleichung in der verschärften Form $r(x, y) \leqq \max\{r(x, z), r(y, z)\}$. (Beweis!)

Speziell $M = \mathbf{Z}$ liefert hier den sog. BAIRE*schen Nullraum*.

4.1.6. Ist E ein metrischer Raum, $\varrho > 0$, so heißt eine Teilmenge T von E ein *ϱ-Netz in E*, wenn es zu jedem Punkt x von E ein t aus T gibt mit $r(x, t) < \varrho$, während für je zwei verschiedene Punkte t_1, t_2 von T gilt $r(t_1, t_2) \geqq \varrho$.

In jedem nicht leeren metrischen Raum E gibt es zu jedem $\varrho > 0$ ein ϱ-Netz in E.

Beweis (mittels des Wohlordnungssatzes). Statt $r(x, y)$ schreiben wir kurz $|x, y|$. Es sei $t_0 \in E$ irgendwie gewählt. Ist dann $|x, t_0| < \varrho$ für alle x aus E, so ist $\{t_0\}$ ein ϱ-Netz. Anderenfalls gibt es ein t_1 aus

E mit $|t_0, t_1| \geq \varrho$. Ist jetzt $|x, t_0|$ oder auch $|x, t_1|$ kleiner als ϱ für jedes x aus E, so ist $\{t_0, t_1\}$ ein ϱ-Netz. Allgemein sei ξ eine Ordinalzahl und jeder Ordinalzahl $\eta < \xi$ ein t_η aus E zugeordnet, so daß $|t_{\eta_1}, t_{\eta_2}| \geq \varrho$ für $\eta_1 \neq \eta_2$. Gibt es dann zu jedem x aus E ein η_x mit $|x, t_{\eta_x}| < \varrho$, so bildet $\{t_0, \ldots, t_\eta, \ldots\}$, $\eta < \xi$, ein ϱ-Netz in E. Anderenfalls gibt es ein t_ξ aus E mit $|t_\xi, t_\eta| \geq \varrho$ für $\eta < \xi$. Ist $\aleph_\alpha$ die Mächtigkeit von E, so muß für ein $\xi < \omega_{\alpha+1}$ der erste Fall eintreten; denn sonst ließe sich die Menge $T' = \{t_0, \ldots, t_\xi, \ldots\}$, $\xi < \omega_{\alpha+1}$, bilden (transfinite Induktion!) mit $|t_{\xi_1}, t_{\xi_2}| \geq \varrho$ für $\xi_1 \neq \xi_2$, also $t_{\xi_1} \neq t_{\xi_2}$. Alsdann hätte aber T' eine größere Mächtigkeit als E, nämlich $\aleph_{\alpha+1}$, was ein Widerspruch ist. Es tritt also einmal der erste Fall ein, d.h. es gibt ein ϱ-Netz in E.

4.2. Offene Mengen.

4.2.1. Es sei E ein metrischer Raum und darin mit $|x, y|$ die Entfernung der Punkte x und y bezeichnet. Ist $\varrho > 0$, so heißt die Menge $\{|\hat{x}, a| < \varrho\}$ eine *sphärische Umgebung* des Punktes a in E (das Kleinerzeichen ist wesentlich!); wir schreiben dafür auch U_a^ϱ. Aus $\varrho < \varrho'$ folgt $U_a^\varrho \subset U_a^{\varrho'}$ †. Nun definieren wir: Die Teilmenge G von E heißt *offen* (*in* E), wenn es zu jedem a aus G ein positives ϱ gibt, so daß $U_a^\varrho \subset G$.

Beispiele. 1. E ist offen; denn jedes U_a^ϱ ist in E enthalten. — 2. Jedes U_a^ϱ ist offen. Beweis. $x \in U_a^\varrho \rhd |x, a| =: \sigma < \varrho \rhd U_x^{\varrho-\sigma} \subset U_a^\varrho$ (wegen der Dreiecksungleichung). — 3. Sind die endlich vielen $G_1, \ldots, G_n$ offen, dann auch ihr Durchschnitt $D := G_1 \ldots G_n$. Beweis. $x \in D \rhd (x \in G_i$ für $i = 1, \ldots, n) \rhd (\exists \varrho_i : U_x^{\varrho_i} \subset G_i$ für $i = 1, \ldots, n) \rhd U_x^{\min(\varrho_1, \ldots, \varrho_n)} \subset G_1 \ldots G_n$, weil $\min(\varrho_1, \ldots, \varrho_n) > 0$. — 4. Sind die beliebig vielen G_j, $j \in J$, offen, so auch ihre Vereinigungsmenge $V := \sum^{\cdot} \{G_j : j \in J\}$. Beweis. $x \in V \rhd (x \in G_{j'}$ und $j' \in J) \rhd (U_x^\varrho \subset G_{j'}$ für ein passendes $\varrho) \rhd U_x^\varrho \subset V$. — 5. Die leere Menge 0 rechnet man auch zu den offenen Mengen, da bei ihr die in der Definition der offenen Menge stehende Voraussetzung $a \in G$ gar nicht zur Wirkung kommt. — 6. Die Komplementärmenge eines einzelnen Punktes ist offen; denn ist $y \neq x$, so ist $U_y^{|x,y|}$ fremd zu $\{x\}$. — 7. Zu zwei verschiedenen Punkten $x_1 \neq x_2$ gibt es fremde offene Mengen $G_1 \ni x_1$, und $G_2 \ni x_2$, z.B. $U_{x_1}^\varrho$ und $U_{x_2}^\varrho$ mit $\varrho < \frac{1}{2}|x_1, x_2|$.

4.2.2. Wir befreien uns nun von der Metrik, indem wir von den eben für die offenen Mengen eines metrischen Raumes bewiesenen Eigenschaften einige zu Axiomen erheben. Die Auswahl steht uns dabei frei. Wir definieren:

Eine Menge E heiße ein *topologischer Raum* (top. Raum), wenn im System ihrer Teilmengen ein gewisses Teilsystem $\mathfrak{G}$ ausgezeichnet ist; die $\mathfrak{G}$ angehörigen Mengen G werden als die „offenen Mengen" von E

† Mit dieser Bezeichnung erscheint die arithmetische Aussage $|x - a| < \varrho$ im E^1 in mengentheoretischem Gewande als $x \in U_a^\varrho$.

bezeichnet. Dabei sollen folgende Eigenschaften — *die Axiome des topologischen Raumes* — erfüllt sein:

(1_t) E und 0 sind offen.

(2_t) Der Durchschnitt von endlich vielen offenen Mengen ist offen.

(3_t) Die Vereinigung von beliebig vielen offenen Mengen ist offen.

(4_t) Für jeden Punkt a aus E ist $E - \{a\}$ offen.

Daß man mit der Annahme dieser Forderungen im Einzelfalle noch sehr weit von dem Raumcharakter der metrischen Räume entfernt sein kann, zeigt das triviale Beispiel des Raumes, in dem jede Teilmenge als offen bezeichnet wird, was die Axiome augenscheinlich als eine Möglichkeit zulassen. Dieses Beispiel zeigt zugleich, daß sich jede Menge topologisieren, d.h. durch die Definition offener Mengen im Rahmen obiger Axiome zu einem topologischen Raum machen läßt. Die Menge (als abstrakte Menge) heißt dann der „Träger" des top. Raumes.

4.2.3. Eine Teilmenge T eines top. Raumes E wird selbst zu einem top. Raum, wenn man die Durchschnitte der offenen Mengen von E mit T definiert als die offenen Mengen von T. Diese Durchschnitte erfüllen offenbar die Eigenschaften (1_t) bis (4_t) in bezug auf T; T heißt dann *Teilraum* von E. Ist es möglich, einen top. Raum E zu deuten als Teilraum eines umfassenden top. Raumes E', so heißt E in E' (topologisch) *eingebettet* und E' ein *Einbettungsraum* von E. Eine einen top. Raum T betreffende Aussage hat verschiedenen Sinn, je nachdem man sie auf die Topologie in T oder auf die eines Einbettungsraumes T' bezieht. Zum Beispiel ist T, als Teilmenge des top. Raumes T gedacht, offen, jedoch braucht T als Teilmenge eines Einbettungsraumes keineswegs offen zu sein (wie jede nicht leere, nicht offene Teilmenge etwa des E^1 zeigt). Eine Aussage über einen top. Raum T heißt *absolut*, wenn sie richtig ist bei Beziehung auf jeden beliebigen Einbettungsraum von T; sonst heißt sie *relativ*, wobei dann nötigenfalls der Bezugseinbettungsraum anzugeben ist, für welchen die Aussage richtig ist. Offen zu sein, ist nach obigem eine relative Eigenschaft, weshalb wir schon zu Beginn die Sprechweise „offen *in*" eingeführt hatten. Fehlt eine Bezugsangabe, so sind die topologischen Begriffe auf den gerade betrachteten „Gesamtraum" zu beziehen.

4.2.4. Ist E ein top. Raum, so heiße jede den Punkt a enthaltende offene Menge eine *Umgebung von a in E* und werde mit G_a bezeichnet. Das Verhalten einer Teilmenge A von E zu den Umgebungen eines Punktes x von E wird durch folgende zwei Definitionen näher charakterisiert:

1. x ist *α-Punkt* von A: $\rhd\!\lhd\, G_x A$ nicht leer für jedes G_x;
2. x ist *β-Punkt* von A: $\rhd\!\lhd\, G_x A$ unendlich für jedes G_x.

Mit A^α bezeichnen wir die Menge aller α-Punkte, mit A^β die aller β-Punkte von A. Es gilt:

(1) $$A \subset A^\alpha \supset A^\beta;$$

(2) $$A_1 \subset A_2 \triangleright (A_1^\alpha \subset A_2^\alpha \text{ und } A_1^\beta \subset A_2^\beta),$$

wie leicht zu zeigen ist. Ferner:

(3) $$(G \text{ offen und } F = E - G) \triangleright F^\alpha = F.$$

Beweis. $x \notin F \triangleright x \in G \triangleright G = G_x \triangleright G_x F = 0 \triangleright x \notin F^\alpha$. Daraus folgt $F^\alpha \subset F$, was mit (1) zusammen $F^\alpha = F$ ergibt.

4.2.4.1. Wir definieren: Die Teilmenge F des top. Raumes E heißt *abgeschlossen (in E)*, wenn $F^\alpha = F$. Es gilt:

$$(E = A \dotplus B \text{ und } AB = 0) \triangleright (A \text{ abgeschlossen } \triangleright\!\triangleleft\, B \text{ offen}).$$

Beweis. 1. „$\triangleleft$" ist durch (3) bewiesen. — 2. Zum Beweis von „$\triangleright$" sei $A^\alpha = A$. $x \in B \triangleright x \notin A \triangleright x \notin A^\alpha \triangleright \exists\, G_x : G_x A = 0 \triangleright G_x \subset B \triangleright B$ ist offen.

Statt α-Punkt sagt man auch *Berührungspunkt*, statt β-Punkt *Häufungspunkt.*

4.2.4.2. Nimmt man von einer Umgebung G_x von x den Punkt x weg, so bleibt $G_x - \{x\}$, eine sog. *reduzierte Umgebung* G_x^* von x, übrig. Es gilt:

x ist dann und nur dann Häufungspunkt von A, wenn jede reduzierte Umgebung von x Punkte mit A gemein hat.

Beweis. 1. $x \in A^\beta$. Dann ist $G_x A$ unendlich, also $(G_x - \{x\})A$ gewiß nicht leer. — 2. Es sei die angegebene Bedingung erfüllt. Dann sei $a_1 \in (G_x - \{x\})A$, $G_x^{(1)} := (E - \{a_1\})\, G_x$, $a_2 \in (G_x^{(1)} - \{x\})A$, $G_x^{(2)} := (E - \{a_2\})\, G_x^{(1)}$, $a_3 \in (G_x^{(2)} - \{x\})A$ usw. Die unendliche Menge $\{a_1, a_2, a_3, \ldots\}$ ist Teil von $G_x A$, $x \in A^\beta$.

4.2.5. Im E^n der Punkte $x := (x_1, \ldots, x_n)$ (**4.1.3.**) heißt

$$J := \{(x_1, \ldots, x_n) : a_i < x_i < b_i \quad \text{für} \quad i = 1, \ldots, n\}$$

ein *offenes Intervall*; $\left(\frac{1}{2}(a_1 + b_1), \ldots, \frac{1}{2}(a_n + b_n)\right)$ ist der *Mittelpunkt*, und $b_i - a_i$, $i = 1, \ldots, n$, sind die *Kantenlängen von J*. Sind insbesondere die Zahlen a_i, b_i alle rational, so heißt J ein *rationales offenes Intervall*. Die Menge der rationalen offenen Intervalle ist abzählbar (**1.5.6.**). Im E^1 verwenden wir gelegentlich die *Intervallbezeichnungen*:

$$[a, b] := \{x : a \leqq x \leqq b\}, \qquad (a, b) := \{x : a < x < b\}.$$

Jede offene Teilmenge des E^n ist darstellbar als Vereinigung von (abzählbar vielen) rationalen offenen Intervallen; das System aller offenen Mengen des E^n hat die Mächtigkeit $\aleph$. Im E^1 speziell ist jede offene Menge Vereinigung von abzählbar vielen fremden offenen Intervallen.

Beweis. 1. Ist G offen in E^n und $y \in G$, so gibt es ein $U_x^\varrho \subset G$. Man wähle a_i, b_i rational mit $y_i - \varrho/\sqrt{n} < a_i < y_i < b_i < y_i + \varrho/\sqrt{n}$; das Intervall $J_y := \{x : a_i < x_i < b_i$ für $i = 1, \ldots, n\}$ enthält dann y und ist in G enthalten; ferner gilt $G = \sum^{\cdot} \{J_y : y \in G\}$, wobei diese Vereinigungsmenge nur abzählbar viele verschiedene Summanden enthält.

2. Die Mächtigkeit des Systems aller solchen Vereinigungsmengen ist höchstens gleich der Mächtigkeit von Z^{Z} (**1.6.1.**), d.h. $\leq \aleph$, andererseits aber auch mindestens gleich dieser Mächtigkeit, wie sich aus der Betrachtung der folgenden speziellen offenen Mengen ergibt: Man nehme eine Folge $J_1, J_2, \ldots, J_n, \ldots$ von fremden offenen Intervallen und halte diese fest. In J_n wähle man ein rationales offenes Intervall J_n'. Das System aller möglichen Summen $J_1' + J_2' + \cdots + J_n' + \cdots$ hat genau die Mächtigkeit $\aleph$.

3. Es sei G eine offene Menge im E^1. Ist $x \in G$, so bestimme man

$$a_x := \inf\{y : \{y < z < x\} \subset G\}, \quad b_x := \sup\{y : \{x < z < y\} \subset G\}.$$

Dann ist $K_x := \{a_x < z < b_x\}$ das größte x enthaltende, von G umfaßte offene Intervall; a_x, b_x gehören nicht zu G. Ist r eine rationale Zahl in K_x, so ist $K_x = K_r$. Alsdann hat man $G = \sum^{\cdot} \{K_r : r \in G$ und rational$\}$, mit abzählbar vielen, entweder fremden, oder, wenn nicht fremden, so gleichen Summanden.

4.3. Abgeschlossene Mengen.

4.3.1. Gemäß **4.2.4.1.** sind die offenen und abgeschlossenen Mengen eines top. Raumes Komplemente zueinander; daraus ergeben sich für die abgeschlossenen Mengen auf Grund des Dualitätsprinzips die (1_t) bis (4_t) entsprechenden Sätze:

(1) 0 und E sind abgeschlossen.

(2) Die Vereinigung von endlich vielen abgeschlossenen Mengen ist abgeschlossen.

(3) Der Durchschnitt von beliebig vielen abgeschlossenen Mengen ist abgeschlossen.

(4) Für jeden Punkt a ist $\{a\}$ abgeschlossen.

4.3.1.1. Im E^n der Punkte $x = (x_1, \ldots, x_n)$ heißt $W = \{x : a_h \leq x_h \leq b_h, h = 1, \ldots, n\}$ ein *abgeschlossenes Intervall*; wenn dabei $a_h < b_h$ für $h = 1, \ldots, n$, dann heißt es genauer „n-dimensional". Die Punkte von W, welche die definierenden Ungleichungen mit einem oder mehreren Gleichheitszeichen erfüllen, heißen *Randpunkte* des Intervalls W; die Menge aller Randpunkte wird kurz der *Rand* von W genannt. Nimmt man von dem abgeschlossenen Intervall W den Rand weg, so bleibt entweder ein offenes Intervall (im Falle der echten n-Dimensionalität) oder die leere Menge übrig.

4.3.1.2. Das *Intervallschachtelungsprinzip* im E^n lautet:

Jede absteigende Folge von nicht leeren abgeschlossenen Intervallen $W_1 \subset W_2 \subset W_3 \subset \cdots$ *hat einen nicht leeren Durchschnitt.*

Der Beweis ergibt sich unmittelbar aus dem Intervallschachtelungsprinzip auf der Zahlgeraden (**2.4.5.2.**).

Bemerkung. Daß eine entsprechende Aussage für offene Intervalle nicht gilt, zeigt das einfache Beispiel auf der Zahlgeraden:

$$J_n := \left\{0 < \hat{x} < \frac{1}{n}\right\}, \quad n \in \mathsf{Z}.$$

Der Durchschnitt aller J_n ist nach dem Archimedischen Axiom leer.

4.3.1.3. *Folgerungen.* 1. *Jede unendliche beschränkte* (d.h. in einem Intervall enthaltene) *Punktmenge des* E^n *besitzt einen Häufungspunkt.* (Zum Beweis konstruiere man mittels fortgesetzter Intervallhalbierungen eine ineinander geschachtelte Folge von nicht leeren abgeschlossenen Intervallen, deren Seitenlängen gegen Null streben und deren jedes unendlich viele Punkte von A enthält!)

2. *Jede nicht abzählbare Menge B des E^n besitzt mindestens einen Häufungspunkt, ja sogar einen „Überhäufungspunkt", d.h. einen Punkt mit der Eigenschaft, daß in jeder seiner Umgebungen unabzählbar viele Punkte von B liegen.*

Beweis. Ist R die Menge der abzählbar vielen Punkte des E^n mit rationalen Koordinaten, so kann man jedem $b \in B$ einen Punkt r_b von R zuordnen, dessen Koordinaten sich von den entsprechenden Koordinaten von b um weniger als $\varrho_1 = 1$ unterscheiden. Aus Mächtigkeitsgründen muß es dann ein r_1 aus R geben, das unabzählbar vielen verschiedenen b zugeordnet ist. Diese b sind enthalten im Intervall I_1 mit dem Mittelpunkt r_1 und der für alle Achsenrichtungen gleichen Kantenlänge $2\varrho_1$. Mit der unabzählbaren Menge $B_1 = BI_1$, der abzählbaren Menge $R_1 = RI_1$ und mit $\varrho_2 = \frac{1}{2}$ wiederholen wir die vorausgehenden Überlegungen und erhalten ein Intervall $I_2 \subset I_1$ mit unabzählbarem $B_2 = BI_2$. Fortsetzung des Verfahrens führt auf eine Intervallschachtelung, welche einen Punkt definiert, der ein „Überhäufungspunkt" von B ist.

4.3.1.4. Hinsichtlich der relativen Abgeschlossenheit bemerken wir noch:

Ist A abgeschlossen in E, $M \subset E$, so ist AM abgeschlossen in M.

Beweis. Es sei x ein α-Punkt von AM in M. Ist G_x irgendeine Umgebung von x in E, so ist $G'_x = G_x M$ eine Umgebung von x in M, somit $AMG'_x \neq 0$, also erst recht $AG_x \neq 0$. Somit ist $x \in A^\alpha = A$, wegen $x \in M$, also $x \in AM$, w. z. z. w.

4.3.2. *A^α, A^β sind abgeschlossene Mengen.*

Beweis (gleichzeitig für beide Mengen). Sei $B:=E-A^\alpha$ (bzw. $E-A^\beta$). $x\in B \rhd x\notin A^\alpha$ (bzw. A^β) $\rhd \exists G_x : G_x A=0$ (bzw. endlich). Für $y\in G_x$ ist G_x auch ein G_y, wobei $G_y A=0$ (bzw. endlich); somit ist $y\notin A^\alpha$ (bzw. A^β), so daß $G_x \subset B$. Also ist B offen, d.h. A^α (bzw. A^β) abgeschlossen.

4.3.3. $A^\alpha = \prod^{\cdot} \{F : F$ *abgeschlossen und* $\supset A\}$.

Beweis. Es bezeichne D den vorausgehenden Durchschnitt. 1. Wegen **4.2.4.** und **4.3.2.** ist A^α ein an der Durchschnittsbildung beteiligtes F, also $D\subset A^\alpha$. — 2. Aus $A\subset F$ folgt andererseits $A^\alpha \subset F^\alpha = F$, also $A^\alpha \subset D$.

Demnach ist A^α die kleinste A umfassende abgeschlossene Menge; A^α wird deshalb die *abgeschlossene Hülle von A* genannt.

In einem metrischen Raume gibt es für A^α noch eine andere Darstellung. Wir definieren als ϱ-Umgebung der Punktmenge A die Menge $U_A^\varrho := \sum^{\cdot} \{U_a^\varrho : a\in A\}$. Dann gilt:

$$A^\alpha = \prod^{\cdot} \{U_A^{1/n} : n\in \mathsf{Z}\}.$$

Beweis. 1. $b\notin A^\alpha \rhd (U_b^{\varrho_0} A = 0$ mit $\varrho_0>0) \rhd \left(b\notin U_A^{1/n}\right.$ für $\left.\frac{1}{n}<\varrho_0\right)$ $\rhd b \notin \prod\limits_n^{\cdot} U_A^{1/n}$. — 2. Die Schlußkette in 1. ist mit entsprechender leichter Abänderung auch rückwärts durchlaufbar.

Als eine Folgerung haben wir:

4.3.3.1. *In einem metrischen Raume ist jede abgeschlossene Menge ein G_δ, d.h. Durchschnitt einer Folge von offenen Mengen, jede offene Menge ein F_σ, d.h. Vereinigung einer Folge von abgeschlossenen Mengen.*

Denn für den Fall $A^\alpha = A$ liefert die vorausgehende Darstellung von A^α die Behauptung; für offene Mengen ergibt sie sich durch Übergang zu den Komplementen.

4.3.4. Im E^n gilt darüber hinaus:

Im E^n ist jede offene Menge darstellbar als Vereinigung von abzählbar vielen abgeschlossenen n-dimensionalen Intervallen, welche höchstens Randpunkte gemein haben.

Beweis. Wir beweisen den Satz spezieller, nämlich für Würfel, d.h. für Intervalle mit gleichlangen Seiten, und benutzen dazu die gitterartige Darstellung des E^n als Vereinigung der n-dimensionalen Würfel:

$$W^{(k)}(a_1,\ldots,a_n) := \left\{(x_1,\ldots,x_n) : \frac{a_i}{2^k} \leq x_i \leq \frac{a_i+1}{2^k} \text{ für } i=1,\ldots,n\right\},$$

wobei die $a_1,\ldots,a_n$ irgendwelche ganze Zahlen sind. Zwei solche Würfel sind bei festem k entweder identisch oder haben höchstens Randpunkte gemein.

Zur vorgegebenen offenen Menge G bestimmen wir die abgeschlossene Menge F_k als Vereinigungsmenge aller $W^{(k)}$, welche in G enthalten sind[1]. Jeder vorgegebene Punkt x von G ist für hinreichend großes k in F_k enthalten; denn x ist in einem offenen selbst in G enthaltenen Würfel einer Kantenlänge $> \frac{1}{2^{k_0}}$ mit dem Mittelpunkt x enthalten, so daß $x \in F_{k_0+1}$. Daher ist $G = \sum^{\cdot}\{F_k : k = 0, 1, \ldots\} =$

$$\sum^{\cdot}\{W^{(0)} : W^{(0)} \subset F\} \dotplus \sum^{\cdot}\{\sum^{\cdot}\{W^{(k)} : W^{(k)} \subset F_k \text{ aber nicht } \subset F_{k-1}\} : k \in \mathbf{Z}\}.$$

Diese Darstellung hat die verlangten Eigenschaften, da entweder $W^{(h)}$ und $W^{(k)}$ fremd, oder bis auf Randpunkte fremd sind, oder eines das andere umfaßt.

4.3.5. $A^{\alpha} = A \dotplus A^{\beta}$.

Beweis. 1. Nach **4.2.4.** (1) ist $A^{\alpha} \supset A \dotplus A^{\beta}$. — 2. Aus $x \notin A$ und $x \notin A^{\beta}$ folgt die Existenz eines G_x mit endlichem $G_x A$. Sollte $G_x A$ nicht leer sein, also etwa gleich $\{x_1, \ldots, x_n\}$, so sind diese x_i alle von x verschieden, so daß $G_x(E - \{x_1\}) \ldots (E - \{x_n\})$ ein G'_x ist mit $G'_x A = 0$. Daher ist $x \notin A^{\alpha}$, somit $A^{\alpha} \subset A \dotplus A^{\beta}$.

Die abgeschlossene Hülle von A ergibt sich also durch Hinzufügung der Häufungspunkte von A zu A.

Folgerung. Eine Menge A ist dann und nur dann abgeschlossen, wenn sie alle ihre Häufungspunkte enthält, d.h. wenn $A^{\beta} \subset A$ ist.

4.3.5.1. $(A \dotplus B)^{\alpha} = A^{\alpha} \dotplus B^{\alpha}$, $\quad (A \dotplus B)^{\beta} = A^{\beta} \dotplus B^{\beta}$.

Beweis. 1. Wegen **4.3.5.** folgt die erste Gleichung aus der zweiten. — 2. (1.) Aus $(A \dotplus B)^{\beta} \supset A^{\beta}$ und $\supset B^{\beta}$ folgt $(A \dotplus B)^{\beta} \supset A^{\beta} \dotplus B^{\beta}$. — (2.) $x \notin A^{\beta} \dotplus B^{\beta} \rhd \exists (G_x$ und $G'_x) : (A G_x$ endlich und $B G'_x$ endlich$) \rhd (G_x G'_x = G''_x$ und $G''_x(A \dotplus B)$ endlich$) \rhd x \notin (A \dotplus B)^{\beta}$. Also ist auch $(A \dotplus B)^{\beta} \subset A^{\beta} \dotplus B^{\beta}$.

Für unendlich viele Summanden hat man dagegen nur

$$\Big(\sum_i^{\cdot} A_i\Big)^{\alpha} \supset \sum_i^{\cdot} A_i^{\alpha}, \quad \Big(\sum_i^{\cdot} A_i\Big)^{\beta} \supset \sum_i^{\cdot} A_i^{\beta}.$$

4.3.5.2. Für jedes A ist nach **4.3.2.**

$$A^{\alpha\alpha} := (A^{\alpha})^{\alpha} = A^{\alpha}, \quad A^{\beta\alpha} = A^{\beta}.$$

Hinsichtlich $A^{\beta\beta}$ gilt $A^{\beta\beta} \subset A^{\beta\alpha} = A^{\beta}$. Mehr läßt sich hier auch allgemein nicht beweisen, wie das folgende noch verallgemeinerungsfähige Beispiel lehrt:

---

[1] F_k ist abgeschlossen, weil jedes $W^{(k)}$ es ist, und weil jede beschränkte Umgebung eines jeden Raumpunktes mit nur endlich vielen $W^{(k)}$ Punkte gemein hat.

Im metrischen, also auch topologischen E^3 der Punkte (x_1, x_2, x_3) betrachte man die Menge A der Punkte $\left(\frac{1}{n}, \frac{1}{n+m}, \frac{1}{n+m+p}\right)$ mit $n \in \mathbf{Z}$, $m \in \mathbf{Z}$, $p \in \mathbf{Z}$. Man zeigt leicht, daß

$$A^\beta \underset{\neq}{\supset} A^{\beta\beta} \underset{\neq}{\supset} A^{\beta\beta\beta} \underset{\neq}{\supset} A^{\beta\beta\beta\beta} = 0\,.$$

4.3.5.3. 1. *Ist G offen, so gilt $GA^\alpha \subset (GA)^\alpha$ für jedes A.*

2. $(G$ *offen und* $AG=0) \rhd A^\alpha G = 0$.

Beweis. 1. $x \in GA^\alpha \rhd (G = G'_x$ und $G_x A \neq 0$ für jedes $G_x) \rhd \left(G_x(GA) \neq 0\right.$ für jedes $\left.G_x\right) \rhd x \in (GA)^\alpha$. — 2. Die zweite Behauptung ist wegen $0^\alpha = 0$ offenbar eine Folge der ersten.

4.3.6. Gilt für eine Menge H die Beziehung $H^\beta \supset H$, d.h. ist jeder Punkt von H Häufungspunkt von H, so heißt die Menge *gehäuft*[1].

Beispiele. 1. Die Menge der rationalen Zahlen im E^1 ist gehäuft. — 2. Jede offene Menge im E^n ist gehäuft.

4.3.6.1. *Die Vereinigung von beliebig vielen gehäuften Mengen ist wieder gehäuft.* (Beweis klar.)

4.3.6.2. Eine gehäufte und zugleich im Raume E abgeschlossene Menge heißt *perfekt* (*in* E); für die Perfektheit einer Menge P ist $P^\beta = P$ kennzeichnend.

Die abgeschlossene Hülle einer gehäuften Menge ist perfekt (Beweis!). Zu jedem System $\{P_j : j \in J\}$ von perfekten Teilmengen eines Raumes E gibt es eine kleinste, alle P_j umfassende perfekte Teilmenge, nämlich $\left(\sum^{\cdot} \{P_j : j \in J\}\right)^\alpha$.

4.3.7. Als Beispiel einer perfekten Menge behandeln wir jetzt das CANTOR*sche Diskontinuum.*

$E = E^1$, und P sei die Menge aller Zahlen der Form

$$x = \sum_{i=1}^{\infty} \frac{x_i}{3^i} \quad \text{mit} \quad x_i = 0 \text{ oder } 2\,.$$

Zwei Fälle sind möglich: (a) Von einem gewissen i_0 an sind alle $x_i = 2$; dann setze man $y^{(n)} = \frac{x_1}{3} + \cdots + \frac{x_n}{3^n}$, $n \in \mathbf{Z}$. (b) In der Zahlenfolge $x_1, x_2, \ldots$ kommen unendlich viele Nullen vor; dann setze man $y^{(n)} = \frac{x_1}{3} + \cdots + \frac{x_n}{3^n} + \frac{2}{3^{n+1}} + \frac{2}{3^{n+2}} + \cdots$ für $n \in \mathbf{Z}$. In beiden Fällen besteht die Folge $\left((y^{(n)})\right)$ aus unendlich vielen verschiedenen Zahlen aus P, und weil $|y^{(n)} - x| \leq \frac{1}{3^n}$, so gibt es in jeder Umgebung von x unendlich viele Punkte von P. Jeder Punkt von P ist also Häufungspunkt von P; P ist gehäuft.

[1] F. HAUSDORFF sagt dafür „insichdicht"; „Gehäuftsein" ist eine absolute Eigenschaft eines top. Raumes.

Für P gibt es eine einfache geometrische Konstruktion: Es sei $V_0 = \{0 \leqq \hat{x} \leqq \frac{1}{3}\}$, $V_2 = \{\frac{2}{3} \leqq \hat{x} \leqq 1\}$. Wenn das abgeschlossene Intervall $V_{x_1 \ldots x_n}$, $x_i = 0$ oder 2, schon definiert ist, so teilen wir es in drei gleiche Teile und bezeichnen das linke Drittel mit $V_{x_1 \ldots x_n 0}$, das rechte mit $V_{x_1 \ldots x_n 2}$. Offenbar ist die Zahl $x = \sum_{i=1}^{\infty} x_i/3^i$ in jedem $V_{x_1 \ldots x_n}$ enthalten, und der Durchschnitt aller $V_{x_1 \ldots x_n}$ ist gerade x (Intervallschachtelungsprinzip für reelle Zahlen). Aus diesem Grunde gilt

$$(*) \qquad P = \left(\sum\nolimits^{\cdot} V_{x_1}\right)\left(\sum\nolimits^{\cdot} V_{x_1 x_2}\right)\left(\sum\nolimits^{\cdot} V_{x_1 x_2 x_3}\right) \ldots .$$

Gemäß dieser Darstellung ist P als Durchschnitt von abgeschlossenen Mengen auch abgeschlossen, und damit perfekt.

Für P gilt noch folgende, später benutzte Eigenschaft: *Jedes Teilintervall* $[a, b]$ *von* $[0, 1]$ *umfaßt ein von Punkten von P freies Intervall* (a', b') *von einer Länge* $b' - a' \geqq \frac{1}{5}(b - a)$. In der Tat, ist (a, b) frei von P, so ist die Behauptung trivial. Anderenfalls bezeichne $V = V_{x_1 \ldots x_n}$ dasjenige V der obigen Konstruktion mit kleinstem n und $V \subset [a, b]$. Ist $V = [a, b]$, so gilt die Behauptung, weil das mittlere Drittel von V von P frei ist. Im anderen Falle schließen an V (eventuell links und rechts) Intervalle von gleicher Länge wie V an, welche von P frei sind. Hat eines von diesen (zwei) Intervallen mit (a, b) ein Intervall mit einer Länge $\geqq \frac{1}{5}(b - a)$ gemein, so ist die Behauptung wiederum erfüllt. Wenn solches aber nicht der Fall ist, dann ist Länge von $V \geqq \frac{3}{5}(b - a)$. Da das mittlere Drittel (a', b') von V von P frei ist und $b' - a' \geqq \frac{1}{5}(b - a)$ ist, folgt die Behauptung allgemein.

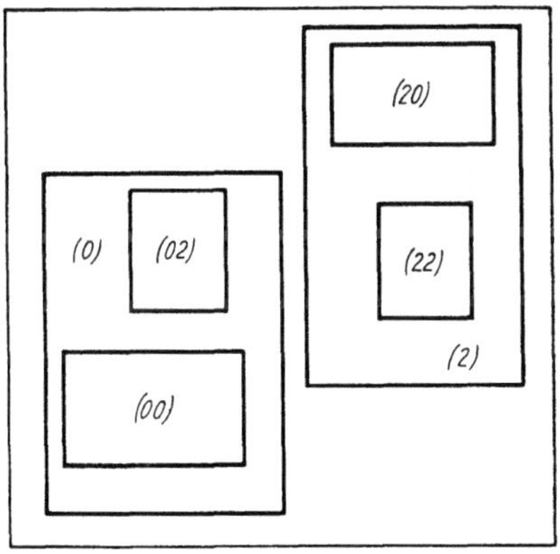

Abb. 9.

4.3.8. Bei der letzten Konstruktion kommt es gar nicht so sehr auf eine Teilung in drei gleiche Teile und auch nicht auf die Dimension an, sondern darauf, daß zum abgeschlossenen Intervall $V_{x_1 \ldots x_n}$ zwei ebensolche nicht leere Intervalle $V_{x_1 \ldots x_n 0}$ und $V_{x_1 \ldots x_n 2}$ bestimmt werden, welche zueinander fremd und in $V_{x_1 \ldots x_n}$ enthalten sind (s. Abb. 9). Sorgt man dabei noch dafür, daß die Kantenlängen der $V_{x_1 \ldots x_n}$ für $n \to \infty$ gegen Null streben, so liefert jeder Durchschnitt $V_{x_1} V_{x_1 x_2} V_{x_1 x_2 x_3} \ldots$ wieder genau einen Punkt, und die nach Art $(*)$ erzeugte Menge D ist über die Komplexe $(x_1, x_2, x_3, \ldots)$ mit $x_i = 0$ oder 2, eineindeutig auf die Menge P des ursprünglichen Beispiels abbildbar. Eine auf die eben beschriebene allgemeine Weise erzeugte perfekte Menge D heißt ein *dyadisches Diskontinuum.*

4.3.9. *Jede perfekte nicht leere Menge im E^n enthält ein dyadisches Diskontinuum und hat die (maximale) Mächtigkeit* $\aleph$.

Beweis. In der im E^n perfekten nicht leeren Menge Q wählen wir zwei verschiedene Punkte x_0 und x_2, dazu zwei fremde abgeschlossene Intervalle V_0 und V_2, so daß $x_j \in V_j^i$, $j=0, 2$; wobei wir mit V^i das zugehörige offene Intervall eines abgeschlossenen n-dimensionalen Intervalls V bezeichnen. Da die Mengen $V_j^i Q$ gehäuft sind, gibt es in jeder von beiden zwei verschiedene Punkte x_{j0}, x_{j2} und dazu zwei fremde abgeschlossene Intervalle V_{j0}, V_{j2}, so daß $x_{jk} \in V_{jk}^i \subset V_j^i$, $j, k = 0$ oder 2. Wieder ist $V_{jk}^i Q$ gehäuft und wir können daraus zwei verschiedene Punkte ausgreifen, usw. Wir dürfen dabei die Maximalkantenlänge von $V_{j_1 \ldots j_n}$ kleiner als $1/n$ wählen. Durch $D = (\sum^{\cdot} V_j)(\sum^{\cdot} V_{jk})(\sum^{\cdot} V_{jkm}) \ldots$ wird ein dyadisches Diskontinuum definiert. Jeder Punkt $y = V_j V_{jk} V_{jkm} \cdots$ von D ist Häufungspunkt von Q; denn jedes G_y enthält für hinreichend großes n ein $V_{j_1 \ldots j_n}$ und damit unendlich viele Punkte von Q. Daher ist $D \subset Q$ und die Mächtigkeit von Q mindestens gleich $\aleph$. Aber E^n hat selbst nur die Mächtigkeit $\aleph$. Damit ist der Satz bewiesen.

4.3.10.1. *Abgeschwächte Topologien.*

Es sei T ein topologischer Raum und $\mathfrak{A}$ ein gewisses System von Teilmengen von T. Die *bezüglich $\mathfrak{A}$ abgeschwächte Topologie von T* wird erklärt durch die „($\mathfrak{A}$)-offenen" Mengen: Die Teilmenge B von T heißt ($\mathfrak{A}$)-*offen,* wenn BA für jedes A aus $\mathfrak{A}$ offen ist als Teilmenge des Teilraumes A von T. Die Axiome der offenen Mengen sind für die ($\mathfrak{A}$)-offenen Mengen erfüllt (Beweis!). Wegen Anwendungen vgl. **6.1.**

4.3.10.2. Die *uniformen Räume* stehen hinsichtlich ihrer Allgemeinheit zwischen den topologischen und den metrischen; wir gehen hier nicht näher auf sie ein und verweisen auf die einschlägige Literatur.

4.3.10.3. Die Abbildung $A \to A^\alpha$ des Systems $\mathfrak{T}$ aller Teilmengen A des top. Raumes T in $\mathfrak{T}$ kann zur *Definition des top. Raumes* herangezogen werden; dabei haben die Eigenschaften $(A \dot{+} B)^\alpha = A^\alpha \dot{+} B^\alpha$, $A^\alpha \supset A$, $(A^\alpha)^\alpha = A^\alpha$, $0^\alpha = 0$ und $\{x\}^\alpha = \{x\}$ als Axiome zu dienen. Man beweise an Hand dieser Eigenschaften, daß das System $\{F : F \in \mathfrak{T}$ und $F^\alpha = F\}$ die Eigenschaften (1) bis (4) des Systems der abgeschlossenen Mengen eines top. Raumes (**4.3.1.**) besitzt.

4.4. Randmengen.

4.4.1. Die größte in der Teilmenge A des top. Raumes E enthaltene offene Menge ergibt sich nach (3_t) offenbar als Vereinigung aller in A enthaltenen offenen Mengen:

$$A^i := \sum^{\cdot} \{G : G \text{ offen und } \subset A\};$$

sie heißt der *offene Kern* der Menge A, auch die „Menge der inneren Punkte" von A bezüglich E (da es zu jedem Punkt x von A^i eine Umgebung G_x von x in E gibt mit $G_x \subset A$).

A^i ist die zu A^α duale Mengenoperation:

$$(E = A + B \text{ und } AB = 0) \rhd (E = A^i + B^\alpha \text{ und } A^i B^\alpha = 0).$$

Anders ausgedrückt:

$$E - A^\alpha = (E - A)^i, \qquad E - A^i = (E - A)^\alpha.$$

Beweis. Aus $G \subset A$ folgt $E - G =: F \supset E - A = B$. Aus $E = G + F$ und $GF = 0$ folgt nach dem Dualitätsprinzip $E = \sum^{\cdot} G + \prod^{\cdot} F$ mit fremden $\sum^{\cdot} G$ und $\prod^{\cdot} F$, wobei G alle offenen in A enthaltenen und F alle abgeschlossenen B umfassenden Mengen durchlaufen, nach **4.3.3.** also $\prod^{\cdot} F = B^\alpha$ ist. Allgemeiner gilt:

$$E = A \dotplus B \rhd E = A^i \dotplus B^\alpha.$$

Denn aus $E = A + (B - AB)$ folgt nach obiger Formel

$$E = A^i + (B - AB)^\alpha \subset A^i \dotplus B^\alpha,$$

woraus, weil E der Gesamtraum, die behauptete Gleichheit hervorgeht.

Ferner haben wir: $A^{ii} = A^i$ und $(AB)^i = A^i B^i$, letzteres als das duale Gegenstück zur ersten Formel von **4.3.5.1.**

4.4.1.1. *Die Menge $B^{\beta i}$ ist für jedes $B \subset E$ gehäuft: $B^{\beta i \beta} \supset B^{\beta i}$.*

In der Tat, aus $x \in B^{\beta i}$ folgt $x \in B^\beta$, so daß für jede Umgebung G_x von x — wir dürfen $G_x \subset B^{\beta i}$ wählen — $G_x B$ unendlich ist. Wegen $G_x B^{\beta i} = G_x \supset G_x B$ ist auch $G_x B^{\beta i}$ unendlich, also $x \in B^{\beta i \beta}$, w. z. z. w.

4.4.2. Es ist $A^i \subset A \subset A^\alpha$. Man nennt $A - A^i = A^r$ den *Rand von* A (*in* E). $A^\alpha - A^i = A^g$ die *Begrenzung von* A (*in* E).

Offenbar ist $A^g \supset A^r$, und $A^g = A^r$ dann und nur dann, wenn A abgeschlossen ist. Wegen $A^g = A^\alpha(E - A^i) = A^\alpha(E - A)^\alpha$ ist A^g für jede Menge abgeschlossen: $A^{g\alpha} = A^g$.

Sind A und B Komplemente in E, so gilt $A^r B^r = 0$ und $A^g = B^g = A^r + B^r = A^\alpha B^\alpha$.

In der Tat, wegen $A^r \subset A$, $B^r \subset B$ ist $A^r B^r = 0$. Ferner folgt aus $A + B = E = (A^i + B^\alpha)(A^\alpha + B^i) = A^i + A^\alpha B^\alpha + B^i$ unmittelbar $A^r + B^r = (A - A^i) + (B - B^i) = A^\alpha B^\alpha = A^\alpha(E - A^i) = A^\alpha - A^i = A^g$.

4.4.2.1. Ferner ist stets $A^{ri} = 0$; denn $A^{ri} = \big(A(E - A^i)\big)^i = A^i(E - A^{i\alpha}) = 0$. Allgemein heißen Mengen A mit $A^i = 0$, oder, was dasselbe ist, mit $A = A^r$, *Randmengen in* E. Aus $A^{ri} = 0$ folgt, daß jeder Rand eine Randmenge ist: $A^{rr} = A^r$.

Die Begrenzung G^g jeder offenen Menge G ist eine Randmenge: $(G^\alpha - G)^i = 0$. Denn $G^g = F^g = F^r$, wo $F := E - G$ abgeschlossen. Andererseits ist der Rand einer offenen Menge immer leer.

Als Beispiel erwähnen wir noch das folgende: $E = E^1$, A sei die Menge der rationalen, B die Menge der irrationalen Zahlen: $E = A + B$. Hier ist $A = A^r$, $B = B^r$, $E = A^g = B^g = A^\alpha = B^\alpha$, $A^i = B^i = 0$.

4.4.3. Von besonders einfacher „Einlagerung" in den Raum sind die sog. „minimal begrenzten" Mengen (abgekürzt „m.b.") eines top. Raumes. G heißt *minimal begrenzt offen (in E)*, wenn $G^{\alpha i} = G$, F heißt *minimal begrenzt abgeschlossen (in E)*, wenn $F^{i\alpha} = F$. Es gilt:

Für $A \subset E$ ist $A^{\alpha i}$ minimal begrenzt offen und $A^{i\alpha}$ minimal begrenzt abgeschlossen.

Beweis. Aus Dualitätsgründen genügt es, das erste zu beweisen.

1. $A^{\alpha i} \subset A^\alpha \triangleright A^{\alpha i \alpha} \subset A^\alpha \triangleright A^{\alpha i \alpha i} \subset A^{\alpha i}$;
2. $A^{\alpha i} \subset A^{\alpha i \alpha} \triangleright A^{\alpha i} \subset A^{\alpha i \alpha i}$.

Wir setzen allgemein $A^{\alpha i} = A^m$. Dann ist $H = H^m$ nach Definition notwendig und hinreichend dafür, daß H minimal begrenzt offen ist. Wie eben gezeigt, gilt allgemein $A^{mm} = A^m$.

4.4.4. Das System $\mathfrak{H}$ aller minimal begrenzten offenen Mengen in E besitzt bemerkenswerte Verbandseigenschaften:

$\mathfrak{H}$ ist mit der Teilmengenrelation als Verbandsordnung ein vollständiger, distributiver und komplementärer Verband. Dabei ist für eine Teilmenge $\mathfrak{K}$ von $\mathfrak{H}$ und für $H \in \mathfrak{H}$ ($\complement H$ bezeichne das Komplement von H)

$$\cup \mathfrak{K} = (\textstyle\sum^\cdot \mathfrak{K})^m, \qquad \cap \mathfrak{K} = (\textstyle\prod^\cdot \mathfrak{K})^m, \qquad \complement H = (E - H)^m.$$

Beweis. 1. Wir bestätigen zunächst die letzten drei Gleichungen. Sei $V = (\sum^\cdot \mathfrak{K})^m$. Für $K \in \mathfrak{K}$ ist dann $K \subset \sum^\cdot \mathfrak{K}$, also $K = K^m \subset (\sum^\cdot \mathfrak{K})^m = V$; wenn andererseits $W \in \mathfrak{H}$ und $W \supset K$ für alle K aus $\mathfrak{K}$, so folgt $W \supset \sum^\cdot \mathfrak{K}$ und $W = W^m \supset (\sum^\cdot \mathfrak{K})^m = V$. Damit ist die erste Gleichung bewiesen; die zweite ergibt sich analog. Hinsichtlich der dritten bemerken wir, daß 0 und $E \in \mathfrak{H}$ wegen $0^m = 0$ und $E^m = E$, so daß (a) $H \cup \complement H = E$ und (b) $H \cap \complement H = 0$ zu zeigen sind. In der Tat, aus $(E - H)^{\alpha i} = (E - H)^i$ folgt $(H \dotplus (E - H)^i)^\alpha \supset H^\alpha \dotplus (E - H)^i = E$, und damit $H \cup \complement H = (H \dotplus (E - H)^m)^m = (H \dotplus (E - H)^i)^{\alpha i} \supset E^i = E$, ferner $H \cap \complement H = (H(E - H)^m)^m = (H(E - H)^i)^m \subset (H(E - H))^m = 0^m = 0$. — 2. Zum Nachweis des Distributivgesetzes bedienen wir uns des folgenden *Hilfssatzes*:

Aus $H \in \mathfrak{H}$ und $A \subset E$ folgt $(HA)^m = HA^m$.

In der Tat, nach **4.4.1.** ist $HA^m = H^i A^{\alpha i} = (HA^\alpha)^i \subset ((HA)^\alpha)^i = (HA)^m$; andererseits ist wegen $HA \subset (H$ und $A)$ auch $(HA)^m \subset (H^m = H$ und $A^m)$, also $(HA)^m \subset HA^m$, w. z. z. w.

Insbesondere gilt also für H_1 und H_2 aus $\mathfrak{H}$: $H_1 \cap H_2 = H_1 H_2$. Nun folgt für drei Mengen H, K, L aus $\mathfrak{H}$: $H \cap (K \cup L) = H(K \dotplus L)^m = (H(K \dotplus L))^m = (HK \dotplus HL)^m = (H \cap K) \cup (H \cap L)$, womit das erste Distributivgesetz (D′) erfüllt ist; das zweite (D″) ist dann eine Folge von (D′) (**3.3.1.**). Aus **3.4.3.** (5) folgt weiter das allgemeine Distributivgesetz (D^0).

4.4.5. Allgemein heißt eine Menge $M \subset E$ *minimal begrenzt*, wenn es eine offene Teilmenge G und eine abgeschlossene Obermenge F von M gibt mit $G^\alpha = F$ und $F^i = G$.

M ist dann und nur dann minimal begrenzt, wenn gleichzeitig $M^{i\alpha} = M^\alpha$ und $M^{\alpha i} = M^i$ gilt.

In der Tat, aus der Definition folgt $G \subset M \subset F$, und hieraus

$$G = G^i \subset M^i \subset F^i = G \quad \text{und} \quad F = G^\alpha \subset M^\alpha \subset F^\alpha = F,$$

so daß $M^i = G$ und $M^\alpha = F$, woraus unmittelbar die behaupteten Gleichungen folgen. Umgekehrt folgt aus $M^{i\alpha} = M^\alpha$ und $M^{\alpha i} = M^i$ mit $M^\alpha = F$ und $M^i = G$, daß M minimal begrenzt ist.

4.5. Dichte Mengen.

4.5.1. Es seien A und B Teilmengen eines top. Raumes E. Wir nennen A *dicht gegen* B, wenn $A^\alpha \supset B$; trivialerweise ist A dicht gegen B, wenn $A \supset B$.

Beispiel. Die Menge R der rationalen Zahlen ist dicht gegen die Menge der irrationalen Zahlen (im E^1); denn es ist sogar $R^\alpha = E^1$.

Das letzte Beispiel gilt auch zugleich für die folgende Definition: Die Teilmenge A von E heißt *überall dicht* (*in* E), wenn $A^\alpha = E$.

4.5.1.1. *Ist A dicht gegen B, B dicht gegen C, so ist auch A dicht gegen C.*

In der Tat, aus $A^\alpha \supset B$ folgt $A^\alpha = A^{\alpha\alpha} \supset B^\alpha$, hieraus mit $B^\alpha \supset C$ dann $A^\alpha \supset C$.

Ist A dicht gegen B und B dicht gegen A, so ist $A^\alpha = B^\alpha$, und umgekehrt. (Beweis als Aufgabe.)

4.5.1.2. Die Teilmenge B von E heißt *nirgends dicht* (in E), wenn B^α eine Randmenge ist, d.h. wenn $B^{\alpha i} = 0$. Diese Gleichung ist aus Dualitätsgründen gleichbedeutend mit $(E - B)^{i\alpha} = E$, was besagt, daß der offene Kern des Komplementes einer Menge dann und nur dann überall dicht ist, wenn diese selbst nirgends dicht ist.

Beispiel. Die Begrenzung einer offenen Menge ist nirgends dicht, wie überhaupt jede abgeschlossene Randmenge.

4.5.2. *A ist dann und nur dann überall dicht, wenn $GA \neq 0$ ist für jede nicht leere offene Menge G. B ist nirgends dicht, wenn und nur wenn jede nicht leere offene Menge eine zu B fremde nicht leere offene Menge umfaßt.*

Beweis. 1. Die für das Überall-dicht-sein angegebene Bedingung ist offenbar äquivalent mit der Gleichung $A^\alpha = E$. — 2. Für das Nirgends-dicht-sein von B ist notwendig und hinreichend, daß $(E-B)^i$ überall dicht ist, d.h. nach 1., daß $(E-B)^i G$, also erst recht $(E-B)G$ eine nicht leere offene Menge enthält für jedes nicht leere offene G.

4.5.2.1. *Ist A überall dicht, G überall dicht und offen, so ist auch AG überall dicht.*

(Beweis mit Hilfe des vorausgehenden Satzes als Aufgabe.)

4.5.2.2. *Die Vereinigung von endlich vielen nirgends dichten Mengen ist nirgends dicht.*

Beweis. Sind A und B nirgends dicht, so ist $E - A^\alpha = (E-A)^i$ offen und überall dicht, ebenso $E - B^\alpha$, also nach dem vorausgehenden Satz auch $(E-A^\alpha)(E-B^\alpha) = E - (A \dotplus B)^\alpha = \left(E - (A \dotplus B)\right)^i$. Somit ist $A \dotplus B$ nirgends dicht. Für endlich viele Mengen ergibt sich die Behauptung durch Induktion.

4.5.2.3. *Ist E ein nicht leerer gehäufter metrischer Raum, so gibt es Zerlegungen $E = A + B$, wo A und B zueinander fremde, überall dichte Mengen sind.*

Beweis. Es gibt in E ein 1-Netz B_1. $B_1 \neq E$, da B_1 nicht gehäuft ist. Ist $a \in E - B_1$, so gibt es eine zu B_1 fremde Umgebung von a, welche, da E gehäuft ist, unendlich viele Punkte von E, also von $E - B_1$ enthält. Daher ist auch $E - B_1$ gehäuft. Nun wählen wir in $E - B_1$ ein $\frac{1}{2}$-Netz B_2. $E - (B_1 + B_2)$ ist wieder gehäuft und nicht leer. Dieses Verfahren fortsetzend, bestimmen wir in der gehäuften und nicht leeren Menge $H_{n-1} := E - (B_1 \dotplus \cdots \dotplus B_{n-1})$ ein $1/n$-Netz B_n. Darüber hinaus ist jeder Punkt x von E Häufungspunkt von H_{n-1}. Denn die Umgebung $\left\{r(x,\hat{y}) < \frac{1}{2n}\right\}$ enthält höchstens je einen Punkt der Mengen $B_1, \ldots, B_{n-1}$. Es gibt daher eine reduzierte Umgebung $\{0 < r(x,\hat{y}) < \delta\}$, welche in H_{n-1} enthalten ist. Diese Umgebung enthält aber, weil E gehäuft ist, unendlich viele Punkte von E, also auch von H_{n-1}, was gerade die obige Behauptung ist. Weiter sehen wir, daß für $x \in E$ und $n > 1/\varrho > 0$ der Durchschnitt $\{r(x,\hat{y}) < \varrho\} B_n \neq 0$ ist. Nach dem eben Bewiesenen gibt es nämlich einen Punkt $x' \in H_{n-1}$ mit $r(x,x') < \varrho - 1/n$, ferner einen Punkt $b_n \in B_n$ mit $r(x', b_n) < 1/n$, so daß $r(x, b_n) < (\varrho - 1/n) + 1/n = \varrho$. Setzen wir nun $B := \sum\limits_{m=1}^{\infty}{}^{\boldsymbol{\cdot}} B_{2m-1}$, $A := E - B \supset \sum\limits_{m=1}^{\infty}{}^{\boldsymbol{\cdot}} B_{2m}$, so folgt, weil $\varrho > 0$ beliebig,

$$B^\alpha = A^\alpha = E\,.$$

Zusatz. Das Verfahren gestattet noch mehr. Setzen wir nämlich $C_k := \sum\limits_{m=1}^{\infty}{}^{\boldsymbol{\cdot}} B_{2^k(2m-1)}$ für $k = 0, 1, 2, \ldots$, und $A := E - \sum\limits_{k=1}^{\infty}{}^{\boldsymbol{\cdot}} C_k \supset C_0$, so ist

$A^\alpha = C_1^\alpha = C_2^\alpha = \cdots = E$, so daß wir in $E = A + C_1 + C_2 + \cdots$ eine *Zerlegung von E in abzählbar viele paarweise fremde, überall dichte Mengen* haben.

4.5.3. *Jeder metrische Raum E läßt sich zerlegen in einen perfekten Teil E^k und einen Teil $E^s := E - E^k$, welcher keinen nicht leeren gehäuften Teil enthält.*

Denn, wie leicht einzusehen, ist die Vereinigung von beliebig vielen gehäuften Mengen wieder gehäuft, außerdem die abgeschlossene Hülle einer gehäuften Menge wieder gehäuft, so daß wir in der abgeschlossenen Hülle der Vereinigung aller gehäuften Teilmengen von E die größte gehäufte, zugleich in E abgeschlossene, Teilmenge von E vor uns haben; sie heißt der *gehäufte Kern E^k von E* und ist perfekt. $E^s = E - E^k$ heißt der *separierte Bestandteil von E*. Offenbar ist der *isolierte Teil* $E^j := E - E^\beta$, die Menge aller Punkte von E, die keine Häufungspunkte von E sind, Teilmenge von E^s. Es gilt

4.5.3.1. *E^j ist dicht gegen E^s.*

Beweis. $E - E^{j\alpha}$ ist gehäuft. Denn $E - E^{j\alpha} = (E - E^j)^\iota = E^{\beta i}$, und nach **4.4.1.1.** ist $E^{\beta i}$ gehäuft. Somit ist $E - E^{j\alpha} < E^k = E - E^s$, woraus $E^s < E^{j\alpha}$ folgt.

4.5.4. *Sind im E^n die abzählbar vielen Mengen $G_1, G_2, \ldots$ offen und dicht gegen eine offene Menge H, so ist auch ihr Durchschnitt $\prod\limits_n^{\cdot} G_n$ dicht gegen H.*

Beweis. Es sei $x \in H$ und $U_x^\varrho < H$. Da G_1 dicht gegen H, so hat U_x^ϱ mit G_1 einen Punkt x_1 gemein, und es gibt sogar eine (Intervall-)Umgebung V_1 von x_1 mit $V_1^\alpha < U_x^\varrho G_1$ und einer Seitenlänge < 1. Analog findet man in V_1 einen Punkt x_2 von G_2 und eine (Intervall-)Umgebung V_2 von x_2 mit $V_2^\alpha < V_1 G_2$ und einer Seitenlänge $< \frac{1}{2}$. Auf diese Weise fortfahrend erhalten wir eine absteigende Folge $((V_n^\alpha))$ nicht leerer, abgeschlossener Intervalle mit $V_n^\alpha < V_{n-1} G_n$ und nach Null strebenden Seitenlängen. Gemäß dem Intervallschachtelungsprinzip **4.3.1.** ist $0 \neq \prod\limits_n^{\cdot} V_n^\alpha < U_x^\varrho \prod\limits_n^{\cdot} G_n$, womit die Behauptung bewiesen ist. (Vgl. die Verallgemeinerung in Bemerkung **4.9.4.**)

4.5.5. Es sei E ein top. Raum und A eine Teilmenge von E. A heißt *von erster Kategorie in E*, wenn A Vereinigung von abzählbar vielen in E nirgends dichten Mengen ist; anderenfalls heißt A *von zweiter Kategorie in E*. Ist A von erster Kategorie in E, so heißt $E - A$ eine *Residualmenge* in E. Da jede Teilmenge einer nirgends dichten Menge nirgends dicht ist, so ist mit A auch jede Teilmenge von A von erster Kategorie. Ferner ist die Vereinigungsmenge von abzählbar vielen Mengen erster Kategorie wieder eine solche Menge (**1.5.6.**). Das System $\mathfrak{K}_{\mathrm{I}}$ aller Mengen erster Kategorie in E ist ein σ-Mengenideal in E (**3.6.4.**).

4.5.5.1. *Im E^n ist jede Residualmenge und jedes offene Intervall von zweiter Kategorie.*

Beweis. 1. Es genügt zu zeigen, daß jedes offene Intervall eine Menge zweiter Kategorie in E^n ist. Dann ist es auch E^n selbst. Wäre alsdann eine Residualmenge in E^n von erster Kategorie in E^n, so wäre E^n als Summe von zwei Mengen erster Kategorie wieder von erster Kategorie. — 2. Angenommen nun, es ist das offene Intervall J gleich $\sum^{\cdot}\{Q_k : k \in \mathbf{Z}\}$, wo jedes Q_k nirgends dicht im E^n ist. Dann gibt es nach **4.5.2.** eine zu Q_1 fremde nicht leere offene Menge $< J$ und in ihr ein offenes nicht leeres Intervall $\{(x_1, \ldots, x_n) : a_i < x_i < b_i,\ i = 1, \ldots, n\}$. Das abgeschlossene Intervall $V_1 := \{(x_1, \ldots, x_n) : a_i + \varrho \leq x_i \leq b_i - \varrho,\ i = 1, \ldots, n\}$ mit $\varrho = \frac{1}{3}\operatorname{Min}\{b_1 - a_1, \ldots, b_n - a_n\}$ ist fremd zu Q_1 und in J enthalten. Weil Q_2 nirgends dicht in J, so findet man wie eben in V_1^i ein zu Q_2 fremdes abgeschlossenes Intervall V_2, weiter in V_2^i ein zu Q_3 fremdes abgeschlossenes Intervall V_3, usw. Es ist $V_1 > V_2 > V_3 > \cdots$ eine absteigende Folge von abgeschlossenen Intervallen, so daß $J > D := V_1 V_2 V_3 \ldots \neq 0$ (Intervallschachtelungsprinzip). D ist fremd zu allen Q_k im Widerspruch mit der vorausgesetzten Darstellung von J.

4.5.5.2. *Jede Residualmenge R im E^n oder in einer nicht leeren offenen Menge des E^n enthält ein dyadisches Diskontinuum.*

Beweis. Es sei G eine offene Menge ($\neq 0$) im E^n und $R = G - \sum^{\cdot} N_k$, wo die N_k (in G) nirgends dichte Teilmengen von G bezeichnen, $k = 1, 2, \ldots$. Es ist $R = (G - N_1)(G - N_2) \ldots$. In $G - N_1$ gibt es nach **4.5.2.** ein offenes nicht leeres Intervall, daher auch zwei fremde abgeschlossene n-dimensionale Intervalle V_0 und V_2. Ebenso findet man in $(G - N_2)\, V_x^i$ zwei fremde abgeschlossene n-dimensionale Intervalle V_{x0} und V_{x2}, $x = 0, 2$, usw. Man kann es offenbar so einrichten, daß die Kantenlängen der $V_{x_1 \ldots x_k}$ für $k \to \infty$ nach Null streben. Offenbar ist jeder Durchschnitt $V_{x_1} V_{x_1 x_2} V_{x_1 x_2 x_3} \ldots$ in $G - N_k$, $k \in \mathbf{Z}$, enthalten, also ist das ganze dyadische Diskontinuum, welches von den $V_{x_1 \ldots x_n}$ erzeugt wird, Teil von R.

4.5.6. Wir nennen A von *erster* (bzw. *zweiter*) *Kategorie im Punkt* x eines top. Raumes E, wenn $A G_x$ für ein (bzw. jedes) G_x von erster (bzw. zweiter) Kategorie in G_x ist. Die Menge aller Punkte x, in welchen A von erster (bzw. zweiter) Kategorie ist, bezeichnen wir mit A^{I} (bzw. A^{II}). Offenbar ist $E = A^{\mathrm{I}} + A^{\mathrm{II}}$, $A^{\mathrm{I}} A^{\mathrm{II}} = 0$, A^{I} offen und A^{II} abgeschlossen. Ferner ist $A^{\mathrm{II}} < A^{\alpha}$; denn aus $x \notin A^{\alpha}$ folgt $A G_x = 0$ für ein gewisses G_x, also $x \in A^{\mathrm{I}}$, d.h. $x \notin A^{\mathrm{II}}$.

A^{I} ist eine gegensinnige, A^{II} eine gleichsinnige Operation; denn ist etwa $A < B$ und $x \in A^{\mathrm{II}}$, so ist jedes $A G_x$ von zweiter Kategorie, jedes $B G_x$ wegen $A G_x < B G_x$ also erst recht; dies ergibt $x \in B^{\mathrm{II}}$, also $A^{\mathrm{II}} < B^{\mathrm{II}}$.

4.5.6.1. *AA^{I} ist von erster Kategorie.*

Beweis. 1. Wir denken uns die Punkte von AA^{I} wohlgeordnet: $a_0, a_1, \ldots, a_\xi, \ldots, \xi < \eta$. Zu a_ξ gibt es ein $G_{a_\xi} =: H_\xi$ mit $a_\xi \in H_\xi A \in \mathfrak{K}_{\mathrm{I}}$; dabei ist $H_\xi \subset A^{\mathrm{I}}$. $H_\xi A \supset H_\xi A - \sum^{\cdot}\{H_\zeta A : \zeta < \xi\} =: B_\xi \in \mathfrak{K}_{\mathrm{I}}$. Wir setzen $B_\xi = \sum^{\cdot}\{N_{\xi,m} : m \in \mathbf{Z}\}$ mit nirgends dichten $N_{\xi,m}$. $AA^{\mathrm{I}} = \sum^{\cdot}\{B_\xi : \xi < \eta\} = \sum^{\cdot}\{P_m : m \in \mathbf{Z}\}$ mit $P_m = \sum^{\cdot}\{N_{\xi,m} : \xi < \eta\}$. Die Behauptung wird bewiesen sein, wenn wir zeigen, daß P_m nirgends dicht ist, $m = 1, 2, \ldots$.

Nach **4.5.2.** braucht nur gezeigt zu werden, daß jede nicht leere offene Menge G eine zu P_m fremde nicht leere offene Teilmenge hat. — 2. Eine offene Menge G, die zu allen H_ξ fremd ist, ist es auch zu P_m; für ein solches G ist also nichts zu beweisen. Sei jetzt G eine nicht zu allen H_ξ fremde offene Menge; das kleinste ξ mit $GH_\xi \neq 0$ bezeichnen wir mit γ, so daß also für $\xi < \gamma$ gilt: $GH_\xi = 0$, ebenso $GB_\xi = 0$, ebenso $GN_{\xi,m} = 0$. Da ferner für $\xi > \gamma$ nach Konstruktion $H_\gamma B_\xi = 0$, also $H_\gamma N_{\xi,m} = 0$, so ist $H_\gamma G N_{\xi,m} = 0$ für $\xi \neq \gamma$, also $H_\gamma G P_m = H_\gamma G N_{\gamma,m}$. Weil aber $N_{\gamma,m}$ nirgends dicht ist, gibt es eine nicht leere offene Menge $G' \subset GH_\gamma$ mit $G' N_{\gamma,m} = 0$, folglich wegen $G' N_{\xi,m} \subset GH_\gamma N_{\xi,m} = 0$ $(\xi \neq \gamma)$ auch $G' P_m = 0$ mit $0 \neq G' \subset G$. P_m ist nirgends dicht.

Folgerung.

$$(*) \qquad G \text{ offen} \rhd (GA \in \mathfrak{K}_{\mathrm{I}} \rhd\lhd G \subset A^{\mathrm{I}}).$$

In der Tat: 1. $GA \in \mathfrak{K}_{\mathrm{I}} \rhd (a \in G = G_a \rhd G_a A \in \mathfrak{K}_{\mathrm{I}}) \rhd a \in A^{\mathrm{I}}$. — 2. $G \subset A^{\mathrm{I}} \rhd GA \subset AA^{\mathrm{I}} \in \mathfrak{K}_{\mathrm{I}}$, also erst recht $GA \in \mathfrak{K}_{\mathrm{I}}$.

4.5.6.2. *A^{I} und A^{II} sind minimal begrenzte Mengen (im Sinne von* **4.4.3.**).

Beweis. Um etwa $A^{\mathrm{II}i\alpha} = A^{\mathrm{II}}$ zu beweisen (woraus dann auch $A^{\mathrm{I}\alpha i} = A^{\mathrm{I}}$ folgt), bemerken wir, daß $A^{\mathrm{II}i} \subset A^{\mathrm{II}}$, also $A^{\mathrm{II}i\alpha} \subset A^{\mathrm{II}\alpha} = A^{\mathrm{II}}$. Statt $A^{\mathrm{II}i\alpha} \supset A^{\mathrm{II}}$ zeigen wir das dazu gleichwertige $B := E - A^{\mathrm{II}i\alpha} \subset A^{\mathrm{I}}$. Weil B offen ist, ist damit nach **4.5.6.1.** (*) gleichwertig, daß $BA \in \mathfrak{K}_{\mathrm{I}}$. Nun ist $BA = BAA^{\mathrm{I}} + BAA^{\mathrm{II}}$. Nach **4.5.6.1.** ist AA^{I}, also erst recht $BAA^{\mathrm{I}} \in \mathfrak{K}_{\mathrm{I}}$. Außerdem ist $BAA^{\mathrm{II}} \subset BA^{\mathrm{II}} = A^{\mathrm{II}} - A^{\mathrm{II}i\alpha} \subset A^{\mathrm{II}} - A^{\mathrm{II}i} = A^{\mathrm{II}r}$. Die letzte Menge ist nach **4.4.2.** eine abgeschlossene Randmenge, nach **4.5.1.2.** also nirgends dicht, also $BAA^{\mathrm{II}} \in \mathfrak{K}_{\mathrm{I}}$. Damit ist BA Summe von zwei Mengen erster Kategorie, also selbst von dieser Art.

4.5.6.3. *Ist $A := \sum^{\cdot}\{A_n : n \in \mathbf{Z}\}$, so ist $S := \sum^{\cdot}\{A_n^{\mathrm{II}i} : n \in \mathbf{Z}\}$ dicht in A^{II}.*

Beweis. 1. $A_n \subset A \rhd A_n^{\mathrm{II}} \subset A^{\mathrm{II}} \rhd A_n^{\mathrm{II}i} \subset A^{\mathrm{II}} \rhd S \subset A^{\mathrm{II}}$. — 2. Statt $S^\alpha \supset A^{\mathrm{II}}$ zeigen wir $B := E - S^\alpha \subset A^{\mathrm{I}}$. In der Tat, es ist $B \subset E - A_n^{\mathrm{II}i\alpha} = E - A_n^{\mathrm{II}}$, oder $B \subset A_n^{\mathrm{I}}$. Gemäß **4.5.6.1.** ist dann $BA_n \in \mathfrak{K}_{\mathrm{I}}$, also auch $BA \in \mathfrak{K}_{\mathrm{I}}$, also wegen **4.5.6.1.** (*), weil ja B offen ist, $B \subset A^{\mathrm{I}}$.

4.5.7. Der Restklassensomenring $\mathfrak{E}/\mathfrak{K}_{\mathrm{I}}$ im Somenring $\mathfrak{E}$ aller Teilmengen von E nach $\mathfrak{K}_{\mathrm{I}}$ entsteht durch Gleichsetzung aller $\mathfrak{K}_{\mathrm{I}}$-fast gleichen Teilmengen von E. Dabei heißt A *$\mathfrak{K}_{\mathrm{I}}$-fast gleich* B, wenn

$A \dot{+} B \in \mathfrak{K}_{\mathrm{I}}$. Entsprechend nennen wir eine Menge $\mathfrak{K}_{\mathrm{I}}$-*fast offen*, bzw. $\mathfrak{K}_{\mathrm{I}}$-*fast abgeschlossen*, wenn sie einer offenen bzw. abgeschlossenen Menge $\mathfrak{K}_{\mathrm{I}}$-fast gleich ist. Es gilt:

Jede $\mathfrak{K}_{\mathrm{I}}$-fast offene Menge ist auch $\mathfrak{K}_{\mathrm{I}}$-fast abgeschlossen, und umgekehrt.

Beweis. 1. A sei $\mathfrak{K}_{\mathrm{I}}$-fast offen, d.h. $A = G \dot{+} K$ mit offenem G und $K \in \mathfrak{K}_{\mathrm{I}}$. Wir setzen $F := G^{\alpha}$, so daß $F - G$ nach **4.5.1.2.** nirgends dicht, also $\in \mathfrak{K}_{\mathrm{I}}$ ist. Die Darstellung $A = F \dot{+} ((F-G) \dot{+} K)$ zeigt, daß A $\mathfrak{K}_{\mathrm{I}}$-fast abgeschlossen ist. — 2. Ist umgekehrt A $\mathfrak{K}_{\mathrm{I}}$-fast abgeschlossen, $A = F \dot{+} K$ mit abgeschlossenem F und $K \in \mathfrak{K}_{\mathrm{I}}$, so zeigt $A = F^{i} \dot{+} ((F - F^{i}) \dot{+} K)$, daß A $\mathfrak{K}_{\mathrm{I}}$-fast offene Menge ist (Beweis!).

4.5.7.1. *Das System $\mathfrak{G}_{\mathfrak{K}_{\mathrm{I}}}$ aller $\mathfrak{K}_{\mathrm{I}}$-fast offenen Mengen eines top. Raumes E ist ein geschlossener σ-Somenring.*

Beweis. 1. Ist $A = G \dot{+} K$ mit offenem G und $K \in \mathfrak{K}_{\mathrm{I}}$, so ist $E - A = (E-G) \dot{+} K$, also $\mathfrak{K}_{\mathrm{I}}$-fast abgeschlossen und somit auch $\mathfrak{K}_{\mathrm{I}}$-fast offen. — 2. Ist $A_n = G_n \dot{+} K_n$ mit offenen G_n und $K_n \in \mathfrak{K}_{\mathrm{I}}$, $n \in \mathbf{Z}$, so folgt $S := \dot{\sum} A_n = \dot{\sum} G_n \dot{+} K$ mit $K \subset \dot{\sum}_{n} K_n$, so daß K in $\mathfrak{K}_{\mathrm{I}}$, also S in $\mathfrak{G}_{\mathfrak{K}_{\mathrm{I}}}$. — 3^n. $E \in \mathfrak{G}_{\mathfrak{K}_{\mathrm{I}}}$.

4.5.7.2. *$A^{\mathrm{II}i} - A^{\mathrm{II}i} A \in \mathfrak{K}_{\mathrm{I}} \triangleright A$ $\mathfrak{K}_{\mathrm{I}}$-fast offen.*

Beweis. 1. $A^{\mathrm{II}i} - A^{\mathrm{II}i} A = A^{\mathrm{II}i}(E-A) \in \mathfrak{K}_{\mathrm{I}} \triangleright A^{\mathrm{II}i} \subset (E-A)^{\mathrm{I}}$ nach **4.5.6.1.** (*). Weiter gemäß **4.5.6.2.** $E = A^{\mathrm{I}} + A^{\mathrm{II}} \triangleright E = A^{\mathrm{I}} + A^{\mathrm{II}i\alpha} \subset (A_{\mathrm{I}} + A^{\mathrm{II}i})^{\alpha} = E \triangleright A^{\mathrm{I}} + A^{\mathrm{II}i}$ überall dicht in E. Mit Benutzung des vorausgehenden Ergebnisses folgt alsdann, daß $A^{\mathrm{I}} \dot{+} (E-A)^{\mathrm{I}}$ überall dicht und offen, somit $E - (A^{\mathrm{I}} \dot{+} (E-A)^{\mathrm{I}})$ nirgends dicht ist. — 2. Setzen wir nun $G := (E-A)^{\mathrm{I}}$, so ist $A - AG \subset A A^{\mathrm{I}} \dot{+} (E - (A^{\mathrm{I}} \dot{+} G)) A$ [siehe **1.2.1.** (*)]. Hierin ist der erste Summand wegen **4.5.6.1.**, der zweite wegen 1. von erster Kategorie, so daß $A - A G \in \mathfrak{K}_{\mathrm{I}}$. Andererseits ist $G - A G = G(E-A) \in \mathfrak{K}_{\mathrm{I}}$ wegen **4.5.6.1.** (*). Beides besagt, daß $A \dot{+} G = (A - AG) + (G - AG) \in \mathfrak{K}_{\mathrm{I}}$, also A $\mathfrak{K}_{\mathrm{I}}$-fast offen ist.

Der bewiesene Satz ist übrigens auch umkehrbar, was ohne Beweis vermerkt sei.

4.5.8. Die Teilmenge A des top. Raumes E ist *von der* BAIRE*schen Eigenschaft* (kurz „v.d.B.E.") in E, wenn für jeden Teilraum M von E gilt: AM ist $\mathfrak{K}_{\mathrm{I}}$-fast offen in M. Die Mengen v.d.B.E. sind also spezielle in E $\mathfrak{K}_{\mathrm{I}}$-fast offene Mengen.

Das System $\mathfrak{B}_E$ der Mengen von der BAIRE*schen Eigenschaft im top. Raum E ist ein geschlossener σ-Somenring und Teil von $\mathfrak{G}_{\mathfrak{K}_{\mathrm{I}}}$.*

Beweis analog wie in **4.5.7.1.** (als Aufgabe!).

4.5.9. *Es gibt metrische Räume, z.B. E^n, in welchen nicht jede Teilmenge $\mathfrak{K}_{\mathrm{I}}$-fast offen ist.*

Beweis. 1. Im E^n gibt es genau $\aleph$ perfekte Mengen. Denn es gibt genau $\aleph$ offene (**4.2.5.**), also genau $\aleph$ abgeschlossene, also höchstens $\aleph$ perfekte. Aber da jedes abgeschlossene mehrpunktige Intervall, deren es mindestens $\aleph$ gibt, perfekt ist, so ist die Behauptung bewiesen. — 2. Es bezeichne γ die kleinste Ordinalzahl von der Mächtigkeit $\aleph$. Dann kann man die verschiedenen Punkte von E^n wohlordnen: $x_0, x_1, \ldots, x_\xi, \ldots, \xi<\gamma$, ebenso das System aller verschiedenen nicht leeren perfekten Mengen P von E^n: $P_0, P_1, \ldots, P_\xi, \ldots, \xi<\gamma$. Nun werde mit y_0 der erste, mit z_0 der zweite zu P_0 gehörige Punkt unter den x_ξ bezeichnet. Allgemein: Sei schon y_η, z_η für $\eta<\zeta\,(<\gamma)$ erklärt, so bezeichne y_ζ den ersten, z_ζ den zweiten unter allen zu P_ζ gehörigen, von den y_η, z_η verschiedenen Punkten x_ξ. Solche Punkte gibt es, weil die Menge der Punkte y_η, z_η mit $\eta<\zeta$, eine Mächtigkeit $<\aleph$, P_ζ aber die Mächtigkeit $\aleph$ hat (**4.3.9.**). — 3. $Y:=\{y_\xi:\xi<\gamma\}$ und $Z:=\{z_\xi:\xi<\gamma\}$ sind offenbar fremde Mengen und haben die Mächtigkeit $\aleph$. Dasselbe gilt von Y und $Y':=E^n-Y>Z$. Da sowohl Y als auch Y' von jeder nicht leeren perfekten Menge P mindestens einen Punkt enthält, so kann weder Y noch Y' ein dyadisches Diskontinuum vollständig enthalten. Daraus folgt nun, daß für jede nicht leere offene Menge G die Mengen GY und GY' beide von zweiter Kategorie in G sind. Wäre nämlich die eine von erster Kategorie, so müßte die andere eine Residualmenge in G sein und enthielte (**4.5.5.2.**) ein dyadisches Diskontinuum, was mit dem Vorigen in Widerspruch steht. Daher ist jede der Mengen GY und GY' auch von zweiter Kategorie in E^n (Beweis!), Y also ebenfalls. — 4. Nun zeigt sich sofort, daß Y in E^n nicht $\mathfrak{K}_{\mathrm{I}}$-fast offen ist. Denn hätte man $Y=G\dotplus K$, G offen $(\neq 0)$ und $K\in\mathfrak{K}_{\mathrm{I}}$, so auch $Y'=(E^n-G)\dotplus K$, so daß $GY'=KG$, also GY' von erster Kategorie in E^n, was 3. widerspricht.

4.6. Umgebungssysteme.

4.6.1. Der top. Raum E ist nach **4.2.2.** erklärt durch das System $\mathfrak{G}$ seiner offenen Mengen G. Zur Festlegung der Topologie von E genügt aber bereits ein passendes Teilsystem von $\mathfrak{G}$. Es sei $\mathfrak{V}$ ein Teilsystem von $\mathfrak{G}$ mit den folgenden Eigenschaften:

$$(1_{\mathrm{v}})\quad \mathfrak{V}<\mathfrak{G}. \qquad (2_{\mathrm{v}})\quad G\in\mathfrak{G} \rhd G=\textstyle\sum^{\cdot}\{V: G>V\in\mathfrak{V}\}.$$

Wegen (1_{v}) ist jede beliebige Vereinigungsmenge von Mengen V offen, so daß tatsächlich durch Vorgabe eines Systems $\mathfrak{V}$ mit den Eigenschaften (1_{v}) und (2_{v}) das System aller offenen Mengen von E als System der Vereinigungsmengen von Mengen aus $\mathfrak{V}$ erfaßt ist. Ein System $\mathfrak{V}$ mit (1_{v}) und (2_{v}) heißt daher eine *Basis* von E.

Die Bedingung (2_{v}) ist gleichwertig mit der folgenden:

$$(2'_{\mathrm{v}})\qquad a\in G\in\mathfrak{G}\;\exists\, V_a : V_a\in\mathfrak{V} \text{ und } a\in V_a<G.$$

[Beweis von $(2_{\mathrm{v}}) \bowtie (2'_{\mathrm{v}})$ als Aufgabe.]

Beispiele. 1. In einem metrischen Raum E bilden die sphärischen Umgebungen U_x^ϱ, $x \in E$, ϱ positiv und rational, eine Basis von E. — 2. Im E^n stellen die rationalen offenen Intervalle eine Basis dar (**4.2.5.**).

Ebenso wie wir jedes G mit $x \in G \in \mathfrak{G}$ als Umgebung G_x von x in E bezeichnet haben, so nennen wir jedes V mit $x \in V \in \mathfrak{V}$ eine $\mathfrak{V}$-Umgebung V_x von x in E. Ist $\mathfrak{V}$ eine Basis, so gibt es zu jedem x ein V_x, und für das Operieren mit $\mathfrak{V}$-Umgebungen gilt:

$$x \in A^\beta \text{ (bzw. } A^\alpha) \bowtie (V_x A \text{ unendlich (bzw. nicht leer) für jedes } V_x).$$

(Beweis als Aufgabe.) Mit den $\mathfrak{V}$-Umgebungen kann man also genau so arbeiten wie mit dem „absoluten Umgebungssystem" $\mathfrak{G}$ aller offenen Mengen, wozu noch der Vorteil kommt, daß es sich bei $\mathfrak{V}$ nur um eine unter Umständen kleine Auswahl aus $\mathfrak{G}$ handelt.

4.6.2. Hier erhebt sich die Frage, welche Eigenschaften ein System $\mathfrak{V}$ von Teilmengen V einer Menge M haben muß, damit diese Menge als top. Raum mit der Basis $\mathfrak{V}$ angesehen werden kann. Antwort ist:

Das System $\mathfrak{V}$ von Teilmengen V der Menge M hat Basischarakter, d.h. macht M zu einem top. Raum mit der Basis $\mathfrak{V}$ dann und nur dann, wenn die folgenden drei Eigenschaften erfüllt sind:

$$(1_b) \qquad a \in M \ \exists\ V : a \in V \in \mathfrak{V}$$

(wir schreiben für dieses V ausführlicher V_a = $\mathfrak{V}$-Umgebung von a in M).

$$(2_b) \qquad \textit{Zu } V_a^{(1)}, V_a^{(2)} \textit{ existiert ein } V_a^{(3)} \textit{ mit } V_a^{(3)} \subset V_a^{(1)} V_a^{(2)}.$$

$$(3_b) \qquad a \neq b \ \exists\ V_a : b \notin V_a.$$

Beweis. 1. Das System $\mathfrak{V}$ erfülle die drei angegebenen Eigenschaften. Dann definieren wir: Die Teilmenge A von M heißt „$\mathfrak{V}$-offen", wenn es zu jedem Punkt $a \in A$ ein V aus $\mathfrak{V}$ mit $a \in V \subset A$ gibt. Es gilt:

(1) M und 0 sind V-offen, wegen (1_b). — (2) Der Durchschnitt von zwei (und damit von endlich vielen) $\mathfrak{V}$-offenen Mengen ist wieder $\mathfrak{V}$-offen, wegen (2_b). — (3) Die Vereinigung von beliebig vielen $\mathfrak{V}$-offenen Mengen ist $\mathfrak{V}$-offen (das ist eine unmittelbare Folge der Definition von „$\mathfrak{V}$-offen"). — (4) Für jedes $x \in M$ ist $M - \{x\}$ $\mathfrak{V}$-offen wegen (3_b). Somit machen die $\mathfrak{V}$-offenen Mengen M zu einem top. Raum. Schließlich ist trivialerweise jedes V $\mathfrak{V}$-offen, und für jede $\mathfrak{V}$-offene Menge G die Bedingung $(2_v')$ erfüllt. Das System $\mathfrak{V}$ ist also eine Basis von M.

2. Der Nachweis, daß die drei Bedingungen auch notwendig, d.h. Folge von (1_v), $(2_v')$, (1_t) bis (4_t) sind, sei als Aufgabe gestellt.

Bemerkung. Wegen (2_b) ist $\{V : a \in V \in \mathfrak{V}\}$ ein Raster; er heißt der *zum Punkt a gehörige Umgebungsraster $\mathfrak{V}_a$.*

4.6.3. Zwei top. Räume X und Y heißen *topologisch äquivalent* oder *homöomorph*, wenn es eine eineindeutige Abbildung $f|X$ von X auf Y gibt, welche das System der offenen Mengen des einen Raumes in das des anderen transformiert: G offen in $X \rhd\!\!\lhd f(G)$ offen in Y. Sei $\mathfrak{V}$ eine Basis in X, $\mathfrak{W}$ eine in Y, dann muß, wenn X und Y homöomorph sind (vermöge der Abbildung $y = f(x)$ mit der Umkehrung $x = g(y)$), gelten:

(I) $\qquad y \in W \in \mathfrak{W} \, \exists \, V: V \in \mathfrak{V}$ und $y \in f(V) \subset W$;

(II) $\qquad x \in V \in \mathfrak{V} \, \exists \, W: W \in \mathfrak{W}$ und $x \in g(W) \subset V$.

Beweis. Zu (I). $y \in W \rhd g(y) \in g(W)$, und weil $g(W)$ in X offen und $\mathfrak{V}$ eine Basis sein soll, so gibt es gemäß $(2'_v)$ ein V mit $g(y) \in V \subset g(W)$ oder $y \in f(V) \subset W$. — *Zu* (II) analog. — Die Bedingungen (I) und (II) für zwei fest gewählte Basen $\mathfrak{V}$ und $\mathfrak{W}$ von X bzw. Y sind aber auch neben der Eineindeutigkeit von f hinreichend für die Homöomorphie von X und Y; denn z.B. ist (I) für sich bereits hinreichend dafür, daß die Urbildermenge jeder offenen Menge H in Y vermöge $f|X$ in X offen ist. Nach (2_v) ist nämlich $H = \sum\!\!\!{\cdot}\,\{W : W \subset H\}$, und daher gilt mit Benutzung von (I) für einen Punkt x der Urbildermenge H' von H:

$$f(x) \in H \rhd \exists \, W : f(x) \in W \rhd \exists \, V : f(x) \in f(V) \subset W \subset H,$$

so daß $x \in V \subset H'$.

4.6.4. Diese letzte Überlegung gilt auch (Beweis als Aufgabe) für ein f mit nicht eindeutiger Umkehrung, soferne wir die Bedingung (I) ein klein wenig abändern:

(I*) $\qquad f(x) \in W \in \mathfrak{W} \, \exists \, V : x \in V \in \mathfrak{V}$ und $f(V) \subset W$.

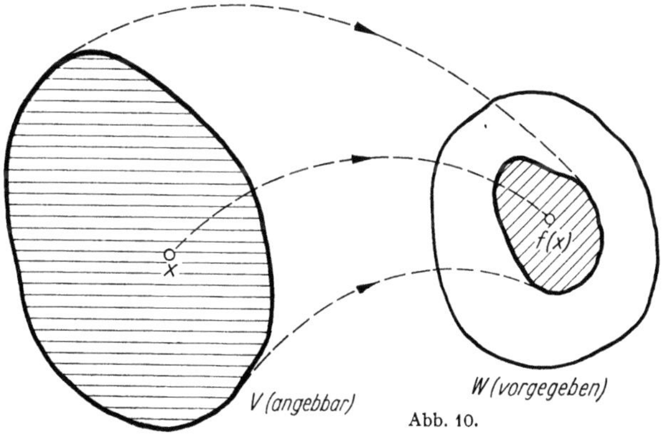

Abb. 10.

Die in (I*) zum Ausdruck kommende Eigenschaft ist von fundamentaler Bedeutung. Wir definieren: Die eindeutige Abbildung $f|X$ des top. Raumes X mit der Basis $\mathfrak{V}$ in den top. Raum Y mit der Basis $\mathfrak{W}$ ist *stetig im Punkte x* von X, wenn (I*) gilt; in Worten: *Zu jeder vorgegebenen Umgebung W des Bildpunktes $f(x)$ gibt es eine Umgebung V des Urbildes x, welche durch f in W hinein abgebildet wird* (Abb. 10). Gilt (I*) für alle $x \in X$, so heißt $f|X$ eine *stetige Abbildung* von X.

Die enge Verwandtschaft des Begriffes der Stetigkeit und der allgemeinen Konvergenz (**2.10.2.**) ist offensichtlich: im Falle der Stetigkeit in x liegt Konvergenz vor: $\{f(V): V \in \mathfrak{B}_x\}$ ist $\mathfrak{W}_{f(x)}$-konvergent.

4.6.5. *Beispiele.* 1. Der in **4.1.2.** definierte metrische Raum $\hat{E}^1$ ist (Beweis!) mit folgendem Raum topologisch gleichwertig: Im System der eigentlichen und uneigentlichen Zahlen definiere man als zur Basis gehörig: (a) alle Intervalle $\{r_1 < \hat{x} < r_2\}$; (b) alle Mengen $\{r_1 < \hat{x}\} \dot{+} \{+\infty\}$ und $\{\hat{x} < r_2\} \dot{+} \{-\infty\}$, wo r_1 und r_2 immer rationale Zahlen bezeichnen. — 2. (α) Ist für $i = 1, \ldots, n$ das System $((V^{(i)}))$ eine Basis des top. Raumes $E^{(i)}$, dann ist (Beweis!) das System aller Produktmengen $((V^{(1)}, \ldots, V^{(n)}))$ eine Basis in der Produktmenge $((E^{(1)}, \ldots, E^{(n)}))$, die damit zum sog. *Produktraum* der Räume $E^{(i)}$ wird. — (β) Die vorausgehende Produktraumbildung ist auch anwendbar, wenn es sich um unendlich viele Faktoren handelt. — (γ) Im Falle einer Produktmenge $P := ((E^{(j)} : j \in J))$ mit unendlich vielen Faktoren gibt es noch eine zweite, nicht minder wichtige Möglichkeit der Produktraumbildung. Bezeichnet $\{V_k^{(j)} : k \in K_j\}$ eine Basis von $E^{(j)}$, so erkläre man jede Teilmenge von P von der Form $((W^{(j)} : j \in J))$, worin nur für endlich viele j der Faktor $W^{(j)}$ einem $V_k^{(j)}$ gleich ist, für alle übrigen j aber $W^{(j)} = E^{(j)}$ ist, als Basiselement. Auch hier sind die Basisaxiome (1_b) bis (3_b) erfüllt (Beweis!). — 3. Wir topologisieren die Menge der reellen eigentlichen Zahlen in folgender Weise zu einem Raum S: Basis sind die Intervalle $\{a \leq \hat{x} < a + r\}$, wo a beliebig eigentlich reell und r positiv rational. Wie leicht zu bestätigen, sind die Basisaxiome alle erfüllt. Wir zeigen, weil wir später davon Gebrauch machen werden: Jede offene Menge G in S ist Summe von abzählbar vielen fremden Intervallen der Form $\{\alpha < \hat{x} < \beta\}$ oder $\{a \leq \hat{x} < a + \beta\}$, worin $-\infty < a < +\infty$, $-\infty \leq \alpha < \beta$ und $-\infty < \beta \leq +\infty$. In der Tat, setzen wir für $x_0 \in G$

$$\beta^* := \sup\{\beta : \{x_0 \leq \hat{x} < \beta\} \subset G\} \quad \text{und} \quad \alpha^* := \inf\{\alpha : \{\alpha \leq \hat{x} \leq x_0\} \subset G\},$$

dann ist $x_0 < \beta^* \notin G$ und $\{x_0 \leq \hat{x} < \beta^*\} \subset G$, $\alpha^* \leq x_0$ und $\{\alpha^* < \hat{x} \leq x_0\} \subset G$, wobei, falls $\alpha^* < x_0$, entweder $\alpha^* \in G$ oder $\alpha^* \notin G$ gelten kann; im ersten Fall gibt es in beliebiger Nähe (im gewöhnlichen Sinne) und unterhalb α^* Zahlen, die nicht zu G gehören. Wir gelangen damit zu einem maximalen Intervall $\{\alpha^* \underset{(=)}{<} \hat{x} < \beta^*\}$, welches x enthält und Teil von G ist. Diese Intervalle sind entweder paarweise fremd oder identisch und ihre Anzahl ist abzählbar (vgl. **4.2.5.**).

4.6.6. Die Dimension n des E^n ist keine Invariante bei eindeutigen stetigen Abbildungen: Es gibt eindeutige stetige Abbildungen der Strecke $\{0 \leq \hat{x} \leq 1\}$ auf das Quadrat $Q := \{(x, y) : 0 \leq x \leq 1,\ 0 \leq y \leq 1\}$. In der Tat, um eine solche Abbildung zu erhalten, teile man die Strecke in vier gleiche aufeinanderfolgende Teilstrecken 1, 2, 3, 4; hierauf jede dieser wieder auf dieselbe Weise, etwa i in $i1$, $i2$, $i3$, $i4$, usw.; entsprechend teilt man Q in vier kongruente Teilquadrate 1, 2, 3, 4, usw., wobei hinsichtlich der Reihenfolge der Teilquadrate in Q folgende Regelung getroffen werde: Die Ausgangsreihenfolge $\begin{smallmatrix}4 & 3\\ 1 & 2\end{smallmatrix}$ werde durch den Linienzug 11, 12, 13, 14 der Abb. 11a ($i=1$) veranschaulicht. Bei Übergang zur Unterteilung ist der Linienzug ----- durch zu ersetzen, wobei folgende drei und die dazu gehörigen kongruenten und spiegelbildlichen Fälle auftreten können, und im übrigen der neue Linienzug in der Mitte der unteren Kante des Teilquadrates 11 ... 1 einzusetzen hat (Abb. 11):

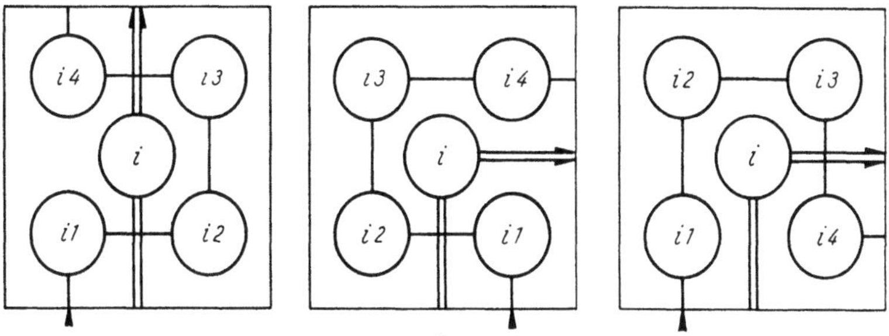

Abb. 11.

Die Zuordnung des Teilintervalls $i_1 \ldots i_k$ zum Teilquadrat $i_1 \ldots i_k$ bewirkt eine punktweise Abbildung der Strecke auf das Quadrat Q, wenn man die Zuordnung auf Intervallschachtelungen überträgt. Diese Abbildung ist eindeutig und stetig (Beweis!). Abb. 12 zeigt die genannten Linien, welche als Approximationen dieser Abbildung angesehen werden können, bis zur vierten Ordnung.

Bemerkung. Die oben angegebene Abbildung der Strecke auf das Quadrat kann dazu verwendet werden, um eine eindeutige stetige Abbildung des q-dimensionalen Würfels auf den $(q+k)$-dimensionalen Würfel zu konstruieren (Aufgabe!).

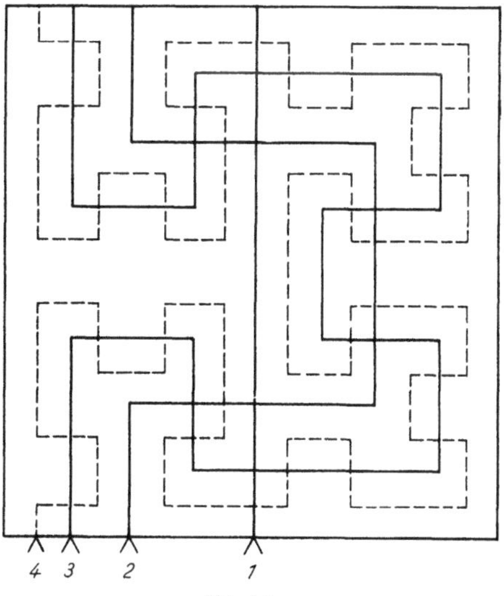

Abb. 12.

4.6.7. Ein top. Raum heißt *rational*, wenn er eine abzählbare Basis besitzt. Jeder Teilraum T eines rationalen Raumes E ist rational; denn wenn $\mathfrak{V}$ eine abzählbare Basis von E, so ist $\{VT : V \in \mathfrak{V}\}$ eine solche von T. Ein top. Raum heißt *separabel*, wenn es in ihm eine überall dichte abzählbare Teilmenge gibt. Ein Teilraum T eines separablen Raumes muß nicht separabel sein. Beispiel: Die Punkte (x, y) einer Zahlenebene E^2 topologisieren wir durch „Abschwächung" (**4.3.10.1.**) der gewöhnlichen (metrischen) Topologie (**4.1.2.1.**): Für die reelle Zahl z sei $A_z := \{(x, y) : x \text{ beliebig } \& \, y \neq 0\} + \{(z, 0)\}$. Eine Teilmenge T von E^2 heiße $\mathfrak{A}$-*offen*, wenn für jedes z der Durchschnitt TA_z in A_z offen ist, A_z als Teilraum des mit der gewöhnlichen Metrik versehenen E^2 betrachtet. Die Gerade $y = 0$ als Teilraum bezogen auf die $\mathfrak{A}$-Topologie besteht offensichtlich nur aus isolierten Punkten, ist also nicht separabel. Andererseits ist aber jeder Punkt $\mathfrak{A}$-Häufungspunkt der abzählbaren Menge aller Punkte mit rationalen Koordinaten, so daß der Gesamtraum separabel ist.

Zwischen Rationalität und Separabilität eines top. Raumes bestehen aber auch enge Zusammenhänge:

Jeder rationale Raum ist separabel.

Beweis. Sei $\mathfrak{V}$ eine abzählbare Basis des top. Raumes E. In jedem V aus $\mathfrak{V}$ wählen wir einen Punkt a_V. $A := \{a_V : V \in \mathfrak{V}\}$ ist abzählbar und überall dicht; denn $x \in E \triangleright (x \in V \triangleright a_V \in V \triangleright AV \neq 0) \triangleright x \in A^\alpha$.

4.6.7.1. Als eine Umkehrung des vorausgehenden Satzes haben wir:

Jeder metrische separable Raum ist rational.

Beweis. Sei A im metrischen Raum E überall dicht und abzählbar. Die abzählbar vielen Mengen U_a^ϱ, $a \in A$ und ϱ rational und positiv, bilden eine Basis von E. Ist nämlich $x \in G$, G offen, so gibt es ein U_x^ϱ mit rationalem ϱ und $U_x^\varrho \subset G$. Weil A überall dicht ist, so gibt es ein a aus A mit $a \in U_x^{\varrho/3}$. Dann ist $x \in U_a^{2\varrho/3} \subset G$, woraus nach **4.6.1.** ($2_v'$) die Behauptung folgt.

Bemerkung. Für nicht metrische Räume braucht die Behauptung des Satzes nicht zu gelten. Beispiel: Man mache das System der eigentlichen reellen Zahlen x zu einem top. Raum S, indem man alle Mengen der Form $[x_1, x_2) := \{x_1 \leq \hat{y} < x_2\}$, $x_1 < x_2$, zu Basiselementen erklärt. In S ist die Menge der rationalen Zahlen überall dicht. Aber in S gibt es keine abzählbare Basis. Denn ist $\mathfrak{W}$ eine beliebige Basis, so muß es zu x ein W aus $\mathfrak{W}$ geben mit $x \in W \subset [x, x+1)$, ferner aber ein $[x, x')$ mit $x < x'$ und $[x, x') \subset W$. Eine Menge W kann aber nur bezüglich eines einzigen Punktes x diese Eigenschaften haben; daher muß $\mathfrak{W}$ mindestens ebenso viele verschiedene W enthalten als es verschiedene Punkte x gibt, also nicht abzählbar viele. Mittels des obigen Satzes folgt daraus indirekt, daß S keinem metrischen Raum topologisch äquivalent sein kann.

4.6.7.2. *In einem rationalen Raum ist die Vereinigung eines beliebigen Systems offener Mengen darstellbar als Vereinigung eines abzählbaren Teilsystems.*

Beweis. Es sei $\mathfrak{B}$ eine abzählbare Basis des top. Raumes E, und $H := \sum^{\cdot}\{G : G \in \mathfrak{s}\}$, jedes G aus $\mathfrak{s}$ offen. Wir setzen $\mathfrak{B}' := \{V : V \in \mathfrak{B}$ und $\exists G : V \subset G \in \mathfrak{s}\}$, so daß wir jedem V aus $\mathfrak{B}'$ ein $G(V)$ mit $V \subset G(V) \in \mathfrak{s}$ zuordnen können. Dann ist $H = \sum^{\cdot}\{G(V) : V \in \mathfrak{B}'\}$, was die Behauptung bestätigt, weil $\mathfrak{B}'$ abzählbar. (Beweis der letzten Gleichung als Aufgabe!)

4.6.7.3. Als Verallgemeinerung von **4.3.1.3.**2. erhalten wir:

In einem rationalen Raum besitzt jede nicht abzählbare Teilmenge einen Überhäufungspunkt.

Beweis. Es sei B eine nicht abzählbare Teilmenge des rationalen Raumes E und $\mathfrak{B}$ eine abzählbare Basis desselben. Angenommen, kein $x \in E$ ist Überhäufungspunkt von B. Dann gibt es zu $x \in E$ ein V_x mit $x \in V_x \in \mathfrak{B}$ und abzählbarem $B V_x$. Wegen $E = \sum^{\cdot}\{V_x : x \in E\} = \sum^{\cdot}\{V_{x_n} : n \in \mathbf{Z}\}$ ist $B = \sum^{\cdot}\{B V_{x_n} : n \in \mathbf{Z}\}$, woraus, im Widerspruch mit der Voraussetzung folgte, daß B abzählbar wäre. Annahme ist falsch, w.z.z.w.

4.6.7.4. *Die Menge A^c aller Überhäufungspunkte einer Teilmenge A eines rationalen Raumes hat folgende wichtige Eigenschaften:*

1. *G offen $\triangleright (A^c G = 0 \bowtie A G$ abzählbar$)$;*
2. *A^c ist perfekt.*

Beweis. 1. (a) Sei $A G$ abzählbar und G offen. Da G für jeden seiner Punkte Umgebung ist, so ist kein Punkt von G Überhäufungspunkt, also $A^c G = 0$. — 1. (b) Sei $A^c G = 0$. Dann haben wir: $x \in G \triangleright x$ nicht $\in A^c \triangleright \exists V_x : x \in V_x \in \mathfrak{B}$ und $V_x A$ abzählbar. Damit wird $G \subset \sum^{\cdot}\{V_x : x \in G\} = \sum^{\cdot}\{V_{x_n} : n \in \mathbf{Z}\}$, also $A G \subset \sum^{\cdot}\{A V_{x_n} : n \in \mathbf{Z}\}$, was abzählbar ist. — 2. A^c ist abgeschlossen. Denn $(b \in A^{c\alpha}$ und $b \in G$ und G offen$) \triangleright A^c G \neq 0 \triangleright A G$ nicht abzählbar, also ist $b \in A^c$. Angenommen, A^c wäre nicht gehäuft. Dann gibt es einen Punkt b von A^c mit b nicht $\in A^{c\beta}$, also eine Umgebung G von b mit $(G - \{b\}) A^c = 0$. Da auch $G - \{b\}$ offen, so ist wieder 1. anwendbar: $(G - \{b\}) A$, also auch GA ist abzählbar, so daß b nicht $\in A^c$, was ein Widerspruch ist. A^c ist also gehäuft und abgeschlossen, d.h. perfekt.

Bemerkung. Beim Beweis 1. (b) wird die Offenheit von G gar nicht benutzt. Es gilt also: $A^c B = 0 \triangleright A B$ abzählbar $\triangleright (A B)^c = 0$; speziell: $A^c A = 0 \triangleright A$ abzählbar.

4.6.8. Die vorausgehenden Ergebnisse führen zu einer Kennzeichnung der abgeschlossenen Mengen in einem rationalen Raum (CANTOR-BENDIXON):

In einem rationalen Raum ist jede abgeschlossene Menge entweder abzählbar, oder sie ist Summe einer nicht leeren perfekten Menge und einer abzählbaren Menge.

Beweis. Es sei A abgeschlossen und nicht abzählbar. Wir können A darstellen in der Form $A = A^k + A^s$, wo A^k, der, wegen der Abgeschlossenheit von A selbst abgeschlossene, gehäufte Kern von A perfekt ist. Nach **4.6.7.3.** ist $A^c \neq 0$, nach **4.6.7.4.** ist A^c perfekt, also insbesondere gehäuft, so daß $A^k > A^c$, und damit $A^k \neq 0$. Da $A^{sc} < A^k$, so ist $A^{sc} A^s = 0$, also nach der Bemerkung in **4.6.7.4.** A^s abzählbar, womit alles bewiesen ist.

4.7. Kompaktheit.

4.7.1. Ein top. Raum E heißt *kompakt*, wenn in ihm jede unendliche Punktmenge mindestens einen Häufungspunkt besitzt. In leicht verschärfter Formulierung können wir sagen: Ein Raum ist dann und nur dann kompakt, wenn jede abzählbar unendliche Punktmenge mindestens einen Häufungspunkt besitzt. Jede abgeschlossene Teilmenge A eines kompakten Raumes ist (als Teilraum) ebenfalls kompakt (Beweis!). Eine Teilmenge A eines Raumes E heißt *kompakt in* E, wenn A^α als Teilraum kompakt ist. Es gilt:

Für die Kompaktheit des top. Raumes E ist notwendig und hinreichend, daß jede absteigende Folge $F_1 > F_2 > \cdots > F_n > \cdots$ von abgeschlossenen nicht leeren Mengen einen nicht leeren Durchschnitt hat. (Satz von Cantor.)

Beweis. 1. Es sei E kompakt. Sind in der Folge $((F_n))$ schließlich alle $F_n = F$, so ist auch ihr Durchschnitt gleich F und damit $\neq 0$. Wenn aber in $((F_n))$ unendlich viele verschiedene Mengen vorkommen, so können wir uns daraus ohne Änderung des Durchschnitts eine Teilfolge mit lauter verschiedenen Mengen verschaffen. Wir nehmen daher gleich an, daß $F_1 > F_2 > F_3 > \cdots$ schon diese Eigenschaft hat. Dann ist $F_n - F_{n+1} \neq 0$, enthält also einen Punkt a_n. Wir setzen $A_n := \{a_n, a_{n+1}, a_{n+2}, \ldots\}$ und haben $A_n < F_n$, ferner $0 \neq A_1^\beta = A_n^\beta < F_n^\beta < F_n$, so daß $0 \neq A_1^\beta < \prod_n{}^\cdot F_n$. — 2. Angenommen, E sei nicht kompakt, es gäbe also in E eine unendliche Punktmenge ohne Häufungspunkt. Dann kann man daraus eine Folge $a_1, a_2, \ldots$ von paarweise verschiedenen Punkten ausgreifen, welche ebenfalls keinen Häufungspunkt haben; jede der Mengen $A_k := \{a_k, a_{k+1}, \ldots\}$ ist nicht leer und abgeschlossen, $\prod_k{}^\cdot A_k = 0$, und $A_1 > A_2 > \cdots$. E hat also auch nicht die im Satz behauptete Eigenschaft.

4.7.2. Beispiele kompakter Räume.

1. Jede beschränkte Punktmenge in E^1 ist kompakt in E^1. Denn ist $a_1, a_2, \ldots$ eine Folge lauter verschiedener reeller Zahlen mit $\alpha_0 \leq a_n \leq \beta_0$ für alle n, so gewinnt man daraus in bekannter Weise durch fortgesetzte Intervallhalbierung eine Folge von ineinander geschachtelten Inter-

vallen $\{\alpha_n \leqq \hat{x} \leqq \beta_n\}$ mit $\beta_n - \alpha_n = (\beta_0 - \alpha_0)/2^n$, $n = 0, 1, 2, \ldots$, deren jedes unendlich viele a_n enthält. Der nach dem Intervallschachtelungsprinzip allen diesen Intervallen gemeinsame Punkt α ist sodann Häufungspunkt der Menge $\{a_1, a_2, \ldots\}$.

2. $\tilde{E}^1$ ist kompakt.

3. Jede beschränkte Punktmenge des E^n ist kompakt in E^n.

4. Dagegen braucht eine beschränkte Punktmenge A im HILBERTschen Raum H (d.h. $\|x\| \leqq s$ für alle x aus A) nicht kompakt in H zu sein. Beispiel: $x_n = (0, \ldots, 0, 1, 0, \ldots)$ (nur die n-te Koordinate ist 1), $n \in \mathbf{Z}$; die Folge $x_1, x_2, \ldots$ ist abgeschlossen und ohne Häufungspunkt in H (Beweis!).

4.7.3. Ist eine Menge A enthalten in der Vereinigung eines Systems $((G))$ von offenen Mengen, so heißt $((G))$ ein *offenes Überdeckungssystem* von A, und wir sagen, $((G))$ *überdecke* A.

Für die Kompaktheit einer Teilmenge A eines top. Raumes E ist notwendig und hinreichend, daß jedes abzählbare offene Überdeckungssystem $((G))$ ein endliches, A überdeckendes Teilsystem enthält.

(Beweis aus **4.7.1.** als Aufgabe; vgl. **4.7.5.**)

4.7.4. Einen metrischen kompakten Raum nennt man ein *Kompaktum* (vgl. **4.8.11.**).

4.7.4.1. *Jedes Kompaktum ist rational.*

Beweis. 1. Zu jedem $\varepsilon > 0$ gibt es ein endliches ε-Netz im Kompaktum K. Denn nach **4.1.6.** gibt es ein ε-Netz. Wäre es unendlich, so hätte es einen Häufungspunkt, was der ε-Netzeigenschaft widerspräche. Also ist es endlich. (Der Beweis von **4.1.6.** führt übrigens im Falle eines kompakten metrischen Raumes nicht in den Bereich der transfiniten Ordinalzahlen, wie man leicht nachprüft.) — 2. Sei nun N_m ein endliches $1/m$-Netz in K. Die höchstens abzählbare Teilmenge $N_1 \dotplus N_2 \dotplus \cdots$ ist überall dicht in K (Beweis!). Die Behauptung folgt jetzt aus **4.6.7.1.**

4.7.4.2. Aus **4.7.4.1.**, **4.6.7.2.** und **4.7.3.** ergibt sich:

Jedes beliebige offene Überdeckungssystem eines Kompaktums K enthält ein endliches, K überdeckendes Teilsystem. (HEINE-BOREL-LEBESGUEscher Überdeckungssatz.)

4.7.5. Ein Raum E heißt *im kleinen kompakt*, wenn es zu jedem Punkt x von E eine kompakte Umgebung G_x gibt.

Ist ein nicht leerer, im kleinen kompakter metrischer Raum K dargestellt als Vereinigung von abzählbar vielen abgeschlossenen Teilmengen, so enthält wenigstens eine von ihnen eine nicht leere offene Teilmenge von K.

Beweis. Sei $K = \sum^{\cdot}\{F_n : n \in \mathbf{Z}\}$, F_n abgeschlossen. Angenommen, kein F_n enthielte eine offene Menge. Da dann $F_1 \neq K$, so gibt es einen nicht zu F_1 gehörigen Punkt a und dazu eine Umgebung $G_1 = \{|x, a| < \varrho\}$, so daß $G_1^{\alpha} = \{|\hat{x}, a| \leqq \varrho\}$ zu F_1 fremd und kompakt ist. Nun betrachten wir $G_1 = \sum^{\cdot}\{G_1 F_n : n \geqq 2\}$. Wie eben finden wir ein nicht leeres offenes G_2 mit $G_2^{\alpha} F_2 = 0$, usw. Der Durchschnitt $G_1^{\alpha} G_2^{\alpha} \cdots \subset G_1^{\alpha}$ ist nach **4.7.1.** nicht leer, andererseits wäre er fremd zu allen F_n, womit der Widerspruch da und der Satz bewiesen ist.

4.7.6. Ein top. Raum K mit der Eigenschaft, daß jedes beliebige offene Überdeckungssystem von K durch ein endliches Teilsystem ersetzbar ist, heißt *bikompakt*. Jedes Kompaktum ist bikompakt. Für bikompakte Räume gilt der dem CANTORschen Satz entsprechende Satz:

Der top. Raum E ist dann und nur dann bikompakt, wenn jedes absteigende g-System $\{A_j : j \to J\}$ nicht leerer, abgeschlossener Mengen A_j einen nicht leeren Durchschnitt hat.

Beweis. 1. Es sei E bikompakt, und $((A_j))$ ein absteigendes g-System abgeschlossener nicht leerer Mengen, also $A_{j_1} \subset A_{j_2}$ für $j_1 \gg j_2$. Wir setzen $P := \prod^{\cdot}\{A_j : j \in J\}$ und $E - A_j =: H_j$. Dann ist $E - P = \sum^{\cdot}\{H_j : j \in J\} =: G$. Ist $G \neq E$, dann ist $P \neq 0$. Ist aber $G = E$, so ist das offene Überdeckungssystem $((H_j))$ von E ersetzbar durch ein endliches: $E = H_{j_1} \dotplus \cdots \dotplus H_{j_n}$ und $A_{j_1} \ldots A_{j_n} = 0$. Andererseits aber gibt es zu $j_1, \ldots, j_n$ ein j' mit $j' \gg j_\nu$, $\nu = 1, 2, \ldots, n$, weil J g-geordnet ist. Dann ist aber $A_{j_1} \ldots A_{j_n} \supset A_{j'} \neq 0$, was ein Widerspruch gegen vorhin ist. Der Fall $G = E$ scheidet also aus.

2. E habe die im Satze angegebene Eigenschaft hinsichtlich absteigender g-Systeme abgeschlossener Mengen. Sei nun $((H_k))$, $k \in K$, irgendeine Überdeckung (Darstellung) von E durch offene Mengen. j bezeichne eine endliche Teilmenge von K; J, das System aller j, ist dann gerichtet mit $\supset$ für $\gg$. Nun setzen wir $A_j := E - \sum^{\cdot}\{H_k : k \in j\}$; $\{A_j : j \in J\}$ ist ein absteigendes g-System abgeschlossener Mengen, und weil $E = \sum^{\cdot}\{H_k : k \in K\}$, so ist $\prod^{\cdot}\{A_j : j \in J\} = 0$, was nicht sein könnte, wenn alle $A_j \neq 0$ wären. Daher ist ein $A_{j_0} = 0$, so daß $E = \sum^{\cdot}\{H_k : k \in j_0\}$.

4.7.7. *Beispiel* eines kompakten, aber nicht bikompakten top. Raumes. Es sei ω_1 die erste nicht abzählbare Ordinalzahl. Die Menge $\Xi := \{0 < \hat{\xi} < \omega_1\}$ bildet einen top. Raum, wenn man die Mengen $\{\xi_1 < \hat{\eta} < \xi_2\}$ mit $0 \leqq \xi_1 < \xi_2 < \omega_1$ als Basis nimmt. Jede Folge $\eta_1, \eta_2, \eta_3, \ldots$ lauter verschiedener Zahlen aus Ξ enthält eine aufsteigende Teilfolge, nämlich $\eta_{k_1}, \eta_{k_2}, \eta_{k_3}, \ldots$, wo η_{k_1} die kleinste unter allen η_n, $\eta_{k_{n+1}}$ die kleinste unter den Zahlen η_t, $t > k_n$, bezeichnet. Wegen **2.7.6.** ist $\lim\limits_n \eta_{k_n} = \eta^* < \omega_1$, und η^* ist ein Häufungspunkt von $((\eta_n))$. Also ist Ξ kompakt. Andererseits ist $\{\{\xi \geqq \eta\} : \eta \in \Xi\}$ ein absteigendes g-System (mit $\geqq$ für $\gg$) von nicht leeren abgeschlossenen Mengen mit leerem Durchschnitt, also Ξ nicht bikompakt.

4.7.8. *Jeder bikompakte Raum ist kompakt.*

Beweis. Angenommen, die Folge $((a_n))$ von unendlich vielen verschiedenen Punkten $a_1, a_2, \ldots$ hat keinen Häufungspunkt. Dann gibt es zu jedem Punkt x eine Umgebung G_x, in der nur endlich viele verschiedene Punkte der Folge liegen. Bereits endlich viele der G_x überdecken den ganzen Raum, so daß $((a_n))$ selbst nur aus endlich vielen verschiedenen Punkten bestünde (Widerspruch!). Es gibt also tatsächlich einen Häufungspunkt.

4.7.9. Durch Einführung uneigentlicher Punkte kann jeder nicht kompakte Raum zu einem kompakten Raum erweitert werden. Dies kann auf verschiedene Weise geschehen, wie die Erweiterungen der endlichen Ebene zur projektiven Ebene bzw. zur Zahlenkugel lehren. Wir gehen hierauf nicht weiter ein.

4.8. Mengenkonvergenz in topologischen Räumen.

4.8.0. Ist M vermöge $\mathfrak{N}$ gerastert und $f|M$ eine eindeutige Abbildung von M in einen top. Raum E, so ist das Mengensystem $\{f(U) : U \in \mathfrak{N}\}$ gerichtet, weil $\mathfrak{N}$ gerichtet ist (**2.10.3.1.** Beispiel 2). Wir betrachten gleich in Verallgemeinerung dessen irgendein gerichtetes System $\{A_j : j \to J\}$ von Mengen eines top. Raumes E.

4.8.1. Ist G eine offene Menge in E, so bilden wir dazu die Teilmenge $J_G := \{j : j \in J \text{ und } GA_j \neq 0\}$ von J. Aus $G_1 \subset G_2$ folgt offenbar $J_{G_1} \subset J_{G_2}$. Wir definieren nun den *unteren* ($\underline{\mathrm{tl}}$) und *oberen* ($\overline{\mathrm{tl}}$) *topologischen Limes des g-Systems* $((A_j))$, wie folgt:

$x \in \underline{\mathrm{tl}}\,((A_j)) : \bowtie J_{G_x}$ stark konfinal für jedes G_x;

$x \in \overline{\mathrm{tl}}\,((A_j)) : \bowtie J_{G_x}$ konfinal für jedes G_x.

Beispiele. $J = \mathbf{Z}$, $E = E^1$.

1. $A_n = \{0, (-1)^n\}$; $\underline{\mathrm{tl}} = \{0\}$, $\overline{\mathrm{tl}} = \{-1, 0, 1\}$.
2. $A_n = \{n\}$; $\underline{\mathrm{tl}} = \overline{\mathrm{tl}} = 0$.

Wegen $GA_j \neq 0 \bowtie GA_j^\alpha \neq 0$ ändert sich J_G nicht, wenn man die A durch A_j^α ersetzt. Daher haben wir:

$$\underline{\mathrm{tl}}\,((A_j)) = \underline{\mathrm{tl}}\,((A_j^\alpha)) \subset \overline{\mathrm{tl}}\,((A_j^\alpha)) = \overline{\mathrm{tl}}\,((A_j)).$$

4.8.2. *Aus $Q \subset A_j \subset P$ für j aus J folgt*

$$Q^\alpha \subset \underline{\mathrm{tl}}\,((A_j)) \subset \overline{\mathrm{tl}}\,((A_j)) \subset P^\alpha.$$

Beweis. $x \in Q^\alpha \rhd G_x Q \neq 0$ für jedes $G_x \rhd G_x A_j \neq 0$ für jedes G_x und jedes $j \rhd J_{G_x}$ stark konfinal $\rhd x \in \underline{\mathrm{tl}}((A_j))$. Ähnlich verfährt man für P^α.

Insbesondere gilt: *Ist* $A_j = P$ *für alle* j, *so ist* $\underline{\mathrm{tl}}((A_j)) = \overline{\mathrm{tl}}((A_j)) = P^\alpha$.

4.8.3. $\underline{\mathrm{tl}}$ *und* $\overline{\mathrm{tl}}$ *sind abgeschlossene Mengen.*

Beweis. (Für $\overline{\mathrm{tl}}$). Sei $\overline{\mathrm{tl}}((A_j)) = P$. $x_0 \in P^\beta \bowtie (G_{x_0} - \{x_0\}) P \neq 0 \rhd x_1 \in G_{x_0} - \{x_0\} \rhd G_{x_0} - \{x_0\} = : G_{x_1}$, also $J_{G x_1}$ konfinal $\rhd J_{G x_0}$ konfinal $\rhd x_0 \in P$. (Analog der Beweis für $\underline{\mathrm{tl}}$.)

4.8.4. (a) $\overline{\mathrm{tl}}\{A_j : j \to J\} = \prod^{\cdot} \{(\sum^{\cdot} \{A_{j'} : j' \gg j\})^\alpha : j \in J\}$.

Beweis. Wir setzen $\sum^{\cdot}\{A_{j'} : j' \gg j\} = : B_j$. Dann ergibt sich: $x \in \overline{\mathrm{tl}}((A_j)) \bowtie J_{G_x}$ konfinal $\bowtie G_x B_j \neq 0$ für alle j und $G_x \bowtie x \in B_j^\alpha$ für alle $j \bowtie x \in \prod^{\cdot}\{B_j^\alpha : j \in J\}$.

Aus diesem Satze in Verbindung mit **4.7.1.** bzw. **4.7.6.** ergibt sich:

(b) *In einem kompakten bzw. bikompakten Raum hat jede Folge bzw. jedes g-System von nicht leeren Mengen einen nicht leeren* $\overline{\mathrm{tl}}$.

Ferner im selben Zusammenhang:

(c) *In einem kompakten (bzw. bikompakten) Raum enthält jede offene Menge, in der* $\overline{\mathrm{tl}}((A_j))$ *enthalten ist, ein stark konfinales Teilsystem der Folge (bzw. des g-Systems)* $((A_j))$. (Beweise als Übungsaufgabe!)

Daß in nicht kompakten Räumen Aussagen von der Art (b) und (c) nicht gelten, lehren einfachste Beispiele: Im E^1 sei $A_j = \{j\}, j \in \mathbf{Z}$; $\overline{\mathrm{tl}}((A_j))$ ist leer. Für $B_j = \{1, j\}$, $j \in \mathbf{Z}$, dagegen ist $\overline{\mathrm{tl}}((B_j)) = \{1\}$, (c) nicht erfüllt.

4.8.5. $((A_j))$ heißt *topologisch konvergent gegen* L, wenn

$$\underline{\mathrm{tl}}((A_j)) = \overline{\mathrm{tl}}((A_j)) = L\,.$$

Wir schreiben dann $L = \mathrm{tl}((A_j))$ und nennen L den *topologischen Limes* von $((A_j))$. Zu beachten ist, daß diese Vereinbarung auch dann gilt, wenn $L = 0$ ist, was in nicht kompakten Räumen diesen Konvergenzbegriff wenig geeignet macht.

Monotone g-Systeme sind immer konvergent. Genauer:

A. $((A_j))$ *sei absteigend, d.h.* $A_j \subset A_{j'}$ *für* $j \gg j'$. *Dann ist* $((A_j))$ *topologisch konvergent und* $\mathrm{tl}((A_j)) = \prod^{\cdot}\{A_j^\alpha : j \in J\}$.

B. $((A_j))$ *sei aufsteigend, d.h.* $A_j \subset A_{j'}$ *für* $j \gg j'$. *Dann ist* $((A_j))$ *topologisch konvergent und* $\mathrm{tl}((A_j)) = (\sum^{\cdot}\{A_j : j \in J\})^\alpha$.

Beweis. Zu A. Bei absteigendem $((A_j))$ ist nach **4.8.4.** $\overline{\mathrm{tl}}\,((A_j)) = \prod^{\cdot}\{A_j^\alpha : j \in J\} = : P$. Andererseits ist $A_j^\alpha \supset P$, also $\underline{\mathrm{tl}}((A_j)) = \underline{\mathrm{tl}}((A_j^\alpha)) \supset P$. Beide Ergebnisse zusammen führen auf die Behauptung. — *Zu* B. Bei aufsteigendem $((A_j))$ ist $\sum^{\cdot}\{A_j : j \gg j_1\} = \sum\{A_j : j \in J\} = : S$, nach **4.8.4.** dann $\overline{\mathrm{tl}}((A_j)) = S^\alpha$. Andererseits ist $S \subset \underline{\mathrm{tl}}((A_j))$, weil $x_0 \in S \rhd x_0 \in A_{j_0} \rhd$

$x_0 \in A_j$ für $j \gg j_0 \triangleright J_{G_{x_0}}$ stark konfinal $\triangleright x_0 \in \underline{\mathrm{tl}}((A_j))$, so daß wegen **4.8.3.** $S^\alpha \subset \underline{\mathrm{tl}}((A_j))$, was mit obigem Ergebnis wieder die Behauptung liefert.

4.8.6. Ist J_G' konfinal in bezug auf das konfinale Teilsystem $\{A_{j'}: j' \in J'\}$ von $\{A_j : j \in J\}$, so J_G bezüglich $((A_j))$ selbst. Ist andererseits J_G stark konfinal bezüglich $((A_j))$, so auch bezüglich des konfinalen Teilsystems $((A_{j'}))$. Hieraus folgt:

$$\underline{\mathrm{tl}}((A_j)) \subset \underline{\mathrm{tl}}((A_{j'})) \subset \overline{\mathrm{tl}}((A_{j'}) \subset \overline{\mathrm{tl}}((A_j))$$

für jedes konfinale Teilsystem $((A_{j'}))$ von $((A_j))$, und hieraus weiter:

Jedes konfinale Teilsystem eines topologisch konvergenten g-Systems ist topologisch konvergent zum selben Limes.

4.8.7. Über die Struktur der topologisch konvergenten g-Systeme in Räumen mit abzählbarer Basis gibt der folgende Satz Auskunft:

In einem rationalen Raum E enthält jedes topologisch konvergente g-System $\{A_j: j \to J\}$ von Mengen A_j eine gegen denselben Limes topologisch konvergente Teilfolge $((A_{j_n}))$ mit $j_1 \ll j_2 \ll \cdots$.

Beweis. 1. Es sei $\mathrm{tl}((A_j)) =: L$. Im rationalen Raum E ist dann (nach **4.8.3.**) $E - L = G_1 \dotplus G_2 \dotplus \cdots$, nämlich Vereinigung von jenen abzählbar vielen Basiselementen G_n, für welche J_{G_n} nicht konfinal ist. Es gibt ein j_n, so daß $\{\hat{j} \gg j_n\}$ fremd ist zu J_{G_n}, oder $A_j G_n = 0$ für $j \gg j_n$. Wir dürfen annehmen, daß bereits $j_1 \ll j_2 \ll j_3 \ll \cdots$; anderenfalls wählten wir an Stelle von j_2 ein j_2' mit $j_2' \gg j_1$ und $j_2' \gg j_2$, an Stelle von j_3 ein j_3', $\gg j_2'$ und j_3, usw., so daß die Folge $j_1 \ll j_2' \ll j_3' \ll \cdots$ hinsichtlich der G_n dasselbe Verhalten zeigte.

2. Nun seien $H_1, H_2, \ldots$ die zu L nicht fremden Basiselemente. Dann ist J_{H_1} stark konfinal in $\{\hat{h} \gg j_1\}$, d.h. es gibt ein h_1 mit $A_h H_1 \neq 0$ für $h \gg h_1$. Ähnlich wie in 1. findet man eine Folge $h_1 \ll h_2 \ll h_3 \ll \cdots$ mit $A_h H_n \neq 0$ für alle $h \gg h_n$ und $h_n \gg j_n$, $n \in \mathbf{Z}$. Für $h_m \gg h_n$ ist dann $A_{h_m} H_n \neq 0$ und $A_{h_m} G_n = 0$, so daß $\underline{\mathrm{tl}}((A_{h_n})) \supset L$ und $\overline{\mathrm{tl}}((A_{h_n})) \subset L$, also $((A_{h_n}))$ von der behaupteten Art ist.

4.8.8. Auf Grund des vorausgehenden Satzes genügt es, in einem rationalen Raume nur Mengenfolgen zu betrachten. Das Zusammenrücken des unteren und oberen topologischen Limes beim Übergang zu konfinalen Teilsystemen (**4.8.6.**) läßt sich nun bei top. Räumen mit abzählbarer Basis bis zur Konvergenz treiben. Es gilt:

In einem rationalen Raum E enthält jede Mengenfolge $((A_n))$ eine topologisch konvergente Teilfolge.

Beweis. 1. Es sei $V_0, V_1, V_2, \ldots$ eine Basis von E. Ausgehend von der Folge $((A_n))$ konstruieren wir Teilfolgen $(A_{mn} : n = 0, 1, 2, \ldots)$ für $m = 0, 1, 2, \ldots$ nach folgender Regel: a) $A_{0n} := A_n$. — b) Angenommen, es sei schon für $k = 0, 1, \ldots, m$ die Folge $((A_{kn}))$ konstruiert. Zur

Definition von $((A_{m+1,n}))$ unterscheiden wir die zwei Fälle: (I) A_{m0}, $A_{m1}, A_{m2}, \ldots$ enthält eine unendliche Teilfolge $((A_{mn'}))$ mit $A_{mn'}V_m = 0$ für alle n'; dann setzen wir $A_{m+1,0}, A_{m+1,1}, A_{m+1,2}, \ldots$ gleich dieser Teilfolge $((A_{mn'}))$. (II) (Im Gegensatz zu (I)). Es ist $A_{mn}V_m \neq 0$ für alle n mit endlich vielen Ausnahmen; dann setzen wir $A_{m+1,n} = A_{m,n}$ für alle n. — 2. Nun zeigen wir, daß die (Diagonal-)Folge $(A_{mm}: m = 0, 1, 2, \ldots)$ topologisch konvergiert, indem wir beweisen: x nicht $\in \underline{\mathrm{tl}}\,((A_{mm})) \rhd x$ nicht $\in \overline{\mathrm{tl}}\,((A_{mm}))$. Dies wird dann mit $\underline{\mathrm{tl}} \subset \overline{\mathrm{tl}}$ zusammen die Behauptung ergeben. In der Tat: $x \notin \underline{\mathrm{tl}}\,((A_{mm})) \rhd \exists G_x$ und Teilfolge $((A_{m'm'})) : G_x A_{m'm'} = 0$ für alle m'. Es gibt ein Basiselement V_p mit $x \in V_p \subset G_x$, so daß auch $V_p A_{m'm'} = 0$ für alle m'. Die $A_{m'm'}$ bilden von einer gewissen Stelle an eine Teilfolge von $A_{p0}, A_{p1}, A_{p2}, \ldots$, so daß sich sagen läßt: Für unendlich viele n ist $A_{pn}V_p = 0$, was gemäß Fall (I) heißt, daß $A_{p+1,n}V_p = 0$ für alle n. Da $((A_{mm}))$ von einer gewissen Stelle an Teilfolge von $A_{p+1,0}, A_{p+1,1}, A_{p+1,2}, \ldots$ ist, so gilt $A_{mm}V_p = 0$ für alle m mit endlich vielen Ausnahmen. Wegen $x \in V_p$ folgt daraus, daß x nicht zu $\overline{\mathrm{tl}}\,((A_{m,m}))$ gehört.

4.8.9. Um zu erwirken, daß der topologische Limes eines g-Systems von einpunktigen Mengen aus höchstens einem Punkte besteht, ist folgende „Trennungseigenschaft" des top. Raumes hinreichend:

(5_t) Zu je zwei verschiedenen Punkten x und y gibt es fremde G_x, G_y.

In der Tat, ist $b \neq c \in \underline{\mathrm{tl}}\,\{\{a_j\} : j \in J\}$, so ist J_{G_c} stark konfinal, woraus für $G_c G_b = 0$ folgt, daß J_{G_b} nicht konfinal, also b nicht $\in \overline{\mathrm{tl}}$. Dies beweist aber, daß $\mathrm{tl}\,\{\{a_j\} : j \in J\}$, falls es überhaupt existiert, höchstens aus einem einzigen Punkt bestehen kann.

Ein top. Raum E mit der Eigenschaft (5_t) heißt ein HAUSDORFF*scher Raum*. Jeder metrische Raum ist ein HAUSDORFFscher Raum (Beweis!). Wir wollen ein *g-System $\{a_j : j \to J\}$ von Punkten a_j* in einem HAUSDORFFschen Raum *konvergent* nennen, wenn der topologische Limes von $((\{a_j\}))$ aus einem Punkte besteht, welchen wir dann mit $\lim\,((a_j))$ bezeichnen. Wir rechnen also den Fall, daß dieser Limes leer ist, also noch topologische Konvergenz im Sinne eines Mengensystems besteht, *nicht* als Konvergenz des Punkte-g-Systems.

Mit dieser Vereinbarung gilt in einem HAUSDORFFschen Raum:

Das Punkte-g-System $\{a_j : j \to J\}$ ist dann und nur dann konvergent mit $b = \lim\,((a_j))$, wenn jede Umgebung von b ein stark konfinales Teilsystem von $((a_j))$ enthält.

Die Punktfolge $a_1, a_2, \ldots$ ist dann und nur dann gegen b konvergent, wenn in jeder Umgebung von b „*schließlich alle*" Punkte der Folge, d.h. alle mit jeweils endlich vielen Ausnahmen, enthalten sind.

Speziell in einem metrischen Raum ist $b = \lim\,\{a_n : n \in \mathbf{Z}\}$ gleichbedeutend mit $\lim_n |a_n, a| = 0$. (Beweise als Aufgabe!)

4.8.10. Ein top. Raum E heißt *punktweise rational*, wenn es zu jedem Punkt a von E eine Folge von Umgebungen (a enthaltende offene Mengen) $U_1(a)$, $U_2(a)$, $U_3(a)$, ... gibt mit der Eigenschaft, daß in jedem G_a mindestens ein $U_n(a)$ enthalten ist. Es gilt dann $\prod^{\cdot}\{U_n(a): n = 1, 2, \ldots\} = \{a\}$ (Beweis!). Jeder metrische Raum, z.B. mit $U_n(a) = U_a^{1/n}$, jeder rationale Raum ist punktweise rational. Man darf offenbar $((U_n(a)))$ absteigend wählen; wäre das noch nicht der Fall, so hätte $U'_n(a) := U_1(a)\, U_2(a) \ldots U_n(a)$ die gewünschte Eigenschaft. $((U_n(a)))$ heißt dann eine sich auf a zusammenziehende Umgebungsfolge.

In einem punktweise rationalen HAUSDORFF*schen Raum E ist jeder Häufungspunkt b einer Teilmenge A von E als Limes einer konvergenten Folge* $a_1, a_2, a_3, \ldots$ *von Punkten aus A darstellbar.*

Beweis. Es sei $b \in A^{\beta}$ und $((U_n(b)))$ sei eine auf b sich zusammenziehende Umgebungsfolge. Dann enthält jedes $U_n(b) - \{b\}$ einen Punkt von A, etwa a_n. Es gilt $\lim((a_n)) = b$ (Beweis!).

Beispiel eines nicht punktweise rationalen HAUSDORFFschen Raumes E.

Man definiere in der Menge E der reellen Zahlen als offen, jede Menge M mit der Eigenschaft, daß es zu jedem ihrer Punkte y ein y enthaltendes im gewöhnlichen Sinne offenes Intervall I_y und dazu eine abzählbare Teilmenge A_y von I_y gibt mit $I_y - A_y \subset M$. Dadurch wird E zu einem Raum der gewünschten Beschaffenheit (Beweis!).

4.8.11. *Ein metrischer Raum E ist dann und nur dann kompakt, wenn jede unendliche Teilmenge von E eine konvergente Punktfolge enthält.*

Beweis. Die Notwendigkeit folgt aus **4.7.1.** und **4.8.10.** — Wenn aber umgekehrt die Bedingung des Satzes erfüllt ist, so ist der Limes der in der unendlichen Teilmenge enthaltenen konvergenten Punktfolge Häufungspunkt dieser Teilmenge, also E kompakt.

4.8.12. *Der Begriff des Konvergenzraumes.*

4.8.12.1. Während ein top. Raum $(T; \mathfrak{G})$ dadurch entsteht, daß jedem Punkt x des Raumes in eindeutiger Weise der Raster aller Umgebungen von x, d.h. das System $\mathfrak{g}(x)$ aller x enthaltenden offenen Mengen zugeordnet wird, $\mathfrak{g}(x) := \{G : x \in G \in \mathfrak{G}\}$, entsteht ein Konvergenzraum durch den umgekehrten Vorgang, indem nämlich gewissen Rastern $\mathfrak{k}$ von Teilmengen der Menge T, den sog. „konvergenten" Rastern, in eindeutiger Weise eine Limesmenge $\operatorname{Lim} \mathfrak{k}$ zugeordnet wird. In Anlehnung an die Sätze der klassischen Konvergenztheorie für Zahlenfolgen, wonach die konstante Zahlenfolge $a, a, a, \ldots$ den Limes a hat, ferner jede Teilfolge einer konvergenten Zahlenfolge zum selben Limes konvergiert, stellt man folgende Forderungen (*Axiome des Konvergenzraumes*) auf:

(0_k) $\mathfrak{K}$ ist eine Menge von Rastern $\mathfrak{k}$ von Teilmengen von T und jedem $\mathfrak{k}$ aus $\mathfrak{K}$ ist in eindeutiger Weise eine nicht leere Teilmenge $\operatorname{Lim}\mathfrak{k}$ von T zugeordnet.

(1_k) Ist $a \in T$ und $\mathfrak{k} := \{\{a\}\}$, so gilt $\mathfrak{k} \in \mathfrak{K}$ und $\operatorname{Lim}\mathfrak{k} = \{a\}$.

(2_k) Sind $\mathfrak{k}_1$ und $\mathfrak{k}_2$ Raster in T mit $\mathfrak{k}_1 \in \mathfrak{K}$ und $\mathfrak{k}_2 \sqsubset \mathfrak{k}_1$ („$\mathfrak{k}_2$ feiner als $\mathfrak{k}_1$“, d.h. $A \in \mathfrak{k}_1 \exists B : \in \mathfrak{k}_2$ und $\subset A$), so ist $\mathfrak{k}_2 \in \mathfrak{K}$ und $\operatorname{Lim}\mathfrak{k}_2 \supset \operatorname{Lim}\mathfrak{k}_1$.

Sind diese Axiome erfüllt, so heißt die Menge T ein *Konvergenzraum*, welcher mit $(T; \operatorname{Lim}|\mathfrak{K})$, kürzer $(T; \mathfrak{K})$, bezeichnet wird.

Beispiel. Es sei T die Menge aller reeller Zahlen; für $x \in T$ bezeichne ferner $\tilde{\mathfrak{g}}(x)$ den Raster $\{\{y : x \leq y < x + \frac{1}{n}\} : n \in \mathbf{Z}\}$ oder $\{\{y : x - \frac{1}{n} < y \leq x\} : n \in \mathbf{Z}\}$, und $\mathfrak{K}$ das System aller Raster $\mathfrak{k}$ in T mit $\mathfrak{k} \sqsubset \tilde{\mathfrak{g}}(x)$ für ein $\tilde{\mathfrak{g}}(x)$ [und dann auch nur für ein $\tilde{\mathfrak{g}}(x)$], wobei dann $\operatorname{Lim}\mathfrak{k} = \{x\}$ gesetzt werde. Man zeigt leicht, daß damit T zu einem Konvergenzraum gemacht ist.

4.8.12.2. *Jedem top. Raum* $(T; \mathfrak{G})$ *mit* $\mathfrak{g}(x) := \{G : x \in G \in \mathfrak{G}\}$ *wird durch folgende Definitionen ein Konvergenzraum* $(T; \mathfrak{K}_{\mathfrak{G}})$ *zugeordnet:* $L(\mathfrak{k}) := \{x : \mathfrak{k} \sqsubset \mathfrak{g}(x)\}$ für jeden Raster $\mathfrak{k}$ in T, $\mathfrak{K}_{\mathfrak{G}} := \{\mathfrak{k} : L(\mathfrak{k}) \neq 0\}$, $\mathfrak{G}$-$\operatorname{Lim}\mathfrak{k} := L(\mathfrak{k})$ für $\mathfrak{k} \in \mathfrak{K}_{\mathfrak{G}}$. Die Raster aus $\mathfrak{K}_{\mathfrak{G}}$ heißen $\mathfrak{G}$-*konvergent.*

Beweis. 1. (0_k) ist klar. — 2. Ist $\mathfrak{k} := \{\{a\}\}$, so ist $L(\mathfrak{k}) = \{a\}$ wegen $T - \{a\} \in \mathfrak{g}(b)$ für $b \neq a$, so daß $\mathfrak{k} \in \mathfrak{K}_{\mathfrak{G}}$ und $\mathfrak{G}$-$\operatorname{Lim}\mathfrak{k} = \{a\}$. — 3. Wenn $\mathfrak{k}_1 \in \mathfrak{K}_{\mathfrak{G}}$, $\mathfrak{k}_2 \sqsubset \mathfrak{k}_1$ und $x \in L(\mathfrak{k}_1)$, so folgt $\mathfrak{k}_2 \sqsubset \mathfrak{k}_1 \sqsubset \mathfrak{g}(x)$, somit auch $x \in L(\mathfrak{k}_2)$. Also ist $0 \neq L(\mathfrak{k}_1) \subset L(\mathfrak{k}_2)$ und $\mathfrak{k}_2 \in \mathfrak{K}_{\mathfrak{G}}$. Damit sind auch (1_k) und (2_k) nachgewiesen.

Bemerkungen. 1. *Es ist* $\mathfrak{g}(x) \in \mathfrak{K}_{\mathfrak{G}}$ *mit* $\mathfrak{G}$-$\operatorname{Lim}\mathfrak{g}(x) = \{x\}$ *für* $x \in T$. Denn $\mathfrak{g}(x) \sqsubset \mathfrak{g}(x)$, also $x \in L(\mathfrak{g}(x))$. Da für $y \neq x$ aber $\mathfrak{g}(x)$ nicht $\sqsubset \mathfrak{g}(y)$, so ist y nicht $\in L(\mathfrak{g}(x))$.

2. $L(\mathfrak{k})$ *ist abgeschlossen.* Denn ist $x \in L(\mathfrak{k})^{\alpha}$ und $G \in \mathfrak{g}(x)$, so gibt es einen Punkt $y \in G L(\mathfrak{k})$, so daß auch $G \in \mathfrak{g}(y)$, wegen $\mathfrak{k} \sqsubset \mathfrak{g}(y)$ also $\mathfrak{k} \sqsubset \{G\}$ für $G \in \mathfrak{g}(x)$. Damit ist $\mathfrak{k} \sqsubset \mathfrak{g}(x)$, also $x \in L(\mathfrak{k})$, und somit $L(\mathfrak{k})$ abgeschlossen.

3. Jeder Raster $\mathfrak{k}$ kann angesehen werden als ein vermöge der Teilmengenrelation g-geordnetes absteigendes Mengensystem; nach **4.8.5.** existiert daher für einen Raster $\mathfrak{k}$ von Teilmengen eines top. Raumes T der *top. Limes* $\operatorname{tl}\mathfrak{k} = \prod^{\cdot}\{A^{\alpha} : A \in \mathfrak{k}\}$. Für einen $\mathfrak{G}$-konvergenten Raster $\mathfrak{k}$ ist $\mathfrak{G}$-$\operatorname{Lim}\mathfrak{k} \subset \operatorname{tl}\mathfrak{k}$; denn aus $\mathfrak{k} \sqsubset \mathfrak{g}(x)$ folgt: $G \in \mathfrak{g}(x) \exists A : \in \mathfrak{k}$ und $\subset G$, also $A' \subset G$ für $\mathfrak{k} \ni A' \subset A$, was nach **4.8.1.** auf $x \in \underline{\operatorname{tl}}\,\mathfrak{k} = \operatorname{tl}\mathfrak{k}$ führt. Das System aller Raster $\mathfrak{k}$ mit $\operatorname{tl}\mathfrak{k} \neq 0$ und der Zuordnung $\operatorname{Lim}\mathfrak{k} := \operatorname{tl}\mathfrak{k}$ ergibt im allgemeinen keinen Konvergenzraum, wie schon auf der Zahlgeraden mit der gewöhnlichen Topologie der Endenraster $\mathfrak{k}$ der Folge $\{1, \frac{1}{2}, 2, \frac{1}{3}, 3, \frac{1}{4}, \ldots\}$ lehrt; für ihn ist nämlich $\operatorname{tl}\mathfrak{k} = \{0\}$, während für den Endenraster $\mathfrak{k}'$ von $\{1, 2, 3, \ldots\}$ mit $\mathfrak{k}' \sqsubset \mathfrak{k}$ sich $\operatorname{tl}\mathfrak{k}' = 0$ einstellt, so daß $\mathfrak{k}'$ nicht mehr zum System gehört.

4.8.12.2.1. Im Beweis von **4.8.12.2.** wird von den Eigenschaften von $\mathfrak{G}$ lediglich das Axiom (4_t) (**4.2.2.**) benutzt. *Die Konstruktion* $(T;\mathfrak{G})\to(T;\mathfrak{K}_{\mathfrak{G}})$ *liefert also einen Konvergenzraum, sobald das System* $\mathfrak{G}$ *von Teilmengen von* T *das Axiom* (4_t) *erfüllt.*

Beispiel. Das System $\mathfrak{G}_0$ aller Teilmengen $T-\{x\}$ von T mit $x\in T$ macht T zum Konvergenzraum $(T;\mathfrak{K}_0)$, $\mathfrak{K}_0:=\mathfrak{K}_{\mathfrak{G}_0}$. Hier gilt: *Ein Raster* $\mathfrak{k}$ *ist dann und nur dann* $\mathfrak{G}_0$*-konvergent, wenn* $D_{\mathfrak{k}}:=\prod^{\boldsymbol{\cdot}}\{A:A\in\mathfrak{k}\}$ *höchstens einpunktig ist.* Dabei ist $\operatorname{Lim}\mathfrak{k}=T$ für $D_{\mathfrak{k}}=0$, und $\operatorname{Lim}\mathfrak{k}=\{y\}$ für $D_{\mathfrak{k}}=\{y\}$ (Beweis!).

4.8.12.2.2. Hinsichtlich des Übergangs von einem System $\mathfrak{G}$ zu einem umfassenderen System $\mathfrak{G}'$ gilt mit $\mathfrak{G}_0:=\{T-\{\hat{x}\}:\hat{x}\in T\}$:

Ist $\mathfrak{G}_0\subset\mathfrak{G}\subset\mathfrak{G}'$, *so ist* $\mathfrak{K}_{\mathfrak{G}'}\subset\mathfrak{K}_{\mathfrak{G}}$ *und* $\mathfrak{G}'$-$\operatorname{Lim}\mathfrak{k}'\subset\mathfrak{G}$-$\operatorname{Lim}\mathfrak{k}'$ *für* $\mathfrak{k}'\in\mathfrak{K}_{\mathfrak{G}}$.

In der Tat, wegen $\mathfrak{g}(x)\subset\mathfrak{g}'(x)$ folgt $\mathfrak{k}\sqsubset\mathfrak{g}'(x)\triangleright\mathfrak{k}\sqsubset\mathfrak{g}(x)$, also $x\in L'(\mathfrak{k})\triangleright x\in L(\mathfrak{k})$, also $\mathfrak{K}_{\mathfrak{G}'}\subset\mathfrak{K}_{\mathfrak{G}}$ und im übrigen die restliche Behauptung.

4.8.12.3. *In einem top. Raum* $(T;\mathfrak{G})$ *ist* $L(\mathfrak{k})$ *für jeden Raster* $\mathfrak{k}$ *dann und nur dann höchstens einpunktig, wenn* T *ein* HAUSDORFF*-Raum ist.*

Beweis. Ist $x\neq y$ und $\{x,y\}\subset L(\mathfrak{k})$, so ist notwendig $G_1G_2\neq 0$ für $G_1\in\mathfrak{g}(x)$ und $G_2\in\mathfrak{g}(y)$, also T kein HAUSDORFF-Raum. Liegt umgekehrt kein HAUSDORFF-Raum vor, so gibt es zwei verschiedene Punkte x, y, so daß $\mathfrak{k}:=\{GH:G\in\mathfrak{g}(x),\ H\in\mathfrak{g}(y)\}$ ein Raster ist mit $\mathfrak{k}\sqsubset\mathfrak{g}(x)$ und $\sqsubset\mathfrak{g}(y)$, woraus mit **4.8.12.2.** $L(\mathfrak{k})\supset L(\mathfrak{g}(x))\dotplus L(\mathfrak{g}(y))=\{x,y\}$ folgt.

Wegen obigen Satzes kann man in einem HAUSDORFF-Raum statt $\mathfrak{G}$-$\operatorname{Lim}\mathfrak{k}=\{x\}$ für $\mathfrak{k}\in\mathfrak{K}_{\mathfrak{G}}$ auch $\mathfrak{G}$-$\lim\mathfrak{k}=x$ schreiben und x den *Limespunkt* des konvergenten Rasters $\mathfrak{k}$ nennen. (2_k) hat in einem HAUSDORFF-Raum die Gestalt: $\mathfrak{k}_1\in\mathfrak{K}_{\mathfrak{G}}$, $\mathfrak{k}_2\sqsubset\mathfrak{k}_1\triangleright\mathfrak{k}_2\in\mathfrak{K}_{\mathfrak{G}}$ und $\mathfrak{G}$-$\lim\mathfrak{k}_2=\mathfrak{G}$-$\lim\mathfrak{k}_1$.

4.8.12.4. In Umkehrung zu **4.8.12.2.** gilt:

Zu jedem Konvergenzraum $(T;\mathfrak{K})$ *gehört ein top. Raum* $(T;\mathfrak{G}_{\mathfrak{K}})$ *vermöge folgender Definition:*

$G\subset T$ heißt $\mathfrak{K}$*-offen* $(G\in\mathfrak{G}_{\mathfrak{K}})$, wenn aus $\mathfrak{k}\in\mathfrak{K}$ und $G\cdot\operatorname{Lim}\mathfrak{k}\neq 0$ stets $\mathfrak{k}\sqsubset\{G\}$ folgt.

Beweis. Leicht ergibt sich, daß 0, T und die Vereinigung von beliebig vielen $\mathfrak{K}$-offenen Mengen wieder $\mathfrak{K}$-offen ist. Daß auch der Durchschnitt von zwei $\mathfrak{K}$-offenen Mengen G_1, G_2 $\mathfrak{K}$-offen ist, folgt so: Wenn $G_1G_2\cdot\operatorname{Lim}\mathfrak{k}\neq 0$, so ist $G_i\cdot\operatorname{Lim}\mathfrak{k}\neq 0$ für $i=1,2$, also $\mathfrak{k}\sqsubset\{G_i\}$ für $i=1,2$, somit $\mathfrak{k}\sqsubset\{G_1G_2\}$ wegen der Rastereigenschaft von $\mathfrak{k}$. Schließlich ist noch zu zeigen, daß $G:=T-\{b\}$ für $b\in T$ stets $\mathfrak{K}$-offen ist. Angenommen, es ist $\mathfrak{k}\in\mathfrak{K}$, $G\cdot\operatorname{Lim}\mathfrak{k}\neq 0$ und $\mathfrak{k}$ nicht $\sqsubset\{G\}$, so ist $\mathfrak{k}':=\{(T-G)A:A\in\mathfrak{k}\}$ ein Raster $\sqsubset\mathfrak{k}$, und zwar gleich $\{\{b\}\}$, also nach (1_k) $\operatorname{Lim}\mathfrak{k}'=\{b\}$, was (2_k) widerspricht.

4.8.12.4.1. Der Monotonieeigenschaft von **4.8.12.2.2.** steht die folgende gegenüber:

Ist die Menge T auf zwei Weisen Konvergenzraum, etwa als $(T;\mathfrak{K})$ und als $(T;\mathfrak{K}')$, wobei $\mathfrak{K}'\subset\mathfrak{K}$ und $\mathrm{Lim}'\,\mathfrak{k}'\subset\mathrm{Lim}\,\mathfrak{k}'$ *für $\mathfrak{k}'\in\mathfrak{K}'$, so gilt $\mathfrak{G}_{\mathfrak{K}'}\supset\mathfrak{G}_{\mathfrak{K}}$.*

Beweis. Ist $G\in\mathfrak{G}_{\mathfrak{K}}$, $\mathfrak{k}'\in\mathfrak{K}'$ und $G\cdot\mathrm{Lim}'\,\mathfrak{k}'\neq 0$, so folgt $\mathfrak{k}'\in\mathfrak{K}$, $G\cdot\mathrm{Lim}\,\mathfrak{k}'\neq 0$, also $\mathfrak{k}'\sqsubset\{G\}$, und damit $G\in\mathfrak{G}_{\mathfrak{K}'}$.

4.8.12.5. Die in **4.8.12.2.1.** und **4.8.12.4.** erklärten Operationen verhalten sich bei den Wiederholungen

$$(T;\mathfrak{G})\rightarrow(T;\mathfrak{K}_{\mathfrak{G}})\rightarrow(T;\mathfrak{G}_{(\mathfrak{K}_{\mathfrak{G}})})\quad\text{bzw.}\quad(T;\mathfrak{K})\rightarrow(T;\mathfrak{G}_{\mathfrak{K}})\rightarrow(T;\mathfrak{K}_{(\mathfrak{G}_{\mathfrak{K}})})$$

verschieden. Hierzu gilt:

4.8.12.5.1. *Erfüllt das Teilmengensystem $\mathfrak{G}$ von T die Axiome (4_t) und $(\mathfrak{Z}_t)$, so gilt $\mathfrak{G}_{(\mathfrak{K}_{\mathfrak{G}})}=\mathfrak{G}$.*

Beweis. Sei $G\in\mathfrak{G}$, $\mathfrak{k}\in\mathfrak{K}_{\mathfrak{G}}$ und $G\cdot\mathfrak{G}\text{-}\mathrm{Lim}\,\mathfrak{k}\neq 0$. Für $x\in G\cdot\mathfrak{G}\text{-}\mathrm{Lim}\,\mathfrak{k}$ ist dann $\mathfrak{k}\sqsubset\mathfrak{g}(x)$, also $\mathfrak{k}\sqsubset\{G\}$, und somit G $\mathfrak{K}_{\mathfrak{G}}$-offen, also $\mathfrak{G}_{(\mathfrak{K}_{\mathfrak{G}})}\supset\mathfrak{G}$. Sei andererseits $H\in\mathfrak{G}_{(\mathfrak{K}_{\mathfrak{G}})}$ und $x\in H$. Wegen $\mathfrak{g}(x)\in\mathfrak{K}_{\mathfrak{G}}$ und $H\cdot\mathfrak{G}\text{-}\mathrm{Lim}\,\mathfrak{g}(x)$ $=\{x\}\neq 0$ haben wir $\mathfrak{g}(x)\sqsubset\{H\}$, d.h. gibt es ein G mit $x\in G\in\mathfrak{G}$ und $G\subset H$. Dies besagt aber wegen $(\mathfrak{Z}_t)$, daß $H\in\mathfrak{G}$. Damit ist auch $\mathfrak{G}_{(\mathfrak{K}_{\mathfrak{G}})}\subset\mathfrak{G}$ gezeigt.

4.8.12.5.2. *Ist $(T;\mathfrak{K})$ Konvergenzraum, so gilt $\mathfrak{K}_{(\mathfrak{G}_{\mathfrak{K}})}\supset\mathfrak{K}$ mit $\mathfrak{G}\text{-}\mathrm{Lim}\,\mathfrak{k}\supset\mathrm{Lim}\,\mathfrak{k}$ für $\mathfrak{k}\in\mathfrak{K}$.*

Beweis. Sei $\mathfrak{k}\in\mathfrak{K}$ und $x\in\mathrm{Lim}\,\mathfrak{k}$. Wenn $x\in H\in\mathfrak{G}_{\mathfrak{K}}$, so ist $H\cdot\mathrm{Lim}\,\mathfrak{k}\neq 0$, also $\mathfrak{k}\sqsubset\{H\}$, woraus nach Definition von $(T;\mathfrak{K}_{(\mathfrak{G}_{\mathfrak{K}})})$ gemäß **4.8.12.2.** weiter $x\in L(\mathfrak{k})$, $\mathfrak{k}\in\mathfrak{K}_{(\mathfrak{G}_{\mathfrak{K}})}$ und $x\in\mathfrak{G}_{\mathfrak{K}}\text{-}\mathrm{Lim}\,\mathfrak{k}$ folgt. Damit hat man schon die beiden Behauptungen.

Beispiel für den Fall $\mathfrak{K}_{(\mathfrak{G}_{\mathfrak{K}})}\neq\mathfrak{K}$. Im Beispiel von **4.8.12.1.** sind, wie leicht einzusehen, die $\mathfrak{K}$-offenen Mengen mit den im gewöhnlichen Sinne offenen Mengen identisch. Damit ist die Konvergenz bezüglich $\mathfrak{G}_{\mathfrak{K}}$ die gewöhnliche. $\mathfrak{K}_{(\mathfrak{G}_{\mathfrak{K}})}$ enthält z.B. alle konvergenten Zahlenfolgen, ist also eine echte Obermenge von $\mathfrak{K}$.

4.8.12.6. Die wünschenswerten Gleichheiten $\mathfrak{K}^*:=\mathfrak{K}_{(\mathfrak{G}_{\mathfrak{K}})}=\mathfrak{K}$ und $\mathrm{Lim}^*|\mathfrak{K}^*:=\mathfrak{G}_{\mathfrak{K}}\text{-}\mathrm{Lim}|\mathfrak{K}^*=\mathrm{Lim}|\mathfrak{K}$ bedingen, wie das Beispiel in **4.8.12.5.2.** dartut, eine gewisse Vollständigkeit von $\mathfrak{K}$. Im Konvergenzraum $(T;\mathfrak{K}_{\mathfrak{G}})$ eines top. Raumes $(T;\mathfrak{G})$ haben wir z.B. $\mathfrak{g}(x)\in\mathfrak{K}_{\mathfrak{G}}$ und $\mathfrak{G}\text{-}\mathrm{Lim}\,\mathfrak{g}(x)=\{x\}$ für alle $x\in T$. Dies führt uns dazu, von $(T;\mathfrak{K})$ zu fordern:

$(\mathfrak{Z}_k)$ Zu jedem $x\in T$ gibt es einen „*Universalraster*" $\mathfrak{u}(x)$ aus $\mathfrak{K}$ mit $\mathrm{Lim}\,\mathfrak{u}(x)=\{x\}$ und $\mathfrak{g}_{\mathfrak{K}}(x):=\{H:x\in H\in\mathfrak{G}_{\mathfrak{K}}\}\sqsubset\mathfrak{u}(x)$.

Nun können wir behaupten:

Notwendig und hinreichend für das Bestehen von $\mathfrak{K}^* = \mathfrak{K}$ *und* $\mathrm{Lim}^* | \mathfrak{K}^* = \mathrm{Lim} | \mathfrak{K}$ *ist, daß* $(T; \mathfrak{K})$ *neben* (0_k), (1_k), (2_k) *noch* (3_k) *erfüllt.*

Beweis. 1. Wenn die fraglichen Gleichungen bestehen, so kann man sich $\mathfrak{K}$ als aus der Topologie $(T; \mathfrak{G}_{\mathfrak{K}})$ erzeugt denken. Für $x \in T$ sind dann $\mathfrak{g}_{\mathfrak{K}}(x)$ Universalraster; denn trivialerweise ist $\mathfrak{g}_{\mathfrak{K}}(x) \sqsubset \mathfrak{g}_{\mathfrak{K}}(x)$, und schließlich nach Bemerkung 1 von **4.8.12.2.** $\mathfrak{g}_{\mathfrak{K}}(x) \in \mathfrak{K}_{(\mathfrak{G}_{\mathfrak{K}})} = \mathfrak{K}$ und $\{x\} = \mathfrak{G}_{\mathfrak{K}}\text{-Lim}\, \mathfrak{g}_{\mathfrak{K}}(x) = \mathrm{Lim}\, \mathfrak{g}_{\mathfrak{K}}(x)$. Also gilt (3_k).

2. Seien jetzt umgekehrt in $\mathfrak{K}$ gemäß (3_k) „Universalraster" $\mathfrak{u}(x)$ vorhanden; ferner sei $\mathfrak{h} \in \mathfrak{K}^*$ und $x \in \mathrm{Lim}^*\, \mathfrak{h}$. Dann folgt $\mathfrak{h} \sqsubset \mathfrak{g}_{\mathfrak{K}}(x)$, wegen $\mathfrak{g}_{\mathfrak{K}}(x) \sqsubset \mathfrak{u}(x)$ also $\mathfrak{h} \sqsubset \mathfrak{u}(x)$, somit nach (2_k) $\mathfrak{h} \in \mathfrak{K}$ und $\mathrm{Lim}\, \mathfrak{h} \supset \mathrm{Lim}\, \mathfrak{u}(x) = \{x\}$. Damit haben wir $\mathfrak{K}^* \subset \mathfrak{K}$ und $\mathrm{Lim}\, \mathfrak{h} \supset \mathrm{Lim}^*\, \mathfrak{h}$; diese Inklusionen aber sind nach **4.8.12.5.2.** nur mit dem Gleichheitszeichen möglich, w. z. z. w.

4.8.12.6.1. Nun sind wir auch in der Lage, einen top. Raum als Konvergenzraum zu beschreiben:

Ein Konvergenzraum $(T; \mathfrak{K})$ *mit den Axiomen* (0_k), (1_k), (2_k) *ist dann und nur dann einem top. Raum äquivalent (d.h.* $\mathfrak{K}^* = \mathfrak{K}$ *und* $\mathrm{Lim}^* | \mathfrak{K}^* = \mathrm{Lim} | \mathfrak{K}$*), wenn* $(T; \mathfrak{K})$ *das Axiom* (3_k) *erfüllt.*

Beweis aus **4.8.12.6.**

Mit diesen Betrachtungen ist gezeigt, daß der Konvergenzbegriff gleichberechtigt neben dem Begriff des top. Raumes als Grundbegriff zum Aufbau der Topologie verwendet werden kann; jedoch entscheiden die viel anschaulicheren und auch in praxi wesentlich leichter nachprüfbaren bzw. realisierbaren Axiome des top. Raumes die Frage, ob der Konvergenz- oder der Umgebungsbegriff als Grundbegriff dienen soll, eindeutig für den Umgebungsbegriff.

4.9. Vollständige Räume.

4.9.1. Konvergiert in einem metrischen Raum E eine Punktfolge $((a_n))$ gegen b, so ist $\lim\limits_n |a_n, b| = 0$. Daraus folgt wegen $|a_n, a_m| \leq |a_n, a| + |a, a_m|$ die notwendige Konvergenzbedingung

$$\text{(C)} \qquad \lim \{|a_n, a_m| : \min\{n, m\} \to +\infty\} = 0$$

(CAUCHY*sches Konvergenzkriterium*).

Wir nennen allgemein eine Punktfolge $((a_n))$ mit der Eigenschaft (C) *konzentriert.* Jede konvergente Punktfolge ist konzentriert; umgekehrt braucht nicht in jedem metrischen Raum eine konzentrierte Punktfolge zu konvergieren. Beispiel: E sei der Teilraum $\{\hat{x} > 0\}$ der Zahlgeraden mit der üblichen Entfernungsdefinition; die Folge $1, \frac{1}{2}, \frac{1}{3}, \ldots$ ist konzentriert in E, aber nicht konvergent in E (0 gehört nicht zu E!). Wir definieren:

Ein metrischer Raum, in welchem jede konzentrierte Punktfolge konvergiert, heißt *vollständig*. In einem vollständigen Raum ist also das CAUCHYsche Konvergenzkriterium eine notwendige und hinreichende Bedingung für die Konvergenz einer Punktfolge.

4.9.1.1. *Jeder kompakte metrische Raum ist vollständig.*

Beweis. Sei $((a_n))$ konzentriert. Zwei (einander nicht ausschließende) Möglichkeiten gibt es: (a) Unendlich viele a_n sind gleich a; dann ist offenbar $\lim ((a_n)) = a$. (b) Die Folge $((a_n))$ enthält unendlich viele verschiedene Punkte. Weil E kompakt, so besitzt die Punktfolge einen Häufungspunkt a in E. Dann gibt es zu $\varepsilon > 0$ unendlich viele m mit $|a_m, a| < \varepsilon/2$, ferner ein N, so daß $|a_n, a_m| < \varepsilon/2$ für alle $n, m > N$; daraus folgt $|a_n, a| < \varepsilon$ für alle $n > N$, und somit $\lim ((a_n)) = a$.

4.9.1.2. *Der Raum E^1 ist vollständig*; allgemeiner: *Der* HILBERT*sche Raum H ist vollständig* (obwohl nicht im kleinen kompakt).

In der Tat: Im E^1 ist jede konzentrierte Folge beschränkt, also in einem kompakten Teil von E^1 enthalten, so daß die Behauptung bezüglich E^1 aus **4.9.1.1.** hervorgeht. Bezüglich H schließt man so: Ist $(x_n = (x_{1n}, x_{2n}, \ldots) : n \in \mathsf{Z})$ eine konzentrierte Folge in H, so ist wegen $|x_{kn} - x_{km}| \leq ||x_n - x_m||$ die Koordinatenfolge $x_{k1}, x_{k2}, \ldots$ eine konzentrierte Folge in E^1, also konvergent, etwa gegen y_k. Wir setzen $y := (y_1, y_2, \ldots)$. Bei vorgegebenem $\varepsilon > 0$ ist für n und $m > N(\varepsilon)$ dann

$$\sum_{k=1}^{p} (x_{kn} - x_{km})^2 \leq ||x_n - x_m||^2 < \varepsilon^2.$$

Für $n \to \infty$ folgt hieraus

$$\sum_{k=1}^{p} (y_k - x_{km})^2 \leq \varepsilon^2 ,$$

und für $p \to \infty$

$$\sum_{k=1}^{\infty} (y_k - x_{km})^2 \leq \varepsilon^2.$$

Die Konvergenz der letzten Reihe besagt, daß $y - x_m \in H$, also $y \in H$, und aus der letzten Ungleichung ergibt sich ferner $||y - x_m|| \leq \varepsilon$ für $m > N(\varepsilon)$, also $\lim ((x_m)) = y$.

Bemerkung. Auf der eben benutzten Eigenschaft, nach welcher jede beschränkte Punktmenge im E^1, allgemeiner im E^n, d.h. jede Punktmenge B mit $||x|| \leq p$ für $x \in B$, p eine feste endliche positive Zahl, in einem kompakten Teil, nämlich in $||x|| \leq p$ selbst enthalten ist, beruht der BOLZANO-WEIERSTRASS*sche Satz*:

Jede unendliche beschränkte Punktmenge im E^n besitzt mindestens einen Häufungspunkt.

Dieser Satz gilt nicht mehr im HILBERTschen Raum H, wie bereits die Punktfolge $e_1 = (1, 0, 0, 0, \ldots)$, $e_2 = (0, 1, 0, 0, \ldots)$, $e_3 = (0, 0, 1, 0, \ldots), \ldots$ mit $||e_n|| \leq 1$ zeigt. Dies ist nicht weiter verwunderlich, da in einem allgemeinen metrischen Raum die „großen" Entfernungen für seine Topologie belanglos sind. Metrisiert man z.B. einen metrischen Raum mit der Entfernung $r(x, y)$ um, durch Einführung einer neuen Entfernung $r'(x, y) := \operatorname{Min}\{r(x, y), p\}$, wo p eine feste positive Zahl bedeutet, so erhält man wieder einen metrischen Raum, der mit dem ursprünglichen homöomorph ist und in welchem alle Entfernungen $\leq p$ sind. (Beweis!)

4.9.1.3. *Der Raum $\mathfrak{F}$ aller reellen Funktionen $f|A$ auf einer beliebigen Menge A mit der Abstandsdefinition* (vgl. **4.1.5.3.**)

$$\varrho(f, g) := \sup\{\boldsymbol{\sigma}(f(a), g(a)) : a \in A\}$$

ist vollständig (kompakt nur, wenn A endlich).

In der Tat: Für die konzentrierte Folge $((f_n))$ gilt $\varrho(f_h, f_k) < \varepsilon$ für $h, k > n(\varepsilon)$ bei vorgegebenem $\varepsilon > 0$. Daraus folgt $\boldsymbol{\sigma}(f_h(a), f_k(a)) < \varepsilon$ für jedes $a \in A$, was besagt, daß $((f_n(a)))$ eine konzentrierte Folge in $\widetilde{E}^1$ ist mit dem Limes $f(a)$. Aus obiger Ungleichung folgt dann $\boldsymbol{\sigma}(f_h(a), f(a)) \leq \varepsilon$ für alle $a \in A$ und $h > n(\varepsilon)$, also $\varrho(f_h, f) \to 0$ für $h \to \infty$, w.z.z.w. Wenn A die abzählbar unendliche Teilmenge $\{a_1, a_2, \ldots\}$ enthält, so definiere man $f_n(a_n) = 1$ und sonst $f_n(a) = 0$, $n = 1, 2, \ldots$. Für $n \neq m$ ist dann $\varrho(f_n, f_m) = \frac{1}{\sqrt{2}}$; $\{f_1, f_2, \ldots\}$ hat keinen Häufungspunkt.

Bemerkung. Als metrischer Raum ist $\mathfrak{F}$ auch punktweise rational. Daher gilt für ihn auch **4.8.10.**, und mit Benutzung von **4.3.5.2.** folgt:

Bezeichnet $\mathfrak{T}^{(g)}$ die Menge aller gleichmäßigen Limiten von Folgen von Funktionen aus einer Teilmenge $\mathfrak{T}$ von $\mathfrak{F}$, so ist

$$\mathfrak{T} \subset \mathfrak{T}^{(g)} = (\mathfrak{T}^{(g)})^{(g)}.$$

Beweis als Aufgabe. Der Satz ist auf Abbildungen in metrische Räume ausdehnbar.

4.9.2. Um für alle vollständigen Räume eine dem BOLZANO-WEIERSTRASSschen Satz analoge Aussage zu erhalten, muß man den Begriff der Beschränktheit enger fassen. Wir definieren: Ist A eine Teilmenge eines metrischen Raumes E, so heiße $\sup\{r(a_1, a_2) : \{a_1, a_2\} \subset A\} =: \delta(A)$ der *Durchmesser* von A. Die Menge A heißt *total beschränkt*, wenn sie als Vereinigung von endlich vielen Mengen beliebig kleinen Durchmessers darstellbar ist: Zu jedem $\varepsilon > 0$ gibt es Mengen $A_1, \ldots, A_m$ mit $\delta(A_k) < \varepsilon$, $k = 1, 2, \ldots, m$, und $A = \sum_k{}^{\cdot} A_k$. Jede total beschränkte Menge A ist beschränkt d.h. von endlichem Durchmesser. [Man wähle aus A_k einen Punkt a_k aus; dann ist $\delta(A) < 2\varepsilon + \alpha$ mit $\alpha = \max\{r(a_{k_1}, a_{k_2}) : k_1, k_2 = 1, 2, \ldots, m\}$.] Jede einpunktige Menge, jede Teilmenge einer total beschränkten Menge und die Vereinigung von endlich vielen total beschränkten Mengen ist total beschränkt.

4.9.2.1. *Jede Folge von Punkten aus einer total beschränkten Menge E enthält eine konzentrierte Teilfolge.*

Beweis. Sei $\{a_n : n \geqq 1\}$ die fragliche Folge aus E. E ist Vereinigung von endlich vielen Mengen $M_1, \ldots, M_k$ mit Durchmessern < 1. Eine dieser Mengen, etwa M_1, enthält eine unendliche Teilfolge $\{a_{1n} : n \geqq 1\}$ von $\{a_n : n \geqq 2\}$. Mit M_1, was ja auch total beschränkt ist, und $((a_{1n}))$ wiederholen wir, was wir eben mit E und $((a_n))$ gemacht haben: Wir erhalten eine Teilfolge $\{a_{2n} : n \geqq 1\}$ von $\{a_{1n} : n \geqq 2\}$, welche in einer Teilmenge M_{11} von M_1 mit einem Durchmesser $< \frac{1}{2}$ enthalten ist, usw. Allgemein ergibt sich eine Teilfolge $\{a_{kn} : n \geqq 1\}$ von $\{a_{k-1,n} : n \geqq 2\}$ mit einem Durchmesser $< 1/k$. Die „Diagonalfolge" $\{a_{n,n} : n \geqq 1\}$ ist, da sie schließlich Teilfolge jeder der oben konstruierten Folgen ist, konzentriert, w. z. z. w.

4.9.2.2. *Jede unendliche total beschränkte Menge eines vollständigen Raumes besitzt mindestens einen Häufungspunkt. Ein metrischer Raum ist dann und nur dann ein Kompaktum, wenn er total beschränkt und vollständig ist.*

Beweis. 1. Wir gehen aus von einer als Punktmenge total beschränkten Folge $f_0 = \{a_{00}, a_{01}, a_{02}, \ldots\}$ von lauter verschiedenen Punkten eines vollständigen Raumes E. Zur Beschreibung der allgemeinen Konstruktion nehmen wir an, es sei bereits eine solche total beschränkte Folge $f_n = \{a_{n0}, a_{n1}, a_{n2}, \ldots\}$ gebildet. Um zu f_{n+1} zu gelangen, überdecken wir $f_n - \{a_{n0}\}$ mit endlich vielen Mengen mit Durchmessern $< 1/(n+1)$. Eine von diesen Mengen muß dann eine unendliche Teilfolge $f_{n+1} = \{a_{n+1,0}, a_{n+1,1}, a_{n+1,2}, \ldots\}$ von $f_n - \{a_{n0}\}$ enthalten. Auf diese Weise erhält man eine Folge $a_{00}, a_{10}, a_{20}, \ldots$, welche vom Element a_{n0} ab eine Teilfolge von f_n, und damit eine konzentrierte Folge ist. Es existiert $\lim_n ((a_{n0})) = b$ und ist Häufungspunkt von f_0.

2. (a) *Zu* „dann": Behauptung folgt aus 1. — (b) *Zu* „nur dann": Sei $\varepsilon > 0$, im Kompaktum A gilt (**4.7.4.2.**) für die offene Überdeckung $A = \sum^{\cdot} \{U_a^\varrho : a \in A\}$ mit $\varrho = \varepsilon/3$ bereits $A = \sum^{\cdot} \{U_{a_k}^\varrho : k = 1, 2, \ldots, m\}$ mit $\delta(U_{a_k}^\varrho) \leqq \frac{2\varepsilon}{3} < \varepsilon$ für $k = 1, \ldots, m$. A ist also total beschränkt, im übrigen aber auch vollständig (**4.9.1.1.**).

4.9.3. Analog, wie sich das nicht vollständige System der rationalen Zahlen durch Hinzufügung der irrationalen Zahlen in Form von konvergenten Folgen von rationalen Zahlen (= konzentrierte Folgen im System der rationalen Zahlen) zum vollständigen Raum E^1 der reellen Zahlen erweitern läßt (CANTOR-MERAYsche Theorie der Irrationalzahlen), kann man jeden metrischen Raum durch Übergang in das System seiner konzentrierten Folgen zu einem vollständigen metrischen Raum erweitern. Dies wird im folgenden näher ausgeführt.

Es sei E ein metrischer Raum. Den Abstand zweier Punkte x und y bezeichnen wir (nur in dieser Nummer und in **4.9.3.1.** und **4.9.3.2.**) kurz mit xy, ferner konzentrierte Folgen in E mit $f, g, \ldots$ und das System aller konzentrierten Folgen mit F_E; F_E enthält insbesondere die Folgen mit lauter gleichen Elementen $(a, a, \ldots)$, wo $a \in E$.

Sind $f := (x_1, x_2, \ldots)$ *und* $g := (y_1, y_2, \ldots)$ *aus* F_E, *so existiert*

$$d(f, g) := \lim x_n y_n .$$

In der Tat, aus $x_n y_n \leqq x_n y_p + x_p y_p + y_p y_n$, $x_p y_p \leqq x_n x_p + x_n y_n + y_p y_n$ folgt $|x_n y_n - x_p y_p| \leqq x_n x_p + y_n y_p$, und hieraus, daß $((x_n y_n))$ eine konzentrierte Folge reeller Zahlen ist, also $\lim x_n y_n$ existiert.

Weiter ergibt sich $d(f, g) = d(g, f)$ wegen $x_n y_n = y_n x_n$, und, wenn $h = (z_1, z_2, \ldots) \in F_E$, daß $d(f, g) + d(g, h) \geqq d(f, h)$ wegen $x_n y_n + y_n z_n \geqq x_n z_n$. F_E ist aber nur ein *quasimetrischer* Raum, weil $d(f, g) = 0$ nicht notwendig zu $f = g$ führt (**4.1.1.1.**).

4.9.3.1. Wir führen die Äquivalenz $f \risingdotseq g :\rhd\!\!\lhd\, d(f, g) = 0$ ein. Die Gleichheitspostulate sind erfüllt, insbesondere das dritte, weil wegen der Dreiecksungleichung aus $d(f, g) = 0$ und $d(g, h) = 0$ folgt $d(f, h) = 0$. Dazu bilden wir die Äquivalenzklassen $[f] := \{g : d(f, g) = 0\}$, und definieren im System $[F_E]$ der Äquivalenzklassen als Abstand $[f]\,[g] := d(f, g)$. Dies ist eine eindeutige Definition; denn ist $[f'] = [f]$ und $[g'] = [g]$, also $f' \in [f]$ und $g' \in [g]$, so folgt daraus $d(f', g') \leqq d(f', f) + d(f, g) + d(g, g') = d(f, g)$, ebenso $d(f, g) \leqq d(f', g')$, und aus allem dann $d(f, g) = d(f', g')$. Schließlich gilt $[f]\,[g] = 0 \rhd [f] = [g]$, so daß $[F_E]$ durch obige Definition zu einem metrischen Raum geworden ist. Die Elemente $[(a, a, a, \ldots)]$ von $[F_E]$, kurz mit $[a]$ bezeichnet, sind den Elementen a von E eineindeutig zugeordnet, und zwar isometrisch, d. h. mit Erhaltung des Abstandes: $xy = [x]\,[y]$. Wir dürfen den Teilraum, den die Elemente $[x]$ in $[F_E]$ bilden, im Sinne dieser Zuordnung mit E identifizieren, wodurch $[F_E]$ als eine Erweiterung von E erscheint.

4.9.3.2. $[F_E]$ *ist die kleinste vollständige metrische Erweiterung von E in dem Sinne, daß jeder vollständige metrische Raum E', der E als Teilraum enthält, auch einen zu* $[F_E]$ *isometrischen Teilraum umfaßt.*

Beweis. 1. $[F_E]$ ist vollständig. In der Tat, sei $[f_1], [f_2], \ldots$ eine konzentrierte Folge aus $[F_E]$ mit $f_n = (a_{n1}, a_{n2}, \ldots)$, $n \in \mathbf{Z}$. Zu $\varepsilon > 0$ gibt es ein $P(\varepsilon, n)$, so daß $a_{nk_1} a_{nk_2} < \varepsilon$ für $k_1, k_2 > P(\varepsilon, n)$, ferner ein $Q(\varepsilon)$, so daß $[f_{n_1}]\,[f_{n_2}] < \varepsilon$ für $n_1, n_2 > Q(\varepsilon)$. Wir geben uns eine Folge $\varepsilon_1 > \varepsilon_2 > \cdots > 0$ mit $\lim\limits_n \varepsilon_n = 0$ vor, und bestimmen eine Folge $y_1, y_2, \ldots$ nach folgender Regel: 1. $y_1 = a_{n_1 k_1}$ mit einem $n_1 > Q(\varepsilon_1)$ und einem $k_1 > P(\varepsilon_1, n_1)$. — 2. Sind n_{s-1} und y_{s-1} bereits bestimmt, so werde

$y_s = a_{n_s k_s}$ gesetzt mit einem $n_s > \max\{Q(\varepsilon_s), n_{s-1}\}$ und einem $k_s > P(\varepsilon_s, n_s)$. Die so bestimmte Folge $(y_1, y_2, \ldots) = g$ ist eine konzentrierte Folge mit $\lim(([f_n])) = [g]$.

Nämlich: (1) Ist $t > s$, so gilt $y_s y_t \leq a_{n_s k_s} a_{n_s m} + a_{n_s m} a_{n_t m} + a_{n_t m} a_{n_t k_t}$. Für hinreichend großes m ist jeder der drei Summanden kleiner als ε_s (Beweis!), so daß $y_s y_t < 3\varepsilon_s$. g ist also eine konzentrierte Folge in E. — (2) Es sei $n > Q(\varepsilon_s)$. Wieder gilt $a_{nt} y_t \leq a_{nt} a_{nq} + a_{nq} a_{n_t q} + a_{n_t q} a_{n_t k_t}$. Sobald hierin t so groß ist, daß sowohl $t > \max\{P(\varepsilon_s, n), s\}$, also auch $n_t > n_s$, ist bei hinreichend großem q jeder der Summanden kleiner als ε_s, woraus $[f_n][g] \leq 3\varepsilon_s$ folgt. Also ist $\lim [f_n][g] = 0$, daher $\lim(([f_n])) = [g]$.

2. Sei $E' \supset E$ ein vollständiger metrischer Raum. Jede konzentrierte Folge f aus E ist dann zugleich konzentrierte Folge aus E', und hat alsdann in E' einen eindeutig bestimmten Limes y_f. Dabei ist $y_f y_g = [f][g]$, wie leicht zu erkennen, so daß $y_f = y_g \bowtie [f] = [g]$. Die Menge aller y_f von E' ist damit eineindeutig und isometrisch auf $[F_E]$ bezogen.

4.9.4. Der enge Zusammenhang zwischen Vollständigkeit und Bikompaktheit spiegelt sich in folgendem Satz (vgl. **4.7.6.**).

Jedes absteigende g-System $\mathfrak{F}$ nicht leerer abgeschlossener Mengen F_j, $j \in J$, eines vollständigen metrischen Raumes E, deren Durchmesser das Infimum Null haben, hat einen nicht leeren, einpunktigen Durchschnitt.

Beweis. Man wähle aus $\mathfrak{F}$ eine Teilfolge $\{F_n : n \in \mathbf{Z}\}$ aus mit $\delta(F_n) \to 0$ für $n \to \infty$. Da ein g-System vorliegt, können wir ohne Beschränkung der Allgemeinheit $F_1 \supset F_2 \supset \cdots$ voraussetzen (Beweis!). Aus F_n wählen wir einen Punkt a_n aus. Die Folge $((a_n))$ ist eine konzentrierte Folge mit $\lim a_n = a$, so daß $F_n \subset \{r(\hat{x}, a) < \varrho\}$ für $n \geq n(\varrho)$. Nun folgt leicht, daß jedes F_j den Punkt a enthält; denn wäre es nicht so, gäbe es eine Umgebung $\{r(\hat{x}, a) < \varrho\}$, die zur abgeschlossenen Menge F_j fremd ist, so daß $F_{n(\varrho)}$ zu F_j fremd wäre, was den Voraussetzungen über $\mathfrak{F}$ widerspricht; andererseits ist aber bereits $\prod^{\cdot} F_n = \{a\}$, womit alles bewiesen ist.

Bemerkung. Ein absteigendes g-System liegt insbesondere vor bei einer absteigenden Folge; in dieser Form liefert der obige Satz die Verallgemeinerung des Intervallschachtungsprinzips auf vollständige metrische Räume, wodurch auch eine Übertragung des Satzes **4.5.4.** vom E^n auf vollständige Räume möglich wird. (Aufgabe.)

4.9.7. *In einem vollständigen Raum E ist jede Residualmenge und jede nicht leere offene Menge von zweiter Kategorie.*

Beweis analog wie der von **4.5.5.1.** als Aufgabe.

4.10. Die BORELschen und SUSLINschen Mengen eines topologischen Raumes.

4.10.1. Ist E ein top. Raum, $\mathfrak{G}$ das System seiner offenen, $\mathfrak{F}$ das System seiner abgeschlossenen Mengen, so heißen die Mengen von $(\mathfrak{F}\dotplus\mathfrak{G})^B$ die BOREL*schen*, die von $(\mathfrak{F}\dotplus\mathfrak{G})^S$ die SUSLIN*schen Mengen des top. Raumes*; letztere Mengen werden auch *analytische Mengen von E* genannt.

Da die offenen und abgeschlossenen Mengen Komplemente zueinander sind, so ist das Komplement jeder BORELschen Menge von E wieder eine solche.

Ist E metrisch, so gilt $\mathfrak{F}^S=\mathfrak{G}^S=(\mathfrak{F}\dotplus\mathfrak{G})^S$, $\mathfrak{F}^B=\mathfrak{G}^B=(\mathfrak{F}\dotplus\mathfrak{G})^B$.

Beweis. Offenbar ist $\mathfrak{F}^S\subset(\mathfrak{F}\dotplus\mathfrak{G})^S$; da aber in einem metrischen Raum jede offene Menge G ein Element F_σ von $\mathfrak{F}^\sigma$ ist (**4.3.3.1.**) und $F_\sigma\in\mathfrak{F}^B\supset\mathfrak{F}$, so gilt $\mathfrak{F}\dotplus\mathfrak{G}\subset\mathfrak{F}^B\subset\mathfrak{F}^S$ (wegen **2.9.9.**), und damit $(\mathfrak{F}\dotplus\mathfrak{G})^S\subset\mathfrak{F}^{BS}=\mathfrak{F}^S$. Analog beweist man die übrigen Behauptungen.

4.10.1.1. Mit Bezugnahme auf die Konstruktion der BORELschen Mengen gemäß **2.9.3.** kann man hinsichtlich $\mathfrak{F}^B=\mathfrak{G}^B$ Genaueres aussagen: Für $0\leq\xi<\omega_1$ ist

$$\mathfrak{F}^\xi\subset\mathfrak{G}^{\xi+1} \quad \text{und} \quad \mathfrak{G}^\xi\subset\mathfrak{F}^{\xi+1}.$$

Dies folgt für $\xi=0$ aus **4.3.3.1.** und im übrigen durch eine leichte Induktion in ξ.

4.10.2. *Es gibt top. Räume E, z.B. das Zahlenintervall* $\{0\leq\hat{x}\leq 1\}$, *mit folgenden Eigenschaften: Es existiert in E* 1. *eine* SUSLIN*sche Menge, deren Komplement nicht Suslinsch, die also gewiß nicht Borelsch ist,* 2. *zu jedem* $\xi<\omega_1$ *eine* BOREL*sche Menge* ξ*-ter aber nicht niedrigerer Klasse.*

Beweis. (1). Jeder Zahl x in $J:=\{0<\hat{x}\leq 1\}$ ist in eineindeutiger Weise vermöge der Gleichung $x=2^{-x_1}+2^{-x_1-x_2}+2^{-x_1-x_2-x_3}+\cdots$ die Folge $(x_1, x_2, x_3, \ldots)$ von natürlichen Zahlen zugeordnet; wir schreiben einfach $x:=(x_1, x_2, x_3, \ldots)$. — (2). In J betrachten wir eine abzählbare Basis $\mathfrak{U}:=\{U_1, U_2, U_3, \ldots\}$ (etwa die Durchschnitte von J mit den rationalen offenen Intervallen der Zahlgeraden). Die BORELschen und SUSLINschen Mengen über $\mathfrak{U}$ sind mit den BORELschen und SUSLINschen Mengen des Raumes J identisch; denn in der BORELschen Klasse $\mathfrak{U}^2$ (s. **2.9.5.**) von $\mathfrak{U}$ sind bereits alle offenen Mengen von J enthalten. — (3). Nun sei $f:=(n_1, n_2, n_3, \ldots)$ eine Folge wachsender natürlicher Zahlen, F eine Menge von solchen Folgen, und

$$(\Phi) \qquad X=\sum{}^{\boldsymbol{\cdot}}\{M_{n_1}M_{n_2}M_{n_3}\ldots : f\in\mathsf{F}\}=\Phi(M_1, M_2, M_3, \ldots),$$

wobei die $M_1, M_2, \ldots$ Teilmengen von J sind. Gemäß **2.9.6.** und **2.9.10.** liefert (Φ) bei der Wahl $\mathsf{F} = F_\xi$ gerade alle BORELschen Mengen ξ-ter Klasse bzw. für $\mathsf{F} = \Pi$ genau alle SUSLINschen Mengen über $\mathfrak{U}$, wenn $M_1, M_2, \ldots$ alle Folgen aus $\mathfrak{U}$ durchläuft. — (4). Wir spezialisieren zunächst die Funktion Φ, d.h. F, noch nicht, halten aber ein bestimmtes F vorerst fest. Die durch (Φ) über $\mathfrak{U}$ erzeugten Mengen nennen wir kurz „Φ-Mengen (über $\mathfrak{U}$)". Jedem $x = (x_1, x_2, x_3, \ldots)$ ordnen wir die Menge $\Phi(x) = \Phi(U_{x_1}, U_{x_2}, U_{x_3}, \ldots)$ zu. Da den x_n keinerlei Einschränkungen auferlegt sind, so kann $U_{x_1}, U_{x_2}, U_{x_3}, \ldots$ jede beliebige Folge aus $\mathfrak{U}$ sein, so daß jede Φ-Menge ein gewisses $\Phi(x)$ ist. Wir setzen:

$$P := \{x : x \in \Phi(x)\}, \qquad Q := \{x : x \notin \Phi(x)\} = J - P.$$

Dann ist Q *keine Φ-Menge*; denn eine Gleichung $Q = \Phi(y)$ zöge die $PQ = 0$ widersprechende Schlußkette $y \in P \bowtie y \in \Phi(y) \bowtie y \in Q$† nach sich. — (5). Setzt man $P_n := \{x : x \in U_{x_n}\}$, $n \in \mathbf{Z}$, so ist $P = \Phi(P_1, P_2, \ldots)$. In der Tat: Aus $x \in P$ folgt $x \in \Phi(x)$, und hieraus $x \in M_{n_1} M_{n_2} \ldots = U_{x_{n_1}} U_{x_{n_2}} \ldots$ mit $f = (n_1, n_2, \ldots) \in \mathsf{F}$, d.h. $x \in P_{n_1} P_{n_2} \ldots \subset \Phi(P_1, P_2, \ldots)$. Die Schlußfolge ist auch umkehrbar. — (6). Nun zeigen wir, daß die P_n BORELsche Mengen sind. Dazu setzen wir, wenn k eine natürliche Zahl bezeichnet, $P_{nk} := \{x : x_n = k\}$. $x \in P_{nk} \bowtie x = (x_1, \ldots, x_{n-1}, k, x_{n+1}, \ldots)$, und dies bedeutet, daß x im halb offenen Intervall

$$\text{(I)} \qquad q < x \leq q + 2^{-x_1 - \cdots - x_{n-1} - k}$$

mit $q = 2^{-x_1} + \cdots + 2^{-x_1 - \cdots - x_{n-1}} + 2^{-x_1 - \cdots - x_{n-1} - k}$ enthalten ist. P_{nk} ist daher die Vereinigung jener abzählbar vielen Intervalle (I), die sich ergeben, wenn $x_1, x_2, \ldots, x_{n-1}$ unabhängig voneinander alle natürlichen Zahlen durchlaufen. Da jedes Intervall (I) ein F_σ (Beweis!), so ist auch P_{nk} ein F_σ. — (7). Es gilt $P_n = \dot{\sum} \{P_{nk} U_k : k \in \mathbf{Z}\}$. In der Tat: $x = (x_1, x_2, \ldots) \in P_n \triangleright x \in U_{x_n} \triangleright x \in P_{n x_n} U_{x_n}$; andererseits $x \in P_{nk} U_k \triangleright x_n = k$, so daß $x \in U_{x_n}$, also $x \in P_n$. Wegen dieser Darstellung ist P_n eine BORELsche Menge (höchstens vierter Klasse) über $\mathfrak{U}$. — (8). Nun kommen wir zu den Behauptungen des Satzes:

(a) Es stelle Φ die SUSLINschen Mengen dar (d.h. es sei $\mathsf{F} = \Pi$). Dann ist nach (4) Q keine SUSLINsche Menge, also ihr Komplement P bestimmt keine BORELsche Menge. Andererseits ist aber P nach (5) und (7) und wegen **2.9.9.** als Kern eines SUSLINschen Schemas BORELscher Mengen in $(\mathfrak{U}^B)^S = \mathfrak{U}^S$ (**2.9.9.**) enthalten, d.h. eine SUSLINsche Menge.

(b) Es stelle Φ die BORELschen Mengen ξ-ter Klasse dar. Nach (4) ist jetzt Q keine BORELsche Menge ξ-ter Klasse. Andererseits ist P nach (5) und (7) als BORELsche Menge über einem System BORELscher

† Wegen $P \dot{+} Q = J \neq 0$.

Mengen in $(\mathfrak{U}^B)^B = \mathfrak{U}^B$ (**2.9.2.**) enthalten, also wieder Borelsch, somit auch sein Komplement Q. Also gehört Q einer BORELschen Klasse $\mathfrak{B}^\eta$ an mit $\eta > \xi$. Hätte man für ein $\xi < \omega_1$ die Gleichung $\mathfrak{B}^\xi = \sum^{\cdot}\{\mathfrak{B}^{\xi'} : \xi' < \xi\}$, so wäre $\mathfrak{B}^\xi$ zugleich σ- und δ-System (Beweis!), also bereits das ganze BORELsche System, was der Existenz von Q widerspricht. Daher ist $\mathfrak{B}^\xi - \sum^{\cdot}\{\mathfrak{B}^{\xi'} : \xi' < \xi\} \neq 0$, w. z. z. w.

4.10.3. *Jede* SUSLIN*sche Menge eines metrischen Raumes ist $\mathfrak{K}_{\mathrm{I}}$-fast offen.*

Beweis. 1. A sei eine SUSLINsche Menge des metrischen Raumes, also nach **4.10.1.** Kern eines SUSLINschen Schemas abgeschlossener Mengen $F'_{n_1 \ldots n_k}$. Wir ersetzen $F'_{n_1 \ldots n_k}$ durch $F_{n_1 \ldots n_k} := F'_{n_1} F'_{n_1 n_2} \ldots F'_{n_1 \ldots n_k}$. In $((F_{n_1 \ldots n_k}))$ liegt dann ein fallendes Schema vor, d. h. eines mit $F_{n_1 \ldots n_k} > F_{n_1 \ldots n_k n_{k+1}}$, mit dem gleichen Kern A; denn für $\nu = (n_1, n_2, \ldots)$ ist $F'_\nu = F'_{n_1} F'_{n_1 n_2} \ldots = F_{n_1} F_{n_1 n_2} \ldots = F_\nu$. — 2. Man kann für $A = \sum^{\cdot}\{F_\nu : \nu \in \mathsf{N}\}$, wo N das System aller Folgen ν natürlicher Zahlen bezeichnet, auch schreiben: $A = \sum^{\cdot}\{A_m : m \in \mathsf{Z}\}$, wo A_m den Kern des Schemas $((F_{m n_1 \ldots n_k}))$ bezeichnet, d. h. jenes Teilschema der $F_{p_1 \ldots p_h}$, wo der erste Index konstant gleich m ist. — 3. Nach **4.5.6.3.** ist $S := \sum^{\cdot}_m A_m^{\mathrm{II}\,i}$ überall dicht in A^{II}. Da offenbar $A_m^{\mathrm{II}\,i} < A^{\mathrm{II}\,i}$, $m \in \mathsf{Z}$, so ist S auch überall dicht in $A^{\mathrm{II}\,i}$, und weil S offen, so ist $T := A^{\mathrm{II}\,i} - S$ nirgends dicht in $A^{\mathrm{II}\,i}$. In analoger Weise folgt, wenn $A_{m_1 \ldots m_h}$ den Kern des Schemas $((F_{m_1 \ldots m_h n_1 \ldots n_k}))$ bezeichnet, daß $T_{m_1 \ldots m_h} := (A_{m_1 \ldots m_h})^{\mathrm{II}\,i} - \sum^{\cdot}\{(A_{m_1 \ldots m_h m})^{\mathrm{II}\,i} : m \in \mathsf{Z}\}$ nirgends dicht ist in $(A_{m_1 \ldots m_h})^{\mathrm{II}\,i}$. Da $A_{m_1 \ldots m_h} < A$, also auch $(A_{m_1 \ldots m_h})^{\mathrm{II}\,i} < A^{\mathrm{II}\,i}$, so ist $T_{m_1 \ldots m_h}$ nirgends dicht in $A^{\mathrm{II}\,i}$. Daraus folgt $K := T \dotplus \sum^{\cdot} T_{m_1} \dotplus \sum^{\cdot} T_{m_1 m_2} \dotplus \cdots \in \mathfrak{K}_{\mathrm{I}}$ (in den Summationen durchlaufen $m_1, m_2, \ldots$ unabhängig voneinander alle natürlichen Zahlen). — 4. Sei nun $a \in A^{\mathrm{II}\,i} - K$. Dann ist gewiß $a \notin T$, also $a \in S$, für ein passendes p_1 also $a \in A_{p_1}^{\mathrm{II}\,i}$. Ebenso ist $a \notin T_{p_1}$, für ein passendes p_2 dann $a \in A_{p_1 p_2}^{\mathrm{II}\,i}$, usw. Man erhält eine Folge $p_1, p_2, p_3, \ldots$, so daß $a \in (A_{p_1 \ldots p_n})^{\mathrm{II}\,i}$. Da $((F_{n_1 \ldots n_k}))$ monoton ist, haben wir $A_{p_1 \ldots p_n} < F_{p_1 \ldots p_n}$, also auch $(A_{p_1 \ldots p_n})^{\mathrm{II}} < (F_{p_1 \ldots p_n})^{\mathrm{II}} < (F_{p_1 \ldots p_n})^\alpha = F_{p_1 \ldots p_n}$, so daß nach vorigem $a \in F_{p_1 \ldots p_n}$ für alle n, mithin $a \in A$. Wir haben also das Ergebnis: $A^{\mathrm{II}\,i} - K < A$, so daß $A^{\mathrm{II}\,i} - A^{\mathrm{II}\,i} A < K \in \mathfrak{K}_{\mathrm{I}}$. Nach **4.5.7.2.** folgt daraus, daß A $\mathfrak{K}_{\mathrm{I}}$-fast offen ist.

4.10.4. *Jede* SUSLIN*sche Menge eines metrischen Raumes E ist von der* BAIRE*schen Eigenschaft.*

In der Tat: Ist A eine SUSLINsche Menge in E, $M < E$, so ist AM eine SUSLINsche Menge in M. Ist nämlich A Kern eines Schemas $((F_{n_1 \ldots n_k}))$ von in E abgeschlossenen Mengen, so AM Kern von $((F_{n_1 \ldots n_k} M))$, wobei die Mengen $F_{n_1 \ldots n_k} M$ abgeschlossen in M sind.

Nach dem vorausgehenden Satz ist AM $\mathfrak{K}_{\mathrm{I}}$-fast offen in M, was, weil M beliebig, gerade heißt, daß A von der BAIREschen Eigenschaft ist (**4.5.8.**).

4.10.5. Damit ist der gewünschte Überblick gewonnen:

Das System $\mathfrak{F}^S$ der SUSLINschen Mengen eines metrischen Raumes E liegt zwischen dem σ-Körper $\mathfrak{F}^B$ der BORELschen Mengen und dem σ-Körper $\mathfrak{K}$ der Mengen von der BAIREschen Eigenschaft: $\mathfrak{F}^B \subset \mathfrak{F}^S \subset \mathfrak{K}$.

Im Falle, daß E das Zahlenintervall $J = \{0 \leq \hat{\xi} \leq 1\}$ ist, ist $\mathfrak{F}^S$ kein Körper (**4.10.2.**), so daß für $E = J$ gilt: $\mathfrak{F}^B \neq \mathfrak{F}^S \neq \mathfrak{K}$.

5. Reelle Punktfunktionen.

5.1. Funktionen auf abstrakten Mengen.

5.1.1. Eine eindeutige Abbildung φ der (beliebigen) Menge A in den Raum $\widetilde{E}^1$ der (eigentlichen und uneigentlichen) reellen Zahlen, $A \ni a \to \varphi(a) \in \widetilde{E}^1$, heißt eine *reelle Funktion auf* A, kurz: $\varphi | A$. A heißt der *Definitionsbereich* von φ, $\varphi(A) := \{\varphi(a) : a \in A\}$, d.h. die Menge aller von φ angenommenen Werte, der *Wertebereich*. Allgemein setzen wir, wenn $B \subset A$, $\varphi(B) := \{\varphi(a) : a \in B\}$, und bezeichnen die reelle Funktion, welche auf B erklärt und dort mit φ übereinstimmt, mit $\varphi | B$ („Teilfunktion von φ auf B").

Ist $\varphi(A) \subset E^1$, so heißt φ *endlich auf* A; ist $\varphi(A)$ eine beschränkte Zahlenmenge, d.h. existiert eine endliche positive Zahl M, so daß $-M \leq \varphi(a) \leq M$ für $a \in A$, so heißt φ *beschränkt auf* A.

φ ist auch gegeben durch die Urbilder $\{\varphi(\hat{a}) = \xi\} =: A_\xi$, $\xi \in \widetilde{E}^1$; $A_\xi = 0$ bedeutet dabei, daß der Wert ξ von φ in A nicht angenommen wird. Die Teilmengen A_ξ sind paarweise fremd für verschiedene ξ, und ihre Vereinigungsmenge ist gleich A. Umgekehrt bestimmt jede Zerlegung von A in paarweise fremde (nicht notwendig nicht leere) Mengen A_ξ, $\xi \in \widetilde{E}^1$, mit $A = \sum^{\cdot} \{A_\xi : \xi \in \widetilde{E}^1\}$ eine reelle Funktion auf A.

5.1.2. Ohne über den Definitionsbereich D besondere Voraussetzungen zu machen, besitzt die *Gesamtheit Φ_D aller reellen Funktionen auf* D bereits verschiedene bemerkenswerte Eigenschaften, die auf die der reellen Zahlen zurückgehen:

(a) Φ_D ist ein *vollständiger Verband* V vermöge der Definition:

$$\varphi \leq \psi : \bowtie \varphi(x) \leq \psi(x) \quad \text{für} \quad x \in D.$$

Denn für jedes $x \in D$ existiert z.B. $\sup\{\varphi_i(x) : i \in J\} =: \sigma(x)$, wo $\{\varphi_i : i \in J\}$ irgendeine indizierte Menge aus Φ_D bezeichnet, mit $\sigma \in \Phi_D$†.

† Die Teilmengen von Φ_D haben als t-geordnete Menge beträchtliche Allgemeinheit: Jede t-geordnete Menge M ist nämlich isomorph einer Teilmenge von Φ_M. In der Tat, ordnet man $x \in M$ zu die charakteristische Funktion $\chi_x | M$ der Menge $\{y : y \text{ nicht} > x\}$, so ist $x < y \bowtie \chi_x \leq \chi_y$.

(b) Φ_D ist ein *vollständiger metrischer Raum* E mit der Abstandsdefinition:

$$r(\varphi, \psi) := \sup\{\boldsymbol{\sigma}(\varphi(x), \psi(x)) : x \in D\}$$

(vgl. **4.1.5.3.**); $r(\varphi, \psi)$ heißt die *Metrik der uneigentlich gleichmäßigen Konvergenz.*

(c) Φ_D ist ein *Konvergenzraum* C mit der üblichen Limesdefinition

$$\psi = \lim \varphi_n : \bowtie \psi(x) = \lim \varphi_n(x) \quad \text{für} \quad x \in D$$

(wobei uneigentliche Konvergenz mit einbezogen ist).

(d) Die Gesamtheit Φ_D^* aller *endlichen* Funktionen auf A $(\subset \Phi_D)$ ist ein *linearer Raum* L (**4.1.3.**); sie ist zugleich ein (nicht mehr vollständiger) Teilverband von V, ein (nicht mehr vollständiger) Teilraum von E, und ein Teilraum von C; $r^*(\varphi, \psi) := \sup\{|\varphi(x) - \psi(x)| : x \in D\}$ ist die *Metrik der (eigentlich) gleichmäßigen Konvergenz.*

5.1.3. Beim Studium der reellen Funktionen f aus Φ_D werden wir uns zur Vereinfachung der Schreibweise folgender Vereinbarung bedienen: Ist $R(y_1, y_2, \ldots)$ eine Relation oder eine Funktion der reellen Variablen $y_1, y_2, \ldots$, so bedeute $R(f_1, f_2, \ldots)$ mit $f_1, f_2, \ldots \in \Phi_D$ die Relation bzw. Funktion $R(f_1(x), f_2(x), \ldots)$, welche gültig bzw. definiert ist für alle $x \in D$.

5.1.4. Zu einer reellen Funktion $\varphi | A$ gehören die folgenden vier „*Mengenskalen*": Für $\xi \in \tilde{E}^1$ und $a \in A$ ist

$$\text{(M)} \quad \begin{cases} B_\xi := \{\varphi(\hat{a}) \geqq \xi\}, \; C_\xi := \{\varphi(\hat{a}) \leqq \xi\}, \\ G_\xi := \{\varphi(\hat{a}) > \xi\}, \; H_\xi := \{\varphi(\hat{a}) < \xi\}; \text{ abgekürzt } B_\xi = \{\varphi \geqq \xi\}, \text{ usw.} \end{cases}$$

Prinzipiell sind dabei $G_{+\infty}$ und $H_{-\infty}$ als leer anzusehen. Die Mengenscharen $((B_\xi))$ und $((G_\xi))$ sind gegensinnig, $((C_\xi))$ und $((H_\xi))$ gleichsinnig monoton in ξ. Ohne Schwierigkeit beweist man:

Ist $\varphi | A$ *eine reelle Funktion auf* A, *so gelten für die durch* (M) *erklärten Mengen die Beziehungen:*

(a) $G_\xi = \sum^{\cdot}\{B_\eta : \eta > \xi\}$ für $\xi \neq +\infty$, $G_{+\infty} = 0$;

(b) $B_\xi = \prod^{\cdot}\{G_\eta : \eta < \xi\}$ für $\xi \neq -\infty$, $B_{-\infty} = A$;

(c) $C_\xi = \prod^{\cdot}\{H_\eta : \eta > \xi\}$ für $\xi \neq +\infty$, $C_{+\infty} = A$;

(d) $H_\xi = \sum^{\cdot}\{C_\eta : \eta < \xi\}$ für $\xi \neq -\infty$, $H_{-\infty} = 0$;

(e) $B_\xi = A - H_\xi$, $G_\xi = A - C_\xi$.

Jede der Skalen $((B_\xi))$, $((C_\xi))$, $((G_\xi))$, $((H_\xi))$ *ist aus jeder anderen berechenbar.* Da z.B. $A_\xi = B_\xi C_\xi$, so folgt zusammen mit dem vorausgehenden Satz, daß jede der vier Mengenskalen für sich die Funktion φ eindeutig bestimmt. Darüber hinaus lehrt derselbe Satz, weil in ihm der Index η in (a) bis (d) immer nur eine offene Menge durchläuft und jede Skala monoton ist, daß zur eindeutigen Festlegung von φ schon die Kenntnis eines Teilsystems der Mengen einer Skala genügt, dessen zugehörigen Indizes eine im E^1 dichte Menge bilden. Wir formulieren:

Jede der vier Mengenskalen ist eindeutig festgelegt durch Angabe der betreffenden Mengen für die Indizes einer in E^1 dichten (abzählbaren) Menge $\mathfrak{s}$.

Betrachten wir dazu z.B. den Fall, daß H_σ für $\sigma \in \mathfrak{s}$ bekannt sei, wo $\mathfrak{s}$ eine im E^1 dichte Menge ist. Es ist nicht notwendig, den Weg über die Formeln (c) und (d) zu nehmen, um H_ξ für beliebiges ξ zu erhalten. Es gilt nämlich direkt: $H_\xi = \sum^{\cdot} \{H_\sigma : \xi > \sigma \in \mathfrak{s}\}$.

In der Tat: Letzte Vereinigungsmenge sei mit S bezeichnet. Dann gilt mit Benutzung der Dichtigkeit von $\mathfrak{s}$: $a \in H_\xi \triangleright \varphi(a) < \xi \triangleright (\varphi(a) < \sigma$ für ein σ mit $\varphi(a) < \sigma < \xi$ und $\sigma \in \mathfrak{s}) \triangleright a \in S$. Andererseits $a \in S \triangleright \varphi(a) < \sigma$ mit $\sigma < \xi \triangleright \varphi(a) < \xi \triangleright a \in H_\xi$.

Analoge direkte Formeln lassen sich auch für die anderen Mengenskalen angeben.

5.1.5. Es ist zu fragen, wie eine Mengenschar $H_\sigma, \sigma \in \mathfrak{s}$, wo $\mathfrak{s}$ eine in E^1 dichte Menge bezeichnet, beschaffen sein muß, damit es eine reelle Funktion $\varphi | A$ gibt mit $H_\sigma = \{\varphi < \sigma\}$. Die Schlußbetrachtungen von **5.1.4.** lehren, daß jedenfalls für jedes τ aus $\mathfrak{s}$ gelten muß

$$(*) \qquad H_\tau = \sum^{\cdot} \{H_\sigma : \tau > \sigma \in \mathfrak{s}\}.$$

Diese Eigenschaft ist nun auch hinreichend. In der Tat: Wir bemerken, daß aus $(*)$ offenbar die Monotonie von H_σ in σ folgt, ferner, daß $a \in H_\sigma$ die Existenz eines $\sigma_1 \in \mathfrak{s}$ mit $\sigma_1 < \sigma$ und $a \in H_{\sigma_1}$ nach sich zieht. Nun setzen wir $\varphi(a) := \sup \{\tau : a \notin H_\tau$ und $\tau \in \mathfrak{s}\}$ bzw. $= +\infty$, wenn es keine τ der beschriebenen Art gibt, und zeigen, daß $H_\sigma = \{\varphi < \sigma\}$. Einerseits nämlich $(a \notin H_\sigma$ und $\sigma \in \mathfrak{s}) \triangleright \varphi(a) \geq \sigma \triangleright a \notin \{\varphi < \sigma\}$; andererseits mit Benutzung der Monotonie von $((H_\sigma))$ $(a \in H_\sigma$ und $\sigma \in \mathfrak{s}) \triangleright (a \in H_{\sigma_1}$ mit $\sigma > \sigma_1 \in \mathfrak{s}) \triangleright \varphi(a) \leq \sigma_1 \triangleright a \in \{\varphi < \sigma\}$. Damit ist der folgende Satz bewiesen:

Es sei $\mathfrak{s}$ eine im E^1 dichte Menge. Das Teilmengensystem $((H_\sigma))$, $\sigma \in \mathfrak{s}$, in der Menge A ist dann und nur dann mit dem System $\{\varphi < \sigma\}$, $\sigma \in \mathfrak{s}$, einer reellen Funktion φ auf A identisch, wenn für jedes $\tau \in \mathfrak{s}$ gilt: $H_\tau = \sum^{\cdot} \{H_\sigma : \tau > \sigma \in s\}$. Die Funktion φ ist dann eindeutig bestimmt.

Zusatz. Auch wenn H_σ nicht die angegebene Bedingung erfüllt, aber wenigstens gleichsinnig monoton ist (was, wie leicht zu bestätigen, eine Folgerung aus der fraglichen Bedingung ist), so bestimmt H_σ, $\sigma \in \mathfrak{s}$, eindeutig eine Funktion $\varphi | A$, nämlich $\varphi(a) := \sup \{\sigma : \sigma \in \mathfrak{s}$ und $a \notin H_\sigma\}$ (bzw. $= -\infty$, wenn es keine solchen σ gibt), derart, daß

$$\{\varphi < \sigma\} \subset H_\sigma \subset \{\varphi \leq \sigma\} \quad \text{für} \quad \sigma \in \mathfrak{s}.$$

5.2. Stetige Funktionen in topologischen Räumen.

5.2.1. Zentraler Begriff beim Studium reeller Funktionen in top. Räumen ist die Stetigkeit in ihren verschiedenen Formen. Wir erinnern an die Definition der Stetigkeit:

Die eindeutige Abbildung $f|E$ des top. Raumes E in den top. Raum E' heißt *stetig im Punkt* a von E, wenn es zu jeder vorgegebenen Umgebung $V(a')$ des Bildpunktes $a'=f(a)$ eine Umgebung $U(a)$ des Urbildes a in E gibt mit $f\big(U(a)\big) \subset V\big(f(a)\big)$; sie heißt *stetig in* E, wenn sie es in jedem Punkte von E ist.

Bemerkung. In einem isolierten Punkt a des Raumes E ist $f|E$ immer stetig; denn dann gibt es eine $U(a)=\{a\}$, so daß die Bedingung $f\big(U(a)\big) \subset V\big(f(a)\big)$ für jedes $V(a')$ erfüllt ist.

5.2.1.1. Aus der Definition folgt, daß bei Zusammensetzung von Abbildungen die Stetigkeit erhalten bleibt:

Ist die eindeutige Abbildung $f|E$ des top. Raumes E in den top. Raum E' stetig in x_0, ferner die eindeutige Abbildung $g|E'$ von E' in den top. Raum E'' stetig in $y_0=f(x_0)$, so ist auch die eindeutige Abbildung $z=g\big(f(x)\big)$, $x\in E$, von E in E'' stetig in $x=x_0$.

Beweis. Sei $W(z_0)$ eine vorgegebene Umgebung von $z_0=g\big(f(x_0)\big)=g(y_0)$. Dann gibt es eine Umgebung $V(y_0)$ mit $g(V)\subset W$. Zu $V(y_0)$ gibt es eine Umgebung $U(x_0)$ mit $f(U)\subset V$, woraus folgt $g\big(f(U)\big)\subset g(V)\subset W$, w. z. z. w.

5.2.2. Schreiben wir, wenn ein $f|E$ gegeben, für die Urbildermenge $f^{-1}(G) := \{a: f(a)\in G \text{ und } a\in E\}$ von $G\subset E$ in Analogie zu den Abkürzungen in **5.1.4.** $\{f\in G\}$, so erhalten wir den Satz:

Jede der folgenden beiden Bedingungen ist notwendig und hinreichend für die Stetigkeit der eindeutigen Abbildung f des top. Raumes E in den top. Raum E':

1. *Für jede offene Menge G' von E' ist $\{f\in G'\}$ offen in E;*

2. *für jede abgeschlossene Menge F' von E' ist $\{f\in F'\}$ abgeschlossen in E.*

Beweis. (1) Es sei f stetig und $x_0\in\{f\in G'\}=:A$, wo G' offen in E', also $x_0'=f(x_0)\in G'$. Es gibt ein $U'(x_0')\subset G'$ und dazu wegen der Stetigkeit ein $U(x_0)$ mit $f\big(U(x_0)\big)\subset U'(x_0)\subset G'$. Also $U(x_0)\subset A$; A ist offen in E.

(2) Es sei jetzt die Bedingung 1. allgemein erfüllt. Ist $x'=f(x)$ und $U'(x')$ vorgegeben, so setzen wir in 1. $G'=U'(x')$, so daß wir aussagen können, daß $\{f(\hat{a})\in U'(x')\}=:V$ offen ist in E. Wegen $x\in V$ ist $V=U(x)$ und $f\big(U(x)\big)\subset U'(x')$, d.h. f ist stetig im Punkt x, $x\in E$.

(3) Das Übrige folgt aus der Tatsache, daß, wenn F' und G' Komplemente in E' sind, die zugehörigen Urbildermengen $\{f \in F'\}$ und $\{f \in G'\}$ solche in E sind (Beweis!), und aus der Komplementarität der offenen und abgeschlossenen Mengen.

Bemerkung. Die Bedingungen des Satzes **5.2.2.** werden gewöhnlich in der knappen Form ausgesprochen:

1. Das Urbild jeder offenen Menge ist offen;
2. das Urbild jeder abgeschlossenen Menge ist abgeschlossen.

5.2.2.1. Der vorausgehende Satz kann noch verschärft werden; es ist nämlich nicht notwendig, die Offenheit von $\{f \in G'\}$ für alle offenen G' von E' zu fordern. Zur Formulierung unserer Behauptung folgende Bezeichnung: Ist $\mathfrak{H}$ ein Mengensystem, so bezeichne $\mathfrak{H}_\pi$ das System aller Durchschnitte $H_1 \dots H_n$ von je endlich vielen Mengen $H_1, \dots, H_n$ aus $\mathfrak{H}$. Dann gilt:

Die eindeutige Abbildung f des top. Raumes E in den top. Raum E' ist dann und nur dann stetig, wenn $\{f \in H'\}$ offen ist für alle H' aus $\mathfrak{H}$, wo $\mathfrak{H}$ ein System offener Mengen von E' mit der Eigenschaft, daß $\mathfrak{H}_\pi$ eine Basis von E' ist.

Beweis. Die Notwendigkeit ist eine Folge des vorausgehenden Satzes. Was das Hinreichen anlangt, so sei $\{f \in H'\}$ offen für jedes $H' \in \mathfrak{H}$. Sind $H_1', \dots, H_n'$ aus $\mathfrak{H}$, so gilt $\prod_k^{\cdot} \{f \in H_k'\} = \left\{f \in \prod_k^{\cdot} H_k'\right\}$, so daß $\{f \in U'\}$ für jedes U' aus der Basis $\mathfrak{H}_\pi$ von E' offen ist. Da jede offene Menge G' von E' von der Form $\sum_j^{\cdot} U_j'$ ist, so hat schließlich $\sum_j^{\cdot} \{f \in U_j'\} = \left\{f \in \sum_j^{\cdot} U_j'\right\}$ die Offenheit von $\{f \in G'\}$ für jedes offene G' von E' zur Folge, womit **5.2.2.** wirksam wird.

5.2.3. Nehmen wir in den vorausgehenden Sätzen für E' den $\widetilde{E}^1$, so erhalten wir Sätze für reelle Funktionen. Da die Umgebungen im $\widetilde{E}^1$ sphärisch gewählt werden dürfen, d.h. in der Form $V(a') = \{\boldsymbol{\sigma}(a', \hat{x}) < \varepsilon\}$, $(\varepsilon > 0)$, so lautet die *Stetigkeitsbedingung* [vgl. (I*) in **4.6.3.**]:

$$\varphi \text{ stetig in } a \bowtie \varepsilon > 0 \ \exists \ U(a) : \boldsymbol{\sigma}(\varphi(a), \varphi(x)) < \varepsilon \quad \text{für} \quad x \in U(a).$$

Liegt der Spezialfall vor, daß es sich um eine endliche reelle Funktion $\varphi(\xi)$ einer endlichen reellen Veränderlichen ξ handelt, so erhalten wir die klassische ε-Bedingung für die Stetigkeit an der Stelle ξ_0:

$$\varepsilon > 0 \ \exists \ \varrho > 0 : |\varphi(\xi) - \varphi(\xi_0)| < \varepsilon \quad \text{für} \quad |\xi - \xi_0| < \varrho.$$

Dies ergibt sich leicht aus den Ungleichungen von **4.1.2.** für den Übergang von $\boldsymbol{\sigma}(\xi, \eta)$ zu $|\xi - \eta|$.

5.2.3.1. Aus Satz **5.2.2.1.** wird hier:

Jede der folgenden vier Bedingungen ist notwendig und hinreichend für die Stetigkeit der auf dem top. Raum E erklärten reellen Funktion $\varphi|E$.

Für jede Zahl t einer im E^1 dichten Menge T sind die Mengen

1. $\{\varphi<t\}$ *und* $\{\varphi>t\}$ *offen;*
2. $\{\varphi\leq t\}$ *und* $\{\varphi\geq t\}$ *abgeschlossen;*
3. $\{\varphi<t\}$ *offen und* $\{\varphi\leq t\}$ *abgeschlossen;*
4. $\{\varphi\geq t\}$ *abgeschlossen und* $\{\varphi>t\}$ *offen.*

Beweis. Zu 1. Die nicht leeren Durchschnitte $\{\hat{y}>t_1\}\{\hat{y}<t_2\}$ bilden eine Basis von $\tilde{E}^1$, so daß **5.2.2.1.** anwendbar ist. — 2., 3. und 4. folgen aus 1. durch teilweisen oder ganzen Übergang zu den Komplementen.

5.2.4. Wir betrachten zunächst wieder etwas allgemeiner den Fall einer Abbildung einer Teilmenge eines top. Raumes E in einen metrischen Raum E', $x'=f(x)$, $x\in A$. Ist G_x eine Umgebung von x in E, so bilden wir dazu $\delta(f(G_xA))$, wo $\delta(M)$ den Durchmesser einer Teilmenge M eines metrischen Raumes bezeichnet (**4.9.2.**). $\delta(f(G_xA))$ ist definiert für $x\in A^\alpha$, für dieselben Punkte dann auch

$$\inf\{\delta(f(\hat{G}_xA))\cdot\hat{G}_x \text{ Umgebung von } x \text{ in } E\}=:\Delta_f(x)\dagger,$$

die sog. *Schwankung von f im Punkt x von A^α.* Es gilt:

Die Abbildung $f|A$ von A in den metrischen Raum E' ist dann und nur dann stetig im Punkt $a\in A$, wenn $\Delta_f(a)=0$.

Beweis. Den Abstand zweier Punkte y_1, y_2 von E' bezeichnen wir durch $|y_1, y_2|$. Wenn f in $a\in A$ stetig ist, so gibt es zu $\varrho>0$ ein G_a mit $f(G_aA)\subset\{|\hat{y}, f(a)|<\varrho\}$, so daß also $\delta(f(G_aA))<2\varrho$. Da ϱ beliebig ist, so folgt $\Delta_f(a)=0$. Umgekehrt:

$$\Delta_f(a)=0 \rhd \varrho>0\,\exists\, G_a\colon \delta(f(G_aA))<\varrho \rhd f(G_aA)\subset\{|\hat{y},f(a)|<\varrho\},$$

was die Stetigkeit von f in a bedeutet.

5.2.4.1. *Gibt es zur Abbildung $f|K$ eines Kompaktums K in einen metrischen Raum E' ein $\eta>0$ mit $\Delta_f(a)<\eta$ für alle $a\in K$, so gibt es ein $\zeta>0$, so daß für $M\subset K$ und $\delta(M)<\zeta$ allemal $\delta(f(M))<\eta$.*

Beweis. Zu $a\in K$ gibt es ein $\varrho_a>0$, so daß $\delta(f(\{|\hat{x},a|<3\varrho_a\}))<\eta$. Nach **4.7.4.** überdecken bereits endlich viele der $\{|\hat{x}, a|<2\varrho_a\}$ den Raum K. Nimmt man für ζ das kleinste unter diesen endlich vielen ϱ_a, so ist die Behauptung erfüllt. Denn ist $\delta(M)<\zeta$ und $M\{|\hat{x}, a|<2\varrho_a\}\neq 0$ mit $\zeta\leq\varrho_a$, so folgt $M\subset\{|\hat{x}, a|<3\varrho_a\}$.

† Wegen des Gebrauches des Allezeichens $\hat{}$ siehe **1.4.4.1.**

5.2.4.2. Eine Menge A heißt *genormt*, wenn in ihr eine positive reelle Funktion $N|A$, die Norm, erklärt ist, welche beliebig kleine positive Werte annimmt. In genormten Mengen kann man Konvergenz nach der Norm (**2.10.5.3.**) definieren. Es gilt hierzu:

Ist $f|A$ eine Abbildung der (mit N) genormten Menge A in einen metrischen Raum, so ist $g = \lim\{f(x):N(x)\to 0\}$ gleichbedeutend mit der Aussage, daß für jede Folge $((x_n))$ mit $\lim N(x_n)=0$ auch $g=\lim f(x_n)$ $\big($d.h. $|g, f(x_n)|\to 0\big)$ gilt.

Angenommen, es ist die letzte Aussage erfüllt, jedoch $\{f(x):N(x)\to 0\}$ nicht gegen g konvergent. Dann gibt es ein $\varepsilon'>0$ und zu jedem n ein a_n mit $|g, f(a_n)|\geq \varepsilon'$ und $N(a_n)<\frac{1}{n}$ (Widerspruch!). Daher ist $g = \lim\{f(x):N(x)\to 0\}$. Die umgekehrte Schlußweise ist klar.

5.2.5. Sei A eine Teilmenge eines top. Raumes E und $f|A$ eine Abbildung von A in einen metrischen Raum E'. Bildet $g|B$ die Teilmenge B von E ebenfalls in E' ab, so heißt $g|B$ eine *Erweiterung von* $f|A$, wenn $B\supset A$ und $g(x)=f(x)$ für $x\in A$ (kurz $g|A=f|A$). Wir betrachten bei stetigem $f|A$ *natürliche stetige Erweiterungen* von $f|A$, d.h. solche, wo einerseits $B\subset A^\alpha$ und andererseits $g|B$ ebenfalls stetig ist. Bei Erweiterungen über A^α hinaus fehlt ein direkter Zusammenhang mit dem Bild $f(A)$, so daß im allgemeinen eine solche Erweiterung nicht mehr eindeutig bestimmt ist.

Es gibt genau eine maximale natürliche stetige Erweiterung $\bar f|\bar A$ der stetigen Abbildung $f|A$ der Teilmenge A des top. Raumes E in den vollständigen metrischen Raum E'. Es ist $\bar A = \{\Delta_f(\hat b)=0\}\subset A^\alpha$, und für $b\in\bar A$ ist $\bar f(b)$ der eine, allen $(f(G_bA))^\alpha$ gemeinsame Punkt, wobei G_b eine Umgebung von b in E bezeichnet.

Beweis. Für jede natürliche stetige Erweiterung $g|B$ ist nach **5.2.4.** $\Delta_g(b)=0$ für $b\in B$. Wegen $\delta(g(G_bB))\geq\delta(f(G_bA))$ ist $\Delta_g(b)\geq\Delta_f(b)$, so daß $\Delta_f(b)=0$. Also ist $B\subset\bar A$. Andererseits ist $\bar f|\bar A$ eine stetige Erweiterung von $f|A$. Denn für $b\in\bar A$ ist nach **4.9.4.** $\Pi^\cdot\{(f(\hat G_bA))^\alpha:\hat G_b$ Umgebung von b in $E\}$ nicht leer und wegen $\Delta_f(b)=0$ einpunktig, etwa gleich $\{\bar f(b)\}$. Daher ist $\bar f|\bar A$ eindeutig erklärt. Für $b\in A$ ist $(f(G_bA))^\alpha\ni f(b)$, also $\bar f|A=f|A$. Zum Nachweis der Stetigkeit von $\bar f|\bar A$ sei $b\in\bar A$. Zu $r>0$ gibt es ein G_b mit $(f(G_bA))^\alpha\subset\{|\hat y,\bar f(b)|<r\}$; für $x\in G_b\bar A$ ist aber G_b ein G_x, also $\bar f(x)\in(f(G_xA))^\alpha=(f(G_bA))^\alpha$, somit $\bar f(G_b\bar A)\subset\{|\hat y,\bar f(b)|<r\}$, w. z. z. w.

5.2.6. Der eben zur Verwendung gekommene Durchschnitt

$$\Pi^\cdot\{(f(\hat G_bA))^\alpha:\hat G_b \text{ Umgebung von } b \text{ in } E\}$$

einer Abbildung $f|A$ der Teilmenge A des top. Raumes E in einen top. Raum E' heißt die *volle Hülle* $H_f(b)$ *von* f *in* $b \in A^\alpha$. Daneben definiert man noch als *reduzierte Hülle* $H_f^*(b)$ *von* f *in* $b \in A^\beta$ den Durchschnitt $\prod^{\boldsymbol{\cdot}} \{(f((\hat{G}_b - \{b\}) A))^\alpha : \hat{G}_b \text{ Umgebung von } b \text{ in } E\}$. Offenbar ist $f(a) \in H_f(a)$ für $a \in A$, und $H_f(b) = H_f^*(b)$ für $b \in A^\beta - A^\beta A$. Die Mengen $H_f^*(b)$ für $b \in A^\beta$ und $H_f(b)$ für $b \in A^\beta - A^\beta A$ sind bestimmt nicht leer, wenn der Raum E' bikompakt ist (**4.7.6.**), also insbesondere, wenn f eine reelle Funktion ist, wo ja $E' = \widetilde{E}^1$ als metrischer kompakter Raum bikompakt ist. Es gilt:

5.2.6.1. *Ist E' metrisch, so gilt $\delta(H_f(b)) \leq \Delta_f(b)$ für $b \in A^\alpha$; ist überdies E' kompakt, so steht das Gleichheitszeichen.*

Beweis. Es ist $(f(G_b A))^\alpha > H_f(b)$. Wenn E' metrisch ist, so folgt daraus $\delta(f(G_b A)) = \delta((f(G_b A))^\alpha) \geq \delta(H_f(b))$, so daß $\Delta_f(b) \geq \delta(H_f(b))$. Wenn E' metrisch und kompakt, also bikompakt ist, so ist $H_f(b) \neq 0$ für $b \in A^\alpha$, so daß man für $t > 0$ die offene nicht leere Menge $H(t) := \sum^{\boldsymbol{\cdot}} \{\{|\hat{z}, y| < t\} : y \in H_f(b)\}$ bilden kann. Nach **4.8.4.** (c) gilt dann $(f(G_b A))^\alpha < H(t)$ für $G_b < G_b(t)$, wo $G_b(t)$ eine passend gewählte Umgebung von b in E bezeichnet. Damit ergibt sich $\delta(f(G_b A)) \leq \delta(H(t)) \leq \delta(H_f(b)) + 2t$, und mit $t \to 0$ daraus $\Delta_f(b) \leq \delta(H_f(b))$, w. z. z. w.

5.2.7. Die vorausgehenden Betrachtungen lehren, daß man die Stetigkeit reeller Funktionen auch mit Hilfe der vollen Hülle charakterisieren kann:

Die reelle Funktion $f|A$, aufgefaßt als eine Abbildung der Teilmenge A eines top. Raumes in den kompakten $\widetilde{E}^1$, ist dann und nur dann stetig im Punkt $a \in A$, wenn $H_f(a) = \{f(a)\}$.

Bemerkung. Die vorsichtige Formulierung dieses Satzes ist notwendig. Er wäre nämlich falsch, wenn man eine endliche reelle Funktion $f|A$ betrachten würde als eine Abbildung in den (nicht kompakten) E^1. Beispiel: $f(x) = 1/x$ für $x \neq 0$, $f(0) = 0$. Dies kann man als eine Abbildung von E^1 in E^1 ansehen, wobei dann stets $H_f(x) = \{f(x)\}$ ist; $f(x)$ ist aber unstetig.

5.2.8. Handelt es sich um eine Abbildung $f|E$ eines metrischen Raumes E in einen ebensolchen E', so verwendet man häufig zur Beurteilung der Stetigkeit die Funktion

$$\omega_a(\varrho) := \sup\{|f(\hat{x}), f(a)| : |\hat{x}, a| < \varrho\}, \qquad \varrho > 0,$$

wobei offenbar $\omega_a(\varrho) \leq \delta(f(\{|\hat{x}, a| < \varrho\})) \leq 2\omega_a(\varrho)$, woraus für $\varrho \to 0$ mit $\lim\limits_{\varrho \to 0} \omega_a(\varrho) =: \omega_a^*$ folgt

$$\omega_a^* \leq \Delta_f(a) \leq 2\omega_a^*.$$

Der Satz **5.2.4.** nimmt dann die Form an:

Die Abbildung $x' = f(x)$, $x \in E$, *des metrischen Raumes* E *in den metrischen Raum* E' *ist dann und nur dann stetig im Punkt* a, *wenn* $\omega_a^* = 0$.

Aufgabe. Man beweise, daß der Abstand $|x, a|$ in einem metrischen Raum eine stetige Funktion von x ist.

5.2.9. Bei einer Abbildung $f|E$ eines metrischen Raumes in einen ebensolchen kann man die Funktion

$$\Omega(\varrho) := \sup\{\omega_a(\varrho) : a \in E\}$$

bilden, welche für $\varrho > 0$ erklärt und gleichsinnig monoton ist. Die Abbildung $f|E$ heißt *gleichmäßig stetig in* E, wenn $\lim\{\Omega(\varrho) : \varrho \to 0\} = 0$ ist; es ist also in diesem Falle $\Omega(\varrho)$ eine gemeinsame Majorante aller $\omega_a(\varrho)$, $a \in E$, mit der Eigenschaft, daß $\Omega \to 0$ für $\varrho \to 0$. Offensichtlich ist die Existenz einer solchen Majorante aller $\omega_a(\varrho)$ auch hinreichend für die gleichmäßige Stetigkeit. Betrachten wir andererseits die Funktion

$$\varrho^*(\varepsilon) := \sup\{\varrho : (x \text{ und } x') \in E \text{ und } |x, x'| < \varrho \rhd |f(x), f(x')| < \varepsilon\},$$

welche für $\varepsilon > 0$ erklärt ist und in ε gleichsinnig monoton ist, so gilt:

$f|E$ *ist dann und nur dann gleichmäßig stetig in* E, *wenn* $\varrho^*(\varepsilon)$ *für alle* $\varepsilon > 0$ *positiv ist.*

In der Tat, ist $\varrho^*(\varepsilon)$ positiv für $\varepsilon > 0$, so haben wir $|x, x'| < \varrho^*(\varepsilon) \rhd |f(x), f(x')| < \varepsilon$, also $\omega_x(\varrho^*(\varepsilon)) \leq \varepsilon$, also $\Omega(\varrho^*(\varepsilon)) \leq \varepsilon$, und somit $\Omega \to 0$ für $\varrho \to 0$. Ist umgekehrt $\varrho^*(\varepsilon') = 0$ für ein $\varepsilon' > 0$, so heißt dies: Zu jedem $\varrho > 0$ gibt es Punkte $x, x' \in E$ mit $|x, x'| < \varrho$ und $|f(x), f(x')| \geq \varepsilon'$, d.h. $\Omega(\varrho) \geq \varepsilon'$ für alle ϱ.

5.2.9.1. *Jede stetige Abbildung eines Kompaktums in einen metrischen Raum ist gleichmäßig stetig.*

Beweis (durch Widerspruch). Angenommen, $\lim\{\Omega(\varrho) : \varrho \to 0\} > 0$. Dann gibt es eine Folge $\varrho_1 > \varrho_2 > \cdots$ mit $\varrho_n \to 0$ und $\Omega(\varrho_n) > \delta > 0$, also Punkte $a_1, a_2, \ldots$ mit $\omega_{a_n}(\varrho_n) > \delta/2$, also auch Punkte $b_1, b_2, \ldots$ mit $|a_n, b_n| < \varrho_n$ und $\tau_n = |f(a_n), f(b_n)| > \delta/4$. Die Menge A der a_n ist unendlich; denn, wenn A endlich wäre, so müßte wegen der vorausgesetzten Stetigkeit $\omega_{a_n}(\varrho_n) \to 0$ gelten, was ausgeschlossen ist. Die a_n besitzen einen Häufungspunkt in E, der Limes einer Teilfolge von $((a_n))$ ist. Der einfachen Bezeichnung wegen nehmen wir an, daß $((a_n))$ selbst diese Teilfolge ist, also $\lim a_n = a$, $a \in E$. Dann gilt aber auch $\lim b_n = a$. Es ist $\tau_n \leq |f(a_n), f(a)| + |f(a), f(b_n)|$, so daß, weil wegen der Stetigkeit des Abstandes beide Summanden nach Null streben, auch $\tau_n \to 0$, was ein Widerspruch ist.

Beispiel. Der Abstand $|x, a|$ ist als Funktion von x eine gleichmäßig stetige reelle Funktion in E.

5.2.9.2. *Die Zusammensetzung* $x'' = g(f(x))$ *zweier gleichmäßig stetiger Abbildungen* $x' = f(x)$ *und* $x'' = g(x')$ *ist wieder gleichmäßig stetig.*

Beweis. $\Omega(\varrho)$ gehöre zu $f|E$, $\Omega'(\varrho)$ zu $g|f(E)$ und $\Omega''(\varrho)$ zu $g(f)|E$; nach Voraussetzung streben dabei $\Omega(\varrho)$ und $\Omega'(\varrho)$ mit ϱ gegen Null. $|x, a| < \varrho \triangleright |f(x), f(a)| \leq \Omega(\varrho) \triangleright |g(f(x)), g(f(a))| \leq \Omega'(\Omega(\varrho))$, so daß $\Omega''(\varrho) \leq \Omega'(\Omega(\varrho))$, woraus $\Omega''(\varrho) \to 0$ für $\varrho \to 0$ hervorgeht.

5.2.10. Ein besonders einfacher Fall von Stetigkeit liegt vor, wenn $\omega_a(\varrho)$ eine lineare Majorante besitzt, genauer:

Eine Abbildung $f(x)$ des metrischen Raumes E in einem metrischen Raum E' heißt *linear stetig in* E, wenn es zu jedem $a \in E$ eine positive Zahl λ_a gibt, so daß $\min\{\omega_a(\varrho), 1\} \leq \lambda_a \cdot \varrho$ für $\varrho > 0$. [Diese Formulierung wurde gewählt, um die großen Werte von $\omega_a(\varrho)$, welche für das Stetigkeitsverhalten von f ohne Bedeutung sind, zweckmäßig auszuschalten.] Zum Beispiel ist der Abstand $|x, a|$ eine linear stetige Funktion. Es gilt:

Die Zusammensetzung $x'' = g(f(x))$ *zweier linear stetiger Abbildungen* $x' = f(x)$ *und* $x'' = g(x')$ *ist wieder linear stetig.*

Beweis. Zu $a' = f(a)$ haben wir $\min\{\omega_a(\varrho), 1\} \leq \lambda_a \varrho$, zu $a'' = g(a')$ entsprechend $\min\{\omega_{a'}(\varrho'), 1\} \leq \lambda'_{a'} \varrho'$, und zu $a'' = g(f(a))$ gehöre $\omega''_a(\varrho)$. Wir setzen $\varrho \leq \min\left\{\frac{1}{\lambda_a}, \frac{1}{\lambda_a \lambda'_{a'}}\right\} =: \varrho^*$ Weil $\lambda_a \varrho \leq 1$, haben wir $|x, a| < \varrho \triangleright \varrho' = |x', a'| \leq \lambda_a \varrho$, und weil $\lambda'_{a'} \varrho' \leq 1$, so folgt $|x'', a''| \leq \lambda'_{a'} \varrho' \leq (\lambda_a \lambda'_{a'}) \varrho$. Mit $\lambda''_a = \max\left\{\lambda_a \lambda'_{a'}, \frac{1}{\varrho^*}\right\}$ ist damit $\min\{\omega''_a(\varrho), 1\} \leq \lambda''_a \cdot \varrho$ sogar für alle $\varrho > 0$, w. z. z. w.

Gleichmäßig linear stetige Abbildungen, d.h. solche linear stetige Abbildungen, bei welchen λ_a unabhängig von a als eine positive Konstante gewählt werden kann, nennt man auch *dehnungsbeschränkte Abbildungen*. Auch die Zusammensetzung von dehnungsbeschränkten Abbildungen ist wieder dehnungsbeschränkt.

5.2.11. Ein System $\{f_j|E : j \in J\}$ von reellen Funktionen in einem top. Raum E heißt im Punkt a *gleichgradig stetig*, wenn es zu $\varepsilon > 0$ eine Umgebung $U(a)$ gibt, so daß

$$(*) \qquad f_j(U(a)) \subset \{\boldsymbol{\sigma}(\hat{\xi}, f_j(a)) < \varepsilon\} \text{ für alle } j \in J.$$

Es gilt der Satz:

Sind die Funktionen $f_j|E$, $j \in J$, *in* a *gleichgradig stetig, so ist* $f(x) = \sup\{f_j(x) : j \in J\}$ *in* a *stetig. (Dasselbe gilt für* inf.*)*

In der Tat, aus der gleichgradigen Stetigkeit folgt $\boldsymbol{\sigma}(f_j(x), f_j(a)) < \varepsilon$ für $x \in U(a)$ und $j \in J$, und hieraus ergibt sich $\boldsymbol{\sigma}(f(x), f(a)) \leq \varepsilon$ für $x \in U(a)$, was die Stetigkeit von f in a bedeutet.

5.3. Nichtkonstante stetige Funktionen (Metrisation).

5.3.1. In jedem top. Raum gibt es stetige Funktionen, z.B. die identisch konstanten Funktionen. Es kann ein top. Raum so beschaffen sein, daß dies die einzigen stetigen Funktionen sind. Beispiel: T sei die Menge aller reellen Zahlen; eine Teilmenge von T heiße offen, wenn sie im gewöhnlichen Sinne offen ist, außerdem aber für ein passendes p die Menge $\{\hat{x} > p\}$ als Teilmenge enthält. T erfüllt die Axiome (1_t) bis (4_t) des top. Raumes. Ist nun $\varphi|T$ eine in T stetige Funktion und sind a und b zwei verschiedene Punkte, so gibt es zwei Umgebungen G_a, G_b von a bzw. b, so daß $\boldsymbol{\sigma}(\varphi(a), \varphi(x)) < \varepsilon$ für $x \in G_a$, und $\boldsymbol{\sigma}(\varphi(x), \varphi(b)) < \varepsilon$ für $x \in G_b$. Da aber $G_a G_b \neq 0$, so gibt es ein x, welches beide Ungleichungen zugleich erfüllt, d.h. aber dann $\boldsymbol{\sigma}(\varphi(a), \varphi(b)) < 2\varepsilon$, und da $\varepsilon > 0$ beliebig vorgegeben ist, folgt daraus $\varphi(a) = \varphi(b)$. Wir sehen damit, daß man erst in einem HAUSDORFFschen Raum, wo man $G_a G_b$, falls $a \neq b$, leer wählen kann, nicht identisch konstante stetige Funktionen zu erwarten sind.

5.3.2. Um zu notwendigen und hinreichenden Bedingungen zu gelangen, gehen wir mit unserer Forderung nach nicht trivialen stetigen Funktionen gleich weiter und verlangen:

(S_1) *Sind F_0 und F_1 zwei nicht leere fremde abgeschlossene Teilmengen des top. Raumes E, so gibt es eine in E stetige reelle Funktion $\varphi(x)$, welche gleich 0 für $x \in F_0$ und gleich 1 für $x \in F_1$.*

Wir wollen diese, das Verhalten der stetigen Funktionen in E abgrenzende Bedingung in eine rein topologische verwandeln. Stehen nämlich eine Funktion φ und die fremden abgeschlossenen Mengen F_0 und F_1 in der Beziehung, wie in (S_1) verlangt, so setze man

$$G_0 := \{\varphi(\hat{x}) < \tfrac{1}{2}\} \quad \text{und} \quad G_1 := \{\varphi(\hat{x}) > \tfrac{1}{2}\}.$$

Dann sind G_0 und G_1 zwei fremde offene Mengen mit $G_i > F_i$, $i = 0, 1$. Aus (S_1) folgt also die rein topologische Eigenschaft des Raumes:

(N) *Sind F_0, F_1 zwei fremde abgeschlossene Teilmengen des top. Raumes E, so gibt es fremde offene Mengen G_0, G_1 mit $G_i > F_i$, $i = 0, 1$.*

5.3.3. Ein top. Raum, welcher die Eigenschaft (N) erfüllt, heißt *normal*. Um zu zeigen, daß (N) mit (S_1) äquivalent ist, geben wir (N) eine etwas andere Form:

(N′) *Ist F abgeschlossen, G offen und $F < G$, so gibt es ein offenes G_1 mit $F < G_1$ und $G_1^\alpha < G$.*

5.3.3.1. *Beweis* für (N) $\bowtie$ (N′).

1. Es gelte (N). Erfüllen $F_1 = F$ und G die Voraussetzungen von (N′), so setzen wir $E - G = F_0$ mit $F_0 F_1 = 0$. Dann gibt es G_0, G_1 mit $G_0 G_1 = 0$ und $F_i < G_i$, $i = 0, 1$. Man hat $G_0 G_1 = 0 \triangleright G_0 G_1^\alpha = 0 \triangleright F_0 G_1^\alpha = 0 \triangleright G_1^\alpha < G$, also gilt (N′).

2. Es gelte (N′), und F_i, $i=1, 2$, seien zwei fremde abgeschlossene Mengen. Dann ist $F_1 \subset G = E - F_2$. Also gibt es ein G_1 mit $G_1^\alpha \subset G = E - F_2$, und $F_1 \subset G_1$. Daraus folgt $F_2 \subset E - G_1^\alpha = G_2$ mit $G_1^\alpha G_2 = 0$, also $G_1 G_2 = 0$, womit das Bestehen von (N) gezeigt ist.

5.3.3.2. *Beweis* für (N′) $\triangleright$ (S_1).

Der Raum E erfülle (N′); ferner seien F_0 und F_1 zwei fremde abgeschlossene Mengen. Die Konstruktion einer (S_1) genügenden Funktion geht folgendermaßen vor sich:

1. $F_0 \subset E - F_1 = G_1$; dazu existiert ein G_0 mit $F_0 \subset G_0$ und $G_0^\alpha \subset G_1$; dazu existiert ein $G_{\frac{1}{2}}$ mit $G_0^\alpha \subset G_{\frac{1}{2}}$ und $G_{\frac{1}{2}}^\alpha \subset G_1$.

2. Jetzt bildet man die Mengen $G_{\frac{1}{4}}$ und $G_{\frac{3}{4}}$ mit

$$G_0^\alpha \subset G_{\frac{1}{4}} \subset G_{\frac{1}{4}}^\alpha \subset G_{\frac{1}{2}} \subset G_{\frac{1}{2}}^\alpha \subset G_{\frac{3}{4}} \subset G_{\frac{3}{4}}^\alpha \subset G_1 .$$

3. usw. Durch Fortsetzung des Verfahrens erhält man offene Mengen G_t, $t = m/2^n$, $m = 0, 1, \ldots, 2^n$; $n \in \mathbf{Z}$ derart, daß

$$t_1 < t_2 \triangleright G_{t_1} \subset G_{t_1}^\alpha \subset G_{t_2} .$$

Ergänzend setzen wir für $t > 1$ noch $G_t = E$, und $G_t = 0$ für $t < 0$. Damit ist auf die Mengenschar $((G_t))$ **5.1.5.**, Zusatz, anwendbar. Es gibt eine reelle Funktion $\varphi | E$ mit $\{\varphi < t\} \subset G_t \subset \{\varphi \leq t\}$ für alle t, für welche G_t eben definiert worden ist. Es ergibt sich nun $\{\varphi < x\} = \sum^{\cdot} \{G_t : t < x\}$, was offen ist; ferner $\{\varphi \leq x\} = \prod^{\cdot} \{G_t : t > x\} = \prod^{\cdot} \{G_t^\alpha : t > x\}$, was abgeschlossen ist. Damit ist φ als stetig erkannt. Schließlich ist für $t < 0$ die Menge $\{\varphi < t\}$ leer und für $t > 1$ die Menge $\{\varphi < t\} = E$, so daß $\{\varphi \geq t\} = 0$. Damit haben wir für alle $x \in E$ die Ungleichung $0 \leq \varphi(x) \leq 1$. Da weiter $F_0 \subset G_0 \subset \{\varphi \leq 0\}$, so ist $F_0 \subset \{\varphi = 0\}$, ferner wegen $F_1 G_1 = 0$ und $G_1 \supset \{\varphi < 1\}$ erhält man $F_1 \subset \{\varphi = 1\}$, womit alles bewiesen ist.

Wir fassen zusammen:

Ein top. Raum hat die Eigenschaft (S_1) *dann und nur dann, wenn er normal ist.*

5.3.4. Wir wollen noch eine andere Raumeigenschaft hinsichtlich des Verhaltens der stetigen Funktionen in Betracht ziehen. Die Konstanzmengen $\{\psi(\hat{x}) = \alpha\}$ einer stetigen Funktion sind abgeschlossene Mengen (was unmittelbar aus **5.2.3.1.** hervorgeht). Hier kann man fragen, ob jede abgeschlossene Menge Konstanzmenge einer stetigen reellen Funktion sein kann. Diese Fragestellung veranlaßt uns, folgende Eigenschaft zu formulieren:

(S_2) *Zu jeder abgeschlossenen Menge F des Raumes E existiert eine reelle stetige Funktion $\psi | E$ mit $\{\psi(\hat{x}) = 0\} = F$.*

Zum Beispiel hat jeder metrische Raum die Eigenschaft (S_2); zur abgeschlossenen Menge F bilde man $\psi(x) := \inf\{r(x, y) : y \in F\}$. Wegen der Abgeschlossenheit von F ist $\psi=0$ für und nur für $x\in F$; außerdem ist $\psi(x)$ stetig. Um beispielsweise die Offenheit von $\{\psi>\alpha\}$ zu zeigen, wähle man zu $\psi(x_0)>\alpha$ ein β mit $\psi(x_0)>\beta>\alpha$. Dann hat man $r(x,x_0)<\alpha-\beta \triangleright r(y,x)\geq r(y,x_0)-r(x_0,x)>\alpha-(\alpha-\beta)=\beta>\alpha \triangleright \psi(x)>\alpha$.

Wir leiten aus (S_2) wieder eine topologische Forderung ab; wir betrachten die offenen Mengen $G_n:=\left\{|\psi(\hat{x})|<\frac{1}{n}\right\}$, $n\in\mathbf{Z}$. Es ist $F\subset G_n$. Ist ferner $y\notin F$, also $\psi(y)\neq 0$, etwa $|\psi(y)|=\delta>0$, so ist $G_y=\left\{|\psi(\hat{x})|>\frac{\delta}{2}\right\}$ eine Umgebung von y mit der Eigenschaft, daß $G_n G_y=0$, also $y\notin G_n^\alpha$ für $n>\frac{2}{\delta}$. Wir formulieren dieses Verhalten in folgender Eigenschaft:

(R^*) *Zu jeder abgeschlossenen Menge F des Raumes E gibt es eine Folge $((U_n))$ von offenen, F enthaltenden Mengen, so daß $\prod\limits_n^{\cdot} U_n^\alpha=F$.*

5.3.4.1. (R^*) $\bowtie$ (S_2).

Beweis. (S_2) $\triangleright$ (R^*) ist schon oben gezeigt. Wir werden dem noch die Schlußglieder 1. (R^*) $\triangleright$ (N) und 2. ((R^*) und (N)) $\triangleright$ (S_2) hinzufügen, womit dann die Behauptung bewiesen sein wird.

1. Seien F_1 und F_2 abgeschlossene fremde Mengen in E. Die gemäß (R^*) zu F_k existierende Folge offener Mengen werde mit $((U_{kn}))$ bezeichnet, $k=1,2$; ohne Beschränkung dürfen wir diese Folgen als gegensinnig monoton annehmen (anderenfalls würde man das Gewünschte mittels Durchschnittsbildungen erreichen). Wir bilden dann die Mengen $V_k:=\sum\limits_n^{\cdot}(U_{kn}-U_{1n}U_{2n})$, $k=1,2$, und zeigen: (a) $V_1V_2=0$; (b) $V_k^i\supset F_k$, so daß die Mengen $V_1^i=G_1$ und $V_2^i=G_2$ die Bedingung (N) erfüllen. In der Tat, $x\in V_1 \triangleright \exists\, m: x\in U_{1m}-U_{1m}U_{2m} \triangleright (x\in U_{1n}$ für $n\leq m$ und $x\notin U_{2n}$ für $n\geq m) \triangleright (x\notin U_{2n}-U_{1n}U_{2n}$ für $n\leq m$ und $x\notin U_{2n}-U_{1n}U_{2n}$ für $n\geq m) \triangleright x\notin V_2$, womit (a) bewiesen. — Weiter $a\in F_1 \triangleright a\notin F_2 \triangleright \exists\, n: (a\notin U_{2n}^\alpha$ und $a\in U_{1n}) \triangleright a\in U_{1n}-U_{1n}U_{2n}^\alpha=(U_{1n}-U_{1n}U_{2n})^i\subset V_1^i$, also $F_1\subset V_1^i$. Entsprechend für F_2, womit auch (b) bewiesen ist.

2. Erster Fall: $F=E$; dann ist $\psi(x)=0$ für $x\in E$ die gewünschte Funktion.

Zweiter Fall: $F\neq E$. Dann wählen wir $c\in E-F$ und setzen $F_0=F$ und $F_1=\{c\}$. Da E normal ist, so können wir die Konstruktion in **5.3.3.2.** zur Gewinnung einer Funktion $\psi(x)$ mit $\{\psi=0\}\supset F_0$ und $\{\psi=1\}\supset F_1$ anwenden. Wir wollen sie aber mit Verwendung von (R^*) so modifizieren, daß wir $\{\psi=0\}=F_0$ bekommen. Bezeichnet $((U_n))$ die gemäß (R^*) zu F_0 gehörige Folge, so haben wir bei der Bestimmung der Mengen $G_{\frac{1}{2^n}}$ dafür zu sorgen, daß $G_{\frac{1}{2^n}}\subset U_n$, was man notfalls durch Durchschnittsbildung $G_{\frac{1}{2^n}}U_n=:G'_{\frac{1}{2^n}}$ erzwingen kann. Da $\{\psi\leq 0\}\subset\prod^{\cdot}\{G_{\frac{1}{2^n}}:n\in\mathbf{Z}\}\subset\prod\limits_n^{\cdot}U_n=F_0$, so folgt $\{\psi=0\}=F_0$, w. z. z. w.

5.3.5. Wir können nach Art der vorausgehenden Beweisführung auch folgendes aussagen (Beweis!):

Ist in einem top. Raum (S_2) *gültig, so auch* (S_1) *in der schärferen Form, daß es zu zwei fremden abgeschlossenen Mengen* F_0 *und* F_1 *eine stetige Funktion* ψ *gibt mit* $\{\psi=0\}=F_0$ *und* $\{\psi=1\}=F_1$, *und allgemein* $0\leqq\psi\leqq 1$.

5.3.6. Ein top. Raum heißt *regulär*, wenn folgende Trennungseigenschaft erfüllt ist:

(R) *Zu jeder abgeschlossenen Menge F und jedem dazu fremden Punkt a gibt es fremde offene Mengen U, G mit* $U > F$ *und* $a\in G$.

Offenbar ist jeder normale Raum regulär. Ähnlich wie wir zu (N) die äquivalente Formulierung (N′) gefunden hatten, gibt es auch für (R) eine äquivalente Formulierung (Beweis!):

(R′) *Zu jeder Umgebung* G_a *eines Punktes a gibt es eine zweite* G'_a *mit* $G'^{\alpha}_a < G_a$.

5.3.7. *Jeder reguläre Raum mit abzählbarer Basis ist normal.*

Beweis. Es sei $\mathfrak{B}$ eine abzählbare Basis offener Mengen, und A und B seien fremde abgeschlossene Mengen. Auf Grund der Regularität haben wir $a\in A \triangleright a\notin B \triangleright \exists\, G_a\colon G^{\alpha}_a B=0$. Zu G_a gibt es ein $V_a\in\mathfrak{B}$ mit $V_a < G_a$, so daß $V^{\alpha}_a B=0$. Genau so findet man zu $b\in B$ ein V_b mit $V^{\alpha}_b A=0$. Die Menge aller V_a, $a\in A$, ist eine abzählbare Menge $\{V_1, V_2, V_3, \ldots\}$; entsprechend ist die Menge aller V_b gleich $\{V'_1, V'_2, V'_3, \ldots\}$. Dazu bilden wir die Mengen $W_1\colon = V_1$, $W'_1\colon = V'_1 - V'_1 W^{\alpha}_1$, allgemein $W_n\colon = V_n - V_n(W'^{\alpha}_1 \dotplus \cdots \dotplus W'^{\alpha}_{n-1})$, $W'_n\colon = V'_n - V'_n(W^{\alpha}_1 \dotplus \cdots \dotplus W^{\alpha}_n)$, $n=2,3,\ldots$, und setzen noch $G\colon = \sum_n^{\cdot} W_n$, $G'\colon = \sum_n^{\cdot} W'_n$. Dann ist G und G' offen; ferner ist $GG'=0$. In der Tat, aus $x\in G$ folgt $x\in W_n$ für ein gewisses n. Daraus folgt $x\in W^{\alpha}_1 \dotplus \cdots \dotplus W^{\alpha}_n \dotplus \cdots \dotplus W^{\alpha}_p$ für $p\geqq n$, so daß $x\notin W'_p$ für $p\geqq n$; andererseits ist aber $x\notin W'^{\alpha}_1 \dotplus \cdots \dotplus W'^{\alpha}_{n-1}$, so daß $x\notin W'_p$ für $p<n$. Zusammen erhalten wir $x\notin G'$. Schließlich haben wir $A < G$; denn aus $V'^{\alpha}_n A=0$ folgt $W'^{\alpha}_n A=0$ für alle n, so daß $\left(\sum_n^{\cdot} W'^{\alpha}_n\right) A=0$, also $W_n A = V_n A$, woraus $GA=\left(\sum_n^{\cdot} V_n\right)A = A$ hervorgeht. Genau so beweist man $B < G'$.

5.3.8. Mit Bezugnahme auf **4.1.5.1.**, **4.2.3.** und **4.6.3.** formulieren wir nun den Metrisationssatz von URYSOHN:

Jeder reguläre Raum mit abzählbarer Basis ist einem Teilraum des HILBERT*schen Raumes homöomorph.*

Beweis. $\mathfrak{B}$ sei eine abzählbare Basis des regulären Raumes E. Dann sind es auch die Mengenpaare $P=(V, V')$ mit $V^{\alpha} < V'$; sie seien durchnumeriert: $P_1, P_2, \ldots$. Da nach **5.3.7.** und **5.3.3.** (S_1) gilt, so können wir zu $P_n=(V_n, V'_n)$ eine reelle Funktion $\varphi_n(x)$ ermitteln, mit

$0 \leq \varphi_n(x) \leq 1$ und $\{\varphi_n = 0\} < V_n^\alpha$ und $\{\varphi_n = 1\} > E - V_n'$. Wir bilden nun zu jedem $x \in E$ die Zahlen $\xi_n = \frac{1}{n}\varphi_n(x)$, $n \in \mathbf{Z}$. Da $\sum_n \xi_n^2$ konvergent ist, so stellt $\xi = (\xi_1, \xi_2, \ldots)$ einen Punkt im HILBERTschen Raum H mit $\|\xi\| = (\xi_1^2 + \xi_2^2 + \cdots)^{\frac{1}{2}}$ dar. Mit $x \to \xi$ haben wir eine eindeutige Abbildung $f|E$ von E auf eine Teilmenge A von H. Wir zeigen, daß $f|E$ eineindeutig und umkehrbar stetig ist und damit eine Homöomorphie zwischen E und A vermittelt.

1. Zu $x \neq y$ existiert wegen der Regularität von E ein $P_m = (V_m, V_m')$ mit $x \in V_m < V_m^\alpha < V_m'$ und $y \notin V_m'$, so daß also $\varphi_m(x) = 0$ und $\varphi_m(y) = 1$, was $f(x) \neq f(y)$ zur Folge hat.

2. Ist G offen in E, so $f(G)$ offen in $A = f(E)$. In der Tat, zu $a \in G$ gibt es ein $P_m = (V_m, V_m')$ mit $a \in V_m^\alpha < V_m' < G$, so daß $\varphi_m(a) = 0$ und $\varphi_m(a') = 1$ für $a' \in E - G$. Dies bewirkt $\|f(a) - f(a')\| = \left(\sum_k \frac{1}{k^2}(\varphi_k(a) - \varphi_k(a'))^2\right)^{\frac{1}{2}} \geq \frac{1}{m}$, so daß aus $\|f(a) - f(b)\| < \frac{1}{m}$ notwendig $b \in G$ folgt, oder anders ausgedrückt (mit der Bezeichnung von **4.2.1.**), $U_{f(a)}^{\frac{1}{m}} A < f(G)$, was die Offenheit von $f(G)$ in A ergibt.

3. $f|E$ ist stetig. Die Stetigkeit von f im Punkt a ist gleichbedeutend mit der Stetigkeit der Funktion $\chi(x) = \|f(x) - f(a)\|^2 = \sum_n \frac{1}{n^2}(\varphi_n(x) - \varphi_n(a))^2$. Da diese unendliche Reihe die Majorante $\sum \frac{1}{n^2}$ hat, so ist sie gleichmäßig konvergent für alle x; da ihre Glieder an der Stelle $x = a$ stetig sind, so ist es nach einem Satz der klassischen Analysis (**5.4.6.2.**) auch $\chi(x)$ selbst. Die Stetigkeit von $f|E$ bedeutet aber, daß die Umkehrung $F|A$ davon offene Mengen in A in offene Mengen in E transformiert. Damit ist der homöomorphe Charakter von f bewiesen.

Bemerkung. Da jeder metrische Raum regulär ist, so folgt aus obigem Satz, daß *jeder metrische Raum mit abzählbarer Basis einer Teilmenge des* HILBERT*schen Raumes homöomorph ist.*

5.3.9. Die Bedingung (R*) ist stärker als die Normalität und enthält gewisse Abzählbarkeitseigenschaften; man könnte daher vermuten, daß auch (R*) bereits zu Metrisierbarkeit ausreicht. Dies ist nicht der Fall, wie das folgende *Beispiel* zeigt:

Wir betrachten den top. Raum S von **4.6.5.** Beispiel 3. Punkte sind die eigentlichen reellen Zahlen, Umgebungen von a die Intervalle $\{a \leq \hat{x} < a + r\}$ mit $r > 0$. Wir zeigen, *daß S die Eigenschaft* (R*) *hat, aber nicht metrisierbar ist.*

Beweis. 1. Es sei A eine abgeschlossene Menge in S. Die offene Menge $B = S - A$ besteht aus abzählbar vielen paarweise fremden maximalen Intervallen der Form $\{\alpha < \hat{x} < \beta\}$ oder $\{b \leq \hat{x} < b + \gamma\}$. Die Punkte b

letzterer Art nennen wir „singuläre" Punkte von B und das zugehörige $\gamma = \gamma_b$ die Spanne von b. Zu $a \in A$ betrachten wir die singulären Punkte b von $S - A$ mit $b > a$ und einer Spanne $\gamma_b > \frac{1}{n}$, wo n eine natürliche Zahl. Gibt es keine solchen b, so setzen wir $a_n = a + \frac{1}{n}$. Gibt es solche b, so liegen sie offenbar isoliert und es gibt unter ihnen ein kleinstes $b = b_a$; dann setzen wir $a_n = a + \min\left\{\frac{1}{n}, b_a - a\right\}$. Nun bilden wir die offenen Mengen $U_n := \sum^{\cdot}\{\{a \leqq \hat{x} < a_n\} : a \in A\}$, $n = 1, 2, \ldots$. $((U_n))$ erfüllt bezüglich $A = F$ die Bedingung (R*). In der Tat: Ist b nicht singulärer Punkt von $S - A$, so gibt es ein $r > 0$, so daß $\{b - r < \hat{x} < b + r\} \subset S - A$. Sobald $\frac{1}{n} < \frac{r}{2}$ wird, ist die Umgebung $G_b := \left\{b - \frac{r}{2} < \hat{x} < b + \frac{r}{2}\right\}$ fremd zu U_n, also $b \notin U_n^\alpha$. Wenn andererseits b singulär ist mit einer Spanne $\gamma_b > 0$, so daß $\{b \leqq \hat{x} < b + \gamma_b\} \subset S - A$, so haben wir, sobald $\frac{1}{n} < \gamma_b$, für $a < b$ stets $b_a - a \leqq b - a$, so daß U_n fremd ist zu $G_b := \{b \leqq \hat{x} < b + \gamma_b\}$, also wieder $b \notin U_n^\alpha$. Damit ist $\prod_n^{\cdot} U_n^\alpha = A$ bewiesen.

2. Angenommen, S wäre metrisch mit $r(x, y)$ als Abstand. Jede fallende, im gewöhnlichen Sinne (gegen a) konvergente Zahlenfolge $((x_n))$ ist auch in S konvergent gegen a, so daß $r(x_n, a)$ gegen Null streben muß. Dies ermöglicht die Konstruktion von zwei Folgen $((y_n))$ und $((x_n))$ mit $y_1 < y_2 < \cdots < x_2 < x_1$ und $r(x_n, y_n) < \frac{1}{n}$, $n = 1, 2, \ldots$. Man beginne etwa mit $x_1 = 1$, $y_1 = 0$; ist $y_{n-1} < x_{n-1}$ schon erreicht, so wähle man etwa $y_n = (x_{n-1} + y_{n-1})/2$ und dazu x_n zwischen y_n und x_{n-1} so nahe an y_n, daß $r(x_n, y_n) < \frac{1}{n}$. Es existiert $\lim x_n = x^*$ in S mit $r(x^*, x_n) \to 0$. Nun ist aber $r(x^*, y_n) \leqq r(x^*, x_n) + r(x_n, y_n) \to 0$, so daß auch $\lim y_n = x^*$. Die Menge $\{y_1, y_2, \ldots\}$ hätte den Punkt x^* (mit $x^* > y_n$ für alle n) zum Häufungspunkt in S, was ein Widerspruch ist.

Die vorausgehenden Betrachtungen machen es klar, daß man sich beim Studium von stetigen reellen Funktionen, wenn man nicht mit Abnormitäten rechnen will, zweckmäßig auf metrische Räume beschränkt; wir werden aber trotzdem gelegentlich gezwungen sein, auch in nichtmetrischen Räumen reelle Funktionen zu untersuchen.

5.3.10. Als Ergänzung sei hier hinzugefügt:

Jeder bikompakte HAUSDORFF*sche Raum ist normal.*

Beweis. Seien F_0, F_1 fremde abgeschlossene Teilmengen des bikompakten HAUSDORFFschen Raumes E. Zu $x_0 \in F_0$ und $x_1 \in F_1$ gibt es fremde Umgebungen $G_{x_1}(x_0)$ und $G_{x_0}(x_1)$ von x_1 bzw. x_0. Dann überdeckt $\sum^{\cdot}\{G_{x_0}(x_1) : x_0 \in F_0\}$ die Menge F_0, so daß nach **4.7.6.** bereits $\sum^{\cdot}\{G_{x_{0,\nu}}(x_1) : x_{0,\nu} \in F_0,\ \nu = 1, \ldots, n\} =: G(x_1) \supset F_0$ mit passenden $x_{0,\nu}$.

Dazu bilden wir $H_{x_1} := \prod^{\cdot}\{G_{x_1}(x_{0,\nu}) : \nu = 1, \ldots, n\}$. Offensichtlich ist H_{x_1} eine Umgebung von x_1 und fremd zu $G(x_1)$. Nach **4.7.6.** gilt $F_1 \subset G_1 := \sum^{\cdot}\{H_{x_{1,\mu}} : \mu = 1, \ldots, m\}$ mit passenden $x_{1,\mu}$; ferner ist $F_2 \subset G_2 := \prod^{\cdot}\{G(x_{1,\mu}) : \mu = 1, \ldots, m\}$ und $G_1 G_2 = 0$, w. z. z. w.

5.4. Halbstetige Funktionen.

5.4.0. *Ist $f|A$ eine reelle Funktion auf einer Teilmenge A des metrischen Raumes E, so ist $H_f(b)$ identisch mit der Menge der Grenzwerte aller, eigentlich oder uneigentlich konvergenten Folgen $((f(a_n)))$, wo $((a_n))$ irgendeine gegen b konvergente Folge von Punkten aus A bezeichnet.*

Beweis. 1. Es sei $a_n \to b$ und $f(a_n) \to c$ und $\varrho > 0$. Für hinreichend große n ist dann $|a_n, b| < \varrho$, und mit der Abkürzung $K_\varrho = f(\{|\hat{x}, b| < \varrho\} A)$ dann $f(a_n) \in K_\varrho \subset K_\varrho^\alpha$, also $c \in K_\varrho^\alpha$, woraus $c \in H_f(b)$ folgt.

2. Sei jetzt $c \in H_f(b)$, also z.B. $c \in K_{1/n}^\alpha$, $n \in \mathbf{Z}$. Es gibt daher ein a_n mit $|a_n, b| < \frac{1}{n}$ und $\boldsymbol{\sigma}(f(a_n), c) < \frac{1}{n}$; die Folge $((a_n))$ hat damit die gewünschten Eigenschaften: $a_n \to b$ und $f(a_n) \to c$.

Bemerkung. Ist $f|A$, $b \in A^\alpha - A$ und besteht $H_f(b)$ aus einem einzigen Punkt, so heißt dieser der *Limes von f auf A in b*, in Zeichen

$$\lim\{f(x) : A \ni x \to b\}.$$

5.4.1. Einer reellen Funktion $f|A$, wo A Teilmenge eines top. Raumes ist, können wir an Hand ihrer vollen Hülle $H_f(b)$, $b \in A^\alpha$, vgl. **5.2.6.**, die folgenden zwei Funktionen zuordnen:

$$f^i(b) := \inf H_f(b), \qquad f^s(b) := \sup H_f(b);$$

diese beiden Zahlen gehören $H_f(b)$ an, da $H_f(b)$ als Durchschnitt von abgeschlossenen Mengen im $\widetilde{E}^1$ abgeschlossen, und nicht leer ist. Es heißt f^i die *untere (volle)*, f^s die *obere (volle) Limesfunktion von f*. Offenbar ist $f^i \leq f^s$ auf A^α, auf A sogar $f^i \leq f \leq f^s$.

Gemäß **5.2.6.** ($\widetilde{E}^1$ ist kompakt) haben wir

$$0 \leq \Delta_f(b) = \boldsymbol{\sigma}(f^i(b), f^s(b)) = \mathbf{S} f^s(b) - \mathbf{S} f^i(b) \leq 2,$$

wo $\mathbf{S}$ die Schränkungstransformation bezeichnet.

5.4.1.1. Es gelten die Darstellungen:

$$f^i(b) = \sup\{\inf f(\hat{G}_b A) : \hat{G}_b \ \text{ Umgebung von } b \text{ in } E\},$$

$$f^s(b) = \inf\{\sup f(\hat{G}_b A) : \hat{G}_b \ \text{ Umgebung von } b \text{ in } E\}.$$

In der Tat, es ist $H_f(b) \subset (f(G_b A))^\alpha$, also $\inf f(G_b A) = \inf (f(G_b A))^\alpha \leq \inf H_f(b)$. Ist andererseits $t < \inf H_f(b)$, so enthält die offene Menge $\{\hat{z} > t\}$ die Menge $H_f(b)$, so daß gemäß **4.8.4.** (c) bereits ein $(f(G_b A))^\alpha$ für ein passendes G_b in dieser offenen Menge enthalten ist, was $\inf f(G_b A) > t$ zur Folge hat. Damit sind die Supremumseigenschaften von $\inf H_f(b)$ in bezug auf die Zahlen $\inf f(G_b A)$ nachgewiesen, und damit auch die erste Gleichung. Die zweite ergibt sich analog.

5.4.1.2. *In einem metrischen Raum E gibt es zu einer Funktion $f|E$ und einem Punkt $x_0 \in E$ eine „Minimalfolge“ $((x_n))$ und eine „Maximalfolge“ $((y_n))$ mit der Eigenschaft, daß*

$$f^i(x_0) = \lim\{f(x_n) : x_n \to x_0\}, \quad f^s(x_0) = \lim\{f(y_n) : y_n \to x_0\}.$$

Beweis. Ist n eine natürliche Zahl, so setze man in **5.4.1.1.** für G_b die Umgebung $\left\{|\hat{x}, b| < \frac{1}{n}\right\}$ und wähle darin ein x_n mit $\mathbf{S} f(x_n) < \mathbf{S} \inf f(G_b) + \frac{1}{n}$ ($\mathbf{S}$ die Schränkungstransformation). Alsdann ist $((x_n))$ eine Minimalfolge für $x_0 = b$ (Beweis!). Analog für eine Maximalfolge.

5.4.1.3. Die der Funktion f zugeordneten Funktionen f^i, f^s sind der Anlaß zu einer wichtigen Definition:

Die reelle Funktion $f|A$ heißt *im Punkt a von A*

halbstetig nach unten, wenn $f^i(a) = f(a)$,

halbstetig nach oben, wenn $f^s(a) = f(a)$.

Wir sehen sofort, *daß eine in a sowohl nach unten als auch nach oben halbstetige Funktion $f|A$ in a stetig ist, und umgekehrt*; denn beides ist mit $H_f(a) = \{f(a)\}$ d.h. $f^i(a) = f(a) = f^s(a)$ gleichbedeutend.

5.4.2. *Ist $f|A$ in a nach oben halbstetig, so $-f$ dort nach unten, und umgekehrt.*

Beweis. **5.4.0.** lehrt, daß $(-f)^i = -f^s$ und $(-f)^s = -f^i$, woraus die Behauptung hervorgeht.

Hieraus folgt, daß es zu jedem Satz über nach oben halbstetige Funktionen einen entsprechenden über nach unten halbstetige gibt. Wir werden im folgenden immer nur den einen Satz formulieren und beweisen.

5.4.3. *$f|A$, wo A Teilmenge des top. Raumes E, ist nach unten halbstetig in jedem Punkt a mit $f(a) = -\infty$, ferner in einem Punkt b mit $f(b) = +\infty$ dann und nur dann, wenn dort f stetig ist, und in jedem anderen Punkt c mit $-\infty < f(c) < +\infty$ dann und nur dann, wenn es zu jedem $t < f(c)$ eine Umgebung $U(c)$ von c in E gibt, so daß $t < f(x)$ für $x \in U(c) A$.*

Beweis. 1. Wegen $-\infty = f(a) \leq f^i(a)$ ist Behauptung für Punkte a trivial. — 2. Im Punkt b mit $f(b) = +\infty$ ist $f(x)$ offenbar nach oben halbstetig; wegen **5.4.1.3.** ist unter diesen Umständen Stetigkeit und Halbstetigkeit nach unten Folge voneinander. — 3. Sei $-\infty < f(c) < +\infty$

und zunächst vorausgesetzt, daß bei gegebenem $t < f(c)$ auch $t < f(x)$ gelte für $x \in U_c A$, wo U_c eine Umgebung von c in E; dies bedeutet, daß $t \leq \inf f(U_c A)$, also auch $f^i(c) = \sup\{\inf f(\hat{G}_c A) : \hat{G}_c$ Umgebung von c in $E\} \geq t$. Da t im Rahmen $t < f(c)$ beliebig ist, so folgt $f^i(c) \geq f(c)$. — Sei jetzt umgekehrt $f^i(c) = f(c)$ und ein $t < f(c)$ gewählt. Dann gibt es aber gemäß der Darstellung in **5.4.1.1.** ein $U(c)$ mit $\inf f\big(U(c)A\big) > t$, also $t < f(x)$ für $x \in U(c)$; w. z. z. w.

5.4.3.1. *Ist E ein kompakter top. Raum, so nimmt darin jede nach unten (oben) halbstetige Funktion $f|E$ ihr Infimum (Supremum) an.*

Beweis. Es gibt eine „Minimalfolge" $f(x_1), f(x_2), \ldots$ mit

$$\lambda := \lim\{f(x_n) : n \to \infty\} = \inf f(E).$$

Wenn dabei unendlich viele der x_n gleich x^* sind, dann ist $f(x^*) = \inf f(E)$. Wenn aber $((x_n))$ unendlich viele verschiedene Punkte enthält, so haben diese einen Häufungspunkt x^* (**4.7.1.**). Offenbar ist $\inf f(G_{x^*}) \leq \lambda$ für jede Umgebung G_{x^*} von x^*. Daraus folgt

$$\inf f(E) \leq f(x^*) = f^i(x^*) \leq \lambda,$$

d.h. $f(x^*) = \inf f(E)$, w. z. z. w.

5.4.3.2. *In einem kompakten top. Raum nimmt eine stetige reelle Funktion ihr Infimum und ihr Supremum an.*

5.4.4. *Die untere Limesfunktion $f^i|A^\alpha$ einer beliebigen reellen Funktion $f|A$ ist nach unten halbstetig.*

Beweis. Wir zeigen, daß allgemein $f^{ii} := (f^i)^i = f^i$. In der Tat, zu $t < f^i(b) = \sup\{\inf f(\hat{G}_b A) : \hat{G}_b$ Umgebung von b in $E\}$ gibt es ein spezielles G_b mit $\inf f(G_b A) > t$. Für $x \in G_b$ ist aber G_b zugleich ein G_x, so daß wir auch $\inf f(G_x A) > t$ haben, woraus $f^i(x) > t$ für $x \in G_b$ folgt. Das Letzte ergibt $\inf f^i(G_b A) \geq t$, und damit $f^{ii}(b) \geq t$. Da t mit $t < f^i(b)$ beliebig ist, haben wir $f^{ii}(b) \geq f^i(b)$, was sogar Gleichheit verlangt.

5.4.4.1. Die halbstetige Erweiterung einer halbstetigen Funktion $f|A$ von A auf A^α stellt nach dem Vorausgehenden kein Problem dar. Ist nämlich f halbstetig nach unten, so ist $f^i(a) = f(a)$ für $a \in A$, und f^i ist auf A^α halbstetig. In $f^i|A^\alpha$ hat man also eine solche Erweiterung. Im Gegensatz zur Eindeutigkeit bei stetiger Erweiterung liegt hier keine Eindeutigkeit vor; denn wählt man z.B. für ein einzelnes $b \in A^\beta$ statt $f^i(b)$ einen kleineren Funktionswert, im übrigen aber die Funktionswerte von f^i, so hat man ebenfalls eine nach unten halbstetige Erweiterung. Unter allen nach unten halbstetigen Erweiterungen von $f|A$ auf A^α ist aber $f^i|A^\alpha$ als jene ausgezeichnet, welche die größtmöglichen Funktionswerte besitzt.

5.4.5. Als eine Anwendung des vorausgehenden Satzes haben wir: *Die Schwankung $\Delta_f | A^\alpha$ jeder Abbildung $f | A$ der Teilmenge A eines top. Raumes E in einen metrischen Raum E' ist halbstetig nach oben.*

Beweis. Mit f^i bzw. f^s ist auch $\mathbf{S} f^i$ bzw. $\mathbf{S} f^s$ nach unten bzw. nach oben halbstetig ($\mathbf{S}$ die Schränkungstransformation). Wegen $\Delta_f = \mathbf{S} f^s - \mathbf{S} f^i$ folgt die Behauptung aus dem Satz:

Die Summe zweier nach oben halbstetiger Funktionen ist wieder nach oben halbstetig.

Dieser Satz ist selbst ein Spezialfall des folgenden Satzes:

5.4.5.1. *Ist $\varphi(\xi, \eta)$ für $(\xi, \eta) \in ((\tilde{E}^1, \tilde{E}^1))$ erklärt und in jeder einzelnen Veränderlichen gleichsinnig monoton und nach unten halbstetig, und sind $f | E$ und $g | E$ nach unten halbstetige Funktionen, so ist auch $\varphi(f, g) | E$ nach unten halbstetig.*

Beweis. Sei $x_0 \in E$, $\xi_0 = f(x_0)$, $\eta_0 = g(x_0)$ und $\varphi_0 = \varphi(\xi_0, \eta_0)$. Zu $\zeta < \varphi_0$ existieren nach Voraussetzung ξ', η' mit $\xi' < \xi_0, \eta' < \eta_0$, so daß $\varphi(\xi, \eta) > \zeta$, wenn $\xi > \xi'$ und $\eta > \eta'$. Ferner gibt es eine Umgebung G_{x_0} von x_0 in E mit $f(x) > \xi'$ und $g(x) > \eta'$ für $x \in G_{x_0}$. Daraus folgt $\varphi(f(x), g(x)) > \zeta$ für $x \in G_{x_0}$, w. z. z. w.

Bemerkung. Die Behauptung des Satzes gilt nicht, wenn man nur Halbstetigkeit oder nur gleichsinnige Monotonie von φ verlangen würde. Das erste lehrt das Beispiel $\varphi(f, g) = -f$, das zweite das Beispiel $E = E^1$ mit $f(x) = x$ und $\varphi(\xi)$ bzw. $= 0, 1$, je nachdem $\xi <, \geqq 0$.

5.4.5.2. *Ist f eine reelle Funktion im top. Raum E, so ist*

$$f^i = \sup\{g : g \text{ nach unten halbstetig und } g \leqq f\},$$
$$f^s = \inf\{h : h \text{ nach oben halbstetig und } h \geqq f\}.$$

In der Tat, da f^i selbst nach unten halbstetig und $\leqq f$ ist, so liegt das im Satz genannte Supremum m nicht unter f^i; andererseits folgt aus $g \leqq f$ sofort $g = g^i \leqq f^i$, also auch $m \leqq f^i$. Somit ist $m = f^i$ und die erste Behauptung bewiesen. Analog ergibt sich die zweite.

5.4.6. *Die reelle Funktion $f | A$ ist dann und nur dann in allen Punkten von A halbstetig nach unten, wenn die Urbildermengen $\{f > \eta\}$ für jedes endliche reelle η in A offen sind.*

Beweis. 1. Es sei f halbstetig nach unten und $f(a) > \eta$. Dann gibt es eine Umgebung U von a mit $f(x) > \eta$ für $x \in UA$. Dies besagt, daß $UA < \{f > \eta\}$, womit $\{f > \eta\}$ als in A offen erkannt ist.

2. Es sei $\{f > \eta\}$ offen in A für jedes endliche η. Ist für $a \in A$ der Funktionswert $f(a) = -\infty$, so ist die Halbstetigkeit nach unten trivial; wenn aber $f(A) > -\infty$, so ist, wenn $\eta < f(a)$, die Menge $\{f > \eta\}$ selbst eine Umgebung von a in A, in welcher $f(x) > \eta$ gilt.

Bemerkung. Gleichbedeutend mit „$\{f > \eta\}$ offen" ist „$\{f \leqq \eta\}$ abgeschlossen".

5.4.6.1. *Das Supremum jedes beliebigen, das Infimum jedes endlichen Systems von nach unten halbstetigen Funktionen ist wieder nach unten halbstetig.*

In der Tat, für jedes System S von Funktionen ist

$$\{\sup\{f : f \in S\} > \eta\} = \sum{}^{\cdot} \{\{f > \eta\} : f \in S\}, \tag{1}$$

$$\{\inf\{f : f \in S\} > \eta\} = \prod{}^{\cdot} \{\{f > \eta\} : f \in S\}. \tag{2}$$

Denn $x \in (1)$ rechts $\rhd\!\lhd\; f(x) > \eta$ für ein $f \in S \;\rhd\!\lhd\; x \in (1)$ links; analoges gilt für die zweite Gleichung. Die Behauptung folgt nun aus **5.4.6.** und **4.2.2.**, (3_t) und (2_t).

5.4.6.2. *Der gleichmäßige Limes f einer Folge von nach unten halbstetigen Funktionen f_n ist wieder nach unten halbstetig.*

Beweis. Zu $\varepsilon > 0$ gibt es ein n_0 mit $|f_{n_0}(x) - f(x)| < \varepsilon/3$ für alle x. Für ein spezielles x gibt es ein G_x, so daß für $y \in G_x$ gilt $f_{n_0}(y) > f_{n_0}(x) - \varepsilon/3$, also $f(y) > f_{n_0}(y) - \varepsilon/3 > f_{n_0}(x) - 2\varepsilon/3 > f(x) - \varepsilon$, was die behauptete Halbstetigkeit bedeutet.

Bemerkungen. 1. Ein analoger Satz gilt auch für den uneigentlich gleichmäßigen Limes. — 2. Da entsprechende Sätze auch für die nach oben halbstetigen Funktionen gelten, so haben wir auch den klassischen Satz:

Der gleichmäßige Limes einer Folge von stetigen Funktionen ist stetig.

5.4.7. *Jede in einem metrischen Raum E definierte nach unten halbstetige Funktion φ ist Limes einer gleichsinnig monotonen Folge $((\varphi_n))$ von stetigen Funktionen* (Baire).

Beweis. 1. Ist $\varphi|E$ ein nach unten halbstetige Funktion, so ist auch die durch die Schränkungstransformation $\mathfrak{S}$ transformierte Funktion $\psi := \mathfrak{S}\varphi$ eine nach unten halbstetige Funktion mit $-1 \leqq \psi \leqq 1$; umgekehrt entsteht aus einem solchen ψ durch $\mathfrak{S}^{-1}\psi$ eine nach unten halbstetige Funktion. Weil $\mathfrak{S}$ und $\mathfrak{S}^{-1}$ die Limesbeziehungen übertragen, so genügt es, den Satz für den Fall zu beweisen, daß φ der Beziehung

$$-1 \leqq \varphi(x) \leqq 1, \quad x \in E \tag{1}$$

genügt.

2. Ist (1) erfüllt, so leisten die Funktionen

$$\varphi_n(x) := \inf\{\varphi(y) + n\,|x, y| : y \in E\} \tag{2}$$

das Verlangte. In der Tat, mit $\Phi_n(x, y) := \varphi(y) + n|x, y|$ ist $\Phi_n \leqq \Phi_{n+1}$, und daher $\varphi_n \leqq \varphi_{n+1}$, so daß $\lambda := \lim \varphi_n$ existiert. Ferner ist nach der Dreiecksungleichung $|\Phi_n(x_1, y) - \Phi_n(x_2, y)| \leqq n|x_1, x_2|$, woraus nach **5.2.11.**, oder durch eine einfache Schlußweise direkt, $|\varphi_n(x_1) - \varphi_n(x_2)| \leqq n|x_1, x_2|$, d.h. die Stetigkeit von φ_n folgt.

3. Wegen $\varphi_n(x) \leqq \Phi_n(x, x) = \varphi(x)$ haben wir $\lambda \leqq \varphi$. Andererseits gibt es wegen der Halbstetigkeit von φ nach unten zu $\tau < \varphi(x)$ ein $\varrho > 0$, so daß $\varphi(y) > \tau$ für $|y, x| < \varrho$. Wählen wir nun $n > 2/\varrho$, so ergibt sich für $|y, x| < \varrho$ die Ungleichung $\Phi_n(x, y) > \tau$, und für $|y, x| \geqq \varrho$ die Abschätzung $\Phi_n(x, y) \geqq -1 + \frac{2}{\varrho}\varrho = 1 > \tau$, also $\Phi_n(x, y) > \tau$ für $y \in E$. Somit folgt $\varphi_n(x) \geqq \tau$, also erst recht $\lambda(x) \geqq \tau$, und schließlich

$$\lambda(x) \geqq \sup\{\tau : \tau < \varphi(x)\} = \varphi(x).$$

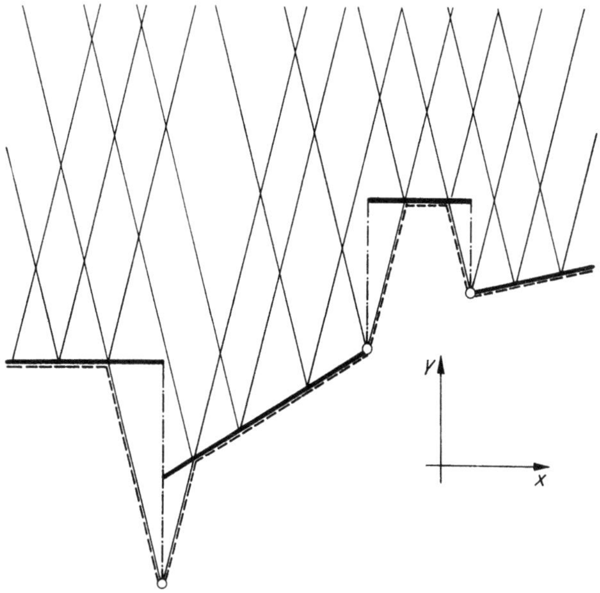

Abb. 13. Approximation einer nach unten halbstetigen reellen Funktion einer reellen Veränderlichen von unten her durch stetige Funktionen.

Damit haben wir $\lambda = \varphi$. Siehe Abb. 13, worin die Graphen von φ dick, von einigen Φ_n dünn, und von φ_n gestrichelt dargestellt sind.

Bemerkung. Wie mittels **5.4.6.1.** unmittelbar einzusehen, ist Satz **5.4.7.** umkehrbar: Der Limes einer gleichsinnig monotonen Folge von stetigen Funktionen ist nach unten halbstetig.

5.4.7.1. *In einem Kompaktum E ist $f := \sup \mathfrak{U}$ eines beliebigen Systems $\mathfrak{U}$ von nach unten halbstetigen reellen Funktionen $u|E$ darstellbar als $\sup \mathfrak{U}'$ eines abzählbaren Teilsystems $\mathfrak{U}'$ von $\mathfrak{U}$.*

Beweis. Da f wieder eine nach unten halbstetige Funktion ist (**5.4.6.1.**), so ist f als Limes einer nicht fallenden Folge von stetigen Funktionen φ_n darstellbar (**5.4.7.**). Sei n eine natürliche Zahl. Zu $x \in E$ gibt es ein $u_x \in \mathfrak{U}$ und eine Umgebung G_x von x in E, so daß

$u_x(y) > \varphi_n(y) - \frac{1}{n}$ für $y \in G_x$. Wir können E bereits mit endlich vielen dieser G_x überdecken, etwa mit $G_{n1}, \ldots, G_{nm_n}$. Dann gilt, wenn die zugehörigen u_x entsprechend mit $u_{n1}, \ldots, u_{nm_n}$ bezeichnet werden:

$$f = \sup\{u_{n,\mu} : \mu = 1, \ldots, m_n;\ n \in \mathbf{Z}\};$$

denn $f \geq \sup\{u_{n,\mu} : \mu = 1, \ldots, m_n\} > \varphi_n - \frac{1}{n}$, wozu kommt, daß $\varphi_n - \frac{1}{n}$ von unten gegen f strebt.

5.4.7.2. Als Verschärfung von **5.4.5.2.** haben wir:

Ist f eine reelle Funktion im metrischen Raum E, so ist

$$f^i = \sup\{h : h \textit{ stetig und } h \leq f\},$$
$$f^s = \inf\{h : h \textit{ stetig und } h \geq f\}.$$

Beweis. Es sei $k := \sup\{h : h$ stetig und $h \leq f\}$. Dann ist $k \leq f$, also $k = k^i \leq f^i \leq f$. Da f^i nach unten halbstetig, so gilt gemäß **5.4.7.** $f^i = \sup\{h : h$ stetig und $h \leq f^i\} \leq \sup\{h : h$ stetig und $h \leq f\} = k$. Somit $k = f^i$, w. z. z. w. Analog für f^s.

5.4.8. (Einschiebungssatz.)

Ist $u|E$ nach oben und $v|E$ nach unten halbstetig und endlich im metrischen Raum E, und $u \leq v$ überall in E, so gibt es eine stetige Funktion $\varphi|E$ mit $u \leq \varphi \leq v$ in E.

Beweis. Nach **5.4.7.** gibt es Folgen von stetigen Funktionen

$$s_1 \geq s_2 \geq \cdots \to u, \qquad t_1 \leq t_2 \leq \cdots \to v.$$

Mit $H(\tau) := \max\{\tau, 0\}$ bilden wir die alternierende Reihe

$$\varphi := t_1 + H(s_1 - t_1) - H(s_1 - t_2) + H(s_2 - t_2) - H(s_2 - t_3) + - \cdots.$$

1. Diese Reihe ist konvergent in E; denn es ist

$$s_1 - t_1 \geq s_1 - t_2 \geq s_2 - t_2 \geq s_2 - t_3 \geq \cdots,$$

also wegen der Monotonie von H

$$H(s_1 - t_1) \geq H(s_1 - t_2) \geq H(s_2 - t_2) \geq H(s_2 - t_3) \geq \cdots \to H(u - v) = 0,$$

weil H stetig und $H(\tau) = 0$ für $\tau \leq 0$.

2. Die Partialsummen von φ sind stetige Funktionen; jene mit ungerader Gliederzahl bilden eine aufsteigende, und die mit gerader eine absteigende Folge; denn für $b \leq c$ ist

$$H(a - b) - H(a - c) \geq 0 \quad \text{und} \quad -H(c - a) + H(b - a) \leq 0.$$

Daher ist φ sowohl Supremum als auch Infimum einer Folge von stetigen Funktionen und somit sowohl nach unten als auch nach oben halbstetig, d.h. stetig.

3. (a) Betrachten wir eine Stelle mit $u = v$; dann ist dort allgemein $t_n \leqq t_{n+1} \leqq s_n$. Die H-Werte in der Reihe für φ sind alle gleich dem betreffenden Argument, so daß sich als Folge der Partialsummen $t_1, s_1, t_2, s_2, \ldots$ ergibt mit dem Limes $\varphi = u = v$. — (b) Nehmen wir eine Stelle mit $u < v$. Dann sind von einem gewissen Reihenglied an die Argumente von H negativ, also die Reihenglieder selbst Null. Dieses erste negative Argument kann sein $s_n - t_n$, wobei $u \leqq s_n < t_n \leqq v$ und $\varphi = t_1 + (s_1 - t_1) - \cdots - (s_{n-1} - t_n) = t_n$; oder es ist $s_n - t_{n+1}$, wobei $u \leqq s_n < t_{n+1} \leqq v$ und $\varphi = t_1 + (s_1 - t_1) - \cdots + (s_n - t_n) = s_n$, also in beiden Fällen $u \leqq \varphi \leqq v$, w. z. z. w.

5.4.9. Wir kommen auf die beiden in **5.4.1.** erklärten Operationen f^i und f^s zurück. Der Beweis von **5.4.4.** lehrt, daß für jede reelle Funktion f gilt $f^{ii} = f^i$, und ebenso auch $f^{ss} = f^s$. Man kann diese Operationen auch in gemischter Weise iterieren, und erhält dann die Funktionen $f^{is}, f^{si}, f^{isi}, f^{sis}$, usw., was lauter halbstetige Funktionen sind. Die angedeutete Fortsetzung liefert aber keine neuen Funktionen mehr; denn es gilt:

Für jede reelle Funktion f ist $f^{isis} = f^{is}$ und $f^{sisi} = f^{si}$.

In der Tat, $f^{is} \geqq f^i \triangleright f^{isi} \geqq f^{ii} = f^i \triangleright f^{isis} \geqq f^{is}$; andererseits $f^{isi} \leqq f^{is} \triangleright f^{isis} \leqq f^{iss} = f^{is}$. Somit $f^{isis} = f^{is}$. Analog wird die zweite Behauptung bewiesen.

Führen wir daher die Operationen ein: $f^{is} = f^S$, $f^{si} = f^I$, so haben wir $f^{SS} = f^S$ und $f^{II} = f^I$. Funktionen g mit $g^S = g$ sind besondere nach oben halbstetige, Funktionen h mit $h^I = h$ sind besondere nach unten halbstetige Funktionen; sie sind *minimal unstetig* auf ihrem abgeschlossenen Definitionsbereich (**5.5.3.4.**).

5.4.10. Eine Auffassung der Halbstetigkeit als „Stetigkeit" verdient noch der Erwähnung. Man kann das System $\widetilde{E}^1$ der eigentlichen und uneigentlichen reellen Zahlen in folgender Weise *„schwach" topologisieren*: Als Umgebung von a in $\widetilde{E}^1$ nimmt man jede Menge $\{-\infty \leqq x < b\}$ mit $b > a$, wenn $a \neq +\infty$; der Punkt $a = +\infty$ hat $\widetilde{E}^1$ als einzige Umgebung. Dieses Umgebungssystem erfüllt (**4.6.2.**) die Basisaxiome $(1_b), (2_b)$, aber nicht (3_b), an Stelle des letzteren jedoch das folgende schwächere:

$(3'_b)$: Von zwei verschiedenen Punkten besitzt einer eine zum anderen Punkt fremde Umgebung, d.h. $a \neq b \triangleright ((\exists V_a : b \notin V_a)$ oder $(\exists V_b : a \notin V_b))$.

„Stetige" Abbildungen (vgl. **4.6.4.**) in den auf obige Art schwach topologisierten $\widetilde{E}^1$ sind gerade die nach oben halbstetigen Funktionen (Beweis!).

5.4.11. Als Abschluß beweisen wir noch den folgenden allgemeinen *Satz über stetige Erweiterung*:

Jede auf einer nicht leeren abgeschlossenen Teilmenge A eines metrischen Raumes E erklärte reelle Funktion $\varphi|A$ läßt sich zu einer im ganzen Raum eindeutig erklärten Funktion $\Phi|E$ erweitern, wobei folgendes erfüllt ist: 1. *Φ stimmt auf A mit φ überein;* 2. $\inf\varphi(A) \leqq \Phi(x) \leqq \sup\varphi(A)$ *für $x \in E$;* 3. *Φ ist stetig auf $E-A$;* 4. *in jedem Punkte a von A, wo $\varphi|A$ halbstetig ist, ist $\Phi|E$ in derselben Richtung halbstetig.*

Beweis. (a) Wir bilden den Bereich $\{\eta : -\infty \leqq \eta \leqq +\infty\}$ durch $\eta' = T(\eta)$ eineindeutig und umkehrbar stetig auf das Intervall $\{\eta' : 0 \leqq \eta' \leqq 1\}$ ab. Statt $\varphi(x)$ betrachten wir dann die Funktion $\varphi'(x) := T(\varphi(x))$ mit $0 \leqq \varphi' \leqq 1$. Ist für φ' ein Φ' gefunden, wie es der Satz verlangt, dann haben wir in $T^{-1}(\Phi')$ ein Φ der gesuchten Art.

(b) Nach (a) genügt es den Satz für den Spezialfall zu beweisen, daß $0 \leqq \varphi \leqq 1$. In diesem Fall verfahren wir folgendermaßen:

Für $x \in E-A$ ist $d(x) := \inf\{|a, x| : a \in A\}$, der Abstand des Punktes x von der abgeschlossenen Menge A, positiv, so daß wir $\Psi(a; x) := 2 - \frac{|a, x|}{d(x)}$ bilden können. Nun setzen wir

$$\Phi(a) := \varphi(a) \text{ für } a \in A, \; \Phi(x) := \sup\{\varphi(a)\Psi(a; x) : a \in A\} \text{ für } x \in E-A.$$

Wir zeigen, daß diese Funktion alle Anforderungen erfüllt. In der Tat, (1.) ist trivialerweise erfüllt. *Zu* (2.). Für $x \in E-A$ gilt wegen $\sup\Psi(A; x) = 1$ die Ungleichung

$$\begin{aligned} \inf\varphi(A) &= (\inf\varphi(A))\,(\sup\Psi(A; x)) \leqq \sup\{\varphi(a)\Psi(a; x) : a \in A\} \\ &= \Phi(x) \leqq (\sup\varphi(A))\,(\sup\Psi(A; x)) = \sup\varphi(A), \end{aligned}$$

also (2.) für $x \in E-A$; für $x \in A$ ist aber (2.) offenbar auch richtig. *Zu* (3.). Zur Berechnung von $\Phi(x)$ für $x \in E-A$ genügt es, bei der fraglichen sup-Bildung sich auf a aus $A_x := \{a : a \in A \text{ und } |a, x| \leqq 2d(x)\}$ zu beschränken; für $|a, x| \geqq 2d(x)$ ist nämlich $\Psi(a; x) \leqq 0$, so daß die zugehörigen Werte von $\varphi(a)\Psi(a; x)$ ohne Belang sind. Wir betrachten einen festen Punkt $x \in E-A$ mit $\delta := d(x) > 0$. Für $|y, x| \leqq \varrho < \frac{1}{2}\delta$ ist $y \in E-A$, ferner $|a, y| = |a, x| + u$, $d(y) = \delta + v$ mit $|u| \leqq \varrho$, $|v| \leqq \varrho$, so daß $|\Psi(a; y) - \Psi(a; x)| = \left|\frac{-u\delta + |a, x|\,v}{(\delta + v)\,\delta}\right| \leqq \frac{2\varrho\,|a, x|}{\frac{1}{2}\delta^2}$. Beschränken wir uns jetzt auf a aus A mit $|a, x| \leqq 4\delta$, so erfassen wir damit sowohl alle a mit $|a, x| \leqq 2\delta$, als auch alle a mit $|a, y| \leqq 2d(y)$; denn wenn $|a, y| \leqq 2d(y) \leqq 2(\delta + \varrho) < 3\delta$, so folgt $|a, x| \leqq |a, y| + |y, x| < 3\delta + \frac{1}{2}\delta < 4\delta$. Für solche a liefert die obige Ungleichung

$$|\varphi(a)\Psi(a; y) - \varphi(a)\Psi(a; x)| \leqq 16\varrho/\delta,$$

also auch $|\Phi(y) - \Phi(x)| \leqq 16\varrho/\delta$, woraus die Stetigkeit von Φ in x folgt. *Zu* (4.). Wir zeigen: Für $b \in A$, $x \in E$ und $|x, b| \leqq r$ (mit $r > 0$) ist $\inf\{\varphi(a) : a \in A \text{ und } |a, b| \leqq 3r\} \leqq \Phi(x) \leqq \sup\{\varphi(a) : a \in A \text{ und } |a, b| \leqq 3r\}$.

In der Tat, für $x \in A$ ist die Behauptung trivial. Sei daher $x \in E - A$. Wegen $\Phi(x) = \sup\{\varphi(\hat{a})\Psi(\hat{a}; x) : \hat{a} \in A_x\}$ und $\sup\{\Psi(\hat{a}; x) : \hat{a} \in A_x\} = 1$ gilt $\inf\{\varphi(a) : a \in A_x\} \leqq \Phi(x) \leqq \sup\{\varphi(a) : a \in A_x\}$. Hieraus folgt schon die Behauptung, weil $A_x \subset \{a : a \in A$ und $|a, b| \leqq 3r\}$; aus $|a, x| \leqq 2d(x)$ ergibt sich nämlich $|a, x| \leqq 2|b, x| \leqq 2r$, also $|a, b| \leqq |a, x| + |b, x| \leqq 3r$. Ist nun b ein Randpunkt von A, so lehrt die obige Ungleichung, daß Φ in b dieselben Stetigkeitseigenschaften wie φ hat.

5.4.11.1. *Jede auf einer abgeschlossenen Teilmenge A eines metrischen Raumes stetige Funktion $\varphi|A$ läßt sich zu einer im ganzen Raum stetigen Funktion erweitern* (Tietze 1914).

5.5. Unstetige Funktionen.

5.5.1. Sei E ein top. Raum und $\varphi|E$ eine reelle Funktion. Nach **5.2.4.** ist dann auch die Schwankung $\Delta_\varphi(x)$ erklärt für alle $x \in E$. Wir nennen x einen *Stetigkeitspunkt von φ*, wenn $\Delta_\varphi(x) = 0$, einen *Unstetigkeitspunkt von φ*, wenn $\Delta_\varphi(x) > 0$. Die Stetigkeitspunkte fassen wir zur Menge C, die Unstetigkeitspunkte zur Menge D zusammen: $C + D = E$. In E haben wir die Zerlegung $E = E^j + E^h$ (**4.5.3.**), wobei $E^h = E^\beta E = E^\beta$, die Menge der Häufungspunkte von E (in E), und $E^j = E - E^\beta$ die Menge der isolierten Punkte von E bezeichnen. Nach **5.2.1.** ist $C \supset E^j$ und $D \subset E^h$.

Nach **5.4.5.** ist $\Delta_\varphi(x)$ eine nach oben halbstetige Funktion, so daß die Mengen $\{\Delta_\varphi(\hat{x}) \geqq t\}$ abgeschlossen, die Mengen $\{\Delta_\varphi(\hat{x}) < t\}$ offen sind. Vermöge $C = \{\Delta_\varphi(\hat{x}) = 0\} = \prod^{\cdot}\{\{\Delta_\varphi(\hat{x}) < \frac{1}{n}\} : n \in \mathsf{Z}\}$ erscheint die Menge C als Durchschnitt von abzählbar vielen offenen Mengen von E.

Man nennt allgemein den *Durchschnitt von abzählbar vielen offenen Mengen* eines Raumes E ein G_δ von E, die *Vereinigung von abzählbar vielen abgeschlossenen Mengen* ein F_σ von E. Die G_δ und F_σ eines Raumes sind Komplemente voneinander. Wir können damit folgenden Satz aussprechen:

Die Menge C der Stetigkeitspunkte einer reellen Funktion $\varphi|E$ ist ein $G_\delta \supset E^j$, die Menge D der Unstetigkeitspunkte ein $F_\sigma \subset E^h$.

5.5.2. Von diesem Satz gibt es auch eine Umkehrung:

Ist die Menge D als ein F_σ in E^h des metrischen Raumes E vorgegeben, so existiert dazu eine reelle Funktion $\varphi|E$, deren Menge der Unstetigkeitspunkte genau gleich D ist.

Beweis. 1. Es sei $D = \sum_n^{\cdot} D_n$, wo D_n, $n \in \mathsf{Z}$, eine abgeschlossene Menge in E^h (= Durchschnitt einer abgeschlossenen Menge von E mit E^h). Wir zerlegen D_1 in $D_1' + D_1''$, den gehäuften Kern D_1' und den separierten Bestandteil von D_1 (vgl. **4.5.3.**), analog $D_n - D_n(D_1 \dotplus \cdots \dotplus D_{n-1}) =: T_n$ in $D_n' + D_n''$. Dann ist $D = \sum_n^{\cdot}(D_n' \dotplus D_n'')$ eine Zerlegung in lauter paarweise fremde Mengen. Falls $D'_n \neq 0$, so zerlegen wir es in zwei fremde in D'_n dichte Teile: $D'_n = H_n \dotplus K_n$ (**4.5.2.3.**). Die Funktion $\varphi_n | D'_n$, welche $=0$ auf H_n und $=1/n$ auf K_n, ist offenbar in keinem Punkt von D'_n stetig. — 2. Nun erklären wir die Funktion $\varphi | E$ wie folgt:

$$\varphi = \varphi_n \text{ auf } D'_n, \quad \varphi = \frac{1}{n} \text{ auf } D''_n, \quad \varphi = 0 \text{ auf } E - D.$$

Sie hat die verlangten Eigenschaften. In der Tat, sie ist stetig auf $E - D = C$; denn ist $x \in C$, so ist erst recht $x \in E - (D_1 \dotplus \cdots \dotplus D_n)$. Letzte Menge ist eine Umgebung von x und in ihr ist $0 \leq \varphi < \frac{1}{n}$, was wegen $\varphi(x) = 0$ die Stetigkeit von φ in x bedeutet. Ferner ist φ auf D unstetig. Denn ist $x \in D$, so haben wir die zwei Fälle: 1. $x \in D'_n$; alsdann ist φ in x unstetig, weil φ_n es ist. 2. $x \in D''_n = T^s_n$, so daß $\varphi(x) = 1/n$. Nach **4.5.3.1.** ist T^i_n dicht gegen D''_n; es existiert daher eine Folge $((a_k))$ von isolierten Punkten von T_n mit $\lim a_k = x$. Weil a_k in E^h, so gibt es einen Punkt b_k mit $0 < |a_k, b_k| < \frac{1}{k}$ und $b_k \notin T_n$. Somit ist $\varphi(b_k)$ entweder $=0$ oder $=1/m$ mit $m \neq n$, und außerdem $\lim b_k = x$. Wenn $\lim \varphi(b_k)$ existiert, ist es $\neq 1/n$. Daher ist jedenfalls φ im Punkt x unstetig, w. z. z. w.

Bemerkung. In einem gehäuften metrischen Raum gibt es Funktionen, welche in keinem Punkte stetig sind; man zerlege den Raum in zwei dichte Mengen und setze auf der einen Menge die Funktion gleich 0, auf der anderen gleich 1. Man kann darüber hinaus Funktionen konstruieren, welche in keinem Punkte halbstetig sind. Wir betrachten zu diesem Zweck eine Zerlegung des gehäuften metrischen Raumes E in abzählbar viele paarweise fremde überall dichte Mengen:

$$E = \sum{}^{\cdot} \{D_n : n \in \mathbf{Z}\}$$

(**4.5.2.3.** Zusatz), und definieren

$$\varphi(x) = (-1)^n \left(1 - \frac{1}{n}\right) \quad \text{für} \quad x \in D_n, \; n \in \mathbf{Z}.$$

Es ist $\varphi^s = 1$, $\varphi^i = -1$, dagegen $-1 < \varphi < 1$, so daß φ nirgends halbstetig ist.

5.5.3. Zum feineren Studium der unstetigen Funktionen benötigt man des öfteren die sog. reduzierten Limesfunktionen einer reellen Funktion, die wir gleich allgemein mit den *reduzierten partiellen Limesfunktionen* definieren wollen: Sei $\varphi | A$ eine reelle Funktion, A ein top. Raum und B eine Teilmenge von A mit dem Häufungspunkt $b \in B^\beta$. G_a bezeichne eine Umgebung von a in A, $G^*_a := G_a - \{a\}$ die dazu gehörige reduzierte Umgebung. Im Falle eines metrischen Raumes können wir für G_a^* eine Menge $\{0<|\hat{x}, a|<\varrho\}$ mit $\varrho>0$ nehmen. Dann setzen wir:

$$\varphi^{i*}(b; B) := \sup\{\inf \varphi(\hat{G}_b^* B) : \hat{G}_b^* \text{ reduzierte Umgebung von } b\},$$
$$\varphi^{s*}(b; B) := \inf\{\sup \varphi(\hat{G}_b^* B) : \hat{G}_b^* \text{ reduzierte Umgebung von } b\}.$$

Offenbar ist z.B. $\varphi^{i*}(b; B) = (\varphi|(B - B\{b\}))^i(b)$ im Sinne der früheren Bezeichnung (**5.4.1.1.**). Falls $B = A$ schreiben wir kürzer $\varphi^{i*}(b; A) = \varphi^{i*}(b)$, usw. und sprechen von den *reduzierten totalen Limesfunktionen* oder von den *reduzierten Limesfunktionen* schlechthin.

Ist A selbst Teilmenge eines top. Raumes, so haben wir im Zusammenhang mit früher $\varphi^i(b) = \varphi^{i*}(b)$, $\varphi^s(b) = \varphi^{s*}(b)$ für $b \in A^\beta - A^\beta A$, ferner $\varphi^i(a) = \min(\varphi(a), \varphi^{i*}(a))$, $\varphi^s(a) = \max(\varphi(a), \varphi^{s*}(a))$ für $a \in A^\beta A$, wie **5.4.1.1.** unmittelbar lehrt.

5.5.3.1. Aus der Definition der partiellen Limesfunktionen folgt sofort

$$B_1 \subset B_2 \triangleright \varphi^{i*}(b; B_2) \leq \varphi^{i*}(b; B_1) \leq \varphi^{s*}(b; B_1) \leq \varphi^{s*}(b; B_2).$$

Gelegentlich ist es von Bedeutung zu wissen, wann in diesen Ungleichungen das Gleichheitszeichen steht. Hier gilt die folgende hinreichende Bedingung:

B sei dicht in A und $\varphi|A$ habe die Eigenschaft, daß

$$\varphi^{i*}(a; B) \leq \varphi(a) \leq \varphi^{s*}(a; B) \quad \textit{für} \quad a \in A.$$

Dann gilt für $a \in A$ und $t = i, s$

$$\varphi^{t*}(a; B) = \varphi^{t*}(a, A).$$

Beweis. Wir zeigen, daß $\lambda := \varphi^{i*}(a; B) \leq \varphi^{i*}(a; A) =: \varrho$, was mit der obigen allgemeinen Ungleichung die behauptete Gleichheit für $t = i$ liefern wird. In der Tat, zu $\varrho' > \varrho$ und jeder reduzierten Umgebung G_a^* von a gibt es ein $x \in G_a^*$ mit $\varphi(x) < \varrho'$. Da dann nach Voraussetzung auch $\varphi^{i*}(x; B) < \varrho'$ und G_a^* eine reduzierte Umgebung von x enthält, so gibt es auch ein $y \in G_a^* B$ mit $\varphi(y) < \varrho'$. Daher ist $\lambda \leq \varrho'$, woraus für $\varrho' \to \varrho$ die Behauptung folgt. Für $t = s$ ist der Beweis analog.

5.5.3.2. Wenn $\varphi^{i*}(b; B) = \varphi^{s*}(b; B) =: \alpha$, wofür nach **5.2.4.** $\Delta_{\varphi|(B - B\{b\})}(b) = 0$ notwendig und hinreichend ist, so sagen wir, φ *konvergiere auf B in b gegen α*; dieser gemeinsame Wert α heißt dann der *reduzierte Limes von φ auf B in b*, in Zeichen $\varphi^{l*}(b; B)$, oder $\lim\{\varphi(x) : (B - B\{b\}) \ni x \to b\}$.

5.5.3.3. Eine Unstetigkeitsstelle $a \in A^\beta A$ von φ heißt ein *Stachel nach oben* (bzw. *nach unten*), wenn $\varphi(a) > \varphi^{s*}(a)$ (bzw. $< \varphi^{i*}(a)$). Stacheln sind demnach Halbstetigkeitsstellen von f. Bei einer *stachelfreien* Funktion ist also für $a \in A^\beta A$

$$\varphi^{i*}(a) \leq \varphi(a) \leq \varphi^{s*}(a).$$

In einem Raum E mit abzählbarer Basis hat eine reelle Funktion nur abzählbar viele Stacheln.

Beweis. Es sei $\mathfrak{G}$ eine abzählbare Basis von E. Wir betrachten im Produktraum $((E, \widetilde{E}^1))$ die bildliche Darstellung der reellen Funktion $\varphi|E$ durch die Menge $F:=\{(a,\varphi(a)):a\in E\}$. Liegt nun z.B. in a ein Stachel nach unten vor, so wähle man eine rationale Zahl z_a mit $\varphi(a)<z_a<\varphi^{i*}(a)$ und dazu auf Grund der Halbstetigkeit von φ^{i*} nach unten in a ein G_a mit $a\in G_a\in\mathfrak{G}$, so daß $\varphi(x)>z_a$ für $x\in G_a-\{a\}$. Dann enthält die Produktmenge $H_a:=((G_a,\{-\infty\leqq\hat{\xi}<z_a\}))$ außer $(a,\varphi(a))$ keinen Punkt von F, so daß zu zwei verschiedenen Stacheln nach unten, $a_1\neq a_2$, auch verschiedene H_{a_1}, H_{a_2} gehören müssen. Da es aber nur abzählbar viele verschiedene Mengen der Form $((G,\{-\infty\leqq\hat{\xi}<z\}))$ mit $G\in\mathfrak{G}$ und rationalem z gibt, so gibt es auch nur abzählbar viele Stacheln nach unten. Analog verfährt man mit den Stacheln nach oben.

5.5.3.4. Die Unstetigkeitsstelle $a\in A^\beta A$ von $\varphi|A$ heißt *hebbar*, wenn $\varphi^{i*}(b)=\varphi^{s*}(b)$. Geht man bei hebbarer Unstetigkeit in b von φ über zur „abgeänderten" Funktion φ', erklärt durch $\varphi'(b)=\varphi^{i*}(b)$ und $\varphi'(x)=\varphi(x)$ sonst, so besitzt φ' als Stetigkeitspunkte die von φ und dazu die Stelle b. Jede hebbare Unstetigkeit ist ein Stachel, so daß vorausgehender Satz anwendbar ist.

Nimmt man allgemein den Standpunkt ein, daß eine Abänderung der Funktionswerte „erlaubt" sei, soferne nur Unstetigkeitsstellen von der Änderung betroffen sind und dabei die Stetigkeitspunkte erhalten bleiben (φ' ist eine *erlaubte Abänderung* von φ, wenn $C_{\varphi'}\supset C_\varphi$ und $\varphi'|C_\varphi=\varphi|C_\varphi$), so ergibt sich die Aufgabe, bei einer vorgegebenen Funktion durch erlaubte Abänderungen die Menge der Stetigkeitspunkte möglichst zu vergrößern. Eine Funktion, deren Stetigkeitspunkte sich durch erlaubte Abänderung nicht vermehren lassen, heißt *minimal unstetig*.

5.5.3.5. *Jede monotone reelle Funktion $f|J$ auf einem offenen Zahlenintervall $J:=\{x:a<x<b\}$ besitzt nur abzählbar viele Unstetigkeitsstellen und ist minimal unstetig.*

Beweis. 1. Sei etwa f nicht fallend $(x<x'\rhd f(x)\leqq f(x'))$. Dann existieren die links- und rechtsseitigen Limiten

$$f_-(y):=f^{l*}(y;\{J\ni\hat{x}<y\}),\quad f_+(y):=f^{l*}(y;\{J\ni\hat{x}>y\}),$$

und es ist $f_-(y)\leqq f(y)\leqq f_+(y)$ für $y\in J$. Für je endlich viele Unstetigkeitsstellen $x_1,\ldots,x_n$ in $J':=\{x:a'<x<b'\}$ mit $a<a'<b'<b$ ist offenbar $\sum_{\nu=1}^{n}(f_+(x_\nu)-f_-(x_\nu))\leqq f(b')-f(a')$. Aus **1.5.10.** folgt daher, daß $\{x:x\in J'$ und $f_+(x)-f_-(x)>0\}$, d.h. die Menge der Unstetigkeitsstellen von f in J', und damit auch (mittels **1.5.6.**) in J selbst, abzählbar sein muß. — 2. Da die Menge der Stetigkeitspunkte von $f|J$ nach 1. dicht ist, so sind die Funktionen $f_+|J$ und $f_-|J$ für jede erlaubte Abänderung von f dieselben; durch eine solche Abänderung können daher die Unstetigkeitsstellen von $f|J$ nicht verringert werden.

5.5.4. *In einem regulären Raume liegen die Stetigkeitspunkte einer minimal unstetigen Funktion dicht.*

In der Tat, wäre G eine nicht leere offene Menge, welche keine Stetigkeitspunkte von φ enthielte, so wähle man ein nicht leeres offenes $G_1 \subset G$ mit $G_1^\alpha \subset G$, und man dürfte die Funktionswerte in allen Punkten von G_1 beliebig abändern, z.B. alle $=0$ setzen, wodurch die lediglich so abgeänderte Funktion φ' gegenüber φ mehr Stetigkeitspunkte besäße, im Widerspruch mit der minimalen Unstetigkeit von φ.

Eine Funktion φ, deren Stetigkeitspunkte überall dicht liegen, heißt *punktiert unstetig*. Obiger Satz lautet dann kurz: *In einem regulären Raum ist jede minimal unstetige Funktion punktiert unstetig.*

5.5.5. *Ist $\varphi|E$ punktiert unstetig im metrischen Raum E, so ist $\{\Delta_\varphi(\hat{x}) < t\}$ dicht für $t > 0$. Ist E vollständig, so ist für das Punktiert-Unstetigsein von φ auch hinreichend, daß $\left\{\Delta_\varphi(\hat{x}) < \frac{1}{n}\right\}$ für $n = 1, 2, \ldots$ dicht ist.*

Beweis. 1. Ist φ punktiert unstetig, so ist $\{\Delta_\varphi(\hat{x}) = 0\}$ dicht, also erst recht auch $\{\Delta_\varphi(\hat{x}) < t\}$ für $t > 0$. — 2. Ist andererseits jede Menge $\left\{\Delta_\varphi(x) < \frac{1}{n}\right\}$ dicht, so ist, weil auch jede offen ist (**5.4.5.**), in einem vollständigen Raum (**4.5.4.** und Bemerkung **4.9.4.**) auch ihr Durchschnitt, d.h. $\{\Delta_\varphi(\hat{x}) = 0\}$, dicht.

Dieser Satz liefert eine Charakterisierung der Menge D_φ der Unstetigkeitspunkte einer punktiert unstetigen Funktion φ:

In einem vollständigen Raum E ist $\varphi|E$ dann und nur dann punktiert unstetig, wenn D_φ eine Menge erster Kategorie in E.

In der Tat, die Eigenschaft, daß $\left\{\Delta_\varphi(\hat{x}) < \frac{1}{n}\right\}$ offen und dicht ist, ist gleichbedeutend damit, daß $D_n := \left\{\Delta_\varphi(\hat{x}) \geqq \frac{1}{n}\right\}$ abgeschlossen und nirgends dicht ist. Das übrige folgt dann aus $D_\varphi = \sum^{\cdot}\{D_n : n \in \mathbf{Z}\}$.

5.5.6.1. *In einem vollständigen Raum ist jede halbstetige Funktion punktiert unstetig.*

Beweis. Sei etwa $\varphi|E$ nach oben halbstetig und $U(a)$ eine beliebige Umgebung von a im vollständigen Raum E. Zur natürlichen Zahl n gibt es in $U(a)$ einen Punkt y, so daß $\mathbf{S}\,\varphi^s(y) = \mathbf{S}\,\varphi(y) < \mathbf{S}\left(\inf \varphi(U(a))\right) + \frac{1}{n} \leqq \mathbf{S}\,\varphi^i(y) + \frac{1}{n}$ ($\mathbf{S}$ die Schränkungstransformation), also $\Delta_\varphi(y) = \boldsymbol{\sigma}\left(\varphi^i(y), \varphi^s(y)\right) < \frac{1}{n}$. Damit ist $\left\{\Delta_\varphi(\hat{x}) < \frac{1}{n}\right\}$ dicht, und nach dem vorausgehenden Satz φ punktiert unstetig.

5.5.6.2. *Hat der Raum E die Eigenschaft, daß das Komplement jeder Menge erster Kategorie in E dicht ist, so ist der Limes jeder konvergenten Folge von stetigen Funktionen punktiert unstetig.*

Beweis. 1. Es sei $((f_n|E))$ eine gegen $f|E$ konvergente Folge von in E stetigen Funktionen. Nach **6.3.2.1.1.** fallen die Punkte, wo f stetig ist, zusammen mit den Punkten uniformer Konvergenz. Wir bilden für $\sigma > 0$ die Menge $F_m(\sigma) := \{x : x \in E$ und $\boldsymbol{\sigma}(f_n(x), f_m(x)) \leq \sigma$ für alle $n > m\}$ (kurz mit F_m bezeichnet, wobei σ zunächst festgehalten), welche als Durchschnitt von abgeschlossenen Mengen abgeschlossen ist. Wegen der Konvergenz in jedem Punkt x von E ist

$$E = F_1 \dotplus F_2 \dotplus \cdots. \tag{1}$$

Für einen inneren Punkt x von F_m ist

$$\boldsymbol{\sigma}(f(y), f_m(x)) \leq \sigma \quad \text{für alle } y \in G_x, \tag{2}$$

G_x eine Umgebung von x. Betrachten wir allgemeiner die Menge $H(\sigma)$ aller x aus E, für die (2) mit geeigneten m und G_x erfüllbar ist; $H(\sigma)$ ist offen und $H(\sigma) \supset F_1^i \dotplus F_2^i \dotplus \cdots$. Wenn nun $H(\sigma) = 0$, so ist jedes $F_m^i = 0$, daher F_m als abgeschlossene Menge ohne innere Punkte in E nirgends dicht und nach (1) E von erster Kategorie in sich. Umgekehrt ausgedrückt: Wenn E von zweiter Kategorie, so ist $H(\sigma) \neq 0$. — 2. Hat nun E die genannte Eigenschaft, so ist jede offene nicht leere Menge G in sich von zweiter Kategorie (alsdann ist nämlich $E - G = F$ abgeschlossen und $\neq E$, also nicht dicht, so daß G nicht von erster Kategorie sein kann). Wir betrachten nun die Funktionen $f_n|G$ und $f|G$. Nach 1. ist dann $GH(\sigma) \neq 0$. Dies bedeutet, daß $H(\sigma)$ in E dicht ist, weiter, daß $E - H(\sigma) = : A(\sigma)$ abgeschlossen und nirgends dicht ist, und

$$D := A(1) \dotplus A(\tfrac{1}{2}) \dotplus A(\tfrac{1}{3}) \dotplus \cdots,$$

die Menge der Punkte nicht uniformer Konvergenz, d.h. der Unstetigkeitspunkte von f, von erster Kategorie sein muß und damit das Komplement C der Stetigkeitspunkte von f in E dicht ist, w. z. z. w.

Bemerkung. Das obige Ergebnis gilt insbesondere für vollständige Räume; denn in einem solchen Raum ist die von E geforderte Eigenschaft allemal erfüllt (**4.9.5.**).

5.5.7. *Die Funktion $\varphi|E$ in einem regulären top. Raum E ist dann und nur dann minimal unstetig, wenn die Menge C_φ der Stetigkeitspunkte von φ dicht ist und mit der Menge $C^* := \{x : x \in E$ und $(\varphi|C_\varphi)^i(x) = (\varphi|C_\varphi)^s(x)\}$ übereinstimmt.*

Beweis. 1a. Da $\varphi|C_\varphi$ eine stetige Funktion auf C_φ, so hat man $C^* \supset C_\varphi$ für jede reelle Funktion φ. — 1b. Wenn nun φ minimal unstetig ist, so ist C_φ dicht (**5.5.4.**), so daß die Funktionen $\psi := (\varphi|C_\varphi)^i$ und $\chi := (\varphi|C_\varphi)^s$

für alle Punkte von E definiert sind. Offenbar ist $\psi=\chi$ auf C_φ. Der Übergang von $\varphi|E$ zu $\lambda|E$ mit $\psi\leq\lambda\leq\chi$ ist eine erlaubte Abänderung von φ. Es ist nämlich $\mathbf{S}\chi-\mathbf{S}\psi$ eine nicht negative, nach oben halbstetige Funktion und als solche an jeder Stelle, wo sie verschwindet, stetig (Beweis!), was zur Folge hat, daß $\psi|E$, $\lambda|E$, $\chi|E$ in jedem Punkt von $\{x:\psi(x)=\chi(x)\}=C^*$ stetig sind. Die Minimalunstetigkeit von φ verlangt aber $C^*\subset C_\varphi$, so daß Gleichheit besteht. — 2. Wenn umgekehrt $C_\varphi=C^*$ und dicht ist, so ist offenbar in den Punkten von $\{x:\psi(x)<\chi(x)\}=E-C_\varphi$ durch keinerlei erlaubte Abänderung der Funktionswerte von φ Stetigkeit erzielbar, so daß φ minimal unstetig ist.

5.5.8. *Für jede reelle Funktion $\varphi|E$ in einem regulären Raum E sind die Funktionen φ^{is} und φ^{si} minimal unstetig.*

Beweis. Es sei a eine Unstetigkeitsstelle von φ^{is}; dann gibt es feste Zahlen λ,μ,ν, so daß es in jeder vorgegebenen Umgebung $U(a)$ Punkte a_1 und a_2 gibt mit $\varphi^{is}(a_1)<\lambda<\mu<\nu<\varphi^{is}(a_2)$. Da φ^{is} nach oben halbstetig ist, so gibt es eine Umgebung $U(a_1)\subset U(a)$, so daß $\varphi^{is}(x)<\lambda$ für $x\in U(a_1)$. Weil die Stetigkeitspunkte von φ^{is} dicht liegen, so haben wir damit in $U(a)$ einen Stetigkeitspunkt b_1 von φ^{is} mit $\varphi^{is}(b_1)<\lambda$. Aus der eingangs aufgestellten Ungleichung folgt weiter $\mu<\varphi^i(a_3)$ mit $a_3\in U(a)$. Durch analoge Überlegungen wie eben findet man jetzt einen Stetigkeitspunkt b_2 von φ^i in $U(a)$ mit $\mu<\varphi^i(b_2)$. b_2 ist aber auch Stetigkeitspunkt von φ^{is} mit $\mu<\varphi^{is}(b_2)$. Aus diesem Ergebnis folgt, daß für die gemäß **5.5.7.** zu φ^{is} gehörigen Funktionen ψ und χ im Punkt a die Ungleichung $\psi<\chi$ besteht, woraus die Minimalunstetigkeit von φ^{is} hervorgeht. Analog ist der Beweis für φ^{si}.

5.5.9. *Die reelle Funktion φ im regulären top. Raum E ist dann und nur dann minimal unstetig, wenn $C_\varphi=C_{\varphi^{is}}$. (Analoges mit φ^{si}.)*

Beweis. Stets ist $C_\varphi\subset C_{\varphi^{is}}$. Wenn φ minimal unstetig ist, so muß, weil φ^{is} eine erlaubte Abänderung von φ, auch die umgekehrte Inklusion, also sogar Gleichheit bestehen. Wenn umgekehrt Gleichheit besteht, so ist, weil φ^{is} minimal unstetig, es auch φ selbst.

Bemerkung. Für die Minimalunstetigkeit von φ ist zwar $C_\varphi=C_{\varphi^i}=C_{\varphi^s}$ notwendig, aber nicht hinreichend. Beispiel: In $\{-1<x<1\}$ sei φ definiert durch: $\varphi(x)=0$ für $-1<x\leq 0$, $\varphi\left(\frac{1}{2^n}\right)=(-1)^n$, $\varphi(x)=\frac{1}{2^n}$ für $\frac{1}{2^n}<x<\frac{1}{2^{n-1}}$, $n=1,2,\ldots$. Die Unstetigkeitspunkte von φ, φ^i und φ^s sind dieselben, nämlich $x=0,\frac{1}{2},\frac{1}{4},\ldots$, aber die erlaubte Abänderung φ^{is} ergibt eine minimal unstetige Funktion, für die auch $x=0$ Stetigkeitspunkt ist, so daß φ nicht minimal unstetig ist.

5.5.10. Mit den vorausgehenden Betrachtungen ist der Formalismus der i-Operation und s-Operation völlig aufgeklärt.

Zu jeder reellen Funktion φ erhält man im allgemeinen, d.h. wenn sie nicht selbst schon minimal unstetig ist, zwei Paare von „gekoppelten" minimal unstetigen Funktionen:

$$\psi_1 = \varphi^{si},\ \chi_1 = \varphi^{sis} \quad \text{und} \quad \psi_2 = \varphi^{isi},\ \chi_2 = \varphi^{is}.$$

Jedes dieser Paare ist „*gekoppelt*" in folgendem Sinne:

$$\psi^i = \psi,\ \psi^s = \chi;\quad \chi^i = \psi,\ \chi^s = \chi.$$

Umgekehrt sind die Funktionen eines gekoppelten Paares minimal unstetig.

5.6. Die BAIREschen Funktionen.

5.6.1. Wir betrachten eigentlich reelle Funktionen $f|A$, welche auf einer festen Grundmenge A erklärt sind. Ist $\mathfrak{T}$ ein System solcher Funktionen, so bezeichne $\mathfrak{T}^\lambda$ bzw. $\mathfrak{T}^{\lambda *}$ das System aller Limiten von (in jedem Punkt von A) eigentlich bzw. (in A) gleichmäßig eigentlich konvergenten Folgen von Funktionen aus $\mathfrak{T}$. Offenbar ist $\mathfrak{T} \subset \mathfrak{T}^{\lambda *} \subset \mathfrak{T}^\lambda$. Ferner gilt $(\mathfrak{T}^{\lambda *})^{\lambda *} = \mathfrak{T}^{\lambda *}$; wenn nämlich $f_n = \lim\limits_{\nu} f_{n\nu}$ mit $f_{n\nu} \in \mathfrak{T}$ und $f = \lim\limits_{n} f_n$ gleichmäßig gelten, so kann man eine Folge $((f_{n\nu_n}))$ bestimmen, welche gleichmäßig gegen f strebt (Aufgabe!). Im allgemeinen ist $(\mathfrak{T}^\lambda)^\lambda \supset \mathfrak{T}^\lambda$. Ein System $\mathfrak{B}$ von Funktionen $f|A$ heißt ein BAIRE*sches System*, wenn $\mathfrak{B}^\lambda = \mathfrak{B}$, d.h. wenn der Limes jeder eigentlich konvergenten Folge von Funktionen aus $\mathfrak{B}$ wieder zu $\mathfrak{B}$ gehört. Über einem System $\mathfrak{T}$ von Funktionen $f|A$ gibt es BAIREsche Systeme, z.B. das System aller Funktionen $f|A$, unter diesen BAIREschen Systemen ein kleinstes, nämlich der Durchschnitt $\mathfrak{T}^{(b)}$ aller BAIREschen Systeme über $\mathfrak{T}$. Die Funktionen aus $\mathfrak{T}^{(b)}$ heißen *die von $\mathfrak{T}$ erzeugten* BAIRE*schen Funktionen.*

5.6.1.1. Man erhält in $\mathfrak{T}^{(b)}$ die BAIRE*schen Funktionen eines metrischen Raumes E*, wenn man für $\mathfrak{T}$ das System $\mathfrak{C}$ der eigentlich stetigen Funktionen des Raumes E nimmt. Das System der BAIREschen Funktionen des Raumes E bezeichnen wir demgemäß mit $\mathfrak{C}^{(b)}$.

5.6.2. Um den Zusammenhang der BAIREschen Funktionen von E mit den BORELschen Mengen von E zu erkennen, führen wir folgende Bezeichnungen ein: Sind $\mathfrak{M}$ und $\mathfrak{N}$ Systeme von Teilmengen von E, so bezeichne $[\mathfrak{M}; \mathfrak{N}]$ das System aller eigentlich reellen Funktionen $f|E$ mit

$$\{f > \alpha\} := \{x : x \in E \text{ und } f(x) > \alpha\} \in \mathfrak{M} \text{ und}$$
$$\{f \geq \alpha\} := \{x : x \in E \text{ und } f(x) \geq \alpha\} \in \mathfrak{N} \text{ für jedes reelle } \alpha.$$

Daneben setzen wir für ein Funktionensystem $\mathfrak{T}$

$$\mathfrak{M}(\mathfrak{T}) := \{\{f > \alpha\} : f \in \mathfrak{T} \text{ und } \alpha \text{ reell}\},$$
$$\mathfrak{N}(\mathfrak{T}) := \{\{f \geq \alpha\} : f \in \mathfrak{T} \text{ und } \alpha \text{ reell}\}.$$

Offensichtlich ist für jedes $\mathfrak{T}$

$$\mathfrak{T} \subset [\mathfrak{M}(\mathfrak{T}); \mathfrak{N}(\mathfrak{T})].$$

Weiter definieren wir: Ein Funktionensystem $\mathfrak{B}$ heißt ein *gewöhnliches System*, wenn $\mathfrak{B}$ enthält:

(1.) alle Konstanten, (2.) mit f_1 und f_2 auch $f_1 + f_2$ und $f_1 f_2$, ferner auch f_1/f_2, falls $f_2 \neq 0$ ist, (3.) mit f auch $|f|$.

Ein gewöhnliches Funktionensystem enthält mit f_1, f_2, f_3 auch $\max\{f_1, f_2\}$, $\min\{f_1, f_2\}$ und $\operatorname{med}\{f_1, f_2, f_3\}$.

Ein Funktionensystem $\mathfrak{B}$ heißt *vollständig*, wenn es ein gewöhnliches System ist und außerdem $\mathfrak{B}^{\lambda *} = \mathfrak{B}$ erfüllt.

Beispielsweise ist das System $\mathfrak{C}$ der stetigen Funktionen eines metrischen Raumes E vollständig; (1.), (2.) und (3.) sind für $\mathfrak{C}$ bekanntlich erfüllt, und $\mathfrak{C}^{\lambda *} = \mathfrak{C}$ folgt aus **5.4.6.2.**, Bemerkung 2.

Ferner bezeichne $\mathfrak{M}^\sigma$ bzw. $\mathfrak{M}^\delta$ das System aller Vereinigungen bzw. Durchschnitte von je abzählbar vielen Mengen aus $\mathfrak{M}$, $\mathfrak{T}^\sigma$ bzw. $\mathfrak{T}^\delta$ das System aller eigentlichen Suprema bzw. Infima von je abzählbar vielen Funktionen aus $\mathfrak{T}$. Ist $\mathfrak{T}$ ein gewöhnliches System, so ist $\mathfrak{T}^\sigma$ bzw. $\mathfrak{T}^\delta$ identisch mit dem System aller eigentlichen Limiten von aufsteigenden bzw. absteigenden Folgen von Funktionen aus $\mathfrak{T}$; denn es ist z.B. $\sup\{f_1, f_2, \ldots\} = \lim\limits_n \max\{f_1, \ldots, f_n\}$.

5.6.3.1. *Ist $\mathfrak{T}$ ein gewöhnliches Funktionensystem, so sind die Systeme $\mathfrak{M}(\mathfrak{T})$, $\mathfrak{N}(\mathfrak{T})$ zueinander komplementäre Mengenringe, welche E und 0 enthalten.*

In der Tat, ist $M_i \in \mathfrak{M}(\mathfrak{T})$ und etwa $M_i = \{f_i > 0\}$ (ohne Beschränkung der Allgemeinheit), $i = 1, 2$, so folgt

$$M_1 \dotplus M_2 = \{\max\{f_1, f_2\} > 0\}, \qquad M_1 M_2 = \{\min\{f_1, f_2\} > 0\}.$$

Genau so folgt die Ringeigenschaft von $\mathfrak{N}(\mathfrak{T})$. Die Komplementarität erschließt man aus $M = \{f > \alpha\} \bowtie E - M = \{f \leqq \alpha\} = \{-f \geqq -\alpha\}$. E und die leere Menge sind in $\mathfrak{M}(\mathfrak{T})$ und $\mathfrak{N}(\mathfrak{T})$ enthalten, weil $\mathfrak{T}$ die Konstanten enthält (Beweis!).

5.6.3.2. *Ist $\mathfrak{T}$ ein gewöhnliches Funktionensystem, so gilt*

$$\mathfrak{M}(\mathfrak{T})^\sigma = \mathfrak{M}(\mathfrak{T}^\sigma) \quad \textit{und} \quad \mathfrak{N}(\mathfrak{T})^\delta = \mathfrak{N}(\mathfrak{T}^\delta).$$

Beweis. 1. Aus $f \in \mathfrak{T}^\sigma$ folgt $f = \sup\limits_n f_n$ mit $f_n \in \mathfrak{T}$, also $\{f > \alpha\} = \sum\limits_n{}^{\cdot} \{f_n > \alpha\} \in \mathfrak{M}(\mathfrak{T})^\sigma$. Daher ist $\mathfrak{M}(\mathfrak{T}^\sigma) \subset \mathfrak{M}(\mathfrak{T})^\sigma$ (was übrigens für jedes beliebige System $\mathfrak{T}$ gilt).

2. Die umgekehrte Inklusion beweisen wir in folgenden Schritten:

(A) Zu $M \in \mathfrak{M}(\mathfrak{T})$ gibt es ein $f \in \mathfrak{T}$, das in M positiv und sonst 0 ist.

(B) Zu $M \in \mathfrak{M}(\mathfrak{T})$ gibt es ein $g \in \mathfrak{T}^\sigma$, das in M gleich 1 und sonst 0 ist.

(C) Zu $M \in \mathfrak{M}(\mathfrak{T})^\sigma$ gibt es ein $h \in \mathfrak{T}^\sigma$, das in M gleich 1 und sonst 0 ist.

Offenbar folgt aus (C) wegen $M = \{h > 0\} \in \mathfrak{M}(\mathfrak{T}^\sigma)$ die noch fehlende Inklusion $\mathfrak{M}(\mathfrak{T})^\sigma < \mathfrak{M}(\mathfrak{T}^\sigma)$.

Beweis. Zu (A). Es gibt ein $f_1 \in \mathfrak{T}$ mit $\{f_1 > 0\} = M$; dann leistet $f := \max\{f_1, 0\}$ das Gewünschte. — *Zu* (B). Mit dem f aus (A) ist $g := \sup_n \min\{n f, 1\}$ von der verlangten Art. — *Zu* (C). Ist $M = M_1 \dot{+} M_2 \dot{+} \cdots$ mit $M_n \in \mathfrak{M}(\mathfrak{T})$, so wähle man gemäß (B) aus $\mathfrak{T}^\sigma$ ein g_n, welches auf M_n gleich 1 und sonst gleich 0 ist; dann ist $h := \sup_n g_n \in (\mathfrak{T}^\sigma)^\sigma = \mathfrak{T}^\sigma$ gleich 1 auf M und sonst gleich 0.

Für die Behauptung bezüglich $\mathfrak{N}(\mathfrak{T})$ verlaufen die Beweise analog.

5.6.3.2.1. Wir fügen für späteren Gebrauch hier noch einen Hilfssatz hinzu ($\mathfrak{T}$ ist ein gewöhnliches Funktionensystem):

Zu $M \in \mathfrak{M}(\mathfrak{T})^\sigma$ gibt es ein $v \in \mathfrak{T}^{\lambda *}$, das in M positiv und sonst Null ist.

In der Tat, ist $M = M_1 \dot{+} M_2 \dot{+} \cdots$ mit $M_n \in \mathfrak{M}(\mathfrak{T})$, so bestimme man nach **5.6.3.2.** (A) zu M_n ein $f_n \in \mathfrak{T}$, das in M_n positiv und sonst Null ist und überdies $f_n \leqq 2^{-n}$ erfüllt (was man allenfalls durch Übergang zu $\min\{f_n, 2^{-n}\}$ erzwingen kann), $n = 1, 2, \ldots$. Dann ist $v := f_1 + f_2 + \cdots$ von der verlangten Art.

Folgerung. Für ein vollständiges System $\mathfrak{T}$ ist $\mathfrak{M}(\mathfrak{T})^\sigma = \mathfrak{M}(\mathfrak{T})$.

In der Tat, nach dem eben Bewiesenen ist hier $\mathfrak{M}(\mathfrak{T})^\sigma < \mathfrak{M}(\mathfrak{T}^{\lambda *}) = \mathfrak{M}(\mathfrak{T})$, was nur mit dem Gleichheitszeichen gilt.

5.6.3.3. *Ist $\mathfrak{T}$ ein gewöhnliches Funktionensystem, so ist $\mathfrak{T}^\lambda$ ein vollständiges System.*

Beweis. 1. $\mathfrak{T}^\lambda$ ist ein gewöhnliches System; dies folgt unmittelbar aus den Stetigkeitseigenschaften der Grundrechnungsarten und der Funktion $|x|$, $-\infty < x < +\infty$. — 2. $(\mathfrak{T}^\lambda)^{\lambda *} = \mathfrak{T}^\lambda$ folgt so: Gilt $f = \lim f_n$ gleichmäßig mit $f_n \in \mathfrak{T}^\lambda$, so können wir bei Beschränkung auf eine Teilfolge voraussetzen, daß $|f_n - f_{n-1}| < \varepsilon_n$, $n \in \mathbf{Z}$, wo $\varepsilon_1 + \varepsilon_2 + \cdots$ eine konvergente Reihe positiver Zahlen ist ($f_0 = 0$). Mit $\varphi_n := f_n - f_{n-1}$ können wir dann schreiben $f = \varphi_1 + \varphi_2 + \cdots$, wobei $\varphi_n \in \mathfrak{T}^\lambda$ und $|\varphi_n| < \varepsilon_n$. Wir haben weiter $\varphi_n = \lim_\nu f_{n\nu}$ mit $f_{n\nu} \in \mathfrak{T}$. Da $\varphi_n = \lim_\nu \operatorname{med}\{-\varepsilon_n, f_{n\nu}, \varepsilon_n\}$, so dürfen wir $|f_{n\nu}| < \varepsilon_n$ voraussetzen. Nun können wir zeigen, daß die Folge der Funktionen $F_n := f_{1n} + f_{2n} + \cdots + f_{nn}$, $n \in \mathbf{Z}$, aus $\mathfrak{T}$ gegen f konvergiert (womit die Behauptung nachgewiesen sein wird). In der Tat: Für $n > m$ ist

$$|F_n - (f_{1n} + \cdots + f_{mn})| < \varepsilon_{m+1} + \cdots + \varepsilon_n \leqq \varepsilon_{m+1} + \varepsilon_{m+2} + \cdots =: \delta_m,$$

so daß

$$f_{1n} + \cdots + f_{mn} - \delta_m < F_n < f_{1n} + \cdots + f_{mn} + \delta_m.$$

Für $n \to +\infty$ folgt

$$\varphi_1 + \cdots + \varphi_m - \delta_m \leqq \underline{\lim}\, F_n \leqq \overline{\lim}\, F_n \leqq \varphi_1 + \cdots + \varphi_m + \delta_m,$$

und hieraus wegen $\delta_m \to 0$ für $m \to +\infty$

$$\lim F_n = \varphi_1 + \varphi_2 + \cdots = f.$$

5.6.4. *Enthält der Mengenring $\mathfrak{M}$ den Raum E und die leere Menge und ist $\mathfrak{M}^\sigma = \mathfrak{M}$, bedeutet ferner $\mathfrak{N}$ das System der Komplemente zu den Mengen aus $\mathfrak{M}$ (also $\mathfrak{N}^\delta = \mathfrak{N}$), so ist $\mathfrak{B} := [\mathfrak{M}; \mathfrak{N}]$ ein vollständiges Funktionensystem.*

Beweis. (a) $\mathfrak{B}$ erfüllt (1.), da E und die leere Menge in $\mathfrak{M}$ und $\mathfrak{N}$.
(b) Sind $f_1, f_2 \in \mathfrak{B}$, so ist

$$\{f_1 + f_2 > \alpha\} = \sum\nolimits^{\cdot} \{\{f_1 > \varrho\}\{f_2 > \alpha - \varrho\} : \varrho \text{ rational}\} \in \mathfrak{M},$$
$$\{f_1 + f_2 \geqq \alpha\} = \prod\nolimits^{\cdot} \{\{f_1 \geqq \varrho\} \dotplus \{f_2 \geqq \alpha - \varrho\} : \varrho \text{ rational}\} \in \mathfrak{N},$$

also $f_1 + f_2 \in \mathfrak{B}$. Ferner ist mit f auch $-f$ in $\mathfrak{B}$; denn beispielsweise ist $\{-f > \alpha\} = E - \{f \geqq -\alpha\}$ Komplement einer Menge aus $\mathfrak{N}$, also aus $\mathfrak{M}$. Damit ist auch die Differenz zweier Funktionen aus $\mathfrak{B}$ wieder in $\mathfrak{B}$. Weiter ist mit f auch f^2 in $\mathfrak{B}$; denn $\{f^2 > \alpha\} = E$, wenn $\alpha < 0$, und sonst $= \{f > \sqrt{\alpha}\} \dotplus \{-f > \sqrt{\alpha}\}$, also eine Menge aus $\mathfrak{M}$. Analog folgt $\{f^2 \geqq \alpha\} \in \mathfrak{N}$. In ähnlicher Weise ergibt sich weiter: $f \in \mathfrak{B} \rhd |f| \in \mathfrak{B}$, und $0 \neq f \in \mathfrak{B} \rhd \frac{1}{f} \in \mathfrak{B}$. Hinsichtlich des Produktes liefert die Gleichung $f_1 f_2 = \frac{1}{4}(f_1 + f_2)^2 - \frac{1}{4}(f_1 - f_2)^2$ den Rest zum Beweis von (2.). Damit ist gezeigt, daß $\mathfrak{B}$ ein gewöhnliches System ist. Um noch $\mathfrak{B}^{\lambda^*} = \mathfrak{B}$ zu zeigen, sei $f = \lim\limits_n f_n$ gleichmäßig, etwa mit $|f - f_n| < \frac{1}{n}$ und $f_n \in \mathfrak{B}$, $n \in \mathbf{Z}$; dann kann man schreiben

$$f = \sup_n \left(f_n - \frac{1}{n}\right) = \inf_n \left(f + \frac{1}{n}\right),$$

woraus, wegen der allgemeinen Formeln

$$(*)\qquad \begin{cases} \{\sup\limits_n \varphi_n > \alpha\} = \sum\limits_n^{\cdot} \{\varphi_n > \alpha\}, \\ \{\inf\limits_n \varphi_n \geqq \alpha\} = \prod\limits_n^{\cdot} \{\varphi_n \geqq \alpha\}, \end{cases}$$

ebenfalls $f \in \mathfrak{B}$ folgt.

5.6.5. *Ist $\mathfrak{T}$ ein gewöhnliches Funktionensystem, so ist die kleinste Erweiterung $\mathfrak{T}^{(v)}$ von $\mathfrak{T}$ zu einem vollständigen System identisch mit dem Funktionensystem $\tilde{\mathfrak{T}} := [\mathfrak{M}(\mathfrak{T})^\sigma; \mathfrak{N}(\mathfrak{T})^\delta]$.*

Beweis. 1. Nach **5.6.3.1.** sind $\mathfrak{M}(\mathfrak{T})$ und $\mathfrak{N}(\mathfrak{T})$ komplementäre Systeme, welche E und 0 enthalten; dasselbe gilt dann auch für $\mathfrak{M}(\mathfrak{T})^\sigma$ und $\mathfrak{N}(\mathfrak{T})^\delta$, welche überdies die in **5.6.4.** geforderten σ- bzw. δ-Eigenschaft haben. Daher ist $\tilde{\mathfrak{T}}$ ein vollständiges System und offensichtlich $> \mathfrak{T}$. Somit gilt $\mathfrak{T}^{(v)} < \tilde{\mathfrak{T}}$.

2. Dem Nachweis, daß auch das Umgekehrte gilt, schicken wir eine Hilfsbetrachtung voraus: Ist $\varphi \in \tilde{\mathfrak{T}}$ und $\alpha_1 < \alpha_2$, so gibt es eine Funktion $w \in \mathfrak{T}^{(v)}$

mit bzw.	$w = 0,$	$0 < w < 1,$	$w = 1,$
für bzw.	$\varphi \leq \alpha_1,$	$\alpha_1 < \varphi < \alpha_2,$	$\varphi \geq \alpha_2.$

In der Tat, $P_1 := \{\varphi > \alpha_1\}$ und $P_2 := \{\varphi < \alpha_2\}$ sind nach Voraussetzung in $\mathfrak{M}(\mathfrak{T})^\sigma$; nach **5.6.3.2.1.** gibt es Funktionen v_1, v_2 aus $\mathfrak{T}^{\lambda *} \subset \mathfrak{T}^{(v)}$ mit $v_i > 0$ auf P_i und $v_i = 0$ auf $Q_i := E - P_i$, $i = 1, 2$. Da $Q_1 Q_2 = 0$, so verschwinden v_1 und v_2 nicht gleichzeitig, so daß $w := \frac{v_1}{v_1 + v_2} \in \mathfrak{T}^{(v)}$ das Gewünschte leistet; denn auf den Mengen

	$Q_1 P_2,$	$P_1 P_2,$	$P_1 Q_2$
ist	$v_1 = 0,$	$v_1 > 0,$	$v_1 > 0,$
	$v_2 > 0,$	$v_2 > 0,$	$v_2 = 0,$
also	$w = 0,$	$0 < w < 1,$	$w = 1.$

3. Wenn nun φ *beschränkt* ist, etwa $0 \leq \varphi \leq 1$, so bestimme man gemäß 2. zur natürlichen Zahl n und zu $m = 1, \ldots, n$ eine Funktion $w_m \in \mathfrak{T}^{(v)}$

mit bzw.	$w_m = 0,$	$0 < w_m < 1,$	$w_m = 1,$
für bzw.	$\varphi \leq \frac{m-1}{n},$	$\frac{m-1}{n} < \varphi < \frac{m}{n},$	$\varphi \geq \frac{m}{n}$

und setze noch $f := (w_1 + \cdots + w_n)/n$. Dann ist $f \in \mathfrak{T}^{(v)}$ und für x mit $\frac{m-1}{n} \leq \varphi(x) \leq \frac{m}{n}$ folgt $w_1(x) = \cdots = w_{m-1}(x) = 1$, $0 \leq w_m(x) \leq 1$, $w_{m+1}(x) = \cdots = w_n(x) = 0$, also $\frac{m-1}{n} \leq f(x) \leq \frac{m}{n}$, somit allgemein $|\varphi - f| \leq \frac{1}{n}$. φ kann also durch Funktionen f aus $\mathfrak{T}^{(v)}$ gleichmäßig approximiert werden, gehört also selbst zu $\mathfrak{T}^{(v)}$.

4. Wenn aber φ *nicht beschränkt* ist, so erzwingen wir durch die Schränkungstransformation $\Phi = \frac{\varphi}{1 + |\varphi|}$ mit der Umkehrung $\varphi = \frac{\Phi}{1 - |\Phi|}$, daß $-1 < \Phi < 1$. Dabei ist für ein A mit $-1 < \mathsf{A} < 1$ die Menge

$$\{\Phi > \mathsf{A}\} = \left\{\varphi > \frac{\mathsf{A}}{1 - |\mathsf{A}|}\right\} \in \mathfrak{M}(\mathfrak{T})^\sigma, \quad \text{analog} \quad \{\Phi \geq \mathsf{A}\} \in \mathfrak{N}(\mathfrak{T})^\delta,$$

während für die übrigen A die fraglichen Mengen entweder leer oder gleich E sind, also auch zu $\mathfrak{M}(\mathfrak{T})^\sigma$ bzw. $\mathfrak{N}(\mathfrak{T})^\delta$ gehören. Nach 3. erhalten wir $\Phi \in \mathfrak{T}^{(v)}$, also auch wiederum $\varphi \in \mathfrak{T}^{(v)}$, w. z. z. w.

5.6.5.1. *Für jedes vollständige Funktionensystem* $\mathfrak{T}$ *ist*

$$\mathfrak{T} = [\mathfrak{M}(\mathfrak{T}); \mathfrak{N}(\mathfrak{T})].$$

In der Tat, wenn $\mathfrak{T}$ vollständig ist, so gilt nach **5.6.3.2.1.**, Folgerung, $\mathfrak{M}(\mathfrak{T})^\sigma = \mathfrak{M}(\mathfrak{T})$, $\mathfrak{N}(\mathfrak{T})^\delta = \mathfrak{N}(\mathfrak{T})$, nach **5.6.5.** somit $\mathfrak{T} = \mathfrak{T}^{(v)} = [\mathfrak{M}(\mathfrak{T})^\sigma; \mathfrak{N}(\mathfrak{T})^\delta] = [\mathfrak{M}(\mathfrak{T}); \mathfrak{N}(\mathfrak{T})]$.

5.6.6. Die Funktionen von $\mathfrak{C}^{(b)}$ konstruieren wir nun nach folgendem Schema:

$$\mathfrak{C}^0 : = \mathfrak{C},$$

$$\mathfrak{C}^{\xi+1} : = (\mathfrak{C}^\xi)^\lambda;$$

für eine Limeszahl η setzen wir $\mathfrak{C}^\eta_* : = \sum^{\cdot} \{\mathfrak{C}^\xi : \xi < \eta\}$ und dann

$$\mathfrak{C}^\eta : = (\mathfrak{C}^\eta_*)^{(v)}.$$

Nach **5.6.3.3.** ist damit erreicht, daß bei jedem Schritt sich $\mathfrak{C}^\xi$ als *vollständiges* Funktionensystem ergibt. Diese Wahl von $\mathfrak{C}^\eta$, bei welcher $\mathfrak{C}^\eta \subset (\mathfrak{C}^\eta_*)^\lambda$, zeitigt bei den nachfolgenden Betrachtungen gewisse Vorteile in der Bezeichnung. Da trotzdem $\mathfrak{C}^{\eta+1} \supset (\mathfrak{C}^\eta_*)^\lambda$, so genügt es nach **2.7.6.** sich bei den $\mathfrak{C}^\xi$ auf $\xi < \omega_1$ zu beschränken, so daß wir

$$\mathfrak{C}^{(b)} = \sum^{\cdot} \{\mathfrak{C}^\xi : \xi < \omega_1\}$$

erhalten.

5.6.6.1. Wir setzen für $\xi < \omega_1$

$$\mathfrak{M}^\xi : = \mathfrak{M}(\mathfrak{C}^\xi) \quad \text{und} \quad \mathfrak{N}^\xi : = \mathfrak{N}(\mathfrak{C}^\xi).$$

Dann gilt:

Für $\xi < \eta$ *ist* $\mathfrak{N}^\xi \subset \mathfrak{M}^\eta$ *und* $\mathfrak{M}^\xi \subset \mathfrak{N}^\eta$.

Beweis. Sei etwa $\{f \geq 0\} \in \mathfrak{N}^\xi$ mit $f \in \mathfrak{C}^\xi$. Dann ist für $n \in \mathsf{Z}$

$$f_n : = \frac{n f}{1 + n|f|} \in \mathfrak{C}^\xi \quad \text{und} \quad \varphi : = \lim f_n \in \mathfrak{C}^{\xi+1}.$$

Dabei ergibt sich $\{f \geq 0\} = \{\varphi > -\tfrac{1}{2}\} \in \mathfrak{M}^{\xi+1}$, also ist $\mathfrak{N}^\xi \subset \mathfrak{M}^{\xi+1}$. Wenn $\xi < \eta$ und $\xi + 1 \neq \eta$, also $\xi + 1 < \eta$, so hat man $\mathfrak{N}^\xi \subset \mathfrak{M}^{\xi+1}\ \mathfrak{M}^\eta \subset$ wegen $\mathfrak{C}^{\xi+1} \subset \mathfrak{C}^\eta$. Analog beweist man die zweite Inklusion.

5.6.6.2. *Ist* $\mathfrak{G}$ *das System der offenen,* $\mathfrak{F}$ *das der abgeschlossenen Mengen des metrischen Raumes* E, *so ist mit den Bezeichnungen von* **5.6.6.1.**

$$\mathfrak{M}^0 = \mathfrak{G} = \mathfrak{M}^{0\sigma}, \quad \mathfrak{N}^0 = \mathfrak{F} = \mathfrak{N}^{0\delta},$$

$$\mathfrak{M}^1 = \mathfrak{N}^{0\sigma}, \quad \mathfrak{N}^1 = \mathfrak{M}^{0\delta},$$

$$\mathfrak{M}^2 = \mathfrak{N}^{1\sigma}, \quad \mathfrak{N}^2 = \mathfrak{M}^{1\delta},$$

. . . .

und für Limeszahlen η *mit* $\mathfrak{S}^\eta : = \sum^{\cdot} \{\mathfrak{M}^\xi : \xi < \eta\} = \sum^{\cdot} \{\mathfrak{N}^\xi : \xi < \eta\}$

$$\mathfrak{M}^\eta = (\mathfrak{S}^\eta)^\sigma, \quad \mathfrak{N}^\eta = (\mathfrak{S}^\eta)^\delta.$$

Ferner gilt allgemein $\mathfrak{C}^\xi = [\mathfrak{M}^\xi; \mathfrak{N}^\xi]$.

Beweis. 1. Die erste Zeile der behaupteten Gleichungen ist richtig, wegen der Eigenschaften der stetigen Funktionen in metrischen Räumen (**5.3.4.**).

2. Die letzte Gleichung in der Behauptung folgt aus der Vollständigkeit der $\mathfrak{C}^\xi$ nach **5.6.5.1.**

3. Ist etwa $\{f > \alpha\} \in \mathfrak{M}^{\xi+1}$ mit $f \in \mathfrak{C}^{\xi+1}$ und $f = \lim f_n$ mit $f_n \in \mathfrak{C}^\xi$, so kann man schreiben $f = \sup\limits_n \varphi_n$ mit $\varphi_n := \inf\{f_n, f_{n+1}, \ldots\}$, so daß $\{f > \alpha\} = \sum^\cdot \{\{\varphi_n \geqq \alpha + \frac{1}{m}\} : (n \text{ und } m) \in \mathsf{Z}\}$ und

$$\{\varphi_n \geqq \alpha + \tfrac{1}{m}\} = \prod{}^\cdot \{\{f_\nu \geqq \alpha + \tfrac{1}{m}\} : \nu = n, n+1, \ldots\} \in (\mathfrak{N}^\xi)^\delta = \mathfrak{N}^\xi,$$

also $\{f > \alpha\} \in (\mathfrak{N}^\xi)^\sigma$; somit ist $\mathfrak{M}^{\xi+1} \subset (\mathfrak{N}^\xi)^\sigma$. Aus **5.6.6.1.** aber folgt $\mathfrak{M}^{\xi+1} \supset \mathfrak{N}^\xi$, und weiter $\mathfrak{M}^{\xi+1} = (\mathfrak{M}^{\xi+1})^\sigma \supset (\mathfrak{N}^\xi)^\sigma$ und damit $\mathfrak{M}^{\xi+1} = (\mathfrak{N}^\xi)^\sigma$. Analog beweist man $\mathfrak{N}^{\xi+1} = (\mathfrak{M}^\xi)^\delta$.

4. Die Gültigkeit der zweifachen Darstellung von $\mathfrak{S}^\eta$ folgt leicht aus **5.6.6.1.**

5. Sei jetzt η eine Limeszahl.

Da $\mathfrak{C}^\eta_*$ ein gewöhnliches Funktionensystem ist (weil es nämlich zu $f_1, f_2 \in \mathfrak{C}^\eta_*$ allemal ein $\mathfrak{C}^\xi$ mit $\xi < \eta$ und $f_1, f_2 \in \mathfrak{C}^\xi$ gibt), so liefert **5.6.5.** $\mathfrak{C}^\eta = [\mathfrak{M}(\mathfrak{C}^\eta_*)^\sigma; \mathfrak{N}(\mathfrak{C}^\eta_*)^\delta]$. Nun ist aber ersichtlich $\mathfrak{M}(\mathfrak{C}^\eta_*) = \mathfrak{S}^\eta = \mathfrak{N}(\mathfrak{C}^\eta_*)$, also $[\mathfrak{M}^\eta; \mathfrak{N}^\eta] = \mathfrak{C}^\eta = [(\mathfrak{S}^\eta)^\sigma; (\mathfrak{S}^\eta)^\delta]$, womit alles bewiesen ist.

5.6.7. Aus der Konstruktion der $\mathfrak{M}^\xi$ und $\mathfrak{N}^\xi$ von **5.6.6.** ersieht man sofort, daß es sich um Borelsche Mengen von E handelt. Es gilt der Satz:

Das System $\mathfrak{C}^{(b)}$ *der* Baire*schen Funktionen des metrischen Raumes E ist identisch mit dem Funktionensystem* $[\mathfrak{G}^B; \mathfrak{G}^B]$, *wo* $\mathfrak{G}^B$ *das System* $(= \mathfrak{F}^B = (\mathfrak{G} \dotplus \mathfrak{F})^B)$ *der* Borel*schen Mengen des Raumes bezeichnet.*

Beweis. $\mathfrak{C}^{(b)} \subset [\mathfrak{G}^B; \mathfrak{G}^B]$ ist bereits erkannt. Haben wir umgekehrt eine Funktion $f|A$, deren sämtlichen Mengen $\{f > \alpha\}$ und $\{f \geqq \alpha\}$ Borelsch sind, so betrachte man dazu die abzählbar vielen Mengen $\{f > \varrho\}$ und $\{f \geqq \varrho\}$ mit *rationalen* ϱ. Man kann die Ordnung ξ so groß wählen, daß die letztgenannten Mengen zugleich in $\mathfrak{M}^\xi$ und $\mathfrak{N}^\xi$ enthalten sind. Dann ist $\{f > \alpha\} = \sum^\cdot \{\{f > \varrho\} : \varrho > \alpha\} \in (\mathfrak{M}^\xi)^\sigma = \mathfrak{M}^\xi$ und $\{f \geqq \alpha\} = \prod^\cdot \{\{f \geqq \varrho\} : \varrho < \alpha\} \in (\mathfrak{N}^\xi)^\delta = \mathfrak{N}^\xi$, also $f \in [\mathfrak{M}^\xi; \mathfrak{N}^\xi] = \mathfrak{C}^\xi \subset \mathfrak{C}^{(b)}$.

5.6.8. Die uneigentlichen Funktionen schließt man in den Kreis der Betrachtung ein, wenn man, von den Funktionen f eines beliebigen Systems $\mathfrak{U}$ ausgehend, mit der Schränkungstransformation zum System $\mathbf{S}(\mathfrak{U})$ der beschränkten Funktionen $\mathbf{S}(f)$, $f \in \mathfrak{U}$, übergeht, dazu das kleinste Baire*sche* System $\mathbf{S}(\mathfrak{U})^{(b)}$ bildet und wieder zurücktransformiert:

$$\mathbf{S}^{-1}(\mathbf{S}(\mathfrak{U})^{(b)}) := \{\mathbf{S}^{-1}(\varphi) : \varphi \in \mathbf{S}(\mathfrak{U})^{(b)}\};$$

dasselbe Ergebnis erhält man, wenn man in **5.6.1.** in die Operation λ auch die uneigentliche Konvergenz einbezieht (Beweis!).

5.6.9. In einem separablen Raum gibt es $\aleph$ stetige reelle Funktionen, nämlich mindestens $\aleph$, weil schon die Konstanten diese Mächtigkeit haben, und höchstens $\aleph$, weil eine stetige Funktion bereits durch ihre Werte in einer abzählbaren dichten Teilmenge festgelegt ist (**1.6.5.**, Bemerkung 2.). Weiter:

Es gibt $\aleph$ BAIREsche Funktionen in einem separablen Raum.

In der Tat, wir denken uns das System $\mathfrak{C}^{(b)}$ gemäß **5.6.6.** erzeugt. Dann ist $\aleph(\mathfrak{C}^0)=\aleph$, weiter, wenn $\aleph(\mathfrak{C}^\xi)=\aleph$, auch $\aleph(\mathfrak{C}^{\xi+1})=\aleph$ (wieder wegen **1.6.5.**), ferner weil $\{\xi : \xi<\eta\}$ für eine Limeszahl $\eta<\omega_1$ abzählbar ist, auch $\aleph(\mathfrak{C}^\eta_*)=\aleph$, sofern alle $\mathfrak{C}^\xi$ für $\xi<\eta$ von einer Mächtigkeit $\leqq\aleph$ sind. Schließlich führt auch die Vervollständigung nicht über $\aleph$ hinaus. Denn die Erweiterung $\mathfrak{T}'$ eines Funktionensystems $\mathfrak{T}$ zu einem gewöhnlichen kann in der Weise geschehen, daß man zunächst zu $\mathfrak{T}$ alle Konstanten hinzunimmt und dann das System $\mathfrak{T}'$ aller Funktionen bildet, welche sich aus je endlich vielen Funktionen durch Anwendung der Operationen (2.) und (3.) von **5.6.2.** bilden lassen. Offenbar ist mit $\aleph(\mathfrak{T})=\aleph$ auch $\aleph(\mathfrak{T}')=\aleph$. Weiter lehrt **5.6.3.3.**, daß $\mathfrak{T}^{(v)}\subset\mathfrak{T}'^{\lambda}$, also $\mathfrak{T}^{(v)}$ mit $\mathfrak{T}$ eine Mächtigkeit $\leqq\aleph$ hat. Transfinite Induktion lehrt somit $\aleph(\mathfrak{C}^\xi)\leqq\aleph$ für alle $\xi<\omega_1$. Wegen $\aleph_1\leqq\aleph$ ist damit (**1.6.5.**) $\aleph(\mathfrak{C}^{(b)})\leqq\aleph$, was noch zu zeigen war.

5.6.9.1. Schon die vorausgehende Mächtigkeitsbetrachtung lehrt, daß das System der BAIREschen Funktionen nicht erheblich viel mehr Funktionen umfaßt als das System der stetigen Funktionen; eine weitere Einsicht in diesen Umstand vermittelt noch der folgende Satz:

Hat der Raum E die Eigenschaft, daß das Komplement jeder Menge erster Kategorie in E dicht ist, so gibt es zu jeder BAIREschen Funktion $f|E$ eine in E dichte G_δ-Menge B mit stetigem $f|B$.

Beweis. 1. Die Behauptung gilt für die stetigen Funktionen $f|E$ (mit $B=E$). — 2. Im übrigen genügt es wegen **5.6.3.3.** zu zeigen, daß sich die Behauptung von den Funktionen $f_n|E$ einer konvergenten Folge auf den Limes $f|E$ überträgt. In der Tat: Sei $f_n|C_n$ stetig, wobei C_n ein in E dichtes G_δ bezeichne, so daß $D_n:=E-C_n$ ein F_σ von erster Kategorie ist (ist nämlich $D_n=F_1\dot{+}F_2\dot{+}\cdots$ mit abgeschlossenen F_ν und ist $E-D_n$ dicht, so ist erst recht die offene Menge $E-F_\nu$ dicht, also F_ν nirgends dicht, und somit D_n von erster Kategorie). Alsdann ist auch $D^*:=D_1\dot{+}D_2\dot{+}\cdots$ von erster Kategorie und ein F_σ, also nach Voraussetzung $C^*:=E-D^*=C_1C_2\ldots$ ein in E dichtes G_δ. Darüber hinaus ist in C^* das Komplement jeder Teilmenge erster Kategorie dicht. Wenn nämlich K eine Teilmenge erster Kategorie von C^*, so ist K und auch $D^* \dotplus K$ von erster Kategorie in E, also $E-(D^* \dotplus K) = C^*-K$ in E und erst recht in C^* dicht. Alle Funktionen $f_n | C^*$ sind stetig, ihr Limes $f | C^*$ nach **5.5.6.2.** punktiert unstetig, d.h. die Menge B seiner Stetigkeitspunkte ist in C^* dicht und ein G_δ in C^*, also in E dicht (Beweis!) und ein G_δ in E; $f | B$ ist offensichtlich stetig.

5.7. Approximation stetiger Funktionen.

5.7.0. Im folgenden handelt es sich um Verallgemeinerungen des WEIERSTRASSschen Approximationssatzes, welcher in seiner ursprünglichen Gestalt besagt, daß eine in einem Intervall, etwa $\{0 \leq \hat{x} \leq 1\}$, stetige reelle Funktion $f(x)$ sich gleichmäßig durch Polynome in x approximieren läßt. Ehe wir dieses Problem in allgemeinen metrischen Räumen behandeln, sei für den obigen Satz ein auf S. BERNSTEIN (und E. LANDAU) zurückgehender kurzer Beweis mitgeteilt. Wir zeigen:

Ist $f | \{0 \leq \hat{x} \leq 1\}$ stetig, so gilt

$$f(x) = \lim_{n \to \infty} \sum_{\nu=0}^{n} \binom{n}{\nu} f\left(\frac{\nu}{n}\right) x^\nu (1-x)^{n-\nu}$$

gleichmäßig in $\{0 \leq \hat{x} \leq 1\}$.

Beweis. 1. Aus der Identität $\bigl(t x + (1-x)\bigr)^n = \sum_{\nu=0}^{n} \binom{n}{\nu} (t x)^\nu (1-x)^{n-\nu}$ folgt mit der Abkürzung $\binom{n}{\nu} x^\nu (1-x)^{n-\nu} =: P_\nu(x)$ durch 0-, 1-, 2-maliges partielles Differenzieren nach t, wenn nachträglich t gleich 1 gesetzt wird

$$\sum P_\nu = 1, \quad \sum \nu P_\nu = n x, \quad \sum \nu(\nu-1) P_\nu = n(n-1) x^2,$$

und hieraus $\sum (\nu - n x)^2 P_\nu = n x (1-x)$. — 2. Es sei $|f(x)| \leq M$ im ganzen Intervall und zu vorgegebenem $\varepsilon > 0$ sei $\delta > 0$ so gewählt, daß aus $0 \leq x' \leq x'' \leq 1$ und $x'' - x' \leq \delta$ allemal $|f(x') - f(x'')| \leq \varepsilon/2$ folgt. Für $n > M \varepsilon^{-1} \delta^{-2}$ gilt dann folgende Abschätzung:

$$F_n(x) := \left| f(x) - \sum_{\nu=0}^{n} f\left(\frac{\nu}{n}\right) P_\nu \right| = \left| \sum_{\nu=0}^{n} \left(f(x) - f\left(\frac{\nu}{n}\right)\right) P_\nu \right| \leq S_1 + S_2;$$

dabei ist

$$S_1 := \sum_{|\nu - n x| \leq \delta n} \left| f(x) - f\left(\frac{\nu}{n}\right) \right| P_\nu \quad \text{und} \quad S_2 := \sum_{|\nu - n x| > \delta n} \left(|f(x)| + \left| f\left(\frac{\nu}{n}\right) \right| \right) P_\nu .$$

Weiter folgt

$$S_1 \leq \frac{\varepsilon}{2} \sum_{|\nu - n x| \leq \delta n} P_\nu \leq \frac{\varepsilon}{2} \sum_{\nu=0}^{n} P_\nu = \frac{\varepsilon}{2},$$

und

$$S_2 \leq 2M \sum_{|\nu - n x| > \delta n} P_\nu \leq 2M \sum_{\nu=0}^{n} \frac{(\nu - n x)^2}{\delta^2 n^2} P_\nu$$

$$= 2M \frac{n x(1-x)}{\delta^2 n^2} \leq 2\varepsilon\left(\frac{1}{4} - \left(x - \frac{1}{2}\right)^2\right) \leq \frac{\varepsilon}{2},$$

also der absolute Approximationsfehler $F_n(x)$ kleiner als ε für $0 \leq x \leq 1$, w. z. z. w.

5.7.1. Es bezeichne E fortan einen *kompakten metrischen* Raum und $\mathfrak{C}$ das System der in E definierten *endlichen* stetigen reellen Funktionen $f|E$. Ist $f \in \mathfrak{C}$, so ist $||f|| := \sup\{|f(x)| : x \in E\}$ endlich; mit $||f - g||$ als Abstand wird $\mathfrak{C}$ zu einem linearen metrischen Raum. Eine im Sinne dieser Topologie von $\mathfrak{C}$ konvergente Folge $f_1, f_2, \ldots$ von Funktionen aus $\mathfrak{C}$, zu welcher es also ein $g \in \mathfrak{C}$ mit $\lim ||f_n - g|| = 0$ gibt, heißt nach altem Sprachgebrauch auch eine *gleichmäßig konvergente* Funktionenfolge; wir schreiben hier dafür $g = \operatorname{Lim} f_n$.

5.7.2. Gilt $f(x) \leq g(x)$ für $x \in E$, so schreiben wir kürzer $f \prec g$. Diese Relation definiert in $\mathfrak{C}$ eine teilweise Ordnung und macht $\mathfrak{C}$ zu einem Verband. Mit $\max\{f, g\}$ bezeichnen wir die Funktion $\max\{f(x), g(x)\}$, $x \in E$, entsprechend $\min\{f, g\}$. Für eine Funktionenmenge $\mathfrak{F}$ ist $\sup\{f : f \in \mathfrak{F}\}$ die Funktion $\sup\{f(x) : f \in \mathfrak{F}\}$, $x \in E$.

Wenn die t-Ordnung $\succ$ für eine Teilmenge $\mathfrak{H}$ von $\mathfrak{C}$ eine g-Ordnung in dem Sinne ist, daß $(h_1 \text{ und } h_2) \in \mathfrak{H} \,\exists\, h_3 : h_3 \in \mathfrak{H}$ und $h_3 \succ (h_1 \text{ und } h_2)$, so heiße $\mathfrak{H}$ *nach oben gerichtet* (kurz: n.o.g.).

Beispiele. $\mathfrak{H}$ ist n.o.g., wenn eine der folgenden Eigenschaften erfüllt ist:

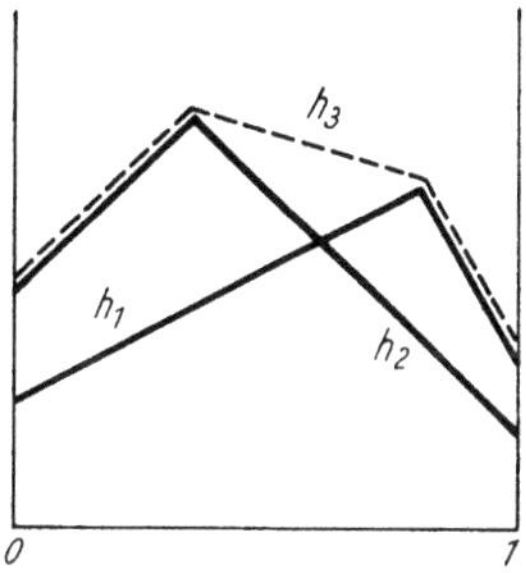

Abb. 14.

1. $\mathfrak{H}$ enthält beliebig große Konstanten;
2. zu je zwei h_1, h_2 aus $\mathfrak{H}$ existiert $\mathfrak{H}$-sup $\{h_1, h_2\}$;
3. für je zwei h_1, h_2 aus $\mathfrak{H}$ ist $\max\{h_1, h_2\} \in \mathfrak{H}$.

In der Tat, die 1. Eigenschaft reicht hin, weil jede Funktion aus $\mathfrak{C}$, also insbesondere aus $\mathfrak{H}$, beschränkt ist. Daß 2. und 3. etwas Verschiedenes bedeuten können, zeigt das Beispiel des Systems $\mathfrak{H}$ der nach oben konvexen stetigen Funktionen h über dem Intervall $E := \{0 \leq \hat{x} \leq 1\}$. Für zwei Funktionen h_1, h_2 aus $\mathfrak{H}$ existiert stets $h_3 = \mathfrak{H}\text{-}\sup\{h_1, h_2\} \succ \max\{h_1, h_2\} = h_4$; h_4 aber gehört im allgemeinen nicht zu $\mathfrak{H}$, d.h. ist nicht nach oben konvex (Abb. 14).

5.7.3. *Es sei $\mathfrak{H}$ eine Teilmenge von $\mathfrak{C}$ und $f \in \mathfrak{C}$ mit der Eigenschaft, daß es zu jedem $x \in E$ ein $h_x \in \mathfrak{H}$ gibt mit $h_x(x) > f(x)$. Dann gibt es endlich viele $x_1, \ldots, x_n$ mit* $\max\{h_{x_1}, \ldots, h_{x_n}\} \succ f$.

Beweis. Die Menge $G_x := \{z : h_x(z) > f(z)\}$ ist, weil f und h_x stetig sind, offen und enthält x, womit $\sum^{\cdot}\{G_x : x \in E\} = E$. Nach **4.7.4.2.** gibt es endlich viele $x_1, \ldots, x_n$ aus E mit $G_{x_1} \dot{+} \cdots \dot{+} G_{x_n} = E$. Diese x_i leisten das Verlangte; denn $x \in E \rhd x \in G_{x_k} \rhd h_{x_k}(x) > f(x) \rhd \max\{h_{x_1}(x), \ldots, h_{x_n}(x)\} > f(x)$, w. z. z. w.

Bemerkungen. 1. Der Satz ist auch dann noch richtig, wenn f eine nach oben halbstetige Funktion ist. — 2. Ein entsprechender Satz gilt für das Minimum bei Umkehrung der Ordnung.

5.7.4. *Sei $\mathfrak{H}$ eine n.o.g. Teilmenge von $\mathfrak{C}$ und $f := \sup\{h : h \in \mathfrak{H}\}$ stetig, d.h. $\in \mathfrak{C}$. Dann gibt es eine Folge $h_1, h_2, \ldots$ aus $\mathfrak{H}$ mit* $\operatorname{Lim} h_n = f$ (Dini*scher Satz*).

Beweis. Nach Definition von f gibt es zu $\varepsilon > 0$ ein $x \in E$ ein $h_x \in \mathfrak{H}$ mit $h_x(x) > f(x) - \varepsilon$. Wir können **5.7.3.** mit $f - \varepsilon$ an Stelle von f anwenden: Es gibt $h_{x_1}, \ldots, h_{x_n}$ aus $\mathfrak{H}$ mit $g = \max\{h_{x_1}, \ldots, h_{x_n}\} > f - \varepsilon$. Weil aber $\mathfrak{H}$ n.o.g., so gibt es ein $h_\varepsilon \in \mathfrak{H}$ mit $h_\varepsilon > g$. Da außerdem $f > h_\varepsilon$, so erhalten wir $\|h_\varepsilon - f\| < \varepsilon$. Mit $\varepsilon = 1/n$, $n \in \mathbf{Z}$ folgt die Behauptung.

Anwendung. In einem kompakten metrischen Raum ist jede gegen eine stetige Funktion wachsend konvergente Funktionenfolge gleichmäßig konvergent.

Bemerkung. Die Kompaktheit von E ist eine wesentliche Voraussetzung, wie das Beispiel der wachsend, aber nicht gleichmäßig gegen 1 konvergenten Funktionenfolge $n/(n + x)$, $n \in \mathbf{Z}$, im Bereich $x \geqq 0$ zeigt.

5.7.5. Die Bildung der abgeschlossenen Hülle $\mathfrak{H}^\alpha$ einer Teilmenge $\mathfrak{H}$ von $\mathfrak{C}$ wird im Sinne der in **5.7.1.** erklärten Topologie von $\mathfrak{C}$ verstanden; $\mathfrak{H}^\alpha$ ist demnach die Gesamtheit der Limiten gleichmäßig konvergenter Folgen von Funktionen aus $\mathfrak{H}$.

Es sei $\mathfrak{H}$ ein Teilverband von $\mathfrak{C}$. f aus $\mathfrak{C}$ ist dann und nur dann in $\mathfrak{H}^\alpha$ enthalten, wenn es zu $\varepsilon > 0$ und $x_1, x_2 \in E$ ein $h \in \mathfrak{H}$ gibt mit $|h(x_i) - f(x_i)| < \varepsilon$ für $i = 1, 2$.

Beweis. Wir bezeichnen die in der Bedingung des Satzes genannte Funktion h deutlicher mit $h_{x_1 x_2}$. Die Bedingung des Satzes ist offenbar notwendig; denn wenn $f \in \mathfrak{H}^\alpha$, so gibt es zu $\varepsilon > 0$ ein $h \in \mathfrak{H}$ mit $\|h - f\| < \varepsilon$, woraus $|h(x) - f(x)| < \varepsilon$ sogar für jeden Punkt x von E folgt. Die Bedingung ist aber auch hinreichend. Sei $\varepsilon > 0$ vorgegeben. Wir ordnen dem Punkt x von E die Funktionenmenge

$$\mathfrak{H}_x = \{h : h \in \mathfrak{H} \quad \text{und} \quad h(x) < f(x) + \varepsilon\}$$

zu. Gemäß der vorausgesetzten Bedingung ist $h_{xy} \in \mathfrak{H}_x$ für jedes y aus E. Daneben ist aber $h_{xy}(y) > f(y) - \varepsilon$, so daß wir **5.7.3.** mit $\{h_{xy} : y \in E\}$ an Stelle von $\mathfrak{H}$ und $f - \varepsilon$ an Stelle von f anwenden können. Es gibt also $h_{xy_1}, \ldots, h_{xy_n}$ mit $h_x := \max\{h_{xy_1}, \ldots, h_{xy_n}\} > f - \varepsilon$. h_x ist aber, weil

$\mathfrak{H}$ ein Teilverband von $\mathfrak{C}$, in $\mathfrak{H}$ enthalten und erfüllt $h_x(x) < f(x) + \varepsilon$ (Beweis!). Nochmalige Anwendung von **5.7.3.** für das Minimum auf die Menge der h_x, $x \in E$, und $f + \varepsilon$ an Stelle von f führt zu endlich vielen $h_{x_1}, \ldots, h_{x_m}$ mit $k := \min\{h_{x_1}, \ldots, h_{x_m}\} < f + \varepsilon$. k ist wieder in $\mathfrak{H}$ enthalten und erfüllt die Beziehung $k > f - \varepsilon$, was in Zusammenfassung $\|k - f\| \leqq \varepsilon$ mit $k \in \mathfrak{H}$ ergibt. Da ε beliebig, so folgt daraus $f \in \mathfrak{H}^\alpha$.

5.7.6. Als direkte Folge von **5.7.5.** vermerken wir:

Ist $\mathfrak{H}$ Teilverband von $\mathfrak{C}$ mit der Eigenschaft, daß es zu je zwei reellen Zahlen α, β und zwei verschiedenen Punkten x, y von E ein $h \in \mathfrak{H}$ gibt mit $h(x) = \alpha$, $h(y) = \beta$, dann ist $\mathfrak{H}^\alpha = \mathfrak{C}$. Jede stetige Funktion ist gleichmäßiger Limes einer Folge von Funktionen aus $\mathfrak{H}$.

5.7.7. Wir nennen eine Menge $\mathfrak{H}$ von Abbildungen einer Menge E in eine Menge E' *separativ* (*auf* E), wenn folgende Eigenschaft erfüllt ist: Zu je zwei verschiedenen Punkten x, y von E gibt es eine Abbildung k aus $\mathfrak{H}$ mit $k(x) \neq k(y)$.

Zum Beispiel ist das System der stetigen Funktionen eines top. Raumes E mit der Eigenschaft (S_1) (**5.3.2.**) separativ; insbesondere gilt dies für unser System $\mathfrak{C}$.

Die Teilmenge $\mathfrak{H}$ von $\mathfrak{C}$ habe die folgenden Eigenschaften: (1) *$\mathfrak{H}$ enthalte alle Konstanten;* (2) *$\mathfrak{H}$ sei ein linearer Teilraum von $\mathfrak{C}$;* (3) $h \in \mathfrak{H} \triangleright |h| := \max\{h, -h\} \in \mathfrak{H}$; (4) *$\mathfrak{H}$ sei separativ. Dann ist $\mathfrak{H}^\alpha = \mathfrak{C}$* (STONE*scher Satz*).

Beweis. Es ist $\max\{u, v\} = \frac{1}{2}(u + v + |u - v|)$, $\min\{u, v\} = \frac{1}{2}(u + v - |u - v|)$, und daher wegen (2) und (3) $\mathfrak{H}$ ein Teilverband von $\mathfrak{C}$. Zu $x \neq y$ gibt es nach (4) ein $k \in \mathfrak{H}$ mit $k(x) \neq k(y)$. Dann ist aber wegen (1) und (2) die Funktion h mit

$$h(z) = \alpha + (\beta - \alpha)\,\frac{k(z) - k(x)}{k(y) - k(x)} \qquad \text{für } z \in E$$

in $\mathfrak{H}$ enthalten. h erfüllt damit die Voraussetzungen von **5.7.6.**, womit $\mathfrak{H}^\alpha = \mathfrak{C}$ folgt.

5.7.8. Im reellen q-dimensionalen Raum E^q der Punkte $\xi := (\xi_1, \ldots, \xi_q)$ bezeichne $\mathfrak{H}_0$ das System aller jener Funktionen h, welche sich aus den speziellen Funktionen $\xi_1, \ldots, \xi_q$† durch endliche Bildungen von Linearkombinationen mit beliebigen reellen Konstanten und des absoluten Betrags erzeugen lassen.

$\mathfrak{H}_0$ ist charakterisiert als kleinstes Funktionensystem mit folgenden Eigenschaften:

1. $\mathfrak{H}_0$ enthält die Funktionen $\xi_1, \xi_2, \ldots, \xi_q$.

† Das heißt den Funktionen $\Phi_i | E^q$ mit $\Phi_i(\xi) = \xi_i$, $i = 1, \ldots, q$.

2. Sind a_1, a_2 reelle Konstanten und f_1, f_2 Funktionen aus $\mathfrak{H}_0$, so ist auch $a_1 f_1 + a_2 f_2$ in $\mathfrak{H}_0$ enthalten.

3. Mit f ist auch $|f|$ in $\mathfrak{H}_0$ enthalten.

Beschränken wir uns auf die Teilmenge T von E^q, gekennzeichnet durch $|\xi_1| + \cdots + |\xi_q| = 1$, so erfüllt das System $\mathfrak{H}_0'$ der Funktionen $h' = h|T$, $h \in \mathfrak{H}_0$, alle Voraussetzungen des STONEschen Satzes. In der Tat, ist c irgendeine Konstante, so ist die Funktion $c(|\xi_1| + \cdots + |\xi_q|) = c$ in $\mathfrak{H}_0'$; ferner ist die Linearität von $\mathfrak{H}_0'$, sowie die Geschlossenheit hinsichtlich der Bildung des absoluten Betrages evident, und schließlich bilden bereits die Funktionen $\xi_1, \ldots, \xi_q$ ein separatives System. Also gilt: *Jede auf T erklärte, stetige Funktion läßt sich auf T gleichmäßig durch Funktionen aus $\mathfrak{H}_0'$ approximieren.*

5.7.8.1. Die Funktionen aus $\mathfrak{H}_0$ sind alle *positiv homogen*; so nennen wir eine Funktion $p(\xi)$, $\xi \in E^q$, wenn für jedes ξ und jede Konstante $a \geq 0$ gilt: $p(a\,\xi) = a\,p(\xi)$. Eine positiv homogene Funktion p ist bereits durch ihre Werte auf der in **5.7.8.** genannten Teilmenge T von E^q festgelegt vermöge $p(0) = 0$ und $p(\xi) = r(\xi)\,p\left(\frac{\xi}{r(\xi)}\right)$ für $\xi \neq 0$, wobei $r(\xi) := |\xi_1| + \cdots + |\xi_q|$.

Auf Grund von **5.7.8.** gilt:

Jede stetige positiv homogene Funktion $p|E^q$ läßt sich durch Funktionen aus $\mathfrak{H}_0$ „relativ gleichmäßig in E^q" approximieren, d.h. zu $\varepsilon > 0$ gibt es ein $h \in \mathfrak{H}_0$ mit

$$|p(\xi) - h(\xi)| < \varepsilon\, r(\xi) \text{ für alle } \xi \in E^q.$$

5.7.8.2. Um auch für nicht positiv-homogene Funktionen $\varphi|E^q$ ähnliche Approximationssätze zu bekommen, nehmen wir eine Erweiterung des Funktionensystems $\mathfrak{H}_0$ vor. Wir betrachten das System $\mathfrak{H}_1$ aller Funktionen $h(\xi)$, $\xi \in E^q$, welche sich aus den speziellen Funktionen $\xi_1, \ldots, \xi_q$ durch wiederholte Anwendung der folgenden Operationen ergeben:

1. $h_1, h_2 \to a_1 h_1 + a_2 h_2$ mit reellen Konstanten a_1, a_2;
2. $h \to |h|$;
3. $h \to \min\{h, 1\}$.

Offenbar gilt für jede so gewonnene Funktion $h(0) = 0$. Es gilt nun der folgende Approximationssatz:

Ist $\varphi|E^q$ eine beliebige, endliche stetige reelle Funktion mit $\varphi(0) = 0$, so gibt es eine Folge $h_1, h_2, \ldots$ von Funktionen aus $\mathfrak{H}_1$, welche „monoton von Null weg" gegen φ streben. Dies soll bedeuten: Für $\varphi(x) = 0$ ist $h_\nu(x) = 0$, $\nu = 1, 2, \ldots$; für $\varphi(x) \neq 0$, $s := \operatorname{sign} \varphi(x)$† gilt $0 \leq s \cdot h_1(x) \leq$

† Es ist $\operatorname{sign} \xi = -1, 0, 1$, je nachdem $\xi <, =, > 0$ ist.

$s \cdot h_2(x) \leqq \cdots \leqq s \cdot h_\nu(x) \leqq \cdots$ mit $\lim_{\nu\to\infty} h_\nu(x) = \varphi(x)$. *Die Konvergenz ist in jedem beschränkten abgeschlossenen Teilbereich von E^q gleichmäßig.*

Beweis. 1. Wenn a eine positive Konstante bezeichnet, so ist mit h auch $\min\{h, a\} = a \min\left\{\frac{h}{a}, 1\right\}$ in $\mathfrak{H}_1$ enthalten.

2. Wir definieren nun eine Reihe von Funktionen aus $\mathfrak{H}_1$, wobei a, b positive Konstanten bezeichnen:

$$\beta(\xi_1; b, a) := \min\{\tfrac{1}{2}(\xi_1 + |\xi_1|),\ b + a\} - \min\{\tfrac{1}{2}(\xi_1 + |\xi_1|), b\},$$

$$\tau_1(\xi_1) := \gamma(\xi_1; b, a) := \frac{1}{a}\left(\beta(\xi_1; b, a) - \beta(\xi_1; b + 2a, a)\right), \quad \text{(s. Abb. 15a).}$$

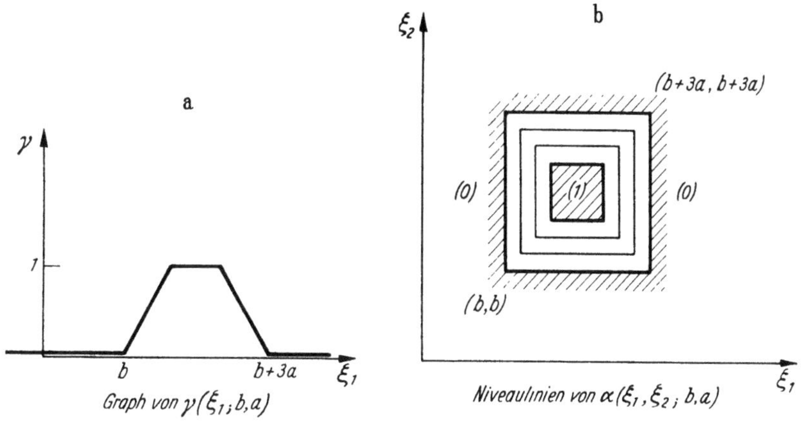

Abb. 15 a u. b.

Daneben haben wir noch die Funktion $\bar{\tau}_1(\xi_1) := \tau_1(-\xi_1)$. Die Funktionen τ_1 und $\bar{\tau}_1$ sind die „*Türmchenfunktionen*" für den Fall $q = 1$.

3. Für $q \geqq 2$ konstruieren wir die Türmchenfunktionen folgendermaßen: $\alpha(\xi_1, \ldots, \xi_q; b, a) = \min\{\gamma(\xi_1; b, a), \ldots, \gamma(\xi_q; b, a)\}$ (s. Abb. 15b), woraus die allgemeine „Türmchenfunktion" $\tau_q(\xi)$ durch eine Drehung $\xi_i \to \sum_k a_{ik}\,\xi_k$ um den Ursprung gewonnen wird:

$$\tau(\xi) = \tau_q(\xi) := \alpha\left(\sum_k a_{1k}\,\xi_k, \ldots, \sum_k a_{qk}\,\xi_k; b, a\right), \quad \xi = (\xi_1, \ldots, \xi_q).$$

Es ist $0 \leqq \tau \leqq 1$; die offenen bzw. abgeschlossenen nicht leeren Würfel $\{\tau(\hat{\xi}) > 0\}$ bzw. $\{\tau(\hat{\xi}) = 1\}$ nennen wir den *Kern* bzw. *Hauptkern* von τ.

4. Wir brauchen noch eine zweite Funktion:

$$\omega(\xi_1, \xi_2) := \xi_1 + \xi_2 - \max\{\min\{\xi_1, \xi_2\}, 0\} - \min\{\max\{\xi_1, \xi_2\}, 0\};$$

diese Funktion liefert bei gleichen Vorzeichen von ξ_1 und ξ_2 das dem Betrag nach nicht kleinere ξ_i (und sonst den Wert $\xi_1 + \xi_2$).

5. Nun zur Approximation: Die Menge $G := \{\varphi(\hat{\xi}) \neq 0\}$ ist offen und enthält den Ursprung $\xi = 0$ nicht. Es gibt daher zu jeder Stelle η aus G und zu jeder natürlichen Zahl n eine Türmchenfunktion $\tau(\xi)$ und eine Konstante ζ ($\neq 0$) mit folgenden Eigenschaften: 1. $\eta \in$ Hauptkern K' von τ; 2. φ hat überall im Kern K von τ dasselbe Vorzeichen wie ζ; 3. für die Funktion $\varphi(\xi;\eta;n) := \zeta\,\tau(\xi)$ gilt:

(a) $$(\operatorname{sign}\zeta)\,\varphi(\xi;\eta;n) \leq (\operatorname{sign}\zeta)\,\varphi(\xi) \text{ für } \xi \in K,$$

(b) $$|\varphi(\xi;\eta;n) - \varphi(\xi)| < \frac{1}{n} \text{ für } \xi \in K'.$$

Bei festem n können wir (nach **4.6.7.2.** und **4.7.3.**) G als Vereinigung von abzählbar vielen K', etwa $K'_{n1}, K'_{n2}, \ldots$, darstellen, wobei jeder beschränkte abgeschlossene Teilbereich von G nur von endlich vielen der $K'_{n1}, K'_{n2}, \ldots$ getroffen wird. Wir ordnen diese $K'_{n\mu}$ als einfache Folge $K'_1, K'_2, \ldots$; die zugehörigen $\varphi(\xi;\eta;n)$ seien $\varphi_1(\xi), \varphi_2(\xi), \ldots$ [die zugehörigen Kerne liegen wegen (a) in G]. In der Folge

$$h_1 := \varphi_1, \quad h_2 := \omega(h_1, \varphi_2), \quad h_3 := \omega(h_2, \varphi_3), \ldots$$

haben wir die gesuchte Approximationsfolge. In der Tat:

Ist B ein abgeschlossener beschränkter Teilbereich von E^q, so ist auf $B_0 = B\{\varphi(\hat{\xi}) = 0\}$ φ gleichmäßig stetig in dem Sinne, daß es zu jedem $\varepsilon > 0$ eine offene Menge $U > B_0$ gibt mit $|\varphi(\xi)| < \varepsilon$ für $\xi \in U$ (Beweis wie in **5.2.9.1.**); wegen (a) ist alsdann auch $|\varphi_n(\xi)| < \varepsilon$ für $\xi \in U$ und alle n. Zum abgeschlossenen beschränkten Bereich $B_1 := B - BU$ bestimmen wir nach Wahl eines $n' > \frac{1}{\varepsilon}$ einen Index N, so daß unter $K'_1, \ldots, K'_N$ sich bereits alle jene endlich vielen der $K'_{n'1}, K'_{n'2}, \ldots$ befinden, welche mit B_1 Punkte gemein haben und B_1 überdecken. Dann ist $|\varphi(\xi) - \varphi_N(\xi)| < \frac{1}{n'} < \varepsilon$ für $\xi \in B_1$ (wegen (b)), so daß allgemein $|\varphi(\xi) - \varphi_n(\xi)| < \varepsilon$ für alle $\xi \in B$ und $n \geq N$. Die behauptete Monotonieeigenschaft der Folge $((h_n))$ ist wegen 4. und (a) offensichtlich. Damit ist alles bewiesen.

5.7.8.3. Für beliebige stetige Funktionen $\varphi|E^q$ erhalten wir einen Approximationssatz, wenn wir statt $\mathfrak{H}_1$ das umfassendere System $\mathfrak{H}_2$ zugrunde legen, welches sich aus den Funktionen $\xi_1, \ldots, \xi_q$ *und der identisch konstanten Funktion* 1 durch Anwendung der Operationen 1. und 2. von **5.7.8.2.** ergibt. In diesem Falle können wir nämlich auch eine Türmchenfunktion bilden, welche den Punkt 0 im Kern hat (Aufgabe!) so daß die Überlegungen von **5.7.8.2.** auf beliebige stetige Funktionen anwendbar sind mit dem Ergebnis:

Ist $\varphi|E^q$ eine endliche stetige Funktion, so gibt es eine Folge von Funktionen aus $\mathfrak{H}_2$, welche „monoton von Null weg" gegen φ streben; die

Konvergenz ist dabei auf jedem abgeschlossenen beschränkten Teilbereich gleichmäßig.

5.7.9. Zu jeder Teilmenge $\mathfrak{H}$ von $\mathfrak{C}$ kann man bilden die Teilmenge $R_{\mathfrak{H}}$, den Ring der Polynome über $\mathfrak{H}$; $R_{\mathfrak{H}}$ besteht aus allen und nur jenen Funktionen, welche die Gestalt $P(h_1(x), \ldots, h_n(x))$ haben, wo $P(\xi_1, \ldots, \xi_n)$ ein Polynom mit einer beliebigen (aber endlichen) Anzahl n von Variablen ξ_ν mit reellen Koeffizienten und $h_1, \ldots, h_n$ Funktionen aus $\mathfrak{H}$ bezeichnen. Offenbar ist

$$\mathfrak{H} \subset R_{\mathfrak{H}} \subset R_{\mathfrak{H}}^{\alpha} \subset \mathfrak{C}.$$

Der folgende Satz ist eine von Stone angegebene Verallgemeinerung des Weierstrassschen Approximationssatzes:

$R_{\mathfrak{H}}^{\alpha} = \mathfrak{C}$ *gilt für eine Teilmenge* $\mathfrak{H}$ *von* $\mathfrak{C}$ *dann und nur dann, wenn* $\mathfrak{H}$ *separativ über* E *ist.*

5.7.9.1. Dem Beweis dieses Satzes schicken wir zwei Hilfssätze voraus.

1. *Zu* $\varepsilon > 0$ *und* $r > 0$ *gibt es ein Polynom* $P(t)$ *einer Variablen* t *mit reellen Koeffizienten derart, daß* (1) $P(0) = 0$ *und* (2) $|P(t) - \sqrt{t}| < \varepsilon$ *für* $0 \leqq t \leqq r$.

2. $0 \leqq s < t \triangleright \sqrt{t} - \sqrt{s} \leqq \sqrt{t-s}$.

Beweis. Zu 1. Nach **5.7.0.** gibt es ein Polynom $P_1(t)$ mit $|P_1(t) - \sqrt{t}| < \frac{\varepsilon}{2}$ im fraglichen Intervall; $P(t) := P_1(t) - P_1(0)$ hat dann die verlangten Eigenschaften. Oder, unabhängig von **5.7.0.**: *Die Polynome* $P_0(t) := 0$, $P_{n+1}(t) := P_n(t) + \frac{1}{2}(t - [P_n(t)]^2)$, $n = 0, 1, \ldots$, *approximieren* $\sqrt{t}$ *gleichmäßig in* $[0 \leqq t \leqq 1]$ (Beweis als Aufgabe). — *Zu* 2. Als Aufgabe.

5.7.9.2. Nun zum Beweis des Weierstrass-Stoneschen Satzes (**5.7.9.**). Weil $\mathfrak{H}$ separativ ist, so auch $R_{\mathfrak{H}}^{\alpha}$, weil $R_{\mathfrak{H}}$ linear ist und alle Konstanten enthält, so tut beides auch $R_{\mathfrak{H}}^{\alpha}$ (Beweis für die Linearität!). Wir zeigen: $f \in R_{\mathfrak{H}}^{\alpha} \triangleright |f| \in R_{\mathfrak{H}}^{\alpha}$.

In der Tat: Aus $f \in R_{\mathfrak{H}}^{\alpha}$ folgt wegen der Beschränktheit von f und der gleichmäßigen Stetigkeit der Abbildung $\xi \to \xi^2$ in einem beschränkten Intervall der ξ-Achse auch $f^2 \in R_{\mathfrak{H}}^{\alpha}$ mit $0 \leqq f^2 \leqq r_1$. Zu $\varepsilon > 0$ gibt es $h_1, \ldots, h_n \in \mathfrak{H}$ und ein Polynom $P(\xi_1, \ldots, \xi_n)$ mit $p := P(h_1, \ldots, h_n)$ und $|p(x) - f^2(x)| < \frac{\varepsilon^2}{8}$ für alle $x \in E$. Insbesondere ist $p(x) > -\frac{\varepsilon^2}{8}$ mit der Folge, daß für $q(x) = p(x) + \frac{\varepsilon^2}{8}$ einerseits $0 < q(x) < r_1 + \frac{\varepsilon^2}{4} = r$ und andererseits $|q(x) - f^2(x)| < \frac{\varepsilon^2}{4}$ für alle $x \in E$. Nach **5.7.9.1.**2. folgt daraus $|\sqrt{q(x)} - |f(x)|| < \frac{\varepsilon}{2}$. **5.7.9.1.**1. liefert uns ein Polynom $Q(t)$ mit $|Q(q(x)) - \sqrt{q(x)}| < \frac{\varepsilon}{2}$, was zusammen $|Q(q(x)) - |f(x)|| < \varepsilon$ für $x \in E$

d.h. $\| Q(q) - |f| \| < \varepsilon$ ergibt. Weil aber $Q(q) \in R_{\mathfrak{H}}$, so kann man daraus mit $\varepsilon \to 0$ auf $|f| \in R_H^\alpha$ schließen.

$R_{\mathfrak{H}}^\alpha$ erfüllt damit alle Eigenschaften (1) bis (4) von **5.7.7.**. Es folgt $\mathfrak{C} = R_{\mathfrak{H}}^{\alpha\alpha} = R_{\mathfrak{H}}^\alpha$.

Wenn andererseits $\mathfrak{H}$ nicht separativ ist, so auch $R_{\mathfrak{H}}$ nicht, und auch $R_{\mathfrak{H}}^\alpha$ nicht. Da aber $\mathfrak{C}$ separativ, so ist in diesem Falle $R_{\mathfrak{H}}^\alpha \neq \mathfrak{C}$. Damit ist alles bewiesen.

5.7.10. *Jede stetige reelle Funktion $f|P$ im Produktraum $P := ((E_1, \ldots, E_q))$ der kompakten metrischen Räume $E_1, \ldots, E_q$ ist in P gleichmäßig approximierbar durch endliche Summen von endlichen Produkten von stetigen Funktionen $\varphi|E_i$, $i = 1, \ldots, q$. Insbesondere ist jede stetige reelle Funktion von q reellen Variablen (auf jedem abgeschlossenen beschränkten Bereich gleichmäßig) approximierbar durch endliche Summen von Produkten von stetigen Funktionen je einer Variablen* (DIEUDONNÉ).

Beweis im Anschluß an **5.7.9.** als Aufgabe.

5.8. Abbildungen und Gleichungen.

5.8.1. *Fixpunktsatz.*

Für viele Probleme, welche die Auflösung von Gleichungen betreffen, ist der folgende Satz über die Existenz eines Fixpunktes von außerordentlicher Bedeutung.

Es sei (a) *E ein vollständiger metrischer Raum mit dem Abstand $|x, y|$, $f(x)$, $x \in E$, eine eindeutige Abbildung von E in sich mit den Eigenschaften, daß* (b) *die Abbildungen $f^1 := f$, $f^\nu(x) := f(f^{\nu-1}(x))$, $\nu = 2, 3, \ldots$, in E dehnungsbeschränkt sind, d.h. positive Konstanten C_ν existieren, so daß $|f^\nu(x), f^\nu(y)| \leq C_\nu |x, y|$ für beliebige x, y aus $E, \nu \in \mathbf{Z}$, und daß* (c) *die Reihe $C_1 + C_2 + \cdots$ eigentlich konvergiert. Dann gilt:* (1) *Bei beliebiger Wahl von x_0 aus E ist die Iterationsfolge $x_0, x_1 := f(x_0), x_2 := f^2(x_0), \ldots$ in E konvergent gegen einen und denselben (von der Wahl von x_0 unabhängigen) Punkt x^* aus E, wobei mit $s_\nu := C_\nu + C_{\nu+1} + \cdots$ die Fehlerabschätzung $|x^*, x_\nu| \leq s_\nu |x_1, x_0|$ besteht;* (2) *die Gleichung*

$$f(z) = z$$

hat in E eine und nur die eine Lösung $z = x^*$.

Zusatz. *Ist $C_1 < 1$, so sind die Voraussetzungen in* (b) *und* (c) *über $C_2, C_3, \ldots$ entbehrlich und man kann $s_\nu = C_1^\nu/(1 - C_1)$ setzen.*

Beweis. Zu (1). Nach (b) ist $|x_{\nu+1}, x_\nu| = |f^\nu(x_1), f^\nu(x_0)| \leq C_\nu |x_1, x_0|$, also $|x_{\nu+\mu+1}, x_\nu| \leq \sum_{\varrho=\nu}^{\nu+\mu} |x_{\varrho+1}, x_\varrho| \leq |x_1, x_0| \sum_{\varrho=\nu}^{\nu+\mu} C_\varrho \leq s_\nu |x_1, x_0|$, so daß nach (c) die Folge $((x_\nu))$ konzentriert, wegen (a) also konvergent ist gegen einen Punkt x^* von E. Grenzübergang $\mu \to +\infty$ an obiger Ungleichung lehrt $|x^*, x_\nu| \leq s_\nu |x_1, x_0|$. Wenn ferner y^* der Limes der

Iterationsfolge $y_0, y_1 := f(y_0), y_2 := f(y_1), \ldots$ mit y_0 aus E ist, dann haben wir $|y_\nu, x_\nu| = |f^\nu(y_0), f^\nu(x_0)| \leq C_\nu |y_0, x_0|$, woraus, wegen $C_\nu \to 0$ für $\nu \to +\infty$, durch Grenzübergang $\nu \to +\infty$ sich $|y^*, x^*| \leq 0$, d.h. $y^* = x^*$ ergibt. — *Zu* (2). Grenzübergang an $|f(x_\nu), x_\nu| \leq C_\nu |x_1, x_0|$ liefert $|f(x^*), x^*| \leq 0$, d.h. $f(x^*) = x^*$, womit die Existenz einer Lösung der fraglichen Gleichung, d.h. eines Fixpunktes der Abbildung f, nachgewiesen ist. Sind x^* und z^* zwei Fixpunkte, so gilt offensichtlich füı alle ν auch $x^* = f^\nu(x^*)$, $z^* = f^\nu(z^*)$, also $|x^*, z^*| = |f^\nu(x^*), f^\nu(z^*)| \leq C_\nu |x^*, z^*|$, was mit $\nu \to +\infty$ zu $x^* = z^*$ führt.

Beweis des Zusatzes. Induktion lehrt, daß $|f^\nu(x), f^\nu(y)| \leq C_1^\nu \, |x, y|$, woraus alles Weitere folgt.

Beispiel. Ist $f(x)$, $x \in U$, *eine eindeutige Abbildung der Umgebung* $U := \{|\hat{x}, a| \leq \beta\}$, $\beta > 0$, *des Punktes a des vollständigen metrischen Raumes* E' *in* E' *mit den Eigenschaften, daß* $|f(x), f(y)| \leq q |x, y|$ *für alle* x, y *aus* U *mit einer festen Konstanten* q, $0 \leq q < 1$, *und daß außerdem* $|f(a), a| \leq (1-q)\,\beta$, *dann hat die Gleichung* $f(z) = z$ *in* U *genau eine Lösung, welche sich nach dem oben beschriebenen Iterationsverfahren ausgehend von einem beliebigen Punkt* x_0 *von* U *ergibt.*

In der Tat können wir den obigen Satz anwenden, wenn wir $E = U$ und $C_\nu = q^\nu$ setzen; denn U ist vollständig metrisch und $f|U$ ist eine Abbildung von U in sich (aus $x \in U$ folgt nämlich $|f(x), a| \leq |f(x), f(a)| + |f(a), a| \leq q|x, a| + (1-q)\,\beta \leq q\,\beta + (1-q)\,\beta = \beta$), ferner ist $|f^\nu(x), f^\nu(y)| \leq q^\nu |x, y|$ und $\sum_\nu q^\nu$ eigentlich konvergent.

5.8.1.1. Als Anwendung von **5.8.1.** und zugleich als Verallgemeinerung des vorangehenden Beispiels beweisen wir:

In einer Umgebung $U := \{(x, y) : |x, x_0| \leq a,\ |y, y_0| \leq b\}$, $a > 0$, $b > 0$, *des Punktes* (x_0, y_0) *im Produktraum* $((X, Y))$ *des metrischen Raumes X und des vollständigen metrischen Raumes Y sei* $y' = \varphi(x, y)$ *eine stetige Abbildung von U in Y mit* $\varphi(x_0, y_0) = y_0$; *ferner erfülle* φ *eine Lipschitzbedingung der Form* $|\varphi(x, y_1), \varphi(x, y_2)| \leq q |y_1, y_2|$ *für alle* (x, y_i) *aus* U, $i = 1, 2$, *mit der festen Zahl* q, $0 \leq q < 1$. *Dann gilt:* (1) *Es existiert ein* a^* *mit* $0 < a^* \leq a$, *so daß die Abbildungsfolge* $\eta^{(0)}(x) := y_0, \ldots, \eta^{(n)}(x) := \varphi(x, \eta^{(n-1)}(x)), \ldots$ *in* $K := \{x : |x, x_0| \leq a^*\}$ *gleichmäßig gegen eine stetige Abbildung* $\Phi(x)$ *von K in Y konvergiert.* (2) *Die Gleichung*

$$y = \varphi(x, y)$$

besitzt in K die und nur die eine stetige Lösung $y = \Phi(x)$ *mit* $\Phi(x_0) = y_0$.

Beweis. Wegen der Stetigkeit von φ gibt es ein a^* mit $0 < a^* \leq a$, so daß $q\,b + |\varphi(x, y_0), y_0| \leq b$ für alle x aus $K := \{x : |x, x_0| \leq a^*\}$. Um **5.8.1.** zur Anwendung zu bringen, müssen wir definieren, was E und f bedeuten sollen: *Elemente von E* seien die stetigen Abbildungen $\eta(x)$, $x \in K$, von K in den Bereich $\{y : |y, y_0| \leq b\}$ und als *Abstand in E* werde $||\eta, \eta'|| = \sup\{|\eta(x), \eta'(x)| : x \in K\}$ erklärt. Damit ist E vollständig und metrisch (s. den Satz **4.9.1.3.**, der auch im vorliegenden Falle anwendbar ist). Weiter setzen wir $f(\eta)(x) = \varphi(x, \eta(x))$, $x \in K$, wodurch eine *Abbildung* $f(\eta)$ *von* E in sich festgelegt ist; denn $\varphi(x, \eta(x))$ ist eine stetige Abbildung von K in Y; ferner ist aber

$$\begin{aligned} ||f(\eta), f(\eta')|| &= \sup\{|f(\eta)(x), f(\eta')(x)| : x \in K\} \\ &= \sup\{|\varphi(x, \eta(x)), \varphi(x, \eta'(x))| : x \in K\} \\ &\leq q \sup\{|\eta(x), \eta'(x)| : x \in K\} = q\,||\eta, \eta'||, \end{aligned}$$

womit der im Zusatz genannte Fall vorliegt. Nun ist **5.8.1.** anwendbar und liefert die Behauptungen.

5.8.2. Im folgenden spezialisieren wir uns auf lineare metrische Räume und führen zu diesem Zweck einige Begriffe ein.

Es sei $l|X$ eine lineare Abbildung des linearen metrischen Raumes X in einen ebensolchen Raum Y (**4.1.3.1.**, **4.1.4.**); in beiden Räumen werde der Betrag mit $||x||$ bezeichnet.

$l|X$ heißt *beschränkt*, wenn $B_l := \sup\{||l(x)|| : ||x|| = 1\} < +\infty$. Offenbar gilt für eine beschränkte lineare Abbildung allgemein $||l(x)|| \leq B_l||x||$, so daß $l|X$ *dehnungsbeschränkt, also stetig* ist. Umgekehrt ist *jede stetige lineare Abbildung auch beschränkt;* denn wäre $l|X$ stetig aber nicht beschränkt, so ließe sich eine Folge $x_1, x_2, \ldots$ angeben mit $||l(x_n)|| \geq n||x_n||$ und $x_n \neq 0$. Sodann hätte man $y_n := \frac{x_n}{n\,||x_n||} \to 0$, während $||l(y_n)|| \geq 1$, im Widerspruch zur Stetigkeit von l.

Das Bild $l(X)$ von X vermöge einer linearen Abbildung l ist ein linearer metrischer Teilraum Y' von Y; auf Y' ist die Umkehrung l^{-1} wenn eindeutig, linear (Beweis!).

$l|X$ heißt *regulär*, wenn $A_l := \inf\{||l(x)|| : ||x|| = 1\} > 0$. *Jede reguläre lineare Abbildung ist eineindeutig;* denn aus $l(x') = l(x)$ folgt $0 = ||l(x' - x)|| \geq B_l||x' - x||$, also $x' = x$. [Im Hilbertschen Raum der $x = (x_1, x_2, \ldots)$ ist $x \to x'$ mit $x'_n = x_n/n$, $n \in \mathbf{Z}$, linear und eineindeutig, aber nicht regulär.] *Die Umkehrung einer regulären linearen Abbildung ist beschränkt (also stetig);* denn aus $||l(l^{-1}(y))|| \geq A_l||l^{-1}(y)||$ folgt $||l^{-1}(y)|| \leq \frac{1}{A_l}||y||$ für $y \in Y'$, so daß $B_{l^{-1}} \leq 1/A_l$.

Bemerkung. Obige Begriffe sind nur bei Räumen mit unendlich vielen Dimensionen von Bedeutung. Jede lineare Abbildung eines endlich dimensionalen metrischen linearen Raumes auf einen ebensolchen ist beschränkt, und jede eineindeutige ist regulär.

5.8.3. Wir zeigen nun, kurz gesagt, daß sich eine Abbildung, die sich annähernd wie eine umkehrbare lineare Abbildung verhält, selbst umkehren läßt. Des Genaueren setzen wir folgendes voraus:

Es seien X und Y linear metrische Räume, insbesondere Y dabei vollständig. $g|U'$ sei eine eindeutige Abbildung der Kugel $U' := \{||\hat{x} - x_0|| < \varrho\}$, $\varrho > 0$, in Y. Es gebe eine reelle Zahl q mit $0 \leqq q < 1$ und eine reguläre lineare Abbildung $l|X$ von X auf Y, also mit einer für alle $y \in Y$ erklärten Umkehrung $l^{-1}(y)$, mit der Eigenschaft, daß

$$(*) \qquad ||g(x') - g(x) - l(x' - x)|| \leqq q\,||l(x' - x)||$$

für alle x', x aus U.

Unter diesen Voraussetzungen gibt es mit $A := \inf\{||l(x)|| : ||x|| = 1\}$ zu jedem y aus $V := \{||\hat{y} - g(x_0)|| < \varrho(1-q)A\}$ einen und nur einen Punkt x aus U' mit $g(x) = y$.

Beweis. 1. Die Eindeutigkeit der Lösung folgt direkt aus $(*)$; denn wenn $g(x) = y = g(x')$, so erhalten wir $||l(x' - x)|| \leqq q||l(x' - x)||$, also $x' = x$. — 2. Bezüglich der Existenz zeigen wir in 3. unten, daß bei beliebiger Wahl von y aus V mit $U := \{x : x \in Y$ und $||x - a|| < \varrho A\}$ (d.h. $\beta := \varrho A$), $f(x) := x + y - g(l^{-1}(x))$, $x \in U$, ferner $a := l(x_0)$ die Voraussetzungen zum Beispiel von Satz **5.8.1.** erfüllt sind. Alsdann folgt, daß die Gleichung $f(x) = x$ in U eine Lösung hat. Vermöge der Abbildung $l^{-1}(x)$ geht diese Gleichung über in $y - g(x) = 0$ für x und U in eine Teilmenge von U' (Beweis!). — 3. Sind x_1 und x_2 aus U, so $x_i' := l^{-1}(x_i)$, $i = 1, 2$, aus U' und $||f(x_1) - f(x_2)|| = ||l(x_1' - x_2') - g(x_1') + g(x_2')|| \leqq q\,||l(x_1' - x_2')|| = q\,||x_1 - x_2||$; schließlich ist $||f(a) - a|| = ||y - g(x_0)|| \leqq (1-q)\,\varrho A$, was noch zu zeigen war.

5.8.3.1. Die wesentliche Bedingung $(*)$ von **5.8.3.** bedeutet im anschaulichen Falle $X = Y = E^1$, daß der Differenzenquotient der Funktion

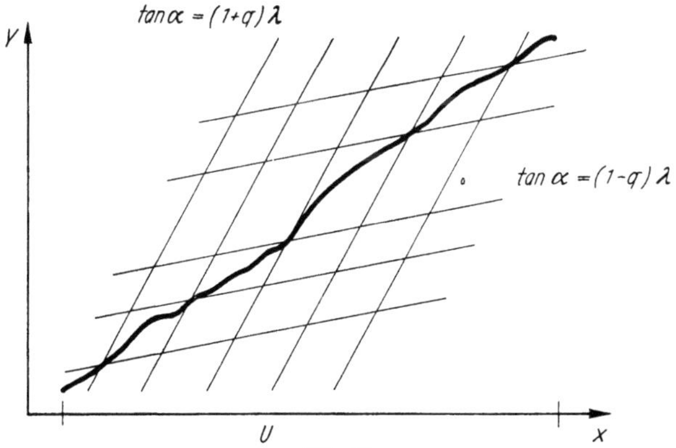

Abb. 16.

$y = g(x)$ im Intervall U nur um einen echten Bruchteil von einer von Null verschiedenen Konstanten λ abweicht:

$$\left|\frac{g(x') - g(x)}{x' - x} - \lambda\right| \leqq q|\lambda| \quad \text{(s. Abb. 16).}$$

5.8.3.2. Der Fall, daß man in (∗) von **5.8.3.** das q beliebig klein wählen kann, soferne man nur U entsprechend klein nimmt, führt uns zu den differenzierbaren Abbildungen. Wir definieren:

Die Abbildung $g|X$ von X in Y heißt *im Punkt* x_0 *differenzierbar* (*nach* x), wenn es eine beschränkte lineare Abbildung $l(x)$ von X in Y gibt, so daß

$$(**)\qquad \frac{||g(x)-g(x_0)-l(x-x_0)||}{||x-x_0||}\to 0$$

für $x_0 \neq x \to x_0$. Die lineare Abbildung $l(t)$, $t \in X$, heißt dann das *Differential von* g *im Punkt* x_0; genauere Bezeichnung $l(t) =: D_g(x_0; t)$.

Die Abbildung heißt *in* x_0 *frei differenzierbar*, wenn es eine beschränkte lineare Abbildung $l(x)$ von X in Y gibt, so daß

$$\frac{||g(x')-g(x)-l(x'-x)||}{||x'-x||}\to 0$$

für $x' \neq x$, $x' \to x_0$ und $x \to x_0$; offenbar ist auch in diesem Falle $l(t) = D_g(x_0; t)$. Die Differenzierbarkeit heißt *regulär*, wenn das Differential $D_g(x_0; t)$ in t regulär linear ist. Ersichtlich gilt:

Die Bedingung (∗) *von* **5.8.3.** *ist für eine in* x_0 *regulär und frei differenzierbare Abbildung stets erfüllbar; man braucht sich nur auf eine passende Umgebung* U *von* x_0 *zu beschränken.*

5.8.4. Für differenzierbare Abbildungen gelten die folgenden Sätze:

(1) *Das Differential ist (wenn überhaupt vorhanden) eindeutig.*

(2) *Jede beschränkte lineare Abbildung ist überall differenzierbar.*

(3) *Eine im Punkt* x_0 *differenzierbare Abbildung ist in diesem Punkte stetig.*

(4) *Die Zusammensetzung zweier differenzierbarer Abbildungen ist wieder differenzierbar, und es gilt die 1. Kettenregel:*

Durch $g|X$ *bzw.* $h|Y$ *werde* X *in* Y *bzw.* Y *in* Z *abgebildet,* g *sei in* x_0 *und* h *in* $y_0 = g(x_0)$ *differenzierbar mit dem Differential* l_1 *bzw.* l_2. *Dann ist* $h(g(x))$ *in* x_0 *differenzierbar mit dem Differential* $l_2(l_1(t))$.

Beweis. Zu (1). Neben l erfülle die beschränkte lineare Funktion l' noch die Aussage (∗∗). Dann gilt $g(x) - g(x_0) = l(x-x_0) + r_1(x)$ und $g(x) - g(x_0) = l'(x-x_0) + r_2(x)$, wobei $||r_i(x)|| \leq q||x-x_0||$ bei beliebigem $q > 0$, sobald $||x-x_0|| < \sigma_i$, $i = 1, 2$. Daraus folgt für $l'' := l - l'$ die Abschätzung

$$||l''(t)|| \leq 2q\,||t|| \quad \text{für} \quad ||t|| < \sigma_3 := \min\{\sigma_1, \sigma_2\}.$$

Dies gilt aber aus Homogenitätsgründen für jedes t. Für $q \to 0$ bei festem t folgt $l'' = 0$ oder $l = l'$.

Zu (2) *und* (3) als Aufgabe. — *Zu* (4). Zu $0 < q < 1$ gibt es positive σ_1, σ_2, so daß $r_1(x) := g(x) - g(x_0) - l_1(x-x_0)$ und dabei $||r_1(x)|| \leq$

$q\|x-x_0\|$ für $\|x-x_0\|<\sigma_1$, weiter $r_2(y):=h(y)-h(y_0)-l_2(y-y_0)$ und dabei $\|r_2(y)\|\leqq q\|y-y_0\|$ für $\|y-y_0\|<\sigma_2$. Ferner gibt es wegen der Stetigkeit von g (gemäß 3.) ein positives σ_3, so daß $\|g(x)-g(x_0)\|<\sigma_2$ sobald $\|x-x_0\|<\sigma_3$.

Für $\|x-x_0\|<\min\{\sigma_1,\sigma_3\}$ erhalten wir dann: $r_3(x):=h(g(x))-h(g(x_0))-l_2(l_1(x-x_0))$ und $r_3(x)=r_2(g(x))+l_2(r_1(x))$, also $\|r_3(x)\|\leqq q\|g(x)-g(x_0)\|+B_{l_2}\cdot\|r_1(x)\|\leqq q\{\|l_1(x-x_0)\|+\|r_1(x)\|\}+B_{l_2}q\|x-x_0\|\leqq qC\|x-x_0\|$, wobei $C=B_{l_1}+q+B_{l_2}<B_{l_1}+1+B_{l_2}$, womit, da im übrigen $B_{l_2(l_1)}\leqq B_{l_2}B_{l_1}$, die Differenzierbarkeit von $h(g(x))$ im Punkt x_0 mit dem Differential $l_2(l_1(t))$ gezeigt ist.

5.8.4.1. 1. Ist $g(x)$ differenzierbar im Punkte a und setzt man $G(\tau):=g(a+\tau b)$, wo τ eine reelle Veränderliche bedeutet, so existiert die Ableitung $G'(0):=\lim\limits_{\tau\to 0}\frac{G(\tau)-G(0)}{\tau-0}$ und ist gleich $D_g(a;b)$.

Ist $\|b\|=1$, so heißt $D_g(a;b)$ die *Richtungsableitung von g in a in Richtung b.*

Für differenzierbare Abbildungen $G|I$ eines Zahlenintervalls $I:=\{\alpha\leqq\tau\leqq\beta\}$ in den linearen metrischen Raum Y gilt im allgemeinen *kein Mittelwertsatz* im Sinne einer Gleichung $G(\beta)-G(\alpha)=G'(\tilde\tau)(\beta-\alpha)$ mit $\alpha<\tilde\tau<\beta$, wie im Falle, daß Y die Zahlgerade ist. Bereits bei zweidimensionalem Y ist nur noch Proportionalität der Vektoren $G(\beta)-G(\alpha)$ und $G'(\tilde\tau)$ mit passendem $\tilde\tau$ erreichbar; in noch höheren Dimensionen fällt auch diese weg.

2. Andererseits aber gilt *für eine* in einer offenen konvexen Teilmenge U von X *differenzierbare reelle Funktion* $\varphi(x)$ *ein Mittelwertsatz: Sind x und y verschiedene Punkte in U, so gilt* $\varphi(x)-\varphi(y)=D_\varphi(z;x-y)$, *wo z ein passender innerer Punkt der Verbindungsstrecke von x und y ist.*

In der Tat, auf $\Phi(\tau):=\varphi(y+\tau(x-y))$ ist der gewöhnliche Mittelwertsatz der Differentialrechnung anwendbar und liefert in $\Phi(1)-\Phi(0)=\Phi'(\tilde\tau)$ mit $0<\tilde\tau<1$, gemäß obiger Bemerkung gerade die Behauptung.

5.8.4.2. Zwischen den Richtungsableitungen und der Differenzierbarkeit besteht folgender Zusammenhang:

Die Abbildung g|Y von X in Y ist dann und nur dann in a differenzierbar, wenn es eine eindeutige, für alle b aus X mit $\|b\|=1$ *erklärte beschränkte Abbildung* $\varphi(b)$ *in Y gibt, so daß* $\frac{g(a+\tau b)-g(a)}{\tau}$ *gleichmäßig für alle b mit* $\|b\|=1$ *gegen* $\varphi(b)$ *strebt für* $0\neq\tau\to 0$, *und ferner die durch* $\Psi(x):=\|x\|\,\varphi\left(\frac{x}{\|x\|}\right)$, $x\neq 0$, *und* $\Psi(0)=0$ *erklärte Abbildung* Ψ *von X in Y linear ist. Alsdann ist* $D_g(a;t)=\Psi(t)$.

Beweis. 1. Es seien die obigen Bedingungen erfüllt. Dann gibt es zu $\varepsilon>0$ ein $\delta>0$, so daß $\left\|\frac{g(a+\tau b)-g(a)}{\tau}-\varphi(b)\right\|<\varepsilon$ für alle b mit

$\|b\|=1$ und t mit $0<|\tau|<\delta$. Setzt man hierin $a+\tau b=x$, so ist $b=\frac{x-a}{\tau}$ und $\tau=\|x-a\|\operatorname{sign}\tau$, und, da wegen der vorausgesetzten Linearität von Ψ allgemein $\varphi(-b)=-\varphi(b)$ (Beweis!), weiter $\tau\varphi(b)=|\tau|\varphi(b\operatorname{sign}\tau)=\|x-a\|\varphi\left(\frac{x-a}{\|x-a\|}\right)=\Psi(x-a)$, also $\|g(x)-g(a)-\Psi(x-a)\|<\varepsilon\|x-a\|$; dies kann man offensichtlich für jedes x mit $\|x-a\|<\delta$ machen. Wegen der Beschränktheit von $\varphi(b)$ ist Ψ beschränkt linear. — 2. Daß die angegebenen Bedingungen auch notwendig sind, folgt in ähnlicher Weise rückwärts aus der Definition der Differenzierbarkeit.

5.8.5.1. Ist g in allen Punkten y einer offenen Menge U von X differenzierbar und ist überdies die Konvergenz

$$\frac{\|g(x)-g(y)-D_g(y;x-y)\|}{\|x-y\|}\to 0$$

für $x\to y$ mit $x\neq y$ gleichmäßig für $y\in U$, so heißt g *in U gleichmäßig differenzierbar*. Es gilt:

Ist g in U gleichmäßig differenzierbar, so ist $\{D_g(y;t):y\in U\}$ eine stetige Schar von linearen Abbildungen[1].

Beweis. Nach Voraussetzung gibt es zu $q>0$ ein nur von q abhängiges positives σ, so daß $D_g(y;x-y)=g(x)-g(y)+r(x,y)$ mit $\|r(x,y)\|\leq q\|x-y\|$ für $0<\|x-y\|<\sigma$ und $x,y\in U$. Vertauschung von x und y ergibt $D_g(x;y-x)=g(y)-g(x)+r(y,x)$ und mit $t.=x-y$ folgt $D_g(y;t)-D_g(x;t)=r(x,y)+r(y,x)$, also $\|D_g(y;t)-D_g(x;t)\|\leq 2q\|t\|$ für $0<\|x-y\|<\sigma$, was wegen der Homogenität von $D_g(x;t)$ in t sogar für alle t gilt. Damit ist aber die Behauptung schon bewiesen.

5.8.5.2. Für die schärfere Foım der freien Differenzierbarkeit gilt der Satz:

Ist g in einer Umgebung der Stelle a differenzierbar und insbesondere an der Stelle a selbst frei differenzierbar, so ist das Differential $D_g(x;t)$ an der Stelle $x=a$ stetig.

Beweis. Nach Voraussetzung gilt $g(x)-g(y)-D_g(a;x-y)=R$, wobei $\|R\|\leq\varepsilon\|x-y\|$ für $\|x-a\|<\varrho(\varepsilon)$ und $\|y-a\|<\varrho(\varepsilon)$. Ferner ist $g(x)-g(y)-D_g(y;x-y)=r$ mit $\|r\|\leq\varepsilon\|x-y\|$ für $\|x-y\|<\sigma(y,\varepsilon)$. Für $t:=x-y$ folgt daraus $D_g(y;t)-D_g(a;t)=R-r$. Wenn somit $\|y-a\|<\varrho(\varepsilon)/2$ und $\|t\|<\min\{\varrho(\varepsilon)/2,\sigma(y,\varepsilon)\}$, so ist $\|D_g(y;t)-D_g(a;t)\|\leq 2\varepsilon\|t\|$. Dies gilt aber aus Homogenitätsgründen sogar für alle t, womit die Stetigkeit von $D_g(y;t)$ an der Stelle $y=a$ bewiesen ist.

[1] Die Schar $\{l_t|X:t\in T\}$ von linearen Abbildungen von X in einen linearen metrischen Raum heißt stetig an der Stelle t_0 des (topologischen) Parameterraumes T, wenn es zu jedem $\varepsilon>0$ eine Umgebung G_ε von t_0 gibt, so daß $\|l_t(x)-l_{t_0}(x)\|<\varepsilon\|x\|$ für alle $x\in X$ und $t\in G_\varepsilon$.

5.8.5.3. Der vorausgehende Satz gestattet eine Umkehrung, wenn es sich um eine Abbildung g eines metrisch linearen Raumes X in einen *endlich dimensionalen* Raum Y, etwa den E^n handelt. Es gilt:

Ist die Abbildung $g|X$ von X in den E^n in einer Umgebung der Stelle $a \in X$ differenzierbar, insbesondere an der Stelle a stetig differenzierbar (d.h. $D_g(y;t)$ an der Stelle $y=a$ stetig[1]*), dann ist g in a frei differenzierbar.*

Beweis. Es ist hier $g(x)=(\gamma_1(x),\dots,\gamma_n(x))$, wo die γ_i reelle Funktionen bezeichnen. Nach Voraussetzung haben wir weiter für $y \in U$ (wo U eine Umgebung von a) $g(x)-g(y)=D_g(y;x-y)+r$, oder koordinatenweise geschrieben $\gamma_i(x)-\gamma_i(y)=\lambda_i(y;x-y)+\varrho_i$, $i=1,\dots,n$, wobei $\lambda_i(y;t)$ in t $(\in X)$ lineare reelle Funktionen bezeichnen und $||r||=(\varrho_1^2+\cdots+\varrho_n^2)^{\frac{1}{2}} \leqq \varepsilon||x-y||$ für $||x-y||<\sigma(y,\varepsilon)$. Hieraus folgt, daß $|\varrho_i| \leqq \varepsilon||x-y||$ für $||x-y||<\sigma(y,\varepsilon)$, d.h. daß $\gamma_i(x)$ differenzierbar ist: $\lambda_i(y;t)=D_{\gamma_i}(y;t)$. Nach **5.8.4.1.**, Bemerkung 2, gilt für γ_i der Mittelwertsatz:

$$\text{(m)}\qquad \gamma_i(x')-\gamma_i(x'')=\lambda_i(x_i;x'-x''),$$

wo x_i auf der Verbindungsgeraden von x' und x'' liegt. Ferner liefert die Stetigkeit von $D_g(y;t)$ in a die Gleichung $D_g(x;t)=D_g(a;t)+R$ mit $||R|| \leqq \varepsilon||t||$ für $||x-a||<\delta(\varepsilon)$, somit $\lambda_i(x_i;t)=\lambda_i(a;t)+\mathsf{P}_i$ mit $|\mathsf{P}_i| \leqq \varepsilon||t||$ für $||x_i-a||<\delta(\varepsilon)$. Damit folgt aus (m) nach vektorieller Zusammenfassung

$$g(x')-g(x'')=D_g(a;x'-x'')+R^*,\ R^*=(\mathsf{P}_1,\dots,\mathsf{P}_n),$$

wobei $||R^*|| \leqq \varepsilon||x'-x''||\sqrt{n}$, soferne $||x'-a||<\delta(\varepsilon)$ und $||x''-a||<\delta(\varepsilon)$. Damit ist die freie Differenzierbarkeit von g in a bewiesen.

5.8.5.4. Die zweite Kettenregel bezieht sich auf die sog. partielle Differenzierbarkeit. Der Raum X der Punkte $x=(x_1,x_2)$ sei das Produkt der linearen Räume X_1 und X_2, $X=((X_1,X_2))$, dargestellt mit $(x_1,x_2)+(x_1',x_2')=(x_1+x_1',x_2+x_2')$, $\lambda(x_1,x_2)=(\lambda x_1,\lambda x_2)$ und etwa der Betragsdefinition $||(x_1,x_2)||=||x_1||+||x_2||$; $y=g(x_1,x_2)$ sei eine Abbildung von X in den Raum Y. g heißt *an der Stelle $(a,b)\in X$ nach x_2 partiell differenzierbar*, bzw. *in x_1 lokal gleichmäßig partiell nach x_2 differenzierbar*, wenn es zu $\varepsilon>0$ ein $\delta>0$ und eine beschränkte lineare Abbildung $l_2(t)$ von X_2 in Y, *das partielle Differential $D_g^{(x_2)}((a,b);t)$ von g nach x_2 an der Stelle (a,b)*, gibt, so daß

$$(1)\qquad ||g(a,x_2)-g(a,b)-l_2(x_2-b)||<\varepsilon\,||x_2-b||$$

[1] Siehe Fußnote 1 S. 188.

für $\|x_2 - b\| < \delta$, bzw.

$$\|g(x_1, x_2) - g(x_1, b) - l_2(x_2 - b)\| < \varepsilon \|x_2 - b\| \tag{2}$$

für $\|x_1 - a\| < \delta$ und $\|x_2 - b\| < \delta$.

Mit diesen Definitionen lautet die zweite Kettenregel oder der *Satz vom totalen Differential*:

Ist $g|P$ eine Abbildung des Produktes $P := ((X_1, X_2))$ der linearen metrischen Räume X_1 und X_2 in den linearen metrischen Raum Y, welche an der Stelle (a, b) partiell nach x_1 und in x_1 lokal gleichmäßig partiell nach x_2 differenzierbar ist (oder umgekehrt), so ist g auch als Abbildung von P in Y in (a, b) (total) differenzierbar mit dem (totalen) Differen ial

$$D_g^{(p)}((a, b);\ (t_1, t_2)) = D_g^{(x_1)}((a, b); t_1) + D_g^{(x_2)}((a, b); t_2).$$

Beweis. Es ist $g(x_1, b) - g(a, b) - l_1(x_1 - a) = r_1$ und $g(x_1, x_2) - g(x_1, b) - l_2(x_2 - a) = r_2$, wobei $\|r_1\| < \varepsilon \|x_1 - a\|$ etwa für $\|x_1 - a\| < \delta$, und $\|r_2\| < \varepsilon \|x_2 - b\|$ für $\|x_1 - a\| < \delta$ und $\|x_2 - b\| < \delta$. Somit ist $g(x_1, x_2) - g(a, b) - (l_1(x_1 - a) + l_2(x_2 - b)) = r_1 + r_2$ mit $\|r_1 + r_2\| < \varepsilon(\|x_1 - a\| + \|x_2 - b\|) = \varepsilon \|(x_1, x_2) - (a, b)\|$ für $\|(x_1, x_2) - (a, b)\| < 2\delta$. Da die Differentiale l_1 und l_2 beschränkt sind; so auch ihre auf P erklärte Summe, womit alles bewiesen ist.

Bemerkung. Die Gleichung für das totale Differential gilt allemal, wenn totale Differenzierbarkeit vorliegt, indem nämlich aus der totalen Differenzierbarkeit von g an der Stelle (a, b) allein schon die partielle Differenzierbarkeit nach x_1 und nach x_2 sowie die Gültigkeit obiger Gleichung folgen, und zwar ersichtlich mit

$$D_g^{(x_1)}((a, b); t_1) = D_g^{(p)}((a, b); (t_1, 0)),\quad D_g^{(x_2)}((a, b); t_2) = D_g^{(p)}((a, b); (0, t_2)).$$

An Stelle der im Satz genannten Voraussetzungen über die partielle Differenzierbarkeit von g kann daher jede treten, welche die totale Differenzierbarkeit von g sichert, z.B. **5.8.4.2.**

5.8.6. *Die Anwendung von* **5.8.1.1.** *auf den klassischen Fall von n Gleichungen*

$$F_\nu(x_1, \ldots, x_k; y_1, \ldots, y_n) = 0, \quad \nu = 1, \ldots, n,$$

für die n reellen Funktionen $y_\nu(x_1, \ldots, x_k)$, wobei die F_ν selbst reelle Funktionen der $k + n$ reellen Veränderlichen $x_1, \ldots, y_n$ sind und stetige erste partielle Ableitungen nach jeder Veränderlichen haben, stellt sich folgendermaßen dar:

Zur Abkürzung fassen wir vektoriell $(x_1, \ldots, x_k)$ zu $\mathfrak{x}$, $(y_1, \ldots, y_n)$ zu $\mathfrak{y}$ und $(F_1(\mathfrak{x}; \mathfrak{y}), \ldots, F_n(\mathfrak{x}; \mathfrak{y}))$ zu $\mathfrak{F}(\mathfrak{x}; \mathfrak{y})$ zusammen. $(\mathfrak{x}_0; \mathfrak{y}_0)$ bezeichne ein spezielles Lösungssystem obiger Gleichungen: $\mathfrak{F}(\mathfrak{x}_0; \mathfrak{y}_0) = \mathfrak{o}$

(Nullvektor). In einer Umgebung $U := \{(\mathfrak{x};\mathfrak{y}) : |\mathfrak{x}-\mathfrak{x}_0| < a,\ |\mathfrak{y}-\mathfrak{y}_0| < b\}$† seien die partiellen Ableitungen der F_ν nach den $x_\varkappa$ und y_ν vorhanden und stetig. Die Funktionalmatrix

$$\mathfrak{M}(\mathfrak{x};\mathfrak{y}) := \left\{\frac{\partial F_\nu}{\partial y_\mu};\ \nu,\mu = 1,\ldots,n\right\}$$

der Funktionen F_ν nach den Veränderlichen y_μ sei für $(\mathfrak{x}_0;\mathfrak{y}_0)$ nicht singulär, d.h. $\operatorname{Det}\mathfrak{M}(\mathfrak{x}_0;\mathfrak{y}_0) \neq 0$.

Bei diesen Voraussetzungen existiert eine Umgebung $\{\mathfrak{x} : |\mathfrak{x}-\mathfrak{x}_0| < a^*\}$, *in welcher die Gleichung* $\mathfrak{F}(\mathfrak{x};\mathfrak{y}) = \mathfrak{v}$ *eine eindeutige stetige Auflösung* $\mathfrak{y} = \mathfrak{y}(\mathfrak{x})$ *mit* $\mathfrak{y}_0 = \mathfrak{y}(\mathfrak{x}_0)$ *und stetigen partiellen Ableitungen besitzt. Diese Lösung kann durch ein iteratives Approximationsverfahren ermittelt werden.*

Beweis. $\mathfrak{M}'$ sei die zu $\mathfrak{M}_0 := \mathfrak{M}(\mathfrak{x}_0;\mathfrak{y}_0)$ inverse Matrix (d.h. das Matrizenprodukt $\mathfrak{M}'\cdot\mathfrak{M}_0$ die Einheitsmatrix). Dazu definieren wir die eindeutige stetige Abbildung

$$\mathfrak{y}' = \varphi(\mathfrak{x},\mathfrak{y}) := \mathfrak{y} - \mathfrak{M}'\cdot\mathfrak{F}(\mathfrak{x};\mathfrak{y})$$

(das letzte ein Matrizen-Vektorprodukt[1]), womit wir den Anschluß an **5.8.1.1.** gewonnen haben. Ersichtlich ist $\mathfrak{y}_0 = \varphi(\mathfrak{x}_0;\mathfrak{y}_0)$ und

$$|\varphi(\mathfrak{x};\mathfrak{y}_1) - \varphi(\mathfrak{x},\mathfrak{y}_2)| = |\mathfrak{y}_1 - \mathfrak{y}_2 - \mathfrak{M}'\cdot(\mathfrak{F}(\mathfrak{x};\mathfrak{y}_1) - \mathfrak{F}(\mathfrak{x};\mathfrak{y}_2))|.$$

Nun ist nach dem Mittelwertsatz der Differentialrechnung

$$\mathfrak{F}(\mathfrak{x};\mathfrak{y}_1) - \mathfrak{F}(\mathfrak{x};\mathfrak{y}_2) = \widetilde{\mathfrak{M}}\cdot(\mathfrak{y}_1 - \mathfrak{y}_2),$$

wo $\widetilde{\mathfrak{M}}$ wegen der Stetigkeit der partiellen Ableitungen der F_ν eine zu $\mathfrak{M}_0$ beliebig benachbarte Matrix bedeutet, d.h. daß man

$$\widetilde{\mathfrak{M}} = \mathfrak{M}_0 + \mathfrak{M}_1$$

setzen und die Elemente von $\mathfrak{M}_1$ absolut beliebig klein nehmen darf, wenn man nur genügend nahe mit $\mathfrak{x}$ an $\mathfrak{x}_0$ und mit $\mathfrak{y}_1$ und $\mathfrak{y}_2$ an $\mathfrak{y}_0$ herangeht. Wir können somit erreichen, daß $|\operatorname{Det}\widetilde{\mathfrak{M}}| \geq p > 0$ und daß

$$|\varphi(\mathfrak{x};\mathfrak{y}_1) - \varphi(\mathfrak{x};\mathfrak{y}_2)| = |\mathfrak{M}_1\cdot(\mathfrak{y}_1 - \mathfrak{y}_2)| < q\,|\mathfrak{y}_1 - \mathfrak{y}_2| \text{ mit } 0 < q < 1,$$

soferne etwa $|\mathfrak{x}-\mathfrak{x}_0| \leq a'$, $|\mathfrak{y}_i - \mathfrak{y}_0| \leq b'$, $i = 1, 2$, $0 < a' < a$, $0 < b' < b$. Richten wir jetzt noch a^* so ein, daß $q\,b' + |\mathfrak{M}'\cdot\mathfrak{F}(x;y_0)| \leq b'$ für $|\mathfrak{x}-\mathfrak{x}_0| \leq a^*$, so sind alle Voraussetzungen von **5.8.1.1.** erfüllt, und die dortigen Behauptungen bezüglich der Gleichung $\mathfrak{y} = \varphi(\mathfrak{x};\mathfrak{y})$, d.h. aber hier $\mathfrak{F}(\mathfrak{x},\mathfrak{y}) = \mathfrak{v}$, gültig.

---

† Für die Spaltenvektoren $\mathfrak{x}, \mathfrak{F}, \ldots$, die Zeilenvektoren $\mathfrak{y}, \varphi, \ldots$ bezeichne $|\mathfrak{x}|, \ldots$ die euklidische Norm $(\sum x_i^2)^{\frac{1}{2}}, \ldots$.

[1] Ausführlich: $y_i' = y_i - \sum_\nu m'_{i\nu} F_\nu$, $i = 1, \ldots, n$, wo $((m'_{i\nu}))$ die Matrix $\mathfrak{M}'$ darstellt.

Bleibt nur noch die stetige partielle Differenzierbarkeit der Lösung zu beweisen! Zu $\mathfrak{x}=(x_1, x_2, \ldots, x_k)$ bzw. $\bar{\mathfrak{x}}=(\bar{x}_1, x_2, \ldots, x_k)$ mögen die Lösungen $\mathfrak{y}$ bzw. $\bar{\mathfrak{y}}$ gehören $(\bar{x}_1 \neq x_1)$. Dann gilt nach dem Mittelwertsatz $\mathfrak{v}=\mathfrak{F}(\bar{\mathfrak{x}};\bar{\mathfrak{y}})-\mathfrak{F}(\mathfrak{x},\mathfrak{y})=\left(\frac{\partial\mathfrak{F}}{\partial x_1}\right)^*(\bar{x}_1-x_1)+\mathfrak{M}^*\cdot(\bar{\mathfrak{y}}-\mathfrak{y})$, oder

$$(') \qquad \mathfrak{M}^*\cdot\frac{\bar{\mathfrak{y}}-\mathfrak{y}}{\bar{x}_1-x_1}=-\left(\frac{\partial\mathfrak{F}}{\partial x_1}\right)^*,$$

wobei der Stern bedeutet, daß als Argument ein auf der Verbindungsgeraden von $(\mathfrak{x},\mathfrak{y})$ und $(\bar{\mathfrak{x}},\bar{\mathfrak{y}})$ gelegener Punkt $(\mathfrak{x}^*;\mathfrak{y}^*)$ einzusetzen ist. Da $|\mathrm{Det}\,\mathfrak{M}^*|\geq p>0$, so kann das lineare Gleichungssystem (') eindeutig aufgelöst werden:

$$\frac{\bar{\mathfrak{y}}-\mathfrak{y}}{\bar{x}_1-x_1}=-\,\mathfrak{M}^{*-1}\cdot\left(\frac{\partial\mathfrak{F}}{\partial x_1}\right)^*;$$

hierin kann ohne weiteres der Grenzübergang $\bar{x}_1\to x_1$ vollzogen werden.

Wir erhalten so allgemein

$$\frac{\partial\mathfrak{y}}{\partial x_i}=-\,\mathfrak{M}^{-1}\cdot\frac{\partial\mathfrak{F}}{\partial x_i}, \qquad i=1,\ldots,k,$$

womit Existenz und Stetigkeit der partiellen Ableitungen der Lösung $\mathfrak{y}(\mathfrak{x})$ dargetan ist.

5.9. Der allgemeine Zwischenwertsatz.

5.9.1. Als Verallgemeinerung des bekannten Satzes, daß eine auf einem eindimensionalen Intervall stetige Funktion jeden Zwischenwert annimmt, beweisen wir hier folgenden Satz:

Im E^n der Punkte $x=(\xi_1,\ldots,\xi_n)$ seien W der Würfel $\{x: -1\leq\xi_i\leq 1, i=1,\ldots,n\}$ und $\varphi_1|W,\ldots,\varphi_n|W$ stetige reelle Funktionen mit $\varphi_i(x)<0$ für $\xi_i=-1$ und $\varphi_i(x)>0$ für $\xi_i=1$, $i=1,\ldots,n$. Dann gibt es in W einen Punkt x^* mit $\varphi_i(x^*)=0$ für $i=1,\ldots,n$.

Der Beweis (in **5.9.7.**) verlangt einige topologische Vorbereitungen, welche sich auf die simplizialen Zerlegungen des E^n beziehen.

5.9.2.1. Ein *k-dimensionales Simplex* (*k-Simplex*) S^k im E^n, $0\leq k\leq n$, ist bestimmt durch $k+1$ linear unabhängige Punkte $p_0,\ldots,p_k$, die *Ecken* des Simplex, $S^k:=\langle p_0,\ldots,p_k\rangle$. Die lineare Unabhängigkeit ist dabei definiert als die Forderung, daß aus den zwei Gleichungen $\alpha_0 p_0+\cdots+\alpha_k p_k=0$ (vektoriell) und $\alpha_0+\cdots+\alpha_k=0$ für reelle Zahlen $\alpha_0,\ldots,\alpha_k$ allemal $\alpha_0=\cdots=\alpha_k=0$ folgt. S^k ist definiert als die Punktmenge

$$\{(\alpha_0 p_0+\cdots+\alpha_k p_k):\alpha_i\geq 0, \quad i=0,\ldots,k;\ \textstyle\sum\alpha_i=1\}.$$

Das *Innere* von S^k ist gekennzeichnet durch die Punkte von S^k, für welche alle α_i positiv sind; ein *Randsimplex der Dimension h*, $0\leq h<k$,

ergibt sich, wenn man bei obiger Mengenbestimmung $k-h$ der α_i Null setzt.

5.9.2.2. Ein endliches System von k-Simplexen S_r^k, $r=1,\ldots,R$, heißt eine *simpliziale Zerlegung von* S^k, wenn

1. $\sum^{\cdot}\{S_r^k : r=1,\ldots,R\} = S^k$;

2. der Durchschnitt je zwei verschiedener S_r^k entweder leer oder ein Randsimplex beider Simplexe ist.

Mit jeder solchen simplizialen Zerlegung von S^k ist verbunden eine simpliziale Zerlegung der einzelnen $(k-1)$-dimensionalen Randsimplexe S_i^{k-1} von S^k, welche durch die $(k-1)$-Simplexe unter den Durchschnitten $D_r = S_i^{k-1} S_r^k$ gegeben ist. In der Tat, der Durchschnitt $S_i^{k-1} S_{r_1}^k S_{r_2}^k$ von D_{r_1} und D_{r_2} ist entweder leer, oder ein gemeinsames Randsimplex von D_{r_1} und D_{r_2}, wie unmittelbar einzusehen ist. Im übrigen wird jeder Punkt von S_i^{k-1} von den D_r der Dimension $k-1$ überdeckt. Denn deren Vereinigungsmenge V ist abgeschlossen in S_i^{k-1}, so daß $S_i^{k-1}-V$ offen in S_i^{k-1} ist und, wenn nicht leer, von der in S_i^{k-1} nirgends dichten Vereinigungsmenge aller D_r einer Dimension $< k-1$† nicht vollständig überdeckt werden kann. Da aber die Vereinigung aller D_r gleich S_i^{k-1} ist, so bleibt nur $S_i^{k-1}-V=0$, w. z. z. w.

Ferner bemerken wir, daß ein $(k-1)$-dimensionales Simplex höchstens zwei Teilsimplexen S_r^k der Zerlegung als Randsimplex angehören kann. Insbesondere gehört ein $(k-1)$-dimensionales Randsimplex eines S_r^k auf dem Rand von S^k nur diesem einen S_r^k an. Denn wenn die beiden Teilsimplexe $\langle q_0, q_1, \ldots, q_k\rangle$ und $\langle \bar{q}_0, q_1, \ldots, q_k\rangle$ nur das Simplex $\langle q_1, \ldots, q_k\rangle$ gemein haben, so müssen q_0 und $\bar{q}_0$ in verschiedenen Halbräumen liegen, wie sie der durch $\langle q_1, \ldots, q_k\rangle$ aufgespannte E^{k-1} in dem von $\langle p_0, \ldots, p_k\rangle$ aufgespannten E^k zustande bringt, da die beiden Teilsimplexe anderenfalls außer $\langle q_1, \ldots, q_k\rangle$ noch weitere Punkte gemein hätten. Damit erledigen sich beide Behauptungen.

5.9.3. *Es gibt simpliziale Zerlegung von* S^k *mit beliebig kleinen Kanten* (eindimensionale Randsimplexen) *der Teilsimplexe.*

Beispielsweise gelangt man von einer simplizialen Zerlegung mit der maximalen Kantenlänge λ zu einer „Verfeinerung" derselben, so daß sämtliche Kanten $\leq \frac{1}{2}\sqrt{3}\,\lambda$ sind, auf folgendem Wege: Ist $\langle q_0, q_1\rangle$ eine Kante der maximalen Länge λ in der gegebenen Zerlegung, so ersetze man jedes k-Simplex $\langle q_0, q_1, q_2, \ldots, q_k\rangle$ der Zerlegung mit dieser Kante mittels des Mittelpunktes m derselben durch die zwei Simplexe $\langle m, q_1, q_2, \ldots, q_k\rangle$ und $\langle q_0, m, q_2, \ldots, q_k\rangle$. Bei der so gewonnenen

† Daß ein $S^{k-1} \subset S^k$ in S^k nirgends dicht ist, sieht man so ein: Wäre S^{k-1} nicht nirgends dicht, so müßte es als abgeschlossene Menge innere Punkte enthalten, also k linear unabhängige Punkte; das ist aber ausgeschlossen.

„Verfeinerung" ist die Anzahl der Kanten mit einer Länge $\geq \frac{1}{2}\sqrt{3}\,\lambda$ um Eins geringer als bei der ursprünglichen Zerlegung; denn die Kante $\langle q_0, q_1\rangle$ ist ausgeschieden, während die neu hinzugetretenen Kanten $\langle m, q_0\rangle$, $\langle m, q_2\rangle$, usw. alle $\leq \frac{1}{2}\sqrt{3}\,\lambda$ sind (Beweis!). Wiederholung des Verfahrens führt zur Ausscheidung aller Kanten mit einer Länge $> \frac{1}{2}\sqrt{3}\,\lambda$.

5.9.4. Es bezeichne Z eine simpliziale Zerlegung von $S^k = \langle p_0, \ldots, p_k\rangle$, ferner $f(q)$ eine *Eckenfunktion* der Zerlegung Z, d.h. eine auf allen Ecken q der Zerlegung eindeutig definierte Funktion mit Werten aus $\{0, 1, \ldots, k\}$, wobei insbesondere gelte:

$$q \in \langle p_{i_0}, p_{i_1}, \ldots, p_{i_m}\rangle \rhd f(q) \in \{i_0, i_1, \ldots, i_m\}$$

für beliebige $\{i_0, i_1, \ldots, i_m\} < \{0, 1, \ldots, k\}$, $m = 0, 1, \ldots, k$. Ein Teilsimplex T^k von Z heißt *ausgezeichnet*, wenn f auf den Ecken von T^k alle Werte $0, 1, \ldots, k$ annimmt. Es gilt:

Bei jeder simplizialen Zerlegung von S^k und jeder Eckenfunktion ist die Anzahl der ausgezeichneten Teilsimplexe ungerade (insbesondere also ≥ 1).

Zur Durchführung eines Induktionsbeweises in der Dimension k führen wir noch den Begriff der *ausgezeichneten Seite* ein; so nennen wir jedes $(k-1)$-dimensionale Randsimplex eines Teilsimplexes der Zerlegung Z, wenn f auf seinen Ecken alle Werte $0, 1, \ldots, k-1$ annimmt. — Sei nun α die Anzahl der ausgezeichneten k-Simplexe von Z, β die der ausgezeichneten Seiten auf dem Rand von S^k und $\gamma(T^k)$ die Anzahl der ausgezeichneten Seiten auf dem Teilsimplex T^k von Z. Ist T^k ausgezeichnet, so ist $\gamma(T^k) = 1$; im anderen Falle ist $\gamma(T^k) = 0$ oder 2; daher gilt

$$\alpha \equiv \sum_Z \gamma(T^k) \pmod 2.$$

In der letzten Summe wird jede ausgezeichnete Seite einmal gezählt, wenn sie auf dem Rand von S^k liegt, sonst aber genau zweimal; also haben wir auch $\beta \equiv \sum\limits_Z \gamma(T^k) \pmod 2$.

Da alle ausgezeichneten Seiten auf dem Rand von S^k auf $\langle p_0, \ldots, p_{k-1}\rangle$ liegen, so ist, wenn der behauptete Satz für die Dimension $k-1$ richtig ist, β, also auch α, ungerade, d.h. der Satz auch für die Dimension k richtig. Speziell aber für $k = 1$ (Zerlegung eines eindimensionalen Intervalls in Teilintervalle) ist seine Gültigkeit sehr leicht einzusehen.

5.9.4.1. *Sind $F_0, F_1, \ldots, F_k$ abgeschlossene Teilmengen von $S^k = \langle p_0, \ldots, p_k\rangle$ mit der Eigenschaft, daß*

$$\langle p_{i_0}, p_{i_1}, \ldots, p_{i_m}\rangle < F_{i_0} \dotplus F_{i_1} \dotplus \cdots \dotplus F_{i_m}$$

für jedes $\{i_0, i_1, \ldots, i_m\} < \{0, 1, \ldots, k\}$, $m = 0, 1, \ldots, k$, so haben $F_0, \ldots, F_k$ einen Punkt gemein.

Beweis. Zur natürlichen Zahl n bilden wir eine simpliziale Zerlegung Z von S^k mit Kantenlängen $< 1/n$. Ist q eine Ecke von Z, so gibt es dazu ein $\langle p_{i_0}, \ldots, p_{i_m}\rangle$ niedrigster Dimension, welches q enthält. Alsdann ist auch $q \in F_{i_0} \dotplus \cdots \dotplus F_{i_m}$, also etwa $q \in F_{j_q}$. Nun definieren wir $f(q) = j_q$, womit wir den Anschluß an den vorausgehenden Satz bekommen: Es gibt ein ausgezeichnetes Simplex $\langle q_{0n}, \ldots, q_{kn}\rangle$ von Z, wobei wir die Bezeichnung der Ecken so wählen dürfen, daß $f(q_{in}) = i$, also $q_{in} \in F_i$ für $i = 0, \ldots, k$ gilt. Da S^k beschränkt und abgeschlossen, so kann man aus der Folge $q_{01}, q_{02}, q_{03}, \ldots$ eine konvergente Teilfolge ausgreifen: $\lim\limits_{\nu} q_{0n_\nu} =: q^*$. Da der Abstand von q_{in} von q_{0n} kleiner als $1/n$, so gilt auch $\lim\limits_{\nu} q_{in_\nu} = q^*$. Offenbar ist dabei $q^* \in F_i$, $i = 0, 1, \ldots, k$, w. z. z. w.

5.9.5. *(Fixpunktsatz). Ist $S^k \subset E^k$ und $\varphi | S^k$ eine stetige Abbildung des Simplex S^k in den E^k, wobei der Rand von S^k in S^k hinein abgebildet wird, dann gibt es einen Punkt y von S^k mit $\varphi(y) = y$.*

Beweis. Ist $S^k = \langle p_0, \ldots, p_k\rangle$, so läßt sich jeder Punkt y von E^k in eindeutiger Weise in der Form

$$y = \sum \eta_i p_i$$

mit $\sum \eta_i = 1$ darstellen. (Die Punkte von S^k sind durch die weiteren Bedingungen $\eta_i \geqq 0$ gekennzeichnet.) Wir können daher

$$\varphi(y) = \sum \chi_i p_i \quad \text{mit} \quad \sum \chi_i = 1$$

schreiben, wodurch die χ_i als eindeutige stetige Funktionen von y, $y \in S^k$, definiert werden. Nun betrachten wir die Mengen

$$F_i := \{y : \chi_i(y) \leqq \eta_i(y)\}, \qquad i = 0, \ldots, k.$$

Diese sind wegen der Stetigkeit von χ_i und η_i abgeschlossen. Wir zeigen, daß sie die Voraussetzungen des Satzes **5.9.4.1.** erfüllen. In der Tat, ist $y \in \langle p_{i_0}, \ldots, p_{i_m}\rangle$, $m \leqq k$, so sind die zu den eventuell fehlenden Ecken p_i gehörigen Werte η_i Null, so daß bereits $\sum\limits_{\mu=0}^{m} \eta_{i_\mu}(y) = 1$. Wegen $\varphi(y) \in S^k$ haben wir $\chi_i(y) \geqq 0$, $i = 0, \ldots, k$, so daß $\sum\limits_{\mu=0}^{m} \chi_{i_\mu}(y) \leqq 1$ (denn es sind in $\sum \chi_i = 1$ nur nicht negative Glieder weggelassen worden). Somit muß für mindestens ein i_μ gelten $\chi_{i_\mu}(y) \leqq \eta_{i_\mu}(y)$, also $y \in F_{i_\mu} \subset F_{i_0} \dotplus \cdots \dotplus F_{i_m}$. Nach **5.9.4.1.** existiert daher ein $y^* \in F_0 \ldots F_k$. Dies bedeutet aber $\chi_i(y^*) \leqq \eta_i(y^*)$ für $i = 0, \ldots, k$, woraus wegen $\sum \chi_i(y^*) = \sum \eta_i(y^*)$ $(= 1)$ schließlich $\chi_i(y^*) = \eta_i(y^*)$ für $i = 0, \ldots, k$, und damit $\varphi(y^*) = y^*$ folgt.

5.9.6. (BROUWER*scher Fixpunktsatz*). *Jede eindeutige stetige Abbildung der abgeschlossenen k-dimensionalen Vollkugel in sich hat einen Fixpunkt.*

Er ergibt sich aus **5.9.5.** vermöge der Tatsache, daß die k-dimensionale Vollkugel ein topologisches, d.h. eineindeutiges und umkehrbar stetiges Bild von S^k ist. In der Tat, im E^k der Punkte $x=(\xi_1,\ldots,\xi_k)$ mache man den Ursprung o zum Kugelmittelpunkt und zugleich zum Schwerpunkt von S^k. Ein Halbstrahl durch o trifft den Rand von S^k in s, den der Vollkugel in k. Die gewünschte Abbildung ergibt sich, wenn man die Strecken $\langle o, s\rangle$ und $\langle o, k\rangle$ ähnlich aufeinander abbildet, wobei o in sich übergeht.

Bemerkung. Aus denselben Gründen gilt der Fixpunktsatz auch für den k-dimensionalen Würfel.

5.9.7. Nun können wir den in **5.9.1.** angekündigten Satz beweisen. Mit Bezugnahme auf die dortigen Bezeichnungen setzen wir $G_i=\{\varphi_i<0\}$, $T_i=\{\varphi_i=0\}$, $G_i'=\{\varphi_i>0\}$, so daß $W=G_i+T_i+G_i'$, $i=0,\ldots,k$. Für $x\in W$ definieren wir die Funktion $v_1(x):=\sigma\, d(x,T_1)$, wobei $d(x,T_1)$ der Abstand des Punktes x von T_1, $\sigma=+1$ für $x\in G_i$ und $\sigma=-1$ für $x\in G_i'$ ist. Dann ist allgemein $-1\leqq\xi_1+v_1(x)\leqq 1$. In der Tat, für $x\in T_1$ ist die Behauptung klar. Ist $x\in G_1$, so gehen wir von x aus in Richtung der positiven ξ_1-Achse bis zu Punkt y mit $\xi_1=1$. Aus Stetigkeitsgründen müssen wir vor Erreichung von y auf einen Punkt $z\in T_1$ stoßen, so daß wir schreiben können: $v_1(x)=d(x,T_1)\leqq\|z-x\|<\|y-x\|=1-\xi_1$; andererseits folgt aus $-1\leqq\xi_1$ und $0<v_1(x)$ unmittelbar $-1\leqq\xi_1+v_1(x)$. Ganz analog verfährt man, wenn $x\in G_1'$. In entsprechender Weise definiert man Funktionen $v_2(x),\ldots,v_k(x)$, wobei dann allgemein $-1\leqq\xi_1+v_i(x)\leqq 1$ für $i=1,\ldots,k$ gilt. Wir setzen dies zu einem Vektor $v(x)=(v_1(x),\ldots,v_k(x))$ zusammen. Die Abbildung $\Phi(x)=x+v(x)$ ist stetig und bildet W in sich ab, hat daher nach **5.9.6.** einen Fixpunkt. Es existiert also ein Punkt x^* mit $v(x^*)=0$, d.h. aber mit $\varphi_i(x^*)=0$ für $i=1,\ldots,k$.

6. Funktionen in Produkträumen.

6.1. Metrische Produkträume.

6.1.1. Im folgenden betrachten wir einen Produktraum $P:=((E_1,\ldots,E_n))$, worin E_i einen metrischen Raum mit dem Abstand $|x_i, y_i|$, (x_i und y_i) $\in E_i$, $i=1,\ldots,n$, bezeichnet. Wir denken uns P metrisiert durch

$$\text{(A)}\qquad |p,q|:=\varphi(|x_1,y_1|,\ldots,|x_n,y_n|),$$

$p=(x_1,\ldots,x_n)\in P$, $q=(y_1,\ldots,y_n)\in P$, und fragen uns, wie die reelle Funktion $\varphi(\tau_1,\ldots,\tau_n)$ der nicht negativen reellen Veränderlichen τ_i beschaffen sein muß, damit bei beliebigen Metriken in den Faktoren

$E_1, \ldots, E_n$ die Abstandsdefinition (A) P zu einem metrischen Raum macht. Wegen (1_m) (**4.1.1.**) muß sein:

$$(1) \qquad \varphi(\tau_1, \ldots, \tau_n) \geqq 0 \quad \text{und} \quad = 0 \quad \text{nur für} \quad \tau_1 = \cdots = \tau_n = 0.$$

Sind $p, q, r (= (z_1, z_2, \ldots, z_n))$ drei Punkte von P und demgemäß für $i = 1, 2, \ldots, n$, $\varrho_i = |x_i, y_i|$, $\sigma_i = |x_i, z_i|$, $\tau_i = |y_i, z_i|$, so werden wir in Verfolg von (2_m) verlangen:

$$(2) \qquad \varphi(\varrho_1, \ldots, \varrho_n) \leqq \varphi(\sigma_1, \ldots, \sigma_n) + \varphi(\tau_1, \ldots, \tau_n)$$

immer, wenn

$$(2') \qquad \varrho_i \leqq \sigma_i + \tau_i, \quad \sigma_i \leqq \tau_i + \varrho_i, \quad \tau_i \leqq \varrho_i + \sigma_i \quad \text{für} \quad i = 1, \ldots, n$$

gleichzeitig erfüllt sind. Wir müssen dies aber sogar fordern, denn es gibt Räume, z.B. die Ebene, bei welchen die durch (2') abgegrenzten Fälle wirklich alle vorkommen können. Demnach sind (1) *und* (2) *mit* (2') *notwendig und hinreichend, daß P durch* (A) *metrisch wird.*

Diese Eigenschaften sind z.B. erfüllt, wenn man $\varphi(0, \ldots, 0) = 0$ und $\varphi(\tau_1, \ldots, \tau_n) = 1$ setzt für $(\tau_1, \ldots, \tau_n) \neq (0, \ldots, 0)$; P besteht dann nur aus isolierten Punkten. Um solches auszuschließen, ist zu verlangen, daß die „Parallelunterräume" $T_k := \{(a_1, \ldots, a_{k-1}, x_k, a_{k+1}, \ldots, a_n) : x_k \in E_k\}$ als Teilräume von P mit E_k topologisch gleichwertig sind im Sinne der Zuordnung $x_k \leftrightarrow (a_1, \ldots, a_{k-1}, x_k, a_{k+1}, \ldots, a_n)$. Wir gehen hierauf nicht näher ein, sondern werden im nachfolgenden uns gleich weiter spezialisieren.

6.1.2. Wir betrachten nun speziellere Metrisierungen von P, die mit denen der E_j enger verbunden sind. Wir verlangen in Angleichung an die gewohnten Verhältnisse im n-dimensionalen euklidischen Raum, daß bei festen $a_k \in E_k$, $k = 2, 3, \ldots, n$, der Teilraum der Punkte $(x_1, a_2, \ldots, a_n)$, wobei x_1 den Raum E_1 durchläuft, mit E_1 *isometrisch* sei, d.h. Paare entsprechender Punkte gleichen Abstand haben; analog für die übrigen Indizes $2, \ldots, n$. Ferner wollen wir φ so einrichten, daß der Abstand in P monoton ist gegenüber den Abständen in den E_j, d.h. bei größeren Abständen in E_j nicht kleiner ausfällt. Dies ergibt:

$$\text{(i)} \quad \varphi(\tau, 0, \ldots, 0) = \varphi(0, \tau, 0, \ldots, 0) = \cdots = \varphi(0, \ldots, 0, \tau) = \tau \quad \text{für} \quad \tau \geqq 0;$$

$$\text{(ii)} \qquad \varphi(\sigma_1, \ldots, \sigma_n) \leqq \varphi(\tau_1, \ldots, \tau_n) \quad \text{für} \quad \sigma_j \leqq \tau_j, \quad j = 1, \ldots, n.$$

Aus (2) in **6.1.1.** folgt nun speziell

$$(3) \qquad \varphi(\sigma_1 + \tau_1, \ldots, \sigma_n + \tau_n) \leqq \varphi(\sigma_1, \ldots, \sigma_n) + \varphi(\tau_1, \ldots, \tau_n)$$

für beliebige σ_j, $\tau_j \geqq 0$. Umgekehrt ergibt sich aus (ii) und (3) wieder (2). Aus (3) folgt durch vollständige Induktion

$$(4) \qquad \varphi\Big(\sum_k \sigma_{1k}, \ldots, \sum_k \sigma_{nk}\Big) \leqq \sum_k \varphi(\sigma_{1k}, \ldots, \sigma_{nk})$$

und hieraus mit (i) die Ungleichung $\varphi(\tau_1, \ldots, \tau_n) \leq \tau_1 + \cdots + \tau_n$. Andererseits liefern (i) und (ii) $\tau_i = \varphi(0, \ldots, 0, \tau_i, 0, \ldots, 0) \leq \varphi(\tau_1, \ldots, \tau_n)$, also $\max\{\tau_1, \ldots, \tau_n\} \leq \varphi(\tau_1, \ldots, \tau_n)$, so daß wir zusammenfassend haben:

$$(5) \qquad \max\{\tau_1, \ldots, \tau_n\} \leq \varphi(\tau_1, \ldots, \tau_n) \leq \tau_1 + \cdots + \tau_n.$$

Die beiden Grenzen in der Ungleichung (5) besitzen selber die Eigenschaften (1), (2) mit (2′) von **6.1.1.**, und (i) und (ii); sie *sind* daher *die kleinste bzw. größte der möglichen Metrisierungsfunktionen* φ *bei den Forderungen* (i) *und* (ii). Wir haben dazu den Satz:

Alle Metrisierungen von P *mit den Zusatzforderungen* (i) *und* (ii) *sind topologisch gleichwertig.*

In der Tat, aus (5) folgt die Ungleichung

$$\max\{\tau_1, \ldots, \tau_n\} \leq \varphi(\tau_1, \ldots, \tau_n) \leq n \cdot \max\{\tau_1, \ldots, \tau_n\},$$

was bewirkt, daß die Metrisierung durch φ topologisch gleichwertig ist mit der durch $\max\{\tau_1, \ldots, \tau_n\}$.

6.1.3. Aus (5) von **6.1.2.** folgt für $\lambda > 0$

$$\max\{\tau_1, \ldots, \tau_n\} \leq \frac{1}{\lambda}\varphi(\lambda\tau_1, \ldots, \lambda\tau_n) \leq \tau_1 + \cdots + \tau_n.$$

Wir legen der Funktion φ nun die weitere nach dem vorausgehenden Satze nur noch unerhebliche Beschränkung auf, daß $\frac{1}{\lambda}\varphi(\lambda\tau_1, \ldots, \lambda\tau_n)$ von λ unabhängig, d.h., daß φ eine positiv-homogene Funktion ersten Grades ist:

$$\text{(iii)} \qquad \varphi(\lambda\tau_1, \ldots, \lambda\tau_n) = \lambda\varphi(\tau_1, \ldots, \tau_n) \quad \text{für} \quad \lambda > 0.$$

(iii) und (3) zusammen liefern

$$(6) \quad \varphi\left(\tfrac{1}{2}(\sigma_1 + \tau_1), \ldots, \tfrac{1}{2}(\sigma_n + \tau_n)\right) \leq \tfrac{1}{2}\left(\varphi(\sigma_1, \ldots, \sigma_n) + \varphi(\tau_1, \ldots, \tau_n)\right),$$

was die Definitionsungleichung für eine sog. *konvexe Funktion* darstellt.

Wieder gehören die beiden Grenzen der Ungleichung (5) zur betrachteten Funktionsklasse; aber auch das klassische Beispiel $\varphi = (\tau_1^2 + \cdots + \tau_n^2)^{\frac{1}{2}}$ der Metrik des euklidischen Raumes E^n gehört hierher.

Wählt man in P als Abstand $|p, q| = \max\{|x_1, y_1|, \ldots, |x_n, y_n|\}$, so erhält man als sphärische Umgebungen U_p^ϱ sog. Zylindermengen des Produktraumes, welche selbst wieder Produktmengen sind:

$$U_p^\varrho = \{(y_1, \ldots, y_n) : |x_1, y_1| < \varrho, \ldots, |x_n, y_n| < \varrho\}.$$

Diese wohl einfachste Metrisierung werden wir im folgenden stets zugrunde legen.

6.1.4. Neben der oben beschriebenen Topologisierung des Produktraumes mittels einer Metrik haben wir noch eine schwächere (**4.3.10.1.**)

ins Auge zu fassen, welche ebenfalls von dem in **6.1.1.** ausgedrückten Standpunkt ausgeht, nämlich, daß jeder „Parallelunterraum" T_k zu E^k homöomorph sein soll. Durch die Festsetzung, daß die eineindeutige Abbildung $x_k \leftrightarrow (a_1, \ldots, a_{k-1}, x_k, a_{k+1}, \ldots, a_n)$ von E^k auf T_k eine Homöomorphie ist, wird T_k top. Raum. Nun definiert man: Eine Menge A von P heißt *faktoriell-offen* (f-offen), wenn der Durchschnitt mit jedem T_k offen ist in T_k, $k=1, \ldots, n$. Analog der Begriff der f-Abgeschlossenheit. Beim Operieren mit diesen Begriffen sprechen wir von der „faktoriellen Topologie" von P; *f-Umgebung* von p ist jede f-offene, p enthaltende Teilmenge von P, usw.

6.1.5. Für faktorielle Topologisierung gilt immerhin eine wichtige Verallgemeinerung des Satzes **4.7.5.**, nämlich:

Es seien $E_1, \ldots, E_n$ nicht leere, im kleinen kompakte, totalbeschränkte, metrische Räume und $P = ((E_1, \ldots, E_n))$ metrischer Produktraum gemäß **6.1.3.** *Ist $P = \sum^{\cdot} \{F_i : i = 1, 2, \ldots\}$ eine Darstellung von P als Vereinigung von abzählbar vielen f-abgeschlossenen Mengen F_i, so enthält wenigstens eine davon eine nicht leere offene Menge in P.*

Beweis. 1. Für $n=1$ folgt der Satz aus **4.7.5.** Im Falle $n>1$ machen wir die Induktionsvoraussetzung, daß der Satz für die Faktorenzahl $n-1$ richtig sei, und setzen $Q := ((E_1, \ldots, E_{n-1}))$, $E_n := E$ und $P := ((Q, E))$. Für $q \in Q$ bezeichnen wir den Parallelunterraum der Punkte (q, x), $x \in E$, mit T_q. Sei nun $P = \sum^{\cdot} F_i$ und jedes F_i f-abgeschlossen. Zu $T_q F_i$ bestimmen wir den maximalen Radius

$$\varrho(q; i) := \sup\{\sup\{t : S(q, \hat{x}; t) \subset F_i\} : (q, \hat{x}) \in T_q F_i\}$$

einer ganz in $T_q F_i$ enthaltenen „Kugel" $S(q, x; \tau) := \{(q, y) : |x, y| \leq \tau$ und $y \in E\}$ mit dem Mittelpunkt (q, x), $x \in E$.

2. Anwendung von **4.7.5.** liefert zu jedem $q \in Q$ ein i_q, so daß $\varrho(q; i_q) > 0$. In Q bilden wir die Teilmengen $M_{i,m} := \left\{\varrho(\hat{q}; i) \geq \frac{1}{m}\right\}$, $i \in \mathbf{Z}$, $m \in \mathbf{Z}$. Dann ist $\sum^{\cdot} \{M_{i,m} : i \geq 1,\ m \geq 1\} = Q$.

3. Wir zeigen, daß jedes $M_{i,m}$ in Q f-abgeschlossen ist. Wir betrachten dazu eine „achsenparallele" Punktfolge $q_1, q_2, \ldots$ in einem bestimmten $M_{i,m}$, $q_k := (c_1, \ldots, c_{l-1}, b_k, c_{l+1}, \ldots, c_{n-1})$, $b_k \in E_l$ mit $\lim b_k = b^*$; es ist zu zeigen, daß auch $q^* = (c_1, \ldots, c_{l-1}, b^*, c_{l+1}, \ldots, c_{n-1})$ zu $M_{i,m}$ gehört. Wegen $q_k \in M_{i,m}$ existiert eine Kugel $S\left(q_k, a_k; \frac{1}{m} - \frac{1}{k}\right) \subset T_{q_\pi} F_i$, $k > m$. Wir setzen voraus, daß $((a_k))$ eine konzentrierte Folge ist; sonst würden wir eine passende Teilfolge (vgl. **4.9.2.1.**) von $q_1, q_2, \ldots$ zu wählen haben, für welche dann hinsichtlich $((a_k))$ das Gewünschte zutrifft. Nun wählen wir ε und k_0 derart, daß $0 < \varepsilon < \frac{1}{2m}$ und $|a_{k_0}, a_k| < \varepsilon$ für $k > k_0 > 3m$. Für $k > \max\left(k_0, \frac{1}{\varepsilon}\right)$ erhalten wir dann

$$S\left(q_k, a_{k_0}; \frac{1}{m} - 2\varepsilon\right) < S\left(q_k, a_{k_0}; \frac{1}{m} - \frac{1}{k} - \varepsilon\right) < S\left(q_k; a_k; \frac{1}{m} - \frac{1}{k}\right) < T_{q_k} F_i.$$

Mit der f-Abgeschlossenheit von F_i schließt man daraus auf $S\left(q^*, a_{k_0}; \frac{1}{m} - 2\varepsilon\right) < F_i$, was $\varrho(q^*; i) \geqq \frac{1}{m} - 2\varepsilon$ liefert. Für $\varepsilon \to 0$ gewinnt man daraus $\varrho(q^*; i) \geqq \frac{1}{m}$ d.h. $q^* \in M_{i,m}$.

4. Nun können wir auf die abzählbar vielen $M_{i,m}$ die Induktionsvoraussetzung anwenden: Es gibt ein M_{i_1,m_1}, welches eine in Q offene Menge G enthält. Zu jedem $q \in G$ gibt es eine Kugel in T_q mit einem Radius $\geqq \frac{1}{2m_1}$, welche ganz in $T_q F_{i_1}$ enthalten ist. Da E totalbeschränkt ist, so kann man (**4.9.2.**) E überdecken mit endlich vielen Kugeln, $S_1, \ldots, S_h$, deren Radien positiv und $< \frac{1}{4m_1}$ sind. Dazu bilden wir die Mengen $Z_{q,\lambda} := \{(q, x) : x \in S_\lambda\}$ und $H_\lambda := \{q : q \in G$ und $Z_{q,\lambda} < F_{i_1}\}$. Es ist $H_1 \dotplus \cdots \dotplus H_h = G$; denn die zu $q \in G$ angebbare, in $T_q F_{i_1}$ enthaltene Kugel in T_q vom Radius $\frac{1}{2m_1}$ enthält ein $Z_{q,\lambda'}$, so daß $Z_{q,\lambda'} < F_{i_1}$, also $q \in H_{\lambda'}$. Ferner ist jedes H_λ f-abgeschlossen; denn ist $q_1, q_2, \ldots$ eine achsenparallele gegen q^* konvergente Punktfolge aus H_λ, so haben wir $Z_{q_k,\lambda} < F_{i_1}$, woraus wegen der f-Abgeschlossenheit von F_{i_1} auch $Z_{q^*,\lambda} < F_{i_1}$ und damit $q^* \in H_\lambda$ folgt. Damit können wir auf die $H_1, H_2, \ldots$ (auch wenn es nur endlich viele sind) wieder die Induktionsvoraussetzung anwenden: Ein gewisses H_{λ_1} enthält eine offene Menge $G_1 < G$; daraus folgt, daß F_{i_1} die offene Menge $((G_1, S^i_{\lambda_1}))$ enthält, womit alles bewiesen ist.

6.2. Faktoriell stetige Funktionen.

6.2.1. Um bei einer Funktion $\varphi | P$ im Produktraum $P = ((E_1, \ldots, E_n))$ der Punkte $p = (x_1, \ldots, x_n)$ die Abhängigkeit von den einzelnen Argumenten in bequemer Weise hervorzuheben, setzen wir $P^{(\nu)} := ((E_1, \ldots, E_{\nu-1}, E_{\nu+1}, \ldots, E_n))$, $\nu = 1, \ldots, n$, identifizieren P mit $((P^{(\nu)}, E_\nu))$ und ebenso einen Punkt (p_ν, x_ν), wo $p_\nu = (x_1, \ldots, x_{\nu-1}, x_{\nu+1}, \ldots, x_n) \in P^{(\nu)}$ und $x_\nu \in E_\nu$, mit dem Punkt $p = (x_1, \ldots, x_n) \in P$. Demgemäß sei

$$\varphi_{p_\nu}(x_\nu) = \varphi(x_1, \ldots, x_{\nu-1}, x_\nu, x_{\nu+1}, \ldots, x_n);$$

und $\varphi_{p_\nu} | E_\nu$ die entsprechende Funktion auf E_ν.

Von *Stetigkeit* von φ *schlechthin* reden wir, wenn wir P als metrischen Produktraum auffassen; von *f-Stetigkeit* sprechen wir, wenn wir P als faktoriell topologisiert ansehen. φ ist also dann und nur dann f-stetig, wenn für jedes $\nu = 1, \ldots, n$, und jedes $p_\nu \in P^{(\nu)}$ die Funktion $\varphi_{p_\nu} | E_\nu$ stetig ist.

Jede stetige Funktion ist auch f-stetig; das Umgekehrte gilt — wie das folgende Beispiel lehrt — nicht:

$$P = ((E^1, E^1)); \quad \varphi(0,0) = 0; \quad \varphi(x_1, x_2) = \frac{x_1 \cdot x_2}{x_1^2 + x_2^2} \text{ sonst.}$$

Ersichtlich ist φ f-stetig. Andererseits hat man z.B. $\varphi(t, t) = \frac{1}{2}$ für $t \neq 0$, was wegen $\varphi(0, 0) = 0$ die Unstetigkeit von φ an der Stelle $(0, 0)$ dartut.

6.2.2. Treten aber zur f-Stetigkeit noch gewisse Gleichgradigkeitseigenschaften hinzu, so ergibt sich Stetigkeit schlechthin:

Ist φ f-stetig in $P = ((E_1, \ldots, E_n))$, ferner für jedes $\nu = 1, \ldots, n-1$ die Funktionenschar $\varphi_{p_\nu} | E_\nu$ gleichgradig stetig in E_ν für alle $p_\nu \in P^{(\nu)}$, so ist $\varphi | P$ stetig.

Beweis. Nach Voraussetzung gibt es zu $\varepsilon > 0$ und $x_\nu \in E_\nu$ positive Zahlen $\varrho_\nu = \varrho_\nu(x_\nu)$, $\nu = 1, \ldots, n-1$, so daß

$$(\nu) \qquad \boldsymbol{\sigma}\left(\varphi_{q_\nu}(x_\nu), \varphi_{q_\nu}(x'_\nu)\right) < \varepsilon,$$

sobald $|x_\nu, x'_\nu| < \varrho_\nu$ bei beliebigem $q_\nu \in P^{(\nu)}$, außerdem zu $p \in P$ ein $\varrho_n = \varrho_n(p)$, so daß mit $p_n := (x_1, \ldots, x_{n-1})$

$$(\mathrm{n}) \qquad \boldsymbol{\sigma}\left(\varphi_{p_n}(x_n), \varphi_{p_n}(x'_n)\right) < \varepsilon,$$

sobald $|x_n, x'_n| < \varrho_n$. Setzt man nun in (ν)

$$q_\nu = (x_1, \ldots, x_{\nu-1}, x'_{\nu+1}, \ldots, x'_n)$$

und addiert obige Ungleichungen, so folgt mit $p' = (x'_1, \ldots, x'_n)$

$$\boldsymbol{\sigma}\left(\varphi(p), \varphi(p')\right) < n\,\varepsilon,$$

sobald $|x_\nu, x'_\nu| < \varrho_\nu$, $\nu = 1, \ldots, n$, was die Stetigkeit von φ in p bedeutet.

6.2.3. Noch spezieller ist die folgende Eigenschaft: Wir nennen $\varphi | P$ *gleichmäßig f-stetig auf P*, wenn es zu $\varepsilon > 0$ ein $\varrho := \varrho(\varepsilon)$ gibt, so daß für $\nu = 1, \ldots, n$, $p_\nu \in P^{(\nu)}$, x_ν, $x'_\nu \in E_\nu$

$$\boldsymbol{\sigma}\left(\varphi_{p_\nu}(x_\nu), \varphi_{p_\nu}(x'_\nu)\right) < \varepsilon,$$

sobald $|x_\nu, x'_\nu| < \varrho$.

Ist $\varphi | P$ gleichmäßig f-stetig auf P, so ist $\varphi | P$ sogar gleichmäßig stetig auf P.

Beweis als Aufgabe.

6.2.4. Auch zusätzliche Monotonieeigenschaften machen eine f-stetige Funktion stetig. Zum Beispiel gilt:

Ist E_1 die Zahlgerade (oder ein Zahlenintervall), E_2 irgendein metrischer Raum, so ist die auf dem Produktraum $P := ((E_1, E_2))$ f-stetige Funktion

$\varphi(x_1, x_2)$ sogar in P stetig, wenn die Funktion $\varphi_{x_2}|E_1$ für jedes $x_2 \in E_2$ in x_1 monoton ist.

Beweis. Nach Voraussetzung haben wir für $(a, b) \in P: \varepsilon > 0 \exists \varrho > 0: x_1 \in U_a^{2\varrho} \rhd |\varphi(x_1, b) - \varphi(a, b)| < \varepsilon$; $\varepsilon > 0$ und $\varrho > 0 \exists \sigma > 0: x_2 \in U_b^\sigma \rhd |\varphi(a \pm \varrho, x_2) - \varphi(a \pm \varrho, b)| < \varepsilon$; somit $(x_1, x_2) \in ((U_a^\varrho, U_b^\sigma)) \rhd \varphi(a, b) - 2\varepsilon < \varphi(a-\varrho, b) - \varepsilon < \varphi(a-\varrho, x_2) \leq \varphi(x_1, x_2) \leq \varphi(a+\varrho, x_2) < \varphi(a+\varrho, b) + \varepsilon < \varphi(a, b) + 2\varepsilon$.

Vollständige Induktion liefert die folgende Verallgemeinerung:

Ist jeder der Räume $E_1, \ldots, E_{n-1}$ eine Zahlgerade (oder ein Zahlenintervall), E_n ein beliebiger metrischer Raum und $\varphi(p)$ eine im Produktraum $P := ((E_1, \ldots, E_n))$ der Punkte $p := (x_1, \ldots, x_n)$ f-stetige Funktion, welche als Funktion der reellen Variablen x_k allein monoton ist, $k = 1, 2, \ldots, n-1$, so ist φ sogar in P stetig schlechthin.

6.2.5. Mit $P := ((E_1, \ldots, E_n))$ führen wir noch folgende Bezeichnung ein: Ist $p_\nu \in P^{(\nu)}$, so sei $T_\nu(p_\nu)$ die Teilmenge $((\{p_\nu\}, E_\nu))$ von P, und wenn $M \subset P$, so werde die *Projektion von M nach $P^{(\nu)}$* mit $M^{(\nu)}$ bezeichnet; wir haben

$$M^{(\nu)} = \{p_\nu : p_\nu \in P^{(\nu)} \quad \text{und} \quad T_\nu(p_\nu) M \neq 0\}.$$

6.2.6. Mit den Bezeichnungen von **6.2.5.** haben wir:

Ist $P := ((E_1, \ldots, E_n))$ metrischer Produktraum der kompakten metrischen Räume $E_1, \ldots, E_n$, und $\varphi(p) = \varphi(x_1, \ldots, x_n)$ eine in P erklärte, reelle f-stetige Funktion, so ist die Projektion $D_\eta^{(\nu)} := [\Delta_\varphi(\hat{p}) \geq \eta]^{(\nu)}$ nirgends dicht in $P^{(\nu)}$, $\nu = 1, \ldots, n$, $\eta > 0$.

Beweis. 1. Es genügt den Satz für $\nu = n$ zu beweisen. Wir vereinfachen daher unsere Bezeichnungen, indem wir setzen: $q = (x_1, \ldots, x_{n-1})$, $x = x_n$, $E = E_n$, so daß $p = (q, x)$. — 2. $\varphi(q, x)$ ist bei festem q eine stetige Funktion von x und daher in E gleichmäßig stetig (**5.2.9.1.**). Sei ε fest gewählt mit $0 < \varepsilon < \frac{\eta}{6}$. Es gibt ein größtes positives $\varrho_q = \varrho_q(\varepsilon)$ mit der Eigenschaft: $|x, x'| < \varrho_q \rhd \boldsymbol{\sigma}(\varphi(q, x), \varphi(q, x')) \leq \varepsilon$. Die Funktion ϱ_q ist (bei konstantem ε als Funktion von q) faktoriell halbstetig nach oben; denn wenn $\varrho_q > \delta(E)$ (:= Durchmesser von E), so ist $\varrho_q = +\infty$ und die Behauptung trivial; wenn $\varrho_q = \delta(E)$, so gibt es zwei Punkte x, x' mit $|x, x'| = \delta(E)$ und $\boldsymbol{\sigma}(\varphi(q, x), \varphi(q, x')) > \varepsilon$. Dann existiert aber wegen der f-Stetigkeit von φ eine f-Umgebung V_q mit $\boldsymbol{\sigma}(\varphi(q', x), \varphi(q', x')) > \varepsilon$ für $q' \in V_q$. Dies besagt, daß $\varrho_{q'} \leq \delta(E)$ für $q' \in V_q$, was wieder die Behauptung ist. Wenn schließlich $\varrho_q < \delta(E)$, so gibt es zu $t > \varrho_q$ zwei Punkte x, x' mit $|x, x'| < t$ und $\boldsymbol{\sigma}(\varphi(q, x), \varphi(q, x')) > \varepsilon$, woraus analog wie oben $\varrho_{q'} < t$ für $q' \in V_q$ hervorgeht, was die Behauptung ist. Daher sind die Mengen $S_j := \left\{q : \varrho_q \geq \frac{1}{j}\right\}$, $j \in \mathbf{Z}$, f-abgeschlossen (**5.4.6.**). Da offenbar $\sum^{\cdot}\{S_j : j \in \mathbf{Z}\} = Q$, so ist **6.1.5.** anwendbar: Ein gewisses S_j, etwa S_{j_0}, enthält eine nicht leere offene Menge K von Q. Es gilt $\varrho_q \geqq \frac{1}{j_0}$ für $q \in K$.

3. Für $n=1$ ist der Satz trivial, weil dann $\{\Delta_\varphi(\hat{p}) \geqq \eta\}$ selbst leer ist. Zur Durchführung eines Induktionsbeweises machen wir die Annahme, daß der Satz bereits für $n-1$ Faktoren richtig sei. Zu Unterscheidungszwecken schreiben wir $\psi_x(q)$ statt $\varphi(q, x)$, wenn wir φ bei konstantem x betrachten, wählen eine in E dichte Punktfolge $((x_h))$ (**4.7.4.1.** und **4.6.7.**) und setzen $B_h := \{\Delta_{\psi_{x_h}}(\hat{q}) \geqq \varepsilon\}$, $h \in \mathbf{Z}$. B_h hat nach Induktionsvoraussetzung eine nirgends dichte Projektion $B_h^{(n-1)}$ in $((E_1, \ldots, E_{n-2}))$, so daß B_h selbst in Q nirgends dicht ist (Beweis!). Außerdem ist B_h abgeschlossen (**5.4.5.**). Nach Satz **4.7.5.** ist daher $\sum^{\cdot} B_h K \neq K$, mit der Wirkung, daß es einen Punkt q^* im Innern von K gibt, welcher keinem B_h angehört, für welchen also $\Delta_{\psi_{x_h}}(q^*) < \varepsilon$ für $h \in \mathbf{Z}$.

3. Nun zeigen wir, daß $\Delta_\varphi(q^*, y) < \eta$ für $y \in E$. In der Tat, für ein zu y passendes h ist

(1) $$|y, x_h| \leqq \frac{1}{2j_0},$$

also wegen $q^* \in K$ und $|y, x_h| < \varrho_{q^*}$

(2) $$\boldsymbol{\sigma}\big(\varphi(q^*, y), \varphi(q^*, x_h)\big) \leqq \varepsilon.$$

Nach der Bedeutung von $\Delta_{\psi_{x_h}}(q^*)$ gibt es eine Umgebung U von q^* -- wir dürfen $U \subset K$ wählen —, so daß

(3) $$\boldsymbol{\sigma}\big(\varphi(q^*, x_h), \varphi(q, x_h)\big) < \varepsilon \quad \text{für} \quad q \in U.$$

Wegen $U \subset K$ haben wir andererseits $\varrho_q \geqq 1/j_0$, was besagt, daß

(4) $$\boldsymbol{\sigma}\big(\varphi(q, x_h), \varphi(q, x)\big) \leqq \varepsilon \quad \text{für} \quad |x, x_h| < 1/j_0.$$

(2), (3) und (4) zusammen ergeben

(5) $$\boldsymbol{\sigma}\big(\varphi(q^*, y), \varphi(q, x)\big) < 3\varepsilon \quad \text{für}$$

(6) $$q \in U \quad \text{und} \quad |x, x_h| < 1/j_0,$$

wobei x_h gemäß (1) bestimmt war.

Wenn daher $|x, y| < \frac{1}{2j_0}$, so ist auf Grund von (1) die zweite Bedingung von (6) von selbst erfüllt: $W := \left(\left(U, \left\{|\hat{x}, y| < \frac{1}{2j_0}\right\}\right)\right)$ ist eine Umgebung von $(q, y) \in P$ und für $p = (q, x) \in W$ gilt (5). Daraus folgt für den Durchmesser der Bildmenge $\varphi(W)$ die Ungleichung $\delta(\varphi(W)) < 6\varepsilon$, insbesondere ist

(7) $$\Delta_\varphi(q^*, y) < 6\varepsilon < \eta. \quad .$$

4. In (7) ist y ein beliebiger Punkt von E; daher enthält $M := \{\Delta_\varphi(\hat{p}) < \eta\}$ den Parallelunterraum $((\{q^*\}, E))$, und als offene Menge sogar einen Produktraum $((U_1, E))$, wo U_1 eine Umgebung von q^* in Q ist. Dies erschließt man folgendermaßen aus der Kompaktheit von E: Zu $x \in E$ gibt es eine offene Menge G_x mit $x \in G_x \subset E$ und eine offene Menge H_x mit $q \in H_x \subset Q$, so daß $((H_x, G_x)) \subset M$. Wir dürfen aber $E = \sum^{\cdot}\{G_x : x \in E\} = \sum^{\cdot}\{G_{x_k} : k = 1, \ldots, m\}$ schreiben (**4.7.4.2.**), woraus mit $\prod^{\cdot}\{H_{x_k} : k = 1, \ldots, m\} =: U_1$ die obige Behauptung folgt.

5. In 4. ist gezeigt worden, daß es in P einen „Streifen" $Z := ((U_1, E))$ gibt mit $\Delta_\varphi(p) < \eta$ für $p \in Z$, d.h. $Z \subset P - D_\eta$. Die Überlegungen von 1. bis 4. kann man aber offenbar statt mit $P := ((Q, E))$ mit einen beliebigen Streifen $P' := ((Q', E))$, wo Q' eine nicht leere offene Teilmenge von Q bezeichnet, durchführen (weil nämlich von Q zur Anwendung von **6.1.4.** nur die Kompaktheit im Kleinen und Totalbeschränktheit benötigt wurde), so daß in jedem offenen „Streifen" zu D_η fremde offene Streifen gefunden werden können, woraus folgt, daß $D_\eta^{(n)}$ in Q nirgends dicht ist.

6.2.6.1. *Ist $\varphi | P$ eine im Produktraum $P := ((E_1, \ldots, E_n))$ der kompakten metrischen Räume $E_1, \ldots, E_n$ erklärte f-stetige reelle Funktion, so gilt für die Menge D ihrer Unstetigkeitsstellen: D ist eine F_σ-Menge in P und die Projektion $D^{(\nu)}$ ist in $P^{(\nu)}$ von erster Kategorie, $\nu = 1, \ldots, n$.*

Beweis. Die erste Behauptung folgt aus **5.5.1.** Mit den Bezeichnungen von **6.2.6.** ist $D = \sum^{\cdot}\{D_{1/k} : k \in \mathbf{Z}\}$, also $D^{(\nu)} = \sum^{\cdot}\{D_{1/k}^{(\nu)} : k \in \mathbf{Z}\}$, so daß nach **6.2.6.** $D^{(\nu)}$ als Vereinigung von abzählbar vielen nirgends dichten Mengen in $P^{(\nu)}$ von erster Kategorie ist.

6.2.7. Die im vorausgehenden Satz gegebene Charakterisierung der Unstetigkeitspunkte einer in einem Produktraum faktoriell-stetigen Funktion ist im wichtigsten Anwendungsfalle, nämlich im Falle des euklidischen Zahlenraum E^n, auch erschöpfend. Denn es gilt, wenn I_ν das Zahlenintervall $\{0 \leq \hat{x}_\nu \leq 1\}$ bezeichnet, $\nu = 1, \ldots, n$, der Satz:

Ist D irgendeine F_σ-Menge im n-dimensionalen Intervall $P := ((I_1, \ldots, I_n))$ mit der Eigenschaft, daß jede Projektion $D^{(\nu)}$ in $P^{(\nu)}$ von erster Kategorie (**4.5.5.**) *ist, so gibt es eine faktoriell-stetige Funktion $\varphi | P$, welche in den Punkten von D und nur in diesen unstetig ist.*

Der Beweis dieses Satzes stützt sich auf die folgende Konstruktion:

6.2.8. *Ist D irgendeine abgeschlossene Teilmenge von $P := ((I_1, \ldots, I_n))$, so daß $D^{(\nu)}$, $\nu = 1, 2, \ldots, n$, nirgends dicht ist in $P^{(\nu)}$, so gibt es eine reelle Funktion $\Psi_D(x) =: \Psi(x)$ mit folgenden Eigenschaften:* (a) $0 \leq \Psi(x) \leq 1$ *für $x \in P$;* (b) *Ψ ist f-stetig auf P; dabei ist* (c) $\Psi^s - \Psi^i = 0$ *auf $P - D$;* (d) $\Psi^s - \Psi^i = 1$ *auf D.*

Beweis. 1. Ist $s>0$ und $W:=\{(x_1,\ldots,x_n):|x_i-a_i|\leq s, i=1,\ldots,n\}$, so bezeichne $\chi_W(x)=\chi_W(x_1,\ldots,x_n)$ die Funktion $1-\frac{1}{s}\max\{|x_i-a_i|:i=1,\ldots,n\}$, welche auf W stetig, ≥ 0 und ≤ 1, insbesondere auf dem Rand von W den Wert 0 und im Mittelpunkt den Wert 1 annimmt.

2. Eine Gerade parallel zur i-ten Koordinatenachse heiße eine *i-Treffgerade*, wenn sie einen Punkt von D enthält. $\mathfrak{T}_i$ bezeichne die Vereinigungsmenge aller i-Treffgeraden, soweit sie P angehört. $\mathfrak{T}_i$ ist abgeschlossen, weil D es ist. Wegen $\mathfrak{T}_i^{(i)}=D^{(i)}$ ist $\mathfrak{T}_i$ nirgends dicht in P. Ebenso ist $\mathfrak{T}:=\mathfrak{T}_1\dotplus\cdots\dotplus\mathfrak{T}_n$ abgeschlossen und nirgends dicht in P, so daß $C:=P-\mathfrak{T}$ in P offen und dicht ist. Als offene Menge in P ist C darstellbar als Vereinigung von abzählbar vielen abgeschlossenen Würfeln W_n, welche paarweise höchstens Randpunkte gemein haben (vgl. **4.3.4.**): $C=\sum^{\cdot}\{W_m: m\in \mathsf{Z}\}$. Jeder Punkt von D ist Häufungspunkt von Mittelpunkten der W_m; denn C ist dicht in P, also wegen $D\subset P$ und $DC=0$ auch dicht gegen D; aber ein Punkt von D kann nicht Häufungspunkt von endlich vielen W_m sein, weil die Vereinigung von endlich vielen W_m abgeschlossen ist und von D einen positiven Abstand hat, ferner die Kantenlänge L_m von W_m gegen Null strebt für $m\to\infty$; denn für die Summe der n-dimensionalen Inhalte der ersten m Würfel haben wir gewiß $L_1^n+L_2^n+\cdots+L_m^n\leq 1$.

3. Nun wählen wir eine Folge $(p_j: j\in \mathsf{Z})$ von Punkten aus D derart, daß jeder Punkt von D entweder ein p_j ist, oder ein Häufungspunkt von Punkten der Folge ist [Als Teilraum des separablen E^n (**4.6.7.**) ist auch D separabel.] Zu jedem Paar j, s natürlicher Zahlen wählen wir aus $((W_m))$ ein Element $W_{j,s}$ aus, so daß der Mittelpunkt des Würfels $W_{j,s}$ höchstens den Abstand $1/s$ von p_j hat. Dies ist nach 2. möglich, und die Kantenlänge von $W_{j,s}$ ist dabei nicht größer als $2/s$. Nun definieren wir (mit der Bezeichnung von 1.):

$$\Psi(x)=\begin{cases}0 \text{ für } x\in P-\sum^{\cdot}\{W_{j,s}: s\geq j\geq 1\},\\ \chi_{W_{j,s}}(x), \text{ wenn } x\in W_{j,s} \text{ für wenigstens ein Paar } j, s \text{ mit } s\geq j\geq 1.\end{cases}$$

Die Definition ist eindeutig; denn wenn x zwei oder mehreren verschiedenen $W_{j,s}$ angehört, so ist x Randpunkt dieser $W_{j,s}$, also eindeutig $\Psi(x)=0$.

4. Nun zeigen wir, daß die nach 3. erklärte Funktion Ψ alle verlangten Eigenschaften hat. (a) ist klar wegen 1. *Zu* (d): Ist $x\in D$, so haben wir zwei Fälle: (1) $x=p_{j_0}$. Dann ist x Häufungspunkt der Mittelpunkte y der Würfel $W_{j_0,s}$, $s\geq j_0$, mit $\Psi(y)=1$, andererseits damit auch Häufungspunkt von Randpunkten z dieser Würfel mit $\Psi(z)=0$, so daß $\Psi^s(x)-\Psi^i(x)=1$. — (2) x ist Häufungspunkt von Punkten p_j; dann haben wir wegen Halbstetigkeit nach oben (**5.4.4.**)

$\Psi^s(x) - \Psi^i(x) \geq 1$, also $= 1$. — *Zu* (c). Wir betrachten einen Punkt x mit $\Psi^s(x) - \Psi^i(x) =: \delta > 0$. x kann nicht innerer Punkt eines $W_{j,s}$ sein; denn in einem solchen Punkt ist Ψ gewiß stetig. Es ist daher jedenfalls $\Psi(x) = 0$; daneben aber muß x Häufungspunkt von Punkten y mit $\Psi(y) > \delta/2$ sein und daher Häufungspunkt von inneren Punkten z_k einer Teilfolge $((W_{j_k, s_k}))$ mit $s_k \geq j_k$ sein. Diese Teilfolge kann nicht bloß aus endlich vielen verschiedenen Würfeln bestehen; sonst könnte man nämlich durch eine weitere Teilfolgenauswahl erreichen, daß alle z_k im selben Würfel $W_{j,s}$ mit $s \geq j$ liegen, und wegen $\Psi(z_k) > \delta/2$ somit x selbst innerer Punkt des Würfels ist, was obiger Feststellung widerspricht. In der betrachteten Würfelfolge befinden sich also unendlich viele verschiedene Würfel, was zur Folge hat, daß $s_1, s_2, s_3, \ldots$ nicht beschränkt ist. Wir dürfen (allenfalls nach einer weiteren Teilfolgenauswahl) $\lim s_k = +\infty$ voraussetzen. Da alle Punkte von W_{j_k, s_k} um weniger als $2/s_k$ von p_{j_k} von D abstehen, so ergibt sich daraus, daß x als Häufungspunkt von solchen Punkten wegen der Abgeschlossenheit von D selbst Punkt von D sein muß. Damit ist (c) bewiesen. — *Zu* (b). Wir betrachten Ψ längs einer achsenparallelen Geraden L. Ist L keine Treffgerade, $L \subset P - D$, so ist wegen (c) $\Psi | L$ eine stetige Funktion. Wenn aber L Treffgerade ist, so ist $\Psi | L$ identisch Null, also auch stetig.

6.2.9. Nun ist es leicht **6.2.7.** zu beweisen. Sei D eine F_σ-Menge in P mit der Eigenschaft, daß jede Projektion $D^{(\nu)}$ von erster Kategorie in $P^{(\nu)}$ ist: $D = \sum^{\cdot} \{D_j : j \in \mathbf{Z}\}$, wo D_j abgeschlossen in P und etwa aufsteigend sind. Wäre $D_j^{(\nu)}$ nicht nirgends dicht in $P^{(\nu)}$, so wäre es dicht gegen eine nicht leere offene Menge, und würde diese wegen Abgeschlossenheit enthalten; dies wäre dann auch für $D^{(\nu)} \supset D_j^{(\nu)}$ der Fall, und $D^{(\nu)}$ wäre nach **4.5.5.1.** nicht von erster Kategorie in $P^{(\nu)}$. D_j erfüllt damit die Voraussetzungen von **6.2.8.** und wir können setzen:

$$\varphi(x) := \sum \{3^{-j} \Psi_{D_j}(x) : j \in \mathbf{Z}\}.$$

Wegen $0 \leq \Psi_{D_j} \leq 1$ ist diese Reihe gleichmäßig konvergent in P. Somit ist φ f-stetig, weil es jedes Glied der Reihe ist (**5.4.6.2.** Bemerkung 2.). Ist $x \in P - \sum^{\cdot} D_j = \prod^{\cdot} (P - D_j)$, so wähle man bei vorgegebenem $\varepsilon > 0$ ein j_0 derart, daß

$$\sum \{3^{-j} : j > j_0\} < \varepsilon/2.$$

Da $\varphi_{j_0} := \sum \{3^{-j} \Psi_{D_j} : j \leq j_0\}$ in der offenen Menge $P - D_{j_0}$ $(\ni x)$ stetig ist, so können wir eine Umgebung U von x bestimmen, welche in $P - D_{j_0}$ enthalten ist und wobei $|\varphi_{j_0}(y) - \varphi_{j_0}(x)| < \varepsilon/2$ für $y \in U$ gilt. Damit ergibt sich $|\varphi(y) - \varphi(x)| \leq |\varphi_{j_0}(y) - \varphi_{j_0}(x)| + \sum \{3^{-j} : j > j_0\} < \varepsilon$ für $y \in U$, was die Stetigkeit von φ in x dartut. Haben wir schließlich einen Punkt x von D, also $x \in D_j - D_{j-1}$ ($D_0 = 0$ gesetzt), so ist mit $\varphi = \varphi_j + \psi_j$, weil φ_{j-1} in x stetig ist, $\varphi_{j-1}^s(x) = \varphi_{j-1}^i(x)$, während $\Psi_{D_j}^s(x) = 1$

$\Psi^i_{D_j}(x)=0$, und $\psi^s_j(x)\leq\sum\{3^{-m}:m>j\}=2^{-1}3^{-j}$ und $\psi^i_j(x)\geq 0$. Schreibt man $\varphi=\varphi_{j-1}+3^{-j}\Psi_{D_j}+\psi_j$, so ergibt sich[1]

$$\varphi^s\geq\varphi^i_{j-1}+3^{-j}\Psi^s_{D_j}+\psi^i_j,\qquad \varphi^i\leq\varphi^s_{j-1}+3^{-j}\Psi^i_{D_j}+\psi^s_j,$$

woraus man mit Hilfe obiger Ungleichungen $\varphi^s(x)-\varphi^i(x)\geq 2^{-1}3^{-j}>0$ gewinnt, womit die Unstetigkeit von φ auf D bewiesen ist.

6.2.10. Ist der Produktraum P ein linearer Raum, etwa der E^q, so kann man an Stelle der f-Stetigkeit in naheliegender Weise eine stärkere Form der Stetigkeit setzen: $\varphi(x)|E^q$ heiße *k-dimensional linear stetig*, wenn die Teilfunktion $\varphi|E^k$ für jeden k-dimensionalen linearen Teilraum $E^k\subset E^q$ stetig ist; k ist dabei eine feste Dimensionszahl mit $1\leq k<q$. Trotz der wesentlich stärkeren Verflechtung des Systems aller E^k im Vergleich zum System aller achsenparallelen Geraden, wie es im Falle der f-Stetigkeit zu betrachten ist, kann man aus der k-dimensionalen linearen Stetigkeit noch nicht auf die volle q-dimensionale lineare Stetigkeit schließen. *Beispiel im E^3 der Punkte $x=(x_1,x_2,x_3)$*: Durch $x_1=t$, $x_2=t^2$, $x_3=t^3$, $-\infty<t<+\infty$, ist eine Raumkurve K erklärt. Für einen beliebigen Punkt $x=(x_1,x_2,x_3)$ bezeichne $r(x)$ den Abstand des Punktes x von K, d.h. $\inf\{((x_1-t)^2+(x_2-t^2)^2+(x_3-t^3)^2)^{\frac12}:-\infty<t<+\infty\}$, ferner $R(x)=(x_1^2+x_2^2+x_3^2)^{\frac12}$ den Abstand des Punktes x vom Ursprung 0.

Wir definieren die Funktion $\varphi(x)=r/(r+R^4)$ für $R>0$ und $\varphi(0)=1$. Dann ist offenbar φ im Ursprung unstetig; aber φ ist zweidimensional linear stetig. — Man kann anschließend an die Konstruktion von φ, nach dem bereits einmal angewandten „Prinzip der Verdichtung der Unstetigkeitsstellen" eine zweidimensional linear stetige Funktion konstruieren, welche in einer im E^q dichten Menge unstetig ist. Man nehme eine Folge von lauter verschiedenen Punkten $a^{(1)}, a^{(2)},\ldots$, welche im E^q dicht liegen, und bilde die Reihe

$$\psi(x)=\sum\frac{1}{3^n}\,\varphi(x-a^{(n)}),$$

welche wegen $0\leq\varphi\leq 1$ offenbar gleichmäßig konvergiert, und, weil jedes Glied zweidimensional linear stetig ist, selbst diese Eigenschaft hat. Die Unstetigkeit von $\varphi(x-a^{(n)})$ in $a^{(n)}$ wird weder von den endlich vielen vorausgehenden Gliedern, noch von den nachfolgenden Gliedern, welche zusammen höchstens $1/3^n 2$, also nur die Hälfte des Sprunges von $3^{-n}\varphi(x-a^{(n)})$ ausmachen, ausgelöscht.

6.3. Faktoriell stetige Erweiterungen.

6.3.1. Wir betrachten im Produktraum $P=((X,Y))$ die Teilmenge $P'=((X,Y'))$; dabei sind X und Y top. Räume, $Y'=Y-\{b\}$ und b ein Häufungspunkt von Y. Auf P' sei eine Abbildung $\varphi'|P'$ von P' in einen metrischen Raum E erklärt, welche auf P' f-stetig ist. Es fragt sich, ob $\varphi'|P'$ f-stetig auf P erweiterbar ist, d.h. ob es eine auf P f-stetige Abbildung $\varphi|P$ gibt mit $\varphi|P'=\varphi'|P'$.

Damit überhaupt eine eindeutige f-stetige Erweiterung möglich ist, muß für jedes $x\in X$ die Funktion $\varphi'_x|Y'$, d.h. die durch $\varphi'_x(y):=\varphi'(x,y)$ für $y\in Y'$ erklärte Funktion auf Y', eine stetige Erweiterung

[1] Weil für nicht negative reelle Funktionen f, g allgemein $f^i+g^i\leq(f+g)^i\leq f^s+g^i\leq(f+g)^s\leq f^s+g^s$ (Beweis!).

in Y haben; dazu ist nach **5.2.5.** notwendig und hinreichend, daß $\Delta_{\varphi'_x}(b)=0$ für jedes $x\in X$.

Wir werden die obige Frage unter allgemeineren Gesichtspunkten behandeln und in Hervorhebung der Unsymmetrie in den Rollen der beiden Variablen von folgenden *Voraussetzungen* ausgehen: Es sei $\{\varphi_j:j\to J\}$ ein konvergentes g-System von stetigen Abbildungen $\varphi_j|X$ des top. Raumes X in einen metrischen Raum E, d.h. mit existierendem $\lim\{\varphi_j(x):j\to J\}=:\Phi(x)$ für $x\in X$.

6.3.2. Bei den am Schluß von **6.3.1.** formulierten Voraussetzungen über die φ_j ist eine erste Frage die nach der Stetigkeit der Grenzfunktion Φ. Nehmen wir einmal an, die Grenzfunktion $\Phi|X$ sei im Punkt x_0 stetig. Dann gibt es zu $\varepsilon>0$ eine Umgebung G_ε von x_0 mit $|\Phi(x),\Phi(x_0)|<\varepsilon/3$ für $x\in G_\varepsilon$; ferner liefert die Konvergenz ein j^*_ε, so daß $|\Phi(x_0),\ \varphi_j(x_0)|<\varepsilon/3$ für $j\gg j^*_\varepsilon$ und schließlich gibt es wegen der Stetigkeit von φ_j in x_0 eine Umgebung $G_{j,\varepsilon}$ mit $|\varphi_j(x),\varphi_j(x_0)|<\varepsilon/3$ für $x\in G_{j,\varepsilon}$. Wir setzen $G_{j,\varepsilon}G_\varepsilon=:G^*_{j,\varepsilon}$ und haben als notwendige Bedingung für die Stetigkeit von Φ in x_0

$$(*)\qquad |\varphi_j(x),\Phi(x)|<\varepsilon \quad \text{für} \quad j\gg j^*_\varepsilon \quad \text{und} \quad x\in G^*_{j,\varepsilon}.$$

Wir definieren: Das konvergente g-System $\{\varphi_j:j\to J\}$ heiße *im Punkt x_0 unvollständig gleichmäßig konvergent*, wenn es zu jedem $\varepsilon>0$ ein $j^*_\varepsilon\in J$ und zu jedem $j\gg j^*_\varepsilon$ eine Umgebung $G^*_{j,\varepsilon}$ von x_0 in X gibt, so daß $(*)$ erfüllt ist.

Unser Ergebnis lautet vervollständigt:

Für die Stetigkeit in x_0 der Grenzfunktion $\Phi|X$ eines konvergenten g-Systems $\{\varphi_j:j\to J\}$ von in x_0 stetigen Abbildungen φ_j des top. Raumes X in den metrischen Raum E ist notwendig und hinreichend, daß im Punkte x_0 unvollständig gleichmäßige Konvergenz herrsche.

Zusatz. Ist die Bedingung erfüllt, so gilt

$$\lim\{\varphi_j(x):j\to J,\ x\to x_0\}=\Phi(x_0),$$

der Doppellimes im Sinne eines Rasterlimes verstanden mit den Rastermengen $\{(j,x):j\gg j',\ x\in G\}$, wo j' die Menge J und G das System der Umgebungen von x_0 durchlaufen.

Beweis. 1. Die Notwendigkeit ist bereits oben dargetan. — 2. Es gebe j^*_ε, $G^*_{j,\varepsilon}$ und $(*)$ sei erfüllt für jedes $\varepsilon>0$. Zu vorgegebenem ε wählen wir dann ein $j'\gg j^*_\varepsilon$ derart, daß $|\varphi_{j'}(x_0),\Phi(x_0)|<\varepsilon/3$; dann ist für $x\in G:=G_{j',\varepsilon}G^*_{j',(\varepsilon/3)}$, wobei $G_{j',\varepsilon}$ die Bedeutung von oben hat, $|\varphi_{j'}(x),\ \varphi_{j'}(x_0)|<\varepsilon/3$ und $|\varphi_{j'}(x),\ \Phi(x)|<\varepsilon/3$. Dies ergibt zusammen $|\Phi(x),\Phi(x_0)|<\varepsilon$ für $x\in G$, d.h. die Stetigkeit von Φ in x_0.

Beweis des Zusatzes. Wegen der Stetigkeit von $\Phi|X$ in x_0 gibt es eine Umgebung G_ε von x_0 mit $|\Phi(x), \Phi(x_0)| < \varepsilon$ für $x \in G_\varepsilon$. Wählt man $G_\varepsilon^* := G_\varepsilon G_{j,\varepsilon}^*$, so ergibt sich mit (*)

$$|\varphi_j(x), \Phi(x_0)| < 2\varepsilon \quad \text{für } j \gg j_\varepsilon^* \quad \text{und} \quad x \in G_\varepsilon^*.$$

6.3.2.1. Kann in (*) $G_{j,\varepsilon}^*$ unabhängig von j gewählt werden, so liegt sog. *gleichmäßige Konvergenz im Punkt* x_0 *vor*; kann man sogar $G_{j,\varepsilon}^* = X$ setzen, so hat man *gleichmäßige Konvergenz auf* X. Diese besonders einfachen Konvergenzarten sind demnach hinreichende Bedingungen für die Stetigkeit der Grenzfunktion im Punkt x_0. Daß sie nicht notwendig sind, zeigt das Beispiel der Funktionenfolge $((f_n))$ mit $f_n(x) := \frac{nx}{n^2x^2+1}$ für $x \in E^1$ und $n \in \mathbf{Z}$, mit der Grenzfunktion 0 und ohne gleichmäßige Konvergenz an der Stelle $x = 0$.

6.3.2.2. *Ist* $((f_n))$ *eine (eigentlich oder uneigentlich) konvergente Folge stetiger reeller Funktionen in einem top. Raum* E, *so bilden die Punkte nicht gleichmäßiger Konvergenz eine Menge erster Kategorie* (Osgood.)

Beweis. 1. Wir gehen gemäß **4.5.6.** aus von der Zerlegung $E = E^{\mathrm{I}\alpha} + E^{\mathrm{II}i}$ Da nach **4.5.6.1.** E^{I} von erster Kategorie in E ist, so ist es auch $E^{\mathrm{I}\alpha}$; denn wegen $E^{\mathrm{I}\alpha} = E^{\mathrm{I}} + (E^{\mathrm{I}\alpha} - E^{\mathrm{I}})$ und der Offenheit von E^{I} gilt $E^{\mathrm{I}\alpha} = E^{\mathrm{I}} + E^{\mathrm{I}g}$, so daß, weil $E^{\mathrm{I}g}$ nach Beispiel **4.5.1.2.** nirgends dicht ist, $E^{\mathrm{I}\alpha}$ von erster Kategorie ist. $E^{\mathrm{II}i}$ ist als zu E^{I} fremde und im übrigen offene Menge in keinem ihrer Punkte von erster Kategorie in E.

2. Sei $\lim\limits_n f_n =: f$, und für $m \in \mathbf{Z}$ sei D_m die Menge aller Punkte x von E, zu welchen es eine Umgebung G von x in E und ein n^* gibt, so daß $\boldsymbol{\sigma}(f_n(y), f(y)) < 1/m$ für $y \in G$ und $n > n^*$. Da offenbar das betreffende $G \subset D_m$, so ist D_m offen. Für die Menge Z der Punkte nicht gleichmäßiger Konvergenz ist $Z = \sum\limits_m^{\cdot} (E - D_m)$, wegen 1. weiter

$$Z \subset E^{\mathrm{I}\alpha} \dotplus \sum_m^{\cdot} (E - D_m) E^{\mathrm{II}i}.$$

Wir zeigen, daß $C_m := (E - D_m) E^{\mathrm{II}i}$ für jedes m nirgends dicht, somit Z als Teilmenge einer Menge erster Kategorie selbst von erster Kategorie ist.

3. Angenommen (!), für ein m ist C_m nicht nirgends dicht (in E oder $E^{\mathrm{II}i}$, was wegen der Offenheit von $E^{\mathrm{II}i}$ gleichgültig ist). Da C_m in $E^{\mathrm{II}i}$ abgeschlossen, so gibt es eine in $E^{\mathrm{II}i}$ offene nicht leere Teilmenge B von C_m. Dazu bilden wir mit $\varepsilon := 1/(5m)$ die Mengen

$$B_k := \{x : x \in B \text{ und } \boldsymbol{\sigma}(f_n(x), f(x)) < \varepsilon \text{ für } n > k\}, \quad k \in \mathbf{Z}.$$

Als Teilmenge von $E^{\mathrm{II}i}$ ist $B := \sum\limits_k^{\cdot} B_k$ in keinem seiner Punkte von erster Kategorie in E, ist also erst recht nicht von erster Kategorie. Daher können nicht alle B_k nirgends dicht sein. Es gibt also ein B_{k_0}, welches nicht nirgends dicht ist. Sei demgemäß G eine nicht leere offene Teilmenge von B, in der B_{k_0} dicht ist. Wir wählen $n > k_0$ und $x \in G$. Dann ist für ein gewisses $i > k_0$

$$\text{(a)} \qquad \sigma(f_i(x),\, f(x)) < \varepsilon .$$

Wegen der Stetigkeit von f_i und f_n gibt es eine nicht leere offene Menge G' mit $x \in G' \subset G$ und

$$\text{(b)} \qquad \sigma(f_i(z),\, f_i(x)) < \varepsilon, \qquad \sigma(f_n(z),\, f_n(x)) < \varepsilon$$

für alle $z \in G'$. Wegen $G' B_{k_0} \neq 0$ haben wir weiter für $z \in G' B_{k_0}$

$$\text{(c)} \qquad \sigma(f_i(z), f(z)) < \varepsilon, \qquad \sigma(f_n(z), f(z)) < \varepsilon .$$

Aus (a), (b), (c) folgt $\sigma(f_n(x), f(x)) < 5\varepsilon = 1/m$, also $x \in D_m$. Andererseits ist $x \in G \subset B \subset C_m \subset E - D_m$ (Widerspruch!), w. z. z. w.

6.3.2.3. Für ein konvergentes g-System $\{\varphi_j : j \to J\}$ von Abbildungen $\varphi_j | X$ eines top. Raumes X in einen metrischen Raum E mit dem Limes $f | X$ kann man noch die sog. *uniforme Konvergenz in einem Punkte* x_0 definieren: Diese liegt vor, wenn es zu jedem $\varepsilon > 0$ ein $j_\varepsilon \in J$ und eine Umgebung G_ε von x_0 gibt mit

$$\text{(1)} \qquad |\varphi_{j_\varepsilon}(x), f(x)| < \varepsilon \quad \text{für} \quad x \in G_\varepsilon .$$

Damit gilt:

Für die Stetigkeit in x_0 der Grenzfunktion $f | X$ eines konvergenten g-Systems $\{\varphi_j : j \to J\}$ von in x_0 stetigen Abbildungen des top. Raumes X in den metrischen Raum E ist notwendig und hinreichend, daß in x_0 uniforme Konvergenz herrsche.

Beweis. 1. Herrscht in x_0 uniforme Konvergenz, so wähle man in (1) G_ε so klein, daß auch noch $|\varphi_{j_\varepsilon}(x), \varphi_{j_\varepsilon}(x_0)| < \varepsilon$ für $x \in G_\varepsilon$. Da wegen (1) insbesondere $|\varphi_{j_\varepsilon}(x_0), f(x_0)| < \varepsilon$, so folgt durch Kombination der drei Ungleichungen $|f(x), f(x_0)| < 3\varepsilon$ für $x \in G_\varepsilon$, was die Stetigkeit von f in x_0 bedeutet. — 2. Ist umgekehrt f in x_0 stetig, so bestimme man bei vorgegebenem $\varepsilon > 0$ ein $j \in J$ mit $|\varphi_j(x_0), f(x_0)| < \varepsilon$, sodann auf Grund der Stetigkeit dieser zwei Funktionen eine Umgebung G von x_0 mit

$$|\varphi_j(x), \varphi_j(x_0)| < \varepsilon \quad \text{und} \quad |f(x), f(x_0)| < \varepsilon \quad \text{für} \quad x \in G,$$

womit $|\varphi_j(x), f(x)| < 3\varepsilon$ für $x \in G$ erreicht ist, w. z. z. w.

6.3.2.4. Daß unter besonderen Bedingungen die gleichmäßige Konvergenz eine notwendige Folge der Stetigkeit der Grenzfunktion sein kann, lehrt der folgende Satz:

Ist T ein bikompakter Raum und strebt die Folge der eigentlich stetigen Funktionen $f_\nu | T$ monoton gegen die eigentlich stetige Funktion $f|T$, so ist die Konvergenz auf T eigentlich gleichmäßig (DINI 1878).

Beweis. Zu $\varepsilon > 0$ und $x \in T$ gibt es eine Umgebung G_1 von x mit $|f(x) - f(x')| < \varepsilon/3$ für $x' \in G_1$, ferner ein ν mit $|f(x) - f_\nu(x)| < \varepsilon/3$, und dazu eine Umgebung G_2 von x mit $|f_\nu(x') - f_\nu(x)| < \varepsilon/3$ für $x' \in G_2$. Wenn daher $x' \in G_3 := G_1 G_2$, so ist $|f(x') - f_\nu(x')| < \varepsilon$. Wegen der Bikompaktheit kann man T mit endlich vielen der G_3 überdecken, etwa $G_{31}, \ldots, G_{3n}$, mit zugehörigen $\nu_1, \ldots, \nu_n$. Ist $\nu > \max\{\nu_1, \ldots, \nu_n\}$, so gilt mit Berücksichtigung der monotonen Konvergenz $|f(x) - f_\nu(x)| < \varepsilon$ für alle $x \in T$, w. z. z. w.

6.3.2.5. In dem besonderen *Fall, daß die g-Menge J eine konfinale Folge $j_1, j_2, \ldots$ enthält*[1], kann die Bedingung $(*)$ der unvollständig gleichmäßigen Konvergenz in x_0 dahin vereinfacht werden, daß $G^*_{j,\varepsilon}$ von ε unabhängig ist. Zunächst können wir ohne Beschränkung voraussetzen, daß $G^*_{j,\varepsilon}$ *in ε gleichsinnig monoton* ist (sonst ersetze man $G^*_{j,\varepsilon}$ durch $\widetilde{G}_{j,\varepsilon} := \sum^{\boldsymbol{\cdot}} \{G^*_{j,\varepsilon'} : \varepsilon' \leqq \varepsilon\}$). Nun wählen wir, wenn $j_1 \ll j_2 \ll \cdots$ konfinal zu J ist, $J_1 := J - \{\hat{j} \gg j_1\}$, $J_\nu := \{\hat{j} \gg j_{\nu-1}\} - \{\hat{j} \gg j_\nu\}$, $\nu = 2, 3, \ldots$, ferner $j^{**}_\varepsilon \gg \left(j^*_{\frac{1}{\nu}} \text{ und } j_\nu\right)$, wenn $\frac{1}{\nu} \leqq \varepsilon < \frac{1}{\nu - 1}$, und setzen noch $G^{**} := G^*_{j, \frac{1}{\nu}}$ für $j \in J_\nu$, $\nu \in \mathsf{Z}$.

Die Bedingung

$$(**) \qquad |\varphi_j(x), \Phi(x)| < \varepsilon \quad \textit{für} \quad j \gg j^{**}_\varepsilon \quad \textit{und} \quad x \in G^{**}_j$$

ist mit $(*)$ äquivalent.

Beweis. 1. Daß $(*)$ eine Folge von $(**)$, ist klar. — 2. *Aus $(*)$ folgt* $(**)$. Denn wenn $\frac{1}{\nu} \leqq \varepsilon < \frac{1}{\nu - 1}$, $j \gg j^{**}_\varepsilon$ und $x \in G^{**}_j$, so folgt $j \gg j^*_{\frac{1}{\nu}}$ und $j \gg j_\nu$, also $j \in J_{\nu+1} \dotplus J_{\nu+2} \dotplus \cdots$, daher $x \in G^*_{j, \frac{1}{\nu+1}} \dotplus G^*_{j, \frac{1}{\nu+2}} \dotplus \cdots \subset G^*_{j, \frac{1}{\nu}}$, also nach $(*)$ $|\varphi_j(x), \Phi(x)| < \frac{1}{\nu} \leqq \varepsilon$, w. z. z. w.

6.3.3. Für den anschaulichen Fall, daß x, y Koordinaten in einer (x, y)-Ebene, J eine gegen $y = 0$ hin gerichtete Menge positiver Zahlen y, X der Zahlenbereich $\{\hat{x} \geqq 0\}$ und f eine reelle Funktion der Variabeln x und y bezeichnen, wollen wir den Satz **6.3.2.** mit der Bedingung $(**)$ noch einmal betrachten. Voraussetzung ist, daß $g(x) := \lim\{f(x, y) : y \to 0\}$ und $\lim\{f(x, y) : x \to 0\} = f(0, y)$ existieren. Es wird behauptet, daß für

$$g(0) = \lim\{g(x) : x \to 0\},$$

[1] Vgl. hierzu die Ausführungen in **2.10.8.**

oder anders geschrieben, für

$$\lim\{\lim\{f(x,y) : x\to 0\} : y\to 0\} = \lim\{\lim\{f(x,y) : y\to 0\} : x\to 0\},$$

folgendes notwendig und hinreichend ist:

Es gibt zu $y>0$ ein $\gamma(y)>0$ und zu $\varepsilon>0$ ein $\eta(\varepsilon)>0$, so daß $\sigma(f(x,y), g(x))<\varepsilon$ für $0<y<\eta(\varepsilon)$ und $0<x<\gamma(y)$ (s. Abb. 17).

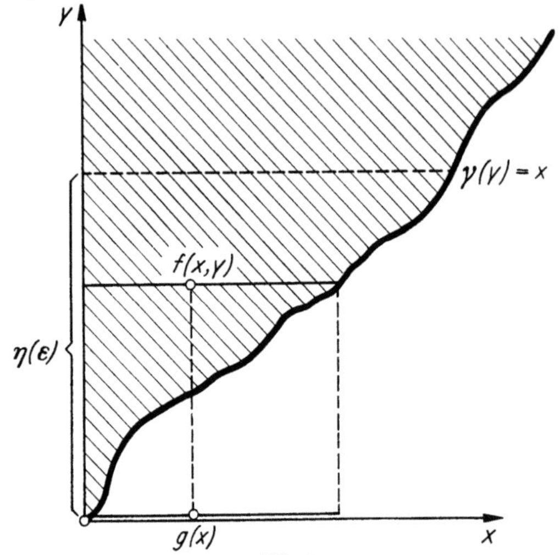

Abb. 17.

6.3.4. Die Formulierung in **6.3.3.** zeigt, daß wir in **6.3.2.** einen allgemeinen „*Vertauschungssatz*" vor uns haben, einen Satz also, welcher lehrt, wann zwei Grenzprozesse in ihrer Reihenfolge vertauschbar sind, d.h. unabhängig von der Reihenfolge zum gleichen Ergebnis führen. Derlei Sätze sind für die höhere Analysis von fundamentaler Bedeutung, da erst sie das Zusammenspiel der Grenzprozesse regeln.

Es möge daher dieser Satz noch einmal in der Sprache der Rastertheorie formuliert werden:

Sei $P := ((X, Y))$ das Produkt der Mengen X und Y, auf welchen je ein Raster $\mathfrak{X}$ bzw. $\mathfrak{Y}$ erklärt ist; außerdem sei $f|P$ eine Abbildung von P in einen metrischen Raum E, und es mögen die „einfachen" Limiten $g(x) := \mathfrak{Y}\text{-}\lim f(x,y)$, $x\in X$, und $h(y) := \mathfrak{X}\text{-}\lim f(x,y)$, $y\in Y$, existieren:

Für die Existenz und Gleichheit der „iterierten" Limiten $\mathfrak{X}\text{-}\lim g(x)$ *und* $\mathfrak{Y}\text{-}\lim h(y)$ *ist notwendig und hinreichend die unvollständig gleichmäßige (Raster-) Konvergenz von* f *gegen* g, d.h. daß es zu $\varepsilon>0$ ein $Y_\varepsilon\in\mathfrak{Y}$ und zu jedem $y\in Y_\varepsilon$ ein $X_{y,\varepsilon}\in\mathfrak{X}$ gibt, so daß $|f(x,y), g(x)|<\varepsilon$ für $y\in Y_\varepsilon$ und $x\in X_{y,\varepsilon}$. Der *Beweis* ergibt sich durch einfache Übertragung des Satzes **6.3.2.**, wobei an Stelle des Endenrasters in J der Raster $\mathfrak{Y}$, an Stelle des Rasters der Umgebungen G von x_0 der Raster $\mathfrak{X}$ tritt (Aufgabe!).

Ist $X_{y,\varepsilon}$ von y unabhängig wählbar, so spricht man von *gleichmäßiger Rasterkonvergenz*, ist $X_{y,\varepsilon} = X$, so spricht man von *total-gleichmäßiger Rasterkonvergenz*; den Fall, daß $X_{y,\varepsilon}$ von ε unabhängig wählbar ist, könnte man als *„sektoriell" gleichmäßige Rasterkonvergenz* bezeichnen.

6.3.5. Der Satz **6.3.3.** erledigt auch das Problem der f-stetigen Erweiterung in dem Falle, wo auf der Teilmenge $P'' := ((X', Y')) = ((X - \{a\}, Y - \{b\}))$, von $P := ((X, Y))$, wobei a ein Häufungspunkt von X und b ein solcher von Y ist, eine f-stetige Abbildung $\varphi''|P''$ erklärt ist, welche f-stetig auf P erweitert werden soll. Wenn dieses Erweiterungsproblem überhaupt lösbar ist, so gelangt man von der gegebenen Funktion φ'' zur erweiterten Funktion φ auch durch partielle Grenzübergänge:

$$\lim\{f(x, y) : y \to b\} = : g(x), \qquad \lim\{f(x, y) : x \to a\} = : h(y),$$
$$\text{und} \quad \lim\{g(x) : x \to a\} = : \alpha \quad \text{und} \quad \lim\{h(y) : y \to b\} = : \beta.$$

Notwendig und hinreichend für die f-stetige Erweiterbarkeit von $\varphi''|P''$ zu $\varphi|P$ ist die Existenz von g, h, α, β und $\alpha = \beta$.

Die Prüfung der letzten Gleichung kann durch **6.3.3.** geschehen.

7. Reelle Funktionen einer reellen Variablen.

7.1. Ableitungen und Derivierte.

7.1.0. Wir betrachten eine endliche reelle Funktion f einer reellen Veränderlichen x, welche in einer linksseitigen Umgebung der Stelle x_0, etwa in $(x_0 - \varrho, x_0]$, $\varrho > 0$, erklärt ist. Wir können dann

$$\lim\left\{\frac{f(x) - f(x_0)}{x - x_0} : x \nearrow x_0\right\}^{\dagger}$$

untersuchen. Ist dieser Limes vorhanden und endlich, so heißt f *in* x_0 *linksseitig differenzierbar* (im eigentlichen Sinne), und sein Wert, bezeichnet mit $f'_L(x_0)$, die *linksseitige Ableitung von* f *in* x_0.

Ist f linksseitig differenzierbar, so ist f auch linksseitig stetig, d.h. $\lim\{f(x) : x \nearrow x_0\} = f(x_0)$.

(Beweis als Aufgabe.)

Beispiele. 1. Es bezeichne $[x]$ diejenige ganze Zahl g, für welche $x - 1 < g \leq x$. Dann ist die Funktion f mit $f(x) = ([x^{-2}])^{-1}$ für $x \neq 0$, und $= 0$ für $x = 0$ an der Stelle 0 linksseitig differenzierbar; denn für $0 < h < 1$ gilt $h(x - 1) < h[x]$, so daß

$$\left|\frac{f(-h) - f(0)}{-h - 0}\right| = \frac{1}{[h^{-2}]\,h} < \frac{1}{(h^{-2} - 1)\,h} = \frac{h}{1 - h^2} \to 0 \quad \text{für} \quad h \searrow 0.$$

† Es bedeute bzw. $x \nearrow x_0$, $x \searrow x_0$, $x_0 \neq x \to x_0$, daß x bzw. den Raster $\{\{x_0 - \varepsilon < \hat{x} < x_0\} : \varepsilon > 0\}$, $\{\{x_0 < \hat{x} < x_0 + \varepsilon\} : \varepsilon > 0\}$, $\{\{0 < |\hat{x} - x_0| < \varepsilon\} : \varepsilon > 0\}$ durchläuft.

Bemerkung. Dieses Beispiel zeigt, daß eine Stelle der Differenzierbarkeit durchaus Häufungsstelle von Unstetigkeiten der Funktion sein kann.

2. Die stetige Funktion $f(x)=|x|^{\frac{1}{2}}$ ist an der Stelle $x=0$ nicht differenzierbar, weil der fragliche Differenzenquotient nach unendlich strebt.

3. Die in $x=0$ stetige Funktion f mit $f(x)=\left(x^{-1}-[x^{-1}]-\frac{1}{2}\right)x$ für $x\neq 0$ und $f(0)=0$ ist ebenfalls nicht differenzierbar, weil der fragliche Differenzenquotient für $x\nearrow 0$ (zwar beschränkt bleibt aber) keinen Grenzwert besitzt.

7.1.1. *Regeln.* Vorübergehend bedeute $\mathfrak{D}$ das System der in x_0 linksseitig differenzierbaren Funktionen, und sei $f'_L(x_0)$ kurz mit f' bezeichnet:

(a) Ist f eine Konstante, dann ist $f\in\mathfrak{D}$ mit $f'=0$.

(b) Ist $f, g\in\mathfrak{D}$, so auch $f+g$, fg, und wenn außerdem $f(x_0)\neq 0$ auch g/f, und es gilt

(1) $$(f\pm g)'=f'\pm g';$$

(2) $$(fg)'=f(x_0)\,g'+g(x_0)\,f';$$

(3) $$\left(\frac{g}{f}\right)'=\frac{f(x_0)\,g'-g(x_0)\,f'}{(f(x_0))^2},\ \text{falls } f(x_0)\neq 0.$$

(c) Sei $f\in\mathfrak{D}$, $f(x)\leq y_0=f(x_0)$ für $x\leq x_0$, $h(y)$ erklärt für $y\leq y_0$ und linksseitig in y_0 differenzierbar; dann ist die zusammengesetzte Funktion k mit $k(x):=h(f(x))$ in $\mathfrak{D}$ enthalten und

$$k'=h'_L(y_0)\cdot f'.$$

(d) Sei $f\in\mathfrak{D}$ und $f(x)\leq y_0=f(x_0)$ für $x\leq x_0$, ferner f stetig und streng monoton, d.h. $x_1<x_2 \rhd f(x_1)<f(x_2)$, so daß die Gleichung $y=f(x)$ eindeutig umkehrbar ist in der Form $x=h(y)$ mit $h(y)\leq x_0$ für $y\leq y_0$; schließlich sei $f'\neq 0$. Dann ist $h'_L(y_0)=1/f'$.

Beweis. Zu (a) *und* (b) als Aufgabe [bei (b) (2) und (3) ist **7.1.1.** zu benutzen]. — *Zu* (c). Für $x<x_0$ setzt man

$$\frac{k(x)-k(x_0)}{x-x_0}=q(x)\,\frac{f(x)-f(x_0)}{x-x_0}\quad\text{mit}\quad q(x):=\frac{h(f(x))-h(f(x_0))}{f(x)-f(x_0)},$$

falls $f(x)<f(x_0)$, und $q(x):=h'_L(y_0)$ sonst. — *Zu* (d). Es ist

$$\frac{h(y)-h(y_0)}{y-y_0}=\left(\frac{f(x)-f(x_0)}{x-x_0}\right)^{-1}.$$

7.1.2. Die *rechtsseitige Ableitung* $f'_R(x_0)$ einer Funktion $f|D$, wobei D eine rechtsseitige Umgebung $[x_0, x_0+\varrho)$ von x_0 enthält, ist erklärt als

$$\lim\left\{\frac{f(x)-f(x_0)}{x-x_0} : x\searrow x_0\right\}$$

(falls vorhanden und endlich). Es gelten die (a) bis (d) von **7.1.1.** entsprechenden Sätze.

7.1.2.1. Die Sätze von **7.1.1.** und **7.1.2.** gelten auch unter der schwächeren Voraussetzung über den Definitionsbereich D von f, daß D den Punkt x_0 enthält und dieser Punkt lediglich einseitiger Häufungspunkt von D ist; die fraglichen Limiten sind dann für $D \ni x \to x_0$ zu bilden. Auf diesbezügliche Formulierungen, insbesondere bei (c) und (d) gehen wir hier nicht ein.

7.1.3. Ist f in einer doppelseitigen Umgebung von x_0, etwa $(x_0-\varrho, x_0+\varrho)$, $\varrho>0$, erklärt, so heißt f *in* x_0 (schlechthin) *differenzierbar*, wenn f sowohl links-, als auch rechtsseitig differenzierbar ist und dabei $f'_L(x_0)=f'_R(x_0)$ ist; dieser gemeinsame Wert heißt dann die *Ableitung* $f'(x_0)$ *von* f *in* x_0.

Notwendig und hinreichend für die Differenzierbarkeit von f in x_0 mit dem Ableitungswert $f'(x_0)=A$ ist:

$$\varepsilon>0\ \exists\ \delta>0: 0<|x-x_0|<\delta \rhd |f(x)-f(x_0)-A(x-x_0)|<\varepsilon|x-x_0|$$

Es gelten auch für die Differenzierbarkeit schlechthin die Aussagen **7.1.0.** und **7.1.1.** (a) bis (d). **7.1.0.** besagt jetzt: *Eine in* x_0 *differenzierbare Funktion ist dort auch stetig*; **7.1.1.** (a) und (b) gelten ungeändert. Für (c) und (d) treten gewisse Vereinfachungen in den Voraussetzungen ein: Bei (c): f in einer doppelseitigen Umgebung von x_0 erklärt und in x_0 differenzierbar, h in einer doppelseitigen Umgebung von $y_0=f(x_0)$ erklärt und in y_0 differenzierbar. Bei (d): f in einer doppelseitigen Umgebung von x_0 erklärt und dort stetig und streng monoton und in x_0 differenzierbar mit $f'(x_0)\neq 0$.

7.1.3.1. Eine Funktion $f|J$, erklärt im offenen Intervall J, heißt *in* J *differenzierbar*, wenn sie in jedem Punkt von J differenzierbar ist.

7.1.3.2. Von *uneigentlicher Differenzierbarkeit* sprechen wir, wenn

$$\lim\left\{\frac{f(x)-f(x_0)}{x-x_0} : x_0 \neq x \to x_0\right\}$$

im uneigentlichen Sinne existiert.

Seit Weierstrass (1861) weiß man, daß es stetige Funktionen gibt, welche an keiner Stelle, weder im eigentlichen noch uneigentlichen Sinne differenzierbar sind (hierzu in **7.1.4.4.** ein Beispiel).

7.1.4. Als Ersatz für die unter Umständen nicht vorhandenen einseitigen Ableitungen dienen die *Hauptderivierten* einer *endlichen* reellen Funktion f einer Veränderlichen x; ist x_0 Punkt und Häufungspunkt des Definitionsbereiches von f, so sind diese erklärt als einseitige, obere und untere reduzierte Limiten (in $\tilde{E}^1$) des Differenzenquotienten

$$Q(x, x_0) := \frac{f(x)-f(x_0)}{x-x_0}, \quad x \neq x_0,$$

im Punkt x_0. Mit $Q(x) := Q(x, x_0)$ und den Bezeichnungen von **5.5.3.** ist

$$D^R f(x_0) := Q^{s*}(x_0; \{\hat{x} > x_0\}), \quad \text{(rechte obere Derivierte)}$$
$$D_R f(x_0) := Q^{i*}(x_0; \{\hat{x} > x_0\}), \quad \text{(rechte untere Derivierte)}$$
$$D^L f(x_0) := Q^{s*}(x_0; \{\hat{x} < x_0\}), \quad \text{(linke obere Derivierte)}$$
$$D_L f(x_0) := Q^{i*}(x_0; \{\hat{x} < x_0\}), \quad \text{(linke untere Derivierte)}.$$

Daneben haben wir zu betrachten

$$\overline{D} f(x_0) := \max\{D^R f(x_0), D^L f(x_0)\}, \quad \text{(obere Hauptderivierte)}$$
$$\underline{D} f(x_0) := \min\{D_R f(x_0), D_L f(x_0)\}, \quad \text{(untere Hauptderivierte)}.$$

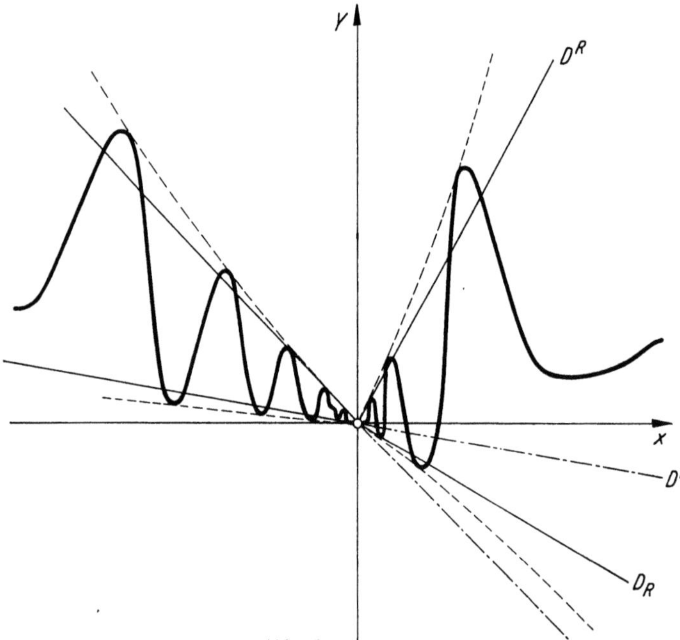

Zum Beispiel gilt   Abb. 18.

$$\overline{D} f(x_0) = Q^{s*}(x_0; \{\hat{x} \neq x_0\}) =$$
$$\inf\{\lambda : \lambda \in \widetilde{E}^1 \text{ und } \lambda \exists \varrho : \varrho > 0 \text{ und } Q(x, x_0) < \lambda \text{ für } 0 < |x - x_0| < \varrho\}.$$

(Beweis als Übungsaufgabe.) Siehe Abb. 18.

7.1.4.1. Evident sind die folgenden Beziehungen:

(1) $$D_R f(x) \leq D^R f(x), \quad D_L f(x) \leq D^L f(x),$$

welche für alle Punkte x gelten, wo diese Derivierten bildbar sind.
    Aber auch die Ungleichungen

(2) $$D_R f(x) \leq D^L f(x) \quad \text{und} \quad D_L f(x) \leq D^R f(x)$$

gelten in „beinahe“ allen Punkten, genauer gesagt: *Die Ungleichungen* (2) *gelten überall mit Ausnahme einer abzählbaren Menge von x-Stellen.*

In der Tat, ist etwa in einem Punkt x_0 die erste Ungleichung von (2) nicht erfüllt, so gibt es rationale Zahlen r_1, r_2, r_3 mit $r_1 < r_2$ und $r_3 > 0$, so daß

$$\text{(A)} \qquad Q(x_1, x_0) < r_1 < r_2 < Q(x_2, x_0)$$

für alle x_1, x_2 mit

$$\text{(B)} \qquad x_0 - r_3 < x_1 < x_0 < x_2 < x_0 + r_3.$$

Die Menge M aller Stellen x_0, welche bei festen r_1, r_2, r_3 die durch (A) und (B) bezeichnete Eigenschaft haben, ist abzählbar, weil je zwei verschiedene solche Stellen einen Abstand $\geqq r_3$ haben. Für $x_0, x_0' \in M$ mit $x_0 < x_0' < x_0 + r_3$ folgte nämlich

$$Q(x_0, x_0') < r_1 < r_2 < Q(x_0', x_0),$$

was ein Widerspruch ist. M ist also abzählbar (bei beschränktem Definitionsbereich von f sogar endlich). Das System aller M ist aber selber abzählbar, daher auch ihre Vereinigungsmenge, welche gerade aus denjenigen Stellen x besteht, für die die erste Ungleichung von (2) nicht gilt.

Analoges gilt für die zweite Ungleichung von (2).

7.1.4.2. Da uns abzählbare unendliche Ausnahmemengen öfter begegnen werden, so führen wir folgende Sprechweise ein:

Eine den Punkt x betreffende Aussage gelte *A-fast überall in D*, wenn sie für alle Punkte x von $D - A_0$ gilt, wo A_0 eine (nicht näher festgelegte) abzählbare Teilmenge von D bezeichnet.

Nach **1.5.6.** können wir sagen: *Gelten abzählbar viele Aussagen je A-fast überall in D, so gelten alle diese Aussagen A-fast überall in D.*

7.1.4.3. *Damit eine Funktion $f|J$ A-fast überall in J eigentlich differenzierbar ist, ist notwendig und hinreichend, daß A-fast überall*

$$D^R f(x) \leqq D_L f(x), \qquad D^L f(x) \leqq D_R f(x)$$

und eine der Hauptderivierten endlich ist.

In der Tat, nach **7.1.4.1.** und Voraussetzung ist

$$D_R f \leqq D^R f \leqq D_L f \leqq D^L f \leqq D_R f$$

A-fast überall in J, also sind A-fast überall alle vier Derivierten gleich und endlich.

7.1.4.4. Das folgende Beispiel einer stetigen Funktion, bei welcher

$$(*) \qquad \overline{D} = +\infty \quad \text{und} \quad \underline{D} = -\infty$$

an jeder Stelle gilt, welche also an keiner Stelle, weder im eigentlichen noch im uneigentlichen Sinne differenzierbar ist, stammt von H. LEBESGUE:

$$t(x) := \sum_{n=1}^{\infty} 2^{-n} \sin 2^{n^2} x, \qquad -\infty < x < +\infty.$$

Setzen wir $q_n := 2^{-n}$, $p_n := 2^{n^2}$ und $h' := 2h$, so erhalten wir

$$t(x+h') - t(x) = \sum_{n=1}^{\infty} 2q_n (\sin p_n h) \cos p_n (x+h).$$

Zu vorgegebenem $\varepsilon > 0$ gibt es ein n_0, und zu diesem n_0 ein $h_0 > 0$, so daß gilt

$$\sum_{n>n_0} 2q_n < \varepsilon/2 \quad \text{und, wenn } |h| < h_0, \quad \sum_{n=1}^{n_0} 2q_n |\sin p_n h| < \varepsilon/2.$$

Für $|h'| < 2h_0$ folgt somit $|t(x+h') - t(x)| < \varepsilon$; t ist somit auf der ganzen Zahlgeraden gleichmäßig stetig.

Für $h' \neq 0$ ist bei festem x

$$Q(h') := \frac{t(x+h') - t(x)}{h'} = \sum_{n=1}^{\infty} q_n h^{-1} (\sin p_n h) \cos p_n (x+h).$$

Wir betrachten $Q(h')$ nur für die speziellen Werte

$$h := \frac{\pi}{4} s\, p_m^{-1},$$

wo $m > 5$ und $s = \pm 1, \pm 3$, und erhalten:

(a) Die $m-1$ ersten Glieder der Reihe für $Q(h')$ haben absolut genommen (mit Benutzung der Ungleichung $|\sin z| < |z|$) eine Summe kleiner als

$$\sum_{n=1}^{m-1} q_n p_n < p_{m-1} \sum_{n=1}^{\infty} q_n = p_{m-1}.$$

(b) Alle Glieder der Reihe für $Q(h')$ mit einem Index $n > m$ sind Null. Denn es ist $p_n h = \pi u_n$ mit $u_n := \frac{1}{4} s\, p_n p_m^{-1} = s\, 2^{n^2 - m^2 - 2}$, was wegen $n^2 - m^2 - 2 > 0$ ganzzahlig, so daß $\sin p_n h = 0$.

(c) Das m-te Glied der genannten Reihe ist

$$c_m := 4 p_m q_m \frac{\sin \frac{s\pi}{4}}{s\pi} \cos\left(p_m x + \frac{s\pi}{4}\right),$$

dessen Vorzeichen für die vier genannten s-Werte bestimmt wird durch das Argument des cos-Gliedes. Da wir diesem Argument vier im Abstand $\pi/2$ aufeinanderfolgende Werte erteilen können (was auch $p_m x$

sein mag), so läßt sich für passende s das cos-Glied sowohl $\geq \frac{1}{\sqrt{2}}$ als auch $\leq -\frac{1}{\sqrt{2}}$ machen. Darüber hinaus ist für diese s

$$|c_m| \geq 4 p_m q_m \frac{\frac{1}{\sqrt{2}}}{3\pi} \frac{1}{\sqrt{2}} = \frac{1}{3\pi} 2^{m^2-m+1} \geq 2^{m^2-m-3},$$

$$|c_m| - p_{m-1} \geq 2^{m^2-m-3} - 2^{m^2-2m+1} > 2^m.$$

Es gibt daher absolut beliebig kleine Werte h' mit $Q(h') > 2^m$ und solche mit $Q(h') < -2^m$. Daraus folgt (*).

7.1.5. Ist x_0 eine *relative Maximumstelle* von f, d.h. $f(x) \leq f(x_0)$ für alle x einer gewissen Umgebung von x_0, so gilt

$$D^R f(x_0) \leq 0 \leq D_L f(x_0).$$

Denn für zu x_0 hinreichend benachbarte x ist $\frac{f(x) - f(x_0)}{x - x_0} \geq 0$, wenn $x < x_0$, und ≤ 0, wenn $x > x_0$.

Analog gilt an einer *relativen Minimumsstelle* x_0 ($f(x) \geq f(x_0)$ für alle x einer Umgebung von x_0)

$$D^L f(x_0) \leq 0 \leq D_R f(x_0).$$

7.1.6. Verallgemeinerung des Mittelwertsatzes der Differentialrechnung.

Ist $-\infty < a < b < +\infty$ *und* f *im Intervall* $J := [a, b]$ *endlich und stetig, so gibt es eine Stelle* ξ *im Innern, so daß*

$$D^R f(\xi) \leq \frac{f(b) - f(a)}{b - a} \leq D_L f(\xi), \quad \textit{oder} \quad D^L f(\xi) \leq \frac{f(b) - f(a)}{b - a} \leq D_R f(\xi)$$

gilt; falls f *dabei im Innern von* $[a, b]$ *(eigentlich oder uneigentlich) differenzierbar ist, hat man* $\frac{f(b) - f(a)}{b - a} = f'(\xi)$.

Beweis. Wir betrachten die ebenfalls in $[a, b]$ stetige Funktion

$$\varphi(x) := \big(f(x) - f(a)\big)(b - a) - \big(f(b) - f(a)\big)(x - a)$$

mit $\varphi(a) = \varphi(b) = 0$, so daß $\inf \varphi(J) \leq 0 \leq \sup \varphi(J)$. Sind beide Grenzschranken gleich, so ist $\varphi(x) = 0$ für $x \in J$, also $f'(x) = 0$ für alle x. Im anderen Falle sei etwa $\sup \varphi(J) > 0$. Da φ als stetige Funktion in J das Supremum annimmt (**5.4.3.1.**), etwa in ξ, wobei ersichtlich $a \neq \xi \neq b$, so haben wir nach **7.1.5.**

$$D^R \varphi(\xi) \leq 0 \leq D_L \varphi(\xi).$$

Dies liefert, wegen

$$D\varphi = (b - a)\, D f - \big(f(b) - f(a)\big),$$

für jede Derivierte D die Behauptung in der ersten Gestalt. Wenn $\inf \varphi(J) < 0$, so kommt man auf die zweite Form der Behauptung.

7.1.7. Für die Berechnung der Ableitung einer Funktion ist oft die folgende Regel von Nutzen.

Es sei $f(x)$ *in* $\{a \leq \hat{x} < b\}$ *stetig (eigentlich), in* $\{a < \hat{x} < b\}$ *(eigentlich oder uneigentlich) differenzierbar und* $\lim\{f'(x): x \searrow a\} =: A$ *vorhanden (eigentlich oder uneigentlich). Dann ist* f *im Punkt* a *rechtsseitig (eigentlich oder uneigentlich) differenzierbar mit* $f'_R(a) = A$.

Beweis. Nach **7.1.6.** gibt es ein ξ mit $a < \xi < x$ und $\frac{f(x) - f(a)}{x - a} = f'(\xi)$. Grenzübergang $x \searrow a$ mit dieser Gleichung führt, weil alsdann auch $\xi \searrow a$, zur Behauptung.

7.1.7.1. *Sind* f, g *stetig auf* $J = \{a \leq \hat{x} \leq b\}$ *und eigentlich oder uneigentlich differenzierbar im Innern* $I := \{a < \hat{x} < b\}$ *von* J, *wobei* $f'(x)$, $g'(x)$ *für* $x \in I$ *weder gleichzeitig* 0 *noch gleichzeitig unendlich sind, und ist* $g(a) \neq g(b)$, *dann gibt es eine Stelle* $\xi \in I$ *mit* $g'(\xi) \neq 0$ *und*

$$\frac{f(b) - f(a)}{g(b) - g(a)} = \frac{f'(\xi)}{g'(\xi)}.$$

„Verallgemeinerter Mittelwertsatz" der klassischen Differentialrechnung.)

Beweis. Man wende **7.1.6.** (mit φ an Stelle von f) an auf

$$\varphi(x) := \big(f(x) - f(a)\big)\big(g(b) - g(a)\big) - \big(f(b) - f(a)\big)\big(g(x) - g(a)\big).$$

Dieser Satz ist die Quelle einer Reihe von Sätzen über sog. „unbestimmte Ausdrücke", wie z.B. $\frac{0}{0}$, usw., welche sich bei gliedweiser (formaler) Ausführung des Grenzüberganges mit einer rationalen Funktion von Funktionen, z.B. $\frac{f(x)}{g(x)}$, ergeben. Wir gehen nicht weiter darauf ein.

7.2. Eindeutigkeitssatz der Differentialrechnung.

7.2.0. Dem allgemeinen Eindeutigkeitssatz der Differentialrechnung, der aussagt, in welcher Weise eine Funktion durch ihre Ableitung bzw. Derivierten bestimmt ist, schicken wir folgende Begriffe voraus:

Die eigentliche oder uneigentliche Zahl A heißt ein *rechtsseitiger Deriviertenwert* der Funktion f an der Stelle x, wenn es eine Folge $x_1 > x_2 > \cdots > x_\nu > \cdots \to x$ gibt, so daß $\lim\limits_{\nu} \frac{f(x_\nu) - f(x)}{x_\nu - x} = A$; wir bezeichnen einen solchen mit $RD\,f(x)$. Ist jedem rechtsseitigen Häufungspunkt x des Definitionsbereiches von f ein solcher Wert $RD\,f(x)$ mit einer zugehörigen Folge $((x_\nu))$ zugeordnet, so sprechen wir von einer *rechtsseitigen Deriviertenfunktion* $RD\,f$ *von* f.

7.2.1. Eine Teilmenge N der Zahlgeraden heißt eine *L-Nullmenge* (LEBESGUEsche Nullmenge), wenn sie mit abzählbar vielen offenen Intervallen beliebig kleiner Längensumme überdeckbar ist [$\varepsilon > 0$ und

$\nu \in \mathbf{Z} \ \exists\, a_\nu, b_\nu : N \subset \sum_\nu^{\boldsymbol{\cdot}} (a_\nu, b_\nu)$ und $\sum_\nu (b_\nu - a_\nu) < \varepsilon]$. Ordnet man jeder beliebigen Teilmenge A der Zahlgeraden als *äußeres L-Maß* $\overline{m}(A)$ die Zahl

$$\inf \{\sum_\nu (b_\nu - a_\nu) : A \subset \sum_\nu^{\boldsymbol{\cdot}} (a_\nu, b_\nu)\},$$

d.h. das Infimum aller Längensummen von Überdeckungen von A mit abzählbar vielen offenen Intervallen, zu, so sind die L-Nullmengen die Mengen N mit $\overline{m}(N) = 0$.

Beispiele von L-Nullmengen.

1. Jede abzählbare Menge ist eine L-Nullmenge (man überdecke der Reihe nach jeden Punkt mit einem konzentrischen Intervall der Länge $\varepsilon/2$, $\varepsilon/4$, $\varepsilon/8, \ldots$). — 2. Die Vereinigung V von abzählbar vielen L-Nullmengen N_ν ist wieder eine solche (ist $V = \sum_\nu^{\boldsymbol{\cdot}} N_\nu$, so überdecke man N_ν mit einer Intervallfolge einer Längensumme $< \varepsilon\, 2^{-\nu}$). — 3. Jede Teilmenge einer L-Nullmenge ist wieder eine solche.

7.2.1.1. Mit $\lambda(I)$ bezeichnen wir die Länge $b - a$ eines (offenen, halboffenen oder abgeschlossenen) Intervalles I mit den Endpunkten a, b. Wir brauchen den Hilfssatz:

Wird das abgeschlossene Intervall $A := [a, b]$ von den n offenen Intervallen $G_\nu := (a_\nu, b_\nu)$ überdeckt, so ist $\lambda(A) \leqq \sum_\nu \lambda(G_\nu)$.

In der Tat, ohne Beschränkung der Allgemeinheit sei etwa $a \in G_1$. Wenn nun $A\{\hat{x} \geqq b_1\}$ leer ist, so wird A bereits von G_1 überdeckt, in welchem Falle $(n = 1)$ die Behauptung evident ist. Ist aber der fragliche Durchschnitt nicht leer, so stellt er ein abgeschlossenes Intervall $A' := \{b_1 \leqq \hat{x} \leqq b\}$ dar und wird von den $n - 1$ Intervallen $G_2, \ldots, G_n$ überdeckt. Mit der Induktionsvoraussetzung, daß der Satz für $n - 1$ Intervalle gelten soll, erhalten wir $b - b_1 = \lambda(A') \leqq \sum\{\lambda(G_\nu) : \nu = 2, \ldots, n\}$, was zu $b_1 - a \leqq b_1 - a_1 = \lambda(G_1)$ addiert die behauptete Ungleichung für n Intervalle liefert, w. z. z. w.

7.2.1.2. *Sind die paarweise fremden offenen Intervalle (a_ν, b_ν), $\nu = 1, 2, \ldots$, im Intervall (a, b) enthalten, so gilt*

$$\sum_\nu (b_\nu - a_\nu) \leqq b - a.$$

Beweis. Es genügt den Satz für endlich viele Intervalle (a_ν, b_ν) zu beweisen; die Behauptung für unendlich viele folgt alsdann einfach durch Grenzübergang. Sei daher die Anzahl der Intervalle gleich n. Ist $n = 1$, so haben wir $a \leqq a_1 < b_1 \leqq b$ und die Behauptung ist trivial. Ist $n > 1$, so nehmen wir an, für $n - 1$ Intervalle sei der Satz richtig. Dann ist $a \leqq a_n < b_n \leqq b$ und die $n - 1$ ersten Intervalle verteilen sich auf zwei Klassen, solche Intervalle, welche vor a_n und solche, welche nach b_n liegen. Nach Induktionsvoraussetzung ist für die erste Klasse die Längensumme der Intervalle $\leq a_n - a$, für die zweite $\leq b - b_n$ und daher die Längensumme aller Intervalle $\leq (a_n - a) + (b - b_n) + (b_n - a_n) = b - a$, w. z. z. w.

7.2.1.3. *Für ein Intervall I ist $\overline{m}(I) = \lambda(I)$; insbesondere ist also ein Intervall mit positiver Länge keine L-Nullmenge.*

In der Tat, aus **7.2.1.1.** folgt für ein abgeschlossenes Intervall A die Ungleichung $\lambda(A) \leq \overline{m}(A)$; da das Umgekehrte auch gilt [man betrachte $A := [a, b] \subset (a - \varepsilon, b + \varepsilon)$ für $\varepsilon \searrow 0$], so besteht Gleichheit. Für ein offenes Intervall I gilt aus Monotoniegründen $\overline{m}(A) \leq \overline{m}(I)$ für jedes abgeschlossene Teilintervall A von I, d.h. mit Benutzung des eben gewonnenen Ergebnisses $b - a - 2\varepsilon = \overline{m}([a + \varepsilon, b - \varepsilon]) \leq \overline{m}(I)$, wobei $I := (a, b)$ und $\varepsilon > 0$, also $\lambda(I) \leq \overline{m}(I)$; die umgekehrte Ungleichung ist trivial, daher haben wir wieder Gleichheit. Für ein halboffenes Intervall folgt nun die Behauptung wieder aus Monotoniegründen.

Wir führen noch die Redeweise ein:

Eine den Punkt x betreffende Aussage gilt *L-fast überall in A*, wenn sie mit Ausnahme einer L-Nullmenge für alle Punkte x von A gilt.

7.2.2. Für die gleichsinnige Monotonie, oder wie man neuerdings auch sagt, „Isotonie“ einer Funktion f einer reellen Variablen x in einem Intervall $J = [a, b]$, sind offenbar die folgenden Bedingungen notwendig.

$$(1) \qquad \overline{\lim}\,\{f(y) : y \nearrow x\} \leq f(x) \quad \text{für} \quad a < x \leq b;$$

$$(2) \qquad \underline{\lim}\,\{f(y) : y \searrow x\} \geq f(x) \quad \text{für} \quad a \leq x < b.$$

Diese Bedingungen reichen aber nicht aus für die Isotonie von $f|J$; denn jede stetige (nicht notwendig isotone) Funktion erfüllt sie auch. (1) besagt, daß f linksseitig nach oben halbstetig ist, dagegen (2), daß f rechtsseitig nach unten halbstetig ist; wir fassen beide zusammen in den Begriff der „*positiv halbseitigen Halbstetigkeit*“.

7.2.2.1. *Allgemeines Monotoniekriterium.*

Es sei (1.) $f|J$ in $J = [a, b]$ endlich und positiv halbseitig halbstetig; (2.) besitze f eine RDf, welche A-fast überall in J von $-\infty$ verschieden ist; (3.) sei $D^R f$ L-fast überall in J nicht negativ. Dann gilt $f(b) \geq f(a)$. Ist wenigstens an einer Stelle $D^R f$ positiv, so gilt $f(b) > f(a)$.

Beweis. 1. Wir geben ein $\varepsilon > 0$ vor. Die L-Nullmenge $\{D^R f(\hat{x}) < 0\} =: N$ zerlegen wir in die L-Nullmengen $N_j := \{-j < RDf(\hat{x}) \leq -j + 1\} N$, $j = 1, 2, \ldots$, und $A := \{RDf(\hat{x}) = -\infty\} N = \{a_1, a_2, \ldots, a_k, \ldots\}$. Wir überdecken N_j mit offenen Intervallen $I_{j\nu}$, $\nu \in \mathbf{Z}$, der Länge $m_{j\nu}$, so daß

$m_j := \sum\limits_\nu m_{j\nu} < \varepsilon j^{-1} 2^{-j}$ und damit $\sum\limits_j j m_j < \varepsilon$. Die Länge des Durchschnittsintervalls von $I_{j\nu}$ mit $[a, x]$ bezeichnen wir mit $m_{j\nu}(x)$, so daß $0 \leq m_{j\nu}(x) \leq m_{j\nu}$ und $m_{j\nu}(x)$ stetig und mit wachsendem x nicht fallend ist. Dann ist auch $s(x) := \sum\limits_{j,\nu} j\, m_{j\nu}(x)$ nicht fallend und stetig mit wachsenden x und $< \varepsilon$. Schließlich haben wir in

$$h(x) := f(a) - \varepsilon(x-a) - \big(s(x) - s(a)\big) - \varepsilon \sum \{2^{-k} : a_k < x\}$$

eine mit wachsendem x nicht steigende Funktion mit

$$h(b) \geq f(a) - \varepsilon(b - a + 2).$$

2. Wir werden zeigen, daß $f(x) \geq h(x)$ für alle $x \in J$ gilt, woraus, $x = b$ gesetzt, $f(b) \geq f(a) - \varepsilon(b - a + 2)$, und mit $\varepsilon \to 0$ die erste Behauptung $f(b) \geq f(a)$ folgt. Zu diesem Zweck betrachten wir die Menge $X := \{f(\hat{x}) \geq h(\hat{x})\}$, von welcher wir zu zeigen haben, daß sie mit J identisch ist. Zu diesem Nachweis genügt es, die folgenden Aussagen zu bestätigen:

(a) $a \in X$; (b) jeder von b verschiedene Punkt von X ist rechtsseitiger Häufungspunkt von X; (c) jeder linksseitige Häufungspunkt von X gehört zu X.

Hieraus folgt in der Tat $X = J$. Würde nämlich $x_0 \in J$ nicht zu X gehören, so wäre wegen (a) $x_0 \neq a$, könnte aber auch nicht linksseitiger Häufungspunkt von X sein [wegen (c)], so daß ein größtes von X freies Intervall (x', x_0) existierte. Wegen der Größteigenschaft dieses Intervalls und wegen (c) müßte x' zu X gehören, was zu (b) im Widerspruch steht.

3. (a) ist klar, wegen $f(a) = h(a)$.

Zu (b). Ist $b > c \in X$, so ist dreierlei möglich:

(1) *Entweder* $c \in J - N$, so daß $D^R f(c) \geq 0$. Es gibt zu c beliebig benachbarte $x > c$ mit $f(x) - f(c) \geq -\varepsilon(x - c)$, woraus mit $f(c) \geq h(c)$ folgt $f(x) \geq h(c) - \varepsilon(x-c) = h(x) + \big(s(x) - s(c)\big) + \varepsilon \sum \{2^{-k} : c \leq a_k < x\} \geq h(x)$.

(2) *Oder* $c \in N_j$. Dann gibt es ein ν mit $c \in I_{j\nu}$. Wegen $RDf(c) > -j$ und der Offenheit von $I_{j\nu}$ gibt es zu c beliebig benachbarte x mit $c < x \in I_{j\nu}$ und $f(x) - f(c) > -j(x - c) = -j\big(m_{j\nu}(x) - m_{j\nu}(c)\big) \geq -\big(s(x) - s(c)\big)$, mithin $f(x) \geq h(c) - \big(s(x) - s(c)\big) = h(x) + \varepsilon(x - c) + \varepsilon \sum \{2^{-k} : c \leq a_k < x\} \geq h(x)$.

(3) *Oder* $c = a_k$. Wegen der positiv halbseitigen Halbstetigkeit von f in c [Bedingung (2)] ist für alle hinreichend nahe bei c gelegenen $x > c$

$$\begin{aligned} f(x) - f(c) > -\varepsilon \cdot 2^{-k}, \text{ so daß } f(x) &> h(c) - \varepsilon \cdot 2^{-k} \\ &= h(x) + \varepsilon(x - c) + (s(x) - s(c)) + \varepsilon \sum \{2^{-m} : c < a_m < x\} \geq h(x). \end{aligned}$$

Zu (c). Gilt $x_1 < x_2 < \cdots < x_n < \cdots < \to x$ mit $x_n \in X$, so hat man $f(x_n) \geq h(x_n)$, also $f(x_n) \geq h(x)$ wegen der Monotonie von h, und daraus $f(x) \geq \overline{\lim_n} f(x_n) \geq h(x)$ wegen der positiv halbseitigen Halbstetigkeit von f, d.h. $x \in X$.

Damit ist $X = J$ und mithin auch die erste Behauptung bewiesen.

4. Da unter den gegebenen Voraussetzungen allgemein $f(a) \leq f(x) \leq f(b)$ für $a \leq x \leq b$, so hat $f(b) = f(a)$ zur Folge $f(x) = f(a)$ d.h. $f'(x) = 0$. Das Bestehen von $D^R f(x) > 0$ für ein einziges x zwingt also zu $f(b) > f(a)$.

Bemerkungen. 1. Die Aussage des Satzes gilt auch, wenn statt der Voraussetzungen über rechtsseitige Derivierten die folgenden für linksseitige treten:

A-fast überall ein $LDf \neq -\infty$, L-fast überall $D_L f \geq 0$. Denn geht man von $f(x)$ über zu $\varphi(x) = -f(-x)$, dann sind $f | [a, b]$ und $\varphi | [-b, -a]$ im gleichen Sinne monoton, und $D^R f(x) = D_L \varphi(-x)$ und $RDf(x) = LD\varphi(-x)$.

2. Die Voraussetzungen: $f | J$ negativ halbseitig halbstetig, A-fast überall ein $RDf \neq +\infty$, L-fast überall $D_R f \leq 0$, führen zu $f(b) \leq f(a)$.

3. *Beispiel*, welches zeigt, daß die dritte Bedingung des Satzes „$D^R f \geq 0$ L-fast überall in J“ allein nicht ausreicht, gleichsinnige Monotonie zu erzwingen. Wir betrachten das durch $0 \leq x \leq 1$, $0 \leq y \leq y_0$ in einer (x, y)-Ebene gekennzeichnete Rechteck, $y_0 > 0$, und definieren auf $J := [0, 1]$ eine Funktion k in folgender Weise (Abb. 19 zeigt den Graph dieser Funktion):

$$k(0) = y_0, \quad k(1) = 0,$$

$$k(x) = \frac{y_0}{2} \quad \text{für} \quad \frac{1}{3} \leq x \leq \frac{2}{3},$$

$$k(x) = \frac{3y_0}{4} \quad \text{für} \quad \frac{1}{9} \leq x \leq \frac{2}{9}, \quad k(x) = \frac{y_0}{4} \quad \text{für} \quad \frac{7}{9} \leq x \leq \frac{8}{9},$$

usw. nach der allgemeinen Regel, daß in einem Intervall I, in dessen Innern noch keine Funktionswerte definiert sind, für alle Punkte des mittleren abgeschlossenen Intervalldrittels als Funktionswert das arithmetische Mittel der Funktionswerte in den Endpunkten von I erklärt wird. Für die durch diese Vorschrift nicht zu erreichenden Punkten wird als Funktionswert der (aus Monotoniegründen vorhandene) Limes der Funktionswerte bei (etwa rechtsseitiger) Annäherung erklärt. Dieser Limes ist gleich dem bei linksseitiger Annäherung, so daß die entstehende Funktion $k | J$ stetig ist (Beweis!). Die Längensumme der Konstanzintervalle ist $\frac{1}{3} + \frac{2}{9} + \frac{4}{27} + \cdots = 1$, so daß L-fast überall $k | J$ die Ableitung Null besitzt, also in J gewiß L-fast überall $D^R k \geq 0$ ist; andererseits ist k gegensinnig monoton und nicht identisch konstant.

Das vorausgehende Beispiel liefert eine sog. *singuläre Funktion*, d.h. eine stetige Funktion $f|J$ einer reellen Variablen, welche L-fast überall die Ableitung 0 hat aber nicht identisch konstant ist. Die Existenz solcher Funktionen macht am besten klar, warum die Beziehung zwischen Differential- und Integralrechnung in allgemeineren Funktionsbereichen nicht so einfach ist, wie es der Formalismus der klassischen Bezeichnungen nahelegt.

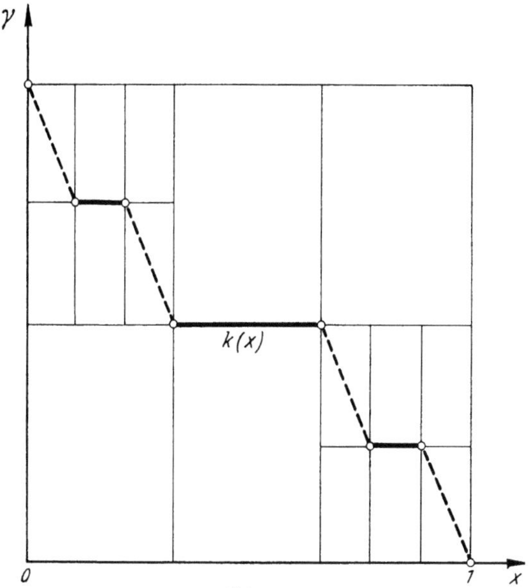

Abb. 19.

4. Als leichte Folgerung aus obigem Satz vermerken wir:

Die endliche Funktion $f|J$ ist dann und nur dann nicht fallend in J, wenn sie 1. in J positiv halbseitig halbstetig ist, und wenn 2. $D^R f$ A-fast überall in J nicht negativ ist.

7.2.3. Bei durchgehender einseitiger Differenzierbarkeit und Stetigkeit von f ist die Bedingung (2.) von **7.2.2.1.** nicht mehr nötig. Es gilt das *spezielle Monotoniekriterium*:

Besitzt die in $J := [a, b]$ stetige Funktion $f|J$ überall in $[a, b)$ eine (eigentliche oder uneigentliche) rechtsseitige Ableitung $f'_R =: g$ und ist g L-fast überall in J nicht negativ, so gilt $f(b) \geqq f(a)$ und g ist überall in $[a, b)$ nicht negativ. Dabei steht $f(b) > f(a)$, sobald g an wenigstens einer Stelle positiv ist.

7.2.3.1. Zum Nachweis von **7.2.3.** dient uns folgender

Hilfssatz. Sei P eine nicht leere perfekte Teilmenge von $[a, b]$ und auf P sei $g|P$ als (eigentlicher oder uneigentlicher) Limes einer Folge von auf $[a, b]$ endlichen stetigen Funktionen definiert. Dann gibt es zu je zwei reellen Zahlen $h<k$ ein „Stück“ P' von P, auf welchem durchweg $g \leqq k$ oder durchweg $g \geqq h$ ist. P' heißt dabei ein „Stück“ von P, wenn es perfekter Teil von P ist, und wenn es ein Teilintervall $[\alpha, \beta]$ von $[a, b]$ gibt, so daß $[\alpha, \beta] P$ nicht leerer perfekter Teil von P' ist. (Offensichtlich darf man dabei $\{\alpha, \beta\} \subset P'$ annehmen.)

Beweis. 1. Sei $g := \lim \{g_n : n \to +\infty\}$ mit stetigen g_n und $h<k$. Angenommen, der Satz wäre falsch. Wir werden nachfolgend *bei dieser Annahme* eine absteigende Folge $P_1 \supset P_2 \supset \cdots$ von Stücken von P und dazu eine Folge $n_1 < n_2 < \cdots$ konstruieren, so daß auf P_{2m} durchweg $g_{n_{2m}} \geqq k$ und auf P_{2m-1} durchweg $g_{n_{2m-1}} \leqq h$ ist. Da nach **4.7.1.** alle P_ν einen Punkt x^* gemein haben, so folgt für $n_\nu \to \infty$ daraus

$$g(x^*) \leqq h < k \leqq g(x^*),$$

was ein Widerspruch ist.

2. Konstruktion der P_ν. (a) $P_0 := P$ und $n_0 := 0$. (b) $\nu \geqq 1$. Nach Annahme gemäß 1. gibt es im Stück $P_{\nu-1}$ von P Punkte, in welchen g Werte $>k$, als auch Punkte, worin g Werte $<h$ annimmt. Für gerades (bzw. ungerades ν) sei x_ν ein Punkt der ersten (bzw. zweiten) Art. Es gibt dann ein $n_\nu > n_{\nu-1}$ mit $g_{n_\nu}(x_\nu) > k$ (bzw. $<h$) und damit ein Stück P' von $P_{\nu-1}$, auf welchem durchweg $g_{n_\nu} \geqq k$ (bzw. $\leqq h$), nämlich wegen der Stetigkeit von g_{n_ν} ein solches, welches z.B. x_ν enthält. Die abgeschlossene Hülle P_ν der Vereinigung aller Stücke P' von $P_{\nu-1}$, auf welchen durchweg $g_{n_\nu} \geqq k$ (bzw. $\leqq h$), ist wieder ein Stück von P (**4.3.6.2.**), das größte P'. Damit sind P_ν und n_ν rekurrent erklärt, und der Hilfssatz ist bewiesen.

7.2.3.2. *Beweis von* **7.2.3.** Nach Voraussetzung ist $N := \{g(\hat{x}) < 0\}$ eine L-Nullmenge. Dann ist $P := N^\alpha$ perfekt. In der Tat: Angenommen, p ist ein isolierter Punkt von P. Dann gibt es ein $r>0$, so daß die Intervalle $(p-r, p)$ und $(p, p+r)$ frei von Punkten von P, also auch von N sind. In ihnen gilt also durchweg $g \geqq 0$. Nach **7.2.2.1.** ist dann f in $[p-r, p+r]$ gleichsinnig monoton, so daß $g(p) \geqq 0$, also $p \notin N$, und damit auch $p \notin P$ (Widerspruch!).

Wir machen nun die Annahme, P wäre nicht leer.

Indem wir setzen $f(x) := f(b)$ für $x > b$, können wir für $x \in [a, b]$ schreiben $g(x) = \lim\limits_n n\left(f\left(x+\frac{1}{n}\right) - f(x)\right)$, und der vorausgehende Hilfssatz ist anwendbar. Danach gibt es ein Stück P' von P, auf welchem durchweg $g \leqq -1$ oder durchweg $g \geqq -2$ gilt. Das erste scheidet aus. Denn ist $P' \supset [\alpha, \beta] P$ im Sinne der Definition eines Stückes, so sind zwei Fälle denkbar: (a) $P' \supset [\alpha, \beta]$. Das ist unmöglich, weil sich in (α, β), was keine L-Nullmenge ist, Punkte x mit $g(x) \geqq 0$ befinden. —

(b) $P'[\alpha, \beta]$ ist echte Teilmenge von $[\alpha, \beta]$. Ist dann (γ, δ) ein zu P' fremdes, maximales offenes Teilintervall von $[\alpha, \beta]$ mit $\gamma \in P'$, so ist (γ, δ) auch fremd zu P, also darin durchweg $g \geq 0$, so daß nach **7.2.2.1.** auch $g(\gamma) \geq 0$ folgt, im Widerspruch mit $g(\gamma) \leq -1$.

Es bleibt also nur das Zweite: Auf P' ist durchweg $g \geq -2$. Für jedes Intervall (γ, δ) obiger Art folgt jetzt aus **7.2.2.1.** $g(x) \geq 0$ für $x \in (\gamma, \delta)$; daher ist $g(x) \geq -2$ für alle $x \in [\alpha, \beta]$, woraus wieder mit **7.2.2.1.** $g(x) \geq 0$ für $x \in [\alpha, \beta)$, also $[\alpha, \beta)P' = 0$ folgt. Mit dieser Eigenschaft kann $[\alpha, \beta]P$ als perfekte Menge nur leer sein (Widerspruch!). Die ursprüngliche Annahme, $P \neq 0$, ist also falsch; es ist P, also auch $N = 0$. Die restlichen Behauptungen folgen nun aus **7.2.2.1.**

Bemerkung. Weitere Monotoniekriterien finden sich ın **7.5.10.**

7.2.4. (Eindeutigkeitssatz der Differentialrechnung.)

Gilt für die in $J := [a, b]$ endlichen und stetigen Funktionen f und g erstens

$$-\infty < D^R f = D^R g < +\infty \text{ } L\text{-fast überall in } J,$$

zweitens mit passender rechtsseitiger Deriviertenfunktion

$$-\infty < DR(f-g) < +\infty \text{ } A\text{-fast überall in } J,$$

so hat man

$$f(x) = g(x) + C \text{ für alle } x \in J,$$

wo C eine Konstante.

Die zweite Bedingung entfällt, wenn beide Funktionen überall in J eine (eigentliche oder uneigentliche) rechtsseitige Ableitung besitzen.

Beweis. Da $D^R(f-g) \geq D^R f - RDg$ bei endlichem $D^R f$ für eine passende Deriviertenfunktion RDg (Beweis!), so folgt $D^R(f-g) \geq D^R f - D^R g = 0$ L-fast überall in J. Auf $f-g$ ist daher das Monotoniekriterium **7.2.2.1.** anwendbar und liefert $f(x) - f(a) \geq g(x) - g(a)$ für alle $x \in J$. Aus Symmetriegründen folgt ebenso $g(x) - g(a) \geq f(x) - f(a)$, so daß $f(x) = g(x) + \big(f(a) - g(a)\big)$ gilt, w. z. z. w.

Wenn durchgehende rechtsseitige Differenzierbarkeit vorliegt, so ist auf **7.2.3.** Bezug zu nehmen.

7.2.5. Satz von den Grenzen der Derivierten einer stetigen Funktion.

$f \mid J$ sei stetig in $J := [a, b]$ und besitze ein RDf, welches A-fast überall in J endlich ist. Für jede L-Nullmenge $N \subset J$ gilt:

$$\sup\{RDf(x) : x \in J - N\} = \sup\{D^R f(x) : x \in J\}$$
$$\inf\{RDf(x) : x \in J - N\} = \inf\{D_R f(x) : x \in J\}.$$

Beweis. Es gäbe endliche M mit $M > \sup\{RDf(x): x \in J - N\} =: s$ (anderenfalls wäre nichts zu beweisen, da ja stets $s \leq \sup\{D^R f(x): x \in J\} =: t$). Dann ist für $\varphi | J$ mit $\varphi(x) := f(x) - Mx$, $x \in J$, in J L-fast überall $D_R \varphi \leq 0$, nach dem Monotoniekriterium **7.2.2.1.** also φ nicht steigend, somit in J überall $D^R \varphi \leq 0$, d.h. $D^R f \leq M$, woraus mit $M \to s$ folgt $D^R f \leq s$, und mithin $t \leq s$, also $t = s$, w. z. z. w. Analog geht der Beweis für die zweite Behauptung.

7.2.6. *Es seien m und M endliche reelle Zahlen und f und g eigentlich stetige reelle Funktionen, erklärt auf $J := [a, b]$ und rechtsseitig differenzierbar A-fast überall in J, wobei*

$$m\, g'_R \leq f'_R \leq M\, g'_R$$

gelte. Dann besteht

$$m\big(g(b) - g(a)\big) \leq f(b) - f(a) \leq M\big(g(b) - g(a)\big).$$

Zusatz. Für die Ableitungen g'_R und f'_R sind auch uneigentliche Werte zulässig, jedoch sollen sie an keiner Stelle zugleich uneigentlich sein; $\alpha g'_R$ soll, falls $\alpha = 0$, allemal 0 bedeuten, was auch g'_R für einen Wert haben mag.

(*Beweis.* Man wende **7.2.5.** an auf die Funktionen $Mg - f$ und $f - mg$.)

7.2.6.1. *Besitzt eine endliche stetige Funktion in J A-fast überall eine verschwindende rechtsseitige Ableitung, dann ist sie identisch konstant.*

(*Beweis.* Man setze in **7.2.6.** $g = 0$.)

7.2.7. Als Ergänzung zu unseren Monotoniekriterien beweisen wir (nach F. Riesz) noch den Satz von der Differenzierbarkeit der monotonen Funktionen. Wir schicken einen Hilfssatz voraus:

7.2.7.1. *Es sei $g | (a, b)$ beschränkt und $E := \{x : a < x < b$ und $x \exists x_1 : x_1 > x$ und $g(x_1) > g^s(x)\}$. Ist E nicht leer, so ist es offen und bezüglich seiner Darstellung $\sum_j^{\cdot} (a_j, b_j)$ als Vereinigung von fremden offenen Intervallen gilt $g(x) \leq g^s(b_j)$ für $a_j < x < b_j$ und alle j.*

Beweis. Nach **5.4.4.** ist die obere volle Limesfunktion g^s auf $[a, b]$ nach oben halbstetig; daher ist E offen. Im Falle $E \neq 0$ sei (a_j, b_j) eine der offenen Komponenten von E und $a_j < x_1 < b_j$. Mit $x_2 := \sup\{x : x_1 \leq x \leq b_j$ und $g(x_1) \leq g^s(x)\}$ folgt aus der Halbstetigkeit von g^s nach oben $g(x_1) \leq g^s(x_2)$. Ist in dieser Ungleichung $x_2 = b_j$, so haben wir schon die Behauptung. Wenn aber $x_2 < b_j$, so ist $x_2 \in E$, also gibt es ein $x_3 > x_2$ mit $g(x_3) > g^s(x_2)$, somit $g^s(x_3) \geq g(x_3) > g^s(x_2) \geq g(x_1)$. Die Annahme $x_3 \leq b_j$ führt auf den Widerspruch $x_2 \geq x_3$; also ist $x_3 > b_j$. Da $b_j \notin E$, so ist $g^s(b_j) \geq g(x_3)$, so daß wir mit obiger Ungleichung zusammen $g(x_1) < g^s(b_j)$ erhalten, w. z. z. w.

7.2.7.2. *Jede in einem offenen Intervall I beschränkte monotone Funktion f ist L-fast überall eigentlich differenzierbar* (LEBESGUE).

Beweis. 1. Nach **7.1.4.3.** ist zu zeigen, daß L-fast überall $D^R f \leqq D_L f$ und $D^L f \leqq D_R f$ gilt. Es genügt aber für monotone Funktionen f eine, etwa die erste dieser Ungleichungen zu beweisen; denn mit f ist auch g, erklärt durch $g(x) = -f(-x)$, im gleichen Sinne monoton, so daß wir neben $D^R f \leqq D_L f$ auch $D^R g \leqq D_L g$ erhalten, was wegen $D^R g = D^L f$ und $D_L g = D_R f$ (Beweis!) auf $D^L f \leqq D_R f$ führt. Nun gilt die Darstellung $\{x : D^R f(x) > D_L f(x)\} = \sum^{\boldsymbol\cdot} \{\{x : D^R f(x) > R > r > D_L f(x)\} : r, R$ positiv und rational$\}$, so daß es gemäß **7.2.1.**, Beispiel 2, genügt zu zeigen, daß für $0 < r < R$ die Menge

$$\{x : D^R f(x) > R > r > D_L f(x)\} = S_R T_r,$$

wo

$$S_R := \{x : D^R f(x) > R\} \quad \text{und} \quad T_r := \{x : D_L f(x) < r\},$$

eine L-Nullmenge ist. Ferner muß zur Bestätigung der eigentlichen Differenzierbarkeit noch gezeigt werden, daß $D^R f$ L-fast überall endlich ist.

2. Im Intervall $J := (a, b)$ sei f beschränkt und etwa nicht-fallend, ferner D die nach **5.5.3.5.** abzählbare Menge der Unstetigkeitsstellen von f und demnach $(a, b) - D =: C$ die Menge der Stetigkeitspunkte von f; ferner sei $0 < r < R$. Wir zeigen:

Ist $J' := (a', b')$ ein offenes Teilintervall von J von der Länge $\lambda(J') = b' - a'$, so wird der Durchschnitt $J' S_R T_r C$ überdeckt von abzählbar vielen, paarweise fremden, offenen Intervallen J'_ν mit einer Längensumme kleiner als $\frac{r}{R}\lambda(J')$, also:

$$J' S_R T_r C \subset \sum_\nu^{\boldsymbol\cdot} J'_\nu \quad \text{und} \quad \sum_\nu \lambda(J'_\nu) \leqq \frac{r}{R}\lambda(J').$$

In der Tat: (a) Wir wenden **7.2.7.1.** an auf $g_1(y) := f(-y) + r\,y$, erklärt für $-b' < y < -a'$, und erhalten die Menge $E_1 := \sum_j^{\boldsymbol\cdot} (-b_j, -a_j)$. Wegen der gegensinnigen Monotonie von $f(-y)$ ist

$$g_1^s(y) = \lim\{g_1(y') : y' \nearrow y\} =: g_1(y-)$$

[speziell aber $g_1^s(-b') = g_1((-b')+)$] †. Ist $x \in J' T_r C$, so gibt es ein $x_1 < x$ mit $f(x) - f(x_1) < r(x - x_1)$, oder mit $x = -y$ und $x_1 = -y_1$ und Berücksichtigung der Stetigkeit von g_1 an der Stelle y umgeschrieben, $g_1^s(y) = g_1(y) < g_1(y_1)$, was nach Definition von E_1 bedeutet, daß $y \in E_1$, oder $x \in E_1^*$, wenn E_1^* die durch die Spiegelung am Nullpunkt aus E_1 entstehende Menge $\sum_j^{\boldsymbol\cdot} (a_j, b_j)$ bezeichnet. Unser Ergebnis lautet also: $J' T_r C \subset E_1^*$. Dazu kommt gemäß **7.2.7.1.** $g_1(y) \leqq g_1((-a_j)-)$ für

† Wir definieren allgemein $\varphi(x+) := \lim\{\varphi(y) : y \searrow x\}$, analog $\varphi(x-)$.

$-b_j < y < -a_j$, woraus $g_1((-b_j)+) \leq g_1((-a_j)-)$, also

$$r(b_j - a_j) \geq f(b_j-) - f(a_j+)$$

folgt.

(b) Nun wenden wir **7.2.7.1.** an auf die Funktion $g_2(x) := f(x) - Rx$, erklärt in (a_j, b_j) von (a). Wir erhalten analog wie in (a) eine Menge $E_{2j} := \sum_k^{\cdot} (a_{jk}, b_{jk})$ mit

$$(*) \quad (a_j, b_j)\, S_R C \subset E_{2j} \quad \text{und} \quad R(b_{jk} - a_{jk}) \leq f(b_{jk}+) - f(a_{jk}+).$$

Bemerkung. Im Falle $b_{jk} = b_j$ darf in (*) an Stelle von $f(b_{jk}+)$ das kleinere $f(b_j-)$ gesetzt werden, da ja g_2 nur auf (a_j, b_j) erklärt, also $g_2^s(b_j) = g_2(b_j-)$ ist.

Damit erhalten wir $J' S_R T_r C \subset \sum_{j,k}^{\cdot} (a_{jk}, b_{jk})$, und durch Summation obiger Ungleichungen, Beachtung der letzten Bemerkung und Anwendung von **7.2.1.2.**

$$\sum_{j,k} (b_{jk} - a_{jk}) \leq \frac{1}{R} \sum_{j,k} (f(b_{jk}+) - f(a_{jk}+)) \leq \frac{1}{R} \sum_j (f(b_j-) - f(a_j+))$$
$$\leq \frac{r}{R} \sum_j (b_j - a_j) \leq \frac{r}{R}(b' - a'),$$

w. z. z. w.

3. Geht man nun von $J = (a, b)$ aus, wendet darauf 2. an, wiederholt dies an den erhaltenen Teilintervallen, usw., so gelangt man nach m-maliger Anwendung zu einer Überdeckung von $S_R T_r C$ mit abzählbar vielen fremden offenen Intervallen mit einer Längensumme $\leq \left(\frac{r}{R}\right)^m (b - a)$. Mit $m \to \infty$ folgt daraus, daß $S_R T_r C$, also auch $S_R T_r \subset S_R T_r C + D$ eine L-Nullmenge ist.

4. Wendet man das in 2. (b) beschriebene Verfahren an Stelle von (a_j, b_j) direkt auf (a, b) an, so erhält man in der entsprechenden Menge E_2 eine Überdeckung von $S_R C$ mit abzählbar vielen fremden offenen Intervallen, deren Längensumme, wie Summation der (*) entsprechenden Ungleichungen lehrt, kleiner ist als $\frac{1}{R}(f(b-) - f(a+))$. Für $R \to +\infty$ folgt daraus wegen $\{D^R f(\hat{x}) = +\infty\} \subset S_R C + D \subset E_2 \dot{+} D$, daß $\{D^R f(\hat{x}) = +\infty\}$ eine L-Nullmenge ist. Damit ist **7.2.7.2.** bewiesen.

7.2.7.3. Das vorausgehende Ergebnis kann man ausdehnen auf die sog. Funktionen *beschränkter Variation* (BV). Dabei heißt $f|J$ *auf* $J = [a, b]$ BV, wenn $\sum_{\nu=1}^{n} |f(a_\nu) - f(a_{\nu-1})|$ für jede Einteilung $a = a_0 < a_1 < \cdots < a_n = b$ von J unterhalb einer festen Schranke bleibt.

Beispiele. 1. Jede monotone und beschränkte Funktion ist BV; denn die fragliche Summe liegt nach **7.2.1.2.** unter $|f(b)-f(a)|$. — 2. Summe und Differenz zweier BV-Funktionen, insbesondere *die Differenz zweier nicht fallender Funktionen ist wieder* BV.

Der Definition der BV-Funktionen $f|J$, welche das Gesamtverhalten in J betrifft, steht eine Kennzeichnung lokaler Art gegenüber. Wir definieren:

Die Funktion $f|J$ heißt *im Punkt x absolut konvergent,* wenn für jede monoton gegen x strebende Folge $x_1, x_2, \ldots$ die Reihe

$$\big(f(x_2)-f(x_1)\big)+\big(f(x_3)-f(x_2)\big)+\cdots$$

absolut und eigentlich konvergiert. (Ist f überdies an der Stelle x stetig, so ist der Wert dieser Reihe offensichtlich gleich $f(x)$.)

$f|J$ ist dann und nur dann BV auf J, wenn f in jedem Punkt absolut konvergiert.

Beweis. 1. Es sei f nicht BV in $J:=[a,b]$; dann ist f nicht BV in wenigstens einer der beiden Intervallhälften $[a,m]$, $[m,b]$ mit $m:=(a+b)/2$. Fortsetzung dieser Schlußweise führt auf eine Intervallschachtelung $[a_1,b_1]$ $[a_2,b_2]\ldots$, welche genau einen allen Intervallen gemeinsamen Punkt x definiert, und wobei auf jedem Intervall f nicht BV ist. Dasselbe gilt dann auch für eine von den beiden Intervallfolgen $[a_1,x]$, $[a_2,x]$, … bzw. $[x,b_1]$, $[x,b_2]$, …; denn wäre f etwa auf $[a_\nu,x]$ und $[x,b_\mu]$ BV, so auch auf $[a_\lambda,b_\lambda]\subset[a_\nu,x]\dot{+}[x,b_\mu]$, wobei $\lambda:=\max\{\nu,\mu\}$ (Widerspruch!). Habe etwa die erste Folge die genannte Eigenschaft. Wir bilden eine Unterteilung $a_k=a_{k0}<a_{k1}<\cdots<a_{km_k}=x$ mit

$$\sum_{\mu=1}^{m_k-1}|f(a_{k\mu})-f(a_{k,\mu-1})|>k, \qquad k\in\mathbf{Z}.$$

Das ist möglich; man sorge dafür, daß (der Index k werde vorübergehend unterdrückt) $\sum\limits_1^m|f(a_\mu)-f(a_{\mu-1})|>2k+|f(a_0)-f(x)|$. Dann ist nämlich $(a_m=x)$

$$\sum_1^{m-1}|f(a_\mu)-f(a_{\mu-1})|>2k+|f(a_0)-f(x)|-|f(x)-f(a_{m-1})|\geq$$
$$2k-|f(a_0)-f(a_{m-1})|\geq 2k-\sum_1^{m-1}|f(a_\mu)-f(a_{\mu-1})|,$$

wie gewünscht. Nun bestimme man die Folge $1<n_1<n_2<\cdots$ derart, daß

$$a_{10}<\cdots<a_{1,m_1-1}<a_{n_1,0}<\cdots<a_{n_1,m_{n_1}-1}<a_{n_2,0}<\cdots,$$

und bezeichne diese Folge einfach mit $x_1<x_2<\cdots$; alsdann strebt $((x_\nu))$ monoton gegen x, aber $\sum\limits_\nu|f(x_\nu)-f(x_{\nu-1})|=+\infty$, f ist also in x nicht absolut konvergent.

2. Sei jetzt umgekehrt f im Punkt x nicht absolut konvergent, etwa mit $x_1 < x_2 < \cdots$, $\lim\limits_n x_n = x$ und $\sum\limits_n |f(x_n) - f(x_{n-1})| = +\infty$. Dann ist offensichtlich f auf $[x_1, x]$ nicht BV.

Beispiel. Daß eine stetige Funktion nicht notwendig BV sein muß, zeigt die Funktion

$$f(x) = x \cos \frac{\pi}{x} \quad (f(0) = 0) \text{ in } [0, 1];$$

denn an Hand von $((x_n)) := (1, \frac{1}{2}, \frac{1}{3}, \ldots)$ erkennt man, daß f in $x=0$ nicht absolut konvergent ist.

7.2.7.4. *Jede BV-Funktion ist Differenz zweier nicht fallender Funktionen (und umgekehrt).*

Beweis. Sei f BV auf $J = [a, b]$. Dann ist f auch BV auf $[x_1, x_2]$ für $a \leq x_1 < x_2 \leq b$. Wir setzen

$$t(x_1, x_2) := \sup \sum_{\nu=1}^{n} |f(a_\nu) - f(a_{\nu-1})|,$$

das Supremum gebildet für alle Intervalleinteilungen

$$x_1 = a_0 < a_1 < \cdots < a_n = x_2.$$

t heißt die *Totalvariation von f auf* $[x_1, x_2]$. Für $x_1 < x_2 < x_3$ gilt, wie leicht zu bestätigen, $t(x_1, x_2) + t(x_2, x_3) = t(x_1, x_3)$. $t(a, x)$ ist offensichtlich eine nicht fallende Funktion von x. Dasselbe gilt aber auch von $t(a, x) - f(x) =: s(x)$; denn für $\delta > 0$ ist

$$\begin{aligned} s(x+\delta) - s(x) &= t(a, x+\delta) - t(a, x) - \big(f(x+\delta) - f(x)\big) \\ &\geq t(x+\delta, x) - |f(x+\delta) - f(x)| \geq 0. \end{aligned}$$

In

$$f(x) = t(a, x) - s(x)$$

haben wir eine Differenzdarstellung, wie gewünscht. Siehe **7.2.7.3.**, Beispiel 2.

Bemerkung. Zur Abkürzung sei $f(a_\nu) - f(a_{\nu-1}) = \Delta_\nu$ gesetzt. Verwendet man in obiger sup-Bildung an Stelle von $\sum\limits_\nu |\Delta_\nu|$ die Teilsummen

$$\sum \{|\Delta_\nu| : \Delta_\nu \geq 0\} \quad \text{bzw.} \quad \sum \{|\Delta_\nu| : \Delta_\nu \leq 0\},$$

so liefern die zugehörigen Suprema den sog. *Positivteil* $p(x_1, x_2)$ bzw. *Negativteil* $n(x_1, x_2)$ von f in $[x_1, x_2]$. Diese Funktionen erfüllen offensichtlich dieselbe Funktionalgleichung wie $t(x_1, x_2)$; ferner ist $t = p + n$. Man zeigt leicht, daß

$$f(x) = f(a) + p(a, x) - n(a, x)$$

ebenfalls eine Differenzdarstellung im Sinne des obigen Satzes liefert (Aufgabe!).

7.2.7.5. *Jede BV-Funktion $f|J$ ist L-fast überall eigentlich differenzierbar.*

Beweis. Folgt aus **7.2.7.4.**, **7.2.7.2.** und **7.1.1.**

7.2.7.6. Offenbar bilden auf Grund von **7.2.7.4.** die BV-Funktionen eine spezielle Klasse derjenigen Funktionen, für welche die einseitigen Limiten

$$\lim\{f(x') : x' \nearrow x\} \quad \text{und} \quad \lim\{f(x'') : x'' \searrow x\}$$

an allen Stellen existieren. Mit diesen Funktionen werden wir uns noch in **7.3.2.** befassen.

Andererseits läßt sich innerhalb der Klasse der BV-Funktionen die Klasse der absolut-stetigen Funktionen auszeichnen:

$f|J$ heißt *absolut-stetig auf* J, wenn es zu jedem $\varepsilon > 0$ ein $\delta(\varepsilon) > 0$ gibt, so daß für je endlich viele paarweise fremde offene Intervalle (a_ν, b_ν) von J gilt:

$$(*) \qquad \sum_\nu (b_\nu - a_\nu) < \delta(\varepsilon) \triangleright \Big|\sum_\nu (f(b_\nu) - f(a_\nu))\Big| < \varepsilon.$$

Offensichtlich ist eine in J absolut-stetige Funktion in J gleichmäßig stetig [man nehme nur ein Teilintervall (a_1, b_1)]. Die Bedingung $(*)$ ist äquivalent mit der scheinbar stärkeren Forderung: Zu $\varepsilon > 0$ gibt es ein $\delta_1(\varepsilon)$, so daß für je endlich viele fremde (a_ν, b_ν) von J gilt:

$$(**) \qquad \sum_\nu (b_\nu - a_\nu) < \delta_1(\varepsilon) \triangleright \sum_\nu |f(b_\nu) - f(a_\nu)| < \varepsilon.$$

In der Tat, es genügt $\delta_1(\varepsilon) = \delta(\varepsilon/2)$ zu setzen, um von $(*)$ zu $(**)$ zu gelangen. Denn wenn $\sum_\nu (b_\nu - a_\nu) < \delta(\varepsilon/2)$, so ist mit der Abkürzung $c_\nu = f(b_\nu) - f(a_\nu)$ auch

$$\sum\{(b_\nu - a_\nu) : c_\nu \geqq 0\} < \delta(\varepsilon/2),$$

also nach $(*)$ $\varepsilon/2 > |\sum\{c_\nu : c_\nu \geqq 0\}| = \sum\{|c_\nu| : c_\nu \geqq 0\}$, und analog $\varepsilon/2 > \sum\{|c_\nu| : c_\nu < 0\}$, was zusammengenommen $(**)$ ergibt.

7.2.7.6.1. *Jede absolut-stetige Funktion $f|J$ ist auf J BV, also L-fast überall auf J eigentlich differenzierbar.*

Beweis. Ist f auf $J = [a, b]$ absolut-stetig, so gilt mit obigen Bezeichnungen $t(a, b) \leqq \frac{b-a}{\delta_1(1)} + 1$. Denn hat man irgendeine Unterteilung von $[a, b]$, so verfeinere man mit $\delta := \delta_1(1)$ diese durch Hinzunahme der Teilungspunkte $a + \delta, a + 2\delta, \ldots$, schreibe die zu den entstehenden Unterteilungen der Intervalle $[a, a + \delta]$, $[a + \delta, a + 2\delta], \ldots$ gehörigen Ungleichungen $(**)$ an und addiere sie. Da man höchstens $\frac{b-a}{\delta} + 1$ solche Intervalle (einschließlich eines Restintervalls) hat, folgt die Behauptung bezüglich $t(a, b)$.

Beispiel. Es gibt BV-Funktionen, welche nicht absolut-stetig sind, ja sogar *monotone stetige Funktionen, welche nicht absolut-stetig sind,* etwa die Funktion k von **7.2.2.1.**, Bemerkung 3. In der Tat, man hat

$$\left(\tfrac{1}{3}-\tfrac{0}{3}\right)+\left(\tfrac{3}{3}-\tfrac{2}{3}\right)=\tfrac{2}{3} \quad \text{und} \quad \left|k\left(\tfrac{1}{3}\right)-k\left(\tfrac{0}{3}\right)\right|+\left|k\left(\tfrac{3}{3}\right)-k\left(\tfrac{2}{3}\right)\right|=1,$$

und allgemein bei festem k mit

$$x_\lambda := 2\left(i_0+i_1\cdot 3+\cdots+i_k\cdot 3^k\right)3^{-(k+1)}$$

für $i_\mu=0, 1$,

$$\sum_\lambda\left(\left(x_\lambda+3^{-(k+1)}\right)-x_\lambda\right)=\left(\tfrac{2}{3}\right)^{k+1}, \quad \text{aber} \quad \sum_\lambda\left|k\left(x_\lambda+3^{-(k+1)}\right)-k(x_\lambda)\right|=1.$$

7.2.7.7. Wichtige Beispiele von Funktionen BV liefern die sog. „*Sprungfunktionen*".

Im Intervall $[a, b]$ sei eine abzählbare Folge von Punkten $x_1, x_2, \ldots$ gegeben. Jedem x_ν seien zwei Werte σ_ν^+ und σ_ν^- zugeordnet, wobei die Reihen $\sum_\nu \sigma_\nu^+$ und $\sum_\nu \sigma_\nu^-$ absolut konvergieren. Als die zu diesen Daten gehörige Sprungfunktion f definiert man

$$(1) \quad f(x) := \sum\{\sigma_\nu^+ : a \leq x_\nu < x\} + \sum\{\sigma_\nu^- : a < x_\nu \leq x\}, \quad x \in [a, b].$$

Für $x < x'$ ist

$$f(x') - f(x) = \sum\{\sigma_\nu^+ : x \leq x_\nu < x'\} + \sum\{\sigma_\nu^- : x < x_\nu \leq x'\},$$

woraus folgt, daß f VB ist, ferner, daß[1]

$$(2) \quad f(x_\mu+) - f(x_\mu) = \sigma_\mu^+, \quad f(x_\mu-) - f(x_\mu) = \sigma_\mu^-, \quad \mu = 1, 2, \ldots.$$

Ist andererseits f irgendeine Funktion BV, so existieren die Werte σ_μ^+ und σ_μ^- an den Unstetigkeitsstellen x_μ von f gemäß (2) und die durch die rechte Seite von (1) erklärte Funktion heißt die *Sprungfunktion von* f und wird mit $\breve{f}$ bezeichnet.

7.3. Umkehrung der Differentiation.

7.3.1. Im Sinne der Umkehrung der Differentiation führen wir den Begriff der Stammfunktion ein: J sei das Intervall $[a, b]$. $g|J$ heißt eine *Stammfunktion* der endlichen Funktion $f|J$, wenn 1. $g|J$ eigentlich stetig ist, und 2. g A-fast überall in J eigentlich differenzierbar ist mit $g' = f$.

Zu einer Funktion $f|J$ braucht es keine Stammfunktion zu geben. Dies zeigt das folgende *Beispiel*:

$J = [0, 1]$; P sei das CANTORsche Diskontinuum von Beispiel **4.3.7.** Wir setzen $f(x) = 1$ für $x \in P$ und $= 0$ für $x \in J - P$. Zu f gibt es keine Stammfunktion.

---

[1] Siehe Fußnote † S. 229.

Denn wäre g eine Stammfunktion von f†, so müßte, weil P nicht abzählbar ist (**4.3.9.**), g auch an Stellen von P differenzierbar sein, mit einer Ableitung $=1$. Das ist aber in keinem Punkt von P möglich. Wäre nämlich $x_0 \in P$ ein etwa rechtsseitiger Häufungspunkt der (gehäuften) Menge P mit $g'(x_0)=1$, so gäbe es ein $r>0$, so daß

$$\tfrac{12}{13}(x-x_0) < g(x) - g(x_0) < \tfrac{14}{13}(x-x_0)$$

für $x_0 < x < x_0 + r$. Wenn nun x_1, x_2 zwei Punkte dieses Intervalls sind mit $g(x_1)=g(x_2)$, so folgt aus obiger Ungleichung

$$12(x_1-x_0) < 14(x_2-x_0) \quad \text{und} \quad 12(x_2-x_0) < 14(x_1-x_0).$$

Setzt man hierin $x_1 = x_0 + \xi_1$, $x_2 = x_0 + \xi_1 + \xi_2$ mit $\xi_1, \xi_2 > 0$, so erhält man $\xi_2 < \frac{2}{12}\xi_1 < \frac{1}{6}r$, ein Ergebnis, welches damit in Widerspruch steht, daß das Intervall (x_0, x_0+r) ein Konstanzintervall von g mit einer Mindestlänge $r/5$ umfaßt (**4.3.7.**). Damit ist alles bewiesen.

Wenn es aber zu f Stammfunktionen gibt, so gilt nach **7.2.6.1.**:

Je zwei Stammfunktionen von f unterscheiden sich nur durch eine additive Konstante.

7.3.1.1. Zur Konstruktion von Stammfunktionen hat man als einfachstes Mittel die *Methode des „Zusammenfügens"*.

Sei f erklärt im Intervall $J=[a,b]$ und $a<c<b$; ferner sei g_1 eine Stammfunktion von f in $[a,c]$, g_2 eine solche in $[c,b]$. Dann ist $g|J$, erklärt durch

$$g(x) = \begin{cases} g_1(x) & \text{für} \quad a \leq x \leq c \\ g_1(c) + g_2(x) - g_2(c) & \text{für} \quad c \leq x \leq b \end{cases}$$

eine Stammfunktion von f in J.

(Beweis als Aufgabe!)

7.3.1.2. Die eventuelle Existenz und Berechnung von Stammfunktionen sichert und ermöglicht folgender wichtige *Limessatz*:

Es sei $\mathfrak{S}$ ein gerichtetes System, f_σ eine endliche reelle Funktion mit dem Definitionsbereich $J := [a,b]$ und g_σ eine Stammfunktion von f_σ, $\sigma \in \mathfrak{S}$. Ferner gelte $\mathfrak{S}$-lim $f_\sigma =: f$ gleichmäßig in J, und es existiere ein Punkt $x_0 \in J$, für welchen $\mathfrak{S}$-lim $g_\sigma(x_0) = \gamma_0$ vorhanden und endlich ist. Alsdann existiert $\mathfrak{S}$-lim $g_\sigma =: g$ gleichmäßig in J und stellt eine Stammfunktion von f dar.

Beweis. 1. Zu vorgegebenem $\varepsilon > 0$ gibt es ein $\sigma \in \mathfrak{S}$, so daß für $\sigma_1, \sigma_2 \gg \sigma$ allemal $|f_{\sigma_1} - f_{\sigma_2}| < \varepsilon$, oder $-\varepsilon < (g_{\sigma_1} - g_{\sigma_2})' < \varepsilon$ auf $J - A$, wo A eine (von σ_1 und σ_2 abhängige) abzählbare Ausnahmemenge bezeichnet.

† Also g wegen **7.2.2.1.** nicht-fallend.

Nach **7.2.6.** folgt daraus

$$-\varepsilon(x-x_0) \leqq \big(g_{\sigma_1}(x)-g_{\sigma_1}(x_0)\big)-\big(g_{\sigma_2}(x)-g_{\sigma_2}(x_0)\big)<\varepsilon(x-x_0)$$

für $a \leqq x \leqq b$. Wegen $|x-x_0|<b-a$ und wegen der Konvergenz der $g_\sigma(x_0)$ gegen γ_0 bedeutet dies die gleichmäßige Konvergenz der g_σ gegen eine (natürlich stetige) Funktion $g|J$. — 2. Es ist noch zu zeigen, daß g Stammfunktion von f ist. Wir wählen eine Folge $\sigma_1, \sigma_2, \ldots$ mit

$$(1) \qquad |f-f_{\sigma_n}| \leqq 1/n,$$

so daß f_{σ_n} gleichmäßig gegen f strebt (wegen 1. müssen dann die g_{σ_n} gleichmäßig gegen g streben). Sei H die abzählbare Vereinigungsmenge der Ausnahmemengen A_{σ_n}, in deren Punkten x keine Gleichung $f_{\sigma_n}(x) = g'_{\sigma_n}(x)$ gilt. Für $m>n$ hat man $|f_{\sigma_m}-f_{\sigma_n}| \leqq 2/n$, was für $x \in J-H$ auch $|g'_{\sigma_m}(x)-g'_{\sigma_n}(x)| \leqq 2/n$ bedeutet. Analog wie in 1. schließt man daraus auf

$$|g_{\sigma_m}(y)-g_{\sigma_m}(x)-\big(g_{\sigma_n}(y)-g_{\sigma_n}(x)\big)| \leqq \frac{2}{n}|y-x|,$$

woraus für $m \to \infty$ folgt

$$(2) \qquad |g(y)-g(x)-\big(g_{\sigma_n}(y)-g_{\sigma_n}(x)\big)| \leqq \frac{2}{n}|y-x|.$$

Da für $x \in J-H$ wegen $f_{\sigma_n}(x)=g'_{\sigma_n}(x)$ ein $q_n>0$ existiert, so daß

$$(3) \qquad |y-x|<q_n \triangleright |g_{\sigma_n}(y)-g_{\sigma_n}(x)-f_{\sigma_n}(x)(y-x)| \leqq \frac{1}{n}|y-x|,$$

so erhalten wir aus (1), (2) und (3)

$$|g(y)-g(x)-f(x)(y-x)| \leqq \frac{4}{n}|y-x|$$

für $y \in J$ und $|y-x|<q_n$, was g als Stammfunktion von f ausweist.

7.3.1.3. Neben den beiden genannten Konstruktionsmethoden für Stammfunktionen sind noch die Methoden der klassischen Differential- und Integralrechnung zur Bestimmung unbestimmter Integrale zu nennen, welche sich durch Umkehrung von speziellen und allgemeinen Ableitungsformeln ergeben. Auf ihre Behandlung gehen wir hier nicht ein.

7.3.2. Eine ziemlich umfassende Klasse von Funktionen $f|J$, zu welchen Stammfunktionen existieren, wird gebildet von den sog. *Regelfunktionen*; als solche bezeichnen wir eine auf $J=[a,b]$ erklärte endliche Funktion f, wenn die einseitigen Limiten

$$\lim\{f(x): x \searrow x'\} \quad \text{und} \quad \lim\{f(x): x \nearrow x'\}$$

für jedes x' von J vorhanden und endlich sind (naturgemäß in a nur der erste, in b nur der zweite).

Offensichtlich sind die in J stetigen Funktionen Regelfunktionen auf J.

Eine spezielle Klasse von Regelfunktionen liefern die *Elementartreppenfunktionen* (kurz *T-Funktionen*). Dabei heißt die *endliche* Funktion $f|J$ eine T-Funktion, wenn es eine Unterteilung $V:=\{a=a_0<a_1<\cdots<a_n=b\}$ von J gibt, so daß f im Innern jedes der Intervalle $J_\nu=[a_{\nu-1}, a_\nu]$ identisch konstant $=\gamma_\nu$ ist. Sie kann daher dargestellt werden durch den Komplex

$$(a_\nu;\ \gamma_\nu;\ \gamma'_\nu;\ n);$$

dabei sind a_ν die bereits genannten Teilungspunkte von V mit $\gamma'_\nu=f(a_\nu)$, $\nu=0,\ldots,n$, und γ_ν die jeweiligen Werte von f im Innern der Konstanzintervalle $[a_{\nu-1}, a_\nu]$, $\nu=1,\ldots,n$. Diese Darstellung ist nicht eindeutig; sie wird es, wenn man verlangt, daß die offenen Konstanzintervalle maximal sind.

Bemerkung. Die Verwandtschaft dieser Treppenfunktionen mit dem Mengenkörper $\mathfrak{K}$ von Beispiel **1.3.2.** ist offensichtlich; die Urbildmengen $\{x: f(x)>\alpha\}$ sind gerade Mengen aus $\mathfrak{K}$; umgekehrt ist jede Funktion $f|J$ mit dieser Eigenschaft und der weiteren, daß sie nur endlich viele Werte annimmt, eine Treppenfunktion obiger Art (Beweis!). Ferner können die T-Funktionen als spezielle Sprungfunktionen (**7.2.7.7.**) angesehen werden.

7.3.2.1. Für Regelfunktionen gilt:

(1) *Die Gesamtheit $\mathfrak{E}$ der Regelfunktionen auf J ist ein Vektorverband, in welchem sogar mit zwei Funktionen auch ihr Produkt enthalten ist.*

(2) *Jeder auf J gleichmäßige Limes von Regelfunktionen ist wieder eine Regelfunktion.*

(3) *$f|J$ ist dann und nur dann eine Regelfunktion, wenn sie als gleichmäßiger Limes von T-Funktionen darstellbar ist.*

(4) *Jede Funktion von beschränkter Variation auf J ist eine Regelfunktion.*

(5) *Jede Regelfunktion auf J besitzt nur abzählbar viele Unstetigkeitsstellen.*

(6) *Zu jeder Regelfunktion auf J gibt es eine Stammfunktion.*

Beweis. Zu (1). Wegen der bekannten Regeln für das rationale Rechnen mit Limiten haben mit f und f_1 auch af, $f+f_1$, $|f|$, und auch ff_1 die die Regelfunktion definierenden Limeseigenschaften.

Zu (2). Dies folgt aus **6.3.4.** Denn ist $((f_n))$ eine gleichmäßig konvergente Folge von Regelfunktionen, so existieren einerseits z.B. die Limiten $\lim\{f_n(x): x\nearrow x'\}$, andererseits in gleichmäßiger Weise $f(x):=\lim\{f_n(x): n\to\infty\}$ für $x<x'$, so daß auch $\lim\{f(x): x\nearrow x'\}$ vorhanden ist.

Zu (3). Das „dann" folgt aus (2), weil, wie schon bemerkt, jede Treppenfunktion eine Regelfunktion ist. Um „nur dann" zu zeigen, sei f Regelfunktion. Dann existiert zu $\varepsilon > 0$ und $\xi \in J$ ein $\delta_\xi > 0$, so daß $|f(x) - f(x')| < \varepsilon$ für (x und x') $\in (\xi, \xi + \delta_\xi)$ oder (x und x') $\in (\xi - \delta_\xi, \xi)$. Nach **4.7.4.** können wir J bereits mit endlich vielen der Intervalle $(\xi - \delta_\xi, \xi + \delta_\xi)$ überdecken. Die zugehörigen endlich vielen Punkte $\xi - \delta_\xi$, ξ, $\xi + \delta_\xi$ nehmen wir als Teilungspunkte $a = a_0 < a_1 < \cdots < a_n = b$ einer Unterteilung von $[a, b]$ mit den Intervallen $J_\nu := [a_{\nu-1}, a_\nu]$, $\nu = 1, \ldots, n$. Im Innern eines jeden dieser Intervalle unterscheiden sich die f-Werte um weniger als ε voneinander. Dem J_μ ordnen wir etwa einen von f im Innern angenommenen Wert f_μ zu, $\mu = 1, \ldots, m$, und setzen $g(x) := f_\mu$ für $x \in J_\mu^i$, $g(x) := f(x)$, wenn x gleich a oder b oder einem der genannten Teilungspunkte ist. g ist eine T-Funktion mit $|g - f| < \varepsilon$, w. z. z. w.

Zu (4). (a) Angenommen, es sei $\lim\{f(x) : x \nearrow x'\}$ nicht vorhanden für eine Stelle $x' \in J$. Dann gibt es ein $\zeta > 0$ und eine Folge $((x_n))$ mit $x_1 < x_2 < \cdots < x'$ und $|f(x_{n+1}) - f(x_n)| > \zeta$, $n = 1, 2, \ldots$; daraus ergibt sich $\sum_n |f(x_{n+1}) - f(x_n)| = +\infty$, so daß f nicht von beschränkter Variation ist.

Zu (5). Nach (3) ist $|f - g_n| < 1/n$, wo g_n eine T-Funktion mit einer endlichen Menge D_n von Unstetigkeitspunkten bezeichnet, $n \in \mathbf{Z}$. In jedem Punkt von $J - \sum_n^{\cdot} D_n$ ist jedes g_m stetig, wegen der gleichmäßigen Konvergenz der g_m gegen f nach **5.4.6.2.** dann auch f. Aber $\sum_n^{\cdot} D_n$ ist abzählbar.

Zu (6). (a) Ist f eine T-Funktion, etwa $(a_\varkappa; \gamma_\varkappa; \gamma'_\varkappa; k)$, so bilden wir für $\varkappa = 1, \ldots, k$, die stetigen Funktionen

$$g_\varkappa(x) = \begin{cases} 0 \\ \gamma_\varkappa(x - a_{\varkappa-1}) \\ \gamma_\varkappa(a_\varkappa - a_{\varkappa-1}) \end{cases} \quad \text{für} \quad \begin{cases} x < a_{\varkappa-1} \\ a_{\varkappa-1} \leqq x \leqq a_\varkappa \\ x > a_\varkappa, \end{cases}$$

und nach **7.3.1.1.** ist $g = g_1 + \cdots + g_k$ eine Stammfunktion von f in J (mit $g(a) = 0$).

(b) Ist f eine allgemeine Regelfunktion, so stellen wir sie dar als gleichmäßigen Limes einer Folge von T-Funktionen f_n. Zu f_n bilden wir eine Stammfunktion g_n mit $g_n(a) = 0$. Satz **7.3.1.2.** liefert in $\lim_n g_n$ eine Stammfunktion von f.

7.3.2.2. 1. *Beispiel* einer Funktion, welche keine Regelfunktion ist, zu der es aber Stammfunktionen gibt:

$$J = [0, 1], \quad f(x) := \sin\frac{1}{x} - \frac{1}{x}\cos\frac{1}{x} \quad \text{für} \quad x \neq 0, \quad f(0) = 1.$$

Dies ist keine Regelfunktion, weil $\lim\{f(x): x \searrow 0\}$ nicht existiert. Aber $g(x) = x \sin\frac{1}{x}$ für $x \neq 0$ mit $g(0) = 0$ ist eine Stammfunktion von f.

2. Da jede endliche stetige Funktion Regelfunktion ist, andererseits stetige Funktionen existieren, welche nicht von beschränkter Variation sind (**7.2.7.3.**), so *gibt es auch Regelfunktionen, welche nicht von beschränkter Variation sind.*

7.3.3. Ist $s|J_1$ stetig in J_1, $r|J_2$ eine Regelfunktion in J_2 mit $r(x_2) \in J_1$ für $x_2 \in J_2$, so ist die Schachtelfunktion $s(r(x_2))$, $x_2 \in J_2$, eine Regelfunktion in J_2. (Dies folgt unmittelbar aus der Definition der Regelfunktion.)

Dagegen ist, wenn umgekehrt $s(x_1) \in J_2$ für $x_1 \in J_1$, nicht notwendig $r(s(x_1))$, $x_1 \in J_1$, eine Regelfunktion (man nehme nur eine Regelfunktion r mit verschiedenen beidseitigen Grenzwerten an der Stelle $x_2 = s_0$ und für s eine stetige Funktion, welche einseitige Annäherung an eine Stelle x_1 gestattet, wobei der Wert s_0 von beiden Seiten her angestrebt wird). Noch weniger braucht die Schachtelung zweier Regelfunktionen wieder eine Regelfunktion zu sein.

7.3.4. *Das P-Integral.*

7.3.4.1. Wir verallgemeinern den Begriff der Stammfunktion in folgender Weise: Es sei $f|J$ eine auf $J := [a, b]$ erklärte reelle Funktion (mit eigentlichen oder uneigentlichen Werten) und der Eigenschaft, daß es in J endliche stetige Funktionen $\varphi|J$ und $\psi|J$ gibt mit folgenden Eigenschaften:

1. $\varphi(a) = 0$, $+\infty \neq \overline{D}\varphi \leq f$ A-fast überall in J;
2. $\psi(a) = 0$, $-\infty \neq \underline{D}\psi \geq f$ A-fast überall in J.

Ist beispielsweise f beschränkt, $m \leq f \leq M$, so gibt es gewiß solche Funktionen, etwa $\varphi(x) = m(x-a)$ und $\psi(x) = M(x-a)$. Die Gesamtheit aller φ bezeichnen wir mit $\underline{\mathfrak{P}}$, die aller ψ mit $\overline{\mathfrak{P}}$. Wegen $\overline{D}(\psi - \varphi) \geq \underline{D}\psi - \overline{D}\varphi \geq 0$ A-fast überall, ist nach dem Monotoniekriterium **7.2.2.1.**, Bemerkung 4, $\psi - \varphi$ in J nicht fallend. Da $\psi(a) = \varphi(a)$, so folgt $\psi(x) \geq \varphi(x)$ für $x \in J$.

Man nennt ψ eine *P-Ober-* und φ eine *P-Unterfunktion* von f in J.

Wir bilden nun

$$\underline{P}f := \sup\{\varphi : \varphi \in \underline{\mathfrak{P}}\} \leq \inf\{\psi : \psi \in \overline{\mathfrak{P}}\} =: \overline{P}f.$$

$\underline{P}f$ bzw. $\overline{P}f$ heißt die *untere* bzw. *obere P-Stammfunktion von f in J*; die erste ist offenbar nach unten, die zweite nach oben halbstetig (**5.4.6.1.**).

7.3.4.2. *Ist $\underline{P}f(b) = \overline{P}f(b)$, so ist auch $\underline{P}f(x) = \overline{P}f(x)$ für $x \in J$.*

In der Tat, für $a \leq x \leq b$ ist nach **7.3.4.1.** $0 \leq \psi(x) - \varphi(x) \leq \psi(b) - \varphi(b)$. Wenn daher $\psi(b) - \varphi(b)$ beliebig klein gemacht werden kann, so auch

$\psi(x) - \varphi(x)$. Wählt man zwei Folgen φ_n, ψ_n mit $\varphi_n(b) \nearrow \underline{P}f(b) = \overline{P}f(b) \swarrow \psi_n(b)$ für $n \to +\infty$, so gilt auch für $x \in J$

$$\varphi_n(x) \nearrow \underline{P}f(x) = \overline{P}f(x) \swarrow \psi_n(x),$$

und diese Konvergenz ist infolge obiger Ungleichung *gleichmäßig* in J. Definition:

Ist $\underline{P}f(b) = \overline{P}f(b)$, so heißt die durch $Pf(x) = \underline{P}f(x) = \overline{P}f(x)$ eindeutig erklärte Funktion $Pf|J$ die *P-Stammfunktion von f in J*, der Wert $Pf(x)$ auch das *P-Integral* (PERRON-*Integral*) *von f über* $[a, x]$, in Zeichen $P(f|[a, x])$, und f heißt *P-integrierbar über J*.

Wegen der erwähnten gleichmäßigen Konvergenz (oder weil Pf sowohl nach unten also auch nach oben halbstetig ist) gilt: *Die P-Stammfunktion einer P-integrierbaren Funktion ist stetig.*

7.3.4.3. *Für $\varphi \in \underline{\mathfrak{P}}$ und $\psi \in \overline{\mathfrak{P}}$ sind die Funktionen $\psi - \underline{P}f$ und $\overline{P}f - \varphi$ nicht negativ und nicht fallend.*

In der Tat, da, wie in **7.3.4.1.** bemerkt, $\psi - \varphi$ nicht fallend ist, so haben wir $\psi(\beta) - \varphi(\beta) \geqq \psi(\alpha) - \varphi(\alpha)$ für $a \leqq \alpha < \beta \leqq b$, also $\psi(\beta) - \varphi(\beta) \geqq \psi(\alpha) - \underline{P}f(\alpha)$; geht man hier mit $\varphi(\beta)$ zu $\sup\{\varphi(\beta) : \varphi \in \underline{\mathfrak{P}}\} = \underline{P}f(\beta)$ über, so erhält man $\psi(\beta) - \underline{P}f(\beta) \geqq \psi(\alpha) - \underline{P}f(\alpha)$. Beweis für $\overline{P}f - \varphi$ ist analog.

7.3.5. *Ist $f|J$ P-integrierbar über J, so auch über jedes Teilintervall $J' = [\alpha, \beta]$ von J, und zwar ist*

$$(*) \qquad P(f|[\alpha, \beta]) = Pf(\beta) - Pf(\alpha).$$

In der Tat, mit den Folgen φ_n, ψ_n von **7.3.4.2.** bilden wir

$$\Phi_n(x) := \varphi_n(x) - \varphi_n(\alpha), \qquad \Psi_n(x) := \psi_n(x) - \psi_n(\alpha),$$

was in J' eine P-Unter- bzw. Oberfunktion definiert. Da

$$\Phi_n(x) \nearrow Pf(x) - Pf(\alpha) \swarrow \Psi_n(x)$$

für $n \to +\infty$, so folgt die Behauptung.

Bemerkung. Aus (*) folgt, daß $P(f|[a, b])$ eine *additive Intervallfunktion* ist, d.h. es gilt: Ist $a \leqq \alpha < \beta < \gamma \leqq b$, so folgt

$$P(f|[\alpha, \beta]) + P(f|[\beta, \gamma]) = P(f|[\alpha, \gamma]).$$

7.3.6. Stetige Fortsetzbarkeit des P-Integrals.

Wenn f in $J := [a, b]$ definiert, ferner für $a < \beta < b$ über $[a, \beta]$ P-integrierbar ist, wobei $\lim\{P(f|[a, \beta]) : \beta \nearrow b\} =: r$ *im eigentlichen Sinne vorhanden, dann ist f im eigentlichen Sinne über J P-integrierbar mit $P(f|J) = r$.*

Beweis. Sei $a = \alpha_0 < \alpha_1 < \cdots \to b$. Bei vorgegebenem $\varepsilon > 0$ konstruieren wir P-Oberfunktionen ψ_n in $[\alpha_{n-1}, \alpha_n]$, $n = 1, 2, \ldots,$ mit

$\psi_n(\alpha_{n-1}) = 0$ und $P(f|[\alpha_{n-1}, \alpha_n]) \leq \psi_n(\alpha_n) < P(f|[\alpha_{n-1}, \alpha_n]) + \varepsilon 2^{-n}$, und bilden dazu die Funktion ψ mit

$$\psi(a) := 0 \text{ und (rekursiv) } \psi(x) := \psi(\alpha_{n-1}) + \psi_n(x) \text{ für } \alpha_{n-1} \leq x \leq \alpha_n.$$

Dann ist ψ erklärt für $[a \leq \hat{x} < b]$, und stellt in jedem Intervall $[a, \alpha_n]$ eine P-Oberfunktion von f dar [weil es auf die endlich vielen Stellen, wo eventuell die Ableitungsbedingungen nicht erfüllt sind] nicht ankommt.

Wir zeigen, daß $\lim\{\psi(x): x \nearrow b\}$ endlich ist; diesen Wert setzen wir gleich $\psi(b)$. In der Tat, für $a \leq x < b$ ist nach **7.3.4.3.** $\psi(x) - Pf(x)$ nicht fallend, außerdem nach Konstruktion $< \sum_n \varepsilon \cdot 2^{-n} = \varepsilon$, hat daher für $x \nearrow b$ einen endlichen Limes λ mit $0 \leq \lambda < \varepsilon$. Somit ist $\psi(b) = r + \lambda$. Damit ist ψ eine P-Oberfunktion von f in J (weil das Verhalten der Derivierten in den abzählbar vielen Flickstellen belanglos). Analog ergibt sich eine P-Unterfunktion φ mit $\varphi(b) = r - \lambda'$ und $0 \leq \lambda' < \varepsilon$, so daß $\psi(b) - \varphi(b) < 2\varepsilon$, woraus die P-Integrierbarkeit von f in J und zugleich wegen $\varphi(b) \leq r \leq \psi(b)$ die behauptete Gleichung folgen.

7.3.7. Die P-Stammfunktion ist eine Erweiterung der gewöhnlichen Stammfunktion (**7.3.2.**):

Besitzt $f|J$ eine Stammfunktion $g|J$ im Sinne von **7.3.1.**, *dann gibt es auch eine P-Stammfunktion $Pf|J$, und es ist $Pf = g + C$, wo C eine Konstante. Insbesondere ist jede stetige Funktion P-integrierbar.*

Beweis. Ist g Stammfunktion von f, so gilt $\pm\infty \neq g' = f$ A-fast überall in $J = [a, b]$. Daher ist $h(x) := g(x) - g(a)$ sowohl eine P-Unter- als auch eine P-Oberfunktion und somit $h = Pf$.

7.3.7.1. *Ist f über J P-integrierbar, so braucht es $|f|$ nicht zu sein.*

Beispiel. $J := [0, 1]$, für $0 < x \leq 1$ ist $f(x) := x^{-1}(-1)^k$, $k =$ größte ganze Zahl $\leq x^{-1}$, und $f(0) := 0$. Mit Benutzung der Tatsache, daß $\log x$ eine Stammfunktion von x^{-1} für $x > 0$ und der Regel **7.3.1.1.**, findet man $P(f|[n^{-1}, 1]) = -\log\frac{2}{1} + \log\frac{3}{2} - \cdots \pm \log\frac{n}{n-1}$, ferner, daß $P(f|[x, 1])$ für $(n+1)^{-1} < x < n^{-1}$ zwischen $P(f|[n^{-1}, 1])$ und $P(f|[(n+1)^{-1}, 1])$ liegt. Da die Reihe $\sum_n (-1)^n \log\frac{n+1}{n}$ konvergiert, so existiert $\lim\{P(f|[x, 1]): x \searrow 0\}$ $\left(\text{nämlich} = -\log\frac{\pi}{2}\right)$, so daß f P-integrierbar ist, während $|f|$ (mit $|f|(x) = x^{-1}$) es nicht ist.

7.3.7.1. Unsere Bezeichnung „P-Stammfunktion" für Pf wird weiter durch folgenden Satz gerechtfertigt:

Ist $f|J$ über $J := [a, b]$ P-integrierbar, so ist $f|J$ L-fast überall endlich und das unbestimmte P-Integral $P(f|[a, x]) =: F(x)$, $x \in J$, ist

L-fast überall in J differenzierbar mit $F' = f$. Den Beweis hierfür erbringen wir später (**7.6.4.**).

7.3.8. Bildung von Stammfunktion und Ableitung sind ihrer Natur nach inverse Operationen; das gegenteilige Verhalten beider in bezug auf Stetigkeit (Stammfunktionen sind allemal stetig, Ableitungen können unstetig sein; grob gesagt: Bildung von Stammfunktionen führt in den Bereich der stetigen Funktionen hinein, die von Ableitungen heraus) machen es schwierig, begrifflich einfache und doch hinreichend allgemeine Funktionsklassen $\mathfrak{F}$ aufzustellen, welche sich dadurch auszeichnen, daß Bildung von Stammfunktion und Ableitung an jeder Funktion aus $\mathfrak{F}$ ausführbar ist und nicht aus $\mathfrak{F}$ hinausführt. Eine solche Klasse bilden z.B. *die in einem Intervall J überall und beliebig oft differenzierbaren Funktionen* (d.h. jede Ableitung ist wieder überall differenzierbar usw.); diese Funktionen sind aber ihrer Natur nach nicht so einfach und nicht von der praktischen Bedeutung, wie es scheinen möchte. Daneben haben wir die wesentlich engere Klasse der *in einem Intervall analytischen Funktionen*, d.h. Funktionen, welche in je einer Umgebung G_{x_0} eines jeden Punktes x_0 dieses Intervalls durch eine in G_{x_0} konvergente Potenzreihe $a_0 + a_1(x - x_0) + \cdots + a_n(x - x_0)^n + \cdots$ darstellbar sind; diese Funktionenklasse findet aber im Rahmen der komplexen Zahlen eine viel natürlichere Behandlung als im Reellen.

Die genannte unangenehme Eigenschaft der Differentiation, von den stetigen Funktionen wegzuführen, hat sicher dazu beigetragen, daß sich die Theorie der reellen Funktionen mehr vom Begriff der Integration, d.h. der Umkehrung der Differentiation, her entfaltet hat.

7.4. Das T-Integral und seine Erweiterungen.

7.4.1. Wir wollen die Entwicklung, die von den T-Funktionen zu den Regelfunktionen und den zugehörigen Stammfunktionen führt, nun von einer anderen Seite her betrachten.

Mit $\mathfrak{T} := \mathfrak{T}(J)$ bezeichnen wir die Gesamtheit aller T-Funktionen über dem abgeschlossenen Intervall $J := [a, b]$. Wir definieren die Operation $T|\mathfrak{T}$, welche jeder T-Funktion

$$f := (a_\varkappa; c_\varkappa; c'_\varkappa; k) \tag{1}$$

die endliche Zahl

$$T(f|J) := \sum_{\varkappa=1}^{k} c_\varkappa (a_\varkappa - a_{\varkappa-1}) \tag{2}$$

zuordnet, und zwar in eindeutiger Weise in dem Sinne, daß (2) unabhängig ist von der Darstellung von f gemäß (1). Als Funktion einer Funktion heißt $T(f|J)$ auch ein *Funktional.*

Nach **7.3.2.1.** (6) ist $T(f|J)=g(b)-g(a)$, wobei g eine Stammfunktion von f bezeichnet.

7.4.1.1. Eine wichtige Verallgemeinerung der Operation $T|\mathfrak{T}$ ergibt sich durch Heranziehung einer beliebigen im E^1 erklärten, endlichen nicht fallenden Funktion $p|E^1$: Man definiert mit der Darstellung (1) (vgl. Fußnote †, S. 229)

$$(2')\quad T_p(f|J):=\sum_{\varkappa=1}^{k} c_\varkappa\left(p(a_\varkappa-)-p(a_{\varkappa-1}+)\right)+\sum_{\varkappa=0}^{k} c'_\varkappa\left(p(a_\varkappa+)-p(a_\varkappa-)\right).$$

Die Definition ist unabhängig von der Darstellung von f.

Dies erkennt man auch aus einer anderen Darstellung von $T_p(f|J)$. Ist nämlich $J=K_1+\cdots+K_r$ eine Zerlegung von J in fremde, einpunktige Mengen oder offene Intervalle $K_1,\ldots,K_r$, wobei f auf K_ϱ den konstanten Wert f_ϱ hat, so ist mit $T_p(\chi_{\{x\}}|J)=p(x+)-p(x-)=:m(\{x\})$ und $T_p(\chi_{(x_1,x_2)}|J)=p(x_2-)-p(x_1+)=:m((x_1,x_2))$, wobei $\chi_{\{x\}}$ bzw. $\chi_{(x_1,x_2)}$ die charakteristische Funktion der einpunktigen Menge $\{x\}$ bzw. des offenen Intervalls $(x_1,x_2)\subset J$ bezeichnen,

$$(2'')\qquad T_p(f|J)=f_1m(K_1)+\cdots+f_rm(K_r).$$

(Beweis!)

Im Falle, daß p stetig ist, reduziert sich T auf

$$T'_p(f|J):=\sum_{\varkappa=1}^{k} c_\varkappa\left(p(a_\varkappa)-p(a_{\varkappa-1})\right).$$

Den Spezialfall $p(x)=x$, $x\in J$, bezeichnen wir als den *klassischen Fall.*

Man pflegt auch zu schreiben:

$$T(f|J)=\int_a^b f(x)\,dx=\int_J f\,dx;\quad T_p(f|J)=\int_J f\,dp.$$

Da im folgenden die Untersuchungen allgemein für ein und dasselbe nicht fallende $p|J$ durchgeführt werden, lassen wir gewöhnlich den Index p weg; dasselbe machen wir mit dem Argument J, wenn es auf dieses nicht wesentlich ankommt, schreiben also *statt* $T_p(f|J)$ *kurz* $T(f)$.

Den trivialen Fall $p(b)=p(a)$ mit $T(f)=0$ für alle T-Funktionen schließen wir im allgemeinen aus. Ebenso geringe Bedeutung verdient der Fall, daß $p|J$ selbst eine T-Funktion ist; dann reduziert sich nämlich $T_p(f|J)$ auf

$$\sum_\lambda f(u_\lambda)\left(p(u_\lambda+)-p(u_\lambda-)\right),$$

worin u_λ die endlich vielen Unstetigkeitsstellen von p durchläuft.

7.4.1.2. Für ein beliebiges abgeschlossenes, halboffenes, offenes oder einpunktiges Intervall $I\subset J$ definieren wir $T(f|I):=T(f\chi_I|J)$.

Bei festem f ist $T(f|I)$ als Funktion von I *additiv*, d.h. es gilt z.B.:

Ist $J_1 := [a, c]$, $J_2 := (c, b]$ *mit* $a < c < b$, *so gilt für* $f \in T$ *stets* $T(f|J) = T(f|J_1) + T(f|J_2)$.

Zum Beweis verwende man eine solche Darstellung von f als T-Funktion, bei der c als Teilungspunkt $a_\varkappa$ auftritt. (Aufgabe!)

7.4.1.3. Bei festem J hat $T(f|J) = T(f)$ in Abhängigkeit von f folgende Eigenschaften:

(1) $f \in \mathfrak{T}$, α *reell und endlich* $\triangleright \alpha f \in \mathfrak{T}$ *und* $T(\alpha f) = \alpha T(f)$;

(2) $(f_1$ *und* $f_2) \in \mathfrak{T} \triangleright f_1 + f_2 \in \mathfrak{T}$ *und* $T(f_1 + f_2) = T(f_1) + T(f_2)$;

(3) $f \in \mathfrak{T} \triangleright |f| \in \mathfrak{T}$ *und* $T(|f|) \geqq 0$.

(Beweis als Aufgabe!)

Aus diesen Grundeigenschaften lassen sich einige leichte Folgerungen ziehen:

(4) $(f_1$ und $f_2) \in \mathfrak{T}$ und $f_1 \leqq f_2 \triangleright T(f_1) \leqq T(f_2)$; insbesondere ist $|T(f)| \leqq T(|f|)$.

(5) Aus $f, f_1, \ldots, f_n \in \mathfrak{T}$ und $|f| \leqq \sum_1^n |f_\nu|$ folgt $T(|f|) \leqq \sum_1^n T(|f_\nu|)$.

(6) $(f_1$ und $f_2) \in \mathfrak{T} \triangleright \max\{f_1, f_2\}$ und $\min\{f_1, f_2\} \in \mathfrak{T}$.

Wegen (1) und (2) und der Endlichkeit der Funktionswerte ist $\mathfrak{T}$ ein *linearer Raum*, wegen (6) ein *Verband*.

Die Eigenschaft

(7) Aus $f \in \mathfrak{T}$, $A \leqq f \leqq B$ (A, B Konstante) folgt

$$A\, m(J) \leqq T(f|J) \leqq B\, m(J), \qquad m(J) := p(b+) - p(a-),$$

ist aus der Definition **7.4.1.1.** (2′) zu erschließen.

7.4.1.4. Von besonderer Bedeutung ist der Umstand, daß die Ungleichung **7.4.1.3.** (5) auch für abzählbar viele Summanden gilt:

Aus $f, f_1, f_2, \ldots \in \mathfrak{T}$ *und* $|f| \leqq \sum_\nu |f_\nu|$ folgt stets

$$T(|f|) \leqq \sum_\nu T(|f_\nu|).$$

Beweis. 1. Wegen **7.4.1.3.** (3) können wir uns von vorneherein darauf beschränken, daß die f und f_ν alle nicht negativ sind. Gemäß **7.4.1.2.** spalten wir $T(f|J)$ auf in

$$T(f|J) = T(f|K_1) + \cdots + T(f|K_k),$$

wobei $K_1, \ldots, K_k$ Konstanzintervalle von f bezeichnen; mit denselben $K_1, \ldots, K_k$ nehmen wir eine entsprechende Zerspaltung von $T(f_\nu|J)$ vor, und erkennen, daß es genügt, die fragliche Ungleichung für jedes einzelne $K_\varkappa$ zu beweisen. Für ein einpunktiges $K=\{x\}$ ist aber wegen $T(f|K)=f(x)\,m(K)$ die Behauptung trivial. Es bleibt daher (von einem unwesentlichen Faktor abgesehen) nur der Fall zu prüfen, daß $f=\chi_I$ und $K=I$, wo I der offene Kern (a, b) von $J=[a, b]$ ist. Ferner haben wir für jedes f_ν eine Darstellung der Form

$$f_\nu := \sum_\varrho \alpha_{\nu\varrho}\chi_{I_{\nu\varrho}}, \quad \alpha_{\nu\varrho} \geq 0,$$

wobei die $I_{\nu\varrho}$ entweder nicht leere offene Intervalle oder einpunktige (abgeschlossene) Intervalle $\subset I$ bezeichnen. Damit ist unser Problem auf *folgende Aufgabe* reduziert:

Gegeben sind die nichtnegativen Zahlen $\alpha_1, \alpha_2, \ldots$ und offene bzw. einpunktige Intervalle $I_1, I_2, \ldots \subset I$ mit der Eigenschaft

(a) $$\chi_I(x) \leqq \sum_\nu \alpha_\nu \chi_{I_\nu}(x) \quad \text{für alle } x;$$

zu zeigen ist, daß dann

(b) $$m(I) \leqq \sum_\nu \alpha_\nu m(I_\nu),$$

wobei allgemein

$$m(\{x\}) = p(x+) - p(x-), \quad m((x, y)) = p(y-) - p(x+) \quad \text{für } x<y,$$

gesetzt ist.

2. Bei der Behandlung dieser Aufgabe dürfen wir, weil die charakteristischen Funktionen in (a) alle für $x=a$ und $x=b$ verschwinden, ohne Beschränkung der Allgemeinheit voraussetzen, daß p an diesen beiden Stellen stetig ist. Wegen der einseitigen Konvergenz von p kann man daher um jedes einpunktige Intervall I_ϱ ein offenes Intervall I'_ϱ legen, ferner um a bzw. b ein offenes Intervall I'_0 bzw. I'_{-1}, so daß

$$m(I'_{-1}) + m(I'_0) + \sum_\varrho \alpha_\varrho m(I'_\varrho) \leq \sum_\varrho \alpha_\varrho m(I_\varrho) + \varepsilon,$$

wo $\varepsilon>0$ vorgegeben und ϱ die Menge $\{\varrho : I_\varrho \text{ einpunktig}\}$ durchläuft. Für die offenen I_ν setzen wir $I'_\nu := I_\nu$. Ferner gibt es wegen (a) zu jedem $x \in J$ ein n_x, so daß mit $\alpha_0=\alpha_{-1}=1$

$$\chi_J(x) - \varepsilon < \chi_{\{a\}} + \chi_{\{b\}} + \sum_{\nu=1}^{n_x} \alpha_\nu \chi_{I_\nu}(x) \leq \sum_{\nu=-1}^{n_x} \alpha_\nu \chi_{I'_\nu}(x).$$

Wegen der Offenheit der I'_ν und der Abgeschlossenheit von J gilt dann für alle x' einer Umgebung G_x von x

$$\chi_J(x') - \varepsilon < \sum_{\nu=-1}^{n_x} \alpha_\nu \chi_{I'_\nu}(x').$$

Nach dem BORELschen Überdeckungssatz können wir bereits mit endlich vielen der G_x, etwa mit $G_{x_1}, \ldots, G_{x_s}$, das abgeschlossene Intervall J überdecken, so daß mit $n := \max\{n_{x_1}, \ldots, n_{x_s}\}$ und für alle $x \in J$ gilt

$$\chi_J(x) - \varepsilon = (1-\varepsilon)\,\chi_I(x) + (1-\varepsilon)\,\chi_{\{a\}}(x) + (1-\varepsilon)\,\chi_{\{b\}}(x) < \sum_{\nu=-1}^{n} \alpha_\nu \chi_{I'_\nu}(x),$$

nach **7.4.1.3.** (1), (2) und (4) somit

$$(1-\varepsilon)\,T(\chi_I) + (1-\varepsilon)\,T(\chi_{\{a\}}) + (1-\varepsilon)\,T(\chi_{\{b\}})$$
$$\leq \sum_{\nu=-1}^{n} \alpha_\nu\, T(\chi_{I'_\nu}) \leq \sum_{\nu \geqq -1} a_\nu\, T(\chi_{I'_\nu}),$$

oder, wegen $T(\chi_{\{a\}}) = T(\chi_{\{b\}}) = 0$,

$$T(\chi_I) - \varepsilon\, m(J) \leq \sum_{\nu \geqq -1} \alpha_\nu\, m(I'_\nu) \leq \sum_{\mu} \alpha_\mu\, m(I_\mu) + \sum_{\varrho} \alpha_\varrho\, m(I_\varrho) + \varepsilon,$$

wobei μ die Menge $\{\nu : I_\nu$ offen und nicht leer$\}$ und ϱ die Menge $\{\nu : I_\nu$ einpunktig$\}$ durchlaufen; $\varepsilon \to 0$ führt zur Behauptung.

Bemerkung. Für T' statt T gilt der Satz **7.4.1.4.** nur bei Stetigkeit von p; hierzu das Gegenbeispiel:

$$J = [0,1], \quad p(x) = 0 \text{ für } 0 \leq x < 1, \quad p(1) = 1, \quad f = 1, \quad f_1 = \chi_{\{1\}},$$
$$f_n := \chi_{\left[\frac{n-2}{n-1}, \frac{n-1}{n}\right]} \quad \text{für} \quad n = 2, 3, \ldots .$$

Offenbar ist $f = \sum_\nu f_\nu$ in J. Aber $T'_p(f|J) = 1 > 0 = \sum_\nu T'_p(f_\nu|J)$.

7.4.2. Dem Übergang von der Stammfunktionsbildung an den T-Funktionen zur Stammfunktionsbildung an den Regelfunktionen steht bei funktioneller Betrachtungsweise eine Erweiterung $\overline{T}|\overline{\mathfrak{T}}$ von $T|\mathfrak{T}$ gegenüber: An Stelle von $\mathfrak{T}$ tritt ein umfassenderer Funktionsbereich $\overline{\mathfrak{T}} \supset \mathfrak{T}$, in welchem ein Funktional $\overline{T}(f)$, $f \in \overline{\mathfrak{T}}$, erklärt ist mit $\overline{T}(f) = T(f)$ für $f \in \mathfrak{T}$. Eine solche Erweiterung kann auf verschiedene Weise erzielt werden. Wir werden folgenden Weg einschlagen, den wir zunächst allgemein beschreiben wollen.

1. Das System $\mathfrak{G}$ *aller reellen Funktionen* $f|J$ wird quasimetrisiert durch Einführung eines Quasiabstandes $\varrho(f_1, f_2)$; von diesem setzen wir voraus, daß $T|\mathfrak{T}$ *in bezug auf* ϱ *stetig* ist [d.h. $\lim\{T(f) : f \in \mathfrak{T}$ und $\varrho(f, f_0) \to 0\} = T(f_0)$ für alle $f_0 \in \mathfrak{T}$].

2. Nun hat man das Problem von **5.2.5.**, die stetige Funktion $T|\mathfrak{T}$ natürlich und stetig zu erweitern. Die *maximale natürliche stetige Erweiterung* $\overline{T}|\overline{\mathfrak{T}}$ wird in Analogie zu **5.2.5.** folgendermaßen definiert:

$f \in \overline{\mathfrak{T}}$ dann und nur dann, wenn

1. zu jedem δ' ein t' aus $\mathfrak{T}$ existiert mit $\varrho(t', f) < \delta'$;
2. zu jedem $\varepsilon > 0$ ein $\delta > 0$, so daß

$$t_i \in \mathfrak{T} \text{ und } \varrho(t_i, f) < \delta, \quad i = 1, 2, \rhd |T(t_1) - T(t_2)| < \varepsilon.$$

Der alsdann vorhandene Limes $\lim\{T(t): t \in \mathfrak{T}$ und $\varrho(t, f) \to 0\}$ ist eine endliche Zahl und wird mit $\overline{T}(f)$ bezeichnet. Es ist $\overline{\mathfrak{T}} \supset \mathfrak{T}$.

7.4.2.1. Bei dieser Erweiterung tritt nun billigerweise die Forderung hinzu, daß $\overline{T}|\overline{\mathfrak{T}}$ wieder die Eigenschaften (1), (2), (3) von **7.4.1.3.** haben soll.

In Verfolgung dieser Frage müssen wir $f_1 \pm f_2$ und αf_1 allgemein als Elemente aus $\mathfrak{G}$ definieren, wenn $f_1, f_2 \in \mathfrak{G}$ und α eine endliche reelle Zahl bedeuten. Wir setzen $(f_1 \pm f_2)(x) := f_1(x) \pm f_2(x)$ für alle x, für die die rechte Seite sinnvoll ist; anderenfalls (d.h. wenn sie die unbestimmte Form $\underset{(-)}{+}\infty \underset{(+)}{-} \infty$ hat) setzen wir $(f_1 \pm f_2)(x) := 0$. Ferner vereinbaren wir, daß $0 \cdot (\pm\infty)$ stets 0 gesetzt werde, womit auch αf_1 eindeutig erklärt ist. Durch obige Definitionen wird $\mathfrak{G}$ noch nicht ein linearer Raum, weil gewisse Rechengesetze verletzt werden, wenigstens solange wir in $\mathfrak{G}$ die Identität als Gleichheit verwenden. Immerhin gelten die folgenden Beziehungen, die leicht nachgeprüft werden können:

(* a) $$f_1 - f_2 = f_1 + (-f_2), \quad \alpha(f_1 - f_2) = \alpha f_1 - \alpha f_2,$$

(* b) $$|f_1 - f_2| \leqq |f_1 - f_3| + |f_3 - f_2|,$$

(* c) $$|(f_1 + f_2) - (f_3 + f_4)| \leqq |f_1 - f_3| + |f_2 - f_4|.$$

Ferner definieren wir in $\mathfrak{G}$ eine Quasimetrik mittels einer „*Norm*“, d.h. einer Funktion $N|\mathfrak{G}$ mit folgenden Eigenschaften:

(1_n) $N(f)$ ist definiert für alle f aus $\mathfrak{G}$;

(2_n) $N(f)$ ist *positiv monoton*, d.h.

$$0 = N(0) \leqq N(f) = N(|f|) \leqq +\infty, \quad \text{und} \quad |f_1| \leqq |f_2| \rhd N(f_1) \leqq N(f_2).$$

(3_n) $N(f)$ ist *halblinear nach unten*, d.h.

$$N(\alpha f) = |\alpha| N(f)$$

für endliches reelles α und

$$N(f_1 + f_2) \leqq N(f_1) + N(f_2).$$

Wir setzen sodann fest:

$$\varrho(f_1, f_2) := N(f_1 - f_2) \text{ für } f_1, f_2 \text{ aus } \mathfrak{G}.$$

Daß damit ein quasimetrischer Raum erklärt wird, folgt aus (* b), (2_n), (3_n).

7.4.2.2. In Hinblick auf die spätere Anwendung beschränken wir uns auf den Fall, daß $T|\mathfrak{T}$ *gleichmäßig stetig in bezug auf* N ist; dies besagt:

(1) $$\varepsilon > 0 \; \exists \; \delta(\varepsilon) > 0 : (t_1, t_2 \in \mathfrak{T} \text{ und } N(t_1 - t_2) < \delta(\varepsilon)) \rhd |T(t_1) - T(t_2)| \leqq \varepsilon.$$

Diese Einschränkung führt zu folgender Vereinfachung der Lage:

Ist $T|\mathfrak{T}$ gleichmäßig stetig, so erstreckt sich die maximale stetige natürliche Erweiterung $\overline{T}|\overline{\mathfrak{T}}$ auf die gesamte abgeschlossene Hülle $\mathfrak{T}^\alpha$ von $\mathfrak{T}$ in $\mathfrak{G}$, d.h. $\overline{\mathfrak{T}}=\mathfrak{T}^\alpha$.

Beweis. Ist $f\in\mathfrak{T}^\alpha$ und $N(f-t_i)<\frac{1}{2}\delta(\varepsilon)$, $i=1,2$, so folgt mittels (* b) $N(t_1-t_2)\leq N(t_1-f)+N(t_2-f)<\delta(\varepsilon)$, also nach (1) $|T(t_1)-T(t_2)|\leq\varepsilon$. Jedem $f\in\mathfrak{T}^\alpha$ ist damit nach dem CAUCHYschen Konvergenzkriterium in eindeutiger Weise ein Wert $\overline{T}(f)$ zugeordnet, welcher folgende Eigenschaften hat:

(2) $\quad\overline{T}(f):=\lim\{T(t):t\in\mathfrak{T}\text{ und }N(f-t)\to 0\}$, wobei

(3) $\quad|\overline{T}(f)-T(t)|\leq\varepsilon$, wenn $t\in\mathfrak{T}$ und $N(f-t)<\delta(\varepsilon)$;

(4) $$\overline{T}(t)=T(t)\quad\text{für}\quad t\in\mathfrak{T};$$

(5) $\quad|\overline{T}(f_1)-\overline{T}(f_2)|\leq\varepsilon$, wenn $f_1,f_2\in\overline{\mathfrak{T}}$ und $N(f_1-f_2)<\delta(\varepsilon)$.

In der Tat, (2) ist Definition von $\overline{T}(f)$; (3) folgt aus (1) durch Grenzübergang $t_1\to f$, $t_2=t$; (4) gilt auf Grund der Stetigkeit von $T|\mathfrak{T}$. (5) drückt die gleichmäßige Stetigkeit von $\overline{T}|\overline{\mathfrak{T}}$ aus, und zwar mit demselben $\delta(\varepsilon)$ wie bei $T|\mathfrak{T}$; sie ergibt sich so (mit $\varepsilon'>0$):

Ist $f_i\in\overline{\mathfrak{T}}$ und $N(f_1-f_2)=:\varrho<\delta(\varepsilon)$, $N(f_i-t_i)<\min\{\delta(\varepsilon'),\frac{1}{2}(\delta(\varepsilon)-\varrho)\}$, $t_i\in\mathfrak{T}$, $i=1$, 2, so ergibt sich $N(t_1-t_2)<\delta(\varepsilon)$, also $|T(t_1)-T(t_2)|\leq\varepsilon$, ferner $|\overline{T}(f_i)-T(t_i)|\leq\varepsilon'$, so daß $|\overline{T}(f_1)-\overline{T}(f_2)|\leq\varepsilon+2\varepsilon'$. $\varepsilon'\to 0$ führt zur Behauptung.

7.4.2.3. *Ist $T|\mathfrak{T}$ gleichmäßig stetig bezüglich der Norm $N|\mathfrak{G}$, so hat die maximale natürliche stetige Erweiterung $\overline{T}|\overline{\mathfrak{T}}$ die Eigenschaften* (1), (2), (3) *von* **7.4.1.3.**

Beweis. Zu (1). Es sei $f\in\overline{\mathfrak{T}}$. Für $\alpha=0$ ist ersichtlich $\alpha f\in\overline{\mathfrak{T}}$ und $\overline{T}(\alpha f)=\alpha\overline{T}(f)$. Für $\alpha\neq 0$ ergibt sich aus $N(t-f)<\min\{\varepsilon,\delta(\varepsilon/2)/|\alpha|,\delta(\varepsilon/(2|\alpha|)\}$ mittels (* a) $\delta(\varepsilon/2)>|\alpha|N(t-f)=N(\alpha(t-f))=N(\alpha t-\alpha f)$, ebenso $\varepsilon>N(\alpha t-\alpha f)$, so daß wegen $\alpha t\in\mathfrak{T}$ auch $\alpha f\in\overline{\mathfrak{T}}$ und $|\alpha T(t)-\overline{T}(\alpha f)|\leq\varepsilon/2$. Da außerdem $|T(t)-\overline{T}(f)|\leq\varepsilon/(2|\alpha|)$, so folgt $|\alpha\overline{T}(f)-\overline{T}(\alpha f)|\leq\varepsilon$, w. z. z. w.

Zu (2). Mit $f_1,f_2\in\overline{\mathfrak{T}}$, und $N(t_i-f_i)<\frac{1}{2}\varepsilon$ ergibt sich nach (* c) $N((f_1+f_2)-(t_1+t_2))\leq N(f_1-t_1)+N(f_2-t_2)<\varepsilon$, also $f_1+f_2\in\overline{\mathfrak{T}}$. Zu $t\in\mathfrak{T}$ mit $N(t-(f_1+f_2))<\frac{1}{2}\delta(\varepsilon/3)$ wähle man $t'\in\mathfrak{T}$ mit $N(t'-f_1)<\frac{1}{2}\delta(\varepsilon/3)$, dann ist für $t'':=t-t'$, wegen der Endlichkeit der Funktionswerte von t, t' und t'', $|t''-f_2|\leq|t'-f_1|+|t-(f_1+f_2)|$, also nach ($2_n$) und ($3_n$) $N(t''-f_2)<\delta(\varepsilon/3)$. Wir erhalten somit $|T(t)-\overline{T}(f_1+f_2)|\leq\varepsilon/3$, $|T(t')-\overline{T}(f_1)|\leq\varepsilon/3$ und $|T(t'')-\overline{T}(f_2)|\leq\varepsilon/3$, also $|(\overline{T}(f_1)+\overline{T}(f_2))-\overline{T}(f_1+f_2)|\leq\varepsilon$, w. z. z. w.

Zu (3). Mit $f\in\overline{\mathfrak{T}}$ und $N(t-f)<\min\{\varepsilon,\delta(\varepsilon)\}$ ist wegen $||t|-|f||\leq|t-f|$ auch $N(|t|-|f|)<\varepsilon$, also $|f|\in\overline{\mathfrak{T}}$, weiter $|T(|t|)-\overline{T}(|f|)|\leq\varepsilon$, oder $\overline{T}(|f|)\geq T(|t|)-\varepsilon\geq-\varepsilon$, somit $\overline{T}(|f|)\geq 0$, w. z. z. w.

7.4.2.4. Wenn die Erweiterung $\bar{\mathfrak{T}}$ von $\mathfrak{T}$ Funktionen mit unendlichen Funktionswerten enthält, ist $\bar{\mathfrak{T}}$ mit der Identität als Gleichheit kein linearer Raum. Um aber Linearität zu erreichen, führen wir eine andere Gleichheitsdefinition ein, und zwar gehen wir von der Quasimetrik in $\mathfrak{G}$ über zu einer Metrik (**4.1.1.1.**) durch Identifikation aller Funktionen mit gegenseitigem Abstand 0. Wir bilden die Klassen:

$$(1) \qquad [f] := \{f' : f' \in \mathfrak{G} \text{ und } N(f - f') = 0\}.$$

Damit wird $\mathfrak{G}$ in paarweise fremde Teilmengen zerlegt; denn es gilt:

$$N(f_1 - f_2) = 0 \quad \text{und} \quad N(f_1 - f_3) = 0 \triangleright N(f_2 - f_3) = 0.$$

Dies folgt direkt aus (* b) durch Normbildung. Ferner gilt:

$$[f]\,\bar{\mathfrak{T}} \neq 0 \triangleright [f] \subset \bar{\mathfrak{T}}.$$

Denn wegen der Abgeschlossenheit von $\bar{\mathfrak{T}}$ in $\mathfrak{G}$ bezüglich N folgt aus $f_1 \in \bar{\mathfrak{T}}$ und $N(f_1 - f_2) = 0$ auch $f_2 \in \bar{\mathfrak{T}}$. Das System der in $\bar{\mathfrak{T}}$ enthaltenen Klassen $[f]$ bezeichnen wir mit $\mathfrak{T}^*$, das System aller Klassen $[f]$ mit $\mathfrak{G}^*$. In $\mathfrak{G}^*$ definieren wir nun die Operationen:

$$(2) \qquad \alpha[f] := [\alpha f], \qquad [f_1] + [f_2] := [f_1 + f_2].$$

Diese Definitionen sind eindeutig, d.h. unabhängig von der Wahl der Repräsentanten der Klassen; es gilt nämlich:

$$N(f' - f) = 0 \text{ und } \alpha \text{ reell } \triangleright N(\alpha f' - \alpha f) = 0;$$
$$N(f' - f_1) = 0 \text{ und } N(f'' - f_2) = 0 \triangleright N((f' + f'') - (f_1 + f_2)) = 0.$$

In der Tat, die erste Behauptung folgt aus (* a), die zweite aus (* c) durch Übergang zu den Normen. Nun können wir zeigen:

Mit den Definitionen (2) *ist* $\mathfrak{T}^*$ *ein linearer Raum.*

Beweis. Offensichtlich sind die distributiven und assoziativen Gesetze bezüglich der Multiplikation $\alpha \cdot [f]$ erfüllt. Bleibt noch zu zeigen, daß die Addition $[f_1] + [f_2]$ eine abelsche Gruppe ist. Die Kommutativität ist evident. Aus den allgemein gültigen Ungleichungen

$$|((f_1 + f_2) + f_3) - (f_1 + (f_2 + f_3))| \leq |f_1 - t_1| + |f_2 - t_2| + |f_3 - t_3|,$$
$$|(f_1 + (f_2 - f_1)) - f_2| \leq |f_1 - t_1| + |f_2 - t_2|$$

für beliebige f_i aus $\bar{\mathfrak{T}}$ und t_i aus $\mathfrak{T}$, folgen durch Übergang zu den entsprechenden Normenungleichungen und beliebig genauer Normapproximation der f_i durch t_i die Gleichungen

$$N(((f_1 + f_2) + f_3) - (f_1 + (f_2 + f_3))) = 0, \qquad N((f_1 + (f_2 - f_1)) - f_2) = 0,$$

welche die Gültigkeit des Assoziativgesetzes und die Möglichkeit der Subtraktion bestätigen.

7.4.2.5. Wir setzen für f aus $\mathfrak{T}$ und g aus $\mathfrak{G}$

$$T^*([f]) := \overline{T}(f), \qquad N^*([g]) := N(g);$$

daß damit eindeutige Funktionen $T^*|\mathfrak{T}^*$ und $N^*|\mathfrak{G}^*$ erklärt sind, folgt für T^* aus der Stetigkeit von $\overline{T}$ bezüglich N, für N^* aus der Stetigkeit von N gegen N, oder direkt so: $|f_2| \leq |f_1| + |f_2 - f_1|$ führt zu $N(f_2) \leq N(f_1) + N(f_2 - f_1)$, und im Falle $N(f_2 - f_1) = 0$ zu $N(f_2) \leq N(f_1)$; genau so folgt bei $N(f_2 - f_1) = 0$ das Umgekehrte, so daß $N(f_2) = N(f_1)$.

Schließlich erklären wir in $\mathfrak{G}^*$ noch eine *Ordnung*:

$$[f_2] \leq [f_1] :\bowtie N(|f_1 - f_2| - (f_1 - f_2)) = 0, \qquad f_1, f_2 \in \mathfrak{G}.$$

Die Eindeutigkeit dieser Definition folgt aus der allgemein gültigen Ungleichung

$$|f' - f''| - (f' - f'') \leq (|f_1 - f_2| - (f_1 - f_2)) + 2|f' - f_1| + 2|f'' - f_2|$$

durch Übergang zu den Normen. Das Ordnungsaxiom (1_0) (**2.1.1.**) ist demnach klar. (3_0) folgt aus

$$|f_1 - f_2| \leq (|f_1 - f_2| - (f_1 - f_2)) + (|f_2 - f_1| - (f_2 - f_1)),$$

und (2_0) aus

$$|f_1 - f_3| - (f_1 - f_3) \leq (|f_1 - f_2| - (f_1 - f_2)) + (|f_2 - f_3| - (f_2 - f_3)).$$

Nun zeigt sich, daß

$$|[f]| := \max\{-[f], [f]\} = [|f|].$$

In der Tat, daß $[|f|] \geq [-f]$ und $\geq [f]$ ergibt sich unmittelbar aus der Ordnungsdefinition; daß $[|f|]$ die kleinste obere Schranke von $[-f]$ und $[f]$ ist, folgt aus der allgemein gültigen Ungleichung

$$|\varphi - |f|| - (\varphi - |f|) \leq (|\varphi + f| - (\varphi + f)) + (|\varphi - f| - (\varphi - f)).$$

Nun zeigen wir noch:

$T^*|\mathfrak{T}^*$ erfüllt (1), (2), (3) *von* **7.4.1.3.** *und $N^*|\mathfrak{G}^*$ ist eine Norm.*

Beweis. Es ist im wesentlichen die Monotonie von $N^*|\mathfrak{G}^*$ zu zeigen, da die übrigen behaupteten Eigenschaften von T^* bzw. N^* aus den entsprechenden von $\overline{T}$ bzw. N unmittelbar abzuleiten sind. Sei also $[|f_1|] \leq [|f_2|]$. Wir betrachten dazu die Ungleichung

$$|f_1| \leq |f_2| + (||f_2| - |f_1|| - (|f_2| - |f_1|)),$$

welche bei endlichen Werten trivial, aber auch bei unendlichen Werten gültig ist. Übergang zu den Normen ergibt sofort die Behauptung. $T^*|\mathfrak{T}^*$ heißt die *reduzierte Erweiterung von $T|\mathfrak{T}$*, $N^*|\mathfrak{G}^*$ die *reduzierte Norm.*

7.4.2.6. Zusammenfassend können wir nun sagen:

Ist $N|\mathfrak{G}$ eine Norm im Sinne von **7.4.2.1.** *im System $\mathfrak{G}$ aller reellen Funktionen $f|J$ und ist $T|\mathfrak{T}$ bezüglich $N|\mathfrak{G}$ gleichmäßig stetig, so hat die reduzierte, maximale natürliche stetige Erweiterung $T^*|\mathfrak{T}^*$ von $T|\mathfrak{T}$ auf dem linearen Verband $\mathfrak{T}^*$ der Äquivalenzklassen in der abgeschlossenen Hülle $\mathfrak{T}^\alpha$ von $\mathfrak{T}$ bezüglich der Norm N wieder die Eigenschaften* (1), (2), (3) *von* **7.4.1.3.** *$T^*|\mathfrak{T}^*$ ist vollständig bezüglich $N^*|\mathfrak{G}^*$ in dem Sinne, daß $\mathfrak{T}^*$ bezüglich $N^*|\mathfrak{G}^*$ abgeschlossen ist.*

Beweis. Nur noch die letzte Behauptung bedarf der Begründung. Ist $[g]\in\mathfrak{G}^*$ und $\{[f]:[f]\in\mathfrak{T}^*$ und $N^*([f]-[g])<\varrho\}$ nicht leer für jedes $\varrho>0$, so folgt $\{f:f\in\overline{\mathfrak{T}}$ und $N(f-g)<\varrho\}\neq 0$, also g in der abgeschlossenen Hülle von $\overline{\mathfrak{T}}$, d.h. in $\overline{\mathfrak{T}}$ selbst, also $[g]\in\mathfrak{T}^*$.

7.4.2.7. Als klassische Beispiele für Quasimetrisierungen von $\mathfrak{G}$ gemäß **7.4.2.1.** und **7.4.2.2.** sind zu nennen:

1. $\mathfrak{G}_E$ mit der Norm $N_E(f):=\sup\{|f(x)|:x\in J\}$; Konvergenz in $\mathfrak{G}_E$ ist die übliche gleichmäßige Konvergenz auf J. Hier ist $N_E(f)=0$ mit $f=0$ gleichbedeutend, so daß in diesem Falle sogar ein *metrischer Raum* vorliegt.

2. $\mathfrak{G}_R$ mit der Norm $N_R(f):=\inf\{T_p(t):t\in\mathfrak{T}$ und $t\geqq|f|\}$, bzw. $=+\infty$, wenn die Konkurrenzmenge leer ist.

3. $\mathfrak{G}_L$ mit der Norm $N_L(f):=\inf\{\sum_\nu T_p(t_\nu):0\leqq t_\nu\in\mathfrak{T}$ für $\nu\in\mathsf{Z}$ und $\sum_\nu t_\nu\geqq|f|\}$.

Man beweist leicht, daß die in **7.4.2.1.** an die Norm gestellten Forderungen erfüllt sind (Aufgabe!); außerdem ist $T_p|\mathfrak{T}$ gleichmäßig stetig in $\mathfrak{G}_E$, $\mathfrak{G}_R$ bzw. $\mathfrak{G}_L$. In der Tat, die Behauptung fürs erste folgt aus

$$(1)\qquad T_p(|t|)\leqq N_E(t)\,m(J)\quad\text{für}\quad t\in\mathfrak{T}$$

[Beweis aus **7.4.1.3.** (7)]. Hinsichtlich der letzten beiden Fälle hat man

$$(2)\qquad T_p(|t|)=N_R(t)=N_L(t)\quad\text{für}\quad t\in\mathfrak{T};$$

denn $N_R(t)$ bzw. $N_L(t)\leqq T_p(|t|)$ folgt unmittelbar aus der Definition 2. und 3. von oben, andererseits gilt $N_R(t)\geqq T_p(|t|)$ wegen der Monotonie von T_p und $N_L(t)\geqq T_p(|t|)$ wegen **7.4.1.4.**

Wir können also die oben allgemein skizzierte Methode anwenden und erhalten als maximale natürliche stetige Erweiterungen $\overline{T}_p|\overline{\mathfrak{T}}$ von $T_p|\mathfrak{T}$ innerhalb $\mathfrak{G}_E$, $\mathfrak{G}_R$ bzw. $\mathfrak{G}_L$ die Funktionale

$$E|\mathfrak{E},\quad R|\mathfrak{R}\quad\text{bzw.}\quad L|\mathfrak{L}$$

mit den Definitionsbereichen $\mathfrak{E}$, $\mathfrak{R}$, $\mathfrak{L}$, für welche nach dem Bewiesenen die Eigenschaften (1), (2) und (3) von **7.4.1.3.** gelten.

Im klassischen Fall heißt $E|\mathfrak{E}$ das *elementare*, $R|\mathfrak{R}$ das RIEMANN*sche* und $L|\mathfrak{L}$ das LEBESGUE*sche Integral.*

Es heißen [mit $p(x)=x$] die Funktionen aus $\mathfrak{E}$ die *auf J elementar integrierbaren Funktionen* oder *Regelfunktionen*, die aus $\mathfrak{R}$ die *auf J R-integrierbaren* und die aus $\mathfrak{L}$ *die auf J L-integrierbaren Funktionen.*

Ist $p(x)$ nicht fallend und $\neq x$ (oder $\neq x+\text{const}$), so spricht man von einem *elementaren* STIELTJES-, einem RIEMANN-STIELTJES- bzw. von einem LEBESGUE-STIELTJES-*Integral bezüglich p*, und schreibt dafür $\int_J f\,dp$.

7.4.2.8. Man kann diesen Begriff noch in der Weise verallgemeinern, daß man eine Funktion $\varphi|J$ BV betrachtet, diese gemäß **7.2.7.4.** als Differenz zweier monotoner Funktionen darstellt, $\varphi=t-s$ und nun das *Integral bezüglich φ*

$$\int_J f\,d\varphi := \int_J f\,dt - \int_J f\,ds$$

einführt unter der Voraussetzung, daß f sowohl bezüglich t als auch bezüglich s elementar (oder R-, oder L-) integrierbar ist.

7.4.3. Wir haben nun einige Eigenheiten und Unterschiede der in **7.4.2.7.** definierten Integrale (*bei nicht fallendem p*) zu betrachten.

7.4.3.0. *Für $f\in\mathfrak{G}$ gilt $N_L(f)\leq N_R(f)\leq N_E(f)\,m(J)$.*

Beweis. Ist f nicht beschränkt, also $N_E(f)=+\infty$, so gibt es hinsichtlich der zweiten Ungleichung nichts zu beweisen. Wenn anderenfalls f beschränkt ist, also $|f|\leq N_E(f)<+\infty$, so folgt daraus

$$N_R(f)\leq T_p\big(N_E(f)\big)=N_E(f)\,m(J),$$

womit die zweite Ungleichung bewiesen ist. Die Gültigkeit der ersten folgt daraus, daß die zur Bildung von N_L verwendete Konkurrenzmenge umfassender ist als die für N_R.

7.4.3.1. Speziell für $N=N_E$ können wir gemäß **7.4.2.2.** sagen:

$\mathfrak{E}$ ist identisch mit der abgeschlossenen Hülle von $\mathfrak{T}$ in $\mathfrak{G}_E$.

Mit Bezug auf **7.3.2.1.** können wir das auch so formulieren: *$\mathfrak{E}$ ist identisch mit dem System der Regelfunktionen auf J; im klassischen Falle ist dabei $E(f)=g(b)-g(a)$, wo g eine Stammfunktion der Regelfunktion f ist.*

7.4.3.2. Aus der Gleichung $\mathfrak{T}^{\alpha_E}=\mathfrak{E}$, wobei α_E die Bildung der abgeschlossenen Hülle in $\mathfrak{G}_E$ bezeichnet, folgt mit **4.3.5.2.** $\mathfrak{E}^{\alpha_E}=\mathfrak{E}$. Analoges gilt auch für $\mathfrak{R}$ und $\mathfrak{L}$:

Es ist $\mathfrak{R}^{\alpha_E}=\mathfrak{R}$ und $\mathfrak{L}^{\alpha_E}=\mathfrak{L}$, d.h. $\mathfrak{R}$ und $\mathfrak{L}$ sind geschlossen gegenüber Bildung der Grenzfunktion einer in J gleichmäßig konvergenten Folge von Funktionen aus $\mathfrak{R}$ bzw. $\mathfrak{L}$.

Beweis. Es sei etwa $f_\nu\in\mathfrak{R}$ und $g\in\mathfrak{G}$ mit $N_E(f_\nu-g)\to 0$ für $\nu\to+\infty$. Nach **7.4.3.0.** ist dann auch $N_R(f_\nu-g)\to 0$, was nach **7.4.2.2.** besagt, daß $g \in \mathfrak{R}$. Damit ist $\mathfrak{R}^{\alpha_E} \subset \mathfrak{R}$ gezeigt; da die gegensinnige Inklusion trivial ist, folgt Gleichheit. Genau so beweist man $\mathfrak{L}^{\alpha_E} = \mathfrak{L}$.

Zusatz. Ist $f_\nu \in \mathfrak{R}$ *(bzw.* $\in \mathfrak{L}$*) für* $\nu \in \mathbf{Z}$ *und gilt* $g(x) = \lim f_\nu(x)$ *gleichmäßig für alle* x *aus* J, *so ist* $\lim R(f_\nu) = R(g)$ *(bzw.* $\lim L(f_\nu) = L(g)$*).*

In der Tat, aus $N_E(g - f_\nu) \to 0$ folgt nach **7.4.3.0.** $N_R(g - f_\nu) \to 0$, woraus mit der Stetigkeit von $R|\mathfrak{R}$ in $\mathfrak{G}_R$ die behauptete Limesgleichung folgt. Analog für $\mathfrak{L}$.

7.4.3.2.1. Analoga zur Aussage $\mathfrak{E}^{\alpha_E} = \mathfrak{E}$ bzw. $\mathfrak{R}^{\alpha_E} = \mathfrak{R}$ sind:

$\mathfrak{R}^{\alpha_R} = \mathfrak{R}$, $\mathfrak{L}^{\alpha_L} = \mathfrak{L}$ *und* $\mathfrak{L}^{\alpha_R} = \mathfrak{L}$, *d.h. es ist abgeschlossen* $\mathfrak{R}$ *in* $\mathfrak{G}_R$, $\mathfrak{L}$ *in* $\mathfrak{G}_L$ *und in* $\mathfrak{G}_R$.

Beweis mittels **7.4.3.0.** als Aufgabe.

7.4.3.3. *In der Reihe* $T|\mathfrak{T}$, $E|\mathfrak{E}$, $R|\mathfrak{R}$, $L|\mathfrak{L}$ *ist jedes Integral eine Erweiterung des vorangehenden.*

Beweis. Aus **7.4.3.1.** folgt unmittelbar

$$\mathfrak{T} \subset \mathfrak{E} \subset \mathfrak{R} \subset \mathfrak{L}.$$

Ist z.B. $f \in \mathfrak{E}$, so folgt

$$\varepsilon > 0 \,\exists\, \delta : t \in \mathfrak{T} \quad \text{und} \quad N_E(t - f) < \delta \rhd |T(t) - E(f)| < \varepsilon.$$

Andererseits ist dann auch $f \in \mathfrak{R}$, also

$$\varepsilon > 0 \,\exists\, \delta' : t \in \mathfrak{T} \quad \text{und} \quad N_R(t - f) < \delta' \rhd |T(t) - R(f)| < \varepsilon.$$

Wählt man ein t mit $N_E(t - f) < \min\{\delta, \delta'/m(J)\}$, so treten unter Beachtung von **7.4.3.0.** beide Aussagen in Kraft, so daß $|E(f) - R(f)| < 2\varepsilon$ folgt. $\varepsilon \to 0$ führt zu $R(f) = E(f)$, also $R|\mathfrak{E} = E|\mathfrak{E}$. Ganz analog beweist man $L|\mathfrak{R} = R|\mathfrak{R}$.

7.4.3.3.1. *Jede auf* $J = [a, b]$ *stetige Funktion* $f|J$ *ist im elementaren, im* RIEMANN*schen und im* LEBESGUE*schen Sinne zum gleichen Integralwert integrierbar und, es gilt der Integralmittelwertsatz:*

$$E(f|J) = f(\xi)\, m(J)$$

mit einem passenden ξ *aus* J.

Beweis. Wegen der gleichmäßigen Stetigkeit der stetigen Funktion f auf J kann man f durch Treppenfunktionen auf J gleichmäßig approximieren (Beweis!), woraus zunächst einmal die behauptete Integrierbarkeit folgt. Da die Eigenschaft (7) in **7.4.1.3.** auch für die Erweiterungen von $T|\mathfrak{T}$ gelten, so haben wir

$$m(J) \inf f(J) \leq E(f|J) \leq m(J) \sup f(J);$$

da die stetige Funktion $f|J$ auf dem beschränkten abgeschlossenen Intervall jeden Wert zwischen $\inf f(J)$ und $\sup f(J)$ wenigstens einmal annimmt, folgt die Behauptung.

7.4.3.4. $E|\mathfrak{E}$ und $L|\mathfrak{L}$ zeichnen sich gegenüber $R|\mathfrak{R}$ in folgender Eigenschaft aus:

Für $N = N_E$ oder N_L gilt:

$$g_\nu \in \mathfrak{G} \text{ für } \nu \in \mathsf{Z} \quad \text{und} \quad |g| \leq \sum_\nu |g_\nu| \rhd N(g) \leq \sum_\nu N(g_\nu).$$

Beweis. Ist ein $N(g_\nu) = +\infty$, so gibt es nichts zu beweisen. Seien daher alle $N(g_\nu)$ endlich. Im Falle $N = N_E$ gilt $|g_\nu| \leq N(g_\nu)$, also $|g| \leq \sum_\nu |g_\nu| \leq \sum_\nu N(g_\nu)$, also auch $N(g) = \sup\{|g(x)| : x \in A\} \leq \sum_\nu N(g_\nu)$. Im Falle $N = N_L$ gibt es zu $\varepsilon > 0$ und $\nu \in \mathsf{Z}$ ein $f_{\nu\mu}$ aus $\mathfrak{T}$ mit $|g_\nu| \leq \sum_\mu |f_{\nu\mu}|$ und $N(g_\nu) > \sum_\mu T(|f_{\nu\mu}|) - \varepsilon \cdot 2^{-\nu}$; alsdann ist $|g| \leq \sum_{\nu,\mu} |f_{\nu\mu}|$ und $N(g) \leq \sum_{\nu,\mu} T(|f_{\nu\mu}|) < \sum_\nu N(g_\nu) + \varepsilon$; mit $\varepsilon \to 0$ folgt die Behauptung.

Beispiel, welches zeigt, daß N_R (im klassischen Fall) nicht die obige Eigenschaft hat. Sei $\alpha_1, \alpha_2, \ldots$ eine in J dichte Folge von verschiedenen Punkten.

Für $g := \chi_{\{\alpha_1\}} + \chi_{\{\alpha_2\}} + \cdots$ ist dann

$$N_R(g) = m(J) > 0 = 0 + 0 + \cdots = N_R(\chi_{\{\alpha_1\}}) + N_R(\chi_{\{\alpha_2\}}) + \cdots$$

7.4.3.5. *Für $S = R$ bzw. L, $\mathfrak{S} = \mathfrak{R}$ bzw. $\mathfrak{L}$ gilt:*

$$N_S(f) = S(|f|) \quad \text{für} \quad f \in \mathfrak{S}.$$

Beweis. Für f aus $\mathfrak{S}$ folgt $f = \lim\{t : t \in \mathfrak{T}$ und $N_S(f - t) \to 0\}$, also wegen der Stetigkeit der Norm und mit Benutzung von **7.4.2.7.** (2)

$$\begin{aligned} N_S(f) &= \lim\{N_S(t) : t \in \mathfrak{T} \text{ und } N_S(f-t) \to 0\} \\ &= \lim\{S(|t|) : t \in \mathfrak{T} \text{ und } N_S(f-t) \to 0\} = S(|f|). \end{aligned}$$

7.4.3.6. $L|\mathfrak{L}$ zeichnet sich gegenüber $E|\mathfrak{E}$ und $R|\mathfrak{R}$ durch folgende bedeutende Eigenschaft aus:

Ist $f_1 \leq f_2 \leq \cdots$ eine nicht fallende Folge von Funktionen f_ν aus $\mathfrak{L}$ mit $L(f_\nu) \leq \alpha < +\infty$, $\nu \in \mathsf{Z}$, so gehört die durch $f(x) := \lim_\nu f_\nu(x)$, $x \in J$, erklärte Funktion wieder $\mathfrak{L}$ an und $L(f) = \lim_\nu L(f_\nu)$.

(„Satz von der Integration bei integralbeschränkter monotoner Konvergenz"; LEBESGUE 1904.)

Beweis. Wegen $0 \leq f - f_\nu = (f_{\nu+1} - f_\nu) + (f_{\nu+2} - f_{\nu+1}) + \cdots$ ist nach **7.4.3.4.** und **7.4.3.5.**

$$\begin{aligned} 0 \leq N_L(f - f_\nu) &\leq N_L(f_{\nu+1} - f_\nu) + N_L(f_{\nu+2} - f_{\nu+1}) + \cdots \\ &= L(f_{\nu+1} - f_\nu) + L(f_{\nu+2} - f_{\nu+1}) + \cdots = \lim_\mu L(f_\mu) - L(f_\nu) \to 0 \end{aligned}$$

für $\nu \to +\infty$. Also ist $f \in \mathfrak{L}$. Aus der Stetigkeit von $L|\mathfrak{L}$ folgt nun auch die behauptete Gleichung.

Daß *weder* $E|\mathfrak{E}$ *noch* $R|\mathfrak{R}$ *die Eigenschaft* **7.4.3.6.** haben, zeigt in Verbindung mit Beispiel **7.4.3.4.** die Funktionenfolge

$$f_\nu := 1\cdot\chi_{\{a_1\}} + \cdots + \nu\cdot\chi_{\{a_\nu\}}, \qquad \nu\in\mathbf{Z}.$$

Offenbar ist $f_\nu \in \mathfrak{T}$, also auch Element von $\mathfrak{E}$ bzw. $\mathfrak{R}$. Aber $g := \lim f_\nu$ gehört weder $\mathfrak{E}$ noch $\mathfrak{R}$ an. Denn für jedes t aus $\mathfrak{T}$ ist $N_E(g-t) = +\infty$ und ebenso $N_R(g-t) = +\infty$, da es zu $|g-t|$ keine majorisierende Funktion t' aus $\mathfrak{T}$ gibt.

7.4.4. Der Satz von der Integration bei integralbeschränkter monotoner Konvergenz hat einige wichtige Folgerungen:

1. *Ist* $g\in\mathfrak{L}$, $g_\nu\in\mathfrak{L}$ *mit* $g_\nu \leq g$, $\nu\in\mathbf{Z}$, *dann ist*

$$s := \sup_\nu g_\nu \in \mathfrak{L} \quad \textit{und} \quad L(s) \geq \sup_\nu L(g_\nu).$$

2. *Ist* $g\in\mathfrak{L}$, $g_\nu\in\mathfrak{L}$ *mit* $g_\nu\leq g$, $\nu\in\mathbf{Z}$, *und* $\lambda := \limsup_\nu L(g_\nu) > -\infty$, *dann ist* $\varphi := \limsup_\nu g_\nu \in \mathfrak{L}$ *und* $L(\varphi)\geq\lambda$ (Fatou 1906).

Zusatz zu 1. *und* 2. *Analoge Sätze gelten für* inf *und* lim inf.

3. *Ist* $g\in\mathfrak{L}$, $g_\nu\in\mathfrak{L}$ *mit* $|g_\nu|\leq g$, $\nu\in\mathbf{Z}$, *und existiert* $\lim_\nu g_\nu =: \varphi$, *dann ist* $\varphi\in\mathfrak{L}$ *und* $L(\varphi) = \lim_\nu L(g_\nu)$.

(„Satz von der Integration bei majorisierter Konvergenz"; Lebesgue 1908.)

Beweis. Zu 1. Mit $f_\nu := \max\{g_1,\ldots,g_\nu\}\leq g$ ist $f_\nu\in\mathfrak{L}$, $s=\lim_\nu f_\nu$ und $L(f_\nu)\leq L(g) < +\infty$, so daß Anwendung von **7.4.3.6.** ergibt: $s\in\mathfrak{L}$ und $L(s) = \lim_\nu L(f_\nu) \geq \lim_\nu \max\{L(g_1),\ldots,L(g_\nu)\} = \sup_\nu L(g_\nu)$.

Zu 2. Es ist $\varphi = \lim\varphi_n$ mit $\varphi_n := \sup\{g_n, g_{n+1},\ldots\}\in\mathfrak{L}$ (nach 1.) und $\varphi_n \geq \varphi_{n+1} \geq g_{n+1}$. Für $m>n$ ist daher $L(\varphi_n)\geq L(\varphi_m)\geq L(g_m)$, so daß $L(\varphi_n)\geq\lambda > -\infty$. Nach **7.4.3.6.** gilt daher $\varphi\in\mathfrak{L}$ und $L(\varphi) = \lim_n L(\varphi_n) \geq \lambda$.

Zu 3. Die Voraussetzung führt zu $-g\leq\pm g_\nu\leq g$, was wir mit beiden Vorzeichen gleichzeitig weiterbehandeln. Es folgt $L(-g)\leq L(\pm g_\nu)$, also $\limsup_\nu L(\pm g_\nu) > -\infty$. Anwendung von 2. ergibt $\pm\varphi = \limsup_\nu(\pm g_\nu)\in\mathfrak{L}$ und $L(\pm\varphi)\geq\limsup_\nu L(\pm g_\nu)$, oder $\pm L(\varphi)\geq\limsup_\nu(\pm L(g_\nu))$, oder nach Trennung der Fälle $\liminf_\nu L(g_\nu)\geq L(\varphi)\geq\limsup_\nu L(g_\nu)$, was nur mit dem Gleichheitszeichen möglich ist.

7.4.5. Zur Unterscheidung schreiben wir $\mathfrak{T}(J)$ um das System der T-Funktionen zu bezeichnen, wenn es sich um Funktionen $f|J$ handelt, analog in anderen Fällen.

Ist $a<c<b$, $J=[a,b]$, $J_1=[a,c]$, $J_2=(c,b]$ *und* $\mathfrak{S}=\mathfrak{T},\mathfrak{E},\mathfrak{R},\mathfrak{L}$, *so gilt:*

(1) $f|J\in\mathfrak{S}(J) \triangleright f|J_i\in\mathfrak{S}(J_i)$, $i=1,2$.

(2) *Ist* f *auf* J *erklärt und* $f|J_i\in\mathfrak{S}(J_i)$, $i=1,2$, *dann ist* $f|J\in\mathfrak{S}(J)$.

(3) *Im Fall* (1) *oder* (2) *gilt* $S(f|J) = S(f|J_1) + S(f|J_2)$ *für* $S = T, E, R, L$.

(Satz von der Teilintegrierbarkeit und der Additivität des Integrals als Intervallfunktion.)

Beweis. Für T folgt die Behauptung aus der Tatsache, daß jede T-Funktion auf J durch Einschaltung des Punktes c als Anfangs- und Endpunkt von Konstanzintervallen als Komposition je einer T-Funktion auf J_1 und J_2 gedeutet werden kann. Für $S = E, R, L$ folgt (1) aus $N_S(f-t|J_i) \leq N_S(f-t|J)$, (2) aus $N_S(f-t|J) \leq N_S(f-t|J_1) + N_S(f-t|J_2)$ in Verbindung mit **7.4.2.**, und (3) aus der Gültigkeit von (3) für T-Funktionen (**7.4.1.2.**) durch Grenzübergang.

7.4.6. Hinsichtlich der in **7.4.2.4.** behandelten Reduktion sei noch folgendes bemerkt. Bei $\mathfrak{G}_E$ ist diese überflüssig, da hier jede Klasse nur aus einem Element besteht. Anders bei $\mathfrak{G}_R$ und $\mathfrak{G}_L$. Die entstehenden Räume $\mathfrak{R}^*$ und $\mathfrak{L}^*$ sind metrisch. Es gilt:

$\mathfrak{E}^* = \mathfrak{E}$ *und* $\mathfrak{L}^*$ *sind vollständige metrische Räume,* $\mathfrak{R}^*$ *ist es nicht.*

Das erste ist in **4.9.1.1.**, Beispiel 3, das zweite wird später (**7.5.5.1.**) bewiesen. Das letzte lehrt folgendes Beispiel:

$$J = \{0 \leq \hat{x} \leq 1\}; \; f_n(0) := 0, \; f_n(x) := \min\{n, x^{-\frac{1}{2}}\} \text{ für } 0 < x \leq 1, \; n \in \mathbf{Z}.$$

Für $n > m$ ist $N_R(f_n - f_m) = \int_m^n y^{-2} dy < 1/m$. Aber es gibt keine Funktion f aus $\mathfrak{R}$ mit $N_R(f - f_n) \to 0$ für $n \to +\infty$; denn ein solches f müßte beschränkte Norm haben, also beschränkt sein, etwa $|f| < M$. Alsdann

aber folgt $N_R(f - f_n) \geq \int_M^n y^{-2}\, dy \geq \frac{1}{2M}$ für $n > 2M$.

7.5. Fundamentalsatz der Differential- und Integralrechnung.

7.5.0. Die folgenden Untersuchungen haben den Fundamentalsatz der Differential- und Integralrechnung im Rahmen der L-Integration zum Ziel. Wir betrachten daher im allgemeinen nur noch das *L-Integral mit $p(x) = x$*; es sei jedoch hier bemerkt, daß von den abgeleiteten Resultaten auch manche noch für beliebiges nicht fallendes bzw. stetiges nicht fallendes $p|J$ gelten. Zur Abkürzung lassen wir den Index L in der Bezeichnung der L-Norm N_L fort. Dagegen wird es nötig sein, mehr als bisher auf die Abhängigkeit vom Definitionsbereich zu achten; wir nehmen daher die alten Bezeichnungen $L(f|J)$ und $N(f|J)$ für L-Integral und L-Norm der Funktion $f|J$ wieder auf. Es sind zunächst einige wesentliche Eigenschaften des L-Integrals zu entwickeln. Wir erinnern an die Definition des L-Integrals:

$f|J$ ist dann und nur dann L-integrierbar zum Integralwert $L(f|J)$, wenn es eine Folge von Treppenfunktionen $t_n|J$, $n \in \mathbf{Z}$, gibt mit

(L) $$\lim_n N((f - t_n)|J) = 0;$$

alsdann ist $\lim_n T(t_n|J) = L(f|J)$.

Statt (L) schreiben wir im folgenden auch

$$\operatorname{Lim}_n t_n|J = f|J \quad \textit{(Konvergenz nach der Norm)},$$

während $\lim_n f_n|J = f|J$ die übliche Bedeutung hat, nämlich die der „*stellenweisen Konvergenz*", d.h. $\lim_n f_n(x) = f(x)$ für $x \in J$.

7.5.1. *Die L-Norm $N(\chi_B)$ der charakteristischen Funktion χ_B einer Teilmenge B von $J := [a, b]$ ist mit dem äußeren L-Maß $\overline{m}(B)$ von B identisch: $N(\chi_B) = \overline{m}(B)$.*

Beweis. 1. Wegen $B \subset J$ ist $\overline{m}(B)$ endlich. Daher gibt es zu $\varepsilon > 0$ Intervalle $I_1, I_2, \ldots$ mit $B \subset \sum I_\nu$ und $\sum m(I_\nu) < \overline{m}(B) + \varepsilon$. Alsdann ist $\chi_B \leqq \sum \chi_{I_\nu}$, also $N(\chi_B) \leqq \sum N(\chi_{I_\nu}) = \sum m(I_\nu) < \overline{m}(B) + \varepsilon$. Mit $\varepsilon \to 0$ folgt daraus $N(\chi_B) \leqq \overline{m}(B)$.

2. Nun ist noch zu zeigen, daß umgekehrt

(*) $$\overline{m}(B) \leqq N(\chi_B).$$

Zu vorgegebenem $\varepsilon > 0$ gibt es nicht negative $t_1, t_2, \ldots$ aus $\mathfrak{T}$ mit $\chi_B \leqq \sum t_\nu$ und $\sum T(t_\nu) < N(\chi_B) + \varepsilon'$ mit $\varepsilon' := \min\left\{\frac{\varepsilon}{N(\chi_B) + 2}, 1\right\}$. Mit $D_n := \left\{\sum_{\nu=1}^{n} t_\nu(\hat{x}) > (1 + \varepsilon')^{-1}\right\}$ ist $D_n \supset D_{n-1}$ und $B \subset D_1 \dotplus (D_2 - D_1) \dotplus \cdots$, wobei $D_n - D_{n-1}$ als Vereinigung von je endlich vielen paarweise fremden (nicht speziellen) Intervallen darstellbar ist, $D_n - D_{n-1} = I_{n1} \dotplus \cdots \dotplus I_{n,k_n}$, $n \in \mathbf{Z}$, $D_0 = 0$. Dann ist $B \subset \sum_{n,k}^{\cdot} I_{n,k}$, und für die Intervalllängensumme $\sum\{m(I_{\nu,\varkappa}) : \varkappa = 1, \ldots, k_\nu;\ \nu = 1, \ldots, n\} = T(\chi_{D_n})$ ergibt sich $T(\chi_{D_n}) \leqq T\left(\sum_{\nu=1}^{n} (1 + \varepsilon')\, t_\nu\right) = (1 + \varepsilon') \sum_{\nu=1}^{n} T(t_\nu) \leqq (1 + \varepsilon')\ (N(\chi_B) + \varepsilon')$, also $\sum_{n,k} m(I_{n,k}) \leqq N(\chi_B) + \varepsilon$; $\varepsilon \to 0$ liefert (*).

7.5.1.1. *Aus $A \subset A_1 \dotplus A_2 \dotplus \cdots$ folgt $\overline{m}(A) \leqq \overline{m}(A_1) + \overline{m}(A_2) + \cdots$.* Denn, wenn $\chi_A \leqq \chi_{A_1} + \chi_{A_2} + \cdots$, so ergibt sich nach **7.4.3.4.** $N(\chi_A|J) \leqq N(\chi_{A_1}|J) + N(\chi_{A_2}|J) + \cdots$; das ist die Behauptung.

7.5.2. *Ist $f|J$ L-integrierbar, so gilt*

$$|L(f|J)| \leqq N(f|J).$$

Beweis. Es ist $L(f|J) = L(|f||J) - L((|f| - f)|J) \leqq L(|f||J) = N(f|J)$. Setzt man hierin $-f$ statt f, so erhält man $-L(f|J) \leqq N(f|J)$; beide Ungleichungen zusammen ergeben die Behauptung.

7.5.3. Unter einer *L-Nullfunktion auf* J verstehen wir ein $f|J$ mit $N(f|J) = 0$. Es gilt:

1. *Die Menge* B *ist dann und nur dann eine L-Nullmenge, wenn* χ_B *eine L-Nullfunktion ist.*

2. $f|J$ *ist dann und nur dann eine L-Nullfunktion, wenn* f *L-fast überall verschwindet.*

3. *Ist* $N(f|J)$ *endlich, so ist* f *L-fast überall endlich.*

4. *Von zwei Funktionen, deren Unterschied eine L-Nullfunktion ist, ist mit der einen auch die andere L-integrierbar zum gleichen Integralwert; insbesondere existiert das L-Integral einer L-fast überall verschwindenden Funktion und ist gleich Null.*

Beweis. Zu 1. Behauptung folgt unmittelbar aus **7.5.1.** — *Zu* 2. (a) Es sei $N(f|J) = 0$. Man zerlegt $T := \{f(\hat{x}) \neq 0\} = \sum^{\cdot} \{T_\nu : \nu = 0, \pm 1, \ldots\}$ mit $T_\nu := \{2^{\nu-1} < |f(\hat{x})| \leqq 2^\nu\}$. Wegen $2^{\nu-1}\chi_{T_\nu} < |f|$ gilt

$$2^{\nu-1} N(\chi_{T_\nu}) \leqq N(|f|) = N(f) = 0,$$

so daß jedes T_ν und damit auch T eine L-Nullmenge ist. (b) Sei jetzt T L-Nullmenge. Für $g_m := m\,\chi_{\{m-1<|f(\hat{x})|\leqq m\}}$, $m \in \mathbf{Z}$, ist $g_m \leqq m\,\chi_T$, also $N(g_m) \leqq m\,N(\chi_T) = 0$, ferner $|f| \leqq |g_1| + |g_2| + \cdots$, also $N(f) \leqq N(g_1) + N(g_2) + \cdots = 0$. — *Zu* 3. Wegen $U := \{f(\hat{x}) = \pm\infty\} \subset \{|f(\hat{x})| \geqq M\} =: U_M$ für $0 < M < +\infty$, ist $N(\chi_U) \leqq N(\chi_{U_M})$, so daß es genügt, $N(\chi_{U_M}) \to 0$ für $M \to +\infty$ zu zeigen. Nach Voraussetzung gibt es nicht negative $t_1, t_2, \ldots$ aus $\mathfrak{T}$ mit $|f| \leqq t_1 + t_2 + \cdots$ und $\sum T(t_\nu) < +\infty$. Nun ist $U_M \subset \{M \leqq t_1(\hat{x}) + t_2(\hat{x}) + \cdots\} =: V_M$, $M\chi_{V_M} \leqq t_1 + t_2 + \cdots$, also $M N(\chi_{V_M}) = N(M\chi_{V_M}) \leqq \sum T(t_\nu)$, woraus $N(\chi_{V_M}) \to 0$ für $M \to +\infty$ folgt, wegen $N(\chi_{U_M}) \leqq N(\chi_{V_M})$ dann auch $N(\chi_{U_M}) \to 0$, w. z. z. w. — *Zu* 4. Behauptung folgt unmittelbar aus der Definition des L-Integrals.

Bemerkung. Die Aussagen 2. bis 4. des eben bewiesenen Satzes gelten auch für den Fall eines beliebigen T_p (**7.4.1.1.**); man hat dabei die Aussage 1. als Definition der L-Nullmenge zu verwenden.

7.5.4. Wir erweitern den Definitionsbereich von N und L in folgender Weise: Ist $A := \sum^{\cdot} I_\nu$ die Vereinigung von endlich vielen paarweise fremden (nicht speziellen) Teilintervallen I_ν von J, ein sog. *Intervallaggregat,* so setzen wir für eine auf J erklärte Funktion

$$N(f|A) := \sum N(f|I_\nu),$$

und wenn $f|J$ über J L-integrierbar ist in Einklang mit **7.4.5.** (3)

$$L(f|A) := \sum L(f|I_\nu).$$

Es gilt:

1. *Das System* $\mathfrak{A}$ *der Intervallaggregate* A *ist ein Mengenkörper.*

2. *$N(f|A) = N(\chi_A f|J)$, und wenn $f|J$ L-integrierbar $L(f|A) = L(\chi_A f|J)$ für $A \in \mathfrak{A}$; insbesondere ist χ_A L-integrierbar, weshalb man für $L(\chi_A|J) = N(\chi_A|J) = \overline{m}(A)$ einfach $m(A)$ schreibt.*

3. *$N(f|A) \leq N(f|B)$ für $A \subset B$.*

4. *Für fremde A_1, A_2 aus $\mathfrak{A}$ ist*

$$N(f|A_1 + A_2) = N(f|A_1) + N(f|A_2)$$

und

$$L(f|A_1 + A_2) = L(f|A_1) + L(f|A_2),$$

falls $f|J$ L-integrierbar.

Beweis. *Zu* 1. als Aufgabe. — *Zu* 2., 3. und 4. Man beachte, daß sich die Konstanzintervalle jeder Treppenfunktion gemäß der durch A bzw. A_1, A_2 verursachten Zerlegung von J in endlich viele Teilintervalle unterteilen lassen.

7.5.5. *Haben $f_1|J, f_2|J, \ldots$ beschränkte L-Norm und ist $f|J = \operatorname{Lim}_n f_n|J$ (im Sinne der Quasimetrik von $\mathfrak{G}_L$), so enthält jede Teilfolge $((f_{n_i}))$ von $((f_n))$ eine Teilfolge $((f_{m_j}))$ mit $f = \lim_j f_{m_j}$ L-fast überall in J.*

Beweis[1]. Man wähle $((f_{m_j}))$ in solcher Weise aus $((f_{n_i}))$ aus, daß $N(f_{m_{j+1}} - f_{m_j}) < 2^{-j}$, was ja wegen $N(f_n - f) \to 0$ möglich ist. Für $g := |f_{m_1}| + |f_{m_2} - f_{m_1}| + \cdots$ haben wir dann $N(g) \leq N(f_{m_1}) + N(f_{m_2} - f_{m_1}) + \cdots \leq N(f_{m_1}) + 2^{-1} + \cdots = N(f_{m_1}) + 1 < +\infty$. Nach **7.5.3.** 3. ist daher $g|J$ L-fast überall endlich, also $\varphi := f_{m_1} + (f_{m_2} - f_{m_1}) + \cdots$ L-fast überall absolut und eigentlich konvergent, oder $\varphi = \lim f_{m_j}$ L-fast überall. Aus $N(\varphi - f) \leq N(f_{m_j} - f) + N(f_{m_{j+1}} - f_{m_j}) + \cdots \leq N(f_{m_j} - f) + 2^{-(j-1)}$ folgt für $j \to +\infty$ schließlich $N(\varphi - f) = 0$, d.h. $\varphi = f$ L-fast überall, w. z. z. w.

Bemerkung. Man kann also bei der Darstellung einer L-integrierbaren Funktion $f|J$ als Norm-Limes von Treppenfunktionen t_ν voraussetzen, daß die t_ν L-fast überall in J gegen f konvergieren. Andererseits reicht Konvergenz an L-fast allen Stellen bei einer Folge von Treppenfunktionen t_ν selbst mit beschränkten L-Integralwerten, ja sogar durchgehende stellenweise Konvergenz nicht aus für die L-Integrierbarkeit der Grenzfunktion.

Beispiel. $J = [0, 1]$, $q(x) = \left(\text{größte ganze Zahl } \leq \frac{1}{x}\right)$ für $x > 0$.

$$f(0) = 0, \; f(x) = q(x)\,(-1)^{q(x)} \quad \text{für} \quad 0 < x \leq 1,$$

$$f_n(x) = -n, \quad \text{falls } f(x) < -n, \quad = f(x), \quad \text{falls } -n \leq f(x) \leq n,$$

$$\text{und } = n, \quad \text{falls } f(x) > n.$$

---

[1] Hier kurz $N(f)$ statt $N(f|J)$ geschrieben.

Es gilt

$$\lim f_n(x) = f(x) \quad \text{für} \quad 0 \leq x \leq 1,$$

und

$$L(f_n | J) = -\frac{1}{2} + \frac{1}{3} - \cdots + \frac{(-1)^{n-1}}{n} + r_n$$

mit $|r_n| \leq 1$ ist beschränkt; aber f ist nicht L-integrierbar, weil $N(f) = +\infty$ ist.

7.5.5.1. Betrachtet man in $\mathfrak{L}$ Funktionen, deren Differenz eine Nullfunktion ist, als gleich, so erhält man aus $\mathfrak{L}$ den metrischen Raum $\mathfrak{L}^*$ (**7.4.6.**). Es gilt:

$\mathfrak{L}^*$ ist vollständig.

Beweis. Wir zeigen etwas mehr: *Der Teilraum von $\mathfrak{G}_L$ aller Funktionen mit endlicher Norm ist vollständig.* In der Tat, ist $((f_n))$ eine im Sinne der Norm konzentrierte Folge von Funktionen aus $\mathfrak{G}_L$ mit endlicher Norm, so wählen wir eine Teilfolge $((f_{m_i}))$ aus mit $N(f_{m_{i+1}} - f_{m_i} | J) < 2^{-i}$ und verfahren wie im Beweis von **7.5.5.** Es ergibt sich in $\varphi := f_{m_1} + (f_{m_{i+1}} - f_{m_i}) + \cdots$ eine (L-fast überall endlich definierte, von i unabhängige) Funktion endlicher Norm, nämlich mit $N(\varphi | J) < N(f_{m_1} | J) + 1$, und mit $N(\varphi - f_{m_j} | J) \to 0$ für $j \to +\infty$.

7.5.5.2. *Konvergiert eine Folge von Treppenfunktionen t_ν L-fast überall auf J eigentlich gegen eine Funktion f, so gibt es zu vorgegebenem $\varepsilon > 0$ eine Teilmenge E von J, so daß $\overline{m}(E) < \varepsilon$ und die Konvergenz $t_\nu \to f$ auf $J - E$ gleichmäßig ist.*

Beweis. Sei $\delta > 0$ und $A_{n,\delta} := \sum\limits_{\nu,\mu \geq n}^{\cdot} \{|t_\nu(\hat{x}) - t_\mu(\hat{x})| > \delta\}$. Dann ist $f_{n,\delta} := \chi_{A_{n,\delta}}$ L-integrierbar nach dem Satz von der integralbeschränkten monotonen Konvergenz. [Man ordne die Mengen $\{|t_\nu(\hat{x}) - t_\mu(\hat{x})| > \delta\}$ mit $\nu, \mu \geq n$ als Folge, etwa $B_1, B_2, \ldots$; dann ist $f_{n,\delta} = \lim\limits_m \chi_{B_1 \dot{+} \cdots \dot{+} B_m}$.] Weiter ist $A_{1\delta} \supset A_{2\delta} \supset \cdots$ und $\prod^{\cdot} \{A_{n\delta} : n \in \mathbf{Z}\} =: D$ eine L-Nullmenge nach Voraussetzung, oder $\lim\limits_n f_{n,\delta} = \chi_D$ eine L-Nullfunktion. Nach dem eben genannten Satz ist $\lim\limits_n L(f_{n,\delta} | J) = L(\chi_D | J) = 0$. Zu $\varepsilon > 0$ wählen wir nun $\delta_1 > \delta_2 > \cdots$ mit $\lim\limits_n \delta_n = 0$ und dazu $n_1 < n_2 < \cdots$ mit

$$L(f_{n_i, \delta_i} | J) = N(\chi_{A_{n_i \delta_i}} | J) < \varepsilon\, 2^{-(i+1)}.$$

Mit $A := \sum\limits_i^{\cdot} A_{n_i \delta_i}$ gilt dann $\chi_A \leq \sum\limits_i \chi_{A_{n_i \delta_i}}$, also

$$\overline{m}(A) = N(\chi_A | J) \leq \sum_i N(\chi_{A_{n_i \delta_i}} | J) < \varepsilon.$$

Vergrößern wir A zu E durch Hinzunahme der L-Nullmenge der Punkte x wo $((t_\nu(x)))$ nicht gegen $f(x)$ konvergiert, so haben E und $J - E$ die behaupteten Eigenschaften.

7.5.5.3. Vorausgehender Satz ist auch für uneigentliche Konvergenz gültig; man hat an Stelle von $|a-b|$ die Entfernung $\boldsymbol{\sigma}(a, b)$ (**4.1.2.2.**) zu verwenden.

7.5.6. Ist $f|J$ mit $J=[a, b]$ L-integrierbar, dann ist die Funktion $F(x):=L(f|[a, x])$ für $a \leq x \leq b$ erklärt; sie heißt das *unbestimmte L-Integral von f.*

7.5.6.1. *Das unbestimmte L-Integral $L(f|[a, x])$ einer L-integrierbaren Funktion $f|[a, b]$ ist absolut-stetig.*

Beweis. Die Absolut-Stetigkeit fassen wir im vorliegenden Fall gemäß der Definition **7.2.7.6.** (*) mit den Bezeichnungen von **7.5.4.** in folgender Form: Zu $\varepsilon>0$ gibt es ein $\delta(\varepsilon)>0$, so daß $|L(f|A)|<\varepsilon$ für jedes Intervallaggregat A mit $m(A)<\delta(\varepsilon)$; dabei ist $m(A)$ die Intervalllängensumme von A. Sei nun $f|J$ L-integrierbar. Dann gibt es zu $\varepsilon>0$ eine Treppenfunktion $t|J$ mit $N(f-t|J)<\frac{\varepsilon}{2}$. Alsdann ist für $A \in \mathfrak{A}$ mit Benutzung von **7.5.4.** 4. $|L(f|A)|=|L(f-t|A)+L(t|A)| \leq |L(f-t|A)|+|L(t|A)| \leq N(f-t|A)+N(t|A)$. Ist dabei $|t| \leq M$, $A=\sum^{\cdot} I_\nu$ mit $m(A)=\sum m(I_\nu)$, so ergibt sich mit Benutzung von $N(f-t|A) \leq N(f-t|J)$ (nach **7.5.4.** 3.), wenn $m(A)<\frac{\varepsilon}{2M}$, $|L(f|A)|<\frac{\varepsilon}{2}+N(M|A)<\varepsilon$, w. z. z. w.

7.5.6.2. Die L-Integrale einer Menge $\mathfrak{F}$ von L-integrierbaren Funktionen $f|J$ heißen *gleichmäßig absolut-stetig*, wenn es zu $\varepsilon>0$ ein $\delta(\varepsilon)>0$ gibt, so daß $|L(f|A)|<\varepsilon$ für jedes A aus $\mathfrak{A}$ mit $m(A)<\delta(\varepsilon)$ und jedes $f|J$ aus $\mathfrak{F}$.

Sind die Integrale der Treppenfunktionen $t_n|J$ gleichmäßig absolut-stetig, dann sind die $t_n|J$ normbeschränkt.

Beweis. Sei etwa $|L(t_n|A)|<1$ für $m(A)<\delta_1$. Man zerlegt J in endlich viele Teilintervalle $I_1, \ldots, I_k$ mit $m(I_\varkappa)<\delta_1$, $\varkappa=1, \ldots, k$, und erhält $|L(t_n|A)| \leq |L(t_n|A I_1)|+\cdots+|L(t_n|A I_k)|<k$ für alle A aus $\mathfrak{A}$ und alle n. Setzt man hier für A einmal $\{t_n(\hat{x}) \geq 0\}$, und zweitens $\{t_n(\hat{x})<0\}$ und addiert die betreffenden Ungleichungen, so folgt $N(t_n|J)<2k$, w. z. z. w.

7.5.6.3. *Sind $t_1, t_2, \ldots$ normbeschränkte Treppenfunktionen auf J und existiert* $\lim t_n=f$ *L-fast überall eigentlich oder uneigentlich, dann ist f L-fast überall endlich.*

Beweis. Von der L-Nullmenge, wo nicht $\lim t_n(x)$ eigentlich oder uneigentlich existiert, sehen wir ab. Wir setzen $E_+:=\{f(\hat{x})=+\infty\}$. Angenommen (!), $\overline{m}(E_+)=2p>0$. Nach **7.5.5.3.** gibt es Intervalle I_1, $I_2, \ldots$ mit $\sum m(I_\nu)<p$, $V:=\sum^{\cdot} I_\nu$, so daß auf E_+-VE_+ die Konvergenz gegen f im uneigentlichen Sinne gleichmäßig ist, d.h. zu beliebigem $q>0$ ein n existiert mit $E_+-VE_+ \subset \{t_n(\hat{x})>q\}=:Q$. Nun ist aber $Q \in \mathfrak{A}$, also

$L(t_n|Q) \geqq q\, m(Q)$. Dabei ist $m(Q) = \overline{m}(Q) \geqq \overline{m}(E_+ - VE_+) > 2p - p = p$, also $N(t_n|J) \geqq |L(t_n|Q)| > q\,p$. Da q beliebig >0, so haben wir einen Widerspruch (!) mit der vorausgesetzten Normbeschränktheit der t_n. Also ist E_+ eine Nullmenge; analog beweist man dasselbe für $\{f(\hat{x}) = -\infty\}$.

7.5.6.4. *Sind $t_n|J$, $n \in \mathbf{Z}$, Treppenfunktionen, welche L-fast überall auf J (eigentlich oder uneigentlich) gegen eine reelle Funktion $f|J$ konvergieren und deren L-Integrale gleichmäßig absolut-stetig sind, so ist $f|J$ L-integrierbar und $L(f|J) = \lim L(t_n|J)$.*

Beweis. Nach Voraussetzung ist $|L(t_n|A)| < \varepsilon$, sobald $m(A) < \delta$ und $A \in \mathfrak{A}$, ferner gemäß **7.5.6.2.** und **7.5.6.3.** f L-fast überall endlich. Nach **7.5.5.2.** gibt es eine Teilmenge E von J und ein natürliches n mit $\overline{m}(E) < \delta$ und $\mathfrak{A} \ni A_{\nu\mu} := \{|t_\nu(\hat{x}) - t_\mu(\hat{x})| > \varepsilon\} \subset E$, also $\overline{m}(A_{\nu\mu}) < \delta$ für alle ν und $\mu > n$. Nun sei A_1 bzw. A_2 die Menge $\{t_\nu(\hat{x}) - t_\mu(\hat{x}) \geqq 0\}$ bzw. $\{t_\nu(\hat{x}) - t_\mu(\hat{x}) < 0\}$. Dann gilt $|L(t_\nu - t_\mu|A_j)| \leqq |L(t_\nu|A_j A_{\nu\mu})| + |L(t_\mu|A_j A_{\nu\mu})| + L(|t_\nu - t_\mu|\,|A_j - A_j A_{\nu\mu}) \leqq 2\varepsilon + \varepsilon\, m(A_j)$, $j = 1, 2$; Addition beider Ungleichungen ergibt $N(t_\nu - t_\mu|J) = L(|t_\nu - t_\mu|\,|J) \leqq \varepsilon(4 + m(J))$ für ν und $\mu > n$. Die Folge $((t_\nu))$ ist also in $\mathfrak{L}$ konzentriert, wegen der Vollständigkeit von $\mathfrak{L}$ existiert eine Funktion $\varphi \in \mathfrak{L}$ mit $\operatorname{Lim} t_\nu = \varphi$. Dann ist auch $\lim N(t_\nu|J) = N(\varphi|J)$, somit sind die $N(t_\nu|J)$ beschränkt, also nach **7.5.5.1.** $\lim t_\nu = \varphi$ L-fast überall, also $\varphi = f$ L-fast überall, also $f \in \mathfrak{L}$ (nach **7.5.3.** 4.). Außerdem ist $\lim L(t_n|J) = L(\varphi|J) = L(f|J)$.

Bemerkung. Daß sich auch bei Voraussetzung etwa der Normbeschränktheit der $t_n|J$ eine Umkehrung des Satzes in dem Sinne, daß die gleichmäßige Absolut-Stetigkeit auch eine notwendige Bedingung für die L-Integrierbarkeit von $f|J$ wäre, nicht ermöglicht, zeigt das einfache *Beispiel*: $J = [0, 1]$, $t_n(x) := n$ für $0 \leqq x \leqq 1/n$, $t_n(x) := 0$ für $1/n < x \leqq 1$. Die $t_n|J$ sind normbeschränkt, $N(t_n|J) = 1$, und $\lim t_n = 0$ L-fast überall auf J. Wegen $L(t_n|[0, 1/n]) = 1$ aber sind die Integrale der t_n nicht gleichmäßig absolut-stetig.

7.5.6.5. Andererseits aber gilt:

Zu jeder L-integrierbaren Funktion $f|J$ gibt es Folgen von Treppenfunktionen, welche L-fast überall gegen f konvergieren und deren L-Integrale gleichmäßig absolut-stetig sind.

Beweis als Aufgabe (vgl. z.B. den Beweis von **7.5.7.1.**)

7.5.6.6. Den vorausgehenden Satz können wir noch verallgemeinern und damit die in Bemerkung von **7.5.5.** offen gelassene Frage, was etwa zur Konvergenz in L-fast allen Stellen einer Folge von L-integrierbaren Funktionen noch hinzutreten muß, damit die Grenzfunktion L-integrierbar ist, beantworten:

Sind die $f_n|J$ L-integrierbar und L-fast überall auf J (eigentlich oder uneigentlich) konvergent gegen eine reelle Funktion $f|J$, und sind dabei *die L-Integrale der $f_n|J$ gleichmäßig absolut-stetig* ($n \in \mathsf{Z}$), *so ist $f|J$ L-integrierbar und* $L(f|J) = \lim L(f_n|J)$.

(Satz von der Integration bei stellenweiser Konvergenz und gleichmäßiger Absolut-Stetigkeit, G. VITALI 1907.)

Beweis. 1. $f_n \to f$ L-fast überall bedeutet: Es gibt Mengen $D_1 \supset D_2 \supset \cdots$ mit $\bar{m}(D_\nu) \to 0$ und $\boldsymbol{\sigma}(f_\nu, f) < 1/n$ auf $J - D_n$ für $\nu > \nu_n$. Ferner gibt es Treppenfunktionen $t_{n1}, t_{n2}, \ldots$ mit $N(t_{nk} - f_n) \to 0$ für $k \to +\infty$. Offensichtlich ist $N(t_{n1}|J)$, $N(t_{n2}|J), \ldots$, beschränkt, so daß nach **7.5.5.** Teilfolgen $((t_{nk_\nu}))$ existieren, so daß $t_{nk_\nu} \to f_n$ (sogar im eigentlichen Sinne) L-fast überall für $\nu \to +\infty$ und $n \in \mathsf{Z}$. Anwendung von **7.5.5.2.** liefert ein $k_\nu = q_n$ und eine Menge E_n mit $\bar{m}(E_n) < 2^{-n}$ und, wenn man t_n für t_{nq_n} schreibt, mit $\boldsymbol{\sigma}(t_n, f_n) < 2^{-n}$ auf $J - E_n$. Wir können übrigens nebenbei verlangen, daß $N(t_n - f_n) < 1/n$. Mit $E'_n := E_n \dot{+} E_{n+1} \dot{+} \cdots$ erhalten wir $\bar{m}(E'_n) < 2^{-(n-1)}$ und $\boldsymbol{\sigma}(t_\nu, f_\nu) < 2^{-\nu} < 1/n$ auf $J - E'_n$ für $\nu > n$. Damit erhalten wir $\boldsymbol{\sigma}(t_\nu, f) < 1/n$ auf $J - (D_n \dot{+} E'_n)$ für $\nu > \max\{\nu_n, n\}$. Es ist $D'_n := D_n \dot{+} E'_n$ mit wachsendem n nicht steigend und $\lim \bar{m}(D'_n) = 0$. Von der L-Nullmenge $Z := \prod_n{}^{\cdot} D'_n$ abgesehen, gilt $t_\nu \to f$ (eigentlich oder uneigentlich). — 2. Nun ziehen wir die gleichmäßige Absolut-Stetigkeit der $f_n|J$ heran: $|L(f_n|A)| < \varepsilon$ für $m(A) < \delta$ und $A \in \mathfrak{A}$. Damit wird

$$|L(t_n|A)| \leq |L(t_n - f_n|A)| + |L(f_n|A)| \leq N(t_n - f_n|J) + \varepsilon < 2\varepsilon,$$

sobald $n > 1/\varepsilon$. Da die letzte Bedingung nur für endlich viele n nicht zutrifft, so sind damit die L-Integrale der t_n als gleichmäßig absolut-stetig nachgewiesen. Nach **7.5.6.4.** ist somit f L-integrierbar mit

$$L(f|J) = \lim L(t_n|J) = \lim L(f_n|J),$$

wegen

$$|L(t_n|J) - L(f_n|J)| \leq N(t_n - f_n|J) < 1/n.$$

7.5.7. *Der Fundamentalsatz der Differential- und Integralrechnung.*

Ist $f|J$ gegeben, so definieren wir die Funktion $f^{\cdot}|J$ durch $f^{\cdot}(x) := f'(x)$, wenn die Ableitung $f'(x)$ vorhanden und eigentlich ist, $= 0$ sonst. Dann gilt:

Ist $f|J$ absolut-stetig auf $J := [a, b]$, dann ist $f^{\cdot}|J$ L-integrierbar und

$$L(f^{\cdot}|[a, b]) = f(b) - f(a).$$

Beweis. Zunächst bemerken wir, daß nach **7.2.7.6.1.** f' L-fast überall existiert und endlich ist, also $f^{\cdot}$ im obigen Sinne gebildet werden kann.

Wir erweitern den Definitionsbereich der Funktion f durch die Festsetzungen $f(x) := f(b)$ für $x > b$. Dann ist auch das erweiterte f absolut-stetig, also $|L(f|A)| < \varepsilon$ für $m(A) < \delta$ und $A \in \mathfrak{A}$. Für $h > 0$

betrachten wir die Funktionen

$$q_h(x) = \frac{f(x+h) - f(x)}{h},$$

welche als stetige Funktionen (**7.4.3.3.1.**) L-integrierbar sind. Wir zeigen, daß die L-Integrale der Funktionen q_h gleichmäßig absolutstetig sind in bezug auf h. In der Tat, ist $A := \sum (a_\nu, b_\nu)$ Vereinigung von endlich vielen fremden Intervallen, so erhalten wir

$$L(q_h|A) = \sum L(q_h|[a_\nu, b_\nu]) = \frac{1}{h}\sum\big(L(f|[a_\nu+h,\ b_\nu+h]) - L(f|[a_\nu, b_\nu])\big)$$
$$= \frac{1}{h}\sum\big(L(f|[b_\nu, b_\nu+h]) - L(f|[a_\nu, a_\nu+h])\big),$$

oder, wenn wir $\sum\big(f(b_\nu+x) - f(a_\nu+x)\big) = \varphi(x)$ setzen,

$$L(q_h|A) = \frac{1}{h} L(\varphi|[0,h]).$$

Die Intervalle $(a_\nu + x,\ b_\nu + x)$ sind paarweise fremd, so daß ihre Vereinigung A_x ein Element von $\mathfrak{A}$ ist. Wenn nun $m(A) < \delta$, dann ist auch $m(A_x) = m(A) < \delta$, wegen der vorausgesetzten Absolut-Stetigkeit von f also $|\varphi(x)| < \varepsilon$, und somit $|L(q_h|A)| < \varepsilon$ für alle $h > 0$. Andererseits gilt, wenn h' die Folge $1, \frac{1}{2}, \frac{1}{3}, \ldots$ durchläuft, $\lim\limits_{h'\to 0} q_{h'}(x) = f^{\cdot}(x)$ für L-fast alle x (nach **7.2.7.6.1.**). Nach **7.5.6.6.** ist daher $f^{\cdot}|J$ L-integrierbar und

$$L(f^{\cdot}|J) = \lim_{h'\to 0} L(q_{h'}|J) = \lim_{h'\to 0}\frac{1}{h'}\big(L(f|[a+h', b+h'])\big) - L(f|[a,b])\big)$$
$$= \lim_{h'\to 0}\left(\frac{1}{h'}L(f|[b, b+h']) - \frac{1}{h'}L(f|[a, a+h'])\right) = f(b) - f(a)$$

(nach **7.4.3.3.1.**), w. z. z. w.

7.5.7.1. *Ist f auf $J := [a, b]$ L-integrierbar mit $L(f|[a, x]) = 0$ für $x \in J$, dann verschwindet f L-fast überall.*

Beweis. Sei $((t_n))$ eine Folge von Treppenfunktionen mit $\operatorname{Lim} t_n = f$, d.h. $N(t_n - f|J) \to 0$ für $n \to +\infty$. Wegen $|L(t_n|A)| \leq |L(t_n - f|A)| + |L(f|A)| \leq N(t_n - f|J)$ gibt es zu jedem natürlichen k ein n_k, so daß $|L(t_{n_k}|A)| < 2^{-(2k+1)}$ für alle Aggregate A. Daraus folgt mit der Aggregatzerlegung

$$J = \{x : |t_{n_k}(x)| < 2^{-k}\} + \{x : t_{n_k}(x) \geq 2^{-k}\} + \{x : t_{n_k}(x) \leq -2^{-k}\},$$

daß $|t_{n_k}(x)| < 2^{-k}$ für alle x mit Ausnahme eines Aggregats A_k mit $m(A_k) < 2^{-k}$. Also ist $\lim\limits_{k} t_{n_k} = 0$ mit Ausnahme auf einer Menge B, welche in der Menge $C_p := \sum^{\cdot}\{A_k : k \geq p\}$, $p \in \mathbf{Z}$, enthalten ist. Wegen $\overline{m}(C_p) \leq 2^{-p+1}$ folgt $\overline{m}(B) = 0$ und, da ja (**7.5.5.**) die t_{n_k} L-fast überall gegen f streben, $f = 0$ L-fast überall.

7.5.7.2. *Ist $f|J$ L-integrierbar, $J:=[a, b]$, so hat das unbestimmte L-Integral $F(x):=L(f|[a, x])$ von f L-fast überall eine Ableitung, welche endlich und gleich f ist:*

$$-\infty < F'(x) = f(x) < +\infty \quad L\text{-fast überall in } J.$$

Beweis. Nach **7.5.6.1.** ist F absolut-stetig, also haben wir nach **7.5.7.** $L(F^{\cdot}|[a, x]) = F(x) - F(a) = L(f|[a, x])$, und somit $L(F^{\cdot} - f|[a, x]) = 0$ für alle x aus J. **7.5.7.1.** liefert nun $F^{\cdot} = f$ L-fast überall mit endlichen Werten.

7.5.7.2.1. *Haben zwei absolut-stetige Funktionen L-fast überall in J dieselbe Ableitung, so ist ihr Unterschied eine Konstante.*

In der Tat, nach **7.5.7.** ist, wenn f die Differenz der beiden Funktionen bezeichnet, $f(x) = f(a) + L(f^{\cdot}|[a, x]) = f(a)$; denn wegen **7.5.3.** 2. ist die Norm, also auch das L-Integral von $f^{\cdot}$ Null.

7.5.8. Es möchte scheinen, daß eine absolut-stetige Funktion höchstens abzählbar viele Stellen aufweist, wo die Ableitung existiert und unendlich ist. Es gibt aber (sogar monotone) absolut-stetige Funktionen F, welche in den Punkten einer Menge von Kontinuumsmächtigkeit (allerdings einer L-Nullmenge) die Ableitung $F' = +\infty$ besitzen.

Beispiel. Es sei $\{-1 < \hat{x} < 2\}$ der Definitionsbereich der zu konstruierenden Funktion und P das CANTORsche Diskontinuum auf $[0, 1]$ von **4.3.7.**, welches eine L-Nullmenge ist (**8.11.7.**). P kann daher nach **7.2.1.** überdeckt werden durch offene Intervalle mit einer offenen Vereinigungsmenge $G_n \supset P$ und einer Intervallängensumme $s_n < 2^{-n}$, $n \in \mathbf{Z}$. $\varphi_n := \chi_{G_1} + \cdots + \chi_{G_n}$ ist halbstetig nach unten, in einer Umgebung eines jeden Punktes von P sogar identisch konstant gleich n. Wegen $\varphi_1 \leq \varphi_2 \leq \cdots$ existiert $\Phi := \lim \varphi_n$. Als endliche halbstetige Funktion ist φ_n L-integrierbar zu $f_n(x) := L(\varphi_n|[-1, x])$. f_n ist in jedem Punkt p von P differenzierbar mit $f_n'(p) = n$; ferner ist $0 \leq f_n(x) \leq s_1 + s_2 + \cdots + s_n < 1$. Nach dem Satz von der Integration bei integralbeschränkter monotoner Konvergenz ist Φ L-integrierbar mit absolut-stetigem

$$(1) \qquad F(x) := L(\Phi|[-1, x]) = f_n(x) + r_n(x).$$

Dabei ist $r_n(x) := L(\Phi - \varphi_n|[-1, x])$ nicht fallend, somit nach (1)

$$D_R F \geq D_R f_n, \quad D_L F \geq D_L f_n,$$

insbesondere für einen Punkt p aus P

$$D_R F(p) \geq n, \quad D_L F(p) \geq n,$$

und da n beliebig ist,

$$F'(p) = +\infty.$$

7.5.9. Im folgenden beschreiben wir kurz, wie man von den stetigen über die halbstetigen Funktionen zu den L-integrierbaren kommt.

7.5.9.1. Es bezeichne $\mathfrak{U}^*$ (bzw. $\mathfrak{V}^*$) das System derjenigen in J nach oben (bzw. nach unten) halbstetigen, zugleich in J nach oben (bzw. nach unten) beschränkten Funktionen u (bzw. v) mit endlicher Norm N_L. Dann gilt:

$$\mathfrak{U}^* \dot{+} \mathfrak{V}^* \subset \mathfrak{L}.$$

In der Tat, z.B. ist nach **5.4.7.** v darstellbar als Limes einer gleichsinnig monotonen Folge von in J stetigen Funktionen s_n, d.h. $s_n \nearrow v$ für $n \to +\infty$. Wegen $s_1 \leqq s_n \leqq v$ ist $L(s_1) \leqq L(s_n) \leqq N(s_n) \leqq N(v) + N(s_n - v) \leqq N(v) + N(s_1 - v) \leqq 2N(v) + N(s_1)$, so daß nach dem Satz von der Integration bei integralbeschränkter monotoner Konvergenz $v \in \mathfrak{L}$ folgt; analog beweist man $u \in \mathfrak{L}$ für $u \in \mathfrak{U}^*$.

7.5.9.2. *Es ist $f \in \mathfrak{L}$ dann und nur dann, wenn es zu jedem $\varepsilon > 0$ ein u aus $\mathfrak{U}^*$ und v aus $\mathfrak{V}^*$ gibt mit $u \leqq f \leqq v$ und $L(v) - L(u) < \varepsilon$.*

Beweis. 1. Die Bedingung reicht hin; denn nach ihr hat man zu jedem $\varepsilon > 0$ ein u aus $\mathfrak{U}^* \subset \mathfrak{L}$ mit $N_L(f - u) \leqq N_L(v - u) = L(v) - L(u) < \varepsilon$, so daß Anwendung von **7.4.3.2.1.** zu $f \in \mathfrak{L}$ führt. — 2. Sei jetzt $f \in \mathfrak{L}$. Dann gibt es $t, t_1, t_2, \ldots$ aus $\mathfrak{T}$ mit $|f - t| \leqq \sum_\nu |t_\nu|$ und $\sum_\nu T(|t_\nu|) < \varepsilon$ ($\varepsilon > 0$ vorgegeben). Sind $\alpha_1, \ldots, \alpha_k$ die Unstetigkeitsstellen von t mit den Punktschwankungswerten $\Delta_1, \ldots, \Delta_k$ (**5.2.4.**), so füge man den $t_1, t_2, \ldots$ noch die endlich vielen T-Funktionen $\Delta_\varkappa \chi_{\{\alpha_\varkappa\}}$, $\varkappa = 1, \ldots, k$, hinzu, was übrigens nichts an der Summe $\sum_\nu T(|t_\nu|)$ ändert. Mit dieser Änderung erhält man für die untere bzw. obere Limesfunktion t^i bzw. t^s die Ungleichungen

$$f - t^i \leqq \sum_\nu |t_\nu|, \quad f - t^s \geqq -\sum_\nu |t_\nu|$$

mit

$$\sum_\nu T(|t_\nu|) < \varepsilon.$$

Ohne Beschränkung dürfen wir hier die $|t_\nu|$ in der Gestalt $\beta_\nu \chi_{A_\nu}$ wählen mit einem $\beta_\nu \geqq 0$ und einem A_ν gleich einem offenen Intervall oder einer einpunktigen Menge. Wir ersetzen nun jedes A_ν durch ein umfassendes *offenes* Intervall I_ν. Legt sich dieses genügend eng um A_ν, so erhalten wir die Ungleichungen

$$u := t^s - \sum_\nu \beta_\nu \chi_{I_\nu} \leqq f \leqq t^i + \sum \beta_\nu \chi_{I_\nu} =: v$$

mit

$$\sum_\nu T(\beta_\nu \chi_{I_\nu}) < 2\varepsilon.$$

Nun ist z.B. $v = \sup_\nu \{t^i + \beta_1 \chi_{I_1} + \cdots + \beta_\nu \chi_{I_\nu}\}$, daher nach Satz **5.4.6.1.** nach unten halbstetig. Ferner ist nach **7.4.1.4.**

$$N_L(v) \leqq N_L(t^i) + \sum_\nu N_L(\beta_\nu \chi_{I_\nu}) \leqq T(|t|) + 2\varepsilon,$$

somit $v \in \mathfrak{V}^*$. Analog folgt $u \in \mathfrak{U}^*$, und schließlich

$$L(v) - L(u) = L(v-u) = N_L(v-u) \leqq N_L\Big(2\sum_\nu \beta_\nu \chi_{I_\nu}\Big) < 4\varepsilon,$$

w. z. z. w.

7.5.9.3. *Ist* $J := [a, b]$, $v \in \mathfrak{V}^*$ *und* $V(x) := L(v | [a, x])$ *für* $x \in J$, *dann gilt* $\underline{D} V(x) \geqq v(x)$ *für* $x \in J$. (*Für* $u \in \mathfrak{U}^*$ *mit* $U(x) := L(u | [a, x])$ *hat man* $\overline{D} U \leqq u$.)

Beweis. Sei $x_0 \in J$ und $\zeta < v(x_0)$. Nach **5.4.6.** ist $\{v(\hat{x}) > \zeta\}$ offen und enthält also eine Umgebung G von x_0. Für $x_0 > x \in G$ ist dann $\frac{V(x) - V(x_0)}{x - x_0} \geqq \zeta$; denn, wenn $x > x_0$, so hat man $\frac{L(v | [x_0, x])}{x - x_0} \geqq \frac{L(\zeta | [x_0, x])}{x - x_0} = \zeta$, und wenn umgekehrt $x_0 > x$, so ergibt Vertauschung von x und x_0 dasselbe. Daher ist $\underline{D} V(x_0) \geqq \zeta$, woraus mit $\zeta \to v(x_0)$ die Behauptung folgt.

Bemerkung. Nach Art dieses Beweises kann man auch zeigen:

Das unbestimmte L-Integral $L(f | [a, x])$ *einer Funktion* $f \in \mathfrak{L}(J)$ *ist an jeder Stelle* x_0 *eigentlicher Stetigkeit von* f *differenzierbar mit dem Ableitungswert* $f(x_0)$.

7.5.10.1. Für das Folgende vermerken wir:

Ist $F_1 \subset F_2 \subset \cdots$ *eine aufsteigende Folge von abgeschlossenen Teilmengen des Intervalls* I, *so gilt* $\lim_\nu \overline{m}(F_\nu) = \overline{m}\big(\sum_\nu{}^{\cdot} F_\nu\big)$.

Denn die charakteristische Funktion χ_{F_ν} ist als nach oben halbstetige Funktion (**5.4.6.**) der Limes einer absteigenden Folge von stetigen Funktionen (**5.4.7.**) mit Werten zwischen 0 und 1, nach dem Satz von der Integration bei integralbeschränkter monotoner Konvergenz also L-integrierbar; aus denselben Gründen gilt dies auch für χ_V mit $V := \sum_\nu{}^{\cdot} F_\nu$, so daß also $\lim_\nu L(\chi_{F_\nu}) = L(\chi_V)$, was nach **7.5.1.** mit der Behauptung übereinstimmt.

7.5.10.2. Wir brauchen noch eine maßtheoretische Verschärfung des Monotoniekriteriums von **7.2.2.1.**:

Es sei $J := [a, b]$, $f | J$ *stetig und nicht fallend*, $k \geqq 0$ *und* $E := \{x : D^R f(x) \geqq k\}$. *Dann ist* $f(b) - f(a) \geqq k\, \overline{m}(E)$.

Beweis. 1. Wenn $\overline{m}(E) = 0$, so gibt es nichts zu beweisen. — 2. Sei daher $\overline{m}(E) > 0$, $Q(x, y) := \frac{f(x) - f(y)}{x - y}$, $0 < \varepsilon < \overline{m}(E)$ und $k' := k - \varepsilon$; $E_n := \Big\{x : x \in J$ und $x \,\exists\, h : h \geqq \frac{1}{n}$, $x + h \in J$ und $Q(x+h, x) \geqq k'\Big\}$ ergibt für $n \in \mathbf{Z}$ eine aufsteigende Folge von abgeschlossenen Mengen, deren Vereinigungsmenge die Menge E umfaßt.

In der Tat, $E_1 \subset E_2 \subset \cdots$ ist klar. Ist $x \in E$, also $D^R f(x) \geq k$, so gibt es ein $h > 0$ mit $x + h \in J$ und $Q(x+h, x) > k'$; für $n > \frac{1}{h}$ ist $x \in E_n$, also gilt $E \subset E_1 \dotplus E_2 \dotplus \cdots$. Liegt eine Folge von Punkten x_ν aus E_n vor (mit zugehörigen h_ν), $\nu \in \mathbf{Z}$, welche gegen x^* konvergieren, so dürfen wir auch $h_\nu \to h^*$ voraussetzen (sonst hätte man eine passende Teilfolge zu betrachten). Da wegen der Stetigkeit von Q wieder $Q(x^* + h^*, x^*) \geq k'$, ferner auch $h^* \geq \frac{1}{n}$, $x^* + h^* \in J$, so folgt $x^* \in E_n$; E_n ist abgeschlossen. Nach **7.5.10.1.** gilt $\lim_n \overline{m}(E_n) \geq \overline{m}(E)$. Wir wählen ein n mit $\overline{m}(E_n) > \overline{m}(E) - \varepsilon$, und halten dies fest. Zu $\alpha_1 := \inf E_n$ gibt es in J ein α_2 mit $\alpha_2 - \alpha_1 \geq \frac{1}{n}$ und $Q(\alpha_2, \alpha_1) \geq k'$. Zu $\alpha_3 := \inf E_n\{\hat{x} \geq \alpha_2\}$ gibt es in J ein α_4 mit $\alpha_4 - \alpha_3 \geq \frac{1}{n}$ und $Q(\alpha_4, \alpha_3) \geq k'$, usw. Schließlich erhält man ein letztes Paar $\alpha_{2p-1}, \alpha_{2p}$ [wobei ersichtlich $p \leq n(b-a)$ sein muß] mit $Q(\alpha_{2p}, \alpha_{2p-1}) \geq k'$.

Nach Konstruktion ist $\alpha_1 < \alpha_2 \leq \alpha_3 < \cdots < \alpha_{2p}$ und überdecken die Intervalle

$$\text{(A)} \qquad [\alpha_1, \alpha_2], \ldots, [\alpha_{2p-1}, \alpha_{2p}]$$

die Menge E_n, so daß

$$\text{(B)} \qquad \sum_1^p (\alpha_{2\nu} - \alpha_{2\nu-1}) \geq \overline{m}(E_n) > \overline{m}(E) - \varepsilon.$$

3. Mit $\alpha_0 := a$, $\alpha_{2p+1} := b$ und wegen $Q(\alpha_{2\nu+1}, \alpha_{2\nu}) \geq 0$ erhalten wir

$$f(b) - f(a) = \sum_{\mu=0}^{2p} Q(\alpha_\mu, \alpha_{\mu+1})(\alpha_{\mu+1} - \alpha_\mu) \geq k' \sum_{\nu=1}^{p} (\alpha_{2\nu} - \alpha_{2\nu-1}) \geq (k - \varepsilon)(\overline{m}(E) - \varepsilon),$$

und mit $\varepsilon \to 0$ die Behauptung.

Bemerkung. Der Satz gilt auch, wenn man $E = \{x : D^L f(x) \geq k\}$ setzt; dies ergibt sich durch Übergang zur Funktion $-f(-x)$.

7.5.10.3. Als leichte Abwandlung von **7.5.10.2.** ergibt sich:

Ist $f|J$ stetig und nicht fallend, dann ist, wenn $k \geq 0$,

$$f(b) - f(a) \geq \tfrac{1}{2} k \, \overline{m}(\{x : \overline{D} f(x) \geq k\}).$$

In der Tat, $E^* := \{x : \overline{D} f(x) \geq k\} = E \dotplus E'$, wo $E := \{x : D^R f(x) \geq k\}$ und $E' := \{x : D^L f(x) \geq k\}$. Wegen $\overline{m}(E^*) \leq \overline{m}(E) + \overline{m}(E')$ (**7.5.1.1.**) ist einer der beiden letzten Summanden $\geq \frac{1}{2} \overline{m}(E^*)$; sei etwa $\overline{m}(E) \geq \frac{1}{2} \overline{m}(E^*)$. Dann haben wir nach **7.5.10.2.** $f(b) - f(a) \geq k \, \overline{m}(E) \geq \frac{k}{2} \overline{m}(E^*)$, w. z. z. w.

Aufgabe. Man verbessere die Aussage von **7.5.10.3.** in der Form

$$f(b) - f(a) \geqq k\,\overline{m}\left(\{x : \overline{D}f(x) \geqq k\}\right)$$

durch stärkere Ausnutzung der Voraussetzungen.

7.5.11. Als Abschluß beweisen wir noch den Satz über die Zerlegung einer monotonen Funktion $f|J$ in einen absolut-stetigen und einen singulären Teil:

Es sei $f|J$ nicht fallend in $J = [a, b]$. Setzt man $f^{\cdot}(x) := f'(x)$ (L-fast überall) da, wo $f'(x)$ existiert und endlich ist, und sonst $f^{\cdot}(x) := 0$, so ist $f^{\cdot}$ über J L-integrierbar und für $x \in J$ gilt

$$f(x) = h(x) + L\left(f^{\cdot} \mid [a, x]\right) + f(a),$$

wo $h|J$ nicht fällt und L-fast überall die Ableitung 0 *hat* (LEBESGUE). *($h|J$ heißt der singuläre Teil von $f|J$.)*

Beweis. 1. Wir haben L-fast überall $0 \leqq \lim\limits_{m \to +\infty} \min\left\{m\left(f\left(x + \frac{1}{m}\right) - f(x)\right), n\right\}$ $= \min\{D^R f(x), n\} =: g_n(x) \leqq n$. Nach dem Satz von der Integration bei majorisierter Konvergenz ist $g_n|J$ L-integrierbar. Gemäß **7.5.9.2.** sei u_n so gewählt, daß $\mathfrak{U}^* \ni u_n \leqq g_n$ und $L(u_n|J) \geqq L(g_n|J) - \frac{1}{n}$. Mit $U_n(x) := L(u_n | [a, x])$ und $p := f - U_n$ ist mit Benutzung von **7.5.9.3.**

$$D^R U_n \leqq u_n \leqq g_n = \min\{D^R f, n\} \leqq n,$$

also

$$D^R p \geqq D^R f - D^R U_n \geqq D^R f - g_n \geqq 0.$$

Ferner ist p positiv halbseitig halbstetig, als Summe einer ebensolchen (f) und einer stetigen Funktion $(-U_n)$. Nach **7.2.2.1.**, Bemerkung 4. ist also p nicht fallend, d.h. für $a \leqq \alpha < \beta \leqq b$ gilt $f(\alpha) - U_n(\alpha) \leqq f(\beta) - U_n(\beta)$. Dies liefert

$$L(g_n | [\alpha, \beta]) \leqq L(u_n | [\alpha, \beta]) + \frac{1}{n} = U_n(\beta) - U_n(\alpha) + \frac{1}{n} \leqq f(\beta) - f(\alpha) + \frac{1}{n}.$$

Daraus schließt man, da g_n nicht fallend gegen $D^R f$ strebt, mittels **7.4.3.6.** auf die L-Integrierbarkeit von $D^R f$, mit $n \to +\infty$ auf die Limesungleichung $L(D^R f | [\alpha, \beta]) \leqq f(\beta) - f(\alpha)$.

Wir können daher setzen

(A) $$g(x) := f(x) - L(D^R f | [a, x]) - f(a), \qquad x \in J;$$

g ist nicht fallend, denn für $\alpha < \beta$ ist nach obigem

$$g(\beta) - g(\alpha) = f(\beta) - f(\alpha) - L(D^R f | [\alpha, \beta]) \geqq 0.$$

2. $D^L g$ ist L-integrierbar über J und

(B) $$h(x) := g(x) - L(D^L g | [a, x]), \quad x \in J,$$

definiert eine nicht fallende Funktion in J.

In der Tat: Für $-b \leqq \xi \leqq -a$ setzen wir $\varphi(\xi) := -g(-\xi)$. Dann ist φ in $J' = [-b, -a]$ nicht fallend, so daß die Ergebnisse von 1. auf $\varphi | J'$ anwendbar sind:

$D^R\varphi$ ist L-integrierbar und $\gamma(\xi) := \varphi(\xi) - L(D^R\varphi | [-b, \xi])$ ist nicht fallend in J'. Dies übersetzen wir mittels der Transformation $x = -\xi$ zurück in das Intervall $[a, b]$ und erhalten mit $h(x) := -\gamma(-x)$ und wegen $D^R\varphi(\xi) = D^L g(x)$ (Beweis!) unmittelbar die behauptete Gleichung und die Monotonie von h.

3. Nach **7.5.7.2.** gibt es eine L-Nullmenge N, so daß in allen Punkten von $J - N$ zugleich

$$F(x) := L(D^R f | [a, x]) \quad \text{und} \quad G(x) := L(D^L g | [a, x])$$

endliche Ableitungen $F' = D^R f$ bzw. $G' = D^L g$ haben. Auf $J - N$ gilt daher einerseits nach (A) $D^R g = D^R f - F' = 0$ (denn wenn eine zum Punkt $x_0 \in J - N$ gehörige Differenzenquotientenfolge von f gegen $D^R f(x_0)$ strebt, so strebt zwangsläufig wegen der Existenz und Endlichkeit der Ableitung $F'(x_0)$ die zugehörige Differenzenquotientenfolge von g gegen $D^R g(x_0)$), andererseits aus analogen Gründen nach (B)

$$D^L h = D^L g - G' = 0 \quad \text{und} \quad 0 \leqq D^R h = D^R g - G' = -G' \leqq 0.$$

Mit $0 \leqq D_L h \leqq D^L h$ und $0 \leqq D_R h \leqq D^R h$ zusammen lehren die letzten Beziehungen, daß die Ableitung h' in $J - N$ existiert und gleich Null ist, ferner daß $G' = 0$ auf $J - N$. Nach **7.5.7.2.1.** ist daher überall $G = 0$, also auch $h = g$. Aus (A) wird damit

$$f(x) = h(x) + F(x) + f(a) \quad \text{für} \quad x \in J,$$

wobei nach **7.5.3.** 4.

$$F(x) = L(f' | [a, x]),$$

w. z. z. w.

7.6. Vergleich der Funktionenbereiche.

7.6.1. Im System aller Funktionen $f | J$ haben wir nun eine Reihe von Teilbereichen bestimmt, den Bereich

$\mathfrak{C}$ der stetigen Funktionen,

$\mathfrak{T}$ der Elementartreppenfunktionen,

$\mathfrak{E}$ der Regelfunktionen (oder „elementaren" Funktionen),

$\mathfrak{R}$ der R-integrierbaren Funktionen,

$\mathfrak{S}$ der Funktionen mit Stammfunktionen,

$\mathfrak{L}$ der L-integrierbaren Funktionen,

$\mathfrak{P}$ der P-integrierbaren Funktionen.

In Zusammenschau der gegenseitigen Beziehungen dieser Bereiche im klassischen Falle $(p(x)=x)$ stellen wir ergänzend fest:

(1) $\mathfrak{T} < \mathfrak{E} < \mathfrak{R} < \mathfrak{L} < \mathfrak{P}$;

(2) $\mathfrak{C} < \mathfrak{E} < \mathfrak{S} < \mathfrak{P}$:

(3) In (1) und (2) ist jeder Bereich tatsächlich umfassender als jeder in derselben Reihe vorausgehende;

(4) $\mathfrak{S} - \mathfrak{S}\mathfrak{L} \neq 0$;

(5) $\mathfrak{R} - \mathfrak{R}\mathfrak{S} \neq 0$.

(Siehe schematische Figur in **7.6.3.**)

Hinsichtlich (1) und (2) bedarf nur noch $\mathfrak{L} < \mathfrak{P}$ eines Beweises.

7.6.2. $\mathfrak{P} > \mathfrak{L}$ *und* $P|\mathfrak{L} = L|\mathfrak{L}$.

Beweis. Zu $f \in \mathfrak{L}$ und $\varepsilon > 0$ gibt es nach **7.5.9.2.** Funktionen u aus $\mathfrak{U}^*$, v aus $\mathfrak{V}^*$ mit $u \leqq f \leqq v$ und $L(v) - L(u) < \varepsilon$. Für $U(x) := L(u|[a,x])$ und $V(x) := L(v|[a,x])$ gilt dann $U(a) = V(a) = 0$ und nach **7.5.9.3.** $\underline{D}V \geqq v \geqq f$ und $\overline{D}U \leqq u \leqq f$. In J ist v nach unten und u nach oben beschränkt, daher $\underline{D}V \neq -\infty$ und $\overline{D}U \neq +\infty$. Damit ist U als P-Unter- und V als P-Oberfunktion erwiesen. Wegen $V(b) - U(b) = L(v) - L(u) < \varepsilon$ liegt P-Integrierbarkeit vor. Da $P(f|J)$ und $L(f)$ beide zwischen $U(b)$ und $V(b)$ liegen, müssen sie gleich sein, w. z. z. w.

7.6.3. Die Behauptungen (3), (4) und (5) erbringen wir durch *Beispiele* (s. Abb. 20):

1. $\mathfrak{E} - (\mathfrak{T} \dotplus \mathfrak{C}) \neq 0$.

Beispiel: $J = [0, 1]$, $f_1(x) = x$ für $0 \leqq x \leqq \frac{1}{2}$, $= 0$ für $\frac{1}{2} < x \leqq 1$; f_1 ist weder stetig, noch Elementartreppenfunktion, aber Regelfunktion.

2. $\mathfrak{R} - (\mathfrak{E} \dotplus \mathfrak{S}\mathfrak{R}) \neq 0$.

Beispiel: $J = [-1, 1]$ und P sei das CANTORsche Diskontinuum von **4.3.7.** im Intervall $[0, 1]$. Wir setzen $f_2(x) = \sin\frac{1}{x} + 2x\cos\frac{1}{x}$ für $-1 \leqq x < 0$, $f_2(x) = 1$ für $x \in P$ und $f_2(x) = 0$ für $x \in [0, 1] - P$. Man zeigt:

(1) f_2 ist R-integrierbar in $[-1, 0]$ und in $[0, 1]$, also in $[-1, 1]$;

(2) f_2 ist keine Regelfunktion in $[-1, 0]$;

(3) f_2 hat keine Stammfunktion in $[0, 1]$.

Bemerkungen zum Beweis. Zu (1). Für $-1 < \varrho < 0$ ist f_2 in $[-1, \varrho]$ stetig, also R-integrierbar, und in $[\varrho, 0]$ beschränkt; für die durch

$$\varphi(x) := f_2(x) \quad \text{für} \quad x \in [-1, \varrho], \quad \varphi(x) := f_2(\varrho) \quad \text{für} \quad x \in [\varrho, 0]$$

erklärte stetige Funktion φ hat man daher $N_R(f_2 - \varphi\,|\,[-1, 0]) \to 0$ für $\varrho \to 0$, woraus man auf die R-Integrierbarkeit von f_2 in $[-1, 0]$ schließt.

Weiter findet man $N_R(f_2|[0,1])=0$, also $f_2|[0,1]\in\mathfrak{R}([0,1])$. — *Zu* (2). $\lim\{f_2(x): x\nearrow 0\}$ existiert nicht. — *Zu* (3). Siehe Beispiel **7.3.1.**

3. $\mathfrak{L}-(\mathfrak{R}\dot{+}\mathfrak{S}\mathfrak{L})\neq 0$.

Beispiel: $J=[-1,1]$, $f_3(x)=1$ für rationale x aus $[-1,0]$, $f_3(x)=0$ für irrationale x aus $[-1,0]$, $f_3=f_2$ in $[0,1]$.

f_3 ist in jedem der Intervalle $[-1,0]$ und $[0,1]$ L-integrierbar mit der N_L-Norm 0 (Beweis!). Andererseits ist die Teilfunktion $f_3|[-1,0]$ nicht R-integrierbar (weil in diesem Intervall $N_R(t-f_3)\geqq\frac{1}{2}$ für jede T-Funktion t) und weiter $f_3|[0,1]$ ohne Stammfunktion (s. Beispiel 2. von oben).

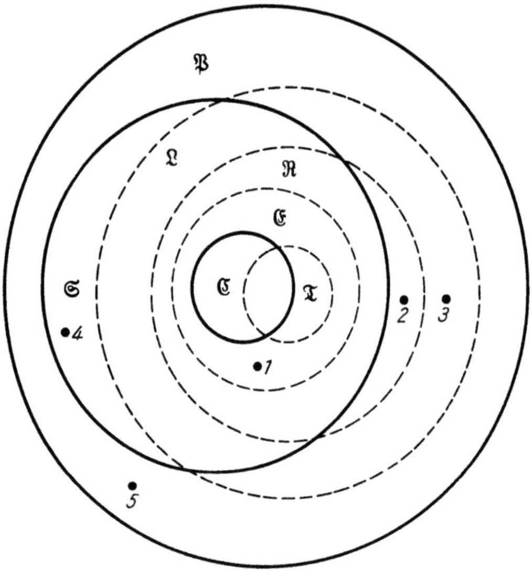

Abb. 20. Schematischer Vergleich der Funktionsbereiche gemäß **7.6.1.** und **7.6.2.** und Lokalisation der Beispiele 1. bis 5.

4. $\mathfrak{S}-\mathfrak{S}\mathfrak{L}\neq 0$.

Beispiel: $J=[-1,0]$ und $f_4(x)=\sin\frac{1}{x}-\frac{1}{x}\cos\frac{1}{x}$ für $x\in J$ mit der Stammfunktion $x\sin\frac{1}{x}$.

f_4 ist nicht L-integrierbar. In der Tat, $\sin\frac{1}{x}$ ist in J R-integrierbar (vgl. Bemerkungen zum Beweis in 2.), also auch L-integrierbar. Angenommen, f_4 wäre L-integrierbar, so müßte es auch $\frac{1}{x}\cos\frac{1}{x}$, und damit auch $\frac{1}{x}\left|\cos\frac{1}{x}\right|$ sein. Für diese Funktion ist aber die N_L-Norm $=+\infty$ (Beweis!), was der L-Integrierbarkeit widerspricht.

5. $\mathfrak{P}-(\mathfrak{L}\dot{+}\mathfrak{S})\neq 0$.

Beispiel: $J=[-1,1]$, $f_5(x):=f_4(x)$ für $x\in[-1,0]$, $f_5(x):=f_2(x)$ für $x\in[0,1]$. Dann ist f_5 nicht in $\mathfrak{L}$ und nicht in $\mathfrak{S}$ (s. Beispiele 4. und 2.

von oben). Andererseits hat $f_5|[-1, 0]$ eine Stammfunktion, also eine P-Stammfunktion (7.3.7.), ferner ist $f_5|[0, 1]$ L-integrierbar wegen $N_L(f_5|[0, 1]) = 0$, also P-integrierbar nach 7.6.2., somit f über $[-1, 1]$ P-integrierbar.

7.6.4. Nunmehr können wir den *Beweis* nachholen *dafür, daß eine P-integrierbare Funktion $f|J$ L-fast überall endlich ist, und daß das P-Integral Pf L-fast überall differenzierbar ist mit $(Pf)' = f$.*

Sei $k > 0$, $\varepsilon > 0$, A die zu 1. und 2. von 7.3.4.1. gehörige abzählbare Ausnahmemenge, $Pf = F$, und ψ eine P-Oberfunktion von f mit $\psi(b) - F(b) < k\varepsilon$, $E_k := \{\overline{D}(\psi - F) \geq k\}$. Da $\psi - F$ nicht fallend (7.3.4.3.), so erhalten wir nach 7.5.10.3. $\frac{1}{2}k\,\overline{m}(E_k) \leq \psi(b) - F(b) < k\varepsilon$, also $\overline{m}(E_k) < 2\varepsilon$. Es gilt $\underline{D}F \geq \underline{D}\psi - \overline{D}(\psi - F)$ überall da, wo die rechte Seite sinnvoll. Nun ist $\psi - F$ L-fast überall eigentlich differenzierbar (7.2.7.2.), ferner $\underline{D}\psi(x) > -\infty$ für $x \in J - A$; daher ist L-fast überall $\underline{D}F > -\infty$, und $\underline{D}F \geq f - k$ auf $J - (A \dotplus E_k)$, also $\overline{m}(\{\underline{D}F < f - k\}) \leq \overline{m}(A \dotplus E_k) < 2\varepsilon$. $\varepsilon \to 0$ liefert $\underline{D}F \geq f - k$ L-fast überall. Dies führt mit $k = n^{-1}$ und $n \to +\infty$ auf $\underline{D}F \geq f$ und $\underline{D}F > -\infty$ L-fast überall.

Mit $-f$ bzw. $-F$ an Stelle von f und F erhalten wir analog $\overline{D}F \leq f$ und $\overline{D}F < +\infty$ L-fast überall, zusammen also $-\infty < \underline{D}F = f = \overline{D}F < +\infty$ L-fast überall, w. z. z. w.

7.6.5. Im folgenden sollen noch einige wichtige Beziehungen zwischen dem P- und L-Integral erwähnt werden.

7.6.5.1. Die Forderungen hinsichtlich φ und ψ bei der Definition des P-Integrals (7.3.4.1.) lassen sich etwas abschwächen.

$f|J$ ist dann und nur dann P-integrierbar, wenn es zu jedem $\varepsilon > 0$ zwei Funktionen $\varphi|J$ und $\psi|J$ gibt, so daß

(a) *φ und ψ endlich und stetig in J mit $\varphi(a) = \psi(a) = 0$;*
(b) *$\overline{D}\varphi < +\infty$ und $\underline{D}\psi > -\infty$ A-fast überall in J;*
(c) *$\overline{D}\varphi \leq f \leq \underline{D}\psi$ L-fast überall in J;*
(d) *$\psi(b) - \varphi(b) < \varepsilon$.*

Beweis. 1. Daß die Bedingungen notwendig sind, ist aus der Definition von Pf klar. — 2. Sei N die Nullmenge, auf welcher die Ungleichungen von (c) nicht gelten. Die Funktion h mit $h(x) = +\infty$ für $x \in N$ und $= 0$ sonst, ist L-integrierbar mit $L(h|J) = 0$. Daher gibt es zu $\varepsilon > 0$ ein v mit $h \leq v \in \mathfrak{V}^*$ und $L(v|J) < \varepsilon$. Wir setzen $V(x) := L(v|[a, x])$, so daß $0 \leq V(x) < \varepsilon$. Nach 7.5.9.3. ist $\underline{D}V \geq v \geq h \geq 0$ überall in J. Mit $\psi_1 := \psi + V$, $\varphi_1 := \varphi - V$ erhalten wir $\psi_1 \in \overline{\mathfrak{P}}$ und $\varphi_1 \in \underline{\mathfrak{P}}$.

In der Tat, φ_1 und ψ_1 sind endlich und stetig, als Summe von solchen Funktionen. Ferner gilt, wenn A die zu (b) gehörige abzählbare

Ausnahmemenge bezeichnet, auf $J-A$ sowohl

$$\underline{D}\,\psi_1 \geq \underline{D}\,\psi + \underline{D}\,V \geq \underline{D}\psi > -\infty\,,$$

als auch

$$\overline{D}\varphi_1 \leq \overline{D}\varphi - \underline{D}\,V \leq \overline{D}\varphi < +\infty\,,$$

und dort außerdem

$$\overline{D}\varphi_1 \leq f \leq \underline{D}\,\psi_1;$$

außerhalb N nämlich ergibt sich die Gültigkeit der letzten Ungleichung mittels (c) und $\underline{D}\,V \geq 0$, auf $N-NA$ aber haben wir $\underline{D}\,V = +\infty$, $\underline{D}\psi > -\infty$, $\overline{D}\varphi < +\infty$, also $\underline{D}\psi_1 = +\infty \geq f$ und $\overline{D}\varphi_1 = -\infty \leq f$. Damit ist die Behauptung bezüglich φ_1, ψ_1 bewiesen. Schließlich ist $\psi_1(b) - \varphi_1(b) = \psi(b) - \varphi(a) + 2V(b) < 3\,\varepsilon$, woraus die P-Integrierbarkeit von f folgt.

Bemerkung. Der vorausgehende Satz lehrt, daß es bei der P-Integrierbarkeit auf die Werte der Funktion in einer L-Nullmenge nicht ankommt; denn f kommt nur in der Bedingung (c) vor, welche in einer L-Nullmenge nicht erfüllt zu sein braucht.

7.6.5.2. Die uneigentliche L-Integrierbarkeit ist ein spezieller Fall der P-Integrierbarkeit. Es heißt $f|\,[a,b]$ mit b als uneigentlicher Integrationsgrenze *uneigentlich L-integrierbar*, wenn für jedes β mit $a \leq \beta < b$ $f|\,[a,\beta]$ L-integrierbar ist und $\lim\{L(f|\,[a,\beta]) : \beta \nearrow b\}$ existiert und endlich ist. Dieser Limes ist das *uneigentliche L-Integral von f über* $[a,b]$.

Ist f über $[a,b]$ uneigentlich L-integrierbar (mit b als uneigentlicher Integrationsgrenze), so ist f über $[a,b]$ P-integrierbar und das P-Integral ist gleich dem uneigentlichen L-Integral.

Beweis. Nach **7.6.2.** und **7.3.6.**

7.6.5.3. Bei einseitig beschränkten Funktionen fallen P- und L-Integration zusammen.

Ist $f|J$ P-integrierbar und gilt mit einer endlichen Zahl M L-fast überall $f(x) \geq M$, dann ist f auch L-integrierbar.

Beweis. Da mit f auch $f-M$ über J P-integrierbar bzw. L-integrierbar ist (Beweis!), so können wir uns auf den Fall beschränken, daß $f \geq 0$ überall in J. $\varphi = 0$ ist eine P-Unterfunktion von f; sei ψ irgendeine P-Oberfunktion. Nach **7.5.11.** ist die nicht fallende Funktion $\psi - \varphi = \psi$ (**7.3.4.1.**) L-fast überall differenzierbar mit einer L-integrierbaren Ableitung. Somit ist ψ' L-integrierbar und L-fast überall $0 \leq f \leq \psi'$. Wegen **7.6.4.** haben wir nun L-fast überall

$$f(x) = \lim_{m\to\infty} \operatorname{med}\left\{0, m\left(Pf\left(x+\frac{1}{m}\right) - Pf(x)\right),\ \psi'(x)\right\},$$

woraus nach dem Satz von der Integration bei majorisierter Konvergenz die L-Integrierbarkeit von f folgt.

8. Maßtheorie.

8.0. Vorbetrachtung zur Maßtheorie.

8.0.1. H. LEBESGUE hat das Problem eines allgemeinen q-dimensionalen Rauminhaltes im E^q („Maßproblem") in folgender Weise formuliert: (a) Es ist *jeder* beschränkten Teilmenge $A \subset E^q$ in eindeutiger Weise eine nicht negative endliche Zahl $f(A)$ zugeordnet. — (b) Für (im elementargeometrischen Sinne) kongruente Mengen hat f den gleichen Wert. — (c) Für je endlich oder abzählbar unendlich viele paarweise fremde Mengen $A_1, A_2, \ldots$ gilt $f(A_1 \dot{+} A_2 \dot{+} \cdots) = f(A_1) + f(A_2) + \cdots$. — (d) Für den q-dimensionalen Würfel von der Kantenlänge 1 ist f gleich 1.

Es zeigt sich, daß *in dieser Form, insbesondere wegen* (a), *das Maßproblem nicht lösbar ist,* d.h. keine Funktion f mit den Eigenschaften (a) bis (d) existiert.

Beweis. 1. Wir nennen zwei Teilmengen A und B des E^q *zerlegungsgleich,* wenn es endliche (disjunkte) Zerlegungen $A = \sum^{\cdot}\{A_i : i = 1, \ldots, k\}$ und $B = \sum^{\cdot}\{B_i : i = 1, \ldots, k\}$ gibt, wobei A_i und B_i einander kongruent sind, $i = 1, \ldots, k$. Wir werden unten zeigen, *daß sich die Strecke* $J := \{0 \leq \hat{x} < 1\}$ *in abzählbar unendlich viele untereinander zerlegungsgleiche Teile* C_ν *zerlegen läßt*: $J = \sum^{\cdot}\{C_\nu : \nu = 0, 1, 2, \ldots\}$. Analoges gilt dann auch für den q-dimensionalen Einheitswürfel; man nehme im Raum der Punkte $(x, y, z, \ldots)$ die Zylindermengen

$$D_i := \{(x, y, z, \ldots) : x \in C_i \,\&\, y \in J \,\&\, z \in J \,\&\, \ldots\}, \qquad i = 0, 1, 2, \ldots,$$

welche die gewünschte Zerlegung des Einheitswürfels

$$\{(x, y, z, \ldots) : x \in J \,\&\, y \in J \,\&\, z \in J \,\&\, \ldots\}$$

liefern.

2. Nehmen wir diese Zerlegbarkeit einmal vorweg! Dann führt die Annahme, es gäbe eine Funktion $f(A)$ mit den obigen Eigenschaften auf einen Widerspruch. In der Tat, nach (b) und (c) hat f auch für zerlegungsgleiche Mengen gleichen Wert. Daher ist $f(C_\nu) = r$ für $\nu = 0, 1, \ldots$. Da nach (d) $f(J) = 1$, so ergibt (c) die Gleichung $1 = r + r + \cdots$, was für jede endliche reelle Zahl r widerspruchsvoll ist. Es gibt also keine solche Funktion f.

8.0.2. Zum Nachweis der vorausgehend benutzten Zerlegbarkeit von J in abzählbar viele zerlegungsgleiche Teile ordnen wir jedem x aus J die Menge $P_x := \{y : y \in J$ und $x - y$ rational$\}$ zu, welche offenbar abzählbar ist. Es gilt dabei: $x' \in P_x \triangleright P_{x'} = P_x$. Denn wenn $y \in P_{x'}$, so ist $y - x'$ rational; da auch $x - x'$ rational, so folgt $(y - x') - (x - x')$ rational, also $y \in P_x$. Das Umgekehrte folgt aus der Symmetrie der Aussage $x' \in P_x$ in x und x'. Das Intervall J zerfällt damit in das System $\mathfrak{P}$ der fremden Mengen P_x. In jedem $P \in \mathfrak{P}$ denken wir uns einen Punkt x_P ausgewählt (Auswahlaxiom **1.4.8.**) und erhalten $A := \{x_P : P \in \mathfrak{P}\}$. Nun sei $r_0 = 0, r_1, r_2, \ldots$ die als Folge geschriebene Menge aller rationalen Zahlen aus J. Wir verschieben die Mengen A um den Wert r_i; den dabei über J hinausragenden Teil des verschobenen A, schieben wir um eine Einheit zurück, so daß alles wieder in J liegt. Die so entstandene, offenbar mit A zerlegungsgleiche Menge bezeichnen wir mit C_i. Zwei C_i, C_j sind entweder fremd oder identisch. Denn ist $x \in C_i C_j$, so folgt $x = a + r_i + s_i = a' + r_j + s_j$ mit $a, a' \in A$; r_i, r_j aus J und rational; $s_i, s_j = 0$ oder -1. Damit ist aber auch $a - a'$ rational, also nach obigem $a = a'$. Nun folgt weiter $r_i - r_j = -s_i + s_j$, eine Gleichung, welche wegen $|r_i - r_j| < 1$ nur durch $r_i - r_j = 0$, also $i = j$ erfüllbar ist. Schließlich können wir feststellen, daß jeder Punkt x von J mindestens einem C_i angehört. Zu $x \in J$ gibt es nämlich ein a mit $x \in P_a$ und $a \in A$; alsdann ist $x - a = r$ rational. Wenn dabei $r \geqq 0$, so ist r gleich einem r_i, wenn $r < 0$, so ist $1 + r$ gleich einem r_i, so daß in beiden Fällen $x \in C_i$. Damit haben wir $J = C_0 \dot{+} C_1 \dot{+} C_2 \dot{+} \cdots$.

8.0.3. Aber auch bei schwächeren Forderungen, nämlich wenn man (a), (b) und (d) verlangt und dazu (c) nur für *endliche* Summandenzahl („Inhaltsproblem"), gibt es keine Lösung im Bereich *aller* beschränkten Mengen im E^q, wenn $q \geqq 3$; dies hat F. HAUSDORFF gezeigt. Dagegen sind, wie ST. BANACH bewiesen hat, für $q = 1, 2$ Lösungen des Inhaltsproblems möglich. Ihre Bedeutung wird aber dadurch sehr eingeschränkt, daß keine Eindeutigkeit der Lösung besteht. Dies äußert sich darin, daß die f-Werte für Mengen komplizierterer Art (etwa wie die Menge A von **8.0.2.**) in gewisser, der Natur des Problems fremden, willkürlichen Weise definiert werden müssen. Es ist daher zweckmäßig, solche Mengen vom Definitionsbereich der Funktion f auszuschließen, d.h. das Problem von vorneherein allgemeiner zu fassen, indem man die Forderung (a), der Definitionsbereich D von f sei das System aller beschränkten Mengen, aufgibt und D zunächst willkürlich läßt. Es liegt hier einer der nicht seltenen Fälle vor, daß Funktionaleigenschaften einer Funktion starke Rückwirkungen auf die mögliche Struktur des Definitionsbereiches der Funktion ausüben.

8.1. Additive Somenfunktionen.

8.1.1. Eine auf einem Teilsystem $\mathfrak{A}$ eines Somenringes $\mathfrak{B}$ erklärte reelle Funktion $f|\mathfrak{A}$ heißt *additiv*, wenn

1. $0 \in \mathfrak{A} \rhd f(0) = 0$;
2. $((A, B$ und $A \dot{+} B) \in \mathfrak{A}$ und $AB = 0) \rhd f(A \dot{+} B) = f(A) + f(B)$.

Mit dem Bestehen der letzten Gleichung ist auch die Forderung verbunden, daß *die betreffende Summe allemal sinnvoll* ist, d.h. daß unter den angegebenen Voraussetzungen über A und B die Werte $f(A)$ und $f(B)$ nicht entgegengesetzt uneigentlich sind[1]. Die Forderung 1. ist von selbst erfüllt, wenn $0 \in \mathfrak{A}$ und es ein $A \in \mathfrak{A}$ gibt mit endlichem $f(A)$; denn dann hat man $f(A) = f(A \dot{+} 0) = f(A) + f(0)$, also $f(0) = 0$. Zumeist ist der Definitionsbereich $\mathfrak{A}$ einer additiven Somenfunktion $f|\mathfrak{A}$ ein Somenring.

Wir nennen eine additive Funktion *trivial additiv*, wenn sie nur die Werte 0, $+\infty$ oder $-\infty$ annimmt.

Beispiele. 1. Ist $\mathfrak{J}$ ein Ideal im Somenring $\mathfrak{A}$, so erhält man eine trivial additive Somenfunktion $f|\mathfrak{A}$, wenn man setzt:

$$f(X) = 0 \text{ für } X \in \mathfrak{J}, \qquad f(X) = +\infty \text{ für } X \in \mathfrak{A} - \mathfrak{J}.$$

(Spezialfälle: $\mathfrak{J} = \mathfrak{A}$, $\mathfrak{J} = \{0\}$).

2. Nicht trivial additiv ist $f|\mathfrak{A}$ im folgenden Fall: $\mathfrak{A}$ sei der Körper aller Teilmengen T einer festen nicht leeren Menge M. Man setzt $f(T)$ gleich der Anzahl der Elemente von T, wenn T endlich oder leer ist, und sonst gleich $+\infty$.

3. Wohl das wichtigste Beispiel einer additiven Somenfunktion ist der elementargeometrische Inhalt, welcher in **8.2.** eingehender behandelt wird.

4. Eine auf einem Somenring $\mathfrak{A}$ erklärte, nicht negative additive Somenfunktion $f|A$ ist *monoton*, d.h. es gilt:

$$A < B \triangleright f(A) \leq f(B).$$

(Beweis!)

8.1.2. Die Verteilung der eigentlichen und uneigentlichen Werte einer additiven Somenfunktion regelt folgender Satz:

(A) *Ist $f|\mathfrak{A}$ additiv auf dem Somenring $\mathfrak{A}$, so gilt:*

(1) *$f(A)$ endlich* & *$A > B \triangleright f(B)$ endlich.*

(2) *Das Teilsystem $\mathfrak{A}^*$ von $\mathfrak{A}$ aller Somen mit endlichem f-Wert ist ein Ideal in $\mathfrak{A}$, also insbesondere ein Somenring.*

(3) *Auf $\mathfrak{A} - \mathfrak{A}^*$ ist f entweder konstant gleich $+\infty$, oder konstant gleich $-\infty$.*

(B) *Ist umgekehrt $f^*|\mathfrak{A}^*$ eine endliche, additive Somenfunktion auf dem Ideal $\mathfrak{A}^*$ im Somenring $\mathfrak{A}$, so ist die durch die Erweiterung $f(X) := f^*(X)$ für $X \in \mathfrak{A}^*$ und $f(Y) := +\infty$ für $Y \in \mathfrak{A} - \mathfrak{A}^*$ auf $\mathfrak{A}$ erklärte Somenfunktion $f|\mathfrak{A}$ additiv (Analoges mit $-\infty$ statt $+\infty$).*

Beweis. (A) 1. Die Behauptung ergibt sich aus der Gleichung $f(A) = f(B) + f(A - B)$, welche ja stets sinnvoll sein soll. — (A) 2. Wegen 1

[1] Dabei gilt $\underset{(-)}{+}\infty + a = a \underset{(-)}{+} \infty = \underset{(-)}{+}\infty$ für jede eigentliche reelle Zahl a.

sind mit A_1 und A_2 bei beliebigem $X \in \mathfrak{A}$ auch $A_1 X$ und $A_1 - A_1 A_2 =: B_1$ in $\mathfrak{A}^*$ enthalten, auf Grund der Additivität dann weiter auch $A_1 \dotplus A_2 = B_1 + A_2$; damit ist (A) 2. nachgewiesen. — (A) 3. Angenommen, es gäbe A und B aus $\mathfrak{A}$ mit $f(A) = +\infty$ und $f(B) = -\infty$, so führt Anwendung der Additivität auf die Zerlegungen $A = (A - AB) + AB$ und $B = (B - AB) + AB$ zu $-\infty < f(AB) < +\infty$ und $f(A - AB) = +\infty$, $f(B - AB) = -\infty$, so daß $f(A - AB) + f(B - AB)$ sinnlos wäre, was der Additivität widerspricht. — (B) Die Additivität von f ist gesichert, weil bei $A = B + C$ aus $A \in \mathfrak{A}^*$ bereits $B \in \mathfrak{A}^*$ und $C \in \mathfrak{A}^*$ folgen, andererseits aus $A \in \mathfrak{A} - \mathfrak{A}^*$ sich B oder $C \in \mathfrak{A} - \mathfrak{A}^*$ ergibt.

Bemerkungen. 1. Der vorausgehende Satz lehrt, daß sich die trivial additiven Funktionen im wesentlichen mit dem Beispiel 1 von **8.1.1.** erschöpfen.

2. Der primitive Zusammenhang von $f | \mathfrak{A}$ und $f | \mathfrak{A}^*$ macht es plausibel, daß man sich in vielen Fällen bei der Betrachtung additiver Funktionen auf endliche Funktionen beschränken darf. Es sei hier bereits darauf hingewiesen, daß die Sachlage bei den sog. σ-additiven Funktionen (**8.1.5.**, insbesondere **8.1.7.**) nicht mehr so einfach ist.

8.1.2.1. *Auf jedem von* $\{0\}$ *verschiedenen Somenring* $\mathfrak{B}$ *gibt es nicht-identisch verschwindende, beschränkte additive Somenfunktionen, insbesondere solche, welche nur die Werte* 0 *und* 1 *annehmen.*

In der Tat, nach **3.5.5.** gibt es in $\mathfrak{B}$ ein von $\mathfrak{B}$ verschiedenes Primideal $\mathfrak{P}$. Setzt man dann $m(X) = 0$ für $X \in \mathfrak{P}$ und $m(X) = 1$ für $X \in \mathfrak{B} - \mathfrak{P}$, so ist $m | \mathfrak{B}$ additiv. Dies lehrt die Betrachtung der beiden Fälle $X_1 \in \mathfrak{P}$, $X_2 \in \mathfrak{P}$ und $X_1 \in \mathfrak{P}$, $X_2 \in \mathfrak{B} - \mathfrak{P}$, auf die wir uns aus Symmetriegründen und wegen der Tatsache beschränken können, daß für fremde Somen X_1, X_2 aus $X_1 X_2 = 0 \in \mathfrak{P}$ wegen der Primidealeigenschaft $X_1 \in \mathfrak{P}$ oder $X_2 \in \mathfrak{P}$ folgt.

8.1.3. *Ist* $f | \mathfrak{A}$ *eine endliche additive Somenfunktion auf dem Somenring* $\mathfrak{A}$, *so gilt*

$$f(A \dotplus B) = f(A) + f(B) - f(AB).$$

Beweis. Es ist

$$A \dotplus B = A + (B - AB)$$
$$A \dotplus B = B + (A - AB)$$
$$A \dotplus B = (A - AB) + AB + (B - AB).$$

Geht man von diesen Gleichungen vermöge der Additivität zu den Gleichungen mit den f-Werten über und subtrahiert (was man wegen der Endlichkeit aller auftretenden Werte darf) die dritte Gleichung von der Summe der beiden ersten, so folgt die Behauptung.

8.1.4. Es liegt im Wesen der Additivität, daß die Werte einer additiven Funktion $f | \mathfrak{A}$ bereits durch ihre Werte auf einem passenden Teilsystem von Somen festgelegt sind. Der näheren Beschreibung dieses Umstandes dient folgender Begriff:

Eine Teilmenge $\mathfrak{B}$ eines Somenringes $\mathfrak{A}$ heißt eine *Basis von* $\mathfrak{A}$, wenn jedes A aus $\mathfrak{A}$ darstellbar ist als Summe von endlich vielen paarweise fremden Somen aus $\mathfrak{B}$. Dann gilt:

Eine auf dem Somenring $\mathfrak{A}$ *erklärte additive Somenfunktion* $f|\mathfrak{A}$ *ist bereits durch ihre Werte auf einer Basis von* $\mathfrak{A}$ *eindeutig bestimmt. Jede auf einer Basis* $\mathfrak{B}$ *von* $\mathfrak{A}$ *erklärte, additive Somenfunktion* $f|\mathfrak{B}$ *läßt sich auf eine und nur eine Weise zu einer auf* $\mathfrak{A}$ *erklärten additiven Somenfunktion* $f|\mathfrak{A}$ *erweitern.*

Beweis. Die erste Behauptung ist unmittelbar klar. — Was die zweite anlangt, so muß man wegen der gewünschten Additivität, wenn $A = B_1 + \cdots + B_n$ eine Darstellung von $A \in \mathfrak{A}$ mit paarweise fremden $B_\nu \in \mathfrak{B}$, d.h. eine sog. „$\mathfrak{B}$-*Zerlegung*" von A, ist, setzen $f(A) = f(B_1) + \cdots + f(B_n)$. Dies aber legt $f|\mathfrak{A}$ bereits in eindeutiger Weise fest. Denn haben wir neben obiger Darstellung noch eine zweite, $A = B_1' + \cdots + B_k'$, so gilt $A = \sum^{\cdot}\{B_\nu B_\varkappa' : \nu \in N,\ \varkappa \in K\}$, was bei den Basisdarstellungen $B_\nu B_\varkappa' = \sum^{\cdot}\{B_{\nu\varkappa\lambda} : \lambda \in L_{\nu\varkappa}\}$ zu den Basisdarstellungen

$$B_\nu = \sum^{\cdot}\{B_{\nu\varkappa\lambda} : \lambda \in L_{\nu\varkappa},\ \varkappa \in K\}, \qquad B_\varkappa' = \sum^{\cdot}\{B_{\nu\varkappa\lambda} : \lambda \in L_{\nu\varkappa},\ \nu \in N\}$$

und $A = \sum^{\cdot}_{\nu,\varkappa,\lambda} B_{\nu\varkappa\lambda}$ führt, wobei $N, K, L_{\nu\varkappa}$ die entsprechenden endlichen Indexmengen bezeichnen. Aus diesen Gleichungen ergibt sich nun mit der Additivität leicht $\sum\{f(B_\nu) : \nu \in N\} = \sum\{f(B_\varkappa') : \varkappa \in K\}$. Daraus ist die eindeutige Erweiterbarkeit von $f|\mathfrak{B}$ und zugleich die Additivität von $f|\mathfrak{A}$ zu erschließen.

8.1.4.1. Vorausgehender Satz findet seine einfachste Realisierung bei einem Somenring $\mathfrak{T}$, der durch einen *Teilungsprozeß* entsteht: Ausgehend vom größten Soma E hat man das Teilungsschema

$$\begin{array}{cccc} & & E & \\ & E_0 & E_1 & \\ E_{00} & E_{01} & E_{10} & E_{11} \\ \cdot\ \cdot\ \cdot & \cdot\ \cdot\ \cdot & \cdot\ \cdot\ \cdot & \cdot\ \cdot\ \cdot \end{array}$$

in welchem $E_{i_1 \ldots i_k} =: Z$ mit $i_j = 0$ oder 1, $j = 1, \ldots, k$, das allgemeine Element der $(k+1)$-ten Zeile des Schemas bezeichnet und in $E_{i_1 \ldots i_k 0}$ und $E_{i_1 \ldots i_k 1}$ „geteilt" wird.

Mit den Grundrelationen $E = E_0 + E_1$, $E_0 E_1 = 0, \ldots, E_{i_1 \ldots i_k} = E_{i_1 \ldots i_k 0} + E_{i_1 \ldots i_k 1}$, $E_{i_1 \ldots i_k 0} E_{i_1 \ldots i_k 1} = 0, \ldots$ wird $\mathfrak{T}$ erklärt als die Gesamtheit aller Klassen von formalen Ausdrücken $Z_1 \dot{+} \cdots \dot{+} Z_n$, die vermöge der Grundrelationen mit Anwendung der allgemeinen Rechengesetze für Somen als äquivalent anzusehen sind. Die Z bilden damit eine Basis $\mathfrak{E}$ des Somenringes $\mathfrak{T}$. Setzt man $f(0) = 0$ für den leeren Ausdruck 0, $f(E) = \alpha$, allgemein $f(E_{i_1 \ldots i_k}) = \alpha_{i_1 \ldots i_k}$, wobei man von den Zahlen α lediglich zu verlangen hat, daß die Gleichung $\alpha_{i_1 \ldots i_k 0} + \alpha_{i_1, \ldots i_k 1} = \alpha_{i_1 \ldots i_k}$ sinnvoll erfüllt ist, so ist damit eindeutig auf der Basis $\mathfrak{E}$ eine additive Somenfunktion $f|\mathfrak{E}$ erklärt (Beweis!) und damit auch auf $\mathfrak{T}$ selbst.

Bemerkung. Ein Teilsystem $\mathfrak{B}$ eines Somenringes $\mathfrak{A}$ heißt eine *Gitterbasis,* wenn sie neben der Basiseigenschaft noch die Eigenschaft besitzt, daß mit je zwei Elementen auch ihr Durchschnitt zu $\mathfrak{B}$ gehört. In diesem Sinne bilden die Z von oben eine Gitterbasis von $\mathfrak{T}$.

8.1.5. Auf σ-Somenringen kann man die Additivität in verschärfter Form verlangen. Der kürzeren Ausdrucksweise halber schicken wir eine Definition voraus. Die endliche Summe oder unendliche Reihe $\sum a_\nu = a_1 + a_2 + \cdots$ von eigentlichen oder uneigentlichen reellen Zahlen heiße kurz eine *s-Reihe,* wenn von den beiden Teilreihen, der aller negativen Glieder und der aller nicht negativen Glieder, mindestens eine lauter eigentliche Zahlen enthält und im eigentlichen Sinne konvergiert (gegen einen eigentlichen Wert): $\sum\{a_\nu : a_\nu < 0\} > -\infty$ oder $\sum\{a_\nu : a_\nu \geqq 0\} < +\infty$. Es läßt sich leicht beweisen: 1. Eine s-Reihe hat lauter sinnvolle Partialsummen[1], und diese streben gegen einen (eigentlichen oder uneigentlichen) Grenzwert, den Summenwert der Reihe. — 2. Der Summenwert einer s-Reihe ist von der Reihenfolge der Summanden unabhängig. — 3. Jede Teilreihe einer s-Reihe ist wieder eine s-Reihe

Bemerkung. Die drei aufgeführten Eigenschaften charakterisieren die s-Reihen nicht vollständig. Dies zeigt das Beispiel

$$(-\infty) + 1 + 1 + 1 + \cdots,$$

welches keine s-Reihe darstellt

8.1.5.1. Eine auf einem Teilsystem $\mathfrak{A}$ eines σ-Somenring $\mathfrak{B}$ erklärte reelle Funktion $f|\mathfrak{A}$ heißt *σ-additiv* (auch *totaladditiv, volladditiv*) *auf* $\mathfrak{A}$, wenn 1. $f(0) = 0$, soferne $0 \in \mathfrak{A}$ und 2. für jedes A aus $\mathfrak{A}$ und jede „$\sigma\mathfrak{A}$-*Zerlegung*" $A = \sum_\nu^\cdot A_\nu$ von A, d.h. jede Zerlegung von A in höchstens abzählbar viele paarweise fremde Somen A_ν aus $\mathfrak{A}$, die Reihe $\sum_\nu f(A_\nu)$ eine s-Reihe und gleich $f(A)$ ist. Offenbar gilt:

Jede σ-additive Somenfunktion ist auch additiv.

Beispiele. 1. $f|\mathfrak{A}$ von Beispiel 2. in **8.1.1.** ist σ-additiv. — 2. $\mathfrak{A}$ sei das System aller Teilmengen T einer Menge M. Ferner sei M_0 eine abzählbare Teilmenge von M und jedem n aus M_0 sei eine reelle Zahl r_n

[1] Das heißt neben eigentlichen Summanden nur uneigentliche Summanden gleichen Vorzeichens.

zugeordnet, so daß $\sum\{r_n : n \in M_0\}$ eine s-Reihe ist. Dann ist $g(T) := \sum\{r_n : n \in T M_0\}$ σ-additiv. — 3. Gibt es im σ-Somenring $\mathfrak{B}$ ein von $\mathfrak{B}$ verschiedenes σ-vollständiges Primideal $\mathfrak{P}$, so wird durch $m(X) = 0$ für $X \in \mathfrak{P}$, $m(X) = 1$ für $X \in \mathfrak{B} - \mathfrak{P}$ eine σ-additive Funktion definiert; denn hier gilt über **8.1.2.1.** hinaus für jede Folge $X_1, X_2, \ldots$ paarweise fremder Somen: $\sum_n^{\cdot} X_n \in \mathfrak{B} - \mathfrak{P} \triangleright X_n \in \mathfrak{B} - \mathfrak{P}$ für genau ein n. Umgekehrt ist für jede nicht identisch verschwindende totaladditive Funktion $m|\mathfrak{B}$, welche nur die Werte 0 und 1 annimmt, $\{X : X \in \mathfrak{B}$ und $m(X) = 0\}$ ein σ-vollständiges Primideal. (Beweis als Aufgabe.) — 4. Als *trivial* hat auch hier das Beispiel 1. von **8.1.1.** zu gelten, wobei $\mathfrak{A}$ einen σ-Somenring und $\mathfrak{J}$ ein σ-Ideal bezeichnen.

8.1.5.2. Im Gegensatz zu **8.1.2.1.** braucht es auf einem von $\{0\}$ verschiedenen σ-Somenring A nicht notwendig nicht triviale totaladditive Somenfunktionen zu geben. Vielmehr bedeutet es eine Auszeichnung des σ-Somenringes A, wenn auf ihm nicht triviale totaladditive Somenfunktionen existieren.

8.1.6. Die σ-Additivität hat den Charakter einer Stetigkeitsforderung an additive Somenfunktionen. Es gelten die folgenden Limessätze:

(A) *Ist $f|\mathfrak{A}$ σ-additiv auf dem σ-Somenring $\mathfrak{A}$, so gilt für jede aufsteigende Somenfolge $((A_\nu))$ mit $\sum^{\cdot} A_\nu =: S$*

$$(1) \qquad f(S) = \lim_\nu f(A_\nu),$$

für jede absteigende Somenfolge $((B_\nu))$ mit $\prod^{\cdot} B_\nu =: D$ und endlichem $f(B_1)$

$$(2) \qquad f(D) = \lim_\nu f(B_\nu).$$

(B) *Hat umgekehrt eine auf einem σ-Somenring $\mathfrak{A}$ additive Funktion $f|\mathfrak{A}$ für jede aufsteigende Somenfolge $((A_\nu))$ die Eigenschaft* (1), *dann ist sie σ-additiv; hat sie für jede absteigende Somenfolge $((B_\nu))$ die Eigenschaft* (2) *und ist sie außerdem durchwegs endlich, so ist sie ebenfalls σ-additiv.*

Beweis. (A) 1. Es gilt $A_n = A_1 + \sum^{\cdot}\{(A_{\nu+1} - A_\nu) : 1 \leq \nu \leq n-1\}$ und $S = A_1 + \sum^{\cdot}\{(A_{\nu+1} - A_\nu) : \nu \geq 1\}$, wegen der Totaladditivität also $f(S) = f(A_1) + \sum\{f(A_{\nu+1} - A_\nu) : \nu \geq 1\} = \lim_n [f(A_1) + \sum\{f(A_{\nu+1} - A_\nu) : 1 \leq \nu \leq n-1\}] = \lim_n f(A_n)$. — (A) 2. Die zweite Formel ergibt sich aus der ersten durch Übergang zu dem Komplementen; man setzt $B_1 - B_n = A_n$. Dann ist $((A_n))$ aufsteigend, $B_1 = A_n + B_n$ und mit $S = \sum^{\cdot} A_n$ und $D = \prod^{\cdot} B_n$ weiter $B_1 = S + D$. Gemäß der Additivität von f ist somit $f(B_1) = f(A_n) + f(B_n)$ und $f(B_1) = f(S) + f(D)$. Mit $f(B_1)$ sind daher auch alle Summanden der letzten beiden Gleichungen endlich, so daß $f(B_n) = f(D) + f(S) - f(A_n)$ folgt. Anwendung von 1. liefert für $n \to +\infty$ die Behauptung (2).

(B) 1. Sei jetzt f additiv und habe die durch (1) gekennzeichnete Eigenschaft. Ist $A_1 + A_2 + \cdots = S$, so gilt $f(S) = \lim\limits_n f(A_1 + \cdots + A_n) = \lim\limits_n [f(A_1) + \cdots + f(A_n)] = \sum f(A_n)$. Da dies bei jeder Art der Zusammenfassung der Folge $((A_n))$ folgt, so ist die letzte Reihe eine s-Reihe, also f σ-additiv. — (B) 2. f habe jetzt neben der Additivität die Eigenschaft (2) und sei durchwegs endlich. Ist $S = A_1 + A_2 + \cdots$, so liefert $B_n = S - (A_1 + \cdots + A_n)$ eine absteigende Folge mit $\prod B_n = 0$, also $\lim f(B_n) = 0$. Aus $S = B_n + A_1 + \cdots + A_n$ folgt $f(S) = f(B_n) + (f(A_1) + \cdots + f(A_n))$, und für $n \to \infty$ hieraus $f(S) = f(A_1) + f(A_2) + \cdots$. Wieder ist dieses Ergebnis unabhängig von jeder Zusammenfassung der A_1, $A_2, \ldots$, womit alles bewiesen ist.

8.1.6.1. *Eine nicht endliche, additive Funktion $f|\mathfrak{A}$, welche nur die zweite Limeseigenschaft von* **8.1.6.** *besitzt, braucht nicht σ-additiv zu sein.*

Beispiel. $\mathfrak{A}$ sei der vollständige Mengenkörper aller Teilmengen T der Menge $\mathbf{Z}$ der natürlichen Zahlen. Wir setzen $f(0) = 0$. Wenn T endlich und nicht leer, sei $f(T) = \sum\{2^{-n} : n \in T\}$ und wenn T unendlich, sei $f(T) = +\infty$. Man bestätige, daß $f|\mathfrak{A}$ additiv ist, die zweite Limeseigenschaft erfüllt, aber nicht σ-additiv ist!

8.1.6.2. Als leichte Abschwächung von **8.1.6.** (A) vermerken wir:

Es sei $\mathfrak{A}$ ein σ-Somenring, $\mathfrak{B}$ ein Teilsomenring von $\mathfrak{A}$ und $f|\mathfrak{B}$ σ-additiv. (1) *Für jede aufsteigende Folge $((B_\nu))$ von Somen aus $\mathfrak{B}$ mit $\sum^{\cdot} B_\nu = S \in \mathfrak{B}$ gilt $f(S) = \lim f(B_\nu)$;* (2) *für jede absteigende Folge $((C_\nu))$ von Somen aus $\mathfrak{B}$ mit $\prod C_\nu = D \in \mathfrak{B}$ und endlichem $f(C_1)$ ist $f(D) = \lim f(C_\nu)$.*

Beweis wie in **8.1.6.**

8.1.7. Ist $f|\mathfrak{A}$ eine σ-additive Somenfunktion auf einem σ-Somenring $\mathfrak{A}$, so ist das System $\mathfrak{A}^*$ aller Somen endlichen f-Wertes (zwar ein Ideal in $\mathfrak{A}$ aber) im allgemeinen kein σ-Ideal. Dies bestätigt das Beispiel 2 von **8.1.1.** Dort ist $\mathfrak{A}^*$ das nicht σ-vollständige Mengenideal aller endlichen Teilmengen der Menge der natürlichen Zahlen ($M = \mathbf{Z}$). Immerhin ist ein gewisser, dem Satz **8.1.2.** entsprechender Ersatz vorhanden:

Ist $f|\mathfrak{A}$ σ-additiv auf dem σ-Somenring $\mathfrak{A}$, so ist das System $\mathfrak{A}^{**}$ aller Somen aus $\mathfrak{A}$, welche sich als Vereinigung von abzählbar vielen Somen aus $\mathfrak{A}$ mit endlichen f-Werten darstellen lassen, ein σ-Ideal in $\mathfrak{A}$, insbesondere also ein σ-Teilsomenring von $\mathfrak{A}$.

Beweis. $\mathfrak{A}^*$ sei gemäß der Bezeichnung von **8.1.2.** das Ideal aller A aus $\mathfrak{A}$ mit $-\infty < f(A) < +\infty$. Ferner sei $A_\nu \in \mathfrak{A}^{**}$, $\nu \in \mathbf{Z}$, d.h. $A_\nu = \sum^{\cdot}\{A_{\nu\mu} : \mu \in \mathbf{Z}\}$ mit $A_{\nu\mu} \in \mathfrak{A}^*$. Dann ist $\sum^{\cdot} A_\nu = \sum^{\cdot} A_{\nu\mu} \in \mathfrak{A}^{**}$. Weiter ist mit $B \in \mathfrak{A}$ auch $A_1 B = \sum A_{1\mu} B \in \mathfrak{A}^{**}$, da $A_{1\mu} B \in \mathfrak{A}^*$ wegen der Idealeigenschaft von $\mathfrak{A}^*$. Also ist $\mathfrak{A}^{**}$ σ-Ideal in $\mathfrak{A}$.

8.1.8. Die auf dem σ-Somenring $\mathfrak{B}$ erklärte Funktion $f|\mathfrak{B}$ heißt *schwach endlich*, wenn sich jedes Soma aus $\mathfrak{B}$ darstellen läßt als Vereinigung von abzählbar vielen Somen aus $\mathfrak{B}$ mit endlichen f-Werten. Offenbar ist bei σ-additivem $f|\mathfrak{A}$ die gemäß **8.1.7.** erklärte Somenfunktion $f|\mathfrak{A}^{**}$ totaladditiv und schwach endlich. Umgekehrt gilt:

Ist $f|\mathfrak{B}$ eine schwach endliche, σ-additive Somenfunktion auf dem σ-Ideal $\mathfrak{B}$ im σ-Somenring $\mathfrak{A}$ und $f(B) > -\infty$ für alle B aus $\mathfrak{B}$, so ist die durch $\bar{f}(B) := f(B)$ für $B \in \mathfrak{B}$, $\bar{f}(A) := +\infty$ für $A \in \mathfrak{A} - \mathfrak{B}$ erklärte Erweiterung $\bar{f}|\mathfrak{A}$ von $f|\mathfrak{B}$ eine σ-additive Somenfunktion mit $\mathfrak{A}^{**} = \mathfrak{B}$. Nimmt f in $\mathfrak{B}$ den Wert $+\infty$ an, so ist jede σ-additive Erweiterung $\tilde{f}|\mathfrak{A}$ von $f|\mathfrak{B}$ mit $\mathfrak{A}^{**} = \mathfrak{B}$ identisch mit $\bar{f}|\mathfrak{A}$.

Beweis. 1. Sei $A_1, A_2, \ldots$ eine Folge von paarweise fremden Somen aus $\mathfrak{A}$. Nach Definition von $\bar{f}$ ist die Reihe $\sum\{\bar{f}(A_\nu):\bar{f}(A_\nu) < 0\}$ eine Teilreihe von $\sum\{f(A_\nu):A_\nu \in \mathfrak{B}\}$, welche eine s-Reihe mit dem Wert $f(\sum\{A_\nu:A_\nu \in \mathfrak{B}\}) > -\infty$ ist. Daher ist die erstgenannte Reihe eigentlich konvergent, somit $\sum\bar{f}(A_\nu)$ eine s-Reihe. Falls nun $S := \sum A_\nu \in \mathfrak{B}$, so ist auch $A_\nu \in \mathfrak{B}$, $\nu \in \mathsf{Z}$, weil $\mathfrak{B}$ ein Ideal in $\mathfrak{A}$. Alsdann gilt aber $\sum\bar{f}(A_\nu) = \bar{f}(S)$, weil $\bar{f}|\mathfrak{B} = f|\mathfrak{B}$ σ-additiv. Falls jedoch $S \in \mathfrak{A} - \mathfrak{B}$, so ist $\bar{f}(S) = +\infty$ und es gibt ein ν_0 mit $A_{\nu_0} \in \mathfrak{A} - \mathfrak{B}$, also $\bar{f}(A_{\nu_0}) = +\infty$. Alsdann ist wegen der bereits gesicherten s-Reiheneigenschaft $\sum\bar{f}(A_\nu) = +\infty = \bar{f}(S)$, womit die σ-Additivität von $\bar{f}|\mathfrak{A}$ bewiesen ist. — 2. Ist $A \in \mathfrak{A}^{**}$, also $A = \sum^{\cdot} A_\nu$ mit endlichen $\bar{f}(A_\nu)$, so folgt $A_\nu \in \mathfrak{B}$, also, weil $\mathfrak{B}$ σ-Ideal, $A \in \mathfrak{B}$. Ist andererseits $B \in \mathfrak{B}$, so folgt aus der schwachen Endlichkeit von $f|\mathfrak{B}$ eine Darstellung $B = \sum^{\cdot} B_\nu$ mit endlichen $f(B_\nu) = \bar{f}(B_\nu)$, woraus $B \in \mathfrak{A}^{**}$ hervorgeht. Damit ist $\mathfrak{A}^{**} = \mathfrak{B}$ bewiesen. — 3. Sei $\tilde{f}|\mathfrak{A}$ eine σ-additive Erweiterung von $f|\mathfrak{B}$, wobei das zu $\tilde{f}|\mathfrak{A}$ gehörige $\mathfrak{A}^{**}$ gleich $\mathfrak{B}$ ist. Weil stets $\mathfrak{A}^{*} < \mathfrak{A}^{**}$, so kann $\tilde{f}$ in $\mathfrak{A} - \mathfrak{A}^{**} = \mathfrak{A} - \mathfrak{B}$ nur uneigentliche Werte annehmen. Da bereits der $\tilde{f}$-Wert $+\infty$ vorkommt, so ist notwendig $\tilde{f}(X) = +\infty$ für $X \in \mathfrak{A} - \mathfrak{B}$, d.h. $\tilde{f} = \bar{f}$.

Bemerkung. Der vorausgehende Satz erlaubt uns ohne besondere Verluste, die Betrachtung σ-additiver Funktionen auf schwach endliche Somenfunktionen zu beschränken.

8.1.9. Analog wie in **8.1.4.** definieren wir:

Die Teilmenge $\mathfrak{B}$ des σ-Somenringes $\mathfrak{A}$ heißt eine *σ-Basis (σ-Gitterbasis) von* $\mathfrak{A}$, wenn jedes Soma aus $\mathfrak{A}$ als Vereinigung von höchstens abzählbar vielen paarweise fremden Somen aus $\mathfrak{B}$ darstellbar ist (und der Durchschnitt von je zwei Somen aus $\mathfrak{B}$ wieder zu $\mathfrak{B}$ gehört).

Beispiel. Ist $f|\mathfrak{A}$ σ-additiv und schwach endlich auf dem σ-Somenring $\mathfrak{A}$, so ist $\mathfrak{A}^{*}$ (**8.1.2.**) eine σ-Gitterbasis von $\mathfrak{A}$ (Beweis!).

8.1.9.1. *Eine auf dem σ-Somenring $\mathfrak{A}$ erklärte σ-additive Funktion $f|\mathfrak{A}$ ist bereits durch ihre Werte auf einer σ-Basis von $\mathfrak{A}$ bestimmt. Eine auf* *einer σ-Basis* $\mathfrak{B}$ *eines σ-Somenringes* $\mathfrak{A}$ *erklärte σ-additive Somenfunktion* $f|\mathfrak{B}$ *läßt sich auf eine und nur eine Weise zu einer σ-additiven Funktion* $f|\mathfrak{A}$ *erweitern.*

Beweis analog wie in **8.1.4.**

8.1.10. *Ist* $f|\mathfrak{A}$ *σ-additiv, so gilt für eine Somenfolge* $A_1, A_2, \ldots$ *aus* $\mathfrak{A}$ *mit der Eigenschaft, daß* $f(A_{\nu_1} \ldots A_{\nu_k}) = 0$ *für je endlich viele paarweise verschiedene* $\nu_1, \ldots, \nu_k$ *und* $k \geq 2$, *die Gleichung*

$$f(\sum{}^{\cdot} A_\nu) = \sum f(A_\nu)$$

und die letzte Reihe ist eine s-Reihe.

Beweis. Wir schreiben $S = \sum{}^{\cdot} A_\nu$ in der Form $S = \sum{}^{\cdot} A'_\nu$ mit paarweise fremden A'_ν, welche so definiert sind:

$$A'_1 = A_1, \quad A'_2 = A_2 - A'_1 A_2, \ldots, \quad A'_n = A_n - A_n(A'_1 \dotplus \cdots \dotplus A'_{n-1}), \ldots.$$

Indem wir zeigen, daß $f(A'_n) = f(A_n)$, $n = 1, 2, \ldots$, bestätigen wir offenbar die Behauptungen des Satzes. Dazu genügt der Nachweis, daß

$$\text{(m)} \qquad f(A_{n_k} \ldots A_{n_2} A_{n_1} A'_m) = 0$$

immer wenn $1 \leq m < n_1 < n_2 < \cdots < n_k$ und $k \geq 1$; denn bereits der Fall $k = 1$ liefert das Gewünschte (Beweis!).

Für $m = 1$ ist offenbar (m) richtig, weil $A'_1 = A_1$. Wir machen die Induktionsvoraussetzung, daß (m) allgemein für $m < p$ richtig ist ($p \geq 2$). Dann folgt aus

$$A'_p \dotplus A_p A'_1 \dotplus \cdots \dotplus A_p A'_{p-1} = A_p$$

mit der Abkürzung $A_{n_k} \ldots A_{n_2} A_{n_1} = P$, wobei $p < n_1 < n_2 < \cdots < n_k$,

$$P A'_p \dotplus P A_p A'_1 \dotplus \cdots \dotplus P A_p A'_{p-1} = P A_p.$$

Übergang zu den f-Werten, Anwendung der Additivität von f und der Induktionsvoraussetzungen ergibt $f(PA_p) = f(PA_p) = 0$, womit alles bewiesen ist.

Bemerkung. Obiger Satz gilt auch für endlich viele Summanden, wobei dann nur die Additivität schlechthin von f benötigt wird.

8.1.11. Unter einer *Maßfunktion* $m|\mathfrak{B}$ auf einem σ-Somenring $\mathfrak{B}$ versteht man eine Somenfunktion mit folgenden Eigenschaften:

(1_M) $m(0) = 0$, und $m(B) \geq 0$ für jedes $B \in \mathfrak{B}$.

(2_M) Aus $A_\nu \in B$, $\nu = 1, 2, \ldots$, und $S \prec \sum{}^{\cdot} A_\nu$ folgt

$$m(S) \leq \sum m(A_\nu).$$

Besteht (1_M), so ist (2_M) gleichbedeutend mit dem gleichzeitigen Bestehen von

$(2'_M)$ $m|\mathfrak{B}$ ist gleichsinnig monoton;

$(2''_M)$ $m|\mathfrak{B}$ ist „vereinigungsbeschränkt", d.h. für je abzählbar viele A_ν aus $\mathfrak{B}$ gilt $m(\sum^{\cdot} A_\nu) \leq \sum m(A_\nu)$ (Beweis als Aufgabe).

Bemerkung. (1_M) und $(2''_M)$ zusammen haben nicht notwendig $(2'_M)$ zur Folge.

Beispiel. Sei $A = B + C$ eine Zerlegung der Menge A in zwei fremde nicht leere Mengen B und C. Im System aller Teilmengen von A definiere man:

$$f(X) = 1 \quad \text{für} \quad 0 \neq X < B, \quad \text{sonst} \quad f(X) = 0.$$

f erfüllt (1_M) und $(2''_M)$, aber nicht $(2'_M)$.

Jede nicht negative, σ-additive Somenfunktion $m|\mathfrak{A}$ auf einem σ-Somenring $\mathfrak{A}$ heißt ein *Maß auf* $\mathfrak{A}$.

Jede additive Maßfunktion ist ein Maß.

Beweis. Sei $m|\mathfrak{A}$ eine Maßfunktion und $A = A_1 \dot{+} A_2 \dot{+} \cdots$ eine $\sigma\mathfrak{A}$-Zerlegung. Wegen der Vereinigungsbeschränktheit von m gilt $m(A) \leq \sum m(A_\nu)$. Aus der Monotonie und der Additivität folgt andererseits $m(A) \geq m(A_1 + \cdots + A_n) = m(A_1) + \cdots + m(A_n)$, und mit $n \to +\infty$ hieraus $m(A) \geq \sum m(A_\nu)$, worin wegen der obigen Ungleichung das Gleichheitszeichen steht, so daß σ-Additivität vorliegt.

8.1.11.1. Eine Maßfunktion $m|\mathfrak{B}$ heißt *trivial*, wenn m nur die Werte 0 und $+\infty$ annimmt.

Jede triviale Maßfunktion ist ein (triviales) *Maß, und umgekehrt.* (Beweis als Aufgabe!)

Zerlegt man einen σ-Somenring $\mathfrak{B}$ in zwei fremde Mengen $\mathfrak{B}^0$ und $\mathfrak{B}^1$, $\mathfrak{B} = \mathfrak{B}^0 + \mathfrak{B}^1$, wobei $\mathfrak{B}^0$ ein σ-Ideal ist, und definiert $m(X) = 0$ für $X \in \mathfrak{B}^0$, $= +\infty$ für $X \in \mathfrak{B}^1$, so stellt $m|\mathfrak{B}$ ein triviales Maß dar; man erhält auf diese Weise alle möglichen trivialen Maße (Beweis!).

Falls aber $\mathfrak{B}^0$ ein σ-Primideal ist, so liefert z.B. die Definition $m(X) = 0$ für $X \in \mathfrak{B}^0$, $= 1$ für $X \in \mathfrak{B}^1$ ein nicht triviales Maß in $\mathfrak{B}$ (vgl. **8.1.5.1.** Beispiel 3.).

8.1.11.2. Ein Maß $m|\mathfrak{A}$ heißt *nicht auflösbar auf* A $(\in \mathfrak{A})$, wenn $m(A) = +\infty$ und keine $\sigma\mathfrak{A}$-Zerlegung $A = \sum^{\cdot} A_i$ existiert, so daß entweder $\sum\{m(A_i) : m(A_i) < +\infty\} = +\infty$ oder $\sum\{1 : m(A_i) = +\infty\} \geq 2$ ist.

Ist das Maß $m|\mathfrak{A}$ *nicht auflösbar auf* A $(\in \mathfrak{A})$, *so ist* $\mathfrak{X} = \{X : \mathfrak{A} \ni X < A \;\&\; m(X) < +\infty\}$ *ein* σ-*Primideal in* $\mathfrak{A}$.

In der Tat, wäre für $X_i \in \mathfrak{X}$, $i \in \mathbf{Z}$, $S := \sum^{\cdot} X_i$ der Wert $m(S) = +\infty$, so wäre auch $m(X_1 \dot{+} (X_2 - X_1 X_2) \dot{+} (X_3 - (X_1 \dot{+} X_2) X_3) \dot{+} \cdots) = +\infty$ und die Zerlegungen $A = (A - S) + S = (A - S) \dot{+} X_1 \dot{+} (X_2 - X_1 X_2) \dot{+} \cdots$ würden der Nichtauflösbarkeit widersprechen. Wäre andererseits $Y_1 Y_2 \in \mathfrak{X}$ und $Y_1, Y_2 < A$, aber weder Y_1 noch $Y_2 \in \mathfrak{X}$, so stünde die Zerlegung $A = (Y_1 - Y_1 Y_2) \dot{+} (Y_2 - Y_1 Y_2) \dot{+} Y_1 Y_2 \dot{+} (A - (Y_1 \dot{+} Y_2))$ im Widerspruch zur Nichtauflösbarkeit, weil die beiden ersten Summanden unendliches Maß haben. Die übrigen Idealeigenschaften von $\mathfrak{X}$ sind klar.

Bemerkung. Vorausgehender Satz ermöglicht leicht, ein Beispiel eines nicht auflösbaren Maßes anzugeben:

Sei $A = E^1$ und $\mathfrak{A}$ das System aller Teilmengen von A; man setze $m(X) = 0$, wenn X den Punkt 0 nicht enthält, sonst $m(X) = +\infty$; $m|\mathfrak{A}$ ist auf A nicht auflösbar.

8.2. Intervallfunktionen.

8.2.1. Unter einem (*eindimensionalen*) Intervall i auf der Zahlgeraden E^1 verstehen wir im folgenden eine Menge $[a_0, a_1) = \{x : a_0 \leqq x < a_1\}$, wo a_0, a_1 reelle Zahlen mit $a_0 < a_1$ bezeichnen. Man beachte, daß wir den rechten Endpunkt nicht zum Intervall rechnen; dies ist eine gewisse Willkür, die aber einige Vorteile bietet.

Zwei Intervalle i, i' sind entweder fremd, $i i' = 0$, oder ihr Durchschnitt $i i'$ ist wieder ein Intervall. Die Vereinigung zweier Intervalle mit nicht leerem Durchschnitt ist ein Intervall, dagegen die Summe zweier fremder Intervalle i, i' nur dann, wenn sie „aneinander stoßen", d.h. $a_1 = a_0'$ ist. Wir schreiben im letzten Falle dann $i + i' = i''$; diese Gleichung dürfen wir auch im mengenalgebraischen Sinne verstehen.

Ein (*q-dimensionales*) *Intervall* I im E^q der Punkte $x = (x_1, \ldots, x_q)$ ist gegeben, wenn für $\varkappa = 1, \ldots, q$ je ein Intervall $i_\varkappa = [a_{\varkappa 0}, a_{\varkappa 1})$ erklärt ist; dann ist I die Produktmenge $I = ((i_1, \ldots, i_q))$, d.h. die Menge aller Punkte $(x_1, \ldots, x_q)$ mit $x_\varkappa \in i_\varkappa$, $\varkappa = 1, \ldots, q$. Wir nennen die $i_1, \ldots, i_q$ die eindimensionalen Faktoren von I. Für den Durchschnitt zweier (q-dimensionaler) Intervalle gilt dasselbe wie oben. Dagegen ist (bei $q \geqq 2$) die Vereinigung zweier nicht fremder Intervalle nicht immer ein Intervall. Die Summe zweier fremder Intervalle ist nur dann wieder ein Intervall, $I + I' = I''$, wenn sie „aneinander stoßen". Dies heißt hier, daß die beiden Intervalle in allen bis auf einen eindimensionalen Faktor übereinstimmen, in diesem einen aber im obigen Sinne aneinanderstoßen. Beispiel: $I = (i_1, i_2, \ldots, i_q)$, $I' = (i_1', i_2, \ldots, i_q)$ mit $i_1 + i_1' = i_1''$; dann ist $I'' = (i_1'', i_2, \ldots, i_q)$.

8.2.2. Wir sprechen von einer *Intervallfunktion* $f|\mathfrak{D}$, wenn jedem Intervall I einer Intervallmenge $\mathfrak{D}$ im q-dimensionalen Raum E^q eine (eigentliche oder uneigentliche) reelle Zahl $f(I)$ zugeordnet ist. Additivität und σ-Additivität sind wie in **8.1.1.** und **8.1.5.1.** definiert.

8.2.2.1. *Es sei* $I_0 := (([0,1), \ldots, [0,1))) \subset E^q$ und $\mathfrak{J}_0 := \{I\colon I$ *Intervall und* $I \subset I_0\}$. *Die allgemeinste endliche, additive Intervallfunktion* $f|\mathfrak{J}_0$ *hat die Gestalt*

$$\Delta_\varphi(I) := \sum \{(-1)^{q-(j_1+\cdots+j_q)} \varphi(a_{1j_1}, \ldots, a_{qj_q}) : j_\varkappa = 0, 1;\ \varkappa = 1, \ldots, q\},$$

wo $I = ((i_1, \ldots, i_q))$ *mit* $i_\varkappa = [a_{\varkappa 0}, a_{\varkappa 1})$, $\varkappa = 1, \ldots, q$, *und* $\varphi(x_1, \ldots, x_q)$ *irgendeine auf* $\bar{I}_0 := \{(x_1, \ldots, x_q) : 0 \leqq x_i \leqq 1,\ i = 1, \ldots, q\}$ *definierte endliche reelle Punktfunktion bezeichnet.*

Beweis. 1. Um zu zeigen, daß jede endliche additive Intervallfunktion diese Gestalt hat, definieren wir im Falle $q = 1$, wo $i := [a_0, a_1)$ mit $0 \leqq a_0 < a_1 \leqq 1$, die Funktion $\varphi(x) := f([0, x))$ für $0 < x \leqq 1$ und $\varphi(0) = 0$. Dann hat man allgemein $f(i) = -\varphi(a_0) + \varphi(a_1)$; denn für $0 < a_0 < a_1 \leqq 1$ folgt dies aus der Gleichung der Additivität $f([0, a_0)) + f([a_0, a_1)) = f([0, a_1))$ und im Falle $0 = a_0 < a_1 \leqq 1$ aus der Definition von φ.

2. Der allgemeine Fall erledigt sich auf induktivem Wege. Für $q = p - 1 \geqq 1$ sei die Behauptung richtig. Um sie für q gleich p zu beweisen, betrachten wir den E^p als Produkt $((E^{p-1}, E^1))$ und demgemäß auch ein p-dimensionales Intervall I als Produkt $((I^{p-1}, i))$ eines $(p-1)$-dimensionalen Intervalles I^{p-1} im Raum der $(x_1, \ldots, x_{p-1})$ und eines Intervalles i auf der x_p-Achse. Wir schreiben dann $f(I) = g(I^{p-1}; i)$. Bei festem I^{p-1} ist $g(I^{p-1}; i)$ als Funktion von $i = [a_{p0}, a_{p1})$ additiv. Nach dem Vorgang von 1. setzen wir $\psi(I^{p-1}; x) := g(I^{p-1}; [0, x))$ für $0 < x \leqq 1$ und $\psi(I^{p-1}; 0) := 0$, so daß $f(I) = -\psi(I^{p-1}; a_{p0}) + \psi(I^{p-1}; a_{p1})$. Bei dieser Definition ist $\psi(I^{p-1}; x_p)$ bei festem x_p eine endliche additive Intervallfunktion im E^{p-1}, hat somit nach Induktionsvoraussetzung die Gestalt

$$\psi(I^{p-1}; x_p) = \sum (-1)^{p-1-(j_1+\cdots+j_{p-1})} \varphi(a_{1j_1}, \ldots, a_{p-1, j_{p-1}}, x_p),$$

summiert über $j_k = 0, 1$; $k = 1, \ldots, p-1$. Dies führt mit der vorausgehenden Darstellung von $f(I)$ auf $\Delta_\varphi(I)$.

3. Daß die im Satz angegebene Summe $\Delta_\varphi(I)$ tatsächlich eine endliche additive Intervallfunktion liefert, kann man direkt nachrechnen. Jede Punktfunktion $\varphi(x_1, \ldots, x_q)$ bestimmt damit eindeutig eine Intervallfunktion $\Delta_\varphi(I)$. In umgekehrter Richtung besteht aber keine Eindeutigkeit; denn wir dürfen offensichtlich zu φ eine beliebige Funktion der Gestalt $\chi_1(x_2, \ldots, x_q) + \chi_2(x_1, x_3, \ldots, x_q) + \cdots + \chi_q(x_1, \ldots, x_{q-1})$ hinzufügen ohne $\Delta_\varphi(I)$ zu ändern.

Bemerkung. Die vorausgehende Konstruktion läßt sich unschwer auf den Fall ausdehnen, daß der Definitionsbereich von f die Gesamtheit aller q-dimensionalen Intervalle ist.

8.2.2.2. *Beispiel* einer endlichen additiven, aber nicht σ-additiven Intervallfunktion.

Auf der x-Geraden E^1 sei $\varphi_1 = 0$ für $x < 1$, $\varphi_1 = 1$ für $x \geqq 1$. Dann ist Δ_{φ_1} endlich additiv, aber nicht totaladditiv auf dem System aller Intervalle $[a, b)$. Denn $\Delta_{\varphi_1}([0,1)) = 1 \neq 0 = \sum\left\{\Delta_{\varphi_1}\left(\left[\frac{n-1}{n}, \frac{n}{n+1}\right)\right) : n \in \mathbf{Z}\right\}$.

8.2.3. Wir fragen nun speziell nach jenen endlichen additiven Intervallfunktionen, welche bei Translationen im E^q ihre Werte nicht ändern, für welche also $f(I)$ allein durch die Gestalt und nicht durch die Lage von I bestimmt ist. Hierzu schicken wir einen *Hilfssatz* voraus:

Es sei $D := \{x : 0 < x < 1\}$, *ferner sei* $f|D$ *eindeutig, endlich, reell und genüge der Funktionalgleichung*

$$f(x + x') = f(x) + f(x') \tag{1}$$

soferne die darin auftretenden Argumente in D *liegen und sei in der Umgebung einer gewissen Stelle* $x_0 \in D$ *beschränkt. Alsdann gilt* $f(x) = C\,x$, *wo* C *eine Konstante.*

Beweis. 1. Aus der Funktionalgleichung folgt sofort durch vollständige Induktion

$$f(x_1 + \cdots + x_n) = f(x_1) + \cdots + f(x_n). \tag{2}$$

Setzt man hierin $x_1 = \cdots = x_n = x/n$, so ergibt sich $f(x/n) = f(x)/n$, und hieraus weiter allgemein

$$f(r\,x) = r\,f(x) \tag{3}$$

für positives rationales r, soferne x und $r\,x$ in D liegen.

2. Wir setzen nun in (2) $x_1 = x_2 = \cdots = x_{n-1} = \frac{x_0}{n}$, $x_n = (x_0 + t)/n$ und erhalten $f(x_0 + t/n) - f(x_0) = (f(x_0 + t) - f(x_0))/n$. Nach Voraussetzung ist $|f(x_0 + t)| < M$ für $|t| < \delta$ mit passendem $\delta > 0$. Daher folgt aus der letzten Gleichung mit $t/n = y$ die Ungleichung $|f(x_0 + y) - f(x_0)| < 2M/n$ für $|y| < \delta/n$. Dies bedeutet weil n beliebig ist, die Stetigkeit von f an der Stelle x_0.

3. Nach (1) ist $f(x + x_0) - f(x_0) = f(x)$, so daß f auch in der Nähe von $x = 0$ beschränkt ist, was wieder wegen (1) die Beschränktheit in der Umgebung einer jeden Stelle x von D und damit nach 2. die Stetigkeit von f zur Folge hat. Damit gilt aber (3) nicht nur für rationale, sondern auch für beliebige positive r, soferne x und $r\,x$ in D liegen. Mit $x = \frac{1}{2}$, $r = 2x$, $C = 2f(\frac{1}{2})$ folgt jetzt aus (3) die behauptete Gleichung.

8.2.4. Nun können wir zeigen:

Ist $f(I)$ *eine translationsinvariante, und additive Intervallfunktion, welche für alle Teilintervalle* I *eines festen Intervalles* I_0 *erklärt und beschränkt ist, so hat* $f(I)$ *die Gestalt* $C(a_{11}-a_{10})\cdots(a_{q1}-a_{q0})$, *wo* $I=([a_{10},a_{11}),\ldots,[a_{q0},a_{q1}))$ *und* C *eine Konstante ist.*

Beweis. Es sei etwa $I_0=([0,1),\ldots,[0,1))$. Für $I'=([0,x_1),\ldots,[0,x_q))$ können wir schreiben $f(I')=\varphi(x_1,\ldots,x_q)$, womit sich wegen der Translationsinvarianz für $I=([a_{10},a_{11}),\ldots,[a_{q0},a_{q1}))$ die Darstellung $f(I)=\varphi(a_{11}-a_{10},\ldots,a_{q1}-a_{q0})$ ergibt. Wegen der vorausgesetzten Additivität von $f(I)$ erfüllt $\varphi(x_1,\ldots,x_q)$ in jeder einzelnen Variablen die Bedingungen des Satzes **7.2.3.**, woraus durch vollständige Induktion $\varphi(x_1,\ldots,x_q)=C\,x_1\ldots x_q$ erschlossen werden kann. Damit ist aber alles bewiesen.

Bemerkung. Setzt man $C=1$, so erhält man den *elementargeometrischen Inhalt* $\lambda(I)$ *eines q-dimensionalen Intervalls* I:

$$\lambda(I):=(a_{11}-a_{10})(a_{21}-a_{20})\ldots(a_{q1}-a_{q0}).$$

8.2.5. *Der q-dimensionale elementargeometrische Inhalt ist σ-additiv.*

Beweis. 1. Für $q=1$.

Es sei $i=\sum^{\cdot}\{i_n:n\in\mathbf{Z}\}$ mit fremden Intervallen i_n im E^1. Nach **7.2.1.2.** ist $\lambda(i)\geqq\sum\{\lambda(i_n):n\in\mathbf{Z}\}$. Um auch die umgekehrte Ungleichung zu beweisen, setzen wir $i=[a,b)$, $i_n=[a_n,b_n)$ und betrachten dazu bei $\varepsilon>0$ das abgeschlossene Intervall $A:=\{x:a+\varepsilon\leqq x\leqq b-\varepsilon\}\subset i$, und die offenen Intervalle $G_n:=\{x:a_n-2^{-n}\varepsilon<x<b_n+2^{-n}\varepsilon\}\supset i_n$, $n\in\mathbf{Z}$. Da $A\subset\sum^{\cdot}\{G_n:n\in\mathbf{Z}\}$, so gilt nach **4.7.4.2.** auch $A\subset\sum^{\cdot}\{G_n:n=1,\ldots,p\}$ für ein passend großes p. Daher ist nach **7.2.1.1.** $b-a-2\varepsilon\leqq\sum\{(b_n-a_n+2^{-n+1}\varepsilon):n=1,\ldots,p\}$, woraus $\lambda(i)\leqq\sum\{\lambda(i_n):n\in\mathbf{Z}\}+4\varepsilon$, und mit $\varepsilon\to0$ schließlich $\lambda(i)\leqq\sum\{\lambda(i_n):n\in\mathbf{Z}\}$ folgt. Die beiden bewiesenen Ungleichungen zusammen ergeben die behauptete Gleichung.

2. Für $q\geqq2$ ist der Beweis analog, wobei die q-dimensionalen Verallgemeinerungen von **7.2.1.1.** und **7.2.1.2** zu benutzen sind.

8.2.6. Als Verallgemeinerung von **8.2.5.** stellen wir eine *hinreichende* Bedingung für die σ-Additivität einer endlichen Intervallfunktion auf. Wir nennen die Intervallfunktion $f|\mathfrak{D}$ im E^q *q-dimensional inhaltsstetig*, wenn es zu jedem $\varepsilon>0$ ein $\delta=\delta(\varepsilon)>0$ gibt, so daß für je endlich viele paarweise fremde Intervalle $I_1,\ldots,I_n$ aus $\mathfrak{D}$ mit $\lambda(I_1)+\cdots+\lambda(I_n)<\delta$ folgt $|f(I_1)+\cdots+f(I_n)|<\varepsilon$.

Jede endliche, additive, auf allen Teilintervallen eines festen Intervalles I_0 *erklärte, q-dimensional inhaltsstetige Intervallfunktion ist σ-additiv.*

Beweis. Sei $I:=\sum^{\cdot}\{I_\nu:\nu\in\mathbf{Z}\}$ eine Zerlegung. Dann gibt es bei jeder Wahl von $n\in\mathbf{Z}$ eine disjunkte Darstellung $I=I_1+\cdots+I_n+I'_1+\cdots+I'_k$ mit endlich vielen passenden $I'_1,\ldots,I'_k$. Wegen der σ-Additivität von λ besteht bei vorgegebenem $\varepsilon>0$ für alle hinreichend großen n die Ungleichung $\lambda(I'_1)+\cdots+\lambda(I'_k)<\delta(\varepsilon)$, woraus mit der Inhaltsstetigkeit $|f(I'_1)+\cdots+f(I'_k)|<\varepsilon$, und daraus mit der Additivität $|f(I)-(f(I_1)+\cdots+f(I_n))|<\varepsilon$ folgt, was die σ-Additivität von f bedeutet.

8.2.7. Eine *notwendige* Bedingung für die Totaladditivität einer Intervallfunktion enthält der folgende Satz:

Ist $f|\mathfrak{I}_0$ eine endliche, auf dem System $\mathfrak{I}_0$ aller Teilintervalle eines festen Intervalls I_0 erklärte, σ-additive Intervallfunktion, so gilt: Für jede sich auf die leere Menge zusammenziehende Intervallfolge $((I_\nu))$ (d.h. $I_1 \supset I_2 \supset \cdots$ und $\prod^{\cdot}\{I_n : n \in \mathsf{Z}\} = 0$) ist $\lim\limits_n f(I_n) = 0$.

Beweis. Wäre für eine solche Folge die behauptete Limesbedingung nicht erfüllt, so könnte man eine Teilfolge ausgreifen — es sei bereits die ursprüngliche Folge — mit $\lim\limits_\nu f(I_\nu) = a \neq 0$. Aus $I_1 = (I_1 - I_2) \dot{+} (I_2 - I_3) \dot{+} \cdots$ folgt mit den Zerlegungen $I_k - I_{k+1} = J_{m_k} \dot{+} \cdots \dot{+} J_{m_{k+1}-1}$ $(1 = m_1 < m_2 < m_3 < \cdots)$ die disjunkte Darstellung $I_1 = J_1 \dot{+} J_2 \dot{+} \cdots$, für welche die Reihe $f(J_1) + f(J_2) + \cdots$ nicht nach $f(I_1)$ konvergiert, weil $I_1 = J_1 \dot{+} \cdots \dot{+} J_{m_k - 1} \dot{+} I_k$, also gewisse Partialsummen der fraglichen Reihe sich von $f(I_1)$ um $f(I_k)$ unterscheiden. Die σ-Additivität wäre verletzt (Widerspruch!).

8.2.8. Wir geben noch *Beispiele* dafür, daß die Bedingung von **8.2.6.** nicht notwendig, die von **8.2.7.** nicht hinreichend für σ-Additivität ist.

1. Im E^1 sei die Punktfunktion $\varphi_2(x) = 0$ für $x \leq 1$, $\varphi_2(x) = 1$ für $x > 1$. Dann ist $\Delta_{\varphi_2}(I) =: f(I)$ endlich auf dem System der Intervalle $I := [a, b)$ und σ-additiv. Denn ist disjunkterweise $I = I_1 \dot{+} I_2 \dot{+} \cdots$, so ist, falls I den Punkt $x = 1$ nicht enthält, die Gleichung $f(I) = f(I_1) + f(I_2) + \cdots$ trivial, weil darin alle f-Werte 0 sind, falls aber I diesen Punkt enthält, so tut dies genau ein I_n, so daß mit $f(I) = f(I_n) = 1$ und mit Null für die übrigen f-Werte die Gleichung ebenfalls erfüllt ist. Aber Δ_{φ_2} ist nicht eindimensional inhaltsstetig, weil die Punktfunktion φ_2 nicht stetig ist (Beweis!).

2. Sei $\varphi_3 = x \sin\left(\frac{\pi}{2x}\right)$ für $x \neq 0$ und $\varphi_3(0) = 0$. Dann ist $\Delta_{\varphi_3} =: f_3$ endlich und additiv, und weil φ_3 eine stetige Punktfunktion ist, so ist für Δ_{φ_3} die Limeseigenschaft von **8.2.7.** erfüllt (Beweis!). Aber f_3 ist nicht σ-additiv; denn $\sum\left\{f_3\left(\left[\frac{1}{n+1}, \frac{1}{n}\right)\right) : n \in \mathsf{Z}\right\} = 1 + \frac{1}{3} - \frac{1}{3} - \frac{1}{5} + \frac{1}{5} + - \cdots$ ist nicht absolut konvergent.

8.3. Die Methode der additiven Zerleger.

8.3.0. *Allgemeine Vorbemerkung.* Eine wichtige Aufgabe ist die Konstruktion allgemeiner additiver Funktionen. Neben den Möglichkeiten, die sich aus den bereits entwickelten Eigenschaften additiver Funktionen ergeben, insbesondere aus der Erweiterung additiver Funktionen gemäß **8.1.4.** und **8.1.9.1.**, sind vier verschiedene Verfahren ins Auge zu fassen. Für alle ist eine reelle Somenfunktion $f|\mathfrak{A}$ Ausgangspunkt der Konstruktion. Zwei einfache Wege bieten sich an, Additivität der zu bildenden Funktion $f'|\mathfrak{A}'$ herbeizuführen: (a) Man behält die Funktionswerte bei, aber verengert den Definitionsbereich, $f|\mathfrak{A} \to f|\mathfrak{A}'$ mit $\mathfrak{A}' \subset \mathfrak{A}$, oder (b) man behält den Definitionsbereich bei, ändert aber die Funktionswerte ab, $f|\mathfrak{A} \to f'|\mathfrak{A}$. Bei (a) handelt es sich um einen Auswahlprozeß algebraischer Natur, die *Methode der additiven Zerleger*, welche wir gleich anschließend behandeln wollen, bei (b) um analytische Verfahren, die von dreierlei Art sein können: 1. „*Füllwertbildungen*"; man „füllt" ein Soma A mit endlich vielen paarweise fremden Somen $I_1, \ldots, I_n$ $(I_1 + \cdots + I_n < A)$; von dem dazu gehörigen „Füllwert" $f(I_1) + \cdots + f(I_n)$ bestimmt man die Grenzen (bei additiven Funktionen f „obere" und „untere Variation") (**8.4.**); 2. „*Zerlegungswertbildungen*" oder *allgemeiner Integrationsprozeß*; man zerlegt A $(A = I_1 + \cdots + I_n)$ und bestimmt von dem dazu gehörigen „Zerlegungswert" $f(I_1) + \cdots + f(I_n)$ die g-Limiten im g-geordneten System aller Zerlegungen („Untertotal" und „Obertotal" von f) (**8.5.**); 3. „*Deckwertbildungen*"; man überdeckt A mit Somen $I_1, I_2, \ldots$ $(A < I_1 \dotplus I_2 \dotplus \cdots)$ und bestimmt vom zugehörigen „Deckwert" $f(I_1) + f(I_2) + \cdots$ bei nicht negativem f die obere Grenze („Maßfunktion") oder einen g-Limes im g-geordneten System aller Überdeckungen („Deckmaß") (**8.6.**).

8.3.1. Wir gehen aus von einer „*konservativen*" Somenfunktion $f|\mathfrak{B}$, erklärt auf einem Somenring $\mathfrak{B}$ durch folgende Eigenschaften:

$$(1_k) \qquad f(0) = 0;$$

$$(2_k) \qquad (f(A) = \pm\infty \text{ und } A < A' \in \mathfrak{B}) \triangleright f(A') = f(A).$$

Als Folge der Konservativität ist zu vermerken:

Ist $f|\mathfrak{A}$ konservativ, so folgt aus der Endlichkeit von $f(B)$ auch die Endlichkeit von $f(A)$ für jedes Teilsoma A von B.

Beispiele. 1. Konservativ ist jede additive Somenfunktion. — 2. Konservativ ist jede monotone Somenfunktion einerlei Vorzeichens mit (1_k). — 3. Konservativ ist natürlich auch jede endliche Somenfunktion mit (1_k).

8.3.2. Definition. Das Soma $A \in \mathfrak{B}$ heißt *additiver Zerleger* (kurz *a.Z.*) der konservativen Somenfunktion $f|\mathfrak{B}$, wenn A jedes Soma $W \in \mathfrak{B}$ mit endlichem f-Wert additiv zerlegt:

$$(W \in \mathfrak{B} \text{ und } f(W) \text{ endlich}) \triangleright f(W) = f(WA) + f(W - WA).$$

Bemerkung. Die letzte Gleichung schließt ein, daß auch die f-Werte von WA und $W - WA$ endlich sind.

Das System $\mathfrak{B}_f$ der a.Z. einer konservativen Somenfunktion $f|\mathfrak{B}$ ist ein Somenring. Wenn $f|\mathfrak{B}$ additiv ist, so gilt $\mathfrak{B}_f = \mathfrak{B}$.

Beweis. Wir zeigen: *Aus $A, B \in \mathfrak{B}_f$ folgt $A \dotplus B \in \mathfrak{B}_f$ und $AB \in \mathfrak{B}_f$.*

Sei also A und B aus $\mathfrak{B}_f$ und W aus $\mathfrak{B}$ mit endlichem $f(W)$. Wir zerlegen W gemäß

$$W = W_1 + W_2 + W_3 + W_4$$

mit

$$W_1 = WAB,\quad W_2 = W(A - AB),\quad W_3 = W(B - AB),\quad W_4 = W - W(A \dotplus B)$$

(s. Abb. 21).

Dann sind, weil f konservativ, die f-Werte irgend welcher Summen der W_i endlich. Aus $A \in \mathfrak{B}_f$ folgen die Gleichungen

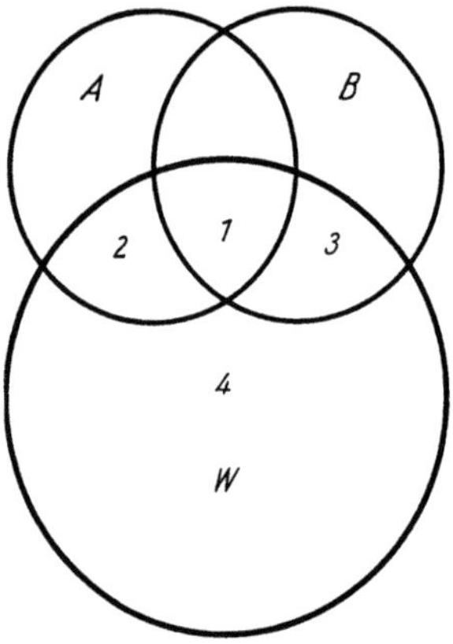

Abb. 21.

$$\begin{aligned} f(W) &= f(W_1 + W_2) + f(W_3 + W_4),\\ f(W_2 + W_3) &= f(W_2) + f(W_3),\\ f(W_1 + W_4) &= f(W_1) + f(W_4),\\ f(W_2 + W_3 + W_4) &= f(W_2) + f(W_3 + W_4), \end{aligned}$$

ferner aus $B \in \mathfrak{B}_f$

$$\begin{aligned} f(W_1 + W_2) &= f(W_1) + f(W_2),\\ f(W_3 + W_4) &= fW(_3) + f(W_4). \end{aligned}$$

Ihre Kombination liefert

$$\begin{aligned} f(W) &= f(W_2 + W_3) + f(W_1 + W_4),\\ f(W) &= f(W_1) + f(W_2 + W_3 + W_4), \end{aligned}$$

wovon die erste Gleichung $A \dotplus B \in \mathfrak{B}_f$ und die zweite $AB \in \mathfrak{B}_f$ bestätigt. Wegen (1_k) ist offenbar $0 \in \mathfrak{B}_f$, womit die erste Behauptung des Satzes bewiesen ist.

Die Behauptung $\mathfrak{B}_f = \mathfrak{B}$ bei Additivität von $f|\mathfrak{B}$ ist evident. Daß übrigens die Umkehrung der zweiten Behauptung des Satzes nicht gilt, lehrt ein einfaches Beispiel:

$\mathfrak{A}$ ist die Menge aller Teilmengen der Menge $\{1, 2\}$; $f(0) = 0$, $f(\{1\}) = f(\{2\}) = 1$, $f(\{1, 2\}) = +\infty$. Dann ist f konservativ und $\mathfrak{A}_f = \mathfrak{A}$, aber f ist nicht additiv.

8.3.3. Zur Verschärfung des in **8.3.2.** gewonnenen Ergebnisses führen wir den Begriff der „*stark konservativen*" Somenfunktion $f|\mathfrak{B}$ ein: eine solche erfüllt neben (1_k) und (2_k) von **8.3.1.** noch

$$(3_k) \qquad f(A) \text{ und } f(B) \text{ endlich} \triangleright f(A \dotplus B) \text{ endlich.}$$

Die Forderung von (3_k) impliziert zusammen mit (2_k) die Endlichkeit der f-Werte für alle Teilsomen von $A \dotplus B$.

Beispiel. Jede Maßfunktion $m|\mathfrak{B}$ ist stark konservativ, da ja

$$0 \leq m(A \dotplus B) \leq m(A) + m(B).$$

Ist $f|\mathfrak{B}$ stark konservativ, $A \in \mathfrak{B}_f$, $B \in \mathfrak{B}$ mit endlichem $f(B)$, so gilt $f(A \dot{+} B) = f(A) + f(B) - f(AB)$.

In der Tat, ist $f(A)$ unendlich, so in gleicher Weise auch $f(A \dot{+} B)$, so daß, weil $f(B)$ und $f(AB)$ endlich sind, die behauptete Gleichung erfüllt ist. Wenn aber $f(A)$ endlich ist, so auch $f(A \dot{+} B)$ und wir haben wegen $A \in \mathfrak{B}_f$ die Gleichungen $f(A \dot{+} B) = f(A) + f(B - AB)$, $f(B) = f(AB) + f(B - AB)$. Aus ihnen folgt, weil alle darin auftretenden Größen endlich sind, die Behauptung des Satzes.

8.3.3.1. *Das System $\mathfrak{B}_f$ der a.Z. einer stark konservativen Somenfunktion $f|\mathfrak{B}$ ist ein Teilsomenring von $\mathfrak{B}$; auf $\mathfrak{B}_f$ ist f additiv.*

In der Tat, die Behauptung über $\mathfrak{B}_f$ folgt aus **8.3.2.** Wenn nun $A, B \in \mathfrak{B}_f$ und $AB = 0$, so folgt aus **8.3.3.** $f(A + B) = f(A) + f(B)$, vorausgesetzt, daß $f(A)$ oder $f(B)$ endlich ist. Wenn aber diese Werte beide unendlich sind, so auch $f(A + B)$, und zwar sind es alle drei wegen der Konservativität von gleicher Art, so daß wieder obige Gleichung besteht.

8.3.4. *Für jede Maßfunktion $m|\mathfrak{B}$ ist das System $\mathfrak{B}_m$ der a.Z. ein σ-Somenring. m ist auf $\mathfrak{B}_m$ σ-additiv, d.h. $m|\mathfrak{B}_m$ ist ein Maß.*

Beweis. 1. Es sei $A_\nu \in \mathfrak{B}_m$, $\nu \in \mathbf{Z}$, und $W \in \mathfrak{B}$ mit $m(W) < +\infty$. Wir setzen $B_\nu = A_1 \dot{+} \cdots \dot{+} A_\nu$, $WB_\nu = W_\nu$ und $S = \sum_\nu^{\cdot} A_\nu$. Nach **8.3.2.** ist $B_\nu \in \mathfrak{B}_m$, so daß für jedes X mit endlichem $m(X)$ die Gleichung $m(X) = m(XB_\nu) + m(X - XB_\nu)$ besteht. $X = W$ und $X = W_{\nu+1}$ ergibt mit der Abkürzung $\mu_\nu := m(W_\nu)$:

$$m(W) = \mu_\nu + m(W - W_\nu), \tag{1}$$

$$\mu_{\nu+1} = \mu_\nu + m(W_{\nu+1} - W_\nu). \tag{2}$$

Da die Folge $\mu_1, \mu_2, \ldots$ nicht fällt, so existiert $\lim \mu_\nu = \lambda$. Es ist $\lambda = m(WS)$. In der Tat, aus $WS = W_1 \dot{+} W_2 \dot{+} W_3 \dot{+} \cdots = W_1 + (W_2 - W_1) + (W_3 - W_2) + \cdots$ folgt einerseits $W_\nu < WS$, also $\mu_\nu \leqq m(WS)$, somit $\lambda \leqq m(WS) < +\infty$ (nebenher also auch die Endlichkeit aller m_ν), andererseits wegen der Vereinigungsbeschränktheit mit Benutzung von (2) $m(WS) \leqq m(W_1) + m(W_2 - W_1) + m(W_3 - W_2) + \cdots = \mu_1 + (\mu_2 - \mu_1) + (\mu_3 - \mu_2) + \cdots = \lambda$. Damit haben wir $\lambda = m(WS)$. Nun liefert (1) $m(W) \geqq \mu_\nu + m(W - WS)$, im Limes also $m(W) \geqq m(WS) + m(W - WS)$. Da wegen der Vereinigungsbeschränktheit auch die umgekehrte Ungleichung besteht, haben wir in der letzten Ungleichung sogar das Gleichheitszeichen: $S \in \mathfrak{B}_m$.

2. $\mathfrak{B}_m$ ist nach 1. ein σ-Somenring und $m|\mathfrak{B}_m$ eine Maßfunktion. Da sie ebenfalls stark konservativ ist, so ergibt **8.3.3.** ihre Additivität, und **8.1.11.** ihre σ-Additivität.

8.3.5. Ist $m|\mathfrak{B}$ eine Maßfunktion auf dem σ-Somenring $\mathfrak{B}$, so heißt N aus $\mathfrak{B}$ ein *Nullsoma von m*, wenn $m(N) = 0$.

Für das System $\mathfrak{B}^0$ *aller Nullsomen einer Maßfunktion* $m|\mathfrak{B}$ *gilt* $\mathfrak{B}^0 \subset \mathfrak{B}_m \subset \mathfrak{B}$; $\mathfrak{B}^0$ *ist* σ*-Ideal in* $\mathfrak{B}$ *(sowie in* $\mathfrak{B}_m$*).*

Beweis. 1. Sei $N \in \mathfrak{B}^0$ und $W \in \mathfrak{B}$ mit endlichem $m(W)$. Weil $0 \leq m(WN) \leq m(N) = 0$, so gilt $m(W) \geq m(W - WN) = m(WN) + m(W - WN)$. Da wegen der Vereinigungsbeschränktheit auch die umgekehrte Ungleichung besteht, haben wir $m(W) = m(WN) + m(W - WN)$, d.h. $N \in \mathfrak{B}_m$. — 2. Ist $N \in \mathfrak{B}^0$, $N' < N$ mit $N' \in \mathfrak{B}$ (oder $\mathfrak{B}_m$), so folgt $0 \leq m(N') \leq m(N) = 0$, also $N' \in \mathfrak{B}^0$. Wegen der Vereinigungsbeschränktheit folgt aus $N_1, N_2, \ldots \in \mathfrak{B}^0$ auch $\sum^{\cdot} N_\nu \in \mathfrak{B}^0$, weil $0 \leq m(\sum^{\cdot} N_\nu) \leq \sum m(N_\nu) = 0$.

8.4. Differenzdarstellung der additiven Funktionen.

8.4.1. Es sei $\mathfrak{J}$ ein Teilsystem eines Somenringes $\mathfrak{A}$, welches das leere Soma enthält ($0 \in \mathfrak{J}$). Unter einer $\mathfrak{J}$*-Füllung* φ von $A \in \mathfrak{A}$ verstehen wir ein System von endlich vielen paarweise fremden Somen $I_1, \ldots, I_n$ aus $\mathfrak{J}$ mit $I_1 \dotplus \cdots \dotplus I_n < A$. Ferner sei gegeben eine reelle Funktion $f|\mathfrak{J}$ mit $f(0) = 0$. Wir nennen eine Füllung $\varphi := \{I_1, \ldots, I_n\}$ von A *zulässig*, wenn die Summe $f_\varphi := \sum_\nu f(I_\nu)$ sinnvoll[1] ist. Es gibt stets zulässige Füllungen, z.B. die „leere Füllung", welche nur aus dem leeren Soma besteht. Ist f beispielsweise einerlei Vorzeichens, so ist jede Füllung zulässig. Mit $\Phi(A)$ sei die Menge aller zulässigen $\mathfrak{J}$-Füllungen von A bezeichnet. Man bildet nun

$$f_\Phi(A) := \inf\{f_\varphi : \varphi \in \Phi(A)\}, \qquad f^\Phi(A) := \sup\{f_\varphi : \varphi \in \Phi(A)\}.$$

Die erste Zahl heiße etwa *Unterfüllwert*, die zweite *Oberfüllwert von* A *hinsichtlich* $f|\mathfrak{J}$.

8.4.2. *Für Unter- und Oberfüllwert* f_Φ *und* f^Φ *gilt:*

(1) $f_\Phi(A) \leq f_\Phi(0) = 0 = f^\Phi(0) \leq f^\Phi(A)$ *für alle* $A \in \mathfrak{A}$;

(2) f_Φ *ist gegensinnig,* f^Φ *ist gleichsinnig monoton;*

(3) f_Φ *ist unteradditiv,* f^Φ *ist oberadditiv.*

Dabei heißt eine Somenfunktion $g|\mathfrak{B}$ *unteradditiv* (bzw. *oberadditiv*), wenn $g(0) = 0$ und für jede disjunkte Zerlegung $B = B_1 \dotplus B_2$ mit B, B_1, B_2 aus $\mathfrak{B}$ im Falle $g(B) > -\infty$ (bzw. $< +\infty$) die Summe $g(B_1) + g(B_2)$ sinnvoll und $\geq$ (bzw. $\leq$) $g(B)$ ist. Hierzu sei bemerkt, daß eine unter- und oberadditive Funktion f additiv ist. Dann ist nämlich die genannte Summe immer sinnvoll und bei endlichem $f(B)$ gleich $f(B)$; wenn aber z.B. $f(B) = +\infty$ ist, so folgt aus der Unteradditivität $f(B_1) + f(B_2) \geq +\infty$, also auch $= f(B)$.

[1] Eine endliche Summe heißt *sinnvoll*, wenn sie keine entgegengesetzt uneigentliche Summanden enthält.

Beweis. (1) gilt, weil die leere Füllung zu $\Phi(A)$ gehört. — (2) gilt, weil $A \prec B \rhd \Phi(A) \subset \Phi(B)$. — *Zu* (3). Sei $\Phi_-(A) := \{\varphi : \varphi \in \Phi(A)$ und $f_\varphi \leq 0\}$; dann gilt offenbar auch $f_\Phi(A) = \inf\{f_\varphi : \varphi \in \Phi_-(A)\}$. Ist nun $A = A_1 \dot{+} A_2$, $A_1 A_2 = 0$, $\varphi_1 \in \Phi_-(A_1)$ und $\varphi_2 \in \Phi_-(A_2)$, so gehört die durch Vereinigung von φ_1 und φ_2 entstehende Füllung φ_3 von A der Menge $\Phi_-(A)$ an; dabei gilt $f_{\varphi_1} + f_{\varphi_2} = f_{\varphi_3} \geq f_\Phi(A)$. Im Falle $f_\Phi(A) = -\infty$ ist nichts zu beweisen. Anderenfalls haben wir $-\infty < f_\Phi(A) \leq f_\Phi(A_i) \leq f_{\varphi_i} \leq 0$, so daß wir mit endlichen Größen zu tun haben. Alsdann schließt man aus obiger Ungleichung leicht auf $f_\Phi(A_1) + f_\Phi(A_2) \geq f_\Phi(A)$, d.h. auf die Unteradditivität von f_Φ. Analog ergibt sich die Behauptung für f^Φ.

Bemerkung. Für Ober- und Unterfüllwert braucht Additivität nicht zu bestehen. *Beispiel.* $\mathfrak{A}$ bestehe aus allen Teilmengen von $M := \{1, 2, 3, 4\}$, $\mathfrak{J}$ aus 0, $\{1, 2\}$ und $\{3, 4\}$ mit den entsprechenden f-Werten $0, 1, -1$. Dann sind f_Φ und f^Φ für $\{1, 4\}$ und $\{2, 3\}$ Null, während $f_\Phi(M) = -1$ und $f^\Phi(M) = 1$.

8.4.2.1. Wir nennen eine Somenfunktion $g|\mathfrak{B}$ auf einem Teilsystem $\mathfrak{B}$ eines σ-Somenrings $\mathfrak{A}$ *σ-unteradditiv* (bzw. *σ-oberadditiv*), wenn für jede disjunkte $\sigma\mathfrak{B}$-Zerlegung $B = B_1 \dot{+} B_2 \dot{+} \cdots$ mit Somen $B, B_1, B_2, \ldots$ aus $\mathfrak{B}$ im Falle $g(B) > -\infty$ (bzw. $< +\infty$) die Reihe $g(B_1) + g(B_2) + \cdots$ eine s-Reihe und $\geq$ (bzw. $\leq$) $g(B)$ ist. — Eine zugleich σ-unter- und σ-oberadditive Funktion ist σ-additiv. Über **8.4.2.** hinaus haben wir:

Ist $\mathfrak{A}$ ein σ-Somenring, so ist f_Φ σ-unteradditiv, f^Φ σ-oberadditiv.

Beweis. Ist $A = A_1 + A_2 + \cdots$, so folgt aus **8.4.2.** (2) und (3) $f_\Phi(A) \leq f_\Phi(A_1 + \cdots + A_n) \leq f_\Phi(A_1) + \cdots + f_\Phi(A_n)$, und hieraus für $n \to \infty$ die behauptete Ungleichung. Analog für f^Φ.

Bemerkung. In einem σ-Somenring könnte man „$\sigma\mathfrak{J}$-Füllungen" $\sum^\cdot I_\nu$ betrachten, und dazu entsprechend unendliche Reihen $\sum f(I_\nu)$, welche s-Reihen sind. Man überzeugt sich leicht, daß mit dieser Variante des Verfahrens an den Werten von f_Φ und f^Φ nichts geändert wird.

8.4.3. *Ist $\mathfrak{J}$ eine Gitterbasis (σ-Gitterbasis) des (σ-)Somenringes $\mathfrak{A}$, ist ferner $f|\mathfrak{J}$ (σ-)oberadditiv auf $\mathfrak{J}$, so ist f_Φ auf $\mathfrak{A}$ (σ-)additiv.*

Beweis (gleich für den „σ-Fall"). $A = \sum^\cdot A_\nu$ sei eine $\sigma\mathfrak{A}$-Zerlegung, ferner sei $f_\Phi(A) < M < +\infty$. Dann gibt es (s. Beweis zu (3) in **8.4.2.**) eine $\mathfrak{J}$-Füllung $\sum I_j \prec A$ mit $f(I_j) \leq 0$, $j = 1, \ldots, n$, und $\sum f(I_j) < M$. Sind $A_\nu = \sum\limits_\mu I_{\nu\mu}$ Basisdarstellungen, so wird $I_j = \sum\limits_{\nu\mu} I_j I_{\nu\mu}$ und wegen der bedingten σ-Oberadditivität daher $0 \geq f(I_j) \geq \sum\limits_{\nu\mu} f(I_j I_{\nu\mu})$, $j = 1, \ldots, n$, wobei rechts s-Reihen stehen. Daher ist auch $\sum\limits_{j\nu\mu} f(I_j I_{\nu\mu})$ eine s-Reihe und $< M$. Weiter ist dann jede der Teilreihen $\sum\limits_{j\mu} f(I_j I_{\nu\mu})$ eine s-Reihe und stellt ein f_{φ_ν} dar mit $\varphi_\nu \in \Phi(A_\nu)$. Wir erhalten daher $\sum_\nu f_\Phi(A_\nu) < M$ und hieraus mit $M \to f_\Phi(A)$ schließlich $\sum_\nu f_\Phi(A_\nu) \leq f_\Phi(A)$, d.h. die σ-Oberadditivität von f_Φ, zusammen mit **8.4.2.1.** die Behauptung.

Ein **8.4.3.** entsprechender Satz gilt für f^Φ.

8.4.4. *Ist* $\mathfrak{J}$ *ein Teilsomenring des Somenringes* $\mathfrak{A}$ *und ist* $f|\mathfrak{J}$ *additiv, so sind* f_Φ *und* f^Φ *additiv und es gilt für* $A \in \mathfrak{A}$

$$f_\Phi(A) = f^i(A) := \inf\{f(I) : A > I \in \mathfrak{J}\},$$
$$f^\Phi(A) = f^s(A) := \sup\{f(I) : A > I \in \mathfrak{J}\},$$
$$|f|^\Phi = f^\Phi - f_\Phi.$$

(Beweis als Aufgabe.)

Bemerkung. $|f|^\Phi(A)$ heißt die *Totalvariation* der additiven Somenfunktion auf A, $f^i(A)$ bzw. $f^s(A)$ heißen auch die *untere* bzw. *obere Variation* von f auf A.

Zusatz. Ist $f|\mathfrak{J}$ nicht negativ und additiv, so ist $f^\Phi|\mathfrak{J} = f|\mathfrak{J}$.

8.4.5. *Ist* $\mathfrak{J}$ *Teilsomenring des Somenringes* $\mathfrak{A}$, $f|\mathfrak{J}$ *additiv,* $A \in \mathfrak{J}$ *und die Summe* $f_\Phi(A) + f^\Phi(A)$ *sinnvoll, so hat sie den Wert* $f(A)$.

Beweis. 1. Ist etwa $f(A) = +\infty$, so auch $f^\Phi(A)$, und weil genannte Summe sinnvoll sein soll, hat sie auch den Wert $+\infty$. Genau so folgt die Behauptung im Falle $f(A) = -\infty$. — 2. Sei jetzt $f(A)$ endlich. Dann haben wir für $\mathfrak{J} \ni X < A$ die Gleichung $f(A) = f(A - X) + f(X)$ mit endlichen Summanden. Wir können daraus schließen, daß $f(A) \leq f^\Phi(A) + f(X)$ sinnvoll und richtig, was wegen der Endlichkeit von $f(A)$ und $f(X)$ auch als $f(A) - f^\Phi(A) \leq f(X)$ geschrieben werden kann. Aus letzter Ungleichung folgt nun (mit Benutzung von **8.4.4.**) $f(A) - f^\Phi(A) \leq f_\Phi(A)$, und hieraus $f(A) \leq f^\Phi(A) + f_\Phi(A)$, weil die letzte Summe sinnvoll ist. Ebenso (oder durch Übergang zu $-f$) beweist man die umgekehrte Ungleichung, woraus dann die behauptete Gleichheit folgt.

8.4.6. Die Bedingung von Satz **8.4.5.** ist insbesondere dann erfüllt, wenn $f^\Phi(A)$ und $f_\Phi(A)$ endlich sind, oder was dasselbe ist, wenn $|f|^\Phi(A)$ endlich ist. Wir definieren: Eine auf dem Somenring $\mathfrak{A}$ erklärte additive Funktion $f|\mathfrak{A}$ heißt *auf* $A (\in \mathfrak{A})$ *von beschränkter Variation* (kurz: *v.b.V.*), wenn (für das System Φ aller $\mathfrak{A}$-Füllungen) $|f|^\Phi(A)$ endlich ist; dann ist auch $|f|^\Phi(X)$ endlich für $X \in \mathfrak{A}' := \{Z : \mathfrak{A} \ni Z < A\}$.

Ist $f|\mathfrak{A}$ *additiv und v.b.V. auf* A, *so gilt die Darstellung*

$$f(X) = f^\Phi(X) + f_\Phi(X) \quad \text{für} \quad X \in \mathfrak{A}' := \{Z : \mathfrak{A} \ni Z < A\}.$$

Jede auf dem geschlossenen Somenring $\mathfrak{A}'$ (mit A als größtem Soma) *erklärte additive Funktion v.b.V. auf* A *läßt sich darstellen als Differenz zweier nicht negativer, beschränkter additiver Funktionen; umgekehrt ist die Differenz je zweier auf* $\mathfrak{A}'$ *erklärter, nicht negativer beschränkter, additiver Somenfunktionen eine additive Funktion v.b.V. auf* A.

In der Tat, die behauptete Gleichung folgt aus **8.4.5.** und $-f_\Phi$ ist nicht negativ, additiv und beschränkt auf $\mathfrak{A}'$. Sind andererseits $g\,|\,\mathfrak{A}'$ und $h\,|\,\mathfrak{A}'$ nicht negativ, additiv und beschränkt auf $\mathfrak{A}'$, so ist offensichtlich $g-h$ additiv und wegen $(g-h)^\Phi(A) \leqq g(A)$ und $(g-h)_\Phi(A) \geqq -h(A)$ v.b.V. auf A.

Bemerkung. Mit f_1 und f_2 ist auch $a_1 f_1 + a_2 f_2$ mit endlichen Konstanten additiv und v.b.V.

8.4.6.1. *Beispiel* einer endlichen, additiven Funktion, welche nicht v.b.V. ist.

E^1 sei die Zahlgerade, $\mathfrak{A}$ der Somenring aller endlichen Aggregate von Intervallen $I_{x_1 x_2} = \{x : x_1 \leqq x < x_2\}$, $x_1 < x_2$, und $\psi(x) = x \sin \frac{\pi}{2x}$ für $x \neq 0$, $\psi(0) = 0$. Dann ist durch $f(I_{x_1 x_2}) = \psi(x_2) - \psi(x_1)$ in Verbindung mit dem Erweiterungssatz **8.1.4.** eine additive Somenfunktion $f(A)$ auf $\mathfrak{A}$ erklärt. Da $f(I_{\frac{1}{3},1}) + f(I_{\frac{1}{7},\frac{1}{5}}) + \cdots = 1 + \frac{1}{3} + \frac{1}{5} + \frac{1}{7} + \cdots = +\infty$, so ist $f^\Phi(I)$ für kein Intervall I endlich, welches $x = 0$ enthält.

8.4.7. Bei σ-Additivität tritt in den vorausgehenden Betrachtungen eine gewisse Vereinfachung ein, nämlich:

Ist $f\,|\,\mathfrak{A}$ *σ-additiv auf dem σ-Somenring* $\mathfrak{A}$, *so ist* f *darstellbar als Differenz zweier nicht negativer, σ-additiver Somenfunktionen, wovon eine endlich ist, z.B.* $f(A) = f^s(A) + f^i(A)$, *wo* $f^s(A) := \sup\{f(X) : A > X \in \mathfrak{A}\}$ *und* $f^i(A) := \inf\{f(X) : A > X \in \mathfrak{A}\}$, $A \in \mathfrak{A}$. *Umgekehrt ist die Differenz zweier nicht negativer σ-additiver Somenfunktionen auf* $\mathfrak{A}$, *wovon eine endlich ist, σ-additiv auf* $\mathfrak{A}$.

Beweis. 1. Es gibt ein $B_0 < A$ mit $f^s(A) = f(B_0)$. In der Tat, wenn es ein $B_0 < A$ mit $f(B_0) = +\infty$ gibt, so ist augenscheinlich $f^s(A) = f(B_0)$. Es sei daher $f(B) < +\infty$ für alle $B < A$. Nun gibt es eine Somenfolge $B_1, B_2, \ldots$ mit $B_\nu < A$, $f(B_\nu) \geqq 0$ und $\lim\limits_\nu f(B_\nu) = f^s(A)$. Wir setzen $B'_\nu = A - B_\nu$ und zerlegen A durch distributives Ausmultiplizieren nach der Formel

$$A = \prod{}^{\cdot} \{(B_\nu + B'_\nu) : \nu = 1, \ldots, m\} = \sum{}^{\cdot} \{D_t^m : t = 1, \ldots, 2^m\}$$

in 2^m disjunkte Teile D_t^m und bilden bei festem $m = 1, 2, \ldots$

$$P_m := \sum{}^{\cdot} \{D_t^m : f(D_t^m) \geqq 0\}.$$

Beim Übergang vom Fall m zum Fall $(m+1)$ wird durch $D_t^m = D_t^m B_{m+1} + D_t^m B'_{m+1}$ die Zerlegung von D_t^m in zwei $D_{t'}^{m+1}$ vollzogen. Dies bewirkt wegen der Additivität von f, daß $P_{m+1} < P_m$ und $f^s(A) \geqq f(P_m) \geqq f(B_m)$.

womit ebenfalls $\lim_m f(P_m) = f^s(A)$. Setzen wir nun $B_0 := \prod_m^{\cdot} P_m$, so folgt, da $0 \leq f(P_1) < +\infty$, nach **8.1.6.** (B) $f(B_0) = f^s(A)$, w. z. z. w. — 2. Analog beweist man die Existenz eines $C_0 < A$ mit $f^i(A) = f(C_0)$. — 3. Jedem $A \in \mathfrak{A}$ ordnen wir nun nach folgender Regel die Somen A_+ und A_- zu:

Fall I, $f^s(A)$ endlich: $A_+ := B_0$, $A_- := A - B_0$ $(f(B_0)$ endlich$)$;

Fall II, $f^s(A) = +\infty$: $A_- := C_0$, $A_+ := A - C_0$ (hier ist $f(C_0)$ endlich, weil bereits $f(B_0) = +\infty$ ist $($**8.1.2.** (A) (3)$)$.

In beiden Fällen gilt:

$$(+) \qquad f(X) \geq 0 \quad \text{für} \quad X < A_+, \quad f(A_+) = f^s(A);$$

$$(-) \qquad f(Y) \leq 0 \quad \text{für} \quad Y < A_-, \quad f(A_-) = f^i(A).$$

Nachweis von (+). Im Fall I haben wir $f(B_0) = f(B_0 - X) + f(X) \leq f(B_0) + f(X)$, im Falle II $f(C_0) + f(X) = f(C_0 + X) \geq f(C_0)$, also beidemale $f(X) \geq 0$. Genau so beweist man (—). Nun folgen die oben behaupteten Gleichungen für $f(A_+)$ und $f(A_-)$ sofort; z. B. gilt $f(A_+) \leq f^s(A)$ nach Definition von f^s, andererseits folgt aus $X < A$ stets $f(X) = f(XA_+) + f(XA_-) \leq f(XA_+) \leq f(XA_+) + f(A_+ - XA_+) = f(A_+)$, also $f^s(A) \leq f(A_+)$, zusammen somit $f^s(A) = f(A_+)$. Analog für $f(A_-)$. — 4. Nach 3. haben wir $f(A) = f(A_+) + f(A_-) = f^s(A) + f^i(A)$. Es bleibt noch die σ-Additivität von f^s und f^i zu zeigen. Ist $A = \sum^{\cdot} A_\nu$ eine $\sigma\mathfrak{A}$-Zerlegung, so auch $S := \sum^{\cdot} A_{\nu+}$. Daher gilt: $\sum f^s(A_\nu) = \sum f(A_{\nu+}) = f(S) \leq f^s(A)$ wegen $S < A$; andererseits ergibt sich $f^s(A) = f(A_+) = \sum f(A_\nu A_+) \leq \sum f^s(A_\nu)$, was zusammen die σ-Additivität von f^s bedeutet. Analog folgt die von f^i. Die Behauptung bezüglich der Endlichkeit von f^s bzw. f^i folgt aus **8.1.2.** (A) (3). — 5. Der Beweis der Umkehrung des Satzes ist trivial.

8.4.8. Als Anwendung von **8.4.7.** ergibt sich mit der Bezeichnung $\mathfrak{A}_B$ für das σ-Ideal $\{X : B > X \in \mathfrak{A}\}$ im σ-Somenring $\mathfrak{A}$:

Ist $f|\mathfrak{A}$ σ-additiv auf $\mathfrak{A}$ und ist $f(B)$ endlich für ein B aus $\mathfrak{A}$, so ist die Teilfunktion $f|\mathfrak{A}_B$ beschränkt.

In der Tat, wegen $f(B) = f^s(B) + f^i(B)$ und der Endlichkeit von $f(B)$ sind beide Summanden endlich. Die Behauptung ist in

$$f^i(B) \leq f(X) \leq f^s(B) \quad \text{für} \quad X < B$$

enthalten.

8.5. Totalisation.

Wir wenden uns jetzt jener Methode zu, welche mittels Zerlegungen (Unterteilungen) der Somen aus den Werten einer gegebenen Somenfunktion neue Funktionen mit Additivitätseigenschaften liefert. Es ist dies ein allgemeiner Integrationsprozeß, der wegen seiner Allgemeinheit einen besonderen Namen verdient. Wir werden ihn „Totalisation" nennen, obwohl er unter besonderen Umständen als „BURKILL-*Integration*", bezeichnet wird, und andererseits mit dem Namen „Totalisation" bisher gewöhnlich die „DENJOY-*Integration*" belegt wurde.

8.5.0. Es sei $\mathfrak{A}$ ein Somenring und $\mathfrak{J}$ eine Gitterbasis von $\mathfrak{A}$ (**8.1.4.1.**), also (1) $0 \in \mathfrak{J}$, (2) $I_1, I_2 \in \mathfrak{J} \rhd I_1 I_2 \in \mathfrak{J}$, und (3) ist jedes $A \in \mathfrak{A}$ darstellbar als Summe von endlich vielen paarweise fremden $I_\nu \in \mathfrak{J}$ ($A = I_1 + \cdots + I_n$ „$\mathfrak{J}$-*Zerlegung*" $\mathfrak{z}$ von A). $\mathfrak{z}''$ $\left(\text{mit } A = \sum\limits_{\mu}^{\cdot} I''_\mu\right)$ heißt eine *Unterteilung von* $\mathfrak{z}'$ $\left(\text{mit } A = \sum\limits_{\nu}^{\cdot} I'_\nu\right)$, in Zeichen $\mathfrak{z}'' \sqsupset \mathfrak{z}'$, wenn jedes I''_μ Teil eines I'_ν ist. Wir verlangen weiter: Das System $\mathfrak{Z}(A)$ aller $\mathfrak{J}$-Zerlegungen von A, $A \in \mathfrak{A}$, sei g-geordnet (**2.10.3.**) vermöge einer Relation $\gg$ („*feiner als oder gleich*"), wobei noch Folgendes erfüllt sei:

(1) $\mathfrak{z}'' \sqsupset \mathfrak{z}' \rhd \mathfrak{z}'' \gg \mathfrak{z}'$;

(2) Ist $A_0 = A_1 + A_2$, $A_i \in \mathfrak{A}$, $A_1 A_2 = 0$, und sind $\mathfrak{z}_{i1}, \mathfrak{z}_{i2}$ $\mathfrak{J}$-Zerlegungen von A_i, wobei $\mathfrak{z}_{0k} := \mathfrak{z}_{1k} + \mathfrak{z}_{2k}$ diejenige Zerlegung von A_0 ist, welche aus allen Teilen der Zerlegungen $\mathfrak{z}_{1k}$ und $\mathfrak{z}_{2k}$ besteht, $k = 1, 2$, dann soll gelten:

$$\mathfrak{z}_{i1} \gg \mathfrak{z}_{i2} \quad \text{für} \quad i = 1, 2 \rhd \mathfrak{z}_{01} \gg \mathfrak{z}_{02}.$$

Die wesentliche Eigenschaft der g-Ordnung ($\mathfrak{z}', \mathfrak{z}'' \exists \mathfrak{z}''' : \mathfrak{z}''' \gg \mathfrak{z}'$ und $\mathfrak{z}''' \gg \mathfrak{z}''$) ist bereits durch (1) gesichert; denn mit $\mathfrak{z}', \mathfrak{z}'' \in \mathfrak{Z}(A)$ ist auch $\mathfrak{z}^*$ $\left(\text{mit } A = \sum\limits_{\mu\nu}^{\cdot} I'_\nu I''_\mu\right) \in \mathfrak{Z}(A)$ und $\gg \mathfrak{z}'$ und $\mathfrak{z}''$.

Beispiele. 1. Man kann für „$\gg$" die Relation „$\sqsupset$" selbst nehmen. — 2. Es sei $\delta | \mathfrak{J}$ eine gleichsinnig monotone Abbildung von $\mathfrak{J}$ in einen Verband K und man definiere

$$\mathfrak{z}'' \gg \mathfrak{z}' : \dot{\bowtie}\, K\text{-}\sup_{\mu} \delta(I''_\mu) < K\text{-}\sup_{\nu} \delta(I'_\nu);$$

(1) ist erfüllt wegen der gleichsinnigen Monotonie, (2) wegen bekannter Eigenschaften von K-sup (**2.2.2.** (2)).

Häufig ist K das System der positiven reellen Zahlen.

8.5.0.1. Die eingeführte g-Ordnung kann die Besonderheit haben, daß die obige Bedingung (2) in der verschärften Form

$$(2^*) \qquad \mathfrak{z}_{i1} \gg \mathfrak{z}_{i2} \quad \text{für} \quad i = 1, 2 \bowtie \mathfrak{z}_{01} \gg \mathfrak{z}_{02}$$

gilt; wir sprechen dann von einer *ausgezeichneten g-Zerlegungsordnung*; beispielsweise ist $\sqsupset$ ausgezeichnet.

Ein weiteres *Beispiel*:

Sei $\delta | \mathfrak{J}$ eine gleichsinnig monotone Abbildung von $\mathfrak{J}$ in eine t-geordnete Menge. Ist $\mathfrak{z}_i$ $\left(\text{mit } A = \sum\limits_{\varrho}^{\cdot} I_{i\varrho}\right) \in \mathfrak{Z}(A)$, $i = 1, 2$, so definiere man:

$$(\delta) \qquad \mathfrak{z}_2 \gg \mathfrak{z}_1 : \bowtie (I_{2\mu} I_{1\lambda} \neq 0 \rhd \delta(I_{2\mu}) < \delta(I_{1\lambda}),$$

und man hat eine ausgezeichnete g-Zerlegungsordnung. In der Tat: 1. wird durch (δ) eine g-Ordnung erklärt; denn wenn $\mathfrak{z}_3 \gg \mathfrak{z}_2 \gg \mathfrak{z}_1$ und $I_{3\nu} I_{1\lambda} \neq 0$, so gibt es ein $I_{2\mu}$ mit $I_{3\nu} I_{2\mu} I_{1\lambda} \neq 0$, woraus $\delta(I_{3\nu}) < \delta(I_{2\mu}) < \delta(I_{1\lambda})$, also $\mathfrak{z}_3 \gg \mathfrak{z}_1$ folgt. — 2. Wenn $\mathfrak{z}_{0k} = \mathfrak{z}_{1k} + \mathfrak{z}_{2k}$ im Sinne von (2), $k = 1, 2$, und $I^{(1)} I^{(2)} \neq 0$, so ist $I^{(k)}$ Teil der Zerlegung $\mathfrak{z}_{0k}$, $k = 1, 2$, dann und nur dann, wenn entweder $I^{(k)}$ Teil von $\mathfrak{z}_{1k}$, $k = 1, 2$, oder $I^{(k)}$ Teil von $\mathfrak{z}_{2k}$, $k = 1, 2$. Daraus folgt sofort die Gültigkeit von (2*).

8.5.1. Auf $\mathfrak{J}$ sei eine „mehrdeutige" Funktion $Q \mid \mathfrak{J}$ in der Weise definiert, daß jedem $I \in \mathfrak{J}$ in eindeutiger Weise eine nicht leere Menge $Q(I)$ von *endlichen* reellen Zahlen zugeordnet ist; insbesondere sei dabei $Q(0) = \{0\}$. Man beachte dabei, daß *nicht verlangt* ist, daß $Q(I)$ beschränkt sein soll. $Q(I)$ darf also z.B. die Menge $\{x : a < x < +\infty\}$ sein; diese Möglichkeit kann als ein Ersatz für den uneigentlichen Funktionswert $+\infty$, welchen wir ja in der Menge Q selbst verbieten, angesehen werden. In diesem Sinne werden wir die Funktion $Q \mid \mathfrak{J}$ nur dann *endlich* nennen, wenn jede Menge $Q(I)$ beschränkt ist.

8.5.2. Nun sei $\mathfrak{z} \in \mathfrak{Z}(A)$ die Zerlegung $A = I_1 + \cdots + I_n$. Wir bilden die Zahlenmenge $S(\mathfrak{z}; Q)$ aller Summen $\sum q_\nu = q_1 + \cdots + q_n$ mit $q_\nu \in Q(I_\nu)$, $\nu = 1, \ldots, n$, weiter die Menge $T(\mathfrak{z}; Q) := \sum^{\cdot} \{S(\mathfrak{z}'; Q) : \mathfrak{z} \ll \mathfrak{z}' \in \mathfrak{Z}(A)\}$ und dazu die g-Limiten

$$\underline{s} := \sup\{\inf T(\mathfrak{z}; Q) : \mathfrak{z} \in \mathfrak{Z}(A)\},$$

$$\overline{s} := \inf\{\sup T(\mathfrak{z}; Q) : \mathfrak{z} \in \mathfrak{Z}(A)\}.$$

Wegen $\mathfrak{z} \ll \mathfrak{z}'' \rhd T(\mathfrak{z}; Q) \supset T(\mathfrak{z}''; Q)$ ist $u_{\mathfrak{z}} := \inf T(\mathfrak{z}; Q)$ gleichsinnig und $v_{\mathfrak{z}} := \sup T(\mathfrak{z}; Q)$ gegensinnig monoton mit $\mathfrak{z}$. Da außerdem $u_{\mathfrak{z}} \leq v_{\mathfrak{z}}$, so folgt $\underline{s} \leq \overline{s}$. $\underline{s}$ heißt das *Untertotal*, $\overline{s}$ das *Obertotal von Q auf A* (*bezüglich* $(\mathfrak{J}, \gg)$), in Zeichen: $\underline{\mathsf{S}}_A Q$ bzw. $\overline{\mathsf{S}}_A Q$. Ist $\underline{s} = \overline{s}$, so heißt dieser gemeinsame Wert das *Total von Q auf A* (*bezüglich* $(\mathfrak{J}, \gg)$), in Zeichen $\mathsf{S}_A Q$, und Q heißt auf A *totalisierbar* (*bezüglich* $(\mathfrak{J}, \gg)$); ist dabei insbesondere $\mathsf{S}_A Q$ endlich, so heißt Q *eigentlich totalisierbar (e-totalisierbar)*. Offensichtlich ist $\mathsf{S}_0 Q = 0$.

8.5.2.1. In Verbindung mit den Ergebnissen von **2.10.5.1.1.** haben wir die Kriterien:

Notwendig und hinreichend dafür, daß $\mathsf{S}_A Q$ existiert und den Wert c hat, ist, daß es zu $\varepsilon > 0$ ein $\mathfrak{z}_\varepsilon \in \mathfrak{Z}(A)$ gibt mit $\boldsymbol{\sigma}(\sum q_\nu, c) < \varepsilon$ für jede zu einem $\mathfrak{z} \gg \mathfrak{z}_\varepsilon$ gehörige Summe $\sum q_\nu$.

8.5.2.2. *Notwendig und hinreichend für die Totalisierbarkeit von Q auf A ist, daß es zu jedem $\varepsilon > 0$ ein $\mathfrak{z}_\varepsilon \in \mathfrak{Z}(A)$ gibt mit $\boldsymbol{\sigma}(\sum q'_\nu, \sum q''_\mu) < \varepsilon$ für beliebige $\mathfrak{z}'$ und $\mathfrak{z}'' \gg \mathfrak{z}_\varepsilon$, wobei $\sum q'_\nu$ zu $\mathfrak{z}'$, $\sum q''_\mu$ zu $\mathfrak{z}''$ gehören.*

8.5.3.1. Aus der e-Totalisierbarkeit von Q auf A folgt *nicht* notwendig, daß Q auf A beschränkt ist in dem Sinne, daß es eine Zerlegung

$A = I_1 + \cdots + I_n$ und eine Zahl M gibt mit $|q| < M$ für $q \in Q(I)$ und $I \subset I_\varkappa$, $\varkappa = 1, \ldots, n$. *Beispiel*:

$\mathfrak{I}$ sei das System aller Intervalle $I := \{a \leqq \hat{x} < b\}$ mit $a < b$, $a \neq 0$ und $b \neq 0$, einschließlich der leeren Menge 0, $\gg$ sei $\sqsupset$, und $Q(I) := \{q(I)\}$ mit $q(I) := \frac{1}{b} - \frac{1}{a}$. Die endlichen Aggregate A paarweise fremder I bilden einen Mengenkörper $\mathfrak{A}$. $Q|\mathfrak{I}$ ist über jedes $A \in \mathfrak{A}$ e-totalisierbar, insbesondere ist $\mathsf{S}_I Q = q(I)$. Aber die oben erklärte Beschränktheitseigenschaft ist z.B. für $A = \{x : -1 \leqq x < 1\}$ nicht erfüllt.

8.5.3.2. Als eine *notwendige Bedingung für die e-Totalisierbarkeit von Q* auf A haben wir, daß $Q(I_1)$ für jedes unteilbare I_1, welches in einer Zerlegung von A auftritt, einelementig ist.

In der Tat, in der Bedingung **8.5.2.2.**, in der wir im Falle der eigentlichen Totalisierbarkeit statt mit der $\boldsymbol{\sigma}$-Entfernung mit der gewöhnlichen euklidischen rechnen dürfen, wähle man für $\mathfrak{z}' = \mathfrak{z}''$ eine Zerlegung, welche das unteilbare I_1 als Zerlegungsteil besitzt. Dies ergibt, daß sich die Zahlen aus $Q(I_1)$ um nicht mehr als ε voneinander unterscheiden dürfen. Da hier ε beliebig ist, so hat dies die Einelementigkeit von $Q(I_1)$ zur Folge.

Bemerkung. Mit Q braucht $|Q|$, d.h. $|Q|(A) = \{|q| : q \in Q(A)\}$ für $A \in \mathfrak{A}$, nicht e-totalisierbar zu sein.

Beispiel. $\mathfrak{I}$ sei die Elementarbasis der Intervalle $I := \{a \leqq \hat{x} < b\}$, $0 \leqq a < b \leqq 1$, des Somenrings der Intervallaggregate A im Intervall $I_0 := \{0 \leqq \hat{x} < 1\}$; $f(x) := 1/x$ für $x \neq 0$, $f(0) := 0$, $Q(I) := \{f(b) - f(a)\}$. Q ist e-totalisierbar mit $\mathsf{S}_{I_0} Q = 1$, aber $|Q|$ ist nur uneigentlich totalisierbar mit dem Totalwert $+\infty$.

8.5.3.3. Die Totalwerte sind von der in $\mathfrak{Z}(A)$ verwendeten g-Ordnung abhängig. Hierzu gilt:

Sind im System $\mathfrak{Z}(A)$ der $\mathfrak{I}$-Zerlegungen zwei g-Ordnungen $\gg_1$ und $\gg_2$ erklärt, wobei allgemein $\mathfrak{z} \gg_1 \mathfrak{z}' \rhd \mathfrak{z} \gg_2 \mathfrak{z}'$, so gilt

$$\underline{\mathsf{S}}_{(\gg_2)} \leqq \underline{\mathsf{S}}_{(\gg_1)} \leqq \overline{\mathsf{S}}_{(\gg_1)} \leqq \overline{\mathsf{S}}_{(\gg_2)}.$$

Beweis. $\sum^{\cdot}\{S(\mathfrak{z}') : \mathfrak{z}' \gg_1 \mathfrak{z}\} \subset \sum^{\cdot}\{S(\mathfrak{z}') : \mathfrak{z}' \gg_2 \mathfrak{z}\}$, woraus alles weitere folgt.

Daß in obigen Ungleichungen wirklich Ungleichheit eintreten kann, zeigt das folgende *Beispiel*:

$\mathfrak{I}$ sei das System aller Teilintervalle $I := [a, b)$ des Intervalls $[0, 1) =: I_0$. Wir setzen $Q(I) := \{1\}$, wenn $x = \frac{1}{2}$ im Innern von I liegt, sonst: $= \{0\}$. Totalisation über I_0 ergibt: Mit $\sqsupset$ den Wert $\overline{\mathsf{S}}_{(\sqsupset)} = 0$, mit $\gg$ gemäß **8.5.0.** Beispiel 2. mittels des Intervalldurchmessers $\delta(I)$ aber $\overline{\mathsf{S}}_{(\gg)} = 1$, weil es zu jeder Zerlegung feinere gibt mit einem $\sum q_\nu = 1$.

8.5.4. *Beispiele zur Totalisation.*

1. Der *innere und äußere Jordaninhalt* $\underline{i}$ bzw. $\bar{i}$ einer beschränkten Punktmenge M, enthalten in einem Intervall I_0 des E^q wird üblicherweise definiert mittels Ausfüllung mit endlich vielen paarweise fremden Intervallen bzw. durch Überdeckung von M mit endlich vielen (fremden) Intervallen [$\lambda(I)$ bezeichne den elementargeometrischen Inhalt eines Intervalls I (**8.2.4.**)]:

$$\underline{i} := \sup\left\{\sum_\nu \lambda(I'_\nu) : I'_1, \ldots, I'_n \text{ disjunkt und } \sum{}^{\cdot} I'_\nu < M\right\};$$

$$\bar{i} := \inf\left\{\sum_\nu \lambda(I_\nu) : I_1, \ldots, I_n \text{ disjunkt und } \sum{}^{\cdot} I_\nu > M\right\}.$$

Wir erhalten mit $\sqsupset$ für $\gg$ die Darstellungen

$$\underline{i} = \underline{\mathsf{S}}_{I_0} Q \quad \text{und} \quad \bar{i} = \bar{\mathsf{S}}_{I_0} Q,$$

wenn wir für $\mathfrak{J}$ setzen das System aller Teilintervalle I von I_0 und definieren: $Q(I) = \{\lambda(I)\}$ für $I < M$, $= \{0\}$ für $IM = 0$, und $Q(I) = \{0, \lambda(I)\}$, wenn $IM \neq 0$ und $I(I_0 - M) \neq 0$. Denn dann ist mit der Bezeichnung von oben und der von **8.5.2.** jedes $u_\mathfrak{z}$ ein $\sum_\nu \lambda(I'_\nu)$ und jedes $v_\mathfrak{z}$ ein $\sum_\mu \lambda(I_\mu)$; andererseits gibt es zu jedem $\sum_\nu \lambda(I'_\nu)$ ein $u_\mathfrak{z}$, welches nicht kleiner ist, und zu jedem $\sum_\mu \lambda(I_\mu)$ ein $v_\mathfrak{z}$, welches nicht größer ist, woraus die Gleichungen $\underline{i} = \underline{s}$ und $\bar{i} = \bar{s}$ folgen.

2. Das *untere und obere Integral bezüglich einer endlichen additiven Mengenfunktion* $f|\mathfrak{A}$, erklärt auf einem Mengenkörper $\mathfrak{A}$, einer endlichen reellen Funktion $\varphi|B$, deren Definitionsbereich $B \in \mathfrak{A}$ ist:

$$\underline{\int}_B \varphi\, df := \underline{\mathsf{S}}_B Q \quad \text{und} \quad \bar{\int}_B \varphi\, df := \bar{\mathsf{S}}_B Q$$

mit

$$\mathfrak{J} := \mathfrak{A} \quad \text{und} \quad Q(A) := \{\varphi(x) f(A) : x \in A\} \quad \text{für} \quad A \in \mathfrak{J}.$$

Gewöhnlich legt man dabei die g-Ordnung $\sqsupset$ zugrunde; andere g-Ordnungen ergeben gewisse Varianten (s. **8.5.3.3.**). Die zur Verwendung kommenden q-Summen haben die Gestalt

$$\varphi(x_1) f(I_1) + \cdots + \varphi(x_n) f(I_n),$$

wo $x_i \in I_i \in \mathfrak{J}$, $i = 1, \ldots, n$, und $B = I_1 \dot{+} \cdots \dot{+} I_n$ eine $\mathfrak{J}$-Zerlegung $\mathfrak{z}$ von B ist.

Ist speziell $f|\mathfrak{A}$ der Jordaninhalt auf dem Mengenkörper $\mathfrak{A}$ der Jordan-meßbaren Mengen im E^q (**8.11.1.**), so erhält man das q-dimensionale Riemann*sche Integral*; ist $f|\mathfrak{A}$ das Lebesgue*sche* Maß auf dem σ-Mengenkörper $\mathfrak{A}$ der Lebesgue-meßbaren Mengen im E^q (**8.11.2.**), so ergibt sich das Lebesgue*sche Integral* im E^q. Wenn $f|\mathfrak{A}$ positiver und negativer Werte fähig ist, so spricht man allgemein von einem Radon*schen Integral.*

3. Im Anschluß an die Beispiele von 2. sind zu erwähnen die sog. „*uneigentlichen*“ *Integrale*; sie setzen die Vorgabe einer Ausnahmemenge $\mathfrak{J}^* \subset \mathfrak{J}$ voraus, wobei dann die Definition von $Q(A)$ folgende Abänderung erfährt:

$$Q(A) := \{\varphi(x) f(A) : x \in A\} \quad \text{für} \quad A \in \mathfrak{J} - \mathfrak{J}^*,$$
$$:= 0 \quad \text{für} \quad A \in \mathfrak{J}^*.$$

Zum Beispiel kann $\mathfrak{J}^*$ im Falle des RIEMANNschen Integrals im E^q durch Vorgabe einer „singulären Punktmenge“ S vom Inhalt Null dadurch erklärt werden, daß man definiert

$$\mathfrak{J}^* := \{A : A \in \mathfrak{A} \text{ und } A^\alpha S \neq 0\}.$$

4. Im E^1 ist die *Totalvariation* V *einer Punktfunktion* $\varphi | A$ über $A := \{a \leq \hat{x} \leq b\}$ erklärt durch

$$V := \sup \left\{ \sum_{\nu=1}^{n} |\varphi(x_\nu) - \varphi(x_{\nu-1})| : n \in \mathrm{Z} \text{ und } a = x_0 < x_1 < \cdots < x_n = b \right\}.$$

Sie ist gleich $\mathsf{S}_I Q$ mit $I := \{a \leq \hat{x} < b\}$ und $Q(\{\alpha \leq \hat{x} < \beta\}) = \{|\varphi(\beta) - \varphi(\alpha)|\}$ für $a \leq \alpha < \beta \leq b$. (Es ist hier sogar $v_\mathfrak{z} = V$.)

8.5.5. *Monotonie.* Mit den Bezeichnungen von **8.5.2.** und **2.2.2.** gilt:

Reicht $Q_2(I)$ über (bzw. unter) $Q_1(I)$ für jedes $I \in \mathfrak{J}$, so ist $\bar{\mathsf{S}}_A Q_1 \leq \bar{\mathsf{S}}_A Q_2$ (bzw. $\underline{\mathsf{S}}_A Q_1 \geq \underline{\mathsf{S}}_A Q_2$).

Beweis. Es reiche etwa Q_2 über Q_1; dann reicht auch $S(\mathfrak{z}; Q_2)$ über $S(\mathfrak{z}; Q_1)$, und weiter $T(\mathfrak{z}; Q_2)$ über $T(\mathfrak{z}; Q_1)$, so daß $v_\mathfrak{z}^{(1)} \leq v_\mathfrak{z}^{(2)}$ und damit $\bar{s}^{(1)} \leq \bar{s}^{(2)}$. Analog der zweite Fall.

8.5.6. *Distributivität.* Da $Q'(I)$ und $Q''(I)$ für $I \in \mathfrak{J}$ endlich sind, so kann man setzen

$$(Q' + Q'')(I) := \{q' + q'' : q' \in Q'(I) \;\&\; q'' \in Q''(I)\}.$$

Es ist $\bar{\mathsf{S}}_A Q' + \bar{\mathsf{S}}_A Q'' \geq \bar{\mathsf{S}}_A (Q' + Q'')$ immer dann, wenn die linke Seite sinnvoll ist: Das Obertotal ist halbdistributiv nach unten. Entsprechend ist das Untertotal halbdistributiv nach oben.

Sind Q' und Q'' totalisierbar, und ist $\mathsf{S}_A Q' + \mathsf{S}_A Q''$ sinnvoll, so ist auch $Q' + Q''$ totalisierbar mit $\mathsf{S}_A (Q' + Q'') = \mathsf{S}_A Q' + \mathsf{S}_A Q''$, d.h. *das Total ist distributiv.*

Beweis. (Für das Obertotal.) Wegen der Endlichkeit von Q' und Q'' ist

$$S(\mathfrak{z}; Q' + Q'') = \{(p' + p'') : p' \in S(\mathfrak{z}; Q') \text{ und } p'' \in S(\mathfrak{z}; Q'')\},$$

also

$$T(\mathfrak{z}; Q' + Q'') \subset \{(t' + t'') : t' \in T(\mathfrak{z}; Q') \text{ und } t'' \in T(\mathfrak{z}; Q'')\},$$

so daß $\sup T(\mathfrak{z}; Q' + Q'') \leq \sup T(\mathfrak{z}; Q') + \sup T(\mathfrak{z}; Q'')$, wobei die rechte Summe sinnvoll ist. Hieraus folgt dann mit Benutzung der Monotonie die Behauptung für $\overline{S}$. Entsprechend ist der Beweis für $\underline{S}$; für S ergibt er sich dann als einfache Folgerung.

8.5.6.1. Homogenität.

Ist c eine Konstante, so sei $c\, Q(I) := \{c\, q : q \in Q(I)\}$.

$$\overline{S}_A c Q = c\, \overline{S}_A Q, \quad \overline{S}_A(-c) Q = -c\, \underline{S}_A Q \quad \text{für} \quad c > 0.$$

Analoges gilt für das Untertotal und das Total selbst.

(Beweis als Aufgabe.)

8.5.6.2. *Ist $B \prec A$ und $\underline{S}_B Q = -\infty$, so ist auch $\underline{S}_A Q = -\infty$.*

Beweis. Ist $\mathfrak{z} \in \mathfrak{Z}(A)$ beliebig gegeben, so gibt es ein $\mathfrak{z}_0 \gg \mathfrak{z}$, welches zugleich feiner ist als die Zerlegung $A = B + (A - B)$. $\mathfrak{z}' := \mathfrak{z}_0 | B$ bezeichne die von $\mathfrak{z}_0$ auf B bewirkte Zerlegung; entsprechend sei $\mathfrak{z}'' := \mathfrak{z}_0 | (A - B)$ gesetzt, so daß die „Zusammensetzung" $\mathfrak{z}' + \mathfrak{z}''$ wieder $\mathfrak{z}_0$ ergibt. Nun sei $\sum q_\nu''$ aus $T(\mathfrak{z}''; Q)$ irgendwie gewählt. Wir können dann wegen $\inf T(\mathfrak{z}'; Q) = -\infty$ bei vorgegebenem $M > 0$ ein $\sum q_\mu'$ aus $T(\mathfrak{z}'; Q)$ angeben mit $\sum q_\mu' < -M - \sum q_\nu''$, so daß also

$$-M > \left(\sum q_\mu' + \sum q_\nu''\right) \in T(\mathfrak{z}_0; Q) \subset T(\mathfrak{z}; Q).$$

Hieraus folgt $\inf T(\mathfrak{z}; Q) = -\infty$, und weiter $\underline{S}_A Q = -\infty$.

Bemerkung. Man sagt auf Grund von **8.5.6.2.**: „Der Wert $-\infty$ ist für das Untertotal *nach oben erblich*." Ebenso ist der Wert $+\infty$ für das Obertotal nach oben erblich.

8.5.7. *Additivität.* Eine unter- oder oberadditive Somenfunktion nennen wir *halbadditiv*; wir haben zunächst die Halbadditivitätseigenschaften der extremen Totale zu untersuchen.

8.5.7.1. Hilfssatz.

Es sei T_ν, $\nu \in \mathbf{Z}$, eine nicht leere Menge von eigentlichen oder uneigentlichen Zahlen. Ist $\sum_\nu \inf T_\nu$ eine s-Reihe mit einem Wert $> -\infty$, so ist auch jede Reihe $\sigma := \sum_\nu t_\nu$ mit $t_\nu \in T_\nu$, $\nu \in \mathbf{Z}$, eine s-Reihe, und für die Menge T aller dieser Reihenwerte σ gilt $\inf T = \sum_\nu \inf T_\nu$.

Beweis. Mit $\tau_\nu := \inf T_\nu$ ist nach Voraussetzung $\sum \{\tau_\nu : \tau_\nu < 0\} > -\infty$. Wegen $t_\nu \geq \tau_\nu$ für $t_\nu \in T_\nu$ ist dann auch $\sum \{t_\nu : t_\nu < 0\} \geq \sum \{\tau_\nu : \tau_\nu < 0\} > -\infty$, so daß $\sum t_\nu$ eine s-Reihe ist. Ferner ist $\sum \{t_\nu : t_\nu \geq 0\} \geq \sum \{\tau_\nu : \tau_\nu \geq 0\}$, so daß zusammen $\sum t_\nu \geq \sum \tau_\nu$, woraus die eine Hälfte der Behauptung hervorgeht, nämlich $u := \inf T \geq \sum \tau_\nu$. Andererseits ist die umgekehrte Ungleichung $u \leq \sum \tau_\nu$ trivial, wenn eines der τ_ν gleich $+\infty$ ist. Sei daher noch der Fall betrachtet, daß alle $\tau_\nu < +\infty$. Zu $\nu = 1, 2, \ldots$ und $\varepsilon > 0$ gibt es ein $t'_\nu \in T_\nu$ mit $t'_\nu < \tau_\nu + \varepsilon\, 2^{-\nu}$. Daraus folgt $\sum t'_\nu \leq \sum \tau_\nu + \varepsilon$, also $u \leq \sum \tau_\nu + \varepsilon$, und für $\varepsilon \to 0$ hieraus $u \leq \sum \tau_\nu$.

8.5.7.1.1. Variante zu **8.5.7.1.** ist bei gleichen Bezeichnungen:

Ist jede Reihe $\sum t_\nu$ *eine s-Reihe und* $\inf T$ *endlich, so ist* $\sum \inf T_\nu$ *absolut und eigentlich konvergent gegen* $\inf T$.

In der Tat, wegen $\inf T < +\infty$ gibt es Reihenwerte $\sum t_\nu < +\infty$, woraus mit der Bezeichnung von oben folgt, daß $\sum \tau_\nu$ ebenfalls eine s-Reihe mit einem Wert $< +\infty$ ist. Wäre dieser Wert $-\infty$, so hätte man $\sum \{\tau_\nu : \tau_\nu \geq 0\} < M < +\infty$ und andererseits $\sum \{\tau_\nu : \tau_\nu < 0\} = -\infty$. Es gäbe somit $t^*_\nu \in T_\nu$ mit $\sum \{t^*_\nu : \tau_\nu \geq 0\} < M + 1$ und $\sum \{t^*_\nu : \tau_\nu < 0\} < -M - 1 - P$, wo P eine beliebig vorgegebene positive Zahl sein darf, so daß $\sum t^*_\nu < -P$, und als Folge $\inf T = -\infty$ wäre (Widerspruch!). Also ist $\sum \tau_\nu$ eine s-Reihe mit endlichem Wert, d.h. absolut und eigentlich konvergent; das Übrige folgt jetzt aus **8.5.7.1.**

8.5.7.2. Mit den Definitionen von **8.5.0.** bis **8.5.2.** haben wir:

Das Untertotal ist unteradditiv; wenn es den Wert $-\infty$ *nicht annimmt und die zugrunde liegende g-Zerlegungsordnung ausgezeichnet ist, ist es sogar additiv.*

Beweis. 1. Es sei $A_0 = A_1 + A_2$, $A_1 A_2 = 0$, $A_i \in \mathfrak{A}$ und $s_i := \underline{\mathrm{S}}_{A_i} Q$, $i = 0, 1, 2$. Für $s_0 = -\infty$ ist nichts zu beweisen. Sei also $s_0 > -\infty$. Wegen der Erblichkeit nach oben (**8.5.6.2.**) ist dann auch s_1 und $s_2 > -\infty$. Ist dabei einer dieser Werte $+\infty$, so ist die behauptete Ungleichung $s_0 \leq s_1 + s_2$ richtig. Wir dürfen daher weiterhin voraussetzen, daß s_1 und s_2 endlich sind. Zu vorgegebenen $\varepsilon > 0$ und $\mathfrak{z} \in \mathfrak{Z}(A_0)$ wählen wir ein $\mathfrak{z}_0 \in \mathfrak{Z}(A_0)$, welches feiner ist als $\mathfrak{z}$ und als die Zerlegung $A_0 = A_1 + A_2$, und bestimmen $\mathfrak{z}_i \gg \mathfrak{z}_0 | A_i$ derart, daß in $S(\mathfrak{z}_i; Q)$ ein $\sum\limits_\nu q^{(i)}_\nu < s_i + \varepsilon/2$ enthalten ist, $i = 1, 2$. Bezeichnet $\bar{\mathfrak{z}}$ die Zusammenfassung von $\mathfrak{z}_1$ und $\mathfrak{z}_2$ zu einer Zerlegung von A_0, so ist die Summe $\sum q^{(1)}_\nu + \sum q^{(2)}_\nu < s_1 + s_2 + \varepsilon$ und in $S(\bar{\mathfrak{z}}; Q)$ enthalten. Wegen $\bar{\mathfrak{z}} \gg \mathfrak{z}$ folgt mit $\varepsilon \to 0$ daraus $\inf T(\mathfrak{z}; Q) \leq s_1 + s_2$, also $s_0 \leq s_1 + s_2$, womit die Unteradditivität allgemein bewiesen ist.

2. Im Falle s_1 und $s_2 > -\infty$ und bei ausgezeichneter g-Zerlegungsordnung $\gg$ können wir zu beliebigen σ_i mit $-\infty < \sigma_i < s_i$ stets $\mathfrak{Z}$-Zerlegungen $\mathfrak{z}'_i$ von A_i angeben mit $\tau_i := \inf T(\mathfrak{z}'_i; Q) > \sigma_i$. Zusammenfassung von $\mathfrak{z}'_1$ und $\mathfrak{z}'_2$, $i = 1, 2$, zu einem $\mathfrak{z}' \in \mathfrak{Z}(A_0)$, wofür wir kurz $\mathfrak{z}' = \mathfrak{z}'_1 + \mathfrak{z}'_2$ schreiben, ergibt: $\mathfrak{z} \gg \mathfrak{z}' \triangleright (\mathfrak{z} | A_i \gg \mathfrak{z}'_i$ für $i = 1, 2)$, und umgekehrt $(\mathfrak{z}_i \gg \mathfrak{z}'_i$ für $i = 1, 2) \triangleright (\mathfrak{z}_1 + \mathfrak{z}_2) \gg \mathfrak{z}'$, so daß wir $T(\mathfrak{z}'; Q) = \{(t_1 + t_2) : t_i \in T(\mathfrak{z}'_i; Q)$ für $i = 1, 2\}$ erhalten. Mit **8.5.7.1.** wird $s_0 \leq \inf T(\mathfrak{z}'; Q) = \tau_1 + \tau_2 > \sigma_1 + \sigma_2$, was mit $\sigma_i \to s_i$ zu $s_0 \geq s_1 + s_2$ führt. Mit 1. ist damit $s_0 = s_1 + s_2$, w. z. z. w.

In entsprechender Weise beweist man für das Obertotal:

Das Obertotal ist oberadditiv; wenn es den Wert $+\infty$ *nicht annimmt und die zugrunde liegende g-Zerlegungsordnung ausgezeichnet ist, ist es sogar additiv.*

8.5.7.3. Daß die beiden in **8.5.7.2.** genannten Bedingungen für die Additivität notwendig sind, zeigt *erstens* das Beispiel von **8.5.3.3.**, wo mit $\gg$ als nicht ausgezeichneter *g*-Zerlegungsordnung $\overline{\mathsf{S}}_{[0,1)} Q = 1$, $\overline{\mathsf{S}}_{[0,\frac{1}{2})} Q = \overline{\mathsf{S}}_{[\frac{1}{2},0)} Q = 0$, *zweitens* das folgende *Beispiel*:

$\mathfrak{A}$ sei das System aller Teilmengen der Menge $A := \{0, 1, 2, \ldots\}$, $\mathfrak{J}$ das System der Mengen $\{0\}$ und aller Teilmengen T von $B := \{1, 2, \ldots\}$. Mit $\sqsupset$ als ausgezeichneter *g*-Zerlegungsordnung und $Q(\{0\}) := \{-1, -2, \ldots\}$, $Q(T) = \{0\}$ für unendliches T und $Q(T) := \{n\}$, wenn die Anzahl der Elemente von T gleich n ist, erhält man $\underline{\mathsf{S}}_A Q = -\infty$, $\underline{\mathsf{S}}_B Q = +\infty$, $\underline{\mathsf{S}}_{A-B} Q = -\infty$, also keine Oberadditivität.

8.5.7.4. *Liegt der Totalisation eine ausgezeichnete g-Zerlegungsordnung zugrunde, so gilt:*

1. *Es sei* $A_1 + A_2 = A$ *eine Zerlegung von* A *in zwei fremde Somen und* $Q|\mathfrak{J}$ *auf* A_1 *und* A_2 *totalisierbar.* (a) *Wenn dabei die Summe* $\mathsf{S}_{A_1} Q + \mathsf{S}_{A_2} Q$ *sinnvoll ist, so ist* Q *auch auf* A *totalisierbar und diese Summe gleich* $\mathsf{S}_A Q$. (b) *Wenn dabei umgekehrt* Q *auf* A *totalisierbar ist, so ist die genannte Summe sinnvoll und gleich* $\mathsf{S}_A Q$. — 2. *Das Total einer für alle Somen eines Somenringes* $\mathfrak{A}$ *totalisierbaren Funktion ist eine additive Somenfunktion.*

Beweis. Zu (1a). Es sei $s_i = \mathsf{S}_{A_i} Q$, $i = 1, 2$, und $s_1 + s_2$ sinnvoll. Folgende Fälle sind dann zu unterscheiden:

	1.	2.	3.	4.	5.
s_1	$-\infty$	$-\infty$	endlich	endlich	$+\infty$
s_2	$-\infty$	endlich	endlich	$+\infty$	$+\infty$

Nach **8.5.7.2.** gilt in den Fällen 1., 2., 3. $\overline{\mathsf{S}}_A Q = s_1 + s_2$, in den Fällen 3., 4., 5. $\underline{\mathsf{S}}_A Q = s_1 + s_2$, und in allen $\underline{\mathsf{S}}_A Q \leqq \overline{\mathsf{S}}_A Q$. Für den Fall 3. ist damit die Behauptung schon bewiesen. Nach **8.5.6.2.** ist in den Fällen 1. und 2. $\underline{\mathsf{S}}_A Q = -\infty$, in den Fällen 4. und 5. $\overline{\mathsf{S}}_A Q = +\infty$, womit die Behauptung allgemein erbracht ist. — *Zu* (1b). Wäre etwa $s_1 = -\infty$, $s_2 = +\infty$, so nach **8.5.6.2.** $\underline{\mathsf{S}}_A Q = -\infty$ und $\overline{\mathsf{S}}_A Q = +\infty$, so daß Q nicht totalisierbar wäre (Widerspruch!). Damit ist $s_1 + s_2$ sinnvoll, also (1a) anwendbar. — Die Behauptung 2. folgt aus 1.

Bemerkung. Für allgemeine Zerlegungsordnung braucht, auch bei endlichen Totalwerten, die Behauptung (a) von **8.5.7.4.** nicht zu gelten

(s. Beispiel in **8.5.3.3.**, wo Totalisation mit $\gg$ auf $\mathsf{S}_{[0,\frac{1}{2})} = \mathsf{S}_{[\frac{1}{2},1)} = 0$, aber $\bar{\mathsf{S}}_{[0,1)} = 1$ führt).

8.5.8. *Teiltotalisierbarkeit.*

Ist $\mathfrak{J}$ eine Gitterbasis des Somenringes $\mathfrak{A}$ und ist $Q\,|\,\mathfrak{J}$ e-totalisierbar über $A \in \mathfrak{A}$, so auch über jedes A' mit $A > A' \in \mathfrak{A}$.

Beweis. Wir setzen $A = A' + A''$ und geben $\varepsilon > 0$ vor. $\mathfrak{z}^*$ sei eine Zerlegung von A derart, daß für jedes $\mathfrak{z} \gg \mathfrak{z}^*$ bereits $|\sum q_\nu - c| < \varepsilon$, wo $c = \mathsf{S}_A Q$ und die q-Summe zu $\mathfrak{z}$ gehört, und außerdem A' und A'' in Teile von $\mathfrak{z}^*$ zerlegbar sind. Die betreffenden Zerlegungen seien $\mathfrak{z}^{*\prime}$ und $\mathfrak{z}^{*\prime\prime}$. Nun sei $\mathfrak{z}_1 \gg \mathfrak{z}^{*\prime}$. Dann ist die Zerlegung von A, welche auf A' mit $\mathfrak{z}_1$ und auf A'' mit $\mathfrak{z}^{*\prime\prime}$ übereinstimmt, feiner als $\mathfrak{z}^*$, so daß

$$\left|\sum q_\nu^{(1)} - \left(c - \sum q_{\nu''}\right)\right| = \left|\sum q_\nu^{(1)} + \sum q_{\nu''} - c\right| < \varepsilon,$$

wobei die $q_\nu^{(1)}$ zu $\mathfrak{z}_1$ und $q_{\nu''}$ zu $\mathfrak{z}^{*\prime\prime}$ gehören. Macht man dasselbe für eine zweite Zerlegung $\mathfrak{z}_2 \gg \mathfrak{z}^{*\prime}$, so erhält man eine analoge Ungleichung. Beide Ungleichungen zusammen ergeben $|\sum q_\nu^{(1)} - \sum q_\nu^{(2)}| < 2\varepsilon$, was zur Existenz und Endlichkeit von $\mathsf{S}_{A'} Q$ führt.

8.5.8.1. Der vorausgehende Satz wird falsch, wenn man in ihm e-Totalisierbarkeit durch Totalisierbarkeit schlechthin ersetzt. Man kann leicht ein Beispiel bilden, in dem

$$A_1 + A_2 = A,\; A_1 A_2 = 0,\; -\infty < \underline{\mathsf{S}}_{A_1} Q < \bar{\mathsf{S}}_{A_1} Q < +\infty,\; \mathsf{S}_{A_2} Q = \mathsf{S}_A Q = +\infty$$

ist.

8.5.8.2. Nun können wir auch bei nicht ausgezeichneten g-Zerlegungsordnungen eine zu **8.5.7.4.** entsprechende Aussage machen:

Ist $Q\,|\,\mathfrak{J}$ auf A eigentlich totalisierbar, so auch auf allen Somen des Ringes $\{X : A > X \in \mathfrak{A}\}$, und das Total $\mathsf{S}_X Q$ stellt dort eine endliche additive Funktion dar.

Beweis. Folgt aus **8.5.8.** und **8.5.7.2.**

8.5.9. *Monotonieprinzip.* Es sei $Q\,|\,\mathfrak{J}$ einelementig, $Q(I) = \{q(I)\}$, und dabei $q\,|\,\mathfrak{J}$ halbadditiv und endlich auf $\mathfrak{J}$. Ist $\mathfrak{z}$ (mit $A = I_1 \dotplus \cdots \dotplus I_n$), so besteht hier $S(\mathfrak{z}; Q)$ nur aus dem einen Wert $s_\mathfrak{z} := q(I_1) + \cdots + q(I_n)$, wir sagen dann kurz, $Q\,|\,\mathfrak{J}$ sei *halbadditiv und endlich.* Es gilt:

Ist $Q\,|\,\mathfrak{J}$ halbadditiv nach unten (bzw. nach oben) und endlich, so ist Q totalisierbar und $\mathsf{S}_A Q$ ist gleich dem Supremum (bzw. Infimum) aller Zahlen $s_\mathfrak{z}$, $\mathfrak{z} \in \mathfrak{Z}(A)$, $A \in \mathfrak{A}$.

Beweis. Ist z.B. Q halbadditiv nach unten, dann gilt $\mathfrak{z}_2 \gg \mathfrak{z}_1 \triangleright s_{\mathfrak{z}_2} \gg s_{\mathfrak{z}_1}$. Die Behauptung folgt jetzt aus dem allgemeinen Monotonieprinzip (**2.10.4.**).

8.5.9.1. Als Anwendungsbeispiel sei die *Bogenlänge einer stetigen Kurve* behandelt.

In einer (x, y)-Ebene sei durch $y = f(x)$, $x \in J = [a, b]$, mit stetigem $f|J$ eine stetige Kurve C erklärt, $C := \{(x, f(x)) : x \in J\}$. Jedem Teilintervall $I = [\alpha, \beta]$ ordnen wir zu die Intervallfunktion $Q(I) = \{q(I)\}$ mit $q(I) = ((\beta - \alpha)^2 + (f(\beta) - f(\alpha))^2)^{\frac{1}{2}}$. Wir nennen C *streckbar* (rektifizierbar), wenn (mit $\sqsupset$ für $\gg$) $\underline{\mathsf{S}}_J Q < +\infty$; $\underline{\mathsf{S}}_J Q$ heißt dann die *Länge von* C. Dazu gilt:

Ist $C := \{(x, f(x)) : x \in J\}$ *eine stetige Kurve in der* (x, y)*-Ebene, und bezeichnet* $Q(I)$ *die Funktion von oben, so ist jede der folgenden Aussagen mit jeder anderen gleichwertig:*

(a) C *ist streckbar mit der Länge* L.

(b) Q *ist e-totalisierbar (bezüglich* $\sqsupset$*) mit* $\mathsf{S}_J Q = L$.

(c) Q *ist e-totalisierbar (bezüglich* $\gg$*, erklärt durch* $(J = I_1' + \cdots + I_k') \gg (J = I_1 + \cdots + I_m) : \bowtie \max\limits_{\varkappa} \lambda(I_\varkappa') \leq \max\limits_{\mu} \lambda(I_\mu)$*) mit* $\mathsf{S}_J Q = L$; *es gibt eine Folge von Zerlegungen* $\mathfrak{z}_n$ (mit $J = I_{n1} + \cdots + I_{n m_n}$) *mit für* $n \to +\infty$ *nach Null strebenden* $\delta(\mathfrak{z}_n) := \max\limits_{\mu} \lambda(I_{n\mu})$ *und* $\lim\limits_{n} \sum\limits_{\mu} q(I_{n\mu}) = L < +\infty$.

(d) f *ist von beschränkter Variation auf* J *mit* $\underline{\mathsf{S}}_J Q = L$.

(e) *Es bezeichne* $\mathfrak{s}_\varphi := \{(x, \varphi(x)) : x \in J\}$ *einen Streckenzug (d.h.* φ *eine stetige Funktion mit der Eigenschaft, daß* φ *bei passender Zerlegung* $J = I_1 + \cdots + I_k$ *in jedem* I_k *durch eine lineare Funktion in* x *dargestellt wird); seine Länge* L_φ *ist die Summe der Längen seiner Strecken. Es ist* $L = \lim \left\{\inf \left\{L_\varphi : |\varphi(x) - f(x)| < \frac{1}{p} \text{ für } x \in J\right\} : p \to +\infty\right\} < +\infty$.

Beweis. Wir zeigen (a) $\triangleright$ (b) $\triangleright$ (c) $\triangleright$ (d) $\triangleright$ (a) und (c) $\bowtie$ (e).

1. Es gelte (a). Zu jedem $\mathfrak{z}$ (mit $J = I_1 + \cdots + I_n$) gibt es nur die eine Summe $s_{\mathfrak{z}} := \sum\limits_{\nu} q(I_\nu)$. Nach der Dreiecksungleichung (**4.1.2.** 1.) ist $q(I)$ halbadditiv nach unten, also nach dem Monotonieprinzip $L = \underline{\mathsf{S}}_J Q = \bar{\mathsf{S}}_J Q = \sup\limits_{\mathfrak{z}} s_{\mathfrak{z}}$, d.h. es gilt (b).

2. Sei (b) erfüllt, und $\mathfrak{z}_n$ eine Zerlegungsfolge mit $\delta(\mathfrak{z}_n) \to 0$. Ferner sei $\mathfrak{z}$ irgendeine Zerlegung mit den Teilungspunkten $a = a_0 < a_1 < \cdots < a_m = b$. Wegen der Stetigkeit von $f|J$ ist es möglich n so groß zu wählen, daß $\lambda(I) < \delta(\mathfrak{z}_n)$ stets $q(I) < \frac{\varepsilon}{2m}$ zur Folge hat, $\varepsilon > 0$ vorgegeben. Für die Zerlegung $\mathfrak{z}^*$, deren Teilungspunkte die von $\mathfrak{z}$ und $\mathfrak{z}_n$ sind, haben wir $s_{\mathfrak{z}^*} \geq s_{\mathfrak{z}}$. Nimmt man von $\mathfrak{z}^*$ jene Intervalle weg, welche an ein a_μ angrenzen (es gibt deren höchstens $2m$), so bleiben nur Intervalle von $\mathfrak{z}_n$ übrig. Für alle Teilintervalle I^* von $\mathfrak{z}^*$ ergibt sich $\lambda(I^*) \leq \delta(\mathfrak{z}_n)$ und wir erhalten $s_{\mathfrak{z}_n} \geq s_{\mathfrak{z}^*} - 2m \frac{\varepsilon}{2m} \geq s_{\mathfrak{z}} - \varepsilon$, was mit Verwendung des Mono-

tonieprinzips (**8.5.9.**) zur zweiten Behauptung von (c) führt. Von dieser kommt man leicht (**5.2.4.2.**) zur ersten, nämlich

$$L = \lim \{s_{\mathfrak{z}} : \delta(\mathfrak{z}) \to 0\}.$$

3. Sei jetzt (c) erfüllt. Wäre f nicht BV, so ließe sich durch eine analoge Betrachtung wie in 2. (Ausführung!) zeigen, daß $\lim\limits_n s_{\mathfrak{z}_n} = +\infty$, was ein Widerspruch ist. Daher ist f BV, also wegen $q(I) \leqq (\beta - \alpha) + |f(\beta) - f(\alpha)|$ jedes $s_{\mathfrak{z}} \leqq (b-a) + V$, wo V die Totalvariation von f in J bezeichnet. Nach dem Monotonieprinzip ist Q e-totalisierbar, und wie in 2. folgt $\mathsf{S}_J Q = L$; es gilt also (d).

Bemerkung. Zwischen der Länge L einer Kurve $\{(x, f(x)) : x \in [a, b]\}$ und der Totalvariation V von $f|[a, b]$ besteht die Relation

$$L \leqq (b-a) + V.$$

4. Ist (d) erfüllt, so sind nach 3. alle $s_{\mathfrak{z}}$ beschränkt, was sofort auf (a) führt.

5. Es sei (e) erfüllt. Wegen der gleichmäßigen Stetigkeit von f befriedigt bei vorgegebenen p und $\varepsilon > 0$ für hinreichend großes n der zu $\mathfrak{z}_n$ gehörige, C einbeschriebene Streckenzug $\mathfrak{s}_{\varphi_n}$, die Bedingungen $|\varphi_n - f| < \frac{1}{p}$ und $L_n := \sum\limits_m q(I_{nm}) < L + \varepsilon$, so daß jedenfalls $L' := \lim \left\{\inf \left\{L_\varphi : |\varphi - f| < \frac{1}{p}\right\} : p \to +\infty\right\} \leqq L_n < L + \varepsilon$, woraus $L' \leqq L$ folgt. Hat $\mathfrak{z}_n$ die Teilungspunkte $a = b_0 < b_1 < \cdots < b_k = b$, so ist für ein φ mit $|\varphi - f| < \frac{1}{p}$ stets $L_\varphi \geqq s_{\mathfrak{z}_n} - \frac{2k}{p}$, denn nach der Dreiecksungleichung ist $\overline{P_\mu P_{\mu+1}} \leqq \overline{P_\mu Q_\mu} + \widetilde{Q_\mu Q_{\mu+1}} + \overline{Q_{\mu+1} P_{\mu+1}} \leqq \frac{2}{p} + \widetilde{Q_\mu Q_{\mu+1}}$, wobei P_μ bzw. Q_μ den Punkt von $\mathfrak{s}_{\varphi_n}$ bzw. $\mathfrak{s}_\varphi$ mit der Abszisse b_μ, und $\widetilde{Q_\mu Q_{\mu+1}}$ den von Q_μ nach $Q_{\mu+1}$ führenden Teilstreckenzug von $\mathfrak{s}_\varphi$ bezeichnen[1]. Die zuletzt gewonnene Ungleichung führt zu $L' \geqq L$, und alles zusammen zu (e).

6. Schließlich betrachten wir noch den Fall, daß (e) besteht. Ähnlich, wie in 5. zeigt man $L \leqq \underline{\lim}\, s_{\mathfrak{z}_n}$ und $L \geqq \overline{\lim}\, s_{\mathfrak{z}_n}$. Wegen der vorausgesetzten Endlichkeit von L ist damit $L = \lim s_{\mathfrak{z}_n}$ endlich, d.h. gilt (c).

8.5.10. *Ist $Q|\mathfrak{A}$ additiv und endlich, so ist Q totalisierbar (bezüglich $\mathfrak{A}$) mit $\mathsf{S}_A Q = q(A)$ für $A \in \mathfrak{A}$.*

In der Tat, wenn Q additiv und endlich ist, so sind alle $s_{\mathfrak{z}} = q(A)$.

8.5.10.1. *Durch eigentliche Totalisation sind alle endlichen additiven Somenfunktionen erzeugbar.*

[1] $\overline{AB}$ bedeute die Verbindungsstrecke der Punkte A und B.

In der Tat, nach **8.5.8.2.** ist jedes eigentliche Total additiv; nach **8.5.10.** kann umgekehrt jede endliche additive Somenfunktion als Total dargestellt werden.

8.5.11. Um auch die σ-Additivität in die Betrachtung einzubeziehen, könnte man die ganze Prozedur der Totalisation dahin verallgemeinern, daß man die bisher endlichgliedrigen Zerlegungen und Approximationssummen durch abzählbar- unendlichgliedrige ersetzt; wir wollen diese Möglichkeit hier nicht weiter verfolgen, sondern uns nach Fällen umsehen, wo bereits das Total im bisherigen Sinne σ-additiv ist.

8.5.11.1. In Verfolgung dieses Gedankens werden wir jetzt $\mathfrak{A}$ als σ-Somenring voraussetzen. Von der zu totalisierenden Funktion $Q|\mathfrak{A}$ werden wir folgendes verlangen:

Bedingung (Z). Zu jedem A aus $\mathfrak{A}$ und jedem $\varepsilon > 0$ gibt es eine Zerlegung $\mathfrak{z}^*$ (mit $A = A_1^* \dotplus \cdots \dotplus A_k^*$), so daß bei beliebigen $\sigma\,\mathfrak{A}$-Zerlegungen der Teile $A_\varkappa^*$, $A_\varkappa^* = A_{\varkappa 1} \dotplus A_{\varkappa 2} \dotplus \cdots$ und bei jeder Wahl von $q_{\varkappa\mu}$ aus $Q(A_{\varkappa\mu})$ die Reihe $\sum_\mu q_{\varkappa\mu}$ absolut konvergiert, $\varkappa = 1, \ldots, k$, und $\sum_\varkappa \left|q_\varkappa^* - \sum_\mu q_{\varkappa\mu}\right| < \varepsilon$ ist bei beliebiger Wahl von $q_\varkappa^*$ aus $Q(A_\varkappa^*)$. Nun gilt:

Es sei $\mathfrak{A}$ ein σ-Somenring, ferner sei $Q|\mathfrak{A}$ e-totalisierbar und erfülle die Bedingung (Z); dann ist das Total $\mathsf{S}_A Q$ als Funktion von A, $A \in \mathfrak{A}$, σ-additiv.

Beweis. Es sei $A = A_1 \dotplus A_2 \dotplus \cdots$ eine $\sigma\,\mathfrak{A}$-Zerlegung und $\varepsilon > 0$. Es gibt wegen der vorausgesetzten e-Totalisierbarkeit $\mathfrak{A}$-Zerlegungen

$$\mathfrak{z}\ (\text{mit } A = B_1 \dotplus \cdots \dotplus B_m), \quad \mathfrak{z}_\nu\ (\text{mit } A_\nu = B_{\nu 1} \dotplus \cdots \dotplus B_{\nu m_\nu}), \quad \nu \in \mathsf{Z},$$

so daß $\left|\mathsf{S}_A Q - \sum_i q_i\right| < \varepsilon$ für jede Summe $\sum_i q_i$, die zu einer Verfeinerung von $\mathfrak{z}$ gehört, und $\left|\mathsf{S}_{A_\nu} Q - \sum_j q_{\nu j}\right| < \varepsilon\, 2^{-\nu}$ für jede Summe $\sum_j q_{\nu j}$, die zu einer Verfeinerung von $\mathfrak{z}_\nu$ gehört. Dabei kann man es ohne weiteres so einrichten, daß $\mathfrak{z}$ eine Verfeinerung der gemäß (Z) zu A und ε gehörigen Zerlegung $\mathfrak{z}^*$ von A und daß außerdem $\mathfrak{z}_\nu$ eine Verfeinerung der durch $\mathfrak{z}$ in A_ν erzeugten Zerlegung ist. Die $\mathfrak{z}_\nu$ ergeben zusammengenommen eine $\sigma\,\mathfrak{A}$-Zerlegung $\bar{\mathfrak{z}}$ von A, welche eine Verfeinerung von $\mathfrak{z}^*$ ist, so daß $\sum_{\nu, j} |q_{\nu j}|$ als Summe von k absolut konvergenten Reihen eigentlich konvergiert. Dies ergibt

$$\left|\sum_\nu \mathsf{S}_{A_\nu} Q - \sum_{\nu, j} q_{\nu j}\right| < \varepsilon.$$

Indem wir $\mathfrak{z}$ als eine Verfeinerung von $\mathfrak{z}^*$ auffassen, können wir schreiben $\sum_i q_i = \sum_{\varkappa,\mu} q'_{\varkappa\mu}$ und erhalten gemäß (Z)

$$\sum_\varkappa \left|q_\varkappa^* - \sum_\mu q'_{\varkappa\mu}\right| < \varepsilon;$$

analog können wir $\mathfrak{z}$ als Verfeinerung von $\mathfrak{z}^*$ auffassen und $\sum_{\nu,j} q_{\nu j} = \sum_{\varkappa,\mu} q''_{\varkappa\mu}$ schreiben; gemäß (Z) ist dann wieder

$$\sum_{\varkappa} \left| q^*_{\varkappa} - \sum_{\mu} q''_{\varkappa\mu} \right| < \varepsilon .$$

Zusammenfassung der gewonnenen Ungleichungen ergibt

$$\left| \mathsf{S}_A Q - \sum_{\nu} \mathsf{S}_{A_\nu} Q \right| < 4\varepsilon ,$$

woraus für $\varepsilon \to 0$ die σ-Additivität folgt.

8.5.12. STIELTJES-*Integrale.*

Im folgenden behandeln wir das STIELTJES-Integral einer Veränderlichen im Sinne der Totalisation und stellen den Zusammenhang her mit der Definition des RIEMANN-STIELTJES-Integrals von **7.4.2.7.**

8.5.12.1. Die klassische Definition des STIELTJES-Integrals geht aus von zwei in einem Intervall $J := [a, b]$ erklärten endlichen reellen Funktionen $f|J$ und $\varphi|J$. Im Zeichen $\mathfrak{u}$ fassen wir eine Unterteilung $a = a_0 < a_1 < \cdots < a_n = b$ von J und ein System von „Zwischenstellen" z_i, $a_{i-1} \leqq z_i \leqq a_i$, $i = 1, \ldots, n$, zusammen. Jedem $\mathfrak{u}$ ordnet man zu die *Norm* $N(\mathfrak{u}) := \max\{a_i - a_{i-1} : i = 1, \ldots, n\}$ und die STIELTJES-*Summe*

$$s(\mathfrak{u}; f; \varphi; J) := \sum_{i=1}^{n} f(z_i) \left(\varphi(a_i) - \varphi(a_{i-1})\right).$$

Von den Argumenten von s lassen wir jeweils jene weg, welche innerhalb einer Untersuchung unwesentlich, d.h. konstant sind. Wenn der Normlimes (**2.10.3.1.** 4.)

$$N\text{-}\lim s(\mathfrak{u}) = \lim \{s(\mathfrak{u}) : N(\mathfrak{u}) \searrow 0\} =: S(f; \varphi; J)$$

als endlicher Wert existiert, so nennen wir f über J *S-integrierbar bezüglich* φ (kurz *φ S-integrierbar*) und den Wert $S(f; \varphi; J)$ *das φ S-Integral*, wofür wir auch $\int_J f\,d\varphi$ oder $\int_a^b f(x)\,d\varphi(x)$ schreiben.

In allen Fällen können wir den oberen und unteren Normlimes

$$\underline{S} := N\text{-}\underline{\lim}\, s(\mathfrak{u}), \qquad \overline{S} := N\text{-}\overline{\lim}\, s(\mathfrak{u})$$

bilden, welche als sup von inf bzw. als inf von sup der Zahlenmengen $\{s(\mathfrak{u}) : N(\mathfrak{u}) \leqq \varrho\}$, $\varrho > 0$, erklärt sind; sie heißen das *untere* bzw. *obere φ S-Integral („Normintegrale")*.

8.5.12.1.1. Ein anderes STIELTJES-Integral („*Unterteilungsintegral*") erhalten wir, wenn wir an Stelle des Norm-Limes einen g-Limes verwenden im Sinne der in **8.5.0.** eingeführten Unterteilungsordnung $\sqsupset$ ($\mathfrak{u}' \sqsupset \mathfrak{u}$, d.h. $\mathfrak{u}'$ feiner als $\mathfrak{u}$, wenn jeder Teilungspunkt von $\mathfrak{u}$ ein solcher von $\mathfrak{u}'$ ist). Es ergeben sich dann die Limiten

$$\underline{S}^* := \sup_{\mathfrak{u}} \inf \{s(\mathfrak{u}') : \mathfrak{u}' \sqsupset \mathfrak{u}\}, \quad \overline{S}^* := \inf_{\mathfrak{u}} \sup \{s(\mathfrak{u}') : \mathfrak{u}' \sqsupset \mathfrak{u}\},$$

welche wir das *untere* bzw. *obere* φS^**-Integral* nennen; sind sie gleich und endlich, so nennen wir f φS^**-integrierbar* und den gemeinsamen Wert das φS^**-Integral*.

Wegen $\mathfrak{u}' \sqsupset \mathfrak{u} \rhd N(\mathfrak{u}') \leqq N(\mathfrak{u})$ haben wir nach **8.5.3.3.**

$$\underline{S} \leq \underline{S}^* \leq \overline{S}^* \leq \overline{S}.$$

Somit gilt: *Aus der* φS*-Integrierbarkeit folgt die* φS^**-Integrierbarkeit.* Das Umgekehrte aber braucht nicht zu gelten; dies zeigt das *Beispiel*: $f = \varphi$ mit $f(x) = 0$ für $0 \leqq x < 1$, $f(1) = \frac{1}{2}$, $f(x) = 1$ für $1 < x \leqq 2$. Hier ist $\underline{S} = 0$, $\underline{S}^* = \frac{1}{4}$, $\overline{S}^* = \frac{3}{4}$, $\overline{S} = 1$. Man beachte, daß im Sinne von **7.4.1.1.** hier $T_\varphi(f\,|\,[0,2]) = \frac{1}{2}$, also das zu $p = \varphi$ gehörige RIEMANN-STIELTJES-*Integral von* f (**7.4.2.7.**) existiert und gleich $\frac{1}{2}$ ist.

8.5.12.1.2. Hinsichtlich des Zusammenhangs zwischen den hier definierten STIELTJES-Integralen und dem vollständigen RIEMANN-STIELTJES-Integral von **7.4.2.7.** gilt, wie das Beispiel am Schluß von **8.5.12.1.1.** vermuten läßt, der Satz:

Ist φ *nicht fallend, so existiert mit dem* φS^**-Integral von* f *auch das vollständige* RIEMANN-STIELTJES-*Integral von* f *bezüglich* $p = \varphi$, *und beide Integrale sind gleich.*

Beweis. Es gebe zu jedem $\varepsilon > 0$ ein $\mathfrak{u}_\varepsilon$, so daß $|s(\mathfrak{u}; f; \varphi) - S^*| < \varepsilon$ für $\mathfrak{u} \sqsupset \mathfrak{u}_\varepsilon$. Hat ein solches $\mathfrak{u}$ die Teilungspunkte $a = a_0 < a_1 < \cdots < a_n = b$, so unterscheiden sich mit $M_i := \sup\{f(x) : a_{i-1} \leqq x \leqq a_i\}$ und $m_i := \inf\{f(x) : a_{i-1} \leqq x \leqq a_i\}$ die Summen $\underline{s} := \sum_i m_i(\varphi(a_i) - \varphi(a_{i-1}))$ und $\overline{s} := \sum_i M_i(\varphi(a_i) - \varphi(a_{i-1}))$ um höchstens 2ε. Bilden wir nun die Treppenfunktionen

$$\underline{t} = \begin{cases} f & \text{für } x = a_i, \\ m_i & \text{für } a_{i-1} < x < a_i, \end{cases} \qquad \overline{t} = \begin{cases} f & \text{für } x = a_i, \\ M_i & \text{für } a_{i-1} < x < a_i, \end{cases}$$

so ist offensichtlich mit den Bezeichnungen von **7.4.2.7.**

$$N_R(f - \underline{t}) \leq N_R(\overline{t} - \underline{t}) = T_\varphi(\overline{t} - \underline{t}) = \sum_i (M_i - m_i)\,(\varphi(a_i -) - \varphi(a_{i-1} +))$$
$$\leq \sum_i (M_i - m_i)\,(\varphi(a_i) - \varphi(a_{i-1})) = \overline{s} - \underline{s} \leqq 2\varepsilon.$$

Hieraus folgt die R-Integrierbarkeit bezüglich $p = \varphi$ von f. Nun gilt $R(\underline{t}) = T_\varphi(\underline{t}) = \sum_i f(a_i)\,(\varphi(a_i +) - \varphi(a_i -)) + \sum_i m_i(\varphi(a_i -) - \varphi(a_{i-1} +))$ und Entsprechendes für $R(\overline{t})$. Somit erhalten wir $\underline{s} \leqq R(\underline{t}) \leqq R(f) \leqq R(\overline{t}) \leqq \overline{s}$. Da auch $s(\mathfrak{u}, f, \varphi)$ zwischen $\underline{s}$ und $\overline{s}$ liegt, so folgt $|R(f) - S^*| < 3\varepsilon$, w. z. z. w.

8.5.12.1.3. *Ist $f|J$ beschränkt, $|f| \leqq M$, und $\varphi|J$ von endlicher Totalvariation T auf J, so gilt*

$$-MT \leqq \underline{S}(f;\varphi;J) \leqq \overline{S}(f;\varphi;J) \leqq MT.$$

In der Tat, es liegt jede STIELTJES-Summe zwischen den Grenzen $-MT$ und MT (Beweis!).

8.5.12.2. Für die S- bzw. S^*-Integrierbarkeit von f bezüglich φ ist die Beschränktheit von f auf J nicht notwendig (es kann beispielsweise f ohne Schaden für die Existenz des Integrals in einem Konstanzintervall von φ beliebig große Werte annehmen). Es gilt aber folgender Satz:

Im Falle der S^*-Integrierbarkeit ist f auf der Menge V_φ der Variabilitätspunkte von φ beschränkt.

Dabei heißt x ein *Variabilitätspunkt von φ*, wenn es in jeder Umgebung von x Punkte x' mit $\varphi(x') \neq \varphi(x)$ gibt; die Menge V_φ ist abgeschlossen (Beweis!). Angenommen, f ist auf V_φ nicht beschränkt. Dann gibt es auf der beschränkten abgeschlossenen Menge V_φ einen Punkt a, in dessen jeder Umgebung f absolut beliebig große Werte annimmt. Man kann daher zu jeder Unterteilung $\mathfrak{u}$ eine Verfeinerung $\mathfrak{u}'$, für welche a Teilungspunkt ist, angeben und für ein an a anschließendes Teilintervall $[a_{i-1}, a_i]$ von $\mathfrak{u}'$ andererseits erreichen, daß $\varphi(a_i) - \varphi(a_{i-1}) \neq 0$ und in diesem Intervall f beliebig große Werte annimmt. Durch geeignete Wahl des zugehörigen Zwischenwertes z_i' kann damit $s(\mathfrak{u}')$ selbst beliebig groß gemacht werden, so daß N-lim $s(\mathfrak{u})$ nicht existiert.

Bemerkungen. 1. Es lassen sich leicht Beispiele angeben, welche zeigen, daß die Beschränktheit von f auf V_φ nicht die Endlichkeit von $\underline{S}^*$ und $\overline{S}^*$ zur Folge haben muß.

2. Die Überlegungen dieser Nummer übertragen sich wegen **8.5.12.1.1.** unmittelbar auch auf die S-Integration.

3. Im Falle der φS^*-Integrierbarkeit von f können wir nach obigem Satz f ersetzen durch eine beschränkte Funktion $\tilde{f}$ (nämlich $\tilde{f} = f$ auf V_φ und $\tilde{f} = 0$ auf $[a, b] - V_\varphi$) mit $\int\limits_a^b f\,d\varphi = \int\limits_a^b \tilde{f}\,d\varphi$ (Beweis!).

8.5.12.3.1. Mit der Vereinbarung, daß $0 \cdot \alpha = 0$ für jede eigentliche oder uneigentliche reelle Zahl α sein soll, haben wir die *Homogenitätseigenschaft*: Für endliches nicht negatives ϱ gilt

$$\underline{S}(\varrho f;\varphi) = \underline{S}(f;\varrho\varphi) = \varrho\,\underline{S}(f;\varphi),$$
$$\underline{S}(-\varrho f;\varphi) = \underline{S}(f;-\varrho\varphi) = -\varrho\,\overline{S}(f;\varphi),$$

und Analoges besteht für $\overline{S}$, $\underline{S}^*$, $\overline{S}^*$ (Beweise als Aufgabe!).

8.5.12.3.2. *Distributivität.*

Bei festem φ ist

$$\underline{S}(f_1) + \underline{S}(f_2) \leqq \underline{S}(f_1 + f_2) \leqq \underline{S}(f_1) + \overline{S}(f_2),$$

bei festem f

$$\underline{S}(\varphi_1) + \underline{S}(\varphi_2) \leqq \underline{S}(\varphi_1 + \varphi_2) \leqq \underline{S}(\varphi_1) + \overline{S}(\varphi_2),$$

soferne die betreffenden Außensummen sinnvoll sind. Analoge Aussagen gelten auch für $\overline{S}$, $\underline{S}^*$ und $\overline{S}^*$.

Beweis (der erstgenannten Ungleichungen). Leicht erledigen sich die Fälle, daß das eine oder andere Glied der Außensummen uneigentlich ist (Aufgabe!). Wir beschränken uns daher des weiteren auf den Fall, daß links und rechts lauter endliche Werte stehen. Dann gibt es zu $\varepsilon > 0$ ein $r > 0$, so daß für $N(\mathfrak{u}) < r$

$$(1) \qquad \underline{S}(f_i) - \varepsilon \leqq s(\mathfrak{u}; f_i) \leqq \overline{S}(f_i) + \varepsilon, \quad i = 1, 2,$$

also $\underline{S}(f_1) + \underline{S}(f_2) - 2\varepsilon \leqq s(\mathfrak{u}; f_1 + f_2)$, woraus durch Grenzübergang die linke Hälfte der behaupteten Ungleichung folgt. Weiter gibt es, nachdem die Endlichkeit von $\underline{S}(f_1 + f_2)$ wegen (1) erkannt ist, ein r' mit $0 < r' < r$, so daß für $N(\mathfrak{u}) < r'$

$$\underline{S}(f_1 + f_2) - \varepsilon \leqq s(\mathfrak{u}; f_1 + f_2) \leqq s(\mathfrak{u}; f_1) + \overline{S}(f_2) + \varepsilon,$$

also $\underline{S}(f_1 + f_2) - \overline{S}(f_2) - 2\varepsilon \leqq s(\mathfrak{u}; f_1)$, was zur rechten Hälfte der behaupteten Ungleichung führt.

8.5.12.4.1. *Ist f φS^*-integrierbar, so haben f und φ weder eine rechts- noch eine linksseitige Unstetigkeitsstelle gemein.*

Beweis. Angenommen, x_0 ist eine rechtsseitige Unstetigkeitsstelle von f und φ. Dann existieren ein $\varepsilon' > 0$ und in beliebiger Nähe von x_0 Punkte x_1, x_2, x_3 mit $x_0 \leqq x_1 < x_2 \leqq x_3$, $|\varphi(x_3) - \varphi(x_0)| > \varepsilon'$ und $|f(x_2) - f(x_1)| > \varepsilon'$. Für Unterteilungen $\mathfrak{u}_1$ bzw. $\mathfrak{u}_2$, welche $[x_0, x_3]$ als Teilintervall und x_1 bzw. x_2 als zugehörige Zwischenstellen haben, hinsichtlich der übrigen Teilintervalle und Zwischenstellen aber übereinstimmen, ist $|s(\mathfrak{u}_1) - s(\mathfrak{u}_2)| > \varepsilon'^2$. Also ist f nicht φS^*-integrierbar.

8.5.12.4.2. *Ist f φS-integrierbar, so haben f und φ keine Unstetigkeitsstellen gemein.*

Beweis. Wegen **8.5.12.1.1.** und **8.5.12.4.1.** genügt es den Fall zu betrachten, daß an der Stelle x_0 etwa f links- und φ rechtsseitig unstetig sind. Dann existiert ein $\varepsilon' > 0$ mit folgenden Eigenschaften: Zu $\varrho > 0$ gibt es ein x_1 mit $x_0 < x_1 < x_0 + \frac{\varrho}{2}$ und $|\varphi(x_0) - \varphi(x_1)| > \varepsilon'$. Mit $x_2 := 2x_0 - x_1$ gilt dann

$$\text{(I)} \quad |\varphi(x_2) - \varphi(x_0)| > \varepsilon'/2 \quad \textit{oder} \quad \text{(II)} \quad |\varphi(x_2) - \varphi(x_1)| > \varepsilon'/2.$$

Ferner gibt es z' und z'' in $[x_2, x_0]$ mit $|f(z') - f(z'')| > \varepsilon'$. Für Unterteilungen $\mathfrak{u}'$ bzw. $\mathfrak{u}''$, welche [je nach Fall (I) oder (II)] $[x_2, x_0]$ oder $[x_2, x_1]$ als Teilintervall und z' bzw. z'' als Zwischenstellen haben, hinsichtlich der übrigen Teilintervalle und Zwischenstellen aber übereinstimmen, wobei $N(\mathfrak{u}') = N(\mathfrak{u}'') < \varrho$ sein möge, ist $|s(\mathfrak{u}') - s(\mathfrak{u}'')| > \varepsilon'^2/2$, also f nicht φS-integrierbar.

8.5.12.4.3. Als Ergänzung zu **8.5.12.1.1.** zeigen wir:

Sind f und φ beschränkt und haben sie keine Unstetigkeitsstellen gemein, so ist $\underline{S} = \underline{S}^*$ und $\overline{S} = \overline{S}^*$, d.h. es besteht kein Unterschied zwischen der Norm- und der Unterteilungsintegration.

Beweis. (Für $\underline{S}$.) Es sei $|f|, |\varphi| < M$. Zu jedem $\varepsilon > 0$ gibt es ein $\mathfrak{u}_\varepsilon$, so daß für $\mathfrak{u}' \sqsupset \mathfrak{u}_\varepsilon$

$$s(\mathfrak{u}') - \underline{S}^* > -\varepsilon. \tag{1}$$

Die Teilungspunkte von $\mathfrak{u}_\varepsilon$ seien $a = a_0 < a_1 < \cdots < a_n = b$. In ihnen ist entweder f oder φ stetig; es gibt also ein $\delta > 0$, so daß für $|x - a_i| < \delta$

$$\begin{cases} |f(x) - f(a_i)| < \varepsilon/2Mn, & \text{falls } f \text{ in } a_i \text{ stetig ist, oder} \\ |\varphi(x) - \varphi(a_i)| < \varepsilon/2Mn, & \text{falls } f \text{ in } a_i \text{ unstetig ist.} \end{cases} \tag{2}$$

Für irgendeine Unterteilung $\mathfrak{u}$ mit $N(\mathfrak{u}) < \delta$ bezeichne $\mathfrak{u}'$ jene Verfeinerung, welche als Teilungspunkte $x'_\varkappa$ gerade die von $\mathfrak{u}_\varepsilon$ und $\mathfrak{u}$ hat. Wir wählen bei der Bildung von $s(\mathfrak{u}')$, soweit dies möglich ist, als Zwischenstellen $z'_\varkappa$ solche von $s(\mathfrak{u})$, sonst ein a_i. Sind x_{j-1} und x_j zwei aufeinanderfolgende Teilungspunkte von $\mathfrak{u}$ mit der Zwischenstelle z_j und sind $a_{h+1}, \ldots, a_{h+k}$ die zwischen x_{j-1} und x_j gelegenen a_i, so können wir das Glied $f(z_j)\,(\varphi(x_j) - \varphi(x_{j-1}))$ von $s(\mathfrak{u})$ in der Gestalt

$$f(z_j)\,(\varphi(a_{h+1}) - \varphi(x_{j-1})) + \\ + f(z_j)\,(\varphi(a_{h+2}) - \varphi(a_{h+1})) + \cdots + f(z_j)\,(\varphi(x_j) - \varphi(a_{h+k}))$$

schreiben und der entsprechenden Teilsumme von $s(\mathfrak{u}')$

$$f(z'_q)\,(\varphi(a_{h+1}) - \varphi(x_{j-1})) + \\ + f(z'_{q+1})\,(\varphi(a_{h+2}) - \varphi(a_{h+1})) + \cdots + f(z'_{q+k})\,(\varphi(x_j) - \varphi(a_{h+k}))$$

gegenüberstellen. Mindestens eines (höchstens 2) der $z'_{q+\varkappa}$ werden nach obiger Vorschrift gleich z_j gesetzt, so daß bei Differenzbildung obiger Summen mindestens ein Glied wegfällt. Es verbleiben höchstens k Glieder der Gestalt

$$P := \left(f(z_j) - f(z'_{q+\varkappa})\right)\left(\varphi(u) - \varphi(v)\right),$$

wobei $z'_{q+\varkappa}$ und von u und v wenigstens eines gleich einem a_i ist und außerdem $|z_j - z'_{q+\varkappa}| < \delta$ als auch $|u - v| < \delta$ gilt. Nach (2) ist damit $|P| < 2M \cdot (\varepsilon/2Mn) = \varepsilon/n$. Summation der P ergibt

$$|s(\mathfrak{u}) - s(\mathfrak{u}')| < \frac{\varepsilon}{n}\,(n-1) < \varepsilon$$

und zusammen mit (1) $s(\mathfrak{u}) - \underline{S}^* > -2\varepsilon$, woraus auf $\underline{S} - \underline{S}^* \geq 0$ zu schließen ist. Wegen $\underline{S} \leq \underline{S}^*$ ergibt dies die Behauptung $\underline{S} = \underline{S}^*$.

Für $\overline{S}$ verläuft der Beweis analog.

8.5.12.4.4. Üblicherweise beschränkt man sich bei der Definition von STIELTJES-Integralen auf Funktionen φ, welche monoton oder wenigstens BV sind. Dies erscheint durch den folgenden Satz gerechtfertigt.

Damit jede stetige Funktion f φS^*-integrierbar ist, ist notwendig und hinreichend, daß φ BV ist.

Beweis. 1. Wegen **8.5.12.3.2.** und **7.2.7.4.** genügt es, die Behauptung betreffend „hinreichend" für ein nicht fallendes φ zu zeigen. Die gleichmäßige Stetigkeit von f führt zu einer Zerlegung $\mathfrak{u}$, in deren Teilintervallen sich die f-Werte um weniger als ein vorgegebenes $\varepsilon > 0$ unterscheiden. Für jedes $\mathfrak{u}' \sqsupset \mathfrak{u}$ ist dann, wie unmittelbar einzusehen, $|s(\mathfrak{u}) - s(\mathfrak{u}')| < \varepsilon(\varphi(b) - \varphi(a))$, woraus die φS^*-Integrierbarkeit folgt.

2. Angenommen, φ ist nicht BV im Intervall $[a, b]$. Dann gibt es nach **7.2.7.3.** eine, gegen einen Punkt ξ dieses Intervalls (etwa aufsteigend) monoton konvergente Folge $x_0 < x_1 < x_2 < \cdots < \xi$ mit $\sum\limits_{\nu=1}^{\infty} |\varphi(x_\nu) - \varphi(x_{\nu-1})| = +\infty$. Es gibt dann auch eine monoton nach Null konvergente Folge von positiven Zahlen η_ν, so daß auch noch

$$\sum_{\nu=1}^{\infty} \eta_\nu |\varphi(x_\nu) - \varphi(x_{\nu-1})| = +\infty \tag{1}$$

$\left[\text{z.B. } \eta_\nu = \left(1 + \sum\limits_{\mu=1}^{\nu} |\varphi(x_\mu) - \varphi(x_{\mu-1})|\right)^{-1}\right]$. Nun setzt man eine stetige Funktion f an:

$$f(x) = f(x_1) \quad \text{für} \quad a \leq x \leq x_0,$$
$$f(x_\nu) = \eta_\nu \operatorname{sign}(\varphi(x_\nu) - \varphi(x_{\nu-1})), \quad \nu = 1, 2, \ldots,$$
$$f(x) = 0 \quad \text{für} \quad \xi \leq x \leq b,$$

wobei in den Intervallen $[x_{\nu-1}, x_\nu]$ die Funktion f linear verlaufen soll. Betrachten wir nun irgendeine Unterteilung $\mathfrak{u}$ von $[a, b]$, so gehen wir über zu einer Verfeinerung $\mathfrak{u}'$ durch Hinzunahme von ξ als Teilungspunkt, und weiter von $\mathfrak{u}'$ bei Festhaltung aller Teilintervalle außer dem links an ξ anschließenden Intervall $[\xi - \varrho, \xi]$ zu einer Unterteilung $\mathfrak{u}''$ durch Hinzunahme von genügend vielen x_ν in diesem Intervall als neue Teilungspunkte. Indem man als Zwischenpunkte in einem hinzutretenden Intervall $[x_{\nu-1}, x_\nu]$ die Stelle x_ν bzw. in dem unmittelbar an ξ anschließenden Intervall $[x_m, \xi]$ die Stelle ξ wählt, ergeben sich Beiträge zu $s(\mathfrak{u}'')$ der Form $f(x_\nu)(\varphi(x_\nu) - \varphi(x_{\nu-1})) = \eta_\nu |\varphi(x_\nu) - \varphi(x_{\nu-1})|$ und $f(\xi)(\varphi(\xi) - \varphi(x_m)) = 0$, so daß $s(\mathfrak{u}'')$ beliebig groß gemacht werden kann. Somit ist f nicht φS^*-integrierbar, und damit die Notwendigkeit der Bedingung dargetan.

Bemerkung. Ist φ BV, so ist jede stetige Funktion φS-integrierbar. Dies folgt aus **8.5.12.4.4.** und **8.5.12.4.3.**

8.5.12.4.5. Bei beschränktem $f|J$ und einer Sprungfunktion $\varphi|J$ [d.h. $\varphi = \overset{\sqcup}{\varphi}$ (**7.2.7.7.**)] werden die notwendigen Bedingungen von **8.5.12.4.1.** und **8.5.12.4.2.** zu hinreichenden:

Ist $f|J$ beschränkt und $\varphi|J$ eine Sprungfunktion, so existiert
(a) $S(f;\varphi)$, *wenn f und φ keine Unstetigkeitsstellen gemein haben,*
(b) $S^*(f;\varphi)$, *wenn f und φ keine links- oder rechtsseitigen Unstetigkeitsstellen gemein haben.*

In beiden Fällen ist das STIELTJES-*Integral gleich der absolut konvergenten Reihe*

$$S := \sum_{\nu} f(d_\nu)\left(\varphi(d_\nu +) - \varphi(d_\nu -)\right),$$

summiert über alle Unstetigkeitsstellen d_ν von φ.

Beweis. Vom Falle endlich vieler Sprungstellen von $\varphi|J$ können wir absehen. Nach Voraussetzung haben wir $|f| < M$ und

$$(1) \qquad \alpha_n := M \sum_{\nu > n} \left(|\varphi(d_\nu +) - \varphi(d_\nu)| + |\varphi(d_\nu) - \varphi(d_\nu -)|\right) < \varepsilon$$

bei vorgegebenem positiven ε für alle hinreichend großen n.

Im Falle (a) ist jede Stelle d_ν Stetigkeitspunkt von f. Nachdem n so gewählt ist, daß (1) gilt, bestimme man ein $r > 0$ so, daß $|d_\mu - d_{\mu'}| > 2r$ für $\mu, \mu' = 1, \ldots, n$ und $\mu \neq \mu'$, ferner, daß $|f(x) - f(d_\mu)| < \varepsilon/T$ für $|x - d_\mu| < r$ und $\mu = 1, \ldots, n$, wobei T die Totalvariation von φ auf J bezeichnet. Wählen wir nun eine Unterteilung $\mathfrak{u}$ mit $N(\mathfrak{u}) < r$, so fällt $d_\mu, \mu = 1, \ldots, n$, entweder in das Innere eines der Teilintervalle von $\mathfrak{u}$ — dieses Intervall sei mit I_μ^* bezeichnet —, oder d_μ ist Anfangs- und Endpunkt zweier Teilintervalle, diese seien mit I_μ^* und I_μ^{**} bezeichnet. Wir erhalten dann, wenn $J_1, \ldots, J_k$ die Teilintervalle von $\mathfrak{u}$ bezeichnen mit der Abkürzung $\varphi(\beta) - \varphi(\alpha) =: \Delta([\alpha, \beta])$

$$s(\mathfrak{u}) = \sum{}^* f(z_\varkappa)\,\Delta(J_\varkappa) + \sum{}' f(z_\varkappa)\,\Delta(J_\varkappa),$$

wobei die erste Summe über die gesternten Intervalle von $\mathfrak{u}$, die zweite über den Rest geht. Die zweite Summe ist absolut kleiner als α_n, die erste Summe ist gleich $s_n + R$ mit $s_n := \sum_{\nu=1}^{n} f(d_\nu)\left(\varphi(d_\nu +) - \varphi(d_\nu -)\right)$ und $|R| \leq \frac{\varepsilon}{T} T + \alpha_n < 2\varepsilon$, also $|s(\mathfrak{u}) - s_n| < 3\varepsilon$, w. z. z. w.

Im Falle (b) betrachte man eine in J dichte, zur Menge $\{d_1, d_2, \ldots\}$ fremde Menge $\{a_1, a_2, \ldots\}$ und nehme bei vorgegebenem $\varepsilon > 0$ ein n mit $\alpha_n < \varepsilon$ und dazu eine Unterteilung $\mathfrak{u}_n$ mit den Teilungspunkten

$$a_1, \ldots, a_{k_1}, d_1, a_{k_1+1}, \ldots, a_{k_1+k_2}, d_2, \ldots, a_{k_1+\cdots+k_{n-1}+1}, \ldots, a_{k_1+\cdots+k_n}, d_n,$$

wobei $k_1, \ldots, k_n$ so gewählt sind, daß 1. auf der Zahlenachse zwischen je zwei d_ν mindestens ein $a_\varkappa$ liegt, 2. daß für jedes x aus einem an $d_\varkappa$ angrenzenden Teilintervall von $\mathfrak{u}_n$ entweder $|f(x)-f(d_\varkappa)|<\varepsilon$ oder $|\varphi(x)-\varphi(d_\varkappa)|<\varepsilon$ ist. Nehmen wir alsdann eine Unterteilung $\mathfrak{u} \sqsupset \mathfrak{u}_n$ und ziehen aus $s(\mathfrak{u})$ den Beitrag s_n heraus, der von den an $d_1, \ldots, d_n$ angrenzenden Intervallen geliefert wird, so ergibt sich die Abschätzung $|s(\mathfrak{u})-s_n|<\varepsilon T+\alpha_n$, woraus analog wie im Falle (a) wieder die Behauptung folgt.

8.5.12.4.6. Man kann jede Funktion $\varphi | J\ BV$ zerlegen in die zugehörige Sprungfunktion $\overset{\sqcup}{\varphi}$ und den *stetigen Bestandteil* $\tilde{\varphi} := \varphi - \overset{\sqcup}{\varphi}$. Dazu gilt:

Ist $f|J$ beschränkt und $\varphi|J\ BV$, so ist f dann und nur dann φS- (bzw. φS^*-) integrierbar, wenn f sowohl $\overset{\sqcup}{\varphi} S$- als auch $\tilde{\varphi} S$- (bzw. $\overset{\sqcup}{\varphi} S^*$- als auch $\tilde{\varphi} S^*$-) integrierbar ist.

Beweis. Das „dann" ergibt sich unmittelbar aus **8.5.12.3.2.** wegen $\varphi = \overset{\sqcup}{\varphi} + \tilde{\varphi}$. Läge etwa bei φS-Integrierbarkeit von f keine $\overset{\sqcup}{\varphi} S$-Integrierbarkeit von f vor, so wäre gemäß **8.5.12.4.5.** die Bedingung hinsichtlich der Unstetigkeitsstellen von f und $\overset{\sqcup}{\varphi}$ nicht erfüllt. Dies träfe dann auch für f und φ zu, im Widerspruch mit **8.5.12.4.2.** Aus der S-Integrierbarkeit bezüglich φ folgt also auch die bezüglich $\overset{\sqcup}{\varphi}$ und damit auch die bezüglich $\tilde{\varphi} = \varphi - \overset{\sqcup}{\varphi}$ (gemäß **8.5.12.3.**). Analoges für S^*.

8.5.12.4.7. Für die Funktionen $\varphi | J\ BV$ haben wir noch die Darstellung als Differenz von zwei nicht fallenden Funktionen; wir wählen die „Minimaldarstellung" von **7.2.7.4.** (Bemerkung),

$$\varphi = \varphi(a) + \varphi_1 - \varphi_2,$$

wo $\varphi_1(x)$ bzw. $\varphi_2(x)$ den Positiv- bzw. Negativteil von φ auf $[a, x]$ bezeichnen; für die Totalvariation $\varphi_0(x)$ von φ auf $[a, x]$ gilt dabei $\varphi_0 = \varphi_1 + \varphi_2$.

Ist $f|J$ beschränkt und $\varphi|J\ BV$, so ist für die S^*-Integrierbarkeit von f bezüglich φ notwendig und hinreichend die S^*-Integrierbarkeit bezüglich φ_0 oder bezüglich φ_1 und φ_2. Analoges gilt für das S-Integral.

Beweis. 1. Wegen der Relationen $\varphi_j = (\overset{\sqcup}{\varphi})_j + (\tilde{\varphi})_j$, $j = 0, 1, 2$ (Beweis!), genügt es, den Satz für stetiges φ bzw. für eine Sprungfunktion φ zu beweisen. Der letzte Fall führt nach **8.5.12.4.5.** auf Reihen und ist daher einfach zu erledigen (Aufgabe!). — 2. Sei daher φ als stetig vorausgesetzt. Wir beweisen die Notwendigkeit der $\varphi_0 S^*$-Integrierbarkeit. Wegen der φS^*-Integrierbarkeit gibt es zu $\varepsilon > 0$ eine Unterteilung $\mathfrak{u}_\varepsilon$ von J, so daß für jedes $\mathfrak{u} \sqsupset \mathfrak{u}_\varepsilon$ mit der Bezeichnung von **8.5.12.1.2.** und $\varphi(a_i) - \varphi(a_{i-1}) = \Delta_i \varphi$ bei jeder Wahl der Zwischenwerte z_i

$$|S^*(f) - \sum f(z_i)\, \Delta_i \varphi| \leq \varepsilon$$

und gleichzeitig

$$|\varphi_0(b) - \sum |\Delta_i \varphi|| \leq \varepsilon/M,$$

wo $|f| \leq M$. Aus der ersten Ungleichung schließt man auf

$$\sum (M_i - m_i) |\Delta_i \varphi| \leq 2\varepsilon, \quad \text{also}$$

$$\sum (M_i - m_i) \Delta_i \varphi_0 = \sum (M_i - m_i)(\Delta_i \varphi_0 - |\Delta_i \varphi|) + \sum (M_i - m_i) |\Delta_i \varphi|$$
$$\leq 2M(\varphi_0(b) - \sum |\Delta_i \varphi|) + \sum (M_i - m_i) |\Delta_i \varphi| \leq 4\varepsilon.$$

Daraus folgt die $\varphi_0 S^*$-Integrierbarkeit. Nun ist aber $|\Delta \varphi_j| \leq \Delta \varphi_0$, $j=1, 2$, so daß auch $\sum (M_i - m_i) |\Delta_i \varphi_j| \leq 3\varepsilon$, was die $\varphi_j S^*$-Integrierbarkeit für $j=1, 2$ bestätigt. Das Entsprechende für das S-Integral folgt jetzt unmittelbar aus **8.5.12.4.3.** — 3. Das Hinreichen der Bedingungen folgt aus $\Delta\varphi = \Delta\varphi_1 - \Delta\varphi_2$ und aus **8.5.12.3.**

8.5.12.4.8. Für die weitere Untersuchung der S-Integrierbarkeit können wir uns auf Grund der vorausgehenden Sätze auf den speziellen Fall einer stetigen, nicht fallenden Funktion φ beschränken. Dies hat zur Folge, daß S- und S^*-Integrierbarkeit zusammenfallen (**8.5.12.4.3.**). Wir bedienen uns dabei der zum T_φ-Integral gehörigen L-Norm N_L (**7.4.2.7.** 3.), welche hier mit N_φ bezeichnet werde. Ist D eine Teilmenge von J mit der charakteristischen Funktion χ_D, so ist $N_\varphi(\chi_D)$ ein *äußeres Maß* (bezüglich φ) (vgl. **7.5.1.**).

Ist $f|J$ beschränkt, $\varphi|J$ nicht fallend und stetig, D die Menge der Unstetigkeitsstellen von f auf J, so existiert $S(f;\varphi) = S^*(f;\varphi)$ dann und nur dann, wenn $N_\varphi(\chi_D) = 0$.

Beweis. Es gibt eine Folge von Unterteilungen $\mathfrak{u}_1 \sqsubset \mathfrak{u}_2 \sqsubset \cdots$ von J, so daß für die zugehörigen Treppenfunktionen $\underline{t}_n$ und $\overline{t}_n$ (s. **8.5.12.1.2.**)

$$s(\mathfrak{u}_n; \underline{t}_n) = T_\varphi(\underline{t}_n | J) \to \underline{S}^*, \qquad s(\mathfrak{u}_n; \overline{t}_n) = T_\varphi(\overline{t}_n | J) \to \overline{S}^*$$

für $n \to +\infty$. Dabei ist $\overline{S}^* - \underline{S}^* = \lim_n T_\varphi(\overline{t}_n - \underline{t}_n | J)$. Da für jede Treppenfunktion t $T_\varphi(t|J) = L(t|J)$, wo L das L-Integral bezüglich T_φ (**7.4.2.7.**) bedeutet, und weiter die nicht steigende Folge $((\overline{t}_n - \underline{t}_n))$ von nicht negativen Treppenfunktionen einen Limes λ besitzt, ist der Satz von der Integration bei integralbeschränkter monotoner Konvergenz anwendbar und liefert $\overline{S}^* - \underline{S}^* = L(\lambda) = N_\varphi(\lambda)$. $f|J$ ist also φS^*-integrierbar dann und nur dann, wenn $N_\varphi(\lambda) = 0$. Die letzte Gleichung ist mit $N_\varphi(\chi_{\{x:\lambda(x)>0\}}) = 0$ äquivalent (**7.5.3.**). Nun gilt aber, wenn A die abzählbare Menge der Teilungspunkte aller $\mathfrak{u}_n$ bezeichnet,

$$D \subset \{x : \lambda(x) > 0\} \dotplus A \quad \text{und} \quad \{x : \lambda(x) > 0\} \subset D.$$

Auf Grund der Stetigkeit von $\varphi|J$ ist $N_\varphi(\chi_A) = 0$ (Beweis!) und damit $N_\varphi(\lambda) = 0$ äquivalent mit $N_\varphi(\chi_D) = 0$, w. z. z. w.

8.5.12.5. Ist φ BV und f eine stetige Funktion auf $J = [a, b]$, so ist $S(f; \varphi)$ bei festem φ wegen **8.5.12.3.** ein *stetiges lineares Funktional auf dem System* $\mathfrak{C}$ *der* (endlichen) *stetigen Funktionen* $f|J$. Dies bedeutet, wenn wir $\mathsf{L}(f) := S(f; \varphi)$ setzen[1] und $\mathfrak{C}$ mittels

$$(1) \qquad \|f_1 - f_2\| := \sup\{|f_1(x) - f_2(x)| : x \in J\}$$

als Abstand zu einem metrischen Raum machen:

$$(2) \qquad \mathsf{L}(a_1 f_1 + a_2 f_2) = a_1 \mathsf{L}(f_1) + a_2 \mathsf{L}(f_2),$$

$$(3) \qquad |\mathsf{L}(f)| \leq T \cdot \|f\|.$$

(Für T darf die Totalvariation von φ auf J gesetzt werden.)

In der Tat, für jede Unterteilung $\mathfrak{u}$ von J haben wir

$$|s(\mathfrak{u}; f; \varphi)| \leq \|f\| \sum_i |\varphi(a_i) - \varphi(a_{i-1})| \leq \|f\|\, T.$$

Aus (3) folgt sogar die gleichmäßige Stetigkeit von $\mathsf{L}|\mathfrak{C}$; denn wegen (2), (3) ist $|\mathsf{L}(f_1) - \mathsf{L}(f_2)| \leq T\|f_1 - f_2\|$. Andererseits hat bereits die Stetigkeit eines linearen Funktionals $\mathsf{L}|\mathfrak{C}$ an der Stelle $f = 0$ die Gültigkeit einer Ungleichung der Gestalt (3) zur Folge; wenn nämlich L an der Stelle $f = 0$ stetig ist, so gibt es wegen $\mathsf{L}(0) = 0$ ein $\delta > 0$, so daß $|\mathsf{L}(f)| < 1$ für $\|f\| < \delta$. Also ist für $\|f\| > 0$

$$|\mathsf{L}(f)| = \left|\mathsf{L}\left(\frac{\delta f}{\|f\|}\right)\right| \frac{\|f\|}{\delta} \leq \frac{1}{\delta}\,\|f\|,$$

was offensichtlich auch für $f = 0$ richtig ist.

Es gilt nun auch das Umgekehrte (F. Riesz, 1909):

Ist $\mathsf{L}|\mathfrak{C}$ *ein stetiges lineares Funktional auf dem System* $\mathfrak{C}$ *der stetigen Funktionen* $f|J$ *(im Sinne von* (1), (2) *und* (3)), *so gibt es eine Funktion* $\varphi|J$ BV, *so daß*

$$\mathsf{L}(f) = \int_a^b f\, d\varphi \; (= S(f; \varphi; J)).$$

Dem Beweis dieses Satzes schicken wir einige vorbereitende Sätze voraus.

8.5.12.5.1. $\mathsf{L}|\mathfrak{C}$ heißt *positiv*, wenn $\mathsf{L}(f) \geq 0$ für $f \geq 0$.

Ein positives lineares Funktional $\mathsf{L}|\mathfrak{C}$ *ist immer stetig.*

In der Tat, aus $|f| \leq 1$ folgt $|\mathsf{L}(f)| = \left|\mathsf{L}\left(\frac{|f| + f}{2}\right) - \mathsf{L}\left(\frac{|f| - f}{2}\right)\right| \leq \mathsf{L}\left(\frac{|f| + f}{2}\right) + \mathsf{L}\left(\frac{|f| - f}{2}\right) = \mathsf{L}(|f|) \leq \mathsf{L}(|f|) + \mathsf{L}(1 - |f|) = \mathsf{L}(1)$, so daß also allgemein $|\mathsf{L}(f)| \leq \mathsf{L}(1)\|f\|$ gilt. Man kann daher bei einem positiven linearen Funktional L für die Konstante T in (3) den Wert $\mathsf{L}(1)$ setzen.

---

[1] Wir schreiben statt $\mathsf{L}(f)$ wahlweise auch $\mathsf{L}f$, und entsprechend auch bei anderen Funktionalen.

8.5.12.5.2. Der Satz von der Darstellung einer Funktion BV als Differenz zweier nicht fallender Funktionen hat ein Analogon bei den stetigen linearen Funktionalen:

Ist $\mathsf{L}|\mathfrak{C}$ *ein stetiges lineares Funktional, so existieren positive lineare Funktionale* $\mathsf{P}|\mathfrak{C}$ *und* $\mathsf{Q}|\mathfrak{C}$ *mit folgenden Eigenschaften:*

1. $$\mathsf{L} = \mathsf{P} - \mathsf{Q}.$$

2. P, Q *sind minimal in dem Sinne, daß für jede andere Darstellung* $\mathsf{L} = \mathsf{P}' - \mathsf{Q}'$ *mit positiven linearen Funktionalen* P' *und* Q' *die Funktionale* $\mathsf{P}' - \mathsf{P}$ *und* $\mathsf{Q}' - \mathsf{Q}$ *positiv linear sind.*

3. *Die Konstante* T *in* (2) *darf mit* $\mathsf{P}1 + \mathsf{Q}1$ *angesetzt werden.*

Beweis. 1. Funktionen aus $\mathfrak{C}$ bezeichnen wir mit $f, g, \ldots$, insbesondere nicht negative mit $\varphi, \psi, \Theta, \ldots$. Setzen wir

$$\mathsf{P}_0\varphi := \sup\{\mathsf{L}(\psi) : \psi \leqq \varphi\},$$

so gilt mit $a \geqq 0$

$$0 \leqq \mathsf{P}_0(a\varphi) = a\,\mathsf{P}_0\varphi \quad \text{und} \quad \mathsf{P}_0(\varphi_1 + \varphi_2) = \mathsf{P}_0\varphi_1 + \mathsf{P}_0\varphi_2.$$

In der Tat, $\mathsf{P}_0(a\varphi) = \sup\{\mathsf{L}(\psi) : \psi \leqq a\varphi\} = \sup\{L(a\Theta) : \Theta \leqq \varphi\} = a\,\mathsf{P}_0\varphi$. Aus $\Theta_1 \leqq \varphi_1$, $\Theta_2 \leqq \varphi_2$ folgt $\mathsf{L}(\Theta_1) + \mathsf{L}(\Theta_2) = \mathsf{L}(\Theta_1 + \Theta_2) \leqq \mathsf{P}_0(\varphi_1 + \varphi_2)$, also $\mathsf{P}_0\varphi_1 + \mathsf{P}_0\varphi_2 \leqq \mathsf{P}_0(\varphi_1 + \varphi_2)$. Ist andererseits $\Theta \leqq \varphi_1 + \varphi_2$, so ist mit $\Theta_1 := \max\{\Theta - \varphi_2, 0\}$, $\Theta_2 := \min\{\Theta, \varphi_2\}$

$$0 \leqq \Theta_1 \leqq \varphi_1, \qquad 0 \leqq \Theta_2 \leqq \varphi_2, \qquad \Theta_1 + \Theta_2 = \Theta,$$

und daher $\mathsf{L}(\Theta_1) \leqq \mathsf{P}_0\varphi_1$, $\mathsf{L}(\Theta_2) \leqq \mathsf{P}_0\varphi_2$, also $\mathsf{L}(\Theta) \leqq \mathsf{P}_0\varphi_1 + \mathsf{P}_0\varphi_2$ und damit $\mathsf{P}_0(\varphi_1 + \varphi_2) \leqq \mathsf{P}_0(\varphi_1) + \mathsf{P}_0(\varphi_2)$, was mit Obigem die Behauptung ergibt.

2. Sei jetzt f ein beliebiges Element aus $\mathfrak{C}$. Wir stellen f dar als Differenz zweier nicht negativer Funktionen, $f = \varphi_1 - \varphi_2$. Ist $f = \varphi' - \varphi''$ die Minimaldarstellung mit $\varphi' = \frac{1}{2}(|f| + f)$ und $\varphi'' = \frac{1}{2}(|f| - f)$, so haben wir den Zusammenhang $\varphi_1 = \varphi' + \psi$, $\varphi_2 = \varphi'' + \psi$. Gemäß dieser Bemerkung ist

$$\mathsf{P}f := \mathsf{P}_0\varphi_1 - \mathsf{P}_0\varphi_2$$

unabhängig von der gewählten Differenzdarstellung von f. Daß $\mathsf{P}f$ positiv und linear ist, folgt nun unmittelbar aus den Eigenschaften von P_0 und den folgenden Differenzdarstellungen: Ist $g = \psi_1 - \psi_2$, so auch $f + g = (\varphi_1 + \psi_1) - (\varphi_2 + \psi_2)$, ferner $\alpha f = \alpha\varphi_1 - \alpha\varphi_2$ für $\alpha \geqq 0$ und $\beta f = |\beta|\varphi_2 - |\beta|\varphi_1$ für $\beta < 0$.

Nun erweist sich $\mathsf{Q} := \mathsf{P} - \mathsf{L}$ ebenfalls als linear und positiv. Das erste ist trivial; bezüglich der zweiten Behauptung haben wir $\varphi \geqq 0 \rhd \mathsf{Q}\varphi = \mathsf{P}_0\varphi - \mathsf{L}\varphi \geqq 0$ nach Definition von P_0.

3. Ist nun $\mathsf{L} = \mathsf{P}' - \mathsf{Q}'$ eine zweite Darstellung von L, so folgt $\mathsf{Q}'\varphi - \mathsf{Q}\varphi = \mathsf{P}'\varphi - \mathsf{P}\varphi = \mathsf{P}'\varphi - \mathsf{P}_0\varphi = \mathsf{P}'\varphi - \sup\{\mathsf{P}'\Theta - \mathsf{Q}'\Theta : \Theta \leq \varphi\}$ $\geq \mathsf{P}'\varphi - \sup\{\mathsf{P}'\Theta : \Theta \leq \varphi\} = \inf\{\mathsf{P}'(\varphi - \Theta) : \Theta \leq \varphi\} \geq 0$.

4. Nach **8.5.12.5.1.** ist $|\mathsf{L}(f)| \leq |\mathsf{P}(f)| + |\mathsf{Q}(f)| \leq \mathsf{P}1 \cdot \|f\| + \mathsf{Q}1 \cdot \|f\| = (\mathsf{P}1 + \mathsf{Q}1) \cdot \|f\|$, w. z. z. w.

8.5.12.5.3. Wir müssen eine Erweiterung von $\mathsf{L}|\mathfrak{C}$ vornehmen. Zunächst erweitern wir $\mathfrak{C}$ zu $\mathfrak{C}'$ durch Hinzunahme aller Limiten λ von beschränkten nicht fallenden Folgen von Funktionen aus $\mathfrak{C}$:

$$(1) \qquad \lambda := \lim_\nu f_\nu, \quad f_\nu \in \mathfrak{C}, \quad f_1 \leq f_2 \leq \cdots \leq f_0.$$

Nun bilden wir weiter das System $\mathfrak{D}$ aller Funktionen, welche sich als Differenz von Funktionen aus $\mathfrak{C}'$ darstellen lassen. Offensichtlich haben die Funktionen aus $\mathfrak{D}$ endliche Funktionswerte. Ferner ist $\mathfrak{D}$ ein Vektorverband; denn, wenn $\mathfrak{D} \ni \mu = \lambda_1 - \lambda_2$ mit $\lambda_i \in \mathfrak{C}'$, so ist $\alpha\mu = \alpha\lambda_1 - \alpha\lambda_2 \in \mathfrak{D}$, falls $\alpha \geq 0$, und $\beta\mu = |\beta|\,\lambda_2 - |\beta|\,\lambda_1$, falls $\beta < 0$. Weiter haben wir, wenn $\mathfrak{D} \ni \mu' = \lambda_1' - \lambda_2'$ mit $\lambda_i' \in \mathfrak{C}'$, $\mu + \mu' = (\lambda_1 + \lambda_1') - (\lambda_2 + \lambda_2') \in \mathfrak{D}$. Schließlich ist mit $\lambda, \lambda' \in \mathfrak{C}'$ auch $\max\{\lambda, \lambda'\} \in \mathfrak{C}'$. Denn ist neben (1) noch $\lambda' = \lim_\nu f_\nu', f_\nu' \in \mathfrak{C}, f_1' \leq f_2' \leq \cdots \leq f_0'$, so ist $((\max\{f_\nu, f_\nu'\}))$ eine nicht fallende Folge mit $\max\{f_0, f_0'\}$ als obere Schranke und $\max\{\lambda, \lambda'\} = \lim_\nu \max\{f_\nu, f_\nu'\}$.

Wir erweitern nun $\mathsf{P}|\mathfrak{C}$ (von $\mathsf{L}|\mathfrak{C}$) zunächst auf $\mathfrak{C}'$ durch

$$(2) \qquad \mathsf{P}(\lambda) := \lim_\nu \mathsf{P}(f_\nu),$$

wobei λ durch (1) erklärt ist. $\mathsf{P}(\lambda)$ existiert wegen $\mathsf{P}f_1 \leq \mathsf{P}f_2 \leq \cdots \leq \mathsf{P}f_0$; es ist eindeutig, d.h. unabhängig von der Darstellung (1) erklärt. In der Tat: Haben wir neben (1) noch $\lambda = \lim f_\nu'$, $f_\nu' \in \mathfrak{C}$, $f_1' \leq f_2' \leq \cdots \leq f_0'$, so ist für $g_{\nu\mu} := \min\{f_\nu, f_\mu'\} \leq f_\nu$ die Konvergenz $\lim_\nu g_{\nu\mu} = f_\mu'$ gleichmäßig (**6.3.2.4.**). Daher ist $\mathsf{P}f_\mu' = \lim_\nu \mathsf{P}g_{\nu\mu} \leq \lim_\nu \mathsf{P}f_\nu = \mathsf{P}(\lambda)$, $\lim_\mu \mathsf{P}f_\mu' \leq \lim_\nu \mathsf{P}f_\nu$, woraus mit Bezugnahme auf die Symmetrie die behauptete Eindeutigkeit folgt. Man zeigt leicht, daß $\mathsf{P}(a\lambda) = a\mathsf{P}(\lambda)$ für $\lambda \in \mathfrak{C}'$ und $\mathsf{P}(\lambda_1 + \lambda_2) = \mathsf{P}(\lambda_1) + \mathsf{P}(\lambda_2)$ für $\lambda_i \in \mathfrak{C}'$.

Analog erweitert man $\mathsf{Q}|\mathfrak{C}$ zu $\mathsf{Q}|\mathfrak{C}'$ und erklärt schließlich für $\mu := \lambda_1 - \lambda_2 \in \mathfrak{D}$ mit $\lambda_i \in \mathfrak{C}'$

$$\mathsf{P}(\mu) := \mathsf{P}(\lambda_1) - \mathsf{P}(\lambda_2), \quad \mathsf{Q}(\mu) := \mathsf{Q}(\lambda_1) - \mathsf{Q}(\lambda_2), \quad \mathsf{L}(\mu) := \mathsf{P}(\mu) - \mathsf{Q}(\mu).$$

Nun gilt:

$\mathsf{L}|\mathfrak{D}$ *ist stetig linear und erfüllt* (3) *von* **8.5.12.5.** *auch für* $f \in \mathfrak{D}$ *mit derselben Konstanten* $T = \mathsf{P}1 + \mathsf{Q}1$ *wie* $\mathsf{L}|\mathfrak{C}$.

In der Tat, die Linearität von $\mathsf{L}|\mathfrak{D}$ folgt unmittelbar aus den entsprechenden Eigenschaften von $\mathsf{P}|\mathfrak{D}$ und $\mathsf{Q}|\mathfrak{D}$. Hinsichtlich der zweiten Behauptung erhalten wir $|\mathsf{P}(\mu)| \leq \mathsf{P}1 \cdot \|\mu\|$, was man mit der Positivität von $\mathsf{P}|\mathfrak{D}$ und der Verbandseigenschaften von $\mathfrak{D}$ genau so beweist, wie die entsprechende Behauptung in **8.5.12.5.1.** Dasselbe gilt auch für $\mathsf{Q}|\mathfrak{D}$, und für $\mathsf{L}|\mathfrak{D}$ wird schließlich $|\mathsf{L}(\mu)| \leq (\mathsf{P}1 + \mathsf{Q}1)\|\mu\|$.

8.5.12.5.4. Nun können wir den Rieszschen Satz (**8.5.12.5.**) beweisen. Die obigen Betrachtungen erlauben dabei die Beschränkung auf ein positives Funktional $\mathsf{P}|\mathfrak{C}$, welches wir uns gemäß **8.5.12.5.3.** auf $\mathsf{P}|\mathfrak{D}$ erweitert denken. Für $a \leq y \leq b$ erklären wir die Funktionen $\mu_y \in \mathfrak{D}$:

$$\begin{aligned}
&\text{Für } y = a: && \mu_a(x) = 0 \text{ für } a \leq x \leq b,\\
&\text{für } a < y \leq b: && \mu_y(x) = 1 \text{ für } a \leq x \leq y\\
& && = 0 \text{ für } y < x \leq b.
\end{aligned}$$

Die Funktion $\varphi(y) := \mathsf{P}(\mu_y)$, $a \leq y \leq b$, leistet das Verlangte. In der Tat:

1. $\varphi|J$ ist nicht fallend; denn mit y wächst auch $\mu_y|J$ und wegen der Positivität von P dann auch $\mathsf{P}(\mu_y)$.

2. Ist $\mathfrak{u}$ eine Unterteilung von J mit den Teilungspunkten $a = y_0 < y_1 < \cdots < y_n = b$, und ist $f \in \mathfrak{C}$, so erhalten wir

$$s(\mathfrak{u}; f; \varphi) = \sum_i f(z_i)\left(\varphi(y_i) - \varphi(y_{i-1})\right) = \mathsf{P}(\omega_\mathfrak{u})$$

mit

$$\omega_\mathfrak{u} := \sum_i f(z_i)\left(\mu_{y_i} - \mu_{y_{i-1}}\right).$$

Mit der Bezeichnung von **7.3.2.** ist $\omega_\mathfrak{u}$ identisch mit der Treppenfunktion $(y_\nu; f(z_\nu); \gamma'_\nu; n)$, wobei $\gamma'_\nu = f(z_\nu)$ für $\nu = 1, \ldots, n$, und $\gamma'_0 = f(z_1)$. Wegen der gleichmäßigen Stetigkeit von $f|J$ strebt daher $\omega_\mathfrak{u}$ mit $N(\mathfrak{u}) \to 0$ gleichmäßig gegen f, so daß wir wegen der Stetigkeit von $\mathsf{P}|\mathfrak{D}$ für $N(\mathfrak{u}) \to 0$ erhalten:

$$\mathsf{P}(f) = \lim \mathsf{P}(\omega_\mathfrak{u}) = \lim s(\mathfrak{u}; f; \varphi) = S(f; \varphi; J),$$

w. z. z. w.

8.5.12.6. Bei absolut stetigem φ ist das φS^*-Integral als Lebesguesches Integral darstellbar:

Ist $\varphi|J$ absolut stetig und f S^*-integrierbar bezüglich φ, so ist, wenn $\varphi^{\cdot}$ die L-fast überall vorhandene Ableitung von φ bezeichnet, $f\varphi^{\cdot}$ im gewöhnlichen Sinne L-integrierbar mit

$$S^*(f; \varphi; [a, b]) =: \int_a^b f\, d\varphi = \int_a^b f\varphi^{\cdot}\, dx := L(f\varphi^{\cdot} \mid [a, b]).$$

Beweis. 1. Wir zeigen zunächst die Gültigkeit der Behauptung für eine Treppenfunktion f. In diesem Falle ist nämlich wegen der Stetigkeit von φ und wegen $\varphi(y) - \varphi(z) = \int_z^y \varphi^{\cdot}\, dx$ (wo das Integral ein

LEBESGUEsches ist) für eine Zerlegung von $J=[a,b]$ in Konstanzintervalle von f mit den Teilungspunkten $a=a_0<a_1<\cdots<a_n=b$ und $f(x)=c_i$ für $a_{i-1}<x<a_i$

$$\int_a^b f\,d\varphi=\sum_i c_i\bigl(\varphi(a_i)-\varphi(a_{i-1})\bigr)=\sum_i\int_{a_{i-1}}^{a_i} f\varphi^{\cdot}\,dx=\int_a^b f\varphi^{\cdot}\,dx.$$

2. Den Fall einer beliebigen φS^*-integrierbaren Funktion f erledigen wir durch einen Grenzübergang unter Benutzung von 1. Wegen **8.5.12.2.**, Bemerkung 3, genügt es dabei, ein beschränktes f zu betrachten; denn auf der Menge der Variabilitätspunkte von φ ist f beschränkt und im Innern der Konstanzintervalle von φ der Wert von f belanglos. Sei also $|f|\leq M$. Nach Voraussetzung gibt es eine Folge von Zerlegungen $\mathfrak{u}_1\sqsubset\mathfrak{u}_2\sqsubset\cdots\sqsubset\mathfrak{u}_r\sqsubset\cdots$, wobei die $\mathfrak{u}_r$ Teilintervalle $[a_{r,j-1},a_{rj}]$, $j=1,\ldots,n_r$, hat, so daß

$$S:=\int_a^b f\,d\varphi=\lim_r s(\mathfrak{u}_r;\tilde{f};\varphi)$$

für jede Funktion $\tilde{f}$ mit $\underline{f}_r\leq\tilde{f}\leq\bar{f}_r$. Dabei sind $\underline{f}_r$ und $\bar{f}_r$ wie folgt erklärt: Bezeichnet $\sigma_{r,j}$ bzw. $\iota_{r,j}$ das sup bzw. inf von $\{f(x):a_{r,j-1}\leq x\leq a_{r,j}\}$, so ist $\underline{f}_r(x)=\iota_{rj}$ für $a_{r,j-1}<x<a_{r,j}$, $j=1,\ldots,n_r$, und $\underline{f}_r(a_{r,j})=\min\{\iota_{r,j},\iota_{r,j+1}\}$, $j=0,\ldots,n_r$. Setzt man $\sigma_{r,j}$ an Stelle von $\iota_{r,j}$ und max an Stelle von min, so ergibt sich $\bar{f}_r$. Es gilt demnach

$$\underline{f}_1\leq\underline{f}_2\leq\cdots\leq f\leq\cdots\leq\bar{f}_2\leq\bar{f}_1.$$

Nun ist nach 1. für die Treppenfunktion $t_r=\underline{f}_r$ bzw. $\bar{f}_r$

$$\int_a^b t_r\,d\varphi=\int_a^b t_r\varphi^{\cdot}\,dx.$$

Nach obiger Feststellung strebt für $r\to\infty$ das Integral links gegen S, also auch das rechte. Da aus Monotoniegründen $\lim\underline{f}_r=:\underline{f}$ und $\lim\bar{f}_r=:\bar{f}$ existieren, wobei $\underline{f}_r\varphi^{\cdot}$ und $\bar{f}_r\varphi^{\cdot}$ zwischen $-M|\varphi^{\cdot}|$ und $M|\varphi^{\cdot}|$ liegen, so ist der Satz von der Integration bei majorisierter Konvergenz anwendbar und liefert $S=\int_a^b\underline{f}\varphi^{\cdot}\,dx=\int_a^b\bar{f}\varphi^{\cdot}\,dx$. Die letzte Gleichung gilt nun, wie man sich leicht überzeugt, nicht nur für die Integration über das Intervall $[a,b]$, sondern für jedes Teilintervall davon. Nach **7.5.7.1.** sind daher $\underline{f}\varphi^{\cdot}$ und $\bar{f}\varphi^{\cdot}$ L-fast überall gleich. Wegen $\underline{f}\leq f\leq\bar{f}$ gilt dies dann auch für $\underline{f}\varphi^{\cdot}$ und $f\varphi^{\cdot}$, so daß nach **7.5.3.** schließlich $S=\int_a^b f\varphi^{\cdot}\,dx$ folgt.

8.5.12.7. *Partielle Integration.* Es gilt:

$$\underline{S}(f;\varphi)+\underline{S}(\varphi;f)\leq f(b)\,\varphi(b)-f(a)\,\varphi(a)\leq\bar{S}(f;\varphi)+\bar{S}(\varphi;f),$$

wobei $J=[a,b]$ das Integrationsintervall bezeichnet. (Analoges gilt auch für die Unterteilungsintegrale.)

Beweis. Sei $s(\mathfrak{u}; f; \varphi) = \sum_j f(z_j)\,(\varphi(x_j) - \varphi(x_{j-1}))$. Wir bilden die Verfeinerung $\mathfrak{u}'$ von $\mathfrak{u}$ durch die Hinzunahme der z_j als weitere Teilungspunkte und dazu

$$s(\mathfrak{u}'; \varphi; f) = \sum_j \varphi(x_{j-1})\,(f(z_j) - f(x_{j-1})) + \sum_j \varphi(x_j)\,(f(x_j) - f(z_j)).$$

Dann ist

$$(1) \qquad s(\mathfrak{u}; f; \varphi) + s(\mathfrak{u}'; \varphi; f) = f(b)\,\varphi(b) - f(a)\,\varphi(a).$$

Ist die linke Seite der ersten behaupteten Ungleichung $-\infty$, so ist nichts weiter zu beweisen; ist sie aber $> -\infty$, so gibt es zu $-\infty < s_1 < \underline{S}(f; \varphi)$ und $-\infty < s_2 < \underline{S}(\varphi; f)$ ein ϱ, so daß für $\mathfrak{u}$ mit $N(u) < \varrho$ allemal $s(\mathfrak{u}; f; \varphi) > s_1$ und $s(\mathfrak{u}; \varphi; f) > s_2$, also auch $s(\mathfrak{u}'; \varphi; f) > s_2$, so daß nach (1)

$$s_1 + s_2 < f(b)\,\varphi(b) - f(a)\,\varphi(a),$$

woraus durch Grenzübergang die erste Ungleichung folgt; die zweite beweist man ebenso.

8.5.12.7.1. Aus der Gl. (1) von **8.5.12.7.** erschließt man noch folgenden Satz:

Ist φ bezüglich f S-integrierbar, so auch f bezüglich φ und es gilt:

$$\int_a^b f\,d\varphi + \int_a^b \varphi\,df = f(b)\,\varphi(b) - f(a)\,\varphi(a).$$

(Analoges für S-Integrierbarkeit.)*

In der Tat, sei etwa $|S - s(\mathfrak{u}'; \varphi; f)| < \varepsilon$ für $N(\mathfrak{u}') < \delta$. Dann ist für $N(\mathfrak{u}) < \delta$ mit dem gemäß **8.5.12.7.** zu $\mathfrak{u}$ gehörigen $\mathfrak{u}'$ auch $N(\mathfrak{u}') < \delta$, also nach (1) $|s(\mathfrak{u}; f; \varphi) - (f(b)\,\varphi(b) - f(a)\,\varphi(a) - S)| < \varepsilon$, w. z. z. w.

Bemerkung. Für das RS- oder LS-Integral von **7.4.2.7.** braucht der Satz von der partiellen Integration nicht zu gelten (auch nicht wenn f und φ beide nicht fallend sind). *Beispiel:*

$J = [0, 2]$ und $f = \varphi$ mit $f(x) = 0$ für $0 \leq x \leq 1$, $f(x) = 1$ für $1 < x \leq 2$.

Es ist $T_f(\varphi | J) = T_\varphi(f | J) = 0$, also

$$T_f(\varphi) + T_\varphi(f) = 0 < 1 = f(2)\,\varphi(2) - f(0)\,\varphi(0).$$

8.5.12.8. Hinsichtlich der Abhängigkeit der Integrale von den Integrationsintervallen führen wir die den Sätzen **8.5.8.** und **8.5.7.4.** entsprechenden Aussagen an:

8.5.12.8.1. *Ist f S- bzw. S*-integrierbar bezüglich φ über J und ist J' ein Teilintervall von J, so ist f im selben Sinne auch über J' integrierbar.*

8.5.12.8.2. *Ist $a < b < c$ und ist f φ S*-integrierbar auf $[a, b]$ und $[b, c]$, so auch auf $[a, c]$.*

8.5.12.8.3. Für die S-Integrierbarkeit gilt ohne zusätzliche Voraussetzungen kein dem letzten Satz analoge Aussage; man kann aber beweisen:

Ist $a<b<c$ und f φ S-integrierbar auf $[a, b]$ und $[b, c]$, ist ferner f in der Umgebung von b beschränkt und ist φ in b stetig, so ist f auch auf $[a, c]$ φ S-integrierbar. (Beweis als Aufgabe.)

8.5.12.9. *Vier Konvergenzsätze.*

1. *Unter den Voraussetzungen, daß 1. die Funktionen φ_k, $k \in \mathbf{Z}$, und Φ BV auf $J=[a, b]$ sind, 2. die Totalvariation T_k von $\Phi-\varphi_k$ auf J nach Null strebt für $k\to\infty$, und 3. $f|J$ beschränkt und S-integrierbar ist bezüglich φ_k für alle k, ist f S-integrierbar bezüglich Φ mit $\lim\limits_k S(f;\varphi_k)=S(f;\Phi)$. Eine analoge Aussage gilt auch für das S^*-Integral.*

Beweis. Ist $M:=\sup\{|f(x)|:x\in J\}$, so gilt nach **8.5.12.1.3.**

$$-M\,T_k \leq \underline{S}(f;\Phi-\varphi_k) \leq \overline{S}(f;\Phi-\varphi_k) \leq M\,T_k.$$

Nach **8.5.12.3.** ist

$$\underline{S}(f;\Phi-\varphi_k)=\underline{S}(f;\Phi)-S(f;\varphi_k), \qquad \overline{S}(f;\Phi-\varphi_k)=\overline{S}(f;\Phi)-S(f;\varphi_k),$$

so daß $\overline{S}(f;\Phi)-\underline{S}(f;\Phi)<2M\,T_k$. Da für die Totalvariation $T(\Phi)$ bzw. $T(\varphi_k)$ von Φ bzw. φ_k auf J die Ungleichung $T(\varphi_k)\leq T(\Phi)+T_k$ besteht, so sind die Integrale $S(f;\varphi_k)$ beschränkt (**8.5.12.1.3.**). Daraus folgt $\underline{S}(f;\Phi)=\overline{S}(f;\Phi)=\lim\limits_k S(f;\varphi_k)$, w. z. z. w.

2. *Es seien 1. $f|J$ stetig auf $J=[a, b]$, 2. die Funktionen φ_n, $n\in\mathbf{Z}$, und Φ gleichmäßig BV auf J, und 3. eine a und b enthaltende, auf J dichte Menge E vorhanden, so daß $\lim\limits_n \varphi_n(x)=\Phi(x)$ für $x\in E$. Dann ist f Φ S-integrierbar und $\lim\limits_n S(f;\varphi_n)=S(f;\Phi)$.*

Beweis. Ist $\mathfrak{u}$ eine Unterteilung von J mit den Teilungspunkten $a=a_0<\cdots<a_m=b$, so sei $\omega_{\mathfrak{u}}$ das Maximum der Differenz von max und min von $\{f(x):a_{\mu-1}\leq x\leq a_\mu\}$. Wir erhalten dann $s(\mathfrak{u};f;\varphi_n)=\sum\limits_\mu f(z_\mu)\,(\varphi_n(a_\mu)-\varphi_n(a_{\mu-1}))$, also mit Benutzung von **8.5.12.1.3.**

$$\left|s(\mathfrak{u};f;\varphi_n)-\int\limits_a^b f\,d\varphi_n\right|=\left|\sum_\mu \int\limits_{a_{\mu-1}}^{a_\mu}(f(z_\mu)-f(x))\,d\varphi_n\right|\leq\omega_{\mathfrak{u}}\sum_\mu T_{n,\mu}=\omega_{\mathfrak{u}}\,T,$$

wobei $T_{n,\mu}$ die Totalvariation von φ_n auf $[a_{\mu-1}, a_\mu]$ und T eine (nach Voraussetzung vorhandene) gemeinsame obere Schranke der Totalvariationen aller φ_n auf $[a, b]$ bezeichnet. Daher ist, wegen $\lim\{\omega_{\mathfrak{u}}:N(\mathfrak{u})\to 0\}=0$ (auf Grund der gleichmäßigen Stetigkeit von f),

$$(1)\qquad \lim\{s(\mathfrak{u};f;\varphi_n):N(\mathfrak{u})\to 0\}=S(f;\varphi_n)$$

gleichmäßig für alle $n \in \mathbf{Z}$. In diese Gleichmäßigkeit können wir noch die Konvergenz

(1′) $$\lim \{s(\mathfrak{u}; f; \Phi) : N(\mathfrak{u}) \to 0\} = S(f; \Phi)$$

mit einbeziehen. Wegen dieser Normkonvergenzen können wir uns erlauben, die Teilungspunkte von $\mathfrak{u}$ aus E zu wählen; für solche $\mathfrak{u}$ aber (nach unserer Vereinbarung gehören zum selben $\mathfrak{u}$ auch dieselben Zwischenstellen) erhalten wir

(2) $$\lim_n s(\mathfrak{u}; f; \varphi_n) = s(\mathfrak{u}; f; \Phi).$$

Damit sind die Voraussetzungen zur Anwendung von **6.3.2.1.** gegeben (das dortige J ist das normgeordnete System der $\mathfrak{u}$ mit Teilungspunkten aus E und X ist die Teilmenge $\{1, 2, \ldots, +\infty\}$ von $\tilde{E}^1$, wobei $\varphi_{+\infty} = \Phi$ zu setzen ist), und wir erhalten gerade die behauptete Limesgleichung.

3. *Es seien* 1. *die auf* $J = [a, b]$ *stetigen Funktionen* $f_1, f_2, \ldots$ *auf* J *gleichmäßig konvergent gegen* F, 2. *die Funktionen* φ_k, $k \in \mathbf{Z}$, *und* Φ *auf* J *gleichmäßig BV, und* 3. *eine a und b enthaltende, auf J dichte Menge E vorhanden mit* $\lim_k \varphi_k(x) = \Phi(x)$ *für* $x \in E$. *Dann ist F Φ S-integrierbar und* $\lim_{n,k} S(f_n; \varphi_k) = S(F; \Phi)$ (*der Limes genommen im Sinne der g-Ordnung* $(n', k') \gg (n, k) \bowtie (n' \geq n$ *und* $k' \geq k)$).

Beweis. Ist T gemeinsame obere Schranke der Totalvariationen aller φ_k und von Φ, so haben wir mit $\delta_n := \sup\{|f_n(x) - F(x)| : x \in J\}$ und $\varphi = \varphi_k$ oder Φ nach **8.5.12.1.3.** $|S(f_n; \varphi) - S(F; \varphi)| \leq \delta_n T$, also wegen $\delta_n \to 0$ für $u \to +\infty$

$$\lim_n S(f_n; \varphi) = S(F; \varphi)$$

gleichmäßig für $\varphi = \varphi_1, \varphi_2, \ldots, \Phi$. Nach **8.5.12.9.2.** ist außerdem $\lim_k S(f_n; \varphi_k) = S(f_n; \Phi)$, so daß nach **6.3.2.**, Zusatz, die Behauptung folgt.

4. Schließlich ist noch ein dem Satz **7.4.3.2.** nahestehender Satz zu erwähnen:

Ist $\varphi | J$ *BV, ist ferner* $f_1, f_2, \ldots$ *eine gleichmäßig auf J konvergente Folge von φ S-integrierbaren Funktionen mit dem beschränkten Limes f, so ist auch f φ S-integrierbar und* $S(f | J) = \lim_n S(f_n | J)$. *(Analog für S*-Integral.)*

Beweis. 1. Es sei φ eine Sprungfunktion. Ist x_0 eine links- oder rechtsseitige Unstetigkeitsstelle von f, so wegen der gleichmäßigen Konvergenz auch in gleicher Weise für schließlich alle f_n, so daß nach **8.5.12.4.5.** f mit f_n in gleicher Weise integrierbar ist. Die Limesgleichung ist dabei ein einfacher Satz aus der Theorie der absolut konvergenten Reihen (Aufgabe!). — 2. Bei stetigem φ können wir uns gleich auf nicht fallendes φ beschränken. Die S-Integrierbarkeit ergibt sich aus

8.5.12.4.8., weil hier die Menge D der Unstetigkeitsstellen von f enthalten ist in der Vereinigungsmenge der Mengen D_ν der Unstetigkeitsstellen von f_ν, so daß $N_\varphi(\chi_D) \leq \sum_\nu N_\varphi(\chi_{D_\nu}) = 0$. Die Limesgleichung folgt aus **8.5.12.1.3.**

8.6. Konstruktion von Maßfunktionen.

8.6.1. Der Ausgangspunkt für die Bildung einer Maßfunktion ist eine, auf einem „σ-Überdeckungssystem" $\mathfrak{J}$ eines σ-Somenringes $\mathfrak{A}$ erklärte, nicht negative Funktion („Gewichtsfunktion") $p(I)$, $I \in \mathfrak{J}$, mit $p(0) = 0$. Die Teilmenge $\mathfrak{J}$ von $\mathfrak{A}$ heißt ein *σ-Überdeckungssystem von* $\mathfrak{A}$, wenn 1. $0 \in \mathfrak{J}$, und 2. jedes $A \in \mathfrak{A}$ mit höchstens abzählbar vielen Somen I_ν aus $\mathfrak{J}$ überdeckbar ist: $A < I_1 \dotplus I_2 \dotplus \cdots$ („$\sigma\mathfrak{J}$-Überdeckung von A"). $\mathfrak{D}(A)$ bezeichne das System aller $\sigma\mathfrak{J}$-Überdeckungen $\mathfrak{d}$ von A. Vermöge $p|\mathfrak{J}$ wird jedem $\mathfrak{d}$ (mit $A < \sum_\nu^{\boldsymbol{\cdot}} I_\nu) \in \mathfrak{D}(A)$ die Zahl $p_\mathfrak{d} := \sum_\nu p(I_\nu)$ zugeordnet.

Die für alle $A \in \mathfrak{A}$ erklärte Somenfunktion

$$\tilde{p}(A) := \inf\{p_\mathfrak{d} : \mathfrak{d} \in \mathfrak{D}(A)\}$$

ist eine Maßfunktion. ($\tilde{p}$ *„Deckmaßfunktion zu $p|\mathfrak{J}$".*)

Beweis. Es sind für $\tilde{p}|\mathfrak{A}$ die Eigenschaften (1_M), $(2'_M)$ und $(2''_M)$ von **8.1.11.** nachzuweisen.

In der Tat, (1_M) ist klar, und $(2'_M)$ folgt aus:

$$A < A' \rhd \mathfrak{D}(A) > \mathfrak{D}(A').$$

$(2''_M)$ ergibt sich so: Ist $\tilde{p}(A_\nu) = +\infty$ (für wenigstens ein ν), so ist nichts zu beweisen. Es sei daher $\tilde{p}(A_\nu) < +\infty$ für alle ν. Wir wählen $\varepsilon > 0$ beliebig und dazu $\mathfrak{d}_\nu \in \mathfrak{D}(A_\nu)$ mit $p_{\mathfrak{d}_\nu} < \tilde{p}(A_\nu) + \varepsilon\, 2^{-\nu}$. Zusammensetzung der $\mathfrak{d}_\nu$ ergibt eine Überdeckung $\mathfrak{d}$ von $\sum^{\boldsymbol{\cdot}} A_\nu$, so daß $\tilde{p}(\sum^{\boldsymbol{\cdot}} A_\nu) \leq p_\mathfrak{d} = \sum p_{\mathfrak{d}_\nu} < \sum \tilde{p}(A_\nu) + \varepsilon$, woraus für $\varepsilon \to 0$ die Behauptung $(2''_M)$ folgt.

8.6.1.1. Nach Konstruktion von **8.6.1.** hat man

$$\tilde{p}(I) \leq p(I) \quad \text{für} \quad I \in \mathfrak{J};$$

man sagt: $\tilde{p}|\mathfrak{A}$ ist eine Maßfunktion „unter $p|\mathfrak{J}$". Es gilt:

$\tilde{p}|\mathfrak{A}$ *ist die größte Maßfunktion unter* $p|\mathfrak{J}$.

In der Tat, sei $q|\mathfrak{A}$ eine zweite Maßfunktion unter $p|\mathfrak{J}$, und $A \in \mathfrak{A}$. Für $\mathfrak{d}$ (mit $A < \sum^{\boldsymbol{\cdot}} I_\nu) \in \mathfrak{D}(A)$ hat man

$$q(A) \leq q(\textstyle\sum^{\boldsymbol{\cdot}} I_\nu) \leq \sum q(I_\nu) \leq \sum p(I_\nu), \quad \text{also} \quad q(A) \leq \tilde{p}(A).$$

8.6.1.2. *Ist $p|\mathfrak{A}$ eine Maßfunktion auf $\mathfrak{A}$, so ist $\tilde{p}|\mathfrak{A} = p|\mathfrak{A}$.*

In der Tat, nach **8.6.1.1.** ist $\tilde{p}|\mathfrak{A}$ die größte Maßfunktion unter $p|\mathfrak{A}$, muß also $p|\mathfrak{A}$ selbst sein.

Die Methode gestattet also, alle möglichen Maßfunktionen auf $\mathfrak{A}$ zu konstruieren; es kann natürlich passieren, daß $\tilde{p}$ trivial ausfällt. Dazu ein *Beispiel*:

Es seien $r_1, r_2, \ldots$ die als Folge geschriebenen rationalen Zahlen. Jedem r_i sei eine positive Zahl a_i zugeordnet, so daß $\sum a_i < +\infty$. $\mathfrak{J}$ sei das System der Intervalle $I_{ij} = \{r_i \leqq \hat{x} < r_j\}$, $r_i < r_j$, und $\mathfrak{A}$ der σ-Mengenkörper aller Teilmengen der Zahlgeraden $E = \{-\infty < \hat{x} < +\infty\}$. Wir setzen $p(I_{ij}) := \sum \{a_k : r_i < a_k \leqq r_j\}$. Offenbar ist $p(I_{ij})$ bedingt additiv auf $\mathfrak{J}$. Aber trotzdem erhält man $\tilde{p}(A) = 0$ für alle $A \in \mathfrak{A}$. In der Tat, es genügt $\tilde{p}(E) = 0$ zu zeigen. $\mathfrak{d}_1$ sei die Zerlegung

$$E = \sum_{n=1}^{\infty}{}^{\cdot} \{r_1 - (n+1) \leqq \hat{x} < r_1 - n\} + \sum_{n=1}^{\infty}{}^{\cdot} \left\{r_1 - \frac{1}{n} \leqq \hat{x} < r_1 - \frac{1}{n+1}\right\} + \\ + \sum_{n=1}^{\infty}{}^{\cdot} \{r_1 + (n-1) \leqq \hat{x} < r_1 + n\}.$$

Dann ist das zugehörige $p_{\mathfrak{d}_1} = \sum_1^{\infty} a_i - a_1$, weil r_1 weder als innerer noch als rechter Randpunkt eines dieser Intervalle fungiert. In entsprechender Weise kann man auch noch r_2 ausschalten, und erhält $p_{\mathfrak{d}_2} = \sum_1^{\infty} a_i - (a_1 + a_2)$. Fortsetzung führt zu $\lim_{n \to \infty} p_{\mathfrak{d}_n} = 0$, was $\tilde{p}(E) = 0$ bedeutet.

8.6.1.3. 1. *Ist $p|\mathfrak{J}$ ein σ-additiver Inhalt auf dem Somenring $\mathfrak{J}$ $(\subset \mathfrak{A})$, so gilt $\tilde{p}(I) = p(I)$ für $I \in \mathfrak{J}$.* 2. *Ist $p|\mathfrak{J}$ ein Maß, d.h. nicht negativ, σ-additiv auf dem σ-Somenring $\mathfrak{J}$, so ist $\tilde{p}|\mathfrak{A}$ identisch mit dem äußeren Maß $p^a|\mathfrak{A}$ von p, wobei $p^a(A) := \inf\{p(X) : A < X \in \mathfrak{J}\}$ für $A \in \mathfrak{A}$.*

Beweis. Zu 1. Ist $\tilde{p}(I) = +\infty$, so ist wegen **8.6.1.1.** nichts weiter zu beweisen. Wenn $\tilde{p}(I)$ endlich, so gibt es zu $\varepsilon > 0$ eine Überdeckung $I < I_1 \dotplus I_2 \dotplus \cdots$, mit $\sum_v p(I_v) < \tilde{p}(I) + \varepsilon$. Aus den Ringeigenschaften von $\mathfrak{J}$ folgt die disjunkte Darstellung $I = II_1 + I(I_2 - I_2 I_1) + I(I_3 - I_3(I_2 \dotplus I_1)) + \cdots$, und damit $\tilde{p}(I) + \varepsilon > \sum_v p(I_v) \geqq p(II_1) + p(I(I_2 - I_2 I_1)) + \cdots = p(I)$ wegen der σ-Additivität. $\varepsilon \to 0$ liefert $\tilde{p}(I) \geqq p(I)$, zusammen mit **7.6.1.1.** die behauptete Gleichheit. — *Zu* 2. Da $p^a(X) = \inf\{p(I) : X < I \in \mathfrak{J}\}$, so folgt $p^a \geqq \tilde{p}$. Hat man eine Überdeckung $X < I' := I_1 \dotplus I_2 \dotplus \cdots$, so ist wegen der σ-Ringeigenschaft von $\mathfrak{J}$ jetzt $I' \in \mathfrak{J}$, so daß $\sum_v p(I_\iota) \geqq p(I') \geqq p^a(X)$, also auch $\tilde{p} \geqq p^a$.

8.6.2. Für die Konstruktion von nicht negativen, vereinigungsbeschränkten Somenfunktionen bietet sich noch ein anderer Weg, der auf den infinitären Charakter des Systems der Überdeckungen eines Somas bezug nimmt und damit der Methode der Totalisation nahe steht.

Man setzt dabei von dem σ-Überdeckungssystem $\mathfrak{J}$ zusätzlich voraus, daß es ein *Gitter* ist, d.h. daß mit I_1, I_2 auch $I_1 I_2$ in $\mathfrak{J}$ enthalten ist; wir nennen alsdann $\mathfrak{J}$ ein *σ-Überdeckungsgitter.*

Ist $\mathfrak{J}$ ein σ-Überdeckungsgitter, so ist das System $\mathfrak{D}(A)$ gerichtet vermöge der Definition: Für $\mathfrak{d}_i$ (mit $A \prec \sum^{\cdot} I_{i\nu}$), $i=1, 2$, ist $\mathfrak{d}_1 \gg \mathfrak{d}_2$: $\bowtie$ Jedes $I_{1\nu}$ ist Teil eines $I_{2\mu}$. (Beweis!)

Ferner sei $p|\mathfrak{J}$ wieder eine Gewichtsfunktion wie in **8.6.1.** Zu $p|\mathfrak{J}$ gehört nun eine Funktion $\breve{p}|\mathfrak{A}$, der „*Deckwert von A bezüglich $p|\mathfrak{J}$*", der folgendermaßen als unterer g-Limes in $\mathfrak{D}(A)$ gebildet wird:

$$q_{\mathfrak{d}} := \inf\{p_{\mathfrak{d}'} : \mathfrak{D}(A) \ni \mathfrak{d}' \gg \mathfrak{d}\}, \qquad \mathfrak{d} \in \mathfrak{D}(A),$$
$$\breve{p}(A) := \sup\{q_{\mathfrak{d}} : \mathfrak{d} \in \mathfrak{D}(A)\}, \quad A \in \mathfrak{A}\dagger.$$

$\breve{p}|\mathfrak{A}$ erfüllt die Eigenschaften (1_M) und $(2''_M)$ von **8.3.4.**

Beweis. (1_M) ist klar. Zum Nachweis von $(2''_M)$ sei $A = \sum^{\cdot}\{A_i : i = 1, 2, \ldots\}$. Ist ein $\breve{p}(A_i) =: p_i = +\infty$, so ist nicht zu beweisen. Seien daher alle $p_i < +\infty$. Wir geben ein $\mathfrak{d} \in \mathfrak{D}(A)$ vor und wählen davon unabhängig ein $\varepsilon > 0$. Dann gibt es ein $\mathfrak{d}_i \in \mathfrak{D}(A_i)$ mit $\mathfrak{d}_i \gg \mathfrak{d}$ und $p_{\mathfrak{d}_i} < p_i + \varepsilon\, 2^{-i}$. Zusammenfassung aller $\mathfrak{d}_i$ liefert eine $\sigma\mathfrak{J}$-Überdeckung $\mathfrak{d}'$ von A mit $\mathfrak{d}' \gg \mathfrak{d}$ und $p_{\mathfrak{d}'} = \sum p_{\mathfrak{d}_i} < \sum p_i + \varepsilon$. Daher ist $q_{\mathfrak{d}} < \sum p_i + \varepsilon$. Für $\varepsilon \to 0$ folgt daraus $q_{\mathfrak{d}} \leq \sum p_i$; da dies für beliebige $\mathfrak{d} \in \mathfrak{D}(A)$ gilt, erhalten wir $\breve{p}(A) \leq \sum p_i$, w. z. z. w.

8.6.2.1. Ein Deckwert braucht die Eigenschaft $(2'_M)$ nicht zu erfüllen, also nicht notwendig eine Maßfunktion zu sein. Dies zeigt das folgende Beispiel:

$\mathfrak{A}$ sei das System aller Teilmengen von $\{-1 \leq \hat{x} < 1\}$, $\mathfrak{J}$ das System der Intervalle $I_{a,b} = \{a \leq \hat{x} < b\}$ mit $0 \leq a < b \leq 1$, dazu noch das Intervall $\{-1 \leq \hat{x} < 1\}$ und die leere Menge. $\mathfrak{J}$ ist ein σ-Überdeckungsgitter. Wir setzen $p(I_{0,b}) = 1$ für $0 < b \leq 1$, sonst immer $p = 0$. Es ergibt sich $\breve{p}(A) = 1$, wenn $0 \in A \subset \{0 \leq \hat{x} < 1\}$ und sonst $\breve{p}(A) = 0$. $\breve{p}|\mathfrak{A}$ ist also nicht gleichsinnig monoton.

8.6.3.1. Der Deckwert $\breve{p}|\mathfrak{A}$ bezüglich $p|\mathfrak{J}$ besitzt folgende Additivitätseigenschaft:

Gibt es zu A_1 und A_2 fremde $\sigma\mathfrak{J}$-Überdeckungen, so gilt

$$\breve{p}(A_1) + \breve{p}(A_2) = \breve{p}(A_1 + A_2).$$

Beweis. Es sei für $\mathfrak{d}_i$ (mit $A_i \prec \sum^{\cdot} I_{i\nu}$), $i = 1, 2$, $\sum^{\cdot} I_{1\nu} \sum^{\cdot} I_{2\mu} = 0$. Aus der Vereinigungsbeschränktheit folgt zunächst $\breve{p}(A_1 + A_2) \leq$

† Der Limes, der sich durch Vertauschung von inf und sup ergibt, hat keine Bedeutung, da er im allgemeinen gleich $+\infty$ ist.

$\breve{p}(A_1)+\breve{p}(A_2)$. Um auch das Umgekehrte zu beweisen, setzen wir $u_i=\breve{p}(A_i)-\varepsilon$, wenn $\breve{p}(A_i)$ endlich, sonst $u_i=\frac{1}{\varepsilon}$, $\varepsilon>0$. Dann gibt es $\mathfrak{d}^{(i)}\gg\mathfrak{d}_i$ mit $p_{\mathfrak{d}_i'}>u_i$ für $\mathfrak{d}_i'\gg\mathfrak{d}^{(i)}$, $i=1,2$. Bezeichnet $\mathfrak{d}^*$ die Überdeckung von A_1+A_2, welche sich durch Zusammenlegen von $\mathfrak{d}^{(1)}$ und $\mathfrak{d}^{(2)}$ ergibt, so gilt folgendes:

1. Jedes $\mathfrak{d}\gg\mathfrak{d}^*$ zerfällt in zwei Zerlegungen $\mathfrak{d}_i'\gg\mathfrak{d}^{(i)}$, $i=1,2$.

2. Umgekehrt setzen sich je zwei Zerlegungen $\mathfrak{d}_i'\gg\mathfrak{d}^{(i)}$, $i=1,2$, zusammen zu einem $\mathfrak{d}\gg\mathfrak{d}^*$.

Dies bedeutet, daß

$$\{p_{\mathfrak{d}}:\mathfrak{d}\gg\mathfrak{d}^*\}=\{(p_{\mathfrak{d}_2'}+p_{\mathfrak{d}_1'}):\mathfrak{d}_i'\gg\mathfrak{d}^{(i)},\quad i=1,2\},$$

nach **8.5.7.1.** also $\breve{p}(A_1+A_2)\geqq\inf\{p_{\mathfrak{d}}:\mathfrak{d}\gg\mathfrak{d}^*\}=\sum\{\inf p_{\mathfrak{d}_i'}:\mathfrak{d}_i'\gg\mathfrak{d}^{(i)}\}\geqq u_1+u_2$. Hieraus folgt für $\varepsilon\to 0$ die noch fehlende Ungleichung $\breve{p}(A_1+A_2)\geqq\breve{p}(A_1)+\breve{p}(A_2)$.

8.6.3.2. Über **8.6.3.1.** hinaus gilt:

Wenn $\breve{p}|\mathfrak{A}$ gleichsinnig monoton ist und wenn die Folge $A_1, A_2, \ldots$ so beschaffen ist, daß es zu je zwei ihrer Glieder fremde $\sigma\mathfrak{J}$-Überdeckungen gibt, so gilt

$$\breve{p}(A_1+A_2+\cdots)=\breve{p}(A_1)+\breve{p}(A_2)+\cdots.$$

Beweis. Nach Voraussetzung gibt es zu $\nu\neq\mu$ eine Überdeckung $S_{\nu\mu}:=\sum_{\lambda}^{\cdot} I_{\nu\mu,\lambda}>A_\nu$, so daß $S_{\nu\mu}S_{\mu\nu}=0$. Bei festem $n\geqq 2$ erhalten wir für $\nu=1,\ldots,n$ in

$$\sum^{\cdot}\{\prod^{\cdot} I_{\nu\varkappa,\lambda_\varkappa}:\varkappa=1,\ldots,\nu-1,\nu+1,\ldots,n\},$$

wobei die Summe über alle Kombinationen $(\lambda_1,\ldots,\lambda_{\nu-1},\lambda_{\nu+1},\ldots,\lambda_n)$ zu erstrecken ist, eine Überdeckung $\mathfrak{d}_\nu$ von A_ν, wobei $\mathfrak{d}_1,\ldots,\mathfrak{d}_n$ paarweise fremd sind. Anwendung von **8.6.3.1.** mit vollständiger Induktion führt zu $\breve{p}(\sum^{\cdot}A_\nu)\geqq\breve{p}(A_1+\cdots+A_n)=\breve{p}(A_1)+\cdots+\breve{p}(A_n)$, und schließlich der Grenzübergang $n\to\infty$ zu $\breve{p}(\sum^{\cdot}A_\nu)\geqq\sum\breve{p}(A_\nu)$, und dies mit der Vereinigungsbeschränktheit zur behaupteten Gleichheit.

8.6.4. Die Situation von **8.6.3.** ändert sich, wenn man $\mathfrak{J}$ sogar als σ-Gitterbasis von $\mathfrak{A}$ (**8.1.9.**) voraussetzt. Offenbar ist jede σ-Gitterbasis ein σ-Überdeckungsgitter.

Ist der Definitionsbereich $\mathfrak{J}$ der nicht negativen Funktion $p|\mathfrak{J}$ mit $p(0)=0$ eine σ-Gitterbasis des σ-Somenringes $\mathfrak{A}$, so ist der zu $p|\mathfrak{J}$ gehörige Deckwert $\breve{p}|\mathfrak{A}$ ein Maß auf $\mathfrak{A}$.

Beweis. 1. Wir zeigen zunächst, daß $\breve{p}|\mathfrak{A}$ gleichsinnig monoton ist. Sei also $B<A$. Wenn $\breve{p}(A)=+\infty$, so sind wir schon fertig. Sei daher

$\breve{p}(A) < M < +\infty$. Gemäß Definition von $\breve{p}(A)$ gibt es zu jedem $\mathfrak{d} \in \mathfrak{D}(A)$ ein $\mathfrak{d}_* \gg \mathfrak{d}$ mit $p_{\mathfrak{d}_*} < M$. Wenn $\mathfrak{d}_0 \left(\text{mit } B < \sum\limits_{\nu}^{\cdot} I_\nu\right) \in \mathfrak{D}(B)$, so bilden wir $\mathfrak{d}_1 \left(\text{mit } A = \sum\limits_{\mu\nu}^{\cdot} I'_\mu I_\nu + \sum\limits_{\varkappa}^{\cdot} I''_\varkappa\right) \in \mathfrak{D}(A)$, wobei $B = \sum\limits_{\mu}^{\cdot} I'_\mu$ und $A - B = \sum\limits_{\varkappa}^{\cdot} I''_\varkappa$ Basisdarstellungen sind, und dazu, wie eben $\mathfrak{d}_{1_*} \gg \mathfrak{d}_1$. $\mathfrak{d}_{1_*}$ zerfällt offenbar in eine $\sigma\mathfrak{J}$-Überdeckung $\mathfrak{d}_{00}(\text{mit } B = \sum^{\cdot} I^0_\nu)$ von B und eine $\sigma\mathfrak{J}$-Überdeckung von $B - A$, wobei $\mathfrak{d}_{00} \gg \mathfrak{d}_0$ und $p_{\mathfrak{d}_{00}} \leq p_{\mathfrak{d}_{1*}} < M$ ist. Somit ist $q_{\mathfrak{d}_0} < M$, und weil $\mathfrak{d}_0$ beliebig, $\breve{p}(B) \leq M$. Für $M \to \breve{p}(A)$ folgt $\breve{p}(B) \leq \breve{p}(A)$, w. z. z. w.

2. Das Ergebnis von 1. macht **8.6.3.2.** anwendbar: Zu jeder $\sigma\mathfrak{A}$-Zerlegung $A = A_1 + A_2 + \cdots$ gibt es nämlich $\sigma\mathfrak{J}$-Zerlegungen $A_i = \sum^{\cdot} I_{i\nu}$, $i \in \mathbf{Z}$, und diese sind offenbar paarweise fremd; wir erhalten also $\breve{p}(A) = \breve{p}(A_1) + \breve{p}(A_2) + \cdots$, d.h. $\breve{p}$ ist totaladditiv, was noch zu zeigen war.

Bemerkung. Da für jedes Maß $m|\mathfrak{A}$ die Gleichung $\breve{m} = m$ gilt, weil nämlich hier jedes $q_{\mathfrak{d}} = m(A)$ ist für $\mathfrak{d} \in \mathfrak{D}(A)$, so liefert die Deckmaßbildung, angewandt auf alle $p|\mathfrak{J}$, wie sie obiger Satz verlangt, alle möglichen Maße auf $\mathfrak{A}$. Damit ist natürlich nicht gesagt, daß es etwa auf $\mathfrak{A}$ nicht triviale Maße geben müßte.

8.7. Vervollständigung eines Inhalts durch Einschließung.

Unter einem *Inhalt* $\varphi|\mathfrak{A}$ verstehen wir eine additive, nicht negative Somenfunktion $\varphi(A)$, erklärt für alle Somen A eines Somenringes $\mathfrak{A}$.

Beispiele. 1. $\mathfrak{A}$ bestehe aus den Aggregaten A von je endlich vielen paarweise fremden Intervallen im E^q; ist $A = I_1 + \cdots + I_n$, so sei $\varphi(A) = \lambda(I_1) + \cdots + \lambda(I_n)$, wo $\lambda(I)$ den elementaren q-dimensionalen Rauminhalt bezeichnet.

2. $\mathfrak{A}$ sei der Somenring jener Aggregate $A = \sum^{\cdot} I_\nu$ von abzählbar vielen, paarweise fremden halb offenen Intervallen I_ν des E^q, derart, daß jedes Intervall I mit jeweils nur endlich vielen I_ν Punkte gemein hat, so sei wieder $\varphi(A) = \sum \lambda(I_\nu)$.

8.7.0. Ist $\varphi|\mathfrak{A}$ ein Inhalt, so heißt jedes Soma N aus $\mathfrak{A}$ mit $\varphi(N) = 0$ ein *Nullsoma von* φ.

1. *Jeder Inhalt ist gleichsinnig monoton.*

2. *Die Menge $\mathfrak{N}$ aller Nullsomen eines Inhalts (bzw. Maßes) $\varphi|\mathfrak{A}$ ist ein Ideal (bzw. σ-Ideal) in $\mathfrak{A}$.*

3. $A_1 \dotplus A_2 \in \mathfrak{N} \rhd \varphi(A_1) = \varphi(A_2)$.

Beweis. 1. Aus $A_1 < A_2$ folgt $A_2 = A_1 + (A_2 - A_1)$, weiter $\varphi(A_2) = \varphi(A_1) + \varphi(A_2 - A_1)$; wegen $\varphi(A_2 - A_1) \geq 0$ dann $\varphi(A_1) \leq \varphi(A_2)$. — 2. (a) $\mathfrak{A} \ni A < N \in \mathfrak{N} \rhd 0 \leq \varphi(A) \leq \varphi(N) = 0 \rhd A \in \mathfrak{N}$. (b) Ist $N_1, N_2, N_3, \ldots \in \mathfrak{N}$, so nach (a) auch $N_1, N_2 - N_2 N_1, N_3 - N_3(N_1 \dotplus N_2), \ldots$, also $\varphi(N_1 \dotplus N_2 \dotplus \cdots)$

$= \varphi(N_1) + \varphi(N_2 - \dot{N}_2 N_1) + \cdots = 0$, also $N_1 \dotplus N_2 \dotplus N_3 \dotplus \cdots \in \mathfrak{N}$. — 3. $A_1 \dotplus A_2 = A^{(1)} + A^{(2)}$ mit $A^{(j)} := A_j - A_1 A_2$, also $\varphi(A_j) = \varphi(A_1 A_2) + \varphi(A^{(j)})$, $j = 1, 2$. Wegen $A_1 \dotplus A_2 \in \mathfrak{N} \bowtie (A^{(j)} \in \mathfrak{N},\ j = 1, 2)$ folgt nun leicht die Behauptung.

8.7.1. Seien $\mathfrak{A}, \mathfrak{B}$ Somenringe mit $\mathfrak{A} < \mathfrak{B}$, und $\varphi|\mathfrak{A}$ ein Inhalt. Wir definieren: Ein Soma B aus $\mathfrak{B}$ heißt *einschließbar* (genauer $(\varphi|\mathfrak{A})$-einschließbar), wenn es zu jedem $\varepsilon > 0$ zwei Somen A_1, A_2 aus $\mathfrak{A}$ gibt mit $A_1 < B < A_2$ („$\mathfrak{A}$*-Einfassung von* B") und $\varphi(A_2 - A_1) < \varepsilon$.

Die Menge aller Somen aus $\mathfrak{B}$, welche einschließbar sind, werde mit $\mathfrak{A}_v$†, die Menge aller Somen aus $\mathfrak{B}$, zu welchen es Obersomen aus $\mathfrak{A}$ gibt, mit $\mathfrak{C}$ bezeichnet. Dann ist offenbar

$$\mathfrak{A} < \mathfrak{A}^v < \mathfrak{C} < \mathfrak{B},$$

und $\mathfrak{C}$ ist ein Somenring (Beweis als Aufgabe!). Auf $\mathfrak{C}$ definieren wir den *inneren* bzw. *äußeren* φ*-Inhalt*:

$$\varphi^i(X) := \sup\{\varphi(A) : X > A \in \mathfrak{A}\}, \quad \varphi^a(X) := \inf\{\varphi(A) : X < A \in \mathfrak{A}\}, \quad X \in \mathfrak{C}.$$

8.7.2. *Für* $\varphi^a|\mathfrak{C}$ *und* $\varphi^i|\mathfrak{C}$ *gilt:*

(1) $0 \leq \varphi^i(Y) \leq \varphi^a(Y)$ *für* $Y \in \mathfrak{C}$; *beide Funktionen sind gleichsinnig monoton.*

(2) φ^i *ist oberadditiv;* φ^a *ist unteradditiv.*

(3) *Ist* $A = C_1 + C_2 \in \mathfrak{A}$ *eine* $\mathfrak{C}$*-Zerlegung, so gilt* $\varphi(C_1 + C_2) = \varphi^i(C_1) + \varphi^a(C_2)$.

Beweis. (1) ist klar. (2a) Sei $C = C_1 + C_2$ eine $\mathfrak{C}$-Zerlegung. Man nehme $u_j < \varphi^i(C_j)$, $C_j > A_j \in \mathfrak{A}$ und $\varphi(A_j) > u_j$, $j = 1, 2$; dann ist $C > (A_1 + A_2) \in \mathfrak{A}$ und $\varphi^i(C) \geq \varphi(A_1 + A_2) = \varphi(A_1) + \varphi(A_2) \geq u_1 + u_2$. $u_j \to \varphi^i(C_j)$ ergibt die Behauptung $\varphi^i(C) \geq \varphi^i(C_1) + \varphi^i(C_2)$. (2b) Ist ein $\varphi^a(C_j) = +\infty$, so ist wegen der Monotonie $\varphi^a(C) \leq \varphi^a(C_1) + \varphi^a(C_2)$ mit dem Gleichheitszeichen erfüllt. Sind aber $\varphi^a(C_j)$ für $j = 1, 2$ endlich, so wähle man $v_j > \varphi^a(C_j)$ und kommt analog wie in (2a) zum Ergebnis $\varphi^a(C) \leq \varphi^a(C_1) + \varphi^a(C_2)$. (3) Sei überdies $C = A \in \mathfrak{A}$. Ist $C_1 > A_1 \in \mathfrak{A}$ und $C_2 < A_2 \in \mathfrak{A}$, so folgt $\varphi(A_1) + \varphi^a(C_2) \leq \varphi(A_1) + \varphi(A - A_1) = \varphi(A) = \varphi(A A_2) + \varphi(A - A A_2) \leq \varphi(A_2) + \varphi^i(C_1)$. Mit $\varphi(A_1) \to \varphi^i(C_1)$ und $\varphi(A_2) \to \varphi^a(C_2)$ folgt die Behauptung (3).

Bemerkung. $\varphi^i|\mathfrak{C}$ *ist sogar* σ*-oberadditiv.* Denn ist $C = \sum^{\cdot} C_\nu$ eine $\sigma\mathfrak{C}$-Zerlegung, so gilt $\varphi^i(C) \geq \varphi^i(C_1 + \cdots + C_n) \geq \varphi^i(C_1) + \cdots + \varphi^i(C_n)$, woraus für $n \to \infty$ die Behauptung folgt.

8.7.3. (1) $X \in \mathfrak{A}^v \triangleright \varphi^a(X) = \varphi^i(X)$.

† Der Buchstabe v deutet auf „Vervollständigung".

In der Tat: Ist für jede $\mathfrak{A}$-Einfassung $A_1 < X < A_2$ das $\varphi(A_2) = +\infty$, so wegen der Additivität von φ auch $\varphi(A_1)$, sobald $\varphi(A_2 - A_1)$ endlich ist, also haben wir $\varphi^a(X) = \varphi^i(X) = +\infty$. Gibt es aber Einfassungen mit inhaltsendlichem A_2, so folgt aus $\varphi(A_2 - A_1) < \varepsilon$ die Ungleichung $\varphi(A_1) \leq \varphi^i(X) \leq \varphi^a(X) \leq \varphi(A_2) < \varphi(A_1) + \varepsilon$, und hieraus schließlich $\varphi^i(X) = \varphi^a(X)$.

(2) *Aus* $X \in \mathfrak{C}$ *und* $\varphi^a(X) = \varphi^i(X) < +\infty$ *folgt* $X \in \mathfrak{A}^v$.

In der Tat, gibt es zu $\varepsilon > 0$ nach Voraussetzung A_1, A_2 aus $\mathfrak{A}$ mit $A_1 < X < A_2$ und $\varphi^i(X) - \varepsilon < \varphi(A_1) \leq \varphi(A_2) < \varphi^a(X) + \varepsilon$, so daß $\varphi(A_2 - A_1) < 2\varepsilon$.

8.7.4. Auf $\mathfrak{A}^v$ setzen wir $\varphi^v(X) := \varphi^i(X) = \varphi^a(X)$, $X \in \mathfrak{A}^v$; offenbar ist $\mathfrak{A} \subset \mathfrak{A}^v$ und $\varphi^v(A) = \varphi(A)$ für $A \in \mathfrak{A}$. Es gilt:

$\mathfrak{A}^v$ *ist ein Somenring und* $\varphi^v | \mathfrak{A}^v$ *ein Inhalt.*

Beweis. 1. Seien $B_1, B_2 \in \mathfrak{A}^v$ und $\varepsilon > 0$ vorgegeben. Dann gibt es $\mathfrak{A}$-Einfassungen $A_{i1} < B_i < A_{i2}$ mit $\varphi(A_{i2} - A_{i1}) < \varepsilon$, $i = 1, 2$. Wir erhalten

$$A_{31} := A_{11} A_{21} < B_1 B_2 < A_{12} A_{22} =: A_{32},$$

$$A_{41} := (A_{11} - A_{11} A_{22}) + (A_{21} - A_{21} A_{12}) < B_1 \dot{+} B_2 <$$

$$< (A_{12} \dot{+} A_{22}) - A_{11} A_{21} =: A_{42},$$

wobei sowohl $A_{32} - A_{31}$ als auch $A_{42} - A_{41}$ Teilsomen von $(A_{12} - A_{11}) \dot{+} (A_{22} - A_{21})$ sind, so daß sich $\varphi(A_{i2} - A_{i1}) < 2\varepsilon$ ergibt, $i = 1, 2$. Dies bedeutet $B_1 B_2$ und $B_1 \dot{+} B_2 \in \mathfrak{A}^v$. — 2. Die Additivität folgt unmittelbar aus **8.7.2.** (2), wonach $\varphi^v | \mathfrak{A}^v$ sowohl unter- als auch oberadditiv ist. Alles übrige ist klar.

8.7.5. $\varphi | \mathfrak{A}$ heißt *in* $\mathfrak{B}$ *vollständig*, wenn jedes $(\varphi | \mathfrak{A})$-einschließbare Soma aus $\mathfrak{B}$ zu $\mathfrak{A}$ gehört.

$\varphi' | \mathfrak{A}'$ heißt eine *Erweiterung von* $\varphi | \mathfrak{A}$ *in* $\mathfrak{B}$, wenn 1. $\mathfrak{A} \subset \mathfrak{A}' \subset \mathfrak{B}$ und 2. $\varphi' | \mathfrak{A} = \varphi | \mathfrak{A}$.

Nun gilt:

Sind $\mathfrak{A}, \mathfrak{B}$ *Somenringe mit* $\mathfrak{A} \subset \mathfrak{B}$ *und ist* $\varphi | \mathfrak{A}$ *ein Inhalt, so ist* $\varphi | \mathfrak{A}$ *auf eine und nur eine Weise in* $\mathfrak{B}$ *erweiterbar zu einem vollständigen Inhalt* $\varphi^* | \mathfrak{A}^*$ *kleinsten Definitionsbereiches* $\mathfrak{A}^*$ *(„kleinste vollständige Erweiterung") derart, daß* $\mathfrak{A} \subset \mathfrak{A}^* \subset \mathfrak{B}$ *und für jede vollständige Erweiterung* $\varphi' | \mathfrak{A}'$ *von* $\varphi | \mathfrak{A}$ *in* $\mathfrak{B}$ *gilt:* $\mathfrak{A}^* \subset \mathfrak{A}'$ *und* $\varphi' | \mathfrak{A}^* = \varphi^* | \mathfrak{A}^*$. *Es ist* $\mathfrak{A}^* = \mathfrak{A}^v$ *und* $\varphi^* = \varphi^v$.

Beweis. 1. Wir zeigen zunächst, daß $\varphi^v | \mathfrak{A}^v$ eine in $\mathfrak{B}$ vollständige Erweiterung von $\varphi | \mathfrak{A}$ ist. (Daß es eine Erweiterung ist, steht bereits in **8.7.4.**)

In der Tat: Ist $X_1 < B < X_2$ eine $\mathfrak{A}^v$-Einfassung mit $\varphi^v(X_2 - X_1) < \varepsilon$, so gibt es dazu $\mathfrak{A}$-Einfassungen $A_{j1} < X_j < A_{j2}$ mit $\varphi^v(A_{j2} - A_{j1}) = \varphi(A_{j2} - A_{j1}) < \varepsilon$, $j = 1, 2$. Dann ist $A_{11} < B < A_{22}$ und $\varphi^v(A_{22} - A_{11}) = \varphi^v((A_{22} - X_2) + (X_2 - X_1) + (X_1 - A_{11})) = \varphi^v(A_{22} - X_2) + \varphi^v(X_2 - X_1) + \varphi^v(X_1 - A_{11}) \leqq \varphi(A_{22} - A_{21}) + \varepsilon + \varphi(A_{12} - A_{11}) < 3\,\varepsilon$. Also ist $B \in \mathfrak{A}^v$. — 2. Da nach Konstruktion von $\varphi^v|\mathfrak{A}^v$ jede in $\mathfrak{B}$ vollständige Erweiterung $\varphi'|\mathfrak{A}'$ von $\varphi|\mathfrak{A}$ alle Somen aus $\mathfrak{A}^v$ erfassen muß (ist nämlich B φ-einschließbar, so wegen $\mathfrak{A}' > \mathfrak{A}$ und $\varphi'|\mathfrak{A} = \varphi|\mathfrak{A}$ auch φ'-einschließbar), und zwar mit $\varphi'|\mathfrak{A}^v = \varphi^v|\mathfrak{A}^v$, so ist $\mathfrak{A}' > \mathfrak{A}^v$, womit $\varphi^v|\mathfrak{A}^v$ als die kleinste, in $\mathfrak{B}$ vollständige Erweiterung von $\varphi|\mathfrak{A}$ erkannt ist, w. z. z. w.

Dieses Ergebnis besagt, daß der Erweiterungsprozeß $\varphi|\mathfrak{A} \to \varphi^v|\mathfrak{A}^v$ auf $\varphi^v|\mathfrak{A}^v$ angewandt nichts Neues liefert.

8.8. Maße und ihre Vervollständigung.

8.8.1. Wir betrachten einen σ-Somenring $\mathfrak{A}$, welcher Teilsomenring eines σ-Somenringes $\mathfrak{B}$ ist, wobei wir der Einfachheit halber von $\mathfrak{A}$ die folgende „*Umfassungseigenschaft*" voraussetzen, nämlich *daß jedes Soma aus $\mathfrak{B}$ Teil eines Somas aus $\mathfrak{A}$ ist*[1], und dazu ein Maß $\varphi|\mathfrak{A}$ auf $\mathfrak{A}$. Wie in **8.7.1.** definieren wir für $B \in \mathfrak{B}$

$$\varphi^i(B) := \sup\{\varphi(A) : B > A \in \mathfrak{A}\}, \quad \varphi^a(B) := \inf\{\varphi(A) : B < A \in \mathfrak{A}\},$$

und nennen das erste das *innere*, das zweite das *äußere Maß von B* (bezüglich des Maßes $\varphi|\mathfrak{A}$) †.

(1) $0 \leqq \varphi^i \leqq \varphi^a$; *beide Funktionen sind gleichsinnig monoton.*

(2) $\varphi^i(B) \geqq \sum \varphi^i(B_\nu)$ *für jedes B und jede Folge* $((B_\nu))$ *aus* $\mathfrak{B}$ *mit* $B > \sum^\cdot B_\nu$ *und* $B_\nu B_\mu = 0$ *für* $\nu \neq \mu$.

(3) $\varphi^a(B) \leqq \sum \varphi^a(B_\nu)$ *für jedes B und jede Folge* $((B_\nu))$ *aus* $\mathfrak{B}$ *mit* $B < \sum^\cdot B_\nu$.

(4) *Zu* $B \in \mathfrak{B}$ *gibt es* B_* *und* B^* *aus* $\mathfrak{A}$ *mit* $B_* < B < B^*$ *und* $\varphi(B_*) = \varphi^i(B)$, $\varphi(B^*) = \varphi^a(B)$.

(5) *Für* $A \in \mathfrak{A}$ *und jede Zerlegung* $A = B_1 + B_2$ *mit fremden* B_ν *aus* $\mathfrak{B}$ *gilt* $\varphi(A) = \varphi^i(B_1) + \varphi^a(B_2)$.

Zusatz. $\varphi^a|\mathfrak{B}$ *ist eine Maßfunktion auf* $\mathfrak{B}$; *sie ist mit der Deckmaßfunktion* $\tilde{\varphi}|\mathfrak{B}$ (**8.6.1.**) *identisch.*

---

[1] Sonst nehme man an Stelle von $\mathfrak{B}$ den σ-Somenring $\mathfrak{C} := \{B : B \in \mathfrak{B}$ und $B \ni A : \mathfrak{A} \ni A > B\}$ mit $\mathfrak{A} \subset \mathfrak{C} \subset \mathfrak{B}$, vgl. **8.7.1.**

† Auf Grund unserer Voraussetzung ist die Konkurrenzmenge $\{B < \hat{A} \in \mathfrak{A}\}$ nicht leer. Wenn man diese Voraussetzung fallen läßt, so pflegt man $\varphi^a(B) = +\infty$ zu setzen, falls die genannte Menge leer ist. Diese Definition bewirkt einige kleine Änderungen, auf die wir nicht eingehen.

Beweis. (1) ist klar. — (2) ist bereits durch die Bemerkung in **8.7.2.** bewiesen. — *Zu* (3). Sei $B < \sum^{\cdot} B_\nu$. Ist ein $\varphi^a(B_\nu) = +\infty$, so ist nichts weiter zu beweisen. Anderenfalls ist jedes $\varphi^a(B_\nu)$ endlich und es gibt zu $\varepsilon > 0$ ein A_ν aus $\mathfrak{A}$ mit $B_\nu < A_\nu$ und $\varphi(A_\nu) < \varphi^a(B_\nu) + \frac{\varepsilon}{2^\nu}$, $\nu \in \mathsf{Z}$. Nach (1) ist $\varphi^a(B) \leq \varphi^a(\sum^{\cdot} B_\nu) \leq \varphi(\sum^{\cdot} A_\nu) \leq \sum \varphi(A_\nu) \leq \sum \varphi^a(B_\nu) + \varepsilon$, und $\varepsilon \to 0$ führt zur Behauptung. — *Zu* (4). Definitionsgemäß gibt es eine Folge $((A_\nu))$ aus $\mathfrak{A}$ mit $\lim\limits_\nu \varphi(A_\nu) = \varphi^i(B)$, wobei $A_\nu < B$, so daß auch $\lim\limits_\nu \varphi(A_1 \dotplus \cdots \dotplus A_\nu) = \varphi^i(B)$. Nun ist $B_* := A_1 \dotplus A_2 \dotplus \cdots \in \mathfrak{A}$ und $B_* < B$, also $\varphi^i(B) \geq \varphi(B_*) \geq \varphi(A_1 \dotplus \cdots \dotplus A_\nu)$, woraus für $\nu \to \infty$ die Behauptung folgt. — Analog beweist man die φ^a betreffende Behauptung. — *Zu* (5). Ist $\varphi^i(B_1)$ oder $\varphi^a(B_2)$ unendlich, so ist aus Monotoniegründen auch $\varphi(A)$ unendlich, so daß die behauptete Gleichung besteht. Wenn aber die genannten Größen beide endlich sind, so kann man die nach (4) zu B_1 und B_2 gehörigen Somen B_{1*} und B_2^* ersetzen durch $\underline{A} := B_{1*} \dotplus (A - B_2^* A)$ bzw. $\overline{A} := B_2^*(A - B_{1*})$, für welche ebenfalls $\varphi^i(B_1) = \varphi(\underline{A})$ und $\varphi^a(B_2) = \varphi(\overline{A})$, daneben aber $A = \underline{A} + \overline{A}$ und $\underline{A}\,\overline{A} = 0$ gilt, so daß in $\varphi(A) = \varphi(\underline{A}) + \varphi(\overline{A})$ die Behauptung erscheint. — *Zum Zusatz.* Offensichtlich ist $\varphi^a \geq \tilde{\varphi}$. Andererseits ist für eine $\sigma\mathfrak{A}$-Überdeckung $B < \sum^{\cdot} A_\nu$ ja $\sum^{\cdot} A_\nu \in \mathfrak{A}$, so daß $\sum \varphi(A_\nu) \geq \varphi(\sum^{\cdot} A_\nu) \geq \varphi^a(B)$, also auch $\tilde{\varphi} \geq \varphi^a$ besteht.

8.8.2. *Für eine aufsteigende Somenfolge* $((B_\nu))$ *aus* $\mathfrak{B}$ *gilt*

$$\varphi^a(\textstyle\sum^{\cdot} B_\nu) = \lim \varphi^a(B_\nu),$$

für eine absteigende Somenfolge $((C_\nu))$ *aus* $\mathfrak{B}$

$$\varphi^i(\textstyle\prod^{\cdot} C_\nu) = \lim \varphi^i(C_\nu),$$

soferne die letzte Zahl endlich ist.

Beweis. $\sum^{\cdot} B_\nu =: B$. Zu jedem ν gibt es $B_\nu^* \in \mathfrak{A}$ mit $B_\nu^* > B_\nu$ und $\varphi^a(B_\nu) = \varphi(B_\nu^*)$. Mit $D_\nu := B_\nu^* B_{\nu+1}^* B_{\nu+2}^* \cdots \in \mathfrak{A}$ und wegen $B_\nu < D_\nu < B_\nu^*$ ist $\varphi^a(B_\nu) = \varphi(D_\nu)$. Die Folge $((D_\nu))$ steigt, also gilt nach **8.1.6.** (A) (1) mit $D := D_1 \dotplus D_2 \dotplus \cdots \in \mathfrak{A}$ sodann $\varphi_a(B) \leq \varphi_a(D) = \varphi(D) = \lim\limits_\nu \varphi(D_\nu) = \lim\limits_\nu \varphi^a(B_\nu)$. Die umgekehrte Ungleichung ist klar.

Analog beweist man mittels **8.8.1.** und **8.1.6.** (A) (2) die φ^i betreffende Behauptung.

8.8.3. Ein Soma M aus $\mathfrak{B}$ heißt *eigentlich meßbar* (*bezüglich des Maßes* $\varphi|\mathfrak{A}$), wenn $\varphi^i(M) = \varphi^a(M) < +\infty$; M heißt *meßbar schlechthin* (bezüglich $\varphi|\mathfrak{A}$), kurz *φ-meßbar*, wenn M darstellbar ist als Vereinigung von höchstens abzählbar vielen fremden eigentlich meßbaren Somen. Wir bezeichnen mit $\mathfrak{M}_e$ das System der eigentlich meßbaren Somen, mit $\mathfrak{M}$ das der φ-meßbaren und mit $\mathfrak{N}_{\varphi^a}$ das System der Nullsomen von φ^a (s. **8.3.5.**).

Es ist klar, daß jedes eigentlich meßbare Soma auch schlechthin meßbar ist.

8.8.3.1.

$$\mathfrak{N}_{\varphi^a} = \mathfrak{N}^v : = \{N : N \in \mathfrak{B} \;\&\; (N \ni N' : N' \in \mathfrak{A},\ N' > N,\ \varphi(N') = 0)\}.$$

In der Tat, $\mathfrak{N}^v \subset \mathfrak{N}_{\varphi^a}$ ist klar. Ist andererseits $N \in \mathfrak{N}_{\varphi^a}$, so gibt es zu jedem natürlichen n ein $A_n \in \mathfrak{A}$ mit $N < A_n$ und $\varphi(A_n) < \frac{1}{n}$. Für $N' := \prod^{\cdot} A_n$ ist dann $N < N' \in \mathfrak{A}$ und $\varphi(N') = 0$. Damit ist auch $\mathfrak{N}_{\varphi^a} \subset \mathfrak{N}^v$ gezeigt.

8.8.3.2. *$M \in \mathfrak{M}_e$ gilt dann und nur dann, wenn $M = A \dotplus N$ mit $A \in \mathfrak{A}$, $\varphi(A) < +\infty$ und $N \in \mathfrak{N}_{\varphi^a}$.*

Beweis. Ist M eigentlich meßbar, so gibt es nach **8.8.1.** (4) M_* und M^* aus $\mathfrak{A}$ mit $M_* < M < M^*$ und $\varphi(M_*) = \varphi^i(M) = \varphi^a(M) = \varphi(M^*)$, also $\varphi(M^* - M_*) = 0$, somit $\varphi^a(M - M_*) = 0$ und $M - M_* \in \mathfrak{N}_{\varphi^a}$, $M = M_* + (M - M_*)$ bei endlichem $\varphi(M_*)$. — Ist andererseits $M = A \dotplus N$ mit $A \in \mathfrak{A}$, endlichem $\varphi(A)$ und $N \in \mathfrak{N}_{\varphi^a}$, so hat man $A - AN < M < A + (N - AN)$. Zu N gibt es ein N^* aus $\mathfrak{A}$ mit $N^* > N$ und $\varphi(N^*) = 0$, so daß $A - AN^* < M < A + (N^* - AN^*)$, woraus $\varphi(A) \leqq \varphi^i(M) \leqq \varphi^a(M) \leqq \varphi(A)$, also eigentliche Meßbarkeit hervorgeht.

Bemerkung. Aus $M \in \mathfrak{M}_e$ und $N \in \mathfrak{N}_{\varphi^a}$ folgt $M \dotplus N \in \mathfrak{M}_e$.

8.8.4. *Ist $\varphi | \mathfrak{A}$ ein schwach endliches Maß* (vgl. **8.1.8.**), *so gilt:*

$$\mathfrak{M} = \{(A \dotplus N) : A \in \mathfrak{A} \;\&\; N \in \mathfrak{N}_{\varphi^a}\}, \qquad \varphi^i(M) = \varphi^a(M) \quad \textit{für} \quad M \in \mathfrak{M}.$$

Beweis. 1. Es sei $M = \sum^{\cdot} M_\nu$ mit höchstens abzählbar vielen fremden eigentlich meßbaren M_ν, $\nu \in \mathbf{Z}$. Nach dem Satz von **8.8.3.2.** ist $M_\nu = A_\nu \dotplus N_\nu$ mit $A_\nu \in \mathfrak{A}$ und $N_\nu \in \mathfrak{N}_{\varphi^a}$, so daß $M = (\sum^{\cdot} A_\nu) \dotplus (\sum^{\cdot} N_\nu)$, also M die behauptete Darstellung hat. Ferner ist $\varphi^i(M) \geqq \varphi^i(\sum^{\cdot} A_\nu) \geqq \sum \varphi^i(A_\nu) = \sum \varphi(A_\nu)$, und daneben $\varphi^a(M) \leqq \sum \varphi^a(A_\nu) + \sum \varphi^a(N_\nu) = \sum \varphi(A_\nu)$, so daß $\varphi^i(M) = \varphi^a(M)$. — 2. Ist $A \in \mathfrak{A}$ und $N \in \mathfrak{N}_{\varphi^a}$, so gibt es nach **8.8.3.1.** ein $A_0 \in \mathfrak{A}$ mit $N < A_0$ und $\varphi(A_0) = 0$. Dann haben wir $\varphi(A) = \varphi(A - AA_0) = \varphi^i(A - AA_0) \leqq \varphi^i(A - AN) \leqq \varphi^i(A \dotplus AN) \leqq \varphi^a(A \dotplus AN) \leqq \varphi^a(A \dotplus N) \leqq \varphi^a(A) + \varphi^a(N) = \varphi(A)$. Hieraus folgt $\varphi^i(A \dotplus N) = \varphi^a(A \dotplus N) = \varphi(A)$.

Im Falle $\varphi(A) < +\infty$ ist in der letzten Gleichung bereits die eigentliche Meßbarkeit von $A \dotplus N$ enthalten.

Im Falle $\varphi(A) = +\infty$ aber besteht auf Grund der Schwach-Endlichkeit von φ eine Darstellung $A = \sum^{\cdot} A_\nu$ mit paarweise fremden, maßendlichen $A_\nu \in \mathfrak{A}$, $\nu \in \mathbf{Z}$; alsdann ist $A \dotplus N = (N - NA) + \sum^{\cdot} (A_\nu - NA_\nu)$ als Vereinigung von abzählbar vielen fremden, eigentlich meßbaren Somen φ-meßbar.

Bemerkung. Ist $M = A \dotplus N$ *mit* $A \in \mathfrak{A}$ *und* $N \in \mathfrak{N}_{\varphi^a}$, *so gilt auch* $M = A_1 + N_1$ *mit* $A_1 \in \mathfrak{A}$, $N_1 \in \mathfrak{N}_{\varphi^a}$ *und* $A_1 N_1 = 0$.

In der Tat, zu N gibt es ein $N_0 \in \mathfrak{A}$ mit $N_0 > N$ und $\varphi(N_0) = 0$; alsdann leisten $A_1 = A - A N_0$, $N_1 = N_0 M$ das Gewünschte.

8.8.5. Wir definieren die *Vollständigkeit eines Maßes* $\varphi|\mathfrak{A}$ wie in **8.7.5.** als Vollständigkeit gegenüber $(\varphi|\mathfrak{A})$-Einschließungen.

Ist $\mathfrak{A}$ *ein* σ*-Teilsomenring eines* σ*-Somenringes* $\mathfrak{B}$ *und* $\varphi|\mathfrak{A}$ *ein Maß, so ist für die Vollständigkeit von* $\varphi|\mathfrak{A}$ *in* $\mathfrak{B}$ *folgende Bedingung notwendig und hinreichend: Jedes Teilsoma eines Nullsomas von* $\varphi|\mathfrak{A}$ *gehört* $\mathfrak{A}$ *an, d.h.* $\mathfrak{N}_{\varphi^a} \subset \mathfrak{A}$.

Beweis. 1. Es sei $\varphi|\mathfrak{A}$ vollständig in $\mathfrak{B}$. Ist $\mathfrak{B} \ni M < N$, $N \in \mathfrak{A}$ und $\varphi(N) = 0$, so ist M φ-einschließbar; denn wir haben $0 < M < N$ und $\varphi(N - 0) = 0 < \varepsilon$ für $\varepsilon > 0$; wegen der Vollständigkeit ist dann $M \in \mathfrak{A}$. — 2. Sei umgekehrt die Bedingung des Satzes erfüllt. Wir betrachten ein φ-einschließbares $B \in \mathfrak{B}$. Zu $n \in \mathbf{Z}$ gibt es $A_{jn} \in \mathfrak{A}$ mit $A_{1n} < B < A_{2n}$ und $\varphi(A_{2n} - A_{1n}) < \frac{1}{n}$. Dann ist $\mathfrak{A} \ni A_1 := \sum^{\cdot} A_{1n} < B < \prod^{\cdot} A_{2n} =: A_2 \in \mathfrak{A}$ und wegen $\varphi(A_2 - A_1) \leq \varphi(A_{2n} - A_{1n}) < \frac{1}{n}$ weiter $\varphi(A_2 - A_1) = 0$, so daß $M = B - A_1 < A_2 - A_1$, also $M \in \mathfrak{A}$, und damit auch $B \in \mathfrak{A}$.

8.8.6. Mit der neuen Bezeichnung $\mathfrak{N}^v = \mathfrak{N}_{\varphi^a}$ gilt:

$\tilde{\mathfrak{A}} := \{(A \dotplus N) : A \in \mathfrak{A} \;\&\; N \in \mathfrak{N}^v\}$ *ist ein* σ*-Teilsomenring von* $\mathfrak{B}$; *die auf ihm durch* $\tilde{\varphi}(A \dotplus N) = \varphi(A)$ *erklärte Funktion* $\tilde{\varphi}|\tilde{\mathfrak{A}}$ *ist eine Erweiterung von* $\varphi|\mathfrak{A}$ *zu einem in* $\mathfrak{B}$ *vollständigen Maß.*

Beweis. (a) Um uns zunächst zu vergewissern, daß die Definition von $\tilde{\varphi}$ eindeutig ist, bemerken wir, daß bei $\tilde{A} = A_1 \dotplus N_1 = A_2 \dotplus N_2$ mit $A_j \in \mathfrak{A}$ und $N_j \in \mathfrak{N}^v$, $j = 1, 2$, $A_1 \dotplus A_2 = N_1 \dotplus N_2 < N_1' \dotplus N_2'$, wobei $N_j' \in \mathfrak{A}$ mit $\varphi(N_j') = 0$ und $N_j < N_j'$, $j = 1, 2$, also $\varphi(A_1 \dotplus A_2) = 0$ und somit $\varphi(A_1) = \varphi(A_1 A_2) = \varphi(A_2)$, d.h. $\tilde{\varphi}(\tilde{A})$ eindeutig erklärt ist.

(b) Zu zeigen, daß $\tilde{\mathfrak{A}}$ ein Somenring ist, macht keine Schwierigkeit (Aufgabe!). Die σ-Eigenschaft von $\tilde{\mathfrak{A}}$ ergibt sich aus der Tatsache, daß jedes $\tilde{A} = A_1 \dotplus N_1$ auf die Form $\tilde{A} = A_* \dotplus N_*$ gebracht werden kann mit $A_* \in \mathfrak{A}$, $N_* \in \mathfrak{N}^v$ und $A_* N_* = 0$, nämlich $A_* = A_1 - A_1 N_1'$ und $N_* = N_1'(A_1 \dotplus N_1)$. Hieraus folgt auch die Totaladditivität von $\tilde{\varphi}|\tilde{\mathfrak{A}}$.

Bemerkung. Wir erhalten, wenn wir noch $A^* = A_1 \dotplus N_1'$ einführen:
$\tilde{A} \in \tilde{\mathfrak{A}} \ni A_* \;\&\; A^* :\; A_*, A^* \in \mathfrak{A} \;\&\; A_* < \tilde{A} < A^* \;\&\; \varphi(A_*) = \tilde{\varphi}(\tilde{A}) = \varphi(A^*)$.

(c) Sei nun $\mathfrak{B} \ni M < \tilde{A} \in \tilde{\mathfrak{A}}$ und $\tilde{\varphi}(\tilde{A}) = 0$, d.h. $M \in \mathfrak{N}_{\tilde{\varphi}^a}$. Dann haben wir nach vorausgehender Bemerkung $M < A^*$ und $\varphi(A^*) = 0$, also $M \in \mathfrak{N}^v \subset \tilde{\mathfrak{A}}$, nach **8.8.5.** somit Vollständigkeit von $\tilde{\varphi}$.

Schließlich ist $\tilde{\varphi}|\mathfrak{A} = \varphi|\mathfrak{A}$ klar.

8.8.7. In Verbindung mit den Ergebnissen von **8.7.5.** erhalten wir:

$\tilde{\mathfrak{A}} = \mathfrak{A}^v$ und $\tilde{\tilde{\varphi}} = \varphi^v$, d.h. $\tilde{\varphi}|\tilde{\mathfrak{A}}$ ist die kleinste in $\mathfrak{B}$ vollständige Erweiterung von $\varphi|\mathfrak{A}$ zu einem Maß. $\mathfrak{N}^v$ ist das σ-Ideal aller Nullsomen von φ^v.

In der Tat, offenbar ist $\mathfrak{N}^v \subset \mathfrak{A}^v$, und wegen $\mathfrak{A} \subset \mathfrak{A}^v$ somit $\tilde{\mathfrak{A}} \subset \mathfrak{A}^v$; da aber $\varphi^v|\mathfrak{A}^v$ die kleinste vollständige Erweiterung von $\varphi|\mathfrak{A}$ ist, müssen $\tilde{\varphi}|\tilde{\mathfrak{A}}$ und $\varphi^v|\mathfrak{A}^v$ identisch sein. Ferner folgt $N \in \mathfrak{N}^v \rhd \varphi^v(N) = 0$ aus der Definition von $\tilde{\varphi}$. Umgekehrt haben wir nach **8.8.6.**, Bemerkung in (b), $\varphi^v(N) = 0 \rhd \exists\, N^*: \mathfrak{A} \ni N^* > N \,\&\, \varphi(N^*) = 0 \rhd N \in \mathfrak{N}^v$.

8.8.7.1. *Ist $\varphi|\mathfrak{A}$ schwach endlich, so gilt $\mathfrak{M} = \mathfrak{A}^v$. Ist $\varphi|\mathfrak{A}$ schwach endlich und vollständig, so ist $\mathfrak{M} = \mathfrak{A}$.*

Beweis aus **8.8.7.** und **8.8.4.**

8.8.8. Rückblickend wird man sich fragen, ob die oben angewandte „Nullsomenmethode" zur Vervollständigung eines Maßes nicht auch für Inhalte $\varphi|\mathfrak{A}$ geeignet ist. Wohl liefert hier $\tilde{\mathfrak{A}} = \{(A \dotplus N): A \in \mathfrak{A}$ und $N \in \mathfrak{B}$ mit $\varphi^a(N) = 0\}$ wieder einen Somenring, auf dem $\tilde{\varphi}(A \dotplus N) := \varphi(A)$ einen Inhalt und eine Erweiterung von $\varphi|\mathfrak{A}$ darstellt. Aber $\tilde{\varphi}|\tilde{\mathfrak{A}}$ ist hier nicht notwendig vollständig. *Beispiel:*

$\mathfrak{A}$ sei der Körper aller endlichen Teilmengen der Menge $Z = \{1, 2, \ldots\}$ der natürlichen Zahlen und aller Komplemente von endlichen Teilmengen in Z. Wir setzen für $A \in \mathfrak{A}$

$$\varphi(A) := \sum \left\{ \frac{1}{2^x} : x \in A \right\}.$$

$\varphi|\mathfrak{A}$ ist im Körper $\mathfrak{B}$ aller Teilmengen von Z nicht vollständig. Zum Beispiel ist $B = \{1, 3, 5, \ldots\}$ eingeschlossen in $A_1 = \{1, 3, \ldots, 2n-1\}$ und $A_2 = Z - \{2, 4, \ldots, 2n\}$ mit $\varphi(A_2 - A_1) = 2^{-2n}$, also φ-einschließbar, gehört aber nicht zu $\mathfrak{A}$. Da $\varphi(A) = 0$ nur für $A = 0$, so ergibt sich $\tilde{\varphi} = \varphi$ und $\tilde{\mathfrak{A}} = \mathfrak{A}$, also keine Vervollständigung.

8.8.9. Zusammenhang mit den additiven Zerlegern des äußeren Maßes.

8.8.9.1. *Unter den Voraussetzungen von* **8.8.1.** *über $\mathfrak{A}, \mathfrak{B}, \varphi$ ist jedes Soma aus $\mathfrak{A}$ ein a.Z. des äußeren Maßes $\varphi^a|\mathfrak{B}$; ist überdies $\varphi|\mathfrak{A}$ schwach endlich, so ist jedes φ-meßbare Soma a.Z. von $\varphi^a|\mathfrak{B}$.*

Beweis. 1. Sei $A \in \mathfrak{A}$ und $B \in \mathfrak{B}$ mit $\varphi^a(B) < +\infty$. Nach **8.8.1.** (4) bilden wir die Somen B^*, $U := (A\,B)^*$ und $V := (B - A\,B)^*$ und ersetzen B^* durch $\bar{B} := (A\,U + (V - A\,V))\,B^*$. Dann ist $\bar{B} > B$ und $\varphi^a(B) = \varphi(\bar{B})$, $\varphi^a(A\,B) = \varphi(A\bar{B})$ und $\varphi^a(B - A\,B) = \varphi(\bar{B} - A\bar{B})$, so daß

$$(*) \qquad \varphi^a(B) = \varphi^a(A\,B) + \varphi^a(B - A\,B),$$

d.h. A a.Z. von φ^a ist. — 2. Es sei jetzt $\varphi|\mathfrak{A}$ schwach endlich und M φ-meßbar; nach **8.8.4.** und Bemerkung können wir schreiben $M = A + N$ mit $A \in \mathfrak{A}$, $N \in \mathfrak{N}_{\varphi^a}$ und $AN = 0$. Wie eben gilt Gl. (*). Wir zeigen noch, daß jetzt

$$\varphi^a(AB) = \varphi^a(MB), \quad \varphi^a(B - AB) = \varphi^a(B - MB),$$

womit dann auch für M die Zerlegergleichung bewiesen sein wird. Die behaupteten Gleichungen aber folgen direkt aus

$$MB = AB + NB, \quad B - AB = (B - MB) + NB,$$

aus $\varphi^a(NB) = 0$ und den Maßfunktionseigenschaften von φ^a.

8.8.9.2. *Ist neben den Voraussetzungen über* $\mathfrak{A}$, $\mathfrak{B}$ *und* φ *von* **8.8.1.** $\varphi|\mathfrak{A}$ *schwach endlich, so ist das System* $\mathfrak{Z}$ *der a.Z. des äußeren Maßes* $\varphi^a|\mathfrak{B}$ *identisch mit dem System* $\mathfrak{M}$ *der* φ*-meßbaren Somen.*

Beweis. 1. $\mathfrak{M} \subset \mathfrak{Z}$ ist bereits in **8.8.9.1.** bewiesen. — 2. Fall (a): $Z \in \mathfrak{Z}$ und $\varphi^a(Z)$ endlich. Z^* sei das nach **8.8.1.** (4) in $\mathfrak{A}$ vorhandene Soma mit $\varphi^a(Z) = \varphi(Z^*)$ und $Z < Z^*$. Nun gilt für beliebiges X mit endlichem $\varphi^a(X)$ die Gleichung $\varphi^a(X) = \varphi^a(XZ) + \varphi^a(X - XZ)$; insbesondere für $X = Z^*$ folgt daraus $\varphi(Z^*) = \varphi^a(Z^*) = \varphi(Z^*) + \varphi^a(Z^* - Z)$, also $\varphi^a(Z^* - Z) = 0$. Nach **7.8.1.** (5) haben wir $\varphi(Z^*) = \varphi^i(Z) + \varphi^a(Z^* - Z)$, somit $\varphi^a(Z) = \varphi^i(Z)$, also die eigentliche Meßbarkeit von Z.

Fall (b). $\varphi^a(Z) = +\infty$. Es gibt wegen der Umfassungseigenschaft eine Folge $((A_\nu))$ von fremden, maßendlichen Somen aus $\mathfrak{A}$ mit $Z < \sum^{\cdot} A_\nu$. Da nach **8.3.4.** und **8.8.9.1.** auch $A_\nu Z \in \mathfrak{Z}$, so ergibt Fall (a), daß $A_\nu Z$ eigentlich meßbar ist, $\nu = 1, 2, \ldots$, und daß $Z \in \mathfrak{M}$ auf Grund von $Z = \sum^{\cdot} A_\nu Z$. Damit ist auch $\mathfrak{Z} \subset \mathfrak{M}$ bewiesen.

8.9. Reduzierte Inhalte und Maße.

8.9.1. Der Vervollständigung eines Maßes steht gegenüber die Reduktion eines Maßes.

Es sei $\varphi|\mathfrak{A}$ ein Inhalt, $\mathfrak{N}$ das Ideal aller Nullsomen von φ. Die durch B ($\in \mathfrak{A}$) bestimmte Somenrestklasse modulo $\mathfrak{N}$ sei mit $[B]$ bezeichnet:

$$[B] := \{(B \dotplus N) : N \in \mathfrak{N}\}.$$

Nach **8.7.0.** hat $\varphi(X)$ für alle $X \in [B]$ denselben Wert $\varphi(B)$. Daher ist

$$\varphi_r([B]) := \varphi(B)$$

eine eindeutige Funktion auf dem Restklassensomenring $\mathfrak{A}/\mathfrak{N}$ der Restklassen $[B]$; sie stellt dort einen Inhalt dar (Beweis!).

Ein Inhalt heißt *reduziert,* wenn er nur für das leere Soma verschwindet.

Ist $\varphi|\mathfrak{A}$ ein Inhalt, so definiert $\varphi_r([A]) = \varphi(A)$ auf dem Somenring $\mathfrak{A}/\mathfrak{N}$ der Restklassen $[A]$ des Somenringes $\mathfrak{A}$ nach dem Ideal $\mathfrak{N}$ aller Nullsomen von φ einen reduzierten Inhalt. Analog für Maße.

8.9.1.1. *Ist $m|\mathfrak{B}$ ein endlicher reduzierter Inhalt auf dem Somenring $\mathfrak{B}$, so wird $\mathfrak{B}$ durch die Abstandsdefinition*

$$||B_1, B_2|| := m(B_1 \dot{+} B_2), B_1, B_2 \in \mathfrak{B}$$

(m-Abstand) ein metrischer Raum.

Ist insbesondere $m|\mathfrak{B}$ ein Maß, so ist $\mathfrak{B}$ ein vollständiger Raum.

In der Tat, das Axiom (1_m) gilt wegen der Reduziertheit, und (2_m) folgt so:

$$||B_1, B_2|| + ||B_3, B_2|| = m(B_1 \dot{+} B_2) + m(B_3 \dot{+} B_2) \geq$$
$$\geq m((B_1 \dot{+} B_2) \dot{+} (B_3 \dot{+} B_2)) = m(B_1 \dot{+} B_3) = ||B_1, B_3||.$$

Ist jetzt $m|\mathfrak{B}$ ein Maß und $((B_n))$ eine konzentrierte Folge aus $\mathfrak{B}$, so dürfen wir beim Nachweis der Konvergenz ohne Beschränkung der Allgemeinheit $||B_n, B_{n+p}|| < 2^{-n}$ für $n, p \in \mathsf{Z}$ voraussetzen. Mit $B := \prod^{\cdot} \{(B_n \dot{+} B_{n+1} \dot{+} \cdots) : n \in \mathsf{Z}\}$ gilt alsdann $||B, B_n|| \to 0$ für $n \to \infty$. Wegen $B \dot{+} B_n < \sum^{\cdot} \{(B_{n+p} \dot{+} B_n) : p \in \mathsf{Z}\}$ (Beweis!) ist nämlich $||B, B_n|| < \sum \{2^{-(n+p)} : p \in \mathsf{Z}\} = 2^{-n}$, was zur Behauptung führt.

Der endliche reduzierte Inhalt $m|\mathfrak{B}$ heißt *separabel*, wenn $\mathfrak{B}$ als metrischer Raum mit dem m-Abstand separabel ist (**4.6.7.**).

8.9.2. Schwach endliche, reduzierte Maße auf einem geschlossenen σ-Somenring haben bemerkenswerte Eigenschaften, welche hier noch behandelt werden sollen. Im folgenden bezeichne $\mathfrak{S}$ einen geschlossenen σ-Somenring mit dem Einselement E und $\varrho|\mathfrak{S}$ ein schwach endliches, reduziertes Maß; es gebe also eine Folge $E_1, E_2, \ldots$ von Somen aus $\mathfrak{S}$ mit $\varrho(E_\nu) < +\infty$, $\nu \in \mathsf{Z}$, und $\sum^{\cdot} E_\nu = E$. Ohne Beschränkung der Allgemeinheit seien die E_ν als paarweise fremd vorausgesetzt.

Gibt es auf $\mathfrak{S}$ ein schwach endliches reduziertes Maß $\varrho|\mathfrak{S}$, so auch ein beschränktes Maß $\varrho_1|\mathfrak{S}$.

In der Tat, wir wählen positive $c_1, c_2, \ldots$ derart, daß $\sum c_\nu \varrho(E_\nu) =: k < +\infty$ ausfällt. Dann setzen wir $\varrho_1(X) = \sum c_\nu \varrho(X E_\nu)$. ϱ_1 hat die gewünschten Eigenschaften (Beweis!).

8.9.2.1. *Ist $\varrho|\mathfrak{S}$ ein schwach endliches, reduziertes Maß auf dem geschlossenen σ-Somenring $\mathfrak{S}$, so ist $\mathfrak{S}$ sogar ein vollständiger Somenring.*

Beweis. Wir ersetzen $\varrho|\mathfrak{S}$ durch ein beschränktes reduziertes Maß $\varrho_1|\mathfrak{S}$. Sei nun $\mathfrak{C}$ eine beliebige Teilmenge von $\mathfrak{S}$. Wir setzen

$$s = \sup\{\varrho_1(S) : S = C_1 \dot{+} C_2 \dot{+} \cdots \dot{+} C_n,\ C_\nu \in \mathfrak{C} \text{ für } \nu \in \mathsf{Z},\ n \in \mathsf{Z}\},$$

wählen die Folge $S_1, S_2, \ldots$ so, daß $\varrho_1(S_\lambda) \to s$, und bilden $T = \sum^{\cdot} S_\lambda$. Dann ist, wie leicht zu bestätigen, $\varrho_1(T) = s$. Weiter gelten für T die folgenden Eigenschaften, welche es mit $\mathfrak{G}$-sup $\mathfrak{C}$ identifizieren:

(1) $(A \in \mathfrak{G}$ und $A > C$ für alle $C \in \mathfrak{C}) \triangleright (A > S_\lambda$ für $\lambda \in \mathbf{Z}) \triangleright A > T$.

(2) $C < T$ für alle $C \in \mathfrak{C}$. Denn wäre für ein $C \in \mathfrak{C}$ nicht $C < T$, so wäre $0 \neq D := C - CT < C - CS_\lambda$ und $s \geq \varrho_1(S_\lambda + C) = \varrho_1(S_\lambda) + \varrho_1(C - CS_\lambda) \geq \varrho_1(S_\lambda) + \varrho_1(D)$, $\lambda = 1, 2, \ldots$, woraus für $\lambda \to \infty$ der Widerspruch $s \geq s + \varrho_1(D) > s$ folgte.

Also existiert $\mathfrak{G}$-sup $\mathfrak{C}$; dasselbe gilt für $\mathfrak{G}$-inf $\mathfrak{C}$, wie sich durch Übergang zu den Komplementen ergibt.

Bemerkung. Die Vollständigkeit von $\mathfrak{G}$ kommt also dadurch zustande, daß $\mathfrak{G}$-sup $\mathfrak{C} = \mathfrak{G}$-sup $\mathfrak{C}'$, wo $\mathfrak{C}'$ (nämlich die Menge aller an der Bildung aller S_ν beteiligten C_ν) eine abzählbare Teilmenge von $\mathfrak{C}$ ist. Analoges gilt für das Infimum.

8.9.2.2. *Ist $\varrho | \mathfrak{G}$ ein reduziertes schwach endliches Maß auf dem geschlossenen σ-Somenring $\mathfrak{G}$, so ist jede Teilmenge $\mathfrak{C}$ von $\mathfrak{G}$ paarweise fremder nicht leerer Somen C abzählbar.*

Beweis. Jedem C aus $\mathfrak{C}$ ordnen wir zu den ersten Index $n = n_C$ mit $E_n C \neq 0$. Wir erhalten damit die Zerlegung $\mathfrak{C} = \mathfrak{C}_1 + \mathfrak{C}_2 + \cdots + \mathfrak{C}_\nu + \cdots$ mit $\mathfrak{C}_\nu := \{C : C \in \mathfrak{C}$ und $n_C = \nu\}$. Aber jede der Mengen $\mathfrak{C}_\nu$ ist abzählbar. Anderenfalls gäbe es nämlich (vgl. **1.5.10.**) eine positive Zahl p und dazu unendlich viele verschiedene $C_1, C_2, \ldots, C_k, \ldots$ aus $\mathfrak{C}_\nu$ mit $\varrho(E_\nu C_k) > p$, so daß sich der Widerspruch $+\infty = \sum_k \varrho(E_\nu C_k) \leq \varrho(E_\nu) < +\infty$ einstellte. Nach **1.5.6.** ist dann auch $\mathfrak{C}$ selbst abzählbar.

8.9.3. *Der geschlossene σ-Somenring $\mathfrak{G}$ sei Träger eines reduzierten schwach endlichen Maßes.* 1. *Hat $\mathfrak{G}$ die Eigenschaft, daß jedes nicht leere Soma X von $\mathfrak{G}$ ein unteilbares Soma U umfaßt ($U < X$), so ist $\mathfrak{G}$ isomorph dem σ-Körper aller Teilmengen einer festen abzählbaren Menge M.* — 2. *Hat $\mathfrak{G}$ die Eigenschaft, daß es ein nicht leeres Soma A aus $\mathfrak{G}$ gibt, welches kein unteilbares Soma umfaßt, dann ist $\mathfrak{G}$ mit keinem σ-Mengenkörper isomorph.*

Beweis. 1. Es sei $\mathfrak{U}$ die nach **8.9.2.2.** abzählbare Menge aller unteilbaren Somen U aus $\mathfrak{G}$, und $\mathfrak{u}$ das System aller Teilmengen a von $\mathfrak{U}$. $A = \Omega(a) := \mathfrak{G}$-sup $\{U : U \in a\}$, $a \in \mathfrak{u}$, definiert wegen **8.9.1.** eine eindeutige Abbildung von $\mathfrak{u}$ in $\mathfrak{G}$; ihre Umkehrung ist $a = \omega(A) := \{U : \mathfrak{U} \ni U < A\}$, $A \in \mathfrak{G}$. In der Tat, $\mathfrak{G}$-sup $\omega(A) < A$; wäre dabei $A - \mathfrak{G}$-sup $\omega(A)$ nicht leer, so umfaßte es nach Voraussetzung ein $U' \in \omega(A)$, was offenbar ein Widerspruch ist. Also ist $\mathfrak{G}$-sup $\omega(A) = A$, d.h. $\Omega(\omega(A)) = A$ für $A \in \mathfrak{G}$. Andererseits haben wir $\mathfrak{U} \ni U' < \Omega(a) \triangleright U' \in a$. Denn es ist $U'U = 0$ oder $U = U'$ für alle $U \in a$; wäre dabei jedoch durchweg das erste der Fall, so hätte man den Widerspruch $U'\Omega(a)=0$. Also ist $\omega(\Omega(a))\subset a$. Hier steht aber das Gleichheitszeichen, weil $\omega(\Omega(a))\supset a$ evident ist. Somit liegt eine eineindeutige Abbildung von $\mathfrak{u}$ auf $\mathfrak{G}$ vor, welche sich nun leicht als ein Isomorphismus erweist.

2. Sei A ein nicht leeres Soma aus $\mathfrak{G}$, welches kein unteilbares Soma enthält. Angenommen, es gibt einen zu $\mathfrak{G}$ isomorphen σ-Körper $\mathfrak{K}$ von gewissen Teilmengen $\overline{X}$ einer festen Menge $\overline{E}$: $\mathfrak{G} \ni X \leftrightarrow \overline{X} \in \mathfrak{K}$. Dann ist wegen der Bemerkung in **8.9.2.1.** auch $\mathfrak{K}$ vollständig, so daß insbesondere der Durchschnitt der Mengen einer beliebigen Teilmenge von $\mathfrak{K}$ wieder zu $\mathfrak{K}$ gehört. A entspricht die nicht leere Menge $\overline{A}\in\mathfrak{K}$. Wir wählen ein Element α von $\overline{A}$ und bilden $\overline{P}=\prod\,'\{\overline{X}:\alpha\in\overline{X}\in\mathfrak{K}\}$. Es ist $0\neq\overline{P}\in\mathfrak{K}$ und das dem $\overline{P}$ entsprechende Soma P in $\mathfrak{G}$ ist offenbar unteilbar und $<A$ (Widerspruch!). Damit ist alles bewiesen.

8.9.4.1. Wir betrachten in dem geschlossenen σ-Somenring $\mathfrak{B}$ eine endliche σ-additive Funktion $f|\mathfrak{B}$ und ein reduziertes endliches Maß $m|\mathfrak{B}$. Wir setzen $\mathfrak{B}_0 := \mathfrak{B} - \{0\}$ und $\gamma(B):=\frac{f(B)}{m(B)}$, $B\in\mathfrak{B}_0$, weiter für $A\in\mathfrak{B}_0$

$$\gamma^i(A) := \inf\{\gamma(B):\mathfrak{B}_0\ni B<A\},$$
$$\gamma^s(A) := \sup\{\gamma(B):\mathfrak{B}_0\ni B<A\}.$$

$\gamma|\mathfrak{B}_0$ heißt die *Mittelableitung von f nach m*; das auf $\mathfrak{B}_0$ erklärte Funktionenpaar (γ^i,γ^s) die *Ortsableitung von f nach m*.

Die Funktionen der Ortsableitung (γ^i, γ^s) einer σ-additiven, endlichen Somenfunktion $f|\mathfrak{B}$ auf einem σ-Somenring nach einem reduzierten endlichen Maß $m|\mathfrak{B}$ erfüllen die Beziehungen:

(1) $\qquad\qquad \gamma^i \leq \gamma^s, \quad \gamma^{ii}=\gamma^i, \quad \gamma^{ss}=\gamma^s,$

(2) $\qquad\qquad \gamma^{si}=\gamma^i, \quad \gamma^{is}=\gamma^s.$

Beweis. Die Eigenschaften (1) gelten für jede beliebige reelle Somenfunktion $\gamma|\mathfrak{B}_0$ und folgen unmittelbar aus der Definition (Aufgabe!). Die Gln. (2) verlangen eine eingehende Begründung.

1. Für natürliches p und $\nu=0, \pm 1, \pm 2, \ldots$ setzen wir $\varrho_\nu := \nu/p$, $f_\nu(X):=f(X)+\varrho_\nu m(X)$, $X\in\mathfrak{B}$. $f_\nu|\mathfrak{B}$ ist offensichtlich σ-additiv und besitzt nach **8.4.7.**, Beweisteil 3., eine Zerlegung des größten Somas E, $E=E_\nu \dotplus E'_\nu$, $E_\nu E'_\nu=0$, mit $f_\nu(X)\geq 0$ für $X<E_\nu$ und $f_\nu(Y)\leq 0$ für $Y<E'_\nu$.

2. Wir können diese Zerlegungen so einrichten, daß allgemein $E_{\nu-1}<E_\nu$. In der Tat, wenn $Z<E_{\nu-1}-E_{\nu-1}E_\nu$, so ist $f_{\nu-1}(Z)\geq 0$, und wegen $f_\nu\geq f_{\nu-1}$, auch $f_\nu(Z)\geq 0$. Anderseits ist $f_\nu(Z)\leq 0$, also

auch $f_{\nu-1}(Z) \leq 0$. Damit haben wir $f_{\nu-1}(Z) = f_\nu(Z) = 0$. Dies führt uns zu folgenden Möglichkeiten, das Somenpaar $E_{\nu-1}, E_\nu$ zu ersetzen: Durch

$$\text{(r)} \qquad E_{\nu-1}, \quad E_\nu \dotplus (E_{\nu-1} - E_{\nu-1}E_\nu) = E_{\nu-1} \dotplus E_\nu,$$

oder durch

$$\text{(l)} \qquad E_{\nu-1} - (E_{\nu-1} - E_{\nu-1}E_\nu) = E_{\nu-1}E_\nu, \quad E_\nu.$$

Von der ursprünglichen Folge $\ldots, E_{-1}, E_0, E_1, \ldots$ gehen wir über zur nicht fallenden Folge $\ldots, E_{-1}^*, E_0^*, E_1^*, \ldots$, indem wir setzen $E_0^* = E_0$, und im übrigen nach rechts hin schrittweise mittels der Abänderung (r) die E_ν^*, $\nu > 0$, und nach links hin gemäß (l) die E_ν^*, $\nu < 0$, bilden.

3. Es sei also nach 2. allgemein $E_{\nu-1} < E_\nu$, $\nu = 0, \pm 1, \ldots$. Dann haben wir $E = \prod\limits_\nu{}^{\cdot} E_\nu \dotplus \sum\limits_\nu{}^{\cdot} (E_\nu - E_{\nu-1}) \dotplus \prod\limits_\nu{}^{\cdot} E_\nu'$. Für $P := \prod\limits_\nu{}^{\cdot} E_\nu$ gilt $f(P) + \varrho_\nu m(P) \geq 0$. Wegen der Endlichkeit von $f(P)$ folgt mit $\nu \to -\infty$ aus $m(P) \leq -f(P)/\varrho_\nu$ dann $m(P) = 0$, also $P = 0$. Analog zeigt man $\prod\limits_\nu{}^{\cdot} E_\nu' = 0$, so daß

$$E = \sum_\nu{}^{\cdot} (E_\nu - E_{\nu-1})$$

bleibt.

4. Für $0 \neq Y < E_\nu - E_{\nu-1}$ haben wir $-\varrho_\nu m(Y) \leq f(Y) \leq -\varrho_{\nu-1} m(Y)$, oder $-\varrho_\nu \leq \gamma(Y) \leq -\varrho_{\nu-1}$, also auch $-\varrho_\nu \leq \gamma^s(Y) \leq -\varrho_{\nu-1}$, somit wegen $\varrho_\nu - \varrho_{\nu-1} = 1/p$

$$0 \leq \gamma^s(Y) - \gamma(Y) \leq 1/p.$$

5. Sei nun $X \in \mathfrak{B}_0$. Dann haben wir mit $X_\nu := X(E_\nu - E_{\nu-1})$ die Gleichung $X = \sum\limits_\nu{}^{\cdot} X_\nu$ und für $0 \neq U < X$ auf Grund der σ-Additivität weiter $m(U)\gamma(U) = f(U) = \sum\limits_\nu f(UX_\nu) = \sum\limits_\nu{}' \frac{f(UX_\nu)}{m(UX_\nu)} m(UX_\nu)$, wobei der Strich am Summenzeichen bei der Summation jene ν ausschließt, für die $UX_\nu = 0$. Wir erhalten

$$\gamma(U) = \sum_\nu{}' \gamma(UX_\nu)\mu_\nu \quad \text{mit} \quad \mu_\nu := m(UX_\nu)/m(U);$$

$\gamma(U)$ ist also ein Mittelwert der Werte $\gamma(UX_\nu)$ mit $UX_\nu \neq 0$ und den Gewichten μ_ν, wobei $\sum\limits_\nu{}' \mu_\nu = 1$ wegen der σ-Additivität von m. Nun ist für $UX_\nu \neq 0$ $\gamma^{si}(X) \leq \gamma^s(UX_\nu) \leq \gamma(UX_\nu) + 1/p$. Multiplizieren wir dies mit μ_ν und addieren, so folgt $\gamma^{si}(X) \leq \sum\limits_\nu{}' (\gamma(UX_\nu) + 1/p)\mu_\nu = \gamma(U) + 1/p$, also $\gamma^i(X) \leq \gamma^{si}(X) \leq \inf\{\gamma(U) + 1/p : 0 \neq U < X\} = \gamma^i(X) + 1/p$, und hieraus mit $p \to +\infty$ schließlich $\gamma^i = \gamma^{si}$. Analog beweist man die zweite Gleichung von (2).

8.9.4.2. Für die Mittelableitung γ von f nach m gilt wegen der Additivität von f und wegen $\gamma m = f$ nach **8.5.10.**

$$(1) \qquad \mathsf{S}_A \gamma m = f(A) \quad \text{für} \quad A \in \mathfrak{B}_0 .$$

Um auch Gleichungen der Form

$$(2) \qquad \mathsf{S}_A \gamma^i m = f(A) = \mathsf{S}_A \gamma^s m$$

zu erhalten, stellen wir an f eine gewisse Stetigkeitsforderung: $f|\mathfrak{B}$ heißt *ableitungsstetig bezüglich* $m|\mathfrak{B}$, wenn es zu jedem $\varepsilon > 0$ eine endliche Zerlegung des größten Somas E von $\mathfrak{B}$ gibt,

$$(3.1) \qquad E = E_1 \dotplus \cdots \dotplus E_n, \quad E_i \neq 0, \quad E_i E_j = 0 \quad \text{für} \quad i \neq j,$$

so daß

$$(3.2) \quad |\gamma(A) - \gamma(E_i)| < \varepsilon \quad \text{für} \quad 0 \neq A < E_i \quad \text{und ein} \quad i \in \{1, \ldots, n\}.$$

Nun gilt:

Ist $f|\mathfrak{B}$ endlich, σ-additiv auf dem geschlossenen σ-Somenring $\mathfrak{B}$, $m|\mathfrak{B}$ ein endliches reduziertes Maß und $f|\mathfrak{B}$ ableitungsstetig bezüglich $m|\mathfrak{B}$, so sind die Funktionen γ^i, γ^s der Ortsableitung von f nach m totalisierbar auf $A \in \mathfrak{B}_0 = \mathfrak{B} - \{0\}$ (mit $\sqsupset$ für $\gg$), und es gilt (2).

Beweis. Sei zu vorgegebenem $\varepsilon > 0$ (3.1) und (3.2) erfüllt. Ist dann $A = A_1 + \cdots + A_k$ irgendeine endliche $\mathfrak{B}$-Zerlegung von $A \in \mathfrak{B}_0$, welche feiner ist als die von (3.1) in A erzeugte Zerlegung, so folgt aus (3.2) $|\gamma(X) - \gamma(A_\varkappa)| < 2\varepsilon$ für $X < A_\varkappa < E_i$, also auch $|\gamma^i(A_\varkappa) - \gamma(A_\varkappa)| \leqq 2\varepsilon$ für $\varkappa = 1, \ldots, k$. Multiplikation mit $m(A_\varkappa)$ und Addition ergibt

$$\left| \sum_\varkappa \gamma^i(A_\varkappa)\, m(A_\varkappa) - f(A) \right| \leqq 2\varepsilon \sum_\varkappa m(A_\varkappa) = 2\varepsilon\, m(A),$$

woraus die erste Gleichung von (2) folgt; genau so beweist man die zweite.

8.10. Erweiterung eines Inhalts zu einem Maß.

8.10.1. Um einen Inhalt $\varphi|\mathfrak{A}$ zu einem Maß erweitern zu können, müssen wir vor allem voraussetzen, daß $\mathfrak{A}$ *Teilsomenring eines σ-Somenringes* $\mathfrak{B}$ ist, in welchen hinein die Erweiterung geschehen soll; wir wollen aber auch noch verlangen, daß *jedes B aus $\mathfrak{B}$ Teil eines A aus $\mathfrak{A}$* ist. Diese Forderung ist hier von wesentlicher Art, im Gegensatz zur Situation in **8.8.1.**, wo wir zwischen $\mathfrak{A}$ und $\mathfrak{B}$ den Somenring $\mathfrak{C}$ einschieben konnten; es braucht nämlich zu einem Teilsomenring $\mathfrak{A}$ eines σ-Somenringes $\mathfrak{B}$ nicht notwendig einen Zwischen-σ-Somenring $\mathfrak{C}$ zu geben, dessen sämtliche Somen Teile von Somen von $\mathfrak{A}$ sind (Beispiel: $\mathfrak{A}$ der Körper aller beschränkten Teilmengen des E^1, $\mathfrak{B}$ der Körper aller Teilmengen von E^1). Bei unseren Voraussetzungen sind der innere und äußere Inhalt φ^i und φ^a für alle Somen aus $\mathfrak{B}$ definiert.

Zwei Methoden kommen für eine Erweiterung in Frage: Die Einverleibung von Somen in den neuen umfassenderen Definitionsbereich kann geschehen

1. durch *einseitige* Approximation von innen bzw. von außen her, oder
2. durch *allgemeine* Approximation

mittels Somen aus dem alten Definitionsbereich. Während die letzte Methode in einem Schritt geschieht, vollzieht sich die erste Methode in mehreren Schritten, Approximationen von innen *und* solchen von außen her.

Wir behandeln zunächst die erste Methode.

8.10.2. Zu $\mathfrak{A}$ bilden wir die Menge $\mathfrak{A}_\sigma$ aller „$\mathfrak{A}$-offenen" Somen, d.h. Somen aus $\mathfrak{B}$, welche als Vereinigung von abzählbar vielen Somen aus $\mathfrak{A}$, und die Menge $\mathfrak{A}_\delta$ aller „$\mathfrak{A}$-abgeschlossenen" Somen, d.h. Somen aus $\mathfrak{B}$, welche als Durchschnitt von abzählbar vielen Somen aus $\mathfrak{A}$ darstellbar sind. Es gilt:

(1) $G_\nu \in \mathfrak{A}_\sigma$ für $\nu \in \mathbf{Z} \triangleright \sum^{\cdot} G_\nu \in \mathfrak{A}_\sigma$ & $G_1 \cdots G_n \in \mathfrak{A}_\sigma$ für $n \in \mathbf{Z}$;

(2) $F_\nu \in \mathfrak{A}_\delta$ für $\nu \in \mathbf{Z} \triangleright \prod^{\cdot} F_\nu \in \mathfrak{A}_\delta$ & $F_1 \dot{+} \cdots \dot{+} F_n \in \mathfrak{A}_\delta$ für $n \in \mathbf{Z}$.

(3) Jedes $G \in \mathfrak{A}_\sigma$ ist darstellbar als Summe von abzählbar vielen paarweise fremden Somen aus $\mathfrak{A}$.

(4) Es sei $G \in \mathfrak{A}_\sigma$ und $F \in \mathfrak{A}_\delta$; dann gilt:

(a) $F < G \triangleright G - F \in \mathfrak{A}_\sigma$; (b) $G < F \triangleright F - G \in \mathfrak{A}_\delta$.

Beweis. (1) bis (3) als Aufgabe. *Zu* (4). Es sei $G = \sum^{\cdot}_{\nu} A_\nu$, $F = \prod^{\cdot}_{\mu} A'_\mu$. Dann ist im Falle (a) $G - F = \sum^{\cdot}_{\mu} (G - G A'_\mu) = \sum^{\cdot}_{\mu} \big(\sum^{\cdot}_{\nu} (A_\nu - A_\nu A'_\mu)\big) \in \mathfrak{A}_\sigma$. Für (b) führt eine ähnliche Formel zum Ziel.

8.10.3. Neben den Voraussetzungen von **8.8.1.** über $\mathfrak{A}$ und $\mathfrak{B}$ sei nun $\varphi|\mathfrak{A}$ ein *endlicher, σ-additiver Inhalt.* Auf Grund dieser Voraussetzungen sind dann φ^a und φ^i auf $\mathfrak{B}$ definiert und endlich. Es gilt, wenn $\mathfrak{A}_\sigma$ bzw. $\mathfrak{A}_\delta$ das System der Vereinigungen bzw. Durchschnitte von je abzählbar vielen Somen aus $\mathfrak{A}$ bezeichnet:

$$G = \sum^{\cdot} A_\nu \in \mathfrak{A}_\sigma,\ A_\nu \ \textit{disjunkt} \ \triangleright \varphi^i(G) = \sum \varphi(A_\nu).$$

In der Tat, $\varphi^i(G) = \sup\{\varphi(A) : \mathfrak{A} \ni A < G\} \geq \varphi(A_1 + \cdots + A_n) = \varphi(A_1) + \cdots + \varphi(A_n)$, woraus für $n \to \infty$ folgt $\varphi^i(G) \geq \sum \varphi(A_\nu)$. Für $\mathfrak{A} \ni A < G$ haben wir andererseits $A = \sum A_\nu A$, also wegen der σ-Additivität $\varphi(A) = \sum \varphi(A_\nu A) \leq \sum \varphi(A_\nu)$, woraus $\varphi^i(G) \leq \sum \varphi(A_\nu)$ folgt. Beide Ungleichungen ergeben die Behauptung.

Bemerkung. Man zeigt leicht, daß

$$A \in \mathfrak{A} \quad \text{und} \quad A = G \dotplus F \quad \text{mit} \quad GF = 0 \triangleright (G \in \mathfrak{A}_\sigma \bowtie F \in \mathfrak{A}_\delta).$$

8.10.3.0. Obige Aussage können wir noch anders formulieren:

$$(A_\nu \in \mathfrak{A},\ A_1 < A_2 < \cdots) \triangleright \varphi^i(A_1 \dotplus A_2 \dotplus \cdots) = \lim_\nu \varphi(A_\nu).$$

Zum Beweis schreibe man $A_1 \dotplus A_2 \dotplus A_3 \dotplus \cdots = A_1 + (A_2 - A_1) + (A_3 - A_2) + \cdots$ und $A_n = A_1 + (A_2 - A_1) + \cdots + (A_n - A_{n-1})$.

8.10.3.1. *Sind* $G_\nu \in \mathfrak{A}_\sigma$, $\nu \in \mathsf{Z}$, *paarweise fremd, so folgt* $\varphi^i\left(\sum_\nu{}^{\boldsymbol{\cdot}} G_\nu\right) = \sum_\nu \varphi^i(G_\nu)$.

In der Tat, wenn $G_\nu = \sum_\mu{}^{\boldsymbol{\cdot}} A_{\nu\mu}$, so ist $\sum_\nu{}^{\boldsymbol{\cdot}} G_\nu = \sum_{\nu\mu}{}^{\boldsymbol{\cdot}} A_{\nu\mu}$. Anwendung von **8.10.3.** ergibt die Behauptung.

8.10.3.1.1. $G_\nu \in \mathfrak{A}_\sigma$ für $\nu = 1, 2, \ldots \triangleright \varphi_i\left(\sum_\nu{}^{\boldsymbol{\cdot}} G_\nu\right) \leqq \sum_\nu \varphi^i(G_\nu)$.

In der Tat, ist $G_\nu = \sum_\mu{}^{\boldsymbol{\cdot}} A_{\nu\mu}$ eine disjunkte Darstellung von G_ν, $\nu \in \mathsf{Z}$, so gibt es auch eine solche für $\sum_\nu{}^{\boldsymbol{\cdot}} G_\nu$ in der Form $\sum_{\nu\mu}{}^{\boldsymbol{\cdot}} A'_{\nu\mu}$ mit $A'_{\nu\mu} < A_{\nu\mu}$. Daraus folgt mit **8.10.3.1.** und der Monotonie die Behauptung.

8.10.3.2. $(G_1 \,\&\, G_2) \in \mathfrak{A}_\sigma \triangleright \varphi^i(G_1 \dotplus G_2) = \varphi^i(G_1) + \varphi^i(G_2) - \varphi^i(G_1 G_2)$.

Beweis. Ist $G_j = \sum_\nu{}^{\boldsymbol{\cdot}} A_{j\nu}$, so setzen wir $S_{jn} = A_{j1} + \cdots + A_{jn}$, $j = 1, 2$. Nach **8.1.3.** ist $\varphi(S_{1n} \dotplus S_{2n}) = \varphi(S_{1n}) + \varphi(S_{2n}) - \varphi(S_{1n} S_{2n})$, woraus für $n \to \infty$ mittels **8.10.3.0.** die Behauptung folgt.

8.10.4. *Sind* $F_j \in \mathfrak{A}_\delta$, $j = 1, \ldots, p$ *paarweise fremd, so folgt* $\varphi^a\left(\sum{}^{\boldsymbol{\cdot}} F_j\right) = \sum \varphi^a(F_j)$.

Zum Beweis genügt es wegen Induktionsmöglichkeit, den Fall $p = 2$ zu betrachten. Wir nehmen ein $A \in \mathfrak{A}$ mit $F_1 \dotplus F_2 < A$. Dann gilt nach **8.7.2.** (3) $\varphi^a(F_1 + F_2) = \varphi(A) - \varphi^i(A - (F_1 + F_2)) = \varphi(A) - \varphi^i(G_1 G_2)$, wobei $G_j = A - F_j$, $j = 1, 2$; wegen $\varphi^i(G_1 G_2) = -\varphi^i(G_1 \dotplus G_2) + \varphi^i(G_1) + \varphi^i(G_2)$ gemäß **8.10.3.2.** und $G_1 \dotplus G_2 = A$ folgt $\varphi^a(F_1 \dotplus F_2) = 2\varphi(A) - (\varphi(A) - \varphi^a(F_1)) - (\varphi(A) - \varphi^a(F_2))$, also $\varphi^a(F_1 + F_2) = \varphi^a(F_1) + \varphi^a(F_2)$.

8.10.4.1. $\mathfrak{A}_\sigma \ni G > F \in \mathfrak{A}_\delta \triangleright \varphi^i(G - F) = \varphi^i(G) - \varphi^a(F) \,\&\, \varphi^i(G) \geqq \varphi^a(F)$.

In der Tat, ist $A > G - F$, so folgt [gemäß **8.7.2.** (3) und **8.10.4.**] $\varphi(A) - \varphi^a((A - G) + F) = \varphi(A) - (\varphi^a(A - G) + \varphi^a(F)) = \varphi^i(G) - \varphi^a(F)$.

8.10.5. Wir werden unter den in **8.10.1.** und **8.10.3.** über $\varphi|\mathfrak{A}$ und $\mathfrak{B}$ gemachten Voraussetzungen zeigen, daß sich $\varphi|\mathfrak{A}$ erweitern läßt zu einem Maß $\Phi|\mathfrak{M}$, wobei $\mathfrak{A} < \mathfrak{M} < \mathfrak{B}$ und $\varphi|\mathfrak{A} = \Phi|\mathfrak{A}$; genauer gesagt: Wir werden $\Phi|\mathfrak{M}$ so konstruieren, daß es die kleinste vollständige Erweiterung von $\varphi|\mathfrak{A}$ zu einem Maß darstellt (**8.10.5.** bis **8.10.8.1.**).

Zu diesem Zweck nehmen wir die Ergebnisse von **8.10.3.** auf. Es ist

$$\mathfrak{A} < \begin{matrix}\mathfrak{A}_\sigma \\ \mathfrak{A}_\delta\end{matrix} < \mathfrak{A}_\sigma \dot{+} \mathfrak{A}_\delta .$$

Auf $\mathfrak{A}_\sigma \dot{+} \mathfrak{A}_\delta$ definieren wir eine neue Funktion $\Phi(X)$:

$$\Phi(G) := \varphi^i(G) \quad \text{für} \quad G \in \mathfrak{A}_\sigma, \quad \Phi(F) := \varphi^a(F) \quad \text{für} \quad F \in \mathfrak{A}_\delta .$$

Wir fügen sofort hinzu: *Diese Definition ist auf* $\mathfrak{A}_\sigma \mathfrak{A}_\delta$ *eindeutig*. Denn ist $B \in \mathfrak{A}_\sigma \mathfrak{A}_\delta$, so haben wir $A_{n,0} < A_{n+1,0} < B < A_{n+1,1} < A_{n,1}$ mit $\sum\limits_n^{\cdot} A_{n,0} = B = \prod\limits_n^{\cdot} A_{n,1}$, $\lim\limits_n \varphi(A_{n,0}) = \varphi^i(B)$ und $\lim\limits_n \varphi(A_{n,1}) = \varphi^a(B)$. Es ist $\prod\limits_n^{\cdot}(A_{n,1} - A_{n,0}) = \prod\limits_n^{\cdot} A_{n,1}(A_{1,1} - A_{n,0}) = B(A_{1,1} - B) = 0$, so daß nach **8.1.6.2.** $\varphi(A_{n,1} - A_{n,0}) \to 0$. Das führt zu $\varphi^i(B) = \varphi^a(B)$, w. z. z. w.

8.10.6. Weiter definieren wir für $X \in \mathfrak{B}$:

$$\Phi^0(X) := \inf\{\Phi(G) : \mathfrak{A}_\sigma \ni G > X\}, \qquad \Phi_0(X) := \sup\{\Phi(F) : \mathfrak{A}_\delta \ni F < X\}.$$

Es ist

(1) $\quad 0 \leq \varphi^i(X) \leq \Phi_0(X) \leq \Phi^0(X) \leq \varphi^a(X) < +\infty$ für $X \in \mathfrak{B}$;

(2) $\quad \Phi^0(X) = \Phi(X) = \Phi_0(X)$ für $X \in \mathfrak{A}_\sigma \dot{+} \mathfrak{A}_\delta$;

(3) $\quad \Phi_0(X)$ *und* $\Phi^0(X)$ *sind gleichsinnig monoton*;

(4) $\quad A = X_1 + X_2 \in \mathfrak{A} \rhd \Phi_0(X_1) + \Phi^0(X_2) = \Phi(A)$;

(5) $\quad \Phi_0(X_1 + X_2) + \Phi_0(X_1 X_2) \geq \Phi_0(X_1) + \Phi_0(X_2)$;
$\quad \Phi^0(X_1 + X_2) + \Phi^0(X_1 X_2) \leq \Phi^0(X_1) + \Phi^0(X_2)$;

(6) $\quad \Phi_0(\sum^{\cdot} X_j) \geq \sum \Phi_0(X_j)$ mit fremden X_j; $\Phi^0(\sum^{\cdot} X_j) \leq \sum \Phi^0(X_j)$.

Beweis. Da $\mathfrak{A}_\delta > \mathfrak{A}$ und $\mathfrak{A}_\sigma > \mathfrak{A}$, so ist $\Phi_0 \geq \varphi^i$ und $\Phi^0 \leq \varphi^a$. Im übrigen werden (1) bis (4) ähnlich bewiesen wie die entsprechenden Behauptungen von **8.7.2.** *Zu* (5). Um etwa die zweite Ungleichung zu beweisen, sei $\varepsilon > 0$ vorgegeben. Es gibt ein $G_i \in \mathfrak{A}_\sigma$ mit $X_i < G_i$ und $\Phi^0(X_i) \leq \Phi(G_i) < \Phi^0(X_i) + \varepsilon$, $i = 1, 2$. Dann ist $\Phi^0(X_1 X_2) \leq \Phi(G_1 G_2) = \Phi(G_1) + \Phi(G_2) - \Phi(G_1 \dot{+} G_2) \leq \Phi^0(X_1) + \Phi^0(X_2) + 2\varepsilon - \Phi^0(X_1 \dot{+} X_2)$, woraus mit $\varepsilon \to 0$ die Behauptung folgt. Hieraus ergibt sich über (4) auch die andere Ungleichung. — *Zu* (6). Die erste Ungleichung ist eine leichte Folge von (3) und (5); um die zweite Ungleichung zu beweisen, welche mit der Monotonie zusammen *die Funktion* Φ^0 zu einer *Maßfunktion* macht, knüpfen wir an die Definition von Φ^0 an und wenden **8.10.3.1.1.** und **8.5.7.1.** an:

$$\Phi^0(\textstyle\sum^{\cdot} X_i) = \inf\{\Phi(G) : \mathfrak{A}_\sigma \ni G > \sum^{\cdot} X_i\} \leq \inf\{\Phi(G') : G' = \sum^{\cdot} G_i \quad \text{mit}$$
$$\mathfrak{A}_\sigma \ni G_i > X_i,\ i \in \mathbf{Z}\} \leq \inf\{\textstyle\sum \Phi(G_i) : \mathfrak{A}_\sigma \ni G_i > X_i,\ i \in \mathbf{Z}\} = \sum \Phi^0(X_i).$$

8.10.6.1. Φ^0 *ist identisch mit der Deckmaßfunktion* (**8.6.1.**) $\tilde{\varphi}$ *von* $\varphi|\mathfrak{A}$.

In der Tat, es ist $\tilde{\varphi}(X)=\inf\left\{\sum_\nu \varphi(A_\nu): \sum_\nu^{\cdot} A_\nu > X \text{ mit } A_\nu \in \mathfrak{A} \text{ für } \nu=1,2,\ldots\right\}$. Weil nun $\mathfrak{A}$ ein Somenring ist, können wir von der Überdeckung $\sum_\nu^{\cdot} A_\nu$ von X übergehen zur disjunkten Überdeckung $A_1 + (A_2-A_2A_1) + (A_3-A_3(A_2\dot{+}A_1)) + \cdots \in \mathfrak{A}_\sigma$, so daß wir aus Monotoniegründen erhalten $\tilde{\varphi}(X)=\inf\left\{\sum_\nu \varphi(A_\nu): \sum_\nu A_\nu > X, \text{ mit } A_\nu A_\mu = 0 \text{ für } \nu \neq \mu \text{ und } A_\nu \in \mathfrak{A} \text{ für } \nu=1,2,\ldots\right\} = \Phi^0(X)$ nach **8.10.6.** und **8.10.3.1.**

8.10.7. Wir setzen $\mathfrak{M}=\{X: X\in\mathfrak{B} \text{ und } \Phi_0(X)=\Phi^0(X)\}$.

Mit $X\in\mathfrak{M}$ *ist jede der folgenden Eigenschaften gleichwertig:*

(1) $\varepsilon>0\ \exists\ G,F: \mathfrak{A}_\sigma \ni G > X > F \in \mathfrak{A}_\delta \ \&\ \Phi^0(G-F)<\varepsilon;$

(2) $\varepsilon>0\ \exists\ G: \mathfrak{A}_\sigma \ni G > X \ \&\ \Phi^0(G-X)<\varepsilon;$

(3) $\varepsilon>0\ \exists\ F: \mathfrak{A}_\delta \ni F < X \ \&\ \Phi^0(X-F)<\varepsilon.$

Beweis. (a) $\Phi^0(X)-\Phi_0(X)=\inf\{\Phi(G): \mathfrak{A}_\sigma\ni G>X\}-\sup\{\Phi(F): \mathfrak{A}_\delta\ni F<X\}=\inf\{\Phi(G-F): \mathfrak{A}_\sigma\ni G>X>F\in\mathfrak{A}_\delta\}$ (**8.10.4.1.**). Daraus folgt die Gleichwertigkeit von (1) mit $X\in\mathfrak{M}$. — (b) Aus $\mathfrak{A}_\sigma\ni G>X>F\in\mathfrak{A}_\delta \rhd (\Phi^0(G-X)\leq\Phi(G-F)$ und $\Phi^0(X-F)\leq\Phi(G-F))$ folgt (1) $\rhd$ (2) und (3). — (c) Wenn (3) erfüllt ist, so wähle man G' mit $\mathfrak{A}_\sigma\ni G'>X$ und $\Phi(G')<\Phi^0(X)+\varepsilon$. Alsdann ist nach **8.10.6.** (6) $\Phi(G')<\Phi^0(X)+\varepsilon\leq\Phi^0(F)+\Phi^0(X-F)+\varepsilon<\Phi(F)+2\varepsilon$, und damit im wesentlichen (1) erfüllt: (3) $\rhd$ (1). — (d) Ist (2) erfüllt, so vollziehen wir mittels eines A, $\in\mathfrak{A}$ und $>G$, den Übergang zu den Komplementen $X'=A-X$ und $F=A-G\in\mathfrak{A}_\delta$, so daß (3) auf F zutrifft, nach (c) also (1) für X' gilt. Da aber (1) bei Komplementbildung erhalten bleibt, so gilt (1) auch für X selbst: (2) $\rhd$ (1). Damit ist alles bewiesen.

8.10.7.1. (1) $\mathfrak{M}>\mathfrak{A}_\sigma\dot{+}\mathfrak{A}_\delta>\mathfrak{A}$. — (2) $\mathfrak{M}$ *ist ein* σ*-Somenring.* — (3) *Auf* $\mathfrak{M}$ *ist der gemeinsame Wert* $\Phi^0=\Phi_0$ *ein Maß.*

Beweis. 1. (1) folgt aus **8.10.6.** (2). — 2. Die Somenringeigenschaften von $\mathfrak{M}$ ergeben sich genau so wie die von $\mathfrak{A}^v$ in **8.7.4.** Bleibt noch zu zeigen, daß mit $X_1, X_2, \ldots\in\mathfrak{M}$ auch $\sum^{\cdot} X_n\in\mathfrak{M}$. Zu X_n bestimmen wir bei vorgegebenem $\varepsilon>0$ ein G_n aus $\mathfrak{A}_\sigma$ und $>X_n$ mit $\Phi^0(G_n-X_n)<\varepsilon 2^{-n}$, $n=1,2,\ldots$. Dann ist $\Phi^0(\sum^{\cdot} G_n-\sum^{\cdot} X_n)\leq\Phi^0(\sum^{\cdot}(G_n-X_n))\leq\sum\Phi^0(G_n-X_n)<\varepsilon$, woraus wegen $\sum^{\cdot} G_n\in\mathfrak{A}_\sigma$ nach **8.10.7.** (2) $\sum^{\cdot} X_n\in\mathfrak{M}$ folgt. — 3. Wenn wir überdies noch voraussetzen, daß die X_n paarweise fremd sind, so haben wir $\sum\Phi^0(X_n)=\sum\Phi_0(X_n)$ und daneben wegen **8.10.6.** (6) $\sum\Phi^0(X_n)\geq\Phi^0(\sum^{\cdot} X_n)\geq\Phi_0(\sum^{\cdot} X_n)\geq\sum\Phi_0(X_n)$, woraus die Gleichheit dieser vier Größen und damit die Totaladditivität hervorgeht.

Bei $X \in \mathfrak{M}$ schreiben wir kurz $\Phi(X)$ statt $\Phi^0(X)$ oder $\Phi_0(X)$, was nach **8.10.6.** (2) erlaubt ist. Damit ist gezeigt, daß $\Phi|\mathfrak{M}$ *eine Erweiterung von* $\varphi|\mathfrak{A}$ *zu einem Maß* darstellt.

8.10.8. $\mathfrak{A}^b$ bezeichne die BORELsche Erweiterung von $\mathfrak{A}$ zu einem σ-Somenring in $\mathfrak{B}$ ($\mathfrak{A}^b = \prod^{\cdot}\{\mathfrak{S}: \mathfrak{S}\ \sigma$-Somenring und $\mathfrak{A} < \mathfrak{S} < \mathfrak{B}\}$, vgl. **2.9.2.**). Dann ist $\mathfrak{A} < \mathfrak{A}^b < \mathfrak{M} < \mathfrak{B}$.

Für jede Erweiterung $\Phi'|\mathfrak{M}'$ *von* $\varphi|\mathfrak{A}$ *zu einem Maß in* $\mathfrak{M}'$ $(<\mathfrak{B})$ *gilt* $\mathfrak{A} < \mathfrak{A}^b < \mathfrak{M}'$ *und* $\Phi'|\mathfrak{A}^b = \Phi|\mathfrak{A}^b$, *wo* $\Phi|\mathfrak{M}$ *das in* **7.8.7.1.** *erklärte Maß bezeichnet.*

Beweis. Wegen $\Phi'|\mathfrak{A} = \Phi|\mathfrak{A} = \varphi|\mathfrak{A}$, $\mathfrak{A}_\sigma < \mathfrak{A}^b$ und $\mathfrak{A}_\delta < \mathfrak{A}^b$ gilt auch $\Phi'|\mathfrak{A}_\sigma = \Phi|\mathfrak{A}_\sigma$ und $\Phi'|\mathfrak{A}_\delta = \Phi|\mathfrak{A}_\delta$. Ist nun B ein beliebiges Soma aus $\mathfrak{A}^b$, so erhalten wir mittels der Monotonieeigenschaften von Φ' und nach Konstruktion von Φ die Ungleichungen

$$\Phi'(B) \leq \inf\{\Phi'(G): \mathfrak{A}_\sigma \ni G > B\} = \inf\{\Phi(G): \mathfrak{A}_\sigma \ni G > B\} = \Phi(B),$$
$$\Phi'(B) \geq \sup\{\Phi'(F): \mathfrak{A}_\delta \ni F < B\} = \sup\{\Phi(F): \mathfrak{A}_\delta \ni F < B\} = \Phi(B),$$

also $\Phi'(B) = \Phi(B)$ für $B \in \mathfrak{A}^b$.

8.10.8.1. *Das in* **8.10.7.1.** *erklärte Maß* $\Phi|\mathfrak{M}$ *ist die kleinste Erweiterung von* $\varphi|\mathfrak{A}$ *zu einem in* $\mathfrak{B}$ *vollständigen Maß.*

Beweis. 1. Es sei $B \in \mathfrak{B}$ Φ-einschließbar, also $\varepsilon > 0\ \exists\ M_j$:

$$M_j \in \mathfrak{M},\ j = 1, 2,\ \&\ M_1 < B < M_2\ \&\ \Phi(M_2 - M_1) = \Phi^0(M_2 - M_1) < \varepsilon.$$

Weiter folgt aus **8.10.7.** (3)

$$\varepsilon > 0\ \&\ M_1 \in \mathfrak{M}\ \exists\ F: \mathfrak{A}_\delta \ni F < M_1\ \&\ \Phi^0(M_1 - F) < \varepsilon.$$

Wegen $F < B < M_2$ erhalten wir dann

$$\Phi^0(B - F) \leq \Phi^0(M_2 - F) \leq \Phi^0(M_2 - M_1) + \Phi^0(M_1 - F) < 2\varepsilon,$$

nach **8.10.7.** (3) damit $B \in \mathfrak{M}$, d.h. $\Phi|\mathfrak{M}$ ist in $\mathfrak{B}$ vollständig.

2. Sei nun neben $\Phi|\mathfrak{M}$ noch $\Phi'|\mathfrak{M}'$ eine Erweiterung von $\varphi|\mathfrak{A}$ zu einem in $\mathfrak{B}$ vollständigen Maß. Nach **8.10.8.** ist $\Phi|\mathfrak{A}^b = \Phi'|\mathfrak{A}^b$; weiter $\varepsilon > 0\ \&\ M \in \mathfrak{M}\ \exists\ F, G: \mathfrak{A}_\sigma \ni G > M > F \in \mathfrak{A}_\delta\ \&\ \Phi'(G - F) = \Phi(G - F) < \varepsilon$. Daraus folgt wegen $F\ \&\ G \in \mathfrak{M}'$ und der Vollständigkeit von Φ', daß $M \in \mathfrak{M}'$, somit $\mathfrak{M} < \mathfrak{M}'$ und zugleich $\Phi|\mathfrak{M} = \Phi'|\mathfrak{M}$ gilt, w. z. z. w.

8.10.9. Zur Ergänzung der vorausgehenden Betrachtungen sei noch Folgendes hinzugefügt.

Unter einem G_δ verstehen wir den Durchschnitt von abzählbar vielen G aus $\mathfrak{A}_\sigma$, unter einem F_σ die Vereinigung von abzählbar vielen F aus $\mathfrak{A}_\delta$. Nach **8.10.7.1.** ist jedes G_δ und jedes F_σ in $\mathfrak{M}$ enthalten.

Aus $\mathfrak{A} \ni A > G_n \in \mathfrak{A}_\sigma$, $n \in \mathbf{Z}$, folgt $F_n := A - G_n \in \mathfrak{A}_\delta$ und für $G_\delta := \prod^{\boldsymbol{\cdot}} G_n$ und $F_\sigma := \sum^{\boldsymbol{\cdot}} F_n$ die Gleichung $A = G_\delta + F_\sigma$. Welche Rolle diese Somen für die Maßtheorie spielen, zeigt folgender Satz:

Zu jedem $B \in \mathfrak{B}$ *gibt es* G_δ *und* F_σ *mit* $F_\sigma < B < G_\delta$, $\Phi^0(B) = \Phi(G_\delta)$ *und* $\Phi_0(B) = \Phi(F_\sigma)$.

Beweis. Zu $B \in \mathfrak{B}$ gibt es $G_n > B$ und aus $\mathfrak{A}_\sigma$ mit $\Phi(G_n) \geq \Phi^0(B) > \Phi(G_n) - \frac{1}{n}$. Mit $G_\delta := \prod^{\boldsymbol{\cdot}} G_n$ erhalten wir $0 \leq \Phi(G_\delta) - \Phi^0(B) \leq \Phi(G_n) - \Phi^0(B) < \frac{1}{n}$, woraus für $n \to \infty$ die Behauptung $\Phi(G_\delta) = \Phi^0(B)$ hervorgeht. Analog beweist man die auf $\Phi_0(B)$ bezügliche Behauptung.

8.10.9.1. *Für* $X \in \mathfrak{M}$ *ist jede der folgenden Bedingungen notwendig und hinreichend:*

(1) $\exists\, G_\delta > X$ *mit* $\Phi^0(G_\delta - X) = 0$;

(2) $\exists\, F_\sigma < X$ *mit* $\Phi^0(X - F_\sigma) = 0$;

(3) $B \in \mathfrak{B} \rhd \Phi^0(B) = \Phi^0(XB) + \Phi^0(B - XB)$.

Bemerkung. (3) besagt, daß $\mathfrak{M}$ *identisch* ist *mit dem System* $\mathfrak{B}_{\Phi^0}$ *der additiven Zerleger der Maßfunktion* $\Phi^0 | \mathfrak{B}$ (**8.3.2.**).

Beweis. Man bestätigt mit Benutzung der Ringeigenschaft von $\mathfrak{M}$ leicht die Äquivalenz von (1) bzw. (2) oben mit den Bedingungen (2) bzw. (3) von **8.10.7.** — Zum Nachweis von (3) sei zunächst $X \in \mathfrak{M}$ vorausgesetzt. Dann gibt es zu $B \in \mathfrak{B}$ nach **8.10.9.** ein $G_\delta > B$ mit $\Phi^0(B) = \Phi(G_\delta)$; somit ist $\Phi^0(B) = \Phi(G_\delta) = \Phi(G_\delta X) + \Phi(G_\delta - G_\delta X) \geq \Phi^0(BX) + \Phi^0(B - BX)$, worin wegen **8.10.6.** (6) das Gleichheitszeichen steht. — Sei umgekehrt für ein $X \in \mathfrak{B}$ (3) erfüllt. Wir wählen dazu ein $G_\delta > X$ mit $\Phi^0(X) = \Phi(G_\delta)$. Dann erhalten wir [mit G_δ für B in (3)] $\Phi^0(G_\delta) = \Phi^0(X) + \Phi^0(G_\delta - X)$, woraus sofort $\Phi^0(G_\delta - X) = 0$ folgt; also ist nach (1) $X \in \mathfrak{M}$.

8.10.10. Wir wenden uns der in **8.10.1.** erwähnten zweiten Methode zu, welche im Gegensatz zu den einseitigen Approximationen allgemeine ins Auge faßt; bei einer *allgemeinen Approximation* eines Somas B aus $\mathfrak{B}$ durch ein Soma A aus $\mathfrak{A}$ wird der Unterschied $B \dot{+} A$, gemessen an dem Wert $\bar{\varphi}(B \dot{+} A)$ der zu φ gehörigen Deckmaßfunktion $\bar{\varphi}$, beliebig klein gemacht. Wir setzen dabei wieder voraus, *daß* $\varphi | A$ *ein endlicher, σ-additiver Inhalt ist, und* $\mathfrak{A}$ *als Teilsomenring des σ-Somenringes* $\mathfrak{B}$ *die Eigenschaft hat, daß es zu jedem Soma* B *aus* $\mathfrak{B}$ *ein Soma* A *aus* $\mathfrak{A}$ *gibt mit* $B < A$. Wir werden zur selben Erweiterung gelangen wie vorhin.

8.10.11. Unter den Voraussetzungen von **8.10.10.** definieren wir: B aus $\mathfrak{B}$ heiße $(\varphi|\mathfrak{A})$-*approximierbar*, wenn es zu jedem $\varepsilon > 0$ ein A aus $\mathfrak{A}$ gibt mit $\overline{\varphi}(B \dot{+} A) < \varepsilon$, wobei $\overline{\varphi}$ die zu φ gehörige Deckmaßfunktion (**8.6.1.**) bezeichnet. Dies ist gleichbedeutend damit, daß es $A, A_1, A_2, \ldots$ aus $\mathfrak{A}$ gibt mit $B \dot{+} A < A_1 \dot{+} A_2 \dot{+} \cdots$ und $\sum_\nu \varphi(A_\nu) < \varepsilon$ (Beweis!).

Nun gilt:

Jedem $(\varphi|\mathfrak{A})$-approximierbaren B aus $\mathfrak{B}$ ist in eindeutiger Weise ein endlicher Wert $\varphi'(B)$ zugeordnet mit der Eigenschaft:

Aus $A \in \mathfrak{A}$ und $\overline{\varphi}(B \dot{+} A) < \varepsilon$ folgt $|\varphi'(B) - \varphi(A)| < \varepsilon$.

Beweis. 1. Aus $\overline{\varphi}(B \dot{+} A) < \varepsilon$ und $\overline{\varphi}(B \dot{+} A') < \varepsilon'$ folgt $|\varphi(A) - \varphi(A')| < \varepsilon + \varepsilon'$.

In der Tat, es genügt $\varphi(A \dot{+} A') < \varepsilon + \varepsilon'$ zu zeigen; denn wegen $\varphi(A \dot{+} A') = \varphi(A) - \varphi(A') + 2(\varphi(A') - \varphi(A A')) \geq \varphi(A) - \varphi(A')$ ist aus Symmetriegründen $\varphi(A \dot{+} A') \geq |\varphi(A) - \varphi(A')|$. Nun liefern $A \dot{+} A' < (B \dot{+} A) \dot{+} (B \dot{+} A')$ und **8.6.1.3.1.** $\varphi(A \dot{+} A') = \overline{\varphi}(A \dot{+} A') \leq \overline{\varphi}(B \dot{+} A) + \overline{\varphi}(B \dot{+} A') < \varepsilon + \varepsilon'$. — 2. Das Ergebnis 1. erklärt in eindeutiger Weise einen endlichen Wert $\varphi'(B)$:

Gibt es ein A aus $\mathfrak{A}$ mit $\overline{\varphi}(B \dot{+} A) = 0$, so setzen wir $\varphi'(B) = \varphi(A)$, anderenfalls ist $N(A) := \overline{\varphi}(B \dot{+} A)$ eine Norm in $\mathfrak{A}$ (**2.10.3.1.** 4.) und wir setzen $\varphi'(B) = \lim\{\varphi(A) : N(A) \to 0\}$ (**2.10.5.3.**). Der Grenzübergang $\varepsilon' \to 0$ (mit einem etwas verkleinerten ε) führt zur behaupteten Ungleichung.

8.10.12. *Das System $\mathfrak{B}'$ der $(\varphi|\mathfrak{A})$-approximierbaren Somen von $\mathfrak{B}$ ist mit dem System $\mathfrak{M}$ von* **8.10.7.** *identisch und $\varphi' = \Phi$.*

Beweis. 1. Sei $X \in \mathfrak{B}'$ und etwa $\overline{\varphi}(X \dot{+} A) < \varepsilon$. Dann gibt es $A_1, A_2, \ldots$ aus $\mathfrak{A}$ mit $X \dot{+} A < A_1 \dot{+} A_2 \dot{+} \cdots$ und $\sum_\nu \varphi(A_\nu) < \varepsilon$. Hieraus folgt $X < A \dot{+} A_1 \dot{+} A_2 \dot{+} \cdots =: G \in \mathfrak{A}_\sigma$, $G - X < \sum_\nu^{\boldsymbol{\cdot}} A_\nu$ und $\Phi^0(G - X) = \overline{\varphi}(G - X) \leq \sum_\nu \varphi(A_\nu) < \varepsilon$, also nach **8.10.7.** (2) $X \in \mathfrak{M}$. — 2. Sei umgekehrt $X \in \mathfrak{M}$. Dann gibt es nach der in **8.10.1.** und **8.10.3.** postulierten Voraussetzung über $\mathfrak{B}$ und $\varphi|\mathfrak{A}$ ein $A^* > X$ mit endlichem $\varphi(A^*)$, ferner zu $\varepsilon > 0$ ein $G \in \mathfrak{A}_\sigma$ mit $G > X$ und $\overline{\varphi}(G - X) < \varepsilon/2$; wir dürfen dabei $G = \sum_\nu^{\boldsymbol{\cdot}} A_\nu$ mit paarweise fremden $A_\nu < A^*$ ansetzen. Aus der Additivität von φ und $\sum_\nu^{\boldsymbol{\cdot}} A_\nu < A^*$ folgt $\sum_\nu \varphi(A_\nu) \leq \varphi(A^*)$, so daß es ein n gibt mit $\sum_{\nu > n} \varphi(A_\nu) < \varepsilon/2$. Setzt man $A = \sum_{\nu \leq n}^{\boldsymbol{\cdot}} A_\nu$, so folgt $\overline{\varphi}(A \dot{+} X) < \varepsilon$, woraus $X \in \mathfrak{B}'$ hervorgeht. Ferner folgt wegen $\overline{\varphi}(A) = \varphi(A)$ und $\overline{\varphi}(X) = \Phi(X)$ daraus direkt $|\varphi(A) - \Phi(X)| < \varepsilon$ und nach **8.10.11.** $|\varphi(A) - \varphi'(X)| < \varepsilon$, also $|\Phi(X) - \varphi'(X)| < 2\varepsilon$, mit $\varepsilon \to 0$ somit $\Phi(X) = \varphi'(X)$, w. z. z. w.

8.10.13. Für den bisher nicht behandelten Fall, daß $\varphi|\mathfrak{A}$ nicht endlich und $\mathfrak{A}$ bezüglich $\mathfrak{B}$ nicht die Forderung von **8.8.1.** erfüllt, bedienen wir uns folgender Konstruktionen:

1. Es sei $((\mathfrak{B}_t))$, $t \in T$, irgendeine Menge von σ-Somenringen $\mathfrak{B}_t$. Als „*freie Komposition*" $\mathfrak{K}$ dieser Somenringe definieren wir das folgende System: „Soma" ist jede Belegung $B := ((B_t))$, $B_t \in \mathfrak{B}_t$, $t \in T$; Gleichheit zweier Belegungen ist Gleichheit in den einzelnen Komponenten B_t; als Ringoperationen werden erklärt: $((B_t))\,((B'_t)) := ((B_t B'_t))$, $((B_t)) \dotplus ((B'_t)) := ((B_t \dotplus B'_t))$.

$\mathfrak{K}$ *ist ein σ-Somenring* (Beweis als Aufgabe).

2. Ist überdies in jedem $\mathfrak{B}_t$ ein Maß $m_t(B_t)$ definiert, so bilden wir für $((B_t)) = B \in \mathfrak{K}$ die Funktion $m(B) := \sum \{m_t(B_t) : t \in T\}$, wobei in dieser Summe verschwindende Summanden auch bei beliebiger Anzahl zu vernachlässigen sind, im Falle unabzählbar vieler positiver Summanden der Summe der Wert $+\infty$ zu geben ist.

$m|\mathfrak{K}$ ist ein Maß („Kompositionsmaß") (Beweis als Aufgabe).

3. *Beispiel.* $\mathfrak{B}$ sei ein geschlossener σ-Somenring mit dem größten Soma E; ferner sei $E = E_1 + E_2 + \cdots$ eine Zerlegung in abzählbar viele paarweise fremde Somen E_ν. Dann ist die freie Komposition $\mathfrak{K}$ der Somenringe $\mathfrak{B}_\nu := \{E_\nu > \hat{X} \in \mathfrak{B}\}$, $\nu \in \mathsf{Z}$, mit $\mathfrak{B}$ isomorph (Beweis!). Ist dabei $m|\mathfrak{B}$ ein Maß auf $\mathfrak{B}$, so ist das Kompositionsmaß aller $m|\mathfrak{B}_\nu$, $\nu \in \mathsf{Z}$, bei Identifikation von $\mathfrak{K}$ und $\mathfrak{B}$ im Sinne der eben genannten Isomorphie identisch mit $m|\mathfrak{B}$ (Beweis!).

8.10.14. Nun betrachten wir den Fall, daß $\mathfrak{B}$ ein geschlossener σ-Somenring mit dem größten Soma E ist, ferner daß auf $\mathfrak{A}$ als Teilsomenring von $\mathfrak{B}$ ein σ-additiver Inhalt $\varphi|\mathfrak{A}$ definiert ist, mit der Eigenschaft, daß es eine Folge $A_1, A_2, \ldots$ paarweise fremder Somen aus $\mathfrak{A}$ gibt mit $\varphi(A_n) < +\infty$ und $\sum\limits_n{}^{\cdot} A_n = E$. Setzt man $\mathfrak{A}_n := \{\mathfrak{A} \ni \hat{X} < A_n\}$, $n \in \mathsf{Z}$, so kann man nach den vorausgehenden Untersuchungen $\varphi|\mathfrak{A}_n$ zum kleinsten vollständigen Maß $m_n|\mathfrak{M}_n$ innerhalb $\mathfrak{B}_n := \{\mathfrak{B} \ni \hat{X} < A_n\}$ erweitern. Auf der freien Komposition $\mathfrak{M}$ aller $\mathfrak{M}_n$, welche wir zur Vereinfachung als σ-Teilsomenring von $\mathfrak{B}$ deuten wollen, wird vermöge der $m_n|\mathfrak{M}_n$ gemäß 1. und 2. von **8.10.13.** ein Maß $m|\mathfrak{M}$ definiert. Wir behaupten, daß dies die kleinste vollständige Erweiterung von $\varphi|\mathfrak{A}$ in $\mathfrak{B}$ zu einem Maß ist. In der Tat, daß $m|\mathfrak{M}$ vollständig ist, folgt aus der Vollständigkeit der einzelnen $m_n|\mathfrak{M}_n$. Die Kleinsteigenschaft ergibt sich so: Ist $\tilde{m}|\widetilde{\mathfrak{M}}$ irgendeine vollständige Erweiterung von $\varphi|\mathfrak{A}$ in $\mathfrak{B}$ zu einem Maß mit $\widetilde{\mathfrak{M}} < \mathfrak{M}$, so muß wegen der Eindeutigkeit der kleinsten vollständigen Erweiterung $m_n|\mathfrak{M}_n$ notwendig $\mathfrak{B}_n \widetilde{\mathfrak{M}} > \mathfrak{M}_n$ sein, wobei $\tilde{m}|\mathfrak{M}_n = m_n|\mathfrak{M}_n$. Daraus folgt aber weiter $\widetilde{\mathfrak{M}} = \mathfrak{M}$ und $\tilde{m} = m$.

8.11. Das LEBESGUEsche Maß im E^q.

8.11.0. Im folgenden handelt es sich darum zu zeigen, wie durch Anwendung der vorausgehenden Entwicklungen auf den elementargeometrischen Inhalt das LEBESGUEsche Maß gewonnen wird, und welche besonderen Eigenschaften neben den allgemeinen Eigenschaften eines Maßes das LEBESGUEsche noch besitzt.

8.11.1. $\mathfrak{J}$ bezeichne den Mengenkörper der *Aggregate* A von je endlich vielen paarweise fremden achsenparallelen halboffenen Intervallen $I := \{(x_1, \ldots, x_q) : a_\nu \leq x_\nu < b_\nu, \nu = 1, \ldots, q\}$ im E^q der Punkte $(x_1, \ldots, x_q)$, x_ν reell. Das Produkt $(b_1 - a_1) \ldots (b_q - a_q) =: \lambda(I)$ heißt der *q-dimensionale (elementare) Inhalt von I* (s. **8.2.4.**). Wenn $A = I_1 + \cdots + I_n \in \mathfrak{J}$ mit fremden I_ν, so heißt

$$m(A) = \lambda(I_1) + \cdots + \lambda(I_n)$$

der *elementare Inhalt von* A, $A \in \mathfrak{J}$. Offenbar ist $m(I) = \lambda(I)$.

Gemäß **8.7.5.** kann man $m|\mathfrak{J}$ erweitern zum vollständigen Inhalt $m^v|\mathfrak{J}^v$, dem sog. *q-dimensionalen* JORDAN-*Inhalt.* Die Mengen aus $\mathfrak{J}^v$ heißen „JORDAN-meßbar" oder auch „*quadrierbar*". Zur Vereinfachung (und wegen $m^v|\mathfrak{J} = m|\mathfrak{J}$) schreiben wir wieder m statt m^v. Wir erinnern: *Q ist quadrierbar dann und nur dann, wenn es zu jedem $\varepsilon > 0$ Aggregate A_1, A_2 aus $\mathfrak{J}$ gibt mit $A_1 \subset Q \subset A_2$ und $m(A_2) - m(A_1) < \varepsilon$.*

8.11.1.1. *Ist X quadrierbar, so auch der offene Kern X^i und die abgeschlossene Hülle X^α mit $m(X) = m(X^i) = m(X^\alpha)$, und $m(X^g) = 0$.*

Beweis. 1. Ist X ein Aggregat A, so ergibt sich die Behauptung sehr einfach; man ersetze die endlich vielen Intervalle von A durch konzentrische, ein klein wenig größere bzw. kleinere Gitterintervalle und erhält ein Aggregat A_1 bzw. A_2 mit

$$A_1 \subset A^i \subset A \subset A^\alpha \subset A_2,$$

wobei $m(A_2) - m(A_1)$ beliebig klein gemacht werden kann.

2. Es sei nun X quadrierbar, und $A_1 \subset X \subset A_2$ und $m(A_2 - A_1) < \varepsilon$. Nach 1. gibt es Aggregate A' und A'' mit

$$A' \subset A_1^i \subset X^i \subset X \subset X^\alpha \subset A_2^\alpha \subset A'',$$

so daß $m(A_1^i - A')$ und $m(A'' - A_2^\alpha)$ beide $< \varepsilon$, und außerdem $m(A_2^\alpha - A_1^i) = m((A_2 - A_1)^\alpha) = m(A_2 - A_1) < \varepsilon$. Zusammen erhalten wir $m(A'' - A') < 3\varepsilon$, was auf die behauptete Gleichung führt.

3. $m(X^g) = m(X^\alpha - X^i) = m(X^\alpha) - m(X^i) = 0$.

Wegen einer Umkehrung dieses Satzes vgl. **8.11.6.**

8.11.1.2. *Es sei $f|A$ eine endliche stetige reelle Funktion auf der beschränkten, abgeschlossenen Teilmenge A des E^{q-1} der Punkte $(x_1, \ldots, x_{q-1})$;*

die durch $f|A$ dargestellte $(q-1)$-dimensionale Fläche F über A, $F:=\{(x_1,\ldots,x_q): x_q=f(x_1,\ldots,x_{q-1})$ und $(x_1,\ldots,x_{q-1})\in A\}$, hat den q-dimensionalen JORDAN-*Inhalt Null.*

Beweis. Wir schließen A in ein abgeschlossenes $(q-1)$-dimensionales Intervall $\bar{I}\subset E^{q-1}$ ein und erweitern f irgendwie stetig zu einer Funktion $\tilde{f}|\bar{I}$ (**5.4.11.**). Diese Funktion bestimmt dann eine $(q-1)$-dimensionale Fläche $\tilde{F}$ über $\bar{I}$ im E^q. Wegen der gleichmäßigen Stetigkeit von $\tilde{f}|\bar{I}$ können wir bei vorgegebenem $\varepsilon>0$ $\bar{I}$ überdecken mit endlich vielen abgeschlossenen Teilintervallen $\bar{I}_\nu$, $\nu=1,\ldots,n$, mit $\sum_\nu^{\cdot}\bar{I}_\nu=\bar{I}$, $\sum_\nu m(\bar{I}_\nu)=m(\bar{I})$ und $|f(p)-f(p')|<\varepsilon$, sobald p und p' gleichzeitig im selben $\bar{I}_\nu$ liegen. Nach Wahl eines Punktes p_ν in $\bar{I}_\nu$ ist $M_\varepsilon:=\{(x_1,\ldots,x_q):(x_1,\ldots,x_{q-1})\in\bar{I}_\nu,\ |x_q-\tilde{f}(p_\nu)|\leq\varepsilon,\ \nu=1,\ldots,n\}\supset\tilde{F}\supset F$, und der äußere Inhalt $m^a(F)\leq m(M_\varepsilon)=2\varepsilon\, m_{q-1}(\bar{I})$, wo m_{q-1} den elementaren $(q-1)$-dimensionalen Inhalt bezeichnet. $\varepsilon\to 0$ liefert die Behauptung $m(F)=0$.

Bemerkungen. 1. Jede beschränkte Teilmenge einer $(q-1)$-dimensionalen Hyperebene hat den q-dimensionalen Inhalt 0. 2. Dagegen kann das stetige Bild eines $(q-1)$-dimensionalen Würfels im E^q positiven q-dimensionalen Inhalt haben (vgl. Bemerkung in **4.6.6.**).

8.11.2. Nun ist $m|\mathfrak{J}$ σ-additiv (**8.2.5.**). Betrachten wir den Teilmengenkörper der in einem festen Intervall I_0 enthaltenen Aggregate, $\{A:\mathfrak{J}\ni A\subset I_0\}$, so ist darauf m beschränkt, und wir können innerhalb des σ-Mengenkörpers $\mathfrak{T}_0$ aller Teilmengen von I_0 die kleinste vollständige Erweiterung von m zu einem Maß $\mu|\mathfrak{M}_0$ vornehmen: Man erhält das LEBESGUE*sche Maß auf* I_0. Die Mengen aus $\mathfrak{M}_0$ heißen die (LEBESGUE-) *meßbaren Mengen* von I_0.

Wir schreiben wieder bequemer m statt μ.

8.11.3. Das gemäß **8.10.6.** für $X\subset I_0$ erklärte $m^0(X):=\inf\left\{\sum_n m(A_n): A_n\in\mathfrak{J},\ A_nA_p=0 \text{ für } n\neq p \text{ und } (n \text{ und } p)\in \mathsf{Z},\ \sum_n^{\cdot}A_n\supset X\right\}$ heißt das *äußere* (LEBESGUE-)*Maß*. Man sieht leicht ein, daß

$$\text{(1)}\qquad \inf\left\{\sum_n m(I_n): I_n \text{ paarweise fremd, } n\in\mathsf{Z}, \text{ und } \sum_n^{\cdot} I_n\supset X\right\}$$

ebenfalls $m^0(X)$ definiert; aber auch

$$\text{(2)}\qquad \inf\left\{\sum_n m(V_n): V_n \text{ offenes Intervall, } n\in\mathsf{Z} \text{ und } \sum_n^{\cdot} V_n\supset X\right\}$$

stimmt mit $m^0(X)$ überein; dabei ist $m(V)=m(I)$, wo I dasjenige halboffene Intervall bezeichnet, welches dieselben Ecken wie V hat. Beweisen wir die Gleichheit von (1) und (2)! Ersetzen wir in (1) jedes I_n durch ein offenes, I_n umfassendes Intervall V_n mit $0\leq m(V_n)-m(I_n)<\varepsilon\, 2^{-n}$, so sehen wir, daß jeder Konkurrenzsumme von (1) eine höchstens um ε größere von (2) gegenübersteht. Um auch das Umgekehrte zu erhalten, führt man den eben benutzten Ersetzungsprozeß in der umgekehrten Richtung durch, wobei noch nachträglich die Vereinigung der eventuell übereinander greifenden halboffenen Intervalle durch eine solche von paarweise fremden halboffenen Intervallen zu ersetzen ist (was übrigens die fragliche Inhaltssumme nicht vergrößert). Mit $\varepsilon \to 0$ folgt die behauptete Gleichheit.

Die Formel (4) von **8.10.6.** liefert

$$m_0(X) = m(I) - m^0(I - X) \quad \text{für} \quad X \subset I;$$

m_0 ist das *innere* (LEBESGUE-)*Maß* für Teilmengen von I_0.

Außerdem erhalten wir:

$$m_0(X) = m^0(X) \quad \text{für} \quad X \in \mathfrak{M}_0.$$

8.11.4. Wir können mit Hilfe von **4.3.4.** feststellen, daß jede im gewöhnlichen Sinne offene Menge des E^q auch $\mathfrak{J}$-offen (**8.10.2.**), und aus Komplementaritätsgründen jede im gewöhnlichen Sinne abgeschlossene Menge auch $\mathfrak{J}$-abgeschlossen ist. Aus **8.10.7.** folgt nun:

Für die LEBESGUE-*Meßbarkeit von* X *ist jede der folgenden Bedingungen notwendig und hinreichend:*

(1) $\varepsilon > 0 \; \exists \, G : G$ *offen und* $\supset X$ *und* $m^0(G - X) < \varepsilon$;

(2) $\varepsilon > 0 \; \exists \, F : F$ *abgeschlossen und* $\subset X$ *und* $m^0(X - F) < \varepsilon$.

(Beweis als Aufgabe).

Die LEBESGUE-meßbaren Mengen heißen wegen dieser Eigenschaft auch die „nahezu-offenen" bzw. „nahezu-abgeschlossenen" Mengen.

In entsprechender Weise ist auch **8.10.9.** für die LEBESGUE-Meßbarkeit formulierbar.

Jede LEBESGUE-meßbare Menge ist sowohl darstellbar als Durchschnitt von abzählbar vielen offenen Mengen, vermindert um eine LEBESGUEsche Nullmenge, als auch als Vereinigung von abzählbar vielen abgeschlossenen Mengen, vermehrt um eine LEBESGUEsche Nullmenge, und umgekehrt; kurz gesagt: *Die* LEBESGUE-*meßbaren Mengen sind identisch mit den „Fast-*G_δ*" bzw. „Fast-*F_σ*"*.

Die Feststellung am Anfang von **8.11.4.** lehrt, daß die BORELsche Erweiterung $\mathfrak{J}^b$ von $\mathfrak{J}$ das System $\mathfrak{B}$ der BORELschen Mengen des Raumes E^q umfaßt, ja genau genommen mit $\mathfrak{B}$ identisch ist (z. B. zeigt $\{a \leq \hat{x} < b\} = \sum^{\cdot} \{\{a \leq \hat{x} \leq b - 1/n\} : n \in \mathbf{Z}\}$ das halboffene Intervall als ein F_σ). Wegen $\mathfrak{M}_0 \supset \mathfrak{J}^b = \mathfrak{B}$ können wir also sagen: *Alle* BOREL*schen Mengen des Raumes* E^q *sind im* LEBESGUE*schen Sinne meßbar, und jede* LEBESGUE-*meßbare Menge ist bis auf eine* LEBESGUE-*Nullmenge mit einer* BOREL*schen Menge* (sogar einem F_σ oder G_δ) *identisch.*

8.11.5. Im LEBESGUEschen Sinne nicht meßbare Mengen im E^q sind im Anschluß an das Beispiel von **8.0.2.** leicht zu gewinnen. Dort ist eine Zerlegung des q-dimensionalen Einheitswürfels W in abzählbar viele paarweise fremde und zerlegungsgleiche Teile D_i angegeben: $W = \sum_i^{\cdot} D_i$. Aus der Invarianzeigenschaft des Gitters der achsenparallelen Intervalle gegen Parallelverschiebungen folgt die Invarianz des inneren und äußeren LEBESGUEschen Maßes bezüglich Parallelverschiebungen, woraus wir für unseren Fall folgern können, daß $m_0(D_i) = m_0(D_j)$ und $m^0(D_i) = m^0(D_j)$. Weiter folgt

$$1 = m(W) = m_0(W) \geqq m_0(D_1) + m_0(D_2) + \cdots, \quad \text{also} \quad m_0(D_i) = 0;$$
$$1 = m(W) = m^0(W) \leqq m^0(D_1) + m^0(D_2) + \cdots, \quad \text{also} \quad m^0(D_i) > 0.$$

Die Mengen D_i sind also nicht LEBESGUE-meßbar.

8.11.6. Für eine meßbare Menge X gilt offenbar $m(X^i) \leqq m(X) \leqq m(X^\alpha)$, wobei jeder der vier denkbaren Fälle bezüglich $<$ oder $=$ eintreten kann. Es steht beispielsweise $=, =$, bzw. $=, <$, bzw. $<, =$, bzw. $<, <$, je nachdem X ein Intervall, bzw. X die Menge der rationalen Zahlen, bzw. X die Menge der irrationalen Zahlen, bzw. X Vereinigung der Menge der rationalen Zahlen eines Intervalls I_1 und der Menge der irrationalen Zahlen eines zu I_1 fremden Intervalls I_2 ist. Hinsichtlich des doppelten Gleichheitszeichens ist noch zu sagen:

Ist X beschränkt, so gilt $m(X^i) = m(X^\alpha)$ (oder in gleichwertiger Weise $m(X^g) = 0$) dann und nur dann, wenn X quadrierbar ist.

Beweis. 1. Es sei $m(X^i) = m(X^\alpha)$. Zu $\varepsilon > 0$ gibt es eine Überdeckung von X^α mit abzählbar vielen offenen Intervallen V_n mit $\sum_n m(V_n) < m(X^\alpha) + \varepsilon$. Da X^α beschränkt und abgeschlossen, so ist bereits $V_1 \dot{+} \cdots \dot{+} V_k > X^\alpha$ mit passendem k und erst recht $m(V_1) + \cdots + m(V_k) < m(X^\alpha) + \varepsilon$. Nun ersetzen wir die V_k durch die zugehörigen (halboffenen) Gitterintervalle I'_k. Dann ist erst recht $A_1 := I'_1 \dot{+} \cdots \dot{+} I'_k > X^\alpha$, $A_1 \in \mathfrak{J}$ und $m(A_1 - X^\alpha) < \varepsilon$. Andererseits ist X^i, als offene Menge, darstellbar als Vereinigung von abzählbar vielen paarweise fremden Gitterintervallen, $X^i = I_1 \dot{+} I_2 \dot{+} \cdots$, wobei $m(X^i) = m(I_1) + m(I_2) + \cdots$. Für ein passendes λ ist daher $A_2 := I_1 \dot{+} \cdots \dot{+} I_\lambda < X^i$, $A_2 \in \mathfrak{J}$, und $m(X^i - A_2) < \varepsilon$. Somit erhalten wir $A_2 < X < A_1$ mit $m(A_1 - A_2) < 2\varepsilon$, also die Quadrierbarkeit von X. — 2. Ist umgekehrt X quadrierbar, etwa $A_1 < X < A_2$, A_1 und $A_2 \in \mathfrak{J}$ mit $m(A_2 - A_1) < \varepsilon$, dann ist $A_1^i < X^i < X^\alpha < A_2^\alpha$. Nach **8.11.1.1.** gilt, da ja Aggregate quadrierbar sind, $m(A_1^i) = m(A_1)$ und $m(A_2^\alpha) = m(A_2)$, so daß wir haben $\varepsilon > m(A_2^\alpha - A_1^i) \geqq m(X^\alpha - X^i)$. Mit $\varepsilon \to 0$ folgt $m(X^\alpha) = m(X^i)$, w. z. z. w.

8.11.7. In welcher Weise das Maß einer Punktmenge von ihrer Einlagerung in den Raum abhängt, kann man am Beispiel des CANTORschen

Diskontinuums im E^1 sehen. Wir gehen aus von $V_0 = \{x: 0 \leq x \leq 1\}$, nehmen aus seiner Mitte ein offenes Intervall der p_1-fachen Länge des ganzen Intervalles heraus, $0 < p_1 < 1$; es bleibt die Summe V_1 zweier Intervalle mit $m(V_1) = 1 - p_1$. An den Intervallen von V_1 machen wir nun dasselbe wie eben, nur mit einem p_2, $0 < p_2 < 1$; es bleibt eine Intervallsumme V_2 mit $m(V_2) = (1 - p_1)(1 - p_2)$, usw. Wir erhalten eine absteigende Folge von Intervallsummen V_k mit $m(V_k) = (1 - p_1) \ldots (1 - p_k)$. Für den Durchschnitt $D = \prod^{\cdot} V_k$, ein CANTORsches Diskontinuum, haben wir nach **8.1.6.** $m(D) = \lim\limits_k (1 - p_1) \ldots (1 - p_k)$. Je nach Wahl der p_k kann man offenbar für $m(D)$ einen beliebigen Wert μ mit $0 \leq \mu < 1$ erhalten; dies erscheint merkwürdig gegenüber der Tatsache, daß je zwei solche D durch eine topologische Abbildung von V_0 ineinander überführbar sind.

Um eine solche Abbildung zu konstruieren, wählen wir auf $V_0 = \{0 \leq \hat{x} \leq 1\}$ ein D mit $p_1 = p_2 = \cdots = \frac{1}{3}$; dann ist $m(D) = 0$; weiter auf $W_0 = \{0 \leq \hat{y} \leq 1\}$ ein CANTORsches Diskontinuum $D' = \prod^{\cdot} W_n$ mit $p_n = 1/(n+1)^2$, $n \in \mathbf{Z}$; dann ist $m(D') = \prod (1 - 1/(n+1)^2) = \prod n(n+2)/(n+1)^2 = \frac{1}{2}$. Die bei der Konstruktion der V_k bzw. W_k jeweils wegzunehmenden, einander entsprechenden Intervalle bilden wir linear aufeinander ab. Die dadurch erklärte Abbildung von $V_0 - D$ auf $W_0 - D'$ läßt sich stetig ergänzen zu einer eineindeutigen (monotonen) Abbildung $y = \varphi(x)$ von V_0 auf W_0. Sie bildet D auf D' ab.

8.11.7.1. Durch eine Ähnlichkeitstransformation in x und y gewinnt man aus $\varphi(x)$ eine Abbildung $y = \varphi(x; a, b; a', b')$, welche das Intervall $\{a \leq \hat{x} \leq b\}$ eineindeutig und stetig auf das Intervall $\{a' \leq \hat{y} \leq b'\}$ abbildet, und analoge Eigenschaften wie φ hat; es ist $\varphi(x) = \varphi(x; 0, 1; 0, 1)$. Wir setzen $\varphi(x) = \varphi_1(x)$ und bilden ein $\varphi_2(x)$, indem wir φ_1 in jedem (größten) Intervall (a, b), in welchem φ_1 als lineare Funktion definiert ist und welches φ_1 auf das Intervall (a', b') abbildet, ersetzen durch die Funktion $\varphi(x; a, b; a', b')$. Mit den Intervallen, welche $\varphi_2(x)$ linear abbildet, machen wir nun dasselbe, usw. Man erhält eine Folge $\varphi_1(x)$, $\varphi_2(x), \ldots$ von stetigen steigenden Funktionen, welche offenbar gleichmäßig gegen eine ebenfalls stetige und steigende Grenzfunktion $\psi(x)$ konvergieren. Daneben haben wir eine aufsteigende Folge von Nullmengen, $D = N_1 \subset N_2 \subset \cdots$, mit folgenden Eigenschaften: $\varphi_v(x), \varphi_{v+1}(x), \ldots$ ist eine konstante Folge für $x \in N_v$ und N_v wird durch $\varphi_v, \varphi_{v+1}, \ldots$ auf eine Menge K_v abgebildet mit $m(K_v) = \frac{1}{2} + \frac{1}{4} + \cdots + 2^{-v}$. ψ bildet daher die Nullmenge $N_1 \dotplus N_2 \dotplus \cdots = N$ ab auf eine Menge K mit $m(K) = 1$. Wir haben außerdem $m(V_0 - N) = 1$ und $m(W_0 - K) = 0$. Ergebnis:

Es gibt eine eineindeutige stetige (also topologische) Selbstabbildung des Intervalles $\{0 \leq \hat{x} \leq 1\}$, welche eine Nullmenge in eine Menge vom Maß 1 transformiert.

8.11.7.2. *Es gibt beschränkte offene Mengen G_1, welche nicht quadrierbar sind; es gibt in der Ebene beschränkte offene, dem Innern eines Rechtecks topologisch äquivalente Mengen G_2, welche nicht quadrierbar sind.*

In der Tat, man wähle in **8.11.7.** die Folge $p_1, p_2, \dots$ so, daß $0<\mu<1$. Dann ist die offene Menge $G_1 = V_0 - D$ nicht quadrierbar; denn $(V_0 - D)^\alpha = V_0$, so daß $(m(V_0-D)^\alpha) = 1 > 1 - \mu = m(V_0 - D)$. Um ein Beispiel zur zweiten Behauptung zu erhalten, setze man $G_2 = G_3 + R$ mit $G_3 := \{(x, y) : x \in G_1$ und $0 < y \leq \frac{1}{2}\}$ und $R := \{(x, y) : 0 < x < 1$ und $\frac{1}{2} < y < 1\}$. Konstruktion einer topologischen Abbildung von G_2 etwa auf R als Aufgabe.

8.11.8. Der VITALIsche *Überdeckungssatz* in seinen verschiedenen Formen lehrt, daß man zur beliebig maßgenauen Approximation recht spezielle Mengen verwenden kann. Zur Formulierung des genannten Satzes in seiner einfachsten Form seien einige Erklärungen vorausgeschickt. Mit W bezeichnen wir stets einen offenen Würfel, d.h. ein offenes Intervall $\{(x_1, \dots, x_q) : a_\varkappa < x_\varkappa < b_\varkappa$ für $\varkappa = 1, \dots, q\}$ mit $b_1 - a_1 = \cdots = b_q - a_q = l(W)$. Eine Menge $\mathfrak{W}$ von Würfeln heiße ein VITALIsches *Würfelsystem*, wenn es zu jedem $x \in E^q$ und jedem $\lambda > 0$ ein W aus $\mathfrak{W}$ gibt mit $x \in W$ und $l(W) < \lambda$. Dann gilt der Satz:

Ist P beschränkt und meßbar und $\mathfrak{W}$ ein VITALIsches Würfelsystem, und $\varepsilon > 0$, so gibt es endlich viele paarweise fremde $W_1, \dots, W_n$ aus $\mathfrak{W}$ mit $m\left(P \dot{+} \sum_1^n W_\nu\right) < \varepsilon$.

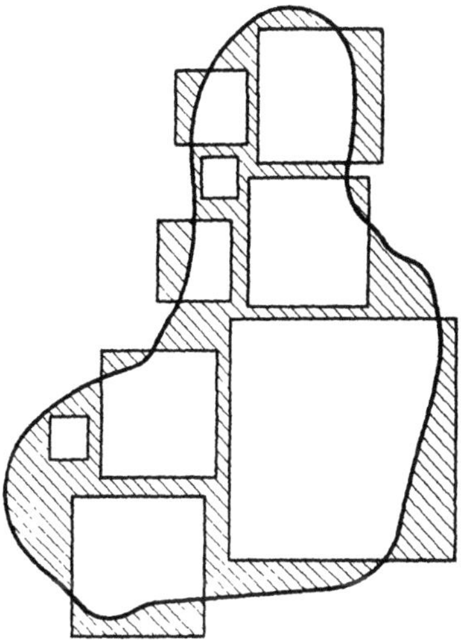

Abb. 22. Zum VITALIschen Satz.

Beweis. 1. Ist der Satz für offene Mengen P bewiesen, so folgt er auch für beliebiges meßbares beschränktes P. Denn zu P gibt es eine offene beschränkte Menge $G > P$ mit $m(G - P) < \varepsilon/2$. Zu G bilden wir eine nach Annahme vorhandene Vereinigung $S := \sum^\cdot \{W_\nu : \nu = 1, \dots, n\}$ von Würfeln aus $\mathfrak{W}$ mit $m(G \dot{+} S) < \varepsilon/2$. Dann ist $P \dot{+} S = (G \dot{+} P) \dot{+} (G \dot{+} S) \subset (G - P) \dot{+} (G \dot{+} S)$, woraus $m(P \dot{+} S) \leq \varepsilon$ hervorgeht.

2. Es sei jetzt $P = G_0$ offen. (a) Auf Grund der Voraussetzung über $\mathfrak{W}$ können wir jedem x eine Folge von Würfeln $W_1^*(x) > W_2^*(x) > \cdots \ni x$ zuordnen mit $l(W_n^*(x)) \to 0$. Mit W_x bezeichnen wir den ersten Würfel in obiger Folge mit $W_n^{*\alpha}(x) \subset G_0$. Dann ist $G_0 = \sum^\cdot \{W_x : x \in G_0\} = \sum^\cdot \{W_n : n \in \mathsf{Z}\}$, wo $W_1, W_2, \dots$ ein abzählbares Teilsystem der W_x ist

(gemäß **4.6.7.2.**). Wir dürfen dabei die W_n als nach fallenden $l(W_n)$ geordnet voraussetzen. — (b) Wir streichen in der Folge $W_1, W_2, W_3, \ldots$ nach W_1 alle Glieder, welche mit W_1 Punkte gemein haben; es bleibt dann $W_1, W_{s_1}, W_{s_2}, \ldots$. Hierin wird nach W_{s_1} alles gestrichen, was mit W_{s_1} Punkte gemein hat, usw. Schließlich bleibt eine Folge $W_1, W_{s_1}, W_{t_1}, \ldots$, welche unendlich oder endlich ist (im letzten Falle aber mindestens das Glied W_1 enthält). — (c) W' bezeichne den zu W konzentrischen Würfel dreifacher Kantenlänge, so daß $\lambda(W') = 3^q \lambda(W)$. In W_1' sind wegen $l(W_n) \geqq l(W_{n+1})$ alle Würfel enthalten, welche bei der ersten Streichung weggefallen sind, in W_{s_1}' alle, welche bei der zweiten Streichung ausgefallen sind, usw.; dies ergibt:

$$G_0 < W_1' \dotplus W_{s_1}' \dotplus W_{t_1}' \dotplus \cdots, \quad \text{also} \quad m(G_0) \leqq 3^q \{\lambda(W_1) + \lambda(W_{s_1}') + \cdots\},$$

oder $\lambda(W_1) + \lambda(W_{s_1}) + \cdots \geqq 3^{-q} m(G_0)$, somit für ein gewisses u_1 auch $\lambda(W_1) + \lambda(W_{s_1}) + \cdots + \lambda(W_{u_1}) \geqq 3^{-(q+1)} m(G_0)$ und $U := W_1 + W_{s_1} + \cdots + W_{u_1} < G_0$. Setzen wir noch $G_1 = G_0 - (W_1^\alpha \dotplus W_{s_1}^\alpha \dotplus \cdots \dotplus W_{u_1}^\alpha)$ und $\Theta = 1 - 3^{-(q+1)}$, so ist $m(G_0 - U) = m(G_1) \leqq \Theta\, m(G_0)$. — (d) Die Wiederholung der im Vorausgehenden an G_0 vorgenommenen Betrachtung an G_1, ergibt ein G_2 mit $m(G_2) \leqq \Theta\, m(G_1) \leqq \Theta^2 m(G_0)$, usw. Allgemein erhält man $m(G_n) \leqq \Theta^n m(G_0)$. Für hinreichend großes n wird $\Theta^n m(G_0) < \varepsilon$, ε positiv vorgegeben, so daß die bei diesem Auswahlverfahren sich zu $G_0, G_1, \ldots, G_n$ ergebenden endlich vielen paarweise fremden Würfel die Menge G_0 bis auf einen Rest von einem Maße kleiner als ε von innen her ausfüllen. Damit ist der Satz bewiesen.

Der VITALIsche Satz ist von fundamentaler Bedeutung in der Differentiationstheorie der additiven Mengenfunktionen, worauf wir hier nicht eingehen.

8.11.9. JORDAN*scher Inhalt und* LEBESGUE*sches Maß sind bei orthogonalen Transformationen des E^q invariant.*

Beweis. 1. JORDAN-Inhalt und LEBESGUE-Maß sind ursprünglich an Hand eines bestimmten Koordinatensystems des E^q erklärt worden; die genannte Invarianz bedeutet nun gerade, daß die durch die Definition von Inhalt und Maß bedingte Abhängigkeit vom Koordinatensystem tatsächlich nur eine scheinbare ist. Wie schon einmal bemerkt, sichert die Invarianz des Intervallgitters gegenüber Translationen (Parallelverschiebungen) auch die *Translationsinvarianz* von Inhalt und Maß. Wir benutzen im folgenden die Tatsache, daß jede orthogonale Transformation des E^q sich darstellen läßt als eine endliche Aufeinanderfolge von Spiegelungen an Hyperebenen des E^q. Beweisen wir also die *Spiegelungsinvarianz*, so haben wir alles erreicht.

2. Sei G irgendeine offene Menge im E^q, G^* ihr Spiegelbild bei einer Spiegelung an der Hyperebene H. In H führen wir ein Koordinaten-

system ein und ergänzen es durch eine Achse senkrecht zu H zu einem Koordinatensystem K in E^q. Nach **4.3.4.** können wir G darstellen als Vereinigung von abzählbar vielen abgeschlossenen K-achsenparallelen Intervallen I_ν mit paarweise fremden offenen Kernen, $G = \sum_\nu^{\cdot} I_\nu$; dabei gilt $m(G) = \sum_\nu m(I_\nu)$. Spiegeln wir diese Intervalle an H, so erhalten wir eine Darstellung $G^* = \sum_\nu^{\cdot} I_\nu^*$ und $m(G^*) = \sum_\nu m(I_\nu^*)$. Nun läßt sich offensichtlich jedes einzelne I_ν^* aus I_ν durch eine Parallelverschiebung senkrecht zu H gewinnen, so daß wegen der Translationsinvarianz $m(I_\nu) = m(I_\nu^*)$, und damit auch $m(G) = m(G^*)$ ist. Mit der Darstellung (vgl. **8.11.4.**)

$$m^0(X) = \inf\{m(G) : G \text{ offen und } \supset X\}$$

ist damit auch die Invarianz des äußeren Maßes, damit auch der Nullmengen, des inneren Maßes, des inneren und äußeren Inhalts bewiesen.

8.11.10. Reduziert man gemäß **8.9.1.** das LEBESGUEsche Maß $m|\mathfrak{L}$, erklärt auf dem σ-Mengenkörper $\mathfrak{L}$ aller LEBESGUE-meßbaren Teilmengen des Intervalls $J := \{x : 0 \leq x \leq 1\}$, so erhält man das reduzierte LEBESGUEsche Maß $\mu|\Lambda$ auf dem σ-Somenring Λ der Restklassen in $\mathfrak{L}$ nach dem σ-Mengenideal $\mathfrak{N}'$ der LEBESGUEschen Nullmengen in J. $\mu|\Lambda$ ist *normiert* in dem Sinne, daß $m(J) = 1$ für das größte Soma J, $\mu|\Lambda$ ist *nicht atomar*, indem Λ nicht atomar ist, d.h. keine unteilbaren Elemente besitzt, und es ist separabel (**8.9.1.1.**), wie wir noch sehen werden. Der Zweck der folgenden Betrachtungen ist der Beweis des *Isomorphiesatzes*:

Jedes separable, reduzierte und normierte Maß $m|\mathfrak{B}$ auf dem nicht atomaren geschlossenen σ-Somenring $\mathfrak{B}$ ist isomorph dem reduzierten LEBESGUE*schen Maß $\mu|\Lambda$ des Intervalls $J = [0, 1]$.*

Isomorph heißt dabei, daß eine σ-isomorphe Abbildung $\overline{T}(B)$, $B \in \mathfrak{B}$, von $\mathfrak{B}$ auf Λ existiert mit $\mu(\overline{T}(B)) = m(B)$ für $B \in \mathfrak{B}$.

Dem Beweis schicken wir zwei Hilfssätze voraus.

8.11.10.1. Wie früher verstehen wir unter einer $\mathfrak{B}$-Zerlegung $\mathfrak{z}$ von B aus $\mathfrak{B}$ eine Darstellung von B als Vereinigung von endlich vielen paarweise fremden Elementen B_m aus $\mathfrak{B}$, $B = B_1 \dotplus \cdots \dotplus B_m$; als Norm von $\mathfrak{z}$ erklären wir $N(\mathfrak{z}) := \max\{m(B_\mu) : \mu = 1, \ldots, m\}$. Bei zwei Zerlegungen $\mathfrak{z}$ und $\mathfrak{z}'$ schreiben wir $\mathfrak{z} \sqsupset \mathfrak{z}'$, wenn jeder Zerlegungsteil von $\mathfrak{z}$ Teil eines Zerlegungsteiles von $\mathfrak{z}'$ ist. Offenbar gilt: $\mathfrak{z} \sqsupset \mathfrak{z}' \rhd N(\mathfrak{z}) \leq N(\mathfrak{z}')$. Eine Folge $((\mathfrak{z}_n))$ von $\mathfrak{B}$-Zerlegungen des größten Somas E von $\mathfrak{B}$, $\mathfrak{z}_n$ (mit $E = E_{n1} \dotplus \cdots \dotplus E_{n k_n}$) nennen wir *dicht*, wenn es zu jedem $B \in \mathfrak{B}$ und jedem $\varepsilon > 0$ ein n und dazu ein $B^* := E_{n i_1} \dotplus \cdots \dotplus E_{n i_m}$ gibt mit $m(B \dotplus B^*) < \varepsilon$. Nun gilt:

Ist $m|\mathfrak{B}$ ein normiertes Maß auf dem nicht atomaren σ-Somenring $\mathfrak{B}$ mit dem größten Soma E und ist $((\mathfrak{z}_n))$ eine dichte Folge von $\mathfrak{B}$-Zerlegungen von E mit $\mathfrak{z}_{n+1} \sqsupset \mathfrak{z}_n$, dann ist $\lim N(\mathfrak{z}_n) = 0$.

Beweis. Offensichtlich existiert $\delta := \lim N(\mathfrak{z}_n) \geq 0$. Angenommen, $\delta > 0$. Jedes $\mathfrak{z}_n$ erzeugt eine $\mathfrak{B}$-Zerlegung in $E_{m\varkappa}$ für $m < n$. Diese Zerlegung bezeichnen wir mit $\mathfrak{z}_n | E_{m\varkappa}$. Bei festem $\varkappa$ ist $N(\mathfrak{z}_n | E_{1\varkappa})$ monoton abnehmend; außerdem gibt es zu jedem n ein $\varkappa$, so daß $N(\mathfrak{z}_n | E_{1\varkappa}) \geq \delta$. Es muß daher auch ein $\varkappa_1$ geben, so daß $N(\mathfrak{z}_n | E_{1\varkappa_1}) \geq \delta$ für alle $n \in \mathbf{Z}$. Wir setzen $E_{1\varkappa_1} = F_1$. In Wiederholung dieser Überlegung finden wir ein $F_2 := E_{2\varkappa_2} < F_1$ mit $N(\mathfrak{z}_n | F_2) \geq \delta$ für $n \in \mathbf{Z}$. Fortsetzung ergibt eine Folge $F_1, F_2, \ldots$, wobei für $F := \prod^{\cdot} \{F_n : n = 1, 2, \ldots\}$ ebenfalls $m(F) \geq \delta$. Da F zerlegbar, so gibt es einen echten Teil F' von F mit $0 < m(F') < m(F)$. Sobald $0 < \varepsilon < \min\{m(F'), m(F) - m(F')\}$, ist $m(F' \dot{+} B^*) > \varepsilon$ für jedes $B^* := E_{nj_1} \dot{+} \cdots \dot{+} E_{nj_k}$; denn F' ist entweder fremd zu allen $E_{nj_1}, \ldots, E_{nj_k}$, oder in einem, etwa E_{nj}, als Teil enthalten, wobei dann $E_{nj} - F' > F - F'$. Damit haben wir einen Widerspruch zur Dichtheit von $((\mathfrak{z}_n))$.

8.11.10.2. *Ist* $J := \{x : 0 \leq x \leq 1\}$, $\mu | \Lambda$ *das reduzierte* LEBESGUE*sche Maß auf* J, *und* $((\mathfrak{z}_n))$ *eine Folge von Zerlegungen von* J *in Intervalle mit* $\lim N(\mathfrak{z}_n) = 0$, *so ist* $((\mathfrak{z}_n))$ *dicht.*

Beweis. Zu $\varepsilon > 0$ gibt es ein n mit $N(\mathfrak{z}_n) < \varepsilon/2$. Ist I irgendein Intervall, so seien $I_1, \ldots, I_k$ diejenigen Intervalle von $\mathfrak{z}_n$, welche mit I Durchschnitte positiven Maßes gemein haben; dann ist $\mu((I_1 \dot{+} \cdots \dot{+} I_k) - I) < \varepsilon$. Nach **8.10.12.** kann man jedes Soma aus Λ beliebig genau approximieren durch ein endliches Intervallaggregat, dessen Intervalle sich nach dem vorausgehenden Ergebnis wiederum durch Intervallaggregate aus $\mathfrak{z}_n$ approximieren lassen. Dies ergibt die Dichtheit von $((\mathfrak{z}_n))$, und nebenher die Separabilität von $\mu | \Lambda$.

8.11.10.3. *Beweis von* **8.11.10.**

1. Es sei $((D_n))$ eine dichte Folge von Elementen aus $\mathfrak{B}$ in dem mit dem m-Abstand metrisierten $\mathfrak{B}$. Für jedes n bilden die endlich vielen Elemente $\prod^{\cdot} \{A_i : i = 1, \ldots, n\}$, wobei A_i entweder gleich D_i oder $E - D_i$ ist, eine $\mathfrak{B}$-Zerlegung $\mathfrak{z}_n$ von E. Die Folge $((\mathfrak{z}_n))$ ist offenbar absteigend, also nach **8.11.10.1.** $\lim N(\mathfrak{z}_n) = 0$.

2. Jedem Element B der Zerlegung $\mathfrak{z}_1$ können wir zuordnen ein Teilintervall $T(B)$ von J, so daß $m(B) = \mu(T(B))$ und zugleich die Intervalle $T(B)$, $B \in \mathfrak{z}_1$, eine Zerlegung ζ_1 von J bilden. In analoger Weise können wir innerhalb jedes einzelnen Intervalls $T(B)$ gemäß dem Verhalten von $\mathfrak{z}_2 | B$ eine Intervallzerlegung konstruieren und diese zu einer solchen von J, etwa ζ_2 zusammensetzen. Fortsetzung liefert eine Folge $((\zeta_n))$ von Intervallzerlegungen von J. Da entsprechende Zerlegungsteile in E bzw. in J gleiches Maß haben, so ist auch $\lim N(\zeta_n) = 0$, so daß nach **8.11.10.2.** $((\zeta_n))$ dicht ist.

3. Wir definieren nun die Abbildung T nicht nur für die Zerlegungselemente aus den ζ_n, sondern auch für jede endliche Vereinigung von solchen Elementen, indem wir ihr die Vereinigung der entsprechenden

Elemente zuordnen. Damit erweist sich T als eine isometrische Abbildung einer dichten Teilmenge von $\mathfrak{B}$ auf eine dichte Teilmenge von Λ; sie ist also stetig erweiterbar zu einer Abbildung $\overline{T}$ von ganz $\mathfrak{B}$ auf ganz Λ (**5.2.5.** und **8.9.1.1.**). Da dabei Vereinigung und Unterschiedsbildung gewahrt bleiben, und diese Operationen gleichmäßig stetig sind, so folgt, daß $\overline{T}|\mathfrak{B}$ ein Isomorphismus ist, w. z. z. w.

9. Positive lineare Funktionale.

9.1. Elementarintegral und Normintegral.

9.1.0. Die in **7.4.** für Funktionen einer reellen Veränderlichen entwickelte Integrationstheorie wird hier unter wesentlich allgemeineren Voraussetzungen hinsichtlich der Funktionenbereiche, jedoch unter Beschränkung auf Erweiterungen mittels einer L-Norm (**7.4.2.7.**) wieder aufgenommen.

9.1.1.1. Es sei $\mathfrak{E}$ eine nicht leere Menge von endlichen reellen Funktionen $f|A$, erklärt auf dem gemeinsamen Definitionsbereich A. Sie habe die folgenden Vollzähligkeitseigenschaften:

(1_j) $\quad a$ reell und $f \in \mathfrak{E} \rhd a f \in \mathfrak{E}$;

(2_j) $\quad (f_1$ und $f_2) \in \mathfrak{E} \rhd f_1 + f_2 \in \mathfrak{E}$;

(3_j) $\quad f \in \mathfrak{E} \rhd |f| \in \mathfrak{E}$.

Dabei ist nach Definition $(a f)(x) = a f(x)$, $(f_1 + f_2)(x) = f_1(x) + f_2(x)$ und $|f|(x) = |f(x)|$ für $x \in A$. Führen wir in $\mathfrak{E}$ die natürliche Ordnung

$$f_1 \leqq f_2 : \rhd\!\lhd f_1(x) \leqq f_2(x) \text{ für } x \in A$$

ein, so ist $\mathfrak{E}$ ein Verband, wegen (1_j) und (2_j) genauer ein *Vektorverband*; denn es gilt $\mathfrak{E}\text{-sup}\{f_1, f_2\} = -\mathfrak{E}\text{-inf}\{-f_1, -f_2\} = \frac{1}{2}(f_1 + f_2) + \frac{1}{2}|f_1 - f_2|$.

Die Funktionen aus $\mathfrak{E}$ heißen *Elementarfunktionen.*

9.1.1.2. Auf $\mathfrak{E}$ sei eine reelle Funktion $E|\mathfrak{E}$ definiert, welche jedem $f \in \mathfrak{E}$ eindeutig eine endliche reelle $E(f)$ zuordnet mit den Eigenschaften (es sind a reell und f_v aus $\mathfrak{E}$):

(4_j) $\quad E(a f) = a E(f)$;

(5_j) $\quad E(f_1 + f_2) = E(f_1) + E(f_2)$;

(6_j) $\quad E(|f|) \geqq 0$.

Diese sechs Eigenschaften machen $E|\mathfrak{E}$ zu einem *positiven linearen Funktional* in $\mathfrak{E}$; wir nennen es ein (*schwaches*) *Elementarintegral.*

9.1.1.3. *Beispiele.* 1. Es sei A eine beliebige Menge, $\mathfrak{B}$ ein Mengenkörper mit A als größter Menge, und auf $\mathfrak{B}$ sei ein endlicher Inhalt

$m(X)$, $X \in \mathfrak{B}$, d.h. eine nicht negative, additive Funktion definiert. Elementarfunktion sei jede reelle „$\mathfrak{B}$-Stufenfunktion"; eine solche ist erklärt, wenn eine $\mathfrak{B}$-Zerlegung von A (**8.1.4.**)

$$A = X_1 \dotplus \cdots \dotplus X_n$$

und dazu eigentliche reelle Zahlen $y_1, \ldots, y_n$ gegeben sind; es wird dann festgesetzt: $f(x) = y_i$ für $x \in X_i$, $i = 1, \ldots, n$. Die X_i heißen die „Stufen" der betreffenden Darstellung von $f|A$; man beachte, daß es zur selben Stufenfunktion im allgemeinen verschiedene Darstellungen gibt. Die Funktion

$$E(f) = y_1 m(X_1) + \cdots + y_n m(X_n)$$

ist ein (schwaches) Elementarintegral (Beweis!).

2. Das vorausgehende Beispiel ist einer wichtigen Verallgemeinerung fähig: A sei wieder irgendeine feste Menge und $\mathfrak{B}$ ein Körper von Teilmengen von A, auf dem ein endlicher Inhalt $m|\mathfrak{B}$ erklärt ist. Eine Elementarfunktion $f|A$ (*uneigentliche $\mathfrak{B}$-Stufenfunktion*) ist definiert, wenn endlich viele paarweise fremde $X_i \in \mathfrak{B}$ und dazu endliche Zahlen y_i, $i = 1, \ldots, n$, gegeben sind; es wird dann $f(x) = y_i$ für $x \in X_i$, $i = 1, \ldots, n$, bzw. $f(x) = 0$ für $x \notin X_1 \dotplus \cdots \dotplus X_n$ gesetzt und $E(f)$ wie in 1. definiert.

9.1.2. Es bezeichne $\mathfrak{G}$ die Gesamtheit aller reellen Funktionen $g|A$ mit eigentlichen oder uneigentlichen Funktionswerten, welche auf A definiert sind. Für $g \in \mathfrak{G}$ erklären wir die ($E|\mathfrak{E}$ zugeordnete) *Norm von* g durch:

(a) $$N(g) := \inf\left\{\sum_{n=1}^{\infty} E(|f_n|) : |g| \leq \sum_{n=1}^{\infty} |f_n| \quad \text{mit} \quad f_n \in \mathfrak{E}\right\},$$

soferne die Konkurrenzmenge für die Infimumsbildung nicht leer ist; anderenfalls, d.h. wenn es keine $f_1, f_2, \ldots$ aus $\mathfrak{E}$ gibt mit $|g| \leq \sum_{n=1}^{\infty} |f_n|$, sei $N(g) = +\infty$. Für die so definierte Funktion $N|\mathfrak{G}$ gilt ($g, g_1, \ldots \in \mathfrak{G}$):

(b) $0 \leq N(g) \leq +\infty$;

(c) $N(a\,g) = |a|\, N(g)$ für endliches reelles $a \neq 0$;

(d) $|g| \leq \sum_{n=1}^{\infty} |g_n| \rhd N(g) \leq \sum_{n=1}^{\infty} N(g_n)$;

(e) $N(|g|) = N(g)$;

(f) $|g_1| \leq |g_2| \rhd N(g_1) \leq N(g_2)$.

In der Tat, (b), (e) und (f) sind unmittelbare Folgerungen aus der Definition von N. Zu (c) kommt man durch die Bemerkung, daß $|a\,g| \leq \sum_{n=1}^{\infty} |f_n|$ und $|g| \leq \sum_{n=1}^{\infty} \frac{1}{|a|} |f_n|$ gleichwertige Aussagen sind, soferne $a \neq 0$. (d) wird wie in **7.4.3.4.** bewiesen.

9.1.2.1. Im *Beispiel* 2. *von* **9.1.1.3.** ist die Norm $N(f)$ für ein $f|A$ gleich dem Infimum aller (eigentlichen oder uneigentlichen) Summen $\sum\limits_\nu \alpha_\nu m(A_\nu)$, wobei die α_ν nicht negative reelle Zahlen und die A_ν Mengen aus $\mathfrak{B}$ bezeichnen, $\nu \in \mathbf{Z}$, mit $|f| \leqq \sum\limits_\nu a_\nu \chi_{A_\nu}$ ($\chi_B(x) := 1$ bzw. 0 für $x \in$ bzw. $\notin B$); denn man kann jede elementare Funktion, d.h. jede $\mathfrak{B}$-Stufenfunktion darstellen als endliche Summe von speziellen Funktionen $\alpha \chi_B$.

9.1.3. Um für die Elementarfunktionen f die Gleichung $N(f) = E(|f|)$ zu erhalten, müssen wir von $E|\mathfrak{E}$ ausdrücklich noch verlangen, daß für $f, f_1, f_2, \ldots$ aus $\mathfrak{E}$ stets

$$(7_\mathrm{j}) \qquad |f| \leqq \sum_{n=1}^{\infty} |f_n| \rhd E(|f|) \leqq \sum_{n=1}^{\infty} E(|f_n|)$$

gilt. Übrigens ist (7_j) notwendig und hinreichend für

$$(\mathrm{g}) \qquad f \in \mathfrak{E} \rhd N(f) = E(|f|).$$

Trivialerweise ist nämlich $N(f) \leqq E(|f|)$ für jedes $f \in \mathfrak{E}$. Wenn nun (7_j) gilt, hat man auch $E(|f|) \leqq N(f)$, und somit (g). Wenn andererseits (g) gilt, so haben wir auf Grund der Infimumseigenschaft von $N(f)$ auch (7_j).

Im folgenden setzen wir voraus, daß $E|\mathfrak{E}$ die Eigenschaften (1_j) bis (7_j) erfüllt; wir sprechen dann schlechthin von einem *Elementarintegral.* Erst später werden wir weitere Forderungen an $E|\mathfrak{E}$ zu stellen haben.

In diesem Sinne ist das T-Integral $T|\mathfrak{T}$ über dem Bereich der $\mathfrak{T}$-Funktionen eines Zahlenintervalls gemäß **7.4.1.4.** ebenso auch das Integral $L|\mathfrak{L}$ gemäß **7.4.2.7.** und **7.4.3.4.** ein Elementarintegral.

9.1.3.1. *Das im Beispiel* 2. *von* **9.1.1.3.** *definierte Elementarintegral* $E|\mathfrak{E}$ *erfüllt dann und nur dann die Forderung* (7_j), *wenn der Inhalt* $m|\mathfrak{B}$ *totaladditiv ist.*

Beweis. 1. Wenn $m|\mathfrak{B}$ nicht total additiv ist, so gibt es eine Zerlegung einer Teilmenge $T_0 \in \mathfrak{B}$ in abzählbar viele fremde Teile T_1, $T_2, \ldots$ aus $\mathfrak{B}$, $T_0 = T_1 + T_2 + \cdots$, mit $m(T_0) > m(T_1) + m(T_2) + \cdots$ (das Kleinerzeichen kommt ja wegen der Additivität nicht in Frage). Für die Elementarfunktionen χ_{T_ν}, $\nu = 0, 1, \ldots$, ist dann die Voraussetzung von (7_j) in der Form $\chi_{T_0} = \chi_{T_1} + \chi_{T_2} + \cdots$, wegen $m(T_\nu) = E(\chi_{T_\nu})$ aber die Behauptung von (7_j) nicht erfüllt.

2. Es sei jetzt $m|\mathfrak{B}$ als totaladditiv vorausgesetzt, ferner die Elementarfunktionen $f, f_1, f_2, \ldots$ als nicht negativ mit $f \leqq f_1 + f_2 + \cdots$. Die Stufen von f seien $X_1, \ldots, X_k$ mit $f(x) = 0$ für $x \notin X_1 \dotplus \cdots \dotplus X_k$. Wenn wir (7_j) bei festem $\varkappa\ (= 1, \ldots, k)$ für die Funktionen $\bar{f} = f \cdot \chi_{X_\varkappa}$, $\bar{f}_i = f_i \cdot \chi_{X_\varkappa}$, $i = 1, 2, \ldots$, mit $\bar{f} \leqq \bar{f}_1 + \bar{f}_2 + \cdots$ bewiesen haben, dann folgt einfach durch

Addition der betreffenden k Ungleichungen (7_j) allgemein. Setzen wir $X_\varkappa = B$, so kommt dies darauf hinaus, (7_j) für den Fall

$$f(x)=1 \quad \text{für} \quad x \in B, \qquad f(x)=f_1(x)=f_2(x)=\cdots=0 \quad \text{für} \quad x \in A-B$$

zu beweisen $\big(f(x)=0$ für $x \in B$ ist trivial$\big)$.

Unter dieser Voraussetzung wählen wir ein r mit $0<r<1$ und zerlegen wegen $1 \leq f_1(x)+f_2(x)+\cdots$ für $x \in B$ die Menge B gemäß $B = A_1+A_2+\cdots+A_n+\cdots$, wobei $A_1=[f_1 \geq r]$†, $A_2=[f_1<r]\,[f_1+f_2 \geq r], \ldots$, $A_n=[f_1+\cdots+f_{n-1}<r]\,[f_1+\cdots+f_n \geq r], \ldots$. Dann ist $m(B)=\sum\limits_n m(A_n)$, ferner gilt $[f_1+\cdots+f_n \geq r]=A_1+\cdots+A_n$. Dies ergibt $E(f_1)+E(f_2)+\cdots \geq E(f_1)+\cdots+E(f_n)=E(f_1+\cdots+f_n) \geq r\,m(A_1+\cdots+A_n)=r\big(m(A_1)+\cdots+m(A_n)\big)$, woraus für $n \to +\infty$ folgt $\sum\limits_\nu E(f_\nu) \geq r\,m(B)$, und weiter mit $r \to 1$ schließlich $\sum\limits_\nu E(f_\nu) \geq m(B)=E(f)$.

9.1.4. Funktionen $g \in \mathfrak{G}$ mit $N(g)=0$ nennt man *Nullfunktionen*[1]. Eine Teilmenge T von A heißt eine *Nullmenge*[1], wenn die zu T gehörige charakteristische Funktion χ_T $\big(\chi_T(x)=1$ bzw. 0, je nachdem $x \in T$ bzw. nicht $\in T\big)$ eine Nullfunktion ist.

(h) *Jede Teilmenge einer Nullmenge ist eine Nullmenge.*

(i) *Die Vereinigung von abzählbar vielen Nullmengen ist eine Nullmenge.*

In der Tat, (h) folgt aus (f), und wenn $T_1, T_2, \ldots$ Nullmengen und V ihre Vereinigung sind, so gilt $\chi_V \leq \chi_{T_1}+\chi_{T_2}+\cdots$, also nach (d) $N(\chi_V) \leq N(\chi_{T_1})+N(\chi_{T_2})+\cdots=0$.

9.1.4.1. Ergänzung zum Beispiel 2. von **9.1.1.3.**

Eine Teilmenge $Z \subset A$ ist dann und nur dann eine N-Nullmenge, wenn sie mit abzählbar vielen B_ν aus $\mathfrak{B}$ mit beliebig kleiner Inhaltssumme $\sum\limits_\nu m(B_\nu)$ überdeckbar ist.

Beweis. Die angegebene Bedingung kann man auch so fassen: Zu $\varepsilon>0$ gibt es Mengen B_ν aus $\mathfrak{B}$ mit $\chi_Z \leq \sum\limits_\nu \chi_{B_\nu}$ und $\sum\limits_\nu E(\chi_{B_\nu}) \leq \varepsilon$. Da $\chi_{B_\nu} \in \mathfrak{E}$, so ist klar, daß diese Bedingung für $N(\chi_Z)=0$ hinreicht. Umgekehrt folgt aus $N(\chi_Z)=0$ zu jedem $\varepsilon>0$ die Existenz von nicht negativen $\mathfrak{B}$-Stufenfunktionen f_ν, $\nu \in \mathbf{Z}$, mit

$$\chi_Z \leq \sum_\nu f_\nu \quad \text{und} \quad \sum_\nu E(f_\nu) \leq \varepsilon/2.$$

Mit passenden $\alpha_\mu \geq 0$ und $C_\mu \in \mathfrak{B}$ können wir statt dessen auch

$$\chi_Z \leq \sum_\mu \alpha_\mu \chi_{C_\mu} \quad \text{und} \quad \sum_\mu \alpha_\mu m(C_\mu) \leq \varepsilon/2$$

---

† $[f_1 \geq r]$ bedeutet $\{x : x \in B$ und $f_1(x) \geq r\}$, analog in den anderen Fällen.

[1] Genauer: *bezüglich der Norm N*; daher gelegentlich die Bezeichnungen „N-Nullfunktion", „N-Nullmenge", „N-fast überall".

schreiben. Setzen wir $D_n := \{x : \sum_{\mu=1}^{n} \alpha_\mu \chi_{C_\mu}(x) > \frac{1}{2}\}$, so erhalten wir $D_n \supset D_{n-1}$, $Z \subset D_1 + (D_2 - D_1) + \cdots + (D_n - D_{n-1}) + \cdots$, wobei $D_n - D_{n-1}$ als Vereinigung von je endlich vielen paarweise fremden $B_{n,r}$ aus $\mathfrak{B}$ darstellbar ist $(n \in \mathbf{Z},\ D_0 = 0)$. Dies ergibt $m(D_n) = E(\chi_{D_n}) \leq E\left(2 \sum_{\mu=1}^{n} \alpha_\mu \chi_{C_\mu}\right) = 2 \sum_{\mu=1}^{n} \alpha_\mu m(C_\mu) \leq \varepsilon$. Damit ist die Reihe $m(D_1) + m(D_2 - D_1) + \cdots \leq \varepsilon$ und wir haben

$$Z \subset \sum_{n,r}{}^{\cdot} B_{n,r} \quad \text{mit} \quad B_{n,r} \in \mathfrak{B} \quad \text{und} \quad \sum_{n,r} m(B_{n,r}) \leq \varepsilon,$$

womit auch die Notwendigkeit der Bedingung dargetan ist.

9.1.5. *Ist $g \in \mathfrak{G}$ und $N(g) < +\infty$, so ist $T := [g(\hat{x}) = \pm\infty]$ eine Nullmenge.*

Beweis. Wegen $T \subset [|g| \geq M] =: T_M$ für $0 < M < +\infty$, ist $N(\chi_T) \leq N(\chi_{T_M})$, so daß es genügt $N(\chi_{T_M}) \to 0$ für $M \to +\infty$ zu zeigen. Nach Voraussetzung gibt es $f_1, f_2, \ldots$ aus $\mathfrak{E}$ mit $|g| \leq |f_1| + |f_2| + \cdots$ und $\sum_n E(|f_n|) < +\infty$. Wegen $T_M \subset [M \leq |f_1| + |f_2| + \cdots] =: S_M$ ist $M\chi_{S_M} \leq |f_1| + |f_2| + \cdots$, nach (c) und (a) also $M N(\chi_{S_M}) = N(M\chi_{S_M}) \leq \sum_n E(|f_n|)$, so daß $N(\chi_{S_M}) \to 0$ für $M \to +\infty$, und wegen $N(\chi_{T_M}) \leq N(\chi_{S_M})$ damit auch $N(\chi_{T_M})$, w. z. z. w.

Statt „mit Ausnahme der Punkte einer Nullmenge" sagen wir kürzer „*fast überall*"[1]; das vorausgehende Ergebnis lautet dann kurz: *Jede Funktion g aus $\mathfrak{G}$ mit $N(g) < +\infty$ ist fast überall endlich.*

9.1.6. *Eine Funktion g aus $\mathfrak{G}$ ist dann und nur dann eine Nullfunktion, wenn sie fast überall verschwindet.*

Beweis. 1. Sei $N(g) = 0$. Wegen $[g \neq 0] = [|g| = +\infty] \dotplus \sum^{\cdot} \{T_\nu : \nu = 0, \pm 1, \ldots\}$ mit $T_\nu = [2^{\nu-1} < |g| \leq 2^\nu]$ und $2^{\nu-1}\chi_{T_\nu} < |g|$ gilt $2^{\nu-1} N(\chi_{T_\nu}) \leq N(|g|) = N(g) = 0$, so daß jedes T_ν eine Nullmenge, also wegen (i) und **9.1.5.** auch $[g \neq 0]$ eine ist.

2. Sei jetzt $T := [f \neq 0]$ als Nullmenge vorausgesetzt. Für $g_m := m\chi_T$, $m \in \mathbf{Z}$, ist $N(g_m) \leq m N(\chi_T) = 0$, ferner $|f| \leq |g_1| + |g_2| + \cdots$, so daß $N(f) \leq N(g_1) + N(g_2) + \cdots = 0$.

9.1.7. *Ist $[g_1 \neq g_2]$ eine Nullmenge, so ist $N(g_1) = N(g_2)$.*

In der Tat, es ist nach Voraussetzung $|g_1| \leq |g_2| + g_3$ und $|g_2| \leq |g_1| + g_3$, wo g_3 eine nicht negative Nullfunktion bezeichnet. Anwendung von (d) auf diese Ungleichungen liefert die Behauptung.

---

[1] Siehe Fußnote 1, S. 366.

9.1.7.1. Auf Grund dieses Satzes können wir nun eine *Erweiterung unseres Funktionsbegriffes* vornehmen: Wir werden von nun an bereits dann von einer Funktion $h|A$ sprechen, sobald $h(x)$ fast überall auf A definiert ist. Die Gesamtheit dieser Funktionen bezeichnen wir mit $\mathfrak{H}$. Offenbar ist $\mathfrak{G} \subset \mathfrak{H}$. Wie wir auch h zu einer überall auf A definierten Funktion g_h ($\in \mathfrak{G}$) erweitern, stets ergibt sich für $N(g_h)$ derselbe Wert, so daß wir in eindeutiger Weise setzen können:

$$N(h) := N(g_h).$$

Gleichzeitig führen wir die Äquivalenz in $\mathfrak{H}$ ein:

(k) $$h_1 \doteq h_2 : \bowtie [g_{h_1} \neq g_{h_2}] \text{ eine Nullmenge.}$$

Offenbar ist diese Definition unabhängig von der Wahl der g_{h_i} und erfüllt die Gleichheitspostulate. Außerdem gilt

$$h_1 \doteq h_2 \rhd N(h_1) = N(h_2).$$

9.1.7.2. Der neue Funktionsbegriff entsteht durch Bildung von Äquivalenzklassen von Punktfunktionen, und ist daher wesentlich anderer Natur als der der gewöhnlichen Punktfunktion, sobald nicht leere Nullmengen in der betreffenden Integrationstheorie auftreten. Wenn insbesondere jede einpunktige Menge Nullmenge ist, so kann von einem bestimmten Funktionswert an einer Stelle $a \in A$ überhaupt nicht gesprochen werden; denn hier bedeutet eine beliebige Abänderung des Funktionswertes $g_h(a)$ eines Repräsentanten von $h|A$ an der Stelle a unter Beibehaltung der Werte an allen übrigen Stellen keinen Wechsel der Äquivalenzklasse.

In entsprechender Weise verallgemeinern wir auch die Vereinbarung von **5.1.3.**: Ist $R(y_1, y_2, \ldots)$ eine Relation oder Funktion der abzählbar vielen reellen Variablen $y_1, y_2, \ldots$, so bedeute, wenn nichts weiter vermerkt wird, $R(h_1, h_2, \ldots)$ für $h_1, h_2, \ldots \in \mathfrak{H}$ die Relation bzw. Funktion $R(g_{h_1}(x), g_{h_2}(x), \ldots)$, welche *bei beliebiger Wahl* der Repräsentanten g_{h_i} von h_i, $i \in \mathbf{Z}$, für fast alle x gültig bzw. definiert ist. Wegen **9.1.4.** (i) ist die Konsistenz von R hinsichtlich der Gleichheitsdefinition (k) sichergestellt. Beispielsweise bedeutet $h_0 = \lim_n h_n$, daß es nach Wahl irgendwelcher Repräsentanten g_{h_i} von h_i eine Nullmenge N gibt, so daß $g_{h_0}(x) = \lim_n g_{h_n}(x)$ für alle x aus $A - N$, usw.

Bemerkung. Der Umstand, daß bei Annahme des neuen Funktionsbegriffs der Funktionswert $f(a)$ im einzelnen Punkt a des Definitionsbereiches A für die Funktion $f|A$ völlig belanglos ist, legt die Vermutung nahe, daß der einzelne Punkt selber ein ziemlich unwesentliches Dasein im Rahmen dieser neuen Auffassung führt. Tatsächlich kann man die Punkte von A, soweit sie im genannten Sinne unwesentlich sind, eliminieren. Man geht von A über zum System $\mathfrak{M}$ der „meßbaren" Teilmengen von A und noch weiter zum Restklassensomenring $\mathfrak{M}/\mathfrak{N}$ von $\mathfrak{M}$ nach dem Ideal $\mathfrak{N}$ der „Nullmengen" (vgl. **9.4.2.** und **9.1.4.**). An Stelle von der Punktfunktion $f|A$ sind dann gewisse f zugeordnete eindeutige reelle Funktionen φ auf $\mathfrak{M}/\mathfrak{N}$ zu betrachten. Wir wollen aber diesen Standpunkt hier nicht weiter verfolgen.

9.1.8. Beschränken wir uns auf die Funktionen h mit $N(h) < +\infty$, so sind diese fast überall endlich (nach **9.1.5.**). Das System dieser Funktionen mit der Gleichheitsdefinition **9.1.7.1.** (k) bezeichnen wir mit $\mathfrak{F}$; offenbar ist $\mathfrak{E} \subset \mathfrak{F} \subset \mathfrak{H}$. Es gilt:

$\mathfrak{F}$ ist ein metrisch linearer Raum mit dem Betrag $N(f_1 - f_2)$.

Beweis. Ist $-\infty < a < +\infty$ und $f_1, f_2 \in \mathfrak{F}$, so sind $a f_1$ und $f_1 + f_2$ fast überall definiert mit

$$N(a f_1) = |a|\, N(f_1) < +\infty, \quad N(f_1 + f_2) \leqq N(f_1) + N(f_2) < +\infty \quad \big(\text{nach (d)}\big).$$

Wir notieren uns hier noch:

$$f_1, f_2 \in \mathfrak{F} \rhd |N(f_1) - N(f_2)| \leqq N(f_1 - f_2);$$

denn $N(f_1) = N\big((f_1 - f_2) + f_2\big) \leqq N(f_1 - f_2) + N(f_2)$, woraus $N(f_1) - N(f_2) \leqq N(f_1 - f_2)$, und aus Symmetriegründen damit die Behauptung folgt.

9.1.8.1. Der obig erklärten Metrik in $\mathfrak{F}$ entspricht die folgende Limesdefinition („*Konvergenz nach der Norm*"):

$$f = \operatorname*{Lim}_n f_n : \bowtie \lim_n N(f_n - f) = 0.$$

Statt $f = \operatorname*{Lim}_n f_n$ schreiben wir gelegentlich $f_n \xrightarrow[N]{} f$.

Sind $f_1, f_2, \ldots, f_1', f_2', \ldots$ und $f = \operatorname{Lim} f_n$ aus $\mathfrak{F}$, so gilt:

(1) $$f_n = f_n' \text{ für } n \in \mathbf{Z} \rhd \operatorname{Lim} f_n' = f;$$

(2) $$a \text{ reell und } \neq 0 \rhd \operatorname{Lim} (a f_n) = a f;$$

(3) $$\operatorname{Lim} f_n' = f' \in \mathfrak{F} \rhd \operatorname{Lim} (f_n + f_n') = f + f';$$

(4) $$\operatorname{Lim} |f_n| = |f|.$$

Beweis. Man benutze $N(f - f_n') \leqq N(f - f_n) + N(f_n - f_n') = N(f - f_n)$ bei (1), $N(a f_n - a f) = |a|\, N(f_n - f)$ bei (2), $N\big((f_n + f_n') - (f + f')\big) \leqq N(f_n - f) + N(f_n' - f')$ bei (3), und $N(|f_n| - |f|) \leqq N(|f_n - f|)$ bei (4).

Bemerkung. Entsprechende Limessätze gelten auch für max und min von zwei Funktionen.

9.1.8.2. Die Konvergenz nach der Norm ist zu unterscheiden von der „stellenweisen Konvergenz" (s. **9.1.7.2.**). Nur unter besonderen zusätzlichen Bedingungen ist die eine Konvergenz eine Folge der anderen. Dies zeigen die folgenden *Gegenbeispiele:* $A = \{0 < \hat{x} \leqq 1\}$, $\mathfrak{E}$ das System der in A intervallweise konstanten Funktionen f, $E(f)$ das RIEMANNsche Integral von f. (1) $f_n(x) = n$ für $0 < x \leq \frac{1}{n}$, sonst 0; es gilt $f_n \to 0$, aber nicht $N(f_n) \to 0$ (wegen $N(f_n) = 1$). — (2) Es sei die natürliche Zahl $n = q_k 2^k + q_{k-1} 2^{k-1} + \cdots + q_0 2^0$ in dualer Darstellung gegeben ($q_k = 1$); man setzt $f_n(x) = 1$ für $n\,2^{-k} - 1 < x \leq (n+1)\,2^{-k} - 1$, sonst 0. Hier gilt $N(f_n) = 2^{-k} \to 0$, aber nicht $f_n \to 0$. Im letzten Fall gibt es übrigens Teilfolgen $((f_{n_i}))$ mit $f_{n_i} \to 0$ für $i \to +\infty$. Dies ist eine allgemein gültige Aussage; es gilt nämlich:

Ist $f = \operatorname{Lim}_n f_n$, *so enthält jede Teilfolge* $((f_{n_i}))$ *eine Teilfolge* $((f_{m_j}))$ *mit* $f = \lim_j f_{m_j}$ *(N-fast überall).*

Beweis wie in **7.5.5.**

9.1.9. $\mathfrak{F}$ *ist vollständig.*

Beweis s. **7.5.5.1.**

9.1.10. Mit f sind auch die (fast überall) nicht negativen Funktionen

$$f^+ := \tfrac{1}{2}(|f| + f), \qquad f^- := \tfrac{1}{2}(|f| - f)$$

in $\mathfrak{F}$, so daß die Funktion $L|\mathfrak{F}$

(0) $$L(f) := N(f^+) - N(f^-), \qquad f \in \mathfrak{F},$$

eindeutig und endlich ist. Es gilt:

(1) $L(f)$ *ist stetig in* $\mathfrak{F}$;

(2) $f \in \mathfrak{E} \triangleright L(f) = E(f)$.

Beweis. Zu (1). Wegen $|f^+ - g^+| \leq |f - g|$ und $|f^- - g^-| \leq |f - g|$ ist $|L(f) - L(g)| \leq |N(f^+) - N(g^+)| + |N(f^-) - N(g^-)| \leq N(f^+ - g^+) + N(f^- - g^-) \leq 2N(f - g)$. *Zu* (2). Wegen **9.1.3.** (g) und $f^+ - f^- = f$ haben wir $L(f) = N(f^+) - N(f^-) = E(f^+) - E(f^-) = E(f)$.

9.1.11. *Das N-Integral.*

Gemäß **9.1.10.** haben wir in $L|\mathfrak{F}$ eine stetige Erweiterung von $E|\mathfrak{E}$ gewonnen; wir zielen nun auf eine maximale natürliche stetige Erweiterung von $E|\mathfrak{E}$ zu einem positiv linearen Funktional ab und beschränken uns daher auf den Funktionenraum $\mathfrak{L}$, der sich durch Abschließung von $\mathfrak{E}$ in $\mathfrak{F}$ ergibt. Es ist also $\mathfrak{L} \subset \mathfrak{F}$ und für ein f aus $\mathfrak{F}$ gilt $f \in \mathfrak{L}$ dann und nur dann, wenn es zu jedem $\varepsilon > 0$ ein g aus $\mathfrak{E}$ gibt mit $N(f - g) < \varepsilon$. Demnach kann man die Funktionen aus $\mathfrak{L}$ als die „*N-nahezu* (d.h. bis auf beliebig kleine Normunterschiede) *elementaren Funktionen*" bezeichnen.

Zu jedem f aus $\mathfrak{L}$ gibt es daher eine Folge $g_1, g_2, \ldots$ aus $\mathfrak{E}$ mit $\operatorname{Lim}_\nu g_\nu = f$. Dies bedeutet weiter, daß es zu $\varepsilon > 0$ ein n_ε gibt, so daß $N(g_\nu - f) < \varepsilon/2$ für $\nu > n_\varepsilon$, also $|E(g_\nu) - E(g_\mu)| \leq E(|g_\nu - g_\mu|) = N(g_\nu - g_\mu) <$

$\varepsilon/2+\varepsilon/2=\varepsilon$ für (ν und μ) $> n_\varepsilon$. Daher existiert nach dem CAUCHYschen Konvergenzkriterium

$$\lim\{E(g) : g \in \mathfrak{E} \quad \text{und} \quad N(g-f) \to 0\}$$

für jedes f aus $\mathfrak{L}$ und ist wegen **9.1.10.** (2) und (1) gleich $L(f)$.

9.1.12. Wir nennen die Funktionen aus $\mathfrak{L}$ *N-integrierbar* und $L(f)$ das *N-Integral (Normintegral)* von f, $f \in \mathfrak{L}$. Es gilt:

(1) $\mathfrak{L}$ *ist ein metrisch linearer und vollständiger Raum mit der Betragsdefinition* $N(f)$ *und im übrigen ein Verband mit der natürlichen Ordnung.*

(2) $L|\mathfrak{L}$ *ist ein in* $\mathfrak{L}$ *stetiges Elementarintegral.*

(3) *Ist* $f_\nu \in \mathfrak{L}$ *und* $f_\nu \geqq 0$ *für* $\nu \in \mathsf{Z}$, *so liegt die Funktion* $f := \sum_\nu f_\nu$ *dann und nur dann in* $\mathfrak{L}$, *wenn* $\sum_\nu L(f_\nu)$ *eigentlich konvergent ist (alsdann ist die letzte Summe gleich* $L(f)$*).*

Beweis. Zu (1). Da $\mathfrak{L}$ Teilraum von $\mathfrak{F}$ ist, kommt **9.1.8.** und **9.1.9.** zur Anwendung; im übrigen folgt $|f| \in \mathfrak{L}$ aus $f \in \mathfrak{L}$ (denn mit $f = \operatorname{Lim} g_\nu$ und $g_\nu \in \mathfrak{E}$ ist $|f| = \operatorname{Lim}|g_\nu|$ und $|g_\nu| \in \mathfrak{E}$ wegen $N(|g_\nu|-|f|) \leqq N(g_\nu - f)$). — *Zu* (2). Eigenschaften (1_j) bis (3_j) folgen unmittelbar aus (1), (4_j) bis (6_j) aus den entsprechenden Eigenschaften für $E|\mathfrak{E}$, welche beim Grenzübergang erhalten bleiben, die Stetigkeit von $L|\mathfrak{L}$ aus **9.1.10.** (1), schließlich (7_j) aus **9.1.2.** (d) und dem Umstand, daß

$$N(f) = L(|f|) \quad \text{für} \quad f \in \mathfrak{L}$$

(wegen **9.1.10.** (0)). — *Zu* (3). Wenn $f \in \mathfrak{L} \subset \mathfrak{F}$, so ist $\sum_1^m L(f_n) = L\left(\sum_1^m f_n\right) = N\left(\sum_1^m f_n\right) \leqq N(f) < +\infty$, so daß $\sum_1^\infty L(f_n)$ eine eigentlich konvergente Reihe ist. Wenn umgekehrt $\sigma := \sum_1^\infty L(f_n) < +\infty$, so hat man $N(f) \leqq \sum_1^\infty N(f_n) = \sigma$, so daß $f \in \mathfrak{F}$. Dies führt zu $N\left(f - \sum_1^m f_n\right) \leqq \sum_{m+1}^\infty N(f_n) = \sum_{m+1}^\infty L(f_n) \to 0$ für $m \to +\infty$, mit der Abgeschlossenheit von $\mathfrak{L}$ in $\mathfrak{F}$ zu $f \in \mathfrak{L}$. Stetigkeit von L ergibt schließlich $L(f) = \lim_m L\left(\sum_1^m f_n\right) = \lim_m \sum_1^m L(f_n) = \sigma$.

9.1.13. Wegen $\mathfrak{L} \supset \mathfrak{E}$ und $L|\mathfrak{E} = E|\mathfrak{E}$ ist $L|\mathfrak{L}$ *eine Erweiterung von* $E|\mathfrak{E}$. Dieser *Erweiterungsprozeß* ($E|\mathfrak{E} \to L|\mathfrak{L}$) *liefert bei Anwendung auf* $L|\mathfrak{L}$ *wieder* $L|\mathfrak{L}$. Wir beweisen im Sinne dieser Bemerkung gleich allgemeiner:

Sind $E|\mathfrak{E}$ *und* $E'|\mathfrak{E}'$ *Elementarintegrale für Funktionen über derselben Grundmenge* A *und ist das zweite eine Erweiterung des ersten, so gelten zwischen den zugehörigen Normen* N, N', *den Bereichen beschränkter Norm* $\mathfrak{F}, \mathfrak{F}'$, *und den Normintegralen* L, L' *und ihren Definitionsbereichen*

$\mathfrak{L}, \mathfrak{L}'$ folgende Beziehungen: 1. $N' \leq N$; 2. $\mathfrak{F}' \supset \mathfrak{F}$; 3. $\mathfrak{L}' \supset \mathfrak{L}$; 4. *$L'|\mathfrak{L}'$ ist eine Erweiterung von $L|\mathfrak{L}$.* 5. *Insbesondere, wenn $\mathfrak{E} \subset \mathfrak{E}' \subset \mathfrak{L}$, so gilt $N' = N$, $\mathfrak{F}' = \mathfrak{F}$, $\mathfrak{L}' = \mathfrak{L}$ und $L' = L$.*

Beweis. Zu 1. *und* 2. Da die Konkurrenzmenge zur Bestimmung von N' umfassender ist als die für N, so gilt $N' \leq N$. Daraus folgt unmittelbar $\mathfrak{F}' \supset \mathfrak{F}$. — *Zu* 3. *und* 4. Ist $f \in \mathfrak{L}$, so gibt es eine nach der Norm N konvergente Folge $((f_\nu))$ von Funktionen aus $\mathfrak{E} \subset \mathfrak{E}'$; diese Folge konvergiert aber wegen 1. auch nach der Norm N', also ist $f \in \mathfrak{L}'$. Dabei ist $L(f) = \lim E(f_\nu) = \lim E'(f_\nu) = L'(f)$. — *Zu* 5. Wir betrachten den nach 1. bis 4. für die Behauptung ungünstigsten Spezialfall $E'|\mathfrak{E}' := L|\mathfrak{L}$ und zeigen, daß in diesem Fall die Ungleichungen von 1. bis 3. auch im umgekehrten Sinne gelten. In der Tat, $N'(g) \geq N(g)$ ist trivial, wenn $N'(g) = \infty$. Anderenfalls gibt es, $\varepsilon > 0$ vorgegeben, f_ν aus $\mathfrak{L}$ mit $N'(g) > \sum_\nu L(|f_\nu|) - \varepsilon = \sum_\nu N(f_\nu) - \varepsilon$ und $|g| \leq \sum_\nu |f_\nu|$. Mit passenden $f_{\nu\mu}$ aus $\mathfrak{E}$ gilt wegen $N(f_\nu) < +\infty$ ferner $|f_\nu| \leq \sum_\mu |f_{\nu\mu}|$ und $N(f_\nu) > \sum_\mu E(|f_{\nu\mu}|) - \varepsilon 2^{-\mu}$, also $|g| \leq \sum_{\nu,\mu} |f_{\nu\mu}|$ und $N'(g) > \sum_{\nu,\mu} E(|f_{\nu\mu}|) - 2\varepsilon \geq N(g) - 2\varepsilon$; $\varepsilon \to 0$ ergibt $N'(g) \geq N(g)$. Dies führt zu $\mathfrak{F}' \subset \mathfrak{F}$. Damit haben wir $N' = N$ und $\mathfrak{F}' = \mathfrak{F}$, woraus wegen der Abgeschlossenheit von $\mathfrak{L}$ in $\mathfrak{F}$ sich $\mathfrak{L}' \subset \mathfrak{L}$ ergibt, w. z. z. w. Schließlich ergibt sich mittels 4. $L' = L$.

9.2. Die N-integrierbaren Funktionen.

9.2.1. Geht man in Satz **9.1.12.** (3) von der Formulierung in Reihenlimiten zu der in Folgenlimiten, so erhält man als Verallgemeinerung von **7.4.3.6.**:

Ist $f_1 \leq f_2 \leq \cdots$ eine nicht fallende Folge von Funktionen f_ν aus $\mathfrak{L}$ mit $L(f_\nu) \leq a < +\infty$ für $\nu \in \mathbf{Z}$, dann ist $f = \lim_\nu f_\nu \in \mathfrak{L}$ und $L(f) = \lim_\nu L(f_\nu)$.

(Satz von der Integration bei monotoner integralbeschränkter Konvergenz.)

9.2.2. *Sind $g, f_1, f_2, \ldots$ aus $\mathfrak{L}$ und ist $f = \lim_\nu f_\nu \in \mathfrak{H}$, ferner $|f_\nu| \leq |g|$ für $\nu \in \mathbf{Z}$, so gilt $f \in \mathfrak{L}$ und $L(f) = \lim_\nu L(f_\nu)$. (Satz von der Integration bei majorisierter Konvergenz.)*

Beweise analog wie in **7.4.4.**

9.2.3. Es bezeichne Φ^q das System aller positiv homogenen stetigen reellen Funktionen φ von q reellen Variablen $\xi_1, \ldots, \xi_q$; *positiv homogen* bedeutet: $p > 0 \triangleright \varphi(p\,\xi_1, \ldots, p\,\xi_q) = p\,\varphi(\xi_1, \ldots, \xi_q)$ für beliebige $\xi_1, \ldots, \xi_q$.

Ist $\varphi \in \Phi^q$ und $f_1, \ldots, f_q \in \mathfrak{L}$, so ist auch $\varphi(f_1, \ldots, f_q) \in \mathfrak{L}$.

Beweis. In Φ^q ist speziell das System $\mathfrak{H}_0$ von **5.7.8.** enthalten, welches man aus den Funktionen $\xi_1, \ldots, \xi_q$ erhält durch Bildung von Linearkombinationen mit beliebigen reellen Koeffizienten und des absoluten

Betrages. Auf $T := \{(\xi_1, \ldots, \xi_q) : |\xi_1| + \cdots + |\xi_q| = 1\}$ kann jedes φ nach **5.7.8.** gleichmäßig durch Funktionen aus $\mathfrak{H}_0$ approximiert werden: Zu $\varphi \in \Phi^q$ und $k > 0$ gibt es ein ψ_k aus $\mathfrak{H}_0$ mit $|\varphi - \psi_k| < \frac{1}{k}$ auf T. Dies bedeutet $|\varphi - \psi_k| < (|\xi_1| + \cdots + |\xi_q|)/k$. Wenn nun $f_1, \ldots, f_q$ N-integrierbar sind, so ist es nach **9.1.12.** (1) auch $\psi_k(f_1, \ldots, f_q)$, und da $N(\varphi(f_1, \ldots, f_q) - \psi_k(f_1, \ldots, f_q)) \leq (N(f_1) + \cdots + N(f_q))/k$, so folgt für $k \to \infty$, daß auch $\varphi(f_1, \ldots, f_q)$ N-integrierbar ist.

Bemerkung. Daß wir vorerst unsere Aussagen auf positiv homogene Funktionen beschränken müssen, rührt daher, daß in unseren bisherigen Forderungen an $E|\mathfrak{E}$ keinerlei Anhaltspunkte dafür gegeben sind, daß etwa die identisch konstante Funktion 1 zu $\mathfrak{E}$ gehört.

9.2.4. Das Resultat von **9.2.3.** können wir auf homogene Bairesche Funktionen ausdehnen.

Bezeichnet φ eine positiv homogene Funktion von q reellen Veränderlichen, wobei $\varphi|T$ eine beschränkte Baire*sche Funktion ist, so ist mit $f_1, \ldots, f_q$ auch $\varphi(f_1, \ldots, f_q)$ N-integrierbar.* (T hat dieselbe Bedeutung wie in **9.2.3.**)

Beweis (durch Induktion). Für die Baireschen Funktionen der Klasse 0 ist der Satz mit **9.2.3.** identisch; er sei für Funktionen aus jeder Klasse $< \alpha$ richtig und φ sei von der Klasse α, positiv homogen, und $|\varphi| < M$ auf T, so daß $|\varphi| < M\,r$, wo $r(x) = |\xi_1| + \cdots + |\xi_q|$†. Auf T sei $\varphi = \lim \varphi_n$, wo die φ_n entsprechende Funktionen aus Klassen $< \alpha$ sind. Man ersetzt φ_n durch $\psi_n(x) := \operatorname{med}\{-M\,r(x), \varphi_n(x), M\,r(x)\}$, wobei $\operatorname{med}\{f, g, h\} := \min\{\max\{f, g\}, \max\{g, h\}, \max\{h, f\}\}$ ist. Alsdann sind auch ψ_n Funktionen aus Klassen $< \alpha$ mit $\lim \psi_n = \varphi$, und $|\psi_n(x)| \leq M\,r(x)$. Da $M(|f_1| + \cdots + |f_q|)$ mit $f_1, \ldots, f_q$ nach **9.2.3.** auch N-integrierbar ist, so liegt, weil die $\psi_n(f_1, \ldots, f_q)$ nach Induktionsvoraussetzung N-integrierbar sind, majorisierte Konvergenz vor: $\varphi(f_1, \ldots, f_q)$ ist N-integrierbar.

9.2.5. Wir befreien uns noch von der Bedingung in **9.2.4.**, daß φ positiv homogen; dazu müssen wir eine weitere Forderung neben (1_j) bis (7_j) an $\mathfrak{E}$ stellen:

$$(8_j) \qquad f \in \mathfrak{E} \rhd \min\{f, 1\} \in \mathfrak{E}\,\dagger\dagger.$$

(Mit (8_j) gilt für jedes $\alpha > 0$ und $f \in \mathfrak{E}$ auch $\min\{f, \alpha\} = \alpha \min\{\alpha^{-1} f, 1\} \in \mathfrak{E}$.)

† x ist der Vektor $(\xi_1, \ldots, \xi_n)$.

†† Für das Folgende würde bereits die schwächere Forderung

$$(8_j^*) \qquad f \in \mathfrak{E} \rhd \min\{1, f\} \in \mathfrak{L}$$

genügen.

Als Folgerung aus (8_j) vermerken wir:

$(8'_j)$ $$f \in \mathfrak{L} \rhd \min\{1, f\} \in \mathfrak{L}.$$

Denn ist $f = \operatorname{Lim} f_n$ mit $f_n \in \mathfrak{E}$, so hat man nach (8_j) $\min\{1, f_n\} \in \mathfrak{E}$. Alsdann ist $\operatorname{Lim} \min\{1, f_n\} = \min\{1, f\} \in \mathfrak{L}$ wegen **9.1.8.1.**, Bemerkung, und der Abgeschlossenheit von $\mathfrak{L}$.

Nun gilt:

Erfüllt $E|\mathfrak{E}$ *auch die Eigenschaft* (8_j), *so ist für jede endliche* BAIRE*sche Funktion* $\varphi(\xi_1, \ldots, \xi_q)$ *von* q *reellen Veränderlichen mit* $\varphi(0, \ldots, 0) = 0$ *auch* $\varphi(f_1, \ldots, f_q) =: g$ N*-integrierbar, soferne es die* $f_1, \ldots, f_q$ *sind und außerdem eine* N*-integrierbare Funktion* h *mit* $|g| \leq h$ *existiert.*

Beweis. 1. Nach Satz **5.7.8.2.** können wir jede BAIREsche Funktion der Klasse 0 mit $\varphi(0) = 0$ durch Funktionen ψ_n aus $\mathfrak{H}_1$ (s. **5.7.8.2.**) in solcher Weise approximieren, daß dabei $|\psi_n| \leq |\varphi|$, so daß $|\psi_n(f_1, \ldots, f_q)| \leq h$, also majorisierte Konvergenz vorliegt und $\varphi(f_1, \ldots, f_q)$ zugleich mit $\psi_n(f_1, \ldots, f_q)$ N-integrierbar ist. — 2. Für Funktionen der Klasse $< \alpha$, $\alpha > 0$, sei der Satz richtig, und φ sei von der Klasse α mit $\varphi(0) = 0$ und $\varphi = \lim \varphi_n$, wo die φ_n aus Klassen $< \alpha$ stammen. Wir dürfen $\varphi_n(0) = 0$ und ferner $|\varphi_n(x)| \leq n\, r(x)$ voraussetzen (sonst nähmen wir die Funktionen $\varphi'_n(x) = \operatorname{med}\{-n\, r(x), \varphi_n(x), n\, r(x)\}$, welche aus nicht höheren Klassen sind). Dann sind wegen $|\varphi_n(f_1, \ldots, f_q)| \leq n(|f_1| + \cdots + |f_q|)$ die Funktionen $\varphi_n(f_1, \ldots, f_q)$ N-integrierbar, aber ebenso auch $\psi_n = \operatorname{med}\{-h, \varphi_n(f_1, \ldots, f_q), h\}$ mit $|\psi_n| \leq h$ und $\lim \psi_n = \varphi(f_1, \ldots, f_q)$; wieder führt jetzt der Satz von der majorisierten Konvergenz zur Behauptung, welche die Induktion vollständig macht.

9.2.6. Auch der Voraussetzung $\varphi(0) = 0$ im vorstehenden Satz können wir uns noch entledigen, wenn wir statt (8_j) die stärkere Forderung stellen:

(9_j) *Die identisch konstante Funktion* 1 *gehört zu* $\mathfrak{E}$.

(Aus $1 \in \mathfrak{E}$ und $f \in \mathfrak{E}$ folgt nämlich $\min\{1, f\} = \frac{1}{2}(1 + f - |1 - f|) \in \mathfrak{E}$.) Dann gilt:

Erfüllt $E|\mathfrak{E}$ *auch noch die Forderung* (9_j), *so gilt Satz* **9.2.5.** *auch ohne die Voraussetzung* $\varphi(0) = 0$.

In der Tat, mit Bezugnahme auf Satz **5.7.8.3.** können alle Überlegungen beim Beweis von **9.2.5.** übernommen werden.

9.3. Die N-meßbaren Funktionen.

9.3.1. Wir betrachten in $\mathfrak{H}$ (**9.1.7.1.**) die Funktionenmenge

$$\mathfrak{M} := \{f : f \in \mathfrak{H} \text{ und } (g \text{ und } h) \in \mathfrak{E} \rhd \operatorname{med}\{g, f, h\} \in \mathfrak{L}\},$$

daneben die (wegen $\mathfrak{E} \subset \mathfrak{L}$) gewiß nicht umfassendere

$$\mathfrak{M}' := \{f : f \in \mathfrak{H} \text{ und } (g \text{ und } h) \in \mathfrak{L} \rhd \operatorname{med}\{g, f, h\} \in \mathfrak{L}\}.$$

Es ist sogar $\mathfrak{M} = \mathfrak{M}'$.

In der Tat, sind g, h aus $\mathfrak{L}$, dann gibt es Folgen $((g_n))$, $((h_n))$ aus $\mathfrak{C}$ mit $\operatorname{Lim} g_n = g$ und $\operatorname{Lim} h_n = h$. Wenn nun $f \in \mathfrak{M}$, so ist $\operatorname{med}\{g_n, f, h_n\} \in \mathfrak{L}$, ferner wegen **9.1.8.1.**, Bemerkung, $\operatorname{Lim} \operatorname{med}\{g_n, f, h_n\} = \operatorname{med}\{g, f, h\}$, also wegen der Abgeschlossenheit von $\mathfrak{L}$ $\operatorname{med}\{g, f, h\} \in \mathfrak{L}$, und somit auch $\mathfrak{M} \subset \mathfrak{M}'$. Die Funktionen aus $\mathfrak{M}$ heißen *N-meßbar*.

Der Begriff der N-Meßbarkeit verträgt sich mit dem Gleichheitsbegriff von **9.1.7.** (k) in $\mathfrak{H}$: *Von zwei Funktionen* f_1, f_2, *welche sich nur um eine Nullfunktion unterscheiden, ist jede mit der anderen zugleich N-meßbar*; denn dann unterscheiden sich auch $\Phi_1 := \operatorname{med}\{g, f_1, h\}$ und $\Phi_2 := \operatorname{med}\{g, f_2, h\}$ nur um eine Nullfunktion, so daß die Konsistenzfrage auf die N-Integrierbarkeit der Funktionen Φ_1 und Φ_2 zurückgeführt ist, wo sie zu bejahen ist.

Aus der Verbandseigenschaft von $\mathfrak{L}$ folgt unmittelbar:

Jede N-integrierbare Funktion ist N-meßbar.

Wegen einer Umkehrung dieses Satzes siehe **9.3.5.**

9.3.1.1. Wir können sofort zeigen:

Ist $f_1, f_2, \ldots \in \mathfrak{M}$ *und existiert* $\lim\limits_n f_n = f$ *in* $\mathfrak{H}$, *so ist* $f \in \mathfrak{M}$.

In der Tat, nach Voraussetzung ist für $g, h \in \mathfrak{L}$ und für $n \in \mathbf{Z}$ $\operatorname{med}\{g, f_n, h\} \in \mathfrak{L}$. Da $\min\{g, h\} \leqq \operatorname{med}\{g, f_n, h\} \leqq \max\{g, h\}$ und die beiden Enden dieser Ungleichung Elemente aus $\mathfrak{L}$ sind, so ist der Satz von der Integration bei majorisierter Konvergenz anwendbar mit dem Ergebnis $\lim\limits_n \operatorname{med}\{g, f_n, h\} = \operatorname{med}\{g, f, h\} \in \mathfrak{L}$, w. z. z. w.

9.3.2. *Für* $f_1, f_2 \in \mathfrak{M}$ *und für reelles* $\alpha \neq 0$ *ist* αf_1, $\min\{f_1, f_2\}$, $\max\{f_1, f_2\}$, $|f_1|$, *ferner auch* $f_1 + f_2$ *in* $\mathfrak{M}$ *enthalten, falls diese Summe fast überall in* A *sinnvoll ist.*

Beweis. Die erste Behauptung folgt aus der Gleichung

$$\alpha \operatorname{med}\left\{\frac{g}{\alpha}, f_1, \frac{h}{\alpha}\right\} = \operatorname{med}\{g, \alpha f_1, h\} \quad \text{mit } g, h \in \mathfrak{L},$$

die zweite aus der Verbandseigenschaft von $\mathfrak{L}$ und der Gleichung

$$\operatorname{med}\{g, \min\{f_1, f_2\}, h\} = \min\{\operatorname{med}\{g, f_1, h\}, \operatorname{med}\{g, f_2, h\}\},$$

die dritte analog, und die vierte unmittelbar aus den vorausgehenden. Die Behauptung hinsichtlich der Summe ergibt sich so: $g, h \in \mathfrak{L}$, $\varphi_{in} := \operatorname{med}\{-n(|g| + |h|), f_i, n(|g| + |h|)\} \in \mathfrak{L}$, $i = 1, 2$, $n \in \mathbf{Z}$, ebenso ist $\psi_n := \operatorname{med}\{g, \varphi_{1n} + \varphi_{2n}, h\} \in \mathfrak{L}$, sodaß $\lim\limits_n \psi_n = \operatorname{med}\{g, f_1 + f_2, h\} \in \mathfrak{L}$; denn im Falle $|g(x)| + |h(x)| > 0$ ist $\lim \varphi_{in}(x) = f_i(x)$, und im übrigen ist wieder der Satz von der majorisierten Konvergenz anwendbar.

Bemerkung. Aus **9.3.2.** und **9.3.1.1.** folgt, daß $\mathfrak{M}$ *ein σ-vollständiger Verband* ist; denn es ist z.B. $s := \sup\{f_1, f_2, \ldots\} = \lim_n \varphi_n$ mit $\varphi_n = \max\{f_1, \ldots, f_n\}$. Da nach **9.3.2.** φ_n mit den f_ν in $\mathfrak{M}$ liegt, und $\lim_n \varphi_n$ aus Monotoniegründen konvergiert, so liefert **9.3.1.1.** $s \in \mathfrak{M}$.

9.3.3. Meßbarkeitskriterium für nicht negative Funktionen:

Ist $f \geqq 0$, so ist für $f \in \mathfrak{M}$ notwendig und hinreichend, daß $\min\{f, g\} \in \mathfrak{L}$ *für jedes nicht negative g aus $\mathfrak{L}$.*

Beweis. 1. Ist $f \in \mathfrak{M}$ und g nicht negativ und $\in \mathfrak{L}$, so ist $\operatorname{med}\{0, f, g\} = \min\{f, g\} \in \mathfrak{L}$. — 2. Sei jetzt umgekehrt die Bedingung des Satzes erfüllt. Für beliebige $g, h \in \mathfrak{L}$ gilt mit $\underline{m} := \min\{g, h\}$, $\overline{m} := \max\{g, h\}$, $m := \operatorname{med}\{g, f, h\} = \operatorname{med}\{\underline{m}, f, \overline{m}\} = \max\{\min\{\underline{m}, f\}, \min\{\overline{m}, f\}, \min\{\underline{m}, \overline{m}\}\} = \max\{\min\{\overline{m}, f\}, \underline{m}\}$. Da aber $\min\{\overline{m}, f\} = \min\{\max\{\overline{m}, 0\}, f\} + \min\{0, \overline{m}\}$, wie man sofort an den Fällen $\overline{m} \geqq 0$ und < 0 nachprüft, und $\max\{\overline{m}, 0\} \geqq 0$, so erweist sich $\min\{\overline{m}, f\} \in \mathfrak{L}$ und damit schließlich $m \in \mathfrak{L}$.

9.3.3.1. Als unmittelbare Folge des vorausgehenden Satzes vermerken wir:

Die konstante Funktion 1 *ist dann und nur dann N-meßbar, wenn* $\min\{1, g\}$ *für jede nicht negative N-integrierbare Funktion g N-integrierbar ist.*

Diese Bedingung ist insbesondere dann erfüllt, wenn (8_j) *von* **9.2.5.** *gilt.* Letzteres wegen $(8'_j)$.

9.3.3.2. *Beispiel,* wo $1 \notin \mathfrak{M}$.

Es sei A das Intervall $[0 \leqq \hat{x} \leqq 1]$, $\mathfrak{E}$ die Gesamtheit der Funktionen αx, wo α eine reelle endliche Zahl bezeichnet, und $E(\alpha x) = \alpha/2$. Die Eigenschaften (1_j) bis (7_j) von **9.1.1.** und **9.1.3.** sind offenbar erfüllt. Da jeder Limes einer konvergenten Folge von Funktionen aus $\mathfrak{E}$ wieder in $\mathfrak{E}$ liegt, so ist hier $\mathfrak{L} = \mathfrak{E}$, somit beispielsweise $\min\{1, 2x\}$ nicht in $\mathfrak{L}$ enthalten. Nach **9.3.3.1.** ist daher die identisch konstante Funktion 1 nicht N-meßbar.

9.3.4.1. Für $0 \leqq x \leqq +\infty$ sei $s_0(x) = \min\{1, x\}$, allgemein für $n \in \mathbf{Z}$

$$s_n(x) = \begin{cases} s_{n-1}(x) \text{ für } 0 \leqq x \leqq n/2, \\ s_{n-1}(n/2) + \frac{1}{2^n} s_0\left(x - \frac{n}{2}\right) \text{ für } x \geqq n/2, \text{ und } s_n(-x) = -s_n(x). \end{cases}$$

$s(\xi) = \lim_n s_n(\xi)$ definiert eine eineindeutige, umkehrbar stetige Abbildung von $\{-\infty \leqq \hat{\xi} \leqq +\infty\}$ auf $\{-1 \leqq \hat{s} \leqq 1\}$.

Sind 1 *und f N-meßbar, dann auch $s(f)$.*

Beweis. Nach Definition ist $s_n(\xi)$, ausgehend von 1 und ξ, durch endlich oftmalige Anwendung der Bildung von Linearkombinationen und Beträgen konstruierbar (Beweis als Aufgabe). Daher ist nach **9.3.2.** mit 1 und f auch $s_n(f)$ N-meßbar, also nach **9.3.1.1.** auch $\lim_n s_n(f) = s(f)$.

9.3.4.2. Unter einer BAIRE*schen Funktion* $\varphi(\lambda_1, \ldots, \lambda_q)$ im Bereich $-\infty \leqq \lambda_i \leqq +\infty$, $i = 1, \ldots, q$, verstehen wir eine Funktion, welche durch die Transformation $\mu_i = s(\lambda_i)$, $i = 1, \ldots, q$, gemäß **9.3.4.1.**, in eine BAIREsche Funktion (**5.6.8.**) $\bar{\varphi}(\mu_1, \ldots, \mu_q)$ auf dem Würfel $W^q = \{(\mu_1, \ldots, \mu_q): -1 \leqq \mu_i \leqq 1,\ i = 1, \ldots, q\}$ übergeht $\big(\bar{\varphi}(s(\lambda_1), \ldots, s(\lambda_q)) = \varphi(\lambda_1, \ldots, \lambda_q)\big)$. *Sind* $1, f_1, \ldots, f_q$ *N-meßbar und ist* $\varphi(\lambda_1, \ldots, \lambda_q)$ *eine* BAIRE*sche Funktion im Bereich* $-\infty \leqq \lambda_i \leqq +\infty$, $i = 1, \ldots, q$, *so ist auch* $\varphi(f_1, \ldots, f_q)$ *N-meßbar.*

Beweis. 1. Es sei zunächst $\bar{\varphi}|W^q$ eine BAIREsche Funktion der Ordnung 0, also eine stetige Funktion auf W^q. Nach dem STONEschen Approximationssatz **5.7.7.** läßt sich, ausgehend von den Funktionen 1, $\mu_1, \ldots, \mu_q$, durch endlich oftmalige Anwendung der Bildung von Linearkombinationen und Absolutbeträgen $\bar{\varphi}$ beliebig genau und gleichmäßig approximieren. Setzt man dabei $\mu_i = s(f_i)$, so erhält man nach **9.3.4.1.** eine Folge von Funktionen $g_n \in \mathfrak{M}$ mit $g := \lim_n g_n = \bar{\varphi}(s(f_1), \ldots, s(f_n)) \in \mathfrak{M}$ (wegen **9.3.1.1.**). — 2. Zur Vervollständigung des Beweises hat nun transfinite Induktion in der Ordnung α der BAIREschen Funktion $\bar{\varphi}$ zu erfolgen, was mittels **9.3.1.1.** keinerlei Schwierigkeit bietet (Aufgabe!).

9.3.4.3. Als Anwendung vermerken wir die folgenden Sätze:

1. *Ist* 1, $t \in \mathfrak{M}$ *und* $t(x) \geqq 0$ *für* $x \in A$, *dann ist auch* $\sqrt{t} \in \mathfrak{M}$.

2. *Sind* $1, f, g$ *in* $\mathfrak{M}$, $g \geqq 0$ *und N-fast überall* $g > 0$, *dann ist* $f/g \in \mathfrak{M}$.

Beweis. Zu 1. $\sqrt{\lambda}$ ist eine BAIREsche Funktion; weiter mit **9.3.4.2.**

Zu 2. Man setze $f_n = \dfrac{n f}{n g + 1}$, $n \in \mathbf{Z}$. Dann ist nach **9.3.4.2.** $f_n \in \mathfrak{M}$ und, wegen $f/g = \lim f_n$ N-fast überall, nach **9.3.1.1.** dann auch $f/g \in \mathfrak{M}$.

9.3.5. *Jede der folgenden Bedingungen ist notwendig und hinreichend für die N-Integrierbarkeit einer Funktion* f:

(a) $f \in \mathfrak{M}$ *und* $N(f) < +\infty$;

(b) $f \in \mathfrak{M}$ *und es gibt N-integrierbare Funktionen* g *und* h *mit* $g \leqq f \leqq h$.

Beweis. Ist f N-integrierbar, so ist nach Definition $N(f) < +\infty$, und (b) ist trivialerweise mit $g = h = f$ erfüllt. Ist andererseits $N(f) < +\infty$, so gibt es $f_n \in \mathfrak{E}$, $n \in \mathbf{Z}$, mit $|f| \leqq \sum_n |f_n|$ und $\sum_n E(|f_n|) < +\infty$; dabei ist $k := \sum_n |f_n| \in \mathfrak{L}$ nach **9.1.12.** (3), $g \leqq f \leqq h$ mit $g := -k$ und $h := k$ aus $\mathfrak{L}$. Sobald es aber solche g und h gibt, haben wir wegen der N-Meßbarkeit von f sogleich $\mathfrak{L} \ni \operatorname{med}\{g, f, h\} = f$, womit alles bewiesen ist.

Bemerkung. Obiger Satz kann mit der früheren Bezeichnung (**9.1.8.**) auf die kurze Form

$$\mathfrak{L} = \mathfrak{M}\,\mathfrak{F}$$

gebracht werden.

9.3.6. Für spätere Zwecke vermerken wir noch:

(a) *Ist $N(f) < +\infty$, so gibt es ein $g \in \mathfrak{L}$ mit $|f| \leq g$ und $N(f) = L(g)$.* (b) *Ist $1 \in \mathfrak{M}$ und f eine charakteristische Funktion, so kann man in* (a) *für g ebenfalls eine charakteristische Funktion nehmen.*

Beweis. Zu (a). Nach Voraussetzung gibt es Elementarfunktionen $f_{m\nu}$, $(m\,\&\,\nu) \in \mathbf{Z}$, mit $|f| \leq \sum_\nu |f_{m\nu}| =: g_m$ und $N(f) \leq \sum_\nu E(|f_{m\nu}|) \leq N(f) + \frac{1}{m}$, wobei auch $N(f) \leq N(g_m) = L(g_m) \leq N(f) + \frac{1}{m}$, also $g_m \in \mathfrak{L}$. Für $g := \lim_{m\to\infty} \min\{g_1, \ldots, g_m\}$ gilt dann nach **9.2.1.** $g \in \mathfrak{L}$ mit $L(g) = N(f)$ und $g \geq |f|$. — *Zu* (b). Es sei f eine charakteristische Funktion mit $N(f) < +\infty$. Das nach (a) vorhandene $g \in \mathfrak{L}$ können wir gemäß **9.3.3.1.** ersetzen durch $g_1 := \min\{1, g\} \in \mathfrak{L}$, und dies nach **9.3.4.2.** durch das N-meßbare $g_n := (g_1)^n$ für beliebiges $n = 2, 3, \ldots$. Es ist $|f| \leq g_n \leq g_1$ und $g_n \in \mathfrak{L}$ wegen **9.3.5.** Mit $h := \lim_n g_n$ folgt $|f| \leq h \in \mathfrak{L}$ nach **9.2.1.**, und $N(f) = L(h)$, wobei h offenbar nur die Werte 0 und 1 annimmt, d.h. eine charakteristische Funktion ist.

9.4. Beziehungen zur Maßtheorie.

9.4.1. Wir gehen aus von der Funktion $N(g)$, erklärt auf der Menge $\mathfrak{G}$ aller reellen Funktionen g auf A. Jedem $Y \subset A$ ordnen wir zu die charakteristische Funktion χ_Y und setzen $m^*(Y) = N(\chi_Y)$.

m^* hat die Eigenschaften einer *Maßfunktion auf dem System $\mathfrak{A}$ aller Teilmengen von A* (**8.1.11.**):

1. $m^*(Y)$ ist eindeutig erklärt für $Y \in \mathfrak{A}$ mit $0 \leq m^*(Y) \leq +\infty$, und $m^*(0) = 0$;

2. für jede Folge $Y_1, Y_2, \ldots$ aus $\mathfrak{A}$ mit $\sum_n^{\boldsymbol{\cdot}} Y_n > S \in \mathfrak{A}$ gilt $\sum_n m^*(Y_n) \geq m^*(S)$.

In der Tat, die Eindeutigkeit von $m^*(Y)$ ist klar, das Übrige von 1. folgt aus **9.1.2.** (b) und $E(0) = 0$. Die Aussage 2. ergibt sich aus $\sum_n \chi_{Y_n} \geq \chi_S$ mit **9.1.2.** (d).

9.4.2. Wir setzen $\mathfrak{m} := \{X : X \subset A$ und $\chi_X \in \mathfrak{M}\}$, und nennen jedes X aus $\mathfrak{m}$ *N-meßbar*. Es ist $\mathfrak{k} := \{Y : Y \subset A$ und $\chi_Y \in \mathfrak{L}\} \subset \mathfrak{m}$, wegen $\mathfrak{L} \subset \mathfrak{M}$; die Mengen aus $\mathfrak{k}$ nennen wir *eigentlich N-meßbar*.

Die Funktion $m|\mathfrak{k}$, erklärt durch $m(X) := L(\chi_X)$ für $X \in \mathfrak{k}$, ist eine totaladditive, nicht negative und endliche Mengenfunktion, d.h. ein endlicher Inhalt auf dem Mengenkörper $\mathfrak{k}$. Insbesondere ist $m|\mathfrak{k}_{X_0}$ bei festem

$X_0 \in \mathfrak{k}$ *ein beschränktes Maß auf dem geschlossenen σ-Mengenkörper* $\mathfrak{k}_{X_0} := \{\mathfrak{k} \ni \hat{X} \subset X_0\}$. *Es ist* $m|\mathfrak{k}$ *ein vollständiger Inhalt und* $m|\mathfrak{k}_{X_0}$ *ein vollständiges Maß bezüglich des Mengenkörpers aller Teilmengen von* A *bzw. von* X_0.

Beweis. Nur die Vollständigkeit bedarf einer näheren Betrachtung. Ist $Y \subset A$ m-einschließbar, d.h. gibt es zu jedem $n \in \mathbf{Z}$ Mengen X'_n und X''_n aus $\mathfrak{k}$ mit $X'_n \subset Y \subset X''_n$ und $m(X''_n - X'_n) < \frac{1}{n}$, so erhalten wir mit $\underline{X} := \sum^{\cdot} X'_n$ und $\overline{X} := \prod^{\cdot} X''_n$ sofort $\underline{X} \subset Y \subset \overline{X}$ und aus dem Satz von der majorisierten Konvergenz (**9.2.2.**) $\underline{X}, \overline{X} \in \mathfrak{k}$ und $m(\underline{X}) = m(\overline{X})$. Da demnach $\chi_{\underline{X}}$ und $\chi_{\overline{X}}$ sich nur durch eine Nullfunktion unterscheiden, so auch $\chi_{\underline{X}}$ und χ_Y, so daß $Y \in \mathfrak{k}$ und $m(Y) = m(\underline{X})$.

9.4.2.1. Ein Beispiel.

$A := \{0 \leq \hat{x} \leq 1\}$, $\mathfrak{E}$ sei die Gesamtheit aller reellen Funktionen f auf A, welche je nur an endlich vielen Stellen x ungleich Null sind,

$$E(f) := \sum \{f(x) : x \in A\},$$

was als endliche Summe betrachtet werden kann.

Man bestätigt leicht die Gültigkeit der Eigenschaften (1_j) bis (6_j). $N(g) = +\infty$, wenn g an überabzählbar vielen Stellen ungleich Null ist, und sonst ist $N(g) = \sum \{|g(x)| : x \in A\}$, was als eine (eigentlich oder uneigentlich) konvergente Reihe betrachtet werden kann. Es gilt aber auch (7_j). Denn sind $f, f_1, f_2, \ldots$ nicht negative Funktionen aus $\mathfrak{E}$ mit $f \leq \sum_n f_n$, so liefert die Summation aller Ungleichungen $f(x) \leq \sum_n f_n(x)$ über die abzählbar vielen Stellen x, wo $f(x)$ oder ein $f_n(x) \neq 0$ unmittelbar $E(f) \leq \sum_n E(f_n)$. Nullfunktion ist nur die identisch verschwindende Funktion und Nullmenge nur die leere Menge; Gleichheit im Sinne von **9.1.7.1.** bedeutet Identität. $\mathfrak{F}$ besteht aus jenen Funktionen $f|A$, welche an höchstens abzählbar vielen Stellen $\neq 0$ und für welche im übrigen $\sum \{|f(x)| : x \in A\} < +\infty$. Also ist die Funktion 1 nicht in $\mathfrak{F}$. Konvergenz nach der Norm in $\mathfrak{F}$ hat die stellenweise Konvergenz zur Folge. $\mathfrak{F} = \mathfrak{L}$ und $L(f) = \sum \{f(x) : x \in A\}$. (8_j) ist erfüllt, nicht aber (9_j). N-meßbar im Sinne von **9.3.1.** ist jede Funktion; die 1 ist N-meßbar, aber nicht N-integrierbar. Alle Teilmengen von A sind N-meßbar, und zwar ist $m(T) = +\infty$, wenn T unendlich, und sonst $m(T) = n$, wenn n die Anzahl der Elemente von T. Mit Rücksicht auf später bemerken wir noch: Es gibt keine Folge $((f_n))$ von Funktionen aus $\mathfrak{L}$, für die $\{x : \sup_n |f_n(x)| = 0\}$ eine Nullmenge ist; denn dies heißt hier, daß an jeder Stelle von A wenigstens ein f_n ungleich Null sein müßte, was wegen **1.5.6.** und **1.6.1.** ausgeschlossen ist.

9.4.3. Den Zusammenhang der N-meßbaren Mengen und der *additiven Zerleger* (a.Z.) von m^*, d.h. jener Mengen Z mit $m^*(Y) = m^*(YZ) + m^*(Y - YZ)$ für alle $Y \subset A$ mit $m^*(Y) < +\infty$, regelt folgender Satz:

(a) *Jede N-meßbare Menge ist a.Z. von m^*;* (b) *das Umgekehrte gilt dann und nur dann, wenn* $1 \in \mathfrak{M}$.

Beweis. 1. Es sei X N-meßbar. Für eine Maßfunktion m^* gilt stets $m^*(Y) \leq m^*(YX) + m^*(Y - YX)$. In dieser Ungleichung haben wir unter der Voraussetzung $m^*(Y) = N(\chi_Y) < +\infty$ das Gleichheitszeichen nachzuweisen. Nach **9.3.6.** gibt es ein $g \in \mathfrak{L}$ mit $\chi_Y \leq g$ und $m^*(Y) = L(g)$. Wegen $\chi_{YX} = \chi_Y \chi_X \leq g\chi_X \leq g$ und $g\chi_X \in \mathfrak{M}$† ist nach **9.3.5.** (b) $g\chi_X \in \mathfrak{L}$ und $m^*(YX) \leq L(g\chi_X)$. Weiter ist $\chi_{Y-YX} = \chi_Y(1 - \chi_X) \leq g(1 - \chi_X) = g - g\chi_X \in \mathfrak{L}$ und dabei $m^*(Y - YX) \leq L(g - g\chi_X)$. Addition der vorausgehenden Ungleichungen liefert $m^*(YX) + m^*(Y - YX) \leq L(g\chi_X) + L(g - g\chi_X) = L(g) = m^*(Y)$, womit (a) bewiesen ist.

2. Da A stets a.Z. von m^* ist, so muß, wenn die Umkehrung gelten soll, $1 = \chi_A \in \mathfrak{M}$ sein. — Wir setzen nun andererseits voraus, daß $1 \in \mathfrak{M}$ und Z a.Z. von m^*, und zeigen mit Hilfe des Meßbarkeitskriteriums **9.3.3.**, daß Z N-meßbar ist. Sei zu diesem Zweck g eine beliebige, nicht negative N-integrierbare Funktion, ferner $\varphi_n(x) := 0$ für $0 \leq x < 1/n$, und $:= 1$ für $1/n \leq x \leq +\infty$, $c_n := \varphi_n(g)$ und $g_n := g\, c_n$, $n \in \mathsf{Z}$. Nach Definition von φ_n ist dann $c_n \leq n\, g$, $g_n \leq g$, so daß nach **9.3.4.2.** und **9.3.5.** c_n und g_n N-integrierbar sind. Im übrigen ist c_n charakteristische Funktion einer Menge Y_n mit $m^*(Y_n) = L(c_n)$. Wegen $\lim_n g_n = g$ haben wir $\min\{\chi_Z, g\} = \lim_n \min\{\chi_Z, g_n\} = \lim_n \min\{\chi_Z c_n, g\} \leq g$, woraus folgt, daß mit $\chi_Z c_n$, $n \in \mathsf{Z}$, auch $\min\{\chi_Z, g\}$ in $\mathfrak{L}$ enthalten ist. Es genügt daher, $\chi_Z c_n \in \mathfrak{L}$ zu zeigen. Nun ist $\chi_Z c_n = \chi_{ZY_n}$ und $m^*(ZY_n) \leq m^*(Y_n) < +\infty$. **9.3.6.** (b) liefert eine charakteristische Funktion χ_{W_n} mit $\chi_{ZY_n} \leq \chi_{W_n} \in \mathfrak{L}$ und $N(\chi_{ZY_n}) = L(\chi_{W_n})$, d.h. $ZY_n \subset W_n$ und $m^*(ZY_n) = m^*(W_n)$. Wir dürfen dabei annehmen, daß $W_n \subset Y_n$ und damit $m^*(W_n) < +\infty$ und $ZY_n = ZW_n$; anderenfalls ersetzen wir W_n durch $W_n Y_n$. (Es ist nämlich $ZY_n \subset W_n Y_n \subset W_n$, also auch $m^*(ZY_n) = m^*(W_n Y_n)$, ferner wegen $0 \leq \chi_{W_n Y_n} \leq c_n \chi_{W_n} \leq c_n \in \mathfrak{L}$ und $\chi_{W_n} \in \mathfrak{L}$ auch $\chi_{W_n Y_n} \in \mathfrak{L}$.) Nun ergibt sich $m^*(W_n) = m^*(W_n Z) + m^*(W_n - W_n Z) \geq m^*(W_n Z) = m^*(ZY_n) = m^*(W_n)$, also $m^*(W_n - W_n Z) = 0$, somit $W_n - W_n Z = W_n - ZY_n$ als eine Nullmenge. Damit unterscheiden sich χ_{W_n} und $\chi_Z c_n$ nur in einer Nullfunktion, so daß auch $\chi_Z c_n$ N-integrierbar ist, w. z. z. w.

Bemerkung. Wenn also $1 \in \mathfrak{M}$, *so ist* nach **8.3.4.** und dem obigen Ergebnis *das System aller N-meßbaren Mengen ein geschlossener σ-Mengenkörper.*

---

† $g\chi_X = \lim_n \min\{n\,\chi_X, g\}$.

9.4.4. *Ist* $1 \in \mathfrak{M}$, *so gilt:* (a) $\mathfrak{k} = \{Y : Y \in \mathfrak{m}$ *und* $m^*(Y) < +\infty\}$. (b) $m^*(Y) = \min\{m(Z) : Y \subset Z \in \mathfrak{k}\}$, *falls* $\{Y \subset \hat{Z} \in \mathfrak{k}\} \neq 0$; *anderenfalls ist* $m^*(Y) = +\infty$.

Beweis. Zu (a). Ist $m^*(Y) = N(\chi_Y) < +\infty$, so liefert **9.3.6.** ein χ_Z mit $Y \subset Z \in \mathfrak{k}$ und $m^*(Y) = m(Z)$. Ist überdies noch $Y \in \mathfrak{m}$, so ist nach **9.4.3.** Y a.Z. von m^*, also $m^*(Z) = m^*(Y) + m^*(Z - Y)$, wegen $m^*(Z) = m(Z)$ somit $m^*(Z - Y) = 0$; χ_Z und χ_Y unterscheiden sich nur durch eine Nullfunktion, so daß mit Z auch $Y \in \mathfrak{k}$. Es gilt also $\mathfrak{m}\{m^*(\hat{Y}) < +\infty\} \subset \mathfrak{k}$. Die umgekehrte Inklusion ist aber nach **9.4.2.** evident. — *Zu* (b). Ist $\{Y \subset \hat{Z} \in \mathfrak{k}\} \neq 0$, so ist offenbar $m^*(Y) < +\infty$, also nach dem Beweis von (a) die Behauptung (b) richtig; wenn aber die fragliche Menge leer ist, so kann $m^*(Y)$ nicht endlich sein.

Bemerkung. Nach **9.4.4.** ist m^* das äußere Maß zu m (vgl. Fußnote in **8.8.1.** und Definition von $N(g)$ in **9.1.2.**). Das im Beweis zu (a) eingeführte Z mit $Y \subset Z \in \mathfrak{k}$ und $m^*(Y) = m(Z)$ heißt eine *maßgleiche Hülle von* Y.

9.4.5. *Ist* $1 \in \mathfrak{M}$, *so ist die endliche Funktion* f *dann bzw. nur dann* N*-meßbar, wenn die Mengen* $A(\alpha, \beta) := \{\alpha \leq f(\hat{x}) < \beta\}$ *für alle rationalen bzw. alle reellen Zahlen* α, β *mit* $\alpha < \beta$ N*-meßbar sind.*

Beweis. Es bezeichne $\chi_{\alpha\beta}$ die charakteristische Funktion des Zahlenintervalls $\{\alpha \leq \hat{\xi} < \beta\}$. Ist f N-meßbar, so nach **9.3.4.2.** auch $\chi_{\alpha\beta}(f)$, d.h. die Mengen $A(\alpha, \beta)$ für beliebige reelle α, β. Sind umgekehrt diese Mengen N-meßbar für alle rationalen α, β mit $\alpha < \beta$, so betrachten wir für jede natürliche Zahl p eine monotone Folge $\ldots, \alpha_{-2}, \alpha_{-1}, \alpha_0, \alpha_1, \alpha_2, \ldots$ von rationalen Zahlen mit $\alpha_n \to \pm\infty$ für $n \to \pm\infty$ und $\alpha_{n+1} - \alpha_n < \frac{1}{p}$, und dazu Zahlen μ_n mit $\alpha_n \leq \mu_n \leq \alpha_{n+1}$ für $n = 0, \pm 1, \ldots$. Mit

$$\chi_n := \chi_{\alpha_n \alpha_{n+1}} \quad \text{und} \quad f_p := \sum_{-\infty}^{+\infty} \mu_n \chi_n(f)$$

ist $|f_p(x) - f(x)| < \frac{1}{p}$ für $x \in A$ und f_p nach **9.3.2.** und **9.3.1.1.** eine N-meßbare Funktion, was wegen $f(x) = \lim\limits_p f_p(x)$ für $x \in A$ dann auch für f gilt.

Bemerkungen. Unter der Voraussetzung $1 \in \mathfrak{M}$ gilt: 1. *Ist* $f \in \mathfrak{L}$, *dann ist auch* $f\chi_{\alpha\beta}(f) \in \mathfrak{L}$; denn da $\chi_{\alpha\beta}(f)$ meßbar, so auch $f\chi_{\alpha\beta}(f)$, und da $-|f| \leq f\chi_{\alpha\beta}(f) \leq |f|$, so ist nach **9.3.5.** $f\chi_{\alpha\beta}(f) \in \mathfrak{L}$.

2. *Ist* $f \in \mathfrak{L}$ *und* $\alpha < \beta$ *aber nicht* $\alpha < 0 < \beta$, *dann ist auch* $\chi_{\alpha\beta}(f) \in \mathfrak{L}$. In der Tat: Sei etwa $0 < \alpha < \beta$; dann ist $0 \leq \chi_{\alpha\beta}(f) \leq \frac{1}{\alpha}|f|$. Wie eben folgt daraus die Behauptung.

3. *Ist $f \in \mathfrak{L}$, dann ist für jedes reelle $\alpha \neq 0$ die Funktion $\varphi := \chi_{[f=\alpha]}$ in $\mathfrak{L}$ enthalten.* Denn φ ist als Limes der Folge der meßbaren Funktionen $\chi_{[\alpha_n \leqq f < \beta_n]}$ mit rationalen α_n, β_n und $\alpha_n \nearrow \alpha \swarrow \beta_n$ meßbar und liegt zwischen den integrierbaren Funktionen $-\left|\frac{f}{\alpha}\right|$ und $\left|\frac{f}{\alpha}\right|$.

9.4.5.1. *Ist $1 \in \mathfrak{M}$ und $f \in \mathfrak{M}$, so sind für jedes (eigentliche oder uneigentliche) reelle r die Mengen $\{f(\hat{x}) = r\}$, $\{f(\hat{x}) \neq r\}$, $\{f(\hat{x}) > r\}$ und $\{f(\hat{x}) \geqq r\}$ N-meßbar.*

In der Tat, für eigentliches r ist $\chi_{\{f(\hat{x})=r\}} = \lim \{\chi_{\{r \leqq f(\hat{x}) < r'\}} : r' \searrow r\}$ nach **9.4.5.** und **9.3.1.1.** meßbar. Wegen $1 \in \mathfrak{M}$ ist nach **9.3.2.** auch $\chi_{\{f(\hat{x}) \neq r\}} = 1 - \chi_{\{f(\hat{x})=r\}} \in \mathfrak{M}$. Nun ist weiter nach **9.3.2.** $\max\{r, f\} \in \mathfrak{M}$, also $\{\max\{r, f\}(\hat{x}) \neq r\}$ d.h. $\{f(\hat{x}) > r\}$ meßbar, und damit auch $\chi_{\{f(\hat{x}) = +\infty\}} = \lim_{n \to +\infty} \chi_{\{f(\hat{x}) > n\}}$, usw.

9.4.5.2. Wir können dem Satz **9.4.5.** noch eine andere Form geben: Eine reelle Funktion $f|A$ heiße *N-zerlegungsstetig*, wenn es zu jedem $\varepsilon > 0$ eine Zerlegung $A = A_1 + A_2 + \cdots$ in abzählbar viele fremde N-meßbar eTeile A_ν gibt, so daß auf jedem A_ν f beschränkt und die Schwankung von f kleiner als ε (d.h. $\sup f(A_\nu) - \inf f(A_\nu) < \varepsilon$). Es gilt:

Ist $1 \in \mathfrak{M}$, so ist für eine endliche Funktion N-Zerlegungsstetigkeit und N-Meßbarkeit dasselbe.

Beweis. 1. Ist f N-meßbar, so gilt

$$A = \sum\nolimits^{\cdot} \left\{\left\{\frac{m}{n} \leqq f(\hat{x}) < \frac{m+1}{n}\right\} : m = 0, \pm 1, \ldots\right\},$$

was nach **9.4.5.** eine Zerlegung der verlangten Art mit $\varepsilon = 1/n$, $n \in \mathbf{Z}$, darstellt. — 2. Ist umgekehrt $A = A_1 + A_2 + \cdots$ eine Zerlegung im Sinne der N-Zerlegungsstetigkeit mit $\varepsilon = 1/n$, so ist A_ν, also auch χ_{A_ν}, also $\sup f(A_\nu) \cdot \chi_{A_\nu}$ meßbar und nach **9.3.1.1.** auch $f_n := \sum_\nu \sup f(A_\nu)\, \chi_{A_\nu}$. Wegen $|f_n - f| \leqq 1/n$, gilt $\lim_n f_n = f$, also auch $f \in \mathfrak{M}$.

9.4.5.3. Als Folgerung aus **9.4.5.** vermerken wir:

Ist $1 \in \mathfrak{M}$, f nicht negativ, endlich und N-integrierbar, so bedingen die Aussagen $m^*(\{f(\hat{x}) > 0\}) > 0$ und $L(f) > 0$ einander.

Beweis. 1. Ist $m^*(\{f(\hat{x}) > 0\}) > 0$, so folgt nach **9.4.5.2.**

$$0 < m^*(\{f(\hat{x}) > 0\}) \leqq \sum_{n=1}^{\infty} m^*(A(n, n+1)) + \sum_{\nu=1}^{\infty} m^*\left(A\left(\frac{1}{\nu+1}, \frac{1}{\nu}\right)\right),$$

so daß mindestens einer der Summanden rechts positiv sein muß, etwa für $A(\alpha, \beta)$. Nun folgt mit Benutzung der Bemerkung 2. von **9.4.5.** $0 < \alpha\, m^*(A(\alpha, \beta)) = \alpha\, N(\chi_{\alpha,\beta}(f)) = L(\alpha\, \chi_{\alpha,\beta}(f)) \leqq L(f)$.

2. Umgekehrt: Aus $L(f) > 0$ und $0 < \alpha = \frac{1}{n} < n$ folgt $m^*(\{f(\hat{x}) > 0\}) \geqq m^*(A_{\alpha,n}) = L(\chi_{\alpha,n}(f)) = \alpha L(n\chi_{\alpha,n}(f)) \geqq \alpha L(f\chi_{\alpha,n}(f)) > 0$ für hinreichend großes n. Denn für $n \to +\infty$ haben wir die majorisierte Konvergenz $f\chi_{\alpha,n}(f) \to f$, so daß $L(f\chi_{\alpha,n}(f)) \to L(f) > 0$.

9.4.5.4. *Ist B eine N-meßbare Teilmenge von A mit $m(B) < +\infty$ und $((f_n|B))$ eine Folge von endlichen, N-meßbaren Funktionen, welche gegen die endliche Funktion $f|B$ konvergieren, so gibt es immer eine Zerlegung $B = B_0 + B_1 + B_2 + \cdots$ in N-meßbare Teile derart, daß B_0 eine N-Nullmenge und für $\varrho \in \mathsf{Z}$ die Folge $((f_n|B))$ auf B_ϱ gleichmäßig konvergiert* (Egoroff 1911).

Beweis. 1. Für $n \in \mathsf{Z}$ sei $s_n(x) := \sup\{|f_{n'}(x) - f_{n''}(x)| : n', n'' \geqq n\}$. Dann ist s_n eine N-meßbare Funktion mit $\lim\limits_n s_n(x) = 0$ für alle $x \in B$. Für $\mu \in \mathsf{Z}$ bilden wir die N-meßbaren Mengen $K_{n,\mu} := \{x : s_n(x) < \mu^{-1}\} \subset B$. Bei festem μ ist dann $K_{1\mu} \subset K_{2\mu} \subset \cdots$ und $\sum\limits_\nu{}^{\cdot} K_{\nu\mu} = B$. Wegen der Volladditivität des Maßes m gilt $m(K_{\nu\mu}) \to m(B)$ für $\nu \to +\infty$. Wir bestimmen für $\mu = 1$ ein ν_1 mit $m(B - K_{\nu_1 1}) \leqq 2^{-2} m(B)$, dann ein $\nu_2 > \nu_1$ mit $m(K_{\nu_1 1}(B - K_{\nu_2 2})) \leqq 2^{-3} m(B)$, usw. Mit $B_1 := \prod\limits_\mu{}^{\cdot} K_{\nu_\mu \mu}$ und $B' := (B - K_{\nu_1 1}) + K_{\nu_1 1}(B - K_{\nu_2 2}) + \cdots$ haben wir die Zerlegung $B = B_1 + B'$, wobei $m(B') \leqq m(B)(2^{-2} + 2^{-3} + \cdots) = \frac{1}{2} m(B)$ und auf B_1 gleichmäßige Konvergenz der s_n gegen Null. — 2. Was wir in 1. mit B gemacht haben, wiederholen wir jetzt an B' und erhalten eine Zerlegung $B' = B_2 + B''$ mit $m(B'') \leqq \frac{1}{2} m(B') \leqq \frac{1}{4} m(B)$ und gleichmäßige Konvergenz der s_n auf B_2 gegen Null. Fortsetzung dieses Verfahrens führt zu einer Zerlegung $B = (B_1 + B_2 + \cdots) + B_0$, wobei $B_0 := B - (B_1 + B_2 + \cdots)$ wegen $m(B) \geqq m(B_1 + B_2 + \cdots) = m(B_1) + m(B_2) + \cdots \geqq m(B)$ eine N-Nullmenge ist, und auf jedem B_μ für sich die s_n, und damit auch die f_n selbst gleichmäßig konvergieren.

9.4.6. Mit der Bezeichnung von **9.4.5.** ordnen wir jeder endlichen N-meßbaren Funktion f formal zu die „Lebesgueschen Summen"

$$\Lambda_p(f) := \sum_n{}' \lambda_n N(\chi_n(f)), \qquad p \in \mathsf{Z},$$

wobei die α_n und χ_n denselben Bedingungen genügen wie im Beweis von **9.4.5.**, während die λ_n nach folgender Regel gewählt werden:

Ist $\alpha_n \geqq 1/p$ oder $\alpha_{n+1} \leqq -1/p$, so sei $\alpha_n \leqq \lambda_n \leqq \alpha_{n+1}$; sonst sei $\lambda_n = 0$.

$\sum'$ bezeichnet die Summation über alle ganzen n mit $\lambda_n \neq 0$.

Ist $1 \in \mathfrak{M}$ und f endlich und N-integrierbar, so sind die Lebesgueschen Summen absolut und eigentlich konvergent und

$$\lim_{p \to \infty} \Lambda_p(f) = L(f).$$

Beweis. Wir setzen $f_p := \sum' \lambda_n \chi_n(f)$ und $\varrho_n := \min\{|\alpha_n|, |\alpha_{n+1}|\}$. Dann ist für $\varrho_n \geqq 1/p$ (d.h. $\alpha_n \geqq 1/p$ oder $\alpha_{n+1} \leqq -1/p$) ersichtlich $|\lambda_n| \leqq \min\{|\alpha_n|, |\alpha_{n+1}|\} + 1/p \leqq 2\varrho_n$ und $|f| \geqq \varrho_n \chi_n(f)$, also $|f_p| \leqq 2\sum' \varrho_n \chi_n(f) \leqq 2|f|$. Wie beim Beweis von **9.4.5.** folgt die N-Meßbarkeit von $\chi_n(f)$ und f_p, nach **9.3.5.** (a) dann auch ihre N-Integrierbarkeit. Obige Ungleichung gibt die majorisierte Konvergenz der Reihe für f_p, so daß nach **9.2.2.** $L(f_p) = \sum' L(\lambda_n \chi_n(f)) = \Lambda_p(f)$, ebenso liegt bei $f_p \to f$ majorisierte Konvergenz vor, so daß $L(f) = \lim\limits_{p\to\infty} \Lambda_p(f)$, w. z. z. w.

Bemerkung. Wir nennen den Limes von $\Lambda_p(f)$ das LEBESGUE*sche Integral von f bezüglich des Maßes m, erstreckt über A*, in Zeichen $\int_A f\,dm$; die Behauptung des obigen Satzes schreibt sich also $L(f) = \int_A f\,dm$.

9.4.7.1. Ist T ein top. Raum, so heißt eine reelle Funktion auf T eine *K-Funktion*, wenn sie endlich und stetig ist und außerhalb einer bikompakten Teilmenge von T verschwindet. Jede K-Funktion ist beschränkt (**5.4.3.2.**) und das System aller K-Funktionen eines top. Raumes ist ein Vektorverband.

Ist T ein im kleinen bikompakter HAUSDORFF*scher Raum, $\mathfrak{C}$ die Menge aller K-Funktionen auf T, ferner $E|\mathfrak{C}$ ein positives lineares Funktional auf $\mathfrak{C}$, so erfüllt $E|\mathfrak{C}$ auch die Eigenschaft* (7_j) *von* **9.1.3.** *und* (8_j) *von* **9.2.5.**

Beweis. (8_j) ist evident. Zu (7_j) zeigen wir: Sind $f, f_1, f_2, \ldots \in \mathfrak{C}$ mit $|f| \leqq \sum |f_n|$, so gibt es ein $g \in \mathfrak{C}$ mit $g(x) \geqq 0$ für $x \in K := \{x : f(x) \neq 0\}^\alpha$ und der Eigenschaft, daß es zu jedem $\varepsilon > 0$ ein $\mu := \mu(\varepsilon)$ gibt, so daß allgemein $|f| \leqq \sum\limits_{n=1}^{\mu} |f_n| + \varepsilon g$.

Wenn dies nämlich gezeigt ist, so folgt $E(|f|) \leqq \sum\limits_{n=1}^{m} E(|f_n|) + \varepsilon E(g) \leqq \sum\limits_{n=1}^{\infty} E(|f_n|) + \varepsilon E(g)$ und hieraus für $\varepsilon \to 0$ dann (7_j).

Nun die Konstruktion von g. 1. K ist nach Voraussetzung bikompakt. Zu jedem Punkt $x \in K$ gibt es eine Umgebung U mit bikompakten U^α. Wir können K bereits mit endlich vielen dieser U überdecken. Die Vereinigungsmenge V dieser endlich vielen U ist offen und hat eine bikompakte abgeschlossene Hülle V^α. Nach **5.3.10.** ist V^α normal; auf Grund von **5.3.3.** gibt es also eine stetige Funktion $g|T$ mit $0 \leqq g \leqq 1$, $[g = 0] \supset T - V$ und $[g = 1] \supset K$. Diese Funktion g ist eine K-Funktion. — 2. Die Folge der K-Funktionen $g_\mu := \max\left\{0, |f| - \sum\limits_{n=1}^{\mu} |f_n|\right\}$ strebt nicht steigend gegen Null. Dabei ist $g_\mu(x) = 0$ für $x \in T - K$ und $\mu = 1, 2, \ldots$. Nach Satz **6.3.2.4.** liegt gleichmäßige Konvergenz vor. Daher gibt es zu $\varepsilon > 0$ ein $\mu' := \mu(\varepsilon)$ derart, daß $0 \leqq g_\mu(x) < \varepsilon g(x)$ für $x \in T$ und $\mu > \mu'$, w. z. z. w.

9.4.7.2. Nun erhalten wir den folgenden Darstellungssatz:

Ist T ein lokal bikompakter HAUSDORFF*scher Raum, $E|\mathfrak{C}$ ein positiv lineares Funktional auf der Menge $\mathfrak{C}$ aller K-Funktionen von T, so gibt es eine Maßfunktion m^* auf dem System aller Teilmengen von T derart, daß $E(f)$ für jedes $f \in \mathfrak{C}$ darstellbar ist als* LEBESGUE*sches Integral über f bezüglich des Maßes m, in Zeichen. $E(f) = \int_T f\, dm$.*

Beweis. Wegen **9.4.7.1.** und **9.3.3.1.** ist $1 \in \mathfrak{M}$. Daher gelten alle Sätze über die in **9.4.1.** erklärte Maßfunktion m^*; insbesondere besteht wegen $f \in \mathfrak{C} \triangleright f \in \mathfrak{L}$ und der Beschränktheit von f Satz **9.4.6.** zu Recht, w. z. z. w.

9.4.8. Gelegentlich ist von den betrachteten Elementarintegralen neben (8_j) oder $1 \in \mathfrak{M}$ eine weitere Eigenschaft zu verlangen, welche wir als *σ-Finitität* bezeichnen werden. Sie lautet:

(10_j) *Es gibt eine Folge $((g_n))$ N-integrierbarer Funktionen von der Art, daß $\prod_n^{\cdot} \{x : g_n(x) = 0\}$ eine N-Nullmenge ist.*

Bemerkung. (8_j) hat (10_j) nicht zur Folge (**9.4.2.1.**); das Umgekehrte gilt auch nicht, wie einfache Beispiele lehren.

Es gilt:

Unter der Voraussetzung $1 \in \mathfrak{M}$ ist jede der folgenden Forderungen mit (10_j) äquivalent:

(a) *Es gibt (beschränkte) überall positive Funktionen $f_0 \in \mathfrak{L}$.*

(b) *Es gibt eine Folge $((f_n))$ nicht negativer Elementarfunktionen, für welche $\prod_n^{\cdot} \{x : f_n(x) = 0\}$ eine N-Nullmenge ist.*

(c) *Jede N-meßbare Menge ist als Vereinigung von abzählbar vielen N-meßbaren Mengen endlichen Maßes darstellbar.*

(d) *Es gibt eine Folge $((g_n))$ von Funktionen aus $\mathfrak{C}$ mit $\sum_n |g_n(x)| = +\infty$ für alle $x \in A$.*

Beweis. Zu (a). Die Behauptung ist trivial, wenn die Grundmenge A selbst eine Nullmenge ist. Anderenfalls können wir in der Folge $((g_n))$ von (10_j) alle jene Funktionen weglassen, für welche $L(|g_n|) = 0$ ist; denn für solche ist $\{g_n(\hat{x}) = 0\}$ bis auf eine Nullmenge gleich A. Sei also $L(|g_n|) \neq 0$ für alle n. Dann ist $f^* := \sum_n \frac{|g_n|}{2^n L(|g_n|)} \geq 0$ und $\in \mathfrak{L}$, ferner $\{f^*(\hat{x}) = 0\} = \prod_n^{\cdot} \{g_n(\hat{x}) = 0\}$ eine Nullmenge. Setzen wir daher $f_0 = \min\{1, f^*(x)\}$ für $f^*(x) > 0$ und $f_0(x) = 1$ für $f^*(x) = 0$, so haben wir die gewünschte Funktion f_0 mit $0 < f_0(x) \leq 1$ für alle $x \in A$. — Daß die Existenz solcher Funktionen f_0 für (10_j) hinreicht, ist offensichtlich. — *Zu* (b). (b) ist stärker als (10_j). Andererseits folgt aus (10_j) nach (a) die Existenz der Funktion f_0, zu welcher es eine Folge $((\varphi_n))$ von Elementarfunktionen gibt mit $f_0 = \operatorname{Lim}_n \varphi_n$. Dann ist auch $\operatorname{Lim}_n |\varphi_n| = f_0$ und in $f_n. = \max\{|\varphi_1|, \ldots, |\varphi_n|\}$ haben wir die gewünschten Funktionen. Denn $0 \leq f_n \in \mathfrak{E}$, und $f_n(x) = 0$ für alle n heißt $\varphi_n(x) = 0$ für alle n. Da es aber nach **9.1.8.2.** eine Teilfolge $|\varphi_{n_1}|, |\varphi_{n_2}|, \ldots$ gibt mit $\lim_\nu |\varphi_{n_\nu}(x)| = f_0(x) > 0$ für fast alle x, so kann $f_n(x) = 0$ für alle n nur in den Punkten x einer Nullmenge eintreten. — *Zu* (c). 1. Sei (10_j) erfüllt. Aus **9.4.4.** folgt, daß für ein $Y \in \mathfrak{m}$ entweder $m^*(Y) = m(Y) < +\infty$, oder $m^*(Y) = +\infty$ ist. Es genügt, den letzten Fall weiter zu betrachten. Mit χ_Y ist auch $\varphi_n := \min\{\chi_Y, n f_0\}$ meßbar, und wegen $0 \leq \varphi_n \leq n f_0$ daher $\varphi_n \in \mathfrak{L}$. Mit $B_n := \{\varphi_n(\hat{x}) = 1\}$ ist $\chi_{B_n} \in \mathfrak{L}$, d.h. B_n meßbar mit endlichem Maß. Da φ_n monoton gegen χ_Y strebt, so gilt $Y = \sum_n^{\boldsymbol{\cdot}} B_n$, also (c). — 2. Sei (c) erfüllt. Wegen $1 \in \mathfrak{M}$ ist A meßbar; es gibt also eine Darstellung $A = \sum_n^{\boldsymbol{\cdot}} B_n$ mit $B_n \in \mathfrak{m}$ und $m(B_n) < +\infty$, wobei wir ohne Beschränkung die B_n als paarweise fremd und $m(B_n) > 0$ (soferne nicht der triviale Fall $m(A) = 0$ vorliegt) voraussetzen dürfen. Wir setzen alsdann $f_0(x) = (2^n m(B_n))^{-1}$ für $x \in B_n$, $n \in \mathbf{Z}$, und erhalten $f_0 > 0$, und nach **9.2.2.** $L(f_0) \leq 1$, also (a), d.h. (10_j). — *Zu* (d). Besteht (d), so setze man $f_n = |g_1| + \cdots + |g_n|$. Dann ist $f_n \in \mathfrak{E}$, $\sup_n f_n = \sum_\nu |g_\nu|$ und $\{\sup_n f_n(\hat{x}) = 0\}$ die leere Menge, also Bedingung (b) erfüllt. Andererseits folgt für die Funktion f_0 aus (a) wegen $f_0 \in \mathfrak{L}$ die Darstellung $\operatorname{Lim}_\nu g_\nu = f_0$ mit $g_\nu \in \mathfrak{E}$, oder indem wir uns eine passende Teilfolgenauswahl schon vorgenommen denken, mit $\lim_\nu g_\nu = f_0$, also auch $\lim_\nu |g_\nu| = |f_0| = f_0$ N-fast überall. Wegen $f_0 > 0$ gilt dann aber $|g_1| + |g_2| + \cdots = +\infty$ N-fast überall mit $|g_\nu| \in \mathfrak{E}$. Da es aber zu jeder Menge endlichen Maßes, insbesondere zu jeder Nullmenge Y Folgen $((f_n))$ von Elementarfunktionen gibt mit $\sum |f_n(x)| > 0$ für $x \in Y$ [denn es gibt wegen $N(\chi_Y) < +\infty$ eine Folge $((f_n))$ aus $\mathfrak{E}$ mit $\chi_Y \leq \sum |f_n|$], so erhält man bei geeigneter Wahl der $f_n \in E$ in den $h_n := |g_n| + |f_1| + \cdots + |f_n|$ eine Folge aus $\mathfrak{E}$ mit $\sum h_n(x) = +\infty$ für alle x, womit (d) nachgewiesen ist.

Bemerkung. Im Falle der σ-Finitität kommt also die wie ein Fremdling wirkende Sonderregelung in der Definition der Norm, wenn es zu f keine f_ν aus $\mathfrak{E}$ gibt mit $|f| \leq \sum_\nu |f_\nu|$, überhaupt nicht mehr zur Geltung.

9.4.8.1. *Es gelte* (10_j) *und* $1 \in \mathfrak{M}$. *Die Funktionen* f_n, g_n, h_n *seien für* $n \in \mathbf{Z}$ *alle aus* $\mathfrak{L}$, *wobei* $f_n \leq g_n \leq h_n$ *N-fast überall. Ferner sei* $\operatorname{Lim} f_n = f \in \mathfrak{L}$, $\operatorname{Lim} h_n = h \in \mathfrak{L}$ *und es existiere* $\lim g_n = g$ *N-fast überall. Dann ist auch* $g \in \mathfrak{L}$ *und* $L(g) = \lim L(g_n)$. *(Verallgemeinerter Satz von der Integration bei majorisierter Konvergenz.)*

Beweis. 1. Es gilt N-fast überall $f \leq g \leq h$; wir dürfen aber ohne Beschränkung der Allgemeinheit voraussetzen, daß auch $f_n \leq g \leq h_n$

N-fast überall gilt. Um dies allenfalls zu erreichen, ersetzen wir f_n durch $f-|f_n-f|$ und h_n durch $h+|h_n-h|$. — 2. Unter Ausnutzung der Sätze **9.1.8.2.**, **9.4.5.4.** und von **9.4.8.** (c) können wir den Grundbereich A zerlegen in $A=A_0+A_1+A_2+\cdots$, wobei A_0 eine N-Nullmenge und für $r=1, 2, \ldots$ jedes A_r N-meßbar und von endlichem Maß, und die Folge $((g_n))$ auf A_r gleichmäßig konvergiert. Mit $B_r:=A_1+\cdots+A_r$, $C_r:=A-B_r$ und dem Umstand, daß g (wegen $f\leq g\leq h$) N-fast überall endlich ist, erhalten wir: $N(g-g_n)\leq N((g-g_n)\chi_{B_r})+N((g-g_n)\chi_{C_r})$, wobei $N((g-g_n)\chi_{C_r})=N(|g-g_n|\chi_{C_r})\leq N((h_n-f_n)\chi_{C_r})\leq N(f-f_n)+N((f-h)\chi_{C_r})+N(h-h_n)$. Wegen der eigentlichen Konvergenz der Reihe $L((h-f)\chi_{A_1})+L((h-f)\chi_{A_2})+\cdots=L(h-f)=N(h-f)$ mit den Reihenresten $N((h-f)\chi_{C_r})$, können wir bei vorgegebenem $\varepsilon>0$ ein r' bestimmen mit $N((f-h)\chi_{C_{r'}})<\varepsilon/4$. Ferner gibt es wegen der gleichmäßigen Konvergenz $g_n\to g$ auf $B_{r'}$ ein n', so daß für $n>n'$ stets $N(|g-g_n|\chi_{B_{r'}})<\varepsilon/4$; man kann aber n' zugleich so groß wählen, daß außerdem noch $N(f-f_n)<\varepsilon/4$ und $N(h-h_n)<\varepsilon/4$ für $n>n'$. Zusammen ergibt sich damit $N(g-g_n)<\varepsilon$ für $n>n'$, woraus $g\in\mathfrak{L}$ und $L(g)=\lim\limits_n L(g_n)$ hervorgehen.

9.4.8.2. Als eine Folgerung aus (10_j) ist noch zu nennen:

Gilt (10_j) *und* $1\in\mathfrak{M}$, *und hat die N-meßbare Funktion* Φ *die Eigenschaft, daß mit* $f\in\mathfrak{L}$ *allemal* $\Phi f\in\mathfrak{L}$, *wobei außerdem* $L(\Phi f)\geq 0$, *falls* $f\geq 0$, *dann ist* $\Phi\geq 0$ *(N-fast überall).*

Beweis. Für $h<0$ ist $\{\Phi(\hat{x})<h\}$ meßbar, ist daher nach **9.4.8.** (c) entweder eine N-Nullmenge oder enthält eine meßbare Teilmenge B endlichen positiven Maßes. Wäre das letzte der Fall, so hätte man $\chi_B\in\mathfrak{L}$ und $L(\Phi\,\chi_B)\leq h\,m(B)<0$ im Widerspruch mit der Voraussetzung des Satzes. Daher ist $\{\Phi(\hat{x})<h\}$ eine Nullmenge für alle $h<0$, also ist auch $\{\Phi(\hat{x})<0\}$ Nullmenge, w. z. z. w.

9.4.8.3. Der vorausgehende Satz erlaubt eine gewisse Verschärfung:

Ist φ *N-meßbar und beschränkt und gilt*

$$(1)\qquad \mathfrak{E}\ni g\geq 0 \rhd L(\varphi g)\geq 0,$$

dann ist $\varphi\geq 0$ *(N-fast überall).*

Beweis. Um dies auf **9.4.8.2.** zurückzuführen, zeigen wir, daß mit (1) auch

$$(2)\qquad \mathfrak{L}\ni f\geq 0 \rhd L(\varphi f)\geq 0$$

gilt. In der Tat, ist $\mathfrak{L}\ni f\geq 0$, so wählen wir $g_n\in\mathfrak{E}$ mit $\operatorname{Lim} g_n=f$. Ohne Beschränkung dürfen wir dabei $g_n\geq 0$ voraussetzen (sonst würden wir $\max\{g_n, 0\}$ an Stelle von g_n weiter verwenden). Mit $M:=\sup\{|\varphi(x)|: x\in A\}<+\infty$ ist $|\varphi g_n|\leq M\,g_n\in\mathfrak{L}$, also nach **9.4.8.1.** $\lim L(\varphi\,g_n)=L(\varphi f)$, so daß wegen $L(\varphi\,g_n)\geq 0$ auch $L(\varphi f)\geq 0$, w. z. z. w.

9.5. Die Funktionenräume $\mathfrak{F}^p$, $\mathfrak{L}^p$.

9.5.1. Wir betrachten im Anschluß an die bisherigen Entwicklungen die folgenden *Funktionenräume*:

Es sei p reell und $\geqq 1$, ferner

$$\mathfrak{F}^p := \{f : f|f|^{p-1} \in \mathfrak{F}\} = \{f : N(|f|^p) < +\infty\},$$
$$\mathfrak{L}^p := \{f : f|f|^{p-1} \in \mathfrak{L}\} \quad \text{und} \quad N_p(f) := \left(N(|f|^p)\right)^{1/p}.$$

Offenbar ist $\mathfrak{F}^1 = \mathfrak{F}$, $\mathfrak{L}^1 = \mathfrak{L}$ und $N_1 = N$.

N_p befriedigt die Ungleichungen von HÖLDER *und* MINKOWSKI:

(H) *Für* $p > 1$, $p + q = p\,q$, $f \in \mathfrak{F}^p$, $g \in \mathfrak{F}^q$ *gilt* $N(f\,g) \leqq N_p(f)\,N_q(g)$.

(M) *Für* $p \geqq 1$, (f *und* g) $\in \mathfrak{F}^p$ *gilt* $N_p(f+g) \leqq N_p(f) + N_p(g)$.

Beweis. Zu (H). Vom trivialen Fall, daß $\alpha' := N(|f|^p)$ oder $\beta' := N(|g|^q)$ Null ist, dürfen wir absehen. Für $\alpha, \beta > 0$ und mit $\gamma := \left(\left(\frac{p}{q}\right)^{1/p} + \left(\frac{q}{p}\right)^{1/q}\right)^{-1}$ nimmt die Funktion $\varphi(\xi) := \gamma(\alpha\,\xi^p + \beta\,\xi^{-q})$ im Bereich $0 < \xi < +\infty$ nach den Regeln der Differentialrechnung und wegen $p + q = p\,q$ an der Stelle $\xi_0 := \left(\frac{\beta\,q}{\alpha\,p}\right)^{1/p\,q}$ und nur dort das absolute Minimum an, so daß $\varphi(\xi_0) \leqq \varphi(\xi)$, oder $\alpha^{1/p}\beta^{1/q} \leqq \gamma(\alpha\,\xi^p + \beta\,\xi^{-q})$. Diese letzte Ungleichung gilt offenbar auch für α oder $\beta = 0$. Wir erhalten daher $|f\,g| \leqq \gamma(|f|^p \xi^p + |g|^q \xi^{-q})$, woraus $N(f\,g) \leqq \gamma(\alpha' \xi^p + \beta' \xi^{-q})$ für alle $\xi > 0$ hervorgeht. Daraus wird für den speziellen Wert $\xi = \xi^* := \left(\frac{\beta'\,q}{\alpha'\,p}\right)^{1/p\,q}$ die HÖLDERsche Ungleichung (H).

Zu (M). Der Fall $p = 1$ ist bereits durch **9.1.2.** (d) erledigt. Den Fall $p > 1$ führen wir auf die HÖLDERsche Ungleichung zurück. Da für reelle x, y allgemein $|x + y|^p \leqq 2^{p-1}(|x|^p + |y|^p)$ (weil bei positiven x und y nur für $x = y$ der Quotient der beiden Seiten extremal wird), so folgt $N(|f+g|^p) \leqq 2^{p-1}(N(|f|^p) + N(|g|^p))$, so daß mit f und g auch $f + g$ in $\mathfrak{F}_p$ enthalten ist. Aus $|f+g|^p \leqq (|f| + |g|) \cdot |f+g|^{p-1}$ folgt mit Verwendung von (H) $N(|f+g|^p) \leqq N(|f|\,|f+g|^{p-1}) + N(|g|\,|f+g|^{p-1}) \leqq (N_p(f) + N_p(g))\,N_q(|f+g|^{p-1})$, was wegen $N_q(|f+g|^{p-1}) = (N(|f+g|^p))^{1-1/p}$ die MINKOWSKIsche Ungleichung (M) liefert.

9.5.1.1. Wir definieren in $\mathfrak{F}^p$

$$f = g : \bowtie N_p(f - g) = 0.$$

Diese Gleichheitsdefinition ist wegen $N_p(h) = 0 \bowtie N(h) = 0$ mit der in $\mathfrak{H}$ eingeführten identisch. Die MINKOWSKIsche Ungleichung lehrt jetzt, daß $\mathfrak{F}^p$ *ein metrisch linearer Raum mit der Norm* N_p ist. Darüber hinaus gilt in Verallgemeinerung von **9.1.9.**:

$\mathfrak{F}^p$ *ist vollständig.*

Beweis. 1. Wir benötigen die Ungleichungen

$$(1)\quad 2^{1-p}|x-y|^p \leq |x|x|^{p-1} - y|y|^{p-1}| \leq p|x-y|\,(|x|^{p-1} + |y|^{p-1}).$$

Zum Nachweis der ersten Hälfte dieser Ungleichung setze man $x=\frac{1}{2}+r$, $y=-\frac{1}{2}+r$, was man wegen der Homogenität darf. Von der Funktion $(\frac{1}{2}+r)\,|\frac{1}{2}+r|^{p-1}+(\frac{1}{2}-r)\,|\frac{1}{2}-r|^{p-1}$ zeigt man leicht, daß sie gerade ist und für $r>0$ wächst, also für $r=0$ das Minimum 2^{1-p} annimmt. Zum Nachweis der zweiten Ungleichungshälfte wenden wir wieder die obige Substitution an. Aus Symmetriegründen genügt es nur für $r\geq 0$ die Prüfung vorzunehmen. Für $0\leq r\leq\frac{1}{2}$ ist die fragliche Ungleichung $(\frac{1}{2}+r)^p+(\frac{1}{2}-r)^p\leq p\left((\frac{1}{2}+r)^{p-1}+(\frac{1}{2}-r)^{p-1}\right)$ wegen $r\leq p-\frac{1}{2}$ evident. Für $r>\frac{1}{2}$ setze man $\frac{r-\frac{1}{2}}{r+\frac{1}{2}}=t$, so wird $0<t<1$ und die fragliche Ungleichung zu $\frac{1+t}{1-t}\,\frac{1-t^{p-1}}{1+t^{p-1}}\leq 2p-1$. Ihre Gültigkeit ergibt sich jetzt daraus, daß die linke Seite im Intervall $0\leq t\leq 1$ monoton und an den Grenzen die Ungleichung erfüllt ist (Beweis im einzelnen als Aufgabe!).

2. Nun betrachten wir die Abbildung A, welche jedem $f\in\mathfrak{F}^p$ zuordnet die Funktion $\mathsf{A}(f):=f|f|^{p-1}$ aus $\mathfrak{F}$. *A ist eineindeutig und umkehrbar stetig.* In der Tat: Ist $g=\mathsf{A}(f)=|f|^p\operatorname{sign} f$, so $f=|g|^{1/p}\operatorname{sign} g=\mathsf{A}^{-1}(g)$, die Umkehrung von A, erklärt für alle $g\in\mathfrak{F}$. Aus der ersten Hälfte von (1) folgt für $g_1, g_2\in\mathfrak{F}$ $|\mathsf{A}^{-1}(g_1)-\mathsf{A}^{-1}(g_2)|^p\leq 2^{p-1}|g_1-g_2|$, also $N_p(\mathsf{A}^{-1}(g_1)-\mathsf{A}^{-1}(g_2))\leq 2^{1/q}[N(g_1-g_2)]^{1/p}$, und damit die gleichmäßige Stetigkeit von A^{-1} in $\mathfrak{F}^p$. Aus der zweiten Hälfte von (1) folgt für $f_1, f_2\in\mathfrak{F}^p$, $|\mathsf{A}(f_1)-\mathsf{A}(f_2)|\leq p|f_1-f_2|\,|f_1|^{p-1}+p|f_1-f_2|\,|f_2|^{p-1}$, weiter mittels der HÖLDERschen und MINKOWSKIschen Ungleichung

$$\begin{aligned} N(\mathsf{A}(f_1)-\mathsf{A}(f_2)) &\leq p\,N_p(f_1-f_2)\,\left(N_q(|f_1|^{p-1})+N_q(|f_2|^{p-1})\right)\\ &= p\,N_p(f_1-f_2)\,\left(|N_p(f_1)|^{p/q}+|N_p(f_2)|^{p/q}\right), \end{aligned}$$

was die gleichmäßige Stetigkeit von $\mathsf{A}(f)$ in jedem beschränkten Teilbereich von $\mathfrak{F}^p$ sichert.

3. Ist nun $((f_n))$ eine im Sinne der Norm N_p konzentrierte Folge aus $\mathfrak{F}^p$, so auch $((\mathsf{A}(f_n)))$ in $\mathfrak{F}$ wegen 2. Da $\mathfrak{F}$ vollständig, so ist $\lim_n \mathsf{A}(f_n)=:g$ in $\mathfrak{F}$ vorhanden. Wegen der Stetigkeit von A^{-1} ist dann $\lim_n f_n$ in $\mathfrak{F}^p$ vorhanden (und gleich $\mathsf{A}^{-1}(g)$). Damit ist die Vollständigkeit von $\mathfrak{F}^p$ bewiesen.

Bemerkung. Aus obigem Beweis geht hervor, daß *die Räume $\mathfrak{F}^p$, $p\geq 1$, alle untereinander homöomorph* sind.

9.5.2. Die Ergebnisse von **9.5.1.** und **9.5.1.1.** lassen sich übertragen auf die Räume $\mathfrak{L}^p$ mit folgenden Verschärfungen:

(H′) (HÖLDERsche *Ungleichung*). *Ist* $p > 1$, $p + q = p\,q$, $f \in \mathfrak{L}^p$, $g \in \mathfrak{L}^q$, *so folgt* $f\,g \in \mathfrak{L}$ *und*

$$|L(f\,g)| \leq [L(|f|^p)]^{1/p}\,[L(|g|^q)]^{1/q}.$$

Gleichheit steht dabei dann und nur dann, wenn $f|f|^{p-1}$ *und* $g|g|^{q-1}$ *linear abhängig sind. Im Falle* $p = q = 2$ *heißt vorstehende Ungleichung* SCHWARZ*sche Ungleichung; sie gilt mit dem Gleichheitszeichen, nur wenn* f *und* g *proportional sind.*

(M′) (MINKOWSKIsche *Ungleichung*). *Ist* $p \geq 1$, f *und* $g \in \mathfrak{L}^p$, *dann ist* $f + g \in \mathfrak{L}^p$ *und*

$$[L(|f+g|^p)]^{1/p} \leq [L(|f|^p)]^{1/p} + [L(|g|^p)]^{1/p}.$$

Gleichheit steht, im Falle $p = 1$ *wenn und nur wenn* f *und* g *fast überall gleiches Vorzeichen haben, im Falle* $p > 1$ *wenn und nur wenn* f *und* g *linear abhängig sind.*

(L) $\mathfrak{L}^p$ *ist abgeschlossener linearer Teilraum von* $\mathfrak{F}^p$.

Beweis. Zu (H′). $\varphi(x_1, x_2) := |x_1|^{1/p}\,|x_2|^{1/q}\,\mathrm{sign}\,x_1 x_2$ ist eine positiv homogene und stetige (also BAIREsche) Funktion, nach **9.2.4.** ist daher $f\,g = \varphi(f', g')$ mit $f' := f|f|^{p-1} \in \mathfrak{L}$ und $g := g|g|^{q-1} \in \mathfrak{L}$ ebenfalls eine Funktion aus $\mathfrak{L}$. Aus der in **9.5.1.**, Beweis zu (H), abgeleiteten Ungleichung $|f\,g| \leq \gamma(|f|^p \xi^{*p} + |g|^q \xi^{*-q})$ folgt durch L-Integration $|L(f\,g)| \leq L(|f\,g|) \leq \gamma\,(L(|f|^p)\,\xi^{*p} + L(|g|^q)\,\xi^{*-q}) = |L(|f|^p)|^{1/p}\,|L(|g|^q)|^{1/q}$. Gleichheit zwischen den Endgliedern dieser Ungleichungen besteht nur dann, wenn einerseits $|L(f\,g)| = L(|f\,g|)$, d.h. $\pm L(f\,g) = L(|f\,g|)$, oder $L(\pm f\,g - |f\,g|) = 0$, d.h. für ein festes Vorzeichen $\pm f\,g - |f\,g|$ eine Nullfunktion ist, andererseits auch $h := |f\,g| - \gamma(|f|^p \xi^{*p} + |g|^q \xi^{*-q})$ Nullfunktion ist. Falls die Werte von f und $g \neq 0$ sind, ist h nach den Minimumsbetrachtungen von **9.5.1.** nur dann Null, wenn $\xi^* = \left(\frac{|g|^q\,q}{|f|^p\,p}\right)^{1/p\,q}$, oder $|g|^q = \frac{p}{q}\,\xi^{*p\,q}\,|f|^p$. Dieser Schluß trifft offenbar auch zu, wenn f oder g Null ist. Zusammen mit obiger Bedingung erhalten wir, daß für festes Vorzeichen fast überall $g|g|^{q-1} = \pm \frac{p}{q}\,\xi^{*p\,q} f|f|^{p-1}$, womit die Notwendigkeit der aufgestellten Bedingung dargetan ist. Daß sie auch hinreicht, folgt unmittelbar aus ihrer Herleitung. — Im Falle $p = q = 2$ lautet die letzte Gleichung $g|g| = \pm \xi^{*4} f|f|$; aus ihr folgt $g = \pm \xi^{*2} f$.

Zu (M′). Mit der BAIREschen Funktion

$$\varphi(\lambda, \mu) := [|\lambda|^{1/p}\,\mathrm{sign}\,\lambda + |\mu|^{1/p}\,\mathrm{sign}\,\mu]\;||\lambda|^{1/p}\,\mathrm{sign}\,\lambda + |\mu|^{1/p}\,\mathrm{sign}\,\mu|^{p-1}$$

und mit $f' := f|f|^{p-1} \in \mathfrak{L}$, $g' := g|g|^{p-1} \in \mathfrak{L}$, d.h. f' und $g' \in \mathfrak{L}^p$, wird $(f+g)|f+g|^{p-1} = \varphi(f', g')$, so daß auch $f + g \in \mathfrak{L}^p$. Der Beweis für die behauptete Ungleichung verläuft wie in **9.5.1.** Eine Nachprüfung dort zeigt, daß das Gleichheitszeichen nur dann eintreten kann, wenn einerseits fast überall $|f+g| = |f| + |g|$, was bedeutet, daß f und g fast überall gleiches Vorzeichen haben. Im Falle $p=1$ ist dies bereits hinreichend. Andererseits muß im Falle $p>1$ und des Gleichheitszeichens auch noch $N(|f||f+g|^{p-1})=N_p(|f|)N_q(|f+g|^{p-1})$ gelten. Gemäß (H') folgt daraus, daß $|f|^p$ und $|f+g|^{(p-1)q}=|f+g|^p$ linear abhängig sind, und analog für g, daß es auch $|g|^p$ und $|f+g|^p$ sind. Da der triviale Fall, daß $f+g$ eine Nullfunktion ist, auch f und g als Nullfunktionen verlangt, so erhalten wir eine lineare Abhängigkeit von $|f|^p$ und $|g|^p$, also auch eine solche zwischen $|f|$ und $|g|$, und wegen der Vorzeichengleichheit schließlich auch eine zwischen f und g selber.

Zu (L). Da $\mathfrak{L}^p$ mit f auch αf und $|f|$ enthält, so ist $\mathfrak{L}^p$ ein Teilvektorverband von $\mathfrak{F}^p$. Die Homöomorphie **A** von **9.5.1.1.** bildet $\mathfrak{L}^p$ auf $\mathfrak{L}$ ab. Da $\mathfrak{L}$ in $\mathfrak{F}$ abgeschlossen, so ist es demnach auch $\mathfrak{L}^p$ in $\mathfrak{F}^p$.

9.6. Der Raum $\mathfrak{L}^2$.

9.6.1. Wir stellen im folgenden einige wichtige Eigenschaften des Raumes $\mathfrak{L}^2$ zusammen. $\mathfrak{L}^2$ besteht aus allen reellen Funktionen $f|A$ mit $f|f|\in\mathfrak{L}$; dabei ist A irgendeine Grundmenge, L das N-Integral, das zu einem Elementarintegral $E|\mathfrak{E}$ über A gehört (**9.1.11.**). Für $f\in\mathfrak{L}^2$ ist $L(f^2)$ endlich; mit der *Betragsdefinition* $\|f\|=(L(f^2))^{\frac{1}{2}}$ (und dem *Abstand* $\|f-g\|$ für je zwei Elemente f und g aus $\mathfrak{L}^2$) wird $\mathfrak{L}^2$ zu einem *vollständigen, metrischen linearen Raum.* Für $f, g\in\mathfrak{L}^2$ ist nach **9.5.2.** (H') die Zahl $f\circ g := L(f\,g)$ endlich; sie heißt das *Skalarprodukt* von f und g, und ist eine beschränkte, bilineare, symmetrische Funktion, d.h. es gilt $f\circ g=g\circ f$, $(f_1+f_2)\circ g=f_1\circ g+f_2\circ g$, $(\alpha f)\circ g=\alpha(f\circ g)$, $|f\circ g|\leqq\|f\|\cdot\|g\|$ für beliebige f, f_1, f_2, g aus $\mathfrak{L}^2$ und reelles α. Aus der letzten Ungleichung folgt die Stetigkeit von $f\circ g$ in f und g. Ferner liefert Anwendung von $\|f\|^2=f\circ f$ die Gleichung

$$\|f+g\|^2+\|f-g\|^2=2(\|f\|^2+\|g\|^2). \tag{1}$$

f und g heißen *orthogonal,* wenn $f\circ g=0$. Vermöge der Gleichheitsdefinition **9.1.7.** (k) gilt $f\circ f=0$, oder $\|f\|=0$ dann und nur dann, wenn $f=0$.

9.6.1.1. *Erfüllt* $E|\mathfrak{E}$ (8_j), *so gilt:*

Für $f\in\mathfrak{L}^2$ *und* $n\in\mathbf{Z}$ *ist* $f_n := \operatorname{med}\{-n, f, n\}\in\mathfrak{L}^2$ *und* f_n *strebt in* $\mathfrak{L}^2$ *gegen* f *für* $n\to+\infty$.

Beweis. Da $f|f|\in\mathfrak{L}$, so auch $f_n|f_n|=\operatorname{med}\{-n^2, f|f|, n^2\}$, also ist $f_n\in\mathfrak{L}^2$. Weiter ist $\varphi_n := (f_n-f)^2\in\mathfrak{L}$ und $0\leqq\varphi_{n+1}\leqq\varphi_n$, so daß Integration bei monotoner Konvergenz anwendbar ist. Da $\lim\varphi_n(x)$ für alle x mit endlichem $f(x)$, d.h. N-fast überall gleich Null, also eine N-Nullfunktion ist, so folgt $\|f_n-f\|^2=L((f_n-f)^2)\to 0$, w. z. z. w.

9.6.2. Eine Teilmenge $\mathfrak{B}$ von $\mathfrak{L}^2$ heißt eine *lineare Mannigfaltigkeit* von $\mathfrak{L}^2$, wenn mit f und g alle reellen Linearkombinationen $\alpha f + \beta g$ in $\mathfrak{B}$ enthalten sind.

Ist die lineare Mannigfaltigkeit $\mathfrak{B}$ in $\mathfrak{L}^2$ nicht dicht, so gibt es in $\mathfrak{L}^2$ ein Element $h \neq 0$, welches zu allen Elementen von $\mathfrak{B}$ orthogonal ist.

Beweis. 1. Wir stellen zunächst fest, daß mit $\mathfrak{B}$ auch die abgeschlossene Hülle $\mathfrak{B}^\alpha$ von $\mathfrak{B}$ eine lineare Mannigfaltigkeit ist. In der Tat, sind f_1 und f_2 in $\mathfrak{B}^\alpha$, so heißt dies, daß es zu $\varepsilon > 0$ Elemente g_1, g_2 aus $\mathfrak{B}$ gibt mit $\|f_i - g_i\| < \varepsilon$ für $i = 1, 2$; hieraus folgt $\|\alpha f_1 + \beta f_2 - (\alpha g_1 + \beta g_2)\| \leq (|\alpha| + |\beta|)\, \varepsilon$ und für $\varepsilon \to 0$ weiter $\alpha f_1 + \beta f_2 \in \mathfrak{B}^\alpha$. Da $\mathfrak{M}$ nicht dicht ist, so gibt es ein $\varphi \in \mathfrak{L}^2 - \mathfrak{B}^\alpha \neq 0$; dabei ist

$$d := \inf\{\|\varphi - f\| : f \in \mathfrak{B}\} > 0,$$

und es gibt eine Minimalfolge $f_1, f_2, \ldots$ aus $\mathfrak{B}$ mit $\|\varphi - f_n\| \to d$. Wir zeigen, daß die Folge $((f_n))$ konzentriert, also wegen der Vollständigkeit von $\mathfrak{L}^2$ konvergent ist. In der Tat:

$$\left\|\frac{f_n - f_m}{2}\right\|^2 = \left\|\frac{(f_n - \varphi) - (f_m - \varphi)}{2}\right\|^2 = \frac{1}{2}\|f_n - \varphi\|^2 + \frac{1}{2}\|f_m - \varphi\|^2 -$$
$$- \left\|\frac{f_n + f_m}{2} - \varphi\right\|^2 \leq \frac{1}{2}\left(\|f_n - \varphi\|^2 + \|f_m - \varphi\|^2\right) - d^2,$$

da ja $\frac{f_n + f_m}{2} \in \mathfrak{B}$. Die rechte Seite der letzten Ungleichung strebt für $n, m \to \infty$ nach Null. Also gibt es ein $f^* \in \mathfrak{B}^\alpha$ mit $f_n - \varphi \to f^* - \varphi$; offenbar ist dabei $\|f^* - \varphi\| = d$. Sei nun f ein beliebiges Element aus $\mathfrak{B}$. Für reelles γ folgt dann $f^* + \gamma f \in \mathfrak{B}^\alpha$, also $\|\varphi - (f^* + \gamma f)\| \geq \inf\{\|\varphi - g\| : g \in \mathfrak{B}^\alpha\} = d$, d.h. $0 \leq \|\varphi - (f^* + \gamma f)\|^2 - \|\varphi - f^*\|^2 = -2\gamma(\varphi - f^*) \circ f + \gamma^2 \|f\|^2$. Da dies für jedes reelle γ gelten soll, so muß notwendig $(\varphi - f^*) \circ f = 0$ sein. Mit $h := \varphi - f^*$ ist damit die Behauptung erfüllt.

9.6.3. Eine Teilmenge $\mathfrak{A}$ von $\mathfrak{L}^2$ heißt eine *Approximationsbasis* in $\mathfrak{L}^2$, wenn die Menge aller Linearkombinationen $\gamma_1 f_1 + \cdots + \gamma_k f_k$ von Funktionen $f_1, \ldots, f_k$ aus $\mathfrak{A}$ mit reellen Koeffizienten $\gamma_1, \ldots, \gamma_k$, $k \in \mathsf{Z}$, in $\mathfrak{L}^2$ dicht ist.

Eine Teilmenge $\mathfrak{A}$ von $\mathfrak{L}^2$ ist dann und nur dann eine Approximationsbasis, wenn für je zwei Funktionen f_1, f_2 aus $\mathfrak{L}^2$ die Aussage

(2) $$f_1 \circ g = f_2 \circ g \quad \text{für alle } g \text{ aus } \mathfrak{A} \rhd f_1 = f_2$$

gilt.

Beweis. 1. Wenn die Voraussetzung von (2) besteht, so ist $(f_1 - f_2) \circ g = 0$ für alle g aus $\mathfrak{A}$, somit, wegen der Basiseigenschaft von $\mathfrak{A}$ in $\mathfrak{L}^2$ und der Stetigkeit des Skalarprodukts $(f_1 - f_2) \circ h = 0$ für alle h aus $\mathfrak{L}^2$, insbesondere für $h = f_1 - f_2$; also ist nach **9.6.1.** $f_1 - f_2 = 0$. — 2. Sei jetzt $\mathfrak{A}$ in $\mathfrak{L}^2$ keine Approximationsbasis; dann ist die lineare Mannigfaltigkeit $\mathfrak{B}$ aller Linearkombinationen von Funktionen aus $\mathfrak{A}$ nicht dicht in $\mathfrak{L}^2$, also gibt es nach **9.6.2.** ein $h \neq 0$ mit $h \circ g = 0$ für alle g aus $\mathfrak{B}$, also insbesondere aus $\mathfrak{A}$. Also ist $2h \circ g = 0 = h \circ g$ für alle g aus $\mathfrak{A}$, d.h. (2) gilt nicht allgemein.

Bemerkung. $\mathfrak{L}^2$ ist selbst eine Approximationsbasis, so daß insbesondere aus $f_1 \circ f = f_2 \circ f$ für alle f aus $\mathfrak{L}^2$ folgt $f_1 = f_2$.

9.6.4. Die reelle Funktion $M(f)$ heißt ein *lineares Funktional in* $\mathfrak{L}^2$, wenn $M(\alpha f + \beta g) = \alpha M(f) + \beta M(g)$ für beliebige reelle α, β und f, g aus $\mathfrak{L}^2$; $M(f)$ heißt *beschränkt,* wenn es eine Konstante C_M gibt, so daß $|M(f)| \leq C_M \|f\|$ für alle f aus $\mathfrak{L}^2$. Ein beschränktes lineares Funktional ist allemal stetig (Beweis!).

Ist $M(f)$ ein beschränktes lineares Funktional auf $\mathfrak{L}^2$, so gibt es ein und nur ein Element g^* aus $\mathfrak{L}^2$ derart, daß für alle $f \in \mathfrak{L}^2$

$$M(f) = L(f g^*), \quad \textit{wobei} \quad \|g^*\| \leq C_M.$$

Zusatz. Ist M außerdem positiv, d.h. $M(f) \geq 0$ für $f \geq 0$, dann ist g^* N-fast überall nicht negativ.

Beweis. 1. (Eindeutigkeit.) Daß es höchstens ein solches g^* geben kann, folgt unmittelbar aus **9.6.3.**, Bemerkung. — 2. (Existenz.) $\mathfrak{B} := \{h.M(h) = 0\}$ ist wegen der Stetigkeit und Linearität von M eine abgeschlossene lineare Mannigfaltigkeit in $\mathfrak{L}^2$, also *entweder* mit $\mathfrak{L}^2$ identisch, in welchem Falle man $g^* = 0$ setzen darf, *oder* echter Teil von $\mathfrak{L}^2$, so daß nach **9.6.2.** ein zu allen Elementen von $\mathfrak{B}$ orthogonales Element $g (\neq 0)$ existiert, d.h. $g \circ h = 0$ für alle $h \in \mathfrak{B}$. Für $g^* := \frac{M(g)}{\|g\|^2} g$ ist dann $M(h) = 0 = h \circ g^*$ für alle h aus $\mathfrak{B}$, ferner $M(g) = g \circ g^*$, und für beliebiges $f \in \mathfrak{L}^2$ mit $c := \frac{M(f)}{M(g)}$ ist die Funktion $f_1 := f - c\,g$ in $\mathfrak{B}$ $\big($wegen $M(f_1) = M(f) - c M(g) = 0\big)$, also $M(f) = M(f_1) + c M(g) = f_1 \circ g^* + c (g \circ g^*) = f \circ g^*$. Für $f = g^*$ folgt aus der letzten Gleichung $C_M \|g^*\| \geq |M(g^*)| = |g^* \circ g^*| = \|g^*\| \, \|g^*\|$, also $\|g^*\| \leq C_M$.

Zum Zusatz. Mit g^* ist auch $|g^*|$ und $|g^*| - g^* =: f^* \in \mathfrak{L}^2$. Da jetzt M positiv ist, so gilt $M(f^*) = L(f^* g^*) \geq 0$. Andererseits aber ist $f^* g^* \leq 0$, also wegen der Positivität von L $L(f^* g^*) \leq 0$, so daß $0 = L(f^* g^*) = -L(-f^* g^*) = -N(f^* g^*)$. Damit ist $(|g^*| - g^*) g^*$ eine N-Nullfunktion, also g^* N-fast überall nicht negativ.

9.6.5. Die reelle Funktion $B(f, g)$, $f, g \in \mathfrak{L}^2$, heißt ein *bilineares Funktional in* $\mathfrak{L}^2$, wenn $B(f, g)$ bei festem f in g und bei festem g in f lineares Funktional ist; $B(f, g)$ heißt *beschränkt,* wenn es eine Konstante C_B gibt mit $|B(f, g)| \leq C_B \|f\| \, \|g\|$ für alle f, g aus $\mathfrak{L}^2$. Zum

Beispiel ist $f \circ g$ ein beschränktes bilineares Funktional. Eine Abbildung $T(f)$, $f \in \mathfrak{L}^2$, von $\mathfrak{L}^2$ in $\mathfrak{L}^2$ heißt eine *lineare Transformation*, wenn $T(\alpha f + \beta g) = \alpha T(f) + \beta T(g)$ für alle reellen α, β und f, g aus $\mathfrak{L}^2$; T heißt *beschränkt*, wenn es eine Konstante C_T gibt mit $\|T(f)\| \leq C_T \|f\|$ für alle f aus $\mathfrak{L}^2$.

Ist $B(f, g)$ ein beschränktes bilineares Funktional in $\mathfrak{L}^2$, so existiert eine beschränkte lineare Transformation $T|\mathfrak{L}^2$ derart, daß

$$B(f, g) = L(f\,T(g)) \quad \textit{und} \quad C_T \leq C_B.$$

Beweis. Bei festem g aus $\mathfrak{L}^2$ schreiben wir $B(f, g) = M(f)$. Dann ist $M(f)$ ein beschränktes lineares Funktional, also nach **9.6.4.** $M(f) = f \circ g^*$ mit einem $g^* \in \mathfrak{L}^2$ und $\|g^*\| \leq C_M = C_B \|g\|$. Setzen wir $T(g) := g^*$ für $g \in \mathfrak{L}^2$, so ist T nach **9.6.4.** eine eindeutige, und nach der eben bewiesenen Ungleichung eine beschränkte Abbildung von $\mathfrak{L}^2$ in $\mathfrak{L}^2$ mit $C_T \leq C_B$; dabei ist $B(f, g) = f \circ T(g)$ für alle f, g aus $\mathfrak{L}^2$. Aus der letzten Gleichung aber folgt bei festem f wegen der Bilinearität von B allgemein

$$f \circ T(a\,g_1 + b\,g_2) = a\,(f \circ T(g_1)) + b\,(f \circ T(g_2)) = f \circ (a\,T(g_1) + b\,T(g_2)),$$

und da dies für beliebige $f \in \mathfrak{L}^2$ gilt, nach **9.6.3.**, Bemerkung, schließlich

$$T(a\,g_1 + b\,g_2) = a\,T(g_1) + b\,T(g_2),$$

d.h. die Linearität von T.

9.6.5.1. Ein bilineares Funktional $B(f, g)$ bzw. eine lineare Transformation $T(f)$ in $\mathfrak{L}^2$ heißt *positiv*, wenn für nicht negative f und g stets $B(f, g) \geq 0$ bzw. N-fast überall $T(f)$ nicht negativ ist.

Ist B im Satz **9.6.5.** *überdies positiv, so auch die dort erklärte lineare Transformation T.*

In der Tat, bei festem nicht negativem g aus $\mathfrak{L}^2$ ist $B(f, g) = M(f)$ positiv also nach dem Zusatz von **9.6.4.** $g^* = T(g)$ N-fast überall nicht negativ, w. z. z. w.

9.7. Vergleich von Elementarintegralen.

9.7.1. Im folgenden werden die gegenseitigen Beziehungen verschiedener Elementarintegrale $E|\mathfrak{E}$, $E'|\mathfrak{E}, \ldots$, welche auf dem nämlichen Bereich $\mathfrak{E}$ von Elementarfunktionen $f|A$ über einer festen Grundmenge A erklärt sind, und unter anderem die Eigenschaften (1_j) bis (7_j) von **9.1.** besitzen, und ihrer zugehörigen N-Integrale behandelt.

Die Gesamtheit $\mathfrak{e}$ aller Elementarintegrale $E|\mathfrak{E}$ über einem festen Bereich $\mathfrak{E}$ von Elementarfunktionen $f|A$ bildet eine t-geordnete, kommutative Halbgruppe bezüglich der Addition, wobei noch als weitere Operation die Multiplikation mit einer positiven Zahl hinzutritt: Die

Funktionale $E+E'$ und αE sind definiert durch $(E+E')(f)=E(f)+E'(f)$ und $(\alpha E)(f)=\alpha E(f)$ für $f\in\mathfrak{E}$; ferner bedeutet $E\leqq E'$, daß $E(f)\leqq E'(f)$ für alle nicht negativen f aus $\mathfrak{E}$ gilt.

Aus $E=E'+E''$ folgt $E'\leqq E$, und wenn andererseits $E'\leqq E$, so gibt es dazu ein E'', nämlich $E''(f)=E(f)-E'(f)$ für $f\in\mathfrak{E}$, so daß $E=E'+E''$.

9.7.2. Die den Elementarintegralen $E, E', \ldots, E_1, \ldots$ mit demselben Definitionsbereich $\mathfrak{E}$ gemäß den vorausgehenden Betrachtungen zugeordneten Funktionale und Funktionenräume bezeichnen wir wie früher, allenfalls in gleicher Weise mit Strichen bzw. Indizes versehen; dabei ist insbesondere $\mathfrak{E}=\mathfrak{E}'=\cdots$ und $\mathfrak{G}=\mathfrak{G}'=\cdots$.

Mit dieser Vereinbarung gilt:

Aus $E'\leqq E$ folgt: 1. $N'(g)\leqq N(g)$ *für* $g\in\mathfrak{G}$; 2. $\mathfrak{H}'\supset\mathfrak{H}$; 3. $\mathfrak{F}'\supset\mathfrak{F}$; 4. $\mathfrak{L}'\supset\mathfrak{L}$; 5. $L'(f)\leqq L(f)$ *für nicht negative f aus* $\mathfrak{L}$; 6. *hinsichtlich der durch N und N' in $\mathfrak{G}$ erklärten Äquivalenz gilt:* $g_1 \underset{(N)}{=} g_2 \rhd g_1 \underset{(N')}{=} g_2$; 7. $\mathfrak{M}'\supset\mathfrak{M}$.

Beweis. Zu 1. Nach **9.1.2.** (a) läßt sich jedem Summenwert, der zur Bildung von $N(g)$ als Infimum in Frage kommt, ein nicht größerer für die Bildung von $N'(g)$ zuständiger Wert gegenüberstellen. — *Zu* 2. Da nach 1. $N(g)=0$ stets $N'(g)=0$ zur Folge hat, so ist jede N-Nullmenge (d.h. Nullmenge im Sinne der Norm N) eine N'-Nullmenge, so daß jede Funktion von $\mathfrak{H}$ auch eine solche von $\mathfrak{H}'$ ist. — *Zu* 3. Nach 1. gilt $N(f)<+\infty \rhd N'(f)<+\infty$ d.h. $f\in\mathfrak{F}\rhd f\in\mathfrak{F}'$. — *Zu* 4. $\varphi\in\mathfrak{L}$ heißt nach **9.1.11.** $\varphi=N\text{-}\underset{n}{\mathrm{Lim}}\, f_n$ mit $f_n\in\mathfrak{E}$; wegen 1. ist dann auch $\varphi=N'\text{-}\underset{n}{\mathrm{Lim}}\, f_n$, also $\varphi\in\mathfrak{L}'$. — *Zu* 5. Behauptung ist eine Folge von 1., weil für nicht negative Funktion Integral und Norm zusammenfallen. — *Zu* 6. Ist $\{x:g_1(x)\neq g_2(x)\}$ eine N-Nullmenge, so nach Beweis zu 2. auch eine N'-Nullmenge. — *Zu* 7. Ist $f\in\mathfrak{M}$, so nach **9.3.1.** ist $\mathrm{med}\{g,f,h\}\in\mathfrak{L}\subset\mathfrak{L}'$ für $g,h,\in\mathfrak{E}$, also auch $f\in\mathfrak{M}'$.

9.7.3. *Normalintegrale.* Elementarintegrale $E|\mathfrak{E}$ mit der Eigenschaft (8_j) und **9.4.8.** (d), d.h.:

(11_j) Es gibt eine Folge von nicht negativen Funktionen f_ν aus $\mathfrak{E}$ mit $f_1(x)+f_2(x)+\cdots=+\infty$ für alle x aus A,

wollen wir *Normalintegrale* nennen.

Jedes Normalintegral ist σ-finit im Sinne von **9.4.8.**; für ein Normalintegral gelten daher die in **9.4.8.** und **9.4.8.1.** aufgestellten Sätze. Wir bemerken dazu noch, daß die Forderungen (8_j) und (11_j) sich nur auf den Definitionsbereich $\mathfrak{E}$ und nicht auf E beziehen, was die folgenden Vergleichsprobleme besonders vereinfacht.

9.7.3.1. *Ist $E|\mathfrak{E}$ ein Normalintegral, $0\leqq g\in\mathfrak{M}$ und $\sigma:=\sup\{L(f):f\in\mathfrak{L}$ und $0\leqq f\leqq g\}<+\infty$, dann ist $g\in\mathfrak{L}$ mit $L(g)=\sigma$.*

Beweis. Sei $f_1, f_2, \ldots$ eine Folge gemäß (11ⱼ) und $g_n := \min\{f_1 + \cdots + f_n, g\}$, dann strebt $((g_n))$ nicht fallend gegen g mit $L(g_n) \leq \sigma$. Nach dem Satz von der Integration bei integralbeschränkter monotoner Konvergenz ist $g \in \mathfrak{L}$ und offenbar $L(g) = \sigma$.

9.7.4. Um das *Produkt zweier eigentlicher oder uneigentlicher reeller Zahlen* eindeutig festzulegen, vereinbaren wir, daß es allemal Null ist, wenn einer der Faktoren Null ist. Nun gilt:

Sind E und E' Normalintegrale über $\mathfrak{E}$ und ist $E' \leq E$, so gibt es eine, bis auf Unterschiede in einer N-Nullmenge einzige reelle Funktion $\Phi^*|A$ mit folgenden Eigenschaften:

(1) $$0 \leq \Phi^* \leq 1 \quad \textit{und} \quad \Phi^* \in \mathfrak{M};$$

(2) $$f \in \mathfrak{E} \triangleright E'(f) = L(\Phi^* f);$$

(3) $$f' \in \mathfrak{L}' \bowtie \Phi^* f' \in \mathfrak{L};$$

(4) $$f' \in \mathfrak{L}' \triangleright L'(f') = L(\Phi^* f') \quad \text{(Radon, Nikodym)}.$$

Beweis. 1. Sind $h, k \in \mathfrak{L}^2$, so ist $h\,k \in \mathfrak{L} \subset \mathfrak{L}'$. Wegen $|L'(h\,k)| \leq L'(|h\,k|) \leq L(|h\,k|) \leq [L(h^2)]^{\frac{1}{2}}[L(k^2)]^{\frac{1}{2}}$ (nach **9.5.2.**) ist somit $L'(h\,k)$ ein positives beschränktes bilineares Funktional in $\mathfrak{L}^2$, so daß nach **9.6.5.** eine positive beschränkte lineare Transformation T von $\mathfrak{L}^2$ in sich existiert mit $L'(h\,k) = L(h\,T(k))$. Bezeichnet g eine beschränkte Funktion aus $\mathfrak{M}$, so sind $g\,h$ und $g\,k$ wieder in $\mathfrak{L}^2$; denn z.B. ist $gh|g||h|$ N-fast überall endlich, als Produkt von N-meßbaren Funktionen N-meßbar und liegt mit $r := \sup\{[g(x)]^2 : x \in A\}$ zwischen $-r\,h^2$ und $+r\,h^2$, ist also nach **9.3.5.** N-integrierbar. Die Gleichungen $L(h\,T(g\,k)) = L'(h\,g\,k) = L(h\,g\,T(k))$ gelten für alle $h \in \mathfrak{L}^2$; daher ist nach **9.6.3.** $T(g\,k) = g\,T(k)$ (Gleichheit im Sinne von **9.5.1.1.** verstanden). Um die Symmetrie von g und k in der linken Seite der letzten Gleichung auszunutzen, setzen wir für g eine Funktion $g_0 = f_0^{\frac{1}{2}} \in \mathfrak{L}^2$ gemäß **9.4.8.** (a) und für k die Funktionen $k_n := \operatorname{med}\{-n, k, n\}$, $n \in \mathbf{Z}$, welche für $k \in \mathfrak{L}^2$ beschränkt und in $\mathfrak{L}^2$ enthalten sind. Wir bekommen: $g_0 T(k_n) = T(g_0 k_n) = T(k_n g_0) = k_n T(g_0)$. Da $k_n \to k$ in $\mathfrak{L}^2$ nach **9.6.1.1.**, so folgt aus Stetigkeitsgründen $g_0 T(k) = k\,T(g_0)$ für $k \in \mathfrak{L}^2$. Durch $\Phi^* := \frac{T(g_0)}{g_0}$ wird eine N-meßbare Funktion definiert; denn wegen $T(g_0) \in \mathfrak{L}^2$ ist $|T(g_0)|^2 \in \mathfrak{L} \subset \mathfrak{M}$, und weil nach **9.6.5.1.** $T(g_0) \geq 0$, so folgt nach **9.3.4.3.** 1. $T(g_0) \in \mathfrak{M}$ ebenso $g_0 \in \mathfrak{M}_1$, so daß **9.3.4.3.** 2. anwendbar ist. Damit haben wir $T(k) = \Phi^* k$. Wenn nun $f \in \mathfrak{L}$, so ist $k := |f|^{\frac{1}{2}} \in \mathfrak{L}^2$, $h := |f|^{\frac{1}{2}} \cdot \operatorname{sign} f \in \mathfrak{L}^2$, $f = h\,k$ und $\mathfrak{L} \ni h\,T(k) = h\,\Phi^* k = \Phi^* f$, also

(*) $$L'(f) = L'(h\,k) = L(h\,T(k)) = L(\Phi^* f).$$

Da für $0 \leq f \in \mathfrak{L}$ nach **9.7.2.** 5. $0 \leq L'(f) \leq L(f)$, d.h. $0 \leq L(\Phi^* f) \leq L(f)$ für alle solchen f, so folgt nach **9.4.8.2.**, daß N-fast überall $0 \leq \Phi^* \leq 1$

[denn die rechte Hälfte der vorletzten Ungleichung kann auch als $0 \leqq L((1-\Phi^*)f)$ geschrieben werden].

2. Nun folgt leicht, daß es bis auf Unterschiede in einer N-Nullmenge nur eine solche Funktion Φ^* geben kann. Sind nämlich Φ_1 und Φ_2 N-meßbare Funktionen mit Werten aus $\{0 \leqq \hat{\tau} \leqq 1\}$ (so daß also mit f auch $\Phi_1 f$ und $\Phi_2 f$ in $\mathfrak{L}$ enthalten sind) und der Eigenschaft, daß $L(\Phi_1 f) = L'(f) = L(\Phi_2 f)$ für alle f aus $\mathfrak{L}$, so folgt $L((\Phi_1 - \Phi_2)f) = 0$ für alle f aus $\mathfrak{L}$, also nach **9.4.8.2.** N-fast überall sowohl $\Phi_1 - \Phi_2 \leqq 0$ als auch $\geqq 0$, d.h. $= 0$. Wir können ohne Beschränkung Φ^* so wählen, daß $0 \leqq \Phi^*(x) \leqq 1$ für alle $x \in A$. Damit sind (1) und (2) bewiesen; denn insbesondere gilt (*) für $f \in \mathfrak{E}$.

3. Sei jetzt $f' \in \mathfrak{L}'$. Dies bedeutet, daß es zu $\varepsilon > 0$ Funktionen g, $f_1, f_2, \ldots$ aus $\mathfrak{E}$ gibt mit $|f' - g| \leqq \sum_n |f_n|$ und $\sum_n E'(|f_n|) \leqq \varepsilon$. Dann ist $|L'(f') - L'(g)| \leqq L'(|f' - g|) \leqq \sum_n E'(|f_n|) \leqq \varepsilon$. Nun ist $|\Phi^* f' - \Phi^* g| \leqq \sum_n \Phi^* |f_n|$, also $N(\Phi^* f' - \Phi^* g) \leqq \sum_n N(\Phi^* |f_n|) = \sum_n L(\Phi^* |f_n|) = \sum_n L'(|f_n|) = \sum_n E'(|f_n|) \leqq \varepsilon$, und somit wegen $\Phi^* g \in \mathfrak{L}$ auch $\Phi^* f' \in \mathfrak{L}$. Weiter folgt $|L(\Phi^* f') - L'(g)| = |L(\Phi^* f' - \Phi^* g)| \leqq L(|\Phi^* f' - \Phi^* g|) = N(\Phi^* f' - \Phi^* g) \leqq \varepsilon$, also $|L(\Phi^* f') - L'(f')| \leqq |L(\Phi^* f') - L'(g)| + |L'(g) - L'(f')| \leqq 2\varepsilon$, und mit $\varepsilon \to 0$ schließlich $L(\Phi^* f') = L'(f')$. Damit ist „$\triangleright$" in (3) und (4) bewiesen.

4. Nun zum Nachweis von „$\triangleleft$" in (3). (**α**) Wir zeigen zunächst, daß $P := \{x : \Phi^*(x) = 0\}$ eine N'-Nullmenge ist. In der Tat: Wegen $\Phi^* \in \mathfrak{M}$, ist $\Phi^* \in \mathfrak{M}'$ (**9.7.2.** 7.), nach **9.4.5.1.** dann auch $\chi_P \in \mathfrak{M}'$. Da nach unseren allgemeinen Voraussetzungen die Grundmenge A N'-meßbar ist (nach (8_j) ist $\chi_A = 1 \in \mathfrak{M}'$), so haben wir gemäß **9.4.8.** (c)

$$A = A_1 \dotplus A_2 \dotplus \cdots,$$

wobei jedes A_ν meßbar und endlichen Maßes ist. Das letzte besagt, daß $\chi_{A_\nu} \in \mathfrak{L}'$. Nach **9.3.5.** ist dann auch $\chi_P \chi_{A_\nu} \in \mathfrak{L}'$ und gemäß (4) sodann für $\nu \in \mathbf{Z}$ $L'(\chi_P \chi_{A_\nu}) = L(\Phi^* \chi_P \chi_{A_\nu}) = 0$, weil $\Phi^* \chi_P = 0$. Aus $P = PA_1 \dotplus PA_2 \dotplus \cdots$ folgt nun $L'(\chi_P) \leqq \sum_\nu L'(\chi_P \chi_{A_\nu}) = 0$, was wir zeigen wollten. — (**β**) Da $\Phi^* f'$ N-fast überall endlich ist, so ist es dies auch N'-fast überall; wegen (**α**) folgt daraus, daß f' N'-fast überall endlich ist.

Wegen $f' = |f'| - (|f'| - f')$ genügt es somit die fragliche Behauptung für den Fall $f' \geqq 0$ zu erbringen. In

$$h_n := \frac{n\,\Phi^* f'}{n\,\Phi^* + 1}, \quad n \in \mathbf{Z},$$

haben wir eine Folge, welche nicht fallend gegen die N'-fast überall endlichen Funktion h strebt, wobei

$$h(x) := 0 \quad \text{für} \quad x \in P, \qquad h(x) := f'(x) \quad \text{für} \quad x \in A - P$$

und $\Phi^* h = \Phi^* f'$. Da h_n als N-meßbare Funktion mit $0 \leq h_n \leq n\Phi^* f' \in \mathfrak{L}$ auch in $\mathfrak{L}$ liegt, so gilt auch $h_n \in \mathfrak{L}'$, so daß $L'(h_n) = L(\Phi^* h_n) \leq L(\Phi^* f')$ wegen $h_n \leq f'$. Nach dem Satz von der Integration bei monotoner Konvergenz ist $h \in \mathfrak{L}'$. Nach (α) unterscheiden sich h und f' nur in einer N'-Nullmenge, also gehört mit h auch f' zu $\mathfrak{L}'$. Damit ist alles bewiesen.

9.7.4.1. Als eine Umkehrung von **9.7.4.** haben wir:

Sind das Normalintegral $E|\mathfrak{E}$ und $\Phi \in \mathfrak{M}$ mit $0 \leq \Phi \leq 1$ gegeben, dann ist die durch

$$E'(f) = L(\Phi f), \quad f \in \mathfrak{E}$$

erklärte Operation $E'|\mathfrak{E}$ ein Normalintegral mit $E' \leq E$ und die nach **9.7.4.** *zu E' gehörige Funktion Φ^* unterscheidet sich von Φ nur in einer N-Nullfunktion.*

Beweis. 1. Die Eigenschaften (1_j) bis (8_j) für $E'|\mathfrak{E}$ folgen unmittelbar aus den analogen Eigenschaften für $L|\mathfrak{L}$; die Normalität von E' ist trivial. — 2. Für die zu E' gemäß **9.7.4.** gehörige Funktion Φ^* haben wir nach **9.7.4.** (2)

$$L(\Phi^* f) = E'(f) = L(\Phi f) \quad \text{für} \quad f \in \mathfrak{E}.$$

Hieraus folgt mittels **9.4.8.2.** $\Phi^* = \Phi$ (N-fast überall).

9.7.5. Aus **9.7.4.** und **9.7.4.1.** folgt:

Das System $\mathfrak{e}^*$ aller Normalintegrale E über einem festen Grundbereich $\mathfrak{E}$ ist bezüglich der Ordnung $\leq$ (**9.7.1.**) *ein beschränkt σ-vollständiger distributiver Verband.*

In der Tat, die in **9.7.4.** erklärte Zuordnung $E' \to \Phi^*$ ist ein Isomorphismus zwischen den t-geordneten Systemen $\mathfrak{e}_E^* := \{E' : E \geq E' \in \mathfrak{e}^*\}$ und $\mathfrak{M}_1 := \{\Phi^* : \Phi^* \in \mathfrak{M}$ und $0 \leq \Phi^* \leq 1\}$ im Sinne der Gleichheit (k) von **9.1.7.1.**, wobei die Relationen $E_1' \leq E_2'$ und $\Phi_1^* \leq \Phi_2^*$ einander entsprechen (Beweis!). Da $\mathfrak{M}_1$ σ-vollständig ist, so auch $\mathfrak{e}_E^*$. Befreit man sich von der Beschränkung auf die Teilsysteme $\mathfrak{e}_E^*$, so bleibt für $\mathfrak{e}^*$ selbst nur die beschränkte σ-Vollständigkeit. Beispielsweise ist $\mathfrak{e}^*$-$\sup\{E_1, E_2, \ldots\}$ bildbar, wenn es ein $E \in \mathfrak{e}^*$ gibt mit $E_i \leq E$, $i \in \mathbf{Z}$; dann bilde man zu E_i gemäß **9.7.4.** die Funktion Φ_i^* und erhält $\mathfrak{e}^*$-$\sup\{E_1, E_2, \ldots\} = L(f \sup\{\Phi_1^*, \Phi_2^*, \ldots\})$. Bei gegebenen E_i, $i = 1, 2, 3$, bilde man $E_4 := E_1 + E_2 + E_3$. Dann ist jedem E_i ein Φ_i^* zugeordnet bezüglich E_4, $i = 1, 2, 3$; ferner erhalten wir die Zuordnungen

$$E_1 \cap (E_2 \cup E_3) \to \Phi' := \min\{\Phi_1^*, \max\{\Phi_2^*, \Phi_3^*\}\},$$

$$(E_1 \cap E_2) \cup (E_1 \cap E_3) \to \Phi'' := \max\{\min\{\Phi_1^*, \Phi_2^*\}, \min\{\Phi_1^*, \Phi_3^*\}\}.$$

Wegen $\Phi' = \Phi''$ folgt daraus das Distributivgesetz in $\mathfrak{e}^*$.

9.7.6. Bei zwei Elementarintegralen $E'|\mathfrak{E}$ und $E''|\mathfrak{E}$ über demselben Bereich $\mathfrak{E}$ führen wir die Relation der Nullmengentreue ein:

$E' \boldsymbol{\alpha} E''$ („*E' nullmengentreu gegen E''*") dann und nur dann, wenn jede N''-Nullmenge eine N'-Nullmenge ist.

Gemäß **9.1.6.** können wir statt dieser Bedingung auch verlangen: *Jede N''-Nullfunktion ist eine N'-Nullfunktion.*

Beispielsweise folgt $E' \boldsymbol{\alpha} E''$ aus $E' \leqq E''$ (wegen **9.7.2.** 1.) und die Relation $\boldsymbol{\alpha}$ definiert eine s-Ordnung in $\mathfrak{e}^*$ (Beweis!).

9.7.6.1. Die Übersetzung dieser Relation $\boldsymbol{\alpha}$ in die Sprache der den E gemäß **9.7.4.** zugeordneten Funktionen Φ^* lautet:

Sind E_1, E_2, E Normalintegrale über $\mathfrak{E}$ mit $E_i \leqq E$ und sind Φ_i^* die gemäß **9.7.4.** *den E_i zugeordneten Funktionen Φ^*, $i = 1, 2$, so gilt: Gleichbedeutend mit $E_1 \boldsymbol{\alpha} E_2$ ist die Aussage, daß*

$$Z := \{\Phi_2^*(\hat{x}) = 0\}\{\Phi_1^*(\hat{x}) \neq 0\}$$

eine N-Nullmenge ist.

Beweis. Wir haben die Darstellungen $L_i(f) = L(\Phi_i^* f)$ für $f \in \mathfrak{L}_i$, und setzen $K_i := \{\Phi_i^*(\hat{x}) = 0\}$, $i = 1, 2$. — 1. Es sei die Aussage über Z erfüllt. Ist Z_2 irgendeine N_2-Nullmenge, so gilt $L_2(\chi_{Z_2}) = 0$, oder $L(\Phi_2^* \chi_{Z_2}) = 0$. Nach **9.1.6.** ist daher $Z_2(A - K_2)$ eine N-Nullmenge, also auch eine N_1-Nullmenge. Im übrigen ist $Z_2 K_2 = Z_2 K_2 K_1 + Z_2 K_2 (A - K_1)$, wovon der erste Summand als Teil von K_1 eine N_1-Nullmenge (**9.7.4.**, Beweis 4. (α)), der zweite als Teil von Z nach Voraussetzung eine N-, also auch N_1-Nullmenge ist. Somit ist Z_2 eine N_1-Nullmenge. Es gilt also $E_1 \boldsymbol{\alpha} E_2$. — 2. Sei jetzt Z keine N-Nullmenge. Da Φ_1^* und $\Phi_2^* \in \mathfrak{M}$, so ist Z jedenfalls N-meßbar (**9.4.5.4.**); nach **9.4.8.** (c) gibt es daher eine N-meßbare Teilmenge Z_0 von Z mit $0 < m(Z_0) < +\infty$. Mit Benutzung von f_0 von **9.4.8.** (a) erhalten wir $\chi_{Z_0} f_0 \in \mathfrak{L}_1$ und $L_1(\chi_{Z_0} f_0) = L(\Phi_1^* \chi_{Z_0} f_0)$. Da $\{\Phi_1^* \chi_{Z_0} f_0(\hat{x}) > 0\} = Z_0$, so erhalten wir nach **9.1.6.** $L_1(\chi_{Z_0} f_0) > 0$, und somit auch $m_1^*(Z_0) > 0$, so daß Z_0 keine N_1-Nullmenge ist. Da andererseits Z_0 als Teilmenge von Z eine N_2-Nullmenge ist, so sehen wir, daß $E_1 \boldsymbol{\alpha} E_2$ nicht erfüllt ist.

9.7.7. Nun können wir Satz **9.7.4.** und **9.7.4.1.** verallgemeinern:

1. *Es seien E' und E'' Normalintegrale über $\mathfrak{E}$ mit $E' \boldsymbol{\alpha} E''$. Dann gibt es bis auf Unterschiede in einer N''-Nullmenge eine einzige nicht negative Funktion $\psi \in \mathfrak{M}''$ mit folgenden Eigenschaften:*

$$(1) \qquad f' \in \mathfrak{L}' \bowtie \psi f' \in \mathfrak{L}'';$$

$$(2) \qquad f' \in \mathfrak{L}' \rhd L'(f') = L''(\psi f');$$

insbesondere ist $E'(f) = L''(\psi f)$ für $f \in \mathfrak{E}$.

2. *Ist $E''|\mathfrak{E}$ ein Normalintegral und ψ eine nicht negative Funktion aus $\mathfrak{M}''$ mit der Eigenschaft, daß $\psi f \in \mathfrak{L}''$ für alle $f \in \mathfrak{E}$, dann wird durch*

$E'(f) := L''(\psi f)$ ein Normalintegral definiert mit $E' \boldsymbol{\alpha} E''$. (Allgemeiner RADON-NIKODYM*scher Satz.)*

Beweis. Zu 1. Wir setzen $E = E' + E''$. Dann ist $E^{(i)} \leqq E$, $i = 1, 2$, und es gelten nach **9.7.4.** Darstellungen $E^{(i)}(f) = L(\Phi^{(i)} f)$ für $f \in \mathfrak{E}$, wobei $\Phi^{(i)} \in \mathfrak{M} \subset \mathfrak{M}' \mathfrak{M}''$ und $0 \leqq \Phi^{(i)} \leqq 1$, $i = 1, 2$. Dabei ist $\Phi' + \Phi'' = 1$, $\{\Phi''(\hat{x}) = 0\}\{\Phi'(\hat{x}) \neq 0\}$ eine N-Nullmenge, also $\{\Phi''(\hat{x}) = 0\}$ selbst eine N-Nullmenge. Daher ist $\psi := \Phi'/\Phi''$ N-fast überall endlich, nicht negativ und $\psi \in \mathfrak{M} \subset \mathfrak{M}''$. Nach **9.7.4.** (3) gilt $f' \in \mathfrak{L}'$ dann und nur dann, wenn $\Phi' f' \in \mathfrak{L}$, d.h. $\Phi''(\psi f') \in \mathfrak{L}$, was wiederum dann und nur dann gilt, wenn $\psi f' \in \mathfrak{L}''$. Weiter ist nach **9.7.4.** (4) $L'(f') = L(\Phi' f') = L(\Phi''(\psi f')) = L''(\psi f')$.

Zu 2. Seien E'' und ψ mit den genannten Eigenschaften gegeben. Wir stellen zunächst fest, daß durch $E'(f) := L''(\psi f)$ ein Normalintegral definiert ist. In der Tat, die Eigenschaften (1_j) bis (6_j) sind evident wegen der entsprechenden Eigenschaften von L'', (7_j) folgt aus **9.1.2.** (d) für N''; die Normalität ist trivial. Wir setzen $E = E' + E''$ und haben die Darstellungen $E^{(i)}(f) = L(\Phi^{(i)} f)$ für $f \in \mathfrak{E}$, $i = 1, 2$. Ferner ist $L(\Phi' f) = E'(f) = L''(\psi f) = L\big(\Phi''(\psi f)\big)$ für alle f aus $\mathfrak{E}$. Nun folgt die Gültigkeit der Gleichung $L(\Phi' f) = L(\Phi'' \psi f)$ für alle f aus $\mathfrak{L}$. In der Tat: Für ein solches f sei $\big((f_n)\big)$ eine Folge aus $\mathfrak{E}$ mit $\operatorname{Lim} f_n = f$ und (nach Teilfolgenauswahl im Bedarfsfalle) $\lim f_n = f$ N-fast überall. Damit gilt auch $\lim \Phi'' \psi f_n = \Phi'' \psi f$ und $\lim \Phi' f_n = \Phi' f$ N-fast überall. Da ferner $L(|\Phi'' \psi f_m - \Phi'' \psi f_n|) = L(\Phi'' \psi |f_m - f_n|) = L(\Phi' |f_m - f_n|) \leqq L(|f_m - f_n|)$, so existieren $\operatorname{Lim} \Phi'' \psi f_n$ und $\operatorname{Lim} \Phi' f_n$ und sind bzw. gleich $\Phi'' \psi f$ und $\Phi' f$. Dabei ist $L(\Phi'' \psi f) = \lim L(\Phi'' \psi f_n) = \lim L(\Phi' f_n) = L(\Phi' f)$, w.z.z.w. Sei weiter $f_0 \in \mathfrak{L}$ gemäß **9.4.8.** (a) gewählt; dann ist nach obigen $\Phi'' \psi f_0 \in \mathfrak{L}$, also $\Phi'' \psi = \frac{\Phi'' \psi f_0}{f_0} \in \mathfrak{M}$ (nach **9.3.4.3.**), und damit auch $\Omega := \Phi' - \Phi'' \psi \in \mathfrak{M}$. Aus $L(\Omega f) = 0$ für alle f aus $\mathfrak{L}$ folgt nun nach **9.4.8.2.** $\Omega = 0$, d.h. $\Phi' = \Phi'' \psi$ N-fast überall. Somit ist $\{\Phi''(\hat{x}) = 0\}\{\Phi'(\hat{x}) \neq 0\}$ eine N-Nullmenge, also $E' \boldsymbol{\alpha} E''$.

Die Eindeutigkeit von ψ in 1. folgt schließlich so: Ist ψ_1 eine Funktion, die (1) und (2) erfüllt, so gilt $L'(f') = L(\Phi' f') = L''(\psi_1 f') = L''(\Phi'' \psi_1 f')$ für jedes $f' \in \mathfrak{L}'$, erst recht also $L(\Phi' f) = L(\Phi'' \psi_1 f)$ für $f \in \mathfrak{E} \subset \mathfrak{L}'$. Die letzte Gleichung kann wie im Beweisteil „*Zu* 2" auf alle f aus $\mathfrak{L}$ ausgedehnt werden. Aus **9.8.4.2.** folgt alsdann, daß $\Phi' - \Phi'' \psi_1$ eine N-Nullfunktion, also $\psi_1 = \frac{\Phi'}{\Phi''} = \psi$ (N-fast überall).

9.7.7.1. In Analogie zu **9.7.5.** können wir feststellen:

Das System $\mathfrak{e}^*$ der Normalintegrale $E|\mathfrak{E}$ über dem festen Bereich $\mathfrak{E}$ wird durch die Ordnungsrelation $\boldsymbol{\alpha}$ und die Äquivalenzdefinition

$$E_1 = E_2 : \bowtie \quad (E_1 \boldsymbol{\alpha} E_2 \text{ und } E_2 \boldsymbol{\alpha} E_1)$$

zu einem Somenring; jede seiner Teilmengen $\{E' : \mathfrak{e}^* \ni E' \leqq E\}$, $E \in \mathfrak{e}^*$, *ist ein* σ*-Somenring.*

Beweis. Betrachten wir die Teilmenge $\{E' : \mathfrak{e}^* \ni E' \leqq E\}$. Nach **9.7.6.1.** gibt es in jeder Äquivalenzklasse $[E']$ einen Repräsentanten E' mit einer gemäß **9.7.6.** zugehörigen Funktion Φ', welche zugleich eine charakteristische Funktion ist. Bei dieser Zuordnung $E' \to \Phi'$ aber entspricht der Relation $\boldsymbol{\alpha}$ die natürliche Ordnung der charakteristischen Funktionen (modulo Nullfunktionen) d.h. die Teilmengenrelation im System aller Teilmengen der Grundmenge A, modulo dem σ-Ideal aller Nullmengen. Dieses letzte System ist ein σ-Somenring (**3.6.7.1.**).

9.7.8. *Sind* E' *und* E'' *Normalintegrale über* $\mathfrak{E}$, *dann besitzt* E' *genau eine Zerlegung* $E' = E_1' + E_2'$ *mit* $E_1' \boldsymbol{\alpha} E''$ *und* $\inf\{E_2', E''\}(|f|) = 0$ *für alle* f *aus* $\mathfrak{E}$ (LEBESGUE).

Beweis. Wir setzen $E' + E'' =: E$ und erhalten gemäß **9.7.4.** dazu die Darstellungen $E^{(i)}(f) = L(\Phi^{(i)} f)$, ferner $\Phi_1'(x) := 0$ und $\Phi_2'(x) := \Phi'(x)$ für $\Phi''(x) = 0$, $\Phi_1'(x) := \Phi'(x)$ und $\Phi_2'(x) := 0$ für $\Phi''(x) \neq 0$. Dann ist $\Phi_1' + \Phi_2' = \Phi'$, $\{\Phi''(\hat{x}) = 0\}$ $\{\Phi_1'(\hat{x}) \neq 0\}$ leer und $\inf\{\Phi_2, \Phi''\} = 0$; mit $E_i'(f) = L(\Phi_i' f)$, $i = 1, 2$, haben wir daher eine Darstellung der gewünschten Art. Wir haben noch zu zeigen, daß es im wesentlichen nur eine solche Zerlegung von Φ' gibt. Zu einer Zerlegung von E' der verlangten Art, $E' = E_1' + E_2'$, gibt es jedenfalls Darstellungen $E_i'(f) = L(\Psi_i f)$, und für die Ψ_i muß gelten: $\Psi_1 + \Psi_2 = \Phi'$ und $\inf\{\Psi_2, \Phi''\} = 0$ N-fast überall und $\{\Phi''(\hat{x}) = 0\}$ $\{\Psi_1(\hat{x}) \neq 0\}$ ist eine N-Nullmenge. Das Letzte führt zu $\Psi_1(x) = \Phi_1'(x)$ N-fast überall für $\Phi''(x) = 0$, das Vorletzte zu $\Psi_2(x) = \Phi_2'(x)$ N-fast überall für $\Phi''(x) \neq 0$, d.h. aber $\Psi_1(x) = \Phi_1'(x)$ N-fast überall für $\Phi''(x) \neq 0$. Damit ist $\Psi_1 = \Phi_1'$ und $\Psi_2 = \Phi_2'$ N-fast überall, w. z. z. w.

9.7.9. Das Ergebnis von **9.7.7.** kann angewandt werden auf die *Transformation von Integralen*, wie sie sich bei Abbildungen von Grundmengen ergibt.

Sei $T|A'$ eine eindeutige Abbildung der Menge A' in die Menge A, $T(a') \in A$ für $a' \in A'$, ferner seien $E|\mathfrak{E}$ bzw. $E'|\mathfrak{E}'$ Normalintegrale über A bzw. A' als Grundbereiche. Durch $f'(a') := f(T(a'))$, $a' \in A'$, wird jeder reellen Funktion $f|A$ in eindeutiger Weise eine reelle Funktion $f'|A'$ als „Urbild" von f zugeordnet, welche wir kurz mit $f(T)$ bezeichnen. Setzen wir voraus, daß

$$f(T) \in \mathfrak{L}' \quad \text{für} \quad f \in \mathfrak{E}, \tag{1}$$

so wird durch $E_1(f) := L'(f(T))$, $f \in \mathfrak{E}$, ein weiteres Normalintegral $E_1|\mathfrak{E}$ über $\mathfrak{E}$ erklärt; in der Tat, sind die Eigenschaften (1_j), (2_j), (3_j), (8_j) und (11_j) als Eigenschaften von $\mathfrak{E}$ evident, (4_j) bis (7_j) eine Folge der entsprechenden Eigenschaften von L'. Wenn nun auf A

(2) $$E_1 \,\alpha\, E\,,$$

so folgt nach **9.7.7.** die Existenz einer nicht negativen Funktion Ψ aus $\mathfrak{M}$ mit $L_1(g) = L(g \cdot \Psi)$ für $g \in \mathfrak{L}_1 (\triangleright\!\triangleleft\, g \cdot \Psi \in \mathfrak{L})$. Dies liefert für den Spezialfall $g \in \mathfrak{E}$ die *Transformationsformel*

(3) $$L'(g(T)) = L(g \cdot \Psi)\,.$$

Diese Formel hat aber über den erwähnten Spezialfall hinaus Bedeutung; denn es gilt:

$$g \in \mathfrak{L}_1 \triangleright g(T) \in \mathfrak{L}' \quad \text{und} \quad L_1(g) = L'(g(T))\,.$$

In der Tat, aus $g \in \mathfrak{L}_1$ folgt die Existenz von $g_n \in \mathfrak{E}$ mit $N_1(g - g_n) < 1/n$, $n \in \mathbf{Z}$, also mit $|g - g_n| \leq \sum_\nu g_{n\nu}$, $0 \leq g_{n\nu} \in \mathfrak{E}$ für $\nu \in \mathbf{Z}$, und $\sum_\nu E_1(g_{n\nu}) < 1/n$. Dann ist aber auch $|g(T) - g_n(T)| \leq \sum_\nu g_{n\nu}(T)$, weiter mit Benutzung von (1) $N'(g(T) - g_n(T)) \leq \sum_\nu N'(g_{n\nu}(T)) = \sum_\nu L'(g_{n\nu}(T)) = \sum_\nu E_1(g_{n\nu}) < 1/n$, wegen $g_n(T) \in \mathfrak{L}'$ somit auch $g(T) \in \mathfrak{L}'$. Schließlich ist $L_1(g) = \lim_n E_1(g_n) = \lim_n L'(g_n(T)) = L'(g(T))$. Wir können damit aussprechen:

Unter den Voraussetzungen (1) *und* (2) *gilt* (3), *sobald* $g \cdot \Psi \in \mathfrak{L}$, *d.h. die rechte Seite von* (3) *sinnvoll ist.*

Bemerkung. Die obigen Betrachtungen lehren übrigens, daß

$$N(f) = 0 \triangleright N_1(f) = 0 \triangleright N'(f(T)) = 0\,;$$

(2) hat also zur Folge, daß das Urbild $f(T)$ jeder N-Nullfunktion f eine N'-Nullfunktion ist.

9.7.9.1. Um die Gültigkeit der Transformationsformel (3) von oben auch für den Fall zu erhalten, daß die linke Seite als sinnvoll vorausgesetzt ist, nehmen wir noch die Meßbarkeit von $g|A$ hinzu: $g \in \mathfrak{M}$, was dann $g\Psi \in \mathfrak{M}$ zur Folge hat. Wir betrachten zunächst den *Fall* $g \geq 0$. Um das Kriterium **9.7.3.1.** anzuwenden, nehmen wir an, daß $\sup\{L(f) : f \in \mathfrak{L}$ und $0 \leq f \leq g\Psi\} = +\infty$. Setzt man $f'(x) = \frac{f(x)}{\Psi(x)}$ für $\Psi(x) > 0$, sonst $f'(x) = 0$, so ist $0 \leq f' \leq g$ und $f = f'\Psi \in \mathfrak{L}$, also nach **9.7.9.** $L'(f'(T)) = L(f)$, wegen $f'(T) \leq g(T)$ damit $L(f) \leq L'(g(T))$, und daher $+\infty \leq L'(g(T))$ im Widerspruch mit $g(T) \in \mathfrak{L}'$. Das fragliche sup ist daher endlich und nach **9.7.3.1.** $g\Psi \in \mathfrak{L}$. Jetzt ist **9.7.9.** anwendbar und liefert (3).

Den *Fall* wechselnden Vorzeichens bei g führt man zurück auf den eben behandelten Fall einerlei Vorzeichens durch Zerlegung von g in Positiv- und Negativteil. Damit haben wir den Satz:

Ist $T|A'$ eine eindeutige Abbildung der Menge A' in die Menge A, sind ferner $E'|\mathfrak{E}'$ und $E|\mathfrak{E}$ Normalintegrale über A' bzw. A als Grundmengen, wobei die Beziehungen (1) *und* (2) *von* **9.7.9.** *gelten, dann gibt es eine nicht negative Funktion $\Psi \in \mathfrak{M}$, so daß die Transformationsformel*

$$L'(g(T)) = L(g \cdot \Psi)$$

für jede Funktion $g \in \mathfrak{M}$ gilt, soferne eine Seite der Gleichung sinnvoll ist. (Alsdann ist es auch die andere Seite und beide sind gleich.)

9.8. Iterierte Integrale.

9.8.1. Für $i=1, 2$, sei $\mathfrak{E}_i$ ein Vektorverband von Elementarfunktionen f_i mit dem Definitionsbereich X_i und $E_i|\mathfrak{E}_i$ ein Elementarintegral[1]. Für beide Elementarintegrale seien die Eigenschaften (1_j) bis (7_j) von **9.1.1.** und **9.1.3.** erfüllt. Wir betrachten Funktionen $f|X_3$, deren Definitionsbereich X_3 die Produktmenge $((X_1, X_2))$, die Menge der Punkte (x_1, x_2) mit $x_i \in X_i$, $i=1, 2$, ist. Wir werden im folgenden von der vereinfachenden Vorstellung Gebrauch machen, daß man f bei festem $x_1 \in X_1$ als Funktion auf X_2 ansehen kann [d.h. wir identifizieren die Teilfunktion $f|((\{x_1\}, X_2))$ mit einer Funktion auf X_2]. Mit $\mathfrak{E}_1 * \mathfrak{E}_2$ bezeichnen wir die Gesamtheit aller Funktionen $f|X_3$, für welche einerseits f bei festem, aber beliebigen $x_1 \in X_1$ als Funktion auf X_2 zu $\mathfrak{E}_2$ gehört, so daß die Funktion $E_2 f|X_1$ bildbar ist, und für welche andererseits $E_2 f \in \mathfrak{E}_1$, so daß auch die Zahl $E_1 E_2 f := E_1(E_2 f)$ erklärt ist. Die Menge $\mathfrak{E}_1 * \mathfrak{E}_2$ hat offenbar die Eigenschaft (1_j) bis (2_j) von **9.1.1.1.**, aber nicht unbedingt (3_j). Ist beispielsweise $E_i|\mathfrak{E}_i$ das RIEMANNsche Integral auf dem Zahlintervall $\{x_i : 0 \leq x_i \leq 1\}$, $i=1, 2$, und setzt man $f(x_1, x_2) = 0$ bzw. $\frac{1}{x_1} \operatorname{sign}\left(\frac{1}{2} - x_2\right)$ für $x_1 = 0$ bzw. $0 < x_1 \leq 1$, so ist wohl $f \in \mathfrak{E}_1 * \mathfrak{E}_2$ (mit $E_1 E_2 f = 0$), aber nicht $|f| \in \mathfrak{E}_1 * \mathfrak{E}_2$.

Immerhin besitzt $E_1 E_2|\mathfrak{E}_1 * \mathfrak{E}_2$ die Eigenschaften (4_j) und (5_j) allgemein, ferner (6_j) und (7_j) unter der Voraussetzung, daß $|f|$ und $|f_n|$ alle zu $\mathfrak{E}_1 * \mathfrak{E}_2$ gehören. In der Tat, um dies etwa für (7_j) darzutun, gehen wir von $|f| \leq \sum_n |f_n|$ aus, erhalten nach (7_j) für E_2 bei festem x_1 daraus $E_2|f| \leq \sum_n E_2|f_n|$, und nach (7_j) für E_1 somit $E_1 E_2|f| \leq \sum_n E_1 E_2|f_n|$.

9.8.1.1. Wegen der erwähnten Mangeleigenschaft von $\mathfrak{E}_1 * \mathfrak{E}_2$ hat man sich auf einen Teilvektorverband $\mathfrak{E}_3$ von $\mathfrak{E}_1 * \mathfrak{E}_2$ zu beschränken; dann ist $E_1 E_2|\mathfrak{E}_3$ ein schwaches Elementarintegral. Daß eine solche Beschränkung möglich ist, lehrt der nur aus der Null bestehende Vektorverband. Es gibt aber auch weniger triviale Beispiele. Seien etwa $E_i|\mathfrak{E}_i$ von der im Beispiel 1. von **9.1.1.3.** genannten Art, wobei $\mathfrak{X}_i$ ein

[1] Zur Abkürzung schreiben wir, wenn unmißverständlich, statt $E_i(f_i)$ einfach $E_i f_i$, analog für andere Funktionale.

Mengenkörper mit X_i als größte Menge ist, $i=1, 2$. Die Aggregate aus den Produktmengen $((Y_1, Y_2))$ mit $Y_i \in \mathfrak{X}_i$ erzeugen einen Mengenkörper $\mathfrak{X}_3$ über $X_3 = ((X_1, X_2))$. Die endlichen $\mathfrak{X}_3$-Stufenfunktionen bilden ein System $\mathfrak{E}_3$ der gewünschten Art (Beweis als Aufgabe). Bemerkenswert an diesem Beispiel ist noch, daß für $\varphi_i | X_i$ mit $\varphi_i \in \mathfrak{E}_i$, $i=1, 2$, stets das Produkt $\varphi_1 \varphi_2 | X_3$ zu $\mathfrak{E}_3$ gehört.

9.8.2. Wir stellen uns auf einen allgemeineren Standpunkt, wenn wir voraussetzen: 1. $X_3 := ((X_1, X_2))$; 2. auf X_i ist ein Vektorverband $\mathfrak{E}_i$ von Elementarfunktionen und dazu ein Elementarintegral $E_i | \mathfrak{E}_i$ definiert, $i=1, 2, 3$, wobei gelte:

$$(*) \qquad \mathfrak{E}_3 \subset \mathfrak{E}_1 * \mathfrak{E}_2 \quad \text{und} \quad E_3 | \mathfrak{E}_3 = E_1 E_2 | \mathfrak{E}_3.$$

Zu $E_i | \mathfrak{E}_i$ gehören die Normbildung N_i, ferner mit Verwendung des erweiterten Funktionsbegriffes von **9.1.7.** die Funktionensysteme $\mathfrak{G}_i$, $\mathfrak{H}_i$ und $\mathfrak{F}_i$, schließlich das N_i-Integral L_i mit dem zugehörigen Funktionenraum $\mathfrak{L}_i$, $i=1, 2, 3$.

Mit $\mathfrak{L}_1 * \mathfrak{L}_2$ bezeichnen wir die Gesamtheit aller Funktionen $f | X_3$ mit folgenden Eigenschaften:

1. Es gibt zu f eine N_1-Nullmenge $X_{10} \subset X_1$, so daß für jedes feste $x_1 \in X_1 - X_{10}$ die Funktion f als Funktion auf X_2 einer Funktion aus $\mathfrak{L}_2$ gleich ist.

2. Die reelle Funktion $L_2 f$ mit dem Definitionsbereich $X_1 - X_{10}$ ist einer Funktion aus $\mathfrak{L}_1$ gleich. (Gleichheit in 1. und 2. im Sinne von **9.1.7.** verstanden.)

9.8.2.1. Die Bedingung (*) ist z.B. erfüllt, wenn $E_i | \mathfrak{E}_i$ das elementare Treppenintegral $T_i | \mathfrak{T}_i$ in einem n_i-dimensionalen Zahlintervall J_i bedeutet, $i=1, 2, 3$, $n_1 + n_2 = n_3$ und $J_3 = ((J_1, J_2))$. Dabei ist $\mathfrak{B}_i$ der Mengenkörper der endlichen Aggregate von achsenparallelen höchstens n_i-dimensionalen (offenen, halboffenen, oder abgeschlossenen) Intervallen, $m_i | \mathfrak{B}_i$ der elementargeometrische n_i-dimensionale Inhalt, und $T_i | \mathfrak{T}_i$ das $\mathfrak{B}_i$-Stufenintegral gemäß **9.1.1.3.**

9.8.3. *Besteht* (*), *so gilt* $N_3 f \geq N_1 N_2 f$ *für beliebiges* $f \in \mathfrak{G}_3$.

Beweis. Wir setzen gleich $N_3 f < +\infty$ voraus, da sonst nichts zu beweisen ist. Bei vorgegebenem $\varepsilon > 0$ können wir $f_n \in \mathfrak{E}_3$, $n \in \mathbf{Z}$, so bestimmen, daß $|f| \leq \sum_n |f_n|$ und $\sum_n E_1 E_2 |f_n| = \sum_n E_3 |f_n| < N_3 f + \varepsilon$. Andererseits gilt nach **9.1.2.** (d) und **9.1.3.** (g) $N_2 f \leq \sum_n N_2 f_n = \sum_n E_2 |f_n|$, so daß $N_1 N_2 f \leq \sum_n N_1 E_2 |f_n| = \sum_n E_1 E_2 |f_n| < N_3 f + \varepsilon$, woraus für $\varepsilon \to 0$ die Behauptung hervorgeht.

Hieraus folgt, daß $N_1 N_2 f$ *in* $\mathfrak{H}_3$ *und* $L_1 L_2 f$ *in* $\mathfrak{L}_1 * \mathfrak{L}_2$ *eindeutig* erklärt sind. Denn $f = f'$ im Sinne der Gleichheit in $\mathfrak{H}_3$ heißt für $\chi = \chi_{[f \neq f']}$, daß $N_3\chi=0$, also nach obigem Ergebnis die Zahl $N_1N_2\chi=0$ oder die Funktion $N_2\chi=0$ auf X_1-Y_1, wo Y_1 eine N_1-Nullmenge, so daß $\{f(x_1,\hat{x}_2)\neq f'(x_1,\hat{x}_2)\}$ für $x_1\in X_1-Y_1$ eine N_2-Nullmenge ist. Nun folgt $N_2f=N_2f'$ für $x_1\in X_1-Y_1$, und daraus $N_1N_2f=N_1N_2f'$. Wenn überdies $f, f'\in\mathfrak{L}_1*\mathfrak{L}_2$ (mit zugehörigen N_1-Nullmengen X_{10} und X'_{10} gemäß **9.8.2.**), so erhalten wir $L_2f(x_1)=L_2f'(x_1)$ für $x_1\in X_1-(Y_1\dotplus X_{10}\dotplus X'_{10})$ und alsdann $L_1L_2f=L_1L_2f'$.

9.8.4.1. *Genügen die Elementarintegrale* $E_i|\mathfrak{E}_i$, $i=1,2,3$, *den Bedingungen* (*), *so erfüllen die zugehörigen Normintegrale* $L_i|\mathfrak{L}_i$ *die entsprechenden Bedingungen*

$$\mathfrak{L}_3\subset\mathfrak{L}_1*\mathfrak{L}_2 \quad \textit{und} \quad L_3f=L_1L_2f \quad \textit{für } f\in\mathfrak{L}_3.$$

(Fubini-Stone.)

Beweis. Es sei $f\in\mathfrak{L}_3$. Dann gibt es $f_n\in\mathfrak{E}_3$, $n\in\mathbf{Z}$, mit $N_3(f-f_n)<2^{-n}$. Wegen $g:=\sum_n N_2(f-f_n)\in\mathfrak{G}_1$ erhalten wir (**9.8.3.**) $N_1g\leq\sum_n N_1N_2(f-f_n)\leq\sum_n N_3(f-f_n)<\sum_n 2^{-n}=1$, so daß $g\in\mathfrak{F}_1$, d. h. daß $0\leq g(x_1)<+\infty$ für $x_1\in X_1-X_{10}$, wo X_{10} eine N_1-Nullmenge bezeichnet. Bei festem $x_1\in X_1-X_{10}$ haben wir daher $\lim_n N_2(f-f_n)=0$, so daß f als Funktion auf X_2 zu $\mathfrak{L}_2$ gehört; denn f_n gehört bei festem x_1 zu $\mathfrak{E}_2$. Wir betrachten $h:=L_2f$ als Funktion in $\mathfrak{H}_1$ (auf die Werte in X_{10} kommt es nicht an) und erhalten $|h-E_2f_n|=|L_2(f-f_n)|\leq N_2(f-f_n)$, so daß $N_1(h-E_2f_n)\leq N_1N_2(f-f_n)\leq N_3(f-f_n)<2^{-n}$, also wegen $E_2f_n\in\mathfrak{E}_1$ nach Definition von $\mathfrak{L}_1$ somit $h\in\mathfrak{L}_1$. Schließlich haben wir $L_1L_2f=L_1h=\lim_n E_1E_2f_n=\lim_n E_3f_n=L_3f$, w. z. z. w.

9.8.4.2. Es gibt eine teilweise Umkehrung des vorausgehenden Satzes: *Die Elementarintegrale* $E_i|\mathfrak{E}_i$, $i=1,2,3$, *mögen den Bedingungen* (*) *genügen. Ist die Funktion* $f|X_3$ N_3*-meßbar und gibt es für* $n\in\mathbf{Z}$ *Funktionen* f_n *aus* $\mathfrak{F}_3$ *d.h. mit* $N_3f_n<+\infty$, *und mit* $|f|\leq\sum_n|f_n|$, *so hat* $|f|\in\mathfrak{L}_1*\mathfrak{L}_2$ *bereits* $f\in\mathfrak{L}_3$ *zur Folge.*

Beweis. Gemäß **9.3.6.** (a) können wir ohne Beschränkung $f_n\in\mathfrak{L}_3$ voraussetzen. Da $|f|\in\mathfrak{M}_3$ und $s_n:=|f_1|+\cdots+|f_n|\in\mathfrak{L}_3$, so ist nach **9.3.3.** auch $g_n:=\min\{|f|, s_n\}\in\mathfrak{L}_3$. Wegen $0\leq g_n\leq|f|$ wird $N_2g_n\leq N_2f$ und $N_1N_2g_n\leq N_1N_2f$. Aus $|f|\in\mathfrak{L}_1*\mathfrak{L}_2$ folgt die Existenz einer N_1-Nullmenge X_{10}, so daß $L_2|f|=N_2f$ für festes $x_1\in X_1-X_{10}$ gilt und dazu $N_2f\in\mathfrak{L}_1$. Somit ist $N_1N_2f=L_1N_2f<+\infty$. Andererseits ist $N_3f\geq L_3g_n\geq L_3g_{n-1}$. Hieraus schließt man, falls $\lim_n L_3g_n=+\infty$, unmittelbar auf $N_3f=\lim_n L_3g_n$; falls dieser Limes aber endlich ist, ergibt sich dieselbe Gleichung aus **9.2.1.** (wegen monotoner Konvergenz der g_n gegen $|f|$). Anwendung von **9.8.4.1.** liefert nun $L_3g_n=N_1N_2g_n\leq N_1N_2f$, was für $n\to\infty$ zu $N_3f\leq N_1N_2f<+\infty$ führt. Schließlich haben wir $f\in\mathfrak{F}_3\mathfrak{M}_3=\mathfrak{L}_3$ (gemäß **9.3.5.**), w. z. z. w.

Literatur.

A. Die folgenden Angaben sind als Quellennachweise aber auch als mögliche Hinweise (mit → bezeichnet) für eine Weiterführung des Gegenstandes zu betrachten; zu den hinter den jeweiligen Abschnittsnummern stehenden Autornamen findet man im nachstehenden Verzeichnis die betreffenden Lehrbücher oder Abhandlungen.

1. allgemein: HAUSDORFF 2, → FRÄNKEL; — **1.1.6.** → v. NEUMANN.

2. allgemein: HAUSDORFF 2, HAHN 2, BIRKHOFF; — **2.1.** und **2.2.** McNEILLE; — **2.4.5.1.** → GRAVES; — **2.5.5.** WITT; — **2.8.2.** GÖDEL; — **2.10.** BOURBAKI 1, → SCHMIDT JÜRGEN; — **2.10.4.2.** SCHMIDT JÜRGEN (mündl. Mitteilung).

3. allgemein: BIRKHOFF, HERMES-KÖTHE; — **3.2.5.** und **3.3.** CARATHÉODORY 4, 5, 6, BISCHOF; — **3.5.** STONE 1; — **3.5.8.** AUMANN 2; — **3.6.** LOOMIS, AUMANN 1.

4. allgemein: ALEXANDROFF-HOPF, HAUSDORFF 2, HAHN 2; — **4.1.3.** → BANACH 2; — **4.3.10.2.** → BOURBAKI 1; — **4.4.4.** CARATHÉODORY 5; — **4.5.** HAHN 2; — **4.8.12.** ARNOLD.

5. allgemein: CARATHÉODORY 2, HAHN 2, HAUPT-AUMANN-PAUC I., II.; — **5.3.** ALEXANDROFF-HOPF; — **5.4.** BAIRE; — **5.4.11.1.** TIETZE; — **5.5.10.** AUMANN 3; — **5.6.** HAUSDORFF 2; — **5.7.** STONE 2; — **5.7.0.** BERNSTEIN; — **5.7.10.** DIEUDONNÉ; — **5.8.1.** WEISSINGER; — **5.8.3.** HORNICH; — **5.9.** ALEXANDROFF-HOPF, HUREWICZ-WALLMAN.

6.2. KERSHNER; — **6.3.** → HAUPT-AUMANN-PAUC I., HAHN 2.

7. allgemein: CARATHÉODORY 1, HAUPT-AUMANN-PAUC II., III., GRAVES, BOURBAKI 2; — **7.2.** BOURBAKI 2; — **7.2.3.** TONELLI; — **7.2.7.** RIESZ; — **7.3.** BOURBAKI 2; — **7.3.4.** PERRON; — **7.4.3.6.** LEBESGUE; — **7.4.2.** STONE 3; — **7.5.7.** GRAVES; — **7.5.9.** McSHANE.

8. allgemein: DE LA VALLEE PAUSIN, CARATHÉODORY 1, HAHN 1, HALMOS, HAHN-ROSENTHAL, HAUPT-AUMANN III.; — **8.0.3.** BANACH 1; — **8.1.5.2.** → MAHARAM; — **8.2.** McSHANE, → HADWIGER; — **8.3.** CARATHÉODORY 1; — **8.5.** COTLAR-FRENKEL; — **8.5.4.** → RADON; — **8.5.12.** GRAVES, → McSHANE; — **8.9.** WECKEN; — **8.9.4.** → CARATHÉODORY 3; — **8.10.** SALINAS; — **8.11.8.** → HAUPT-PAUC; — **8.11.9.** → SCHMIDT ROBERT; — **8.11.10.** HALMOS.

9. allgemein: STONE 3, → BOCHNER-FAN; — **9.1.7.2.** → CARATHÉODORY 3; — **9.6.** SZ. NAGY; — **9.7.7.** RADON, NIKODYM; — **9.8.4.1.** FUBINI.

1. Zusatz. Für die in diesem Buche nicht entwickelten Theorien der Differentiation der additiven Mengenfunktionen → DE POSSEL (mit direkter Weiterführung bei) KAMETANI-EMONOTO, MORSE, HAHN-ROSENTHAL, HAUPT-PAUC; des q-dimensionalen Maßes im n-dimensionalen Raum → RADO, HAUPT-AUMANN-PAUC III; des DENJOYschen Integrals → SAKS, HAUPT-AUMANN-PAUC III; der CARATHÉODORYschen Ortsfunktionen → CARATHÉODORY 6 und 3; der SCHWARTZschen Distributionen → SCHWARTZ, HALPERIN.

2. Zusatz. Ausführliche Literaturverzeichnisse und Angaben → CARATHÉODORY 1, SAKS, ROSENTHAL.

B. Verzeichnis von Lehrbüchern und Abhandlungen zu A.

ALEXANDROFF-HOPF: Topologie. Berlin 1935. — ARNOLD, B. H.: Birkhoffs Problem 20. Ann. of Math. II **54**, 319—324 (1951). — AUMANN, G.: (1) Ein Beweis des LOOMISschen Darstellungssatzes für σ-Somenringe. Arch. Math. **2**, 321—324 (1949). — (2) Sind elementargeometrische Figuren Mengen? Elemente Math. **7**, 25—28 (1949). — (3) Über Hüllen- und Kernbildungen auf Verbänden. Crelles J. **191**, 50—53 (1953).

BAIRE, R.: Leçons sur les fonctions discontinues. Paris 1905. — BANACH, ST.: (1) Sur le problème de la mesure. Fundamenta math. **4**, 7—33 (1923). — (2) Théorie des opérations linéaires. Warschau 1932. — BERNSTEIN, S.: Comm. Soc. math. Kharkow (2) **13**, 1—2 (1912). — BIRKHOFF, G.: Lattice theory. New York 1948. — BISCHOF, A.: Beiträge zur CARATHÉODORYschen Algebraisierung des Integralbegriffs. Schrift. math. Inst. Univ. Berlin **5**, 237—262 (1941). — BOCHNER, S., and KY FAN: Distributive order preserving operations in partially ordered vector spaces. Ann. of Math. **48**, 168—179 (1947). — BOURBAKI, N.: (1) Les structures fondamentales de l'analyse. Topologie générale. Paris 1947—1951. — (2) Fonctions d'une variable réelle. Paris 1949.

CARATHÉODORY, C.: (1) Vorlesungen über reelle Funktionen. Leipzig 1927. — (2) Reelle Funktionen, Bd. I. Leipzig 1939. — (3) Maß und Integral. Basel (1954). — (4) Entwurf einer Algebraisierung des Integralbegriffs. Sitzgsber. bayer. Akad. Wiss. **1938**, 27—69. — (5) Gepaarte Mengen, Verbände, Somenringe. Math. Z. **48**, 4—26 (1942). — (6) Bemerkungen zum RIESZ-FISCHERschen Satz und zur Ergodentheorie. Abh. math. Seminar Hamburg **14**, 351—389 (1941). — COTLAR, M., et Y. FRENKEL: Una teoría general de integral, basada en una extensión del concepto de límite. Rev. Univ. nac. Tucuman A **6**, 113—159 (1947).

DIEUDONNÉ, J.: Sur les fonctions continues numériques définies dans un produit de deux espaces compacts. C. r. Acad. Sci. Paris **205**, 593 (1935).

FAN, KY: Siehe BOCHNER-FAN. — FRÄNKEL, A.: Einleitung in die Mengenlehre. Berlin 1928. — FUBINI, G.: Sugli integrali multipli. Atti Accad. Lincei, Rend. **16**, 608—614 (1907).

GÖDEL, K.: What is Cantor's continuums Problem. Amer. Math. Monthly **54**, 515—525 (1947). — Correction. Amer. Math. Monthly **55**, 151 (1948). — GRAVES, L. M.: The Theory of functions of real variables. New York 1946.

HADWIGER, H.: Über addierbare Intervallfunktionale. Tohoku Math. J. II **4**, 33—37 (1952). — HAHN, H.: (1) Theorie der reellen Funktionen, Bd. I. Berlin 1921. — (2) Reelle Funktionen (Punktfunktionen). Leipzig 1932. — HAHN, H., and A. ROSENTHAL: Set Functions, Albuquerque (N. M.), 1948. — HALMOS, P. R.: Measure Theory. New York 1950. — HERMES-KÖTHE: Theorie der Verbände. Enzykl. math. Wiss., 2. Aufl. **1939**. — HALPERIN, I.: Introduction to the Theory of Distributions. Canad. Math. Congr. Lect. S., No. 1 1952. — HAUPT-AUMANN: Differential- und Integralrechnung. I, II u. III. Berlin 1938. — HAUPT-AUMANN-PAUC: Differential- und Integralrechnung. I u. II. Berlin 1948—1950; III (1954). — HAUPT-PAUC: (1) Über die Ableitung absolut-additiver Mengenfunktionen. Arch. Math. **1**, 23—28 (1948). — (2) VITALIsche Systeme in BOOLEschen σ-Verbänden. Sitzgsber. bayer. Akad. Wiss. **1950**, 187—207. — HAUSDORFF, F.: (1) Grundzüge der Mengenlehre. Leipzig 1914. — (2) Mengenlehre. Berlin 1927. — HOBSON, E. W.: The Theory of functions of a real variable and the Theory of Fouriers ser. I u. II. Cambridge 1921—1926. — HOPF: Siehe ALEXANDROFF-HOPF. — HORNICH, H.: Zur Auflösung von Gleichungssystemen. Mh. Math. **54**, 130—134 (1950). — HUREWICZ-WALLMAN: Dimension Theory. Princeton 1946.

KAMETANI, S., and SH. ENOMOTO: On the differentiation of set functions with some of its applications. Osaka Math. J. **3**, 1—9 (1951). — KERSHNER, R.: The continuity of functions of many variables. Trans. Amer. Math. Soc. **53**, 83—100 (1943). — KÖTHE: Siehe HERMES-KÖTHE.

LEBESGUE, H.: Lecons sur l'integration et la recherche des fonctions primitives. Paris 1904. — LOOMIS, L.: On the representation of σ-complete Boolean algebras. Bull. Amer. Math. Soc. **53**, 757—760 (1947).

MAHARAM, D.: An algebraic characterization of measure algebras. Ann. of Math. **48**, 154—167 (1947). — MORSE, A. P.: A theory of covering and differentiation. Trans. Amer. Math. Soc. **55**, 205—235 (1944).

MCNEILLE, H.: Partially ordered sets. Trans. Amer. Math. Soc. **42**, 416—460 (1937). — v. NEUMANN, J.: Die Axiomatisierung der Mengenlehre. Math. Z. **27**, 667—752 (1928). — NIKODYM, O.: Sur une généralisation des intégrales de M. Radon, Fundamenta math. **15**, 131—179 (1930).

PAUC: Siehe HAUPT-AUMANN-PAUC u. HAUPT-PAUC. — PERRON, O.: Über den Integralbegriff. Sitzgsber. Heidelberg. Akad. Wiss., Math.-naturwiss. Kl. **1914**, 1—16. — POSSEL, R. DE: Sur la dérivation abstraite des fonctions d'ensembles. C. r. Acad. Sci. Paris **201**, 579—581 (1935).

RADO, T.: Length and Area. New York 1948. — RADON, J.: Theorie und Anwendung der absolut-additiven Mengenfunktionen. Sitzgsber. Akad. Wiss. Wien, Math.-naturwiss. Kl. **122**, 1295—1438 (1913). — RIDDER, J.: Maß- und Integrationstheorie in Strukturen. Acta Math. **73**, 131—173 (1941). — RIESZ, F.: Verh. Internat. Math.-Kongr. Zürich 1932, I, S. 258. — ROSENTHAL, A.: Neuere Untersuchungen über Funktionen reeller Veränderlichen. Enzykl. Math. Wiss., II C 9 **1924**. Siehe auch HAHN-ROSENTHAL.

SAKS, ST.: Theory of the Integral. Warschau 1937. — SALINAS, B. R.: Sobre la teoria de la Medida. Rev. Real Ac. Cien. Madrid **42**, 465—491 (1948). — SCHMIDT, JÜRGEN: Beiträge zur Filtertheorie. I. Math. Nachr. **7**, 359—378 (1952).— SCHMIDT, ROBERT: Zur Orthogonalinvarianz des Inhalts. Sitzgsber. bayer. Akad. Wiss. **1950**, 103—106. — SCHWARTZ, LAURENT: Théorie des distributions. I. (Actual. sci. industr. Nr. 1091.) Paris 1950. — MCSHANE, E. J.: Integration. Princeton 1947. — SZ. NAGY, B. v.: Spektraldarstellung linearer Transformationen des HILBERTschen Raumes. Ergebnisse der Mathematik **5**, Nr. 5 (1942). — STONE, M. H.: (1) The Theory of Representations for Boolean Algebras. Trans. Amer. Math. Soc. **40**, 37—111 (1936). — (2) The generalized Weierstrass Approximation Theorem. Math. Mag. **21**, 167—254 (1948). — (3) Notes on Integration. I—IV. Proc. Nat. Acad. Sci. U.S.A. **34** (1948); **35** (1949).

TIETZE, H.: Über Funktionen, die auf einer abgeschlossenen Menge stetig sind. J. reine angew. Math. **145**, 9—14 (1914). — TONELLI, L.: Sulle derivate esatte. Mem. Ist. Bologna (8) **8**, 13—15 (1930).

VALLEE POUSIN, CH. J. DE LA: Integrales de Lebesgue. Fonctions d'ensemble. Classes de Baire. Paris 1916.

WALLMAN: Siehe HUREWICZ-WALLMAN. — WECKEN, F.: Abstrakte Integrale und fastperiodische Funktionen. Math. Z. **45**, 376—404 (1939). — WEISSINGER, J.: Zur Theorie und Anwendung des Iterationsverfahrens. Math. Nachr. **8**, 193—212 (1952). — WITT, E.: Sobre el teorema de Zorn. Riv. Mat. Hisp. Amer. **1950**, 3—6.

Namen- und Sachverzeichnis*.

* Die im Literaturverzeichnis stehenden Namen sind hier nicht aufgeführt.

Zeichenindex.

MIX
Papier aus verantwortungsvollen Quellen
Paper from responsible sources
FSC® C105338

If you have any concerns about our products,
you can contact us on
ProductSafety@springernature.com

In case Publisher is established outside the EU,
the EU authorized representative is:
Springer Nature Customer Service Center GmbH
Europaplatz 3, 69115 Heidelberg, Germany

Printed by Libri Plureos GmbH
in Hamburg, Germany